毋河海

男，武汉大学教授（博士生导师），1933年12月26日出生于河南省灵宝县，1962年2月毕业于苏联莫斯科测绘工程学院地图学系，获（苏）地图制图工程师称号。1979-1981年，在联邦德国法兰克福应用测量研究所进行自动化地图制图与地图数据库管理系统（CDBMS）研究。1988年被武汉市科协评为武汉科技新秀，被国家人事部授予国家有突出贡献的中青年专家称号。自1991年起享受政府特殊津贴。自1993年起担任国家科技奖励委员会特邀评委。2002年被湖北省科协评为湖北省科技精英。

在地图学领域中，相继提出了下述理论和方法：1965年发表《地势图高度表选择的原理与方法》，推导出变距高度表视觉变形“数值”评估公式。1978年提出与实现“斜轴抛物线光滑插值”，它能自动调节曲线松紧，无需人工干预，具有自适应性。1981年在原西德测绘杂志上发表《地貌形态自动综合的原理与方法》（*Prinzip und Methode der Automatischen Generalisierung der Reliefformen*），首次提出并初步实现了基于地貌结构线的地貌形态自动综合。国际制图协会自动综合委员会主席R. Weibel（1987）认为该文所述的是真正的地貌形态综合，适应于更大的比例尺跨度，并把该文作为本研究领域的第一篇论文；原西德学者W. Weber（1982）认为该文所提出的方法是用二维的“线”实现三维“体”的综合。此外，Wanning Peng、Moracot Pilouk、Klaus Tempfli（1996）等专家也做了类似的评价。

1980-1984年研制出地图数据库管理系统（CDBMS）软件，它是一个基于DOS与Fortran语言的独立运行系统。该项研究成果荣获1985年国家科技进步三等奖。1986-1990年研究机助编图与专题制图技术，它所研究的是CDBMS在地图数据管理、检索与处理中的应用，其中，研究了拓扑检索以及复杂（复合）目标的生成、管理、检索与智能处理等，该项研究成果荣获1996年国家科技进步三等奖。1991-1995年研究基于图论和计算几何学的结构化地图综合理论体系（国家八五科技攻关项目“地图水系和地貌自动综合试验研究”），1996年1月经测绘专家鉴定，认为该成果属于国际领先水平，该项研究成果获1997年国家测绘局科技进步二等奖。

长期从事地图学、计算机地图制图、地图数据库管理系统、地理信息系统、地图与GIS信息自动综合和扩展分数维的研究，著有《地图数据库系统》（1991），《地理信息系统（GIS）空间数据结构与处理技术》（1997），《地图信息的分形描述与自动综合研究》（王桥，毋河海　1998）和《地图综合基础理论与技术方法研究》（2004）。本书作为武汉大学学术丛书之一，是近20多年来作者所承担与完成的国家测绘局科研基金、国家自然科学基金和高等学校博士学科点专项基金等项目研究成果的集成。

作者简介

武汉大学学术丛书

GIS与地图信息综合基本模型与算法

毋河海 著

国家自然科学基金资助项目（49971068，40171079）
国家测绘局科技攻关与测绘科技发展基金资助项目
高等学校博士学科点专项研究基金资助项目
成果

武汉大学出版社
WUHAN UNIVERSITY PRESS

图书在版编目(CIP)数据

GIS与地图信息综合基本模型与算法/毋河海著. —武汉: 武汉大学出版社,2012.5
武汉大学学术丛书
ISBN 978-7-307-08826-9

Ⅰ.G… Ⅱ.毋… Ⅲ.①地理信息系统—研究 ②地图信息—信息处理—研究 Ⅳ.①P208 ②P283.7

中国版本图书馆CIP数据核字(2011)第108755号

责任编辑:胡 艳 责任校对:刘 欣 版式设计:支 笛

出版发行:**武汉大学出版社** (430072 武昌 珞珈山)
(电子邮件:cbs22@whu.edu.cn 网址:www.wdp.com.cn)
印刷:武汉中远印务有限公司
开本:787×1092 1/16 印张:36.5 字数:878千字 插页:3 插表:1
版次:2012年5月第1版 2012年5月第1次印刷
ISBN 978-7-307-08826-9/P·183 定价:80.00元

内 容 简 介

本书是作者完成的国家自然科学基金项目、国家测绘局科研项目和教育部高校博士学科点专项基金项目等地图综合问题研究成果的集成，书中研究的仅是在地图数据库或GIS空间数据库中存储的地图空间信息。主要研究内容如下：

1. 综合的DLM(数字景观模型)观

因为综合子过程多种多样，我们可把它们“再综合”为两类，DLM类和DCM类。第一类包括信息变换算子；第二类包括图形再现算子(数字/图形转换)，它原则上不涉及信息量的改变。基于这一观点，我们可把核心问题集中于研究改变地图内容及其细节的第一类算子。所谓的模型综合、数据库综合与DLM综合，它们是完全等价的。综合的对象是DLM，而不是表示它们的符号DCM本身。

2. 地图数据库对自动综合的支持

地图数据库对自动综合的支持体现在：综合对象的支持——DLM(数字景观模型)，它是地图数据库的用户观点；数据关系支持——语义关系，空间关系和拓扑关系；为综合所需的基于布尔集合运算的多准则数据检索；综合结果(多尺度，多文件)结果的存储与管理。

3. 非线性综合思想的提出

非线性综合的思想体现在以下两个主要问题中：(1)在结构化综合中，地图载负量的变化是遵循S形(非线性)模型，它是一种受限生长模型或逻辑斯蒂(Logistic)模型；(2)作者提出了扩展分维模型及其在综合中的应用，其中强调指出了通常分维(线性，常量，单参数和自相似)与扩展分维(S形，函数，双参数和非自相似)的本质差别。作者的观点是，综合在宏观上应遵循非自相似原则，即非线性原则。自相似犹如函数的导数或曲线的切线那样，只存在于函数或曲线的无穷小邻域。关键问题是如何建立多分辨率与多比例尺之间的合理的对应关系。

4. 结构化地图综合

GIS与地图信息的结构化综合通过三级结构模式来实现：(1)总体构思子模型，它执行项目的设计任务，遵循国家系列比例尺地图载负量变化的一般非线性(逻辑斯蒂)规律确定地图的载负量，其主要问题是要确定在新设计地图上要表示“多少物体”。(2)结构实施子模型，它的任务是要确定用“哪些物体”来构成已确定的“多少物体”，此处可用的辅助手段是确定和利用必要的语义关系、几何关系和拓扑关系等，即通过结构关系来选定所需数量的物体，或者说这是一个由多种关系来制导的过程。(3)实体塑造子模型，它的任务是以已选定物体个体为对象，对其细节进行综合，把原物体雕塑成具有新面貌的新对象。

5. 上述综合原理在四类几何形体综合中的体现

上述综合原理已在下述四类几何形体中得到初步实现：

点群目标综合的实现步骤为：(1)生成凸壳层的多层嵌套；(2)通过层数的减少或合并进行全局结构上的综合；(3)最后对位于各层(多边形)上的点状物体进行取舍，这一步骤犹如进行一般的曲线综合一样，因此，此方法的实现，意味着方法论上的变换，即将点群目标(面状目标)的综合转换为壳层(线状目标)上点状物体(曲线上的顶点)的综合。

线群目标(以河系为例)综合的实现步骤为：(1)建立河系的等级树(非自然树)结构；(2)根据各条河流在树结构中的地位和它所拥有汇水面积来确定它的重要性，汇水面积可作为统计意义上的河系线状目标的 Voronoi 图来建立。

面群目标(以居民地建筑物为例)综合的实现步骤为：(1)确定两邻近面状物体的重心连线，并以此作为引力方向；(2)根据两相向侧面的形状特点进行不同方式的合并。

地貌形态结构化综合的实现步骤为：(1)生成地貌骨架线(山脊线与谷底线)的等级树结构；(2)犹如河系综合那样，此处对谷底线按其在树结构中的地位和它所拥有的统计汇水面积来确定它的相对重要性，从而决定取舍。因为这里谷底线被看成是谷地的“替身”，所以它的取舍意味着与它相关的一组等高线弯曲的去留。因此，这里发生的是等高线弯曲的成组综合。

最后，作者对下述与空间对象的分析和表达有关的问题也进行了研究：(1)斜轴抛物线光滑插值，它确保曲线的最大曲率点(结构点，转弯点)位于原始数据点上；(2)S 形分布的数据拟合数学模型研究；(3)DTM 主要因子生成的密集窗口等高线束方法；(4)保留全部原始数据点的不规则四边形 DEM 生成方法；(5)二次有理插值与逼近，这里有四种实现途径：最小二乘法、五特征点法、五分段和值法以及基于给定结点的插值法。二次有理方法的优点是：多项式次数低(二次)、计算简单和自由度高(五度)。当然，不可忘记，它是不便于驾驭的。

本书可供地理、地质、林业、水利、测绘、石油、环境保护、资源开发、管理与规划等部门的专业人员参考应用，同时，也可作为地图和 GIS 相关专业的本科生、硕士研究生与博士研究生的学习参考书。当前，各国又在大力上马“数字地球”、“数字城市”等，地理信息的多尺度或多分辨率表达已经成为热点，本书对此也有参考价值。

ABSTRACT

This book is the summarizing research results of state scientific research projects the author carried out. The main topics lie to the structured generalization of GIS and map generalization, extended fractal dimension and its application in map generalization, multi-aspect supports of cartographic database to map generalization, advance of extended fractal dimension and its application in generalization , and curve interpolation needed in spatial analyses.

Firstly, the author introduced DLM view of generalization. Because the generalization sub-processes are very diverse, we can regeneralize these operators into two groups: DLM group and DCM group. The first group includes operators about information transformation and the second group about graphic representation ("digits to graphic" conversion) without respect to information change in principle. Based on this point of view, we can concentrate the core problem in the studying of the first operator group which aims to change the map content and its details. So-called model generalization or database generalization and DLM generalization are completely equivalent. The object of generalization is DLM, rather than symbols of map features DCM themselves.

Secondly, the structured generalization of GIS and map generalization consists of three implementation sub-models: (1) General conceptual sub-model which carries out the project task: determination of map load following the overall law of variation of series state map load changes. Here the main issue lies to " how many objects" to be represented in the new projecting map. (2) Structure implementation sub-model which determines what objects can fit the "how many " through detecting necessary semantic, geometric and topological relations, i. e. selecting necessary objects structurally. (3) Entity sculpture sub-model which carries out the sculpture operations to further processing the characteristics of above selected object itself.

Thirdly, principles above mentioned have been embodied in four groups object generalization geometrically: (1) Point object group generalization has been realized through forming embedded convex hulls, reducing or merging adjacent hulls (global structure generalization), and finally selection of point objects on the retained hulls (polygon lines), this step is a special line object generalization. Therefore, this method realized transferring from area object (point group) generalization to line object (polygon hull lines) generalization methodologically. (2) Line object group generalization (take river system as an example) has been realized through creating river hierarchical tree structure and evaluation of river importance by the hierarchical position and its drainage area which can be equivalent to the statistical Voronoi diagram of river system. (3) Area object group generalization (take settlement buildings as an example) concentrated to close located building merging, using an attraction force principle proposed by the author. (4) Structured generalization of landforms implemented through generating relief skeleton lines (ridge and valley bottom lines) and constructing their hierarchical tree structure. Further operations are similar to the river system generalization, but here the valley should be generalized through its replacer (valley bottom line) which should be considered as representative of a group of contour bends lines representing the valley object.

Finally, the author also investigated the following issues of typical algorithms of interpolation for spatial analysis: (1) Oblique axis parabolic interpolation; (2) Curve fitting of sigmoid model (S shape curve); (3) DTM Generation by vector composing of contour bunches in regular grids; (4) DEM interpolation keeping all original source data points using irregular quadrilateral; (5) Quadratic rational interpolations have been realized in four approaches: (a) Least square method of quadratic rational approximation; (b) Five character points method of quadratic rational approximation; (c) Five divided section summing method of quadratic rational approximation; (d) Given nodes based quadratic rational interpolation—Five Nodes gliding Interpolation.

前　　言

我国著名地理与地图学家陈述彭院士曾论述道：地图是多个学科信息的共同载体。空间信息系统或地理信息系统是一个以地理坐标为骨干的信息系统，它脱胎于地图。所以，地理信息系统事实上就是地图的一种延续，就是用地理信息系统扩展地图工作的内容（高俊　2000）。

地图在人类的各类活动中起着极为重要的作用，协助人们揭示重大的科学规律，如《肿瘤地图集》出版后，很多医学专家开始重视用地图方法揭示某些疾病发生的区域性规律，并从环境诱因上去进行深入探索；地质工作者可以根据地质图分析成矿规律，确定矿藏分布，我国地质工作者就是根据主要构造带图的新华夏构造体系的沉降带来确定石油地层，并找出了大庆油田的；魏格纳的板块学说来自于地图分析；利用地震分布图可以寻找断裂带；不少极地海岛的发现就是先在地图上进行分析和预测，然后在极地海洋中进行证实的。

GIS与地图信息综合是一个国际难题。它首先为自动制作多比例尺地图或生成多比例尺空间数据库所必需，更为多层次、多部门的管理、规划与决策所必需。早在20世纪50年代末、60年代初，该问题就被提到议事日程上来。半个世纪过去了，国内外专家与同行们做了大量深入的研究工作，取得了巨大的进展。鉴于GIS与地图这一空间信息综合的难度极大，地图工作者、地理工作者、GIS工作者、地学工作者以及城市规划、环境保护与管理决策等部门的有关工作者仍处于一种窘惑状态，对问题的解决仍寄予极大的期望。

地图信息综合是一个重大的科学与技术问题。要解决此问题，就必须建立完善和科学的理论原理与技术方法体系。没有正确的理论，是不会有正确的技术方法并使其具有普遍意义的。Ramirez于1995年曾说，目前，尽管已出版了论述地图自动综合的专著，但时至今日，仍没有一个明朗的自动化解决方案。笔者认为，GIS与地图信息综合涉及地图学、图形图像、离散数学、CAD/CAM、图论、拓扑、计算几何、模式识别、计算机视觉等多个学科领域，需集成多个领域的科学理论和技术方法来解决。

地图综合基础理论研究的必要性看来是要予以进一步强调的。到目前为止，地图综合在理论上尚没有形成相对完整的体系，也没有相对统一的理论基础。甚至对于综合是否必要，还有人持异议。因此，对地图综合的基础理论需要进行更为深入的研究。

在研究与解决自动综合问题时，有各种流派从各种不同的角度来分析与研究与自动综合相关的问题，相关的研究如雨后春笋。到目前为止，大量的研究偏重于计算机技术与算法的研究，这方面的研究已有30多年了，大部分相关问题已经得到基本解决。需要进一步解决的是地图综合的地理实质问题。为此，作者引述了若干早期专家的研究论述，一方面，可使我们心中有数，了解本学科领域在非计算机时代已取得的成就，使我们底气更足、目标更明确，从而使研究的成果更行之有效、更富有生命力；另一方面，也可使我们避免对已有的成果再次进行研究与“发明”，特别是对一些在概念上狭隘的见解，更要避免再次进行研究与“发明”。

地图综合自动化的实质是要利用计算机这一最强大的新技术来代替制图工作者富有创造性的编图操作。如何使计算机能完成创造性的操作，对图形处理来说是一个层次更高的计算机视觉问题。对于制图员来说，图上的各种物体以及它们的形状、大小、相互关系等是一目了然的，而在计算机环境下，这些物体本身的信息(类别、性质、形状、大小等)在计算机中有完整而翔实的存储或表示，而物体之间的相互关系、特别是动态的空间关系，在计算机中则难以表示(实际上几乎没有表示)。由于对信息综合有重要制约作用的各种动态关系在数据库中没有表示，所以计算机环境下所看到的地图或空间数据库与人工环境下看到的相比，缺少了绝大多数空间关系。因此，自动综合的关键就在于自动构建这些为计算机环境下所不能直接看到的各种关系，特别是动态的空间关系。

创造性思维更偏重于发散性思维，是一种从多角度、多方位探索问题并寻找答案的非常规、反常规的思考方式，往往包含想象和幻想成分。

思维从疑问中来，古人云：“学起于思，思源于疑。”

钱学森说：“从思维学角度看，科学工作者总是从一个猜想开始的，然后才是科学论证；换言之，科学工作源于形象思维，终于逻辑思维。形象思维源于艺术，所以科学工作者先是艺术，后才是科学。”地图综合中隐含着典型的非线性原理，图上不仅存在着各种各样的物体，而且在它们之间还存在着各种各样的联系，即整体不等于其所包含的各部分的总和，而是大于这个总和，这是一种非加和性。

非加和性是诸要素之间的耦合关系。系统中的要素所具有的性质和行为，不同于它孤立在系统之外时所具有的性质和行为。

地图综合的目的，就是要在有限的图面上尽可能多地反映相对重要的物体。“重要”就意味着要对物体进行评价。物体的重要性主要从三个方面进行评价：

- 语义信息，即物体本身的资格(等级、行政意义等)；
- 几何信息，即位置、形状和大小等；
- 关系信息，即在全局中的地位和在局部区域中的相对重要性。这就是说，要使计算机运作具有创造性(智能)，除了由物体资格来控制以外，最主要的是要用物体间的关系来制导计算机，使计算机能发现和利用物体间的关系，这些关系或结构的揭示是一种特殊意义下的模式识别，或是更高层次的模式识别，从而可从更深层次的意义来评价物体，这就是图形信息处理中的计算机视觉问题的本质所在。

地图学本身是一种集地理科学、基础数学、图形学与美学等于一体的学科。地图制作过程是集上述有关学科领域的信息与知识于一体的创造性的劳动过程，这样就使得地图自然地成为一种高度智能劳动的结晶，它具有严密的数学基础、精选的地理内涵、科学与精美的艺术表达，使人能对所感兴趣的地区“一目了然”。在模拟时代，地图尺度(比例尺)基本上呈几何级数序列：1∶2.5∶5∶10等，尺度不连续，多尺度信息处理靠手工来实现。在计算机环境下，多尺度地图与GIS信息的动态生成与应用具有更为广阔的空间，多学科的交叉为逐渐向所求目标的逼近提供了新颖手段。

近几十年来，人们在图形处理算法、知识推理等方面做了大量的研究。但从总体上看，还是处于孤立或无序的状态，缺少自适应特征，尚未形成具有内在联系的相对完整的体系。特别是在图形综合的算法方面，大多是基于点处理的曲线化简，基于形态（如弯曲）处理的综合尚处于初级研究阶段。随着时间的推移，应该由基于形态的综合代替基于点处理的综合，因为综合的对象应是大小不同的地理对象（形态、子形态等），而不是若干点，特别是单个点。

地图是一种特殊的图形。首先，它所表达的各地理要素的图形都是不同程度的不规则图形。特别是自然地理要素的图形更是不规则：湾中有湾，汊中有汊，多层嵌套，这是典型的自然分形体。正是地图内容的分形特征，使得"英国海岸线有多长"这一地图量测问题成了分形学——大自然的分形几何学诞生的温床。从这个意义上讲，地图学（一个分支地图量测学）起了"分形学之母"的历史作用。反过来说，源于地图学的分形几何学在描述地图内容不规则图形时，有着先天的优越性。

地图内容是一种空间信息，其主要特点是地理实体同时具有空间位置信息和空间关系信息。"千言万语不如一张图"，用现代计算机语言来讲，图形表达之所以优于自然语言，是因为它不仅表达了地理实体及其主要属性信息，而且同时表达了这些实体之间的各种关系，特别是空间关系。实体与关系是现代数据结构、数据模型与数据库的核心研究与存储对象。从这个意义上讲，图形是以模拟的手段实现了"实体加关系"这一信息基本结构。地图上的物体是可枚举的，因而可用自然语言一一予以描述；而物体本身的形状和特征、物体之间的主次关系以及物体之间的各种空间关系等则是无穷无尽的，是无法用自然语言来完备描述的。此外，地图是二维的，可以从任意方向进行阅读；而文字语言则是一维的，只能从头至尾顺序地、不可遗漏地阅读。这就是"千言万语不如一张图"的本质所在。

此外，图形方法作为当代科学的重要工具，还拥有其他的优越性。图形和符号语言拥有巨大的可能性来描述和论证关于事实的科学判断。图形方法已经牢固地进入了科学概括手段的武库，也进入了科学研究的方法论中。图形方法帮助人们分析海量数据，揭示隐于其中的规律性，可把海量的枯燥数据变成广大读者易于理解的直观信息。图形方法为数据赋予了具有吸引力的、直观的和明确的意义，有利于找出新的依赖关系、提出新问题和隐含的事实。

美国数学家斯蒂恩（L. Steen）指出："当头脑仅与数打交道时，它是在一条轨线上线性地进行思维的。如果一个特定的问题可以被转化为图形，那么思想就整体地把握了问题，并且能创造性地思考问题的解决方法。"（李志才　1995）

图形方法是使数字资料变简单、直观和明了的有力手段，从而使它们可进行数值上的比较、预测发展趋势和表达相互联系。此外，图形法与文字相比较有一系列优越性，如：

- 能够在更大的程度上引起读者的注意；
- 更容易通过从图上的感受捕捉到各数值之间的联系，并且便于记忆；
- 可一瞬间获取关于海量数据的基本结论，从而可大大节省时间；
- 可使所研究的问题的某些方面明朗化，这些方面有助于对问题的理解更为完整和全面；
- 可暴露隐蔽的事实和联系，同时刺激分析性思维和研究。

在数字化时代，空间信息的获取属于一般的数字测绘或图数转换；而对于空间关系的建立，由于空间数据的海量性，手工的方法是无能为力的，必须依靠相应的算法来完成。空间关系是空间知识的主体，这类知识的获取是执行算法的结果。通过知识推理，得出应进行何种图形处理操作，即进行某种综合算法。由此可见，算法是知识推理的“前提”与“后果”，算法在空间信息处理中有“彻头彻尾”的“始”与“终”的作用。由此可见，算法是图形处理的核心组成部分。

对于国家基本比例尺地形图来说，不同比例尺地形图服务于不同的然而是确定的目的和用途，即地形图的用途是以比例尺的划分来体现的。反过来说，地形图的比例尺可看成是影响地图用途和内容的主导因素。对地图内容来说，比例尺是其内容的“过滤器”，直接影响到地图内容的详略程度，但它不是唯一因素。历史上曾出现过简单机械地把比例尺作为唯一的地图内容综合原则，而将地图综合过程比成人的视觉过程，即当比例尺缩小时，地图上线状目标的微小弯曲随之消失，这就好比我们远离群山，两眼不能辨认其中细小的碎部一样。这样的观点显然是机械的，是不完全的，是一种“只看见树木，不看见森林”的做法(萨里谢夫 1956)。M. Eckert 于 1921 年在论述“综合的本质与困难”时就曾讲道：“需要强调的是，综合中的缩减与用缩放仪或照相机的缩减毫不相干。”(M. Eckert 1921)因为小比例尺地图并不是大比例尺地图的精确缩制品，它不仅要表达可按比例表达的大而重要的物体，而且也要表达无法按比例表达的小而重要的物体(夸大表示)。地图信息综合是一个高度智能化的创造过程，涉及基本资料地图、补充资料地图、相关地理文献、地图工作者的专业与美学素养等，不只是物体的可被表达的尺寸问题，尽管物体尺寸起着重要作用。

本书的论述主线是笔者所提出的结构化综合模型。1981 年笔者首次提出地貌形态的结构化综合(毋河海 1981)，即把等高线看做特殊的实体，不是孤立地进行单条等高线的综合，而是首先建立它们之间的联系：自动生成地性线(山脊线、谷底线等)，作为联系地貌形态的纽带，使得综合某条等高线时，同时顾及与其相邻的其他等高线，从而是根据二维的“线”综合三维的“体”(W. Weber 1982a)。这是单要素的结构化综合思想。

1991 年笔者在《地图数据库系统》中，论述了整个地图的结构化综合问题，提出了结构化综合的三级综合概念模型。它由以下三个子模型来实现：

1. 总体选取(构思)模型

总体选取(构思)模型的使命是对新地图或新空间数据库在数字环境下进行半自动化设计，其任务是地图与空间数据库总体容量控制指标的自动确定。解决这个问题，若利用国外文献或其他地区的统计资料，无疑是舍近求远；对于自动综合来说，既然地图学曾孕育了分形学，则利用分形学原理对本地区地理信息自身进行多要素的分形演绎(特别是在顾及扩展分数维的条件下)无疑是一种总体上的自适应。

在总体模型实现问题上，笔者提出地图载负量变化规律的“受限增长”模型，如同人口增长规律一样，它受到图面拥塞程度(如同生态环境条件一样)的限制，遵循 Logistic 规律，需要针对不同的地区特点，在海量观测数据的基础上，通过回归分析，解算其 Logistic 模型参数。Logistic 模型可作为地图信息随比例尺变化的基础数量模型。

分数维的发现改变了人们观察世界的方式，与此相关的分形思想已经成为一种新的认识论与方法论。目前，大多数分形研究成果都是用来生成各种逼真显示或生成复杂精美的、令人陶醉的艺术作品和景观图画等。对于空间数据处理来说，分形原理既与空间信息可视化有密切联系，又与空间数据建模和空间信息压缩密切相关。对于这些领域来说，一个共同的也是最基本的问题是，利用分形这一有力工具来揭示自然现象或过程的结构特征，对空间信息进行科学的描述与建模，以达到控制与预测的目的。

分形学的概念与尺度变化中的不变性有密切的联系。地图中自然要素的轮廓图形在一定尺度范围内呈现出分形趋势。在这种情况下，就可以利用表达不变性的分形参数——分数维来考察自然要素的图形本身及其演变特征。应该说，尺度跨度越小，自相似程度越高；反之，尺度跨度越大，自相似程度越低。从宏观上看，分数维不是常量，而是变量。这就是分数维的扩展问题。用分形学原理综合空间信息时，应使自相似性随着尺度的缩小而逐渐弱化。

笔者对扩展分数维进行研究后，得出的宏观规律是其总体变化呈"S"形（毋河海 1998；毋河海 2010），也是一种受限增长曲线，因此，可用地图或空间数据库信息容量的自动分形演绎手段，来研究地图信息或空间数据库的总体信息随比例尺的变化规律。这里精确的自相似已经无法继续存在，受限增长模型的应用就意味着分数维或总体复杂度的衰减。

总体构思模型是要在全局上解决选取"多少"的问题。

2. 结构实现（构图）模型

在完成总体选取的基础上，需要进一步进行单要素的结构化与相关多要素的结构化，以解决下一个重要问题，即选取"哪些"的问题。因为选取意味着评价，所以，这里问题的实质是如何对各种地理实体进行科学合理的评价。所有地理物体都有其本身的各种特征，且存储在空间数据库中，这无疑是评价的主要依据。但这还远远不够，因为单从物体本身来看，许多物体大体一样，难以区分它们之间的明显差异，难以满足从中选择一部分的需求。其解决办法就是进一步查明它们在单要素整体结构上所处的地位与相对于其周围物体多要素关联的局部重要性，即全局关系与局部关系的建立与应用问题。当代数学方法，如图论、拓扑、计算几何等中的树结构、凸壳层结构、Voronoi 图或其对偶 Delaunay 三角网等数学工具，就是重要的结构化数据处理手段。

这里是通过各种关系或联系，特别是那些不能存储或无法存储的动态邻近环境（Context）关系，来全面地评价地理对象，以确保选取的科学性与合理性；反过来说，被选取的地理对象则隐式地表达了在评价它们时所曾用到的那些关系。这是笔者所提出的综合的DLM（数字景观模型=地图数据库）信息变换观：

$$\mathrm{DLM}_1(\text{实体集 } E_1, \text{关系集 } R_1 \subset E_1 \times E_1) \Longrightarrow \mathrm{DLM}_2(\text{实体集 } E_2, \text{关系集 } R_2 \subset E_2 \times E_2)$$

关系信息的挖掘、应用与变换几乎就是结构的建立、应用与变换，也可看成空间知识的发现、应用与变换的过程。

3. 实体塑造模型

该模型的使命是要对已被选定的地理物体本身的各种属性、特别是图形属性进行"塑造"。在处理实体时，笔者提出微结构数据处理思想，即在对空间数据库进行宏观综合时，把每一个物体看成无结构的一个点，着重研究物体之间的各种关系，特别是空间关系。当研究一个选定物体的微观综合时，则把物体的细节看成整个物体的子结构。子结构具有明确的形态，甚至具有明确的地理意义（如等高线的弯曲、谷地与山脊）。在数字环境下，子结构至少由一个点构成（如一个点状物体），通常由若干毗邻点构成。子结构的建立要用相应的算法来实现，如曲线通常由一系列弯曲（Bend）构成，而弯曲则需要用曲线拐点来予以分离，即实体的塑造是基于子结构的处理来实现，而不是单个点的逐步筛选(毋河海　2003)。

在对GIS与地图信息综合的研究过程中，笔者利用计算机视觉原理为不同地图要素的结构化综合确立了实施手段：

对于点集目标的综合，笔者提出建立凸壳层嵌套结构和生成基于点集的Voronoi图方法，变点集综合为由相邻凸壳层合并而成的曲线的综合，实现了由呈面状分布的点集到呈线群分布的线集的方法论上的变换；

对于线集(以河网为例)目标的综合，笔者提出建立河网的等级树结构(不是自然树结构)，从全局上评价各条河流的重要性，同时构造基于线集的Voronoi图，为每条河流生成统计权重数(统计流域面积)，借此可对处于同一结构层中的不同河流做进一步的分异；

对于以建筑物为代表的面状物体的综合(合并)，笔者提出了"引力法合并"原理，并把合并程度量化为具有明确定义和操作准则的六个级别；

对于以地貌为代表的体的综合，笔者提出建立地性线树结构，视地性线为地貌形态的"替身"，加上Voronoi图，犹如处理河流那样处理地貌形态"替身"——地性线的选取。最终，通过地性线的综合体现地貌形态体的综合，这也是一种方法论问题，即变体状形态的综合为其"替身"(线状物体集合)的综合。

本书是笔者多年来在国家测绘局的"六五"、"七五"、"八五"科研攻关项目、两个相关国家自然科学基金资助项目和高等学校博士学科点专项科研基金项目的研究成果的集成，是笔者在GIS与地图信息综合这一大旋涡中沉浮的一些记录。为了表明研究问题时的领域环境，笔者在研究成果的基础上，在本书中简要地提及了国内外专业界一些有关的论述和本领域的一些比较突出的学术思想与方法，并尽可能标明相关作者与出处，以便读者参考。

在本书的诞生过程中，受到武汉大学学术丛书编审委员会第12次会议的肯定，承蒙解放军信息工程大学测绘学院高俊院士、王家耀院士，中国科学院地理研究所廖克研究员、齐清文研究员，武汉大学祝国瑞教授、龚健雅教授等的鼎力相助与支持，笔者在此深表谢意。

在科研项目中，当时的博士研究生参与了不少问题的研究，其中，王桥参与了分形学方法在地图内容自动综合中的应用研究，特别是在对开方根规律的分形扩展方面，其学术思想意义更为重大；杜清运参与并实现了基于地性线的显式结构化综合和基于地貌高程带的地貌形态自动综合的主体试验工作；郭庆胜参与了等高线树的研究和曲线的自动分段研究；艾自兴参与了河流的自动选取等的研究；龙毅参与了扩展分维模型与地图内容总体选取的科学试验与问题探讨；博士研究生王涛、李雯静为制作本书的绝大部分图件付出了巨大的辛劳。对于上述诸位的贡献，笔者深表谢意。

在本书的诞生过程中，武汉大学资源与环境科学学院刘耀林院长和顾春盛科研秘书以及校科技部、校学术委员会给予了巨大的支持，武汉大学出版社对本书的出版给予了极大的关照与支持，副社长陈君良、编辑解云琳和胡艳付出了辛勤的劳动，笔者在此深表谢意。

夫人张清华教授是从事土木工程专业的，已退休多年。她为笔者所承担的上述多个科研项目的完成做出了默默无闻的贡献。本书初稿完成以后，她不得不成为第一个义务读者，她以一个"外行"的身份通读了全书，发现不少错漏，提出了不少合理建议，笔者借此机会特地致谢。

面对 GIS 与地图信息综合这一国际难题，国内外专家学者们在三四十年间进行了多领域、多层次和多角度的广泛且深入的研究，为此，笔者感到有必要围绕综合模型与算法这两个子领域，汇集部分以启发式综合为主的、涉及模型与算法的重要参考文献。本书基本上没有收入基于知识的系统、神经元网络、小波原理应用、非数值算法（如遗传算法、模拟退火算法和免疫算法等）和基于 Agent 的研究成果。本书汇集大量的文献资料，有多方面的意图：(1)反映这个国际难题所涉及的“仓海领域”的规模与研究现状；(2)可作为地图信息综合研究现状的一种“特殊的综合”；(3)表明需要建立强大的国家团队，确立特大型的国家科研攻关工程，对几十年来的研究成果进行有机的集成，促使这个国际难题的解决有一个质的飞跃或有一个较满意的进展；(4) 最后，也是相当重要的，即表明本书也只能是这个研究领域的“仓海之一粟”，很有挂一漏万之嫌，有待广大同行的审视。愿大家携起手来，共同努力，向“综合”这一宏大目标稳步迈进。

武汉大学资源与环境科学学院

毋河海

2010 年 9 月

目　录

第 1 章　模型与算法概述

综合活动是地图设计与实施的基石之一。综合机制使客观世界的物理现实得到抽象，在图形上和语义上均受到压缩。从艺术意义上看，这些图形的和语义的改变过程与漫画相类似，在漫画中一些特征被强调，而另一些特征则被忽略。

由手工综合向自动化转化是一个难题。在手工环境下，综合操作诸如选取、降维、光滑和移位等可通过绘图笔的一次性画图而完成。而事实证明，要把这些操作转换到计算机环境中是非常复杂的。

在综合中的自动过程以两个互补的方式在发展，它们称为制图综合与数据库综合。前者从可视化的角度来分析与处理问题，而后者的意旨是以不同的或比原始数据库更为粗略的空间与专题信息导出新的数据库(D. E. Richardson 和 W. A. Mackaness　1999)。

GIS 与地图信息的综合处理是当今空间信息处理中的一个重大科学与技术问题。

科学回答的是“是什么”、“为什么”，技术回答的是“做什么”、“怎么做”；科学提供物化的可能，技术提供物化的现实；科学是发现，技术是发明；科学是创造知识的研究，技术是综合利用知识于需要的研究。

区别科学与技术的目的，不是将它们分开，而是要更好地将它们统一考虑。注重技术时要想到科学，注重科学时要考虑技术。对于科学来说，技术是科学的延伸；对于技术来说，科学是技术的升华(宋健，惠永正　1994)。

空间信息处理的研究旨在科学地了解我们赖以生存的地理环境，研究它的内在规律性，即空间事物之间所存在的重要联系。这种联系就是规律，如“月晕而风”、“础润而雨”等。遵循这些规律，便可实现适应自然规律的可持续发展。

对于研究用人们的生理视野来度量来说显得太小的对象，如细菌、微生物等的无法用肉眼直接看见(看清楚)，采用显微镜这类“放大”观察的手段来解决，可达到一目了然的目的。相反，当我们的研究对象如地球这样的巨大物体，无法用人们的生理视野来度量，肉眼无法对它一览无遗和一目了然，即对象太大而无法看见(看清楚)时，一种解决问题的手段就是“缩小”观察。如何缩小？由此产生一个生成研究对象的“替身”问题，或称为“模型”问题。

1.1　模型的概念

1.1.1　什么是模型

模型是现代科学方法论中的一个核心概念，特别是系统科学出现后，“模型”这一术语在许多学科领域中广泛出现。模型的含义比较广泛，各种理解也就不相一致。比较一致的观点是：模型可以是一种理论、一条定律、一种假说或者一种结构化的概念；也可以是一种作用、关系或者方程式；还可以是一组综合的数据。事实上，对模型含义理解的差别反映了学科理论化水平的不同。在理论水平比较高的学科(如物理学、经济学等)中，一般倾向于把模型理解成某种理论的东西；而在理论欠发展的学科(如地理学等)中，则更多地把模型视为数据的综合，是通向实用的一种途径。随着学科的发展，这种认识当然也是会逐渐升级的。

总的说来，模型是对现实世界的表达或描述，它是用我们认为确实能理解的东西去表示我们希望了解的东西(徐福缘 1989)。可把模型看成是研究对象的某种形式化表示。

在科学研究特别是在自然科学研究中，对客观对象进行了一定的观察实验和对所获得的科学事实进行初步的概括之后，常常要利用想象、抽象、类比等方法，建立一个适当的模型来反映和代替客观对象，并通过研究这个模型来揭示客观对象的形态、特征和本质，这样的方法就是模型方法。被反映和代替的客观对象称为模型的原型。

一方面，模型是对原型的因素、联系、结构、功能等加以简化，因而在一定程度上特别在细节上和原型不一致；另一方面，它又在本质上与原型的因素、联系、结构、功能保持一致或相似，因而能代表原型，从模型出发，能够得到关于原型的信息。

根据模型的用途和需要进行的操作来决定模型的具体情况。如果模型的细节是相当丰富的，那么我们就能够对它进行操作，所产生的结果就像完全对物体本身进行操作一样。

如果A能够用来回答关于B的问题，那么我们就说A是B的模型。

因此，倘若一个表达或描述能够回答某领域的主要问题，则这个表达或描述就是一个模型。如果这个模型能在允许的宽容度内解答所有的问题，那么它就是一个好模型(徐福缘 1989)。模型是现实世界的本质的反映或科学的抽象，反映事物的固有特征及其相互联系或运动规律。然而，模型不等同于被描述的对象，犹如文字不等同于被描述的事物，符号也不等同于用符号所表示的事物，地图并不就是它所表示的地理区域。

广义地说，模型可以是想象地提出的或物质地实现的系统，它是能反映或再现物体、过程的系统，能用它代替物体，对它进行研究能给我们提供关于物体、过程的新的信息。

1.1.2 模型的形式分类

从表达手段或方法上来看，模型大体可分为两类：具体模型和数学模型(抽象模型)。

1. 具体模型

具体模型又可以分为缩尺(肖像)模型和模拟模型两种。

(1)缩尺模型

缩尺模型是将真实事物按比例缩小或放大。如飞机模型和风洞是飞机在空中飞行的缩尺模型，船舶模型和水槽是船舶在水中行驶的缩尺模型。在模型实验、化学实验等中使用的大多是缩尺模型。

在科技工程中，对于许多复杂的现象，当很难建立它的数学模型进行理论上的分析计算，也找不到适当的模拟模型，而实物又太大或太小，无法直接实验时，采用缩尺模型进行实验是合适的。

(2)模拟模型

模拟模型是用其他现象或过程来描述所研究的现象或过程，用模型性质来代表原来的性质。

模拟模型可分为直接模拟和间接模拟。

直接模拟是指模拟模型的变量与原现象的变量之间存在一一对应的关系。

间接模拟是指模型的变量与原现象的变量之间不能建立一一对应的关系。虽然如此，但有时间接模拟却能非常巧妙地解决一些复杂问题。下面以斯坦纳(Steiner)问题为例。设有若干个工地，为解决相互间的交通问题，将在工地之间修建公路(或架设通信线路)，问线路如何选择使公路(或通信线路)的总长度最短(图 1-1-1)？

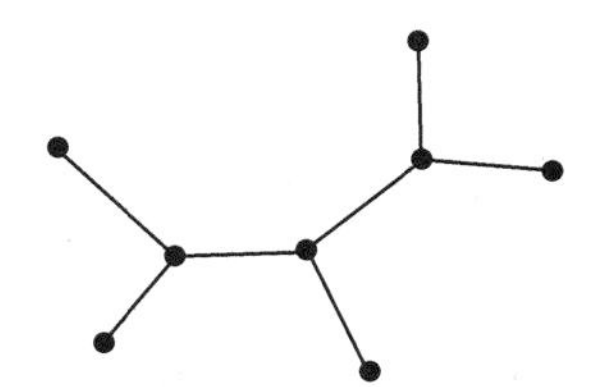

图 1-1-1　斯坦纳问题

模拟解法：用其他的方法来解决是比较麻烦的，我们可以采用如下的办法模拟。将几个钉子按照工地之间的距离成比例地钉在木板上，代表各个工地。再将这块带钉子的木板浸入肥皂液中，然后细心地提出液面，肥皂膜将连于钉子之间。由于肥皂膜要取使其势能最小的形状，所以使连于各个钉子之间的肥皂膜总长度最小(谌安琦　1988)。

图论解法：设 $G(V,\ E,\ w)$ 是带权连通简单图，T 是 G 的一棵生成树，T 中所有枝的权之和称为 T 的权，记 $W(T) = \sum_{(i,\ j)\in T} w(i,\ j)$。具有 $W(T) = \min$ 的生成树称为最小生成树。具有代表性的算法是克鲁斯卡尔(Kruskal)算法(刘光奇，张霭珠，胡美琛　1988；沈清，汤霖　1991)。

2. 数学模型

数学模型大致可分为图形模型和数式模型两种。

(1)图形模型

图形模型用一些图形(如方框图、流程图、状态迁移图等)来表示所研究的现象或过程的某种特征。例如用地图来表示地理位置，用等高线图表示地面的高程，用铁路线路图表示铁路连接状态，等等。

(2)数式模型

数式模型即通常意义下的数学模型，它是用数学关系式描述的理想模型。数学的概念、公式、方程都是现实世界的数学模型。数学模型是依据具体事物系统的特征并应用数学的语言概括地或近似地表述出来的一种数学结构。

综上所述，模型的形式分类归纳如图 1-1-2 所示。

无论哪一种模型，都是客观现象的一种近似表述，而且只是表述客观现象某些方面的特征或属性，即根据所定目的，从客观现象中选择一部分所关心的特征或属性来进行描述，而其他方面的特征将不予考虑。

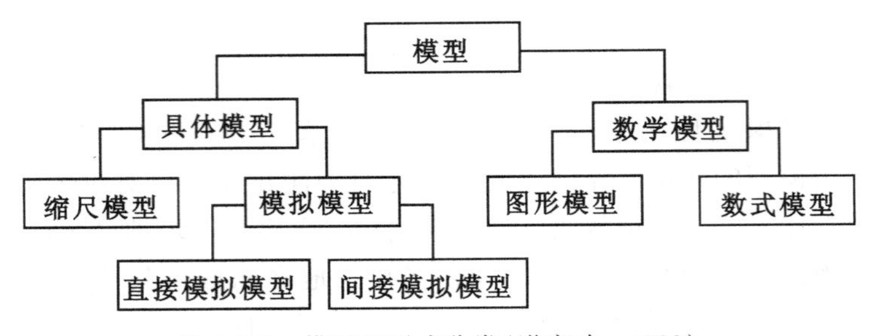

图1-1-2 模型的形式分类(谌安琦 1988)

按照建立数学模型的方法不同，又可将数学模型分为下面两种：

理论模型：基于理论上的推导而得到的数学模型。

经验模型：由实验结果归纳或分析得到的模型。

在实际问题中，有许多数学模型往往是同时用上述两种方法构造而得的。例如，从理论上推出模型的形式，然后由实验来确定参数。

显然，熟悉各类系统的特征与它的数学模型(方程式)的形式，对于我们研究与建立数学模型是有益的。

1.1.3 模型的影响因素

就模型的影响因素而论，现实世界的事物可划分为三部分：对模型影响微不足道的事物；对模型有影响，但其性质不属该模型所要研究的事物；其性质是该模型所要研究的事物。在设计模型时，如果考虑的细节太多，得到的模型将会复杂得令人失望，并可能导致需要多得难以置信的待定参数；反之，如果忽略了不该忽略的事物，则导致模型无用。由此可见，模型要在反映主要客观事物及其互相联系的前提下，力求简单明了和易于处理，以使人们乐于接受，从而获得生命力。

1.1.4 主导因素模型

理想模型常常是由作用量组成的一个系统，简单的模型可能只有一两个作用量，复杂的模型可能有许多个作用量。因此，在形成模型的过程中，除了上面讲的要将对象进行分析，剔除那些与研究课题无关的次要因素，突出、保持与研究课题有关的主要的因素。

找出了这种作用量之后，还要对作用量在研究问题过程中的地位和作用进行分析，区别出哪些量是变化的，可以看成变量，哪些量是不变的，可以看成常量；哪些量是已知的，哪些量是未知的。随后的一步就是要分析这些基本作用量之间存在着什么样的关系和规律，在物理学范围而言，就是存在着什么样的物理规律。因为这些规律表现了这些基本作用量之间的相互关系。到了这一步，就可以建立、形成或导出有关的数学关系式或数学方程了。

1.1.5 模型的作用

科学模型是主体与客体之间的一种特殊的中介，既是主体(研究者、个体的或群体的）创造和运用的一种研究手段，又是客体（被研究对象）的一种替身而成为科学研究的直接对象。就模型与原型之间的关系而言，科学模型并不需要与原型客体在外部形态、特征、质料、结构和功能上完全相似，但必须按照所要研究的问题和目的，与原型客体在某一方面或某些方面有本质上的相似性，即在模型中以某种方式再现原型的本质属性。只有这样的模型才具有方法论意义，才有可能发挥其对原型的解释功能和预测功能。而这样的模型只有在人们具有对客体的一定认识、积累了一定数据和资料的基础上，才能建立起来（藩玉君　2001）。

1.1.6 “替身”原理

在解决许多科学与技术问题时，使用模型方法可使问题大为简化。建模，就是一个物体 O_1 被另一个物体 O_2 所代替，用 O_2 来研究与记载被代替物体 O_1 的最本质的性质与特性。被代替物体称为原型（Original）或真型（Natura），代替者 O_2 称为模型（Model）。模型是原型的“替身”，它便于研究与记载原型的重要性质。

当我们构造某个事物的模型时，便构造了它的一个“替身”，即它的表示。我们把它整理成更加简便的形式，使得其使用和分析变得更容易。如果模型是好的，它将会以原物体完全相同的方式回答我们的质疑和提问。我们试图只抽象出对于我们的目标具有实质性意义的信息，而摒弃其他信息（A. C. Васмут　1983）。

1.2 模型方法

模型方法是一种普通的科学研究方法，它可概括成这样一个循环：

客观世界→观察→构模（分析）→对客观世界的事物现象做出预测或控制

科学模型是人们按照科学研究的特定目的，用物质形式或思维形式再现原形客体的本质属性、本质关系的系统，是被研究客体的类似物。通过对模型的研究获得关于原型客体的信息，从而形成对客体的认识。这种借助模型来推断客体某些性质或规律，从而进一步认识客体原型的科学方法即为模型方法（潘玉君　2001）。

模型方法的优越性在于，它能简化和理想化地再现原型的各种基本因素和基本联系，略去次要的、非本质的细节，能使研究者充分发挥想象、抽象和推理能力，将从原型获得的信息重新加以组合，形成新的图形的、符号的或概念的模式，建立起一定的模型。这样就能突破人们感官的界限和时空的局限性，帮助研究者在思维中把握原型的内在机制，再现宏观甚至宇观水平上的事物的联系和运动。同时，模型方法使用符号或平面的或立体的图式能使人一下子获得整体映象，并从整体结构上再现原型各要素之间种种联系，从而让人产生创造性思维的重要因素——想象。利用形象模型，抓住原型的基本结构问题，进行深入研究而导致成功的事例，在科学史上是常见的。

1.2.1 模型的多态性

科学模型的建立还必须以一定的科学观点或科学理论为指导。这就意味着，对于同一个问题，人们可以从不同的角度、不同的方法、不同的思路去认识，依据不同的概念、假说等理论的认识构造出各种不同的模型，对原型做出不同的解释或预测。在科学研究中，对不同的模型要进行分析比较，做出评价、筛选和检验。这些模型之间可能是对立的，也可能是互补的。模型作为一种对客体的阶段性认识成果以及通过模型研究所取得的对客体的进一步的认识，都是相对的、近似的，只在一定程度上或从一定侧面上反映客体的属性。通过模型研究得到的认识要通过检验来判定。

合理的科学模型是对客体的一种好的抽象，能发挥理论模型对实践的指导作用。然而，对原型客体过度抽象简化或过于烦琐复杂的模型，都会导致失败。

1.2.2 模型的功能分类

信息系统是一个收集、存储、处理与输出信息的系统。它涉及多种模型：信息收集与存储属于数据组织问题或数据库问题，从模型功能方面看，属于信息模型问题；信息处理与输出可统一为处理变换问题，从模型功能方面看，属于处理模型问题。因此信息系统中所涉及的两大模型是：信息模型和处理模型(徐福缘 1989)。

1.3 信息模型

客观世界的事物是无穷无尽的，要对它进行有效的研究与利用，就必须做必要的概括与抽象，即理想化或模型化。其目的是揭示控制客观事物演变的基本规律，作为利用和改造的科学手段(图1-3-1)。

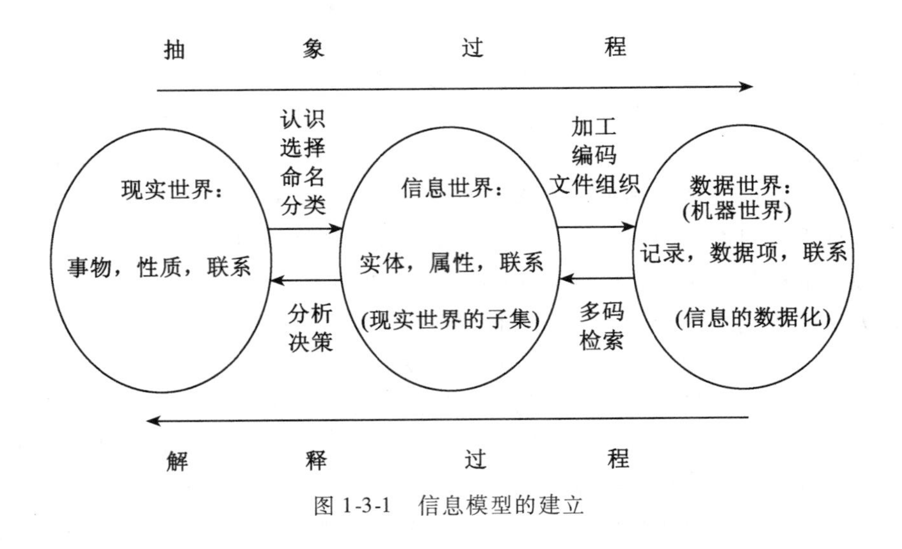

图1-3-1 信息模型的建立

目标个体信息的抽象、组织和对目标间关系的建立，借此实现客观世界信息的结构化，其实质是数据库模型。

数据库数据模型的建立过程反映从客观世界到计算机世界的逐级映射的全过程：

通过概念模型对领域要素进行抽象；

通过逻辑模型对数据结构进行抽象；

通过物理模型对存储方法进行抽象。

借助上述逐级映射，使得应用程序和数据分离，使应用程序与数据的存储位置、访问途径以及数据在计算机中的具体组织方法相互独立，而这些抽象过程是通过数据库管理系统(DBMS)来实现的，所以 DBMS 是应用程序与物理数据库之间的一个挡板，借此来隐蔽数据的物理结构和存取方法，即数据的存取对用户来说是透明的，即用户不需要知道内部的具体过程，就像我们看电视不需要知晓电视机的电子线路一样。

信息模型的建立可分为概念层、逻辑层和物理层三个层次。它们一起来回答“系统有哪些类型的数据及其联系”以及“怎样存取这些数据以及如何应用这些数据间的联系信息”的问题。

1.3.1　概念层次上的信息模型

概念模型是概念设计所得的结果。所谓概念设计，是通过对用户信息需求的综合归纳，形成一个不依赖于 DBMS 的信息结构的设计。它是从用户的角度用自然语言对现实世界的一种信息描述，因而它不依赖于任何 DBMS 软件和硬件环境。由于概念模型是一种信息结构，所以它由现实世界的基本元素以及这些元素之间的联系信息所组成。

一个概念模型描述构成数据库的所有数据以及它们之间的联系，它是新系统的信息部分的统一视图。因此，一个数据库只有一个概念模型，一个概念模型描述一个数据库，这表现在应用数据有哪些类型，对数据提取(检索)有哪些组合性或关联性要求等。

1.3.2　逻辑层次上的信息模型

建立逻辑模型旨在用逻辑数据结构来表达概念模型中所提出的各种信息结构问题。根据概念模型所列举的内容，此处可分为三个子模型来实现。

1. 领域事物向数据处理实体的转化

分析领域事物，确定何等层级的事物作为数据库处理的基本单元——实体，由此形成具体的类别系统。

2. 实体属性数据结构

从数据库系统的全局观点看，实体类型可看做是一个结点，也就是说，可以忽略其内部结构，以便集中精力研究实体之间的关系。为了区分不同的实体，就需要确定实体的一组特征，即一组属性，这样，就形成了作为“结点”的实体的内部结构，后者称为微结构，有时又称为记录内部结构，因为记录的是实体诸属性信息的集合。

3. 数据类型间关系的建立

因为在概念模型中，数据的分类是由自然语言进行描述的，这不利于计算机处理。根据应用需求，确定要建立哪几类数据间的关系。关系信息可表现为竖向的树关系和横向的空间位置关系。

执行上述步骤，就把概念模型转换成适用于某一种数据库管理系统(DBMS)的数据模型(层次型、网络型或关系型等)。

1.3.3　物理层次上的信息模型

由于同一类型的各个 DBMS，由于研发者的不同导致其具体细节也不同。因此，在数据库的物理实现阶段，就要完全根据当前使用的具体DBMS软件和计算机硬件来安排在逻辑模型中所确定的各种信息结构和存取方法与路径。

物理模型的描述对象是数据库的总体存储结构、应用数据的组织存储、关系信息的具体建立和存取路径的说明。对“怎样存取”这一问题进行详细设计，描述数据库内部的数据组织的物理实现方式。

1.4　处理模型

处理模型的主要功能是对数据库进行多码检索、变换、分析与知识挖掘。

在信息系统中，信息处理过程一般是多层次与多步骤的。也可分为概念层、逻辑层和物理层三个层次。它们一起来回答“系统有哪些功能及其联系”以及“怎样实现这些功能及其联系”等问题(徐福缘　1989)。其中：

概念层次上的处理模型：描述系统的功能及其联系，处理“哪些”问题；

逻辑层次上的处理模型：对“怎样”处理问题进行总体设计，指出系统功能的实现机制和详细的软件结构；

物理层次上的处理模型：对“怎样”处理问题进行详细设计，明确各个模块间的数据流和数据流名称、类型和格式等。

建立逻辑层次上的模型和物理层次上的模型是为了回答“怎样”这个问题，将人们从外部看待一个系统转向从内部看待一个系统。因为对此问题的回答，要求人们考虑系统的实现机制、软件结构、处理方式、处理逻辑和软硬件设备的约束等因素。

在地理学领域，对模型的功能，剑桥学派的核心人物乔莱(R. Chorley)和哈格特(P. Haggett)早有论述。现代地理学者哈维(D. Harvey)在其名著《地理学中的解释》一书中把模型的功能概括成六个基本方面(表1-4-1中的1~6)(秦耀辰　1994)。

表1-4-1　　**模型的功能**

<table>
<tr><th>关　系</th><th>功　能</th></tr>
<tr><td>1.　T'，H' 或 $L' \to M \to T'''$，H'' 或 L''</td><td>扩展或重新构造 T'，H' 或 L'</td></tr>
<tr><td>2.　T' 或 $L' \to M \to D_0$</td><td>证实 T' 或 L'，确立 T' 或 L' 的范围</td></tr>
<tr><td>3.　$H' \to M \to D_0 (\Rightarrow H' = L')$</td><td>证明假说并形成定律</td></tr>
<tr><td>4.　T' 或 $L' \to M \to D_p$</td><td>预测</td></tr>
<tr><td>5.　$D_0 \to M \to T'$，H' 或 L'</td><td>发现 T'，H' 或 L'</td></tr>
<tr><td>6.　$T'H'$ 或 $L' \to M$</td><td>$T'H'$ 或 L' 的重新表示(为教学目的等)</td></tr>
<tr><td>7.　$D_0 \to M \to T' \to M \to D_0$</td><td></td></tr>
<tr><td>8.　$L' \to M \to L'' \to M \to D_0$</td><td></td></tr>
<tr><td>9.　$D_0 \to M_1 \to T' \to M_2 \to D_0$</td><td rowspan="2">($M_1$，$M_2$ 互相独立)</td></tr>
<tr><td>10.　$L' \to M_1 \to L'' \to M_2 \to D_0$</td></tr>
</table>

表 1-4-1 中的 T'、H'和 L'分别表示初始理论、初始假说和初始定律；T''、H''和 L''则分别表示新理论、新假说和新定律；D_0和 D_p分别表示实际数据集和预测数据集；M 则表示模型。而表 1-4-1 中的 7 ~ 10 则是实际中更为复杂的组合，即同一模型可能同时具有多种功能或者多个模型具有一种或者多种功能。哈维的理解侧重于理论方面，而在应用方面则注意得不够。

对于像区域开发研究这类发展水平不太高的领域，模型的功能应该体现在如下几方面：

①简化系统的结构，描述和认识系统的构造，把所关心的问题抽取出来，如各类网络模型、分类模型等；

②汇集数据，综合系统的大量具体事实，发现内在规律，如回归模型、统计相关模型等；

③模拟系统过程，预测系统未来变化，如统计预测模型、系统动力学模拟等；

④揭示逻辑规律，解释事物变化结果的必然性，如因果关系模型；

⑤验证假说和理论，形成新的理论，如空间相互作用模型；

⑥优化系统结构，设计新的方案，如各类优化模型。

上述六种功能从某种程度上可反映区域开发研究所使用的模型的范畴。

在计算机环境下，模型在决策过程中起着极为重要的作用：决策支持系统是模型驱动的，决策者并不是根据数据库中的原始数据本身进行决策，而是依靠模型库中的模型进行决策。

1.5　模型化方法

建立模型的任务就是要确定模型的结构和参数。主要的方法有演绎法、归纳法、混合法。

1.5.1　演绎法

对于内部结构和特性清楚的系统，即所谓的“白箱”系统，可以利用已经研究出的信息、定理和原理，经过分析、数学或逻辑演绎导出系统模型，这类建模方法又称为机理建模。

1.5.2　归纳法

对于那些内部结构和特性不清楚或不很清楚的系统，即所谓的“黑箱”系统和“灰箱”系统，如果能够获得通过试验观测系统的输入和输出数据，则可以基于这些试验数据来建立模型。此类建模方法对有关学科的专业知识要求较少，所需建模时间较短，是对实际系统功能的一个近似描述，模型的有效范围受到一定的限制，故又称为经验建模。由于归纳法建模是从特殊到一般，所以建立的模型将不是唯一的。

1.5.3　混合法

对于内部结构和特性不完全清楚的系统，如果系统不能够进行直接观测，则可以利用一部分先验知识进行演绎，同时通过搜集大量数据进行某种归纳来建立模型。这是一个能充分利用自己获得的有关的系统信息的最有效的建模方法，又称为灰箱建模法(藩玉君 2001)。

1.6 模型化的认识论本质

归纳和演绎属于推理。所谓推理，是指根据原有知识推出知识的思维形式。任何一个推理都包含三个要素，即表现在前提中的出发的知识，或称原有知识；关于推理规则的知识，即由前提推出结论的逻辑规律；表现在结论中的推出知识。

推理所获得的知识是一种新知识。显然，推理得到的结论蕴含在前提之中，不然就不可能推出新知识。在解决问题的时候，前提只是一种依据，结论才是对问题的回答。推理从前提过渡到结论，得到了前提所没有直接提供的东西，解决了前提所不能直接回答的问题。因此这也是一种新知识。当然这种新知识只是作为前提的原有理论，在一定逻辑规律基础上的扩展、限制和应用(吴元梁 1984)。

1.6.1 归纳推理

归纳推理是从特殊事实中概括出一般原理的推理形式和思维方法，它从个别的、单一的事物的性质、特点和关系中概括出一类事物的性质、特点和关系，并且由不太深刻的一般到更为深刻的一般，由范围不太大的类到范围更为广大的类。

归纳推理是在实验的基础上，概括事物之间关系的一种科学方法。它是一种由个别到一般、从特殊到普遍、从现象到本质的认识手段和认识方法。归纳获得的结论内容超出前提所包含的内容，因而，它是人们扩大知识内容的一种逻辑方法(李志才 1995)。

归纳在科学研究过程中是一种重要的推理形式，也是人们从掌握到的客观事实中概括出一般科学原理的重要方法。例如，哈雷在概括所观察到的彗星出现的周期时就采用了归纳的方法。

我们为什么能从个别事实中归纳出一般原理呢？这是因为在客观事物中，个别中包含着一般，一般存在于个别之中，因此同类事物存在着相同的一般属性、关系和本质。还因为在客观世界中，原因和结果之间也存在着必然的联系。

科学归纳法是根据观察或实验，分析出某一类中的一些事物之所以有某种属性的原因，然后概括出一般性结论的一种归纳法。它是以对某类中部分对象的必然属性或必然联系的认识为基础的。由于原因和结果之间存在着必然的联系，有了某一原因必然会产生某一结果，因此我们就可以根据已有的原因来推断出作为一般的结果，这样的结论是确实可靠的，在科学上表现为定律。

归纳法对科学发展和探索真理有巨大作用，在科学研究中人们提出假设、做出猜想、发现规律，都要运用这种方法。

1.6.2 演绎推理

演绎推理是从一般到特殊和个别，是根据一类事物的一般属性、关系、本质来推断该类中的个别事物所具有的属性、关系和本质的推理形式和思维方法。

演绎推理或演绎法有各种不同的种类。根据推理中前提的数量，演绎推理可分为直接推理和间接推理。

1. 直接推理

直接推理是由一个前提推出结论的推理。直接推理就是把判断中所暗含着的间接知识揭示出来，使之变成明显的东西。

2. 间接推理

从几个前提中推出一个结论的推理叫做间接推理。

演绎推理或演绎法在人们的认识过程和科学研究中发挥着巨大的作用，它可以使我们获得新的知识，也可以帮助我们论证或反驳某个论题。在科学史上，曾经有过不少重大发现显示了演绎法的强大威力。

演绎推理的作用是不能低估的。现代科学从总体上来说，已经不是处在经验材料的收集阶段，而是处于高度的理论概括和演绎的阶段，所以更应重视演绎推理的作用。由于数学工具的发展，人们能够凭借这些工具提出理论假设，然后演绎出理论体系，再接受实验和观察的检验。相对论的建立和发展过程就具有这样的特点。

1.6.3　归纳与演绎的相互关系

归纳和演绎是对立的、方向相反的两种认识方法。归纳的实质在于从个别、特殊到一般，是从不大一般到更为一般的概括现象的思维运动。而演绎则相反，它是从一般到特殊，从认识许多现象的一般属性的知识到认识个别现象属性的思维运动。因此，它们在人类认识过程中，各有特定的作用和地位。当人们在认识了许多个别和特殊的事物，需要从中得出一般认识的时候，就要运用归纳；当人们在认识了一般的东西之后，又需要去研究特殊的、个别的事物的时候，就要运用演绎。它们互为前提、互相补充。一种方法在认识的一个阶段、一个方面发挥作用，当认识超出这个阶段、这个方面，并转到那个阶段、那个方面时，一种方法就转化为另一种方法，认识再发展，两种方法之间再发生转化，即归纳转化为演绎，演绎转化为归纳(吴元梁　1984)。

1.6.4　分析与综合在建模中的作用

归纳和演绎尽管功能强大，但均有局限性。在认识过程中，分析与综合也起着重要作用。

1. 分析(Analysis)

分析从根本上说就是一个从现象一层层地向本质深入的过程。经过这样的过程，那些最初在感性上以其整体性呈现在我们面前的现象，被思维分解为各方面的联系和特性。因此，分析也就是把整体分解为各部分及认识各个部分的一种形式和方法。但是这种分解绝不是简单的机械分割。通过分解，认识事物的各个方面、各种属性和关系，从中分出主要的方面；从偶然性中找出必然性；从现象中找出本质；从个别、特殊中找出一般。因此，分析是一种从多样性到单一性、从偶然性到必然性、从现象到本质、从个别到一般的认识方法。

分析和归纳有表面相似的地方。但是从实质上看，是根本不同的两种认识方法。分析和归纳都与从个别到一般的认识过程有关联，都从个别的现象、事实出发。但是在归纳过程中，我们只是把个别的现象进行对比和比较，发现它们共同的地方而加以归纳，可是分析则不同，分析是在对事物的各方面、各部分进行比较和研究的基础上，分析它们在事物的整体中各处在何种特定的地位，分析它们彼此之间的既相联系又相制约的关系，分析它们对事物的现状和今后的发展各有什么影响，从而在各种属性中找出本质属性，在个别中找出一般。

2. 综合(Synthesis)

综合就是在已经认识到的本质的基础上，将对象的各方面本质有机地联合成为一个整体。

怎样联合呢？这个联合不是机械的混合和捏合，而是建立在深刻的辩证关系基础上的联合。为了做到这一点，综合的研究方法首先应该在分析研究方法所取得的成果基础上继续前进，去深入研究事物的各个方面和主要方面、事物的本质和现象、事物的必然性和偶然性、事物最深刻的本质和不太深刻的本质之间的相互关系。分析在研究这种相互关系的时候，侧重于它们彼此之间的对立和差别，以便找出主要和非主要、本质和非本质的区别，但综合在研究这种相互关系的时候，则在分析已经达到的认识基础上，侧重于它们彼此之间的联系。经过这样的综合研究，把原来分析得到的各个方面、各个部分联合成为一个有机的整体。

实际上，综合的任务是找出分析所得到的诸本质方面之间以及一般、主要和个别、次要之间是怎样联系起来的，对象一方面的本质怎样和另一方面的本质相关联的，一般怎样表现为个别的，主要方面又是怎样规定制约次要方面的，等等。

无论是自然科学还是社会科学，都是在积累了大量的分析成果之后，就进行概括性的综合，用统一的思想把分散的事实、理论联系和统一起来，并发现新的规律，形成新的理论，使认识上升到更高的阶段。科学发展史上每一次出现的巨大综合都得到了具有划时代意义和影响的成果，如牛顿力学和开普勒提出的行星运动三大定律等。

分析的起点是未经分析考察过的具体的客体，分析的终点是经过分析考察而得到的事物的各个方面、各种属性以及从这些方面、属性中分析出来的一般、本质。综合的起点是分析终点得到的东西，而综合的终点则是一般和个别、本质和现象、必然和偶然、多样性和单一性的统一。

分析的任务是透过现象看到本质，通过个别找出一般，综合的任务是把本质和现象、个别和一般统一起来，使现象、个别、偶然得到理解和说明(吴元梁 1984)。

1.7 数学模型的建立与应用

在本章1.1.2“模型的形式分类”中曾述及数学模型，在各种模型方法中，数学模型方法是最主要的方法。尽管数学模型化的具体途径千差万别，但遵循着大致相同的步骤。数学的特征表现在它的抽象性(严密的推理和证明)和广泛的应用性。随着社会的发展、科学技术的更新，特别是计算机技术的飞速发展和广泛应用，使得数学的应用越来越广泛。

数学模型方法是应用数学原理去解决实际问题的基本方法。所谓数学模型，是指依据具体事物系统的特征，并应用数学的语言，概括地或近似地表述出来的一种数学结构。相对于数学模型而言，原来的具体事物系统称为现实原型。

数学模型是系统某种特征本质的数学表达式，即用数学式子来描述(表示、模拟)所研究的客观对象或系统某一方面的存在规律。

一个系统是指按一定方式互相联系起来的元素集合。一个系统范围主要取决于我们研究的范围、目的和任务。一般把不属于系统的部分称为环境。从环境向系统流动的信息称为输入；反之，从系统向环境流动的信息称为输出。

建立一个系统的数学模型，一般来说要建立系统输入、输出之间的关系式。有时也将所关心的反映系统内部状态的状态变量包含在数学模型之内。

由于所要求的近似程度不同，相应的数学模型也不同。因此，同一个系统的数学模型不是唯一的。

显然，由现实原型去构造数学模型是一个抽象的过程，与一般理论科学中的抽象一样，所构造的数学模型也应反映事物的本质。这就是说，在构造数学模型的过程中，我们应舍弃各种与问题的解决无本质联系的成分，而这又往往是一种理想化与简单化的过程。另外，除去所说的共同性以外，数学模型的构造还具有以下特殊性质：第一，它是一种数学抽象的过程，即是以数学概念、符号、命题、公式的应用为必要前提的，此时，即是应用数学语言去对客观事物的量性特征进行刻画；第二，进行数学抽象的目的是希望能获得这样的数学结构，即相对于现实原型而言，它具有化繁为简、化难为易的功能，并且能反映事物的量性特征，从而，我们就可通过纯数学的研究(演算、推理等)去解决原来的实际问题。著名的寇尼斯堡七桥问题就是一个典型的例子(图 1-7-1)，详见本章 1.12.4 节中关于地图与拓扑的论述。

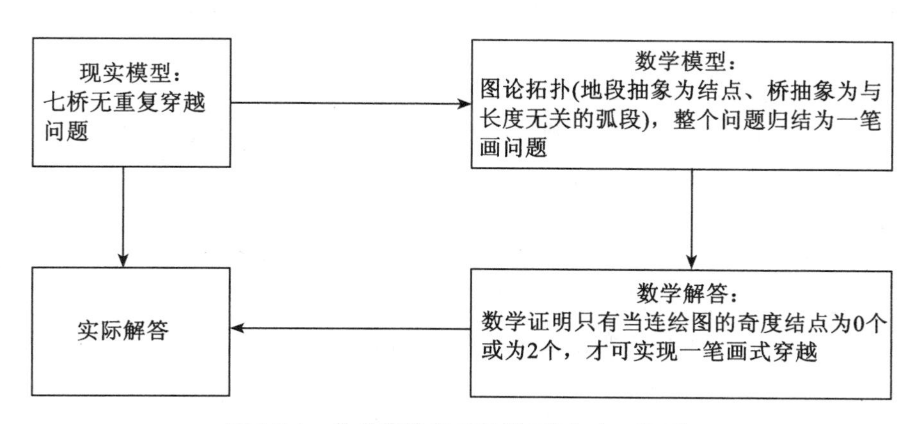

图 1-7-1　数学模型应用举例(李志才　1995)

所谓数学抽象，是指由具体事物抽取出量的方面、属性和关系。

量与质是一对哲学概念。质是指一事物区别于他事物的一种内部规定性；量则是指事物的规模、方式以及发展的程度与速度等。质与量既相互对立又相互补充。

1.7.1　模型的理想化

数学家们为了研究一个对象，往往先采用一个抽象的方法建立一个所谓“形式系统”，把对象的具体的个性统统去掉，只留下抽象的共性，然后采用形式逻辑的演绎方法推导定理(即真理)。所以这种方法往往只能证明定理而不能发现真理。

数学怎样用来解决实际问题呢？首先需要用数学的语言来描述实际问题，将它变成一个数学问题，利用现成的数学工具或发展新的数学工具来加以解决。将实际问题变成数学问题的这个过程，就是数学建模。

理想模型法是将研究对象加以理想化从而突出和暴露它的某些特性和关系的科学研究方法。理想模型法在科学技术中有十分广泛的应用。比如物理学中的理想气体和液体、力学中的理想刚体、工程技术中的理想地基等，都是理想模型法的典型例子。被理想化的模型具有抽象性、近似性和相对性的特点。抽象性是指被理想化的模型是对现实具体事物的抽象和提炼，它只存在于理想状态中。近似性是指它所建立的模型只是近似地反映着被研究的客体，而不是直接等同。相对性是指它所建立的模型都是有条件的、相对的，离开一定条件，这种模型就不能成立。理想模型方法的这三个特点说明，在使用这一方法时，要注意通过修正数量以纠正近似性，通过分析事物的条件性和确定性以正确反映模型的相对性，对事物全面理解以保证抽象的科学性，并注意根据不同的研究对象和目的来设计和使用不同的理想模型(李志才 1995)。

1.7.2 数学模型的选择

由于数学模型是现实原型中量的关系的摹写，因此，在构造数学模型时，我们就应首先对现实原型的性质进行分析，从而选择合适的数学模型。

现实事物的变化一般可以分为三大类，一类是必然现象，一类是或然现象，还有一类介于其间的模糊现象。因而就产生相应的三类数学模型：确定性数学模型、随机性数学模型和模糊性数学模型。

1. 确定性数学模型

这类模型所对应的现实事物具有确定性或固定性，对象间具有必然的关系。这类模型的表现形式往往是各种各样的方程式、关系式、逻辑关系式、网络图等，所用的方法是经典数学方法。

若系统有确定的输入时，系统的输出也是确定的，这样的系统称为确定系统，它的模型为确定性数学模型。确定性模型反映的是必然现象。

所谓必然现象，是指事物的变化服从着确定的因果联系，从前一时刻的运动状态就可以推断出以后各时刻的运动状态。这种现象在数学上用各种方程式来表述，如代数方程、微分方程、积分方程以及差分方程，其中微分方程应用最广。只要我们把这样的方程放在确定的历史条件下，从确定的初始条件和边界条件就可以得到一个确定的解。因此这是一种确定性模型。

2. 随机性数学模型

这类模型所对应的现实原型具有或然性或随机性。数学模型的表示工具是概率论、过程论及数理统计等方法。

许多系统由于受到一些复杂而尚未完全搞清楚的因素的影响，使得在有确定的输入时，得到的输出是不确定的，这样的系统称为随机系统。它的数学模型为随机数学模型。随机模型反映的是或然现象。

所谓或然现象，又称随机现象，它的变化往往有几种不同的可能性，究竟出现哪一种结果完全是偶然的、随机的。随机现象服从着统计规律。就是说，当随机现象由大量成员组成或者成员虽然不多，但出现次数是大量的时候，就可以显示某种统计平均规律。概率论和数理统计就是描述这类现象的数学工具，所形成的模型就是随机性模型。

确定性现象和随机性现象的区别在于：对于某个现象的结果来说，当条件充分时，出现的结果是确定的，这就是确定性现象；条件给得不充分，还有一些影响结果的因素尚未知道，那么试验的结果事前就不确定，会出现多种可能结果，这就是随机现象。也就是说，随机事件结果呈现的偶然性或随机性是由于存在一些未知因素。

在各种实际问题里，为了简化问题，可在允许的误差范围内略去一些次要的随机因素，把随机问题当成确定性问题来处理。例如炮弹的运动轨迹和着弹点，除了与炮弹的初速度、地球引力有关以外，还与天气条件以及炮弹的几何形状、质量分布等随机因素有关。如果仅给出初始速度，那么炮弹的运动轨迹就不是唯一确定的，而是随机的，这是一个随机现象。但是，略去那些次要的随机因素后，已知初速度，就可确定炮弹(理论的)运动轨道和着弹点，于是就成为一个确定型问题。

随着科学技术的深入发展，有许多问题的解决必须将这些随机因素考虑在内，这就需要研究随机问题。

建立实际问题的随机变量的概率分布，大体有以下两种不同的途径：

①将实际问题中的随机变量所遵守的条件理想化、模型化，比较这些条件与某种已知的随机变量类型的条件，如果基本相同，就可从理论上推导出该随机变量的概率分布。

②在大量试验的基础上，可以得到一系列的频率分布的情况。由于频率是稳定的，即当试验次数增大时，频率总是在确定的常数——概率内做微小的摆动。所以在试验次数较多时，可根据频率的分布推得概率分布。

这种统计的方法在应用上非常重要，因为有许多实际问题的概率分布是很难用理论方法推出的。

确定性模型与随机性模型虽然有着不同的特点，但它们都是以普通集合论为理论基础的，都可以精确地进行量的刻画。

用概率方法对地图信息的数量的广义的概率解释和评价并没有取得很大的成功，因为反映在地图上的每一个物体和它的标志不具有概率的性质，而具有具体的和确定性的性质。然而，概率方法在地图的模式识别、物体的自动分类和领土区划中则可以得到应用(Васмут　1983)。

3. 模糊性数学模型

这类模型所对应的现实对象及其关系均具有模糊性。数学模型的基本表示工具是模糊集合论及模糊逻辑等。在模糊信息处理中，其主要的一环是模糊评判，这涉及诸如模糊关系、模糊知识等支撑信息的获取。属于模糊信息处理功能的主要有：模糊聚类、模糊线性规划和产品质量的模糊评价等。

现实世界中的必然性观象、或然性现象及模糊性现象并不是截然分开的，由此提炼出来的数学模型也就往往是混合型的。例如，有些事物主要表现为必然性观象，但是，当随机因素的影响不可忽视时，就有必要在确定性模型中引入随机因素，如随机微分方程就是这样的例子。

1.7.3 数学模型中的量化与序化

在数学模型中直接表达的是定量关系，但量变会引起质的飞跃。

在定量分析之前，必须把所关心的性质、关系等的“质”的问题予以量化。在很多情况下，量化的目的是为了序化。

量化或序化是研究对象之间存在的一种关系的反映，可用数值或次序来刻画这种关系。对于序化来说，值的大小只是用来作排序之用，即只取数值大小的序，而不是取它们的量。例如，在本书下面介绍的多种场合下的矢量叉积运算中，尽管计算结果值是多种多样的，但真正起作用的是符号，即大于零、等于零和小于零三种状态，它们在图形数据处理中具有本质性的判别作用。

1.7.4 数学模型的构造过程

数学模型的实际构造过程可归结为如下的几个步骤：

第一步，对所研究的实际问题即现实原型，应分析其对象及关系结构的本质特性，从而确定相应的数学模型的类别。

第二步，要确定所研究的系统，并抓住主要矛盾，即应对问题进行适当的简化（理想化）。

第三步，进行数学抽象，尽可能使用数学概念、数学符号及数学表达式去表现事物对象及其关系。

对以上的第二步及第三步有如下的说明：

①相对于较为复杂的现实原型而言，数学模型应当具有化繁为简、化难为易的特性；

②在构造数学模型时，应当尽可能地使用现成的数学语言和工具；

③对于同一现实原型可能建立不同的数学模型，应不断对它们进行检验和比较，特别是应当把由数学模型经过纯数学的研究得到的数学解答返回到应用实践中去，看其适应性如何。通过反复试验与比较，选出最为恰当的模型。

1.8 常用的数学模型函数

根据对研究对象的分析，选定合适的函数表达类型，这基本上是一个经验方程的确定问题。主要有下列几种类型：

1.8.1 多项式函数

在众多的函数类中，多项式是便于处理的一类函数。它表达简明、运算简洁。为计算多项式的值，只要作有限次最简单的算术运算：加法、减法和乘法。多项式的微商和不定积分仍是多项式。对于用多项式作为近似函数，这种简单性是特别重要的。

多项式的一般形式为

$$y = a_0 + a_1x + a_2x^2 + \cdots + a_nx^n \tag{1-8-1}$$

由微分学知道，n 次多项式的 n 阶导数等于常数（$n!\ a_n$）；反之亦然，若函数的 n 阶导数恒等于常数，那么这个函数将是 n 次多项式。但这个判别法却无法直接用在离散的数据上。故须将导数改为对应的差商或差分，然后再用它们来表示上述判别法则。

多项式(1-8-1)中，若 n 不超过3，则参数 a_0、a_1、a_2、a_3有明显的几何意义，即 a_0为序列的初始值，a_1为函数增长的速度，a_2为加速度，a_3为加速度的变化率。

1. 一次多项式(线性)函数

$$y=a_0+a_1x \tag{1-8-2}$$

这是最为简单的数学模型。其建立过程归结于用最小二乘法对大量观测数据进行回归计算，求出两个模型参数：直线方程的斜率 a_1和截距 a_0。

此处，由于

$$\frac{\mathrm{d}y}{\mathrm{d}x}=\mathrm{a}_1 \tag{1-8-3}$$

是常量，它表达一种均衡变化过程。由于客观世界的现象与过程的变化，总的说来是非线性的，所以此类线性模型应用范围很有限。

2. 二次多项式(抛物线)函数

$$y=a_0+a_1x+a_2x^2 \tag{1-8-4}$$

它的适应性要好得多。特别是结合专业数据分析，可进一步演化为特定的数学模型。此外，抛物线模型有多种变态，应用场合也很多。此处以地图量测学中有名的沃尔科夫(Н. М. Волков　1950)河流长度归算模型为例，来说明抛物线模型的应用。

河流或水体岸线通常为湾中有湾的曲线，用现代术语讲是分形曲线(Fractal Curve)，关于分形的概念详见 2.5 节相关内容和 2.9.6 节相关内容。

为了在地图上量得河流或岸线的长度，需要解决两个问题：在给定比例尺地图上量算线状目标的曲线(极限)长度和将所量得的图上曲线(极限)长度变换为目标在实地上的长度(归算)。

(1)给定比例尺图上曲线(极限)长度的确定

在给定比例尺地图上，当用量规去量测河流或岸长等自然物体的长度时，量规的步距设置得越大，则忽略的弯曲越多，最后量得的曲线长度越短；反之，若量规的步距设置得越小，则忽略的弯曲越少，最后量得的曲线长度越长，越接近图上曲线的实际(极限)长度；以此推理，当量规的步距趋近于0时，所量得的曲线长度就是在该比例尺地图上的曲线实际(极限)长度。然而，用步距为 0 的量规进行曲线长度量测是无法实现的。为此，就要借助数学工具来解决这一实际问题，即用数学的方法来实现当量规步长趋近于0时的曲线长度的确定，并把这种曲线长度叫做曲线的极限长度。

苏联学者 Н. М. 沃尔科夫(Н. М. Волков)教授于1950年所出版的专著《地图量测学的原理与方法》(*Принципы и методы картометрии*)一书中给出河流极限长度的计算公式。当简单地在给定比例尺地图上用两个量规步距 d_1 和 d_2($d_2>d_1$)量得的曲线长度 L_1 和 L_2 来计算在此地图上的曲线的极限长度时，其计算公式为

$$L_{\lim}=L_1+k(L_1-L_2) \tag{1-8-5}$$

式中，

$$k=\frac{\sqrt{d_1}}{\sqrt{d_2}-\sqrt{d_1}} \tag{1-8-6}$$

此处，L_1 为用较小的量规步距 d_1 量得的河流长度；因此，差式(L_1-L_2)和系数 k 都将为

正值。公式(1-8-5)的抛物线性质可用图1-8-1清晰地表明。

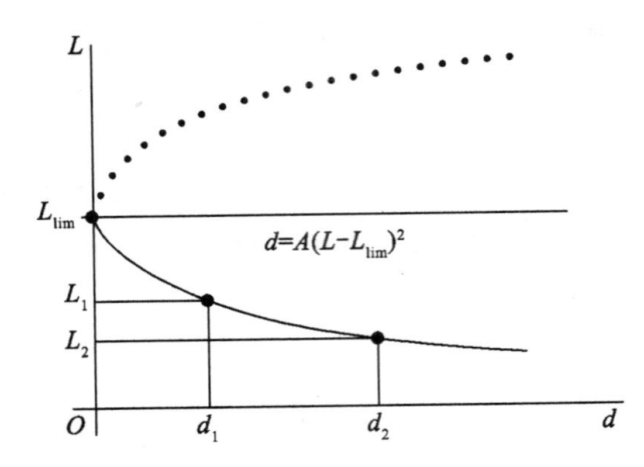

图1-8-1 沃尔科夫河流极限长度计算的抛物线原理

由图1-8-1可知，有

$$d = A(L - L_{\text{lim}})^2 \tag{1-8-7}$$

或

$$L_{\text{lim}} = L + a\sqrt{d} \tag{1-8-8}$$

此处

$$a = \frac{-1}{\sqrt{A}} \tag{1-8-9}$$

对于两对量测值（L_1，d_1）、（L_2，d_2），可建立以下两个关系式：

$$L_{\text{lim}} = L_1 + a\sqrt{d_1} \tag{1-8-10}$$

$$L_{\text{lim}} = L_2 + a\sqrt{d_2} \tag{1-8-11}$$

从上述两式的联立解中得

$$a = \frac{L_1 - L_2}{\sqrt{d_2} - \sqrt{d_1}} \tag{1-8-12}$$

及

$$L_{\text{lim}} = L_1 + \frac{L_1 - L_2}{\sqrt{d_2} - \sqrt{d_1}}\sqrt{d_1} \tag{1-8-13}$$

这就是在该比例尺地图上河流长度的计算公式(1-8-13)或前述公式(1-8-5)。它在理论上排除了量规步距对长度量测结果的影响。

必须注意的是，此处计算的L_{lim}是在给定比例尺地图上所量得的最大的曲线长度，即想象当量规的步距趋近于0时所量测出来的河流长度。然而，由于任何比例尺的地图都曾受到不同程度的综合概括的影响，所以此处所得到的极限或精确长度仍不是河流的实地长度。即是说，还要想方设法通过地图量测的方法来推算当比例尺为1∶1时河流的实地长度。

(2)实地长度的归算

早在1894年，德国学者彭克(A. Penck)在不同的比例尺地图上对同一岸线的长度进行了量测，结果见表 1-8-1(Волков　1950)。

表 1-8-1　**同一岸线的长度量测结果**

地图名称	比例尺	岸线长度(km)
彼特曼欧洲地图	1 : 15000000	105
奥地利匈牙利一览图	1 : 3700000	132
奥地利匈牙利地图	1 : 1500000	157.6
中欧一览图	1 : 750000	199.5
奥匈总图	1 : 300000	190.6
奥匈特种图(大比例尺地形图)	1 : 75000	223.81

表 1-8-1 中所示的河流长度与比例尺的关系可直观地用图 1-8-2 来表示。

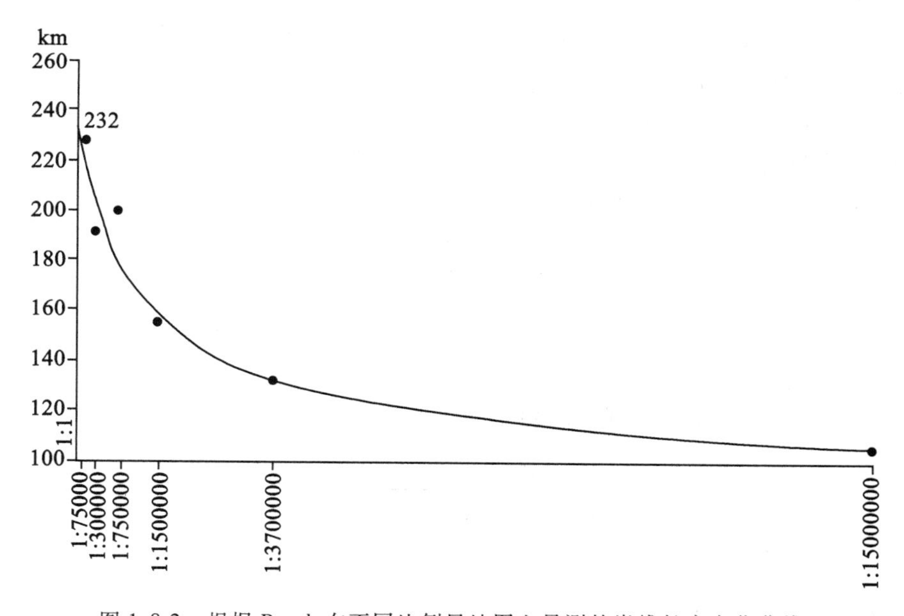

图 1-8-2　根据 Penck 在不同比例尺地图上量测的岸线长度变化曲线

类似于上述方法，此处在比例尺分别为 1 : M_1 和 1 : M_2($M_2>M_1$)的同类地形图上量测同一条河流的两个极限长度 L_{lim1} 和 L_{lim2}，仍用抛物线模型导出相当比例尺为 1 : 1 的实地线状物体的长度，这种长度称为归算长度 L_{red}。这样，完全类似于求曲线的极限长度那样，归算线状物体的实地长度(即相当于比例尺为 1 : 1 的实地)的计算公式为

$$L_{\text{red}}=L_{\text{lim1}}+t(L_{\text{lim1}}-L_{\text{lim2}}) \tag{1-8-14}$$

$$t=\frac{\sqrt{M_1}}{\sqrt{M_2}-\sqrt{M_1}} \tag{1-8-15a}$$

至此，公式(1-8-14)给出了理论上的线状物体的实地长度，即在理论上排除了比例尺

因素(图形随比例尺变化所受到的概括简化因素)的影响。把公式(1-8-13)和公式(1-8-14)一并考虑，则可以说通过这两个步骤(求极限长度和归算长度)可以使量测结果既与量规步距无关，也与比例尺无关。

笔者认为，在式(1-8-15a)中，为计算 t 值，对呈几何级数变化的地图比例尺分母宜取其对数，使之与呈算术级数变化的河流长度位于一个统一的算术数值空间中，这样，可使其图形表示具有合理的视觉效应。因此，可将上式改写为另一种形式。

$$t = \frac{\sqrt{\log M_1}}{\sqrt{\log M_2} - \sqrt{\log M_1}} \tag{1-8-15b}$$

此处所述的曲线长度量测原理只是用来说明抛物线类型的数学模型的一种典型应用。至于所述方法与原理的精度与其他问题，有不少学者提出了新的合理性改进性建议。此处就不一一介绍了。

时至今日，已进入数字化时代，繁琐的手工量测已被图形数据的计算机处理所取代。但上述分析问题和解决问题的数学思维仍是宝贵的。

3. 三次多项式

(1)三次曲线函数的一般形式及其正则化

三次曲线函数一般形式为

$$Ax^3 + 3Bx^2y + 3Cxy^2 + Dy^3 + 3Ex^2 + 6Fxy + 3Gy^2 + Hx + Iy + K = 0$$

牛顿于1704年通过初等变换把三次曲线的一般方程变换为以下四种正则形式之一(Смогоржевский и Столов 1961)：

$$\begin{aligned} &\text{A:} \quad xy^2 + ey = ax^3 + bx^2 + cx + d \\ &\text{B:} \quad xy = ax^3 + bx^2 + cx + d \\ &\text{C:} \quad y^2 = ax^3 + bx^2 + cx + d \\ &\text{D:} \quad y = ax^3 + bx^2 + cx + d \end{aligned} \tag{1-8-16}$$

然后，根据正则方程的系数，他又给出了四次或三次辅助方程

$$ax^4 + bx^3 + cx^2 + dx + \frac{e^2}{4} = 0 \tag{1-8-17}$$

或

$$ax^3+bx^2+cx+d=0 \tag{1-8-18}$$

并把它们称之为特征方程。

其中，A称为多种形式的双曲线；B称为三叉戟线(抛物双曲线)；C称为发散型抛物线；D称为三次(立方)抛物线。

A型三次曲线 $xy^2+ey=ax^3+bx^2+cx+d$ 过于复杂，此处不再介绍。

B型三次曲线 $xy=ax^3+bx^2+cx+d$ 为三叉戟线(抛物双曲线)，它有两条渐近线：直线渐近线 $x=0$ 和抛物渐近线 $y=ax^2+bx+c$，二者是密切的。三叉戟线由两支双曲抛物线组成，如图1-8-3(a)所示。若特征方程 $ax^3+bx^2+cx+d=0$ 有互异的实根，则曲线的形状略有变化，如图1-8-3(b)所示。

C型发散抛物线 $y^2 = ax^3 + bx^2 + cx + d$ 有无限远处的拐点和三次渐近曲线 $y^2 = ax^3$。

D型三次抛物线 $y = ax^3 + bx^2 + cx + d$ 没有渐近线，在有限距离内也没有特殊点。该型抛物线表现为三次多项式的形式，有其独特的优越性。其图形为三次抛物线或立方抛物

线，如图1-8-4所示。

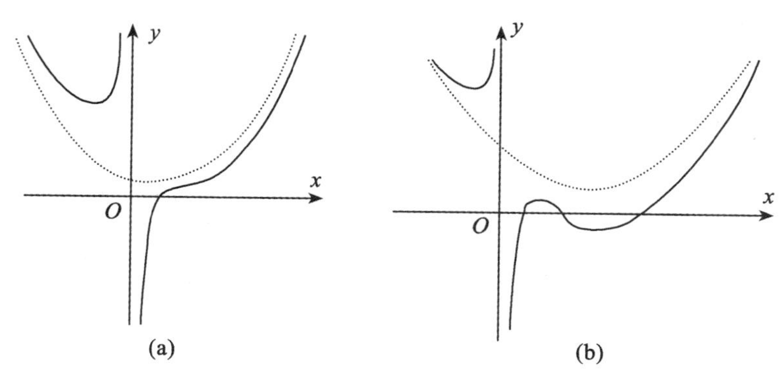

图1-8-3　三叉戟线(抛物双曲线)

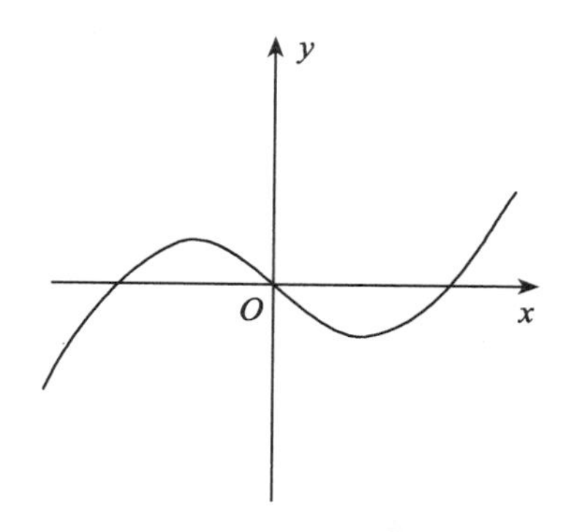

图1-8-4　三次抛物线

(2)三次曲线的主要应用

在插值中，高次多项式会引起插值曲线的剧烈振荡，低次多项式又难以描述实际上存在的具有多样性的曲线。而三次曲线在此处于一个恰如其分的地位。

三次抛物线由于它可能存在两个弯曲和一个拐点，在曲线插值和几何造型中有着广泛的应用。如在分段样条函数插值中，为保证插值函数通过所有结点、在子区间有一阶及二阶的连续导数，在每一个子区间插值函数都是三次多项式。

在几何造型中，参数三次曲线是既可生成带有拐点的平面曲线，又能生成空间曲线的次数最低的参数多项式曲线(施法中　1994)。如著名的费格森(Ferguson)参数三次曲线方程为

$$p(t)=a_0+a_1t+a_2t^2+a_3t^3 \tag{1-8-19}$$

这类多项式可做进一步的处理，当能确定首末点或其他点处的函数变化方向(切线方向或渐近线方向)时，则可形成带导数插值模型。

根据上述分析可知，当离散数据序列的一阶差分为常数时，可采用一次线性模型；当二阶差分为常量时，则需采用二次抛物线模型等。

1.8.2 幂函数

幂律在数学模型中特别是在实验性物理规律的研究方面的应用是比较广泛的。在度量问题中，一些物理量和心理指标的度量，往往是由实验来确定的。如声音、光的亮度、图形密度的差异感等都服从幂律。其意义是把一些感性的内容真正量化了。

1. 音强与听觉

声音的听觉强度 $L(x)$ 是音量强度 $I(x)$ 的幂函数。通过对实验数据在双对数坐标系的直线拟合，得出其斜率为 0.3，或取 $0.3=\log_{10}2$，因此上述幂函数可以写成

$$L(x) = \alpha I(x)^{\log_{10}2} \tag{1-8-20}$$

式中，α 的大小由度量的单位来定。由此，可进一步导出结论：音量强度增加 10 分贝，听觉就感到增加一倍(张尧庭 1999)。

2. 图形密度与视觉

这个问题可看成是图像的刺激与视觉反映之间的关系。

心理物理学是研究量测感觉经验与环境中发生的刺激能之间的关系。地图上的图形符号与色彩都应看成是客观环境中的刺激，而读图者对地图的视觉反应则是感觉经验。在地图设计中引入心理物理学方法，就是企图探讨刺激与反应的关系，使图形符号及色彩适应视觉感受的特点，从而提高地图的信息传递效果(田德森 1991)。

(1)费希纳对数函数

费希纳(G. Fechner 1860)是研究感觉定量化的先行者。他认为，如果要增加相等单位的感觉 S，必须使物理刺激 R 按几何级数增加，即

$$S=K\log R \tag{1-8-21}$$

式中，S 为感觉量值(以 JND 为单位)；R 为刺激量(以绝对阈为单位)；$K = \dfrac{1}{\log(1+\text{韦伯系数})}$。

这一定律称为费希纳定律(Fechner's Law)，它首先是假设韦伯定律的有效性，即以韦伯系数来确定 K 值，其次假设刺激全程的最小察觉差(JND)是相等的，即两个低强度刺激间所产生的 JND 和两个高强度刺激之间所产生的 JND 需要相同的物理量。

(2)史蒂文斯幂律

费希纳定律存在两个问题，一是只适合于中等范围的刺激量的某些感觉特点；二是所有的 JND 在主观上是相等的这一假设也不够全面。因此，史蒂文斯(Stevens)于 1957 年根据费希纳定律的局限性，提出了一个描述刺激量与感觉量之间关系的函数式

$$f = KR^n \tag{1-8-22}$$

式中，f 为感觉经验量；R 为刺激的物理量；n 为不同性质的感觉量变化的速度。如果 $n>1$，则函数为正加速曲线；$n<1$，则函数为负加速曲线；$n=1$，则函数是一条直线，表示感觉量与刺激强度呈线性关系；K 则代表不同性质的感觉量的本身特征，对于每种性质的感觉来说，K 也是一个常数。

(3)图形密度视觉感受幂律

图形密度的变化与视觉感受也服从幂律。实验得出，每当图形的相对密度增加约 1.4 倍时，视觉上才可以感受出其间的差异。这个数值称为视觉明辨系数：$\rho \approx 1.4$。这在图形

设计中有重要参考意义。

当已知初始图形密度 D_1 时，可依次设计以后若干级图形的近似密度控制指标

$$D_N = D_1 \times \rho^{N-1} \tag{1-8-23a}$$

当一地区的地图图形表现为稀疏程度各异的区段时，需划分为几个合适的等级以确保视觉上能以辨别，这可根据最大密度 D_N 和最小密度 D_1 以及视觉明辨系数 ρ 由式(1-8-23a)来解出合适分级数目

$$N = \frac{\log D_N - \log D_1}{\log \rho} + 1 \tag{1-8-23b}$$

幂律在双对数坐标系中表现为直线关系。

1.8.3　指数函数

这是一种常见的简单因子相互作用模式。例如，在特定时段（T）内区域人口的增长、资源消耗量的变化、污染量的积累乃至工业总量的变化等，都可能出现这种初期增长较慢、后期增长加快并愈增愈快的增长过程。这种因子作用的过程模式实际上是正反馈的结果。这种增长属于发散过程，某种程度上也是系统趋于崩溃的过程。

指数型模型分为两大类：简单指数型增长模型 $y=ab^x$，修正指数型增长模型 $y=k+ab^x$。

1. 简单指数型增长模型

对于简单指数型增长模型 $y=ab^x$ 来说，当 $a>0$，若 $b>1$，则会有无限增长的后果；若 $0<b<1$，则 y 随 x 的增加而下降，如图 1-8-5 所示。当 x 趋于无穷时，y 趋于 0。

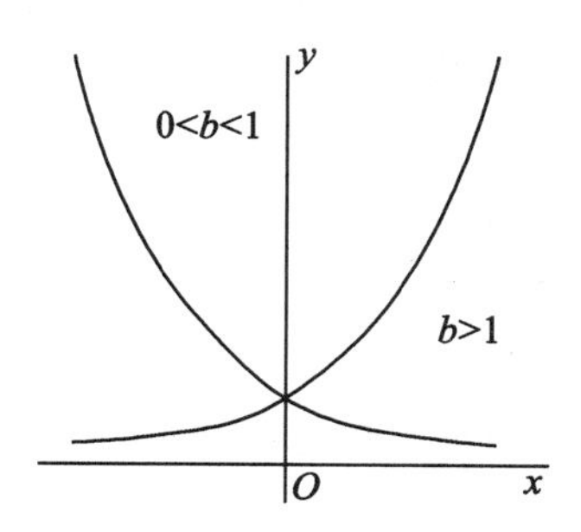

图 1-8-5　简单指数增长模型

简单增长模型的本质是具有不变增长速度的线性型增长模型。对该模型函数两端取对数，得

$$\ln y = \ln a + x\ln b \tag{1-8-24}$$

设 $\alpha = \ln a$，$\beta = \ln b$，则有

$$\ln y = \alpha + \beta x \tag{1-8-25}$$

由此可见，$\ln y$ 线性依赖于自变量 x。在半对数坐标系中是一条直线。

2. 修正指数型增长模型

对于修正指数型增长模型 $y = k + ab^x$ 来说，其中 k、a、b 为常数，x 为自变量。这种模型表达了一种具有饱和值的增长规律，其中 k 为饱和值或极限值。$y = k$ 为渐近线，当 $a>0$ 时，为下方渐近线；当 $a<0$ 时，为上方渐近线。参数 b 可能大于 1 也可能小于 1，但大于

0（图 1-8-6）。

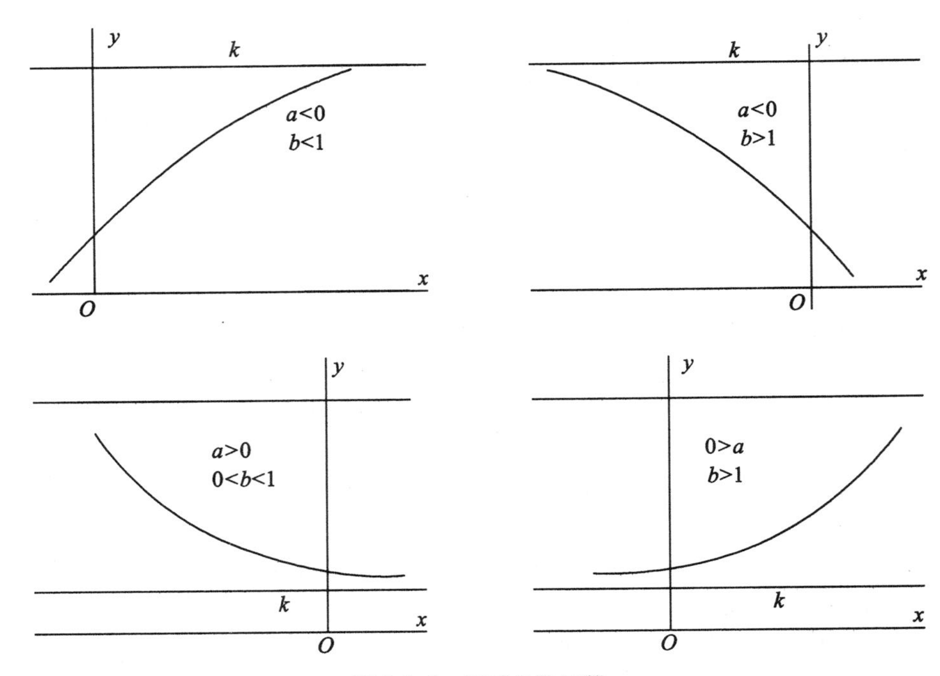

图 1-8-6 修正指数函数

还有一种指数模型称为双指数曲线模型

$$y = ab^{x}c^{x^2} \tag{1-8-26}$$

式中，a、b、c 均为常数；x 为自变量。对上式取对数，得

$$\ln y = \ln a + x\ln b + x^2\ln c \tag{1-8-27}$$

令 $\alpha = \ln a$，$\beta = \ln b$，$\gamma = \ln c$，则有

$$\ln y = \alpha + \beta x + \gamma x^2 \tag{1-8-28}$$

称此种曲线为对数抛物线。

3. 指数模型的典型应用

(1) Malthus 人口模型

指数函数的应用也相当广泛。英国神父 T. J. Malthus（1766—1834）根据百余年的统计资料，于 1798 年提出了增长率为常数的指数型人口发展模型，这是一个单纯指数函数的典型应用事例，其理论依据是：生物种群拥有充裕的食物和生存空间，且没有掠夺者的威胁，它就会呈几何级数增长。因为根据该模型的说法，最终会导致瘟疫、灾祸和饥荒的悲观学说，于是该模型的名声很不光彩。Malthus 人口模型为

$$N(t) = N_0 e^{r(t-t_0)} \tag{1-8-29}$$

式中，N_0 为 $t = t_0$ 时的人口数；$N(t)$ 为 t 时刻的人口数。

如果 $r>0$，式(1-8-29)表明人口将以指数规律无限增长（以 e^r 为公比）。

(2) 信息增长模型

根据多种文献报道，信息增长宏观预测模型大体上是每 5 年翻一番，可用数学公式表

示为

$$Q_T = Q_A \times 2^{\frac{T-A}{5}} \tag{1-8-30}$$

式中，Q_T 为 T 时刻的信息量；Q_A 为 A 时刻的信息量；T 以年为单位计。

对于指数函数来说，当其底数大于 1 时，函数值随自变量的增大会无限增大。Malthus 人口模型和信息增长模型都会导致爆炸状态的到来。

对于 Malthus 人口模型，它未顾及众多的抑制因素，因而不符合实际，已成为历史。

对于信息增长模型，由于信息极快的增长速度，对于它的存储与应用均带来巨大威胁。这就要求采取科学的对策。对于空间信息来说，它的自动综合(压缩、提炼、抽象与知识挖掘等)就是主要对策。

1.9 Logistic 函数

1.9.1 Logistic 函数的概念

由于指数增长会带来系统的爆炸与崩溃，而实际上，客观过程的发展不是孤立的，而是相互联系与相互制约的，即系统一般不会无限增长，特别是在生物科学领域更是如此。生物的增长由于自然资源和周围环境等因素的影响而受到阻滞。增长模型是一种机理模型，而不是经验模型(齐欢　1996)。

Logistic 函数主要是用来研究一些宏观发展问题的模型。有些问题存在着有关变量在一段时间或一个空间里的总和与其他变量之间的关系或变化规律。我们可根据这个规律建立描述系统的数学模型，这样的数学模型称为系统的宏观模型。

宏观模型从宏观的角度来考查和分析系统，将时间或空间视为一个整体，从而得到全局范围内的基本规律。宏观模型牵涉到一些量的“总和”。由高等数学知道，“和”可分为“有限和”与“无限积累”两种，有限和就是一般的代数和，无限积累就是变量的积分。所以宏观(数学)模型可用联立代数方程组与各种积分表达式、积分方程来表示。

Logistic 受限增长模型有多种称呼，如阻滞(受限)增长模型、密度制约(density dependence)模型和生长曲线模型等。它最早是由比利时生物数学家 P. F. Verhulst 于 1838 年为研究人口增长过程而导出，但长期被湮没失传，直至 20 世纪 20 年代才被美国生物学家及统计学家 R. Pearl 和 L. T. Reed 在研究果蝇的繁殖中被重新发现和应用，并逐渐被人们所重视。故又把该模型称为 Verhulst-Pearl 模型。Logistic 模型有着极其广泛的应用领域：生物学、生态学、化学以及政治和经济领域等。增长模型一般是机理模型而不是经验模型。它是描述各种社会、自然现象的数量指标随时间变化的某种规律性曲线。在信息分析与预测中，可利用增长模型来描述事物发生、发展和成熟的全过程。

Logistic 模型的图形呈现为“S”形(Sigmoid)，曲线在某点后递增率由迅速增大而逐渐减小，并且趋于一个稳定值(其特点是在急剧增长之后达到某一饱和点)，即曲线存在拐点，像一个拉伸了的“S”(Elongated S)，故又称为“S”形生长模型，其基本表达式为

$$y = \frac{L}{1 + ae^{-bx}} \tag{1-9-1}$$

Logistic 模型综合了两种生态过程：再生(Reproduction)与竞争(Competition)，它们均

与生物体数量（密度）有关。

"S"形模型中的参数 L 为生物体增长的上限值，又称为承载能力（Carrying Capacity），是函数的上渐近线；参数 a 与 y 轴上的截距有关，对于某些模型，截距正好是 a；参数 b 与响应变量从初值（由 a 的大小确定）改变到它的终值（由 L 的大小确定）的速度有关（齐欢　1996）。这种曲线有时也称为逻辑曲线。

该函数的前半段属于指数增长模式，后半段与前半段相对拐点对称。当 $x \to -\infty$ 时，$y \to 0$；当 $x \to \infty$ 时，$y \to L$。因此，它有两条渐近线 $y = L$ 和 $y = 0$（x 轴）。

该模型描述了这样一种发展过程：初始阶段发展是缓慢的，接着是急剧的增长阶段，然后是一段平稳的发展时期，最后达到饱和状态。它的变化率呈现大体上的正态分布，具有更为广泛的代表性，许多具体的因子相互作用过程都与此吻合（图 1-9-1）。

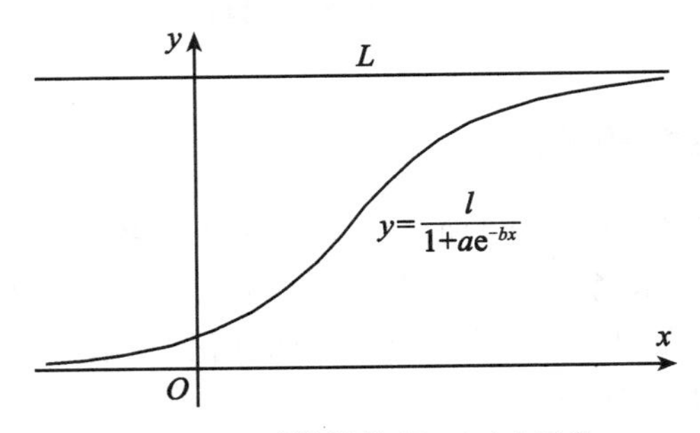

图 1-9-1　受限增长（Logistic）函数

1.9.2　Logistic 函数的主要特征

逻辑曲线具有以下数学特征（查先进　2000）：当 $x \to \infty$ 时，$y \to L$，即 L 是 y 的变化上限；将 y 对 x 求一阶导数，得

$$y' = by - \frac{by^2}{L} = by\left(1 - \frac{y}{L}\right) \tag{1-9-2}$$

因为在（$-\infty$，$+\infty$）上，$y' > 0$，该曲线单增，无极值。将 y 对 x 求二阶导数，得

$$y'' = b^2 y\left(1 - \frac{y}{L}\right)\left(1 - \frac{2y}{L}\right) \tag{1-9-3}$$

当 $y = 0$、$y = L$ 和 $y = \frac{L}{2}$ 时，$y'' = 0$，这表明该曲线在其单增区间内，$y = \frac{L}{2}$ 是唯一拐点，拐点的上下两部分是对称的。将 $y = \frac{L}{2}$ 代入逻辑曲线函数式，得

$$t = \frac{\ln a}{b} \tag{1-9-4}$$

所以，该曲线的拐点为 $\left(\frac{\ln a}{b}, \frac{L}{2}\right)$。

Logistic 曲线在其两端都是渐近的。下端渐近线就是 x 轴，而上端渐近线就是 $y = L$。曲线开始呈凹状，在到达拐点之前变得越来越陡。然后，其梯度逐渐减弱，曲线呈凸状（图 1-9-1）。

通过改变 a 或 b 的值，可以对它的形状和位置独立地进行控制。改变 a，只影响曲线的位置，而不改变其形状；相反，改变 b，只影响曲线的形状，而不改变其位置(图 1-9-2)。

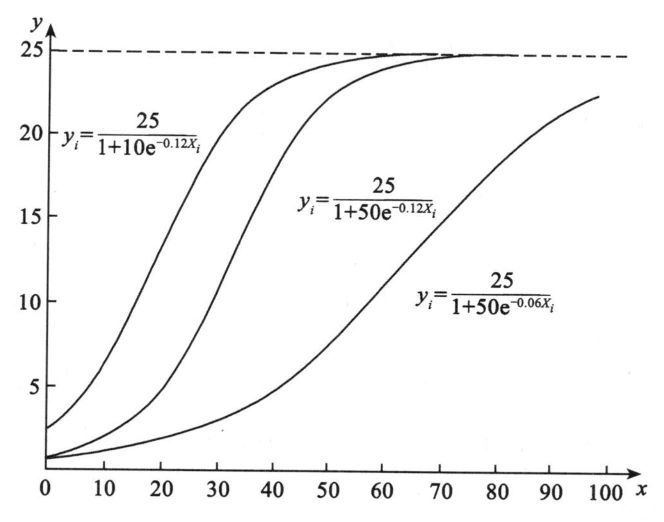

图 1-9-2　Logistic 曲线参数对其图形的影响(Hamilton　1992)

受限增长模型的基本特征是，在开始时增长缓慢，然后逐渐加快，按指数式增长。然后，由于负反馈因子的作用，系统的限制因子越来越强大，使系统的增长速度在达到最大值后逐渐减小，以致趋于函数的渐近值。在这种“S”形增长过程中，可以用孕育期、持续增长期和稳定期三个阶段来描述。

这种模型函数具有明显的优点：它顾及主要的抑制因素，因而有着广泛的用途。不仅是人口增长服从生长曲线模型，而且在其他学科，如生物学、生态学、化学、经济学和政治领域等，均有广泛的应用。例如在经济领域中，新的商品向市场扩散的规律也服从这样的曲线。因此，可以把对某商品需要的初期数据与此理论曲线拟合，并用其预测对该商品将来的需求量。生长曲线拟合法是面向长期预测的，它对于了解商品生命周期的动向是很有效的。它的建立有着很强的机理分析基础，而不是以经验为基础。

1.9.3　Logistic 模型的建立

1. 已知上限值 L

当函数的上限值 L (如图面上的最大载负量等)能够通过某种分析途径而事先确定时，则要确定的系数就只有 a 和 b 了。这时，方程(1-9-1)可简化为

$$L = y + ya\,e^{-bx} \tag{1-9-5}$$

或

$$\frac{y}{L-y} = a^{-1}e^{bx} \tag{1-9-6}$$

令 $\frac{y}{L}=M$，显然 $0<M<1$ 则

$$\frac{M}{1-M}=a^{-1}e^{bx} \tag{1-9-7}$$

对该方程两端取对数，得

$$\ln\left(\frac{M}{1-M}\right)=-\ln a+bx \tag{1-9-8}$$

这是以 x 为横轴、以 $\ln\left(\frac{M}{1-M}\right)$ 为纵轴的坐标系中的一条直线，其截距为$-\ln a$，斜率为 b。$\ln\left(\frac{M}{1-M}\right)$ 通常称为分对数(Logit)。这样，就可用最小二乘法直线拟合来确定待定系数 a 和 b。

对于更一般的情况，需要求解三个未知参数，可用下述两种形式的三点法求解。

2. 三点法之一

所谓参数估计的三点法，就是假定空间已知的三点，即增长序列的首点、中点和末点，同时要求相邻两点间的距离相等(均为 n)。现以 Logistic 曲线 $y=\frac{L}{1+ae^{-bx}}$ 为例，用三点法求解其待定参数 L、a 和 b。

设已知三点为 $(0, y_0)$、(n, y_1)、$(2n, y_2)$，则有

$$\left.\begin{aligned} y_0&=\frac{L}{1+a}\\ y_1&=\frac{L}{1+ae^{-nb}}\\ y_2&=\frac{L}{1+ae^{-2nb}} \end{aligned}\right\} \tag{1-9-9}$$

由式(1-9-9)的第一式得

$$a=\frac{L-y_0}{y_0} \tag{1-9-10}$$

而由式(1-9-9)的第二式得

$$y_1(1+ae^{-nb})=L \tag{1-9-11}$$

从而有

$$e^{-nb}=\frac{L-y_1}{ay_1} \tag{1-9-12}$$

$$-nb=\ln\frac{L-y_1}{ay_1} \tag{1-9-13}$$

$$b=\frac{\ln a+\ln y_1-\ln(L-y_1)}{n} \tag{1-9-14}$$

$$=\frac{\ln(L-y_0)-\ln y_0+\ln y_1-\ln(L-y_1)}{n} \tag{1-9-15}$$

而由式(1-9-9)的第三式得

$$y_2(1+ae^{-2nb})=L \tag{1-9-16}$$

将式(1-9-12)中的 e^{-nb}的值代入式(1-9-16)，得

$$y_2\left[1+a\left(\frac{L-y_1}{ay_1}\right)^2\right]=L \tag{1-9-17}$$

化简后得

$$y_2\left[1+\frac{(L-y_1)^2}{ay_1^2}\right]=L \tag{1-9-18}$$

最后再将式(1-9-10)中的 a 值代入，得

$$L=y_2\left[1+\frac{(L-y_1)^2}{\frac{L-y_0}{y_0}\cdot y_1^2}\right] \tag{1-9-19}$$

化简上式，关于 L 的二次方程为

$$(y_1^2-y_0y_2)L^2+[y_1^2(-y_0-y_2)+2y_0y_1y_2]L=0 \tag{1-9-20}$$

首先看出，第一个根为 $L=0$，这显然不是所求的根。因此，L 的另一个根才是所求的真正的根：

$$L=\frac{y_1^2(y_0+y_2)-2y_0y_1y_2}{y_1^2-y_0y_2} \tag{1-9-21}$$

进而解出

$$a=\frac{L-y_0}{y_0} \tag{1-9-22}$$

$$b=\frac{\ln a+\ln y_1-\ln(L-y_1)}{n} \tag{1-9-23}$$

显然，利用三个点作参数估计时，只用了增长序列的三个值，后者只是整个序列的部分信息，因此，这样所得的参数值会有较大的误差。

3. 三点法之二

另一个稍有不同的三点法如下(Б. П. Демидович，И. А. Марон，Э. Э. Шувалова 1963)：

对于 Logistic 函数

$$Y=\frac{L}{1+Ae^{-bx}}$$

可先改写为

$$Y=\frac{1}{\frac{1}{L}+\frac{A}{L}e^{-bx}}$$

令 $y=\frac{1}{Y}$，$a=\frac{A}{L}$，$B=-b$，$c=\frac{1}{L}$，则得指数函数

$$y=ae^{Bx}+c \tag{1-9-24}$$

首先确定参数 c，选出首末点为 $P_1(x_1,y_1)$ 和 $P_n(x_n,y_n)$，取自变量 x 的中值

$$x_m=\frac{x_1+x_n}{2} \tag{1-9-25}$$

根据 x_m 可求出其对应的函数值 y_m（从图上读取或对数据点作线性内插）。将 P_1、P_n 和 P_m 代入上述指数函数，得

$$\begin{cases} y_1 = a\mathrm{e}^{Bx_1} + c \\ y_n = a\mathrm{e}^{Bx_n} + c \\ y_{\mathrm{m}} = a\mathrm{e}^{\frac{B(x_1+x_n)}{2}} + c \end{cases} \tag{1-9-26}$$

由此得

$$y_1 - c = a\mathrm{e}^{Bx_1} \tag{1-9-27}$$

$$y_n - c = a\mathrm{e}^{Bx_n} \tag{1-9-28}$$

$$(y_1 - c)(y_n - c) = a^2\mathrm{e}^{B(x_1+x_n)} \tag{1-9-29}$$

即

$$(y_1 - c)(y_n - c) = (y_m - c)^2 \tag{1-9-30}$$

解此方程得

$$c = \frac{y_1 y_n - y_{\mathrm{m}}^2}{y_1 + y_n - 2y_{\mathrm{m}}} \tag{1-9-31}$$

将所得的 c 代入前面有关参数 a 和 B 的式(1-9-27)和式(1-9-28)中，得

$$\begin{aligned} \ln a + x_1 B &= \ln(y_1 - c) \\ \ln a + x_n B &= \ln(y_n - c) \end{aligned} \tag{1-9-32}$$

解此二元一次方程，得出

$$\ln a = \frac{\begin{vmatrix} \ln(y_1 - c) & x_1 \\ \ln(y_n - c) & x_n \end{vmatrix}}{x_n - x_1} \tag{1-9-33}$$

$$B = \frac{\begin{vmatrix} 1 & \ln(y_1 - c) \\ 1 & \ln(y_n - c) \end{vmatrix}}{x_n - x_1} \tag{1-9-34}$$

应用举例：对于变量 x，y，给定如表1-9-1所示的数值，求解表达 x 与 y 之间联系的经验公式。

表1-9-1 观测数据

x	0	0.1	0.2	0.3	0.4	0.5	0.6	0.7	0.8	0.9	1.0
y	1.30	1.44	1.59	1.78	1.97	2.19	2.46	2.74	3.06	3.42	3.84

由表1-9-1可知，其中点坐标值为

$$x_{\mathrm{m}} = \frac{x_1 + x_n}{2} = 0.5, \quad y_{\mathrm{m}} = 2.19 \tag{1-9-35}$$

据此得出

$$c = \frac{y_1 y_n - y_{\mathrm{m}}^2}{y_1 + y_n - 2y_{\mathrm{m}}} = 0.258 \tag{1-9-36}$$

$$a = 1.042$$

$$B = 1.235$$

参数 a、B 也可以用分组平均(二和值)法求得。为此先将指数方程(1-9-24)两边取对数:

$$\ln(y_i - c) = \ln a + Bx_i \qquad (i = 1, 2, \cdots, n) \tag{1-9-37}$$

将观测数据代入后，得

$$\left.\begin{array}{ll} \ln(y_1 - c) = \ln a + Bx_1, & \ln(y_{\frac{n}{2}+1} - c) = \ln a + Bx_{\frac{n}{2}+1} \\ \ln(y_2 - c) = \ln a + Bx_2, & \ln(y_{\frac{n}{2}+2} - c) = \ln a + Bx_{\frac{n}{2}+2} \\ \cdots\cdots & \cdots\cdots \\ \ln(y_{\frac{n}{2}} - c) = \ln a + Bx_{\frac{n}{2}}, & \ln(y_n - c) = \ln a + Bx_n \end{array}\right\} \tag{1-9-38}$$

将左右两组方程相加，得

$$\left.\begin{array}{l} \sum_{i=1}^{\frac{n}{2}} \ln(y_i - c) = \frac{n}{2}\ln a + B\sum_{i=1}^{\frac{n}{2}} x_i \\ \sum_{i=\frac{n}{2}+1}^{n} \ln(y_i - c) = \frac{n}{2}\ln a + B\sum_{i=\frac{n}{2}+1}^{n} x_i \end{array}\right\} \tag{1-9-39}$$

解此方程组得 $\ln a$ 和 B。

根据表 1-9-1 中数据点的个数和所得的 c 值，建立求解参数 a 和 B 的两个二和值方程

$$\left.\begin{array}{l} \sum_{i=0}^{5} \ln(y_i - 0.258) = 6\ln a + B \cdot \sum_{i=0}^{5} x_i \\ \sum_{i=6}^{10} \ln(y_i - 0.258) = 5\ln a + B \cdot \sum_{i=6}^{10} x_i \end{array}\right\} \tag{1-9-40}$$

将表格中的 x、y 数据代入，得

$$\begin{array}{l} 0.9169 = 6\ln a + 1.5B \\ 2.2392 = 5\ln a + 4.0B \end{array} \tag{1-9-41}$$

由此解出

$$a = 1.044,\ B = 1.234 \tag{1-9-42}$$

对应的指数方和是

$$y = 1.044e^{1.234x} + 0.258 \tag{1-9-43}$$

4. 三分段和值法

设有时间序列 (t_1, y_1), (t_2, y_2), $\cdots$, (t_n, y_n), 对它作 Logistic 模型拟合。首先将模型函数改写为(张选群等　1993)

$$y^{-1} = \frac{1}{y} = \frac{1}{L} + \frac{a}{L}e^{-bt} \tag{1-9-44}$$

然后将整个时间分成相等的三个间距 r, 对序列数据分三组求和为

$$S_1 = \sum_{t=1}^{r} y_t^{-1} = \frac{r}{L} + \frac{a}{L}\sum_{i=1}^{r} e^{-bt} = \frac{r}{L} + \frac{a}{L}\frac{e^{-b}(1 - e^{-rb})}{(1 - e^{-b})} \tag{1-9-45}$$

$$S_2 = \sum_{t=r+1}^{2r} y_t^{-1} = \frac{r}{L} + \frac{a}{L}\sum_{i=r+1}^{2r} e^{-bt} = \frac{r}{L} + \frac{a}{L}\frac{e^{-(r+1)b}(1 - e^{-rb})}{(1 - e^{-b})} \tag{1-9-46}$$

$$S_3 = \sum_{t=2r+1}^{3r} y_t^{-1} = \frac{r}{L} + \frac{a}{L}\sum_{i=2r+1}^{3r} e^{-bt} = \frac{r}{L} + \frac{a}{L}\frac{e^{-(2r+1)b}(1 - e^{-rb})}{(1 - e^{-b})} \tag{1-9-47}$$

令

$$D_1 = S_1 - S_2 = \frac{a}{L}\frac{e^{-b}(1-e^{-rb})^2}{1-e^{-b}} \tag{1-9-48}$$

$$D_2 = S_2 - S_3 = \frac{a}{L}\frac{e^{-(r+1)b}(1-e^{-rb})^2}{1-e^{-b}} \tag{1-9-49}$$

于是

$$\frac{D_1}{D_2} = \frac{1}{e^{-rb}} = e^{rb} \tag{1-9-50}$$

两边取对数

$$b = \frac{1}{r}\ln\left(\frac{D_1}{D_2}\right) \tag{1-9-51}$$

又有

$$\frac{D_1^2}{D_1 - D_2} = \frac{\dfrac{a^2}{L^2}\dfrac{e^{-2b}(1-e^{-rb})^4}{(1-e^{-b})^2}}{\dfrac{a}{L}\dfrac{e^{-b}(1-e^{-rb})^3}{(1-e^{-b})}} = \frac{a}{L}\frac{e^{-b}(1-e^{-rb})}{1-e^{-b}} = S_1 - \frac{r}{L} \tag{1-9-52}$$

由此得

$$L = \frac{r}{S_1 - \dfrac{D_1^2}{D_1 - D_2}} \tag{1-9-53}$$

同时

$$a = \frac{L}{c}\frac{D_1^2}{D_1 - D_2} \tag{1-9-54}$$

其中

$$c = \frac{e^{-b}(1-e^{-rb})}{1-e^{-b}} \tag{1-9-55}$$

相关文献(查先进 2000)提出了另一种类似解法:

对于形如

$$y = \frac{k}{1 + ae^{-bt}} \tag{1-9-56}$$

的式子,两边取倒数,并令

$$Y = \frac{1}{y}, \quad K = \frac{1}{k}, \quad -A = \frac{a}{K}, \quad B = e^{-b}$$

则有

$$Y = K - AB^t \tag{1-9-57}$$

上式是一个修正指数曲线的形式,可通过三段和值法求其待定系数。为此,将整个观测数据序列分为三个相等的时间周期 n。假定有 $3n$ 组数据:

$$(t_0, Y_0), (t_1, Y_1), \cdots, (t_{n-1}, Y_{n-1})$$

$$(t_n, Y_n)(t_{n+1}, Y_{n+1}), \cdots, (t_{2n-1}, Y_{2n-1})$$

$$(t_{2n}, Y_{2n})(t_{2n+1}, Y_{2n+1}), \cdots, (t_{3n-1}, Y_{3n-1})$$

上述 $3n$ 组数据应分别满足式(1-9-56)。下面以 i 代 $t_i(i=0,1,\cdots,3n-1)$，则可得三个方程组：

$$\left.\begin{aligned} Y_0 &= K - AB^0 \\ Y_1 &= K - AB^1 \\ &\cdots\cdots \\ Y_{n-1} &= K - AB^{n-1} \end{aligned}\right\} \tag{1-9-58}$$

$$\left.\begin{aligned} Y_n &= K - AB^n \\ Y_{n+1} &= K - AB^{n+1} \\ &\cdots\cdots \\ Y_{2n-1} &= K - AB^{2n-1} \end{aligned}\right\} \tag{1-9-59}$$

$$\left.\begin{aligned} Y_{2n} &= K - AB^{2n} \\ Y_{2n+1} &= K - AB^{2n+1} \\ &\cdots\cdots \\ Y_{3n-1} &= K - AB^{3n-1} \end{aligned}\right\} \tag{1-9-60}$$

将上述方程组(1-9-58)、(1-9-59)、(1-9-60)左右两边分别相加，用(Ⅰ)、(Ⅱ)、(Ⅲ)分别代表方程组(1-9-58)、(1-9-59)、(1-9-60)，求解得

$$B = \left[\frac{\sum Y_i(\text{Ⅱ}) - \sum Y_i(\text{Ⅲ})}{\sum Y_i(\text{Ⅰ}) - \sum Y_i(\text{Ⅱ})}\right]^{\frac{1}{n}} \tag{1-9-61}$$

$$A = \left[\sum Y_i(\text{Ⅰ}) - \sum Y_i(\text{Ⅱ})\right]\frac{B-1}{(B^n-1)^2} \tag{1-9-62}$$

$$K = \frac{1}{n}\cdot\left[\sum Y_i(I) + A\cdot\frac{1-B^n}{1-B}\right] \tag{1-9-63}$$

由式(1-9-61)、(1-9-62)和(1-9-63)求出 B、A、K 之后，可最后求得 Logistic 曲线模型的待定系数 a、b、k。

上述两种解法是等价的，只是形式上有区别，表现在时间序列上：前者是从 1 开始，后者是从 0 开始。

5. 非线性方程组法

该问题的严密解应是用非线性方程组法。在生长曲线方程

$$y = \frac{1}{a\mathrm{e}^{-bx} + c}$$

中，令 $z = \frac{1}{y}$，则有

$$z = a\mathrm{e}^{-bx} + c \tag{1-9-64}$$

并有相应的观测值序列

$$(x_1, z_1), (x_2, z_2), \cdots, (x_n, z_n)$$

用最小二乘原理求定系数 a，b 与 c。

由方程 $z_i = ae^{-bx_i} + c \quad (i = 1, 2, \cdots, n)$ 得误差方程为

$$v_i = ae^{-bx_i} + c - z_i \tag{1-9-65}$$

误差平方和为最小值

$$\theta = \sum_{i=1}^{n} v_i^2 = \sum_{i=1}^{n} (ae^{-bx_i} + c - z_i)^2 = \min$$

的必要条件是

$$\frac{\partial\theta}{\partial a} = \frac{\partial\theta}{\partial b} = \frac{\partial\theta}{\partial c} = 0 \tag{1-9-66}$$

即

$$\left.\begin{aligned} f_1(a, b, c) &= \sum_{i=1}^{n} (ae^{-bx_i} + c - z_i) \cdot e^{-bx_i} = 0 \\ f_2(a, b, c) &= \sum_{i=1}^{n} (ae^{-bx_i} + c - z_i) \cdot ax_i e^{-bx_i} = 0 \\ f_3(a, b, c) &= \sum_{i=1}^{n} (ae^{-bx_i} + c - z_i) = 0 \end{aligned}\right\} \tag{1-9-67}$$

这是一个关于 a、b、c 的非线性代数方程组，在已知粗略近似值 a_0、b_0 和 c_0 时，可用牛顿-拉夫逊迭代法求解(高林，高左雷 1994)。

关于 Logistic 函数在“S”形分布数据拟合中的应用，详见第6章6.7.1节。

1.10 Gompertz 函数

1.10.1 Gompertz 函数的基本原理

另一种重要的“S”形曲线为 Gompertz 曲线，即

$$y = ab^{c^x} \tag{1-10-1}$$

及其变态

$$y = \alpha + ab^{c^x} \tag{1-10-2}$$

式中，a、b、c 为参数，a 又称为极限参数；α 是当 x 等于0时 y 应取的值(Davis 1962)。

对 Gompertz 函数 $y = ab^{c^x}$ 两边取对数，得

$$\ln y = \ln a + c^x \ln b \tag{1-10-3}$$

令

$$k_1 = \ln a, \quad a_1 = \ln b$$

代入式(1-10-3)，得

$$\ln y = k_1 + a_1 c^x \tag{1-10-4}$$

式中，a、b、c 为参数，$a>0$，$0<b<1$，$0<c<1$。它是一种修正的指数型曲线，其性质可通过对函数式 $\ln y = \ln a + c^x \ln b$ 求一阶和二阶导数而得出：

$$(\ln y)' = c^x(\ln b)\ln c \tag{1-10-5}$$

$$(\ln y)'' = c^x(\ln b)(\ln c)^2 \tag{1-10-6}$$

由此可知，当 $c>1$，$\ln b>0$ 时，$(\ln y)'$ 与 $(\ln y)''$ 均大于 0，所以 $\ln y$ 与 $(\ln y)'$ 均是增函数，增长曲线 y 是凸的，说明预测值随时间的延长而不断地增加。

当 $0<c<1$，$\ln b<0$ 时，$(\ln y)'>0$，$(\ln y)''<0$，说明 $\ln y$ 是时间 x 的增函数，但 $(\ln y)'$ 则是减函数。由此可知，目标值 y 虽然随着时间的推移仍保持着增长，但增长的速度却在下降，因此，y 的图像是凹的。

当 $c>1$，$\ln b<0$ 时，$(\ln y)'<0$，$(\ln y)''<0$，说明 $\ln y$ 与 $(\ln y)'$ 均随 x 的增大而下降，因此，y 随 x 的增大而不断下降。

当 $0<c<1$，$\ln b>0$ 时，$(\ln y)'<0$，$(\ln y)''>0$，从而 $\ln y$ 不断下降。

1.10.2 Gompertz 函数的主要特征

对于 Gompertz 函数 $y=ab^{c^x}$，学者（查先进 2000）对其做了类似的分析，现介绍如下：

①当 x 趋于 $-\infty$ 时，y 趋于 0；当 x 趋于 $+\infty$ 时，y 趋于 a，即 y 值在 $0\sim a$ 变化，a 为上限值。

②将 y 对 x 求一阶导数，得

$$y' = y\ln b\cdot\ln c\cdot c^x \tag{1-10-7}$$

对式(1-10-1)两边取自然对数，得

$$c^x = \frac{\ln\dfrac{y}{a}}{\ln b} \tag{1-10-8}$$

将 c^x 值代入式(1-10-7)，得

$$y' = y\ln c\cdot\ln\frac{y}{a} \tag{1-10-9}$$

由上式可知，除 $y=0$ 和 $y=a$ 之外，在 $0\sim a$ 的一切值均不能使 y' 等于 0，即该曲线是单调的，无极值。

③将 y 对 x 求二阶导数，得

$$y'' = y(\ln c)^2\ln\frac{y}{a}\left(\ln\frac{y}{a}+1\right) \tag{1-10-10}$$

由上式可知，除 $y=0$，$y=a$ 外，只有当 $\ln\dfrac{y}{a}+1=0$ 时，才有 $y''=0$，即 Gompertz 曲线在单调区间内存在唯一拐点，其坐标位置为

$$\left(-\frac{\ln(-\ln b)}{\ln c},\ \frac{a}{\mathrm{e}}\right) \tag{1-10-11}$$

对于 Logistic 曲线，拐点的纵坐标为 $\dfrac{L}{2}$（式(1-9-4)），而此处 Gompertz 曲线拐点的纵坐标为 $\dfrac{a}{\mathrm{e}}$，后者的位置相对更低，因此，Gompertz 曲线拐点前后两部分是不对称的。

当 $x=0$ 时，$y=ab$，即曲线与 y 轴的交点为 $(0,\ ab)$（图 1-10-1）。

为确定公式中的参数，要求自变量步长相等，这样就可以把自变量变换为 0、1、2

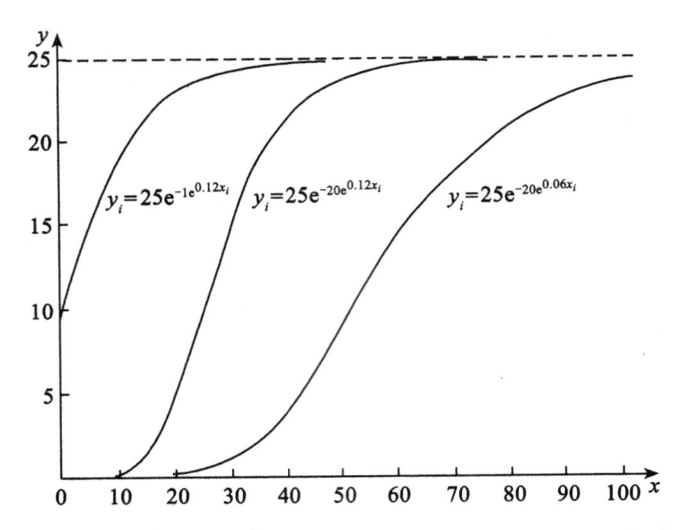

图 1-10-1 Gompertz 曲线参数对其图形的影响(Hamilton 1992)

等，同时可把 x、y 和 $\ln y$ 分成三组，并对其求和（S_1、S_2 和 S_3）。y 的最大值为 a（或对变态 Gompertz 公式为 $\alpha + a$）。参数 a、b 和 c 可用下式计算：

$$c = \left(\frac{S_2 - S_3}{S_1 - S_2}\right)^{\frac{1}{n}} \tag{1-10-12}$$

$$\ln a = \frac{1}{n}\left(S_1 - \frac{S_1 - S_2}{1 - c^n}\right) \tag{1-10-13}$$

$$\ln b = \frac{(S_1 - S_2)(1 - c)}{(1 - c^n)^2} \tag{1-10-14}$$

当 x 为 0，而 y 既不为 0，也不是与最高值相比是个相对小的值时，可用 Gompertz 的变态公式，此处的 α 就是当 x 等于 0 时的 y 值。

1.10.3 Gompertz 模型参数的确定(Davis 1962)

选定等步长的 x 值，把方程中的数据替换成对数形式

$$\ln y = \ln a + c^x \ln b \tag{1-10-15}$$

把这样的方程分成 3 组，且每组为 n 个方程，并对每组求和，即

$$S_1 = \sum_{y_0}^{y_{n-1}} \ln y = n\ln a + \left(\sum_{0}^{n-1} c^x\right)\ln b \tag{1-10-16}$$

$$S_2 = \sum_{y_n}^{y_{2n-1}} \ln y = n\ln a + \left(\sum_{n}^{2n-1} c^x\right)\ln b \tag{1-10-17}$$

$$S_3 = \sum_{y_{2n}}^{y_{3n-1}} \ln y = n\ln a + \left(\sum_{2n}^{3n-1} c^x\right)\ln b \tag{1-10-18}$$

依序求差

$$S_1 - S_2 = \left(\sum_{0}^{n-1} c^x - \sum_{n}^{2n-1} c^x\right)\ln b \tag{1-10-19}$$

$$S_2 - S_3 = \left(\sum_{n}^{2n-1} c^x - \sum_{2n}^{3n-1} c^x \right) \ln b \tag{1-10-20}$$

求最后两式的比

$$\frac{S_1 - S_2}{S_2 - S_3} = \frac{\sum_{0}^{n-1} c^x - \sum_{n}^{2n-1} c^x}{\sum_{n}^{2n-1} c^x - \sum_{2n}^{3n-1} c^x} = \frac{\sum_{0}^{n-1} c^x - \sum_{n}^{2n-1} c^x}{c^n \left(\sum_{0}^{n-1} c^x - \sum_{n}^{2n-1} c^x \right)} = \frac{1}{c^n} \tag{1-10-21}$$

由此得出

$$c = \left(\frac{S_2 - S_3}{S_1 - S_2} \right)^{\frac{1}{n}} \tag{1-10-22}$$

由公式

$$S_1 - S_2 = \left(\sum_{0}^{n-1} c^x - \sum_{n}^{2n-1} c^x \right) \ln b \tag{1-10-23}$$

得

$$\ln b = \frac{S_1 - S_2}{\sum_{0}^{n-1} c^x - \sum_{n}^{2n-1} c^x} = \frac{S_1 - S_2}{\sum_{0}^{n-1} c^x (1 - c^n)} \tag{1-10-24}$$

此处

$$\sum_{0}^{n-1} c^x = 1 + c + c^2 + c^3 + \cdots + c^{n-1} \tag{1-10-25}$$

$$\left(\sum_{0}^{n-1} c^x \right) c = c + c^2 + c^3 + \cdots + c^{n-1} + c^n \tag{1-10-26}$$

上述二式相减，得

$$\sum_{0}^{n-1} c^x - \left(\sum_{0}^{n-1} c^x \right) c = 1 - c^n \tag{1-10-27}$$

此时

$$\sum_{0}^{n-1} c^x = \frac{1 - c^n}{1 - c} \tag{1-10-28}$$

代入式(1-10-24)，得

$$\ln b = \frac{(S_1 - S_2)(1 - c)}{(1 - c^n)^2} \tag{1-10-29}$$

并将这些式子代入

$$\ln a = \frac{1}{n} \left[S_1 - \left(\sum_{0}^{n-1} c^x \right) \ln b \right] \tag{1-10-30}$$

最后得

$$\ln a = \frac{1}{n} \left[S_1 - \frac{(S_1 - S_2)}{1 - c^n} \right] \tag{1-10-31}$$

1.10.4　Gompertz 函数的几种变态

Gompertz 曲线还有其他不同表达形式，如

$$y = b_1 e^{-b_2 e^{-b_3 x}} \tag{1-10-32}$$

$$y = b_1 e^{-e^{-b_2(x-b_3)}} \tag{1-10-33}$$

$$y = b_0 + b_1 e^{-e^{-b_2(x-b_3)}} \tag{1-10-34}$$

Gompertz和变态Gompertz公式已成功地应用于有关爆炸性质、薪金分配、叶片生长、自动氧化、摄谱测定等方面的数据分析。

1.10.5 Logistic函数与Gompertz函数的主要异同

Gompertz曲线有着与Logistic曲线一样的上下渐近线，图形也相类似，开始部分呈凹形，然后变为凸形。然而，曲线在其两端的变平速率是不一样的，且上面的凸部也不是下面的凹部的简单反转(R. B. G. Williams 1992)。

有很多函数都可作为"S"形生长模型。除上述Logistics模型和Gompertz模型外，还有Richards模型、Morgan-Mercer-Flodin模型、Weibull模型等(齐欢 1996)。

关于Gompertz函数的在"S"形分布数据拟合中的应用，详见第6章6.7.2"Gompertz模型拟合"。

1.11 多因素模型的主要类型

前述的数学模型大多是基于一个主因素(变量)，显然，顾及多因素的模型更具有现实意义。

一般说来，现象系统所涉及的变量个数是很多的，并且彼此在不同程度上相关联，这给认识系统结构的特点和类型特征带来困难。如果能把这些众多的相关变量通过诸如因子分析，用变量的线性组合的方法，组合成少数几个不相关的综合因子(主成分或主因素)，就可以通过这些为数不多的综合因子去认识系统的结构和特征，独立地对互不相关的综合因子进行处理。

多因素建模主要归结为统计学中的多变量分析问题。这种多变量分析法是以多个变量间的关联程度为基准，对数据进行统计分析的。属于此种方法的有相关分析、多元回归分析、判别分析、主成分分析、因子分分析、聚类(Cluster)分析等。

多元回归分析是用统计分析的方法对事件的因果关系进行分析的有效方法之一。对于多因素的建模方法主要有如下几种。

1.11.1 加法型

在加法模型中，各个因素被认为是基本上彼此独立的。

1. 一次趋势面拟合

此处仅考虑两个因素X_1和X_2：

$$Y = a_0 + a_1 X_1 + a_2 X_2 \tag{1-11-1}$$

该模型的建立在于用最小二乘法求解三个待定系数a_0、a_1和a_2。这实质上根据空间离散点$\{Y_i, X_{1i}, X_{2i}\}$作平面拟合，形成一个最小二乘趋势面。该趋势面的走向可根据方程系数求出：

$$S = \arctan\left(-\frac{a_1}{a_2}\right) \tag{1-11-2}$$

式中，S 是平面的走向与 X_1 方向相夹的角度。自 X_1 的正方向按反时针量取角度 S，若 $\frac{a_1}{a_2} \leqslant 0$，则 $S \leqslant 90°$；若 $\frac{a_1}{a_2} > 0$，则 $S > 90°$。

2. 二次曲面拟合

用平面方程拟合空间离散点会有较大的误差，而采用二次曲面拟合，则会有更好的逼近效果，此时，可取二次曲面函数为

$$y = a_0 + a_1X_1 + a_2X_2 + a_3X_1X_2 + a_4X_1^2 + a_5X_2^2 \tag{1-11-3}$$

此处要用最小二乘法形成含有 6 个待定系数的 6 个线性方程，构成一个六元一次法方程组，通常要用高斯主消去法或塞得尔迭代法来求解。

二次趋势面有抛物面、双曲面和椭圆面三种类型。设

$$K_1 = a_3 + a_5 \tag{1-11-4}$$

$$K_2 = a_3a_5 - \left(\frac{a_4}{2}\right)^2 \tag{1-11-5}$$

$$K_3 = K_2a_0 - a_3\left(\frac{a_2}{2}\right)^2 - a_5\left(\frac{a_1}{2}\right)^2 + a_4\frac{a_1}{2}\frac{a_2}{2} \tag{1-11-6}$$

若 $K_2 > 0$，$K_3 \neq 0$，K_3 与 K_1 符号相反，则为椭圆型；若 $K_2 < 0$，$K_3 \neq 0$，则为双曲型；若 $K_2 = 0$，$K_3 \neq 0$，则为抛物型。

根据系数值也可求出二次趋势面极值点的坐标

$$X_{1m} = \frac{a_2a_4 - 2a_1a_5}{4a_3a_5 - a_4^2} \tag{1-11-7}$$

$$X_{2m} = \frac{a_1a_4 - 2a_2a_3}{4a_3a_5 - a_4^2} \tag{1-11-8}$$

根据 X_{1m} 和 X_{2m} 可计算出 Y_m。

1.11.2　乘法型

在乘法模型中，各个因素被认为是彼此互有影响的。下面以著名的生产函数为例，来说明乘法(指数乘积)型模型函数建立与应用。

1. 生产函数模型(Cobb-Douglas 函数)

在计量经济的研究中，有一种技术(工艺)方程式或称生产函数——Cobb-Douglas 生产函数，是美国经济学家 C. W. Cobb 和 P. H. Douglas 共同探讨产出与投入的关系时创造的生产函数，他们认为，在技术经济条件不变的情况下，产出 Q 与投入的劳动力 L 及资本 K 的关系可表示为

$$Q = AK^{\alpha}L^{\beta} \tag{1-11-9}$$

式中，α 表示资本弹性，说明当生产资本增加 1% 时，产出平均增长 α %；β 表示劳动力的弹性，说明当劳动力增加 1% 时，产出平均增加 β %；A 是常数，称为效率系数。A、α、β 均为待定参数，α 和 β 都是正分数，它们反映某种生产结构。当 K 和 L 为已知值时，A 表示对总产量水平产生成比例的影响。因此 A 可以看做是一种效益参数或技术状态指标。

生产函数所要解决的问题是在一定条件下投入的生产要素与产出量之间的关系，它是表征生产状况的一个根本性的函数，用来测定经济发展中技术进步的效果和生产增长速度。

在式(1-11-9)中，若$\alpha+\beta=1$，则是“线性齐次”假设，此时，规模报酬不变，即生产要素(投入劳动力与资本)如果增加m倍，产量也会相应地增加m倍，是单纯的外延扩大再生产。但产出的增加除了依靠投入的增加外，还包含技术进步的因素，如设备效率的提高、专业化生产等，那么，在投入的资本和劳动力都扩大m倍时，产出的增长将大于m倍，即$\alpha+\beta>1$。

为测定技术进步的效果，假设$\alpha+\beta=1$，并给生产函数增加一个技术进步系数来解决生产中内涵效率的提高。由于技术是随时代的发展而不断前进的，因此它是时间的函数，记为$A(t)$。这样，生产函数就可写成

$$Q=A(t)K^{\alpha}L^{\beta}=A(t)\cdot K^{\alpha}L^{(1-\alpha)} \tag{1-11-10}$$

用L除上式两边，化简后得

$$\frac{Q}{L}=A(t)\left(\frac{K}{L}\right)^{\alpha} \tag{1-11-11}$$

式中，$\frac{Q}{L}$表示劳动生产率；$\frac{K}{L}$是资本与劳动力的比率，它表示劳动者的固定资产装备程度。该式说明，劳动生产率是随技术的进步和劳动者的装备程度的提高而提高的。

为了估计参数α，必须确定函数$A(t)$的形式，此形式必须满足两个条件：首先，要符合经济发展的实际情况，使估计出来的α能在经济上做出解释；其次，函数的拟合结果应满足统计检验。为此，可假设技术进步的平均速度为λ，则有

$$A(t)=\alpha_0(1+\lambda)^t \tag{1-11-12}$$

将此代入式(1-11-11)后，有

$$\frac{Q}{L}=\alpha_0(1+\lambda)^t\left(\frac{K}{L}\right)^{\alpha} \tag{1-11-13}$$

令$q=\frac{Q}{L}$，$k=\frac{K}{L}$，则上式变为

$$q=\alpha_0(1+\lambda)^t k^{\alpha} \tag{1-11-14}$$

式(1-11-14)为指数函数，为估计其中的参数，可对该式两端同时取对数，使其变成线性函数

$$\ln q=\ln\alpha_0+\alpha\ln k+t\ln(1+\lambda) \tag{1-11-15}$$

若设

$$y=\ln q,\quad \beta_0=\ln\alpha_0,\quad \beta_1=\alpha$$
$$x_1=\ln k,\ \beta_2=\ln(1+\lambda),\quad x_2=t$$

则得出标准的二元线性回归模型

$$y=\beta_0+\beta_1x_1+\beta_2x_2 \tag{1-11-16}$$

利用多元线性回归分析，即可求出回归系数和各项指标，然后还原成生产函数模型的参数。

线性假定在经济计量分析中起着重要的作用，这样，就可以通过Q、K、L的统计资

料，利用普通最小二乘法估计出参数 β_0、β_1 和 β_2。例如，美国经济学家 Cobb 和 Douglas 研究 1900—1922 年美国的资本和劳力对产量的影响时，根据历史统计资料，得出这一时期的生产函数为

$$Q = 1.01K^{0.25}L^{0.75}$$

式中，$\alpha = 0.25$，$\beta = 0.75$，分别称为资本的生产弹性和劳力的生产弹性，即表示资本每增加 1%，生产量增加 0.25%；劳力每增加 1%，生产量增加 0.75%。这对于研究产出和生产要素之间的关系是十分重要的结论。上述生产函数的方程式表示了在一定的技术水平条件下，生产要素的某种组合与可能生产的最大产量之间的依存关系。若技术水平发生了变化，生产函数将随之而改变。

新古典经济学认为，一个国家或区域的工资率是由劳动的边际产出决定的，而资本的回报率则是由资本的边际产出决定的，这就是著名的边际生产力决定论（杨吾扬，梁进社　1997）。设某国或区域的新古典生产函数为

$$y = AL^{\alpha}K^{1-\alpha} \tag{1-11-17}$$

式中，y 为国民收入或产出，$0<\alpha<1$，可得出某一地区或国家的工资率为

$$W = \frac{\mathrm{d}y}{\mathrm{d}L} = \alpha A\left(\frac{K}{L}\right)^{1-\alpha} \tag{1-11-18}$$

资本回报率为

$$I = \frac{\mathrm{d}y}{\mathrm{d}K} = (1-\alpha)A\left(\frac{L}{K}\right)^{\alpha} \tag{1-11-19}$$

这样一来，资本回报率与工资率的比率为

$$\frac{I}{W} = \frac{1-\alpha}{\alpha} \cdot \frac{L}{K} \tag{1-11-20}$$

即这个比率与劳动的投入成正比，而与资本的投入成反比。如果假设劳动与资本都得到了充分的利用，则一国或一地区资本与劳动的价格比率就取决于它们的相对丰裕程度，如果劳动较丰裕，则劳动相对廉价，而资本相对昂贵；反之亦然。

2. 动态性生产函数

一般说来，技术性关系既有确定性的，也有概率性的，所以技术方程式就有确定性方程和概率性方程之分。同时，技术方程式也可以是动态性质的，例如某企业在不同年份中购买的生产资料（资本存量）具有不同的生产率时，上述生产函数就扩展为

$$Q_t = AK_t^{\alpha_0}K_{t-1}^{\alpha_1}K_{t-2}^{\alpha_2}\cdots L_t^{\beta} \tag{1-11-21}$$

由于 Q、K 和 L 分别表示每一厂商或企业的最大产量、资本和劳力，这时的技术方程式就是微观关系式。如果 Q、K 和 L 代表一国所有生产企业的总产量、资本存量和劳力，这时的方程式就成为宏观关系式。

1.11.3　数学模型的数据表示法

前述的数学模型在信息系统中主要是以子程序的形式来存储与调用的。除此之外，对于某些比较固定的模型，也可以用数据来表达。例如，区域开发模型的存取可以采用数据方式很方便地进行。将广泛使用的线性优化模型转化为一般形式的线性规划 LP 模型后，就可以用 AC. LPU，SB. LPU 和 UL. LPU 三个数据文件来表述（秦耀辰　1994）。

AC. LPU：存储线性规划模型约束系数矩阵A和目标价值系数行向量C。可把C和A组成一个扩展矩阵：

1，　1，　2.0
1，　3，　1.3
2，　2，　0.8
3，　4，　1.5
…　…　…

其中，每个记录有三个数据，前两个为A和C组成的扩展矩阵非零元素的行列下标，第三个为相应元素的值。

SB. LPU：存放LP模型中的约束右端向量R的约束符号"≤"、"="和"≥"(分别用1，0和-1表示)：

1，　0，　100
2，　1，　2760
3，　0，　2500
4，　-1，　50
…　…　…

其中，每个记录的第一个数为约束序号，第二个数为约束符号，最后一个数为约束边界值。

UL. LPU：存放规划变量的上、下界约束信息：

1：　65，　1310
2：　0，　260
3：　0，　10E15
…　…　…

其中，记录号对应于变量编号，后两列数分别是变量的下界和上界，一般下界为0，特别情况下为大于0的数；对于上界，若无约束，可用很大的数表示。

1.12 地图信息结构模型

1.12.1 地图与地理信息数学模型的不确定性

由于地理学所研究的任务大部分属于"灰箱"系统，难以用精确的数学语言来表达。所以在应用数学方法时，只能抽取其主导因素、主要过程，采用简化手段进行数学处理。得出的结论往往是反映宏观和总体趋势的(概率的、统计的)，而不可能是完全精确的。从大科学群体事物的决定论的思想来看，不能用某一特定事例决定一个法则，也不能用某一特定事例否定一个法则。这样，就不能用一些极端事例否定数学模型所表现的一般规律。

1.12.2 模型在空间数据处理中的作用

模型是科学的工作手段，然而也是日常交往的产物。它首先可使无规律的大量环境信息通过整理与压缩综合而成为可理解的信息。以当时的认识状态为基础，模型是客观现实的一种好的近似。通过建立数学关系、图形表达、言语的阐述、实体模拟等，模型可使客观世界按其各种标志变得可理解或易于理解。这种建模或多或少地与专业相关，但按其本质是一种普遍化(综合)。

建模理论按抽象上升程度可区分为形象模型(如图形)、模拟模型(如模拟物)和符号模型(如公式)。因此，地图因其相对于被表示的物体的特殊地图图形来说，是符号性的，人们可以把它理解为符号模型。因为地图可使物体联系和空间结构能被识别，因此地图可认为是一种结构模型。最后，从地图的显露形式看，它是一种图形模型。然而，这些都可以由一个数字模型(如数据库)生成。

1. 地图是形象符号模型

把地图看成是模型，即是一种构造，它以简化了的、概括了的、易于观察的形式复制客观现实的某些方面，其目的是提供关于这些方面的新知识。地图属于形象符号模型，它使用符号语言，并给出所表示现象的空间形象。一般来说，在地图中体现了模型的典型特征：选择性的方法和概括。与其他模型相似，地图可以把极为不同的现象作为自己的对象：具体的(如居民地)和抽象的(如人口密度)、现实的(如河网)和计划中的(如设计的新目标)。在地图中引入第四维——时间，使能从中看到更高层次的建模，即空间-时间模型。

“每一种地图绘制都是一种综合”(G. Hake　1982；Imhof　1965)。地图为“综合了的和被解释了的现象和专题内容的平面图形表象”这一定义，表述出地图的模型特征。然而，地图的产生并不直接依照客观现实，而是首先由当时的专业人员(如地形测量员、地质工作者、社会地理学家)根据他所获取的信息建立客观世界的初始模型(Primärmodell)，专业人员通过这种模型向制图员传递信息，因此，地图是一种客观世界的次级模型(Sekundärmodell)。地图使用者由此生成的是客观世界的第三模型(Tertiäresmodell)(G. Hake　1982)。

在地图学中引入系统方法，作为科学认识的方法论原理，建模现象可看成是不同级别的(从属性)和不同幅员大小的自然和社会经济体系(综合体)或是这些体系的一些元素。系统制图方法所考虑的不仅有列入综合体的组成元素以及它们的状态和性质，而且还有其相互联系和功能，这能更深入地理解地图的内容，为它选择主导要素、联系和主要指标，并确定相应的综合的特性。

2. 地图模型的其他特性

就地图的组成部分来说，地图还可以显示出一些不同的模型特性。地图本身的设计、投影网和大地水准面的表达，均是一种理论构造，因而是一种演绎模型。与此相反的是，局部信息(如地形、土壤类型、居民结构)的图形转换则提供一种与地段相关的映射模型。然而，就其所包含的典型的普适性的内容来说(如对于海岸形态)，它也是一种归纳模型。甚至 Eckert 于 1921 年所指出的对地图的要求，也可用模型的概念来解释。地图作为模型，与客观现实的符合程度受到很多因素的影响，如：

对现实的正确理解水准和评价还不充分(专业问题)；

制图表象在专题上和在图形上还是有欠缺的(制图问题)；

视觉感受遇到困难导致错误的或降低了的评价(如光线不好，视力减弱)(干扰问题)；

地图使用者用于评价地图的相关知识(Eigenrepertoire)不够(教育问题);

在获取与评价之间的时间段中客观现实局部地改变了(现势性问题);

在信息传输中为真实性努力不够(地图变成谎言,如历史伪造品)(道德问题)(Hake 1982)。

3. 地图信息的模型化

地图的建模过程可看成一个映射

$$S_M \to M_K \tag{1-12-1}$$

此处,S_M 为地形表面系统,它是欲建模系统,即运算域;M_K 为地图模型。

地图建模由模型化系统(算子)来实现。它是通过模拟制图员和自动化制图系统在表示制图物体时要用到的基本功能的途径来实现映射 $S_M \to M_K$(地图建模)的系统(A. C. Васмут 1983)。

模型化算子是一种算法,包含大量有相互联系的基本运算,是用去除次要细节反映算法结构的通用形式进行编写的,详见本章1.13.1“算法与算子”。

给要研究对象建立“模型”,并在计算机上进行模拟的方法也是知识处理经常采用的一种研究方法。地图模型可由以下几个子模型来构成:信息结构模型(总体语义结构模型、总体空间结构模型、实体结构模型)和信息变换模型(各要素的多尺度处理、派生信息的导出或知识挖掘等)。

属于信息结构模型的有:语义结构信息、实体间宏结构信息与实体本身的微结构信息。

1.12.3 语义结构信息的形成

1. 初始语义模型的形成

从实地到初始地图要素的分类与分级。

2. 再生语义模型的产生

从较大比例尺数字景观模型(Digital Landscape Model, DLM)到较小比例尺DLM过渡时,新的语义结构的生成(主要是再分类与再分级)。

语义的变换可引起空间结构的变化;反之,空间结构的变化也会引起语义的变化。

1.12.4 实体间宏结构模型——空间拓扑结构模型

这里包括两个主要过程:地理实体的空间层次划分和当前尺度下物体空间结构的形成。

物体按其空间尺度可划分为微型、中型、大型。如水系的地理实体层次可划分为河谷地带、子流域、流域等。在新的语义框架下,形成适用于当前尺度的物体空间结构。

1. 图形拓扑的概念

拓扑学(Topology)所讨论的对象是几何图形的,经过拓扑变换——正逆两方面都单值而又都连续的变换——而不改变的性质。图形的性质经过拓扑变换而不改变的,叫做拓扑性质。两个图形间若是有拓扑对应,那就是说,若有一拓扑变换存在,把两个图形中的一个变换成另一个,这两个图形就叫做同胚的(Homeomorphic)图形(或叫异形同构)。

例如半个球面与圆域同胚,因为正射投影就是把半个球面变换成圆域的一种拓扑变换。更普遍地说,若是一曲面能弯扭成另一曲面,它们就同胚。例如球面、立方体,与椭圆面同胚；平环与有限高的圆柱面也同胚。

2. 连通图与连通区域

(1)连通图

在一个图中，任何两个顶点之间至少有一个通路者，称为连通图(图 1-12-1)。

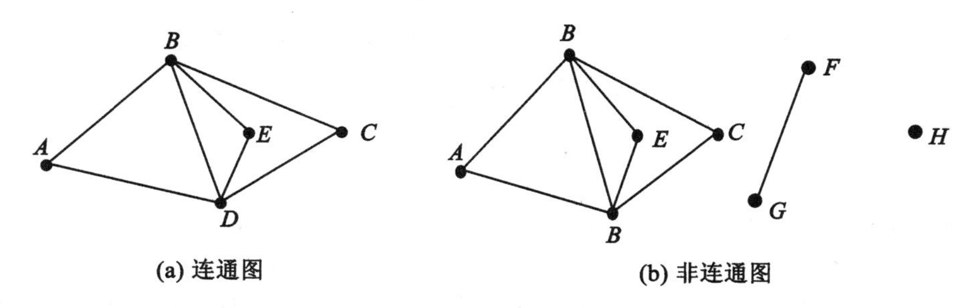

图 1-12-1　连通图与非连通图

(2)连通区域

如果通过一条完全位于区域内的道路，区域的每一个点能够和其他的每一个区域点相连，则称这个区域为连通(Connected)区域(图 1-12-2)。

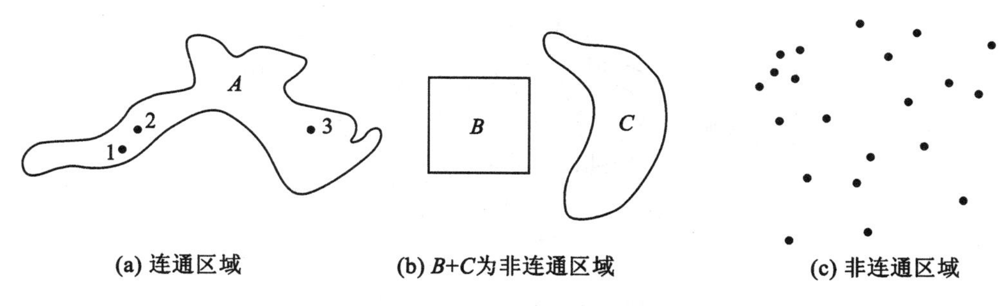

图 1-12-2　连通区域与非连通区域

连通区域又可再分为单连通区域与多连通区域。为了表明单连通与多连通问题，需考虑一条道路连通一个区域的两个边界点，除了这些边界点之外，它完全位于该区域的内部，则称之为割线(Cut)。

定义单连通区域的事实为：任何割线都会破坏它的连通性。例如，割线 c 把连通区域 D (图 1-12-3(a))分为两部分 D_1 与 D_2， 这样就不可能用一条道路连通 D_1 的一点和 D_2 的一点而不相交于 c 或者 D_1 或 D_2 的某一其他组分。

一条割线不一定在每一个连通区域内都有这种效果。例如，图 1-12-3(b)中区域 E 内的割线 c 就没有破坏它的连通性。这个区域具有环形的性质，它的边界由两条曲线 m 和 m' 组成。尽管有割线 c， 但不影响它的连通性。如果在第一条割线上加上第二条割线，则区域 E 就不再是连通区域。因此这类区域称为二重连通(Twofold Connected)区域(图1-12-3(b))。

图 1-12-3(c)中的 F 区域可作 4 条割线 c_1、c_2、c_3、c_4 而保持连通。但不能多于 4 条割

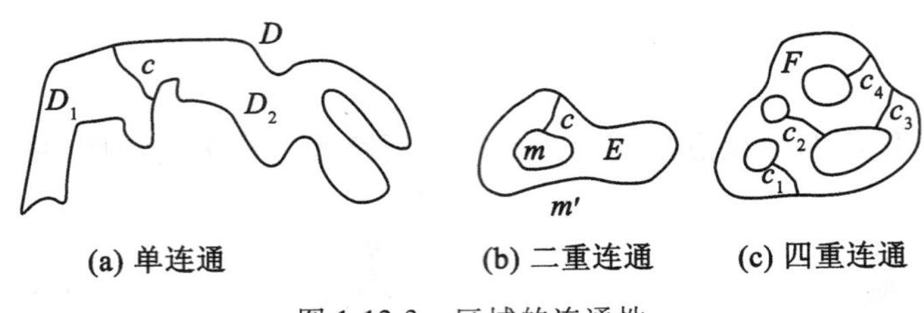

图 1-12-3　区域的连通性

线（勒温　1997）。

3. 地图与拓扑

（1）一笔画问题

俄罗斯西部城市寇尼斯堡（Königsburg 现称加里宁格勒）位于新普列格河和旧普列格河交汇成普列格河（Pregel）的地方。交汇处形成了一个小岛。18 世纪时，河上有 7 座桥，如图 1-12-4 所示（之后又修了另外两座桥）。能不能步行游览寇尼格斯堡而只通过每座桥一次呢？这一问题连同许多有关的问题是由瑞士数学家欧拉（L. Euler，1707—1783）于 1736 年解决的，其方法如下文所述。

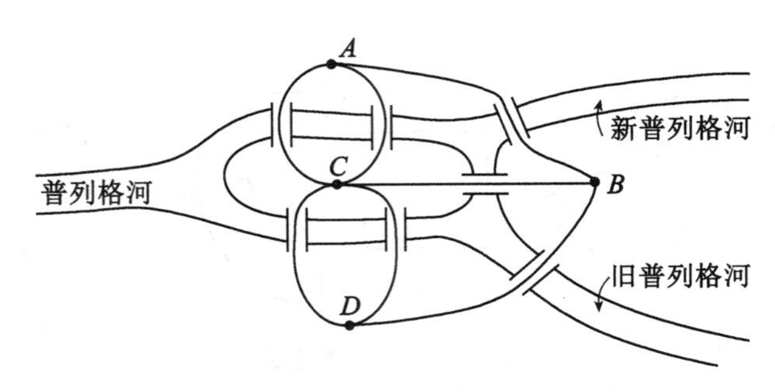

图 1-12-4　Königsburg 城的七桥地图

首先要指出，河岸的准确形状和岛的位置等是无关紧要的，因此图 1-12-4 可被更简单的图 1-12-5 代替。图 1-12-5 指明该城的各个区域是怎样被桥梁连通起来的。图 1-12-5 中的 A 点代表坐落在河的北岸的整个区域；D 点代表河南岸的区域；B 点代表新、旧普列格河之间的区域；C 点代表岛域；线段或曲线代表连接城市各个区域的桥梁，线段或曲线（它可由线段经弹性运动而得出）称作弧，允许弧的两个端点合在一起（形成像圆那样的曲线）并仍将该图形称为弧，但是弧除在其两个端点处以外，不得与其自身相交（注意：我们现在离开了标准术语，通常要求弧的端点是不同的两个点。但是我们将发现允许它们可为同一点是方便的）。这样，对寇尼格斯堡桥的研究已经变为对含有 7 条弧和 4 个点的图形的研究。

到此，问题转化为网络图的一笔画问题。

（2）平面图网络

网络是一个图（平面上的或空间里的），它由有限、非零条弧组成，其中除在端点外，

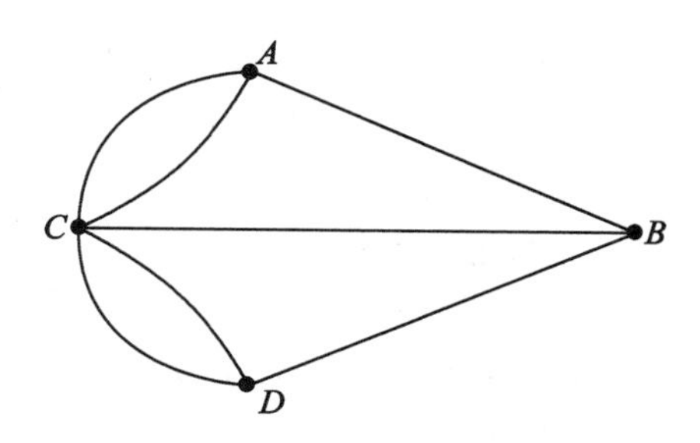

图 1-12-5　七桥问题的抽象图

任何两条弧都不相交。这些弧的端点称为这网络的顶点。图 1-12-5 给出一个有 7 条弧和 4 个顶点的网络。

网络中，一个顶点的度(Cardinality)是与该顶点所关联的弧端数。一个顶点是奇或偶当且仅当它的度是奇或偶。图 1-12-5 中的顶点 A、B、D 的度均为 3；顶点 C 的度为 5，这四个顶点都是奇的。

一方面，一个网络中弧的总数可以为任意正整数；同样的，顶点的总数也没有限制。另一方面，每条弧皆有两个弧端，所以弧端总数两倍于弧的数目，因此是偶数。但是弧端的总数是网络中所有顶点的度的总和，于是任一网络中所有顶点之度的总和必定是一正偶数。

网络中的一条路径是指网络中一组连串的互不相同的弧，于其中我们可连续走遍每一条弧并且每条弧只通过一次。这就是说，这一串弧中，每一弧必有一个端点被视为起端，而另一端点为其终端，共用的一顶点必是第一条弧的终端且为第二条弧的始端。同样，第二条弧的终端是第三条弧的始端，依此类推。路径上弧的顶点称为路径的顶点，路径的第一条弧的始端是路径的始端，路径的最后一条弧的终端是路径的终端。一条路径是封闭的，当且仅当其始端与终端为同一点。路径有时用沿着路径上的一串顶点来标记。

一个网络是连通的，当且仅当网络中每两个不同的顶点是该网络中某路径的端点。

有了这些知识，我们现在可以证明关于网络的某些一般结果(阿诺德　1982)。用这些结果就很容易回答关于寇尼斯堡桥的问题。

定理 1　任一网络中，奇度顶点的总数为偶。

定理 2　若一网络有两个以上的奇度顶点，则它不能被单一路径所贯穿。

定理 3　若一连通的网络没有奇度顶点，则它可被单一的路径所贯穿。并且此路径的始端 A_0 可以任意选择，而构成此路径的那一串弧的第一条弧可选网络中以 A_0 为其顶点的任一弧 a_1。

定理 4　若一连通的网络恰有两个奇度顶点，它就可以被单一的路径所贯穿，而此路径的始端和终端分别是网络中的这两个奇度顶点。

一笔画问题或图的连绘性(Unicursal)问题，就是指一个图可以用一笔画成而没有重复笔画。图的连绘性是由其顶点的度数决定的。一个连绘的图，必然只能有一个作为起点的顶点和一个作为终点的顶点。其余在这个图上的顶点都只能是“过路”的顶点，“过路”顶点必然是有“到达”和“离去”，至于到达多少次，则是无关紧要的，只要离去它的次数和到达的次数相同，它便是一个“过路”顶点。由于规定不用重复的路线，故每次“到达”和“离去”都用不同的边代表，这样它必然是具有偶数个边。换句话说，一个“过路”的顶点必是度数为偶数的顶点，只有起点和终点的度数才可能是奇数的顶点。如果一个连绘图的始点和终点不是在同一个顶点，那么这个图就一定具有两个度数为奇数的顶点。如果连绘图的始点和终点是同一顶点，那么这个图的顶点的度数全部为偶数。

一个线状图如能一笔画，则它或者没有(0 个)奇度顶点，或者只有 2 个奇顶点，而且只限于这两种情况。由于图 1-12-5 中的 4 个顶点均为奇度顶点，故不能一笔画(阿诺德 1982)。

上述情况归结起来就是欧拉定理：任意一个连通图 G，它能一笔画的充分且必要的条件是：奇度顶点的个数为 0 或 2。

欧拉定理把一笔画问题彻底、漂亮地解决了。“彻底”指的是它给出了充分、必要的条件，因而把一笔画和非一笔画问题的界限彻底划清了；“漂亮”指的是它指出的充分、必要条件简单、明了、易于检验(姜伯驹 1964)。

把欧拉定理和图 1-12-4、图 1-12-5 对照发现，图中四个顶点 A、B、C、D 的度数分别为 3、3、5、3。所以不能一笔画(苏步青 1986)。

4. 路径的拓扑

(1)闭路径定理(Closed-path Theorem)

该定理为：沿任一闭路径的总旋转角是 360°的整数倍。该整数记作 N_R，称为路径的旋转数(Rotation Number)。它是路径的内在性质，与路径的起点或走向无关。此处的讨论限于平面上的闭路径。

我们看到，简单多边形总有总旋转角为+360°和−360°的，这由我们跟踪路径的方向而定。然而，自交多边形常具有不同于±360°的总旋转角。简单多边形以及通常称为星形多边形的自交多边形为我们所看到的两类不同的路径。

简单闭路径定理(Simple-closed-path Theorem)为：非自交闭路径总旋转角为±360°(顺时针方向或反时针方向)。换句话说，任一简单闭路径的旋转数 N_R 是±1。

转角是闭路径的拓扑不变量。拓扑等价的任意两条闭路径必有相同的总旋转角。

(2)Jordan 曲线定理

Jordan(1838—1922)曲线是一条首末点重合的非自相交曲线 J。

Jordan 曲线定理(Jordan Curve Theorem)：平面上任一简单闭曲线恰好把平面划分为两个区域(点的集合)，一个“内部”(int J)和一个“外部”(ext J)(图 1-12-6)，诸如“把平面划分为两个区域”以及“具有一个内部和一个外部”。同一集合中的两点皆可用一条不与曲线 J 相交的曲线相连接。而来自不同集合中的两点(内部任一点 P 与外部任一点 M)的连线必与曲线 J 相交。或者说，把两个点 P、Q 用曲线连接起来，若该曲线与 Jordan 曲线不相交，由此表明这两点位于 Jordan 曲线的同一部分。即不可能不通过该曲线而从两部分中的一部分到达另一部分。

对于迂回复杂的 Jordan 曲线，很难判断所指定的点是位于 Jordan 曲线的内部还是外部(图 1-12-7)。

这样的性质在橡皮薄膜变形下是不变的。如果变形后的曲线具有这些性质，那么原来

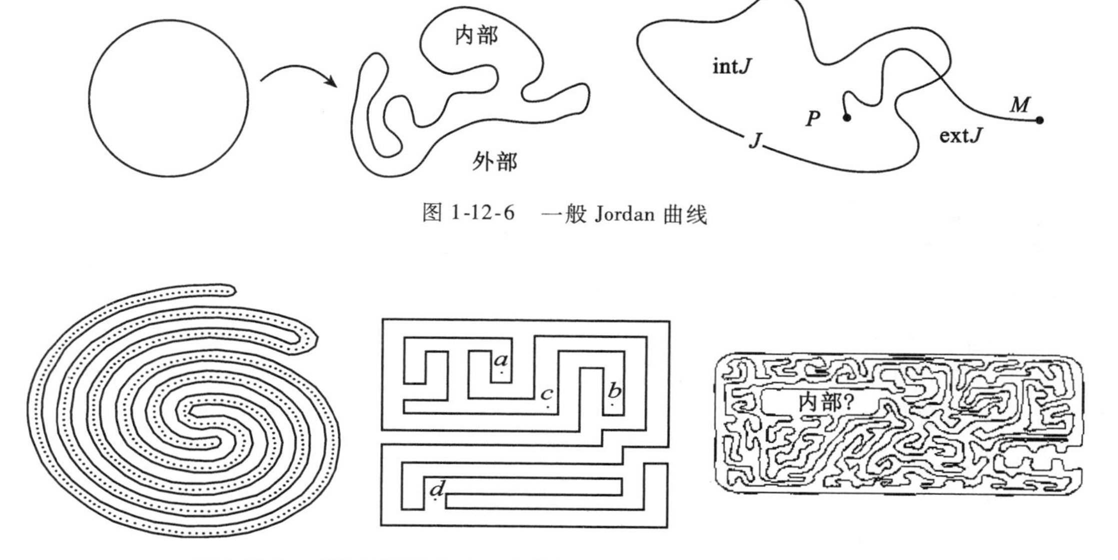

图 1-12-6　一般 Jordan 曲线

图 1-12-7　更为迂回的 Jordan 曲线(T. W. Gamelin, R. E. Greene　1983)

未变形的曲线也必定具有这些性质。

拓扑等价也称为同胚，意味着形态结构没有变，即结构是稳定的。拓扑等价意义下的拓扑不变量：连通性不变；分支点集是拓扑不变量。

关于实体结构模型，详见第 4 章 4.3“基于地理实体的信息组织”。

1.13　地图信息变换模型

为了进行地图与地理信息的变换，需要对它们进行本质上和结构上的(特别是数学上的)描述与分析。为后继处理提供更为充裕的信息。其实质是空间关系信息挖掘。

此处主要有点状物体集合的凸壳嵌套结构、线状要素结构化的等级树模型或网络模型、面状要素的 Delaunay 三角网及其对偶 Voronoi 图模型、体状物体的地性结构线的“形态替身”模型等。在物体选取方面的开方根模型、分形模型，同时顾及邻域环境(Context)特征；在图形概括中的各种曲线简化模型；为保持物体间的正确空间关系，在图形显示中进行必要的移位问题等。

1.13.1　算法与算子

1. 算法的概念

算法是描述某个过程的方法和规则集。算法有多种表达形式，如语言、流程图或其他图，伪编码以及数学符号。

可以把算法定义成解一确定类问题的任意一种特殊的方法。而在计算机科学中，算法已逐渐成了用计算机解一类问题的精确、有效方法的代名词。如果对算法做稍详细一点的非形式描述，则算法就是一组有穷的规则，它们规定了解决某一特定类型问题的一系列运算。

算法还具有以下五个重要特性(邹海明，余祥宣 1995)：

(1)算法的确定性(Definite)

算法的每一种运算必须要有确切的定义，即每一种运算应该执行何种动作必须是单值的、相当清楚的、无二义性的。

(2)算法的能行性(Effective)

所谓一个算法是能行的，指的是算法中有待实现的运算都是相当基本的，每种运算至少在原理上能由人用纸和笔在有限的时间内完成。整数算术运算是能行运算的一个例子，而实数算术运算则不是能行的，因为某些实数值只能由无限长的十进制数展开式来表示，像这样的两个数相加就违背能行性这一特性。

(3)算法的输入

一个算法有0个或多个输入，它们是在算法开始之前对算法最初给出的量，这些输入取自特定的对象集合。

(4)算法的输出

一个算法产生一个或多个输出，它们是同输入有某种特定关系的量。

(5)算法的有穷性

一个算法总是在执行了有穷步的运算之后终止。

凡是一个算法，都必须满足以上五条特性。只满足前四条特性的一组规则不能称为算法，我们把它叫做计算过程。操作系统就是计算过程的一个重要例子。设计操作系统的目的是为了控制作业的运行，当没有作业可用时，这一计算过程并不终止，而是处于等待状态，一直等到一个新的作业进入。

将待求解问题的数学模型(即能描述并等价于实际问题的数学问题)转化为一系列算术运算、逻辑运算等，以便在计算机上求出问题解的近似值(常称为数值解)的方法，叫做数值计算方法，简称算法(任开隆等 1996)

2. 算子的概念

算子(Operator)是一个数学概念，又称为算符。但当以算子术语出现时，是指数学、物理学科中对于某类变换的称呼，表示两个集合X和Y的元素之间的对应关系，其同义语有映射、变换与函数。例如在控制论中，一个系统的运动就是这个系统状态的一系列变换。假定一个系统在t_1时刻有a_1的状态，在t_2时刻有a_2状态，我们把从前者到后者的变化看成是把a_1，t_1变换为a_2，t_2的结果。任何系统、任何元素在输入变化的作用下所产生的输出的变化，也就是输入到输出的变换。这种变换称为算子。如果设系统的输出坐标为Y，系统的输入坐标为X，系统的变换为K，则Y和X之间的关系可以写成$Y = KX$。这里K就是表明该系统变换的算子，它可以是线性的，也可以是非线性的。很显然，算子表明了系统的性质和功能。一个系统的性质和功能表现着该系统的控制运动规律。

矩阵就是一种算子。例如，矩阵通过对定义一组点的位置矢量进行运算以实施这组点的几何变换。矩阵作为几何算子是大多数几何造型计算的基础。

1.13.2 布尔算子

布尔运算类似于集合的交、并、差运算，用来把简单的物体组合成较复杂的物体。实施这些运算所产生的物体必定也是具有边界子集和内部子集的闭点集，并且与初始的物体维数相同。后者是指，在诸如 $A \cup B = C$ 的布尔运算中，所有物体必须具有相同的空间维数。

如果一个物体是由两个或两个以上较简单的物体经过布尔组合表示的，那么这种表示就是布尔模型(Boolean Model)。如果 A、B、C 分别为三个物体，$C = A$ <OP> B， <OP>代表布尔算子，那么 A <OP> B 就是 C 的布尔模型。此处要求 A、B、C 三者必须有相同的空间维数。

在二维图形中，基本几何图形有圆、三角形、长方形、梯形和多边形等。这些基本图形都可以看成是一个个集合。

图形可由一个外边界和若干个内边界构成，它们可统一地由环来描述。所谓环，是指一个平面图形的一条封闭的边界，它由一组封闭的边向量构成。外环表示图形的外边界，取反时针方向；内环表示图形中的岛屿或孔洞，取顺时针方向(图 1-13-1)。

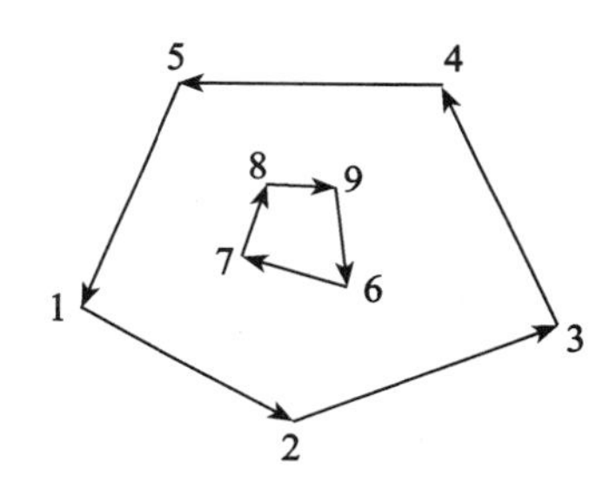

图 1-13-1　一个多边形的内环与外环

图形的运算是基于两个环的运算，可把每个环看成是论域 U 中的集合。

1. 基本布尔算子

在空间数据处理中，如地图综合中的物体(如建筑物等)合并，特别是 GIS 中多边形叠置涉及大量的并交运算。这些运算的数学实质是图形的几何构形或称图形的布尔组合。

几何构形问题包括基本几何元素的建立和图形间的交、并、差等运算。

两个空间物体图形的并(Union)：C =UNION(A，B)。

两个空间物体图形的交(Intersection)，如果它们之间有覆盖部分的话：C = INTERSECTION(A，B)。

两个空间物体图形的差(Difference)，即从物体 A 中去掉落入 A 中的物体 B 的那一部分：C =DIFFERENCE (A，B)。

由于空间数据的基本表示方式有矢量与栅格之分，所以图形的布尔运算的实现也得分为两种形式：矢量图形的布尔运算和栅格图形的布尔运算。

2. 矢量图形的布尔运算

封闭多边形在图论中称为环，其边界取向遵循右手法则，即沿边界前进时，区域始终在边界的左侧。区域的运算归结为环运算。

(1)简单多边形的布尔运算

为求得运算后的新环，首先要求出两环的所有交点。新环是在原环的交点处改变走向而形成的。同时，还需要决定环经过交点时是进入还是离开另一个环的区域。在作 $A \cup B$

运算时，A 的有向边到与 B 的交点 P_1（A 的入点）时，就不能进入 B，而是沿 B 的环前进。到下一个与 A 的交点 P_2（B 的入点）时，又要改变方向，沿 A 环前进。

在作 $A \cap B$ 运算时，则从交点出发，应该始终不穿出 A 或 B 前进。每个交点 P_I 应该看成是在 A 环上的 P_{IA} 和在 B 环上的 P_{IB} 重叠在一起，两者有不同的出点和入点特征。即是说，若 P_{IA} 是入点，则 A 环的有向边是由 P_{IA} 进入区域 B，那么，P_{IB} 就是出点，即 B 环的有向边就由 P_{IB} 穿出区域 A。为了简单起见，用-1 表示入点，+1 表示出点。

单环在此指的是合并的结果仅为一个外环。因此参与合并运算的两个目标必须为凸形，否则，不能保证合并的结果为单一外环，有可能产生孔或洞。

两个简单、规则建筑物轮廓图形的合并，是两个环之间的一种布尔运算。

(2)凸多边形的布尔运算

下面仅对凸多边形的并运算作些简单说明。

环由边组成，而边是有向的，凸简单多边形只有外环，且取反时针方向。两个图形在并运算后生成新的图形，其边界是由参与运算的两物体的部分原有边界组成。图形边界的改变发生在原图形边界的相交处。因此，要求出全部交点，借此组成新边界，形成新的物体。新环是在原环的交点处改变走向而得到。同时还要决定环经过交点时是进入还是离开另一个环的区域。

对于两个多边形边的交点，要进行特征确定，即进行交点是“进入”还是“离开”的判断，这由参与求交的分属不同多边形的两条有向边(矢量)的叉积值的符号来确定，这个值叫做交点的特征值。

以上描述的算法需要几个支撑算法，它们主要是：求交点的算法，确定一个点在闭多边形内部还是在外部的算法；跟踪边界段，形成回路以及对回路重新参数化的算法。

下面仅就两凸多边形求并时会出现一些特殊情况进行试验，其处理情况如图 1-13-2 所示。

$P \cup Q$ 的边界由 P 和 Q 的外部边的序列组成，P 边与 Q 边的交点恰好是 $P \cup Q$ 的边界序列中 P 边与 Q 边的交替之处。

基本算法过程是对 P 的每条边检查 Q 的所有边，判断它们是否相交。如果相交，则在交点处实施 PQ 边的交替。

3. 栅格图形式的布尔运算

(1)运算异常的可能性

在矢量图形中，对图形元素作了明确的几何定义，如顶点、边和面等，而在栅格图形中却没有这样的定义。这样，在栅格图形(图像)的布尔运算中就会出现逻辑异常。

此处，布尔模型是一种过程模型，也可称为非求值模型(Unevaluated Model)。如果我们希望知道更多关于新实体的信息，则必须对布尔模型进行求值计算。我们必须计算交线和交点，以决定新的棱边和新的顶点。我们还必须分析这些新元素的连通性，以确定该模型的拓扑特点。

图 1-13-3 表明两个完全确定的二维物体的普通集合论的交如何产生退化的结果。首先，A 和 B 是确定的，因为每一个集合具有边界点集 bA、bB 和内部点集 iA、iB；其次，根据集合论原理所得的交在数学上是正确的，但在几何上是不正确的或不适当的，因为 C 没有内部。

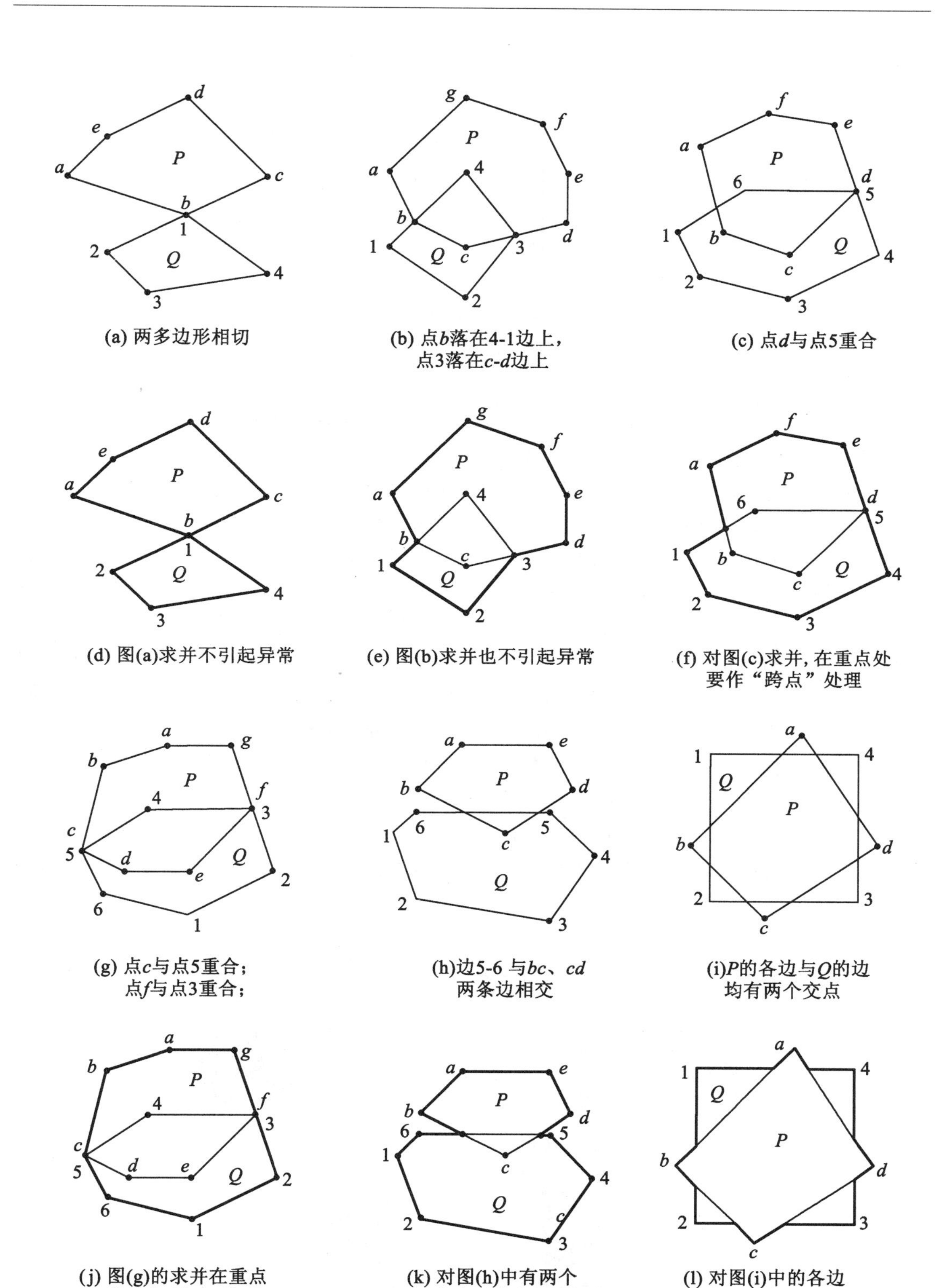

(a) 两多边形相切

(b) 点b落在4-1边上，点3落在c-d边上

(c) 点d与点5重合

(d) 图(a)求并不引起异常

(e) 图(b)求并也不引起异常

(f) 对图(c)求并，在重点处要作“跨点”处理

(g) 点c与点5重合；点f与点3重合；

(h)边5-6 与bc、cd两条边相交

(i)P的各边与Q的边均有两个交点

(j) 图(g)的求并在重点处需作“跨点”处理

(k) 对图(h)中有两个交点要作弃远取近处理

(l) 对图(i)中的各边均要作弃远取近处理

图 1-13-2　两个凸多边形并运算的特殊情况

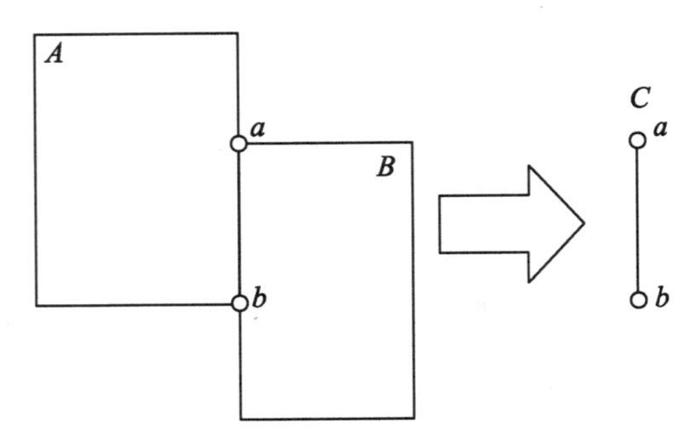

图 1-13-3　两个良定二维物体退化的交

因此，C 与 A、B 不同，它不是二维物体，求交运算不保持维数相同。

(2)正则化布尔运算(摩滕森　1992)

为使另一些集合组合运算所得到的集合正则化(用位于上标之处的星号“ * ”区分之)，必须确定一个已知点是在给定集合的内部或外部或是在边界上。任一正则化集合 A 有三个重要的子集：所有内点的集合，记作 iA；边界上所有点的集合，记作 bA；外部所有点的集合，记作 iA。把一个特定点归属于这三个集合之一称为集合成员关系分类(Set-membership Classification)。

A. A. G. Requicha 和 R. B. Tilove 等人提出使用正则化(Regularized)集合算子，它保持维数和齐次性(没有低维的悬伸部分和不连通部分)。所谓正则化，相当于取集合的内部，并且用绷紧的外皮把它裹起来。正则化集合算子是十分重要的。

首先，考虑图 1-13-4 中的二维物体 A 和 B。它们都是良定的，即它们是闭的、维数齐次的。于是，A 和 B 可表示为

$$A = bA \cup iA, \quad B = bB \cup iB \tag{1-13-1}$$

其次，在用布尔运算形成物体 C 之前，平移 A 和 B 的位置。然后实施集合论交的运

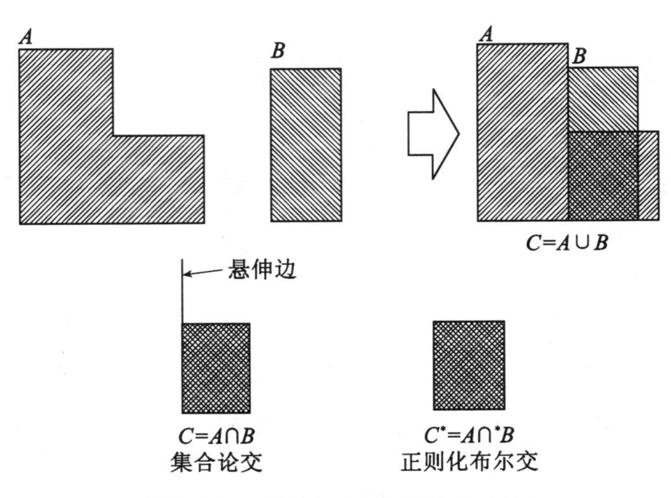

图 1-13-4　集合论交和正则化布尔交

算，其结果如图1-13-4所示。注意悬着的边，这一结果的维数显然不是齐次的，但它是正确的集合论的交。所求的结果表示在右边，它是正则化布尔交，记作 $A \cap^* B$，并且是闭的、齐次维数的。

关于如何求得正则化布尔交，详见相关参考文献(摩滕森 1992)。

1.13.3 实体图形处理算子

从信息处理模型的角度看，这里包括三方面的内容：语义概念变换、几何图形变换、专题属性信息变换。其中，语义概念变换和专题属性信息变换将在第9章中详细研究；而几何图形变换是此处的主要研究对象，也是本学术领域研究得最为广泛的课题，它主要由两类几何算子构成：通用几何算子和专用几何算子。

1. 通用几何算子

①平移算子(Translation)：一个物体可移动到任一点 $P_0(x_0, y_0)$，以生成另一个物体

$$B = \text{TRANSLATION}(A, P_0) \tag{1-13-2}$$

②旋转算子(Rotation)：

$$B = \text{ROTATION}(A, \alpha) \tag{1-13-3}$$

③缩放算子(Scaling)：

$$B = \text{SCALING}(A, k) \tag{1-13-4}$$

④对称算子(Symmetry)：可分为点对称、轴对称和任意线对称

$$B = \text{SYMMETRY}(A, \text{SYM}) \tag{1-13-5}$$

⑤开窗抽取(Extraction)：用特定窗口 W 去裁取物体的一部分

$$B = \text{EXTRACTION}(A, W) \tag{1-13-6}$$

⑥复制(Replication)：把物体 A 作为图案元素(PAT Tern)予以复制以生成新物体。

复制也可以描述为一种空间倍增(Multiplication)，其中包括平移、旋转和缩放。一般来说，复制也可以通过图形文法(Shape Grammar)来定义，即作用于物体 A 上的图案的配置 G：

$$B = \text{REPLICATION}(G(A, \text{PAT})) \tag{1-13-7}$$

⑦简化(Simplification)：对物体 A 的细节按给定的阈值THRES进行简化。

$$B = \text{SIMPLIFICATION}(A, \text{THRES}) \tag{1-13-8}$$

⑧关系算子(Relational Operator)：针对元组运算，有交(Intersection)，并(Union)，差(Difference)，投影(Projection)，连接(Join)，选择(Restriction)和划分(Division)。

2. 专用几何算子

专用几何算子即除了通用几何算子以外，GIS与地图信息处理所需的处理领域信息的功能。这将在本书第7章中进行详细阐述。

随着大型计算机的发展和推广应用，许多模型中的复杂的方程式都可以用计算机得出计算结果，许多理论设计也就越来越接近实际情况。这也表明这些理论模型虽然越来越抽象，但同时也越来越深刻地反映着自然。

但是，我们应该认识到，科学抽象方法得到的认识成果，虽然反映了事物的本质、一般和规律，可是这个本质、一般规律毕竟只是研究对象整体、多样性统一体中的一个部分或一个方面。因此我们的认识不应该到此为止，而应该继续前进，抽象应该在

思维中上升为具体。

1.14 地图信息综合中的主要算子体系

此处以地图综合算子作为空间信息综合算子体系的代表来进行研究。

为了进行地图或GIS信息的正确的综合，需要解决三个问题：综合算子应用的顺序、这些算子要用到哪些算法、对于给定的比例尺所需的输入参数。

综合过程是由所选算子来完成的。每一个算子解决一个特定的问题。每一个算子可应用若干种算法。例如，曲线简化就有多种算法可用。综合过程的实现涉及综合算子的选择(Generalization Operator Selection)；算法选择(Algorithm Selection)和参数选择(Parameter Selection)。

下面，基本上以年代为序，列出研究地图综合算子的演变，并特别注重其独到的论点。

1.14.1 艾克特(Eckert 1921，1925)综合算子

Eckert虽然没有正式提出成体系的综合算子，但在其巨著《地图科学》(1921)的第Ⅳ篇第Ⅲ章"综合"中用10个节的篇幅来论述地图综合问题。提到了与当前所采用的大体一致的综合算子。如：①选取(Auswahl)；②简化(Vereinfachung)；③连接(Vermittlung)；④合并(Verbindung)；⑤舍弃(Weglassen)；⑥强调(Hervorheben)；⑦一般化(Verallgemeinern)；⑧分类(Klassifikation)；⑨数量综合(Quantitative Generalisierung)；⑩质量综合(Qualitative Generalisierung)。并且曾明确强调，综合中的缩减(Reduktion或Reduzierung)与缩放仪和照相机的缩减毫不相干。用照相所得的逼真图形是不够的，还必须进行简化和合并。去除细节，强调重要的物体。为达到此目的，不仅要对原资料图进行彻底的细心加工，还要参考与之有关的地理文献、统计资料和相近地图资料。只有那些最为熟练的和最好的人员才能成功地进行综合。

1.14.2 萨里谢夫(Салищев 1944)综合算子

"以缩小的形式将地形显示于地图上势必引起制图综合，即地图内容的取舍与概括。制图综合是编制任何比例尺地图必经的一个步骤。一般说来，地图比例尺愈小，则综合的程度就愈显著。"

从上述可以看出：制图综合理论以同一性质的系列比例尺地图为对象，比例尺在此起着主要作用。同时，他指出了制图综合的两个主要算子：地图内容的取舍和被选取内容的概括。

地图始终是仅对现实的某些现象(方面)建模的。因此，只反映那些从地图用途、专题、比例尺和区域地理特征看来是主要的和本质的东西。选取准则有资格法(质量资格与数量资格)和一种特殊的数学选取途径——定额法。在资格法中，对物体的选取是单个地进行的(物体满足资格与否)；而选取的定额法具有统计的含义——确定物体集合的代表程度。

地图内容的取舍，就是以图上极重要的物体来限定图上的载负量。这种取舍是可以

预先规定的，即：在一定的类别里除去次要物体，如在居民地中除去人口在 2000 人以下的居民地；从地图内容中，整个除去某几类景观要素，如从地图内容中除去地貌，等等。

此外，他对三个相关的重要问题也作了简明论述。制图综合特点及程度决定于以下三个因素：地图比例尺、地图用途以及地理景观特点。这三个因素的作用往往是交织在一起的，很难截然分开。

1.14.3　苏霍夫(Сухов　1957)综合算子

苏霍夫的主要论点之一是把地图综合与科学思维联系起来论述地图综合问题。综合时，概括制图物体的概念，也就是按逻辑从狭义的概念中舍去次要特征的方法得到广义的概念。概念的形成在实际认识过程中的意义是难以估量的。“即使是最简单的概括，即使是概念的(判断、推理等)、最初的和最简单的形成，就已经意味着人们对于世界的客观联系的认识是日益深刻的。”①综合是建立在科学思维的基础上，思维是从具体的事物中抽象和提炼出来的，但它不离开实际。

列宁说：“当思维从具体的东西上升到抽象的东西时，它不是离开——如果它是正确的——真理，而是接近真理。”“物质的抽象，自然规律的抽象，价值的抽象及其他等，一句话，一切科学的(正确的、郑重的、不是荒唐的)抽象，都更深刻、更正确、更完全地反映着自然。”②科学抽象的方法表面上离开了感性的具体，但是由于通过抽象，认识深入到对象的自身之中，掌握了一般、本质和规律，因而也就能更正确地解释和反映客观对象。

苏霍夫于 1948 年就提出关于地图载负量的概念，在此基础上用图解计算法实施地图综合。这对于在当今的计算机环境下的自动综合也是具有重要意义的。

1.14.4　托普费尔(Töpfer　1974)综合算子

托普费尔是地图学界著名开方根规律(Wurzelgesetz)的创始人，他于 20 世纪 60 年代发表了一系列关于开方根规律在地图主要要素综合中的应用的论文，并于 1974 年出版了以开方根规律为主线的《制图综合》(*Kartographische Generalisierung*)专著，中译版《制图综合》于 1982 年由测绘出版社出版。

开方根规律迄今仍得到领域学者们的认可，但也有持异议和质疑的学者。

1.14.5　麦克马斯特(McMaster，Shea　1983)综合算子

Robert B. McMaster 与 K. Stuart Shea 于 1983 年提出 12 个地图综合算子：简化(Simplification)、光滑(Smoothing)、聚合(Aggregation)、聚集(Amalgamation)、合并(Merging)、收缩(Collapse)、精选(Refinement)、典型化(Typification)、夸大(Exaggeration)、增强(Enhancement)、移位(Displacement)和分类(Classification)。他们对 12 种综合算子进行了明确的几何操作或属性处理方面的定义。然后又从“When”和“How”

---

① 列宁：《哲学笔记》，人民出版社 1957 年版，第 164 页。
② 列宁：《哲学笔记》，人民出版社 1957 年版，第 155 页。

等方面对综合算子进行组织，使各种各样的综合操作处于一个宏观框架中，便于在计算机环境下付诸实现。此处，两位作者认为虽然选取过程在概念上不是综合的组成部分，但认为选取也必须作为后继综合的预处理步骤来研究。

Ruas 和 Lagrange 对地图综合算子系列也进行了深入的研究。

第 2 章　GIS 与地图信息综合概述

2.1　引　　言

“地图是永生的”(陈述彭　2002)。地图是人类进入文明社会的一个标志，是人类空间形象思维的再现。据宏观估计，人类 80% 的信息是通过视觉获取的。地图是空间信息的可视化表达，因此在人类认识空间环境中占有重要地位。地图融科学与艺术为一体，跨地理学、测绘学、信息技术、认知科学、人工智能等几大科学领域；渗透于行政管理、经济规划、科学研究、文化教育等诸多层面，徜徉于几千年的历史长河而经久不衰。很多人造的事物都随文明的进步而逝去，唯独地图，就像文字一样具有顽强的生命力，从未被别的什么“新产品”所替代。这是因为，地图是人类空间认知的重要工具。

人类始终在不断地认识自己赖以生存的环境(自然的、社会的、经济的、文化的……)，包括其中的诸事物与现象的相关位置、依存关系以及它们的变化和规律，这就是空间认知。地图是人类空间认知的重要表达形式之一，因此，它也就成为空间认知重要的科学手段。今天，从数字城市到数字地球，表明人们要在多层次或多尺度上继续认识自己所生存的环境。只要人们对自己生存环境的认识没有终结，对地图的需求就不会终止。

GIS 与地图信息综合是一个永恒的主题。从 1921 年的艾克特到现在，此问题的明确提出已 90 年了，人们仍在对常规的综合原理特别是数字环境下的自动综合问题进行着如火如荼的研究。之所以永恒，是因为人类对大自然的不停顿的认识是无穷无尽的；之所以永恒，还在于地理信息处理涉及的领域很多，这样的领域还在不断地涌现，诸如区域可持续发展、数字地球、空间信息的网上传输等；之所以永恒，又在于其所涉及的“认识”问题又进一步深化为哲学问题。元地图学(Metacartography)的出现就是地图信息处理在哲学领域中反映的例证(А. Ф. Асланикашвили　1974)。

图形的产生早于文字，它与人类的文明开化同日诞生。图形在描述与表达空间事物时具有无可比拟的优越性。它可变海量数据的烦琐阅读为直观简明的形象思维，其实质是变枯燥数据为直观信息。

心理学研究表明，人类对图形图像有一种本能的亲近感，一般人对图形图像的理解是阅读文字的 5 万倍(陈述彭　1988)。在人类获取有关现实世界的信息中，约有 90% 以各种各样的二维和三维的图形图像的形式得到(陈述彭　1994)。据估计，人脑中有半数以上的神经细胞与视觉思维有关，这种思维可以迅速进行模糊模式识别。通过视觉对图形所表达的事物现象进行分析研究就是图形思维问题。

在本书中，始终贯穿着一条主线：图形思维问题与结构化信息处理。

空间信息或空间数据库随尺度的变化需要从两方面来观察：用于不同层次的规划、管理与决策所需要的信息粒度与空间信息的图形表达(可视化)。因为海量数据必须借助图形表达才可让我们对其进行科学的洞察，进而显露其科学的辅助决策作用。为此，要从全局着眼，分析空间信息随尺度变化的内在机理，建立制导其变化的宏观模型。笔者在此提出以下两个主题：

1. 基本模型问题

①“总体构思模型”，这是一种 Logistic 模型，在众多的学科领域都有相当广泛的应用。

②对于物体集合，笔者提出要素集合的宏结构化模型，通过其宏观关系的建立来制导物体集合元素的科学评价与取舍决策。

③对于单个物体，则通过建立其微观关系来对其组成元素或其子物体进行科学评价，以对整个物体进行再塑造。

这就是本书中所要阐述的基本模型问题。

2. 基本算法问题

各种模型都要通过相应的算法来实现。笔者从总体上着手，主要从几何方面把各种空间物体归并为四类：点、线、面、体，分别探讨它们的结构化综合算法。

①对于点状物体集合，由于点状物体本身不再有内部的图形细节，它们的空间分布便成为主要地理特征，因此，采用多层凸壳嵌套来反映其分布轮廓与层次结构，借此对其组成元素进行全局性评价。同时建立离散点集的 Voronoi 图，以表达各个点状物体的统计影响范围，借此显示其相对周边物体的重要性，进行局部的基于邻域环境(Context)的评价。

②对于以河系为代表的自然线状物体集合，建立其各级主支河流之间的等级树结构(与 Horton 河系层次树结构一致)，对各条河流从全流域上做出其全局结构上的重要性评价，同时建立基于线状物体集合的 Voronoi 图，它表达着每条河流的统计流域或汇水面积，间接地反映着河流的重要性，这样就可以进一步区分处于同一树层上的各个物体的重要性差异。

③对于以道路网为代表的人工线状物体集合，利用赋权图原理和结点度的信息使其结构化，进而对其进行全局性的评价。

④对于面状物体集合，也分为两种情况：以城市建筑物为代表的连通型面状物体集合和以湖群为代表的离散型面状物体集合，分别用图论算法和分数维算法来使之结构化。

⑤对于以地貌形态为代表的体状物体集合，笔者提出“等高线树结构”的方法，使地貌的表达数据(等高线)结构化，进而查找地貌形态的“替身”(地性线即是山脊线与谷底线)，建立地性线的树结构，这样就把地貌形态的综合转化为其“替身”(地貌结构线)的综合，后者又是一种树结构的处理，其处理逻辑与河流相似。这些都是处理物体集合的主要有关算法。对于重塑物体问题，则是结构化思想在微观环境下的应用，即把物体看成其组成元素或子物体的集合，建立后者之间的相应关系，以解决物体的科学重塑问题。

这就是本书中所要阐述的基本算法问题。

为了使模型与算法具有一个相对完整的系统性，除了笔者的研究成果以外，还视需要，引用国内外的相关论述，并及时注明信息源出处，以便必要时做进一步的查阅。

空间信息处理是信息处理范畴的一个特殊、复杂和重要的领域，其主要特征体现在信息量的海量性、信息内容的相关性和类别与形态的复杂性、空间分布特征的区域性和信息处理方法的综合性等。地图信息是空间信息处理的主要支撑，同时也是处理结果的直观且重要的表达形式。

本书是针对数字环境下普通地(形)图/空间数据库中所存储与表达的地理信息的自动综合，简称地图综合。地图综合是一个国际难题，是地图信息和 GIS 的多层次应用的一个重大科学与技术问题。要解决地图内容/空间数据库的自动综合问题，必须要有完善、科学的理论原理与技术方法体系，用以指导地图综合的各类实践操作。没有正确的理论，是不会有正确的技术方法并使其具有普遍意义的。Ramirez 于 1995 年曾说，目前(1991)，尽管已出版了论述地图自动综合的专著，但至今仍没有一个明朗的自动化的解决方法(Ramirez　1995)。笔者认为，GIS 与地图信息综合涉及地图学、图形图像、离散数学、CAD/CAM、图论、拓扑、计算几何、模式识别、计算机视觉等多个学科领域，需集成多个领域的科学理论和技术方法来解决。

地图综合基础理论研究的必要性看来是要予以重视的。到目前为止，地图综合在理论上尚缺少必要的统一的基础。甚至对于综合是否必要，也还有人持异议。因此，对地图综合的基础理论需要做进一步的研究。要解决地图内容的自动综合问题，必须要有完善的和科学的理论原理与技术方法体系，用以指导地图综合的各类实践操作。没有正确的理论，是不会有正确的技术方法并使其具有普遍意义的。

在数字环境下，地图信息综合可理解为分辨率的减少过程，它既涉及专题属性域，也涉及几何图形域。在专题属性域中，综合体现为数据库模式的改变、实体数目的减少、属性类别的减少以及属性值的概括(均值化等)。在几何图形域中，综合体现为物体的选取、目标细节的概括等。

GIS 发源于专题制图，但又高于专题制图。GIS 正在蓬勃地发展。在常规的模拟作业中，为了使地图的质量精益求精，人们对地图信息综合总在进行不断探讨。在数字环境下，地图信息作为 GIS 的基础信息与专题信息的承载体，使地图信息与其他地理信息融为一体，使地图信息综合的使命就更加拓宽了，不只是为了图形信息压缩以保证地图的易读性，而且担负着生成 GIS 多尺度数据库的新使命，满足空间分析的需要，同时，支持不同层次的规划、管理与决策等。

在网络不断发展的今天，图形信息海量数据的传输速度与代价问题也提到议事日程上了，要求滤掉与应用(管理、规划与决策等)无关的冗余信息，以提高传输速度与减少代价。

不同规模(国家的、省区的、大中城市等)的地理信息系统已经纷纷建立，在数据获取、管理与维护等方面付出了极大的代价。然而，随着应用需求的发展，要求由现有的 GIS 生成具有不同尺度(详细程度)的 GIS；由小范围 GIS 生成较大范围的 GIS(如由省级 GIS 生成国家级 GIS、由国家级 GIS 生成洲际和全球性的地球村等)，形成 GIS 的金字塔结构。范围的扩大意味着着眼点、注意力或信息需求层次的质的变化，即大范围 GIS 的生成不是相关小范围 GIS 的并，因为后者包含着相对过多的细节，这些细节对于高层次的应用是多余的，它会湮没主要的信息。过多的信息形成干扰，排除干扰、突出主要信息，就构成 GIS 中空间信息(图形信息与属性信息)的综合。其中最为主要的是研究图形信息，即地图信息的自动综合。

在数字制图与 GIS 中，地图综合表现为两个主要分支：地图综合与数据库(或模型)

综合。二者有着相似的目的和在很大程度上共享相同的算法过程。然而，它们之间也有显著的不同：地图综合表示由源数据库导出图形产品或实施可视化的过程，与符号学密切相关。随着比例尺的缩小，引起物体之间的空间竞争以及符号的相对放大引起压盖、重叠和相应的移位处理，这时几何精确性就让位于物体之间的正确关系的表达。而数据库或模型综合是从源数据库导出简化数据库(主要包括图形信息与属性信息变换)以满足不同的目的，以较少的数据量反映尽可能多的地理信息。节省存储空间、减少传输负荷、提高处理效率，用于不同层次或级别的规划、管理与决策等。

2.2 地图综合研究的进展

地图与地理信息综合旨在对大量的地理信息进行去粗取精、去伪存真的抽象认知，提取更高层信息的过程。

地图综合在地图学与GIS领域是一个继往开来的问题，其任务既涉及传统基础理论的丰富与深化，也包括在计算机环境下实施自动综合的新问题。我国魏晋地图学家裴秀的制图六体的“分率”中已论及比例尺概念，涉及地图内容筛选问题；托勒密于公元2世纪所写的《地理学指南》中强调了地图语言在地理学中的重要作用，提出了编制地图的方法，其中涉及概括、抽象的原理。

将“综合”这一概念明确地作为一种科学方法引进地图制图，根据可查的文献，应属于早期德国地图学家艾克特(M. Eckert)。他首次提出“地图科学”这一论断，其学术巨著《地图科学》(*Die Kartenwissenschat*)第一卷(1921)与第二卷(1925)，以1500多页的大开本篇幅全面地论述作为一门科学的地图学。其中重点地论述了：地图学在科学大厦中的地位、地图本质和意义的探索、地图投影体系、地形测图、摄影测量与影像地图、专题制图、地貌表示法、地图美学等。该巨著的第一卷对地图综合的相关问题进行了比较集中的深刻的分析与论述：比例尺与地图信息、综合的实质与难度、不存在综合的规律、简化与合并、线状要素与面状要素综合的数学理解、数量综合(选取)、质量综合(对一些地理目标的加工处理与强调)和综合的价值等。在第二卷“地图美学”中，他把地图综合看成艺术创造；在“地图逻辑”中，把综合看成逻辑创造；在“综合的本质与难度”中他说，为了进行综合，对物体做价值区分是极为重要的。并指出当时对综合的难度估计不足。

艾克特对地图综合的重要性、难度和严格的作业与人员素质要求，反映了他对待“地图科学”的严肃性，若再考虑到地图的美学与逻辑学特征，显然又使综合的难度再一次升级。在此情况下，他得出了“地图综合的规律是不存在的”(Keine Gesetze des Generalisierens)。对此，他的说法是：建立地图综合的规律是非常困难的，它根本不会提供满意的结果。因为对不同类型物体的选取要灵活，同时还要顾及比例尺和地理特征。地图内容的减少直接与比例尺缩小倍数有关。对于物体的取舍、线状物体的综合缩短和弯曲的减少等，根本没有提供定额与指标，只能凭经验进行。综合的实施完全由制图员的能力和知识来制导。

艾克特的观点是80多年前提出的，现在看来，他把困难看得过于严重。同80多年前相比，地图综合无论是在理论研究还是在制图实践方面都发生了质的变化。从20世纪40年代起，苏联地图制图学家比较深入而全面地研究了地图综合问题。萨里谢夫(K. A.

Салищев）就总结了苏联在第二次世界大战期间地图生产的经验和制图科学研究成果，他于 1944 年出版了《制图原理》，于 1947 年出版了《地图编制》。在这些著作中，他都将地图综合作为客观的科学方法加以论述，并且比较系统地论述了地图综合的一般原则、基本因素和表现方面，认为地图综合的基本依据是辩证唯物主义关于自然和社会现象相互联系、相互制约和发展的概念。在这一思想指导下，前苏军总参谋部军事测绘局科学研究所于 1946—1955 年期间先后分要素编著和出版了《实用地形图编绘法》（*Практическое пособие по составлению топографических карт*），更深入具体地研究了各要素的地图综合，后来又于 1949 年编制与出版了著名的《1：2500000 苏联地势图》，后者荣获斯大林奖金，该图的主编 И. П. Заруцкая 总结了地貌的科学表示问题，于 1958 年出版了名著《地势图地貌编绘方法》（*И. П. Заруцкая：Методы Составления Рельефа на Гипсометрических Картах*）。1954 年《世界地图集》和《海洋图集》等大型地图作品的问世，更进一步地将地图综合的理论与实践推向辉煌的顶点，接着苏联中央测绘研究所于 1955 年由 Е. И. Ефименко 及 Г. П. Давыдов 等编著和出版了《小比例尺普通地理图地图综合原理》（*Основы генерализации на общегеографических картах мелкого масштаба*），为小比例尺普通地理图的综合与编制形成了较为完整的体系。与此同时，其有关部门制定了系列比例尺的测图与编图的规范与细则。通过实践与应用，积累了较为完整的成图作业准则，基本上解决了质量与数量之间的矛盾，为地图综合的选取与概括提供了经验性的选取定额与选取资格等数量指标，即通过数量措施来达到质量要求，使地图综合理论和制图生产实践趋于统一。

迄今为止，国内外地图学与地理信息系统研究领域中的学者已在自动地图综合方法研究方面取得了不少有价值的研究成果。从研究内容方面看，大体上可分为：对综合概念模型的研究、对点群目标综合的研究、对线群目标综合的研究、对网络目标综合的研究、对面群目标综合的研究以及对以地貌为代表的体状目标综合的研究等几类。

2.2.1　地图信息综合：数字地球的技术支撑

随着数字技术的发展，地图综合概念的内涵与外延发生了相应的变化，地图学研究领域的拓宽及地图应用范围的扩展，使综合的概念远远超越“从图到图”的综合，成为地理、地图信息与空间数据库数字信息的多层次抽象，为不同层次的管理、规划与决策提供其所需详略程度的空间信息，其中，数字空间信息的图示化（可视化、视觉化）起着极为重要的作用，因为海量数据是不能用于决策的，海量数据的图形显示可揭示其内含的本质信息，可洞察其发展趋势和演变规律。

进入 21 世纪，地图和地图学的重要意义不仅体现在自身领域，而且还将成为信息浪潮中的核心结构。随着地图分析阅读的网络环境的出现，需要为读图者提供“冲浪地图”的全新的综合机制，建立服务器、终端不同的综合策略，保证空间数据在信息高速公路上高效率传输。在 VR 技术的推动下，美国前副总统 Gore 发表了“数字地球（DE）：理解 21 世纪我们这颗星球”的报告，开辟了数字信息技术研究的新纪元。DE 技术的核心之一是跨比例尺多分辨率数据的集成（综合），Goodchild（1999a）通过分析之后指出，要实现从观察全地球的 10km 分辨率到观察树木、汽车的 1m 分辨率，至少要跨越 10^4 比例尺倍率的综合技术支持，这一幅度对综合研究而言，无疑是一个巨大的挑战。新型地图产品——电子地图具有数据存储与显示相分离的特点，打破了传统纸张只能表达现象静态断面的限制，使地图的内容涉及现象过程时态特征的表达，产生了动态地图，出现了时间分辨率、时间精度、时态比例尺概念，引出了时态特征的综合问题。

2.2.2 综合概念模型的研究

Goodchild(1980)研究了地理数据编码中地图综合的影响，这实际上是在概念级上对分级与分类的综合(属于本章下一节所述的“广义综合”)。K. E. Brassel 于 1985 年在其论文《机助综合的策略与数据模型》中较早地提出了适用于计算机环境下的自动综合概念模型，并在其后继论文《地图自动综合概念框架评述》(K. E. Brassel 和 R. Weibel(1988)中把地图综合的概念模型归结为五个组成部分：结构识别，过程识别，过程建模，过程执行和数据显示。

McMaster 在其与 M. Mark(1989)、M. Monmonier(1989)、K. S. Shea(1988)合写的几篇论文中提出了比较全面的数字环境下地图综合概念模型，将传统地图综合过程分解为一系列子操作，将综合的概念模型归结为：Why，When and How。

Mark(1989)研究了地理曲线综合的概念基础，研究了面向对象的自动地图综合模型和基于现象的自动地图综合模型(1991)。

Van Oosterom 研究了顾及比例尺变化的 GIS 数据库(1991，1993)、多比例尺 GIS 的设计和应用(1993)、地貌自动综合(1998)和自动地图综合策略等问题(1996)。

Richardson 研究了基本地形图的基于规则的自动地图综合(1989)、基于规则的自动地图综合中用于目标选取的数据库设计(1988)和小比例尺地图综合的尺度问题(1991)。

Robinson 研究了大比例尺地形图自动地图综合系统(1994)和自动地图综合原理(1984)。

A. Ruas 和 C. Plazanet(1996)论述了自动综合的策略问题，提出动态综合模型的邻近度关系计算。

绝大多数综合模型均未触及从初始数据库中选取目标子集的问题，大多是研究对现存目标的几何图形进行概括，简化问题。应该说，选取信息子集是前提。若选取问题未妥善解决，则后继的概括简化就大为逊色。

笔者于 1991 年在专著《地图数据库系统》第 9 章中提出结构化自动综合模型。它由三部分组成：总体选取(构思)模型(根据系列地图载负量的 Logistic 分布确定当前地图的载负量，解决“选取多少”的问题，属于总体设计范畴)，结构实现(构图)模型(借助多种空间关系：拓扑关系、Voronoi 图、凸壳层嵌套关系、河系等级树关系、地貌等高线树关系和地性线树关系等，解决“选取哪些”的问题，属于关系选取范畴)，实体塑造模型(即对已最后选定的点、线、面和体状目标的细节进行概括)，详见本书第 5 章 5.6“自动综合的基本技术方法问题：三级结构化综合的实现模型”。

笔者于 2000 年从科学技术问题的角度出发，把地图综合的基本概念模型表达为“为什么(Why)”、“是什么(What is)”、“做什么(What is to be done)”、“何时(When)”、“何地(Where)”、“怎么做(How)”等(5W+H)6 个问题。大体上，可把前 3 个问题归结为“科学”(基础理论)问题，把后 3 个问题归结为“技术方法”问题(毋河海 2000b,)，详见本书第 5 章 5.5“地图信息综合的基础理论：广义综合概念模型”和 5.6“自动综合的基本技术方法：三级结构化综合的实现模型”。

2.2.3　物体选取数学模型的研究

这方面的研究有两个特点，一是由概率统计方法向现代应用数学方法发展；二是由定额选取模型的研究向结构选取模型的研究发展。定额选取模型主要有回归模型：一元回归、二元回归和开方根模型，分别用于居民地、河流的选取和道路、集群物体(如湖泊群、破碎地貌群等)的选取；关于结构选取的数学模型，目前研究较多的是图论方法(计算结点或边的强度值)，前者多用于居民地的选取，后者多用于道路、河流的选取以及模糊综合评判方法(计算物体评判值)。而阶差等比数列法则可同时解决定额选取和结构选取的问题。

物体选取的数学模型将地图综合的基本原理模型化与算法化，尤其是其中的定额选取模型，它解决的是物体选取的数量问题，具有顾及制图区域地理特征的能力。在数字环境下，地图信息处理没有相应的数学模型支撑是寸步难行的。

2.2.4　图形化简算法的研究

有关线画图形化简算法的研究，是机助地图综合中研究得最多、效果最好的一个方面。在过去的 30 多年中，地图学家针对线画要素先后提出了各种各样的化简算法。其中绝大部分是基于点的取舍使曲线的图形得到简化，同时又保持线画图形的基本特征。有少量的概括算法是基于曲线的组成部分——弯曲的。但这些研究在弯曲的定义与处理上还不能协调一致。

在基于特征点的贡献从大到小的选取算法中，Douglas-Peucker 是广为承认的最好的算法，具有保持最大信息量点的特征。几乎同样的算法由人工智能领域的专家 Ramer 于 1972 年和 Duda 及 Hart 于 1973 年同时独立地提出。该算法不仅能将线画的特征点保留下来，而且可用于曲线点层次结构的建立。然而，此类算法在执行过程中会产生异常，详见第 9 章 9.4.5“Douglas-Peucker 算法的若干异常”中的阐述。

在基于特征点的贡献从小到大的删除算法中，Visvalingam 和 Whyatt(1993)提出的基于最小“有效面积”移位的渐进式曲线点消除法，逻辑思路比较完善，详见第 9 章 9.6.8“最小有效面积删除法”中的阐述。

自动综合的首要操作是物体的选取问题。显然，这要以制图范围的自动分区为基础，分别确定各自的选取指标。对于被选取的线状目标的图形综合，则类似地要以曲线的按曲折程度大小的自动分段为基础，分别确定各分段的曲线综合指标。对于点群目标，则需借助一些数学方法来确定它们的分布规律，如自动聚类、凸壳嵌套等宏观结构化方法等。

2.2.5　点群目标综合的研究

笔者于 1995 年提出了点群目标自动综合的多层嵌套凸壳模型(毋河海　1995d，1997a)，综合首先体现在宏观上凸壳层数 Nold 的减少，由 Nold 减少为 Nnew，Nnew < Nold，这样，使原来的 Nold 凸壳演化为 Nnew 条封闭曲线，进而使点群综合变为线群综合，详见本书第 7 章 7.2 ~ 7.5 节的内容。相关文献(艾廷华，刘耀林　2002)以 Voronoi 图为基本手段，动态地进行点群目标的简化，得到了很好的效果。在所述的几种方法中，存

在的问题是，均未顾及点状目标之间的语义和几何度量方面的差异，而这些显然会增加点群目标自动综合的复杂性，这是一个需要进一步研究的问题。

2.2.6　线群目标综合的研究

曲线在地图内容中占有极大的比例。它们的综合不仅要体现出宏观上的分布与结构特征，而且还要刻画它们的几何图形的尺度特性。从目前的研究来看，对曲线综合的研究是最为深刻的，可以认为达到了实用化的程度。

在自动综合过程中，综合算法是基于有序的离散点集。按综合的目的，有的学者把线的综合分成两类：以数据压缩为目的的统计综合(Statistical Generalization)和以地图制图为目的的制图综合(Cartographic Generalization)。如地图高精度扫描并矢量化后删除抖动的算法、滤波法、曲线拟合方法等属于统计综合(郭庆胜　1998b, 2002)。

大量的曲线制图综合方法又可分为两大类：基于单点删除的曲线综合(即删除当前点与其前后两相邻点所构成的三角形)和基于弯曲取舍的曲线综合。而现有绝大部分综合方法属于基于单点删除的曲线综合方法这一类。只有少量的论文涉及弯曲的综合。

关于曲线综合的主要算法简述于下：

Beard 研究了自动综合的数据库多比例尺表达方法(1998)、自动综合算子和支撑结构(1991)。

Boutoura 研究了谱技术在自动地图综合中的应用。

Buttenfield 研究了基于知识的自动地图综合(1991)和制图曲线的自相似性(1989)。

Douglas 与 Peucker 于 1973 年提出的线状要素化简的通用算法，在图形处理领域具有广泛的应用与强大的影响。但该方法还具有一些缺点，详见本书第 9 章 9.4“面向信息的综合”、9.4.4“面向信息的综合应用举例”。

毋河海在论述地貌等高线综合时，综合的对象是小谷地，即成组地拉平表示小谷地一系列等高线弯曲(毋河海　1981)，详见本书第 7 章 7.8.6“基于地性线的显式结构化综合”。

费立凡研究了基于模拟人类专家智能方法的地形图等高线成组自动综合(1993)、地形图智能综合系统的设计等(1993)。

郭庆胜研究了地形图自动综合知识库的建立(1993)和线状要素的渐进综合方法(1998)。

Gruenreich 研究了以德国 GIS 建设为背景的 GIS 环境下的自动地图综合(1993)。

Jones 研究了全球性地图数据库中线状要素地图综合(1987)、多比例尺 GIS 的数据库构建(1991)和基于三角网数据结构的地图综合(1995)，提出以三角剖分为基础的所谓单纯形数据结构 SDS，借此支持地图综合。

李志林等研究了数字地图数据客观综合的自然性原则(1994)。

McMaster 研究了线状要素自动综合的方法(1987, 1989)。

Molenaar 研究了多比例尺 GIS 中拓扑和空间目标分级模型(1995)、地理数据的多比例尺表达(1996)等问题。

Muller 研究了分形几何在线状要素自动综合中的应用(1986)，线状要素自动综合中的位移和冲突解决(1990b)。

齐清文等研究了 GIS 中地图综合模块(1994)、非连续分布现象面状地理要素的图像自动概括方法和面向地理要素(特征)的制图概括(1999)。

Richter 和 Peitgen(1985)研究了复杂边界形态。

Shea 研究了数字环境下的地图综合——何时、怎样进行综合(1989)。

M. Visvalingam 和 J. D. Whyatt 于 1993 年提出的基于最小面积的重复式点删除方法(Repeate Delimination)。其原理与方法简明灵巧，执行过程动态性强。此处是以三角形的面积作为度量点的重要性手段，既顾及三角形的高，又顾及它的底边的长。而 Douglas-Peucker 方法仅顾及三角形的高。

Zeshen Wang 和 J. C. Muller(1993, 1998)研究了一般情况下的基于弯曲的综合。Zeshen Wang(1996)对基于弯曲的曲线综合进行了有益的试验。综合准则是弯曲面积的大小，为了保证不同形状的弯曲在综合时有所考虑，采用了弯曲图形的紧凑系数(Compactness)，以便识别不同形状的弯曲。

Weibel 研究了基于规则的自动地图综合(1991)、地貌自动综合模型与应用(1992)。

2.2.7　网络目标综合的研究

地图是客观世界的一个结构化抽象，而不是线条的简单堆积。因而有很多问题可用图论来描述其几何拓扑关系，如用图论的方法进行街道网的综合(K. Beard　1993)、道路网的综合(W. Mackaness　1995；R. C. Thomson 等　1995；W. Mackaness 等　1993)和水系的综合(W. A. Mackaness 等　1993)，水系的综合算法是先结构化(河网等级树结构的建立)，之后再按每条河流的流域(Voronoi 图)面积为权重来选取和简化(毋河海　1995b；艾自兴　1995a，1995b，1995c)。

道路网和街区的综合有时混在一起考虑，在街区综合时，用街道线(街道中心线)构造网络，街道中心线可以在数字化时获取，也可以自动获取(W. E. Ball 等　1993)。在街区综合时，对于图形的选取、合并要考虑很多规则，同时对街区建立层次结构(郭仁忠 1996；时晓燕 1993)。Wanning Peng(1996)年提出用动态决策树来选取街道线，这是一种在拓扑数据结构支持下的人工智能方法，动态决策树就是问题求解的决策树，该算法主要用于街区合并，若发现某一街区的面积小，就针对此"局部问题区域(Local Problem Zone)建立动态决策树，决定该街区同哪一个相邻的街区合并。

Mackaness 研究了自动地图综合中的冲突辨识和目标位移的算法(1994)、用以支持地图综合的城市道路网分析(1995)。

2.2.8　面群目标综合的研究

面状物体可分为两大类：铺盖式的和离散式的。前述城市的街网与街区就是铺盖式的实例之一。Yaolin Liu(2002)和高文秀(2002a，2002b)在各自的博士论文中对面群目标专题属性信息综合进行了系统的论述。但是对于铺盖式的专题图，当一个小多边形删除后，其空出来的空间要进行逻辑上合理的分配，相关文献(M. Barder 和 R. Weibel　1997)对此问题进行了卓有成效的处理，详见本书第 9 章 9.11.6 节相关内容。

郭仁忠对地形图上城镇居民地进行了自动综合试验(郭仁忠　1993)。时晓燕研究了大比例尺地形图街区式居民地分层综合模型(时晓燕　1993)和面向地图综合的解析地貌分区(时晓燕 1995)。

对于离散式的面状目标的综合，分为以下几种情况：对独立存在的小多边形进行必要的删除；对保留的多边形边界轮廓图形进行图形概括；对邻近同质多边形进行必要的合并。J. C. Muller和Zeshen Wang(1992)论述了竞争方式的面片综合。毋河海于2000年提出多边形合并的引力方法(毋河海 2000a；Hehai Wu 2001)，并把合并的程度量化为6个级别：最强级合并、次强级合并、一般级合并、内侧强合并、内侧中合并和内侧弱合并。其相关算法原理见本书第9章9.10.8“建筑物几何图形合并的方向和算法”以及9.10.9“平面图形合并示例”。

2.2.9 以地貌为代表的体状目标综合的研究

地貌综合是长期为地图学领域所关注的问题，其本质是通过二维的线来表达三维的体，也就是说这些二维的线之间是有联系的，如何查明和利用这些联系，成为人们长期努力的方向。地貌的结构信息成为问题的切入点。笔者1981年提出结构化地貌综合的原理与方法(Hehai Wu 1981；毋河海 1981)，受到地图学领域的关注，K. E. Brassel、R. Weibel和Wanning Peng等学者对此进行了多次评述，详见第7章7.8.7节相关内容。这里查找地性原理和方法的严密性和完备性是一个关键问题，吴艳兰在其博士论文和相关论文中对此给出了比较完善的论述(吴艳兰 2004，2005，2007)。

出于类似的目的，顾及到手工综合是以光滑的图形为基础的，有的学者探讨了线的简化算法和线的光滑算法的综合运用；R. B. McMastcr(1989)把线的光滑和综合联系在一起，并提出了实施此方法的五个步骤。

杜清运(1995)研究了基于混合数据模型的等高线自动综合。

2.2.10 分形法曲线综合问题

P. D. Orco和M. Ghiron于1983年提出用矩形(误差范围)来结构化一条曲线，并借此来确保综合时对曲线分形特征的顾及。J. C. Muller(1986)认为一条线在一种比例尺中具有统计自相似性，而在另一种比例尺中就不一定具有统计自相似性，即使具有自相似性，其分维数的偏差在很多情况下会超过3%。这些结论都是通过对现有的手工制图成果的分析得到的。他认为，在地图上为了保持线的特征，要求分维数不变的理由不充分。由此可看出，目前一些强制性使用分维的综合方法是值得进一步探讨的。

在自动综合中，有时要强调线的自相似性，此时的地理线不依赖于地图的比例尺，但从已存在的地图系列中分析可知，手工综合的线也有时不能保证线的分形特征，其原因何在？J. C. Muller(1987)认为，对一海岸线这类线而言，在低分维的情况下，分形特征可以保持得比较好。在使用步行法进行曲线综合时，应当结合Spike(长而尖的弯曲)探测技术(Spikedetection)，使综合结果接近手工综合的效果。

王桥、吴纪桃研究了基于分形理论的线状要素自动综合(1995)、地貌与水系自动综合(1996)、面状要素的自动综合(1996)。王桥在其博士论文(王桥 1996a)中详细讨论了分形几何在地图信息综合中的应用。

单一分数维的应用有很大的局限性。笔者于1998年进行了分维扩展的数值试验研究，提出非线性“S”形Logistic分布的函数模型，后者可近似地分为三段：纹理分维、结构分维和态势分维。全程上不自相似，自相似如同函数求导一样，只存在于一相对微小的邻域内。这里不存在无标度区。如果需要的话，结构分维的上下界可近似地取作无标度区的上下界(毋河海 1998)。在2010年，笔者进行了基于扩展分维的曲线自动综合试验(毋河海 2010)。

2.2.11 存在的一些问题

目前的大多数算法仍停留在纯数学概念上，未顾及"曲线"的语义。应该视不同的地理对象类别采取不同的措施。特别是要把自然要素与人工要素区别开来。

在已有的很多线的简化算法中都必须已知阈值，但是用一个阈值作用于不同的线，其效果是不好的，从而阈值的分配就成了一个难题，B. P. Buttenfield(1987)提出先确定线的结构，即使是同一条线也应当区分出不同类型的段，他使用了古典式聚类分析方法。

笔者认为，一种原理或方法的提出或创立，是一件极为困难之事，它不仅涉及机理分析，还要进行原型式的初步检验。发现或者揭示某一原理或者方法的局限性或者缺点是一件好事，有助于所指方法的进一步完善。然而，这与原方法的创立相比，是一件相对容易得多的事，二者不能同日而语。

经过人们在地图学领域的长期探索与实践，从艾克特的地图综合无规律可循到地图综合成为有规可依的客观的科学制图方法，这一过程是很大的进步。它深刻地揭示了一个道理，即地图综合作为科学的制图方法，具有认识论和方法论的特点，是有规律可循的。

2.3 广义综合与狭义综合

地图综合是地图制作的基本理论，它研究地图编制过程中的地图内容取舍和概括的原理和方法。学术界对地图综合的范畴从不同角度提出了不同的见解：

有的主张把地图综合分为"空间的综合"与"内容的综合"两个方面；

有的主张应分为"比例尺综合"与"目的综合"两部分；

苏联学者早期把地图综合分为取舍与概括两部分；

美国地图学者提出地图综合分为选择、分级、简化和符号化四个步骤；

波兰地图学家 L. Ratajski 从地图信息论的角度出发，把地图上所有信息都以 x、y 坐标和特征值 z 来表示，把地图综合分为两部分：一是 x、y 的综合(减少点的数量)，称结构参数的综合；二是 z 的综合(数量或质量特征的概括)，称意义参数的综合。

国内外学术界对地图综合原理和方法进行了长期的研究。但是，过去偏重于对普通地图(包括地形图)的综合及其一般原理方法的研究，从今后发展来看，应加强专题地图的综合原理的研究，例如运用信息科学的方法和新近发展起来的粗集理论(Rough Set Theory，RST)来进行质量特征的分类和图形结构特征的研究，同时在应用遥感和计算机制图的技术条件下，开展对地图综合新概念和新方法的探讨。例如遥感信息的影像综合，计算机制图的信息压缩和图形自动综合等。

地图综合中的概括是指地图物体的形状、数量与质量特征方面的简化。用概括的分类代替详细的分类；用综合性的质量概念代替各个物体的具体的质量概念。目的在于更突出地表达已经被选取的物体。选取是第一操作，概括是其后继操作。因此，选取成为研究的重点。

地图综合是一个具有创造性的抽象过程，是建立在分析与归纳的基础上的规律体现，这些规律是经过科学的思维而概括出来的。

地图综合是一个需要考虑各种因素影响的一个复杂过程，正如 E. Brassel 所指出："机助地图综合是值得注意的智能挑战，我们不应期待容易地在短期内获得解答"，"地图综合过程的自动化并不需要限于模拟传统的地图综合模式的概念，而应在更广阔的意义上来反映地图综合"。有的学者认为模拟传统作业是最为合理的途径。下面，我们对地图综合仅做两方面的宏观划分：广义综合与狭义综合。

2.3.1 广义综合

在地图诞生的每一个环节中，均存在着信息选择与分类概括问题。

1. 编辑准备与地图设计中的信息综合

在地图资料(基本资料、补充资料和参考资料)的分析中，需要对它们的内容进行选取与归纳，根据新图的目的与用途对地图信息进行再分类，决定各种资料的使用程度和具体要素内容的筛选。这些工序都是地图信息的综合问题。类别的选定与物体选取的宏观控制是未来地图面貌的总构思。显然，这里不仅存在着地图的信息综合，而且是具有决定意义、全局性的综合，因而也是最为严厉的综合。内业编图前的地图设计(要素类型的选定、选取指标的宏观制定等"看不见"的综合，也可以说是最为严厉的、宏观上的、全局上的综合)。

2. 信息采集与外业测图中的信息综合

客观世界是一个充满着类别繁多、数量难以估量的信息源，空间信息或地理信息只是其中一个子集，因此，从客观世界采集空间数据(外业测量或内业测图)的过程是一个在具体地理环境下执行规范、细则的过程。这是一个从现实世界复杂多样的信息中选择符合规范与细则中所要求的信息的过程，是最为原始的综合，是从客观世界到信息世界的转换，是从实地到地图的一个转换过程。

2.3.2 狭义综合

1. 多比例尺编图中的信息综合

这是通常所指的"从图到图"或"从数据库到数据库"或"从模型到模型"的综合。显然，这是整个信息综合流程的一个环节，尽管它很重要，且是本学科领域中研究的热点，但就其性质来说，是属于"狭义综合"。

这种综合是根据不同的用途目的，对空间信息综合处理，以生成具有不同分辨率的空间数据库与自动编制多种比例尺地图，以支持用于不同领域的规划、管理与决策，即从较大比例尺已做过初步综合的数字地图(DLM1)向较小比例尺数字地图(DLM2)进行信息变换。这种综合已经进入实体信息与实体间的关系处理阶段，正是本书所要研究的核心内容。

制图人员在编绘原图时所采用的每一种关于物体的选取、轮廓图形的概括以及数量指标质量描述等信息等的处理，均可理解为狭义的地图综合。

地图信息综合是一个经典性的专业问题。在计算机广为应用的今天，GIS 被称为新的地理学，GIS与地图信息综合成为一个有着内在联系、难以明确分割开来的研究对象和操作序列。

2. GIS多重比例尺表达中的信息综合

地图是GIS中所有专题信息的空间依附。因此，一切有关图形的信息综合都为GIS所必需。此外，在GIS中，除了图形信息综合之外，在空间上与语义上对于各种专题信息也需要进行必要的综合。

2.3.3 地图综合不是自然淘汰

世界著名地图学家萨里谢夫在其名著《制图原理》中讲道："小比例尺地图并不是大比例尺地图精确的缩小复制品。"后者并不是前者的简单摹写。过多的细节会产生"只见树木，不见森林"。"有时，有些人将地图综合比作人的视觉过程，将比例尺缩小比作地图离读者的远近，这样将地图综合仅理解为地图内容中物体幅员大小的取舍与概括是机械的，从而是不完全的。实际上，地图综合是一个比较复杂的过程，因为综合时不仅要考虑到物体的大小，而且还要考虑到它们的作用。"否则，就会出现用千篇一律的手法对待所有的物体要素，排除了对小而重要物体的特殊选取与必要的夸大，同时也忽略了物体相对重要性的局部评价问题。(萨里谢夫 1956)。用非比例(放大)符号表示按比例缩小时看不清楚的物体就是例证。这种例子显然很多，如我国台湾地区东北海域的钓鱼岛、挪威西部的峡湾海岸等。

2.4 基于现代数学的结构化综合的产生

2.4.1 基于数据库的空间信息处理

计算机技术的广泛应用使我们进入了数字化时代。在数字环境下，地图数据库与GIS空间数据库由过去的单一类型文件的孤立数据处理进入到多种类型文件相关处理，使地图与地理数据能自动地按类别、等级和其他标志进行分类存储，并在其间建立了必要的空间关系。在空间数据库系统中已拥有极为丰富的信息检索功能，几乎可以提供地图自动综合所需要的任何信息子集和基本空间关系，为在数字化环境下进行综合提供了信息保证。在GIS环境下，数据库中拥有更多的为地图综合所需要的除地图以外的其他信息，借此可进行更为广义上的地图综合。此时的地图综合已具有结构化的特征，可以顾及物体集合内部的关系和要素集合之间的关系。这样，综合的对象是地图或空间数据库，综合的结果仍是地图或空间数据库，只是尺度或用途不同而已。图论与拓扑原理作为一种独特的空间数据结构已被引入地学数据处理。

2.4.2 数理统计方法的引入

数量指标的引入，为原来的综合原则的质量描述增加了数量手段，同时也触发了各种数学方法在地图综合中的应用。

数学方法的引入，有助于从以往的直观模型向机理模型发展，由操作性向分析性深化。使阈值的自适应性选取、地理特征的自动保持等问题的解决受到一定程度的客观化控制，从理论上确保综合结果的稳定性和收敛性。其核心问题是要从数学机制上建立能够反映地理信息容量及其结构特征随比例尺变化和其他主要因素影响的一般规律的分析模型。

地图数据是一种海量的空间数据。为了深刻地了解地图上所表示现象的性质，需要借助数学方法这一有力的工具来查明物体与现象间的数量关系与规律性。数理统计法就是这样一种有助于揭示地图上所表示现象间的许多联系，有助于量测这些现象并对它们做出数量评价的方法。数理统计法还有助于解决地图上表示各种现象的问题。1957年，苏联的保查罗夫和尼古拉也夫等编著的《制图作业中的数理统计法》(М. К. Бочаров, С. А. Николаев: *Математико-статистические методы в картографии*)比较系统地总结了这一批科学家们把数理统计方法应用于研究地理要素的分布规律和要素综合指标确定的经验。

在我国，20世纪50年代末、60年代初就有人着手用数理统计法和图解计算法研究居民地的选取指标。20世纪70年代以来，不少人用相关分析和回归分析方法研究计算居民地选取指标的数学模型，取得了一批有理论和实际应用价值的成果。

但是这些研究还只是解决了选取数量问题(定额选取)，而选取哪些物体(结构选取)的问题还是由制图员斟酌确定，因此仍然带有一定的主观随意性。为了解决这一问题，近几年来国内一些地图制图学者引用模糊集合论方法和图论方法来研究物体结构选取模型，收到了较好的效果。此外，学者们还研究了选取过程的模型化问题。尽管这些研究是初步的和不全面的，但它是适应制图技术现代化的要求而出现的，反映了现代制图技术手段对地图综合研究的要求。

将数学方法用于地图综合的研究，使地图综合方法从定性描述向定量研究前进了一大步。其深刻意义在于，它既揭示了地图综合从“主观过程”到“科学方法”再到“计量化”这一历史轨迹，同时又预示了它适应现代制图技术手段的变革，从而在计量化、模型化方面必将继续深化，并进一步系统化。

定量分析与定性分析之间有着密切的联系。如果没有专业方面的定性分析，定量分析就没有对象，对象之间的联系也无从考虑，更谈不上去描述和分析。此外，没有定量分析的依据，定性分析的结论会显得贫乏，并且不易更加深入(张尧庭　1999)。

近代应用数学和计算机制图技术的发展对地图综合的研究起了很大的冲击作用。于是，模糊集合论和图论方法纷纷被引进，使综合指标的量化方法达到了一个新的水平。

2.4.3　开方根规律的创立

自1962年起，原民主德国的托普费尔(F. Töpfer)发表论文《开方根规律在制图综合中应用范围的研究》、《地图构形的数学基础》等一系列关于方根规律应用的论述。1974年，他集其研究之大成，出版了以方根规律为主线的专著《地图综合》(*Kartographische Generalisierung*)。方根规律一直是国际地图学界所公认的表达地图内容随比例尺变化的基本关系式，并定名为Radical Law。当然，对于开方根规律也不是没有异议的，因为，开方根规律基本上只考虑到物体的选取个数，没有顾及物体的总长度与总面积等重要数量指标。捷克地图学家E. Srnka于1970年发表了“地图学中规律性综合的解析解法”(The Analytical Solution of Regular Generalization in Cartography)，于1974年发表了“制图综合的数学逻辑模型”(Mathematic-logical Models in Cartographic Generalization)，此处顾及到要素的各种数量特征指标，特别是关于物体与现象的数量与分布(密度)的数据则更为有用。而这种指标可用单位面积内的各要素的个数或在线状情况下用单位面积内物体的长度来表示。在此基础上，Srnka 提出了既顾及物体密度，又兼顾这些物体的长度或面积的可变选取公式。笔者注意到，此模型在确定各选取标准时有用，而在具体选取时，各个物体的局部重要性及其与周围各要素的联系有着决定性的作用。但笔者未看到学术界对此做出明确响应。而 Töpfer 的方根公式仍在国际文献中广为肯定，并被继续引用。

2.4.4　图论与拓扑的强大支撑

近 40 年来，在地图与地理信息处理中图论方法的引入使空间信息处理具有愈来愈强的结构化性质。一般认为是欧拉于 1736 年建立了图的理论。图论的产生与地图问题有着不解之缘。几个有名的图论问题均来自地图。

1. 寇尼斯堡(Könisberg)七桥问题

相关内容详见第 1 章 1.12.4 节中的讲述。简单地说，该问题就是问：能否从某一个地方出发，走遍这七座桥，而每座桥只走一次，最后回到原出发点。很多人为解答这一问题进行了尝试，但都失败了，直到 1736 年，欧拉用图论的方法解决了这个问题。此处不顾及量度信息——距离。

2. 四色猜想问题

在地图上相邻国家或地区必须用不同的颜色来普染，研究至少用几种颜色。莫比乌斯(Möbius)于 1840 年提出四色猜想，许多数学家企图解决它，但都失败了，直到 1976 年美国数学家阿佩尔等宣布，他们用计算机程序运行 1200 小时，证明四色猜想成立。自 1976 年后，就把四色猜想改名为四色定理。此处不顾及地区的形状和大小。

3. 哈密尔顿周游世界问题

给定一个正十二面体，它有 20 个顶点，这些顶点代表地球上 20 个城市，把正十二面体的棱(共 30 条)看成是连接这些城市的道路。要求找出一条路线，经过每个城市恰好一次，并且最后回到原出发点。此处不顾及路径的长短。

如果把这个正十二面体看成橡皮球，并把它拉开和投影到平面上，则变成一种地图问题的处理。

4. 旅行售货员问题

这个问题与哈密尔顿问题有着密切的联系。给出若干城市以及各个城市之间的距离，要求售货员从某一城市出发，周游每个城市一次，然后回到原出发点，要求所选路径最短。此处是从优化的角度来顾及路径，可看成是一种特殊的结构问题。

上述四个例子都是研究地图上的问题，虽然它们的初衷各不相同，但它们的共同点是从物体和它们之间的联系来研究问题，或者说是从结构上或质量上来研究问题。所以数学家们又把图论称为一维拓扑，而拓扑学则又称为质量几何学。

1977 年在美国哈佛大学举行的第一次 GIS 拓扑数据结构国际高级研讨会(First International Advanced Study Symposium On Topological Data Structures For Geographic Information Systems)，出版了会议文集 *Proceedings of Advanced Study Symposium On Topological Data Structures For Geographic Information Systems*。其中有：F. Bouille 的超图数据结构；K. E. Brassel 的拓扑数据结构；W. Burton 的定位地理信息检索；C. M. Gold 的三

角网数据结构；M. F. Goodchild 的多边形叠置的统计问题；D. M. Mark 的地理表面的拓扑性质；T. K. Peucker 的 DTM 数据结构；D. White 多边形叠置，M. White 的拓扑文件检索等。这是数学方法进入空间数据结构的里程碑。使早期的无结构的面条(Spaghetti)数据向以点、线、面为典型代表的网结构拓扑数据结构发展，如最初的 DIME(Dual Indepedent Map Encoding 或 Dual Incidence Matrix Encoding)系统，向较为完善的 POLYVRT(Polygon Converter)和功能更强的 TIGERS(Topologically Integrated Geographical Encoding and Referencing System)发展。这些拓扑结构框架一直沿用至今。

数学方法主要用于物体内部结构关系的计算和物体集合元素之间的空间关系的建立。计算几何学(Computational Geometry)的出现，对空间信息处理(包括地图信息综合在内)起了非常大的作用。这里集中研究了有关图形计算的数学新工具，如点在多边形内算法、凸壳算法、Delaunay 三角网及其对偶 Voronoi 图算法等。

2.5 孕育分形学、受益分形学

2.5.1 B. B. Mandelbrot 与分形学

尽管分形学的思想可追溯到 1919 年 Hausdorff 的著作，甚至更早至 1875 年的 Weierestrass 等，但真正形成一门新的学科应是20世纪60年代的事了。B. B. Mandelbrot 于1967年在国际权威杂志美国《科学》上发表论文“英国的海岸线有多长，统计自相似与分数维数”。他发现了 L. F. Richardson 于 1961 年得出的关于边界线长度的经验公式 $L(r)=Kr^{1-a}$，认为其中的 a 可以作为描述海岸线特征的参量，并称之为量规维数，这就是著名的分数维数之一。对这个地图量测学问题的研究，触发且推动了 B. B. Mandelbrot 创立分形学及其权威著作《大自然的分形几何学》(*The Fractal Geometry of Nature*)的问世。分形理论是现代数学的一个分支，其基本特点是认为事物的局部可能在一定条件或过程中，在某些方面(形态、结构、信息、功能、时间、能量等)表现出与整体的相似性，且空间维数的变化既可以是离散的，也可以是连续的。

分形理论的产生以及它对各个学科所带来的冲击，代表了人类对自然界认识的一个新的进展。

2.5.2 分形学源于地图学

20世纪60年代，地图量测中的“英国海岸线有多长”问题，触发了分形几何学的诞生，因此可以说，地图(量测)学是分形几何学之母。有的学者称“分形学源于地学”(仪垂祥 1995)，此处的实质问题是：地图所表达的地理要素内容是典型的分形对象。

分形几何是用来描述难以用欧氏几何来描述的具有多层嵌套的自相似结构。严格的自相似只存在于数学演算中，而客观世界中存在的仅是统计性的、有限层次的自相似。

2.5.3 地图内容是典型的分形对象

地图中的海岸线、河系，地貌中的沟汊，城市中的大道、胡同、小巷、里弄等，均具有多层嵌套结构，是典型的分形结构。这些结构用一般数学方法难以恰当描述，而分形方法就是用来描述这种不规则形体的科学方法。

几十年来，分形学的广泛研究与应用远远超越早期的确定海岸线长度的地图量测学范畴。毋庸置疑，源于地图量测学的分形学原理对地图信息的科学处理起到了内在的推动作用。因此，在地图信息处理领域中对分形学原理与方法的进一步研究与应用是义不容辞的了。

与欧氏几何相比，被誉为大自然几何学的分形几何学具有描述自然界复杂物体与现象的能力。自相似是分形的本质，分数维是度量自相似性的特征量。

在地图中，有很多要素具有分形特征，特别是自然要素。海岸线形态是最为典型的，其长度量测曾触发了分形学的产生；河流、政区界线以及表示地貌的等高线等要素，是汉中有汉、湾中有湾的有限自嵌套结构，有着极其典型的分形特征，是分形学原理与方法应用的理想场所。如果说分形学源于地学，则地学工作者有责任把这一新颖的理论与方法充分地用于地学信息处理。

地图制图对象是极为不规则的形体，是复杂的自然现象的客观反映。近几年来的大量研究表明，分形理论可有效地用于地图制图领域特别是自动地图综合问题。

2.5.4　分形方法作为新的空间分析模型(王桥　1996a)

分形方法作为新的空间分析模型可用于 GIS，如 Cola(1989)“空间分析的多比例尺模型及其在多分形现象中的应用”研究；Cheng、Carter 等(1994)“地理学中的分形模型及其在 GIS 中的应用”研究，等等。

2.5.5　三维地形特征和复杂性度量

对三维地形特征及其复杂性可用分形方法进行度量，如 Kubik 等(1986)“地貌的分形行为”研究；Rees 等(1990)“运用分形分析估计地形表面粗糙性”研究；Roy 等(1987)“地表维数计算：各种方法的评价”研究；Xia、Clarke 等(1992)“分形几何在地面模型的应用和局限”研究，等等。

2.5.6　分析、评价土地类型和城市变化

对土地类型和城市变化的分析与评价来说，分形分析也是一种新颖方法，如 Burrough(1981)“土地景观和其他环境数据的分维”研究；Batty(1991)“城市分形：生成和形成模拟”研究；Batty 等(1987)“基于分形的城市结构描述”研究，等等。

2.5.7　分形分析与数字图像处理

遥感制图，如 Huang、Turcotter(1990)“数字影像的分形制图”研究，Vepsalainen(1989)“从 2D 和 3D 影象估计分维”研究，等等。

2.5.8　地图曲线长度量测

地图曲线长度量测曾触发了分形学的诞生，如 Mandelbrot(1967)“英国海岸线有多长”研究；Dorst 等(1987)“数字等高线的长度估计”研究；Longley(1988)“量测和模拟制图曲线的结构”研究，等等。

2.5.9 空间数据的分形压缩

在数据结构和数据压缩方面，如 Muller(1987)“表示制图曲线的优化点密度和压缩率”研究；Cole(1987)“运用空间填充曲线的栅格图形压缩技术”研究；Laurini(1985)“基于 Peano 空间填充曲线的图形数据库”研究，等等。

另外，分形理论在专题制图现象的数量分析、计算机辅助制图等方面也得到了较好的应用。尽管分形理论在地图制图中的应用还是非常初步的，但给改变长期以来地图制图以定性研究为主的局面，促进地图制图研究的数量化、模型化带来了新的希望。

当然，分形理论在地学领域中的应用还远不止上面所介绍的这些。可以认为，无论从研究的深度还是广度来看，分形理论在地学领域中的应用还都仅仅是初步的，但这一理论方法已揭示出不少新的规律，并显示出明显的优越性，相信随着研究的不断深入，分形理论将会进一步推动地学定量化研究的发展，并给现今地学难题的解决提供新的研究线索和研究途径。

众多的研究结果给出了众多的分数维，那么这些分数维究竟给我们提供多少更有价值的信息？这还是一个未得到解决的问题(仪垂祥 1995)。

空间信息处理是复杂且困难的，不能指望用一种科学方法去完满地解决，需要把若干科学方法有机地组合起来，按照“综合性”的途径来逼近。

分形理论已成为现代数学的一个分支，它出于地图、超于地图，早已广泛应用于为数众多的学科领域，表征其本质特点的自相似性远不限于图形本身，而表现在诸如形态、结构、信息、功能、时间、能量和统计复杂性等方面。如今，分形论已成为一种新的世界观和方法论。

2.6 GIS与空间数据库的多尺度问题

2.6.1 多尺度的概念

1. 尺度

尺度是指规模、大小、级别与范围，可分为时间尺度、空间尺度与概念尺度等。

2. 分辨率

分辨率是指能够分辨的最小物体尺寸。

3. 比例尺

比例尺是图上线段长度与其实地(投影)长度之比。由于变形是不可避免的，故在地图上的比例尺是因地而异的，它不是一个常量，而是一个变量：投影上无穷小线段 ds' 与旋转椭圆体面上对应的无穷小线段 ds 之比值，即

$$\mu = \frac{ds'}{ds} \tag{2-6-1}$$

地图上通常所注的比例尺是表达在计算地图投影时坐标值被缩小的倍数。

尺度与比例尺密切相关，但二者并不等同。

4. 地图比例尺的功能

地图比例尺的功能与地图的用途相适应，对于同一类型的地图来说，地图比例尺是地图用途的主要体现。它是地图内容详细程度的过滤器。由此看出，尺度还有抽象度的含义，抽象度与详细度相反，高详细度意味着低抽象度；反之亦然。

多尺度(Multi-scale)的表象产生多分辨率(Multi-resolution)的信息。这种具有不同粒度(Granularity)的数据与在数据库中所表达的物体与现象之间的可区分性(Discernibility)级别有关。多分辨率意味着将具有多种分辨率或粒度的数据汇集在一起。

多尺度有着多种体现：比例尺(空间)分辨率(LOD，Level of Detail)；专题层分辨率(分类树)；属性值分辨率(间隔尺度或粒度，Interval Scale or Granularity)等。

GIS 或空间数据库在不同的规划、管理、自然资源开发和环境监测等部门中的应用，根据任务的不同要求，需对用户提供不同层次、不同详细程度或不同尺度的空间信息。

由于当前的地理信息自动综合技术尚不能理想地支持多尺度信息的自动构成，因此有多种途径来对付多尺度信息需求，如人工生成多尺度多版本的全盘数据库、生成多版本非全盘数据库并在各个数据库之间建立必要的联系、用部分自动综合软件生成变焦数据库等。

2.6.2 多尺度的实现途径

多尺度数据库是一种地理数据库，它能使我们用不同的分辨率来表达客观世界的同一种现象。因此，设计多尺度数据库要求在不同层次上模式与数据的表达机制。

物体抽象是地图与图像综合的先驱，包含着许多操作，如分类、类别综合和聚合，这些都是必需的功能，用来减少较低分辨率和较小比例尺表象的级别密度。分类和聚类的多种层次为减少数据密度提供了很大的灵活性，并为空间与专题数据提供邻域环境(Context)的着重点(Emphases)。

多尺度空间数据库的表达和组织方法主要有以下三种：

1. 建立分散无联系的多库版本

对于空间数据库来说，当空间信息自动综合技术尚未付诸实施之前，则要求形成多版本的多尺度数据库。这是当前采用的主要方法。

人工生成多尺度多版本的全盘数据库，其特征是多版本数据库分别建立，其管理方式是分散的，彼此之间没有实质上的联系。为了节约人力物力，在比例尺系列选择上是跨越式的，如 1∶50000、1∶250000、1∶500000、1∶1000000 等。

原西德的地理信息系统 ATKIS 的 1986 年版本设计书就是如此。原西德专家建议只用四种比例尺 1∶5000，1∶50000，1∶250000 和 1∶1000000 的地形图数据库或叫数字景观模型(Digital Landscape Model，DLM)来覆盖整个地形制图的比例尺范围。ATKIS 的 1989 年版本将比例尺序列更改为 1∶25000、1∶200000 和 1∶1000000。问题的本质未改变。

我国国家测绘局也作出了类似的决策，近十多年在着手建立全国性的国家空间数据基础设施(National Spatial Data Infrastructure，NSDI)。已经建成了全国 1∶1000000、1∶500000、1∶250000 基础地理信息数据库，并正在着手建立 1∶50000 数据库，各省也相继启动了省情信息系统的建设。这一方法的主要优点是简单易行，当然也有很多问题，如投入费用大，生产周期长，各数据库之间和同一地理目标之间缺乏联系，导致数据更新和维护困难，自动更新几乎不可能实现。

2. 建立彼此链接的多重数据库

Devogele等(1996)提出建立多重表象GIS的问题。为解决这个问题，他们决定用比例尺转换联系(Scale Transition Relationships)从单一比例尺表象到建立多比例尺数据库，把地理数据连接起来。这些比例尺转换联系连接着两组元素(类别、型或目标)，这些元素表示客观世界的同一现象，并携带一系列多尺度操作，以实施从一种表象到另一种表象的导航。这些联系是一组有向连接。他们由此概念出发，提出用三步法建立多尺度数据库：借助比例尺转换联系来查清输入模式(Schemata)之间的一致性和冲突性；冲突的解决和模式的合并；利用语义信息、几何信息和拓扑信息进行数据匹配。在最后步骤中，建立物体之间的比例尺转换联系。

多尺度数据结构的设计是困难的，因为这里隐含着地图综合的复杂性问题。

3. 用部分自动综合软件生成变焦数据库

将自动地图综合功能或多比例尺表达与处理功能集成到GIS中，将有利于更加有效地从空间数据库中产生出多种专题、多种比例尺的可视表达和空间信息产品。对于建立一种无比例尺(Scale-independent，Scaleless)空间数据库，或称为多比例尺(Multi-scaling)的GIS，即只需建立和维护一种比例尺空间数据库，可供多比例尺GIS表达和分析使用，将有望成为可能。

此处原则上无需维护多尺度版本。借助部分可用的信息综合软件实现部分要素的自动综合，配合人机交互综合，获得具有变焦功能的空间数据库。它只要求一个最为详细的底层数据库，多尺度体现在附加的二维空间数据库索引上。这样就能确保以灵活的途径来使用单尺度的和多分辨率数据，并可灵活性地用可变的抽象水平来检索和显示现实世界的数字表象，其中有语义抽象和几何抽象。不同尺度的数据库的LOD会不同，从而是尺度依赖的，甚至其所使用的数据模型不同。关键问题是生成与管理同一地区的多重数据集。

从数据模型方面看，这是一种变焦数据模型(图2-6-1)。

所谓变焦数据模型，是一种动态数据模型，它允许动态地改变模型所反映的信息内容的类别多少与物体内部细节的详略。在空间数据库系统中，图形比例尺就是一个重要的变量。在变焦环境下，图形比例尺的变化不是简单的图形尺寸缩放，而是伴随着各个物体类别与物体细节的增减(图2-6-2)。变焦模型的核心问题是要建立多层存储结构。

图2-6-1中所反映的内容可分解为图2-6-2中的内容来实现。

(1)物体层次信息的提取

以曲线图形为例，除了首末点有其特殊重要性以外(封闭曲线无首末点)，其他大量中间点在构成曲线的形状时的重要性是不一样的，即所谓贡献的大小问题。因此，可按贡献大小，将曲线的所有中间点分成不同的层次，形成层次结构或树结构，这可通过某些曲线综合算法采用不同的阈值来实现。在树结构中，较低层包含着反映更多细节的坐标点，这些细节的坐标点是树结构较高层内容的中间点。为了在多种比例尺范围内能快速地检索地图数据，需把地图数据分层存储，每层包含更高层的中间坐标点，如果一个数据库包含着按这种方式划分的曲线，则只需要按图形输出的比例尺来确定相应的存取级别(图2-6-3)。

图2-6-4所示的树结构表示的是图2-6-3中曲线的三个层次。结点旁的数值表示要从下一个层次中向该结点的左边和右边插入的点数。第二层中含“+”的结点是为了保持树的连通性而形式地插入的。

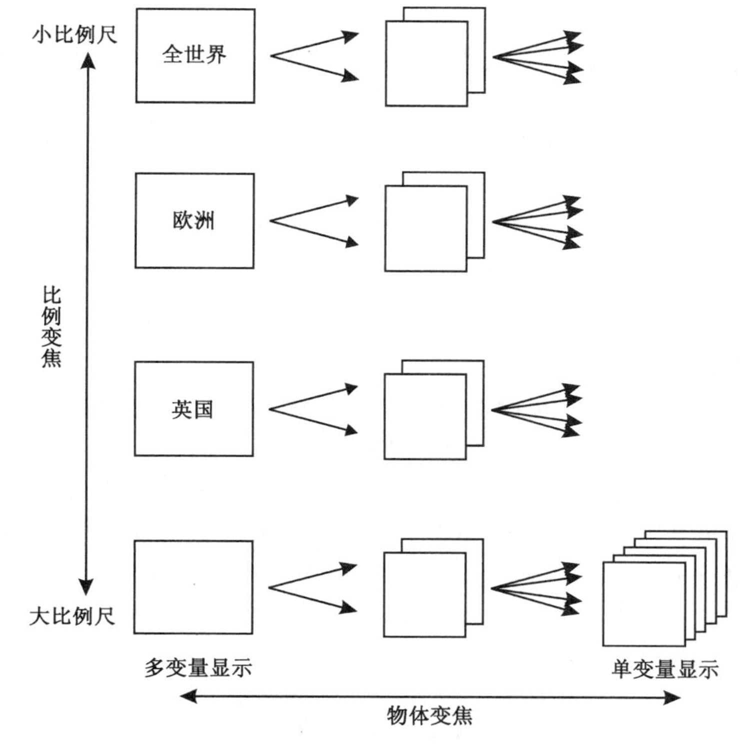

图 2-6-1　变焦数据模型(布拉塞尔　1987)

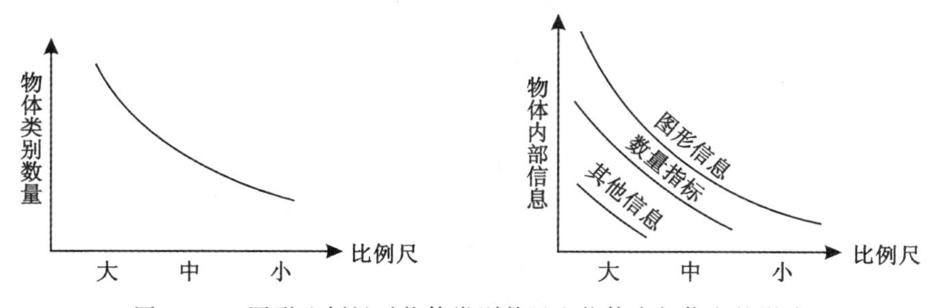

图 2-6-2　图形比例尺对物体类别数目和物体内部信息的影响

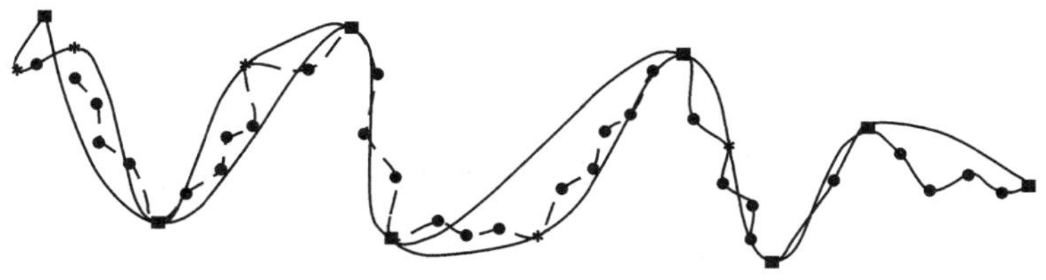

■ 表示一级特征点，用于相对较小比例尺
"*" 表示二级特征点，用于相对中比例尺
"●"表示三级特征点，用于相对较大比例尺

(各级特征点分别用不同的矢高按 Douglas-Peucker 算法得出，过各级特征点的光滑曲线是由斜轴抛物线光滑插值方法绘制)

图 2-6-3　等高线支撑点的重要性分级

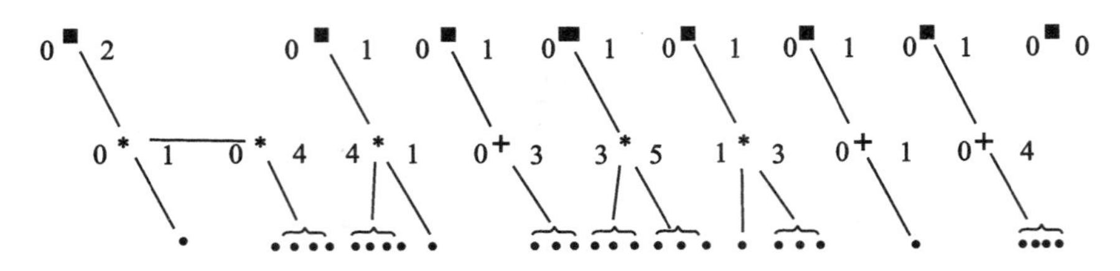

图 2-6-4 一个物体信息的变焦分层(Jones & Abraham 1987)

(2)地图数据库的多级变焦

为了给不同的应用提供所需的不同详细程度的空间数据，就要配备必要的机制，这就是在存储最详细内容的基础上建立二维参考索引。

在二维参考索引中存放各专题要素不同综合级别的数据库地址，即对该矩阵的每一个结点都有一个空间数据库存在(图 2-6-5)。该方法把线性数据以坐标树的形式进行存储，使得所检索的曲线的详细程度或综合程度是可变的，这当然取决于已穿越的树的深度。树的各层以不同的记录分离存储，当按线段的属性码检索时，只需要根据所选比例尺，存取足以表示该曲线的那些坐标点。

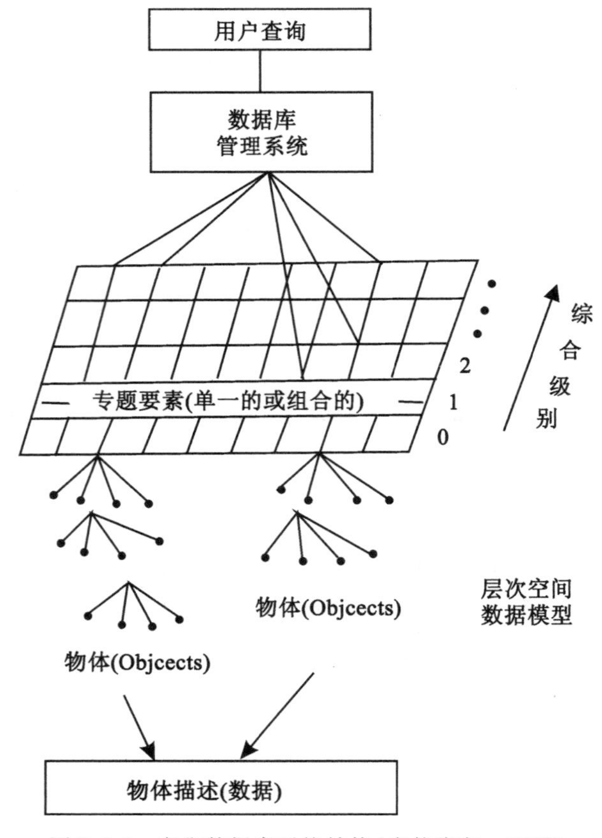

图 2-6-5 变焦数据库系统结构(布拉塞尔 1987)

2.6.3 多分辨率空间数据模型的研究现状和存在的问题

随着数字地球，数字省、区域和数字城市研究与应用的深化，多分辨率空间数据库模型理论与实现技术的研究已成为 GIS 研究的热点之一，LOD 技术已在 VRML、OPENGL 和 JAVA 的最新版本中予以支持。北欧地区于 2001 年在挪威以“多分辨率 GIS”为题召开了专门的研讨会，把多分辨率 GIS 定义为以不同的分辨率水平浏览、管理或表现空间信息内容，典型的多分辨率例子为空间对象存在多个预定义分辨率水平的几何表现，这些不同的分辨率水平表现或是存储多个版本，或是用归纳综合方法动态创建。基础数据库的构造和多个综合数据库的派生视不同的情况，其难易、复杂程度存在很大差别，主要的挑战是提出有效的存取和更新已有数据，集成新的数据和在同一时间一致性地管理空间数据的多个综合版本的模型和方法。多尺度空间数据主要包括 DLG、DEM 和 DOQ 数据。由于这些数据的获取方式、表现内容存在很大差异，所以在建立多尺度空间数据的组织模型时应分别考虑。又由于相当多的应用需要将上述 3D 数据集成应用，所以建立的多尺度数据模型应能提供集成数据的管理、计算与表现能力。

2.7 地理信息综合的使命

2.7.1 抽象概括——科学认知的一种重要途径

在地图上要表达的社会、经济与地理环境信息，在地域上是广阔的，在内容上是复杂多样的。要正确地认识、掌握与应用这种广而复杂的信息，需要进行去粗取精、去伪存真的思维加工。这要求对社会、经济及地理环境进行科学的认识。对于复杂的现象，首先要进行为了某种目的的选择与分类。这是一个从感性认识到理性认识的抽象过程。一切科学的抽象，都能更深刻、更正确、更完全地反映自然。抽象与概括揭示着事物的本质。反之，当一个任务需要较为概括的信息时，提供过多的细节就会淹没主要信息。为决策者提供远远多于他进行决策需要的信息时，决策者反而会什么也看不见了。

不管是用何种手段获取的信息，其中均包含着实质性信息和细微的干扰信息。不加处理的原始信息相当于感性知识，难以区分主次。利用科学手段对这种原始信息进行加工处理，可分离出实质性的信息。因此，需要从感性知识向理性认识飞跃。对于地图信息综合的一个共识是：它是一个具有不良定义（Ill-defined）性的复杂过程，其中包含大量的主观决策。为了综合性地解决该问题，需要多种多样的方法与技术，其中包括非算法性途径，如基于知识的方法和决策支持方法。然而很明显，数据结构和算法是建立其他途径或方法的必不可少的基础（Weibel　1997）。

2.7.2 认识客观世界的学科领域观

对于同一客观世界，不同社会部门或学科领域的人群有其独特的行业选择需求。文学家着重人物的内心世界与感情性格的刻画；医学家关心的是人们的健康与疾病的防治；地理学家关心的则是地理资源的合理开发与利用，等等。他们分别对不同领域的科学认知进行愈来愈深化的探索。

2.7.3 地图综合——抽象概括原理在地图信息处理中的应用

地图是空间信息的重要传播手段之一，空间信息不仅数量庞大、类型复杂，并且与日俱增。因此，在有限的图面上要反映这些庞大而复杂的空间信息，就不得不选择其主要的、本质性的方面，舍弃次要的、非本质性的方面，以确保地图的易读性，这个过程就是地图综合。

地图综合问题可以看成是一种最佳逼近的问题，是逼近理论应用的一个特殊领域，因而可以用一种数学优化的模型来描述。地图综合应使地图上所表示的有限量的信息能"最佳地"复现现实世界的情况。综合首先意味着对地理信息的全局性评价，即查明与建立地理目标的分布规律与结构关系。地理要素的层次(树)结构就是全局性分布关系的重要表示手段。此外，不仅地图综合，还包括地理数据处理在内，均要求顾及区域特征，因为同样的物体在不同的环境下会具有不同的重要性。这就要求在进行综合时，不仅要有从整体上评价地理物体的"结构特征"机制，还要有从"邻域"上分析各个物体相对重要性的手段。从而使得在全局结构中处于同一级别的各个物体能获得一个补充性的评价依据。这样，既顾及了全局性结构，又注意到了区域性特征，空间数据处理的智能化或计算机视觉主要表现在这里。

2.8 地图信息的自动综合是一个国际难题

2.8.1 地图数据处理的广泛代表性

地图数据的计算机处理是数据处理领域中的典型代表。"地图领域提供了数据库的最好的范例之一，在此，几乎数据库问题的每一个方面都表露了出来"(J. G. Linders 1973)。

2.8.2 地图信息构模的难度

D. C. Tsichritzis 和 F. H. Lochovsky 在其专著《数据模型》(*Data Models*)(1982)一书中写道：还有其他许多模型对人类是非常有用的，典型的例子就是地图……但它不是这里要进行研讨的对象，其原因是到目前为止，难以用传统的计算机对地图进行编码并表示在地图上所进行的操作。

数字地图综合是一个多重方面(Multi-faceted)的问题，因而要求多重的途径。综合的必需性易于理解，而它的方法却难以形式化(C. Dutton 1999)。

2.8.3 自动综合阻碍着GIS模型的建立与应用

自动综合从20世纪50年代就有人着手研究了，到目前还未实现预期的愿望，一直困扰着地图工作者。在迫不得已的情况下，有的国家采用人工对制图物体作分级编码，借此编制不同比例尺的地图；有的国家则采用多级比例尺重复数字化，借此回避地图综合问题。D. Grünreich 在《ATKIS——设计与讨论情况》(1986)中讲道，由于数字制图技术与常规制图比较，更便于信息的灵活使用，建议只用四种比例尺 1 : 5000，1 : 50000，

1：250000和1：1000000的 DLM 来覆盖整个地形制图的比例尺范围，即 DLM5 用于大比例尺范围到1：10000；DLM50 用于中比例尺范围，从 1：25000 到 1：100000；DLM250 用于小比例尺的过渡范围，从 1：200000 到 1：500000；DLM 1000 用于 1：1000000 和更小的比例尺范围。

对于建立四种比例尺的 DLM 有下列技术方法原因：

在未来一段时期，还不会有任何自动综合方法可以使用，以便从唯一的一个大比例尺 DLM 自动导出小比例尺表象。

即使有合适的综合程序可以使用，从今天的观点来看，存储面向多比例尺的模型也许是更为有利，以便更快地满足用户的需求。

在德国的地理信息系统 ATKIS(1989)总体设计书第 9 页中这样写道：理论上可把地理景观映射到一个唯一的 DLM 中，并用数字方式予以存储，然而这必将导致极为庞杂的总和性的数据体，这样的数据量无法用于许多应用领域。因此，ATKIS 将包括三种 DLM，它们在数据精度和内容方面大体上与当前大、中、小比例尺相适应，这三种 DLM 简称为 DLM25，DLM200 和 DLM1000，分别面向 1：25000 地形图(TK25)、1：200000 地形一览图(TÜK200)和 1：1000000 国际地图(IWK)。接着在第 28 页又写道："……自动综合比较困难，因为综合的结果不仅取决于 DLM 的物体部分信息或整个物体本身，而且还取决于物体的周围环境，即一个物体的某部分或整个物体要被动地受到其周围物体综合的影响，但也主动地影响着它们的综合，因此，用于综合的算法必须尽可能整体地处理要予以变换的 DLM 信息。"

2.8.4　空间思维的多维性：计算机视觉原理的体现

对任何实体的评价除了利用实体本身的信息以外，必须顾及其邻域环境(Context)。要在理论基础与技术方法上实现这种空间思维，就涉及图论拓扑、计算几何和模式识别范畴——空间物体分布或结构关系的识别等。因此，众多通用的信息压缩方法都无法不加条件地拿来使用。

地图综合自动化的实质是要利用计算机这一最强大的新技术来代替制图工作者的富有创造性的编图操作。如何使计算机能完成创造性的操作，对图形处理来说是一个计算机视觉的实现问题：使计算机能发现和利用物体间的关系，这种空间关系或结构的揭示是一种特殊意义下的模式识别，从而从更深的意义来评价物体，这就是图形信息处理中的计算机视觉问题的所在。

2.8.5　人工智能的应用也遇到了很严重的障碍

人工智能/专家系统是以符号推理为基础的，而图形图像是侧重于数值计算(黄俊杰，毋国庆　1989)。地图综合专家系统的建立，目前无论从理论研究还是在实践上条件都不成熟(刘岳，齐清文　1994)。关于地图综合问题的专家系统仍然处于很初级的研究阶段，究其原因，一方面在于计算机代替人脑思维的固有问题，特别是与图形识别密切相关的计算机视觉问题，不可能一步实现较高程度的智能化。知识系统的推理计算一般比数值计算约慢 100 倍，因此不适于海量数据处理，而地图内容的自动综合，恰好是典型的海量数据处理(张家庆，张军　1994)。地图制图专家系统的研究就目前水平而言，尚不能起到真正专家的作用……在地形制图领域，地图自动综合这一公认的难题阻碍着专家系统的实现，并且到目前为止，人们不能看到问题解决的曙光。究其原因，一是地图制图学自身理论性、系统性尚不够完善，二是人工智能领域的理论和方法尚不足以描述地图制图这一需要较复杂脑力劳动的智能化过程(郭仁忠 1994a)。if…then有一些严重不足，例如表达数值计算的无能……如果推理网络中的所有结点均为数值型变量，则知识库中的知识实际上就成为数值计算(吴信东 1990)。地图综合专家系统还未进入实质性研究阶段，由于问题的复杂性，所面临的困难更大(王家耀等 1998)。这些困难正阻碍着GIS的多层次、多领域的开发与应用；阻碍着小尺度GIS向大尺度GIS的转换，这种窘境严重地困惑着广大的地理与地图工作者和GIS技术人员等。

综合上述，地图信息综合已经成为一个广为关注的问题。从长远看，它是建立国家空间数据基础设施(National Spatial Data Infrastructure)的大计，直接影响着国计民生与区域可持续性发展。

20世纪70、80年代，综合模式研究的重点主要研究集中在单线目标的简化处理上。长期以来，不同的学者相继提出了各自的概念综合模式，如Ratajski数量(形状，内容)综合/质量(概念的概括)综合模式，Töpfer(方根规律)模式，Morrison(分类，简化，归纳与符号化)模式，McMaster(线综合的四操作——简化、光滑、移位和增强)模式，Shea(Why，When，How)模式，Mackaness(二十算子)模式等，大都处于逻辑概念框架层，尚不具有可操作性。特别重要的是，在大部分综合模式中，把信息处理功能与图形再现混在一起，即把数据库综合与可视化混在一起。前者是处理数字景观模型(DLM)，后者是生成数字制图模型(DCM)。20世纪90年代中期，以德国的W. Weber，H. Gottschalk，D. Grünreich，W. Hentschel；瑞士的K. Brassel，R. Weibel；法国的A. Ruas，C. Plazanet；荷兰的J. Muller；美国的B. Buttenfield；加拿大的D. Douglas，T. Peucker等，在各自论著中开始注意并进而探索空间分析在地图综合决策中的应用。

由于地图自动综合的研究进展相当滞后，如前所述，有些国家采用人工对河流进行分级编码以解决自动综合中的“选取”问题。而另一些国家由于不指望自动综合能及时解决问题，决定采用代价极其高昂的重复数字化来建库。

在若干商品化GIS软件中，新近出现了一些有关地图综合的简易功能模块，主要用于城市建筑物综合，功能尚不齐全。另一些类似有关自动综合的软件虽然功能较多，但有些功能名不副实。

尽管已有地图综合模块上市，但专家们仍然认为“还没有用于解决地形综合并可用于生产的方法”(D. Grünreich 1993)。

由上述可见，研究地图信息自动综合的意义是多么重大，及时开展系统性的研究是多么迫切。

地图综合问题的解决，首先要从地图内容的空间分析着手，建立较完备的理论与方法体系，各种方法的探索要与所处理的地理要素的特点相结合。由于地图综合过于复杂，仅靠一种方法是难以胜任的，需要将若干种方法有机地结合起来，发挥各种方法所擅长之处，合力解决地图综合问题。

2.9　地图综合的基本途径

电子计算机的出现及其应用领域的迅速扩展，从纯数值计算、事务处理到“非标准应用”的基于规则图形的 CAD 领域，同时也跨入基于不规则图形且以海量数据为其另一主要特征的 GIS 与地图空间数据处理领域，显示了它的巨大威力。计算机在 CAD 图形、图像领域的成就和地图信息自动处理领域的专业研究成果，为地图信息的自动综合展现了美好的前景，目前，不管是半自动化的人机交互，还是基于批处理的个别单要素的全自动综合，都取得了今非昔比的进展。

计算几何学的诞生，强化了图形计算的理论基础。凸壳原理、Voronoi 多边形及其对偶 Delaunay 三角网、基于点/线/面元素的网结构的拓扑关系、反映层次主从关系的树结构等当代数学工具，为图形信息的深层知识挖掘提供了强有力的手段。作为国际难题的空间信息自动综合有望在今后若干年内取得突破性进展。

自动综合作为一个整体目标具有极度复杂性，执行综合使命的基体操作(选取、概括、合并、移位等)之间缺少内在的联系，这使得基本操作的完成不等于整体综合任务的完成。通常是针对各个要素单独研究地图信息综合，而忽略多要素的同时考虑。然而，地图信息综合必须顾及物体间的联系或邻近关系(Proximity，Context)，要做到这一点，实际上就是要研究空间信息处理中的非线性问题。因为自动综合过程具有整体不等于部分之和(关系信息的揭示、分析与应用)的非线性特征，所以采取逼近手段是科学合理的。在逼近过程中，尽管使用了多种当代高新技术手段，但取得明显效果的尚很少，还处于积累经验阶段。这些高新技术的探索进展情况下面将逐一介绍。

2.9.1　人机交互综合方法

在自动综合进展缓慢的情况下，充分发挥人和计算机各自的优点是一种好的选择。但我们追求的是最大限度的自动化，或者说使人机交互工作趋于最小。

艾廷华在博士生学习期间研制开发了一个自动化程度相当高的人机交互地图综合软件 AutoMap(艾廷华　2000)，已经成功地用于若干 GIS 系统中大比例尺地形图的半自动编制。其中汇集了综合模型、算子算法、过程模式、质量评价等研究成果。该软件设计充分体现了面向对象的思想，要求具备面向对象的地图数据库，在此基础上建立交互综合环境、综合操作的可视化策略、综合规则和综合过程等。

对于地形图来说，当比例尺缩小 N 倍时，所涉及的原始资料图的图幅数通常为 N^2，需要把它们置于一个统一的管理系统中。这样就自动建立了新库条件下的要素层次结构与空间索引结构，在数据库系统功能的支持下，具有完备的定性(分层)、定位(开窗)、按任意多边形检索，定点、定线与定面的拓扑检索，各类缓冲区检索以及所有这些检索之间的布尔组合等。

在数据库环境下进行综合的优越性在于，整个数据库系统资源能被综合过程所利用，在综合任意要素或目标时，与其相关的其他要素或目标能被直接检索出来，综合结果能以新的要素形式存储起来，作为数据库的新成员，马上便又可投入综合利用。

2.9.2 人工神经元网络法

在地图综合过程中，有些关键性的专家知识是无法用语言清晰描述的。克服计算机语言表达的局限性的一个可能途径是使用具有学习能力的人工神经网络系统。

2.9.3 基于模型的自动地图综合方法：总体选取、结构实现、实体塑造

此综合模型为笔者于1991年提出(毋河海 1991)，是从地图本身的特点、设计与编制过程出发而建立的。与地图综合的原理与思路相一致，此综合模型是一种从整体到局部的设计与实现途径。它通过以下三个子模型来实现：

1. 总体选取模型

解决地图与数据库的总貌、地图的总体内容或载负量问题。

从地图载负量变化的机理分析出发，探讨其变化的规律性，并把它表示为依赖于主导因素(地图比例尺)的数学模型，借此完成地图或数据库的“总体”构思问题，这是整体着眼。

2. 结构实现模型

解决由哪些物体来“构成”上述“总体”问题。

这是借助多种关系信息来制导信息的选择。建立全局结构关系(如树结构等)，以确定物体在整体结构中的地位；建立局部结构关系(如Voronoi图)，以同时顾及物体的邻域关系，即其相对重要性。

3. 实体塑造模型

此处的主要问题是被选取目标的几何形态的塑造问题。

实体信息处理的主要对象是其图形信息，即其空间信息的综合。在处理实体的几何形态时，同样可以或需要遵循从整体到局部的原则。

实体的轮廓图形长期以来成为主要研究对象。其核心问题可归纳如下：首先，视情况对线状目标进行分段，即根据曲线的曲折程度把它分解为若干曲折特征近似相同的单调(Homogeneous)曲线段，以提高曲线综合参数的针对性。在此基础上，可独立地建立曲线的条带树(Strip Tree)(Samet 1989)或曲线综合二叉树(BLG Tree：Binary Line Generalization Tree，P. van Oosterom等 1989)。由于人工要素(公路、运河等)与自然要素(河流、海岸等)在曲折特征上有着明显的不同，故曲线的自动分段隐式地顾及到线状物体的语义信息。

这些措施都是用来描述实体的整体结构特征，制导着形态特征的概括。对于曲线来说，各个点所起的作用是不同的。可用各个点的Voronoi图的控制面积或其他类似方法来评价其相对重要性。借此顾及实体内部的微结构。

2.9.4 基于规则的自动综合方法

前述几种方法是把知识隐含在相应的功能程序中。这里，把功能程序中的知识分离并集中起来，再进而把书本、规范和领域专家的知识和经验吸收进来，形成规则库，作为自动综合专家系统推理的基础。如在2.8.5节中所述，基于规则的专家系统遇到了很大的困难，有待继续研究。

地图综合是一个宏观决策问题，在理论上没有唯一的精确解，但可在逼近理论的指导下，获得一个最优解。对于综合算法来说，当参数确定时，则其输出结果也是确定的。但算法进程的执行与物体的特征，特别是语义特征，有着重要的联系，例如移位操作与物体的优先级有直接的关系，而物体的优先级尚没有一个统一的标准。在这种情况下，可用人工智能对这些涉及语义和概念的问题进行描述，用以对算法进程进行组织，而不是去代替算法。底层操作，特别是图形处理操作(如曲线概括、移位等)，仍要通过相应的算法去实现。这时，可以显式方式描述要素的语义信息(特别是区分人工要素与自然要素等)，更合理地组织综合算子。

2.9.5　增强智能法(Amplified Intelligence)

增强智能法作为基于规则的自动综合法的新发展，是把制图员进行综合决策时，根据不同的要素及其基本特征(曲折程度、与邻近物体之间的关系等)所采取的一系列综合决策(算子及参数设置等)，及时地予以记录，逐渐累积大量典型的和具有现实意义的情况。其后再对这些决策进行检索与评定，为在什么情况下采取何种对策提供依据。这样，进行了知识积累，增强了交互操作的智能性。同时，也可作为知识的自动获取这一反演工程(Inverse Engineering)的新工具。

属于此范畴的还有“智能体(Agent)”求解途径(Ware 和 Jones　1998)。该方法来自人工智能(AI)领域，它源于对蚁群的高效分工与结构组织的认识与模拟。智能体是一个基于对环境的识别，具备自我决策和行为实施的目标对象。每个智能体既有一定的自由度胜任独立的功能，又具有相互间的高度协调及反馈接口。这些功能与地图综合的总体环境极为相似，具有很好的借鉴价值。目前该研究途径尚停留在描述机制上，未进入到综合操作的分解、进程控制和接口关联等基本问题的研究阶段。

2.9.6　分形学方法

1. 分形学方法在地图信息处理中的应用

分数维的发现改变了人们观察世界的方式，与此相关的分形思想已经成为一种新的认识论与方法论。目前，大多数分形研究成果都是用来生成各种逼真显示或生成复杂精美、令人陶醉的艺术作品、景观图画等。对于空间数据处理来说，分形原理既与空间信息可视化有密切联系，也与空间数据建模和空间信息压缩密切相关。对于这些领域来说，一个共同的也是最基本的问题是利用分形这一有力工具来揭示自然现象或过程的结构特征，对空间信息进行科学的描述与建模，以达到控制与预测的目的。

分形学的概念与尺度变化中的不变性有着密切的联系。地图中的自然要素的轮廓图形呈现出在一定尺度范围内的分形趋势。在这种情况下，就可利用表达不变性的分形参数——分数维来考察自然要素的图形本身及其演变特征。

地图制图对象往往具有深刻的地理背景，是复杂的自然现象的客观反映，是典型的分形对象。

近几年来的大量研究表明，分形理论可有效地用于地图制图领域，特别是自动地图综合问题。不同比例尺的同一地区的普通地图，用不同的抽象程度表达着同一地区的地理信息，它们之间有着显然的相似关系。诞生于地图学的分形学原理与地图信息处理显然有着内在的联系。

根据分形理论，对于一个具有自相似性的图形，我们可以把它的一种复杂程度视为该图形形状结构特征变化的一种层次(或状态)，尽管不同层次的图形具有不同的复杂程度，但我们并不认为它们是不同的图形，只是我们对同一图形采用了不同的观察尺度而已。这种观点恰好可用于同一图形在不同比例尺条件下进行自动地图综合的研究。

可以这样来理解，图形综合的过程就是当比例尺发生变化时，使图形的形状及其复杂程度随之发生变化的过程。分形理论和方法能有效地描述图形形状及其复杂程度的变化，并建立图形形状变化与尺度变化之间的数量关系，而尺度与比例尺之间具有明显的对应关系，这就使我们有可能通过建立图形的形状结构特征与尺度变化之间的关系，来描述图形形状及其复杂程度随比例尺的变化而变化的过程，从而实现由图形的一种变化层次(或一种比例尺状态)准确地反演出图形的另一种变化层次(另一种比例尺状态)。因此，我们可以运用分形理论和方法来解决图形的自动地图综合问题，并达到如下目标：量化图形形状结构特征及其复杂程度，以实现保持图形形状结构特征的自动地图综合，并为综合过程的客观性和模型化提供数学依据和综合指标；建立图形形状及其复杂程度随比例尺变化而变化的数量规律，以根据图形本身的形状结构特征自适应地进行自动地图综合，为有效地控制自动地图综合过程提供实用模型。

应该指出，自动地图综合的分形分析方法的研究目前还只是初步的和试验性的。一方面，分形理论在自动地图综合中的应用是一个全新的课题；另一方面，分形理论本身的发展也尚处于很不完美、很不成熟的阶段，需要进一步探讨研究的问题还很多。其中，最主要的问题有三个：一是不同要素的分维估值和无标度区的自动判定，这是将分形理论和方法用于自动地图综合时不可回避的重要问题，分维估值是分形理论和方法的核心，而分维估值的结果在很多情况下都依赖于无标度区的范围；二是自动地图综合的分形建模，它直接关系到基于分形理论的自动地图综合的实现，要针对每种具体的制图要素进行，分析每种制图要素的特征非常重要；三是基于分形理论的地貌形态自动地图综合问题需进一步研究，特别是如何顾及等高线之间的有机联系，体现结构化综合的思想，即如何解决基于分形理论的成组等高线的自动综合问题。

总之，用分形学方法描述自然要素的固有特征，借此对其信息进行多比例或多层次处理，其主要优越性在于描述与处理物体或其集合的固有特征。

在笔者所承担的国家“八五”科研项目中，以水系和地貌两个典型要素为重点研究对象，以图论、计算几何和计算机视觉为技术工具，进行基于结构化思想的地图信息自动综合。分形学方法在研究过程中呈现出“准结构化”的特点。随着对扩充分维的进一步研究，分形学方法将由“准结构化”向“结构化”发展。

我国青年学者王桥对分形原理在地图信息处理中的应用进行了相当系统的研究，取得了优异的成果，发表了20多篇相关论文，在这个领域做出了突出的贡献。

随着分形学研究的进展，人们普遍认为仅用一个分形维数无法充分地描述物体或现象，提出了分维的扩充问题。因此，在本书中对此问题进行了初步的理论探讨与数值试验。

2. 分形法应用的局限性

在本章2.5.9节曾讲到，众多的研究结果给出了众多的分数维，那么这些分数维究竟给我们提供多少更有价值的信息呢？这还是一个未得到解决的问题(仪垂祥 1995)。

在着重论述分形学原理与方法在地图信息自动处理中重要应用的同时，也应及时顾及到其自身的局限性，其根本原因在于许多地理过程是尺度依赖的(Goodchild 1980)，或者说，在自然界只存在有限层次的自相似是分形学方法应用局限性的主要原因。

在实际应用中，分形学方法还遇到了一些新问题：不同的分形体会有相同的分维数，即存在"一值多形"的问题，Mandelbrot 曾说过，Himalays 与 JFK 的机场跑道可能有相同的分数维。日本学者高安秀树在其名著《分数维》一书中写道："可以从两个方面对分数维进行扩充：一种方法是不要把分数维维数仅看做是一个常数，使其能有赖于观测尺度，即使在自相似性不成立的那种范围内也能使用。另一种方法是在自相似成立的情况下，为了弥补只用分数维不能描述的信息，要重新引进另外的量。"我国学者敖力布、林鸿溢在论著《分形学导论》中也指出：Mandelbrot 虽然揭示了分形结构的自相似本质，并且用分维来表示，可是这种描述并没有证明它是唯一的和充分的。不同分布方式的两种结构可以具有相同分维……这说明要确定结构的特征，只有一个分维是不行的，还需要其他参量。因此，要使分形学方法在地图综合中得到更为实质性的应用，首先要实现上述两种扩充，然后进一步研究扩充后的分数维在自动地图综合中的应用。

3. 尺度与分形衰减

随着尺度的增大，不同地区的地理差异在逐渐减小，同一要素的复杂度也随之减弱，用于表达复杂度的分数维也在逐渐减小，即分数维或分形特征在不同尺度下不是固定不变的，而是随着观察尺度的粗化是在逐渐衰减的。以往的研究与应用大多基于分数维保持不变来确认图形的自相似，这只是一个简单的近似，特别是当两个尺度虽然不同但跨度不大时。

在不同的比例尺区段，同一地理景观的分数维应是渐变的。然而，在数值上如何变化，则是一个新问题，它是影响分形原理的进一步应用的关键，详见本书第 6 章 6.9 节和第 9 章 9.9 节。

2.9.7 小波分析法的应用前景

现有模型不少都是基于直观而不是机理的，基于操作性的而不是分析性的，很难解决综合程度的客观化控制、阈值的自适应性选取、地理特征的自动保持等一系列问题，也很难从理论上保证综合结果的稳定性和收敛性。究其原因，一个带有根本性的问题是没有从数学机制上建立能够反映图形形状结构特征随比例尺变化的一般规律的分析模型。

小波理论是目前国际上公认的最新空间(时间)——频率分析工具，由于其自适应性和数学显微镜性质而成为许多学科共同关注的焦点。特别是小波理论中的多分辨率分析(MRA)，因可提供在不同分辨率下分析表达信息的有效途径，受到地学领域学者的高度重视。

地图信息综合的实质实际上是一种空间知识的挖掘。小波分析是具有空间数据挖掘特性的方法之一，因而是刻画数据内部相关性结构的有力工具。基于小波分析进行空间数据挖掘的基本原因在于它能够揭示数据的某些方面的重要特征，如空间趋势、断点、高阶导数的不连续以及自相似性等，从而在空间数据中发现知识。

2.10 地图信息综合与可视化

2.10.1 机助制图与地图综合的关系

图形输出是地图综合成果的最终体现，是通过机助制图来完成的。

自动化地图制图被称为地图制图中的“数量革命”，它不仅体现在以数字的形式表示地图信息，并且体现在用数学方法对地图内容进行自动化处理，从而在一定程度上使地图内容的处理增强了客观一致性和科学严谨性。可借助计算机对以数字形式表示的地图进行各种各样的数值分析，以提取多种多样有用的信息，并把传统地图概念扩展到“非可见地图”。

1. 机助制图——研究“如何绘制(可视化)”问题

机助制图的任务是根据指定图式或图例符号系统将数字地图(DLM)转换成模拟地图或DCM，以解决图形显示(可视化)或绘图输出问题。其实质是数/图转换问题。

2. 地图综合——研究“地理对象的选择与变换”问题

在制图自动化的前两个步骤(数据的获取与存储组织)中花费了巨大的代价，现在应该充分利用计算机的性能，把用数字形式精心组织起来的地图信息，根据不同的用途目的与区域地理特征进行科学的处理(地理实体的评价、抽象、选择与概括等)，以生成具有不同比例尺的空间数据库，特别是借此能从基础比例尺地图生成多种比例尺地图，以支持用于不同目的、不同层次和不同部门的规划、管理与决策，省去多次的重复编图或为满足多种用途而进行的多重数据获取，这就是自动地图综合问题，其实质是地理信息的变换问题，是从较大比例尺数字地图(DML1)向较小比例尺数字地图(DLM2)作信息变换。

2.10.2 影响地图自动综合的主要因素及其计算机表达

1. 地图的目的与用途

地图的目的与用途是控制地图数据处理的主导因素，是制订图式规范与编图大纲的依据，并直接决定着地图的比例尺。一切地图数据处理的最终成果都是为地图的目的与用途这一总目标服务的。地理现象的层次分类、尺度划分和评价处理的各种量化准则都是在地图用途总目标的前提下确立的。显然，地图的目的和用途是评价地图信息自动综合质量的准绳。

2. 地图比例尺

地图的目的与用途在宏观上决定了比例尺后，比例尺便成为地图数据处理的几何限制条件了。之所以执行比例尺条件，也正是为了确保地图用途与目的的落实。地图比例尺限定着地图的精度、表达空间形态的尺度和选择地理目标的详细程度，成为地图内容的一个过滤器。

在确定由不同的物体及其细节所构成的地图载负量时，应该顾及地图的用途和比例尺；在确定综合的标准(норм)时，应该针对具体的地理区域(Бородин 1976)。

3. 区域地理特征

区域地理信息是空间数据处理的对象，它的整体特征与局部差异正是数据处理时要予以顾及并要突出反映的。只有充分顾及地理特征，才能使空间数据处理体现出整体性、综合性与区域性等地理数据处理的基本原则。

为了支持地图与地理信息综合，必须将区域地理信息形式化与结构化，使之成为可操作的控制性信息，可从以下几个方面来实现：①基于地图数据库的自动化地理分区（水网、地貌与居民地等）；②建立地图内容主要要素全局结构（层次树结构、空间拓扑结构等）；③确立地理实体之间的局部邻近度关系（Delaunay 三角网或 Voronoi 图等）。

4. 可视化要求

关于可视化的重要性，前面已作了详述，下面再简单地予以归纳。

海量数据的图形显示可揭示地理实体、现象或过程的本质特征，预示与洞察其变化规律。

人类对图形图像有一种本能的亲近感，一般人对图形图像的理解是阅读文字的 5 万倍（陈述彭　1988）。

人类获取有关现实世界的信息中，约有 90% 是以各种各样的二维和三维的图形图像的形式得到的（陈述彭　1994）。据估计，人脑中有半数以上的神经细胞与视觉思维有关，这种思维可以迅速进行模糊模式识别。

因此，空间数据的可视化对于空间决策是一个关键问题。

2.10.3　地图综合与格式塔

“格式塔”为德语中“Gestalt”一词的音译。原意为形态、造型，是指具有简洁、完备或“优良”性质（Prägnanz）的整体或完整的图形或“完形”。格式塔心理学 1912 年在德国诞生。它强调整体性，不同部分的联系产生一定的意义。

有的词典将“格式塔”定义为一个各部分之间相互影响的有机整体，整体不等于部分之和，而是整体大于各部分之和。完整的现象具有它本身的完整特性，它既不能分解为简单的元素，它的特性又不包含于元素之内。感知到的格式塔不可分析还原为原来的各个组成部分，也即各组成部分不是格式塔，或格式塔并不是各组成部分的简单加和。所以，格式塔的内蕴总是大于它的部分、决定它的部分，而不是相反。

在格式塔理论中，提出了“视觉思维”的概念。鲁道夫·阿恩海姆（Rudolf Arnheim）于 20 世纪 50 年代出版了《艺术与视感知》（*Art and Visual Perception*）一书。提出了“一切感知中都包含着思维，一切推理中都包含着直觉，一切观测中都包含着创造”的重要思想。20 世纪 60 年代末他出版了《视觉思维》（*Visual Thinking*）的专著，阐明了“视觉意象”（Visual Image）在一般思维活动、尤其是创造性思维活动中的重要作用和意义。此外，他认为，在人类认识活动中，最有效的还是“视觉思维”。

要说明视觉思维的创造性，最简便的方式莫过于将视觉思维与非视觉思维相对照。这里所谓的非视觉思维，是一般所谓的言语思维或逻辑思维。

在计算机技术广为应用的数字化时代，人类对图形形状的识别能力仍是计算机无法比拟的。因为人脑对形状信息具有重构能力，还能从受噪声干扰的图形中识别出需要的图形信息。此外，形状感受的层次性是形状简化的理论依据，可由图 2-10-1 看出（刘鹏程　2009）。

在图 2-10-1 中，我们首先看到的是字母“S”的形状，其次才是字母“H”的形状。

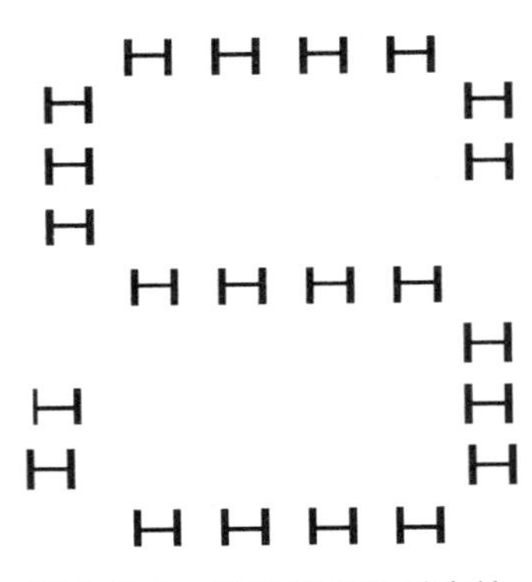

图 2-10-1　形状信息的层次性

完形心理学派找到了若干著名的原理及法则，这些被称为格式塔法则(Gestalt Law)或完形法则。这些理论和研究涉及这样一个观念，即人们的审美观对整体与和谐具有一种基本的要求。简单地说，视觉形象首先是作为统一的整体被认知的，而后才以部分的形式被认知，也就是说，我们先"看见"一个构图的整体，然后才"看见"组成这一构图整体的各个部分。

格式塔学派认为感知经验服从于某些图形组织的规律，这些规律即上述格式塔法则，主要有图形和背景法则、接近性法则、相似性法则、连续性法则、完美图形法则等。客观刺激容易按以上的规律被感知成有意义的图形。这些法则有时也称为"律"，现简述如下：

接近律：距离相近部分，容易组成整体；

相似律：颜色或图形相同的部分，容易组成整体；

连续律：光滑连续的部易被看成属于一个整体；

封闭律：心理上的完整闭合倾向把不连贯的有缺口的图形作整体感知；

转换律：按照同型论(Isomorphism)，格式塔可以经受多种变换而不失其本身的特性，即完形的不变性等完形律。

格式塔具有综合概括力：从客体方面讲，是结构；从主体方面讲，是组织。格式塔的活动原则有两个，即简化与张力。简化就是以尽量少的特征、模式，把复杂材料组织成有秩序的力的骨架；简化则是以分层、分类、忽略等多种方式，走向感知上的动态平衡。动态平衡的基础在于张力。点、线条、面的结合，色彩的对比、过渡，其中蕴涵着内在的"倾向性的张力"，一幅摄影作品是静态的，但我们能够感觉到其中的各个部分之间的内在紧张的运动，比如草原上一株树的向上长和向下扎的力量，大海边惊涛拍岸的力量。

格式塔心理学原则难于定量化和用模型描述，然而这是人们对空间认知和识别时应遵循的心理学原则，这种不确定性法则在空间信息分析与综合中占有极重要的地位，正是这种非形式化和艺术化因素的存在，使得空间信息分析与综合具有极大的难度而又魅力无穷。

2.10.4　地图综合与美学

1. 科学中的美

(1)简洁美

简洁，给人以简单、明了、深刻、有序的美感，科学的简洁美源自客观事物存在、构成、运动及其转化等规律的简洁性。牛顿在《自然哲学的数学原理》中指出："自然界不做无用之事，只要少做一点就成了的，多做却是无用；因为自然界喜欢简化，而不爱用什么多余的原因来夸耀自己。"爱因斯坦也认为，逻辑简单的东西虽然不一定就是物理上真实的东西，但物理上真实的东西一定是逻辑上简单的东西，物理之美的本质就是简单性，因此，"要从尽可能少的假说或公理出发，通过逻辑的演绎，概括尽可能多的经验事实"，"要寻找一个能把观察到的事实联系在一起的思想体系，它将具有最大可能的简单性"。

科学的简洁美一直是科学家追求的目标之一。欧几里得从少数几条公理出发，加上必要的原始定义，利用演绎法建立了庞大的几何学体系。哥白尼认为托勒密建立的宇宙体系太繁杂、太臃肿，不符合简单和谐的美学原则，于是根据自己的观察与研究把托勒密"地心说"体系用以解释本轮(Epicycle，周转圆)和均轮的圆从 80 个减少到 48 个，把太阳升到了天体中心，把行星轨道的大小、运动速率和排列顺序关联起来，形成一个紧密有序的整体，从而创立了"日心说"。数学家高斯极为追求数学的简单美，他要求自己把每一种数学讨论压缩成最简洁优美的形式，认为"现代数学的一个特征……就是在我们的符号和名词的语言中，有一个杠杆，通过这个杠杆将非常复杂的论证简化成某一个机理"。科学的简洁美，通过数学化的科学公式得到最集中的体现，如麦克斯韦方程组。这一方程组以十分简洁的形式表达了极为丰富的内涵，它包括了库仑定律、高斯定律、欧姆定律、安培定律、毕奥-萨伐尔定律、法拉第电磁感应定律，并由此预言了电磁波的存在，把电、磁、光统一了起来。科学公式的简洁美由此可见一斑。其他科学公式，如伽利略、开普勒、牛顿、焦耳、欧姆和爱因斯坦的公式等，都以高度的概括性、简洁性给人以强烈的美感。

(2)对称美

对称，给人一种圆满、匀称、稳定的美感，科学的对称美源自客观物质世界本身所具有的对称性，如物理学中的运动与静止、落体与抛体、匀速与变速、引力与斥力、变力与恒力、反射与折射，化学中的溶解与结晶、液化与气化、分子的晶体结构，数学中的正与负、奇与偶、加与减、实数与虚数、微分与积分，等等，都是自然界物质及其运动形态存在着的对称性的反映。

揭示自然界对称性的奥秘是科学家从事科学研究活动的强大动力。法拉第在研究电磁效应时，从物质的对称性特点出发，认为既然电能生磁，那么磁也一定能生电，这样才能显示出自然界的对称美。为此，他坚持不懈地探索了 10 年，终于用实验证实了电与磁之间存在对称美的设想。

(3)统一美

统一，给人以浑然一体、谐调一致的美感，科学的统一美是大自然和谐统一的本质在科学中的体现。在大自然中，各不相同甚至对立的自然事物和现象通过种种关系被联系在一起，它们相互依存、相互作用，环环相扣、配合有致，呈现出和谐统一的壮丽图景。大自然的这种统一性使得反映大自然的科学具有统一美的美学特征。

科学的探索活动总是和追求物质的统一美联系在一起，总是力图从纷纭的现象里看到共同的东西，从万千的世界里看到某种一致、某种相似，亦即某种统一。著名的广义相对论、狭义相对论即是爱因斯坦追求统一美的结果。爱因斯坦以同时性的相对性原理和洛伦兹变换原理，解决了当牛顿力学的相对性原理与麦克斯韦电磁学光速不变原理运用于运动的物体时发生不对称的矛盾，将两者协调、统一起来，从而将牛顿力学中分立的时间与空间、物质与运动、时空与物质运动等概念统一了起来，建立了狭义相对论，由此推导出质能守恒定律、动量-能量守恒定律，将牛顿力学中分立的质量与能量、动量与能量概念统一了起来。后来，爱因斯坦又发现狭义相对论存在着两个不足之处：一是惯性系处于特殊地位，但又找不出什么实在的东西能够说明惯性系比非惯性系更特殊；二是引力现象不能归入狭义相对论。为了追求逻辑上的统一，爱因斯坦将相对性原理从惯性系推广到非惯性系，建立了广义相对论，把惯性质量与引力质量、加速系即非惯性系的运动与引力场的惯性系运动、引力场与非欧几何都统一了起来。

其他科学成果，如牛顿统一了一切低速客观物体的机械运动，吉布斯统一了分子的热运动，麦克斯韦统一了电磁运动，狄拉克的相对论电子运动方程把相对论与量子力学的联系统一了起来，等等，都体现了科学的统一美。

科学美除具有简洁美、对称美、统一美的特征外，还具有奇异美的特征。科学的奇异美是以简洁、对称、统一为基础的一种美，这种美以真为依据，以和谐为根本，是奇异与和谐的对立统一。科学的奇异美亦吸引着科学家不断探索科学的奥秘，虽然艰苦劳累，却乐此不疲。

2. 地图的艺术美

科学与艺术在宏观上是荣枯相依、兴衰与共的。“美是真理的光辉”，凡是符合客观真理的科学技术成果就应该表现出客观世界有规律的内在美，这叫做“科学美”。彭加勒把这种美称为“深奥”的美，因为它不是那种直接打动感官的外在美，而是表现在与客观世界内在规律相应的结构上的和谐秩序，要由理智把握的美。制图者越是善于运用审美和艺术的思维方法，就越容易达到和谐的科学真实。因为美学的自然欣赏的进步，同时也是科学上自然认识的进步。地图数据处理不能满足于机械地表现原有地图资料，要更多地带着洞察自然之美的眼光去探索和表现客观世界(俞连笙 1990)。

美的主要表现形式是其简洁性与对称性，前述的格式塔的基本原理也在于此。美可以说无所不在。数学中漂亮的级数展开式、黄金分割律在艺术造型中的令人折服的应用等都是典型的数学美；物理学中的重要定律，如牛顿力学定律、开普勒定律等，也是异常的简洁美。朗道(L. Landau)认为，爱因斯坦的广义相对论是物理学中最美的理论。地图学中的“美学”问题更是源远流长。较古的地图就是写景地图，很形象，但有透视遮盖和缺少量测性和精确定位等缺点。随着技术的进展，地图的表示内容不再局限于具体地理对象的表示，而具有表示在实地上看不到、摸不着的抽象现象，这就使得写景地图让位于正射(水平)投影图形表达，使地图表示手段中融入科学与抽象的概念，即不得不采用具有一定抽象性的符号来代表物体写景。这样的符号体系具有反映与抽象地理对象本质与特点的功能和科学的概括性，使符号系统能以分类与分级的手段来表达地理对象。

随着技术的进一步发展，在正射(水平)投影的基础上又出现了更为形象的三维表示。即地图的表示大体上经历了概略形象、投影抽象和投影形象这三个大阶段，从粗糙的、不精确的美向具有严密数学基础的形象美发展。

地图属于图形大范畴，使用的是一种图形符号语言，这种语言具有国际性。地图作品可不用翻译而为不同国家的人民大体理解，就像音乐与美术作品一样。这些作品既包含国际性的共性部分，也包括各个国家或民族所特有的部分。艺术品质(美学特征)在此占有特别重要的地位。

地图表示的对象基础是大自然。大自然中充满着美。因此，地图作为大自然的“像”应该具有充分的美。在地图生成的各个阶段中应确保美学原则的实现。

(1)整体结构美

整体结构美体现在地图内容的整体布局，这是地图的设计过程。地图设计过程是一种宏观信息综合过程。前面曾讲过，这是一种看不见的、最为严厉的信息综合。整体结构美在此应体现为地图内容要素之间内在联系与彼此协调，是简洁性与对称性的一种特殊体现。

(2)分形构造美

笔者曾多次表述，地图中的自然要素是典型的分形体，地图量测问题曾引发“英国海岸线有多长”这一著名命题，对此命题的深化研究导致分形学——大自然的几何学的诞生。所以，笔者曾因此赋予地图(量测)学分形学之母的角色。

分形是无处不存在的。大自然分形、社会分形、时间分形、音乐分形、生物体构造分形以及具有分形特点的很多生长过程等，都是重复的分支分裂产生出更为细小的分支，这是哲学上关于物质的无限可分性的一个科学与艺术相结合的佐证。分形学的问世正启发着人们去研究探索自然界无限的奥秘。事实上，分形是开始了一个动态过程，反映了结构的进化和生长过程，它刻画的不仅仅是静止不变的形态，更重要的是进化的动力学机制。

真、善、美是人们心灵追求的最崇高境界。人们一向认为，科学讲的是“真”，伦理讲的是“善”，艺术讲的是“美”。其实三者是不应割裂的。真和美的东西一定是善的，很难想象善的东西不真不美(赵凯华为刘华杰《分形艺术》一书所作的序“科学探索也是对美的追求” 1997)。

分形的一大特点是自相似性，一种跨越不同尺度的对称意味着图案的递归，图案之中套图案，在越来越小的尺度上产生细节，形成无穷无尽的精致结构。因此，分形图案不论在深度还是广度上都是无限的。由计算机生成的很多分形图形具有出人意料的新颖别致，奇特和多变，令人陶醉，具有强烈的时代感。分形图形神奇美丽、变幻莫测，蕴含着科学之美。

在地图信息处理过程中，一方面要在总体结构中反映出地图各要素的分形层次的结构美；在处理各个地理目标本身时，要着重刻画目标自身的分形微结构；在尺度的大、中、小演变过程中，应反映出物体空间形态织构、结构、态势演变。

3. 形态塑造美(漫画式美)

形态塑造美主要体现在两个方面：一方面要体现物体的活力，如格式塔理论中的张力概念那样，河流要“流动”，地貌要“立起来”等，这可叫做物体的“活力美”；另一方面，要使相关要素之间有着内在的联系，如河流与地貌的关系，这可叫做要素之间的“结构美”或“关系美”。例如，在地貌综合中就有一个谷地舍去后原谷口如何封闭的问题：微凹？微凸？还是平直？这个问题的解决就要依赖辅助信息的获取，这些辅助信息就是山岳曲折的形态和综合后的河道的形态。通过对这些辅助信息的顾及，就会使地貌与河流之间保持一种“协和美”。

4. 符号精湛美

地图符号叫做地图的语言，它是地理对象表达的抽象（主要为水平投影与简单几何图形）与形象（联想性）相结合的完美典范。什么是符号？符号不过是某种事物的代号而已，即在正确理解所规定的内容的基础上，以更简便易懂和一一对应的方式表现原来的内容。当某一事物作为另一事物的替代而代表另一事物时，它的功能被称为“符号功能”，承担这种功能的事物被称为“符号”（池上嘉彦 1985）。广义地说，符号是表达信息的形式（Бочаров 1966）。

现代地图集科学、文化与艺术于一体，既要有科学丰富的内在内容，也要有和协精美的外在形式，力图使读者在美的氛围中获得地图上所表达的信息。何为形式美原理？形式美原理即是形式元素组合的规律。形式美原理源于人们长期生活积累的共识（王涛 2004）。形式美原理体现在以下几个主要方面：主体与陪衬，对称与均衡，具体与抽象，对比与调和，图形与空间，比例与对照，统一与变化等（王涛 2004）。

地图的美学性质使它与艺术有密切的联系。而这个性质与特点很难予以数学表达和算法化。这为地图信息的自动综合增加了一个不确定性。正因为如此，这又从另一个方面增加了地图信息综合的巨大魅力。

2.10.5 地图综合与协同学

1. 协同学的含义

协同学（Synergetics）是一门跨越自然科学与社会科学的横断学科。它研究的是系统从无序状态转变为有序状态的规律和特性（郑肇葆 2001）。

协同学与耗散结构理论一样，都是关于复杂系统自组织的理论，是关于复杂系统演化系统的科学。二者从不同的侧面揭示了系统演化的规律性。协同学是研究由许多子系统构成的系统如何协作而形成宏观尺度上的空间结构、时间结构和功能结构的科学。协同学是由原联邦德国斯图加特大学教授 H. Haken 于 1976 年提出的。协同是指子系统之间的相干效应，它根源于各子系统之间的非线性相互作用。只要系统中的各个子系统之间具有非线性的相互作用，就能产生协同现象。Haken 认为，一个系统的稳定性受两种变量的影响：一种叫快弛豫变量，当系统受到干扰而产生不稳定性时，总是企图使系统重新回到稳定状态；另一种叫做慢弛豫变量，当系统受到干扰而产生不稳定性时，总是使系统离开稳定状态走向非稳定状态。当系统从稳定状态向非稳定状态过渡时，慢弛豫变量起着决定性的作用；当系统到达一个新的稳定态时，快弛豫变量就使它处于稳定态的位置，由此形成新的有序结构。

2. 协同参量

协同学认为，虽然由大量子系统构成的系统有多个状态变量，但对系统相变起决定作用的状态变量只有一个或少数几个。由于这些参量支配着系统从无序到有序的转变，所以称为序参量，序参量就是系统宏观序的特征量，即序参量是一类宏观变量，它可以表征系统在相变过程中的总体特征。

3. 自组织与他组织

世界上一切具有一定秩序的统一整体都称为组织，它与有序系统是同一个概念。根据组织形成的原因，可分为他组织和自组织两类。简单地说，他组织是在外界强迫下形成的组织；自组织是在没有外界强迫时，仅依靠系统内部子系统的协同作用自发形成的组织。

他组织和自组织在一定程度上是相对的，对于局部小系统来说，可能是他组织系统；若把它的环境(强迫因素)包括在内构成一个大系统或巨系统，则又可能是自组织系统。从大的方面来看，世界上的系统都是自组织系统，所以自组织性是系统的一个基本特征。当去掉外界强迫时，他组织系统的状态变量并不马上等于零，而是存在一定的滞后效应，往往经过一段时间的弛豫过程才等于零。弛豫过程的快慢视各个具体系统的能量耗散状况而定，例如，设计精巧的钟摆，摩擦耗能少，弛豫过程长，反之，则弛豫过程短。弛豫过程的长短可用阻尼系数来刻画，阻尼系数大的系统弛豫过程短，反之，则弛豫过程长。

4. 地理系统中的协同

人们已经承认地理系统属于复杂的巨系统，它由大量要素构成，后者在漫长的发展历史中不断进行协同作用，慢变量决定大趋势或总规律，而快变量变化幅度小，使慢变量所决定的规律复杂化(潘玉君　2001)。

5. 地图信息综合中的协同

(1)系统组成中结构协同

地图信息综合可看成一个大系统，包含多个子系统。不同的地图要素是一组子系统。对于每一类要素，综合的过程和结果也是子系统。整个系统由相关子系统构成，整系统与子系统之间的关系是非线性关系。因此，非线性系统理论在信息综合中占有重要地位。

(2)综合操作层次间的协同(约束)

解决违背综合约束问题的操作过程，在综合决策行为中体现为三个层次：算子→算法→参量(Mackness　1994；Shea 和 McMaster　1989)。

当违背综合约束时，往往可以通过多个操作算子来解决，如当两目标间的间距小于可辨析距离时，解决途径有：两目标合并，删除其中一个目标，对其中一个目标移位。另外，违背约束通常不是单一的，表现为违背多个约束，这使得算子的选择更具有多重性。算子的选择及实施顺序是最高层次的决策，综合前，结构化分析的结果及主要综合约束的判断是决策的主要依据，同时，还要考虑地图的主题、目的和用途。当道路与河流产生冲突时，水文图与道路交通图对冲突处理的策略显然不同。

在算子确定的条件下，算法的选择是第二层次的决策。同一算子下的不同算法对解决综合约束问题有不同侧重点，在保持综合前后空间结构化特征的能力上有差别。如曲线化简算子具有多个算法。在保持拓扑特征、不相交性、弯曲特征、定位精度方面各有差异，需要根据主要综合约束和最感兴趣的特征保持条件选择合适的曲线算法化简。再如，同样是多边形化简，建筑物要保持其直角正交化特征，而土地利用地块是不规则的，要注重面积大小的保持，针对两类要素的化简算法显然具有较大的差别。一般而言，算子的描述由地理特征的术语表达，如等高线化简是建立在“谷地”、“山脊”、“谷地深度”、“谷间距”等术语上的操作，而算法的描述由几何特征的术语表达，Wang 和 Muller(1998)的曲线化简算法是建立在“弯曲面积”、“弯曲宽度”、“弯曲深度”、“曲率”、“长度”等术语上的操作，选择合适的算法，首先应考虑算子的地理特征描述与算法的几何特征描述能否建立桥梁关系，这种关系可能是 1 : 1 或 1 : N，如海岸线的“海湾”由曲线的“弯曲面积”、“弯曲深度”、“弯曲层次结构”等几何特征联合描述，海岸线的化简就应选择弯曲特征处理较好的化简算法。

大多数综合算法由一个或多个参量控制，在选择算法确定后，参量的设定属于第三层次的决策，参量的大小决定着综合效果在数量上的差异。有些算法有多个参量，各自控制着不同的综合约束，好的综合算法应当让多个参量的控制作用相互独立，当多个参量的控制作用具有相关性而又不能表达其自由度之间的关系时，算法的控制作用难以被用户掌握。Buttenfield(1989)提出了一种方法，根据曲折复杂度对曲线分段，不同段设置不同的参量控制空间特征的保持。

空间的结构化分析始终贯穿在三个层次的决策中，是算子、算法、参量选择确定的依据，算子、算法在综合中是“质”的控制作用，而参量是“量”的控制作用。

2.11 地图综合算子(自动综合过程的子过程)的分解

2.11.1 综合算子扫视

地图综合是一个高度智能化的、具有创造性的过程，它是一个整体任务。由于这个任务包含一系列不同性质的操作，需要把它分解为若干个子过程来实现。由于地理/制图物体的复杂性，使得地图综合的总体过程不等于各个子过程的组合。把整个过程分解为若干个子过程来实现的启发式方法认为，对于创造性的工作，是没有通用的方法的，对于很多在逻辑上不能解决的问题，可提出一些法则或方案，它们虽然不能确保达到目的，但可大为提高成功的可能性、工作的富有目的性和切实有效性，这些法则称为启发式方法(J. Müller 1984)。在自动综合的长期研究中，人们所得出的基本共识是模拟传统制图的基本手法(如选取、概括、移位等)，并把它们分别地(孤立地)予以算法化。由于这些子过程之间缺少明确的内在或逻辑联系，使得这些子过程是以某种混合形式来组合应用。这种整体不等于各个部分之和的问题是一个非线性问题。可通过线性算子(如启发式方法)作迭代式逼近。

在第1章1.5节中已就多个作者所提出的综合算子序列进行了详述。此处仅对近几年来在地图学与GIS界较为流行的综合算子序列予以归纳，旨在对这些序列进行再研究。目前，从常规地图综合到GIS图形信息综合，综合操作算子的发展状况可概括如下：

常规综合的二算子模式：选取与概括；三算子模式：选取、概括和移位；四算子模式：选取、概括、合并和移位。

机助制图的七算子模式：属于纯几何综合的有简化、夸大、移位；属于几何/概念综合有合并、选取、类型化、强调。

GIS中的二十算子模式：简化、光滑、选择性组合、选择性舍弃、合并、提炼、增强、局部移位、掩蔽、面到线的压缩、缩略、图形联合、面到点的转换、聚合、通过分类融化、再选择、改变比例尺、混合、符号化、夸大。

当前的主要范例——McMaster & Shea 综合算子框架中缺少一种重要的综合算子：要素的选取(Feature Selection)。选取(及其反操作：舍弃)通常是综合的首要操作(C. Dutton 1999)。

在这些算子序列中，没有区分“信息综合”和“图形表示”这两种不同性质的信息处理任务，这样，就模糊了地理信息综合的研究对象与重点。

2.11.2　综合算子的再综合：算子分类

由上述可见，地图综合所涉及的处理算子是复杂的和多种多样的。因此，在研究地图综合的各种算子时，笔者提出需要从实体信息处理使命的角度对各种算子序列进行“归类”，即对它们进行“再综合”。此处，从算子的功能特点出发，我们把所有的综合算子归为两类：信息变换类和图形再现类。

1. 信息变换类算子

信息变换类算子用来对空间信息本身或数字景观模型(DLM)进行信息变换，形成新的信息，原则上不涉及具体图形的表示问题。

2. 图形再现类算子

图形再现类算子是进行数/图转换，处理图形的清晰和可视化问题。它在原则上不涉及地理信息的改变，所以，它应该归于数字制图模型(DCM)。

把地图综合分解为两类模型操作，体现了分而治之的原则，把信息内容与其表示方法分开，有利于对它们进行专门的更为深入的研究。基于这一点，本书将地图综合的核心问题仅集中于地理/制图信息变换的研究。地图综合的各种操作是针对地理/制图实体的，地图综合的核心应是实体信息变换，包括实体概念(分类、分级等)的变换、各类实体集的形成(选取多少和选取哪些)和实体属性信息的概括。

本书中的基本论述原则上集中于普通地图中河系、地貌和居民地的自动综合，研究它们的结构化选取问题。被选取实体的内部结构与外部轮廓的概括主要涉及单条曲线的简化问题。对于单条曲线的综合，已有足够多的算法可供选用，本书将主要致力于新方法的探讨。

2.12　地图综合与数据压缩

2.12.1　数据压缩的意义

在信息爆炸的早期阶段，诞生了数据库及其管理系统。如果缺乏数据库及其管理系统，会导致计算机的硬件系统的僵化；对海量数据不进行科学管理，就等于将数据送进“坟墓”。在此，不能忘记的是，海量数据获取是付出了高昂代价的。海量的空间(地理)数据获取，其代价更为高昂。

信息爆炸的近期阶段，数据获取的手段和性能(如速度和分辨率等)进一步提高，使数据源的数目及数据量又成倍地增长，如卫星分辨率在过去几年中已增长了 10 倍。“当今的数据源犹如喷射的消防水龙(Fire Hoses)，我们能做到的只是收集和存储它们所产生的数字”。仅南极臭氧空洞的数据已收集与存储了 10 年以上。海量数据的指数式累积，对计算机系统和应用领域提出了以下几个方面的问题：

压缩数据量以减少存储空间；

压缩数据量以简化数据管理；

压缩数据量以提高数据传输效率：在计算机应用网络化的今天，数据传输的效率，特别是空间数据(图形与图像)的传输效率，具有更为重要的意义；

压缩数据量以提高数据的应用处理速度：如坐标变换、各种专业性的数据分析等；

根据不同的应用需求，通过数据压缩形成具有不同详细程度的数据，为不同的问题或不同层次的机构提供其所需求的适量信息，以支持他们的管理、规划与决策等问题的解决。

2.12.2 地图综合与数据压缩之间的关系

从信息量变化趋势来看，地图综合与数据压缩的结果都导致信息量的减少，从被缩减的数据成分来看，都是那些“贡献”比较小的数据元素。从操作目的来看，前者是为了去掉图面上的繁杂细节，减少图面上不必要的载负量，提高地图的易读性；而后者则是为了缩小存储空间和节省计算处理时间。这样看来，在操作目的方面，它们也是相似的。

但地图综合与数据压缩也有一些明显差异。信息压缩的程度不同：数据压缩一般是在无损图解精度(或多项式逼近精度)的条件下去掉那些非特征点，即那些“贡献”小的，从而在图形再现时可用插值的方法近似代替的数据元素，即是说，数据压缩的任务在于确定一个足以“精确”再现图形的最小集合。这个集合可呈现为坐标点列或数学函数的系数，无损图解精度就意味着数据压缩实际上不丢失信息或丢掉的信息量很小，从而可以忽略不计。图形的“精确”再现，就证明了被压缩的部分数据是可以用近似手段予以恢复的。因此，从宏观上说，数据压缩是可用数据的插值加密手段做逆处理。

地图综合除了部分地兼有数据压缩的性质之外，还有不可逆的性质，即在必要的情况下，对某些次要的物体与形态进行整体性的删除，不受图解精度的约束，因而这部分操作结果是不可恢复的。在地图综合中还有一些独有的性质：插入或更新某些数据，夸大或移动某些图形元素等。此外，地图综合可以得出某些派生的具有新性质的信息。

既然地图综合与数据压缩有许多共同的地方，因此，在地图综合中就可以引用某些数据压缩方法作为自动化综合方法的借鉴。

第3章　空间信息的典型代表——GIS与地图信息

3.1　空间的概念

“空间(Space)”这一概念有多种内涵，如哲学空间、数学空间、物理空间、地理空间、思维空间等。

3.1.1　哲学空间

从哲学的角度看，空间与时间相互联系、彼此不可分离，它们是物质存在的普遍形式。空间是物质客体和过程的共存形式，表征物质体系的结构性与广延性；时间是现象和物质状态的先后交替的顺序性的形式，表征现象与物质存在的持续性。

3.1.2　数学空间

从数学的角度看，空间被看成点的连续聚合，每一个点对应于一个有序数集，后者中的每一个数表达一个方向上的数值。

数学中有各种各样的空间，从拓扑空间到希尔伯特空间等。但基本上可以这样认为，在GIS与地图信息处理中，空间推理仅与拓扑、度量、矢量和欧氏空间有关。拓扑空间是最为相关的空间，它们仅包括连通性与连续性的概念。度量空间包括距离的概念。矢量空间人们较为熟悉，坐标、方向、尺寸等是典型的矢量。更为逼真的一些构造是欧氏构造，它们提供了标量积、正交性、角度和范数(图3-1-1)的概念(L. Buisson　1990)。

由图3-1-1可知，度量空间包含在拓扑空间中，意味着可为任何度量空间配备拓扑结构；对于其他的包含关系也是一样。

欧氏空间是我们平常使用的空间。但它在空间计算中没有其他三种空间特别是拓扑空间用得多。例如，当我们看到三栋房子位于一条直线上时，我们并不知道它们的坐标。我们说房屋A与房屋B相邻时，我们并不能描述它们的形状。在一般的常识性问题中，使用拓扑性质多于使用欧几里性质。

这些不同的构造并不是彼此无关的。度量空间也是拓扑空间，欧几里空间也是矢量空间。因此可以说，欧几里空间具有其他空间的所有性质。

3.1.3　物理空间

从物理学的角度看，空间就是指宇宙在三个相互垂直的方向上所具有的广延性；从天文学的角度看，空间就是指时空连续体系的一部分。

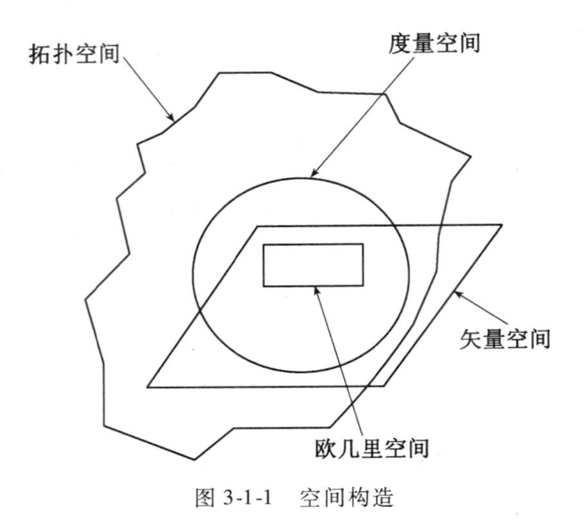

图3-1-1 空间构造

3.1.4 地理空间

在地理学中，地理空间(Geographic Space)是指物质、能量、信息的存在形式在形态、结构过程、功能关系上的分布方式和格局及其在时间上的延续。其参照基准是经过科学途径选定的参考椭球体(图3-1-2)。

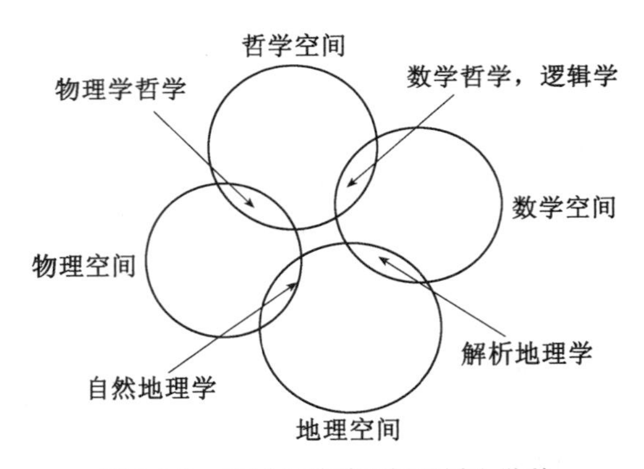

图3-1-2 不同的学科空间及派生学科

在自然科学中，通过度量单位的选定和参考系的建立，对空间和时间进行度量。

3.2 空间数据的概念和内容

3.2.1 空间数据的概念

空间数据是描述空间物体与现象的位置与形状的数据。与上述关于空间的基础概念相对应，在计算机数据处理中产生了两大类涉及位置与形状的数据：基于几何空间的广义空间数据与基于地理空间的狭义空间数据。

1. 广义空间数据

广义空间数据指的是一切具有坐标位置和形状特征的数据，如CAD、CAM、医学图像、超大规模集成电路(VLSI)芯片设计、工程图、地图、卫星影像等，都可以称为空间数据。它们共同的特征是借助图形坐标和图形部件之间的关系来表达图形的特征。

2. 狭义空间数据

狭义空间数据是指地理参考数据(Geo-referenced, Located Data)，它是以定点、定线或定面的方式与地球表面建立位置联系，表达地表、地下和地表上空的地理过程、现象及其相互关系的数据。显然，它是广义空间数据的子集。鉴于其数据的海量性、层次性、多尺度性、空间关系的复杂性和应用的广泛性等，它成为空间数据的典型代表，是当代GIS专题信息的载体、信息组织、信息检索和数据分析的地理基础与空间单元。

一些原来是非空间数据的统计数据、台站观测数据等，在进入空间数据库系统时，也要赋予描述它们的空间位置或地理坐标的属性，这样就把非空间数据纳入空间数据的扩展了的大概念之下，使其成为空间数据的一个有机组成部分。在这种情况下，空间数据成了地理数据的同义语。

地理数据的含义相当广泛，它包括：地理学著作、图片、地图图形、遥感图像和基于地理单元的统计数据等。而地图和基于地理单元的专题统计数据是构成当代GIS的主体部分，即从GIS与地图信息处理的角度出发，把基于地图与遥感图像的空间数据和基于地理单元的专题统计数据作为主要研究对象。

空间信息对于整个人类社会来说，是一种非常重要的信息，其根本原因在于地理环境是人们一切生活与社会实践的场所，因为有关人们的活动信息与人们生计有关的资源与环境信息都在不同程度上具有定位性质。据宏观统计，整个社会数据中约有85%与地理有关。

空间数据库(Spatial Database)是描述空间物体以及它们之间相互关系数据的集合。

由于空间概念的内涵的不同，相应地有广义的空间数据库与狭义的空间数据库。

基于地理参考数据的(狭义)空间数据库与区域的规划、管理与决策、国家基础设施以及数字城市、数字省区、数字国家和数字地球等相关联，因此，在大多数场合下，把这种(狭义)空间数据库看成是地理数据库的同义语。本书所述的数据均是针对地理参考的空间数据库或地理数据库而言的。

空间数据，特别是其图形部分，适用于表达所有呈二维和三维的关于区域现象的信息。地图信息是一种特殊的空间信息。地图信息中的几何信息部分又叫做图形信息，是用来表示地理物体的位置、形态、大小和分布特征的信息，同时还包括物体几何类型(点、线、面及其组合)标志。

3. 空间数据的基本单元

在GIS数据库中，被模型化了的现实世界元素有两个等价物：实体与目标。

(1)实体(Entity)

实体是指现实世界的元素，它是人们所感兴趣的现实世界的事物或现象，它不能再分割为同类事物或现象。例如，城市可看成是实体，它可被划分为若干组成部分，但这些组成部分不能再称为城市，它们可叫做城区、街坊等。实体是通过其若干个性质来描述的。

(2)目标(Object)

目标是指数据库中所表示的元素，它是实体的全部或其一部分的数字表示。例如，一座城市随着比例尺的变化，可表示为面状物体(街区)的集合、单个面状物体(轮廓图形)、点状符号(小圆圈)等。目标是通过其若干属性(Attribute)来描述的。属性是被定义了的实体的特征(Characteristic)。

在GIS中，空间物体是通过数字化来定义的。就其几何特征来说，通常它们表现为弧段(Arc)、点(Point)和多边形(Polygon)。为了改善数据的管理，需要建立它们之间的拓扑关系。

此处描述的是简单空间对象，它们是数字空间处理所必需的，并可构成更复杂的认识现实世界的更高级的对象。

3.2.2　空间数据的内容

空间数据是反映地表、地下与地上一定厚度范围内的地理过程、现象及其相互关系的数据。从专题功能方面看，主要有图形数据(普通地图、专题地图等)、图像数据(航空遥感、卫星遥感数据等)、地理统计数据(人口调查、工业与农业统计等)以及环境监测数据等。它是当代地理信息系统的核心。

在过去，常规地图是表达地球科学研究成果的最基本的工具，地图被称为“地理学的第二语言”。在计算机广为应用的今天，地理信息系统从内容范畴上看，就是数字地图、遥感图像、相关地理文献、地理统计观测和科研成果等内容的集成。所谓集成，意味着并非简单的相加，而是指在统一管理的前提下，建立各有关部分之间的联系，使各有关部分可以互相参照，成为系统的一个有机组成部分。GIS中的地理数据由以下四个主要部分构成：

1. 地理基础数据

地图数据构成GIS的地理基础(背景)信息，它包括水网、交通、居民地、行政区划和流域界线网等，其直接作用是为专题覆盖层提供定位与控制的基础。尤其是对于网格形式的专题内容来说，更需要借助地理背景来定位，以提高专题内容的使用效能。因为在地理基础中同时也包含空间物体之间的拓扑关系(邻接、关联、包含、连通等)，这就进一步增强了GIS的数据检索功能以及与之衔接的数据分析功能。

虽然，在统一管理下的以数字形式表示的地理环境与专题内容信息是分离存储的，但它们却是空间相关的，因而可以以地理基础内容为参照，来检索与分析评价有关的专题内容，如确定沿河流的人口分布等。因为很多专题内容，尤其是与社会经济有关的专题内容，其分布特征与地理环境有着明显的联系。因此，地理基础数据除提供本身信息以外，更重要的是进一步作为新的数据相关分析与处理的依托。

由上述分析可见，对GIS来说，图形信息是基础，是骨架，是关联纽带，是各个地理单元中的社会、经济或其他专题数据的载体与信息检索单元，同时也是数据分析的主要逻辑依托。

2. 数字地形模型(DTM)信息

数字地形模型信息主要来自地形图和航空遥感信息，如DEM以及由此导出的其他地形因子(坡元、坡度、坡向、地表切割程度等)。数字地形模型是除了等高线以外的另一种地貌特征表达手段。鉴于其栅格矩阵结构,数字地形模型成为叠置(覆盖)分析的重要专题层。

由于很多自然或社会经济要素的分布与配置与地形特征有着显著的关联关系,DTM可以看成是一种特殊的地理基础信息。

3. 资源与环境信息

资源与环境信息主要来自航空和航天遥感数据,并多以专题地图的形式与地理信息系统连接。也有来自科学研究的分析结果,包括土地利用现状、土壤侵蚀、地貌类型、植被类型、森林分布、草场分布、土地资源等。

资源与环境信息是重要的专题(属性)信息,是对空间地理单元的专题内容所作的更广泛、更深刻的描述,是信息系统的主体数据。它与地理基础数据一起,从质量方面来表达区域特征。

4. 社会经济数据

社会经济数据主要来自政府统计部门、遥感工程调查结果和科学研究结论,如人口、人口密度、国民收入、文化程度、土地占有量、农业机械化程度等。

此外,在GIS中还包含其他类型的地图数据,如地理调查及其相关数据。除了图形数据(几何数据、定位数据)和属性数据(专题数据、非定位数据)之外,还有反映其时间维的时间信息。

3.3 空间数据的主要表达形式

3.3.1 基于矢量的图形信息

图形坐标信息是用来描述地理实体的位置和轮廓形状的信息。对于二维要素,通过有序平面坐标对 (x, y) 来表达;对于三维要素,通过有序立体坐标元组 (x, y, z) 来表达;对于四维动态时序数据,则通过兼顾时间坐标的四元组 (x, y, z, t) 来表达,或用时态数据文件来记录。

矢量数据的主要特征是数据记录与地理对象一一对应,是面向地理目标的。如一个点状物体、一个线状物体或面状物体等,都是以显式独立表示的(均有其唯一的数据库关键字或标识码),因而可以直接处理(获取、存储、编辑、检索等)。

3.3.2 基于表格的统计信息

这是用来存储关于空间目标的统计性专题信息。近几年来,较新的关系数据库系统也将其功能进行了扩展,使基于表格的关系数据库系统也能存储与处理图形数据。这类数据也是面向地理单元的。

3.3.3 基于图像(栅格)的遥感信息

遥感是现代化的获取自然资源与基础设施信息的手段,其主要优点在于其无可比拟的现势性与信息的翔实性,因而也是相关信息的最好更新手段。这种数据的结构特征不是面向目标，而是面向位置或面向空间的。

3.3.4 基于网格(观测站)的环境监测信息

这种网格不一定是矩阵状，网格(观测站)的布局取决于地理区域的形状。每一个网格(观测站)是一个独立的目标，有其位置信息与独有的专题(观测)信息。

3.3.5 基于网格或栅格的 DEM(DTM)信息

按其数据获取与处理的特点划分，DEM 应属于网格型数据，即它也不一定呈矩阵状，而是根据有关区域的形状来确定其数据获取范围。

3.3.6 空间数据的几何分类

根据空间信息的几何特点，空间数据可进一步分为点状目标信息、线状目标信息、面状目标信息和混合性目标信息四种类型。

1. 点状目标信息

点状目标信息是指在二维或三维空间中表示任意分布的点状物体的空间位置，它没有物理的或实际的空间尺寸。属于点状目标信息的有控制点、山隘、小比例尺地图上以点表示的居民地和其他点状物体等。

2. 线状目标信息

线状目标信息是用一串空间坐标表示的呈线状分布的物体或现象的位置与形状。表示的对象可以是单个的线状物体，也可以是多个线状物体所组成的网结构，如河系、交通网等。此外，一批线状要素也可能形成网络，如交通网，但这里的网眼多边形并不构成实际地理单元，通常没有数据处理上的实际意义。

3. 面状目标信息

面状目标信息即多边形信息，它用轮廓线坐标串来表示地理物体或地理单元的边界位置与形状，如行政区划单元、土地利用单元等。

4. 混合性目标信息

混合性目标信息用上述三种类型的信息来表示由点状、线状与面状物体组成的更为复杂的地理物体或地理单元。

3.3.7 空间数据的四种主要数据文件形式

在 GIS 环境下，空间数据主要以四种形式进行采集与管理：数字线划数据、影像数据、数字高程模型和地理单元的属性数据。

1. 数字线划数据

数字线划数据是将空间物体直接抽象为点、线、面的实体，再用坐标描述其位置和形状的数据。这种描述也非常适用于计算机表达，即用抽象的坐标串表达地理空间实体。数字线划数据的海量性及其重要性使它成为 GIS 的重要组成部分。

线划(图形)数据表达区域地理特征、承载专题信息、查询处理地理数据的始发参照与处理结果的空间归宿(分布与定位)。

2. 影像数据

影像数据包括遥感影像和航空影像。影像数据在现代 GIS 中起着越来越重要的作用。其主要原因是数据源丰富，特别是它直观而又详细地记录了地表的自然现象，同时从中可以进一步提取多种隐含信息，如自动提取数字线划数据等。

3. 数字高程模型

广义地讲，凡能以数字形式表示地表高程信息的方法和数据，都可认为是数字高程模型，如离散高程点集、等高线、平行断面高程记录、栅格矩阵等(Hake 1982)。表示地貌的等高线虽然也是 GIS 的基础地理数据，但由于它过于不规则，不便于作进一步的处理。而由等高线所派生出来的呈栅格矩阵状的数字高程模型(DEM)，由于其具有规则的矩阵结构，便于形成多种派生信息，如从中生成 DTM 的诸因子(坡度图和坡向图等)。也正是由于这个原因，它与其他呈栅格矩阵状的专题层数据作叠置分析就极为简单易行。

4. 地理单元的属性数据

拥有地理单元的属性数据是 GIS 区别于自动地图制图系统的重要特征。之所以把属性数据也划归空间数据，是因为这种属性数据的采集总是以某种地理单元为单位进行的。正因为在 GIS 中，除了存储了图形数据以外，还存储了属性数据，才使 GIS 具有强大的分析功能。

3.3.8 空间数据的主要应用

空间信息对于整个人类社会来说，是一种非常重要的信息，其根本原因在于地理环境是人们一切生活与社会实践的场所，因此有关人们的活动信息或与人们生计有关的资源信息都在不同程度上具有定位性质。我们可以从以下四个方面来说明空间信息的主要作用：

①空间定位：能确定在什么地方存在着什么事物或发生什么事情。

②空间度量：能计算诸如物体的高度、面积、物体之间的距离和相对方位等。

③空间结构：利用空间数据库能获得物体之间的相互关系。对于空间信息处理来说，物体本身的信息固然重要，而物体之间的关系信息(如分布关系、拓扑关系等)却是空间信息处理中所特别关心的，因为它涉及全局性问题的解决。

④空间聚合与分析：数据库中的空间信息与各种专题信息相结合，实现多介质的图、数和文字信息的集成分析与处理，为应用部门、区域规划和决策部门提供综合性的依据。

3.4 空间数据的计算机表示

在地图数据库或 GIS 的空间数据库中，空间数据或图形信息可用多种数字形式来表示。其中，矢量形式与栅格形式对地图信息处理来说是最为重要的。这两种数据表示形式可以互相转换，故称为是两种互相兼容的数据格式。

3.4.1 矢量方法

在矢量表示中，物体的轮廓是通过一系列带有 X、Y 坐标的支撑点来定义，且能通过相邻两支撑点的连线予以再现。矢量表示法是一种基于地理实体或其一部分的表示法。总体上说，它是面向地理实体的。此外，在矢量表示法中，坐标串是有序的，它在形式上体现为真正的矢量(具有方向性)，因此，在某种约定下，可以表示极为复杂的空间现象(如多边形的多层嵌套等)。

在矢量信息表达中，单个地理实体是基本逻辑信息单位。根据在信息模型中所反映的实体间联系的程度，可有两种基本实施方案：无结构的面条模型和反映实体间空间关系的拓扑模型。

1. 面条模型

在面条模型中，仅仅把实体的空间信息定义成坐标串，不存储任何空间关系。因此，这种模型仅适用于简单的图形再现，不能用于空间分析，对共位物体还会产生信息冗余，从而难以保持有关信息的一致性。从这个意义上讲，这种模型只能用于彼此分离(不共位)的图形或作为空间信息输入的预备结构。

在二维空间的一般地图中所表示的各个图形元素以及它们之间的相互关系是一目了然的，而把这些图形信息存入一维结构的计算机存储器中，上述物体之间的关系若不及时处理就会丢失。因此，信息构模的任务就在于：在表示各个物体本身固有信息和性质上联系的同时，还要查明与表示物体之间空间上的各种联系，主要是拓扑关系。

2. 拓扑模型

拓扑模型在空间信息建模中得到了广泛的承认，不少著名的信息模型都是围绕着这个概念建立起来的。因为拓扑模型不仅能保证共位物体的无冗余存储，还可利用结构法则检核物体间的空间关系异常。

在这类模型中，基本信息元素是基于一个空间单元的。实体信息是按照这种空间单元进行采集的。

多边形系统借助任意形状的弧段集合来精确表达地理单元的自然轮廓。它是表达面状物体要素的重要手段。多边形系统不是规则网格系统，各个面域单元之间的关系不是系统所固有的，而是需要专门地建立，多边形的拓扑关系体现在其网结构元素(结点、弧段与面域)之间的邻接、关联、包含、连通等关系。

由于矢量数据表示法是面向实体的，而拓扑关系正是表达实体或对象之间的关系的，故实体间的拓扑关系是通过矢量数据来表达的。

3.4.2　栅格方法

栅格表示方法是以栅格的中心点处的一个值来代表整个栅格区域的值，是典型的“以点代面”。栅格尺寸可大可小，以满足需求为准。

栅格数据结构实际就是像元阵列，每个像元由行列号确定它的位置，且具有表示实体属性的类型或值的编码值。

独立点物体(如在较小比例尺地图中的房屋)借助于在其中心点处的单独像元来表示；面状物体(如森林)借助于为其所覆盖的像元的集合来表示；线状物体借助于其中心轴线上的像元来表示。这种中心轴线是恰为一个像元组，即恰有一条途径可以从轴线上的一个像元到达相邻的另一个像元。随着沿轴线由一个像元向另一个像元的前进许可哪些运动方向(4个方向或8个方向)的不同，分为单个像元的4向邻域或8向邻域。因此，对于同一线条可得出不同的中心轴线。

至于以栅格形式存储的制图物体的类型，可用一个正整数(灰度值)来表示，它是由人们赋予像元的，如灰度值1代表河流、8代表森林等。在两个物体(如一条公路和一条河流）相交的地方，出现一种特殊情况，即这里必须赋予一个灰度值，它以可逆的单值方式由两个基本的灰度值的组合而产生，这可简单地按下述方式进行：对于第 K 级赋以灰度值 $G_K = 2^K$（即一个确定的比特平面），使得在两个灰度值为 G_m 和 G_n 的物体相交处的像元组合灰度值归从于 $G_m + G_n$。

在栅格数据中，地理实体是用栅格单元作为位置标识符予以量化和存储的，这就意味着隐含毗邻关系，这有助于栅格数据的分析与处理。除边缘部分的栅格单元以外，所有“内”栅格单元（i，j）都有两个水平的和垂直的（直接的）邻接单元，它们与中心栅格单元有共边关系，如（i，$j-1$），（i，$j+1$）和（$i-1$，j），（$i+1$，j）和四个对角（间接的）邻接单元，它们与中心栅格单元仅在角点上接触（图 3-4-1）。

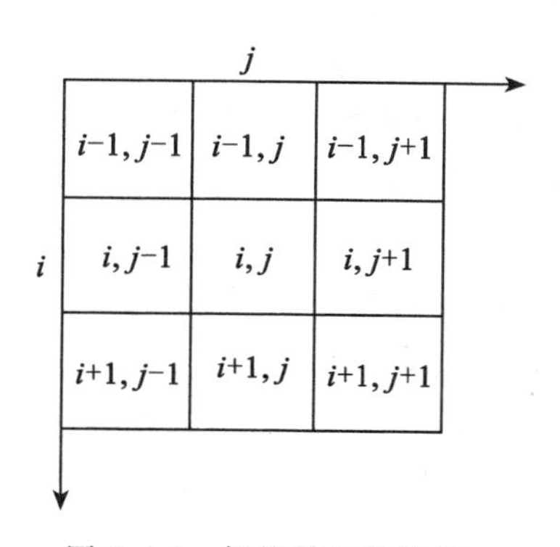

图 3-4-1　栅格单元的邻接

1. 栅格数据的组织与存储

栅格数据与当代先进的图像扫描设备、空间遥感手段相联系，是获取地球资源与环境信息的最有力的手段，有极为广泛的应用。它是名副其实的海量数据，拥有丰富的信息，是 GIS 的重要组成部分。在 GIS 中应予以科学合理的组织与存储。

栅格数据的存储可以逐行进行，也可以分块进行（图 3-4-2）。在此，逐行方式与扫描数据的生成相一致，而分块方式则适用于数据处理中的面状作业。

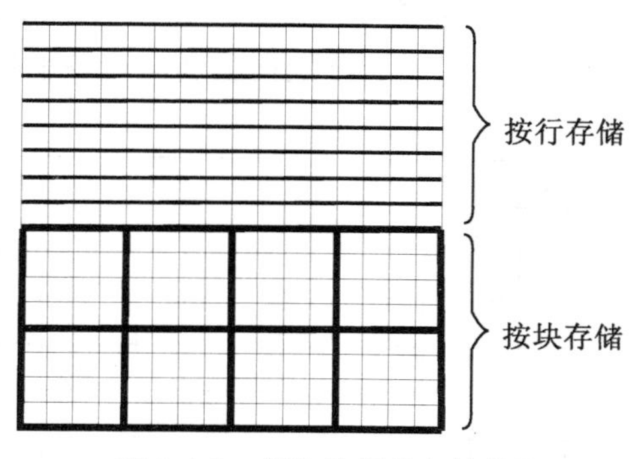

图 3-4-2　栅格数据的存储结构

（1）全栅格式存储

在用非压缩格式时，存放的是每个像元的灰度值。如果在此为一个像元规定 N 个比特，则其灰度值是处于0到 2^N-1 之间的范围。例如，为每个像元规定一个字节（如8比特），则灰度值在0到255之间存储；反之，若为每个像元只规定一个比特，则可能的灰度值仅为0和1（即一个物体类型），从而得到所谓二值栅格地图。

这种非压缩格式需要很多存储位置。如果以0.05mm的分辨率扫描幅面为 $50\times50\text{cm}^2$ 的一幅地图并为每一个像元规定一个字节，就需要1亿字节（100兆字节）的存储空间。这种存储方式将伴有大量的数据冗余，在计算机中读取这样的数据量将耗时很长。因此，可使用各种压缩格式来减少数据冗余，加快存取速度。

（2）行程编码格式（Run Length Code）

这里只对在每一行中灰度值转变的列号后所跟的灰度值以及这种灰度值像元的数目予以存储。即此处不是存储每行中的全部像元，而是只存储灰度值变化的地方。

在一个良好的栅格数据库中，可迅速地选取扫描数据的子集，例如带有确定灰度值的所有像元，或在给定图块中的所有像元，或一种确定物体的全部像元。

（3）四叉树结构

四叉树结构是一种逐级分块的方法，即把研究空间或一幅专题地图用四分法（四个象限）进行递归分割，直到子象限的专题属性值单一为止。与全栅格存储法比较，四叉树结构为栅格数据的无冗余表示。四叉树结构具有可变的分辨率或多重分辨率的特点，适用于表示凝聚性或呈团块分布的空间数据，但不适用表示连续表面或线状物体。四叉树方法又叫二维行程编码法。

（4）骨架图方法

骨架图是从距离变换图中提取的具有局部最大灰度值的那些像元所组成的图像。在骨架图方法中，首先对地理实体的栅格图像进行骨架化。然后用上述某种压缩格式进行存储。必要时，地理实体的原始栅格图像可从骨架图中予以恢复。

2. 栅格数据的主要运算

（1）栅格数据的基本运算

数字图像处理有多种多样的专业应用，它们涉及很多专用算法，这些算法均以初级基本运算为基础。此处仅对一些初级基本运算予以介绍。

①图像的平移：是一种极为简单而重要的运算，在此旧栅格图像按事先给定的方向平移一个确定的像元数目，如图3-4-3所示，分别向上和向右各平移一个像元。

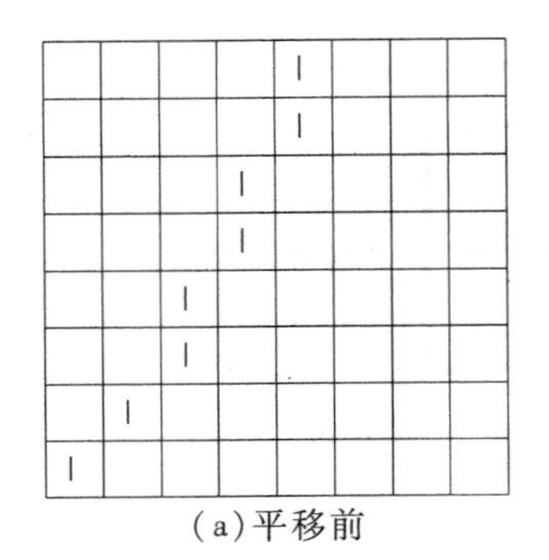

（a）平移前

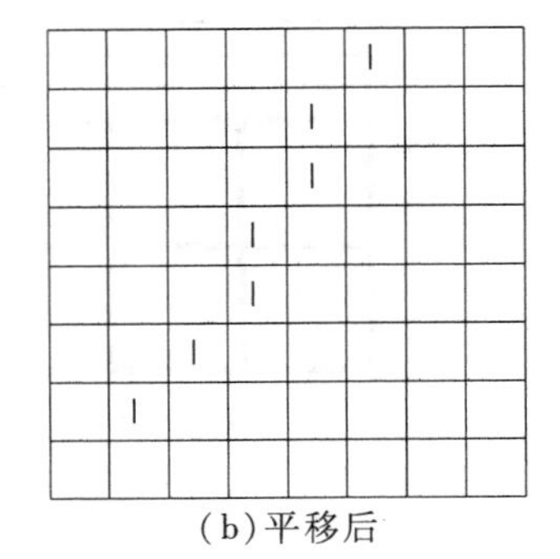

（b）平移后

图3-4-3　一个栅格图像的平移

②两个栅格图像的算术组合：使一个图像置于另一个图像之上，且相对应像元的灰度值可相加、相减、相乘等(图 3-4-4)。

③两个栅格图像的逻辑组合：如图 3-4-5 所示，可把两个图形的像元逻辑地(即按布尔代数法则)用逻辑算子或(OR)、异或(XOR)、与(AND)和非(NOT)进行组合。

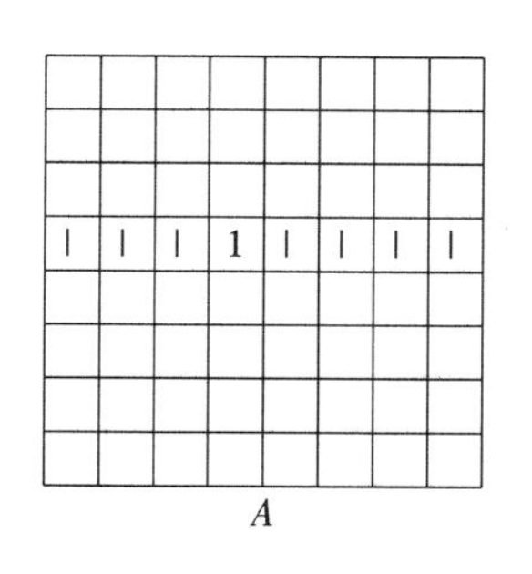

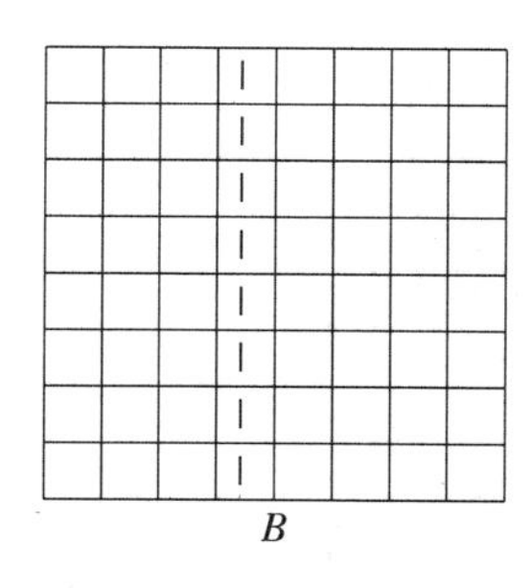

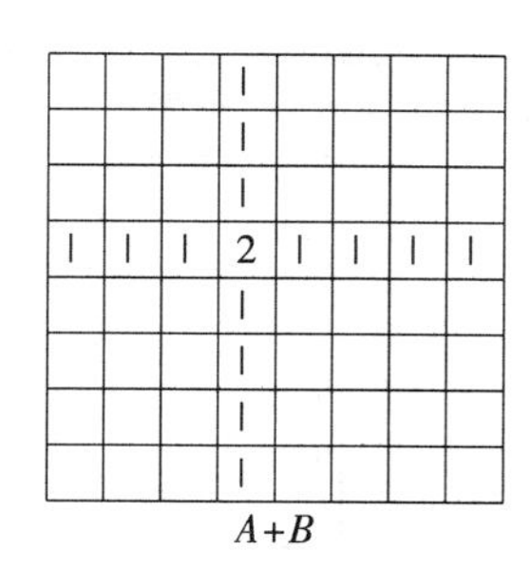

图 3-4-4　两个图像的算术组合

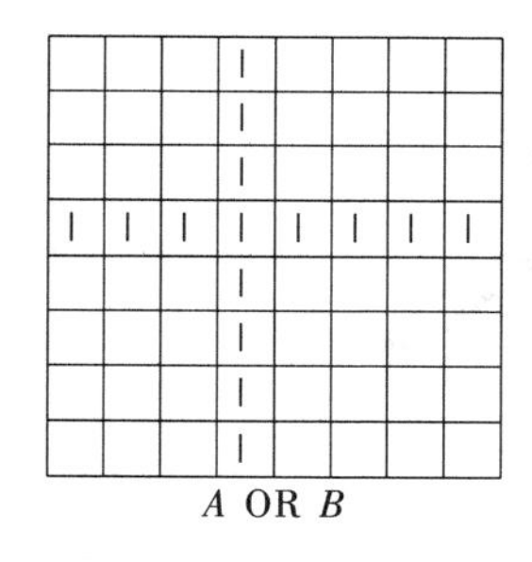

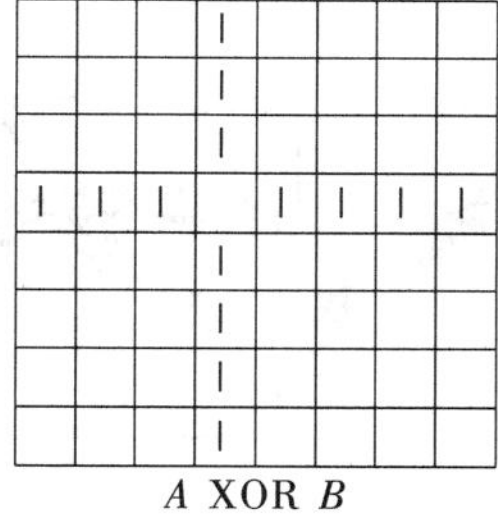

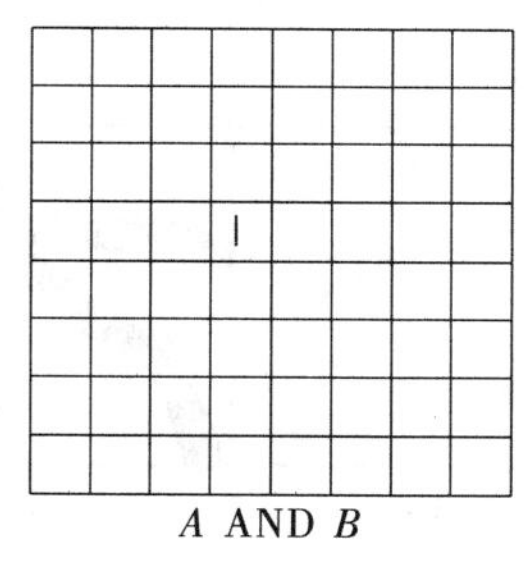

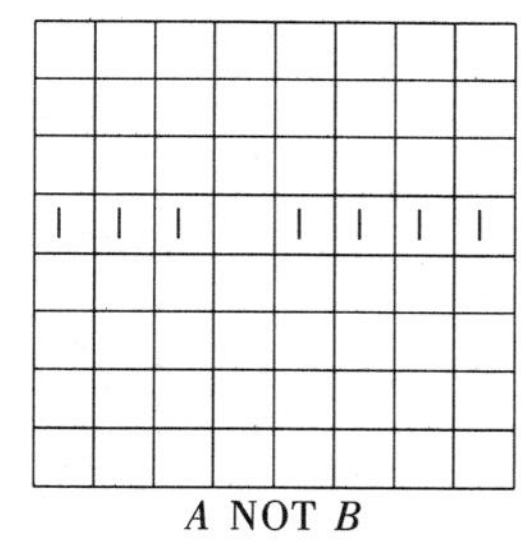

图 3-4-5　两个图像的逻辑运算

(2)栅格数据的宏运算

基本运算像预制件一样，由它们可以组合成更为复杂的数据处理过程，称为宏运算。显然，它对 GIS 数据处理具有更为显著的应用。

①加粗与减细。在这种运算中，所有物体将事先按给定的像元数目加粗或减细。图 3-4-6表示一条线加粗一个像元的原理过程。可以看出，为了构成这种宏运算，多次应用到图像的平移和两个栅格图像的逻辑组合。因为只是按四个主方向进行了平移，此处便称为用四邻域加粗。当然，也可以设想一种八邻域加粗。在减细时代替 1 像元来加粗 0 像元，用标准的边缘检测法啃掉线条的两侧，直到仅剩一个像元为止。

图 3-4-7 表示加粗算法的一种制图应用。如果公路用轴线给出(图(a))，则可通过两次加粗(图(b))来制作由三条线构成的公路符号图形(图(c))。具体做法为：先对轴线(图(a))作两次加粗，第 1 次加粗至公路符号的内宽，第 2 次加粗至公路符号的外宽，然后对两种加粗的结果进行异或(XOR)运算，形成空心双线图形，最后用或(OR)运算把图(a)所示的轴线叠加到空心双线图上，形成图(c)所示的由三条线构成的公路符号图形(Weber　1982a)。

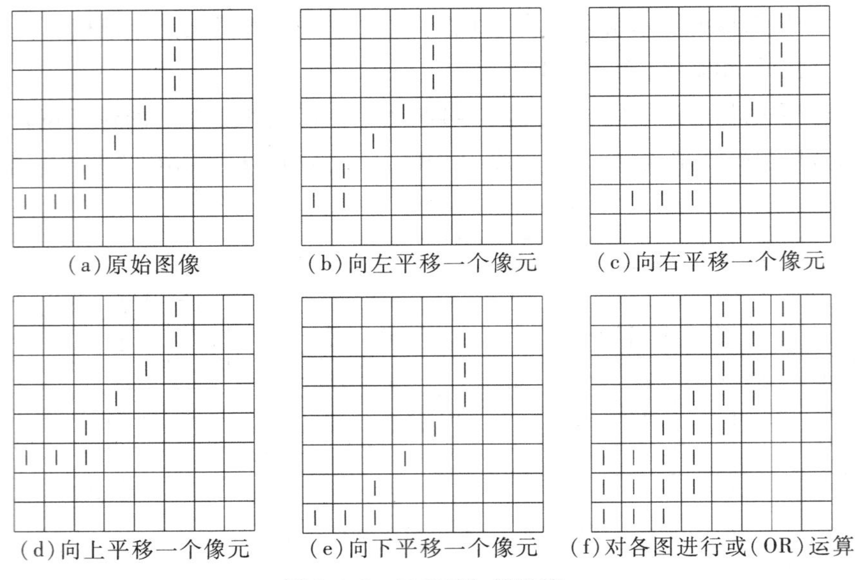

图 3-4-6　四邻域加粗运算

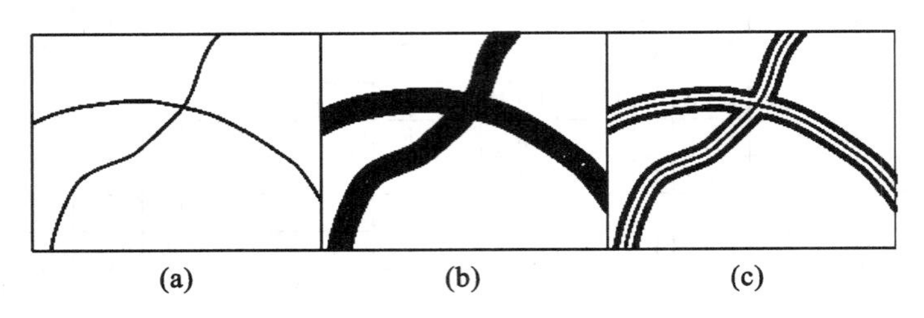

图 3-4-7　加粗运算的应用举例

②填充(蔓延)。让一单个像元在给定的各个面域内，通过加粗而进行繁殖，以充满全部面域，这种方法叫填充的"种子"法，如图 3-4-8 所示。当面域中含有过于窄狭的部分，形成堵塞，而使这种方法难以蔓延到面域的所有部分时，可采用另一种方法——面域晕线法，即先形成矢量多边形，然后按行距把整个面域用看不见的数学晕线填满，最后把每一个晕线线段用列距截成各个像元。这个方法的优点在于它不受图形细颈部分的堵塞影响。

③距离变换图和骨架图。栅格地图的距离变换图是一个栅格图像，其中每个像元的灰度值等于它到栅格地图上邻近物体的最近距离。

图 3-4-9 表示一种用于计算距离变换图的算法(也称为草地火法)，在此反复使用减细和两个栅格图像叠加的基本运算。其终止条件可以是：若再对原始图像进行减细，则将减为全零矩阵。那些在距离变换图(图 3-4-9(g))中所包含的数值度量着到邻近物体边缘的距离，此处，距离的度量用的是四方向的距离，即用城市街区度量(City-block-metric)。图 3-4-9 也表示出原始图像的骨架图，它就是距离变换图中具有相对最大值的那些像元。这个骨架图在最后的分图中用比其灰度值小 1 的次数予以加粗恢复。可以看出，此结果几乎与原始图形完全一致，于是可以断定，这种骨架图是原始图像的简记。

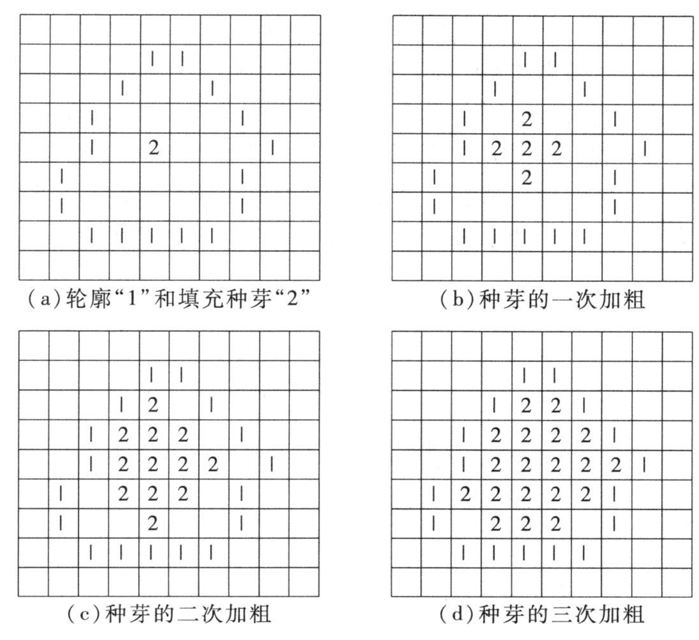

(a)轮廓"1"和填充种芽"2"　(b)种芽的一次加粗

(c)种芽的二次加粗　(d)种芽的三次加粗

图 3-4-8　填充的"种子"法

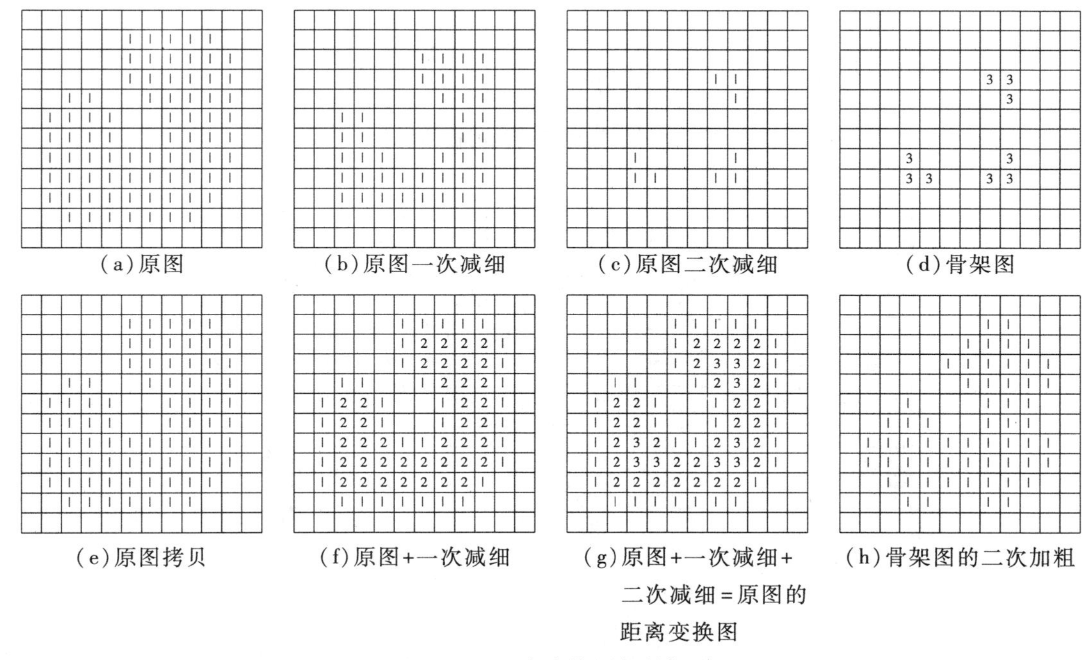

(a)原图　(b)原图一次减细　(c)原图二次减细　(d)骨架图

(e)原图拷贝　(f)原图+一次减细　(g)原图+一次减细+二次减细=原图的距离变换图　(h)骨架图的二次加粗

图 3-4-9　距离变换图与骨架图

距离变换图和骨架图在图形数据处理中可以获得多方面的应用，也就是说凡是要考虑相邻的地理物体的距离时都可使用，如在综合中，相邻的物体由于间距太小，是否应将它们合并？何处具有配置符号的自由空间？当符号没有足够的配置空间时，需要向什么方向移位？以及以离散点集为核心的 Voronoi 图的生成；由等高线直接生成坡度图等问题。

用等高线的栅格图像信息制作地形坡度图的基本原理为：在每一点处的地形坡度可直接由那里所存在的相邻的等高线距离而产生。其算法可通过图 3-4-10 ~ 图 3-4-13 来解释。图 3-4-10 是等距等高线的栅格图像，图 3-4-11 表示的是图 3-4-10 的距离变换图，图 3-4-12 表示的是位于等高线之间的中心点处的骨架图。骨架图的灰度值度量着等高线间的距离，从而也度量着每一处的地形坡度，这时骨架的像元将按灰度值进行加粗，即直至加粗的结果碰到等高线为止。这种结果就是图 3-4-13 中的地形坡度分级图(Weber 1982b)。

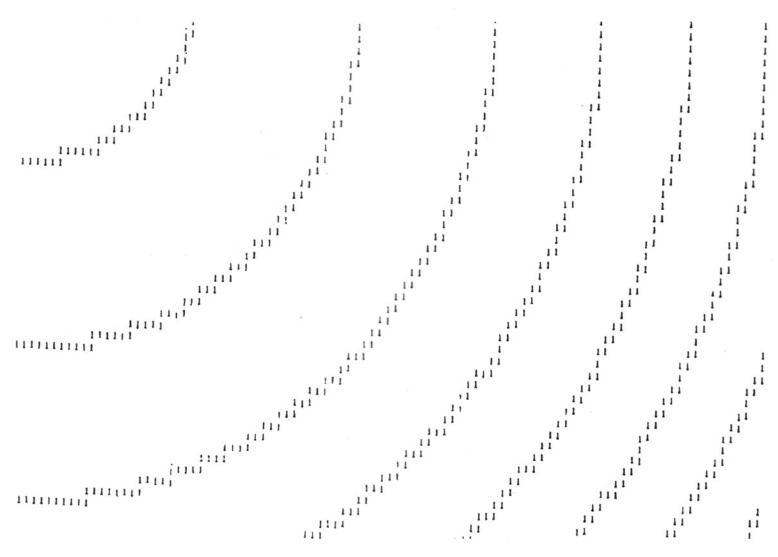

图 3-4-10 等距等高线的栅格图像

```
3333456787746554433211 1234567899807665433 21 1234567898765543 21 1234566654321 12345654321 123454321 1
44444567776655443322 1 123456789897765543221 12345678776544321 1234566554321 12345554321 123454321 1
5555556766655443322 11 112345678987766544321 1 12345678766543321 1234566544321 12345544321 123454321 1
66666666655544332211 12234567887665543321 123456777655432 21 1234566543321 12345543321 123454321 1
7777666555444332211 112334567897765544322 1 1123456776654432 11 123456554322 1 12345543221 123444321 1
66666555444333221 1 11223445678776654433211 12234567765543321 1234565443211 12345543211 12344332 1 1
5555554443333222211 1122334556777665543322 1 1233456766544322 1 11234565433 21 1234544321 123443221 1
5444444333322211 1 112233445667766554432211 1123445676554332 11 122345554322 1 112345433 21 1123443211 1
4433333322 2111 112233445567766554433211 12234556665443221 1233455443211 1223444322 1 12234432 1 1
333222222111 111223344556676655443322 1 1123345666554332 11 112344554332 1 12334433211 1233433 2 1 11
2222111111 1112233445566766554433 2211 11223445665544322 1 122345544322 1 112344432 21 12344322 1 12
11111 11122233445566766554433 2211 12233455665443321 1 1123345543321 1 122344432 11 112343321 1 12
111111223334445566666554433 2211 1123344566554433221 12234454432 21 123344332 1 12234322 1 12
111111222222333444556666655443322 11 112234455635544322 11 11233455433 211 1123444322 1 1123343211 112
22222223333333444555666655544433 2211 1122334556554433211 12234454432 21 1223443321 1 122343321 122
33333333344444455556666655544333 2211 1122334456554433221 112334544332 11 11233443221 123343221 1123
44444444445555556666665554443327 2 11 112233445555443322 11 11223445433221 1223443321 1 112343321 1 1223
5555555555556666666655544433322111 1122334455554433 2211 12233454432211 1123344322 1 12234322 1 1233
6666666666667666655544433322211 1122334455554433 2211 11233444443321 1 12234433211 1123333211 11234
777777777666666555444333222111 1112233445555443322 11 1122344443322 1 1123343322 1 122343221 12234
77776666665555544444333222111 11222334455554433 2211 112233444332 211 11223443 2211 112333321 1 112334
66666555555444443333322 2111 1112233344555544332211 11223344433221 1 1223343321 1 12233322 1 122344
555555444444333333222 111 11122233444555544332211 11223344433221 1 112334332 21 112333221 1 1123344
44444443333332222111 1 111222333444555544433221 1 1122334444332 11 11223433 2211 1122333211 1223333
3333333322222211111 1112223334445555444333 2711 112233444433211 112233432211 12233322 1 11233222
22222222211111 11112223334445555544433 22211 11223344433322 1 11223343 3211 11233322 11 11223321 1
1111111111 111112223334445555444433322111 112233444433222 11 11223343322 1 112233321 1 1223322 1
111111222233333444555544443333 2211 112233444433 27111 1223343322 11 1122333221 11233221 1
11111111111122222333334444455555444333222111 11122334444332 211 11233433 2 11 1223332211 1122332 1 1
22222222222223333333444444555554443332221 11 11122334443322 11 1112234332211 1123332211 1223322 1 1
33333333333333444444455555554443332221 11 111223334443332211 11222333322 11 112233221 1 11233221 1 11
444444444444444555555555444433332 27111 1112233344433 2211 1122333332211 1122332211 11223221 1 12
555555555555555555555444433333222 111 1112223334433322111 112233433221 1 1122333211 11223321 1 112
6666666666666555554444433332222111 1112223334443332211 11223333332211 11223332 21 112233221 1122
6666655555555544444333332222 1111 1112233334443332 2111 111223333322 11 1123333221 1 1122332 211 11223
5555554444444433333222221111 1112223334443332 2211 1122333332 2111 11233322 11 12233221 1 12233
44444443333333332222 21 1111 111122233334444332 22111 111223333332 211 11223322 211 11233221 1 112333
33333333222222222 11111 1111222333344443332 2111 11222333333 2 11 1112233 22111 1122322 11 1122222
2222222221111111 11111222333333444433332 2211 111223333332 2211 11222332 211 11223221 1 1122211
111111111 1111122222333344444333222 2111 1112233333322111 1122333 2211 1117232211 1122321 1
111111112222223333334444433332 22111 1 1122233333222 11 112233322 11 112232211 1122322 1
1111111111112222222233333444444333322211 1 11122333332221 11 111223322211 11223322 11 11223221 1 1
22222222222222333333333444444433332222111 1111222333332 2111 112223322111 1122332211 1122322 11 1
```

图 3-4-11 图 3-4-10 的距离变换图

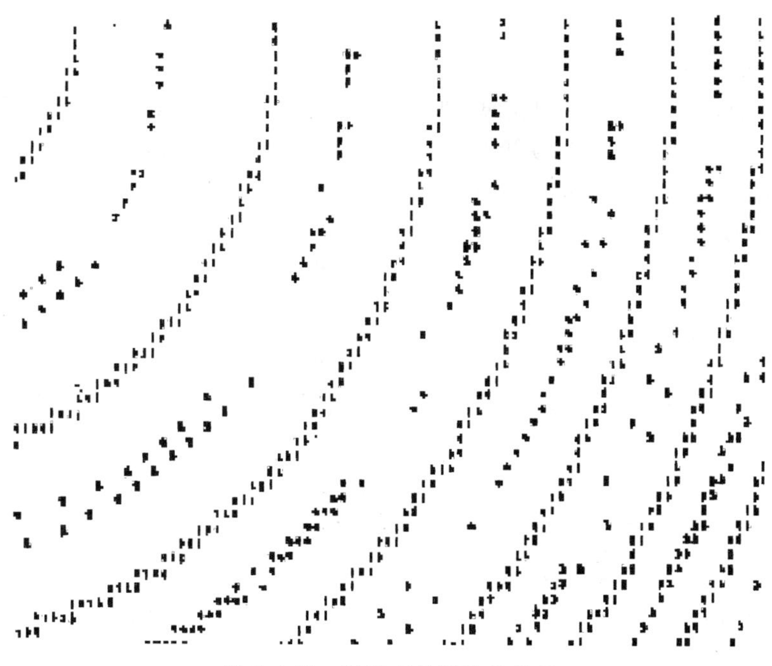

图 3-4-12　距离变换图的骨架图

图 3-4-13　等高线及地形坡度分级图

④滤波。前述三种栅格图形算法可为地图信息综合提供关于地形的一些派生性信息，这种空间知识对地形综合显然是非常重要的。而此处所述的栅格图形滤波，则是用来直接对栅格图像进行综合的。

滤波是对以周期振动为特征的一种现象在一定频率范围的减弱或抑制。它首先是由通信技术，特别是由声学而为人所知，所指的是随时间变化的电波或机械的振动。在图形范围里振动，是指随着图像位置的不同而相应地改变着图像亮度(即数字灰度值)。与此相应，可以从通信技术中把早已为人共知的滤波公式简单地转用于数字图像处理。在这些公式中，用栅格图像元的位置坐标(即行列号数)代替时间坐标和用灰度值幅度代替电压幅度或声学音强幅度。有两种滤波算法：褶积和傅里叶变换。这两种算法在数学上是同等重要的。

在褶积中，每一个像元的旧灰度值 $G_{x,y}$ 被其邻域 U 中灰度值 $G_{k,l}$ 的加权平均值所代替。该邻域的大小为 n 个像元沿 x 方向和 n 个像元沿 y 方向(n 为奇数)。该邻域的每一个像元被赋予一个权数 $W_{i,j}$，即

$$U=\begin{bmatrix} W_{11} & \cdots & W_{n1} \\ \vdots & & \vdots \\ W_{1n} & \cdots & W_{nn} \end{bmatrix} \tag{3-4-1}$$

该邻域的每一像元灰度值乘以其权数 W，然后将乘得的灰度值予以平均(对于除图边以外的所有 x，y)：

$$G'_{x,y}=\frac{1}{\sum_{i=1}^{n}\sum_{j=1}^{n}W_{i,j}}\cdot\sum_{k=\frac{-n}{2}}^{\frac{n}{2}}\sum_{l=\frac{-n}{2}}^{\frac{n}{2}}G_{x+k,y+l}\cdot W_{k+\frac{n}{2}+1,l+\frac{n}{2}+1} \tag{3-4-2}$$

对于邻域权数矩阵为

$$U=\begin{bmatrix} 0 & 1 & 0 \\ 1 & 1 & 1 \\ 0 & 1 & 0 \end{bmatrix} \tag{3-4-3}$$

的特殊情况，褶积可通过图 3-4-14 中所解释的矢量化算法来实施(在此省去用权数和来除各个分量)。

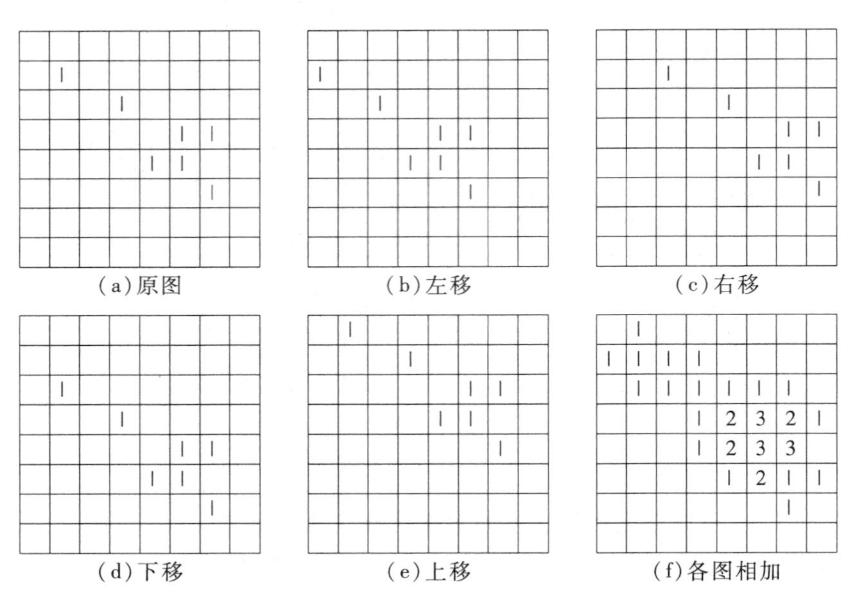

图 3-4-14 低通滤波式褶积

此处，所谓矢量化，指的是运算过程可以被分解成前述的栅格数据的基本运算，以便

在矢量处理机(即数组处理机)上快速实现。其结果与用上述的褶积公式的计算结果是等价的。因为在 U 中权数值为正，所以此处发生低通滤波。在低通滤波中，栅格图像的灰度值分布的高频率部分被滤掉，即由黑到白快速变化。这可从图 3-4-14(f)中看出，图 3-4-14(a)原始图上的明显边棱被渐变的灰度值所代替。

对于权数矩阵为

$$U=\begin{bmatrix}0 & -1 & 0\\ -1 & 4 & -1\\ 0 & -1 & 0\end{bmatrix} \tag{3-4-4}$$

的特殊情况，褶积可通过图 3-4-15 中所解释的矢量化算法来快速实现。此处所进行的是一种高通滤波，因为 U 包含负权数。在高通滤波中，栅格图像的灰度分布的低频率部分，即大块面积带有相同灰度值，被滤掉。与此相应，在图 3-4-15(f)中只有原始图中相联系物体的边缘被保留。

低通滤波主要用于消除或合并大量出现的图形细节，而高通滤波则主要用于边缘的提取和区域范围、面积的确定(Weber　1982b)。

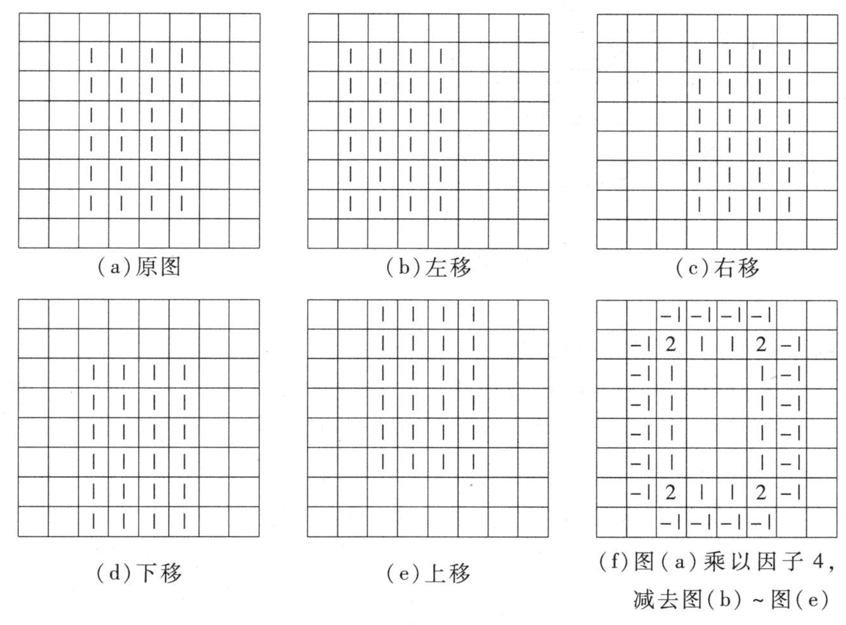

图 3-4-15　高通滤波式褶积

3. 栅格数据处理在地性线自动查找中的应用

利用栅格数据的骨架线或中轴线查找法，可以得出部分山脊线——山包轴线、部分汇水线或盆地轴线，即处理同一条等高线图形所形成的地形条带的中轴线。同样，对相邻同高等高线或同一等高线的中轴线进行处理，可得出鞍部结构，其特点是：鞍部的纵轴线为山脊线的凹下部分，横轴线为汇水线的源头部分。

可见，中轴线或骨架线(又称为形态描述子(Shape Descriptor))在地性线的查找中起着重要作用。中轴线的形成有矢量方法与栅格方法两种，但栅格方法具有明显的优越性。

4. 矢量数据与栅格数据的主要区别

在矢量方式中，一个地理实体的信息(如一条等高线)与其数据的逻辑组织(由若干物理记录构成的一个逻辑记录)是一致的；而在栅格方式中，是按水平扫描线或条带组织数据的，因而地理实体信息串与其数据的逻辑组织之间没有直接联系(图3-4-16)。

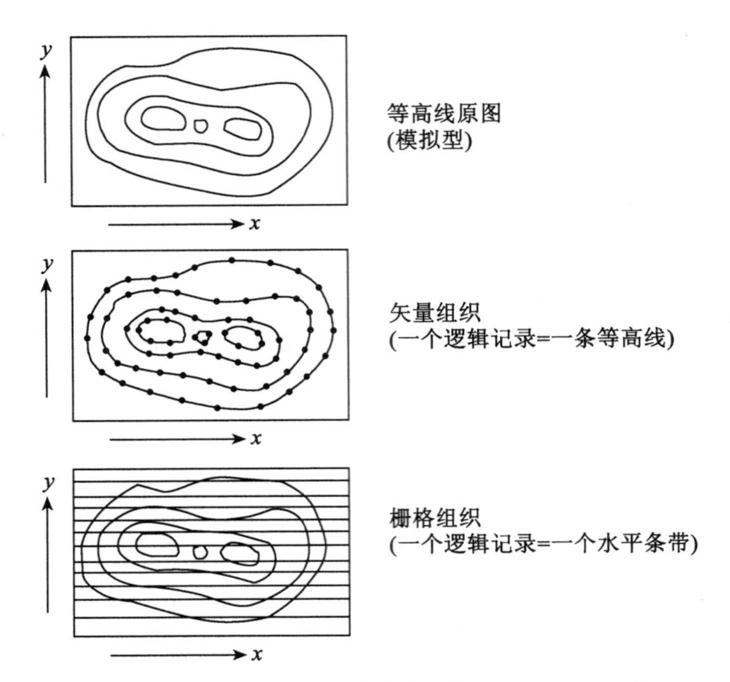

图3-4-16 两种数据组织方式的比较(Peuquet 1983)

栅格数据结构很适合于计算机处理，因为行列像元阵列非常容易存储、维护和显示。栅格数据是二维表面上地理数据的离散量化值，这就意味着地表一定面积内(像元地面分辨率范围内)地理数据的近似性，如平均值、主成分值或按某种规则在像元内提取的值等。当像元大小相对于所表示的面积来说较大时，这对长度、面积等度量的量测有较大的影响。这种影响除与像元的取舍有关外，还与计算长度和面积的方法有关。栅格数据结构假设地理空间可以用平面笛卡儿空间来描述。但每个笛卡儿平面(即数组)中的像元只能具有一个属性数据，当同一像元要表示多种地理属性时，则需用多个笛卡儿平面，每个笛卡儿平面表示一种地理属性或同一属性的不同特征，这种平面称为层。

3.4.3 矢栅数据的一体化处理

因为空间数据的两种基本数据格式(矢量格式与栅格格式)的优缺点恰好互补，所以将二者集成起来可达到取二者之长、补二者之短的目的。

矢量图形属于CAD领域，可享用该领域的图形处理研究成果；而栅格数据涉及图像处理领域，这是一个极为广泛的信息处理领域，有着更为丰富的研究成果。这样，建立囊括这两大领域成果的混合信息处理系统是科学的、合理的，将会使GIS的信息处理能力大为增强。

1. 分立的两类图形数据

矢量数据与栅格数据在数据获取与数据存储上是各自独立的，当今的GIS中也是这样，如基于矢量的地形图数据、基于栅格的DEM数据和基于非矩阵网格的环境监测数据等。

这两种数据在数据结构上是显然不同的。矢量数据的主要特征是面向地理物体的，每一个地理物体有其以显式表达的图形数据，这是一种图形对象，与图论拓扑有直接的联系，并受到其强大的支撑。它可与相应的非图形数据(属性数据：专题数据、质量与数量数据、地理名称与其他描述信息等)作明确的连接。而栅格数据是面向位置或面向空间的，在数据获取上受到当代对地观测手段(人卫图像数据、航空遥感数据、摄影数据)以及图形扫描数字化数据等的强大支撑，是自然资源调查与环境监测的强有力的手段。在数据结构上，它的基本结构是扫描行，而这一行所表达的并不是某一个确切的地理物体，而是包含着落入这一条带中的相关物体所组成的像元，在这些像元之间不存在任何逻辑关系。这种结构上的本质性差异直接影响到数据的输出方式，即矢量线划绘图与点阵扫描绘图。

由上述分析看出，这两类不同的数据要求各自不同的处理方法。

2. 混合图形数据处理

混合图形数据处理意味着在一个图形系统中，可对一种由矢量和栅格数据组合而成的图形进行同步处理。

矢量数据和栅格数据共同显示在屏幕上只是暂时的，这两种数据会按目前各自采用的结构采集、存储和输出，处理时，它们相会在图形工作站上，矢量信息可以叠加在栅格数据上，反之亦然。由于现在可直接利用来自遥感数据(航片和卫片)的多种信息在图形屏上进行制图处理，因此，混合处理为制图开拓了全新可行的方法。

这种混合处理是以在公共参考系统基础上栅格数据和矢量数据的联系为前提的。

矢量数据与栅格数据之间的相互转换是进一步分析、利用、混合处理的基础，因为系统所有处理功能都是以所属数据类型为前提的，因此所有图像处理功能都建立在图像上相邻像元灰度差别的基础上。然而，CAD功能不是直接对图像屏上实际矢量图形的处理，而是对与图像有关的拓扑数据结构的处理。屏幕上图形随数据结构的变化而作相应改变。技术领域之间的跨越有多方面的意义，其目的在于充分利用各自领域的特殊功能达到一定的目的。

从矢量数据到栅格数据的转换问题早已得到解决，但反转换法，即从栅格数据到矢量数据的转换方法，则仍是图像处理领域的研究和发展的对象。

对于不同的应用，有一些为项目任务所特有的解决栅格与矢量间转换的方法，但仍然谈不上是实践上成熟的方法，特别是符号识别和逻辑结构化问题。

在混合图形系统中，矢量数据和栅格数据能被联合且合并在一起，因而可对二者进行统一的处理。具有表示面状优点的栅格数据与含有拓扑信息优点的矢量数据的重叠，使得数字地图的处理性能大为增强(Kainz　1985)。

空间信息系统应具有混合信息处理能力。因为在系统中经常会用到来自不同比例尺和不同类型的空间数据，即混合型的数据，要求将它们统一起来。因此，混合图形处理系统是空间信息系统中不可缺少的组成部分。

数据格式的不同实际上是数据类型不同的反映，如矢量格式的地形基础数据、栅格格式的遥感图像数据、网格格式的环境监测数据、关系表格式的专题统计数据等。从这个意义上讲，混合数据处理与图形和属性信息集成处理实际上是不可分割的。

3.5 从数据到信息

3.5.1 信息与数据

1. 信息

信息是现实世界的反映。客观事物可以用各种不同的形式体现出来，例如一个人的存在，户口登记和这个人所在单位的人事档案材料就是从不同的侧面反映这个人的信息，这些信息从姓名、性别、年龄、籍贯、政治面貌、社会关系等方面来描述一个人。再如图书馆中有数十万册书，关于每种书的存在就可以通过图书分类卡中的信息(分类号、作者、书名、出版年月等)来描述。又如当一个人的情况发生变化时，如职称的晋升、工资的提高、政治上的进步等，均应及时地对反映这个人的信息进行修改更新；当一个人调离本单位，有关这个人的信息尽管需要保留一段时间，但在信息中均应加上"注销"二字，以表明在本单位已不存在这个人了。因此，可以说，信息是客观事物的存在及其演变情况的反映。客观事物的存在是信息存在的基础，信息是客观事物的抽象描述。

信息是客观存在的，但同一信息对不同部门来说，会有完全不同的重要性，即不同部门有其不同的信息兴趣范畴。例如学生的学习情况对教育部门、学校和老师来说是重要信息，而对于商业系统和商店售货员来说则是无关紧要的。因此，可以这样来理解，信息是能为人们用作决策依据的、与一个具体的领域或部门的全盘计划或工作有关的消息、报导和知识。

一个部门或系统必须从现实世界错综复杂的信息海洋中，提取对本部门、本系统有用的或有关联的那些信息，并对它们进行整理归类、分析综合，使各种决策有可靠的科学依据，减少或避免失误，从而使各种活动都能取得预期的效益。

2. 数据

由于需要对信息进行传播、处理和使用，于是就要把信息记录下来，记录信息的手段或介质有很多，如绘画、音像和文字记述等。这些信息载体称为数据，它们是信息的具体表达形式。计算机中可用来承载信息的手段有数字、符号、文字、声音等。然而，只有这些表达手段的有意义的组合才能表达预想的信息内容。例如，一篇文章或一本书必然是字、词等按词法与句法规则的有意义的组合，而绝不是字、词及各种标点符号的胡乱堆砌。

对于计算机而言，数据是指可以输入到计算机，并能由计算机进行处理的一切对象(数字、文字、符号和声音等)。由于信息反映着客观事物的存在、数量与质量特征以及客观事物之间的相互联系，所以，作为"信息的表达"的数据，不只是表示数量概念的数值数据，而且还包括描述事物质量方面和相互关系方面的非数值数据。

可见，信息与数据这两个概念之间有着十分密切的联系：信息是数据的内容，数据是信息的表达。在很多情况下，对信息和数据可不作严格区分，在不引起误解的情况下可以通用，如数据处理与信息处理在一般情况下有着相同的含义。

3.5.2　数据分类

为了便于对采集来的数据进行科学的整理、组织、存储和合理的使用，就要从若干方面对数据的特性进行分析研究和分类归纳。

1. 按功能分类

根据各种数据在管理系统中所担当的角色，可把它们分为以下三类：

①标识或排序数据：这种数据用来把一个物体与另一个物体区分开来，如职工号、学生证号、货号等。

②数量或计量数据：例如一个单位内的职工或学生人数、企业的库存量、进货量、销售量等。

③控制数据：驱动并控制一个系统或机器进行工作的数据。如定额、存储地址及分配的状态数据(指针、计数器等)。

2. 按结构特征分类

①格式化数据：具有约定的格式结构，如学生登记表、记分册、银行账目、户头、工资单、订货单、机器零件清单等。

②非格式化数据：没有约定的格式结构，如学术论文、消息报导、法律文本、专利证书、诊断与处方等。

3. 按权威性或确定性程度分类

①硬数据：从权威性方面讲，这种数据是用标准化方法调查的结果，它为官方权力机构或主管部门批准，从而具有法定的形式。从确定性程度上看，这种数据反映的是确凿的客观事实，如人口数、年龄、家庭收入、实地测量成果等。

②软数据：从权威性方面看，这种数据指的是由非权威性机构或部门为了本部门的特殊需要所做的专题调查的结果。这种调查往往不是全局的，采用的方法是非标准化的。从确定性程度上看，这种数据具有明显的模糊性与抽象性，如工作态度、动机和愿望、统计分析估计值等。

此外，还可以从其他方面对数据进行分类。例如，根据数据的描述范畴，可把数据分成狭义数据(实体属性信息的集合)和广义数据(除了实体属性信息之外还包含实体间的联系信息)；从数据管理方面看，可分为应用数据(与用户有关的数据)和元数据(用来管理应用数据的数据)。

3.5.3　从数据到信息的转换

1. 原始调查数据的知识增值

为了区分数据与信息，可把数据看成未经处理的裸数据(Raw Data)，而把信息可看成经过某种处理的数据，如分类可使其与所要处理的问题更为相关。因此，可以说，数据是原始调查信息(Original Survey Information)。如果把高程点集看成数据，我们很难直观地看出该数据所表示的地形面貌；如果用这些高程点插绘出较稠密的等高线图形，则可给出直观的地表图景。因此，等高线图形可看作是信息。

从数据到信息转换过程是一个具有所需知识的增值(Adds Value)过程。例如，遥感图像分类只能为某些具有应用必要的统计技术知识的人所成功地理解。

在不同级别的决策层次中，对数据的解释与分析为原始数据增加了额外值(Extra Value)，这样，数据在不同层次的处理中会逐渐变换出越来越复杂的信息。

2. 数据与知识

韦德霍尔德(Wiederhold)的文献(中译文 1989，英原文 1986)对数据与知识的关系做了较详细的研究。他认为：知识是表示一般概念的信息，数据是表示特别事例的信息。因为数据是在事例级反映了当前世界的状态，所以它更精确，数量更大，且经常变化；由于知识是处理一般性的事物的，所涉及的是事物的类型，而不是具体的事例，所以知识不是经常变化的。

3. 数据、信息与知识的层次辗转特性

信息通常由多重数据组成。当数据组合之后派生某些新意，就产生信息。中间层的信息通常可看成更高层信息的数据，即数据、信息与知识都具有层次上的相对性。

4. 数据、信息、知识与决策

从决策的观点来看，具有知识的专家是把所选数据看成与手头的问题相关才作出决策的，所选的数据提供了信息。这里专家提供的知识是专家通过教育和经验获得的，决策过程如图 3-5-1 所示。

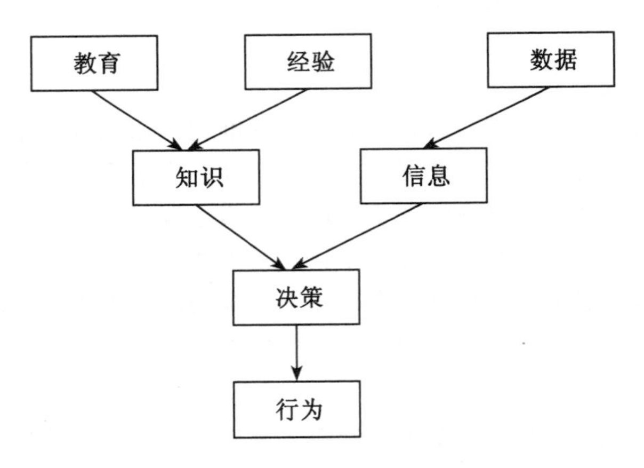

图 3-5-1 数据、信息、知识与决策

3.6 数据的逻辑单位与物理单位

数据的层次单位有两类：逻辑单位与物理单位。数据的逻辑单位是从应用的角度来观察数据的，是从数据与其所描述的对象之间的关系来划分数据层次的。属于逻辑数据单位的层次从小到大排列为：数据项、数据项组、记录、文件和数据库。

数据的物理单位是指数据在存储介质上的存储单位。属于物理数据单位的层次从小到大地排列为：位(比特)、字节、字、块(物理记录)和卷。

例如，一本书的内容若从逻辑上划分，其结构层次从大到小排列为：章、节、段、文句和词；若从物理上划分，其结构层次从大到小排列则为：卷、页、行、字。

3.7　主要数据关系

空间数据中包含着如下几种重要关系：语义关系、基于刚体几何的度量关系与和基于弹性几何的拓扑关系等。

3.7.1　语义关系

语义是指用语言反映人类思维过程和客观实际的关系，是人们对客观事物的反映，不完全等同于客观事物。语义问题是一个极为复杂的问题，即使在哲学上，它也还是一个争论十分激烈的问题。

在符号学中，在所指、概念和符号三者的关系中，符号学三角形理论得到广泛接受。符号所表达的是所指物（Referent）在人脑中的反映，即概念（Concept），因此符号和所指之间没有必然的联系，而是以概念为中介的间接关系，如图 3-7-1 所示。传统上的“意义”（Meaning）是指符号和所指之间的关系。

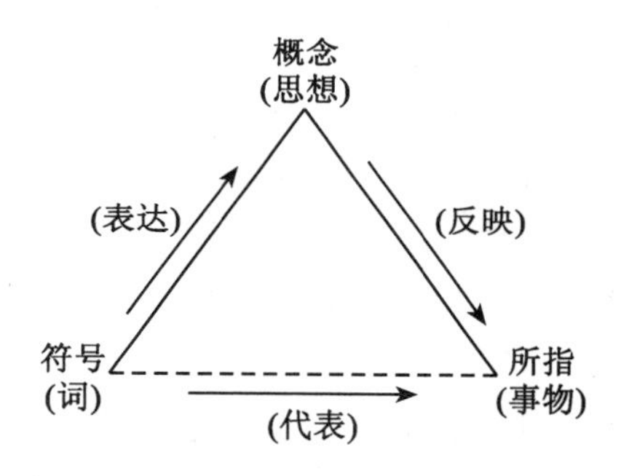

图 3-7-1　符号学三角形

空间数据的语义信息反映空间信息与现实世界的联系。空间信息的概念模型最原始的目的是规定要表达哪些地理现象以及如何表达这些现象。而地理现象的确定取决于人们对现实世界现象与结构的认识。很明显，未被人们认识的地理现象是无法表达的。此外，对于不同的表达目的，并非所有认识的地理现象都需要表达（杜清运　2001）。

1. 语义学研究的意义

语义学（Semantics）研究符号与其含义之间的关系。

以往，有关地理信息系统环境下空间信息的研究主要集中在目标的定义及其空间关系上，而对目标及关系的语义研究相对薄弱。与语义相关的研究主要体现在对地理目标及现象分类，如地理术语词典以及诸如 SDTS 空间数据转换标准等的研究。

近年来，随着认知科学在知识工程等领域的应用，以及地理信息系统的互操作性概念的提出，出于地理信息本体地位、知识共享与交换等目的，地理信息系统学者才开始有意识地开展空间信息语义方面的研究。Smith 和 Mark（1998，1999）从本体论的角度，系统地对地理信息的类型进行了研究，提出利用部分与整体论（Theory of Part and Whole，Mereology）、拓扑学及定性几何学（Qualitative Geometry）来研究地理分类问题。Haller

(1990)、Morehouse(1990)从不同角度论述了空间信息语义方面的重要性。Tryfona(1995)从计算系统的角度将语义定义为地理目标的运算，Rugg和Egenhofer等(1997)则从互操作性的角度将地理要素类别行为的定义作为形式化语义的手段。

人们对语义的关心反映了人们对地理信息的关心从单体到复合、从几何到属性、从认识到本体、从技术到应用的转移。

语义关系中的上下义关系(Hyponymy)、部分整体关系(Meronymy)是最为明显直观的关系。上下义关系取决于包含的概念，是一个类包含于另一个类的概念，是一种相对关系。上下义关系可以构成一个如图3-7-2所示的层次结构。

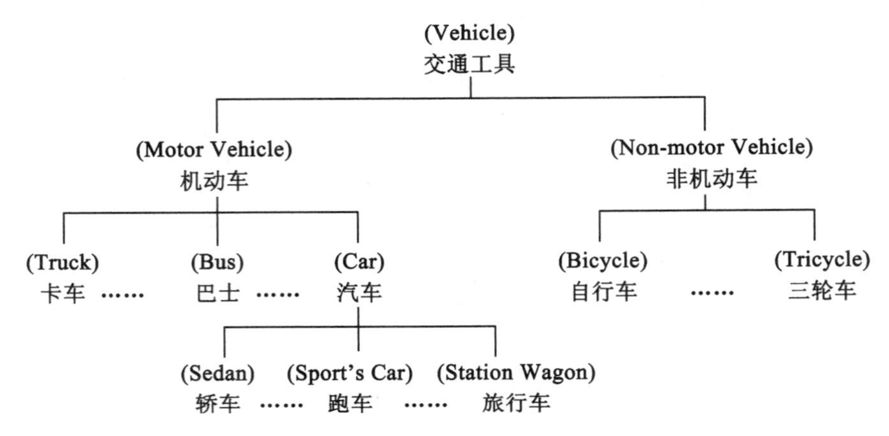

图3-7-2　上下义关系所构成的层次结构

对于数据库系统来说，其中所存储的各类实体均要有明确的、相对统一的定义，并且能通过逐层抽象的手段产生若干等级，形成一个完整的分类体系。例如，一些主要国家已经建立了该国的国家基础地理信息系统要素编码标准等。

最简单的语义关系用于表达物体之间的类别隶属关系，如行政隶属关系、政区中心城市的等级关系等支持按类别(语义层次)查询。

数据采集不一定严格分要素单独进行，通常可相间交替甚至随机地进行，关键问题是要及时赋予被获取要素的语义分类码。只要有了分类码，建库系统会对不同类别的要素进行自动分类。这样，数据库系统就能根据语义特征进行自动分层(分类、分级)组织数据和建立相应的分层索引，确保用户能按任意语义层次(分类、分级码)进行分层(定性)检索以及进行任意多层次之间的布尔(逻辑)组合。因此，数据库中存储的语义信息是为最基本的和最重要的信息存储与检索之所需。定性检索与定位(开窗)检索以及它们之间的各种逻辑组合可满足一般用户的绝大部分需求，用时也是更高层检索，如缓冲区检索和拓扑检索等，赖以实现的基础。有效的数据检索是数据分析与后继决策的前提。

此外，通常的物体分类与分级系统仍有些不足，需要通过对地理目标的进一步认识来完善。在地理空间中，除了大部分容易确定的自然物体外(如河流、森林、桥梁等)，还有需要通过研究分析才能合理确定的物体，如海湾或海角等。

2. 现有数据库系统的语义保障情况

早期的数据库模型基本上属于语法模型，语义体现得很不完备，仅能表示数据的静态性质，并不具有对数据元素及其相互因果关系的解释能力。数据库研究集中于数据库物理结构，很少考虑用户对数据的理解。由于语义缺乏，无法从语义上对实体间的联系进行描述，因此不能以自然方式表示实体之间的联系，只能面向事务处理。同时，数据类型太少，难以满足多种应用(如 CAD、CAM、VLSI、OA、多媒体、智能处理等)的需求。

当数据库系统具有较完备的语义描述能力时，它就能准确描述现实世界中实体集合及其相互关系，从而，用户能以对现实世界的认识或用类似于自然语言的形式来访问数据库。

要使数据库具有语义含义，需要将人工智能技术应用于 DBMS，并将语义描述信息放进数据库，使数据库系统具有演绎、推理功能。近年来，人们把 AI 和认知心理学中所定义的抽象概念(如概括、聚集、分类和联合等)用于数据库建模中，这样可提供更高层次的抽象概念和数据语义。这方面的研究已发展为数据语义学。数据库语义的研究试图达到以下目标:

①使数据库系统能适合更为抽象的形式而不仅是以记录形式记载数据;

②避免数据间的语义只能隐藏在用户的应用程序中的现状，如演绎数据库中的推理规则实际上就是一种数据间语义的体现;

③数据库系统的用户接口能利用这些语义信息为用户的提问提供一些有意义的回答，而且这些回答不能只简单地给出是、否或一系列满足条件的值，它应能告诉用户查询中可能存在的一些语义问题，包括提供更好的机制来满足用户的期望和纠正用户的概念错误;

④根据语义信息，数据库系统能支持多用户视图，允许用户用不同的方式来理解同一信息块。

实体联系模型(E/R Model)是最初研制的创建概念数据库模型的工具。该模型很容易转换成任何一种主要的要用 DBMS 来实现的内部数据库模型。语义模型试图为该模型提供所能表达的更高层次的含义。当抽象级别提高时，语义模型变得更脱离计算机的基于记录的、表征更低级别的层次型、网络型和关系型模型。

语义对象模型用来部分地按用户数据的含义来建模。它着重考虑用户对数据的理解，不是将精力主要花在提供一致的、高效的数据库存储和检索所依赖的物理结构的设计上，而是以进一步提高数据模型的层次为出发点，尽量使用户从数据库的物理细节中摆脱出来。语义对象模型中的语义对象是对用户工作环境中的某些可标识的事物的表示。语义对象包括简单对象、组合对象、复合对象、混合对象、关联对象、父子类型对象等。

3. 语义信息的规范化问题

地理信息共享不仅要实现数据的共享，还应实现更高层次的语义共享。语义共享的关键是发现和分析相关数据，判断是否有语义冲突，并对冲突语义进行适当处理。

解决空间信息共享存在的主要问题也是当前空间或地理信息系统面临的主要问题，即数据的转换和集成问题。GIS 开发者或用户往往需要从不同的系统中装入不同格式的数据。特别是地理数据产品，它们往往不兼容，具有不同的坐标系统，采用不同的地图投影。

当前 GIS 的语义集成是一个重大问题。这种集成依赖于对空间信息意义的理解。这是一个普遍的问题，例如，当专题数据分类不同时，就为数据集成造成困难。然而，当遵循周密考虑的标准时，上述问题就会大为减少。

3.7.2　基于刚体几何的度量关系

当考察和研究两个以上空间物体时，空间关系就成为研究的重要内容。空间关系是指地理实体之间存在的一些具有空间特性的关系。空间物体类型和层次上的多种多样性决定了空间物体之间关系的复杂性。

基于刚体几何的度量关系是一种基于距离(坐标)量测的地理度量信息(geometric)，如区域的中心、两个钻孔之间的距离等。

度量空间关系是指用某种度量空间中的度量来描述目标间的关系，主要是距离(邻近)关系和基于距离的方向关系等。因此，距离关系是空域中物体之间的一种基础性的关系。不管是物体的内部尺寸还是它们之间的距离，都是关系。这种距离关系可以定量地描述为特定空间中的某种距离，如 A 实体距离 B 实体 200m，也可以应用于与距离概念相关的术语，如对远近等进行定性的描述。

空间关系的度量方面往往用于精化(Refine)空间关系，而不是定义空间关系，如对分离拓扑关系的改进。

1. 空间物体特征的测度

空间物体特征的测度可有长度、宽度、面积、体积、周长以及曲线的不规则性与区域的形状特征，如陡坡的梯度、线段或面域的形心点和街道中心线的确定，以及更为复杂的形态测度(识别)，如海湾与海角的测定、风成沙丘的走向等。

有些特征的测度是直截了当的，如长度、宽度、面积、周长等，它们已经明确地在地图上表示了出来，有的在数据库中作为派生数据存储或可由坐标数据简单地计算出来。而另一些空间特征的测度则具有多维性质，需要通过复杂的计算并与所选择的参照物比较才能导出。例如，形状特征可看成与规则几何图形(如直线、圆等)的一致性程度度量。还有一些空间特征不是来自单个物体，而是取决于物体的集合，如物体的分布特征有分散式的、集团式的、稠密的、稀疏的等。例如，为了确定森林的孔隙度，就要量测所有的林中空地。

2. 物体之间的空间关系

由于进行地图综合时既要考虑整体结构特征，又要考虑每个物体的邻近环境，因而建立空间关系时也相应地分为全局空间关系和局部空间关系。不管是全局空间关系还是局部空间关系，都有定性空间关系和定量空间关系。例如两目标相离属定性空间关系，但两目标相距多远就是一种定量的空间关系。因而，在建立空间关系时，应区分空间关系的全域性、局域性、定性和定量等属性(郭庆胜 2002)。

如图 3-7-3 所示，球面上两点 $P_1(\varphi_1, \lambda_1)$、$P_2(\varphi_2, \lambda_2)$ 之间的距离 d 就是通过此两点以球心为圆心所成的圆弧中的较短者。

在球面三角形 PP_1P_2 中，令

$$\left.\begin{aligned} PP_1 &= \frac{\pi}{2} - \varphi_1 \\ PP_2 &= \frac{\pi}{2} - \varphi_2 \\ \angle P &= \lambda_2 - \lambda_1 \end{aligned}\right\} \tag{3-7-1}$$

根据球面三角形的余弦定理，有

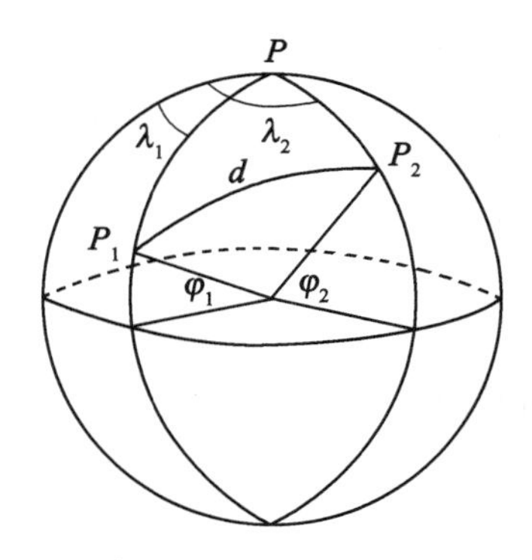

图 3-7-3　球面上两点间的距离：大圆航线

$$\cos(P_1P_2)=\cos\left(\frac{\pi}{2}-\varphi_1\right)\cos\left(\frac{\pi}{2}-\varphi_2\right)+\sin\left(\frac{\pi}{2}-\varphi_1\right)\sin\left(\frac{\pi}{2}-\varphi_2\right)\cos(\lambda_1-\lambda_2)$$

$$=\sin\varphi_1\sin\varphi_2+\cos\varphi_1\cos\varphi_2\cos(\lambda_2-\lambda_1) \tag{3-7-2}$$

则 P_1、P_2 之间的距离为

$$d=R\arccos(\sin\varphi_1\sin\varphi_2+\cos\varphi_1\cos\varphi_2\cos(\lambda_2-\lambda_1)) \tag{3-7-3}$$

式中，R 为圆球半径；λ_1、φ_1、λ_2、φ_2 分别为点 P_1 与点 P_2 的经纬度。

下面再来研究椭球面上两点间的距离。如图 3-7-4 所示，若两点位于同一经线上，即 $\lambda_2=\lambda_1$，则两点间的距离就是两点间的经线弧长；若两点位于赤道上，即 $\varphi_2=\varphi_1=0$，则两点间的距离就是在赤道上的弧长。

在一般非特殊情况下，椭球面上两点间的距离是两个法截弧所形成的梭形区域内的 S 形曲线。它的长度计算是一个复杂过程，可参照大地测量教程。

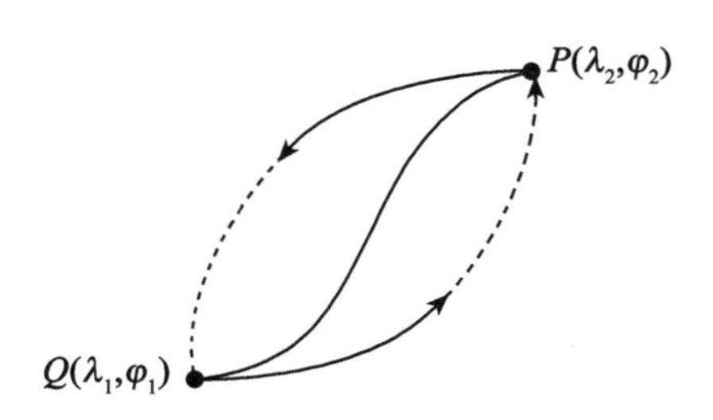

图 3-7-4　椭球面上两点间的距离

在科技与航行领域，通常需要计算精确的距离和方向。

理想情况下，是求两点之间的距离和方向。但两个任意空间实体之间的距离和方向则不是这种理想情况，因为存在着无数可能的距离和方向。

在科技领域中，常用方位角（Azimuth）来描述两个物体在统一参考系中的方向关系，这种方位角的计算是以子午线方向为正北起算，并沿顺时针方向进行的（图 3-7-5）。

当给定 A、B 两点的地理坐标（φ_A，λ_A）和（φ_B，λ_B）时，根据大地测量学有关公式，可计算点 B 相对于点 A 的方位角 α：

$$\cot\alpha=\frac{\sin\varphi_B\cos\varphi_A-\cos\varphi_B\sin\varphi_A\cos(\lambda_B-\lambda_A)}{\cos\varphi_B\sin(\lambda_B-\lambda_A)} \tag{3-7-4}$$

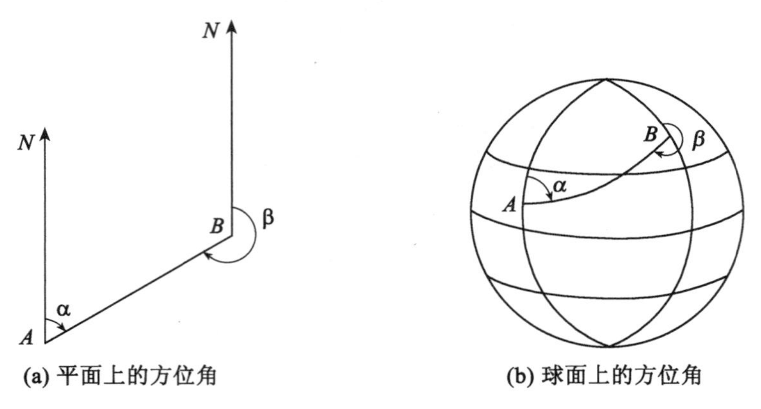

图 3-7-5 两点之间的方位角

类似地，也可以计算点 A 相对于点 B 的方位角：

$$\cot\beta = \frac{\sin\varphi_A\cos\varphi_B - \cos\varphi_A\sin\varphi_B\cos(\lambda_A - \lambda_B)}{\cos\varphi_A\sin(\lambda_A - \lambda_B)} \tag{3-7-5}$$

方位角的计算是相对于点状物体进行的，它是一种对方位的精确度量，而对于其他类型的空间物体，如两个面状物体(多边形)，其相互间的方位角的计算则显得复杂些。

3.7.3 基于弹性几何的拓扑关系

空间信息的一个重要特点是它含有拓扑关系，它是与距离无关的非度量信息(Non-metric)性质的空间关系，这是关于空间的质量信息，称为拓扑关系。拓扑关系是在相互单值和相互连续地变换时也不被破坏的那种关系或性质。图形的拓扑性质是指那些在弹性运动中保持不变的性质。一个图形的拓扑性质也是此图形的几何性质，但是许多几何性质并不是拓扑性质。几何特征相差很大的图形，如三角形、正方形、矩形、简单封闭多边形、圆形等，它们的拓扑结构是相同的，因为可通过弹性变换使它们彼此重合(图3-7-6)。

图 3-7-6 拓扑等价图形

拓扑学是一种新的几何学，通常称为橡皮板几何学，又称为质量几何学，它是研究图形在连续变形下的不变性。图论是拓扑学的一个分支，它的研究对象是定义为一个抽象代数系统的图，它的图解表示也称为图。

一个 n 元关系定义为一个集合，其中每一个元素都是由 n 元有序分量组成，如一个二元关系是一个有序偶对的集合.

一个图的诸元素(结点、弧段、面域等)之间存在着两类二元关系：拓扑邻接与拓扑关联。因为这两类关系不受弹性变形的影响，从而具有很好的稳定性。数据库中只能存储重要而稳定的关系，不能长期存储也无法存储不稳定的动态关系。拓扑关系是一种质量关系，是地理实体之间的重要空间关系，其空间逻辑意义要大于其几何度量意义，它从质的方面或从总体方面反映了地理实体之间的结构关系，这显然是极为重要的。

1. 矢量数据图论拓扑关系表达形式

由于矢量型数据是面向空间目标的，所以利用这样的空间数据便于建立物体之间的各种关系。

对于以矢量数据表示的地图来说，点、线、面物体构成一个网结构，可用平面图(Planar Graphs)原理来建立二维拓扑关系。拓扑关系能以简单的方式表示物体间的包含关系、相交关系、邻接关系和关联关系。点、线、面物体之间的主要拓扑关系有点与点、线与线、面与面、点与线、点与面、线与面之间的邻接、关联、包含、连通、相交、相离与重合等关系。

(1)邻接(Adjacency)关系

一个网结构图的邻接关系存在于同类元素之间，如点与点之间、线与线之间及面与面之间的关系(图 3-7-7、表 3-7-1、表 3-7-2)。

点目标间的邻接关系：两点之间由与其关联的线目标所连接。如一条道路的两个端点(居民点)通过道路的连接而呈邻接关系。

线目标间的邻接关系：两个线目标共享一个结点。如两条道路在一个居民点处衔接，这两条道路通过这一居民点而呈邻接关系。

面目标间的邻接关系：两个面目标之间存在一条共同边界。如国家(面与面)之间的毗邻或一般面域之间的毗邻，它们共享一条边界。

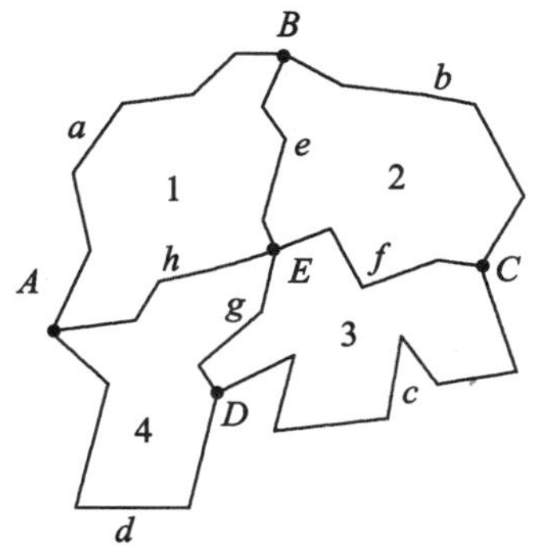

(a) 连通型简单多边形

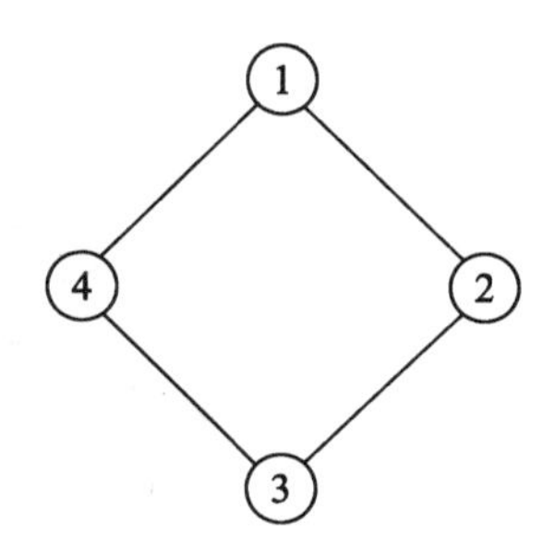

(b) 连通型简单多边形的面与面的邻接关系

图 3-7-7　简单网结构多边形

表 3-7-1　**图 3-7-7 中的点与点的邻接关系**

邻接点对	邻接条件	邻接点对	邻接条件
A、B	为边 a 连接	E、A	为边 h 连接
B、C	为边 b 连接	E、B	为边 e 连接
C、D	为边 c 连接	E、C	为边 f 连接
D、A	为边 d 连接	E、D	为边 g 连接

表 3-7-2　　**图 3-7-7 中的线与线的邻接关系(未列举完)**

边对	邻接条件	边对	邻接条件	边对	邻接条件
a、*b*	共享结点 *B*	*a*、*e*	共享结点 *B*	*c*、*g*	共享结点 *D*
b、*c*	共享结点 *C*	*b*、*e*	共享结点 *B*	*f*、*g*	共享结点 *E*
c、*d*	共享结点 *D*	*e*、*f*	共享结点 *E*	*g*、*d*	共享结点 *D*
d、*a*	共享结点 *A*	*f*、*c*	共享结点 *C*	*g*、*h*	共享结点 *E*

对于复杂多边形，如图 3-7-8(a)所示，其面与面的邻接与包含关系也随之复杂化，如图 3-7-8(b)所示。此二图之间的对偶关系如图 3-7-8(c)所示。

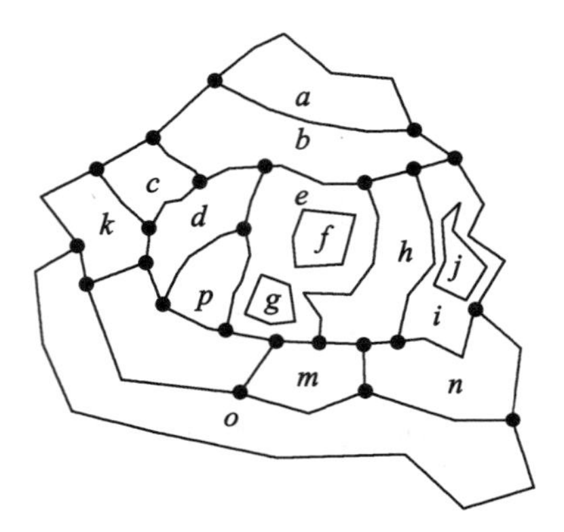

(a) 复杂(含洞)多边形

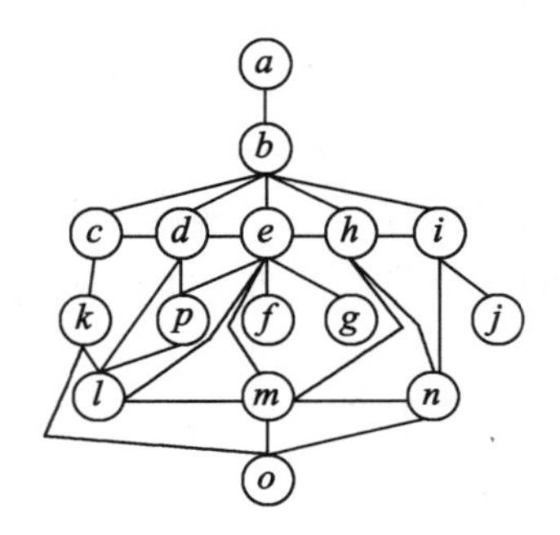

(b)复杂多边形面与面的邻接与包含关系

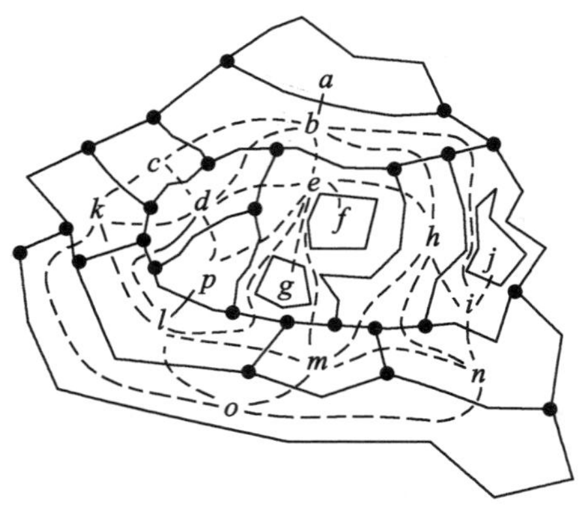

(c) 图(a)和图(b)之间的对偶关系

图 3-7-8　复杂多边形

(2)关联(Incidence)关系

关联关系是一个图的不同类元素之间(点线、线点、点面、面点、线面、面线)的相关关系。例如，结点与相会于该点的各条边之间的关联关系，以及面域与环绕着它的各边之间的关联关系。此外，也可以在结点与面域之间建立类似的关联关系，以便处理一些特殊情况(图 3-7-9)。

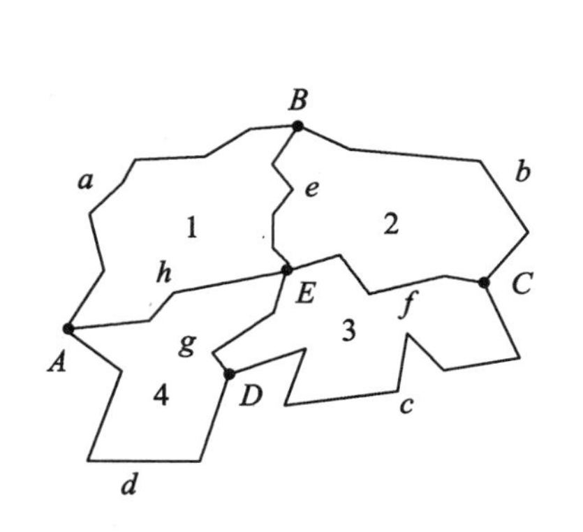

点线关联 →	线面关联 →	点面关联 →
点 A 与边 a	边 a 与面 1	点 A 与面 1 和面 4
点 A 与边 h	边 b 与面 2	点 B 与面 1 和面 2
点 A 与边 d	边 c 与面 3	点 C 与面 2 和面 3
点 B 与边 a	边 d 与面 4	点 D 与面 3 和面 4
点 B 与边 e	边 h 与面 1 和面 4	点 E 与面 1、2、3、4
点 B 与边 b	边 e 与面 1 和面 2	
	边 f 与面 2 和面 3	
	边 g 与面 e 和面 4	
线点关联 ←	面线关联 ←	面点关联 ←
……	……	……

注：利用点/面关联关系可导出面 1 与面 3 邻接及面 2 与面 4 邻接。

图 3-7-9　点与线、线与面和点与面关联关系示例

(3)包含(Containment)关系

包含关系是一个或一批物体完全位于另一个物体的空间范围之内的关系，如森林与其林中空地(Bare Places)。

(4)连通(Connectivity)关系

连通关系指点状目标之间有线状目标与之关联。如城市间有交通线联系。

(5)分离(Separate)关系

两物体之间无共享部分：无共享边界或无线状物体所联系。

(6)其他常见拓扑关系

地理目标间的其他常见拓扑关系有：多边形与位于其内部的、边界上的和外部的物体的相互关系(图 3-7-10(a))；位于一条线上的各个点状物体的序关系(图 3-7-10(b))；网结构中结点的度数等(图 3-7-10(c))。

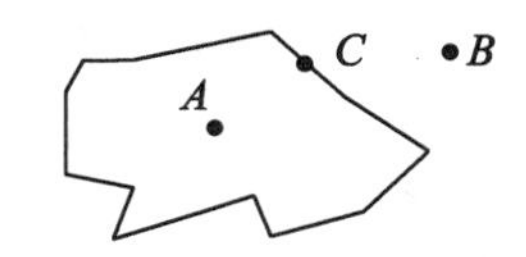

(a) 内外点、边界点相互关系

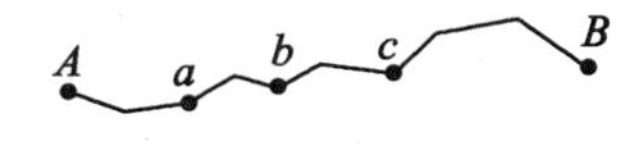

(b) a,b,c 点顺序关系

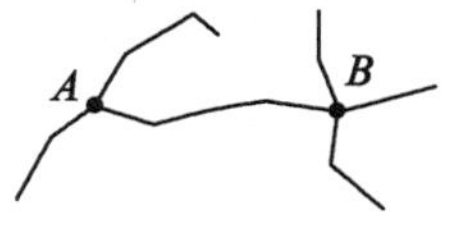

(c) 结点度数 $d(A)=3,d(B)=4$

图 3-7-10　其他常见拓扑关系

矢量数据拓扑关系的经典建立方法是，对于每一个弧段，指明其首末结点及左右面域(Faces)，而对于每一个面域，则指明环绕它的一系列弧段。在少数据情况下，如当结点度为 4 的情况，还可指明结点与面域的关联关系。

2. 栅格数据点集拓扑关系表达形式

对于基于栅格数据的模型，常用的点集拓扑关系有：等价 Equivalence(相等 Equal)，

部分相等 Partially Equivalence(重叠 Overlap，交叉 Cross)，包含 Containment(在内部 Inside)，邻接 Adjacency(连接 Connected 或相遇 Meets)，分离 Separateness(分开 Disjoint)。

3.7.4 两种空间关系的紧密联系

在 GIS 中，基于刚体几何的度量关系和基于弹性几何的拓扑关系是紧密联系、描述与应用的。度量关系主要包括距离关系、方向关系和邻近关系；拓扑关系主要包括邻接、关联、包含、连通、离散、相交等(图 3-7-11)。

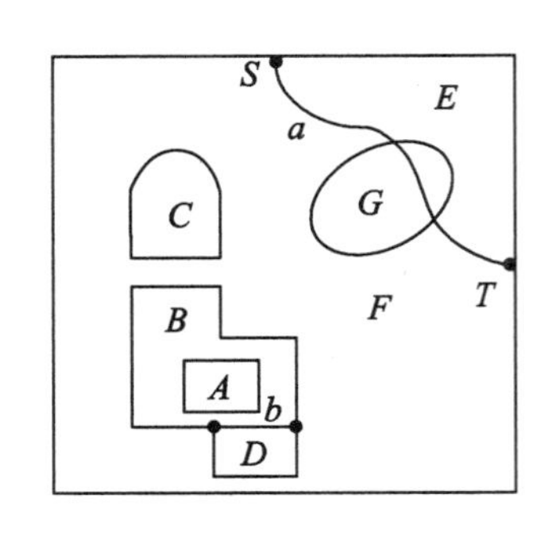

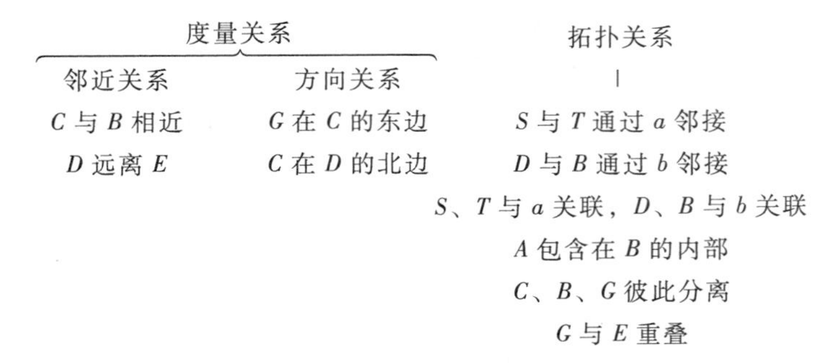

图 3-7-11 度量关系和拓扑关系的紧密联系

在实际应用上，有些空间关系的度量既可以按度量方式，也可以按拓扑方式，如在全球航线系统中，城市间的距离可以表示为航行里数，也可以表示为航线的支线数，此处支线定义为航站之间的旅行段落。

3.8 专题(非空间)数据

3.8.1 专题(非空间)数据的概念

有时为了便于数据的存储与处理，需要明确地区分出非空间数据。非空间数据又叫做非图形数据，主要包括专题属性数据和质量描述数据等，它们表示地理实体的本质特性，是地理实体相互区别的质量准绳，如土地利用、土壤类型等专题信息和物体要素分类信息等。

非空间数据在此是指专题统计数据。由于专题统计数据的获取总是基于某种地理空间单元，所以它自然地成为广义空间数据的有机组成部分。前面曾说过，专题属性数据是图形数据的深刻描述与有力补充。

地图信息中的非空间数据、包括两大类：一类用来对地理物体进行语义定义，表明该物体是什么；而另一类用来描述空间实体或地理单元的社会、经济与其他质量/数量等描述信息。有些物体还有地理名称信息。这些信息的总和能从本质上多方面地对地理物体作相当全面的描述，可看成是地理物体多元信息的抽象，是地理物体的静态信息模型。第二类非空间数据通常称为专题属性数据。

如前所述，专题属性数据是 GIS 中对区域进行更为深刻描述的领域专业数据，是地理单元的内涵，因而也是GIS中数据分析的主要对象。属性数据种类繁多，直接关系国计民生，是GIS的主体数据。

专题地图在各个部门得到了广泛的应用，成为资源调查和开发利用、环境监测和分析评价以及管理与规划、决策等部门强有力的工具，是地图学领域中的一个活跃分支。

在地理基础数据模型中，数据成分以空间数据为主，地理实体的专题属性主要体现在要素分类标志上，即语义信息。这些分类标志信息的主要作用是作为信息组织与检索的一种准绳（科学手段），对其本身不作进一步的分析处理。

对于GIS专题数据构模来说，其主要任务是描述地理现象或过程的区域差异与分布，因此其研究对象就是不同类型的地理单元以及它们之间的联系，这时，专题属性不仅仍起着信息分类、组织与检索的作用，而且可对其进行各种分析评价。针对同一个地理单元，可以视需要采集任意多个专题属性数据。专题数据也有其分布的位置与图形形状，如土壤类型、土地利用等，因此对于专题数据模型来说，也涉及专题多边形的数据组织问题。不过，此处的专题多边形没有地形图中的图形那样复杂罢了。因此，对于专题数据构模来说，可以说是图形与专题两类数据成分并重，甚至后者重于前者。这里涉及两类不同性质的数据构模：空间数据构模和专题数据构模。实践表明，把这两种数据分离构模是一种可行的办法，如ARC/INFO就是如此。当采用分离构模方法时，建立两种数据模型之间的联系就是必需的了。

各种地理数据处理系统除了管理图形数据以外，还在不同程度上管理和处理与图形数据相关联的专题属性数据。最为常用的管理专题属性数据的模型有表格、层次、网状和关系模型。

与基础地理数据库中的点状、线状和面状要素的空间单元（如行政区划单元、林块等）相似，专题目标的空间图形也是呈点、线、面等几何形式。如呈点状分布的气象站、环境监测点，呈线状分布的河网水文观测、交通网管理，呈面状分布的土地利用、土壤类型等。这些具有专题性的对象在内容上不属于基础地理数据库，需专门作数据采集。这些点、线、面专题目标的最基本特点是它们拥有一系列长年累月的观测值。对这些数据要进行专门的分析与处理。

对于专题数据构模覆盖的分布与范围，即专题数据构模所涉及的空间数据结构问题，从几何角度看，根据专题数据所依附的地理单元的不同，可有以采用以下几种方法：

①基于规则点集的均匀网格（Grid）；

②基于不规则观测点的Delaunay三角网或其对偶Voronoi图/Thiessen多边形；

③基于线网的水文网、交通运输网、通信网等；

④基于面状地理单元的多边形系统；

⑤基于扫描图像的栅格方法。

在专题地图数据构模中，使用最广的是两种区域性结构：均匀网格系统和多边形系统。这两类系统在土地相关（Land-related）信息系统中，得到了广泛的应用。

第一种方法是以最为简单的手段表示专题信息分布本身。下文即将阐述。

第二种方法有两种的不同表现形式：Delaunay三角网与Voronoi图，尽管它们互为对偶，且数学本质相同，但在应用上所直接提供的信息有明显差异：Delaunay三角网仅适用于点状专题目标分布的表达，同时表达了点状目标间的空间邻接关系，但不适用于线状与面状物体集合；Voronoi图可同时应用于点状物体集合，线状物体集合与面状物体集合，它除了表达点集元素之间的邻接关系以外，还直接提供每一物体的影响范围，可看成是一种物体本身所固有的一种特征，可作为一种重要评价标志。这种方法仅适用于离散点、线、面目标。这部分内容将在第7章中阐述。

第三种方法实际上反映一种复杂系统。以水文网为例，不仅要设置大量的观测站点，而且还要有相关河段的水文信息，甚至还要建立各个河段的汇水区域和自动估算各河段的流量等。本书将不予以详细阐述。

第四种方法不仅表示专题多边形本身，还可通过拓扑关系来进一步表达面状目标之间的空间关系(主要是连通面状目标)。下文即将阐述。

第五种方法是被称为基于位置或基于空间的数据结构-栅格方法，已在本章3.4节作了详述。

3.8.2 基于规则点集的均匀网格系统

所谓均匀网格系统(Grid)，是指用规则的小面块集合来逼近自然界不规则的地理单元。对于规则的铺盖网(Regular Tesselation)，要考察它们的如下特性：形状、连通性、邻接性、方向性、自相似性、分解能力和组装能力等。

为了便于有效地寻址，网格单元必须具有简单的形状(Shape)和平移不变性。只有正方形与正六边形既是规则的又是可平移的，即在整个平面上具有相同的方向。正六边形有六个最近的邻域，比只有四个邻域的正方形有更好的邻接性。然而，正六边形的层次性较差，即它不能无限地被分割，而正方形则具有无限可分性。此外，很多环境监测数据采集和图像处理普遍采用正方形面元(像元)，这就意味着正方形的面形砌块是分割二维空间的实用形式。

均匀网格单元的大小取决于区域研究的需要和计算机系统的处理能力。显然，网格单元尺寸越小，分辨率越高；反之，则分辨率越低。

从数据结构上看，网格系统的主要优点在于其数据结构表现为通常的二维矩阵结构，每个网格单元表示二维空间中的一个位置，不管是沿水平方向还是沿垂直方向，均能方便地遍历这种结构。处理这种结构的算法很多，并且大多数程序语言都有矩阵处理功能。此外，不需要进行坐标数字化，因为以矩阵形式存储的资料具有隐式坐标。从地理数据处理方面看，这种结构的网格系统便于实现多要素覆盖分析，因而是一种重要的空间数据处理工具。

网格系统可以看成是栅格系统的一种特殊形式，二者之间的区别在于：在网格系统中，数据结构逻辑记录是一个网格上有关信息的集合，因此每个网格单元可以独立地存取；而在栅格系统中，存取的单位只能是一个扫描行(记录)。在很多情况下，尤其当每个网格单元中只有一个属性值时，网格系统与栅格系统在本质上没有什么区别。栅格数据库一般呈矩阵状，而网格数据库呈不规则状(图3-8-1)，后者的分布取决于所研究区域的形状，因为研究区域以外的网格时，不是缺少数据就是无法获取数据。由于网格数据结构的上述特点，可把每个网格信息作为实体(退化了的矢量数据)看待，从而可以建立要素的定性与定位索引，进行诸如针对地理基础数据库的一切处理操作。

均匀网格系统有很大的数据冗余，表现为成片的网格单元可能具有相同的属性值。为

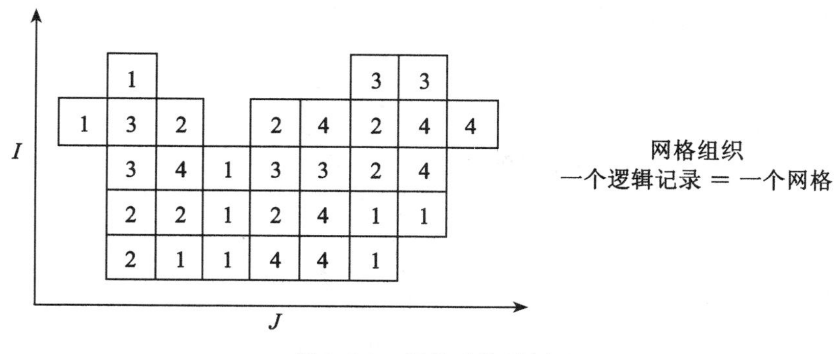

图 3-8-1　网格系统示例

克服这种固定分辨率的均匀网格的缺点，出现了一种可变分辨率的非均匀网格系统——四叉树。四叉树作为地理信息系统所应用的一种数据结构，引起了人们很大的重视。四叉树数据结构建立在把图像空间有规则地分解成象限与子象限的基础上。

团块图像(如森林图块)在很多情况下并不是布满全图的，这是四叉树发挥其优越性的理想之处。在这种情况下，四叉树表示法占用的空间比网格法要少得多。相对于均匀网格系统，四叉树表示法基本上(不完全)是一种非冗余表示法。

四叉树具有可变的分辨率或多重分辨率的特点，这使得它有着很好的应用前景，适用于处理凝聚性或呈离散团块状分布的空间数据。而对于非离散性的、连续性的、布满全图的要素，特别是线状要素，其优越性就难以表露出来。

此外，目前应用四叉树还存在不少问题，例如矢/栅正反变换还不理想；建立四叉树耗费机时很多；四叉树虽可修改，但很费事；四叉树未能直接表示物体间的拓扑关系，等等。

与非树表示法比较，四叉树表示法的缺点在于滑动变异(Shift Variant)。两个相同的图像仅由于平移，就会构成极为不同的四叉树，因而就很难根据它们的四叉树表示来判断这两个图像是否完全相同。此外，一个图像物体在构成四叉树时会被分割到若干个象限中，使它失去内在的相关性。

均匀网格适用于均匀分布数据，而四叉树则适用于任意分布数据。当把四叉树用于均匀分布数据时，四叉树则退化为均匀网格，同时也付出了很大的代价。

不管是均匀网格还是四叉树，均适用于集合论运算，这对多种数据集的组合运算是很重要的。

3.8.3　多边形系统(目标相关(Object-related)系统)

多边形系统是顶点、边和面域的集合。与网格系统相比较，多边形系统是严格目标相关的，通常是基于地理单元的，即它汇集了目标的各种描述信息及其主要属性，如房屋层数、地块所有者等。

多边形系统一开始就可用资料的最大分辨率来输入图形，把数据的实际位置和分布特点都存储起来，从而提供最精确的地理数据表示。在矢量格式的空间数据中，面域是通过其边界线来表示的。简单的多边形呈简单的闭合曲线，它分隔着面域的内部与外部，为了把内部与外部加以区分，我们必须把闭合曲线看成是有向线。这样，面域就位于曲线前进方向的左侧或右侧，从而唯一地确定了区域内部和外部(图3-8-2)。

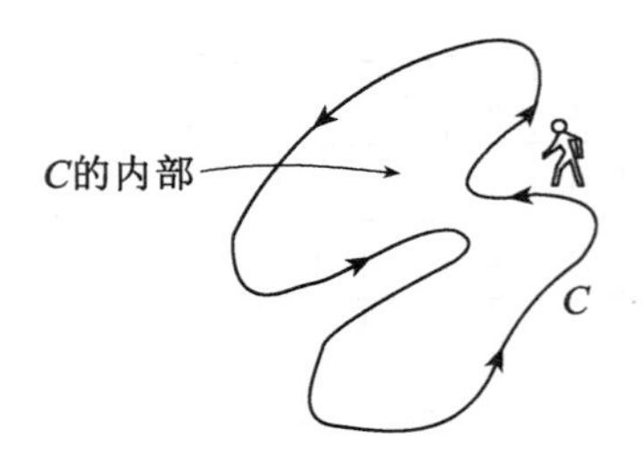

图3-8-2 多边形内部与外部

在复杂的空间数据中，整个地区被划分成若干个面域，有些面域具有公共边界段。每个多边形为一个实体，有多种表示多边形实体的方法。

可以从下述几个方面来评价各种多边形数据组织方法的适用性：所需存储空间、易于识别关联于一个顶点上的多条边、易于确定共享一条边的两个多边形、易于确定一条边的两个顶点、易于确定一个多边形所属的各条边、易于显示多边形网络和易于鉴别错误(例如，少一条边、少一个顶点或少一个多边形)。此处，可用欧拉关于一个连通平面图中结点数 n、边(弧段)数 a 和区域 r 之间的关系式 $n+r-a=2$ 来检验。

1. 多边形环路法(Entity by Entity)

多边形环路法即对每一个多边形都“一笔画”地沿边界完整地绕一圈，形成所谓真正的多边形法。这种方法又称面域边界法或独立实体法，即每个多边形的编码与存储毫不顾及相邻的多边形。使用这种方法时，除了最外围的轮廓线以外，其余边界线数据均获取与存储两次，这不仅浪费存储空间，而且更为严重的是，会造成同一线段有两组不同的坐标点，从而造成数据的不一致，在图形上会产生裂隙或重叠(图3-8-3)。要想使这样的数据具有实用价值，就必须对它进行编辑。这里的要害问题是，没有建立各个多边形实体之间的空间关系。

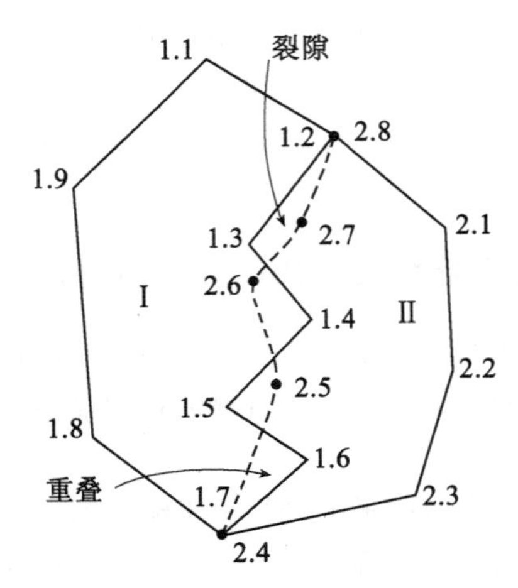

图3-8-3 多边形环路法在共享边处可能造成的裂隙与重叠

2. 点位字典法

为克服多边形环路法的某些局限性，以公用点位字典为基础，建立了一些系统。首先，点位字典包含多边形的每一个边界点的坐标。然后，建立多边形边界表，它由点位序号构成(图 3-8-4)。这里各个边界点只编码一次，并存于点位字典中，从而消除了共享边界的不一致性。同时，各个顶点也易于修改。

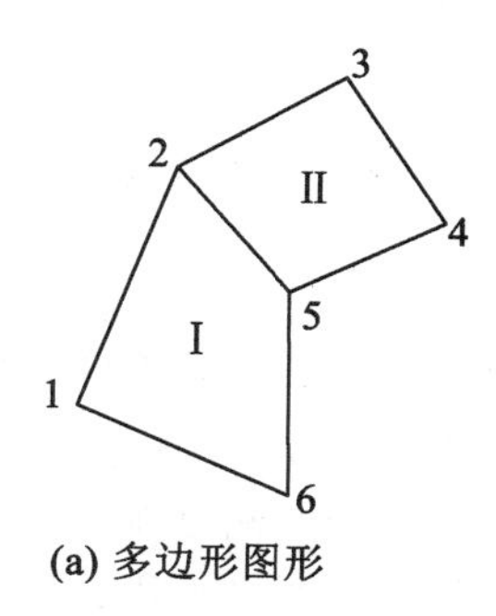

(a) 多边形图形

点位字典			
点列			多边形
1	x_1	y_1	
2	x_2	y_2	I (1,2,5,6)
3	x_3	y_3	
4	x_4	y_4	II (2,3,4,5)
5	x_5	y_5	

(b) 多边形的点位字典

图 3-8-4　点位字典法

有的程序系统备有将这种点位字典结构转换成上述简单的多边形环路的线段表。利用点位字典法建立点位字典式多边形系统的优点在于没有裂隙与重叠现象，但仍然没有建立各个多边形实体之间的空间关系。其后果是难以查找具有共享边的多边形，且当显示整个多边形网络时，公共边仍要显示两次。

3. 拓扑多边形系统

此处以铺盖式的专题图(行政区划图、土壤类型图等)为例，来说明拓扑模型在专题数据建模中的应用。

铺盖式的专题图可简化表示为典型的含有结点、边(弧段)和网眼(面或区域)的网结构。这种结构所包含的两大类拓扑关系(邻接与关联关系)示于图 3-8-5 中。

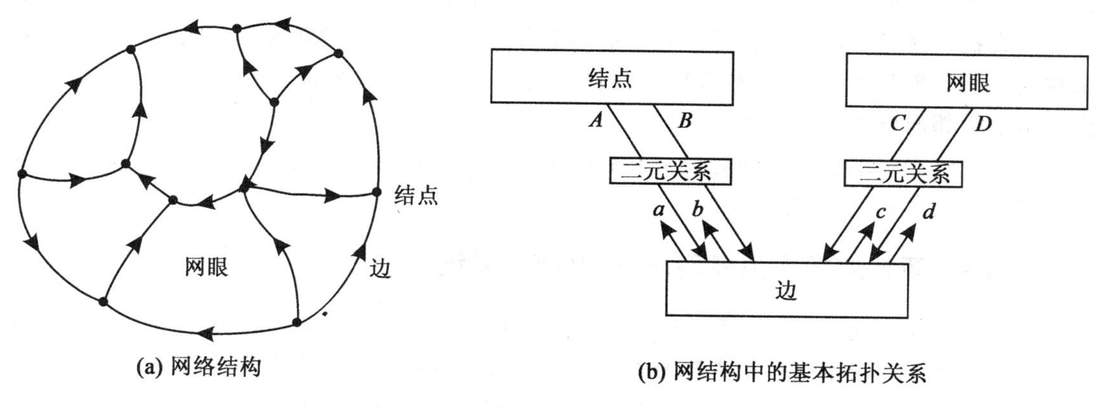

(a) 网络结构

(b) 网结构中的基本拓扑关系

图 3-8-5　简单网结构中的拓扑关系

在图 3-8-5(b)中，左边的二元关系用来表明一条边(弧段)和该边的终端处的两个结点间的关系：

A 为所有从该结点出发的边（弧段）；

B 为汇聚于该结点的所有边（弧段）；

a 为每一条边（弧段）指明其始结点；

b 为每一条边（弧段）指明其终结点。

右边的二元关系用来表明一条边（弧段）的右侧与左侧网眼（面域）之间的关系：

C 为每个网眼列出所有按顺时针方向环绕它的边；

D 为每个网眼列出所有以反时针方向环绕它的边；

c 为每一条边指明其右侧网眼；

d 为每一条边指明其左侧网眼。

如果我们跟随箭头 A 和 B，可回答问题：哪些边与给定的结点关联？如果我们跟随箭头 C 和 D，则可回答问题：哪些边环绕一个给定的网眼（区域）？小箭头 a、b 或 c、d 则可回答问题：哪些结点与一给定边关联？或位于一个给定边的两侧是哪些网眼？

建立拓扑关系是一个复杂的过程。同时，拓扑关系既重要又常用，所以，数据库要把这来之不易的关系信息作为数据的一部分予以存储，这种数据库中明确存储的关系的叫做显式关系；反之，若不直接存储关系，而是借助其他运算来临时生成所需的关系，则叫做隐式关系。

美国计算机图形及空间分析实验室（Laboratory for Computer Graphics and Spatial Analysis）研制了一种数据结构 POLYVRT。它的基本元素是链段，其含义与前述的弧段或边相同。在链段两端有结点，并伴有共享该链段的两个区域的代码，一条链段可由任意多个点所构成。此外，POLYVRT 还为每个多边形建立了一个环绕其边界的链段目录表，因此，链段中不仅存储了描述多边形形状的几何信息，而且还存储了多边形元素（面域、链段和结点）之间的拓扑关系。这使得以链段为基础的 POLYVRT 系统成为一种特殊的数据结构类型，是当今各种图形数据结构的基本骨架（图 3-8-6）。

此外，为了指明链段相对于相邻多边形的相对位置，POLYVRT 的信息是存储在汇集着每一个多边形边界链段的分离表中的，这样，可进行从链段到多边形和从多边形到链段的双向查找，这对于任何一种毗邻处理都是十分重要的，因为毗邻实体可通过接壤的补体来找到。图 3-8-6 所示的是 POLYVRT 数据结构，每个链段有名称、内部点数目、两个结点、两个毗邻面域以及点的坐标。

当然，建立和维护一种如此复杂的数据结构，开销是相当大的，尤其是想用显式表示更多的关系信息时更是如此。

3.8.4 拓扑数据模型新例——TIGER 系统

TIGER 系统（Topologically Integrated Geographic Encoding and Referencing System）是美国人口调查局把 GIS 技术应用于人口调查的典范。人口调查是一种重要国情调查，调查项目繁多，收集和处理的数据量极大，既包括统计数据，又包括位置信息（称为人口调查的地理支撑信息），这两种信息就是 GIS 的主体信息。

美国人口调查经历了早期的借助地图的人工走访（1950 年以前）、地理信息支撑初步自动化的 DIME 阶段（1980 年前后）到地理信息支撑高度自动化的 TIGER 系统阶段。DIME

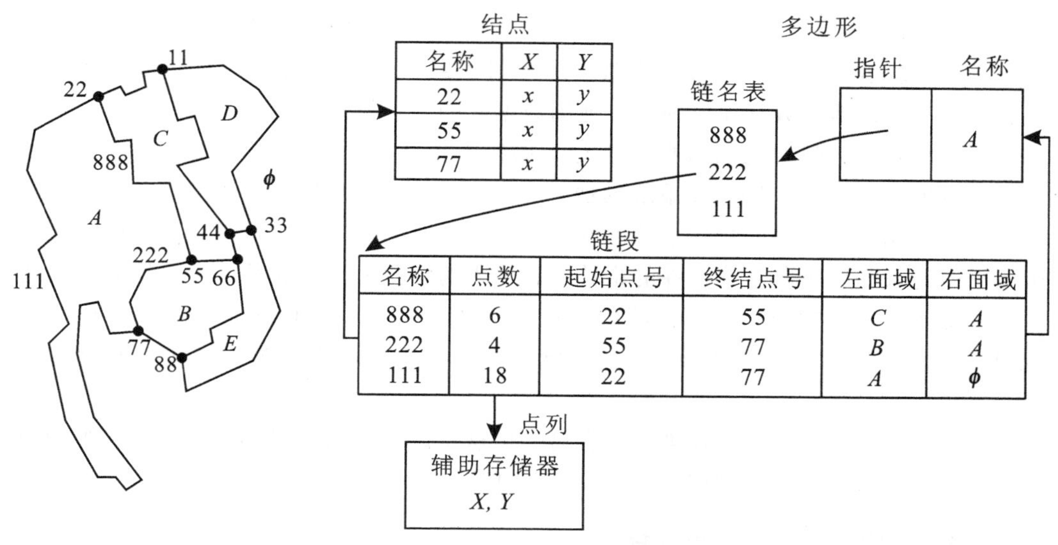

图 3-8-6　POLYVRT 数据结构

文件由数百人单独完成，彼此之间缺乏一致性检测，而 TIGER 系统能确保人口调查数据的精确性和一致性。

TIGER 与英语中“老虎”一词同音，在介绍该系统功能的说明书中，就是让漫画“老虎”来逐条进行解释的，这也形象地表明了该系统的功能是相当强大的。TIGER 中各个字母的详细含义如下：

T——拓扑：为了定义一个地理区域，对地图上的点和线是如何彼此相关作科学的解释。TIGER 文件使用这些点和线对诸如街道、河流、铁路和管线等地表要素作学科性的数学描述。

I——集成：TIGER 系统是一个数据库系统，它把在人口调查中 GBF * /DIME 文件和街道进行自动地址匹配(称为地理编码，Geocoding)的地图信息和用于数据报表的地理区域联系文件相集成，使这些地理记录不再是分离的信息源，而成为单一计算机文件的组成部分。这就防止了不同文件之间的不一致和错误。

G——地理：表达了 TIGER 系统的空间定位含义。TIGER 系统文件是用来表示地球表面上的地理要素或区域的技术方法，所有的相关要素都是 TIGER 系统文件的一个组成部分，TIGER 系统的主要目的是确保这些要素或区域既不重复也不遗漏。

E——编码：把地理信息，即点、线与区域，存储到 TIGER 系统中，地图不再是以印刷品形式，而是以数据形式存储在计算机中。

R——参考：TIGER 系统确保能对地球表面上的要素自动地存取与检索协调一致的信息，TIGER 系统文件是世界上最大的集成数字地理数据库。TIGER 系统主要用于人口调查与统计，但其最成功的地方是把人口数据连接到地理与地址空间上去。

TIGER 系统文件是一种多重文件，这些文件是相互连接在一起的，是一个集成性的文件。它关联于统计地址信息、地理代码和地图要素信息。因此，其中任一要素的变化都会在所有其他文件中同步地得到反映。这就解决了早期在建立文件时所遇到的问题。

总体上说，TIGER 系统除了那些为维护和更新数据库所必需的功能操作以外，还包括一大批计算机程序和操作。它是一个自动生产和控制的系统，对所有录入的文件进行跟踪。TIGER 系统说起来容易，做起来难。除了付出巨大的投资以外，关键问题是要有精确的、协调一致的地图数据库。因此，地图数据库的共享就显得极为重要。

由于共享其他部门的地图数据库，对于那些无拓扑关系的数据库文件，TIGER 系统就要为此增加拓扑结构。TIGER 系统的额外拓扑信息使它变得不够“开放”。例如，增加一个公路段时就要为此增加其两个端点的 0 维元素和两侧的二维元素指针。同样，还要确定指向描述记录和要素名名称文件的指针。新输入的线段还会引起其他主要地理编码的再建立。系统还提供了“绕行 0 维元素”的指针。这便于查找汇于 0 维元素处的所有一维元素。同样，也提供了“绕行二维元素”的指针，用于查找按顺序界定二维元素的所有一维元素。

这种内置的结构使得某些检索十分容易，但这是以在结构上附加的复杂性和维护的更大开销为代价的(R. W. Marx 和 F. R. Broome　1985)。

3.8.5 图形数据结构的选择

无论哪一种模型，都无法反映现实世界的所有方面，因而就无法设计一个通用的数据模型来适用所有的情况。对于复杂的事物现象更是如此。例如，某些空间数据模型适用于绘图，却不适用于分析，另外一些数据结构适用于分析处理，但对于制图却是低效的。

空间数据模型的设计有各种各样的方法，如布耶所提出的超图数据模型，包括所有可以识别的实体以及它们之间的联系，试图完备地表示现实，这样的数据模型以及相应的数据结构就极为复杂，影响它们在计算机中的使用效率。这样的系统包括过多的实体与联系，它们对于具体应用来说是非本质性的。马克(Mark　1978)主张另一种方法，即数据结构或数据模型的设计应根据其目的和用途来进行，并应排除与此用途无关的一切实体与联系。这样的数据模型就远不是现实的完备表示，而仅包含为具体任务所必需的那些主要的元素，按这种观点建立的模型就构成了最小复杂性的模型。因此，数据模型的选择既要考虑到数据所表示的现象的性质，也要考虑到对数据要进行的具体处理过程。

第 4 章　地图自动综合的数据库支撑

过去二三十年间，数据库技术的发展主要是满足商业数据处理的需要，商业数据的主要特征是面向记录、基本上为匀质记录和相对简单的查询。如点式查询是询问特定记录的存在与否，范围查询是询问其属性值落入给定上下界之间的全部记录。这样，商用数据被称为“标准”数据。

以地图与 GIS 为代表的“非标准”型空间数据处理在数据存储、管理与检索等方面提出了新的要求。空间数据处理包含复杂的几何计算和各种关系，特别是拓扑关系的计算与处理。

各种几何物体都是镶嵌于空间之中的，且与通常的按标识符或其他非空间属性检索相反，比较典型的检索方式是通过空间物体的位置进行检索。

空间数据结构的主要任务就是表示空间。适用于数据存储与管理的空间的表示有两个主要组成部分：把整个空间划分成单元的模式；双向映射，它把空间区域关联于单元，单元位于区域之中，即空间的表示和物体的表示必须是兼容的。要确保空间中的区域和位于这些区域中物体之间的关系可有效地进行双向计算：空间→物体（S→O：Space to Objects）：给定一区域，如一个单元，检索位于其中的物体；物体→空间（O→S：Objects to Space）：给定一物体，检索它与哪些单元相交。

空间划分用来组织位于空间中物体的骨架，这导致存取物体的两步过程：给定空间的一个区域，首先找到与该区域相交的单元（单元寻址 Cell Addressing），然后找出位于这些单元的物体（数据存取 Data Access）。为了有效地寻址，单元必须具有简单的形状，通常为矩形（Boxes）。最为简单的空间划分是正交网格。

空间数据不仅具有物体空间位置与形状信息，而且还有空间关系信息，它是地理信息处理中顾及地理信息综合性和区域性的关键。数据库的特点在于不仅处理实体本身的数据，而且更重要的是要存储与处理地理实体之间的各种关系。为此，要把计算机技术与数据库技术很好地用于地学信息处理，以解决这些复杂的问题，地图数据库系统的研究与实现就是其中的主要问题之一。地图数据库是当今机助制图系统（又称为地图制图自动化或自动化地图制图系统）的核心，也是地理信息系统的重要组成部分。因为地图是地理信息的主要承载体，而地理信息系统就是一种以地图为基础，供资源、环境以及区域调查、规划、管理和决策用的空间信息系统。近几年来，地图数据库、地理统计信息和遥感图像信息相结合，连同矢量方法与栅格信息处理的各种算法，形成了一个高度集成化的处理系统，三类信息的综合性分析处理，得出很多派生信息。在此，地图数据库不仅提供基础地形信息，更重要的是为信息处理提供区域依附，因为空间信息处理总是定位的或面向区域的。

计算机环境下的信息处理均是在相应的数据库系统支持下进行的。地图信息与 GIS 的综合要在相应的地图数据库系统或空间数据库系统的支持下进行。

4.1 地图数据库对地图信息自动综合的主要支撑点

地图信息的综合受到地图数据库的主要支撑表现在以下几个方面：

1. 综合对象的支撑：DLM(数字地图——地图数据库的用户观点)的支撑

因为综合的对象是DLM，也就是地图数据库，因此地图数据库是地图信息综合的直接支撑。从这方面看，地图信息综合的实质是模型综合，同时也是直截了当的(多尺度)数据库综合。

2. 综合所需的多准则信息源的支撑

综合是在地图数据库的支持下进行的。综合过程的本质是对各种物体的分析与评价。而分析与评价所需的数据集通常不是数据库的数据全集，而是为满足不同条件的各种各样的数据子集。这就要求数据库系统要拥有丰富的、多准则的和具有智能性质的检索功能。

地图数据库的应用性能主要体现在它所拥有的检索性能上，即能根据用户所提出的一种或多种检索条件迅速准确地从数据库中提取满足这些条件的物体集合以及某些派生信息。派生就意味着智能以及数据挖掘。

检索性能的好坏可以从所使用的选取准绳的数量及其组合、对地图内容查询的适用性以及存取速度等方面来评定。

3. 综合结果(多尺度、多文件)的存储与管理支撑

综合过程是在地图数据库系统的控制下进行的，因此，作为综合结果的新尺度下的空间数据，会得到数据库的自动管理，这样可免去很多数据的物理管理问题。

4.2 数据模型支撑

客观世界的事物是无穷无尽的，要研究、认识、利用和改造它们就必须作必要的概括与抽象，即理想化或模型化，以便揭示出控制客观事物演变的基本规律，作为利用和改造客观世界的手段。尽管客观事物是无穷无尽的，但由于各个物体均可由若干特征或性质来描述，从而彼此之间是可以区分的。物体在某些特征或性质方面的同一性，使得人们可对它们进行分类与归纳，为抽象与概括提供了重要的前提。现实世界是一个综合体，事物之间互相依存、互相制约，因而客观事物之间有着各种各样的联系。

数据库就是借助数据模型来处理客观事物的，可以这么说，数据库技术在某种意义上是实现事物(数据)之间联系的技术。

4.2.1 层次模型及其物理实现

层次模型是一种树结构模型，它把数据按其自然的层次关系组织起来，以反映数据之间的隶属关系。在这种数据模型中，只能表示逐层的1∶N联系。层次模型由处于不同层次的各个结点(记录型)组成。除根结点外，其余各结点有且仅有一个上一层结点作为其双亲，有若干个位于其下的较低一层的结点作为其子女。具有同一个双亲的若干个结点称为兄弟，没有子女的结点称为叶结点。

层次模型可定义为：如果一个基本层次联系的集合满足条件：①有且仅有一个结点无双亲，这个结点称为树的根；②其他结点有且仅有一个双亲结点，则称为层次模型。

此定义与图论中的相关定义是一致的。层次关系即隶属关系，这种关系是有方向性的，所以可用有向图来表示。当把层次模型表示为根朝上的树结构时，由于表示结点间联系的箭头符号都朝下，故一般都省略掉，如图 4-2-1 所示。显然，根以下的每个结点自身又相对地成为一棵树的根，这种有双亲的树称为子树。结点代表描述在该结点处实体的属性数据的集合。当每个结点的记录类型相同时，称为同质结构，如家族树结构；若每个结点有着不同类型的记录，则称为非同质结构。每个根结点的值引出一个逻辑数据库记录，即层次数据库由若干树构成。除根结点之外，其余每个结点的存取都必须通过其双亲结点。没有双亲结点，子女结点是不能存在的，因此，在层次数据模型中，对每个非根结点的存取路径都是唯一的。

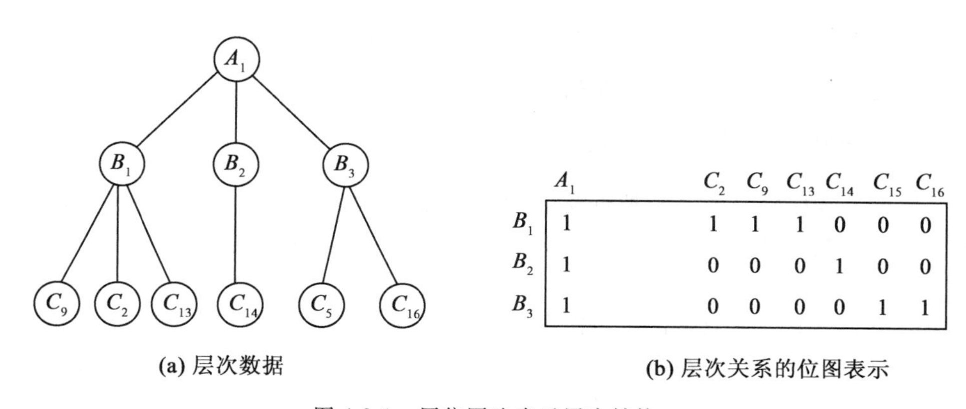

图 4-2-1　用位图法表示层次结构

层次模型的物理实现有以下四种方法：

1. 物理邻接法

物理邻接法就是将各层次上的记录按从上到下、从左至右的关系依次记录在存储器上，这样，数据的层次组织在逻辑顺序上与物理顺序是一致的。这种组织方式的关键问题是如何区分各个记录分属哪一级，为此，可在每个记录中附加一个代码予以表示。

这种存储方法很紧凑，适合于批处理和层次式报表的情况。但缺点是查找时要作顺序扫描，存取速度慢。

2. 表结构法

表结构文件就是记录之间相互用指针连接的文件。由于使用了指针，可“见缝插针”地充分利用存储空间。因此，用指针表示层次结构比较方便灵活，可用子女指针、双亲指针和子女指针加兄弟指针来表示层次结构。

3. 目录法

用表结构法表示层次数据模型时，所用的指针都是嵌入式指针，即指针是嵌在记录之中的。也可以用目录式指针来表示层次数据模型中各数据记录之间的联系，这时，这些指针所形成的目录本身也是一个文件，在这个目录文件中存储着原数据文件中各记录类型和各记录之间的联系。

4. 位图法

位图可看成目录的一种特殊形式，它是一张二维的表格，纵横表头表示不同层次上的记录键值，若某两个记录之间有父子联系，则在其交点处置“1”，否则置“0”。当记录数目不多时，位图表示法比较紧凑，如图4-2-1所示。

层次模型是数据处理中发展较早、技术上也比较成熟的一种数据结构，特点是记录类型间只有简单的层次联系，对于现实世界中实体间的层次联系，如把文件区分成主目与细目等，都可以用这种模型来表示。这种模型层次分明、结构清晰，较容易实现。

在层次式结构中，对子女结点的访问必须经由双亲结点，所以这种结构的一般缺点是处理个别记录的效率较低，尤其是处理等级最低的个别记录。文件的更新要跟随一长串指针，因此比较麻烦。正向询问还算容易，反向询问就困难了。用这种模型表示多对多联系时，其途径是很拙劣的，它会导致数据的冗余存储。

此外，双亲结点的删除意味着其下属所有子女均被删除，因此，进行删除时要特别小心。由于结构的严谨性，层次命令具有过程化性质，即要求用户了解数据物理结构的一些知识，因为要在数据操纵命令中用显式给出存取途径。

4.2.2 网状模型及其物理实现

网状模型是数据模型的另一种重要结构，它反映现实世界中实体间更为复杂的联系，其基本特征表现在记录间没有明确的主从联系，任意一个记录可与任意其他多个记录建立联系。

换句话说，不但一个双亲记录层次可以有多个子女记录层次，而一个子女记录层次也允许有多个双亲记录层次。在网状模型中，其数据结构的实质为若干层次结构的并，从而具有较大的灵活性与较强的关系定义能力。

可把满足下列两个条件的基本层次联系的集合称为网状模型：

①基本层次联系集合中可以有一个以上的结点无双亲；

②该集合中至少有一个结点有多于一个的双亲。

网状结构可分为两类：简单网状结构和复杂网状结构。简单网状结构是指双亲结点到子女结点的联系是$1:N$的，反向联系是$1:1$的，在图解形式上不存在两端均为双箭头的连线。复杂网状结构是指在网状结构中至少存在一个双亲/子女联系为$M:N$，即在图解形式上至少存在一条两端均为双箭头的连线。

由于技术上的原因，在计算机中很难表示两个记录型之间的$M:N$联系，因此，可通过引进数据冗余，把$M:N$联系分解成若干个$1:N$的简单网状结构。因此可以说，网状模型的基本联系还是$1:N$。

网状数据模型的物理实现要比层次式数据模型复杂得多，许多适合于层次结构的物理实现不适用于网状结构；适合于某一种网状结构的又不适用于别的网状结构。基本的表示法仍然是物理邻接、指针、目录及位图等几种，由于网结构的复杂联系，一般不能用单一的方法来表示，而是把几种方法组合起来使用。

1. 简单网状结构的物理实现

下面以图4-2-2为例来说明简单网状结构的物理实现问题。图中表示出两种$1:N$联系：$A\rightarrow C$和$B\rightarrow C$。

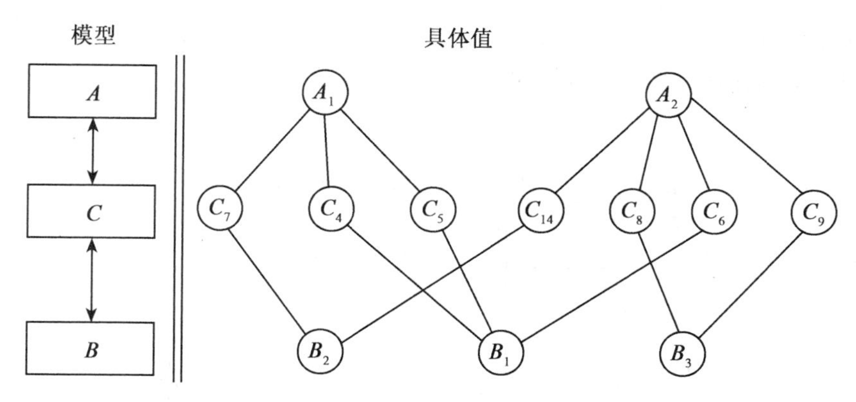

图 4-2-2　简单网结构

(1)物理邻接加指针

虽然层次结构用物理邻接表示而没有冗余，但对于网状结构却不能这样做，可用物理邻接表示结构中的一种亲子联系，再用另外的方法表示其他的联系。我们可用物理邻接表示 $A \rightarrow C$ 联系或 $B \rightarrow C$ 联系，但不能同时表示两者，除非我们重复 A 或 B 记录。

(2)目录法

如同对待层次模型一样，有很多理由将指针从记录中分离出来，把它们放在另一个文件中，构成目录。查找目录的有关部分要比通过嵌入式指针进行查找要快得多。此外，处理增删也比较方便，一般说来，联系越复杂，就越应采取这种把联系同原始数据分离的办法。

(3)位图法

上述网状模型可用位图法表示(图 4-2-3)。

	C_4	C_5	C_6	C_7	C_8	C_9	C_{14}
A_1	1	1	0	1	0	0	0
A_2	0	0	1	0	1	1	1
B_1	1	1	1	0	0	0	0
B_2	0	0	0	1	0	0	1
B_3	0	0	0	0	1	1	0

图 4-2-3　位图法

2. 复杂网状结构的物理实现

在上述简单网状结构中，子亲联系是单一的，故可利用物理邻接、指针等方法来表示；在复杂网状结构中，不同记录类型之间的联系是 $M:N$，上述方法就不适用了。

对于单级或多级的 $M:N$ 联系，常用的物理实现方法是变长指针表。若认为变长指针表法会给处理带来不便，则可选用其他更为合适的方法，如目录法或位图法等。对于如图 4-2-4 所示的多级的 $M:N$ 联系，情况就更为复杂了，可用目录法表示。由图 4-2-4 看到，相关于某一层次上的一个项目，有其他各个不同层次上的、可能比它高也可能比它低的项目。对于位图而言，多级的 $M:N$ 联系已不可能在一张位图中全部表示出来。一般说来，若复杂网状结构有 m 级，则需要有 $m-1$ 张位图(图 4-2-5)。实际上，在多数数据库系统中，复杂网状结构往往先转换为简单网状结构来处理。

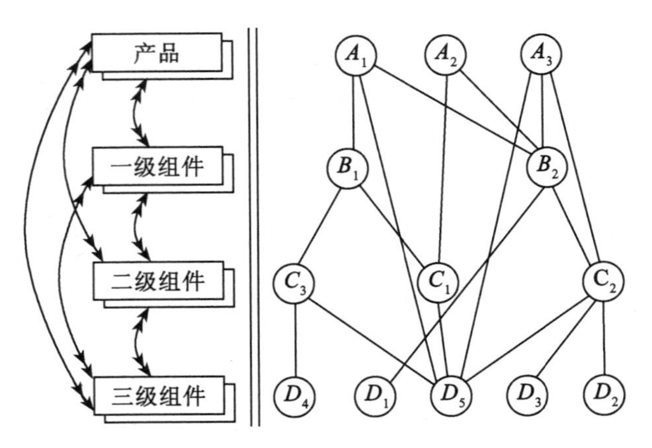

图 4-2-4　多级复杂网结构

	A_1	A_2	A_3
B_1	1	0	0
B_2	1	1	1

	A_1	A_2	A_3	B_1	B_2
C_1	0	1	0	1	0
C_2	0	0	0	0	1
C_3	0	0	0	1	0

	A_1	A_2	A_3	B_1	B_2	C_1	C_2	C_3
D_1	0	0	0	0	1	0	0	0
D_2	0	0	0	0	0	0	1	0
D_3	0	0	0	0	0	0	1	0
D_4	0	0	0	0	0	0	0	1
D_5	1	0	1	0	0	1	1	1

图 4-2-5　用位图法表示复杂网状结构

网状数据模型的主要优点是能反映现实生活中极为常见的多对多的联系，其主要缺点是本身的复杂性，应用程序员必须熟悉数据库的逻辑结构，要知道数据操作何时处在数据库的什么地方，此外，为程序员所提供的数据观点远比在层次模型中复杂。

4.2.3　关系模型

在层次与网状模型中，实体间的联系主要是通过指针来实现的，即把有联系的实体用指针连接起来，而关系模型则采用完全不同的方法。

关系数据模型是根据数学概念建立的，它把数据模型看成关系的集合，是将数据的逻辑结构归结为满足一定条件的二维表形式。此处，实体本身的信息以及实体之间的联系均表现为二维表，即关系。这就是说，不是人为地设置指针，而是由数据本身自然地建立起它们之间的联系，并且用关系代数和运算来操纵数据，这就是关系数据模型的本质所在。因此，关系数据模型就表现为关系的集合。使用关系数据库系统不再需要编制与调用文件了，也不需要给用户强加那些“导航”要求，因此，使用起来简单方便，从而使程序设计从计算机的物理结构中解放出来。

对于一个非程序设计的用户，表示实体间联系的最自然的途径就是二维表格。表格是同类实体的各种属性的集合，在数学上，把这种二维表格叫做关系。二维表的表头，即表格的格式，是关系内容的框架，这种框架叫做模式，它包括关系名、属性名、主关键字等。

关系由许多同类的实体所组成，每个实体对应于表中一行，叫做一个元组。表中的每一列表示同一种属性，叫做域，如果此域仅表示一种属性值，则称为单纯域；如果此域表示两个或两个以上的特性值组合的值，则称为非单纯域。表中若有 n 个域，则表中的每一行叫做一个 n 元组，这样的关系叫做 n 度关系，或叫 n 元关系。

就空间数据的处理特征来看，关系数据库系统的很多功能用不上。此外，关系数据模型对 GIS 与地图来说尚有不少局限性，如关系数据库不直接支持结构聚合(Aggregation)和综合(Generalization)；关系操作对于许多工程应用对象(如影像)毫无意义以至非法，等等(陈其明　1991)。因此，可以说，实际上在 GIS 中，主要是把关系数据库用作统计数据的简单存储手段罢了。这不能不说是对软件资源的一种浪费，同时，也说明了研究专用的 GIS 软件的合理性与必需性。

4.3　基于地理实体的信息组织

GIS 的地理基础指的是普通地图上的主要要素，如水系、地貌、交通、居民地、境界、土质植被等。其详尽程度视需要而定。

地理环境是人类的活动场所，地理基础是 GIS 专题内容的定位手段或载体，有其无需解释的重要性，是空间信息系统中"空间"含义的所在。

地理基础数据库是基于矢量数据的，在几何上表现为点、线、面等图形元素。其特点是面向实体的，在数据结构上表现为一个逻辑记录对应于一个地理实体。

地理实体类别及实体内容的确定是从领域需要出发，对现实世界中的各种事物进行认识、研究与选择的过程。地学工作者从现实世界中选择的事物与文学家或医疗卫生部门显然是不同的。首先要对现实世界中地理实体进行选择，进而对它们进行分类。对于被选择的地理物体，还要确定其实体结构，即从大量的性质中选择若干主要性质作为构模中的实体属性。

一个地理实体包括两大类信息：基本地形信息和专题属性信息。

4.3.1　基本地形信息

基本地形信息是地理信息中的空间信息，或叫图形信息。这类信息也可称为地理参考信息，包括：

1. 类型信息

类型信息表现为分类名称和/或分类码，用以描述物体的类别归属或含义。它回答该物体"是什么"的问题。对于共位目标，一个目标可能同时拥有若干个分类码，如一个河流同时又是某一级政区的界线，还可能是某种地类界(如森林、沙地)等，即共位目标的分类码可能有若干个。总体来说，它应是一个变长数据项。

2. 几何信息

几何信息表现为描述物体的位置、形状和大小等的坐标数据，是关于物体的空间信息。它回答该物体“在何处?”以及“形状和大小”等问题。

描述形状的坐标串的长度一方面与目标的轮廓线长度有关，另一方面还与采点密度有关。因此，图形信息的坐标串长度具有典型的变长特性。

3. 地名信息

地理名称信息是部分地理实体的一种属性。然而，并不是所有地理实体都有自己的名称。一个地理名称可视需要进一步包括曾用名。地理名称用文字表达。

地名是属于确定的地理对象的。它的定位是参考于所隶属于的地理物体的位置坐标。

上述1、2两项内容是必需的，缺一不可。因为GIS中的目标必须同时具有语义信息与位置信息。而地名信息视具体情况而定。

4.3.2 空间关系信息

空间关系可分为两大类：通用基本邻接关系和面向应用的特殊关系。

1. 通用基本邻近关系

这是一种简单空间邻接关系，通过数据库系统的空间栅格索引来实现，其应用方式是简单地开矩形窗口，检索位于其中的全部或指定数据层的信息。

2. 面向应用的特殊关系

这是一些特殊的更为高层的关系，它们需要通过用户来定义并借助上述通用基本邻接关系进一步开发专用功能模块，从而自动地建立，如道路的平交、立交关系；河流、道路与桥梁的交叉与跨越关系等。

4.3.3 复杂物体关系

这里是指复杂物体的组成关系信息：父物体/子物体之间的双向关系信息，如城市、街区、建筑物之间的层层包含(父子)关系，省、地区、县、层层隶属关系等。

4.3.4 专题属性信息

1. 数量特征与质量描述信息

①数量特征：包括物体的高度、长度、宽度、比高、面积、流速、桥梁的载重、村庄的房屋数目、森林中平均树高和树间距离等。

②质量描述：包括诸如森林中的树的品种、桥梁的建筑材料、湖水的水质、路面铺装材料等。

2. 专题统计信息

此处包括社会统计数据、环境监测数据、遥感图像数据和数字地形模型数据等。

3. 文字描述信息

对于一些地理单元，有时需要用文字来描述一些其他特征，如地区的发展概况、历史沿革等。

4.3.5 实体信息的集成化管理

这里讲的是地理基础数据库的微结构：实体本身的信息组织，即地理实体构模，如图4-3-1所示。

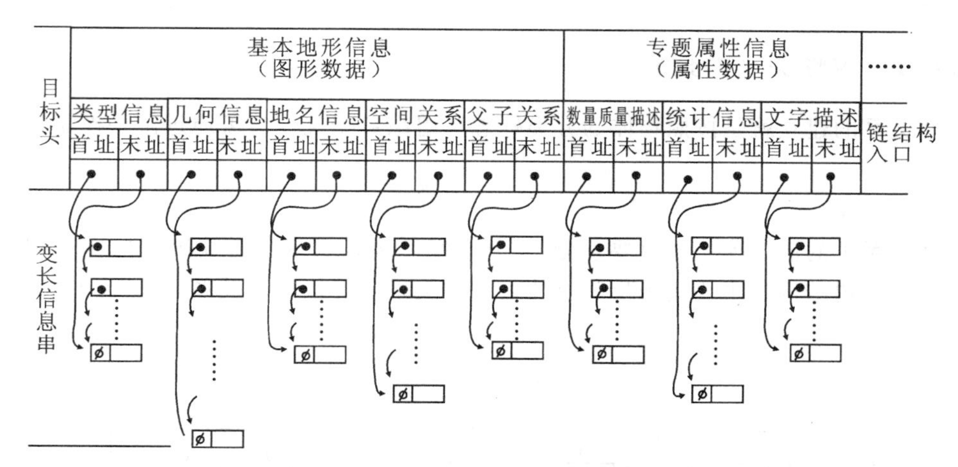

图 4-3-1　基于地理实体的实体信息组织

图 4-3-1 实现的是一种地理数据的集成管理，即将图形数据与非图形数据作一体化管理，而不像一般的系统采取的分离管理方法：图形数据用专用系统管理，专题数据用关系数据库管理。实践表明，这种分离的方法为地理数据处理带来许多困难。

由上述可见，一个地理实体的信息结构已经是很复杂的了，它在数据结构形式上已呈现为一个数据库的架构：目标的每一个属性串已呈现为一种链结构，要知道链结构是文件的一种组织形式。这样，一个地理目标原表现为属性信息的集合，即在形式上已表现为集成在一起的相关(链式)文件的集合。因为文件的集合在结构上就定义为一个数据库，所以，在这种情况下，一个地图目标在结构上就呈现为一个数据库。

4.4　地图基础数据库中基本关系的建立

在空间数据库中，除了存储与组织实体信息以外，其另一个重要任务是要建立实体间的基本关系。所谓基本关系，首先是指在数据库系统中必须建立的最低限度的关系；其次，这些关系是建立其他派生关系的基础。

地理实体均有其地理位置、轮廓形状及与其他物体之间的关系(尤其是空间关系)。地理信息处理的特点在于此，地理信息处理的复杂性和难点也在于此。

此处以矢量形式表示地理实体。这种结构主要解决两方面的问题：实体间定性关系与定位关系的建立。

此外，空间数据库还要进而表示物体之间的其他几种主要联系，同时还要对未来的快速响应作出安排，即复杂结构与快速响应要同时满足。

数据结构的主要研究任务是确立实体之间的关系。从这个角度看，每个实体便可概括成一个点，犹如图论中图的顶点一样。因此，上述实体内部结构被称为微结构。

实体之间有多种关系，对建立地理基础数据库来说，就要从中选择若干种关系作为基本关系，以此为基础，视需要可再派生一些更高层关系，如拓扑关系等。

对地理基础数据库来说，定性关系(类别层次树)和定位关系(邻接或关联)可认为是基本关系。

4.4.1　定性关系的建立

定性关系的建立就是按照物体的分类标志来组织数据文件。可通过两种模型来组织数据文件。

1. 层次关系

定性关系中的层次模型通过要素分类/分级编码表来实现，对编码值域作规则的划分来形成多层次树结构，主要用来反映物体之间的类别与等级隶属关系(图4-4-1)。

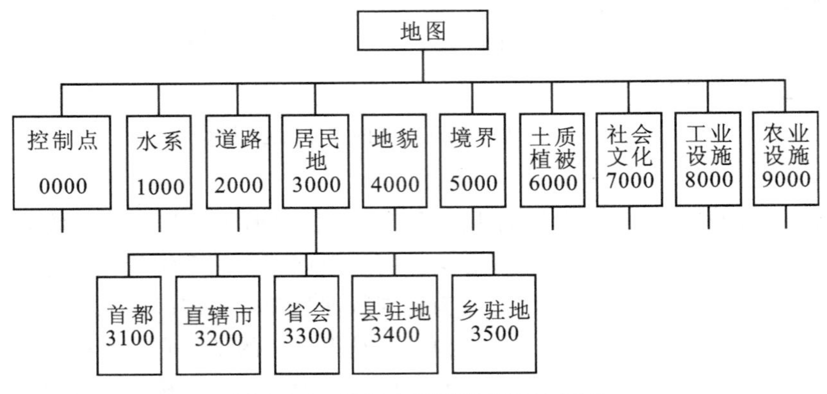

图4-4-1　地图内容树形编码示意图

2. 网状关系

由于不同类型记录之间有时会发生共位现象，导致一个目标会同时具有多重分类属性，从而在数据结构上分属多个数据文件，即一个子女结点有多个双亲结点，形成一种网状数据模型(图4-4-2、图4-4-3)。从图4-4-3中看出，定性关系中的层次与网状结构是根据目标的非主属性(即分类码)建立相应的索引——倒排文件实现的。这个索引称为标题索引。

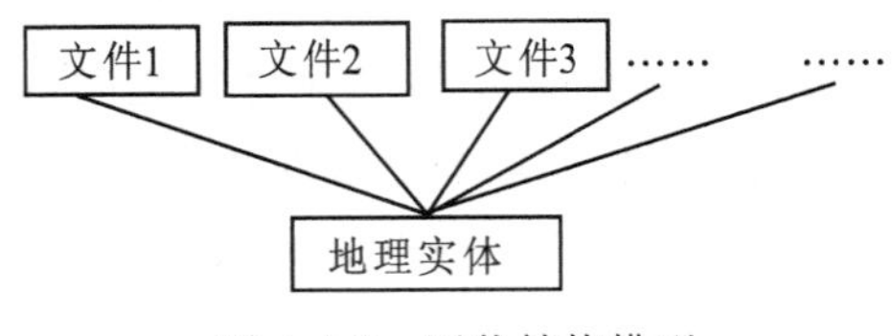

图4-4-2　网状结构模型

4.4.2　定位关系的建立

定位关系是物体间的基础空间关系，是一种面向位置的数据结构。它用近似的方法表示物体间的接近度。建立定位关系的目的是为地理基础数据库系统配备定位(开窗)检索的功能。为此，在建立地理基础数据库时，需要用一个平行于坐标轴的正方形数学网格覆

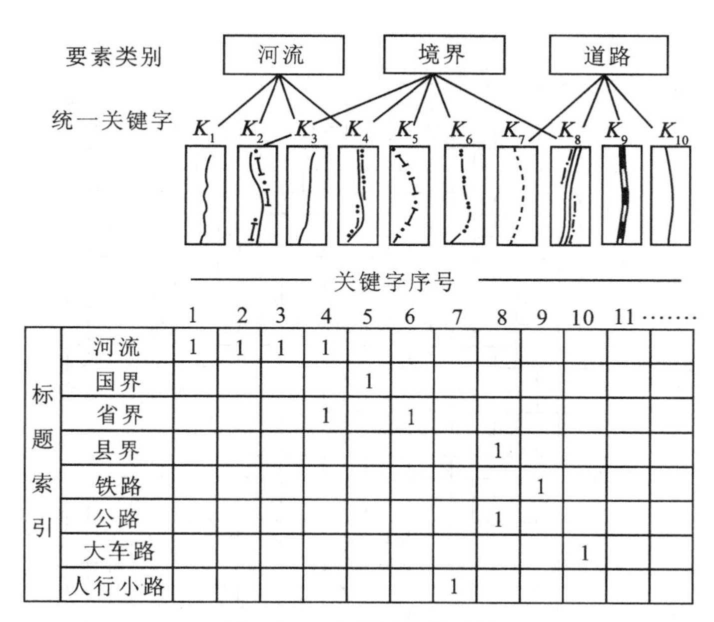

标题索引		1	2	3	4	5	6	7	8	9	10	11	……
	河流	1	1	1	1								
	国界					1							
	省界				1		1						
	县界								1				
	铁路									1			
	公路								1				
	大车路										1		
	人行小路							1					

图 4-4-3　定性网结构示例

盖在整个数据库数值空间上，将后者离散化为密集网格的集合(图 4-4-4)。根据网格的矩形空间与物体坐标的位置关系建立地理物体之间的空间位置关系，这样便生成一个倒排文件，称为栅格索引(图 4-4-5)。图 4-4-4 中的每一个网格在栅格索引中有一个索引条目(记录行)，在这个记录中登记所有位于或穿过该网格的物体的关键字，此处用位图来表示。

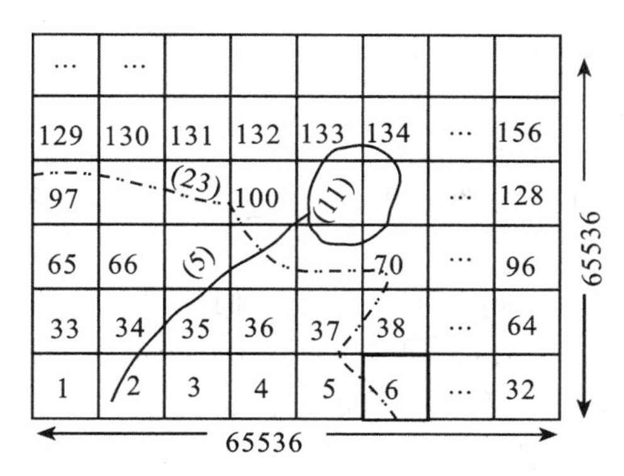

图 4-4-4　在数据库空间上定义数学网格

数学网格呈矩阵状，其行列数通常取 32×32 或 64×64 对应的规格化坐标空间为 65536×65536。现举例说明栅格索引的建立方法。如图 4-4-4 所示的一条河流，其数据库关键字为 5，它的平面图形穿越网格号为 2、34、35、67、68 和 101，在建立空间索引时，把所穿越的网格号作为行，把物体的关键字作为列，在行列交叉处的索引网格中置“1”。在图 4-4-5 中可以看到，对于该条河流来说，在 2、34、35、67、68 和 101 行的第 5 列处，均被置“1”。类似地，在图 4-4-5 中，又以关键字为 11 的小湖泊和关键字为 23 的境界线

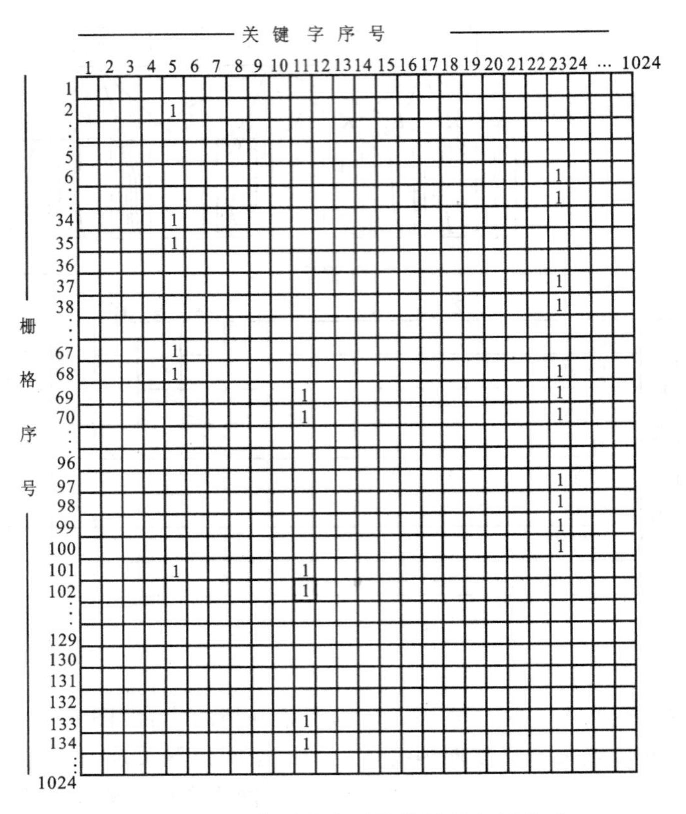

图 4-4-5　用位图法表示的数据库空间索引

为例，建立了它们的空间索引。

4.4.3　拓扑关系的建立

对于在普通地图上常见的点、线、面、体四类要素，可分别建立它们的拓扑关系。

1. 离散点集

对于离散点集，可用 Delaunay 三角网建立它们之间的毗邻关系，其中，可进一步确定每个顶点的邻接度(邻居的个数)。同时，可用 Delaunay 三角网的对偶 Voronoi 图来确定一个顶点的统计影响(或服务)面积，该值可作为点状物体的某种重要性的评价。严格说来，Delaunay 三角网和它的对偶 Voronoi 图都不是拓扑的，因为它们是严格地根据距离的概念生成的。一切由距离派生的结构都不是拓扑的，因为它经不起弹性变形。然而，当坐标系与投影都选定以后，在这一特定系统中研究物体之间的空间关系可不顾及弹性变形。这时，Delaunay 三角网的对偶 Voronoi 图具有相对拓扑的性质，因为它表达了重要的空间关系。

在学术界把 Voronoi 图评价为一种重要的混合结构：融图论与几何求解问题于一体，是矢、栅空间模型的共同观察途径(详见第 7 章 7.1 节)。

2. 交通线网

对于以交通网和居民点所构成的网络，可生成相应的图(Graph)。它表达点目标间的连通关系以及点目标与线目标之间的关联关系。不过，此处可能生成的网眼或面域一般没有意义。

3. 河网

对于以河网为代表的网结构，可建立主流、一级支流、二级支流……之间的主次(父子)关系，从而得到进一步结构化的信息。

4. 离散面集

对于离散的面状物体集合(如建筑物)，它们之间的一种主要关系是邻接关系。为此，建立建筑物之间的三角网，借此生成近似 Voronoi 图，或直接用栅格图像加粗的方法获得离散面状物体的 Voronoi 图等，后者可直接提供所需的邻接关系。

5. 铺盖面集

对布满全图的铺盖式的面状物体所构成的完整网络，如行政区划网络、土壤类型图等，可建立其边界结点、边界弧段和专题面域间的完备的拓扑关系。

6. 地貌

对于典型的体状要素，如地貌，在地形图上的主要表达手段是等高线。因此，建立等高线之间的关系就直接表达着地貌形态之间的关系。等高线树就是其中之一。

4.4.4　其他关系问题

地理基础数据库在表示物体之间的关系时，使用的不是物体的数据记录本身，而是它们的逻辑地址——关键字，这样，同一个物体就可以加入到不同关系之中。例如一个城市既可以加入“铁路联接”关系，也可以加入“公路联接”关系或行政隶属关系等。

近几年来广泛讨论了是否把在地图上可以设想的物体间的全部关系在数据库中均用显式表示的问题。由于这涉及系统的巨大开销，因此可以认为，那些已隐含在存储数据中的关系，如可计算的几何关系与部分拓扑关系以及在物体分类编码表中隐含的层次关系，就没有必要用显式再次予以表示，因为在必要时，用计算来求得这些关系比把它们永久地存储起来更为合适。尤其是在空间数据处理中还涉及很多模糊关系，如沿海城镇、河流沿岸城镇、城市郊区的村镇等。这些模糊关系无法确切地以显式存储，只能根据进一步提供的信息，如距海岸线的距离、距河岸线的距离、到市中心的距离等，才能使这些模糊关系确定化，从而利用前述栅格索引手段来建立这些关系。

我们知道，在建立记录之间的关系时，位图法直观明显，查找速度快且处理增删方便。用位图法来表示数据关系是一种把关系同用户数据体分离开来的表示法。一般来说，联系越复杂，就越应采用这种分离表示法。如在前面 4.2.2 中所述，若要表示 m 级的复杂网结构，则就要建立 $m-1$ 个位图(比特矩阵)。用位图法表示的标题索引与栅格索引包含着大量的零元素，牺牲了一些存储空间，但却换来了检索及其逻辑组合速度的提高。

4.5　复杂(复合)物体处理功能

4.5.1　现有的数据模型在非标准应用中的局限性

在过去三十多年中，数据库技术经历了四代的发展即文件系统、层次数据库、网络数据库、关系数据库。第二、三代实现了在同一应用环境下，若干用户共享一个集成数据库。由于它们缺乏数据独立性、导航式访问，令人乏味，导致了第四代数据库技术的出现。所有前四代数据库系统都是为了迎合诸如库存控制、工资表、账目等商业事务数据处理的需要而设计的。因为它们难以描述复杂（复合）物体（Complex Objects，Composite Objects，Molecular Objects，Structured Objects，Aggregates），而第五代数据库，即面向对象的数据库系统（OODBS），旨在把数据库技术应用于非商业领域，如CAD/CAM、OA、CASE、AI等。地图与地理数据是典型的空间数据，地理信息系统是典型空间信息系统，是处理复杂物体重要领域。空间数据的计算机处理比一般的CAD复杂得多，因此，它是更复杂的非标准应用领域，前述四种数据库技术不适用于空间数据处理，主要表现在以下几个方面：

空间数据具有多介质性质：图形数据、图像数据、专题统计数据、文字描述数据等。

地理物体的各种信息串，特别是图形信息串，均表现为变长信息串，且其数据量一般相当可观，如一条河流的坐标点序列等。

地理物体具有多层空间嵌套关系，如一个大型地理实体——城市，它一般包括若干个城区，而每个城区又包括若干个街委会，每个街委会又包括若干个企事业或居住单位，而后者又会包括若干个建筑物等。即可以说，地理物体是具有多层嵌套特征的复杂(复合)物体体系。

地理物体之间具有拓扑关系(第1章1.12.4节和第3章3.7.3、3.8.3节中已论述过)。

地理物体之间具有空间(立体)交叉关系。

长事务处理是空间数据处理的一个主要特点，商用DBMS难以对付。

4.5.2 概念与意义

复杂物体是物体间的层次隶属关系的体现，它可以是包含式的，也可以是分散式的。包含式的如街区与位于其中的建筑物之间的隶属关系；分散式的是父物体所属的子物体彼此不邻接，如一所大学的几个分校分散在彼此分离的几个不同的地方。

复杂(复合)物体的处理(生成、管理与检索等)不仅是自动制图综合不可回避的问题，也是地学数据处理中的重要方法和途径；在数据库技术领域中，它曾是面向对象的数据库系统(OODBS)所要解决的主要问题之一，借此克服关系数据模型中第一范式(不容许表中有表)的限制，以便用最自然的方式来描述客观现实。

4.5.3 复杂(复合)物体的定义

从数据库管理的角度来看，复杂(复合)物体可理解为：一个有独立数据库关键字的且在形态上包含多个独立存在的物体，若后者也有其数据库关键字，则这样的物体称复杂物体。换句话说，即复杂物体包含若干个下属物体，这些下属物体在数据库系统中是独立存在的(具有独立的关键字)，它们可以具有不同的类型码，并且还可拥有层次更低的一批下属物体。

4.5.4　复杂物体信息构成

复杂物体在结构上是一个二级树：父物体与若干子物体，如一所大学与其各个分校。

1. 父物体

父物体有其层次较高的(其子物体所不具有的)有关整体性的信息：父物体关键字、总体描述信息(可能的总体轮廓图形、校长、校级机构等)、下属单位名录或其数据库关键字等。在图 4-5-1 中，F 表示一个父结点(复杂物体)，它包含四个子结点(下属物体) S_1、S_2、S_3和 S_4。

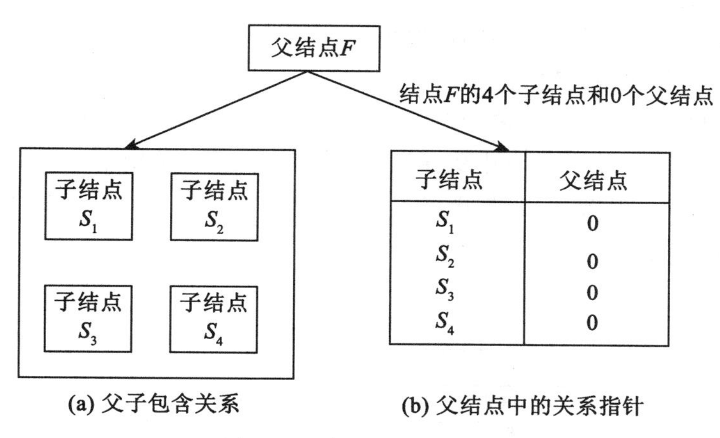

图 4-5-1　复杂物体的构成

2. 子物体

子物体有其自身的关键字、小规模的轮廓图形、层次较低的描述性信息，但要有其父层信息，特别是父关键字。还可能拥有层次更低的子物体(通过子目标关键字来体现)。

从实质上讲，复杂物体是若干相关物体的组合，其表达手段是通过竖向关系(父子关系与子父关系)和横向关系(兄弟关系)来实现的(图 4-5-2)。

S_1 结点	
子结点	父结点
0	F

S_2 结点	
子结点	父结点
0	F

S_3 结点	
子结点	父结点
0	F

S_4 结点	
子结点	父结点
0	F

图 4-5-2　复杂物体中父子关系的建立

在实际应用中，会产生数据共享的问题，即某些子物体同时为一个以上的父物体所共用，这使得以树结构为基本特征的复杂物体有时具有网结构特征。如一个小湖泊属于某个特定区域，它与其他物体一起使这个区域变成一个复杂物体，但它同时又是某个流域水系的一个子物体。尽管复杂物体系统中有时出现网结构关系，但这并不会增加复杂物体数据处理的复杂性。

4.5.5 复杂物体的生成

在地理/地图数据库中，数据获取与管理的直接对象首先是位于最低层的简单物体，这些简单物体是可以直接存取与独立处理的。在数据库中，它们具有各自的唯一关键字。若复杂物体的子物体是连成一片的，则可用包含方法来圈定；若复杂物体的子物体是彼此不相邻的，则需用光标来一一标定。复杂物体的生成步骤如下：

1. 简单物体数字化

地图数据库系统直接支持简单物体的数据获取与管理。

2. 复杂物体父子关系的建立

由于复杂物体与其下属物体之间的关系是一种父/子关系。因此，复杂物体的生成就是建立这种父/子关系：在父结点中要存储其子结点的地址(关键字)，而在子结点中也要存储其父结点的地址(关键字)，如图4-5-1和图4-5-2所示。可见，建立父/子关系的同时，也实时地建立子/父关系(图4-5-3)。

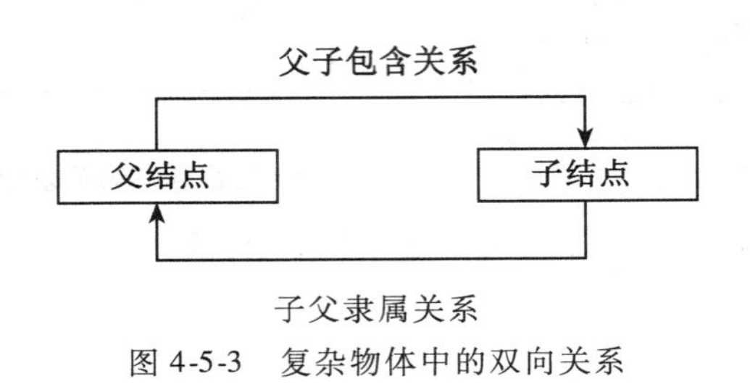

图4-5-3 复杂物体中的双向关系

4.5.6 复杂物体中关系的编辑

物体的包含/隶属关系是一种特殊数据，对这种数据要配备相应的编辑功能，其基本关系编辑功能如图4-5-4所示。

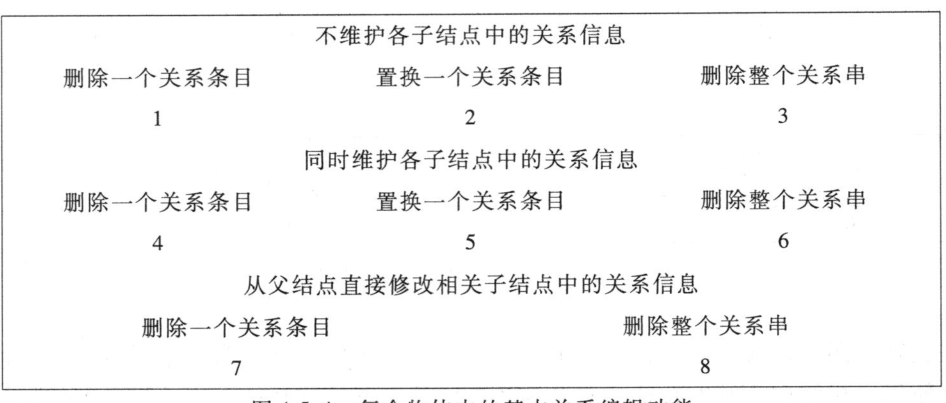

图4-5-4 复合物体中的基本关系编辑功能

4.5.7　复杂物体树/网结构的建立

当某几类要素物体间的隶属关系建立并确认无误之后，可针对这几类物体建立其层次树结构。这样，在数据库中可形成一个复合物体森林体系：水系树、交通网树、行政区划网树、城市结构树等。

1. 规定树结构的地理类型

因为要针对不同类别的地理物体分别建立其独有的树结构，所以在建立特定的树结构时，需明确指定其所辖的物体类别范围。例如，对于水系树来说，可包括以下几类物体：河流、沟渠、湖泊、水库、运河、河源泉等。

2. 建立子/父关系目录

根据所给定的物体地理分类码范围，系统软件执行逐层分类检索及进行逻辑并(OR)运算，然后读出有关物体的子/父关系串，形成有关物体的子/父目录表(图 4-5-5)。

3. 复杂物体树的生成

对子/父关系目录的扫描，可以建立它所对应的复杂物体树结构。例如，1 号物体的父结点值为 0，说明 1 号物体是树根；按父结点扫描所有的 1 对应的子结点{2，3，4}；接着把三个子结点{2，3，4}再分别作为父结点，找出它们各自对应的三个子结点集，即{5，6，7}、{8，9，10}和{11，12}，这样继续下去，即可得出如图 4-5-5 所示的树结构。

上述树结构可用一种简单的数据结构来表示。这里不仅表示了结点之间相对层次关系，而且也表示了水平并列关系。例如，图 4-5-5 可用表 4-5-1 所示的结构来表示。

由图 4-5-5 可以看出，在一个子/父关系目录中，可以同时存储若干棵树结构的子/父关系，因而可以生成若干棵树(森林)。

在生成复杂物体树的过程中，可把物体在树结构的层号作为特殊的分类码，借此建立复杂物体的分层索引，以便支持对指定某些层次进行直接检索。以表 4-5-1 为例，可以建立其相应的分层索引(表 4-5-2)。表 4-5-1 的树结构支持垂直包含检索，表 4-5-2 的分层索引支持水平并列检索。

当物体类别多且彼此之间没有明确的从属关系时，则需分类建立各自的层次树。

表 4-5-1

结点层号	关键字	结点出度	子结点序列	结点层号	关键字	结点出度	子结点序列	结点层号	关键字	结点出度	子结点序列
1	1	3	2，3，4	3	9	2	20，21	4	17	0	
2	2	3	5，6，7	3	10	0		4	18	0	
2	3	3	8，9，10	3	11	0		4	19	0	
2	4	2	11，12	3	12	2	22，23	4	20	0	
3	5	3	13，14，15	4	13	0		4	21	0	
3	6	2	16，17	4	14	0		4	22	0	
3	7	0		4	15	0		4	23	0	
3	8	2	18，19	4	16	0					

Son	Father
2	1
6	2
8	3
12	4
7	2
21	9
9	3
10	3
11	4
13	5
3	1
15	5
1	0
16	6
14	5
19	8
4	1
18	8
22	12
17	6
5	2
20	9
23	12
102	101
111	102
114	103
112	102
115	103
113	102
116	104
103	101
213	114
211	112
101	0
212	112
214	114
104	101

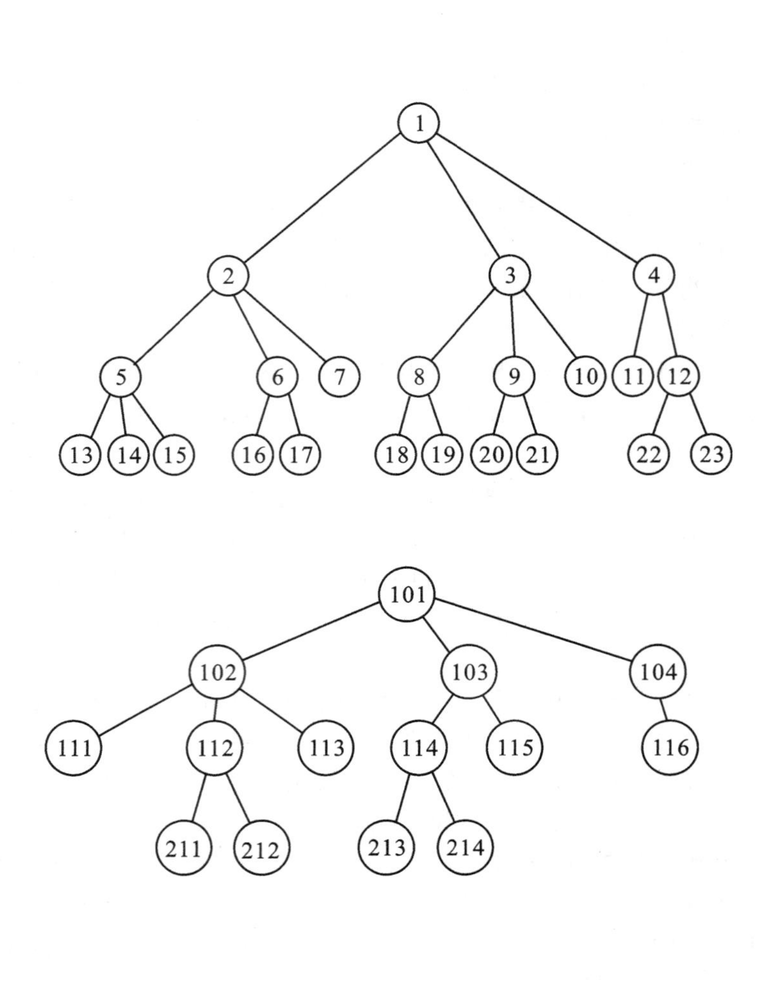

图 4-5-5 复杂物体的层次树索引结构

表 4-5-2

树结构层号	物体代号（关键字）	
Ⅰ	1	101
Ⅱ	2，3，4	102，…，104
Ⅲ	5，6，…，11，12	111，…，116
Ⅳ	13，14，…，22，23	211，…，214

4.5.8 复杂物体检索

为了进行复杂物体检索，需要建立复杂物体层次树，它是根据所建立的物体间的父/

子关系，自动生成的若干个树结构（森林）。对于每棵树的层数，在笔者所设计的微机地图信息系统 MCGIS 中，设计为最多 8 层，分别登记于 8 个分层索引中，以便直接地检索落于树结构不同层次中的物体。有下列两种主要检索方式：

1. 标识父结点检索

标识父结点检索指的是用屏幕光标标识某一物体，系统自动查找出它属于哪个父结点（高一层的复杂物体），并把属于该父结点的全部下属物体显示输出。例如，当根据图 4-5-1 标识 $S_1 \sim S_4$ 中的任何一个子结点 S_i，则系统输出其父结点 F 的全部下属物体 S_1、S_2、S_3和 S_4。此功能还可用于建立复杂物体关系时的实时检查。

2. 组合式检索

在地图数据库的复杂物体处理子系统中，可包括多种类别的树结构（森林）。因此，在组合检索时，首先要指明检索哪一类或哪几类复杂物体；其次要指明检索树结构层次的深度。根据这两类信息，可检索出指定某一类或某几类复杂物体，并达到指定的详细程度或树结构层次深度（毋河海，龚健雅　1997；Hehai Wu　1993）。

4.6　地图数据库的多准则信息检索

在上述几节中，重点阐述了地理实体本身信息结构（实体内部结构或微结构）和实体之间的关系（定性关系与定位关系等），其任务是解决 GIS 的信息模型问题。而此处所述的数据处理技术，则是要解决 GIS 的处理模型问题。

4.6.1　意义

系统的输出是系统存在的理由。我们之所以要设计并建立一个系统，就是为了从系统中获取我们所需要的一系列原始的信息和若干派生性的信息，除此以外，没有任何其他目的。GIS 的分析与处理功能首先就体现它所拥有的检索性能上，即根据用户所提出的一种或多种检索条件，迅速准确地从数据库中提取满足这些条件的物体集合以及产生某些派生信息的能力。所谓检索，是指根据预设条件来确定相应的物体集合。选取性能的好坏可以从所使用的选取准绳的数量、逻辑组合的性能、智能化程度以及存取速度等方面来评定。

空间信息处理的两个特点是区域性与综合性。因此，对于处理模型来说，特别是有关区域性数据分析来说，首先是要从系统中提取为处理所需的准确信息子集，以进行各种具有区域针对性的信息分析与处理。因此，这里论述的基本环节是：支持区域性数据处理的信息检索技术；支持综合性数据处理的地理信息集成处理；GIS 在决策过程中的应用。

用于制图综合的地理数据库应具备分层（分类、分级）检索（定性检索）、开窗检索（定位检索）、按多边形检索、按拓扑关系检索和按缓冲区检索以及这些检索之间的各种有意义的逻辑（布尔）组合等功能，从而可使计算机具有视觉功能，能随机地注视任何地区的任何要素以及它们之间的相互关系，犹如“漫游”一样。以这些功能为基础，在专用软件的支持下，自动地进行地图要素的全局结构识别和邻近度分析，为实现空间数据处理中的计算机视觉问题提供功能保证。

这里包括三大类信息检索：原始信息检索（定性与定位检索）、拓扑检索和复杂物体检索，如图 4-6-1 所示。

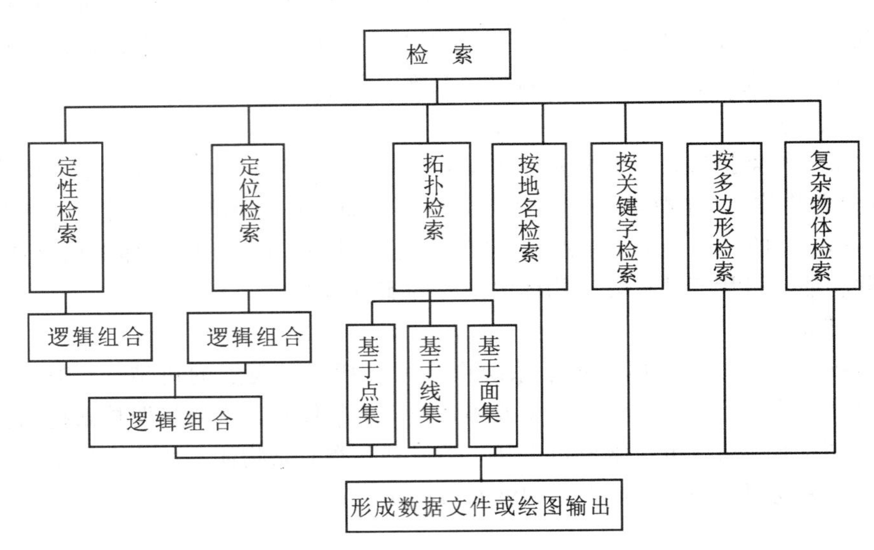

图4-6-1　地图数据库的多准则信息检索

4.6.2　原始信息检索(常规检索)

原始信息检索就是按照数据库中固定的原始数据组织关系，原封不动(即不生成派生信息)的检索，这种检索称为常规检索，包括两个类别：定性(分层)检索与定位(开窗)检索。所谓常规，有四方面含义：①各种信息系统都有，即最为常见的检索方法；②是构成智能检索的基本组件；③特点在于检索条件是物体本身所固有的属性或标志；④同时又是直接检索，即依靠相应的库索引直接得出满足检索条件的物体集合，而无需其他计算或比较判断。此外，还包括另外几种检索：按关键字检索、按地名检索和按多边形单元检索等。

1. 定性检索

定性检索就是按照物体的分类、分级等语义属性(即通常所说的要素分类编码)进行检索，如检索“河流”、“道路”等。这种检索是直接借助标题(分类)索引(图4-4-3)来进行，操作处理比较简单。

因为在建库时就实时地为不同类别的地理实体建立了它们的分类索引，因此，定性检索就是根据所给要素分类码直接读取其对应的索引记录(位串)，其中每一个比特“1”在位串中的序号就是对应地理实体的数据库关键字(Key)。在数据库系统中，把关键字称为地理实体的数据库逻辑地址，因为有了物体关键字以后，借助键址变换(Key-to-address Transformation)，就得到该物体各种信息串(几何信息串、专题信息串等)的存储地址，如图4-3-1所示。最后的操作就是按所得地址读出信息串和进行用户所需的处理。

不管进行何种检索，区域的总轮廓界线、主要城市等具有方位意义的目标，均可视需要，有选择地作为总体方位信息来选取，这对理解所要检索的信息子集有重要方位意义。

图4-6-2是试验数据库全貌，即总数据库。图4-6-3是从图4-6-2的总数据库中检索水系要素(河流、湖泊与水库等)。由此可以看出，区域界线与县城对水系要素的空间定位

与定向是很重要的。

图 4-6-4 与图 4-6-5 分别是从图 4-6-2 的总数据库中检索的居民地要素层和行政区划界线层。

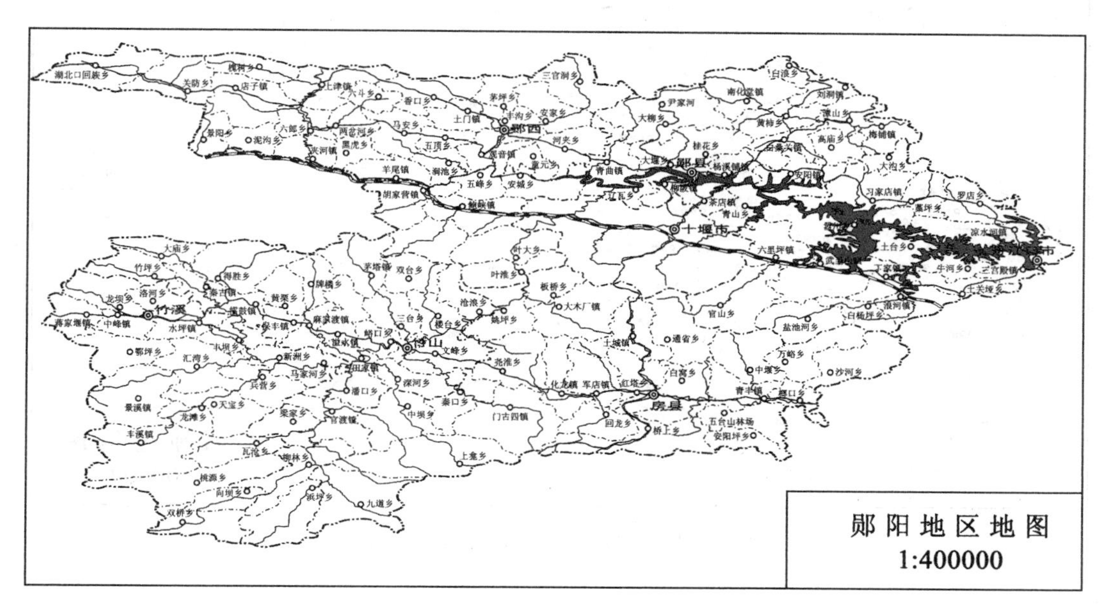

图 4-6-2　试验数据库全貌

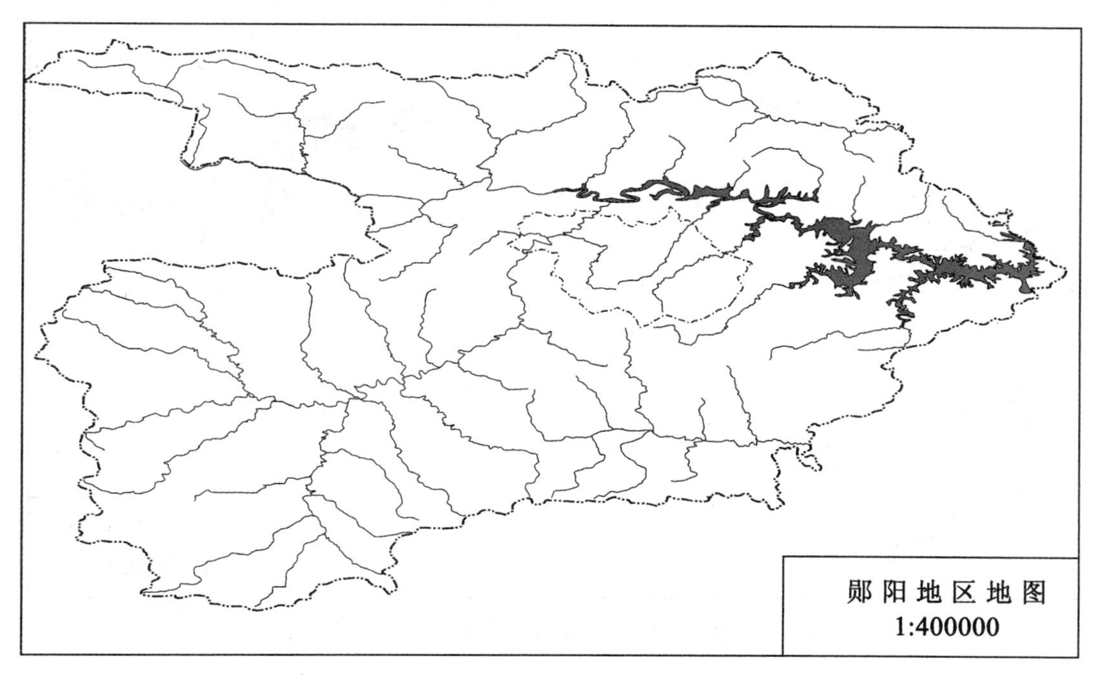

图 4-6-3　定性(分层)检索指定信息层：水系

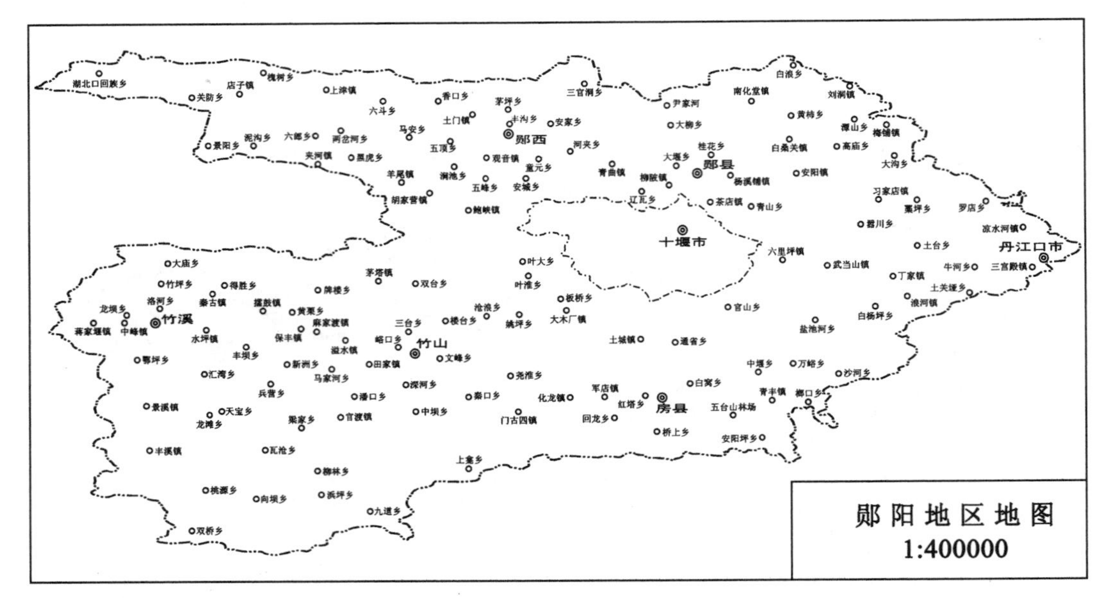

图 4-6-4　定性(分层)检索指定信息层：居民地

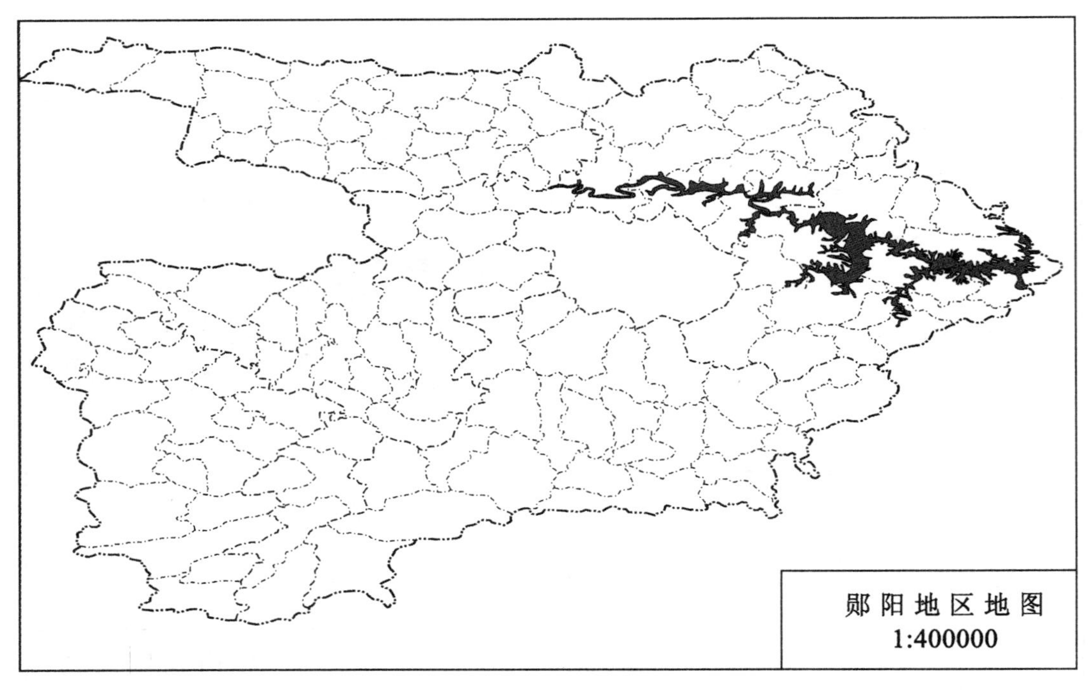

图 4-6-5　定性(分层)检索指定信息层：行政区划界线网

2. 定位检索

定位检索也叫开窗检索，是根据指定的矩形范围提取位于其中的全部物体(单纯开窗)或某类指定内容。

因为在建库时，及时建立了空间栅格索引，即把整个研究区域划分成 32 × 32 或 64 × 64 个正方形密集网格，在每个网格中记录落入或穿过该网格的物体关键字(以比特序号记入)，如图 4-4-4 和图 4-4-5 所示。定位检索就是其反过程：用户首先指定所需数据的矩形窗口范围，如图 4-6-6 所示，据此就可算出窗口 ABCD 所覆盖的数据库空间索引的全部网格序号：$Ngrid = (I_2 - I_1) \times 32 + J(J = J_1, \cdots, J_2)$；然后根据栅格索引号 Ngrid 读出对应的空间索引位串，并从所读出的第二个索引位串就开始作逻辑或运算，直到最后一个网格为止，这样就得到所指窗口中所包含的全部物体的关键字序列(表现为位串记录)；最后作键址变换和按物体的存储地址读出物体的各种信息串。

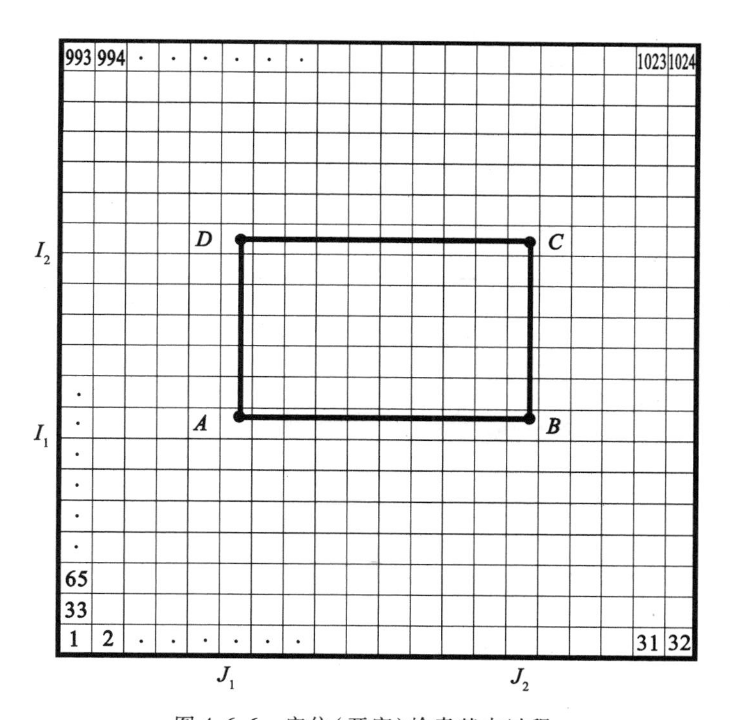

图 4-6-6　定位(开窗)检索基本过程

图 4-6-7 是在图 4-6-2 的总数据库的不同位置作简单矩形开窗检索，检索位于窗口中的全部要素。

图 4-6-8 是按圆窗进行检索，这已不是原有开窗检索，而是一种较复杂的按多边形检索。图 4-6-9 是按星形窗口进行检索，它在本质上仍是按多边形检索。图 4-6-10 是负窗口检索，即检索非窗口内部的物体，其附加处理过程更为复杂一些。

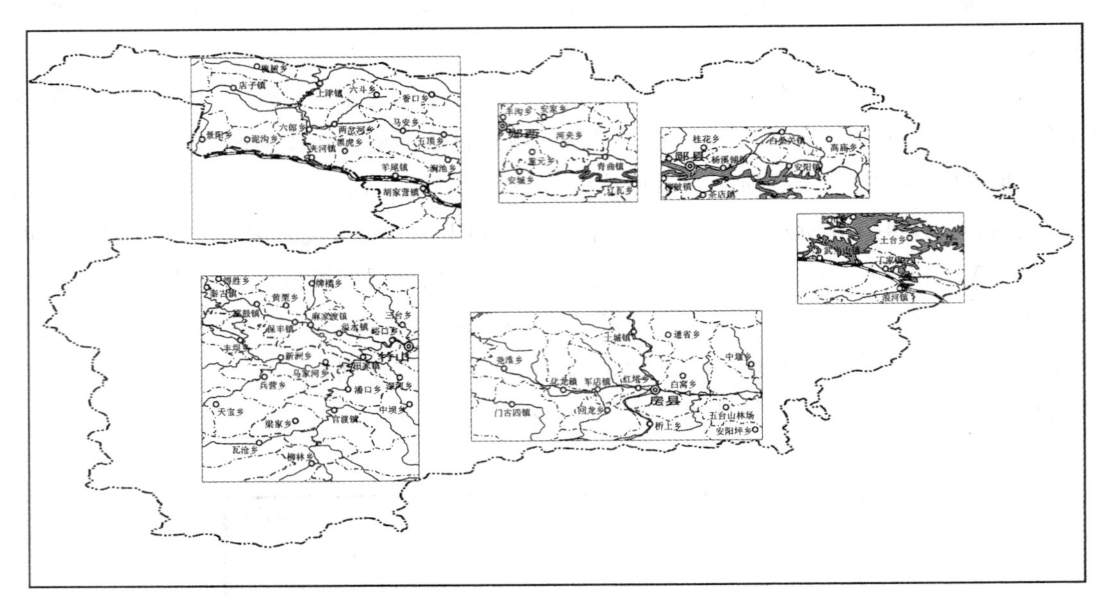

图 4-6-7 定位(开窗)检索全部信息层

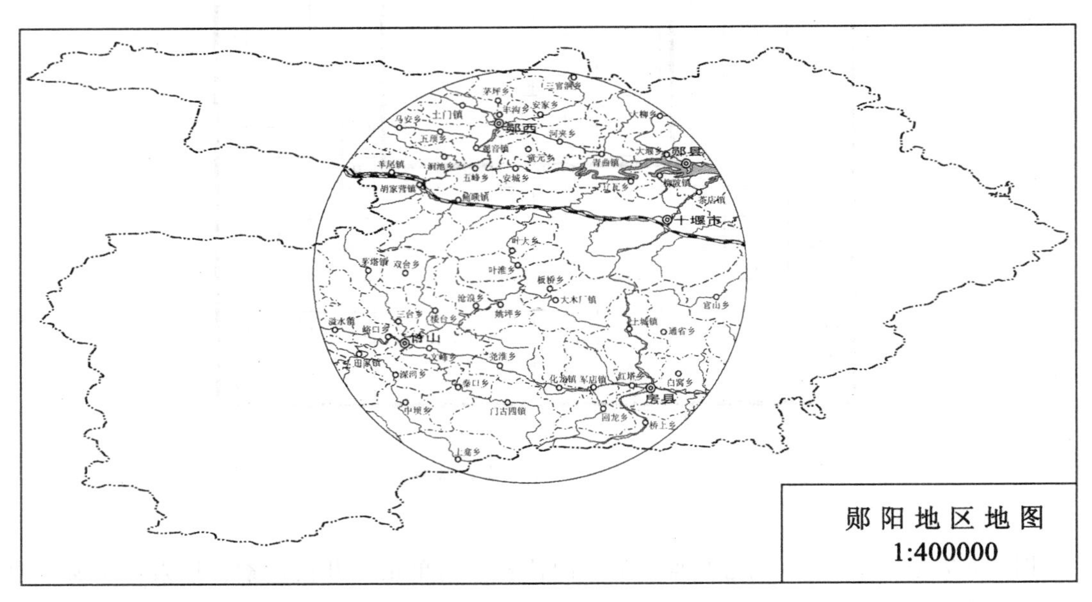

图 4-6-8 定位(开窗)检索：非矩形(圆)窗口检索

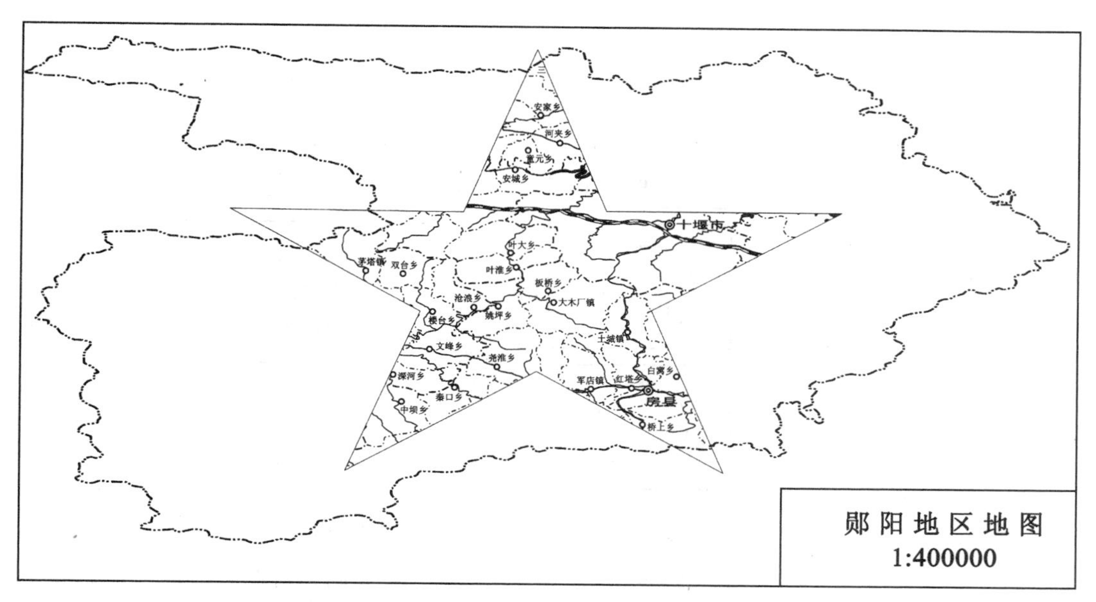

图 4-6-9　定位(开窗)检索：非矩形(星形)窗口检索

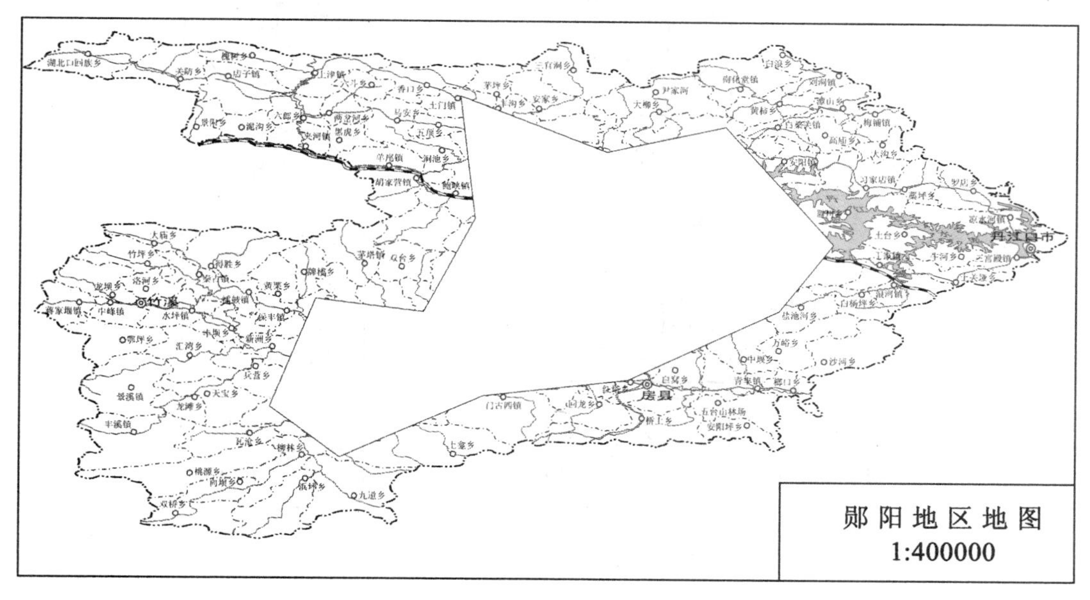

图 4-6-10　反定位(负窗口)检索：检索窗口以外的地图内容要素

从各种检索的图形显示看出，在图形输出时，要作精确的窗口剪裁。

4.6.3　集合的布尔运算

每次按指定准则检索的直接结果是一批物体关键字的集合，按多个准则检索会得出多个物体关键字集合，若要求同时满足多个准则的检索，就需要对多个关键集合进行集合间的布尔(逻辑)运算，如图 4-6-11 所示。

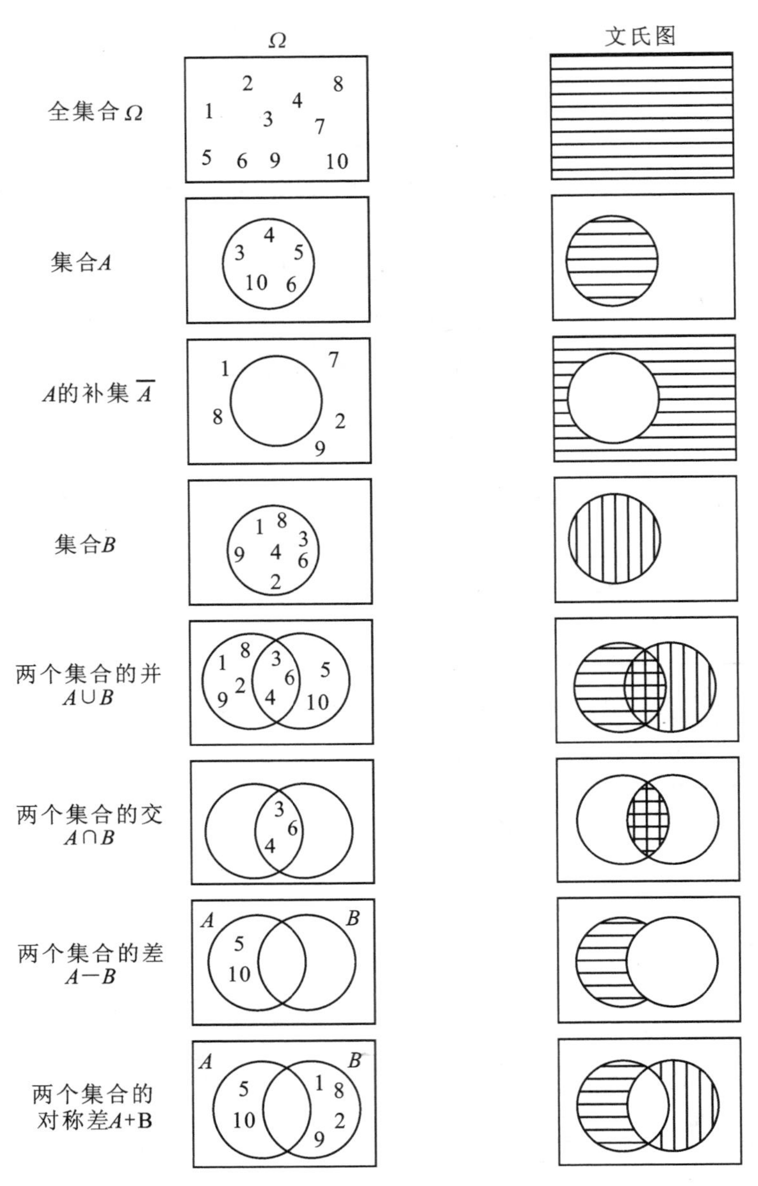

图 4-6-11 简单集合间的关系

集合的布尔运算有四种：并运算、交运算、差运算和对称差(异或)运算。

1. 并运算(和运算)

设 A、B 是两个集合，至少属于 A 或 B 当中一个集合的那些元素所构成的集合称为集合 A 和集合 B 的并集(或和集)，记作

$$A \cup B = \{x \mid x \in A \text{ 或 } x \in B\} \tag{4-6-1}$$

例如，

$$A \cup B = \{a_1, b_1, a_2\} \cup \{a_1, b_2\} = \{a_1, b_1, a_2, b_2\} \tag{4-6-2}$$

2. 交运算

设 A 和 B 为两个集合，由它们的公共元素所组成的集合称为 A 和 B 的交集，记作

$$A \cap B = \{x \mid x \in A \text{ 且 } x \in B\} \tag{4-6-3}$$

例如，

$$\{a_1, b_1, a_2\} \cap \{a_1, b_2\} = \{a_1\}$$

当集合 A 与集合 B 没有公共元素时，即其交为空集 $A \cap B = \varnothing$ 时，则称 A 和 B 为分离(不相交)集。

3. 集合的差运算与对称差运算

两个集合 A 与 B 的差(集合 B 对于集合 A 的相对补)是 A 中不属于 B 的元素的集合，即

$$A - B = \{x \in A \mid x \notin B\} \tag{4-6-4}$$

有了求差运算之后，取补运算可用求差运算来表示，例如

$$\overline{A} = \Omega - A \tag{4-6-5}$$

有了交运算之后，求差运算可用交补运算来表示，即

$$A - B = A \cap \overline{B} \tag{4-6-6}$$

并与差之间的一个重要关系是

$$(A - B) \cup B = A \cup B \tag{4-6-7}$$

例如，设 $A = \{$曲线 L_1 的点$\}$，$B = \{$曲线 L_2 的点$\}$，则 $A \cup B$ 由两条曲线上的全部点所组成；而 $A \cap B$ 是由这两条曲线的交点所组成；$\overline{A}$ 则由曲线 L_1 以外的点所组成(假定两曲线所在的面的点组成全集合 Ω)。

集合 A 与 B 的对称差是由或属于 A 或属于 B 但不同时属于 A 和 B 的那些元素构成的集合，记为 $A + B$，并通过下式来定义：

$$\begin{aligned} A + B &= (A - B) \cup (B - A) = (A \cap \overline{B}) \cup (B \cap \overline{A}) \\ &= (A \cup B) \cap (\overline{A} \cup \overline{B}) = (A \cup B) - (A \cap B) \end{aligned} \tag{4-6-8}$$

由定义可直接得到另一重要关系式

$$\overline{A} + \overline{B} = A + B \tag{4-6-9}$$

例如，设

$$A = \{2, 5, 6\}, \quad B = \{3, 4, 2\}$$

则

$$A - B = \{5, 6\}$$
$$B - A = \{3, 4\}$$
$$A + B = \{3, 4, 5, 6\}$$

毗邻多边形外边界的自动确定是对称差的典型应用。

已知Ⅰ、Ⅱ、Ⅲ、Ⅳ区域的边界弧段分别为 $\{d, e, f\}$、$\{c, e, g\}$、$\{b, g, h\}$、$\{a, f, h\}$，对于四个小区域的边界弧段集合 $\{d, e, f\}$、$\{c, e, g\}$、$\{b, g, h\}$、$\{a, f, h\}$ 连续执行它们之间的对称差(逻辑异或)运算，其结果是自动消除它们之间的共享边界 $\{e, f, g, h\}$，剩下的便是这四区域合并起来的外边界 $\{a, b, c, d\}$。

4. 集合运算的图解表示

在引入全集合概念之后，就可用图解法来研究全集合的各子集之间的关系，用直观的

文氏(John Venn 英国数学家，1834—1883 年)图来表达交集、并集、补集和对称差等(图 4-6-11)。图 4-6-11 中用矩形内的若干自然数表示所研究的全集合 Ω，用圆内所包含的元素表示 Ω 的任何子集。

4.6.4 定性检索的布尔组合

若用户只需要某一类物体的信息，则按与此对应的一个分类码进行检索，即只读取与处理一个标题(分类)索引位串问题，它代表此一类物体的集合，用符号 A 来表示，通过上段所述键址变换，最后得到所需的检索结果，即一类物体的全部信息串。

若用户需要某若干类物体的信息，则需按所要求的各类物体对应的分类码检索，逐个读取标题(分类)索引位串，从第二个所读取的索引位串起，就要与前一位串进行所需的逻辑组合，在所指的情况下，进行或/并运算。

在两次检索结果(索引)之间，可进行多种布尔(逻辑)组合：

并：两次检索结果全部需要。如第一次检索到的是河流索引，第二次检索到的是国界线索引，并的结果即二者都需输出(绘图、显示和进行专业分析等)。

交：不需要两次检索的直接结果，而是需要两次检索结果的共有部分。如第一次检索到的是河流索引，第二次检索到的是国界线索引，交的结果仅为具有国界属性的那些河流(这里排除了不具有国界意义的河流和不在河流上的国界)。

差：如第一次检索到的是河流索引为 A，第二次检索到的是国界线索引为 B，$A-B$ 的结果为在河流中去掉那些具有国界属性的河流；$B-A$ 的结果则得到的是不具有河流属性的国界。

异或(对称差)：它是从并集中减去交集，即需要的是不具有国界属性的那些河流和不具有河流属性的那些国界。

在计算机中常用的四种布尔运算符或/并(∪)、与/交(∩)、异或/对称差(+)和非/否(¬)，在计算中的操作符分别是 OR、AND、XOR 和 NOT。因为 NOT 在此是反转位串的值，所以可用 A AND(NOT (B))来实现 $A-B$。两个集合 A 和 B 的四种位串布尔运算的结果 C 如图 4-6-12 所示。

$$C = A \begin{pmatrix} \text{OR} \\ \text{AND} \\ \text{XOR} \\ \text{NOT} \end{pmatrix} B$$

图 4-6-12 数据库索引位串的布尔运算

根据结果索引位串 C 作键址变换，得到最终检索的物体集合，如图 4-6-13 所示。

类似地，可视需要，用任意多个分类码进行检索和进行有意义的布尔组合。

图 4-6-13 是两类地图要素(居民地和交通)的叠加(布尔或运算)。地区界、铁路与水库在此起着空间方位作用。

4.6.5 定位(开窗)检索的布尔组合

与定性检索的布尔组合类似，在先后两次开窗检索之间，可进行各种有意义的逻辑组

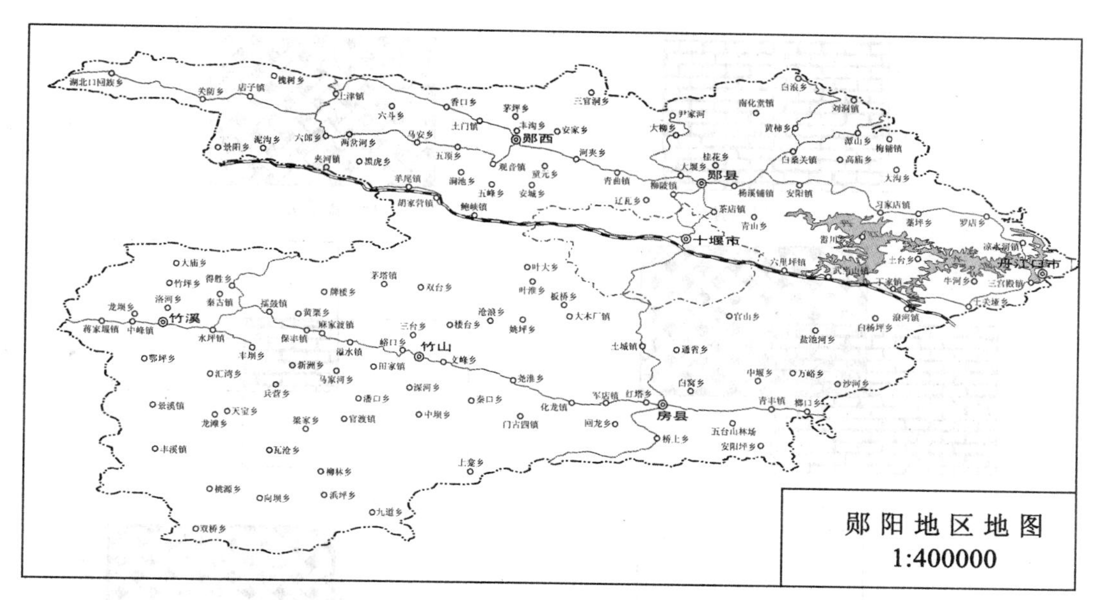

图 4-6-13　定性(分层)检索的布尔组合：居民地和交通

合(图 4-6-14)。

图 4-6-15 所示的不是两个开窗检索结果的逻辑组合，而是检索窗口中的指定要素内容，后者是一种布尔组合：定位(开窗)检索和定性(按要素层)检索的与运算，即同时满足窗口条件与要素层条件。布尔组合可以视需要重复地进行多次，使检索满足更为复杂的条件。

集合运算的计算机实现是根据数据库索引进行，检索的直接结果不是有关物体各信息串本身的集合，而是其逻辑地址(用比特表示的关键字)的集合，因而可与下一步的检索结果进行必要的逻辑组合。可由相应的布尔算子来执行：逻辑运算符 OR(并)，用来把两个集合并起来，但重复元素只出现一次；逻辑运算符 AND(交)，在运算结果中仅保留那些既满足第一集合的选取条件又满足第二集合的选取条件的那些物体；逻辑运算符 AND(NOT)(差)，从第一集合中去掉那些同时也包含在第二个集合中的元素，即两个集合 A 与 B 的差运算；逻辑运算符 EOR(异或)，运算结果是从 OR 的运算结果中去掉 AND 的运算结果。通过对检索结果的各种逻辑运算，可使系统的检索性能大为增强，若把前一次的检索结果放在位串 IPREVI，而把第二次检索结果放在位串 ISELTB，则上述诸逻辑运算可概括为：

$$\mathrm{ISELTB}=\mathrm{ISELTB}\begin{cases}\left.\begin{array}{l}\mathrm{OR}\\\mathrm{AND}\\\mathrm{EOR}\end{array}\right\}(\mathrm{IPREVI})\\\mathrm{AND}(\mathrm{NOT}(\mathrm{IPREVI}))\end{cases}\tag{4-6-10}$$

下面举例说明关键字位串的逻辑运算。

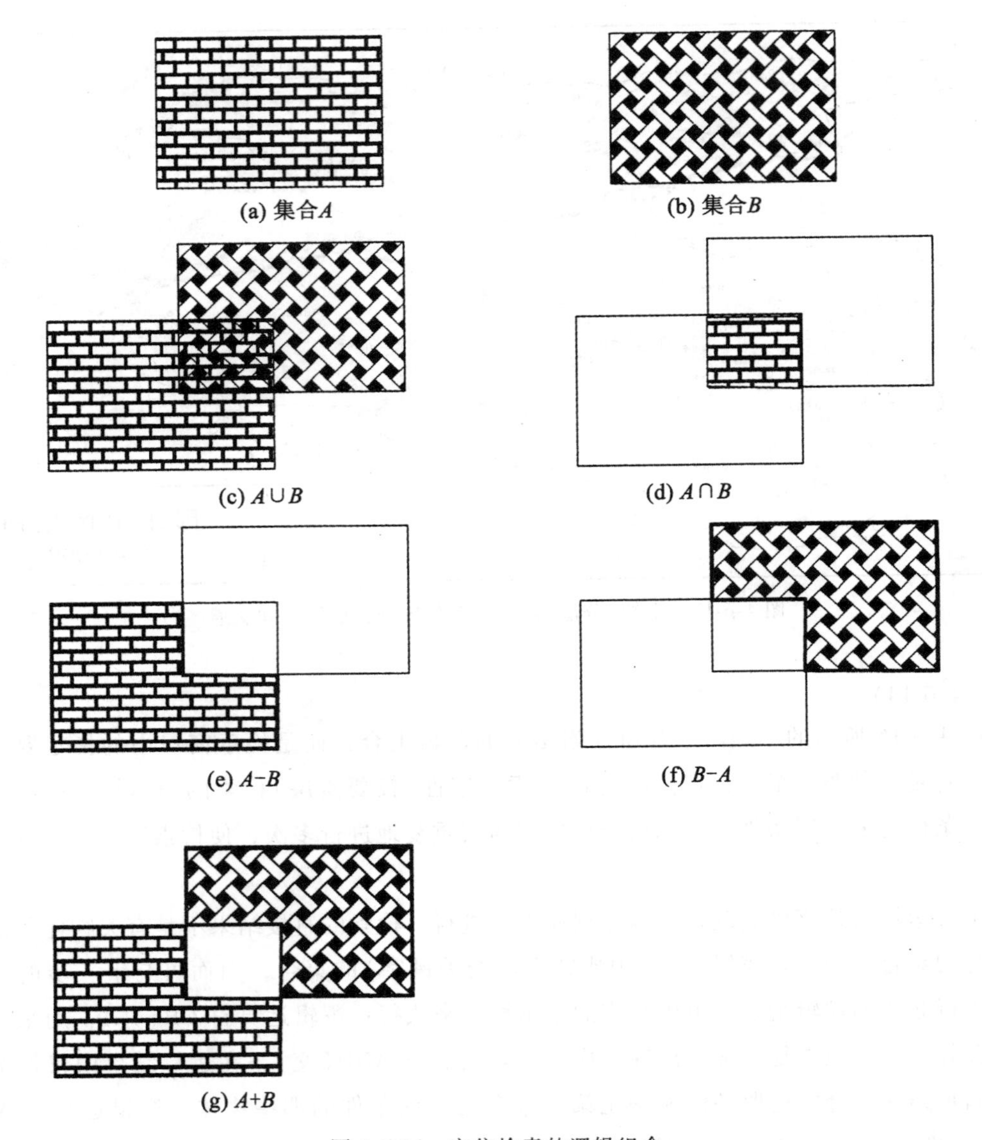

图 4-6-14　定位检索的逻辑组合

设第一次检索结果所得的关键字以位串形式记入 A 单元，第二次检索结果所得的关键字以位串形式记入 B 单元，则上述位串的四种逻辑运算示例如下：

设 A 中的位串为 0101，B 中的位串为 0011，则

A OR B = 0111

A AND B = 0001

A EOR B = 0110

A AND(NOT) B = 0100

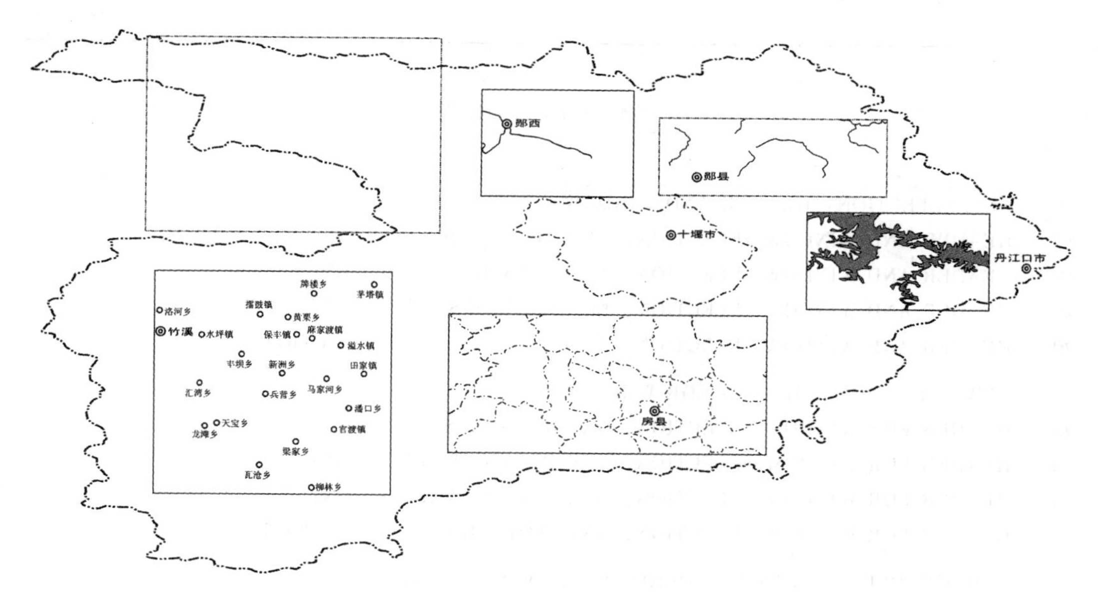

图 4-6-15　定位(开窗)检索与定性(分层)检索的布尔组合

定性检索与定位检索的各种逻辑组合见表 4-6-1。

表 4-6-1　**定性检索与定位检索的逻辑组合类型**

逻辑组合代号	逻辑组合类型的操作定义
1	NEW HEADER SELECTION;
2	HEADER SELECTION OR PREVIOUS SELECTION;
3	HEADER SELECTION AND PREVIOUS SELECTION;
4	HEADER SELECTION EOR PREVIOUS SELECTION;
5	HEADER SELECTION AND (NOT PREVIOUS SELECTION);
6	NEW WINDOW SELECTION;
7	WINDOW SELECTION OR PREVIOUS SELECTION;
8	WINDOW SELECTION AND PREVIOUS SELECTION;
9	WINDOW SELECTION EOR PREVIOUS SELECTION;
10	WINDOW SELECTION AND(NOT PREVIOUS SELECTION);
11	NEW SELECTION: HEADER OR WINDOW;
12	HEADER OR WINDOW SELECTION, OR PREVIOUS SELECTION;
13	HEADER OR WINDOW SELECTION, AND PREVIOUS SELECTION;
14	HEADER OR WINDOW SELECTION, EOR PREVIOUS SELECTION;
15	HEADER OR WINDOW SELECTION, AND(NOT PREVIOUS SELECTION);

续表

逻辑组合代号	逻辑组合类型的操作定义
16	NEW SELECTION：HEADER AND WINDOW；
17	HEADER AND WINDOW SELECTION，OR PREVIOUS SELECTION；
18	HEADER AND WINDOW SELECTION，AND PREVIOUS SELECTION；
19	HEADER AND WINDOW SELECTION，EOR PREVIOUS SELECTION；
20	HEADER AND WINDOW SELECTION，AND(NOT PREVIOUS SELECTION)；
21	NEW SELECTION：HEADER EOR WINDOW；
22	HEADER EOR WINDOW SELECTION，OR PREVIOUS SELECTION；
23	HEADER EOR WINDOW SELECTION，AND PREVIOUS SELECTION；
24	HEADER EOR WINDOW SELECTION，EOR PREVIOUS SELECTION；
25	HEADER EOR WINDOW SELECTION，AND(NOT PREVIOUS SELECTION)；
26	NEW HEADER SELECTION AND(NOT WINDOW SELECTION)；
27	HEADER SELECTION AND(NOT WINDOW SELECTION)，OR PREVIOUS SELECTION；
28	HEADER SELECTION AND(NOT WINDOW SELECTION)，AND PREVIOUS SELECTION；
29	HEADER SELECTION AND(NOT WINDOW SELECTION)，EOR PREVIOUS SELECTION；
30	HEADER SELECTION AND(NOT WINDOW SELECTION)，AND(NOT PREVIOUS SELECTION)；

由上述可见，选取过程是在某索引矩阵内或在不同的索引矩阵之间进行的。这里，首先进行重要的预查找，即先对有关的索引表进行存取，待对索引的运算(即把对目标的查询化为地址集合的运算)结束后，再按所得的结果索引通过键址变换，对相应的目标进行存取，从而可避免取出无关记录，因此也就极大地加快了检索速度。

正是由于参与布尔运算的集合在地图数据库系统中，不是由物体本身而是由它们的逻辑地址所构成，所以就能够把某一确定的物体同时划归多个集合。例如，可把一个居民地按其行政意义划归某个类别，但同时也可按其位置把它划归某一确定的政区单元。这样不仅使数据冗余性大为减少，而且还大大提高了数据库的适用性。用户除了系统所提供的物体最小集合之外，还可视其需要，形成自己的临时集合，为数据的迭代式处理与向最佳状态逼近提供有力手段。

4.7 拓扑(智能)检索

常规检索所提供的主要是地理实体本身的信息，这些信息是 GIS 的基础信息，对于地理信息处理无疑是重要的和基本的。但是，物体间的空间关系信息对大范围综合性的数据处理与分析显得更为重要。空间关系信息是一种间接信息，不是来自地理实体本身，而是来自物体之间的结构关系。这种信息是派生性的信息。从间接信息或派生信息中能获得新的知识，这是信息系统智能的主要体现。

拓扑检索就是从地图基础信息中提取空间关系信息的重要途径。与常规检索不同，拓扑检索的依据已不再是物体本身的属性或标志，而是两个物体类别集合之间的拓扑关系。

拓扑检索主要适用于曲线网(境界线网、交通网、河网等)。拓扑检索的含义是：给出曲线网的一个元素(即一个结点、一个线段或一个面域)，要求选出曲线网的另一批元素，它们在拓扑上与给定元素邻接、关联或包含。拓扑关系反映着地图内容的空间结构，因而对地图信息在计算机中的处理是极为重要的。

地图内容的综合归根到底是由各种关系特别是空间关系所制导。拓扑关系是一种质的空间关系，而不是量的空间关系，因而可对地图物体的区域性评价提供重要关系信息，进而对地图内容的取舍起着关键作用。

地图数据库中的拓扑检索功能直接为综合过程所利用，从而使综合的自动实现得到很大的支持，这主要体现在直接查找与批量的智能检索上。已经实现的批量检索(如图 4-6-1 所示)有定性(分层)检索、定位(开窗)检索、拓扑检索、按多边形检索和缓冲区(基于线集的拓扑)检索等。

4.7.1　拓扑的概念

拓扑学来源于希腊字母 Τοποξ(位置)，λογοξ(科学)，拓扑学在意译时可看成“位置几何”，拓扑学是一种较新的几何学，作为几何学，它仍然是研究图形(或形状)的科学。

从初等几何的观点来看，一个几何图形的特征可用其边的长度、顶角的大小、面积大小以及其他几何度量性质来描述。但在对图形进行变换时，这些度量性质是不稳定的，它们在变换过程中很难得到保持。因此，图形的度量性质由于其不稳定性而不能作为深入研究图形特征的依据，需要从图形的性质中分离出更为稳定的特征来，这种特征能经得起各种变换而保持不变。这种性质就是拓扑性质。在相互单值和相互连续的变换时也不被破坏的那种性质称为拓扑性质。如果将图形 F 变换为图形 F_1 时遵守两个条件，即可得出所指的拓扑性质，这两个条件是：原图形 F 的每一个点对应于变换后的图形 F_1 上的一个且仅一个点——相互单值；原图形 F 的无限邻近的点对应于变换后的图形 F_1 的同样的无限邻近的点——相互连续。

拓扑学之所以较新，因为它研究的是图形在连续变形下的不变的整体性质。与其他较老的几何学比起来，它更为灵活和具有可塑性，所以有时又称为橡皮板几何学、质量几何学和定性几何学等。拓扑学和欧几里得几何学的不同之处在于，它很少或根本不涉及距离、方位或曲直等性质，即不涉及图形的度量性质。例如，火车站内悬挂的铁路交通示意图、公共汽车站上的路牌和草绘地图等均可看成拓扑图形，因为这些图形无论在比例、形状或方位方面均有极大的变形。

一个图形的几何性质指的是所有与此图形全等的图形都能具有的性质，这就是说，所有全等图形对几何学家来说都是一样的。两个图形全等意味着一个图形放置于另一个图形上可以完全重合。几何与拓扑的区别就在于如何来放置的问题。

欧氏几何学只允许作刚体运动(平移、旋转、反射)，在这种运动中，图形上任意两点之间的距离保持不变。因此，一般所说的几何性质就是那些在刚体运动中保持不变的性质——图形的任何刚体运动都丝毫不改变图形的几何性质。因此，欧几里得几何学可叫做刚体几何学。拓扑学中的运动可以称为弹性运动，对图形可任意地伸张、扭曲、拉或缩，甚至可以把图形切断、打个结，只要事后再将切口缝合得与未切割时一样即可。但图形中不同的各点仍为不同的点，不可能使不同的两点合并成一点。当且仅当可把一图形作弹性运动使与另一图形重合，这两个图形才是拓扑等价的(图4-7-1)。一个图形的拓扑性质就是那些所有与此图形等价的图形都能具有的性质。这就是说，所有拓扑等价的图形对拓扑学家来说都是一样的，因此，图形的拓扑性质就是那些在弹性运动中保持不变的性质——图形的任何弹性运动都丝毫不改变图形的拓扑性质，所以也可把拓扑学称为弹性几何学。

一个图形的拓扑性质也是此图形的几何性质，但是许多几何性质并不是拓扑性质。例如，一个圆周 C 把平面里的点分成三个集合——圆内部的点、圆周上的点和圆外部的点(图4-7-2)。平面上的一个圆周的这种性质就是一种拓扑性质。因为如果对此图形作弹性运动，可能成为另一条曲线 C。这时点 A、B 与曲线的关系未改变，这一性质是原图的一种拓扑性质。A 比 B 更靠近 C 这一性质则不是拓扑性质，因为经过弹性运动，可以使 B 靠近 C 而使 A 远离 C。

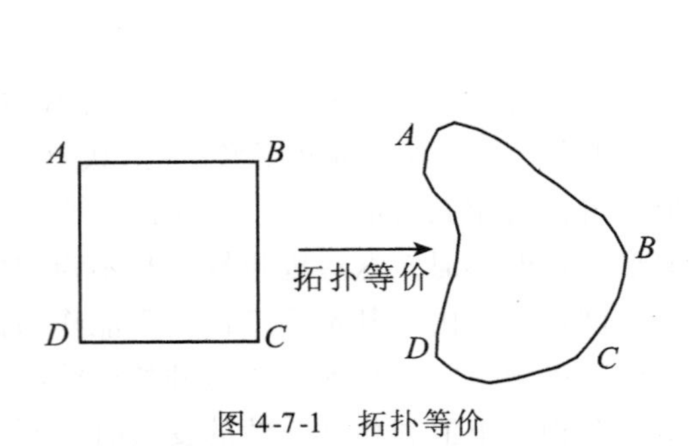

图4-7-1　拓扑等价

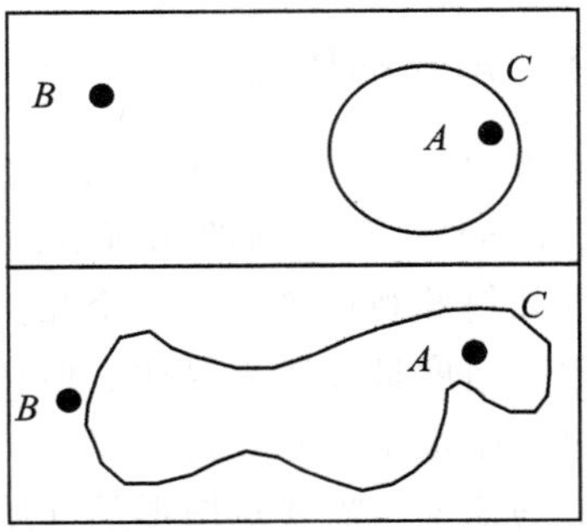

图4-7-2　几何性质与拓扑性质比较

二维拓扑学中的结点、弧段和区域大体上等价于欧几里得几何中的点、线和面。它们是二维空间中的0维、一维和二维形体。三维空间中的拓扑学有其自己的术语。在一个连通的平面图中，结点数 n、弧段数 a 和区域数 r 满足关系式

$$a + 2 = n + r \tag{4-7-1}$$

注意，要把外围区域也算进去，即结点数加区域数总比弧段数多2。这就是拓扑学中的著名公式——欧拉公式。在图4-7-3中，$a=10$，$n=8$，$r=4$，满足欧拉公式。在图4-7-4中，$a=13$，$n=12$，$r=3$，也满足欧拉公式。

当一个图的顶点数和边数均不多时，用画图的方法可以确定一个图是否为平面图。而当顶点与边数甚大时，用画图的手段来进行判别就很不现实。欧拉公式的一个重要应用就是为判别平面图提供了一个简单而有效的方法。

在复杂的图上确定区域数很困难，因此，可借助另一具不含区域数 r 的不等式来判别一个复杂的图是否为一个平面图。在任何一个连通无环的平面图中，它的结点数 n 和边数 a 必须满足不等式

$$a \leqslant 3n - 6,\ n \geqslant 3 \tag{4-7-2}$$

凡不满足该不等式的图一定不是平面图。

不等式(4-7-2)是必要条件，不是充分条件，即有时虽能判别一个图形是非平面图，但不能确定某个图是平面图。一个图的平面性精确判定是由波兰数学家库拉托夫斯基(Kuratowski)于1930年完成的。

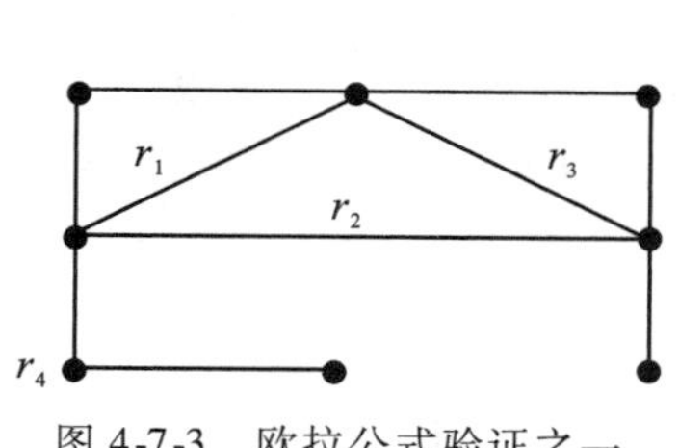

图 4-7-3　欧拉公式验证之一

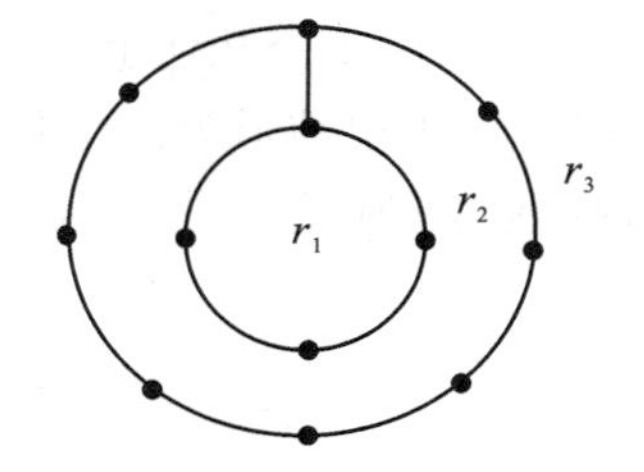

图 4-7-4　欧拉公式验证之二

4.7.2　拓扑关系的地理意义

由于在拓扑概念下，曲直等价，长短等价。因此，复杂不规则的地理目标在拓扑概念下均可用其拓扑等价物代替，从而简化地理实体之间的空间关系演算。

拓扑关系反映着地理实体之间的空间结构，因而对地理实体在信息系统中的表示与检索处理是极为重要的。例如，进行以下几类检索对地理信息处理是具有特殊的重要性的：选取与某城镇相交的某级道路；找出某县的所有邻县等；选取交通网中的所有端点与枢纽点等。

由此可见，在 GIS 中需要配备适用于此目的的选取机制。

4.7.3　拓扑关系的基本类别

如第 3 章 3.7.3 节所述，拓扑关系是指从几何观点看，由点状物体、线状物体与面状物体构成的网结构元素(点、线、面)之间的邻接关系、关联关系、包含关系与连通关系等。其中最为重要的是邻接关系与关联关系。

1. 邻接关系

邻接关系是存在于平面图中同类元素(结点、弧段和面域)之间的关系，如点与点之间、线与线之间和面与面之间的关系。但它们之间要有共享目标存在。如点与点之间要有共享线目标存在；线与线之间要有共享结点存在；面与面之间要有共享边界存在。

2. 关联关系

关联关系是存在于平面图中不同元素(结点、弧段和面域)之间的关系，如点与线、边界和上边界的关系，线与面的边界与上边界关系等。

4.7.4　Corbett 拓扑理论与图形信息检索(Egenhofer 等　1990)

1. 单纯形(Simplex)的概念

在空间物体按维数分类时，对于每一种维数，都存在着一种最小物体，称为单纯形。例如 0 维的单纯形表示结点(Node)；一维单纯形表示边；二维单纯形表示三角形；三维单纯形表示四面体等。

一幅地图的单元结构被定义为表示线性弧、它们的端点以及被多边形链所包围的区域的图形要素。根据这个理论，单元目标被表示为：0 单元(0-Cell)、1 单元(1-Cell)和 2 单元(2-Cell)。

0 单元是已知的结点(Node)或端点(Vertices)。

任何 n 维单纯形由 $n+1$ 个几何上独立的 $n-1$ 维单纯形组成：当 $n=0$ 时，0 单纯形为一个点；当 $n=1$ 时，1 单纯形为两个 0 单纯形所界定(一闭线段)；当 $n=2$ 时，2 单纯形为三个 2 单纯形(线段)所界定(一三角形)；当 $n=3$ 时，3 单纯形为一四面体，如图 4-7-5所示。

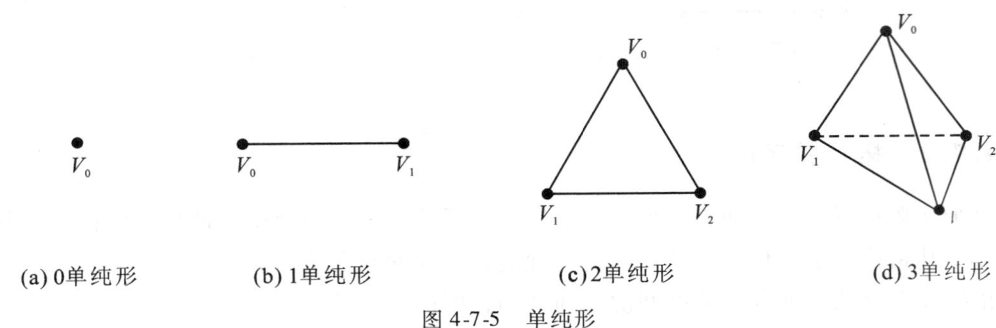

图 4-7-5　单纯形

2. 单纯复形(Simplicial Complex)

单纯复形是单纯形以及它们的面的一个(有限)集合。如果该集合的两个单纯形之间的交为非空，则此交为一单纯形，后者为两个单纯形的公共面。例如，图 4-7-6 中的各个分图为复形，而图 4-7-7 中的各个分图却不是，因为它们某些单纯形的交既不是面(图 4-7-7(a)、(b))也不是单形。

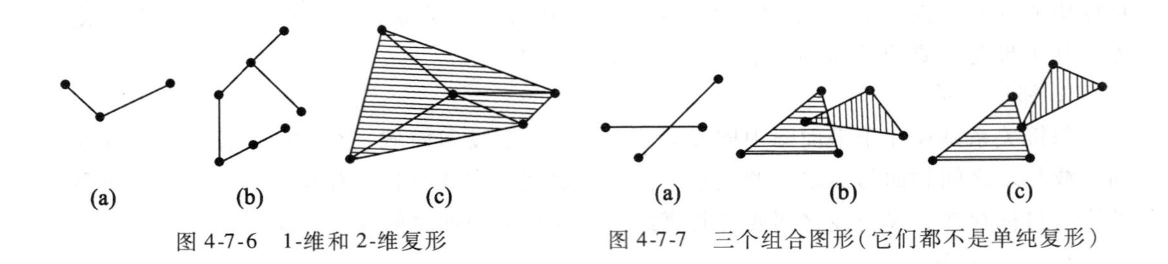

图 4-7-6　1-维和 2-维复形　　图 4-7-7　三个组合图形(它们都不是单纯复形)

3. 边界(Boundary)

对于 n 维单纯形 S_n 的一个重要操作是求边界，边界关系即每一个 n 单纯形均为一系列 $n-1$ 单纯形所界定：1 单纯形为 0 单纯形所界定；2 单纯形为 1 单纯形所界定等。

4. 上边界(Co-boundary)

上边界又称协边界。相对边界来说，上边界是个相反的概念，是界定的逆操作。0 维元素的上边界是与它相关的一维元素的集合。一维元素的上边界是被它分开的二维元素的偶对(一组二维元素的共界单纯形)。

在 n 维空间中，一个 n 单纯形至少为两个 $n+1$ 单纯形所共享。例如，当 $n=1$ 时，一个 0 单纯形至少为两个 1 单纯形所共享；当 $n=2$ 时，一个 1 单纯形至少为两个 2 单纯形所共享等。

这些关系对下面将讲述的“简单拓扑检索算子”和“复杂拓扑检索算子”的形成和应用有极为重要的意义。

4.8　狭义拓扑检索

狭义拓扑检索指的是根据数据库中已经建立的显式拓扑关系(主要是网结构元素之间的邻接与关联关系)来检索相关的地理要素。

4.8.1　简单拓扑检索算子

基于单纯形结构的检索，称为简单拓扑检索。

单纯形的代数运算特征是其简易性，即只需要一组为数不多的运算。这些操作封闭于单纯形结构内，即处理一个单纯形的操作只能生成一个是单纯复形的空间目标。所有操作的原则是要保证一致的单纯形结构。

底层数据结构确定了 0 维、一维和二维单纯形之间的关系：每个 1 单纯形以两个 0 单纯形为边界；每个 2 单纯形以三个 1 单纯形为边界；一个 0 单纯形为若干条边的边界；每个 1 单纯形为两个 2 单纯形的边界。这种结构使能够通过边界操作与上边界操作来导出邻接关系。

对于一个 2 单纯形，可进行以下几种类型的基本操作：

1. 点边关联检索算子

确定汇于给定结点(0 维元素)上的各条边(一维元素)，用算子 E_0^1 表示。这是一种点/线关联关系。是对 0 维元素求其上边界，得到的是与它相关联的一维元素的集合。

2. 边点关联检索算子

确定给定边的端点处的结点，用算子 E_1^0 表示。这是与 E_0^1 相反的一种线/点关联关系。是对一维元素求其边界，得到的是与它相关联的 0 维元素的偶对。

3. 面边关联检索算子

确定环绕给定区域(二维元素)的各条边，用算子 E_2^1 表示。这是一种面/线关联关系。是对 2 维元素(面域)求其边界，得到的是界定它的一维元素集合。

4. 边面关联检索算子

确定给定边两侧的区域，用算子 E_1^2 表示。这是与 E_2^1 相反的一种线/面关联关系。是对一维元素求其上边界，得到的是被它划分的二维元素的毗邻偶对。

其中 E_1^0，E_2^1 分别为 1 维元素(边)和 2 维元素(面)的边界操作；E_0^1，E_1^2 分别为 0 维元素和 1 维元素的上边界操作。可见，算子 E_i^k 表示对 i 维物体进行运算可导出 k 维物体。

对于图 4-8-1 所示的单纯形结构，边界算子 $E_1^0(a)=\{1, 3\}$；$E_2^1(A)=\{a, b, c\}$；上边界算子 $E_0^1(3)=\{a, c\}$；$E_1^2(b)=\{A, B\}$。

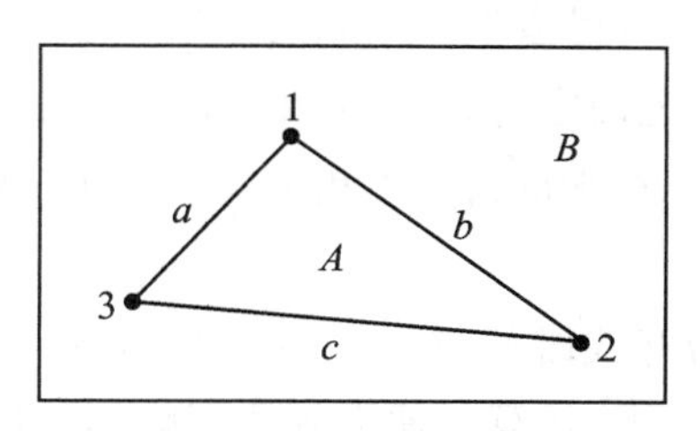

图 4-8-1　单纯形的基本操作

边界与上边界关系表明一种对称性。如果用0维元素代替2维元素，用2维元素代替0维元素，用其他一维元素代替原来的一维元素，则边界与上边界关系互换。

4.8.2 复杂拓扑检索算子

1. 基本毗邻关系算子

前述基于单纯形的简单拓扑检索均是在网结构的不同类型元素之间进行的，因此均是拓扑关联操作。此处要进行的复杂拓扑检索建立在前述基本关联操作之上，是递归地执行关联操作，即通过对基本关联操作的串联和重复应用得出三种基本毗邻关系(图4-8-2)，它们指的是环绕所考察物体的那些在拓扑意义上可予以定义的最小区域(集合)：

一个结点(Node)的基本毗邻关系；

一条边(Edge)的基本毗邻关系；

一个面域(Area)的基本毗邻关系。

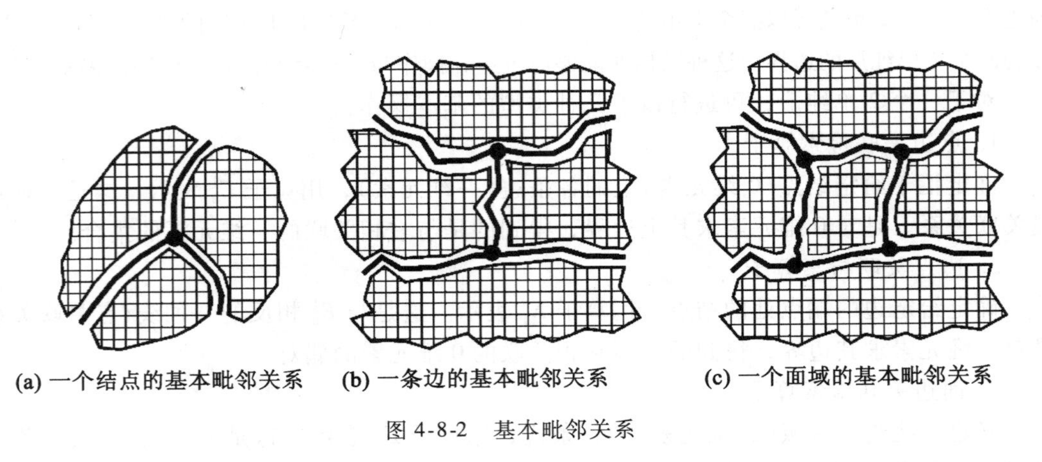

图4-8-2 基本毗邻关系

因为这里的网结构特征的实际地理目标是多边形面状物体，如行政单元、地块、土地利用单元等，故点、线、面物体的相应的毗邻关系均要传递到面状目标为止。

2. 基本毗邻的实施步骤

基本毗邻的实施步骤如图4-8-3所示，具体为：

①结点的基本毗邻算子：先确定与该结点关联的边(E_0^1)，再确定与所得出的边集相关联的区域(E_1^2)。

②边的基本毗邻算子：先确定与该边相关联的结点(E_1^0)，再确定与所得的两个结点相关联的边(E_0^1)，然后确定与所得边集相关联的区域(E_1^2)。

③区域的基本毗邻算子：先确定与该区域相关联的边集(E_2^1)，再确定与所得边集相关联的结点集(E_1^0)，然后确定与所得结点集相关联的边集(E_0^1)，最后确定与所得边集相关联的区域(E_1^2)。

这三种基本毗邻关系称为开式毗邻(Open Neighborhoods)。若在每种毗邻运算的最后一个运算E_2^1之后再继续做一个E_1^2运算，便得到所有毗邻区域的完整边界，这样所得的基本毗邻关系称为闭式毗邻(Closed Neighborhoods)。基本毗邻关系对于图形信息处理的意义

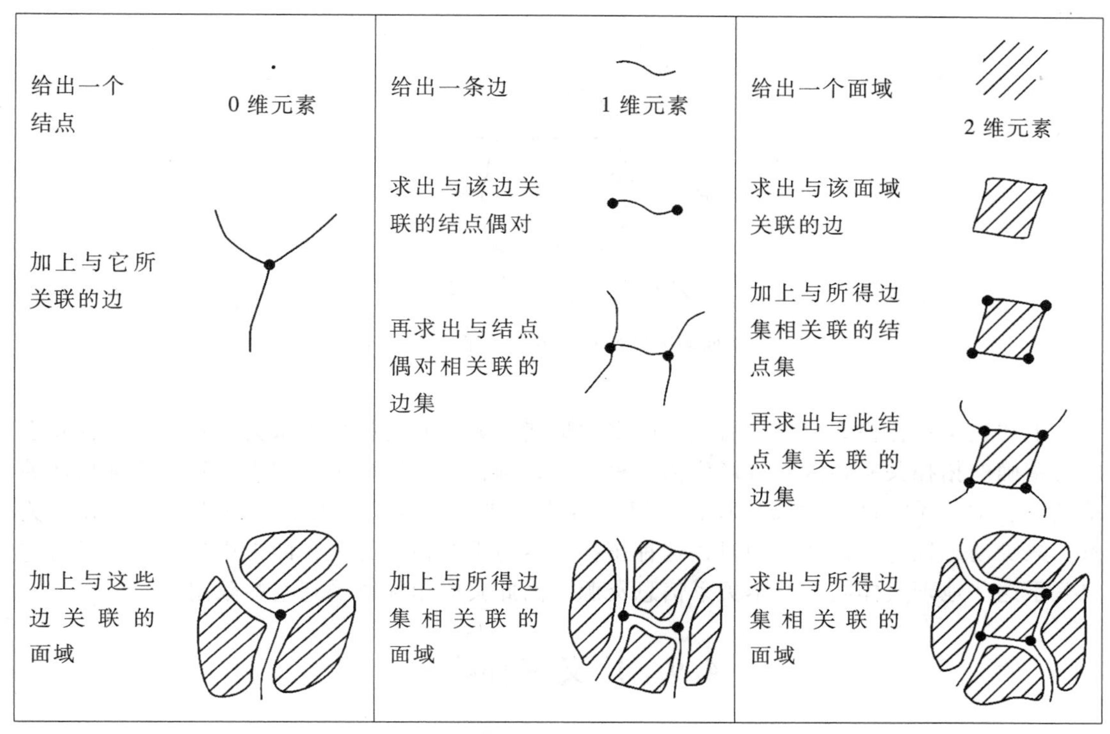

图 4-8-3　基本毗邻关系的形成步骤 E_1^0、E_2^1（边界）和 E_0^1、E_1^2

在于，当位于基本毗邻关系中的中心元素改变时，那些要跟着一起改动的区域网元素已准确地包含在基本毗邻关系中了。

3. 点面关系的辅助作用

在结点与面域之间也可以建立拓扑关联关系。然而，一般都没有建立结点与面域之间的直接关联关系，因而在某些特殊情况下（如在一个结点上相汇的边多于三条时），查询面域邻接关系就不完整。例如，在图 4-8-4 中，若简单地根据边与面域的关系算子 E_2^1 来确定面域 A 的邻接面域集，则仅得出 B、C、D、F，而将面域 E 漏掉，其原因是查询的依据是 E_2^1算子，而不是表达结点与面域之间关联关系的 E_2^0。这种情况并不多见，因而也不显得那么严重，不过有些学者认为这仍是个问题，但若为此去建立结点与面域之间的直接关联，则显得开销过大，对于人工输入信息不必要的增多而应用场合却很少的情况，比较妥当的办法是用程序的手段把查询过程从逻辑上进一步完善：由 $E_2^1(A)$ 得 e_1，e_2，e_3，e_4；由 $E_1^0(e_1, e_2, e_3, e_4)$ 得 N_1，N_2，N_3，N_4；由 $E_0^1(N_1, N_2, N_3, N_4)$，并做异或运算，得 e_5，e_6，e_7，e_8，e_9；最后由 $E_1^2(e_5, e_6, e_7, e_8, e_9)$ 得出面域 A 的邻接面域集为 B，C，D，E，F。如图 4-8-4 所示。

4. 图的生长

作为复杂拓扑检索的一种应用，下面介绍一个平面图的生长问题。例如，经由多层拓扑关系的连续处理，可根据一条河流自动搜索整个河系，这就是一个图的生长问题。从一个连通图（如某一流域的河系或行政区划图等）的任一条边出发确定全部边和结点，这种功能称为图的生长。在图的生长中，把基本毗邻操作 E_0^1 和 E_1^0 交替地执行下去，直到在结果集合中的结点与边的数目不再增加为止。此处不需要知晓或考虑区域标志。

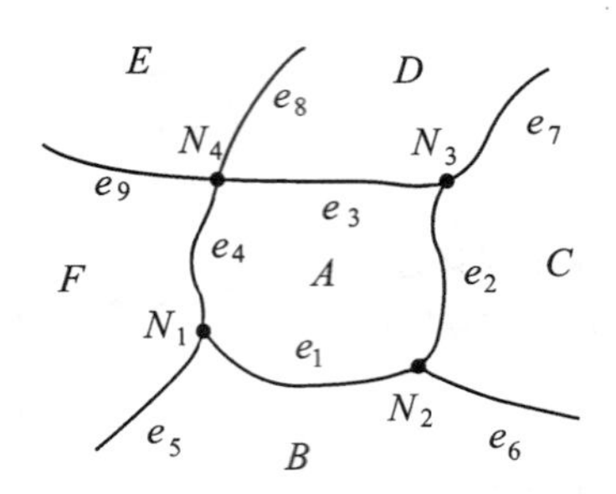

图 4-8-4　面域 A 的邻接面域集算子序列 $E_1^2\ E_0^1\ E_1^0\ E_2^1$

上述狭义拓扑检索以显式所表示的多边形诸元素之间的拓扑关系为基础，是一种固定的与精确的拓扑关系，因而可以作为一种广义数据存于数据库中，它直接利用精确拓扑关系进行检索，无需进行附加计算，所以检索速度快。但显式所表示的拓扑关系为确定关系，缺少动态性与灵活性，同时，这种拓扑检索与常规检索无关，即未用到定性关系与定位关系这些地理实体间的基本关系信息资源，因此其应用性能受到某些限制。

4.9　广义拓扑检索

广义拓扑检索以空间的邻近性作为近似的拓扑关系，若同类要素在指定的邻近度范围之内，则认为它们是拓扑邻接的；若不同类要素在指定的邻近度范围之内，则认为它们是拓扑关联的。这种邻接与关联取决于所规定的邻近度的大小。

4.9.1　地理数据中的模糊关系

地理实体间的模糊关系，如城市郊区、河流沿岸或铁路沿线、国家周边等，均具有一定程度的模糊性，从而具有某些动态的空间关系。它不是固定的或数学上精确的物体之间的拓扑关系，而是存在于某个阈值范围内的模糊拓扑关系。故把基于这种特性的相关检索称为广义的拓扑检索(或缓冲区检索)。

4.9.2　缓冲区——表达邻近度的一种手段

缓冲区是用来确定在地图与GIS信息处理中的邻近度(Proximity)问题，因为邻近物体之间有着独特的互影响。例如，公共设施(商场、邮局、影院、银行、医院、汽车站等)服务半径范围内的各种对象有着显然的联系；交通干线或河流与其两侧的物体有其独特的重要关系；大型水库建设所引起的搬迁，铁路、公路以及航运河道对其所穿越区域经济发展的重要性等，均是一个邻近度问题。缓冲区分析是解决邻近度问题的空间分析工具之一。对此，我们可作这样的归纳：缓冲区是地理目标或工程规划项目的一种影响范围或服务范围(邻近度问题)，是地图信息检索与综合处理和GIS空间分析的重要功能。

1. 缓冲区信息处理在环境与生态保护中的应用

在公路穿越地区，噪音与废气是重要的污染源。其中，废气对森林生态的危害随着林块远离公路而减弱。飞机场跑道区域的噪音污染引起对附近居民的赔偿。在林业方面，木材的砍伐被限制在距河流一定的范围之内。在对野生动物栖息地的评价中，许多动物活动区域距它们生存所需要的水源或栖息地的距离都在一定的范围之内。在土地评价中，要根据离开交通线或繁华区的远近，进行地价估算等。在地震带，要按照断层线的危险等级，确定沿其两侧的不同宽度的地带，作为警戒区。

2. 缓冲区信息处理在规划与决策中的应用

在道路规划中所涉及的地形条带、地下管线铺设时的施工地带、微波通信山头站之间的断面条形地带等，这些条带地区中的有关地理与专题信息是规划与决策的重要依据。此外，综合考虑多种因素也是做区域发展与景观规划时的重要手段，例如，公园和疗养地的选址是辗转实施诸如“靠近交通线”、“沿河流或濒临湖泊”、“包含林块和绿地”等有关缓冲区操作的综合决策。

3. 缓冲区信息处理在地理数据结构化自动处理中的应用

地图与地理信息处理的实质是综合性分析与评价。借此赋以地理实体相应的重要性，为管理与规划决策提供依据，并为其多比例显示奠定基础。然而，地图和地理信息的综合评价必须在信息结构化的基础上进行，对于简单的数字化面条(Spaghetti)数据，是难以进行有效的分析与处理的。例如，河网树结构、地性线(山脊线与谷底线)的结构化(树结构的自动建立)，都要递归地执行缓冲区操作。边防城镇、沿海港口和地形等信息有其独特的不言而喻的重要性，这些都是借助缓冲区操作而实现的。

此外，缓冲区方法还可用于一些特殊关系的查找，如图形的瓶颈与咽喉部分和图形可视化中的冲突部分的探测等。在图 4-9-1(a)中，可以看到两种特殊关系：瓶颈 (A, B) 和咽喉 (C, D)。这些特殊关系可用缓冲区方法来检测。从图 4-9-1(b)、(c)、(d)、(e)可以看出，随着缓冲区宽度参数的增大，这两种特殊关系就表现为缓冲区边线的自相交(图 4-9-1(d)、(e))。

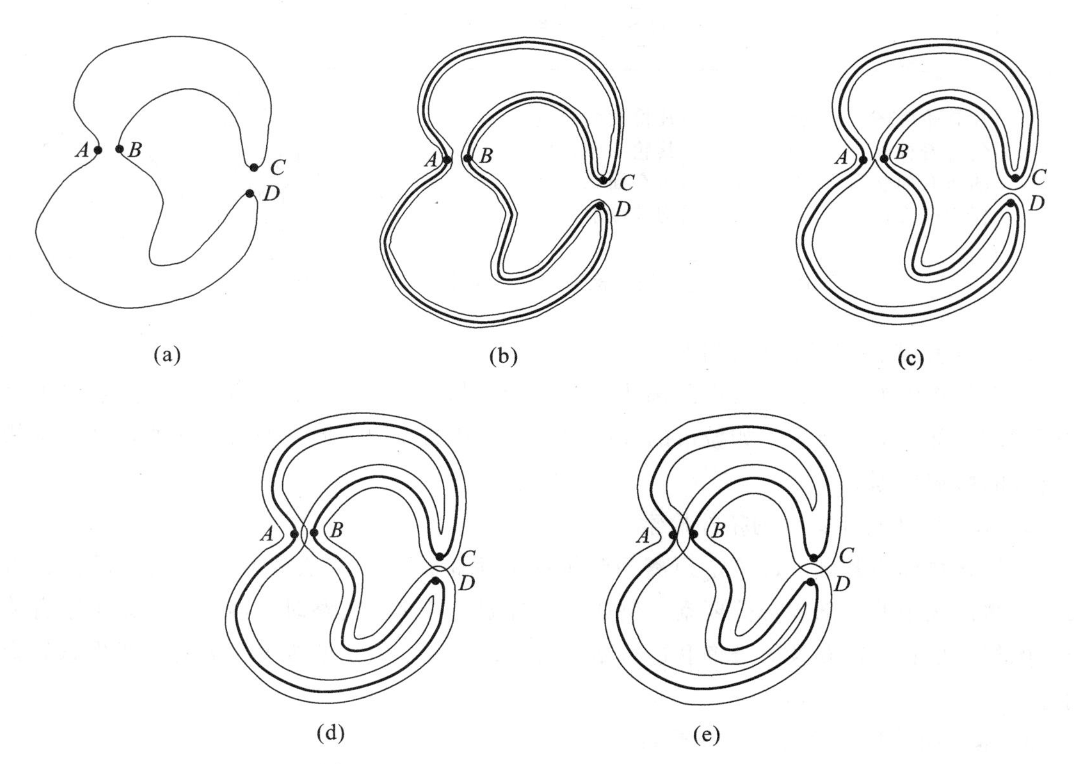

图 4-9-1　图形瓶颈与咽喉部分的自动检测

4.9.3 广义拓扑检索的基本类型

空间分析是 GIS 的核心内容与特点之所在，是以广义拓扑检索为基础的。广义拓扑检索按照空间物体的几何类型，可分为以下三大类(图 4-9-2)：

基础检索 \ 相关检索	点	线	面
点	凡点位到检索点的距离 $\leqslant \varepsilon$ 的所有点状目标均被检索 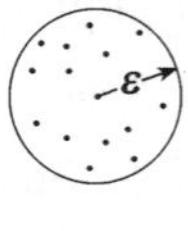	凡点位到检索线的距离 $\leqslant \varepsilon$ 的所有点状目标均被检索 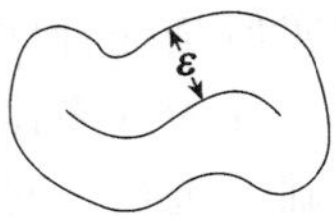	凡点位包含在检索面范围之内的所有点状目标均被检索 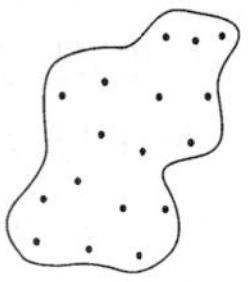
线	凡图形与检索点限差 ε 圆相交的所有线状目标均被检索 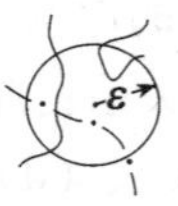	凡图形位于检索限差 $\pm\varepsilon$ 条带内的所有线状目标均被检索 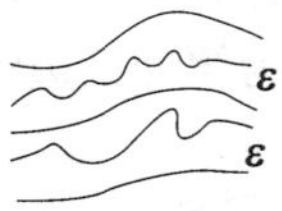 凡图形与检索线限差 $\pm\varepsilon$ 条带相交的所有线状目标均被检索 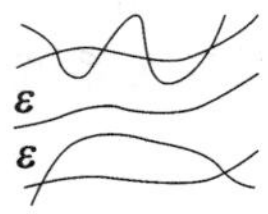	凡图形位于检索面范围之内或与后者相交的所有线状目标均被检索 
面	凡其轮廓图形包含着检索点的所有面状目标均被检索 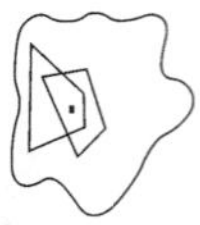	凡检索线穿越其轮廓图形的所有面状目标均被检索 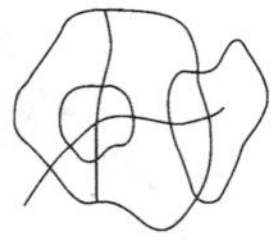	凡图形位于检索面范围之内或与后者相交的所有面状目标均被检索 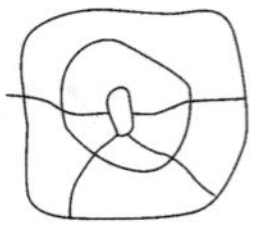

图 4-9-2 广义拓扑检索的基本类型(Linder 1980)

1. 基于点状物体集合的拓扑检索

以点状物体为基础、以给定距离为半径，形成圆形缓冲区(相关邻域)，检索位于缓冲圆中的全部或部分要素。如城市的郊区物体、钻井的周围地形、城市的交通保证、点状污染源的影响范围等；

2. 基于线状物体集合的拓扑检索

以线状物体为基础、以给定距离为到轴线的垂距，形成带状缓冲区(相关邻域)，检索位于缓冲区中的全部或部分要素。例如，当规划一条高速公路时，涉及一个条带中有关土地的权属信息，需要及时查询和进行赔偿协商；又如，公路的废气污染对沿线生态的影响等。

3. 基于面状物体集合的拓扑检索

以面状物体为基础、以基本毗邻为媒介。例如，在处理一宗土地时，往往涉及其周围有关宗地的信息、某行政单元的周边政区单元等。

4.9.4　广义拓扑检索的实现模式

由于拓扑检索是一种根据要素之间的关系所进行的检索，因此，它涉及两个集合：第一个集合是基础信息集合，表明根据什么要素进行拓扑检索；第二个集合是要检索的结果，它与第一个集合满足所选定的拓扑关系。

1. 基础要素的形成

拓扑检索的前提是根据什么基础要素进行拓扑检索。所谓基础要素，就是应用所需的点、线、面地理要素。对于拓扑检索来说，它属于"输入性"信息。但这并不需要用户进行实质性的任何输入，因为这些数据已经存储在数据库中，只需要把它们分拣出来作为拓扑检索的"输入性"基础数据。所以基础要素的形成是一个常规检索问题。

为确定作为检索基础的点状、线状、面状物体集合，可有下述实现途径：①按要素类别进行定性检索；②对若干感兴趣的物体进行屏幕图形标识；③输入若干感兴趣的物体的已知关键字；④在感兴趣无物体的空旷地区进行点式、线式、面式数字化以及沿某任意曲线或数学曲线(如圆弧、椭圆、五角星线等)作条带式(缓冲区)检索，或把这些曲线作为窗口进行区域(按任意多边形)检索(图 4-9-3)。

2. 相关物体集合的生成

相关物体集合是拓扑检索的最终成果。相关物体的形成是一种非常规检索，它的检索依据已不是物体本身的某种属性，而是物体之间的空间关系，它检索出来的是满足给定空间关系的若干类物体的集合。而这种空间关系不是用户直接输入和存入计算机，而是根据届时所给的具体条件临时地、动态地形成的。因此，它是一种派生信息，可以说是"新"信息，产生派生信息，尤其是派生空间关系信息，是一种重要的智能操作，所以拓扑检索是一种智能检索。

为实现这种智能性检索，要进行以下三项工作：

第一，输入基础要素的类型码，为自动选取这些要素提供依据，这是一个简单的代码输入问题。

第二，形成基础要素缓冲区。形成基础要素的模糊相关范围——点/线/面物体集合的缓冲区，这是一个比较复杂的计算过程，并有两种可行的形成方法——矢量方法与栅格方法。

(1)矢量方法

从数学的角度看，缓冲区可理解为一种邻域 B，它是距一给定目标点集 $\{p\}$ 的距离 d 不大于给定影响阈值 R 的点的集合：

$$B = \{y: d(y, p) \leqslant R\} \tag{4-9-1}$$

当基础物体为点状物体 p 时，其相关邻域为一个以 p 为圆心、以影响距离 R 为半径的圆。其缓冲区就是以其辐射影响距离为半径的圆的范围。此处不存在复杂算法问题。但当若干个点状物体的缓冲区粘连在一起时，就要进行各个缓冲区的并运算：

$$B = \bigcup_{i=1}^{n} B_i \tag{4-9-2}$$

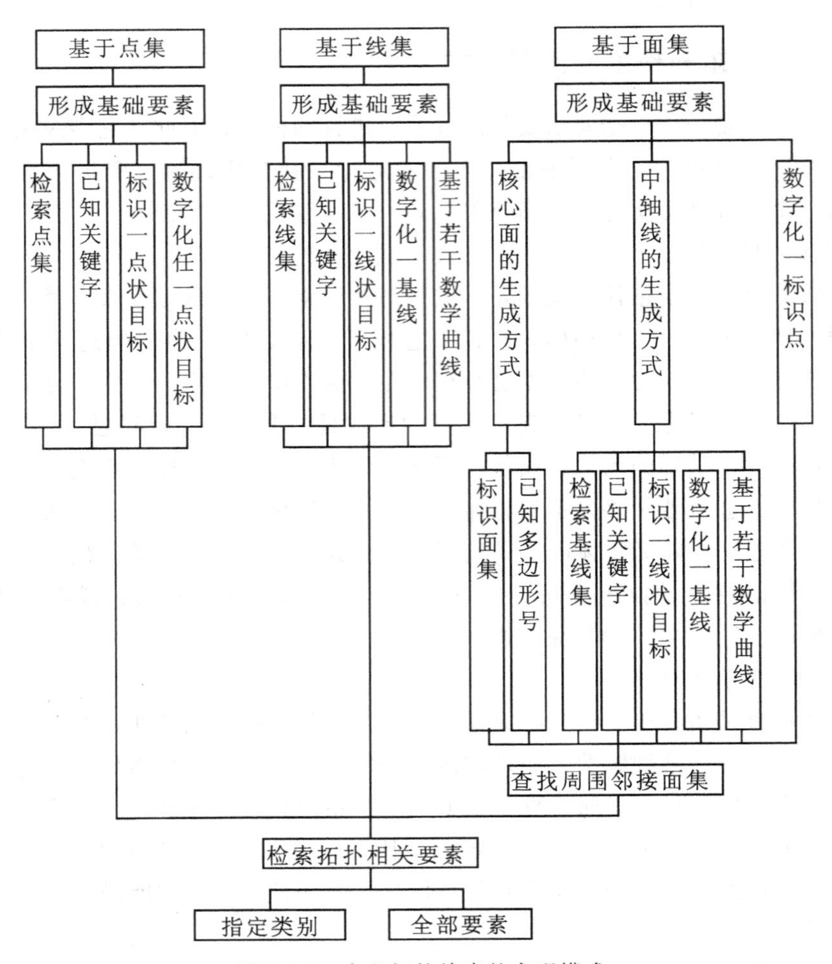

图 4-9-3　广义拓扑检索的实现模式

最后形成缓冲区外边界多边形(图 4-9-4)。

(a) 孤立点目标缓冲区　　(b) 等权点群目标缓冲区　　(c) 不等权分级目标缓冲区

图 4-9-4　点目标缓冲区

当基础物体为线状物体 L 时，其相关邻域是以该线状物体为轴线、以影响阈值为偏移量 R 所形成的带状缓冲区 B。从数学概念上看，可把曲线 L 理解为其上有限个点的集合：$L=\{p\}$，L 的缓冲区 B 仍是点集 $\{p\}$ 的以 R 为半径的圆的并(图 4-9-5)。这是一种走廊式多边形表示的带状缓冲区。图4-9-5只是一个数学解释，对于缓冲区的建立来说是不可取的，因为数字曲线点是离散的和有限的，要确定一连串圆的包络问题。在实际应用中是以线状目标为轴线L、以影响或相关范围距离ε为偏移量，生成左右两条平行曲线来建立缓冲区。必要时，还可分为等权的和不等权的两种情况(图4-9-6)。

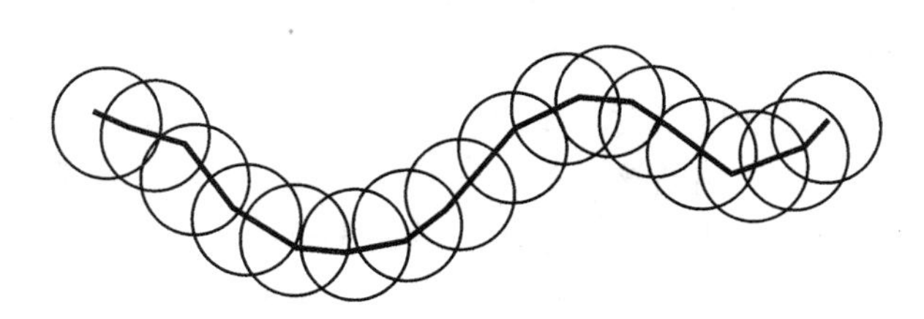

图4-9-5　线状物体缓冲区的数学概念

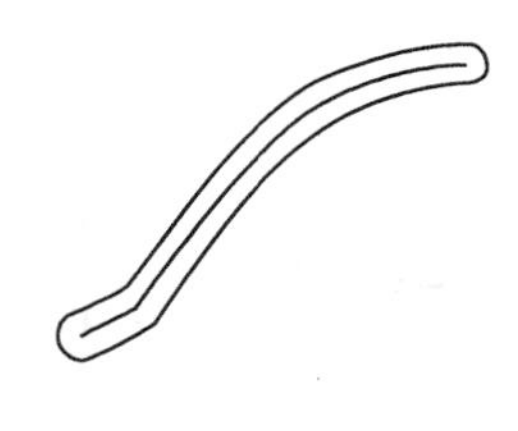

(a)单线目标缓冲区

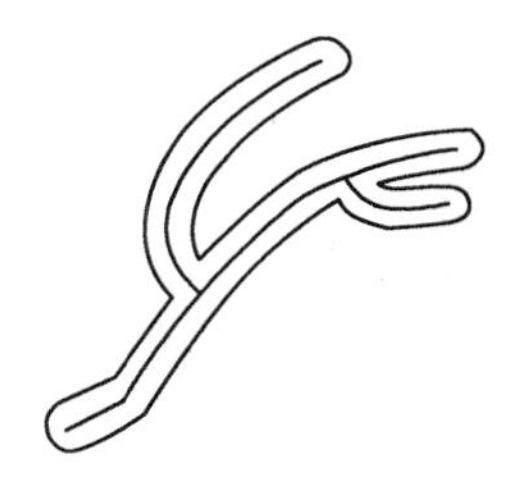

(b)等权线网缓冲区

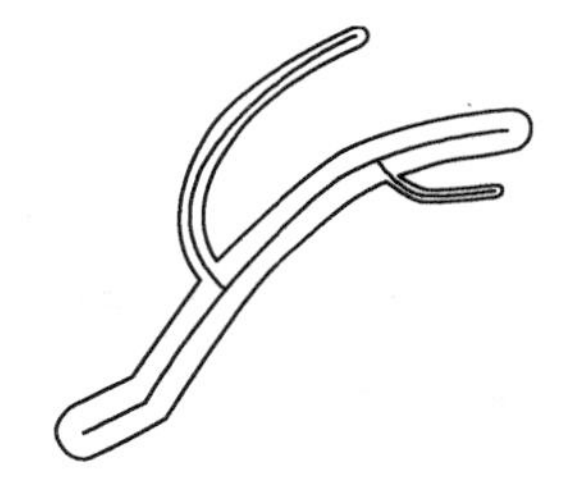

(c)不等权线网缓冲区

图4-9-6　线目标缓冲区

当曲线很和缓时，它是一个基本上等宽的条带式多边形。这种多边形生成之后，就把缓冲区检索变为按不规则多边形检索。

对于面状物体，其缓冲区是以其边界线为基线、以缓冲距ε为偏移量向边界线的两侧(主要是外侧)作平行曲线所包围的范围(图4-9-7)。

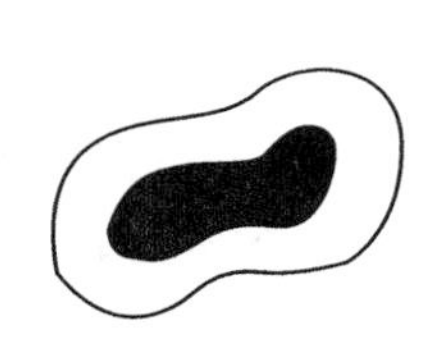

(a)单面目标缓冲区

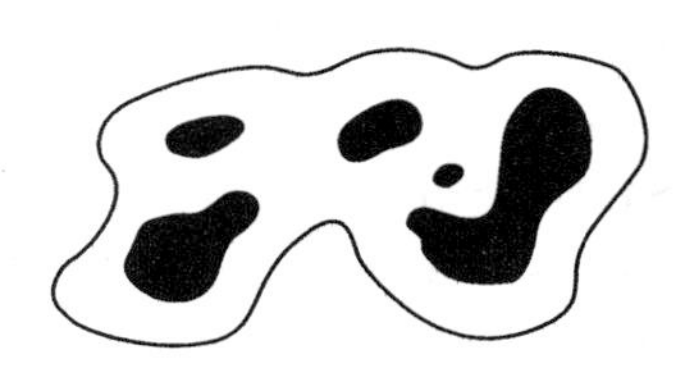

(b)等权面群目标缓冲区

(c)不等权面群目标缓冲区

图4-9-7　面目标缓冲区

缓冲区生成的主要问题：

①核心几何算法：双线算法。

双线问题有多种叫法，如计算机图形加粗(Computer Graphics Thickening)、加宽线

(Widening Lines)、中心线扩张(Centerline Expansion)等。它们指的都是相同的操作。相关文献中常见的实现方法是角分线法。在轴线首末点处，作轴线的垂线并按双线或缓冲区半宽 ε 截出左右边线的起讫点；在轴线的其他各个转折点上，用与该点所关联的前后两邻边距轴线的偏移量为 ε 的两平行线的交点来生成两平行边线的对应顶点。因此，这个方法也可以叫做简单平行线法。该方法的主要缺点是难以最大限度地保证双线的等宽性(图4-9-8)。

为了使平行曲线严格等宽，可采用凸角圆弧法。其算法原理是：在轴线首末点处，作轴线的垂线，并按双线或缓冲区半宽 ε 截出左右边线的起讫点；在轴线的其他各个转折点上，用其前后两边矢量叉积法判断该点的凸凹特性。在凸侧，用圆弧弥合；在凹侧，用与该点所关联的前后两邻边距轴线的偏移量为 ε 的两平行线的交点来生成对应顶点。由于在凸侧用圆弧弥合，而使凸侧平行边线与轴线等宽。而在凹侧，平行边线相交在角分线上。交点距轴对应顶点的距离如图 4-9-9 所示。由此可见，该方法能最大限度地保证平行曲线的等宽性，排除了角分线法所带来的众多的异常情况。

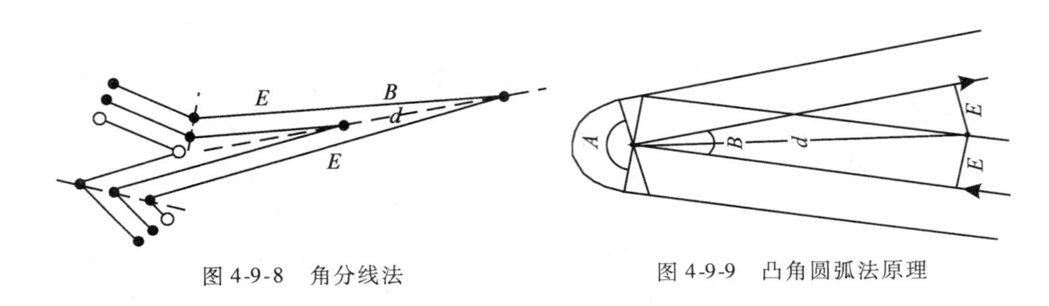

图 4-9-8　角分线法　　　　图 4-9-9　凸角圆弧法原理

②缓冲区边线的自相交。

在绝大多数文献或绘图程序中，可能由于所处理的曲线点列相当稀疏且形状和缓，通常仅涉及绘制双线边线的纯几何计算问题，而对所生成的曲线信息不作进一步的处理。但若要适应更为普遍的情况，就不得不处理边线的自相交问题。

自相交多边形分为两种情况：岛屿多边形与重叠区多边形。岛屿多边形是双线(或缓冲区)边线的有效组成部分，重叠区多边形不是双线(缓冲区)边线的有效组成部分，不参与双线(或缓冲区)有效边线的最终重构(毋河海　1997b)。

③边线的最终形成。

在最简单的情况下，两条边线各由一条折(曲)线构成。在一般情况下，当存在岛屿和重叠区时，最初所计算的边线在此被分割为几个部分(外部边线和若干个岛屿)。这就要求用复杂(复合)目标的结构来组织与管理它(毋河海　1991)。

对于绘制双线来说，只要把最外围边线和岛屿轮廓绘出即成。

对于缓冲区检索来说，在按最外围边线所形成的圆头或方头缓冲区检索之后，要扣除按所有岛屿所检索的结果。

(2)栅格方法

栅格方法生成的缓冲区是对基础要素的图形像元所进行的扩充。

对于点目标 P，其缓冲区的生成过程为：以 P 为点生成元，借助缓冲距离 ε 计算出像元加粗次数，然后进行像元加粗。

对于线目标 L，其缓冲区的生成过程为：以 L 为线生成元，借助缓冲距 ε 计算出像元加粗次数，然后进行像元加粗。

对于面目标 A，其缓冲区的生成过程为：以 A 的边界线 L_A 为轴线，借助缓冲距 ε 算出加粗次数在 A 的外侧进行像元加粗。

如果仅把缓冲区作为信息检索手段，即作为一种临时的栅格索引，则对生成元作必要的加粗后，任务便完成(图 4-9-10)。如果要形成相应的缓冲区实体，则需在完成上述加粗后，还要作边缘提取。

第三，相关信息的自动检索。以基础物体集合为依据，按照届时给定的阈值形成适宜的相关(拓扑邻接或关联)邻域(或叫缓冲区)之后，可以检索落于相关邻域中的指定的某几类要素，形成目的物体集合。这样，目的物体集合与基础物体集合在给定的邻域内是拓扑相关(邻接或关联)的。

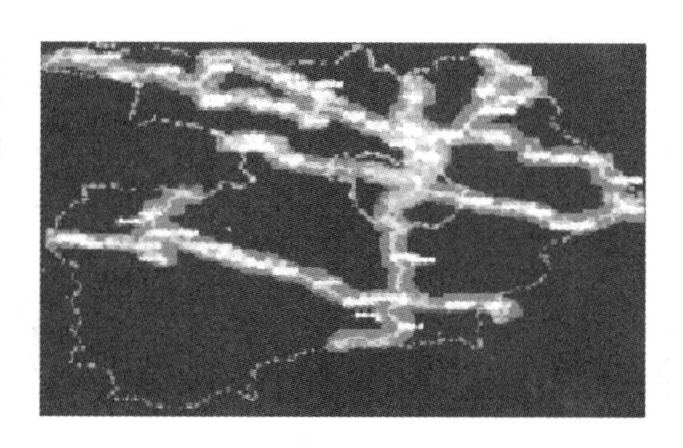

(a)用栅格方法沿公路生成的缓冲区

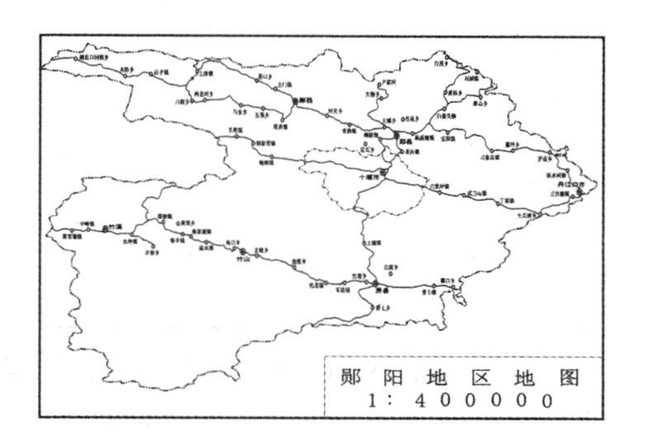

(b)在缓冲区内检索城镇式居民地

图 4-9-10　线目标的栅格缓冲区及对居民地的检索结果

缓冲区是一种不规则多边形。因此，相关检索或缓冲区检索的实质是不规则多边形检索。由此可见，按不规则多边形检索是地图数据库与 GIS 极为重要的信息检索途径。

拓扑关系是空间数据(地理定位数据)的重要特征，它反映了地理实体间的结构关系。从本质上看，地图/地理数据处理是一种拓扑变换，即在连续变形(处理)中要保持数据中所内含的不变性(结构特征)。因此，拓扑关系对地图数据处理，特别是对 GIS 中的空间分析来说，是极为重要的。当数据处理系统由拓扑关系所充实与制导时，其智能程度就大为增强，可使计算机的线性处理变为非线性处理。拓扑检索有助于按照物体间的结构联系，从起始信息中分离出极为重要的评价物体的综合性准绳：在地理数据处理中，某物体信息的弃留不仅取决于其本身所固有的一些属性(质量、数量特征等)，还取决于它与周围同类型和不同类型的物体间的联系。尤其对于那些按简单准绳衡量时处于可弃可留的物体来说，它们在结构中的意义就显得更为重要，即同样的物体在不同的环境下会具有不同的重要性。

4.9.5　广义拓扑检索示例

此处仍以图 4-6-2 中郧阳地区的地图数据库为例进行广义拓扑检索，观察这些检索图件，可以看出它们在知识发现与集成信息处理中的应用价值。

1. 基于点状物体集合的拓扑检索示例

图 4-9-11 所示为自动检索任意点状目标周围的地形或其他指定信息(城市交通保障、

卫星城镇等)。也可以根据地图上尚不存在的或是新设计的对象(如设计钻井等)检索其附近的地形，或根据地质图检索其地下情况(图 4-9-12)。

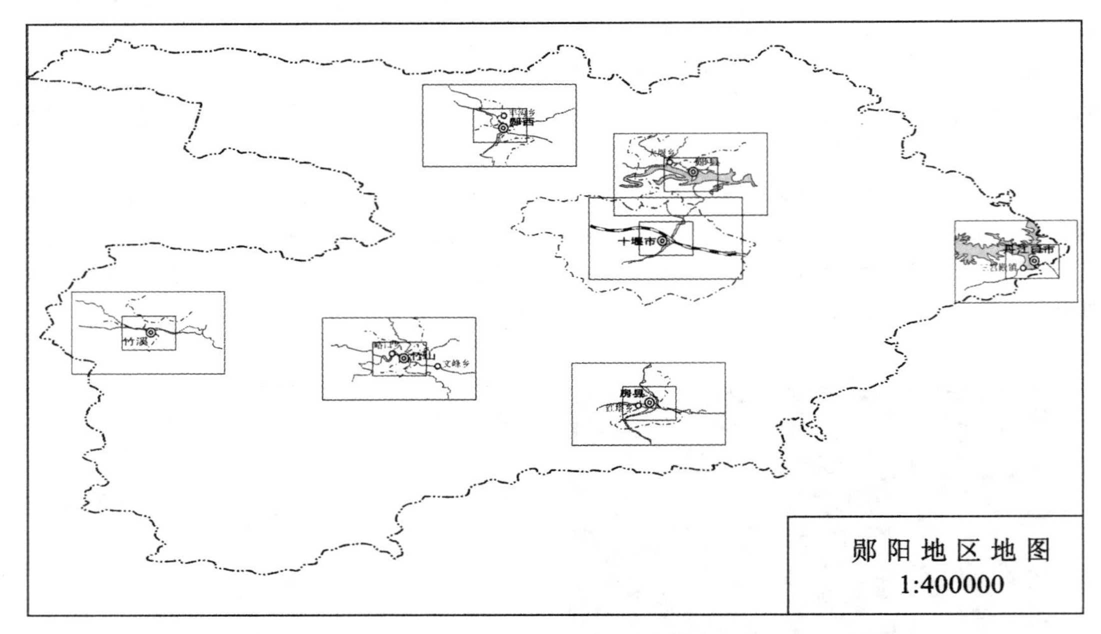

图 4-9-11 基于点状物体集合(县市)的拓扑检索(检索周边地形要素)

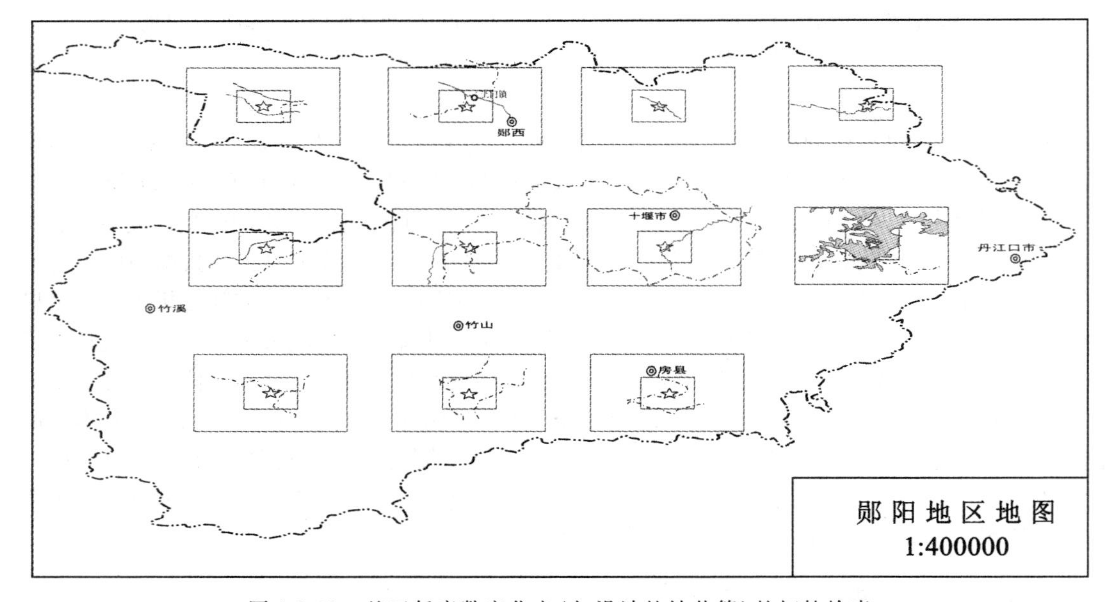

图 4-9-12 基于任意数字化点(如设计的钻井等)的拓扑检索

2. 基于线状物体集合的拓扑检索示例

图 4-9-13 所示为沿任何线状物体形成带状缓冲区，检索位于其中的指定内容要素(铁路沿线、河流沿岸、边境线两侧、水库淹没区等)。

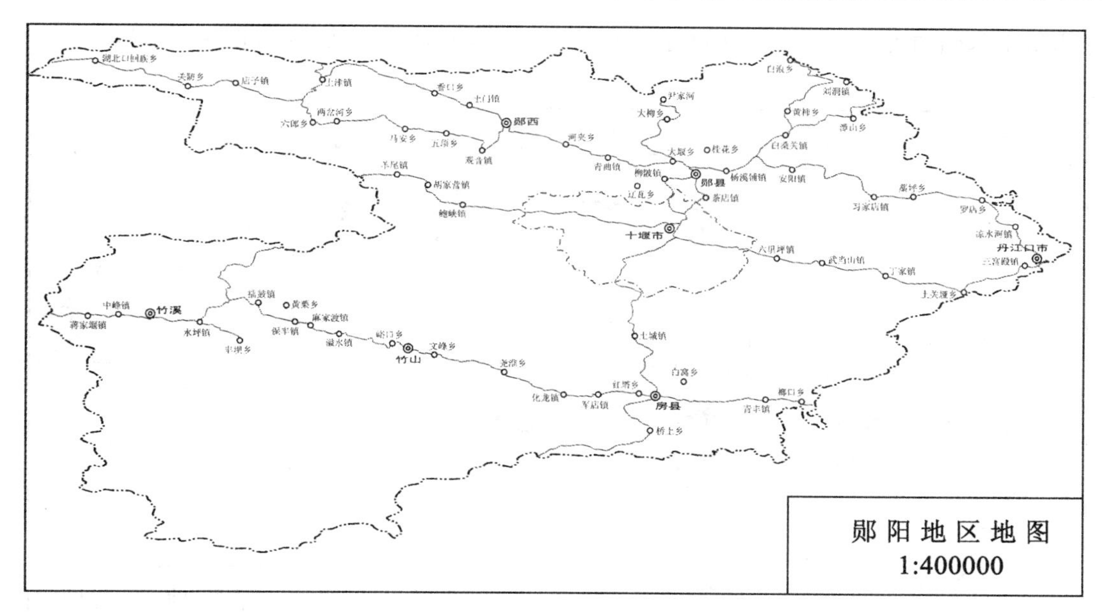

图 4-9-13　基于线集(公路)目标的拓扑检索：公路沿线的城镇

另外，也可以用地图上尚没有的规划目标，检索其所需的地形或更为专业的信息。如根据规划线路、管线铺设、微波通信台站之间的线路，检索其两侧一定宽度条带中的物体(图 4-9-14)。

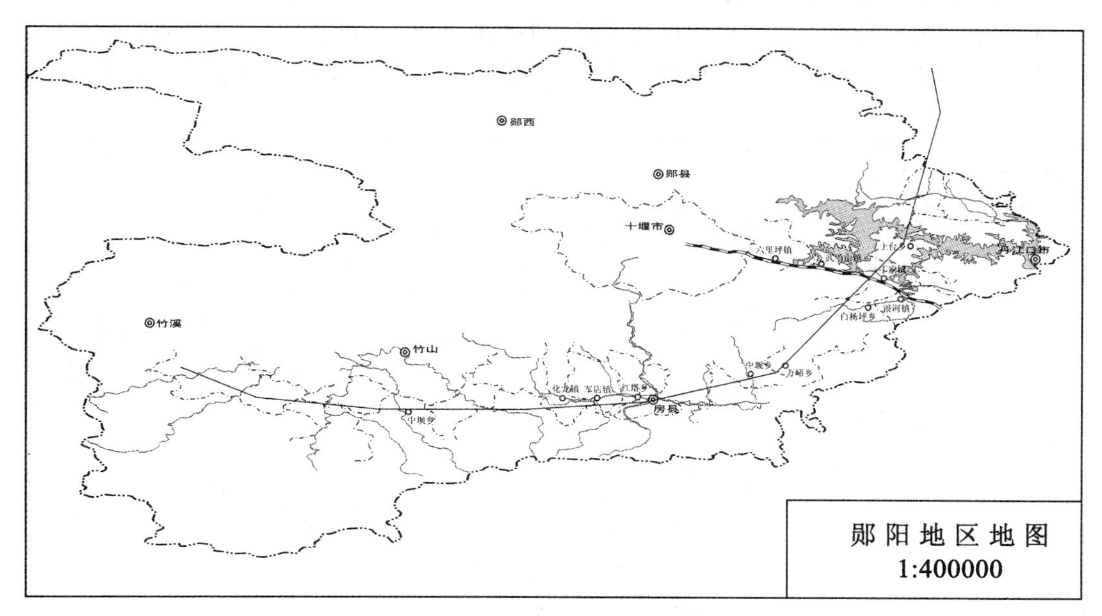

图 4-9-14　基于随机线集(设计线路等)的拓扑检索：沿线地形

3. 基于面状物体集合的拓扑检索示例

基于面状物体集合的拓扑检索即自动确定面状目标与其邻接的周围面状目标的关系。

作为检索基础的可以是一个面状目标，也可以是一批相邻的面状目标(图 4-9-15)。

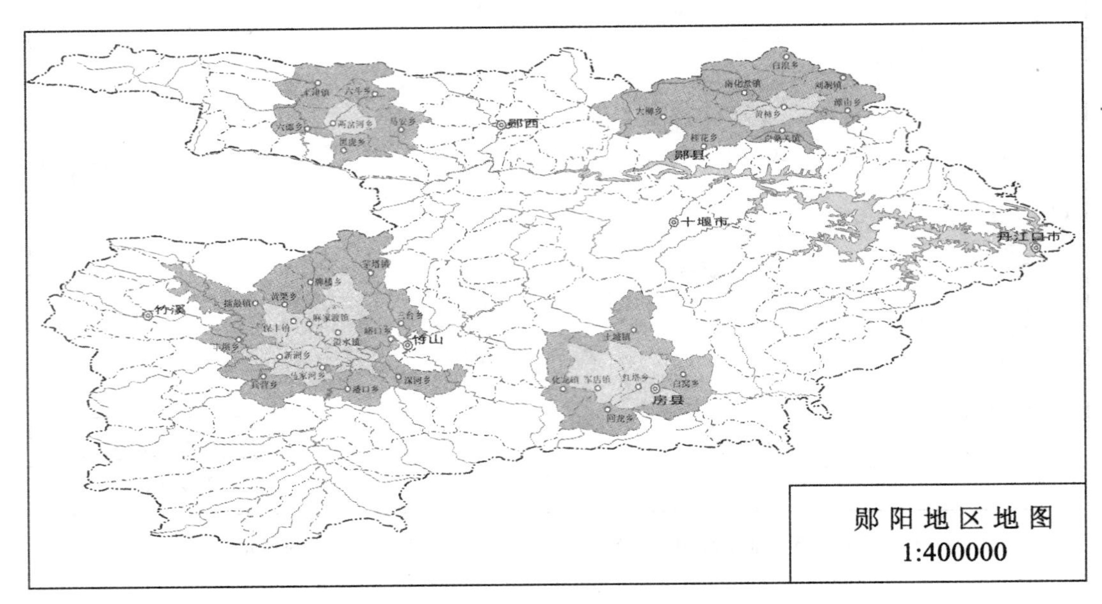

图 4-9-15　基于面集的拓扑检索(核心面域与邻接面域集)

4. 其他拓扑关系检索示例

(1)公路穿越地区的地形信息

利用前述的复合拓扑检索原理进行多层次的拓扑检索：首先检索公路穿越的最小行政区域集，然后检索这些区域中的地形要素(境界线、河流和城镇等)，如图 4-9-16 所示。

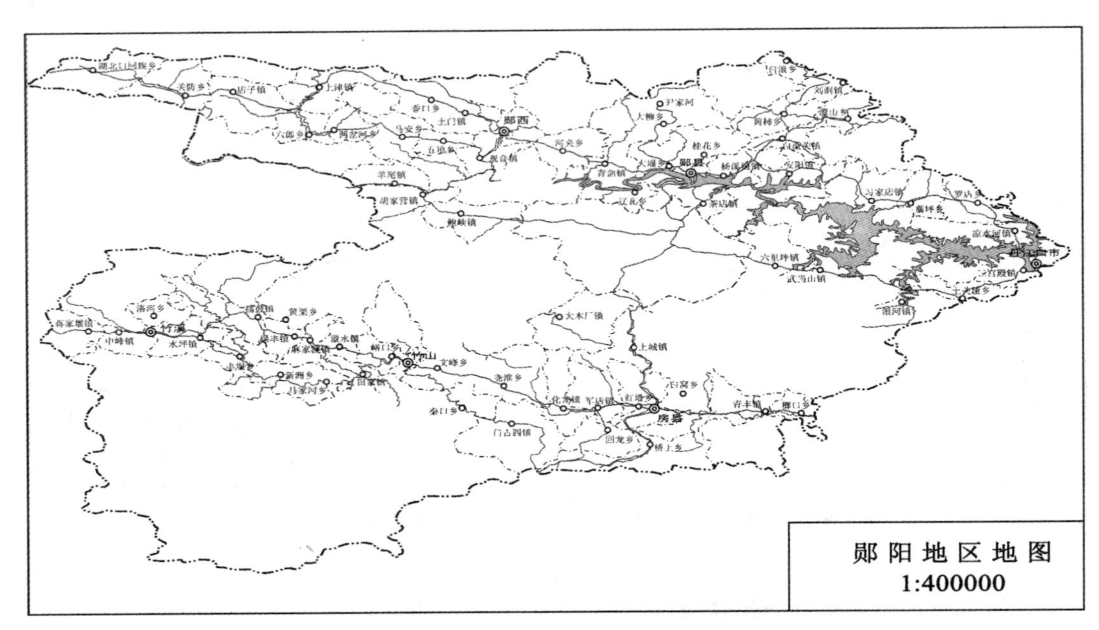

图 4-9-16　多层次拓扑检索

(2)边界地带地形信息

边界地形信息的重要性是不言而喻的。特别是当边界是指国界时，考虑到国防问题、边境贸易等，边界地形信息就更为重要了。从数据库中自动地提取这些信息，就是一个基于线集的拓扑检索问题：基于边界线，首先检索与其关联的政区单元集合，然后再视需要，检索这些政区单元中的指定地形要素(图 4-9-17)。

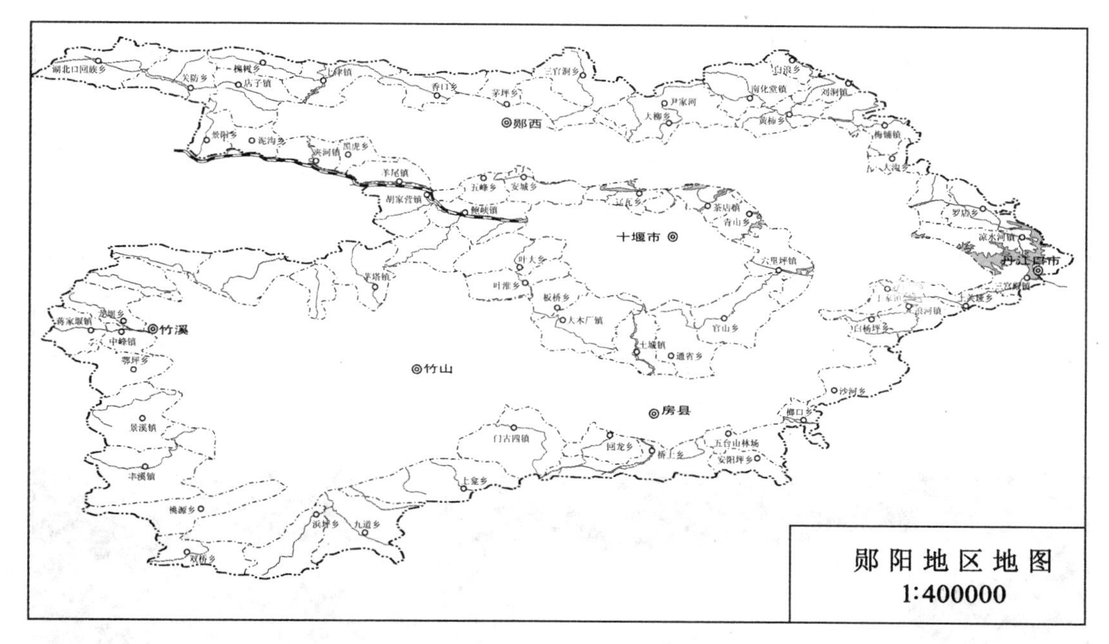

图 4-9-17　边界政区单元及地形信息检索

(3)新线路设计与施工的相关地形信息

这个问题的严重性，笔者在 1986 年的三篇论文中就已经详细论述了(毋河海　1986a，1986b，1986c)。在新线路设计与施工时，若存在相关地区的空间数据库，则应利用相关的检索功能提取线路条带地形信息。多年来，通信线路、地下水管、煤气管线和地下电缆等多次被挖断，造成难以估量的损失，其主要原因就是情况不明、盲目施工。这个情况不应再继续下去了。新线路设计与施工的相关地形信息检索应该引起重视(图 4-9-18)。

这种检索的实质就是根据设计线路，检索其穿越的政区单元，进而提取各相关单元中的指定地形信息。

(4)区域的自动生长

利用前述第 4 章 4.8.2 节中复杂拓扑检索算子进行辗转检索：例如，根据县名，用图 4-6-1 中所示的按地名检索可得到它所在的城关地区。利用线面关联关系，进而可得到与城关地区邻接的其他地区。这样辗转下去，其终止条件是不跨越某一级境界线(此处是不跨越县界)。生长繁衍结果如图 4-9-19 所示。

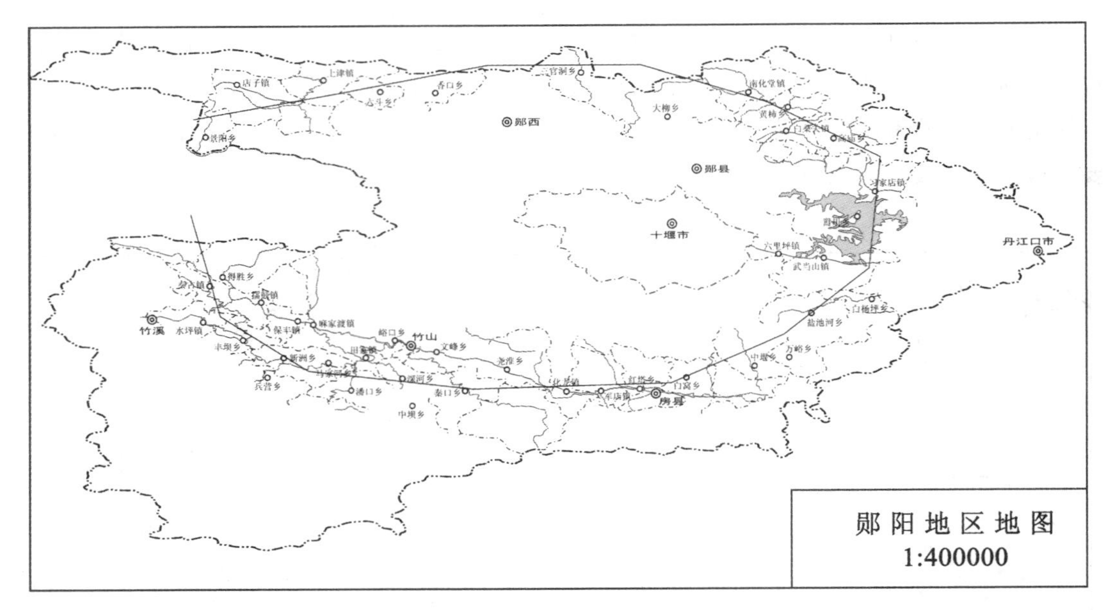

图 4-9-18　新线路设计与施工的相关地形信息检索

图 4-9-19　拓扑检索：根据县城名称自动繁衍整个县域信息

第 5 章　地图自动综合的总体选取(构思)模型

我国著名地理与地图学家陈述彭院士曾论述道：地图是多个学科的信息共同载体(廖克　2000)。地理信息系统脱胎于地图数据库(陈述彭　1991)。空间信息系统，或地理信息系统，是一个以地理坐标为骨干的信息系统。所以地理信息系统事实上就是地图的一种延续，就是用地理信息系统扩展地图工作的内容(陈述彭　1995)。国际著名杂志《地图学与地理信息系统》的刊名进一步反映了地图学与地理信息系统的内在联系。

地图在人类的各类活动中起着极为重要的作用，协助人们揭示重大的科学规律。

地图学本身是一种集地理科学、基础数学、图形学与美学等学科于一体的科学。地图制作过程是一种集上述有关学科领域的信息与知识于一体的创造性的劳动，这样就使得地图自然地成为一种高度智能劳动的结晶，它具有严密的数学基础、精选的地理内涵、科学与精美的艺术表达，使人能对所感兴趣的地区一目了然。在模拟时代，地图尺度(比例尺)基本上呈几何级数序列，1 : 2 : 5 : 10 等，尺度不连续，多尺度信息处理靠手工来实现。在计算机环境下的多尺度 GIS 与地图信息的应用领域更为广泛，尺度实际上可作任意程度上的连续，为多尺度 GIS、DE(数字地球)和管理、规划与决策等多部门和多领域所必需。而形成多尺度信息的理想手段是空间信息的自动综合。因此，GIS 与地图信息的自动综合就成为亟待研究的问题，后者只有通过长期的努力才能逐渐向所求目标逼近。

对于地图信息综合的一个共识是：它是一个具有不良定义(Ill-defined)性的复杂过程，是地图学与 GIS 领域的一个重大难题，有的学者认为是“NP-完全”问题(即计算机解不可能设计出来)(Müller 等　1995)。尽管有些成果或产品已经出现，并呈现出很好的势头，但离问题的解决还很远。总的来说，仍处于高度研究与试验阶段。

为了综合性地解决该问题，需要多种多样的方法与技术，其中包括非算法性途径，如基于知识的方法和决策支持方法。然而，很明显，数据结构和算法是建立其他途径或方法所必不可少的基础(Weibel　1997)。

20 世纪 50 年代以来，国外不少学者逐渐地对利用计算机进行地图内容自动综合的原理与方法进行了探讨，从不同的角度提出了各种分析和看法。例如，如在第 2 章 2. 3 节中所述，有的主张把地图综合分为空间的综合与内容的综合两个方面；有的则主张分为比例尺综合与目的综合两个部分。

地图综合理论是研究地图与地理信息的多层次选取与概括的原理和方法。就地图综合的基本特征来说，它既是一个科学技术的信息变换过程，反映地理真实性和规律性；同时也是一个创造性的劳动，因为这里包含制图者对地理环境的认知、对地理要素的选择与抽象以及艺术塑造。

地图综合基础理论研究需要从宏观上建立逻辑概念模型。到目前为止，尚缺少统一的、具有可操作性的理论基础。在新的数字环境下，甚至对于综合是否必要，也有少数人持异议。由此可见，建立有理论依据的逻辑概念模型是有着重要意义的。笔者首先介绍几个主要的理论模型框架，然后论述笔者所提出的三级结构化综合模型。

从广义上说，地图综合既是一个科学的问题，也是一个技术的问题。科学要回答“是什么”和“为什么”的问题，可以把这两方面的问题归结为基础理论问题；而技术回答“做什么”和“怎么做”的问题，可以把这两方面的问题归结为技术方法问题。科学论证必要性与可能性，技术提供解决问题的具体途径和方法。

5.1 引 论

5.1.1 地图信息综合概念的扩充

人们在常规的模拟作业中，为了使地图的质量精益求精，对地图信息综合总在进行不断的探讨。在数字环境下，地图信息综合的使命就更加拓展了，它不只是为了图形信息压缩以保证地图的易读性，而且还担负着生成GIS多尺度数据库的新使命，支持不同层次的规划、管理与决策。在网络发展的今天，图形信息海量数据的传输速度与代价也提到日程上了：要求滤掉与应用(管理，规划与决策等)无关的冗余信息，以提高传输速度与减少分析处理的代价。地图信息综合的主要意图是在数据传输极小化的同时，使读者接收的信息量达到相对最大。

由小范围GIS生成较大范围的GIS不是相关小范围GIS的简单的并，这也是一个非线性问题，整体不等于各部分的叠加。这是显然的，当由县级GIS生成省级GIS时，各个县级GIS中缺少完整的省级信息。此外，小范围GIS包含着相对过多的细节，这些细节对于高层次的应用不仅无关紧要，而且还会淹没主导信息，或者说多余的信息会变成干扰因素。当地图越为过量的细节所充塞时，越超过人们的视觉分辨与理解能力时，人们由此所获得的信息就越少。因此，排除干扰、突出主要信息，就构成GIS中空间信息(图形信息与属性信息)的综合。

目前，在数字环境下，地图信息自动综合成为机助制图和GIS进一步发展与应用的一个瓶颈问题。既限制了多比例尺成图，又限制了GIS的多尺度空间数据库的自动生成和多层次的应用与决策。在自动综合领域，各种算法呈孤立研制、零乱无序的状态。专家系统与知识推理在自动综合的应用中仍处于低谷状态。

5.1.2 综合算法与智能综合领域中的基本对策

针对算法领域所存在的孤立、零乱和无序的状况，笔者认为，产生这种境况的主要原因是在本领域缺少地图信息自动处理的基础理论和基本技术方法体系。因此，首先要研究自动综合的基础理论，并建立与之相应的综合算法体系。我们可采取如下对策：

根据算法领域的主要矛盾，应采取的基本对策是：信息处理基本过程(信息容量动态变化规律、主要要素的宏观结构特征及其在变化中的动态组合与结构分配、地理实体本身的微结构特征以及对实体信息的处理)算法化，并以现有的主要有效算法为基础，研制尚缺少的必需的部分关键算法，进而把它们融为一个在逻辑上具有内在有机联系的算法体系。

针对专家系统/知识推理在自动综合应用中的主要症结，走出低谷的一个途径是借助算法过程把物体本身特征和物体之间的空间关系符号化，为专家系统/知识推理在自动综合中的应用提供前提。

知识推理的结果是在何时、何地和何种环境下进行何种操作(主要是图形处理操作)的决策，而最后的具体图形处理操作还是要通过相应的算法过程来实现。因此，算法过程与知识推理是相互联系和相互依存的，这要求研究它们之间的有机组织，即集成问题。

鉴于知识推理的前提是知识获取，特别是空间知识的获取，故需采用基于计算机视觉的算法过程来解决空间知识获取问题。

5.1.3　地图综合与计算机视觉

制图综合自动化的实质是要利用计算机这一最强大的新技术来代替制图工作者的富有创造性的编图操作。如何使计算机完成创造性(空间与图形思维)的操作？这对图形处理来说是一个计算机视觉的实现问题。对于制图员来说，图上的各种物体，它们的形状、大小以及相互关系等是一目了然的。在计算机环境下，这些物体本身的信息(类别、性质、形状、大小等)在计算机中是有完整而翔实的表示，而物体之间的相互关系，特别是动态的空间关系，则在计算机中难以表示，实际上几乎没有明确表示。特别是对于对信息综合有重要制约作用的各种动态关系在数据库中更无法表示。所以，计算机所看到的地图或空间数据库与地图工作者所看到的地图相比，所缺少的就是这些空间关系。因此，自动综合的关键就在于自动构建这些为计算机所不能直接看到的各种关系，特别是动态的空间关系。

制图综合的目的就是要在有限的图面上尽可能多地反映相对重要的物体。“重要”就意味着要对物体进行评价。物体的重要性主要从三个方面进行评价：一是语义信息，即物体本身的资格(等级、行政意义等)；二是几何信息，即位置、形状和大小等；三是关系信息，即在全局中的地位和在局部区域中的相对重要性。也就是说，要使计算机运作具有创造性(智能)，除了数据库中已有的物体资格相关信息以外，最主要的是要用数据库中所没有的物体间的关系来制导计算机，即要使计算机能发现和利用物体间的关系，这种空间关系或结构的揭示是一种特殊意义下的模式识别，可以认为是更高级别的模式识别，从而从更深的意义来评价物体，这也就是图形信息处理中的计算机视觉问题的本质所在(毋河海　1996a)。

此外，结构化综合为先进的数学机制所装备，使之在分析与综合物体时应用数学方法建立数学模型、形式化概念和理论，这对地图科学有重要意义。描述地图结构的数学手段是研制地图学的严格和在概念上协调的机制的重要前提，更是广泛地把数学方法吸收到地图学和地图研究中，特别是吸收到地图综合中的重要前提。结构化途径试图更新传统地图的科学原理，消除与“先进”学科之间相互作用的障碍，在统一的原则上建立通用的方法，以此为基础，建立统一的形式化理论，从本质上对地图学整个科学体系作补充、明确和整理。

5.1.4　解决问题的途径

地图信息自动综合问题研究了近半个世纪，但距问题的解决还有很长的路要走。20

世纪60、70年代主要是研究简单的解析选取和单条曲线的综合(概括)，缺少系统性的基础理论研究，其成果是零散的、孤立的、无序的，相互之间没有联系，不能形成一个信息处理体系。地图综合这一国际难题是地图信息和GIS的多层次应用的一个重大的科学与技术问题。笔者在分析了国内外早期与近期的研究成果基础上，从科学与技术问题角度出发，进一步探讨地图信息自动综合所涉及的基础理论与技术方法问题，详见本章5.5节。

5.2 非线性科学与地学信息处理

5.2.1 非线性科学的本质特点

非线性科学是一门研究非线性现象共性的基础学科。非线性科学几乎涉及了自然科学和社会科学的各个领域，并正在改变人们对现实世界的传统看法。科学界认为：非线性科学的研究不仅具有重大的科学意义，而且对国计民生的决策和人类生存环境的利用也具有实际意义。有学者指出：非线性科学对整个自然科学和哲学都有重大影响。由非线性科学所引起的对确定论和随机论、有序与无序、偶然性与必然性等范畴和概念的重新认识，形成了一种新的自然观，将深刻地影响人类的思维方法，并涉及现代科学的逻辑体系的根本性问题。

线性和非线性是两个数学名词。所谓线性，是指两个量之间所存在的正比关系。由线性函数关系描述的系统叫做线性系统。在线性系统中，各部分的贡献是相互独立的，部分之和等于整体。描述线性系统的方程遵从叠加原理，即方程的不同解加起来仍然是原方程的解。这是线性系统最为本质的特征之一。

而非线性是对这种简单关系的偏离，各部分之间是相互作用的，即多种因素之间彼此影响，发生耦合作用。这是产生非线性问题的复杂性和多样性的根本原因所在。正因为如此，非线性系统中各种因素的独立性就丧失了：整体不等于部分之和，叠加原理失效，非线性方程的两个解之和不再是原方程的解。因此，对于非线性问题，只能对具体问题做具体分析，目前尚无统一的方法可循。

非线性方程除极少数外，一般都不存在解析解。

定性地说，线性关系只有一种，而非线性关系则千变万化，不胜枚举。线性是非线性的特例。在非线性关系中，同一个前提往往会导致几种不同的后果。

非线性科学研究似乎总是把人们从对“正常”事物、“正常”现象的认识转向对“反常”事物、“反常”现象的探索。孤波不是周期性振荡的规则传播，混沌打破了确定性方程由初始条件严格确定系统未来运动的“常规”。然而，这些貌似不正常的探索却使人们的认识更接近自己的研究对象——大自然本身。

各种非线性关系可能具有某些不同于线性关系的共性。正是这些共性导致了非线性科学的诞生。根据共性，可把非线性现象分成各种类别，每一种类别就是一大类所具有的共性，有着广泛的普适性。如混沌、分形、孤子等，就是不同的普适类(冯长根，李后强，祖元刚 1997)。

线性与非线性现象的区分一般还有以下特征：

从运动形式上看，线性现象一般表现为时空中的平滑运动，并可用性能良好的函数表示。而非线性现象则表现为从规则运动向不规则运动的转化和跃变。

从系统对外界影响和系统参量微小变动的响应上看，线性系统对外界影响的响应平缓、光滑，往往表现为对外界影响成比例的变化。而非线性系统中参量的极微小变动，在一些关结点上，可以引起系统运动形式的定性改变。自然界和人类社会中大量存在的相互作用都是非线性的，线性作用只不过是非线性作用在一定条件下的近似。

研究非线性系统的目的是认识众多复杂系统中隐含的更普遍的规律性，从而相对地减少其复杂性。计算机的出现和广泛应用使科学家们以计算机为手段，去探索那些过去不能用解析方法处理的非线性问题，从中发掘出规律性的认识，探讨各种非线性系统的行为。

5.2.2　什么是混沌

“混沌”一词来源于希腊词汇，原意是“张开嘴”，但是在社会意义上，混沌总是同无序联系在一起。在某种意义上，混沌系统处在不稳定平衡点上——系统(在时刻 t)的初始条件有一点微小的变化，将会导致在之后的某个任意时刻系统的状态大大地不同，即这类系统对初始条件具有依赖灵敏度。

有些系统模型(如太阳系中一些行星的运动模型)含有许多变量，但模型是很精确的。而对于混沌系统，尽管可能已经使用了成百上千的变量，但还是不能对未来状态进行准确预报。例如天气这一众所周知的混沌系统，尽管众多的气象学家做了最大的努力去对它进行预报，但他们的工作还是常常发生错误。蝴蝶效应说明了混沌系统对初始条件的依赖灵敏度。

混沌系统几乎存在于我们日常生活的方方面面，交通问题就是其中一例。一辆车的错误调动便可产生一起交通事故或者交通堵塞，从而影响数以千计的其他车辆。很多人觉得股票市场是一个混沌系统，因为某个投资者、某个公司的行为或时局的动荡，均可对它产生很大影响。正如一颗石子投入平静的湖中所激起的涟漪将会影响到非常遥远的岸边，而在人类社会生活中，某个很小的行为也可能会产生深远的影响。

混沌并不是无序和紊乱，它更像是没有周期性的秩序。在理想模型中，它可能包含着无穷的内在层次，层次之间存在着“自相似性”。混沌的行为归宿就是分形(图 5-2-1)。

图 5-2-1　应用到 $e^{z}=1$ 的牛顿方法的 Julia 集(巴恩斯莱等　1995，Barnsley 等　1988)

简单原因可能导致复杂后果，这是混沌研究所提供的一条重要信息。许多看起来杂乱无章的时空图案，可能来自于重复运用某种极简单而确定的基本作用。换句话说，通过重复使用简单而稳定的规则，就会得出绝不平庸的时空图案。混沌研究的进展不是把简单的事物弄得更复杂，而恰恰是寻求复杂现象的简单根源，提出新的观点和方法。

通俗地说，混沌体系是一种行为不规则而且对初始条件高度敏感的体系。在描述统一的自然界时，混沌在决定论与概率论之间架起了一座桥梁，实现了有序与无序的统一。混沌论是过程的科学而不是状态的科学；是演化的科学而不是存在的科学。

在混沌中隐含着惊人的秩序以及丰富的细节结构和诱人的美，混沌是一个有待探索的形象王国，是一个有待发现的和谐的天地。

分形之美正是混沌之美的具体体现，是有序和无序的完美统一。

5.2.3 地学中的非线性事物与现象

非线性科学的三大组成学科之一是分形学。分形或分维的思想虽然由来已久，但其诞生被认为来自于英国海岸线长度的量测问题，这一问题是一个地图曲线长度的经典量测问题，可见，地图中蕴含着分形体，可以说，对它的认识、研究与分形和非线性科学有密切的甚至是直接的联系。

近30年来，非线性科学在探求非线性现象的普遍规律、发展以及处理它们的普适方法方面取得了明显的成就，渗入到多个学科领域。如在地学领域，就及时地进行了较为集中的研究成果，如《非线性科学及其在地学中的应用》(仪垂祥 1995)，《分形与混沌在地球科学中应用》(陈颙等 1989)。

对于非线性系统，因为在各个部分之间存在着千丝万缕的联系，使得各个组成部分彼此不独立导致整体不等于部分之和；变化因子之间的关系的非均衡性导致非线性叠加性；关系影响的非等同性导致局部特征的特殊性。这些无规律、无序性的总和便构成了混沌。

复杂现象遍布地学领域，非线性理论是解开地学之谜的金钥匙(仪垂祥 1995)。河流形态、地貌形态、城市结构、人口分布规律等，都无法用线性的数学方法科学地、完整地阐述，因而过去往往采用定性的描述方法、近似的拟合法或者几何的图解法表达。

由于地图学与地理学在研究对象、研究内容上的天然联系，地图学中存在相同的非线性问题。非线性理论为认识复杂现象提供了新的思维方式和解决问题的办法，生态学家May大声疾呼“必须向一般学生讲授混沌”，又有人说“可以相信，明天谁不熟悉分形，谁就不能被认为是科学上的文化人”(仪垂祥 1995)。

复杂性是非线性理论共同研究的最基本内容，地学中的疑难问题无一不与复杂性有关，如生态系统的受损、自然灾害的频发以及环境污染等与人类生存息息相关的问题都是如此。

综合性是非线性理论的共同特点。传统的科学方法是通过把复杂的研究对象不断分解为更小的部分来研究，这种分解法小至夸克，大至宇宙星体，确实获得过许多令人瞩目的成功，即使对于地学，也是沿用这种方法，将其分解为地质、大气、海洋、生态，土壤等专门学科来研究地球系统的特殊部分，这样一来，对地球系统的局部确实取得了相当深入的认识。然而，在解决上述人类生存环境问题时，单一学科都无能为力，即使不同学科的专家坐到一起，也是各说各的理。原因正像非线性理论所指出的那样，系统部分之间的相互作用是非线性的，整体不等于部分之和。要对上述人类生存环境问题给予解答，必须建立描述系统整体行为的理论体系，这样的一个理论体系绝不是各专门学科知识的简单组合或对接，而必须用非线性理论建立起它们之间的联系，揭示出其中的规律性。因为局部和整体之间的关系是非线性理论的一个很重要的内容。

5.3 空间信息处理中的主要非线性方面

空间信息处理以 GIS 为代表，可看成是地球系统的一个主要子系统。地理信息内容的复杂性和地域分异特征，使其成为最为复杂的信息处理领域。地理学所研究的对象被认为是一个复杂的开放系统(李志才 1995)。地理过程与作用的非线性本质决定了空间信息处理非线性特征。这主要表现在以下几个方面：

5.3.1 空间信息处理对象的非线性特征

地理对象是一个综合体。在垂直(语义分类)方向，它由自然、人文、社会与经济等多种要素组成；在水平(地域分布)方向，它由不同的地理景观区划(对区域中的地理现象的分类)组成，如单一地理现象分类(如气候分类和地貌分类等)和综合性分类(综合自然区划等)。

地理现象分类是认识复杂地理现象的前提。分类是指在复杂地理现象中找出其有序组合，可为认识复杂地理现象指出方向。分类是科学研究的基础，没有科学的分类，便没有科学的概括和总结，便不会有科学规律和定律，也难以总结科学认识和提出科学解释。例如，要认识自然地域系统，就必须从气候、水文、地貌、土壤和植被等分类要素入手，考察这些要素的相互关系，才有可能正确认识自然地域系统本身。同时，分类也是掌握和发现地理现象之间规律性的钥匙。分类既是异中求同(归类)，也是同中求异(分类)(李志才 1995)。

这些性质分类与地域划分当然是宏观的，或者说是很粗略的与近似的。因为在这些类别与划分之间还有过渡地带，反映着分类与划分之间的自然联系。这已成为不言而喻的事实。这就说明，分类与划分不是完全独立的，而是具有不同程度的内在联系，各个部分之和不等于(小于)整体，因为和中没有包含各部分之间的联系。这表明，需要借助非线性理论来深化对地理对象的认识，进而向更深层的认识逼近。

5.3.2 分解与综合(仪垂祥 1995)

子系统是复杂系统的一部分。在近代自然科学发展史中，占有重要地位的研究方法是分解法，它总是把复杂的研究对象不断地分解为更小的部分来进行研究。例如物理学家把晶体分解为原子，再进一步把原子分解为原子核和电子，再把原子核分解为质子和中子等基本粒子，再进一步分解为夸克和胶子。生物学家从生物组织中分离出细胞，进而把细胞再分解为细胞膜和细胞核等，直至生物分子。这样的例子很多。科学本身也不断地分解为各个分支学科，如数学、物理学、化学、生物学、地学、社会学和心理学等。它们还可以不断地细分，如地学分解为地质学、大气科学、海洋学、土壤学和生态学等。

这种由繁化简的分解方法确实取得了很大的成功，但是当我们要了解复杂系统整体行为的形成机制时，就遇到了"只见树木，不见森林"的困难。这恰如孩子收到玩具汽车礼物一样，孩子想很快知道玩具汽车为什么会开动，就会很容易地把汽车拆卸成零件；但他常常哭着坐在这些零件面前，因为最后他还是不知道汽车开动的原因，而自己又对把这些零件组成一个有意义的整体无能为力。

地球系统对此能进行更好的说明。地球系统由大气圈、水圈、生物圈和岩石圈等几大圈层组成，目前各分支学科对它们相应的圈层认识得比较深入，但在解释地球系统整体的景观结构变化的原因时，都遇到了困难。例如增温问题，大气科学家认为是由于人类活动释放 CO_2 造成的，天文学家则认为太阳黑子是主要因素，而不是 CO_2，土壤学家认为温度升高可以使寒带积累的腐植质加速再分解，释放 CO_2 的数量比工业释放量大得多，生态学家和海洋学家还有各自的说法。这就像盲人摸象一样，对系统的整体行为还是不能理解。原因正像歌德(Goethe)所说的那样："部分已经掌握在我手中了，可惜还缺少那精神纽带。"协同学就是在寻找这个"精神纽带"，研究这些个别组成部分是怎样协同工作的，又怎样产生了丰富多彩的有序结构。

5.3.3 系统综合的新工具：协同学

协同学是从动力学角度来研究从无序到有序的规律性的。而自组织是系统整体的有序行为，所以协同学是研究系统的部分之间如何竞争与合作形成整体的自组织行为，是一种综合研究方法。

协同学的研究对象是各种各样的复杂系统，如生态系统、地球系统和天体系统等。尽管这些系统千差万别，但它们均可看成是由若干子系统组成的，子系统之间存在着相互作用。这种相互作用可用竞争与合作或反馈来表达，也称为协同作用。正是这种作用，使它们在一定条件下自发组织起来形成宏观上的时空有序结构。协同学的任务就是探索在系统宏观状态发生质的改变的转折点附近，支配子系统协同作用的一般性原理。其中，宏观状态质的改变是指从无序中产生有序结构，或由一种有序结构转变为另一种有序结构，而一般性是指与子系统的性质无关(仪垂祥 1995)。

系统的各个子系统被一只"看不见的手"驱动着。正是这些个别子系统的协同作用，又反过来创造了这只"看不见的手"。这只处于支配地位的"看不见的手"称为序参量。换句话说，序参量是各个子系统协同作用创建的，反过来它又支配各个子系统的行为。之所以称它为序参量，是因为这个已经有序的部分能把原来无序的各个部分吸引过来，并支配它们的行为。

协同学是从部分到整体的综合研究方法。如果整体等于组成部分之和，那么综合就变得非常简单，地学家们也就不会被全球变化的机制是什么所困惑。但是，只有线性系统才能满足这种简单的叠加性，而丰富多彩的有序结构产生于非线性系统，所以协同学中所研究的方程都是非线性的。序参量的支配行为正是非线性系统特有的相干性的表现。整体多于其组成部分之和，就是相干性的结果。例如，试验表明，人的双眼视敏度比单眼高 6～10 倍，也就是说，$1+1 \neq 2$，$1+1=6 \sim 10$，双眼的视觉功能大大超过两只单眼视觉功能的线性相加之和(仪垂祥　1995)。

5.3.4　地图内容要素的分形特性

在河系中，主流有若干支流，而这些支流又会有自己更小的支流；海岸线呈现为湾中有湾，汊中有汊；在城市中，大街分叉到小巷，小巷分叉到胡同，胡同分叉到里弄，等等，均是典型的分形结构。地图上的海岸线长度量测问题催生了分形学，更突显了地图信息的分形特征。目前，分形学已成为非线性科学的一个重要组成部分，这也说明地图的内容与对其进行的各种处理方法与非线性科学有密切的甚至是直接的联系。如图 5-3-1 所示的树枝晶体生长看起来简直就是某地区的黄土梁。

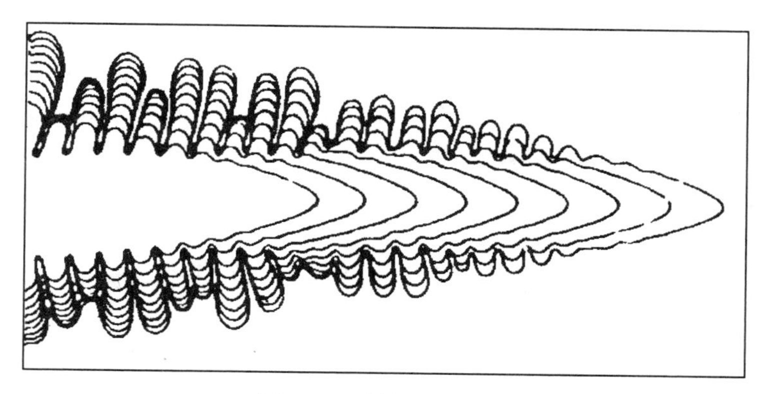

图 5-3-1　树枝晶体生长

5.3.5　空间信息多尺度变化的非线性问题

1. 信息量受限于存储能力

空间信息的时空变化受多种因素所制约。卫星图像的指数式增长迫使人们对它进行精化处理，不能让它过于庞大与趋于无限，不能超越人们所拥有的存储能力。即是说，空间信息的增长是受限或受到制约的。

2. 信息量受限于决策需要

各种决策需要与其用途与目标相适应的信息量。过多的信息会对正确决策构成干扰，精炼信息才是正确决策所需要的，于是信息量受限于用途与目的。GIS 的信息容量绝不是与其所覆盖地域面积的平方成正比的，而是受限增长，因为随着地域的增大，决策的性质与目标会发生本质变化。

3. 信息量变化受限于空间信息可视化

可视化是一个从数据到信息的转换过程，例如数字 DEM → 等高线表示 → 分层设色表示。它们各自的视觉直观效应是完全不同的。

数字矩阵式的 DEM 是珍贵的但又是无法阅读的和难以理解的海量数据，需要通过可视化使其变为易于理解的信息。因为通过可视化，可把海量数据的堆积或逐个罗列转换为精确而直观的信息，变海量数据的烦琐阅读为直观简洁的形象思维。

随着地图比例尺的缩小，在未顾及可视化要求的情况下，地图内容或 GIS 数据成几何级数增长。而可视化是地图的首要要求，也是GIS或空间数据库必须顾及的前提，因此，随比例尺的缩小，即覆着地区的呈几何级数的扩大，空间信息也在增长，但在不同的区段有不同的增长速度。根据机理分析与实际数据的量测结果表明，信息量增长与比例尺缩小或覆盖地区的扩大的关系呈现为受限增长，或叫Logistic增长，其函数图形呈现为“S”形，是一种称为Sigmoid的曲线(详见本章5.6.2节、5.7.4节)。

5.3.6 空间信息处理方法的非线性特征

空间信息处理方法可从不同的角度来观察，如全局与局部处理方法、定性与定量处理方法、空域与频域处理方法、矢量与栅格处理方法、确定与随机处理方法、精确与模糊处理方法、连续与离散方法、机理分析与经验建模方法、分析与归纳方法、内插与外推方法等。不管用哪种方法，都难以精确、全面地表达地理系统与地理现象。不同的方法描述的是地理现象的不同侧面。然而，多个侧面之和仍远不是地理对象的整体。如地理信息综合中采用不同的算子分解(三算子、七算子、二十算子等)，这些算子执行的结果仍然不同于完成了信息综合的总目标，因为这些算子总体上来说彼此之间无内在的联系，因此它们不能完备地反映地理对象之间的语义上的和空间上的联系。

5.4 地图信息综合主要模型概述

对于自动综合问题，在概念模型上缺少统一的理论框架。在此，不同的学者提出了各自的概念模型，其目的在于实现综合过程的规范化。1991年，R. B. McMaster在《地理知识的概念框架》中讲到，为了研制自动综合的可操作的全自动软件，有三个复杂问题要解决：①数字综合的形式化的综合性的概念框架必须取得一致意见；②专用的处理过程或综合算子必须设计、编码与测试；③必须从专家源(地图)、个人采集制图知识并编码成“规则”。同时，也对综合模型作了总体上的分析。在20世纪七八十年代，欧美文献中提出了多种综合模型，一些综合模型是针对综合过程的组成部分，如属性信息处理；而另一些模型则是更具有综合性的(Comprehensive)。

地图信息综合是对地图信息进行变换。地图信息综合过程即是地图信息变换的过程。变换的对象称为源地图；变换的结果称为目标地图。变换是一个整体过程，应由若干子过程组成，每个子过程有其本质性的命名和应该完成的使命。因而，各个子过程在本质上有显著的差异。地图要素的语义关系、空间宏结构关系、微结构关系和小邻域关系(Context)等，应在不同的子过程中得到相应的体现。

与地图信息自动综合有关的主要模型概述如下(McMaster & Shea 1992)：

5.4.1 Nickerson & Freeman(1986)模型

这是一种为专家系统设计的综合模型，由以下五个任务组成：

1. 对源图要素进行四种处理操作

对源图要素进行删除、简化、组合和类型转换四种处理操作。

①删除：通过删除操作，使目标图要素密度与源图密度相似，设k为地图比例尺缩小

倍数，则目标图上仅保留$\frac{1}{k^2}$源图要素。

②简化：所保留要素的图形，描述曲线的坐标点数大体为原来的$\frac{1}{k}$。

③组合：同类分离路段的合并等。

④转换：面状河流向线状河流的转换、面状城市向点状城市的转换等。

2. 符号放大

对于已修改了的源图内容，将其符号作比例改变(放大 k 倍)，在概念上，这是生成一种中间比例尺的地图，由于符号的放大，会出现符号的粘连甚至压盖等。

3. 要素重定位

在这种中间比例尺地图上，对要素进行重新定位和由多种原因引起符号移位。

4. 比例缩小

对中间图作比例尺缩小以生成目标地图。

5. 地名配置

这是一种类似手工放大标描的编图模式。其主要论述对象是新地图的生产方式，自动综合的核心问题被封装在该模型的第一个操作中。

这里的问题在于：当比例尺缩小到 $\frac{1}{k}$ 后，目标图上是否应保留 $\frac{1}{k^2}$ 源图要素？后者由哪些物体构成？在简化中也存在类似的问题。

5.4.2　Brassel & Weibel(1988)模型

该数字综合模型被认为是最适用于把各种专家系统集成进来的模型。该模型包含五个在数字环境下的综合过程：结构识别、过程识别、过程建模、过程执行和数据显示。

1. 结构识别

结构识别是在地理数据库中进行，识别特殊物体和物体聚合、物体间的空间关系以及它们之间相对重要性的测度。为某种关系所涉及的物体集合，在综合过程中应作为一个单元来考虑。为空间结构补充专题成分，将使地理结构的描述更为真确。

2. 过程识别

过程识别用来确定要调用的综合算子，同时既包括数据的修改，也包括参数的设置。过程识别专门用来决定诸如对源数据库要干些什么，要识别哪些冲突类型并予以消除以及哪些物体类型要装入目标数据库等问题。

3. 过程建模

过程建模是从过程库中抽取一些要用的规则和过程。在此阶段，要应用到诸如简化、光滑和移位等算法，包括使用规则与参数。

4. 过程执行

过程执行是进行实实在在的综合，即把规则和过程施于源数据库。

5. 数据显示

数据显示是该数字综合模型最后的一个过程。

该模型的本质是其过程库，包括综合的规则与过程。在构建地图自动综合专家系统时，开发这样的过程库会引起关键性的决策，如需要什么样的综合算子，它们应是什么样的顺序，在系统(规则)中要获取哪些知识并如何结构化，以及对于规则和算子的逻辑实现要设置何种参数和限差，等等。

该模型相当明确地回答了“综合什么”与“怎样综合”这两个基本问题。

5.4.3 McMaster & Shea 模型(1988)

该模型是论述在数字和 GIS 环境下如何实现自动综合的问题，提出综合的逻辑框架，试图对综合作全面的考虑，并分为三个问题来论述，如图 5-4-1 所示。

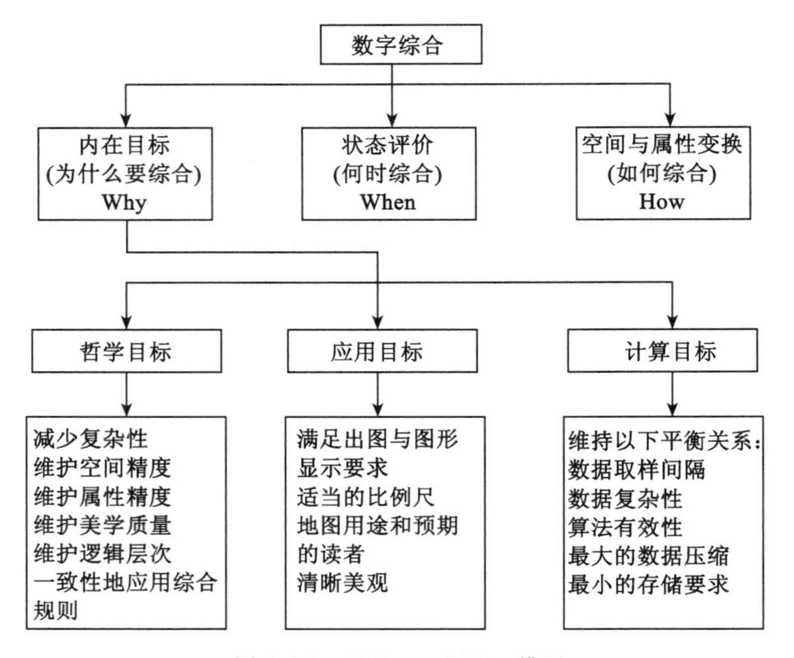

图 5-4-1 McMaster & Shea 模型

1. 内在目标(Intrinsic Objectives)

内在目标也称为为什么要综合(Why)，可进而包括三方面的内容：哲学目标、应用目标和计算目标。建立综合的六个哲学原理对研制该模型来说是基础性的，这六个哲学原理是：减少复杂性、维护空间精度、维护属性精度、维护美学质量、维护逻辑层次和一致性地应用综合规则。

2. 状态评价(Situation Assessment)

状态评价即是指何时/在什么情况下要综合(When)。

3. 空间和属性变换(How)

空间和属性变换是通过一系列综合操作(综合算子)来实现，也称为怎样综合(How)。

在模型中提供了数字综合的修改定义，阐述了在数字环境下的综合要求既要应用空间变换，也要应用属性变换。这是两大类综合算子。空间变换的一些操作与数据的地理的或拓扑的特点有关。相反地，属性变换是处理要素的专题信息与统计特征。这两种变换不一定是相互独立的，在很多情况下是错综相关的。

5.5 地图信息综合的基础理论：广义综合概念模型

在数字环境下，关于综合的必要性有两种主张：一种主张是，正视综合的复杂性，继续探讨其实现途径；另一种主张(尽管持这种主张的学者为数不多)是，制图意义上的综合并不是提供多尺度和多分辨率地理信息的前提，因为当前GIS的变焦功能、提供单一专题层信息功能和实时生成多窗口信息功能等也许能解释在GIS界地图综合的历史空缺(Müller等 1995)。不少GIS商业公司曾否认或忽视地图综合，灵活的图形处理(变焦，开窗和生成信息子集等)似乎可以代替必要的综合。

笔者认为，地图综合是建立在对相关地理区域的研究、分析与综合基础之上的，对地理物体进行再分类和区划，在各种关系信息(如层次树结构、网络拓扑结构和Voronoi图结构等)的支持下对地理目标进行多准则选取和在物体微结构(城区结构和河段结构等)的支持下对被选取目标进行再塑造的过程。这里包括对地理现实的科学认识和分析与综合和多层次的抽象与概括。因此，任何不包括抽象、概括和创造性活动在内的机械的缩放、变焦和子集生成，都无法代替真正意义上的地图综合。如果承认抽象与概括是认知的科学手段，从而可以获得派生信息和新的知识，这些有怀疑性的意向基本上就可以打消了。

基础理论研究的主要是科学严谨的广义综合概念模型。到目前为止，具有可操作的综合模型主要有两个：Brassel & Weibel(1988)模型和McMaster & Shea(1988)模型。前者逻辑层次明晰，与人们的思维路径一致，同时具有较好的可操作性，包含五个在数字环境下的综合过程：结构识别、过程识别、过程建模、过程执行和数据显示；后者也相当明确地回答了自动综合的几个基本问题，如内在目标或为什么要综合(Why)，状态评价或何时综合(When)，空间和属性变换(综合算子)或怎样综合(How)等，但没有论述综合什么(What)这一首当其冲的问题。

从广义上说，综合既是一个科学的问题，也是一个技术的问题。科学回答“是什么”和“为什么”问题；技术回答“做什么”和“怎么做”的问题；科学论证可能性，技术提供实现途径；科学是发现，技术是发明；科学是创造知识的研究，技术是综合利用知识于需要的研究(宋健，惠永正 1994)。当前，科学与技术已经密不可分。

笔者认为可从六个方面进行机理分析与研讨。从科学与技术问题的角度出发，地图综合的基本概念模型可表达为“是什么(What is)”、“为什么(Why)”、“做什么(What is to be done”、“何时(When)”、“何地(Where)”、“怎么做(How)”等(5W+1H)六个问题。大体上可把前三个问题归结为基础理论问题，把后三个问题归结为技术方法问题。

此处主要研究地图综合这一概念的科学内涵：“为什么”、“是什么”和“做什么”。

5.5.1 地图综合的本质——对客观世界的科学认识

1. 综合概念的哲学本质

广义上说，综合(主要体现在抽象与概括两个方面)不为地图学科与GIS所独有，而是科学认知的基本手段。首先，要按照逻辑规律，从狭义的概念中用舍去次要特征的方法得到广义的概念。概念的形成具有重大意义，相应地产生新的分类体系。其次，对地理对象进行研究与分析，以各种关系信息为制导选择为决策所需的地理目标集合。

归结起来，综合就是去粗取精、去伪存真和由表及内的思维加工过程，是一个从感性认识到理性认识的一个抽象过程。一切科学的抽象，都能更深刻、更正确、更完全地反映客观世界自然。抽象与概括揭示着事物的本质。由此可见，对客观世界事物的选择与抽象概括是各个学科的共同认知手段。事实上，在地图综合前的编辑准备工作中，对基本地图资料、辅助地图资料和多种文献资料进行研究，对它们进行分析、归纳和抽象与概括，其目的就是要对制图区域有一个科学的认识。

有关综合的哲学意义，在第 1 章 1. 14. 3 节中已有详述。

2. 综合概念的过程本质——信息变换

从综合的过程本质看，笔者于 1995 年(毋河海 1995a)提出地图综合的地理信息变换观认为：由于不论是地图数据库还是空间数据库所存储的都是数字景观模型(DLM)，它是由实体信息和实体之间的关系构成，因此地图综合这一信息变换过程就体现为：根据一定的条件(目的、用途、比例尺等)，把初始状态下(比例尺 1、地图性质 1、地图用途 1…)的实体集 $E_{初始} = \{e_{初始}\}$ 及关系集 $R_{初始} = \{r \mid r \in E_{初始} \times E_{初始}\}$ 变换为在新条件下(比例尺 2、地图性质 2、地图用途 2…)的实体集 $E_{新} = \{e_{新}\}$ 和关系集 $R_{新} = \{r \mid r \in E_{新} \times E_{新}\}$，如图 5-5-1 所示。

Лебедев 于 2007 年(Лебедев П. П. 2007)也讲到，综合可看作是地图结构的变换。

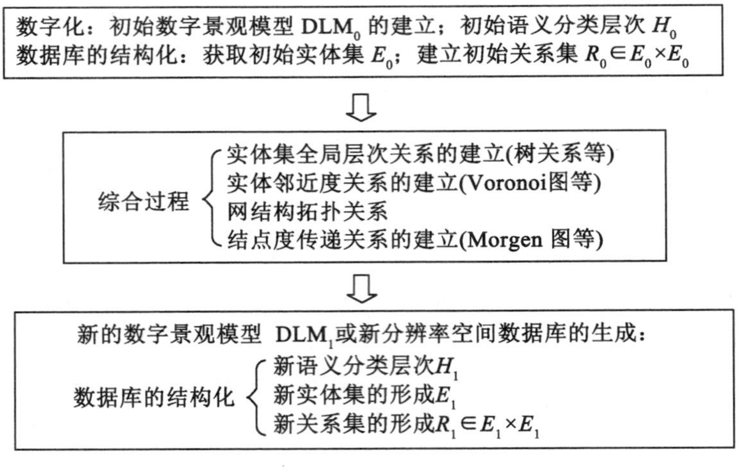

数字化：初始数字景观模型 DLM_0 的建立；初始语义分类层次 H_0
数据库的结构化：获取初始实体集 E_0；建立初始关系集 $R_0 \in E_0 \times E_0$

⇩

综合过程
- **实体集全局层次关系的建立(树关系等)**
- **实体邻近度关系的建立(Voronoi图等)**
- **网结构拓扑关系**
- **结点度传递关系的建立(Morgen 图等)**

⇩

新的数字景观模型 DLM_1 或新分辨率空间数据库的生成：

数据库的结构化
- **新语义分类层次 H_1**
- **新实体集的形成 E_1**
- **新关系集的形成 $R_1 \in E_1 \times E_1$**

图 5-5-1 综合对象的 DLM 观

综合可以看成是抽象概括的普遍原理在地学信息处理中的应用。

地图是空间信息的重要传播手段之一。空间信息不仅数量庞大、类型复杂，并且还在与日俱增，因此，在有限的图面上要反映这些庞大而复杂的空间信息，就不得不对其进行去粗取精与去伪存真的抽象概括处理，即反映主要的、本质性的方面，舍弃次要的、非本质性的方面，以创建某种分辨率的空间数据库或确保某种比例尺地图清晰易读，这个过程就是地图综合。

“数字地球——21 世纪认识地球的方式”为数字地图赋予了一个新的使命：建立相应

的数字地图金字塔，以便把所采集的各种空间数据转化为可以理解的信息，这正是地图/地理信息综合的目标的所在，即通过综合、处理数字地球海量数据，达到认识我们所赖以生存的地球的目标。

数字地球的创建就是要对我们所生存星球进行完备而深刻认识的世纪性举措。

要正确地认识、掌握与应用地理空间信息，需要对其进行科学的分析与评价，信息的综合(抽象与概括)起着极为重要的作用，以便完成从感性认识到理性认识这样一个飞跃过程。这里存在一个螺旋式的循环过程：为了对地理环境进行理解与认识，需要对其进行抽象综合，而通过抽象综合，把原有的认识提高到一个新的高度。因此，从宏观上看，地图综合就是抽象概括(综合的同义语)这一认知方法在空间数据处理中的应用的一个特例(图5-5-2)。

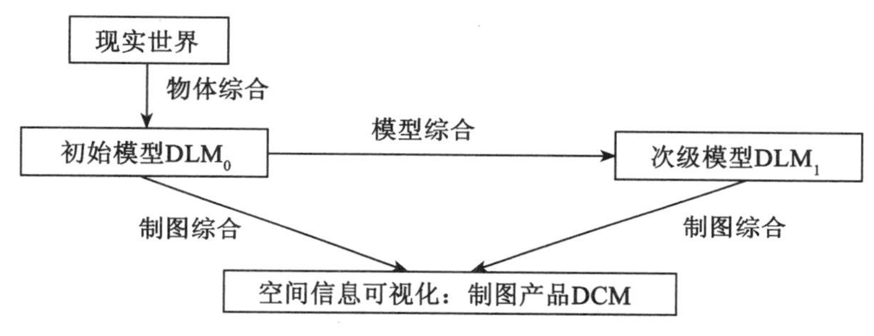

图 5-5-2　不同类型综合之间的关系(Weibel　2000)

5.5.2　地图综合的触发动因

决策(包括知识挖掘)需要适当信息，决策者要能一览、理解与驾驭这些信息，就要求把所需信息转化为在空间上具有适于视觉上的一览性。不同的决策层次需要不同程度的概括性信息。决策的层次越高，涉及的区域越大，为保证视觉思维所需的一览性，以获取所需要的更为概括性的信息，就会引起比例尺的缩小，从而导致图形信息量过大，对正确决策的产生干扰。

这个问题的技术性质明显，缩小因子具体、直接、明朗，通常称为综合的基本动因，如：大空间到小空间的映射、生成较小比例尺的地图或生成另一分辨率的空间数据库、为不同层次的决策提供适宜信息、信息爆炸的对策、减少信息的存储空间、降低数据处理与传输时间开销和增强空间数据的鲁棒性等。

5.5.3　地图综合的对象

在数字环境下，无论是数字地图还是 GIS 的存在形式，都可归为空间数据库，它是数字景观模型(DLM)的同义语，是明确无误的综合对象。

“什么是综合”、“为什么要综合”的概念性理论问题在前两节已分别作过阐述，现在对“综合什么”这个问题进行研讨。这个问题就是要明确在数字环境下综合的对象，这个问题恰恰是在其他概念模型中未予阐明的问题。

在常规作业中，综合的对象是图纸上的各要素的图形信息。但是在数字环境下，综合的对象是什么？则仍是一个未予以明确化的问题。

在数字环境下，综合的对象只有计算机中的数字地图、地图数据库或GIS的空间数据库。那么在数据库中应该存储什么呢？是地图符号所包含的地理信息（如存储铁路的类型代码和轴线坐标）？还是一丝不苟、精细绘制的各种物体符号的几何图形（如铁路的类型代码和铁路符号的黑白节划分以及用多条平行短线填实铁路符号的黑小节）呢？

1. 常规综合中未予以区分的两类功能

在常规综合中，地理信息综合与物体图形再现是一步到位或一笔绘定的。

在手工编图过程中，当物体选取后，在新比例尺和新图式条件下图形的简化与表示、冲突的发现与处理等多种操作，几乎是同时完成的。这里面实际上包含着两类核心操作：地理信息综合与物体图形再现，不过此处未对它们作明显区分罢了。这两类综合操作在本质上是有序的，即先进行信息抽象决策，后进行图形表达。在前者的进行中，要隐含地考虑到后者。

2. 数字环境下数据与图形的分离

在图5-5-2中，笔者实际上已明确提出地图综合对象的DLM观，同时，也明确表明了地图数据库中存储的应是DLM（物体类型码、地理几何信息和属性信息），而不是符号图案。

在数字环境下，空间数据库中存储的是地理信息的，即存储的是地理实体的几何、属性和关系信息。因此，地理信息综合就是对空间数据库中的地理实体（几何、属性）信息和它们之间的关系信息进行抽象与概括处理，所以其实质是对空间数据库的综合。而物体图形再现则是对已综合了的空间数据库中的地理物体按给定比例尺和图式符号进行。显然，如果欲作图形显示，特别是绘图输出，在进行地理信息综合时，就要及时地考虑到所要采用的图式符号系统。

综上所述，综合的实质性对象是空间数据库中的地理信息，德国学者们称为数字景观模型（DLM），它用属性、坐标与关系来描述存储对象，是面向地形物体的，没有规定用什么符号系统来具体表示，因而它又是独立于表示法的。这种以数字形式存储的抽象地理实体和关系，概括了多种用户的共同需求，它把地形物体的信息存储与它们在图形介质的符号表示分离开来，提高了数据检索与图形表示的灵活性，随时可以由同一个DLM形成满足特殊需要的信息子集，必要时，可按照特殊要求和专用图式输出专用地图。后一过程叫做数字制图模型（DKM，即英译中的DCM）。由此可见，DKM是面向图式符号或面向制图表示的，是地图生产者所持有的模型，其他部门未必感兴趣。

5.6 地图自动综合的基本技术方法：三级结构化综合的实现模型

5.6.1 时空环境与技术方法的分解

1. 何时

何时（When）是指在什么条件下执行什么综合操作，即哪些是实施综合的全局结构与局部关系条件。除了物体本身的资格条件外，自动地建立物体在全局中的地位和邻近度关系或Context关系是一个主要解决问题的手段。

2. 何地

何地(Where)指的是在什么地方进行什么综合操作，即实施某种综合操作的地域定位。同一种综合操作在不同地区的应用条件应该是不同的，即在不同性质的地区不能使用同一的综合条件。

“何时/何地”是一个有紧密联系的问题，它们合起来就是要研究满足综合要求的自动地理分区和对地理实体进行评价，既要拥有对物体在全局结构中的地位进行评价的机制，也要拥有对物体在局部地段的相对重要性进行区分的手段。显然，树结构关系、Morgen结点度图(毋河海　2000a)和Voronoi图将能分别地完成上述任务。因此，这里实际上是关于空间数据处理中的计算机视觉问题，或者是空间数据处理中的特殊模式识别(结构关系识别)问题。

3. 怎么做

早先，怎么做(How)主要是针对单个物体的孤立综合。现在已在逐步探讨顾及相互关系的综合。

此处笔者提出基于模型与算法的结构化地图综合原理与方法，即是建立结构化自动综合的基础模型与算法。

5.6.2　三级结构化综合模型的概念

自动地图综合数学模型的主要作用是要对现实世界作同胚表示。这可理解为在地图数据的处理过程(连续变形)中，要保持地图内容的总体结构特征和不同内容要素之间相互关系。在笔者《地图数据库系统》(1991)一书的第九章中，提出了地图内容自动综合的三级模型，按其实施的逻辑顺序，可分为以下三个主要组成部分：

1. 总体选取(构思)模型

总体选取(构思)模型是从系统论的观点来看待一幅地图或一个数据库，把它看成多尺度系列中的一个点。从系统或系列的全局来定位这个点，以解决“多少”的问题，即对所编图或新分辨率数据库进行设计或“构思”(Conception)。宏观上确定未来综合的总容量或总貌。它表达着多比例地图或多尺度空间数据库这个金字塔结构的形成规律，解决地图与数据库的总貌、地图的总体内容或载负量问题。从地图载负量变化的机理分析出发，探讨其变化的规律性，并把它表示为依赖于主导因素(地图比例尺)的数学模型，这属于宏观信息处理。

“多少”的问题是一个多目标决策问题，即随着比例尺的缩小，人们希望图面单位面积内的内容相对地更为丰富些；但同时又希望图面清晰易读。这两方面的愿望是矛盾的，关键在于在两个矛盾方面寻求最佳解。

“多少”包括质量与数量两个范畴。属于质量范畴的有分级与分类信息的综合问题，即语义结构的处理；属于数量范畴的有各类物体数量的确定。为了反映区域的地理特征，仅选取主要的和重要的目标是不够的，还必须选取一定数量的对该区域来说是有特征意义的或对该地图用途有重要意义的次要物体(Волков　1961)。

2. 结构实现(构图)模型

结构实现(构图)模型解决由“哪些”物体来“构成”上述“总体”问题，其实质是对“多少”物体如何进行空间分配与定位。这里的任务是为了实现总体选取(构思)模型而进行结构分配。因此，其核心问题是结构识别，对新图或新数据库进行“构图”(Composition, Configuration)。这个子模型试图立足全局、兼顾局部的地理信息处理特点，借助多种关系信息来制导信息的选择。建立全局结构关系(如树结构等)，以确定物体在整体结构中的地位；建立局部结构关系(如 Voronoi 图)，以同时顾及物体的邻域关系，即物体的相对重要性。也就是说，实体的选取与否，不仅取决于它本身所固有的一些属性(质量、数量指标)，还要顾及它与周围同类型的和不同类型的实体的联系。

此处所述属于中观信息处理。

3. 实体综合(塑造)模型

实体综合(塑造)模型是针对在上一个操作中所选定的地图目标，解决各个目标的微结构变换问题。

总体选取模型完成了地图信息的基体“构思”，结构定位模型完成了地理实体的“布局”，二者一起，确定了地图新目标内容各要素的性质、层次与空间分布。下一步就是对各个要表达的物体进行抽象概括(塑造)。实体信息处理的主要对象是其几何信息(即其空间图形信息)的综合。在处理实体的几何形态时，同样需要从整体到局部的原则。

此处所述属于微观信息处理。

5.6.3 三级结构化综合模型的实现途径

三级结构化综合模型是笔者于 1991 年提出的(毋河海 1991)，是从地图本身的特点、设计与编制过程出发而建立的。它与制图综合的原理与思路相一致，是一种从整体到局部的设计与实现途径。它是通过三个子模型来实现的。主要是通过不同类型的数学模型来建立自动综合的基础模型。由于地图学和地理学所研究的任务大部分属于灰色系统，难以用精确的数学语言来表达。于是有两种完全相反的说法：一种说法是只有数学方法才是最科学的方法；另一种说法是若不用数学就能说明问题，就是最明智的方法。可见，要把数学方法用得合理，是非常不容易的。

在应用数学方法时，必须从名目繁多的影响因素中科学地抽取其主导因素，采用简化手段进行数学处理。得出的结论往往是反映宏观的和总体趋势的(概率的、统计的)，而不可能是完全精确的。由于模型是通过抽象与概括而来的，它总是反映着总体特征或趋势。这样，就要从大科学群体事物的决定论的思想来看，而不能用某一特定事例决定一个法则，也不能用某一特定事例否定一个法则。这样，就不能用一些极端事例否定数学模型所表现的一般规律。

地图综合涉及两大类地图模型：信息模型和处理模型。信息模型就是数据库模型，包括三类结构信息，即语义结构信息、实体间的宏结构信息与实体本身的微结构信息；处理模型就是信息变换模型，包括语义概念变换、几何图形变换、关系信息和专题属性信息变换(参见第 1 章 1.3、1.4 节)。综合的基础模型就是与地图综合有关的数据库中所没有的技术支撑模型和专业处理模型。

作为技术支撑模型的主要有：点状物体集合的凸壳嵌套结构模型、线状要素结构化的等级树模型或网络模型、面状要素的 Delaunay 三角网及其对偶 Voronoi 图模型、体状物体的地性结构线的“形态替身”模型等。

作为专业处理模型的有：宏观系统处理模型、中观物体集合处理模型与微观属性处理模型等。本书将要阐述的三级综合模型分别处理宏观、中观与微观问题。

随着大型计算机的发展和推广应用，许多模型中的复杂的方程式都可以用计算机得出计算结果，许多理论设计也就越来越接近实际情况。这也表明，这些理论模型虽然越来越抽象，可同时也越来越深刻地反映着自然。

自动地图综合数学模型主要是从初始数字景观模型(大比例尺地形图)到其后继景观模型的变换来表征。至于大比例尺地形图如何测制以及初始数字景观模型如何建立，其中也存在相应的空间信息综合(从现实世界的空间物体到初始的地图或其数字产品——目标综合(Object Generalization))，它们分别由外业或内业测量规范和数字化技术规则来制导。自动综合数学模型按其实施的逻辑顺序可分为三个主要组成部分：总体选取(构思)模型、结构实现(构图)模型和实体综合(塑造)模型。

三级结构化综合模型是由三个子模型来实现的。本章仅研究总体选取(构思)模型的实现，其余两个子模型的实现分别在第 6 章和第 7 章中论述。

5.6.4　结构化信息综合的继续研究

自 20 世纪 80 年代引入结构化地图信息综合原理，众多学者进行了更为广泛的研究与应用，直至 2007 年，П. П. Лебедев 在其论文《作为制图结构变换的地图综合》中进行了更为全面和深化的研究。其主要论点是：综合可看成是地图结构的变换：地图作为物体结构化及其结构表达的结果，显然，地图本身就是结构化的产物。既然如此，地图和制图都应该从结构化途径的立场，用相应的科学手段来研究和论述。

作者论述了从结构化方法研究地图与测图的立场出发，分析地图综合。认为结构化途径在地图科学中是最为适应于地图的性质、最为普遍的和最为有发展前景的方法。

结构化理论和方法具有重要的科学性质。它们具有基础性和通用特性。首先，在其帮助下，可揭示和描述组成对象以及它们之间的相互联系，同时，理解(和解释)其中主要的。其次，它们可用于任意尺度、任意复杂度和任意性质的物体(从原子到宇宙，从物理、心理到精神)，并且不仅用于研究现存物体，还用于人造物体和环境的设计。它们为先进数学机制所装备，在分析与综合物体时，应用数学方法建立数学模型、形式化概念和理论。

上述两方面的内容对地图科学有重要意义：

利用数学模型可研究地图的自身内部结构，因而可更深入地理解其构造和功能，更有根据地、简单明确地形成概念。大量的具有竞争性的有时是矛盾的地图概念，表明了地图的真正性质还未研究，奠基性的概念还未建立。

描述地图结构的数学手段是研制地图学的严格的和在概念上协调的机制的重要前提。更是广泛地把数学方法吸收到地图学和地图研究中，特别是到地图综合中的重要前提。这对于把所谓非形式化部分的数学化并把它们提高到数学地图学的水准同样是重要的。

结构化途径试图更新传统地图的科学原理，消除与“先进”学科之间相互作用的障碍，在统一的原则上建立通用的方法，以此为基础，建立统一的形式化理论，从本质上对地图学整个科学体系作补充、明确和整理。

地图本身就有着科学的结构，如图例中的严密科学的分类分级体系，科学选择的物体及其空间关系(欧氏空间、拓扑空间、绘图空间、集合论空间、代数空间等)。这样，地图的构造在数学上就近似地用结构模型来描述各个组分。

地图的功能也可用结构来解释。制图结构的潜力在原则上可反映出由地域名称和地图主题所确定的全局物体结构(同构)。为便于应用，要求传统地图的起始结构在空间上大为缩小，在复杂性方面相应地降低。由于变换的结果而丢失的物体完整结构的那一部分，以制图结构的“压缩”部分来抵消，不仅便于应用，而且科学合理，目的用途更明确。因为制图结构在某种程度上由于舍弃偶然的、非本质性的和次要的元素和关系而被“富化”，它与物体结构的联系用数学上的同素对应来描述。

由传统地图综合理论可知，地图内容综合有三种基本的方法：图例的概括、平面图形的概括和信息的选取。从处理方法的观点来看，这三种方法乃是地图三种结构的变换，即分类变换(如类别的合并等)、位置变换(如位置结构的配置等)和制图变换(制图结构变换：舍弃偶然的、次要的和无足轻重的元素)。

5.7 总体选取(构思)模型的实现

总体选取(构思)模型的任务是解决全图或整个数据库的“多少”问题。“多少”的问题可分为语义与几何两个方面。语义方面主要是要素及类别的多少与再分类问题，属于地图或空间数据库的设计问题，是一个不可计算或难以计算的问题。几何方面主要是图形容量问题，即实体的多少，甚至还涉及物体属性的多少等，虽然也是总体设计问题，但在数字环境下是可计算的。

下面着重阐述实体的数量控制问题，即对所编图或新分辨率数据库进行数量“构思”，宏观上确定综合目标的总容量或总貌。

5.7.1 地图信息抽象与表达尺度

地理现象是尺度依赖的，不同尺度的空间数据库或不同比例尺的地图所表达的地理目标是极为不同的，即在不同的尺度之下，体现着不同的地形目标范畴。例如，在不同比例尺地图上等高线的含义在发生演变：在大比例尺地形图上，等高距较小，等高线可以表示出地貌形态的各个微型元素(斜坡、坡足线、斜坡变陡线等)，这时，在测图误差范围内，等高线可以认为是精确的数学线；在中比例尺地形图上，等高距较大，等高线只能表示中型地貌形态整体(丘陵、河谷、洼地等)，且不是全部(既有选取，又有概括)，这时，等高线可看作是地貌形态的造型线；在小比例尺地图上，如在 1∶4000000 地图上，0.2mm 的等高线线划宽就对应着实地宽度为 800m 的地貌高程带，这时，显然等高线表示的已不是具体的地貌形态，而是大型地貌单元的轮廓或结构了。

对于其他地图要素，如居民地、水系等，也有类似的情况。

随着比例尺的缩小，地图的几何精度逐渐让位于地理形态与结构的表达。这对评价地图信息自动综合成果具有重要意义。

5.7.2 地图比例尺的主导作用

对于国家基本比例尺地形图来说，不同比例尺地形图服务于不同的但又是确定的目的和用途。即地形图的用途是以比例尺的划分来体现的。例如，从大比例尺地形图的工程应用、中比例尺一览图的规划管理到小比例尺区域地理图的区域发展与宏观决策，形成一个地图/地理信息变换(处理)体系；由数学上的精确几何图形表达到区域地形类型刻画，再向大范围空间结构的变换。

反过来说，地形图的比例尺可看作是影响地图用途和内容的主导因素。一旦比例尺决定了，地图或数据库的技术分辨率/所表达的地理信息的详细程度也就基本确定了。对地图内容来说，比例尺是其内容的过滤器，这样，比例尺就不仅是地图用途的主要体现者，而且成为地图内容详细程度的主要决定者，在数字环境下，比例尺便成为地图用途的量化替身，从而可把地图载负量(地图内容详细程度的概括指标)随比例尺的变化作为总体选取模型的主导因素来研究。

5.7.3　地图载负量总体模型的建立

如前所述，三级结构化综合模型包括三个子模型(总体选取(构思)模型、结构(构图)模型和实体塑造模型)，它们层次分明，形成一个明确的信息综合链。

总体选取模型的任务是要解决“多少”的问题，可简述为质量方面的要素再分类与数量方面的优化选取问题。前者是一个“设计”问题，人的参与是少不了的；后者的实现通常可借助多个途径来解决，如文献中的量测与经验数据、邻近或相近地区的地图量测数据、编制小块试验样图、统计数学模型、扩展分形模型等。其中，经验数据可作为一种知识存储起来，以供借鉴。同一地区的地图量测数据可作为建立数学模型的一种重要依据。

总体概念模型的建立——目标 DLM 要包括哪几类地理要素呢？

对于国家系列比例尺地形图来说，地图要素的分类分级由图式规范来确定。而图式规范的制订是以地图的用途和整个社会的经济技术基础设施的发展为主要依据的，参考国内外长期积累的经验并结合地理统计的多种样图试验来进行。

对于非国家系列比例尺地图来说，其目标 DLM 概念体系的建立相对复杂。通常这种地图的比例尺小，所包含的地区比较广阔，因而地形类别多而复杂。为此，其地理要素的分类分级体系，除了参考比例尺相近的同类地图以外，根据该图的用途、地理特征和基本资料、补充资料和参考资料的信息保证情况，特别是在数字环境下，GIS 数据库中地理要素的分类分级情况，由人工进行概念设计，制订地理要素的分类分级体系，从质量方面或概念语义方面勾绘目标 DLM，这是一种整体性的、高层次的地理信息概念性的综合，也是一种最为严厉的且是“看不见”的综合。

总体构思模型是根据初始数字景观模型 DLM_x 从质量与概念体系上和地理实体数量荷载上对目标数字景观模型 DLM_y 进行总体构思——总貌设计。

数学模型在这里的任务是要建立由现实世界(或资料图上)的起始信息通过数值函数向所编图变换的问题，以确定物体的总体选取数量。这个问题的解决属主动综合问题，可由规范、编图大纲作出控制性规定，必要时，可用诸如开方根规律进行估算；在具有数字地图数据库的情况下，获取资料图的起始信息不仅方便，而且精确，在此基础上自动地进行地图信息的分类、分级和各种分区指标图的制作，都可通过数据库系统中的定性检索、定位检索和拓扑检索来实现。起始信息指标的形成是建立选取模型的基础。在此基础上，根据所编图的用途、比例尺等的不同，可采用不同的数学方法来确定所编图上应保留的信息量或其等价物地图载负量。

在地图数据库的支持下，可选择若干影响地图综合的主要参数，列出若干组合方案，用数据库检索与瞬时快速绘图的方法决定参数的最佳组合。总体选取模型为实体的选取提供控制指标，即确定出“选取多少”的问题，至于如何选取，即到底应选出哪些物体，则由结构模型来实现。

目标DLM中应包含多少地理实体？除了参照比例尺相近的同类地图和人工进行样图试验以外，对于自动综合来说，重要的是利用计算机能够接受并进行处理的数学模型来实现总体选取模型。

马克思曾经指出，科学只有当它成功地使用数学时，才能达到完善的程度。电子计算机的广泛应用引起了各门学科对数学方法的深入探讨。当今，数学方法的应用已成为每门学科理论更新与巩固的新途径。

数学模型就是为特定目的，用数学手段对现实世界进行抽象的和概括的描述。地图数学模型就是用数学方法表达经过抽象概括了的制图物体或现象的空间分布与相互关系。

为提高数学模型的质量，应对现实进行深刻的研究，而不是追求不符合实际的复杂方程，因为真理往往是最简单的。然而，借助数学模型，也可反过来，可对现实作更为深刻的认识，可以把尚未证明的科学设想作为数学模型的基础，通过实践可检验理论前提和假设的正确性。模型的这种性质往往用来预报地理现象和过程发展的规律性。

在地图制作的整个历程中，包含着一系列既明显区分又互相联系的主要阶段，各个阶段均可采用适当的数学模型进行控制，如在编辑准备与拟订编图大纲阶段，地图内容要素的选定及其分类分级的确定应以达到最大信息量为原则；在地图数学基础的建立阶段，当资料图与所编图的投影不一致时，投影变换就是一个突出问题；地图图形的自动建立（绘制）完全是在各种不同数学公式的控制下进行的，它几乎使用了计算机图形学中的各种方法（平面图形、立体图形的绘制与显示）以及在地图自动制作过程中的自动综合数学模型。

地图载负量是衡量地图内容多少的数量标志，是研究地图内容综合的直接依据。为了使载负量的概念规格化，使其与图幅大小无关，从而便于进行比较，往往采用百分比或“每平方厘米中的数量”的形式表示，带有平均性质。按量算方式，地图载负量分为数值载负量和面积载负量；按内容特性，地图载负量分为图形载负量和注记载负量。

1. 数值载负量

地图内容的数值载负量指的是图中所表达的地理实体的个数，即确定出“选取多少”的问题。这是一个解决目标选取的“定量”问题，即实现$E_{初始}$到$E_{新}$的变换。通常采用密度表示法。对于点状物体（如居民地等）采用单位面积（$1cm^2$或$1dm^2$）中物体的个数表示；对于线状物体（如河流、道路等），采用单位面积中的物体（轴线）长度表示；对于面状物体（如森林、沼泽等），则采用百分比表示。

数值载负量直接与地理实体——空间数据处理的逻辑单元——相关联，是面积载负量的实体化体现，属于DLM范畴，便于在GIS环境下实施，具有数字环境下的良好的可操作性。其缺点是未顾及到地理实体的空间范围（居民地的大小、江河的宽度等）和未来的可视化效果。

2. 面积载负量

面积载负量指的是地图中所有符号和注记的外部轮廓所占的面积与图幅面积之比，实际上就是图上单位面积（$1cm^2$或$1dm^2$）内符号与注记所占的面积（mm^2或cm^2）。反映面被填充的程度，面向图形信息，属于 DCM 范畴，直观地表达着地图内容的详略。但面积载负量不能直接与地理实体相联系，受其他相关的多种因素所制约。同样的面积载负量在不同地区会对应不同数量的物体；同样的面积载负量，若用不同精细程度的符号来表达，其反映的物体数量也会不同。

面积载负量实际上是数值载负量可视化的体现，即把 DLM 转化为 DCM 的宏观估值，既考虑图形符号，也顾及名称注记。因此，面积载负量是数值载负量的“虚拟”可视化。面积载负量是导出数值载负量的可靠依据，数值载负量是面积载负量的实体化表现。因此，选取过程应是在隐式顾及面积载负量的条件下来确定数值载负量。

3. 图形载负量与注记载负量的分配规律

苏联欧洲部分中、小比例尺地形图的面积载负量以及图形与注记的载负量分配情况如表 5-7-1 与图 5-7-1 所示(苏霍夫　1965)。

表 5-7-1　**图形载负量与注记载负量的对比**

载负量名称	地图比例尺		
	1 : 100000	1 : 500000	1 : 1000000
总面载负量(等高线除外)($mm^2/1cm^2$)	14.2	29.9	29.2
其中包括居民地符号的面积载负量	8.4(59%)	1.7(6%)	2.8(10%)
其中包括居民地名称注记的面积载负量	0.8(6%)	15.2(51%)	16.8(58%)
图上 $1cm^2$ 居民点符号个数	0.1	1.3	1.2

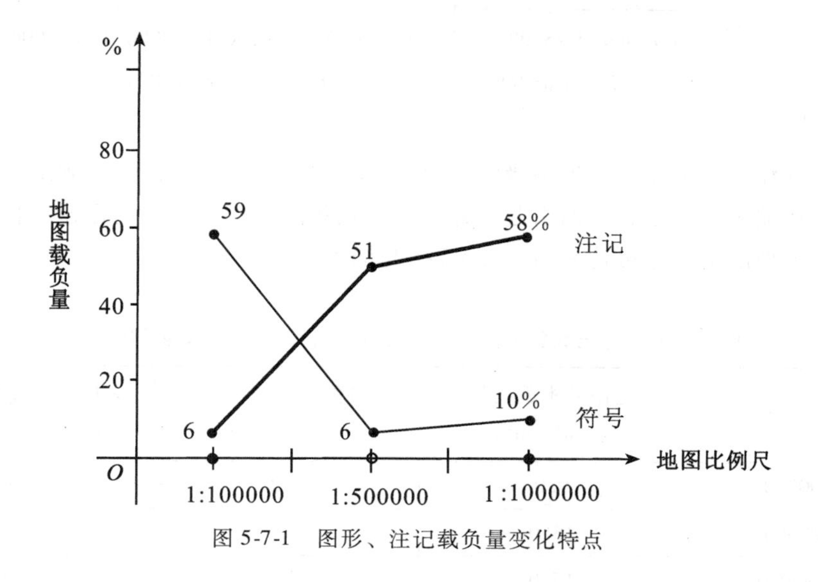

图 5-7-1　图形、注记载负量变化特点

下面再根据 Töpfer《制图综合》(1982)中的地图载负量测定数据(表 5-7-2)观察注记载负量的变化规律(图 5-7-2)。

表 5-7-2 **地图载负量(%)**

比例尺	地貌	水系	物体	注记	Σ
1 : 10000	2.0	0.1	3.2	0.4	3.7
1 : 25000	3.0	0.1	6.6	0.6	7.3
1 : 50000	3.1	0.8	9.7	1.6	12.1
1 : 100000	2.8	0.9	13.7	2.9	17.5
1 : 200000		1.4	7.3	10.7	19.4
1 : 500000		2.4	7.3	12.9	22.6
1 : 1000000		1.1	7.4	14.8	23.3

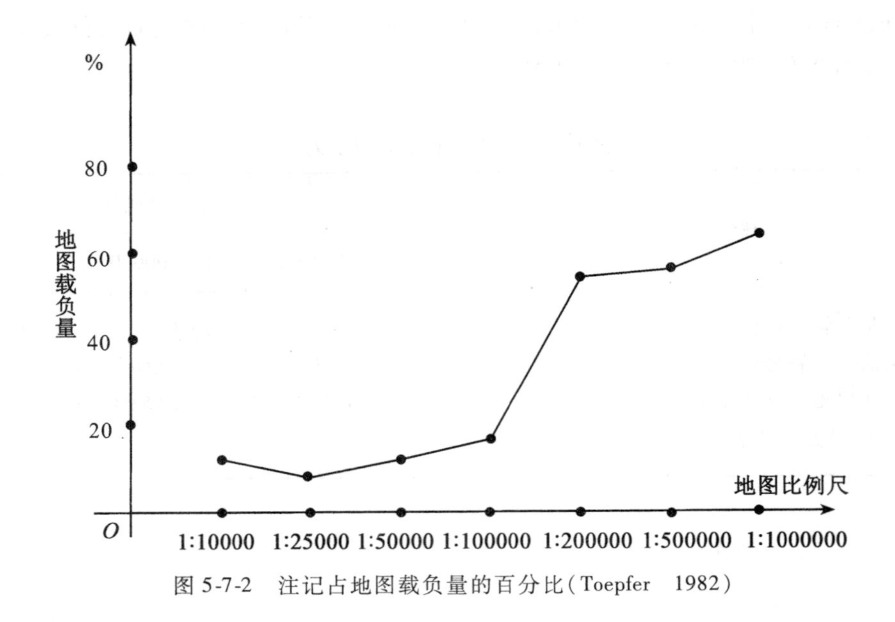

图 5-7-2 注记占地图载负量的百分比(Toepfer 1982)

由于名称注记在地图比例尺逐级缩小时，它的尺寸缩小得很慢，达到最小尺寸后，就无法随比例尺缩小而缩小，从而引起名称注记载负量随比例尺缩小而迅速增长，在广阔地区的小比例尺地图上，它可达90%(表5-7-3与图5-7-3)。

表 5-7-3 **居民地名称注记载负量占地图总载负量的百分比(Сухов 1950b)**

地图比例尺	地图基本载负量 (mm^2/cm^2)	名称注记载负量 (mm^2/cm^2)	名称注记载负量占基本载负量的百分比(%)
1 : 100000	9.0	0.8	9
1 : 200000	13.0	7.8	60
1 : 1000000	15.0	12.2	80
1 : 5000000	15.0(16.7)*	15.0	90

注:*原文为15.0，根据百分比反算，此处应为16.7。

基本载负量指的是水系、道路及居民地的符号载负量。

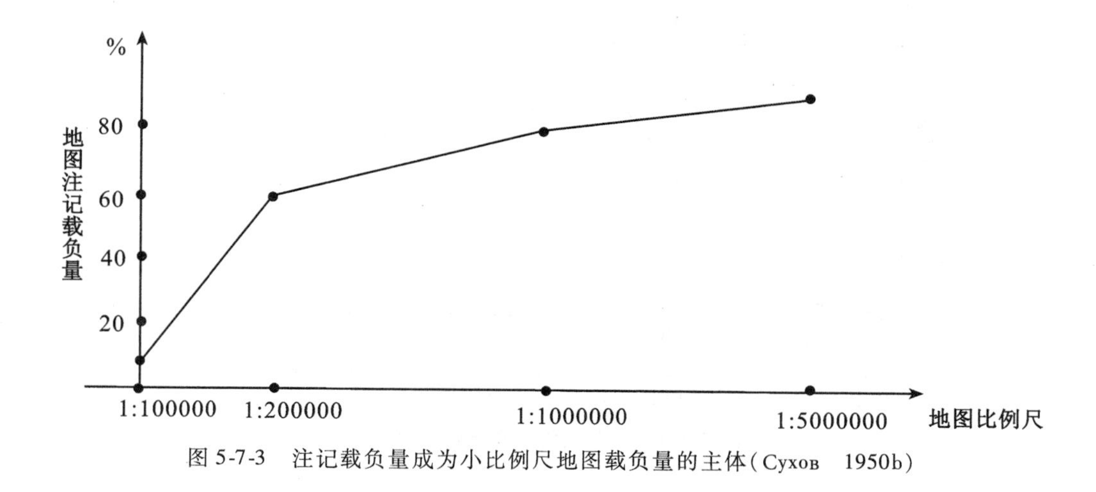

图 5-7-3　注记载负量成为小比例尺地图载负量的主体(Сухов　1950b)

5.7.4　地图载负量的总体变化规律

1. 地图总体载负量变化的机理分析

关于地图载负量的变化，当其他条件(地图用途，地区特征等)相同时，比例尺(1 : *M*)就是一个决定性的因素，在这种情况下，地图载负量的总体变化趋势可用逻辑数学手段描述如下：

我们把比例尺序列粗略地划分为我们所特别定义的大、中、小三个区间，并取比例尺分母的对数把比例尺的几何级数变化转换成算术级数来处理。

在大比例尺区间，物体几乎全部选取，且基本上均按比例符号表示，这使得资料图与新编图的对应图形基本上呈现为相似关系：全取虽然使单位面积上的物体个数(数值载负量)呈几何级数增加，而物体图形也同时按几何级数缩小，因此，面积载负量保持不变，同时，在此阶段，注记载负量所占的百分比又极其小，因此在这个区间，总载负量保持不变或变化甚微。

在小比例尺区间，由于符号与注记的继续缩小受到限制，尽管单位面积中所选物体的数量急剧减少，而总载负量趋于饱和，围绕着极限载负量在波动。

在中比例尺区间，呈过渡性质。

上面所作的载负量总体变动趋势如图 5-7-4 所示。

2. 地图总体载负量数据的验证

此处再次使用 F. Töpfer 的地图载负量的量测数据(表 5-7-2)来验证图 5-7-4 中的变化规律(图 5-7-5)。

3. 数学模型的选定

既然不论从机理分析方面还是从地图量测的经验数据的验证方面，都表明了地图总载负量呈“S”形分布，这样就使我们有根据地使用反映“S”形变化的数学模型，可选的函数有：Logistic 模型函数和 Gompertz 模型函数等。其原理与一般应用已在第 1 章的 1.9、1.10 节中作了详细说明。下面仅论述其相关专业的应用。

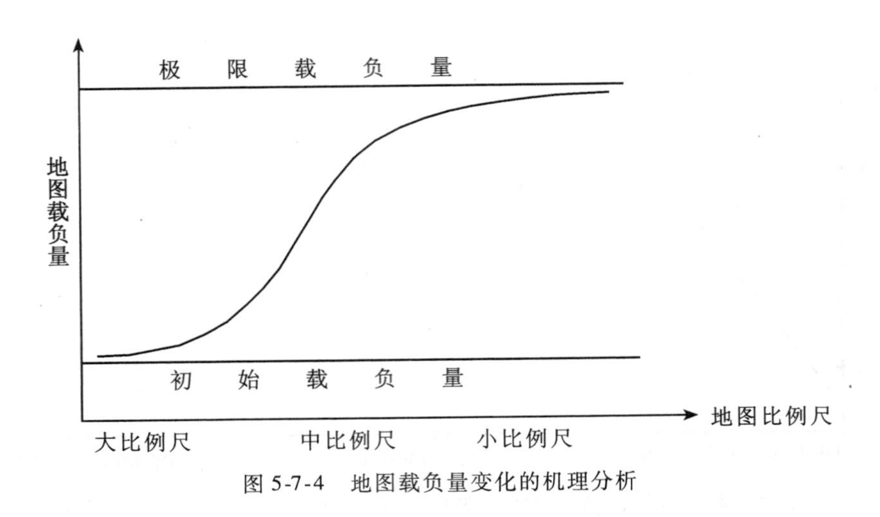

图 5-7-4 地图载负量变化的机理分析

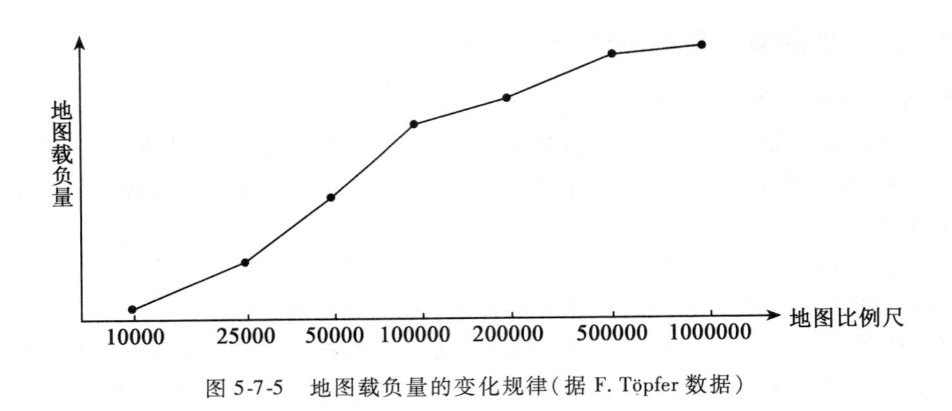

图 5-7-5 地图载负量的变化规律(据 F. Töpfer 数据)

总体模型的研究有助于总结历史成就，指导当今实践与预测未来发展规律。

首先，上述可选模型的应用都有一个前提：其右端都是以无穷大为渐近条件。而在实际应用中，自变量只能取有限值，甚至当自变量取其可能的最大值时，它也远不是无穷大，因而这些 S 模型在其右端难以精确地拟合观测数据。由于它们大都含有以 e 为底的指数函数，在建立数学模型时，引起解算非线性方程组的复杂问题。为此，必要时可考虑符合"S"形特性的更易于实现的数学模型，如 Hermite 带导数插值模型、带导数三次多项式模型等。

4. 对地图载负量变化规律数据的拟合

下面用刚才所述的表达"S"形曲线的 Logistic 模型函数和 Gompertz 模型函数来拟合表 5-7-2 中的地图载负量变化规律数据。

①原始数据的表示与形式加密：为了便于拟合，形式地把表 5-7-2 的 7 个点加密到 101 个点，如图 5-7-6 所示。

②两种模型拟合的比较：以下是用在第 1 章 1.9、1.10 节所述的 Logistic 模型函数和 Gompertz 模型函数对地图载负量随比例尺的变化规律作拟合试验，分为三种具体情况进

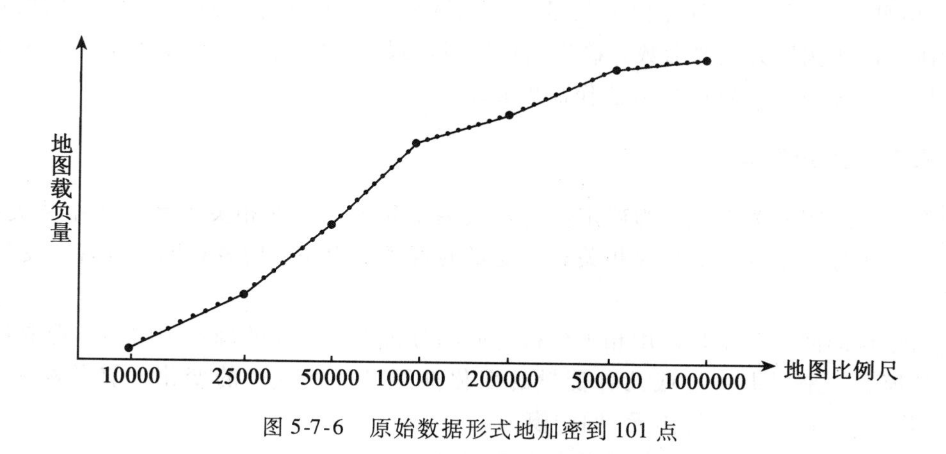

图 5-7-6　原始数据形式地加密到 101 点

行：Logistic 三点法拟合、Logistic 三分段和值法拟合和 Gompertz 函数拟合。这些方法拟合的结果如图 5-7-7 ~ 图 5-7-9 所示。

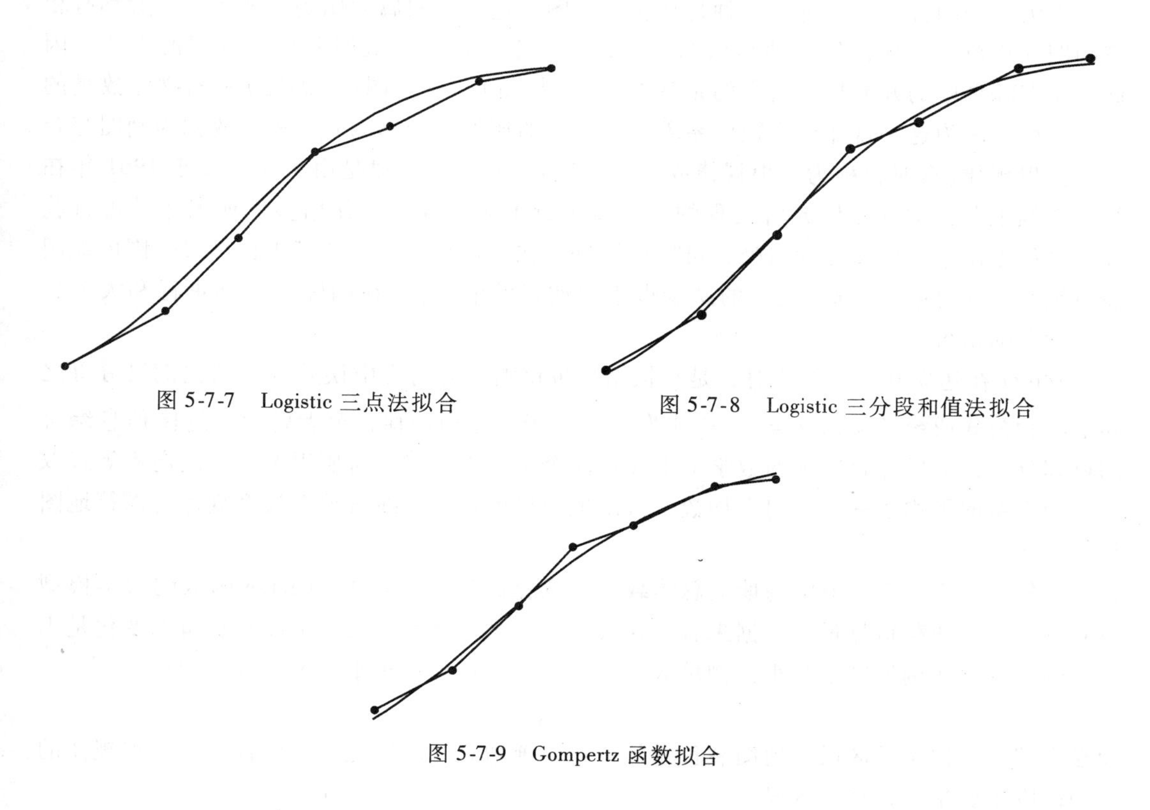

图 5-7-7　Logistic 三点法拟合

图 5-7-8　Logistic 三分段和值法拟合

图 5-7-9　Gompertz 函数拟合

5.8　地理目标选取方法简述

选取是其他综合操作的前提，决定着初始 DLM 中的某实体子集继续在目标 DLM 中存在的问题。首先是解决有“多少”实体应继续存在的问题；其次是解决把所确定的“多少”

配置为“哪些”的问题。此处先研究数量上应该选取多少的问题，根据前述的地图载负量变化规律，以比例尺为主要参数，确定新地图或新尺度GIS应具有的合理容量。下面对文献中常见的几种解决“多少”的方法作简单介绍。

5.8.1 回归模型

两个变量之间的关系可分为确定性的函数关系和统计性的相关关系。在相关关系中，又可以进一步分为单变量的直线相关和双变量的直线复相关。后者有助于改善因变量的不确定性。

制图综合的回归模型是采用相关分析与回归分析方法建立的确定制图物体选取数量指标的数学模型，是根据一种或几种变量的变化推测另一种变量的变化，前者称为单(一元)回归模型，后者称为复(多元)回归模型。

该模型的建立与应用详见相关参考文献(何宗宜 1986a)。

5.8.2 开方根规律(Radical Law, Wurzelgesetz)

因为成图的方式有两种：一种是从实地测图，这种测图属大比例尺范围，一般都有相应的图式规范来制导；另一种是从图到图，这是中小比例尺成图所最为常用的方式。因此，制图综合中的开方规律研究的是基本图(资料图)与派生图(新编图)制图物体数量的变化规律，因为这一规律密切地联系着两种地图的比例尺分母的开方根，故称为制图综合的开方根规律(有时也称为方根规律或方根模型)。开方根规律是由F. Töpfer于1961年在德累斯顿工业大学制图研究所发现的，后又进行了多年探讨，并用多种地图作品进行验证。总体上说，该模型原理清晰，可操作性好，在一定程度上反映了中比例尺范围内地图载负量渐增的总趋势(选取数量的减少慢于比例尺的缩小)，在国际上受到重视和大多数专家学者的认可。

Töpfer在建立开方根规律时，是从根据平板仪测图的高程中误差与地图比例尺分母之间的经验公式或统计关系 $m = k\sqrt{M}$ 出发的。对于开方根规律，笔者曾通过地图信息综合的机理分析，形成综合准则的数学上下界：两个反向不等式，对所得的两个反向不等式取其最为简单的平均数——几何平均数，得出地图尺度规律：线符地图尺度规律与面符地图尺度规律。

另外从第5章5.7节中的地图总体载负量变化的机理分析的Logistic函数的数学模型及其相关的地图载负量量测数据来看，在大、中、小比例尺区段，地图载负量的变化是不一样的，在大比例尺区段与小比例尺区段，地图载负量趋近于水平渐近线，即有

$$n_F \approx n_A$$

而在中部的中比例尺区段，地图载负量的变化呈渐增趋势。因此，可以说，开方根规律的应用范围主要集中在这个区段。

5.8.3 Srnka多因子指数模型

如前所述，开方根规律作为描述中比例尺区间制图综合的局部模型，有一定的实用价值。但在更大的比例尺范围内，开方根规律的充分有效性，尤其是用它表达制图综合总体模型，便产生了非议，有人(如E. Srnka)提出了另外一些规则。

制图综合总体模型的建立极为复杂，不少学者对此提出了各种方案。此处所述的由Srnka提出的总体综合模型的特征是既考虑资料图上的物体密度，又兼顾这些物体的长度或面积数值，并用相应的参数来实现可变的选取程度。Srnka提出综合的逻辑建模由四个步骤组成：第一步是定义综合的总体模型，为问题的解决提供不同的选择；第二步是建立特定的模型，意在选取参数以顾及综合程度与特征的各种要求，确定在派生图上要选取的要素的数目；第三步是对所有可能被选取的要素按它们的重要性和类型关系进行分类；第四步是特定的综合，它从要素的选取到数量标准设置。这里仅对其总体综合模型(General Model of Generalization)作一原理性说明。

从表达不同比例尺地图上要素事件(密度)之间的关系来看，综合选取采用经验幂函数是最为方便的，经验幂函数遵守基于成比例原则和可变选取程度两方面的要求。

选取规律的输入数据是物体个数n_{P0}、总长度h_{P0}、总面积S_{P0}，相关比例尺为$1:m_0$，输出数据是在$1:m_i$地图上相关于单位面积$P_{0i}=P_0(m_0/m_i)^2$的物体个数n_{P0i}。

Srnka的公式呈经验幂函数形式，每一个方程有一个乘子和两个幂参数，它们表明选取的程度和特征。

单位参考区域P_0、P_{0i}既可取规则几何形状(正方形、六边形等)，也可用不规则形状(流域区域、道路密度分区等)。参考区域大小的变化要求仅对选取规律中的乘数参数作出改变。

Srnka研制了一组算法用来连续地派生各种地图，借此来确定基础地图与派生地图要素密度之间的关系。

5.8.4 基于分形分析的开方根模型

在一些要素的制图综合中，数量综合(数量选取)是第一位的，因为它决定着物体的去留。只有在物体继续保留的情况下，才产生其形状概括的可能性。目前，所用的数量选取的理论数学模型主要是Töpfer所提出的开方根规律模型，该模型以其简单易行等优点引起了各国制图工作者的重视和广泛使用。

关于开方根规律的局限性问题，如前一节所述，其一是开方根规律的基本选取模型，取决于新编图和资料图的比例尺比率，而不是取决于地图内容的复杂与否。这样，只要比率相同，则选取问题就相同了。显然，对于处在大中比例尺区间的两倍关系和处在小比例尺区间的两倍关系，所需的选取程度应该是很不一样的。其二是未能反映出地图载负量的总体变化规律，特别是在“S”形分布的两端载负量变化微增区段。Srnka的多因子指数模型的提出与应用研究就是一个典型例子，旨在顾及更多的影响因素，同时克服开方根规律的主要缺点。基于分形分析的开方根模型是从地理对象本身的分布特征(或结构特征)方面来进一步阐明其局限性，并作相应的改进(王桥　1996a)。

经过研究表明，无论是基本的还是扩展的选取公式，决定选取结果的主要是综合前、后比例尺分母的比率和综合前物体的数量。尽管开方根模型的扩展模型在一定程度上考虑了物体的自身因素，但从本质上看，这种选取结果还是经验的和人为的，与要素本身的形状结构、分布特征无直接的联系。例如，两个含有相同湖泊数量的湖泊群，无论它们各自湖泊的大小及分布特征(如离散程度、面积变化率等)有多大区别，只要综合前、后比例尺分母相同，按基本选取公式，综合后所选取的湖泊数量就应相同，这显然是片面的和不合理的。为提高制图综合的客观化程度，有效地保持综合后要素的形态结构特征，有必要从理论上对开方根规律模型进行改进，使之能够顾及要素自身的形状结构特征和分布规律。因为在统计自相似性的意义上，制图现象大都具有较好的分形性质，我们可以利用分形分析把表征地图物体集合特征的分数维考虑进去，从而建立开方根规律的分形扩展模型（王桥，吴纪桃 1996c）。

有待进一步研究的问题是：随着分形维数的增大，即物体集合的复杂度越大，对被选取物体数量的影响与未顾及此因素相比，选取程度是增强了还是减弱了？这还要作出进一步的分析。

5.9 阶差等比数列双准则选取模型

5.9.1 原等比数列

通常所说的等比数列为原等比数列，又叫0阶等比数列或0阶差等比数列。

在数列 $\{a_n\}$ 中，若从第2项起，后面一项与前面一项的比等于定值 q，即

$$\frac{a_2}{a_1}=\frac{a_3}{a_2}=\cdots=\frac{a_{n+1}}{a_n}=q \tag{5-9-1}$$

则称数列 $\{a_n\}$ 为等比数列，其中，定值 q 称为公比。

等比数列的首项 $a_1\neq 0$，公比 $q\neq 0$，通常 $q\neq 1$，且数列中不存在等于0的项。

等比数列的通项公式：设等比数列的首项 $a_1\neq 0$，公比 $q\neq 0$，$q\neq 1$，则数列的通项为

$$a_n=a_1q^{n-1} \tag{5-9-2}$$

等比数列的前 n 项和公式为 S_n，当 $q\neq 1$ 时，

$$S_n=\frac{a_1(1-q^n)}{1-q} \tag{5-9-3}$$

5.9.2 阶差等比数列

阶差等比数列又叫做一阶差等比数列或差等比数列。一阶及一阶以上的等比数列，统称为高阶等比数列（刘佛清 1997）。

给定一个数列 $\{a_n\}$：a_1，a_2，a_3，…，a_n，a_{n+1} 将其相邻两项的差求出，得到一个新数列

$$(a_2-a_1),\ (a_3-a_2),\ (a_4-a_3),\ \cdots,\ (a_{n+1}-a_n) \tag{5-9-4}$$

这个数列称为原数列 $\{a_n\}$ 的一阶差数列，记为

$$\{b_n\}:\ b_1,\ b_2,\ b_3,\ \cdots,\ b_n \tag{5-9-5}$$

类似地，可以得出原数列 $\{a_n\}$ 的二阶差数列、三阶差数列等。

5.9.3 高阶等比数列

设数列 $\{a_n\}$ 不是等比数列，若它的一阶差数列是公比不为1的等比数列，则称它为一阶等比数列。若它的一阶差数列不是等比数列，而二阶差数列是公比不为1的等比数

列，则称它为二阶等比数列。类似地，还有更高阶的等比数列。若原数列是等比数列，则称其为 0 阶等比数列。一阶及一阶以上的等比数列，统称为高阶等比数列。

等比数列有一个很重要的性质：如果 $\{a_n\}$ 是 p 阶等比数列，则它的 $(p+1)$，$(p+2)$，… 阶的差数列也是公比相同的等比数列。

我们此后简称一阶等比数列为阶差等比数列。

5.9.4　阶差等比数列通项式的建立

为了便于计算，要寻求最为简单的通项式计算公式。

1. 根据基本定义建立通项式

由已知条件：数列元素为 a_1，a_2，a_3，…，a_n，相邻元素之差呈几何级数，即

$$\frac{a_3-a_2}{a_2-a_1}=\frac{a_4-a_3}{a_3-a_2}=\cdots\frac{a_{i+1}-a_i}{a_i-a_{i-1}}=\frac{a_{i+2}-a_{i+1}}{a_{i+1}-a_i}=\cdots=\frac{a_n-a_{n-1}}{a_{n-1}-a_{n-2}}=q \tag{5-9-6}$$

可得

$$a_i=\frac{1+q}{a_{i+1}+qa_{i-1}}\quad(i>1) \tag{5-9-7}$$

这是一个求中项的计算公式，即已知前项、后项和公比求当前项。

2. 按首项、前两项之差和公比建立通项式

因为 $\{a_n\}$ 为一阶等比数列，即

$$(a_2-a_1),(a_3-a_2),(a_4-a_3),\cdots,(a_{n+1}-a_n) \tag{5-9-8}$$

是等比数列，设公比为 $q(q\neq1)$，则

$$a_{n+1}-a_n=(a_2-a_1)q^{n-1} \tag{5-9-9}$$

根据此式有

$$\begin{aligned}a_2-a_1&=(a_2-a_1)q^0\\a_3-a_2&=(a_2-a_1)q^1\\a_4-a_3&=(a_2-a_1)q^2\\&\cdots\cdots\\a_n-a_{n-1}&=(a_2-a_1)^{n-2}\qquad(n\geqslant2)\end{aligned}$$

将以上各式两边分别相加，得

$$a_n-a_1=(a_2-a_1)(1+q+q^2+\cdots+q^{n-2}) \tag{5-9-10}$$

根据等比数列前 n 项和公式

$$S_n=\frac{(1-q^n)}{1-q}=\frac{(q^n-1)}{q-1} \tag{5-9-11}$$

对于递降等比级数，$q<1$，用 $S_n=\dfrac{(1-q^n)}{1-q}$；对于递增等比级数，$q>1$，用 $S_n=\dfrac{(q^n-1)}{q-1}$。这样，设 $q>1$，便有

$$a_n=a_1+(a_2-a_1)\frac{(q^n-1)}{q-1} \tag{5-9-12}$$

设有等比数列 a，b，…，其公比为 $q=\dfrac{b}{a}=\cdots$，在两个数值 a、b 之间插入一个新值

X，使 $\frac{b-X}{X-a}=q$，即求 a、b 的阶差公比仍为 q 时的中项：

$$X=\frac{aq+b}{1+q}=a+\frac{b-a}{1+q}=\frac{2b}{1+q} \tag{5-9-13}$$

此时的优点是保持公比值 q 的不变性或一致性。

在 a、b 之间插入 m 个数 x_1，x_2，…，x_m，使这（$m+2$）个数为阶差等比数列，即

$$\frac{X_2-X_1}{X_1-a}=\frac{X_3-X_2}{X_2-X_1}=\cdots=\frac{b-X_m}{X_m-X_{m-1}}=q \tag{5-9-14}$$

由此得

$$\left.\begin{aligned}X_2-X_1&=(X_1-a)q\\X_3-X_2&=(X_1-a)q^2\\X_4-X_3&=(X_1-a)q^3\\&\cdots\cdots\\X_{m-1}-X_{m-2}&=(X_1-a)q^{m-1}\\X_m-X_{m-1}&=(X_1-a)q^m\end{aligned}\right\} \tag{5-9-15}$$

对上述方程组两端求和，得

$$X_m-X_1=(X_1-a)(q+q^2+q^3+\cdots+q^m)=(X_1-a)\left[\frac{q(1-q^m)}{1-q}\right] \tag{5-9-16}$$

由此解出

$$X_1=\frac{b+aq\dfrac{1-q^m}{1-q}}{1+q\dfrac{(1-q^m)}{1-q}}=\frac{b(1-q)+aq(1-q^m)}{1-q^{m+1}} \tag{5-9-17}$$

算例1：当 $m=1$ 时，即要计算1个阶差等比内插点 X_1。这时，式(5-9-17)简化为

$$X_1=\frac{b+aq}{1+q}=\frac{2b}{1+q} \tag{5-9-18}$$

对于 $a=1$，$b=2$，$q=2$，按上式计算得(图5-9-1)：$X_1=1.333333$。

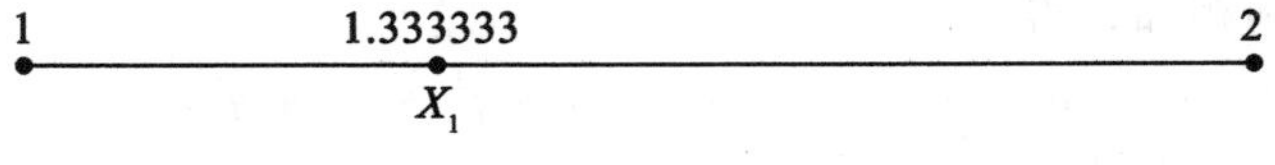

1　1.333333　2

X_1

图5-9-1　用阶差等比法内插一个点

阶差比的验证：

$$\frac{b-X_1}{X_1-a}=\frac{2-1.3333}{1.3333-1}=\frac{0.6667}{0.3333}=2$$

注意：$\frac{X_1}{a}=1.3333$，$\frac{b}{X_1}=1.5$，即数列 a，X_1，b 并不是等比数列，而是阶差等比数列。

当 $m=2$ 时，即要计算2个阶差等比内插点 X_1 和 X_2。这时，式(5-9-17)可简化为

$$X_1 = \frac{b(2+q)}{1+q+q^2} \tag{5-9-19}$$

按上式计算得(图 5-9-2)

$$X_1 = \frac{2(2+2)}{1+2+3} = 1.142857 \tag{5-9-20}$$

$$X_2 = (X_1 - a)q = (1.142857 - 1)2 = 1.428571 \tag{5-9-21}$$

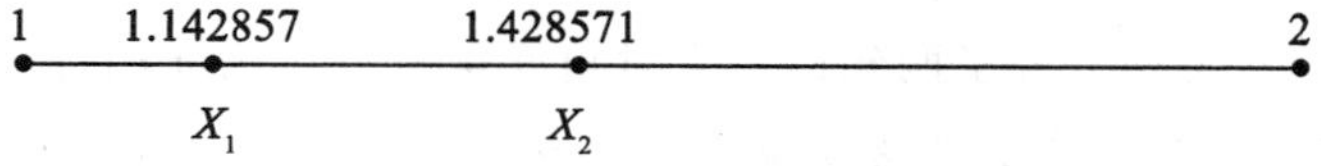

1　1.142857　1.428571　2

X_1　X_2

图 5-9-2　用阶差等比法内插两个点

两个阶差公比为

$$\frac{X_2 - X_1}{X_1 - a} = \frac{0.285714}{0.142857} = 2 \tag{5-9-22}$$

$$\frac{b - X_2}{X_2 - X_1} = \frac{2 - 1.428571}{1.428571 - 1.142857} = \frac{0.571429}{0.285714} = 2 \tag{5-9-23}$$

注意：$\frac{X_1}{a} = 1.1428$，$\frac{X_2}{X_1} = 1.2499$，$\frac{b}{X_2} = 1.4000$，即数列 a，X_1，X_2，b 也不是等比数列，而是阶差等比数列。

根据需要，可以用同样的方式在 a、b 之间生成任意多个阶差等比内插点。

由以上算例看出，随着内插点数的增多，内插点向 a 点越来越靠近。

5.9.5　基于阶差等比数列的双准则选取模型

一般的确定选取标准(或指标)的方法，都是建立在对制图区域按某种标志分区分级的基础上，这就要求拥有或获取海量的数据，接着进行大量的编辑准备工作。相比之下，阶差等比数列法不需要作上述制图区域的分区分级，它可以根据物体的大小和所处的邻域环境(Context)这两个准则来评价该物体的重要性，借此决定弃取。

从选取的角度看，制图物体可归为三类：

第一类物体即大而重要的物体，属于全部选取的范畴。

第二类物体即小而次要的物体，属于全部舍弃的范畴。

第三类物体即介于上述两个类别之间的物体，可称为中间层物体，随着其所处位置(即邻域环境)的不同或根据其他特征，有时显得重要，从而属于可选取范畴；有时显得不重要，从而属于舍弃范畴。

若仅选取第一类物体，自然意味着舍弃第二类小而次要的物体，并且不分青红皂白地舍弃了第三类中间层物体。因为第一类物体的数量不大，从而使得地图的内容显得不够充实，特别是不能很好地反映不同地理景观的固有特征以及它们之间的差异。

若仅机械地删除第二类小而次要的物体，犹如机械地用照相机缩小淘汰一样，则走向了另一个极端。若在选取的内容中不分青红皂白地包容了第三类中间层中经进一步分析认为是完全次要的物体，会使地图内容显得臃肿。这不仅影响相应层次的决策，也模糊了不同地理景观之间的本质性差异。

由此可见，地图综合中的选取问题，实际上是集中于对此处的第三类物体进行选取的研究问题。

苏联学者鲍罗丁于 1976 年(Бородин 1976)提出了同时顾及地图物体重要性特征(如河流长度)和分布密度(如河间距)的地图物体选取方法。由于该方法同时顾及两个重要的选取特征，笔者在此把这种方法称为双准则选取模型，旨在突出该方法的本质特点。鲍罗丁提出利用几何级数表来控制制图物体的选取。然而，该控制表如何生成(即数学模型的建立)，鲍罗丁在其论文中只说了两句话：主对角元素呈公比为 q 的等比级数，第一列和最末行的相邻元素之间的差为公比等于 q 的几何级数。未指出生成这个控制表的核心算法，即如何形成该表的非对角元素。这曾引起我国地图学者祝国瑞的重视，为此他建立了实现原控制表基本原理的数学模型，并命名为“等比数列法”。笔者在此的主要意图是对其数学基础和算法作进一步的探究，明确其数学模型的阶差等比实质，提出更为简洁的算法和揭示其内在的构造规律(毋河海 2007)。

该方法的数学本质是一种基于阶差等比数列的确定选取标准的方法，即选取数列本身不是等比数列，而是此数列每相邻两项之差(一阶差或简称阶差)为等比数列。

鲍罗丁认为，为了实现计算机自动编图，就要预先确定地图要素综合的严格规则和选取数额，并要顾及其他质量与数量特征。综合的程度依赖于地图的用途和比例尺、区域地理特征以及要选择物体的重要性与密度。地图的用途与比例尺应在确定地图各种物体及其细节的总载负量时予以考虑，而区域地理特征则应在确定针对具体地理区域的综合标准(норма)时予以考虑。物体的重要性程度取决于它们的大小和意义。物体的大小可用不同的指标来表征：如河流的长度与宽度，湖泊与土质植被的轮廓面积，居民点的人口数等。物体的意义通常取决于一系列指标。例如，在选取居民点时，考虑到居民点的类型(城镇、乡村)、行政意义、经济与文化意义和地理位置等。密度可由单位面积中的物体个数来确定，也可以用物体之间的平均距离来表达。但是，选取密度指标将随地段和物体类别的不同而改变。

与一般的确定选取指标的方法不同，阶差等比数列法是同时用物体本身的大小和所处的局部地理环境(主要体现为实际密度)两个标志来衡量物体的重要性，并据此决定取舍，因此，该方法的主要优点是不但确定了选取资格，而且实际上也确定了应该选取哪些物体的问题。

5.9.6 幂律与地图阅读

这里要用到幂律与视觉感受规律，即在第 1 章 1.8 节中所述的关于幂函数的内容：图形密度的变化与视觉感受也服从幂律。实验得出，每当图形的相对密度增加约 1.4 倍时，视觉上才可以感受得到。这个数值称为地图载负量的视觉明辨系数。地图数值载负量的最小明辨系数为 $q = 1.45$，而最适宜的明辨系数为 $q = 1.55$。而面积载负量的最小明辨系数 $q' = 1.4$，其最佳值 $q'' = 1.6$(保查罗夫，尼古拉也夫 1960)。这在图形设计中很有参考意义。

如在第 1 章 1.8.2 中所述，当已知初始图形密度 D_1 时，可以设计以后若干级图形的近似密度控制指标，即

$$D_N = D_1 \cdot q^{N-1} \tag{5-9-24}$$

当一地区的地图图形表现为稠密程度各异的区段时，就要划分为几个合适的级别，以确保视觉上能够辨别。这可根据最大密度 D_M 和最小密度 D_1 以及视觉明辨系数 q 来估算合适分级数目，即

$$N=\frac{\log D_M-\log D_1}{\log q}+1 \tag{5-9-25}$$

幂律在双对数坐标系中表现为直线关系。

5.9.7　等比数列选取模型的基本原理

制图综合的基本任务之一是确定哪些物体应当全部选取，哪些物体应全部舍弃，哪些物体应作选择性表示，并确定选取的尺度和条件。

一般说来，最大的和最主要的物体在地图上要全部表示，然而，仅表示这些大而重要的物体不能反映物体的正确分布和不同区域的景观特征。而层次最低的物体则完全不表示，否则，它们会对新图的使用产生严重的干扰。而对于中间状态的物体，则是按其大小和意义择要表示一部分和舍弃另一部分。因此，对此中间状态物体的选取，最终不仅决定了地图的总载负量，而且也决定了载负量的正确分配，从而基本上确保了不同区域景观特征的表示。

这两类物体的界线——全取线和全舍线，一般并不难确定。然而，靠全取线是不能正确反映不同地区之间的差异(物体的分布特征)的。为了克服这个缺点，要对不同条件的地区采用不同的全取线和不同的选取密度，即用不同的指标处理那些位于可选可舍邻域内的物体。

地图上要表示的地区差异并非是各地区之间的绝对比，实际上，只要求表示视力能够辨认的差异，并使这些差异的分布符合制图对象的实际情况。根据载负量分级的视觉试验可知，视觉能够辨别的密度差异的某要素表示在地图上的数量是一个等比数列。所以，通常把这种确定选取标准的方法称为等比数列法。

在一般情况下，较大的物体同时也是较重要的物体。因此，可为物体的选取设置某一最小值(资格)，从这个值开始，才在地图上进行表示。但对于具有不同地理特征的地区，应确定不同的资格标准。在以下的研究中，仅以河流的选取为例，其他要素的选取在原则上是类似的。

地图上物体的重要性程度是由物体的大小及其意义来决定的。物体的大小是指其数量方面的一些指标。而物体的意义，则是指其在类型、行政管理、经济文化和地理位置等方面的意义。

对河流进行选取时，通常是在最为稠密的地区舍去最短的河流。随着长度(意义)的增大，舍去的河流就会逐渐减少，选取程度增大。而当河长足够大时，河流就全部选取而不顾密度的大小。物体间距(河间距或流域面积)越大，河流的舍弃越小，即选取程度越大。当河间距足够大或河网密度足够小时，则除了非常短小的河流以外，河流几乎全部选取。

然而，这些机理性的分析缺少严格数额的支持，需要进一步研究选取数额问题。

鲍罗丁针对苏联 1∶1000000 普通地图，以高山地段为例，在解决河流选取问题时，

首先，确定选取河流的最小资格为4km，即图上为4mm。然后，确定了在图上要全部表示的河流的长度为10km，即图上为1cm。因此，在图上作部分表示的仅是那些长度处在4～10km(图上为4～10mm)的河流。为这些河流建立一个分级表，使其呈现公比为视觉明辨系数 $q=1.6$ 的几何级数(等比数列)：4.0，6.4，10.2。为便于目估内插作业，同时也是为了与后面的河间距数列的个数相匹配，把此数列作等比加密，得到新的小步长等比数列：4.0，5.1，6.4，8.1，10.2。河网密度在河流选取中，用同一斜坡上的同一等级河流的平均河间距或河间面积来表征是简单易行的(河间距是河网密度的反比关系量值：河间距越小，河网密度越大；反之亦然)。对这种密度分级表也采用公比为 $q=1.6$ 的几何级数法来建立。当在高山地区取图上最小河间距为1.2mm时，所得的平均河间距数列为：1.2，1.9，3.1，4.9，7.9，12.6。

鲍罗丁在主持编制苏联1：1000000地形图时，对各个主要要素都建立了要素选取密度表。表5-9-1是对山区河流的选取密度，据其论文的结论，该表的应用是很成功的。此表的密度第1级别取值1.2mm，此值可认为是选取河流时的最小间距，如果考虑到在河流之间还要表示地貌(哪怕是一条等高线)，并取0.4mm为地图印刷时线划间的最小距离。而表的最后一个级别的确定则取决于地图的用途和区域地形特征，它应该表征短小河网的这样的密度，从此以后河流无条件地选取。

表5-9-1是根据河流长度与河流密度的河流选取间隔参数表。表中河间距的选取前与选取后的平均距离以毫米表示。

表5-9-1　　**鲍罗丁的河流密度选取参数(间隔)表**

图上河流长度(mm)	按选取前的平均河间距求定选取后的平均河间距(mm)				
	1.2～1.9	1.9～3.1	3.1～4.9	4.9～7.9	7.9～12.6
大于10.2	1.6		全	取	区
8.1 ～ 10.2	全　1.9 (1.92)*	2.5			
6.4～8.1	舍　2.5 (2.50)	3.1 (3.07)	4.0		
5.1～6.4	区　3.5 (3.42)	4.1 (4.00)	5.0 (4.92)	6.4	
4.0～5.1	5.0	5.6	6.5	7.9	10.2

* 括号内的数据为按笔者所提出的纯等比算法计算的(具体计算过程见下文)。

在表5-9-1中，最下面的一行是用来对最短小河流的选取。其相邻值的差呈公比为1.6的几何级数(阶差等比数列)增长。而第1栏中相邻值的差是呈公比为1.6的几何级数(阶差等比数列)增长。这一栏是用来对河网密度相同而河流长度不同的河流进行选取。

表中的对角元素值是在地图上要全部表示的相应长度河流之间的平均距离。在密度最大地区，最短河流之间的平均距离值的确定，应从地图的用途、制图区域的地理特征出发。

由于河间距是按几何级数划分的，因此对角元素也近似地呈几何级数性质。对于对角线以下的各元素的生成，鲍罗丁未给出计算公式，但作了语言描述：行中与列中相邻值之差呈公比为1.6的几何级数(即阶差等比数列)增长。

我国学者对此方法作了深入研究(祝国瑞 1981；祝国瑞，徐肇忠 1990)，祝国瑞作了整体模式的建立(表5-9-2)和全套的算法，得出了满意的结果。为进一步的量化研究与自动化实现奠定了基础。

表5-9-2 选取密度表

大小分级＼选取间隔＼密度分级	$B_1 \sim B_2$	$B_2 \sim B_3$	$B_3 \sim B_4$	…	$B_{n-2} \sim B_{n-1}$	$B_{n-1} \sim B_n$
$>A_n$	C_{11}					
$A_{n-1} \sim A_n$	C_{21}	C_{22}				
$A_{n-2} \sim A_{n-1}$	C_{31}	C_{32}	C_{33}			
…	…	…	…	…		
$A_2 \sim A_3$	$C_{n-1,1}$	$C_{n-1,2}$	$C_{n-1,3}$	…	$C_{n-1,n-1}$	
$A_1 \sim A_2$	C_{n1}	C_{n2}	C_{n3}	…	$C_{n,n-1}$	C_{nn}

5.9.8 选取密度表的建立

1. 物体重要性指标的量化与分级表的加密

物体的重要性可通过质量与数量两方面的特征来描述。下面仅从数量方面来进行量化。物体的大小可作为一种重要性量化指标，并用等比数列 A_i 表示。

首先应按物体本身的重要性方面来确定物体的全取线和全舍线 A_n 和 A_1，大于 A_n 者无条件选取(全取)，小于 A_1 者无条件舍弃(全舍)。在 A_n 与 A_1 之间划分出较为详细的等比数列，以适应不同的地理区域。在 A_1 和 A_n 之间的等比数列通式为

$$A_i = A_1 \cdot q^{i-1} \tag{5-9-26}$$

式中，q 为视觉明辨系数，其取值范围大体为 14 ~ 1.6；i 为数列 A 的下标，$i=1, 2, \cdots, n$。

这样形成的数列是等比数列 $A_1, A_2, \cdots, A_n$，其相邻后项与前项之比为常数或公比 q，即

$$q = \frac{A_2}{A_1} = \frac{A_3}{A_2} = \cdots = \frac{A_n}{A_{n-1}} \tag{5-9-27}$$

对上式取对数后，有

$$\log q = \log A_2 - \log A_1 = \log A_3 - \log A_2 = \cdots = \log A_n - \log A_{n-1} \tag{5-9-28}$$

即等比数列取对数后，呈现为(对数)等差数列。反过来说，要使数量特征的差异在视觉上呈现为等差效应，这些数量特征在实际数值上就要呈现为等比数列。

仅按照视觉明辨系数 $q=1.4\sim1.6$ 对物体的重要性(大小)和密度数值进行等比分级，会显得过于概略。因为当物体的特征值位于某一分级界线上时，它可以同时属于两个不同级别。

为了便于使用连续(非明显跳跃)的物体特征数值来按物体特征值的大小和密度分级进行物体选取，要对物体特征值的大小和密度分级进行加密。

因为原数列是公比为 q 的等比数列，在其相邻两项之间不可能仍用公比 q 作等比加密。但有两种可供选择的加密方法：采用新公比 r 的等比中项法和保持原有公比 q 的阶差等比法。

(1)等比中项法

等比中项法的实质是采用新的更小的公比。因此，为了给物体的自动选取提供更为详密的参数级别数列，要取更小的新的公比值。这样所得的新的稠密数列仍是等比数列。这要利用等比中项。设 a，G，b 为等比数列，G 为 a，b 的等比中项，即

$$G^2=a\cdot b \text{ 或 } G=\sqrt{ab} \tag{5-9-29}$$

即等比中项是前后两相邻项的几何平均数。这就为原有的等比数列加密 1 倍时提供很大的方便，即把前后两相邻项乘积后开方。这个过程还可以变为更简单的计算，设原有等比数列为

$$a,\ b,\ c,\ d,\ e,\ \cdots$$

其公比为 q。若要在某两项，如 c，d 之间插入一个等比中项 X，则有

$$X=(cd)^{\frac{1}{2}}=(ccq)^{\frac{1}{2}}=cq^{\frac{1}{2}} \tag{5-9-30}$$

即当在一已知等比数列中的相邻两项之间插入一个等比中项时，该中项值等于其相邻前项乘以公比的平方根。

这一算法可以作任意推广：若在 c，d 之间插入 m 个数 x_1，x_2，…，x_m，使这 $m+2$ 个数为等比数列，即 x_1，x_2，…，x_m 是 c，d 的等比中项，设新公比为 r，则有 $x_1=cr^1$，$x_2=cr^2$，…，$x_m=cr^m$，$d=cr^{m+1}$。由此得

$$r^{m+1}=\frac{d}{c}=q \tag{5-9-31}$$

即

$$r=q^{\frac{1}{m+1}} \tag{5-9-32}$$

这个公式的通用性是显然的：

当插入 0 个等比中项时，$m=0$，则新公比 $r=q$；

当插入 1 个等比中项时，$m=1$，则新公比 $r=\sqrt{q}$；

当插入 2 个等比中项时，$m=2$，则新公比 $r=\sqrt[3]{q}$；

……

此处 r 是变量。当 $q>1$ 时，m 越大，即要插入中间数越多，则 r 值越小。

(2)阶差等比数列法

根据式(5-9-17)，当 $m=1$ 时，简化公式为

$$X_1=\frac{b(1-q)+aq(1-q^m)}{1-q^{m+1}}=\frac{b+aq}{1+q}=\frac{2b}{1+q} \tag{5-9-33}$$

2. 物体分布密度指标的量化与分级表的加密

物体的分布密度可用其反比量来表达，即用物体间的距离来表达，用等比数列 B_j 表示。

与数列 A 一样，首先确定表达物体之间的最小间距和最大间距 B_1 和 B_n。具体地说，B_1 为在地图上可能表达的最小间距，如最小谷间距为 1.2mm。B_n 为舍弃物体之间的最大间距，即相邻两物体的间距超过此值时，一般不再舍弃(按最低的选取标准选取)。

分布密度的等比数列通式具有同样的形式，即

$$B_j=B_1\cdot q^{j-1} \tag{5-9-34}$$

根据同样的道理，可对等比数列 B 作必要的细化加密，并使之与数列 A 的等级数一致。

3. 物体选取密度表的建立

物体选取密度通过其反比量，即物体之间的平均距离来表示，并用二维数列 C_{ij}(它在对角线方向上是给定公比等比数列)表示。

(1)主对角元素的确定

首先讨论表 5-9-3 中的主对角元素，即 $j=i$ 的情况。

表 5-9-3　**密度选取表元素 C_{ij} 的计算公式**

行＼列	1	2	3	4	5	6	…	$K-1$	K
1	C_{11}								
2	$\frac{(C_{22}+C_{22})}{(1+q)}$	C_{22}							
3	$\frac{(C_{22}+C_{33})}{(1+q)}$	$\frac{(C_{33}+C_{33})}{(1+q)}$	C_{33}						
4	$\frac{(C_{22}+C_{44})}{(1+q)}$	$\frac{(C_{33}+C_{44})}{(1+q)}$	$\frac{(C_{44}+C_{44})}{(1+q)}$	C_{44}					
5	$\frac{(C_{22}+C_{55})}{(1+q)}$	$\frac{(C_{33}+C_{55})}{(1+q)}$	$\frac{(C_{44}+C_{55})}{(1+q)}$	$\frac{(C_{55}+C_{55})}{(1+q)}$	C_{55}				
6	$\frac{(C_{22}+C_{66})}{(1+q)}$	$\frac{(C_{33}+C_{66})}{(1+q)}$	$\frac{(C_{44}+C_{66})}{(1+q)}$	$\frac{(C_{55}+C_{66})}{(1+q)}$	$\frac{(C_{66}+C_{66})}{(1+q)}$	C_{66}			
…	…	…	…	…	…	…		…	
K	$\frac{(C_{22}+C_{KK})}{(1+q)}$	$\frac{(C_{33}+C_{KK})}{(1+q)}$	$\frac{(C_{44}+C_{KK})}{(1+q)}$	$\frac{(C_{55}+C_{KK})}{(1+q)}$	$\frac{(C_{66}+C_{KK})}{(1+q)}$	…		$\frac{(C_{KK}+C_{KK})}{(1+q)}$	C_{KK}

C_{ij}为在新编图上物体之间应保持的最小距离，可简单而近似地取分级上下界值的平均值(表 5-9-2)，即

$$\left.\begin{aligned} C_{11} &= \frac{B_1+B_2}{2} \\ C_{22} &= \frac{B_2+B_3}{2} \\ &\cdots\cdots \end{aligned}\right\} \tag{5-9-35}$$

针对具体案例的要求，如表5-9-1所示，取

$$C_{11}=1.6$$

顾及到 $i=j$，为了更为直观和突出规律性，其余对角元素的值也可取为严格的等比数列，即

$$C_{ii}=C_{11}q^{i-1} \tag{5-9-36}$$

式中，$q=1.6$（视觉明辨系数）。计算结果如表5-9-1所示：$C_{22}=2.5$，$C_{33}=4.0$，$C_{44}=6.4$，$C_{55}=10.2$。

对角线值（平均河间距）所对应的长度的河流在图上应全部表示。

(2)矩阵下三角区其他元素 C_{ij} 的确定

此处要计算的 C_{ij} 即为当对制图目标的重要性（如河流的长度）估值后，在什么样的选取密度（间隔）条件下，来确定制图目标的取舍。

鲍罗丁未对这些元素的计算给出明确的计算公式，只是讲了两句话：最下一行用于选取最短的河流，该行相邻值之差呈公比为 $q=1.6$ 的几何级数增长；第一列相邻值之差呈公比为 $q=1.6$ 的几何级数减少。这一列是用于密度相同长度不同的河流的选取。

下面提出一些非对角线元素 $C_{ij}(i\neq j)$ 的生成算法。

以 C_{21} 为例，它的取值与 C_{11} 和 C_{22} 有关，它应是 C_{11} 与 C_{22} 之间的某一值。作为中间值，可取算术平均值、几何平均值和调和平均值等。但顾及鲍罗丁所述的数列元素之间的变化规则，即相邻项之差呈与对角线元素一样的几何级数，此即本章5.9.5节中所述的阶差等比中项，此处也可用解析几何中的定比分割来求解，如图5-9-3所示。

C_{11} C_{21} C_{22}

图5-9-3 直线段上的定比分割（内分）

根据定比分割（内分），有

$$\frac{C_{22}-C_{21}}{C_{21}-C_{11}}=q \tag{5-9-37}$$

由此得

$$C_{21}=\frac{qC_{11}+C_{22}}{1+q}=\frac{C_{22}+C_{22}}{1+q}$$

对于该列的更下一个元素 C_{31}，鉴于它与前两个元素（C_{11}，C_{21}）所构成的两个差要满足公比为 q 的几何级数，故可用定比分割（外分）来求解此问题，如图5-9-4所示。

根据定比分割（外分），有

$$\frac{C_{31}-C_{21}}{C_{21}-C_{11}}=q \tag{5-9-38}$$

C_{11}　C_{21}　C_{31}

图 5-9-4　直线段上的定比分割(外分)

由此得

$$C_{31}=C_{21}+(C_{21}-C_{11})q=\frac{qC_{11}+C_{33}}{1+q}=\frac{C_{22}+C_{33}}{1+q}$$

用类似的方法可得

$$C_{41}=C_{31}+(C_{31}-C_{21})q=\frac{qC_{11}+C_{44}}{1+q}=\frac{C_{22}+C_{44}}{1+q}$$

$$C_{51}=C_{41}+(C_{41}-C_{31})q=\frac{qC_{11}+C_{55}}{1+q}=\frac{C_{22}+C_{55}}{1+q}$$

……

$$C_{m1}=C_{m-1,1}+(C_{m-1,1}-C_{m-2,1})q=\frac{qC_{11}+C_{m,m}}{1+q}=\frac{C_{22}+C_{m,m}}{1+q}$$

对于第二列的密度选取元素 C_{i2}，有

$$C_{32}=\frac{qC_{22}+C_{33}}{1+q}=\frac{C_{33}+C_{33}}{1+q}$$

$$C_{42}=\frac{qC_{22}+C_{44}}{1+q}=\frac{C_{33}+C_{44}}{1+q}$$

……

$$C_{m,2}=\frac{qC_{22}+C_{m,m}}{1+q}=\frac{C_{33}+C_{m,m}}{1+q}$$

对于任意行和任意列的密度选取元素 C_{ij},其计算通式为

$$C_{ij}=\frac{qC_{jj}+C_{ii}}{1+q}=\frac{C_{j+1,j+1}+C_{ii}}{1+q} \tag{5-9-39}$$

这样建立的列方向阶差等比数列通项公式是以阶差等比数列原理为基础，用解析几何学中的定比分割法为手段，来生成选取密度下三角矩阵中的全部非对角元素。利用通式(5-9-39)可求出列方向其他所有元素，使整列元素呈现为阶差等比数列。

(3)行中元素间阶差等比关系的检验

在上述下三角矩阵中，主对角元素为等比数列，其公比为 q，即 $\frac{C_{22}}{C_{11}}=\frac{C_{33}}{C_{22}}=\cdots=\frac{C_{nn}}{C_{n-1,n-1}}=q$，这是构造选取密度表时的约定数学条件。其余元素是逐列按阶差等比方法生成的。这当然确保在各列中元素之间呈阶差等比关系。然而，这样生成的下三解矩阵，其行中各元素之间是否也存在阶差等比关系呢？回答是肯定的。这可以用对称性检验来说明。

对于下三角矩阵中的非对角元素，可用类似的方法逐行生成。如表 5-9-3 中的第 6 行按列号递减进行，即

$$C_{65}=\frac{qC_{55}+C_{66}}{1+q}=\frac{2C_{66}}{1+q} \tag{5-9-40}$$

$$C_{64}=\frac{qC_{44}+C_{66}}{1+q}=C_{55} \tag{5-9-41}$$

……

这与用逐列方法生成的下三角矩阵非对角元素是一样的，即是说，用逐列生成的下三角矩阵元素同时确保其每行中相邻元素之间也呈阶差等比数列关系。

上述关于 C_{ij}的计算可归纳为如表 5-9-3 所示的实用计算表格。由表 5-9-3 看出，C_{ij}的计算极其简单，它们均是相关主对角元素的函数，即

$$C_{ij}=\frac{C_{j+1,\ j+1}+C_{ii}}{1+q} \tag{5-9-42}$$

各个元素都是独立由主对角元素直接计算，而不是根据前一项计算后一项，这样可以避免误差积累。

这一规律的得出，使得计算过程发生了质的变化：计算过程的推演是遵循阶差等比原理，而具体计算却是极为简单，可以说，摆脱了原有阶差等比数列的繁杂计算过程，取得了计算原理深入、计算过程浅出的效果。

由于计算 C_{ij}的公式得到了极度的化简，所以可以把计算 C_{ij}的整个式子写入表格之中，这样，计算过程就只有两个操作：一加一除，特别适用于手工计算。此外，由于把简化了的 C_{ij}算式载入表中，可使表中所体现的各种规律性都直观地表达出来。

4. 阶差等比数列与纯等比数列的对比

下面，通过表 5-9-4 所示的数值计算例子，看看阶差等比数列与纯等比数列的差异。在表中，阶差等比数列用黑体字表示，其他为纯等比数列(几何平均数)。

表 5-9-4　　阶差等比数列与纯等比数列的对比

	C_{i1}	ΔC	C_{i2}	ΔC	C_{i3}	ΔC	C_{i4}	ΔC	C_{i5}
C_{1j}	**1.6000**								
C_{2j}	**1.9692**	**2.5600**							
	∧	0.0547							
	2.0239								
C_{3j}	**2.5600**		**3.1508**		**4.0960**				
	‖	0.0000	∧	0.0874					
	2.5600		3.2382						
C_{4j}	**3.5052**		**4.0960**		**5.0412**		**6.5536**		
	∨	−0.2670	‖	0.0000	∧	0.1399			
	3.2382		4.096		5.1811				
C_{5j}	**5.0176**		**5.6048**		**6.5536**		**8.0660**		**10.48576**
		−0.9216	∨	−0.4237	‖	0.0000	∧	0.2237	
	4.0960		5.1811		6.5536		8.2897		

由表 5-9-4 看出：

阶差等比插入点的值在第 1 平行对角线上，小于(∧)几何平均值，但差异(ΔC)甚微。

阶差等比插入点的值在第 2 平行对角线上，等于(‖)几何平均值，差异(ΔC)均为 0。

阶差等比插入点的值在第 3 平行对角线上，大于(∨)几何平均值，C_{ij}元素为数甚少，几乎得不到实际应用。

对于第 1 种情况(实际上也包括第 2 种情况)，可证明如下：已知两个正实数 A_1和 A_2，它们之间的几何平均数为

$$A_G = \sqrt{A_1 A_2} \tag{5-9-43}$$

而它们之间的一个阶差等比数 A_J 为

$$A_J = \frac{A_1 q + A_2}{1 + q} \tag{5-9-44}$$

式中，$q = \frac{A_2}{A_1}$。

对 A_J作恒等变换，即

$$A_J = \frac{A_1 q + A_2}{1 + q} = \frac{2A_2}{1 + \frac{A_2}{A_1}} = \frac{2A_1 A_2}{A_1 + A_2} = \frac{2}{\frac{1}{A_1} + \frac{1}{A_2}} \tag{5-9-45}$$

在数学中把

$$H = \frac{n}{\frac{1}{A_1} + \frac{1}{A_2} + \cdots + \frac{1}{A_n}} \tag{5-9-46}$$

叫做任意 n 个不为 0 的实数 A_1，A_2，…，A_n的调和平均值，则式(5-9-45)所表示的阶差等比数 A_J的数学实质就是两个不为 0 的实数之间的一个调和平均数。在实际应用中，除主对角线元素外，第 1 平行对角线元素起较为明显的选取参考作用，第 2 平行对角线元素的两种计算值相等，且其选取参考作用减弱。因此，不管是原来的等比数列法，或确切的叫法阶差等比数列法，都可更为简明地叫做调和平均法。

数学上已有证明，对任意 n 个正数，永远有(史济怀　1963)：

调和平均数 $H \leqslant$ 几何平均数 $G \leqslant$ 算术平均数 A

这一结论由于是小于等于(≤)关系，所以包括了第 2 平行对角元素之间的等于关系。

对于第 3 平行对角元素之间的大于关系，由于其应用的可能性太小，此处就不再作进一步的研究了。

上述阶差等比关系在行向与列向分别存在，在行与列的“L”形交叉处不存在。如果需要这种阶差等比关系在“L”形交叉处也存在，可利用 5. 9. 4 节中所述的方法，以第 1 列和最后一行、第 2 列和倒数第二行等为“L”形路径进行阶差等比数列插值即可。当然，这样所得的数据与原来的结果略有出入，表中的关系也跟着有新的变化。

由于在表 5-9-4 中用阶差等比数列和纯等比数列(几何平均数列)的差异并不大，所以后者也是可以使用的。

5. 9. 9　选取表若干数学性质的归纳

选取密度表 5-9-3 中元素 C_{ij}之间的某些数学性质或规律性可归纳如下：

①主对角元素为等比数列，其公比为 q，即$\frac{C_{22}}{C_{11}} = \frac{C_{33}}{C_{22}} = \cdots = \frac{C_{nn}}{C_{n-1,n-1}} = q$，这是构造选取密

度表时的约定数学条件。

②一列中相邻行元素之差呈现为公比为 q 的等比数列。在选取密度表的生成时是逐列按此规则进行的，因此，这个数学条件是构造列元素时已经遵循的规则。

③一行中相邻列元素之差呈现为公比为 q 的等比数列。这已在上述作了验证性说明。下面也可用每行中的四个相邻元素，进一步检验阶差等比 q 是否保持不变，即

$$C_{42}-C_{41}=\frac{C_{33}+C_{44}}{1+q}-\frac{C_{22}+C_{44}}{1+q}=\frac{C_{22}(q-1)}{1+q}$$

$$C_{43}-C_{42}=\frac{C_{44}+C_{44}}{1+q}-\frac{C_{33}+C_{44}}{1+q}=\frac{C_{33}(q-1)}{1+q}$$

$$C_{44}-C_{43}=\frac{qC_{44}+C_{44}}{1+q}-\frac{C_{44}+C_{44}}{1+q}=\frac{C_{44}(q-1)}{1+q}$$

由此得到三个差式的连续比为

$$\frac{C_{43}-C_{42}}{C_{42}-C_{41}}=\frac{C_{44}-C_{43}}{C_{43}-C_{42}}=\frac{C_{33}}{C_{22}}=\frac{C_{44}}{C_{33}}=q \tag{5-9-47}$$

这就证明了行中相邻元素之差呈现为以 q 为公比的等比级数。

④两行间的同列 C 元素之差为常数，即

$$C_{31}-C_{21}=\frac{C_{22}+C_{33}}{1+q}-\frac{C_{22}+C_{22}}{1+q}=\frac{C_{33}-C_{22}}{1+q}$$

$$C_{32}-C_{22}=\frac{C_{33}+C_{33}}{1+q}-\frac{C_{22}+C_{33}}{1+q}=\frac{C_{33}-C_{22}}{1+q}$$

即对于第二行与第三行来说，有

$$C_{31}-C_{21}=C_{32}-C_{22}=\frac{C_{33}-C_{22}}{1+q} \tag{5-9-48}$$

即相邻两行同列元素之差等于这两行主对角元素之差除以$(1+q)$。

因为 $C_{22}=qC_{11}$，所以把第一列中的 C_{22} 置换为 qC_{11}，则 C_{ij} 计算更具有规律性，即

$$C_{ij}=\frac{qC_{jj}+C_{ii}}{1+q} \tag{5-9-49}$$

这样的选取密度表如表5-9-5所示。

表5-9-5具有更为规律性的结构，便于对表格结构进行数学分析和编程计算。而表5-9-3则便于手工算法。

从表中行列元素之间的关系还可以看出很多规律性。

选取模式的数学化取决于地图的用途。根据用途的不同和要素类别的不同，选取不同的起始点和视觉明辨系数数值。

下面，再对选取密度表的数学性质作进一步的分析。表5-9-6为选取密度表每行相邻元素比值变化规律，该表显示出以下规律：

①沿主对角线方向的比值相等；

② 行比值式中 q 的指数呈递升变化；

③ 列比值式中 q 的指数呈递降变化。

表 5-9-5　　**密度选取表元素 C_{ij} 的计算公式**

行＼列	1	2	3	4	5	6	…	K-1	K
1	C_{11}								
2	$\frac{(qC_{11}+C_{22})}{(1+q)}$	C_{22}							
3	$\frac{(qC_{11}+C_{33})}{(1+q)}$	$\frac{(qC_{22}+C_{33})}{(1+q)}$	C_{33}						
4	$\frac{(qC_{11}+C_{44})}{(1+q)}$	$\frac{(qC_{22}+C_{44})}{(1+q)}$	$\frac{(qC_{33}+C_{44})}{(1+q)}$	C_{44}					
5	$\frac{(qC_{11}+C_{55})}{(1+q)}$	$\frac{(qC_{22}+C_{55})}{(1+q)}$	$\frac{(qC_{33}+C_{55})}{(1+q)}$	$\frac{(qC_{44}+C_{55})}{(1+q)}$	C_{55}				
6	$\frac{(qC_{11}+C_{66})}{(1+q)}$	$\frac{(qC_{22}+C_{66})}{(1+q)}$	$\frac{(qC_{33}+C_{66})}{(1+q)}$	$\frac{(qC_{44}+C_{66})}{(1+q)}$	$\frac{(qC_{55}+C_{66})}{(1+q)}$	C_{66}			
…	…	…	…	…	…	…		…	
K	$\frac{(qC_{11}+C_{KK})}{(1+q)}$	$\frac{(qC_{22}+C_{KK})}{(1+q)}$	$\frac{(qC_{33}+C_{KK})}{(1+q)}$	$\frac{(qC_{44}+C_{KK})}{(1+q)}$	$\frac{(qC_{55}+C_{KK})}{(1+q)}$	…		$\frac{(qC_{K-1,K-1}+C_{KK})}{(1+q)}$	C_{KK}

表 5-9-6　　**选取密度表每行相邻元素比值变化规律**

$\frac{C_{22}}{C_{21}}=\frac{1+q}{1+q^0}$					
$\frac{C_{32}}{C_{31}}=\frac{1+q^0}{1+q^{-1}}$	$\frac{C_{33}}{C_{32}}=\frac{1+q}{1+q^0}$				
$\frac{C_{42}}{C_{41}}=\frac{1+q^{-1}}{1+q^{-2}}$	$\frac{C_{43}}{C_{42}}=\frac{1+q^0}{1+q^{-1}}$	$\frac{C_{44}}{C_{43}}=\frac{1+q}{1+q^0}$			
$\frac{C_{52}}{C_{51}}=\frac{1+q^{-2}}{1+q^{-3}}$	$\frac{C_{53}}{C_{52}}=\frac{1+q^{-1}}{1+q^{-2}}$	$\frac{C_{54}}{C_{53}}=\frac{1+q^0}{1+q^{-1}}$	$\frac{C_{55}}{C_{54}}=\frac{1+q}{1+q^0}$		
$\frac{C_{62}}{C_{61}}=\frac{1+q^{-3}}{1+q^{-4}}$	$\frac{C_{63}}{C_{62}}=\frac{1+q^{-2}}{1+q^{-3}}$	$\frac{C_{64}}{C_{63}}=\frac{1+q^{-1}}{1+q^{-2}}$	$\frac{C_{65}}{C_{64}}=\frac{1+q^0}{1+q^{-1}}$	$\frac{C_{66}}{C_{65}}=\frac{1+q}{1+q^0}$	
$\frac{C_{72}}{C_{71}}=\frac{1+q^{-4}}{1+q^{-5}}$	$\frac{C_{73}}{C_{72}}=\frac{1+q^{-3}}{1+q^{-4}}$	$\frac{C_{74}}{C_{73}}=\frac{1+q^{-2}}{1+q^{-3}}$	$\frac{C_{75}}{C_{74}}=\frac{1+q^{-1}}{1+q^{-2}}$	$\frac{C_{76}}{C_{75}}=\frac{1+q^0}{1+q^{-1}}$	$\frac{C_{77}}{C_{76}}=\frac{1+q}{1+q^0}$

表 5-9-7 为选取密度表每列相邻元素比值变化规律，该表显示出以下规律：

①沿主对角线方向的比值相等；

②行比值式中 q 的指数呈递降变化；

③列比值式中 q 的指数呈递升变化。

表 5-9-7 **选取密度表每列相邻元素比值变化规律**

$\frac{C_{21}}{C_{11}}=\frac{1+q^0}{1+q^{-1}}$					
$\frac{C_{31}}{C_{21}}=\frac{1+q}{1+q^0}$	$\frac{C_{32}}{C_{22}}=\frac{1+q^0}{1+q^{-1}}$				
$\frac{C_{41}}{C_{31}}=\frac{1+q^2}{1+q^1}$	$\frac{C_{42}}{C_{32}}=\frac{1+q}{1+q^0}$	$\frac{C_{44}}{C_{33}}=\frac{1+q^0}{1+q^{-1}}$			
$\frac{C_{51}}{C_{41}}=\frac{1+q^3}{1+q^2}$	$\frac{C_{52}}{C_{42}}=\frac{1+q^2}{1+q^1}$	$\frac{C_{53}}{C_{43}}=\frac{1+q}{1+q^0}$	$\frac{C_{54}}{C_{44}}=\frac{1+q^0}{1+q^{-1}}$		
$\frac{C_{61}}{C_{51}}=\frac{1+q^4}{1+q^3}$	$\frac{C_{62}}{C_{52}}=\frac{1+q^3}{1+q^2}$	$\frac{C_{63}}{C_{53}}=\frac{1+q^2}{1+q^1}$	$\frac{C_{64}}{C_{54}}=\frac{1+q^1}{1+q^0}$	$\frac{C_{65}}{C_{55}}=\frac{1+q^0}{1+q^{-1}}$	
$\frac{C_{71}}{C_{61}}=\frac{1+q^5}{1+q^4}$	$\frac{C_{72}}{C_{62}}=\frac{1+q^4}{1+q^3}$	$\frac{C_{73}}{C_{63}}=\frac{1+q^3}{1+q^2}$	$\frac{C_{74}}{C_{64}}=\frac{1+q^2}{1+q^1}$	$\frac{C_{75}}{C_{65}}=\frac{1+q^1}{1+q^0}$	$\frac{C_{76}}{C_{66}}=\frac{1+q^0}{1+q^{-1}}$

表 5-9-8 为行、列中相邻元素呈等比数列的数值验证，结果表明，列中相邻行元素之差呈等比数列。

表 5-9-8 **行、列中相邻元素差呈等比数列的数值验证：列中相邻行元素之差呈等比数列**

y	Δy	$\frac{\Delta y_{i+1}}{\Delta y_i}$	y	Δy	$\frac{\Delta y_{i+1}}{\Delta y_i}$	y	Δy	$\frac{\Delta y_{i+1}}{\Delta y_i}$	y	Δy	$\frac{\Delta y_{i+1}}{\Delta y_i}$	y
1.6												
	0.3692											
1.9692		1.6002	**2.56**									
	0.5908			0.5908								
2.56		1.5999	3.1508		1.5999	**4.096**						
	0.9452			0.9452			0.9452					
3.5052		1.6001	4.096		1.6001	5.0412		1.6001	**6.5536**			
	1.5124			1.5124			1.5124			1.5124		
5.0176			5.6084			6.5536			8.0660			**10.48576**

表 5-9-9 为行、列中相邻元素差呈等比数列的数值验证，结果表明，行中相邻列元素之差呈等比数列。还可以看到：

相邻两列之间同行元素之差相等；

相邻两行之间同列元素之差相等。

表 5-9-9　**行、列中相邻元素差呈等比数列的数值验证:行中相邻列元素之差呈等比数列**

y	**1.6**								
Δy									
$\frac{\Delta y_{j+1}}{\Delta y_j}$									
y	1.9692		**2.56**						
Δy		0.5908							
$\frac{\Delta y_{j+1}}{\Delta y_j}$									
y	2.56		3.1508		**4.096**				
Δy		0.5908		0.9452					
$\frac{\Delta y_{j+1}}{\Delta y_j}$			**1.5999**						
y	3.5052		4.096		5.0412		**6.5536**		
Δy		0.5908		0.9452		1.5124			
$\frac{\Delta y_{j+1}}{\Delta y_j}$			**1.5999**		**1.6001**				
y	5.0176		5.6084		6.5536		8.0660		**10.48576**
Δy		0.5908		0.9452		1.5124		2.41967	
$\frac{\Delta y_{j+1}}{\Delta y_j}$			**1.5999**		**1.6001**		**1.5999**		

有规律的综合不仅是可能的，而且对地图与 GIS 信息综合是必需的。

邻近环境(Context)是空间分析中的一个重要概念，用于指出哪些目标参与一局部空间查询与分析。根据点集拓扑学的邻域概念，一维邻域是数轴上的开区间；二维邻域是圆片的内部。邻域概念引申出邻域关系，它便于使空间关系操作局部化，将其变换为仅涉及邻近区域的局部操作避免盲目的(或冗余、无用的)操作，大大提高问题的求解效率。

地图信息综合的核心问题是地理实体的选取与被选取实体的细节(图形、属性等)信息的概括。

5.9.10　选取表(矩阵)的应用

下面以河流的选取为例，说明选取密度表(河间距矩阵)的具体使用问题。

河流的选取要按一定的顺序，从最大的开始，以次大的结束。对于给定的案例，首先，选取其长度大于表 5-9-10 所列的最大资格值(16.3mm)的河流。然后，舍去长度小于最小资格值(4mm)的小河流。这两类规范性的取舍执行起来不存在技术问题。由于仅选取最大资格值以上的物体不能表达不同地区的景观特征，故必须从长度介于 4～16.3mm 这一批河流中选择一部分，用以表达河流在密度(平均间距)方面的差异。由此可见，主要问题落在长度介于 4～16.3mm 这一批河流的选取，这也就是选取表的功能和意图的所在。

对于长度介于 4～16.3mm 这一批河流的选取，先在一个斜坡(或其一部分)上确定一个级别河流的平均距离之后，按选取表确定选取后的河间距平均距离，相应地选取所需数量的河流。低级别河流间的平均距离在等级较高的河间地段中确定。在选取时，也必须顾及河流的质量特征，但是所选取河流的数量应与设计书中预定的数额严格相符。

表 5-9-10 **选取表的应用** （单位：mm）

选取间隔 间隔分级 / 河长分级	1.2～1.9	1.9～3.1	3.1～4.9	4.9～7.9	7.9～12.6	12.6～20.1	20.1～32.2
16.3以上	1.6						
12.9～16.3	2.0	2.6					
10.2～12.9	2.6	3.2	4.1				
8.1～10.2	3.5	4.1	5.1	6.6			
6.4～8.1	5.0	5.6	6.6	8.1	10.5		
5.1～6.4	7.5	8.0	9.0	10.5	12.9	16.8	
4.0～5.1	11.3	11.9	12.8	14.3	16.8	20.6	26.8

注：表中河长分级按纯等比级数算出，以避免阶差等比数列引起的“踏步”现象（详见5.9.13节相关内容）。

表5-9-10中的选取间隔数值 C_{ij} 按表5-9-3中所载公式算出。现举几个手工作业时河流选取的例子作参考。

在编稿蓝图上河流的选取，可直接参照蓝图上的河流密度（通过河流间的平均间隔表示）和河流的长度来进行。蓝图上的河流间隔作为密度分级的依据，选取后的河流间隔作为选取间隔。

按照表5-9-10的参数值，即当河流长度小于4mm时，应全部舍去；而大于16.3mm的河流，只要其间隔不小于1.6mm，就要全部表示。

对于长度处于4～16.3mm之间的河流，则根据河流两侧的平均间隔决定其取舍。例如，长度介于12.9～16.3mm的河流，当平均间隔小于2.0mm时，可以舍弃；类似地，当河流长度介于10.2～12.9mm时，其平均间隔小于2.6mm时，应舍弃，等等。

当河流长度大于16.3mm时，两侧平均间隔不小于1.6mm时，则全取。类似地，当河流长度介于12.9～16.3mm，两侧平均间隔不小于2.6mm时，则要全取，等等。

当蓝图上两条河流的间隔大于32mm时，就是长度小于4mm的河流，也需考虑其选取问题。

当参数条件处于选取标准的三角形内部时，按两个指标进行选取（祝国瑞，徐肇忠 1990）。

河流选取要从大到小地进行。间隔分级以蓝图为准。选取间隔以实际已被选取的河流为准。例如，某条河流的长度为6mm，在蓝图上，其两侧的平均间隔为8mm，从表中可找出它的选取间隔为12.9mm，即按已选取的河流计算，当它两侧的平均距离小于13mm时，可舍弃，而当大于13mm时，则可选取。

这样，实际上就决定了哪条河流应当选取。因此，该方法不仅决定了选取“多少”的问题，也较好地解决了选取“哪些”的问题。

上述物体（河流）的选取主要环节是物体间距的计算，这要求诸如Voronoi图或其空间关系信息的获取。

5.9.11　选取表的动态调整问题

当使用选取表进行选取之后，若认为图面载负量过大，则需要调整选取表中的参数，即适当加大“全选”河流的选取资格(河流的长度和河间距)，以及加大河网最为稠密地区短小河流选取的河间距资格。

对于不同的景观地区，应采用不同的选取表。在山区，短小河流为数甚多，长度选取资格下限较小，长度选取资格的上下限可取 4 ~ 12.9mm，河间距范围可取 1.2 ~ 20.1mm (Бородин　1976)。相反地，对于平原地区，河流的长度普遍较大，因此，长度选取资格的上下限可取 6.4 ~ 20.6mm，河间距范围选取也可相对地提升。

5.9.12　选取表参数分级的加密插值问题

在选取表的建立过程中，首先要协调两参数数列：河流长度数列和河间距数列。这两个数列的初始状态都是公比为 1.6 的等比数列，但它们的分级数目不一致。这就产生要对分级数目较少或分级步距较大的参数数列的加密问题。

对原有较稀的等比数列的加密可有两种方法：一种方法是在原有粗等比数列元素之间插入一个阶差等比数；另一种方法是在原有粗等比数列元素之间插入一个等比中项数。对此两种插值加密方法，我们用一个公比为 $q=2$ 的直观等比数列(1，2，4，8，16)的加密插值来说明。

1. 分段阶差等比插入法

分段阶差等比插入法就是在原有等比数列之间各插入一个数 XM_i，其计算公式为

$$XM_i = \frac{2X_{i+1}}{1+q} \tag{5-9-50}$$

例如：$XM_1 = \frac{2\times 2}{1+2} = 1.333$；$XM_2 = \frac{2\times 4}{1+2} = 2.666$；$XM_3 = \frac{2\times 8}{1+2} = 5.333$；$XM_4 = \frac{2\times 16}{1+2} = 10.666$。这些计算结果与原有等比数列的关系如图 5-9-5 所示。这里出现一个令人不满意的地方是：原有中间等比插值点 2，4，8 到其两侧新插入点的距离相等。笔者称此为插值过程中的“踏步”不前现象。

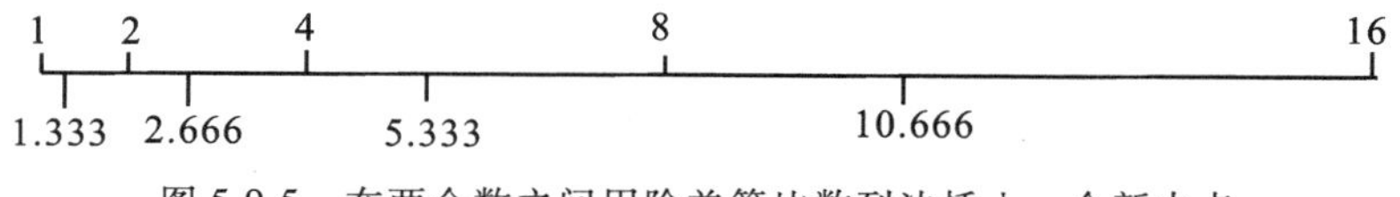

图 5-9-5　在两个数之间用阶差等比数列法插入一个新内点

这种“踏步”现象用表 5-9-11 可更为直观地表示。

表 5-9-11　**分段阶差等比插值的“踏步”现象**

X,XM	1		1.333		2		2.666		4		5.333		8		10.666		16
相邻项差		0.333		0.666		0.666		1.333		1.333		2.666		2.666		5.333	
相邻项比		1.333		1.500		1.333		1.500		1.333		1.500		1.333		1.500	

由表5-9-11看出，当用分段阶差插值法插出 XM 以后，X 与 XM 一起构成新的一个数列，不论从相邻项差还是从相邻项比方面看，该新数列在数学性质上似乎什么也不是。相邻项差(变化步长)的中间部分出现每两步停顿一次，我们把这种停顿称为“踏步”。而相邻项比呈现为两个公比交替地出现。可见此方法在理论上是不可取的。

2. 全程阶差等比插值

全程阶差等比插值指的是在原有数列中，不考虑中间项(2，4，8)，直接在首末两项(1，16)之间插出7个新点。在给定的情况下，仍保持相邻两项的公比为2。计算公式为式(5-9-17)，即

$$X_1=\frac{b+aq\dfrac{1-q^m}{1-q}}{1+q\dfrac{(1-q^m)}{1-q}}=\frac{b(1-q)+aq(1-q^m)}{1-q^{m+1}}$$

式中，m 为要插入的中间点个数；原数列的首末点分别为 a，b；X_1 为要插入的第1个新点，有了 X_1 之后，其余要插入的新点的计算式为

$$X_i=(X_1-a)q^{i-1}+X_{i-1} \tag{5-9-51}$$

根据已知 a，b，q，m，算得 X_1 之后，并接着计算其他 X_2–X_7、相邻项差(阶差)和阶差比(表5-9-12)。

表5-9-12 **全程阶差等比插值**

$a=1.$	阶差	阶差比
	0.058823529	
$X_1=1.058823529$		2.000000017
	0.117647058	
$X_2=1.176470587$		2.000550018
	0.235358824	
$X_3=1.411764704$		1.999450133
	0.470588232	
$X_4=1.882352936$		2.000000000
	0.941176464	
$X_5=2.823529400$		2.000000000
	1.882352928	
$X_6=4.705882328$		2.000000001
	3.764705858	
$X_7=8.470588184$		1.999997370
	7.529401816	
$b=X_8=15.99999000$		

表5-9-12中阶差比的计算用来检验插值点(X_1–X_7)是否有明显差错。

为了表明这些插值点的空间分布特点，我们把这些新点画在数轴上，如图5-9-6所示。

从图5-9-6和表5-9-12看出，在1至16之间插入7个新内点，就有5个点落在1至3之间，这种过分向左(下端)挤压，导致右侧一半空间只有一个插值点，表明全程阶差等比插值效果不好。

3. 纯等比数列加密插值

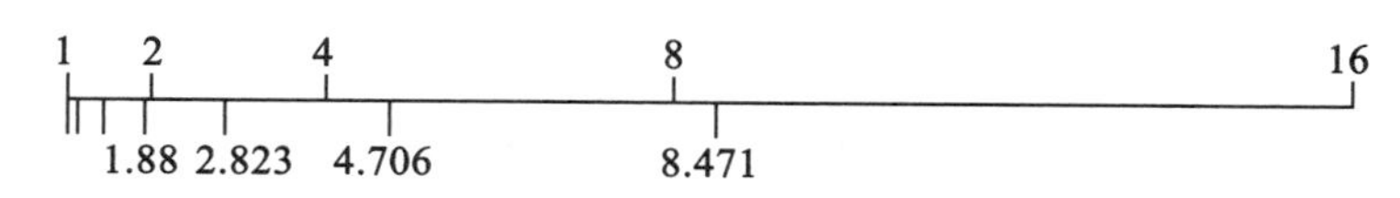

图 5-9-6　在 1 至 16 之间用阶差等比数列法插入 7 个新内点

纯等比数列加密插值就是通常的等比数列插值，如图 5-9-7 所示。

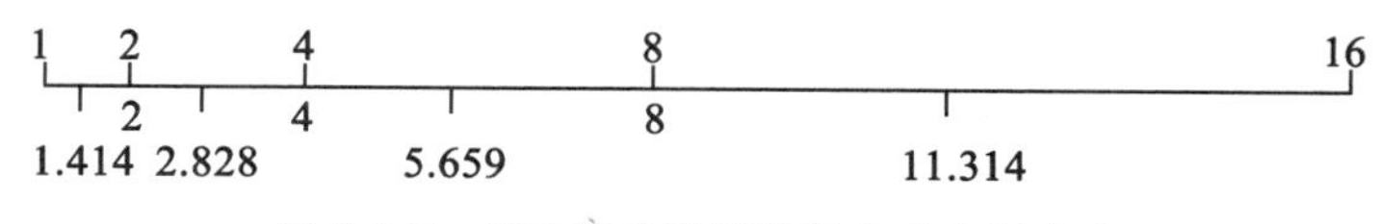

图 5-9-7　用纯等比数列法插入 4 个新内点

这个方法的特点在于：分段等比插值与全程等比插值的结果是完全一致的；相对于公比为 2 的原有等比数列，若要作进一步的加密插出不同点数的比例中项，则不能再保持原公比；但插值点空间分布合理，计算过程简单。

5.9.13　选取表在计算机环境下的实现

上述阶差等比数列方法产生于 1976 年，当时的目的是为了从理论方法上统一多幅地图的手工综合。当时，计算机的应用尚未深入到地图内容的自动综合领域。因此，目前要使该项技术方法具有实际意义，就要研究其手工操作方法向机器操作的转换，特别是要把手工操作中对密度(距离)的目测用合适的机器操作来代替。

在资料图和新设计图的比例尺为 2 倍左右的情况下，以河流为例，介于选取资格上下界之间的小河流，通常不拥有支流，而是呈现为不同类型的独流，即直接流入海洋、湖泊的独流，注入层次较高河流的支流等。

1. 选取表处理对象的形成

选取表要处理的对象是河流长度介于综合选取资格上下界之间的河流。它们的处理以地貌单元(主谷斜坡)或河网等级树结构(主河流的同侧河流有序集合)为对象。这可在空间数据库的支持下，从高级别到低级别逐级自动选取，特别是在河网等级树结构(详见第 7 章 7.6 节)的支持下，可选取主河流 RR 左侧和右侧的全部河流(相当于在左岸或右岸斜坡范围进行河流的数据库检索)，直到按选取上界(如表 5-9-10 中的选取上限值 16.3mm)的执行为止，这时已经选取了长度大于 A 级以上的全部河流。下文为简化相对所指，把 A 级河流叫做主河流。对于 A 级以下，即介于选取资格上下限的 B 级河流，称为流域一侧的小河流。

图 5-9-8 中介于选取资格上下限的河流为 B_1，B_2，…，B_{13}，较高一级已被选取的河流为 A_1，A_2，…，A_7。RR 为层次更高的河流，它被选取的时序更早。

B 级河流的确定，实际上也确定了它们各自的长度，因为后者可方便地由其坐标串算出。

2. 河流固有河间距的估算

河网(以河系树为例)中的河间距应理解为等级相同，且在某一更高级别河流同侧(左

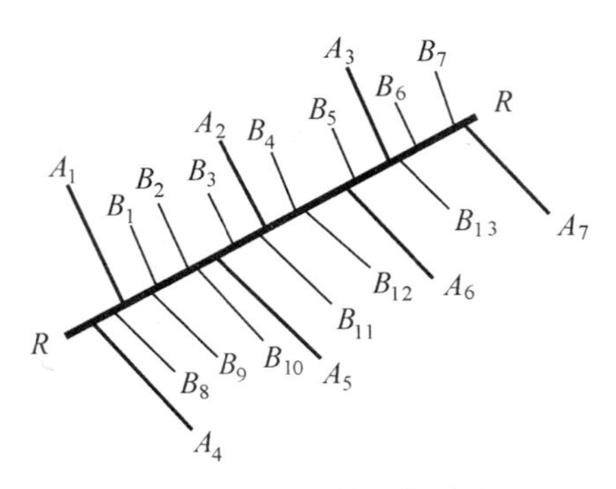

图 5-9-8 河流的逐级选取

侧或右侧)相邻的河流之间的距离。这种信息在通常的空间数据库中是没有的。因为在通常的空间数据库中未见到有河流等级树的存在。因此，为提取 B 级小流域中经过排了序的小河流，需要专门的软件来支持(详见第 7 章 7.6 节)。在获得这种专用的数据结构之后，计算河流的平均河间距可用多种算法，针对河流选取的目的，可以说，各种现有的算法都是适用的。笔者甚至建议更为粗略的算法，如图 5-9-9 所示，对于两条相邻同级河流 R_1R_2 和 R_3R_4 之间的平均距离，可取为两条河流首末点连线所形成的四边形的中位线 D。

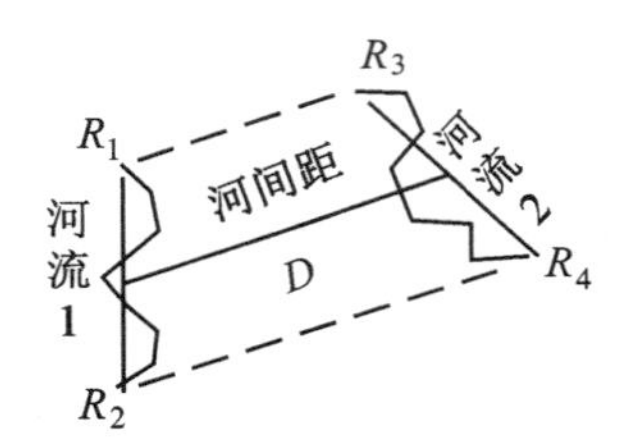

图 5-9-9 两条河流间的平均距离

在基于阶差等比数列综合算法中，用手工操作时，曾要针对每一条河流目测其平均河间距。为此，笔者要把基于两条河流之间的河间距概念变换为针对每条河流的河间距。对于一条具体的小河流 R 来说，它与其左右两侧的两条河流 R_1 和 R_2 分别有一个平均距离 D_1 和 D_2，可用这两个平均距离的平均值 $d=\dfrac{D_1+D_2}{2}$ 作为河流 R 的顾左且顾右的平均河间距是合理的(图 5-9-10(a))。这实际上可理解为小河流 R 的统计汇水区域，反过来说，d 可看作是 R 的统计影响宽度，它与线状物体的 Voronoi 图的功能等价。

当在级别较高河流的一侧小流域(斜坡中)只有 1 条支流时，则后者的河间距可理解为级别较高河流 AA 的最小外接矩形长边的长度 L，因为从地理影响的观点看，级别较高河流 AA 小流域一侧的整个范围为 R 所独有(图 5-9-10(b))。

当在小流域中有多条介于选取资格上下限的小河流时，因为河间距的原本含义是指相邻河流之间的平均距离，因此，在计算河间距之前，要对这批河流相对层次较高的河道进行排序，形成邻居关系，然后计算为每条河流所拥有的平均河间距(图 5-9-11)。

非分布边沿河流(R_2，R_3，…，R_{n-1})的平均河间距为

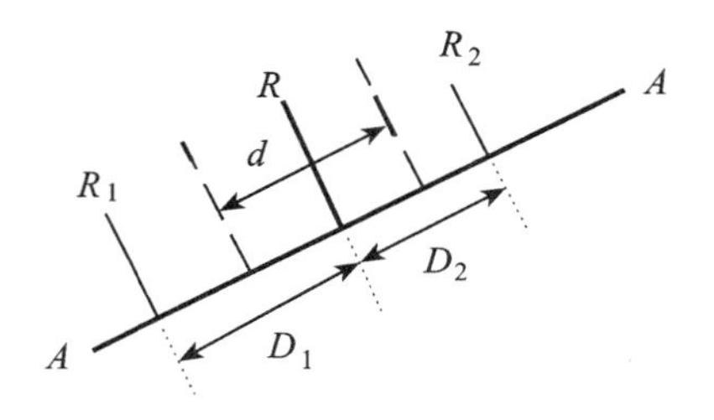

(a)河流R到其邻居的平均河间距

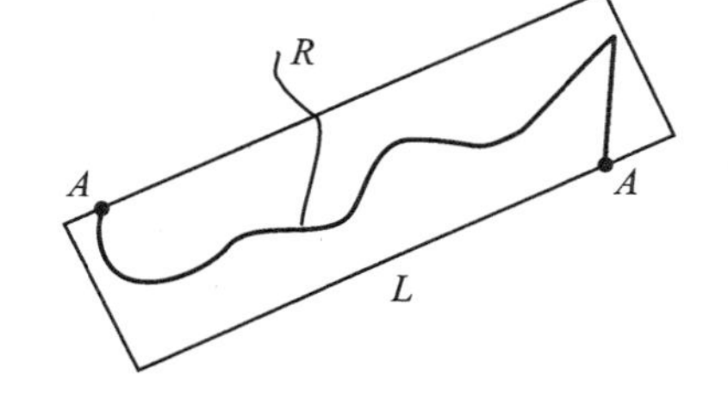

(b)河流R无同级邻居的平均河间距

图 5-9-10　一条河流的河间距

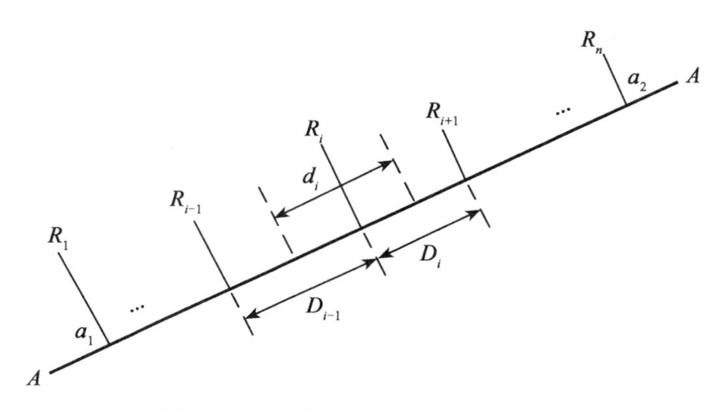

图 5-9-11　一条河流河间距的地理意义

$$d_i = \frac{D_{i-1} + D_i}{2} \tag{5-9-52}$$

而对于小流域一侧的边沿河流(R_1，R_n)，它们分别缺少其更前的和更后的邻居，根据上述关于一条河流平均河间距的概念，如图 5-9-11 所示，为边沿河流所拥有的平均河间距为

$$d_1 = \frac{D_1}{2} + a_1 \tag{5-9-53}$$

类似地，有

$$d_n = \frac{D_{n-1}}{2} + a_2 \tag{5-9-54}$$

这样，对于每条河流来说，均存在这样一个为其所固有的平均河间距，显然，它是相应河流的重要特征量。

由图 5-9-11 中看出，R_1和 R_n 分别为主流一侧小流域的边沿河流，它们反映小流域河流的分布范围，从而在拓扑上具有重要意义。另外，由以上式(5-9-53)和式(5-9-54)可以看出，它们包含的两个量值 a_1 和 a_2，后者有可能取很大的值，使得 d_1 和 d_n 的值随之增大，即它们的影响范围有可能急剧增大，这从河间距的量值进一步表明了小流域边界河流的重要性。上面曾说过，河间距的意义与基于线状物体的 Voronoi 图等价。

由于上述原因，R_1和 R_n 可作无条件选取。这样，所要讨论的河流就只剩下上面所述的非分布边沿河流(R_2，R_3，…，R_{n-1})了。

为了合理地应用已获得的关于河流的两类重要信息：每条河流的具体长度 L 和所估算的平均河间距（与密度成反比的一个特征时）d，可进行所谓的双准则选取，即根据河长 L 和其单独拥有的 d 按选取密度表进行选取。

3. 实施方案

由于在现有参考文献中未看到本方法的自动化实施方案，同时，在现有空间数据库系统中尚缺少建立河系等级树结构的专用软件，故笔者在此设计一个自动化实施方案。其基本步骤如下：

①确定制图综合的地区范围；

②建立制图区域的河系树结构，自动分块提取上述以 A 级河流为界的位于同一个斜坡上的 B 级河流，即它们是长度介于选取资格上下界的一批河流，设共有 m 条，它们在主河岸斜坡上相对被注入河道是排了序的，如图 5-9-11 所示。

③由于 m 条 B 级河流是有序的，故可用图 5-9-9 ~ 图 5-9-11 所示方法，为每条 B 级河流估算属于它自己的河流平均河间距 d，每条河流的长度 l 由其数据库坐标串计算。

④为了执行从大到小的选取原则，因此要首先对这批 B 级河流按其长度值从大到小排序，最后使 B_1 最大，B_m 最小。

⑤在用选取表进行选取之前，在新图上（或新数据库中），河流仅从大到小选取至 A 级，B 级河流在新图上呈现为原数据库中或蓝图上的待选取信息，在新图上，B 级河流地区在选取之前尚处于暂时空白状态。

⑥对 m 个 B 级河流，从 B_1 开始，根据它的平面位置（图 5-9-12），计算它到两个最近邻居（A_1，A_2）的可被选取河间距 $D_1 = a_1a_2$，利用该河流的两个参数 l_1、D_1，在选取表中可查到相应的 C_1（河间距选取资格），如果由计算出来的平均可被选取河间距 D_1 值大于等于 C_1 值，则 B_1 河流可被最终选取（图 5-9-12）。

⑦对于其他各条河流 B_i，用同样的处理步骤：根据它的平面位置，计算它到两个最近邻居的平均河间距 D_i，利用该河流的两个参数 l_i、D_i，在选取表中可查到相应的 C_i（河间距选取资格），如果由计算出来的平均河间距 D_i 值大于等于 C_i 值，则 B_i 河流应最终被选取。

这样，对 m 条 B 级河流作同样处理，以最终地决定它们的弃取。

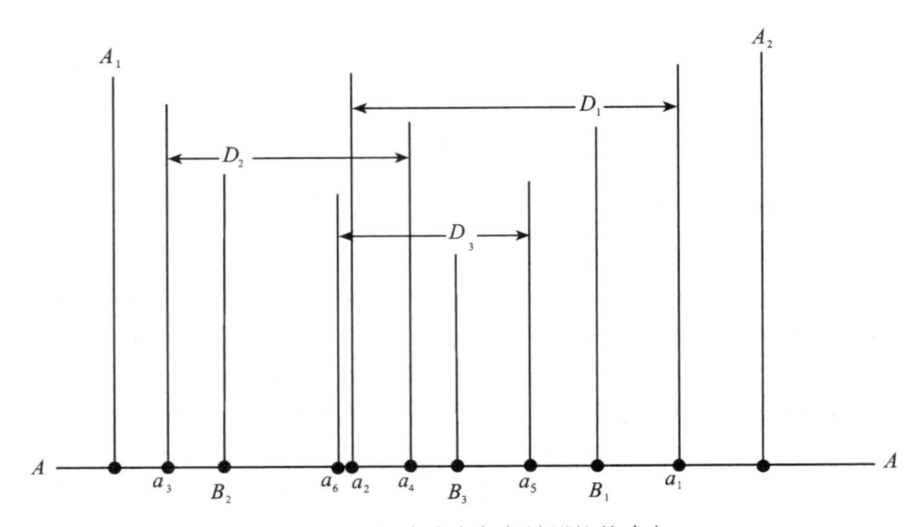

图 5-9-12　河流选取密度（间距）的确定

第 6 章　扩展分维模型与地图内容的总体选取

6.1　复杂性与简单性

复杂性可能是当代各种学科面临的共同问题之一。传统科学能准确地预测日月食的出现和行星的碰撞等现象，但科学家们同时也发现：世界上没有两次台风的路径是完全一样的，没有两次厄尔尼诺现象的发展过程是完全一样的，也没有两次地震所表现出的前兆是一样的。事物本质上的复杂性问题，仿佛到了 20 世纪末才被人们重视起来。传统科学上的难题，只有靠不断创新来解决(陈颙，陈凌　1998)。

描述复杂现象的一个引人注目的动态，就是分形几何的出现。复杂现象的背后往往存在着一些简单的规律；反过来，利用简单的规则，外加一些灵活的约束，可以产生出万花筒般千变万化的复杂现象。

由 B. B. Mandelbrot 这位奇才所创立的分形几何，成为众多学科的热门话题。分形几何像一个魔术师，给众多的复杂现象找到了简单的普适性的答案。

自然界的物体与现象大都是复杂的和不规则的。传统的几何学是用高度抽象的几何图形去代表或逼近自然界的复杂的和不规则的物体与现象。复杂的事物可以是由复杂的过程所产生的，也可能是由简单过程的不断重复而产生的。后者预示着在描述复杂性的分形几何和复杂事物的演化过程之间存在着联系。

欧氏几何是研究规整的几何形体(0 维的点、1 维的线、2 维的面、3 维的体和 4 维的时空等)。而分形几何则是用来描述自然界广泛存在的欧氏几何无法表述的奇异结构，它体现了自然界无限细分的固有特性。

自然现象的变幻莫测性和各种不规则性之间的联系、无序中的有序等事物发展内部规律的探求等构成“混沌学”研究的对象。混沌是一种貌似无规则、杂乱无章的运动，即事物与现象的无规与无序。在混沌学中，研究有序与无序的相伴、确定性与随机性的统一以及复杂性与规律性之间的联系。

由于分形几何可以有效地描述自然界中大多数不规则现象，所以它的重要价值在于它在极端有序和真正混沌之间提供了一种中间可能性。分形的最显著特征是：本来看来十分复杂的事物，事实上大多数均可用仅含很少参数简单公式来描述(陈颙，陈凌　1998)。分形作为混沌的形象，具有令人折服、令人陶醉的美的表达力与感染力。分形几何被誉为“大自然的几何学”，它能通过简单手段的多次重复生成美妙的图形，寓复杂于简单之中。

综上所述，对地理系统中混沌的研究可归为三个主要方面：探明简单的确定性系统能够产生复杂的行为(这类行为一般不可预见)、对初始条件敏感的依赖性(即所谓“蝴蝶效应，Butterfly Effect）和无序中隐含的有序（陈彦光等 1998）。例如，在一条简单的初始图形（直线）上用简单的生成元作4次仿射迭代，可生成很复杂的"无叶树"（图6-1-1）。

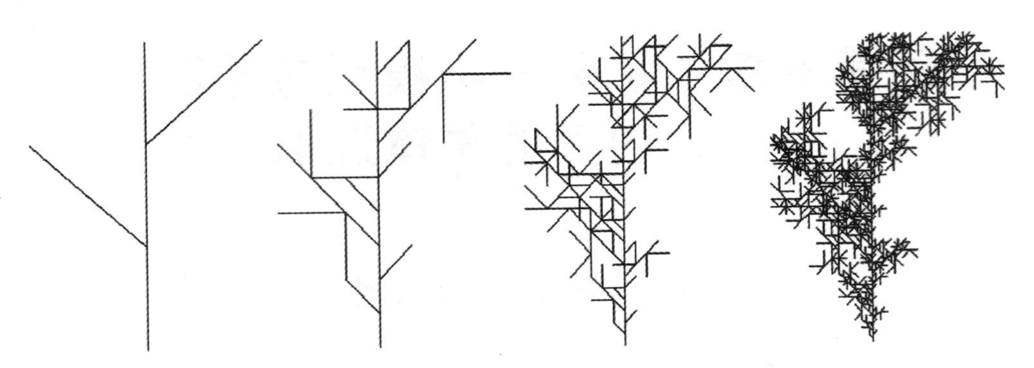

图6-1-1 分形树的生成过程

另一个类似的例子是图6-1-2中花朵的生成过程。复杂的花朵图形图6-1-2（e）由初始图形正六边形用无规生成元（图6-1-2（a））进行4次仿射变换迭代而成。反过来说，也可把这个花朵分解压缩为三个因子：正六边形、生成元图6-1-2（a））和迭代次数4。因此，分形学原理对数据压缩有很好的应用前景。

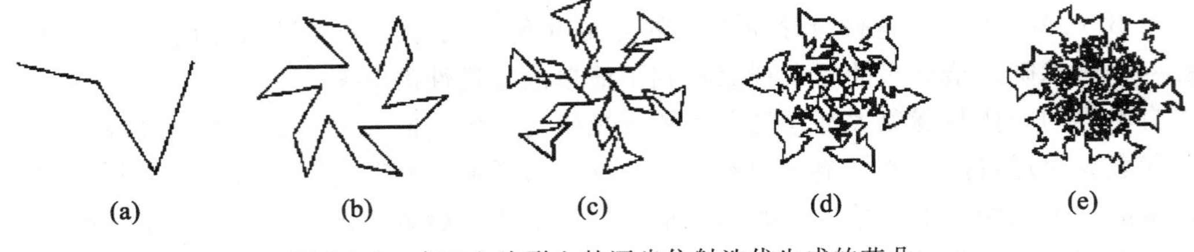

图6-1-2 在正六边形上的逐步仿射迭代生成的花朵

6.2 部分地理分形

地理分形是自然界的重要分形。分形著作中的研究对象总是从地理对象开始的，如海岸、河流、山峦、云彩等。分形学真正诞生的触发事件就是由"英国海岸线有多长"这个问题引起的。在地理学以及地图图形中，充满着大量的分形对象，它们的共同特征是：湾中有湾、汊中有汊和具有若干层次的嵌套。此处仅列举少量具有代表性的在地图与GIS中常见的几类。

6.2.1 河流分形

河流分形的主要特征是在有限的层次上弯中有弯，这是一种嵌套性结构（图6-2-1和图6-2-2）。

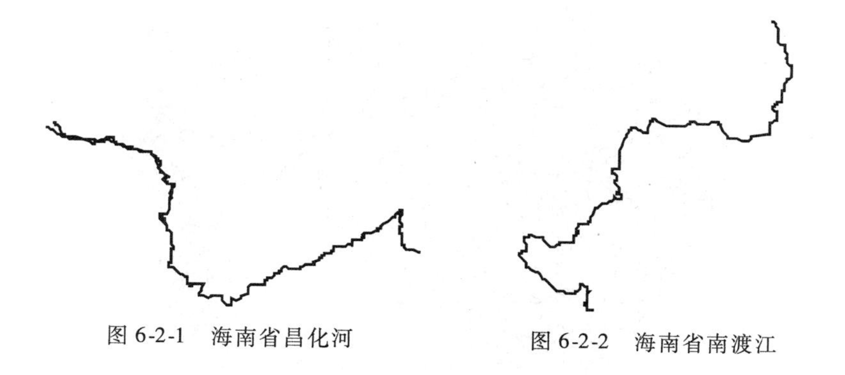

图 6-2-1　海南省昌化河　　图 6-2-2　海南省南渡江

6.2.2　河系(河网)分形

河系(河网)作为一种地图要素，在地图数据处理中，有着非常重要的地位。其重要性不仅表现在河系(河网)自身方面，而且还表现在对其他要素所具有的制约作用，有“地图内容骨架”之美称。由于河系(河网)在形状和结构方面表现出复杂性和不均匀性，于是要求有相应的描述手段。目前，在这方面已有很多探索和研究，Horton 于 1945 年就对河系的结构进行了定量化的描述研究，其研究结果在学术界被称为 Horton 定律，它与现今的分形表达没有什么两样。

河系(河网)分形的主要特征是主流有若干条支流，每条支流又有若干条亚支流，而后者又还会有级别更低的支流等，这样，在有限的层上形成了树状结构(图 6-2-3、图 6-2-4和图 6-2-5)。

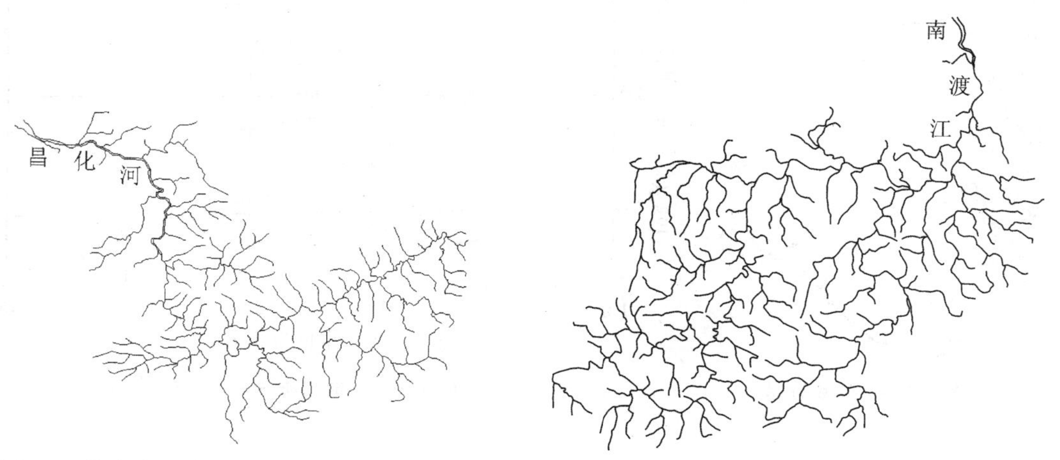

图 6-2-3　海南省昌化河流域(数据精度 1 ∶500000)　图 6-2-4　海南省南渡江流域(数据精度 1 ∶500000)

6.2.3　海岸线分形

海岸线的分形特征应该是不言而喻的，因为“英国海岸线有多长”这个问题触发了分形学的诞生。但从宏观上看，海岸线的分形嵌套层次更多一些(图 6-2-6 和图 6-2-7)。

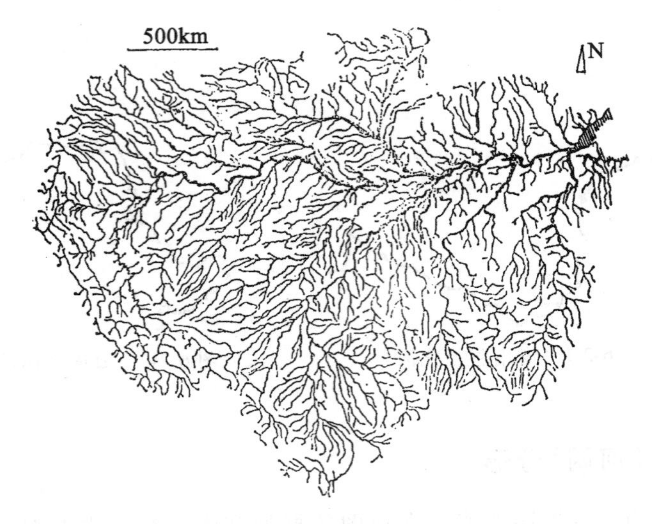

图 6-2-5 亚马逊河流域

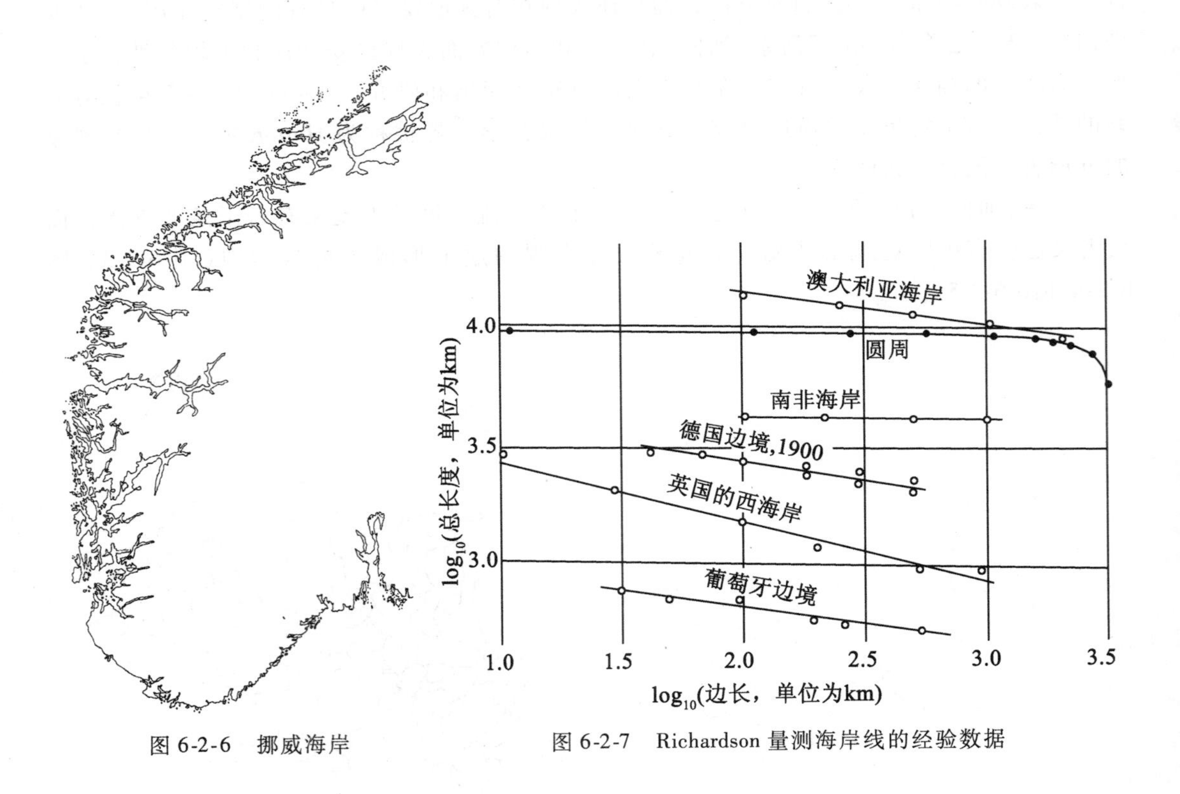

图 6-2-6 挪威海岸

图 6-2-7 Richardson 量测海岸线的经验数据

6.2.4 城市分形(城市边界的变迁)

城市边界受到多种因素的影响，随着时间的推移，这些因素在不断变化，其中包括政治变化、战争、城市发展、工业交通、运输状况、建筑技术、社会管理及自然生态环境约束等。由此可见，在对城市边界变迁过程的研究中，能够得到多方面的信息(图 6-2-8)。

地理学家和市政规划工作者在实际工作中发现，城市边界线的形状由于受到多种因素的制约，常常是很复杂的，有时具有分形的特征，用处理海岸线的方法来处理城市边界线，同样可以计算其分维值。随着时间的推移，城市边界线发生变化，分维值也随之变化。于是分维值与城市的历史进程相联系。通过分维值的研究，就可以捕捉到许多曾在这个城市发生过的历史事实。

英国威尔斯大学理工学院市镇规划系主任巴迪(Batty)教授对城市边界变迁的分形性质做过研究，并得到了有意义的结果。他曾对加的夫市(Cardiff)的三张不同年代(1886年、1901年和1922年)的精确军事地图进行了分析，分别计算了这三个时期城市边界线的分维值(图6-2-8)(林鸿溢，李映雪　1994)。

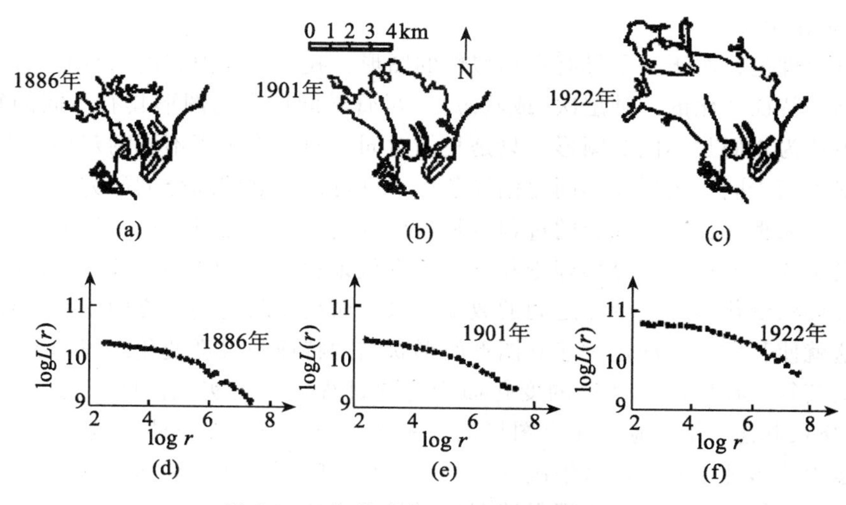

图6-2-8　加的夫市(Cardiff)边界演变

6.3　分形学与地图学

分形几何是用来描述难以用欧氏几何来描述的具有多层嵌套的自相似结构。严格的自相似只存在于数学演算中，而客观世界中存在的仅是统计性的、有限层次的自相似。

新学科(如系统论、信息论、控制论、耗散结构理论和协同论等)的出现，使自相似的概念得到扩充，信息、功能和时间上的自相似也包含在自相似概念之中，具有这种广义概念自相似的客体称为广义分形(林鸿溢，李映雪　1992)。

地图内容要素，特别是其中的自然要素如河流、海岸和地貌等，具有嵌套性的复杂结构，是典型的分形体，用一般数学方法难以恰当描述，而分形方法恰是用来描述这种不规则形体的科学方法。

分形学的概念与尺度变化中的不变性有密切的联系。地图中的自然要素的轮廓图形呈现出在一定尺度范围内的分形趋势。在这种情况下，就可利用表达不变性的分形参数——分维，来考察自然要素的图形本身及其演变特征。

地图制图对象往往具有深刻的地理背景，是复杂的自然现象的客观反映。近几年来的大量研究表明，分形理论可有效地用于地图制图领域，特别是自动制图综合问题领域。

6.3.1 基于分形理论的地图自动综合

在前面的有关章节(如第 2 章 2.5 节、2.9.6 节，第 5 章 5.3.4 节、5.8.4 节)已经引入了一些有关分形学在地图学中的应用，主要是关于非扩展分维的应用。

在地图学领域，把分形理论与方法首次较系统地用于地图自动综合研究的应属王桥博士，他在攻读博士学位期间(1993—1996 年)发表了 18 篇关于分形学在地图自动综合中应用的学术论文，并做了相当规模的图形综合试验。而类似的研究在国外却很少见。王桥的研究成果主要集中于《分形理论在地图图形数据自动处理中的若干扩展与应用研究》(武汉大学博士学位论文，1996a)和《地图信息的分形描述与自动综合研究》(王桥，毋河海 1998)两部著作中。

根据分形理论，对于一个具有自相似性的图形，我们可以把它的一种复杂程度视为该图形形状结构特征变化的一种层次(或状态)，尽管不同层次的图形具有不同的复杂程度，但我们并不认为它们是不同的图形，只是我们对同一图形采用了不同的观察尺度而已，这种观点恰好可用于同一图形在不同比例尺条件下进行自动制图综合的研究。

可以这样来理解：图形综合的过程就是当比例尺发生变化时，使图形的形状及其复杂程度随之发生变化的过程。分形理论和方法能有效地描述图形形状及其复杂程度的变化，并建立图形形状变化与尺度变化之间的数量关系，而尺度与比例尺之间具有某种联系或对应关系，这就使我们有可能通过建立图形的形状结构特征与尺度变化之间的关系，来描述图形形状及其复杂程度随比例尺的变化而变化的过程，从而实现由图形的一种变化层次(或一种比例尺状态)合理地演绎出图形的另一种变化层次(另一种比例尺状态)。因此，我们可以运用分形理论和方法来解决图形的自动综合问题，并达到如下目标：量化图形形状结构特征及其复杂程度，以实现保持图形形状结构特征的自动制图综合，并为综合过程的客观性和模型化提供数学依据和综合指标，建立图形形状及其复杂程度随比例尺变化而变化的数量规律，自适应地进行自动制图综合，为有效地控制自动制图综合过程提供实用模型。

6.3.2 分形理论和方法在地图综合中的应用范围

分形理论和方法用于自动制图综合的研究是在不断发展的。起初，主要用于分析制图综合的效果。例如 Buttenfield 的《制图线的依比例尺性和自相似性》(1989)，Carstensen 的《制图综合的分形分析》(1989)，Maguire 的《制图综合、分形和空间数据库》(1986)，Muller 的《分形与曲线自动综合》(1987a)，Lam 的《关于地图科学中的比例尺、分辨率和分形分析》(1992)，等等。随着分形理论和方法研究的深入，特别是与自动制图综合实际问题的结合，分形理论和方法在自动制图综合中的应用由用于分析制图综合的效果发展到直接为自动制图综合提供实用模型。其中，针对分形理论及其在自动制图综合中应用的实质性问题——分维估值，进行了大量扩展性研究，包括无标度区及其判定，线状要素的分维估值、河网的分维估值、面状要素的分维估值、地形表面的分维估值等，并研究了自动制图综合的分形建模问题，取得了基于分形分析的线状要素的自动综合、面状要素的自动综合、地貌形态的自动综合和河网的自动综合的具体成果。总的来看，分形理论和方法主要用于地图上的图形要素的自动制图综合。

6.3.3 需进一步研究的问题

应该指出，自动制图综合的分形分析方法的研究目前还只是初步的和试验性的。一方面，分形理论在自动制图综合中的应用是一个全新的课题；另一方面，分形理论本身的发展也尚处于很不完美、很不成熟的阶段，需要进一步探讨研究的问题还很多。其中，最主要的问题有以下五个：

①对于通常的非扩展分维，除了不同要素的分维估值外，还有无标度区的自动判定，分维估值是分形理论和方法的核心，而分维估值在此依赖于无标度区的范围。

②自动制图综合的分形建模，直接关系到基于分形理论的自动制图综合的实现，要针对每种具体的制图要素进行，分析每种制图要素的特征。

③基于分形理论的地貌形态自动制图综合问题需进一步研究，特别是如何顾及等高线之间的有机联系，体现结构化综合的思想，即如何解决基于分形理论的成组等高线的自动综合问题。

④随着比例尺的变化幅度的增大，相似性程度就逐渐衰减，即相似性也是逐步受到限制的或自相似的层次是有限的，如何控制这种逐渐的衰减？

⑤最后一个问题是分形方法本身的局限性问题：用一个分维数来描述非线性问题显然是不够的，这一点 Mandelbrot、Kaye 和高安秀树等也早已论述过。甚至有的学者也已指出：分数维究竟能够给我们提供多少更有价值的信息？这还是一个未能得到解决的问题（仪垂祥　1995）。

分形学到底能给我们提供些什么？这个问题还要很好地进行研究。分形曲线的长度在理论上为无穷大的结论，对实际应用没有什么意义。蝴蝶效应那么恐怖，其在客观世界中的实际效应如何？即是说，与分形原理相关的需要研究的问题很多。在本章，笔者集中研究扩展分维在地图综合中的应用。

6.4 分形的两大类别：规则分形与随机分形(统计分形)

6.4.1 规则分形

规则分形是指严格满足自相似条件的分形，属于理想分形，这类分形是由数学家按照一定的数学法则构造出来的，均存在给定的操作机制，即均有一个给定的构造原则，并且这类分形集的相似维数与初始操作时图形的测度(如线的欧氏长度、面的欧氏面积与体的欧氏体积等)无关，而仅与操作的机制有关。规则分形的典型代表是 von Koch 曲线。它的生成过程可简述如下：

以图 6-4-1 为例，先取一条长度为 E_0 的直线段，E_0 称为初始操作(或投影)长度。将这个直线段三等分之后，保留两端的两段。以中间$\frac{1}{3}$线段为底，向上作等边三角形，然后去掉该底(保留端点)，由此得到的四条线段组成的图形记为 E_1。对 E_1 的每一边重复上述过程，所得到的折线多边形记为 E_2。用同样的方式，我们从 E_{k-1} 得到 E_k。当 k 趋于无穷时，折线多边形序列 E_k 趋于一极限曲线 E，称为 von Koch 曲线。

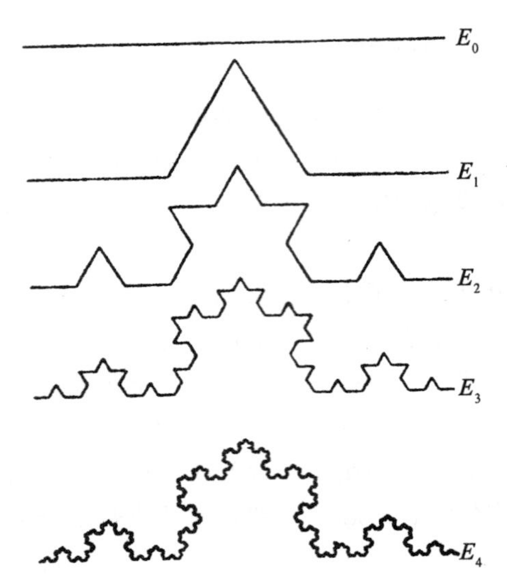

图 6-4-1 具有严格自相似的 von Koch 曲线

若中间尖形的边长不是$\frac{1}{3}$，而是明显地小于$\frac{1}{3}$。这样反复下去所生成的曲线称为变态(修改)的 von Koch 曲线，与经典的 von Koch 曲线结构相似，但形态不同。

von Koch 曲线的构造原则表明，相似维数与初始长度 E_0无关，只与构造原则有关。因此，可将上述构造原则加以推广(董连科 1991)。

von Koch 曲线 E 具有一般分形的性质：

①曲线 E 具有精细结构，即它包含任意小尺度下的细节：不管取多么小的尺度，60°的尖角仍然出现，只是边长相应减小。这一事实表明，曲线 E 的复杂性不随尺度的减小而消失。与欧氏几何比较，当用正多边形逼近圆周时，相邻边的夹角递增趋于 180°，其复杂性逐渐减少，从而导致圆周上的点的切线存在。

②曲线 E 难以用经典的方法刻画。从整体上看，它既不是满足某些简单几何条件的点的轨迹，也不能作为任一简单方程的解的集合；从局部上看，它不能通过切线来描述(实际上，曲线 E 上每点均无切线)。

③曲线的长为无穷大，而面积为 0，从而不能用通常的测度来量度它的“大小”。

④曲线 E 具有局部与整体的对称性。它由四个与 E 相似的部分组成，其相似因子为$\frac{1}{3}$；而每部分由四个更小的但仍然与 E 相似的部分组成，其相似因子为$\left(\frac{1}{3}\right)^2$的部分组成，等等。上述对称性亦称为自相似性。

⑤尽管 E 具有复杂的精细结构，但它的定义非常直接，特别是 E 可以由简单的递归方式生成，而且它的逐阶迭代 E_k 给出 E 越来越好的近似。

我们看到，性质①、②和③反映了 von Koch 曲线的“不规则”，而性质④、⑤则给出了 von Koch 曲线某些“规则”的性质。一般说来，我们所讨论的分形集合都具有前述的某些性质或是它们的变形。因此，我们的研究对象既从本质上有别于经典几何，又排除了那些极为不规则的几何形体。下面我们进一步分析性质③、⑤，并可以看到它们在分形研究中所起的作用。

von Koch 曲线具有严格意义上的自相似，即局部经过相似放大(沿各方向的放大率均相同)后，与整体重合。下述各种推广均反映了局部与整体间的某种意义下的对称性。

von Koch 曲线是处处连续但处处不可微的。它经常被用于模拟雪花与海岸线生成的数学模型。因为 von Koch 曲线是自相似的，所以它是分形的。自相似性就是跨尺度的对称性。它意味着递归，在一个图案内部还有图案(Pattern)。自相似性就意味着若把图形的一部分放大，其形状可与整体相同(陈颙，陈凌　1998)。

从 von Koch 曲线的生成过程可以看出，十分复杂的事物(图形或集合)可以用简单规则递归来生成，或者说复杂的事物可以用简单的参数来描述，如 von Koch 雪花(图 6-4-2)。

图 6-4-2　von Koch 雪花

由图 6-4-2 中看出：$r_1 = \frac{1}{3}$，$N_1 = 3$；$r_2 = \frac{1}{9}$，$N_2 = 12$；$r_3 = \frac{1}{27}$，$N_3 = 48$。其中，r_i 为边的长度，N_i 为边的数目。

6.4.2　随机分形

随机分形是自然界中大多数的分形，它们的生成具有很大的随机性，没有确定的数学法则，其自相似不是表现在形态上，而是表现在结构或复杂度上，这种相似性是近似的，具有统计意义上的自相似。因此，这类分形可称为随机分形或统计分形。对于这类分形，当尺度改变时，该尺度所包含的部分统计学特征与整体是相似的。统计分形又叫非规则分形。

图 6-4-3 所示的是经典 von Koch 曲线、变态 von Koch 曲线、随机 von Koch 曲线。

以经典 von Koch 曲线为例，使其变为统计分形的做法为：每当将一个线段的中间$\frac{1}{3}$去掉后，在生成新的中间等腰尖角时，随机地使其朝上(凸)或朝下(凹)。即在简单的确定性生成算法中增加了随机成分。这样所得到的随机 von Koch 曲线仍然具有精细结构，但不是严格自相似，而是统计自相似，如曲线的某一部分与整体曲线相比，在不同尺度图形中的折线数目、折线角度以及其他统计特征是相似的，而曲线形状则不相似。

随机因素的引入，使 von Koch 曲线的多样性大为增加：在第一层中，有一个尖角，它有上下两种可能性；而在第二层中，有 $2^{4^0} \times 2^{4^1}$ 种可能性；在第三层中，有 $2^{4^0} \times 2^{4^1} \times 2^{4^2}$ 个变态；依此类推，在第 n 层中，有 $2^{4^0} \times 2^{4^1} \times \cdots \times 2^{4^{n-1}}$ 个变态。例如，对于图中的第四层，就有 2^{85} 个变态，图 6-4-3 所示的只是 2^{85} 个变态之一。

每一个层次都可以拥有为数可观的变态，如上所述，von Koch 随机曲线的第四层就有 2^{85} 个变态。然而这些为数可观的变态却有着相同的复杂度，即有着相同的统计规律(陈

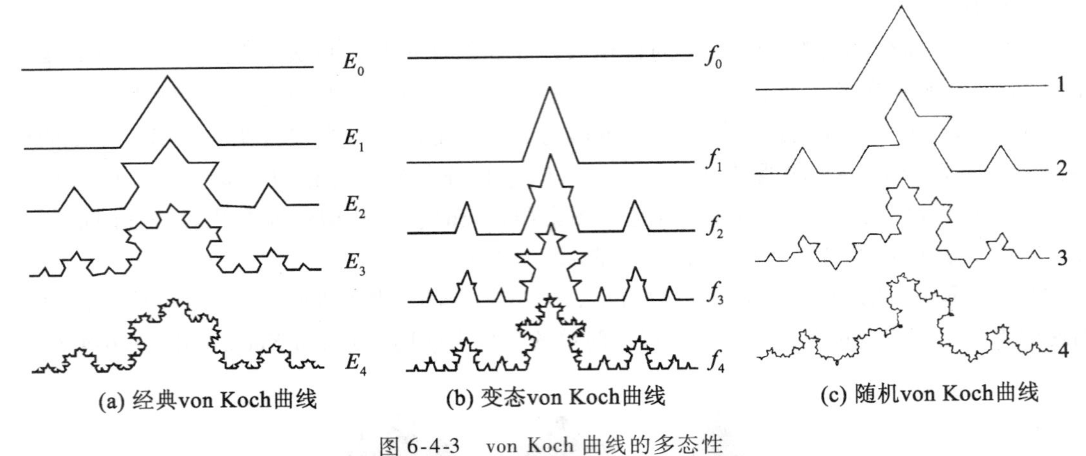

图 6-4-3 von Koch 曲线的多态性

颙，陈凌 1998）。

这里极为明确地看到同一个分数维可反映多个具有相同复杂度的图形，即所谓“同维异形”，且在数量上是令人吃惊的。

随机分形从图形上看不是自相似的。然而，它们与自然现象更为接近。此处是一种统计自相似，即局部被放大以后，它与整体有着相同的统计分布。与非随机自相似相比，那里的局部放大可与整体完全相同。

6.5 分形的结构与存在层次

在欧氏空间 E^n 中，规整几何图形与非规整几何图形具有许多不同的结构与性能，特别是它们的拓扑性质有着明显的差异。

所有的经典分形均存在一个构造原则和具有自相似的无穷嵌套结构。如果 E_0是初始层次，则 E_1是第一次操作后所得的集合。一般地，E_K为第 K 次操作后所得的集合。不同层次的集合具有不同层次的相似结构。由于层次的不同，E_K将有不同的复杂程度。前面有限层次的集合在一定程度上可以看成是较复杂的规整几何图(董连科 1991)。

由自相似性可知，相似维数是 D_S是由第一层次的构造原则来决定，这表明相似维数与分形自身的结构层次无关，从而也与初始操作 E_0无关，但却与分形的欧氏测度(长度、面积等)有关。例如，分形中的周长-面积关系 $P_H^{\frac{1}{D}} \sim A^{\frac{1}{2}}$，不进入到一定的结构层次之后，这个关系是不可能严格成立的。

不论经典分形，还是自然分形，它们还有一个存在的层次。由经典分形的生成可以看出，尽管它们自身的结构与 E_0无关，只与构造原则有关。但是不同的 E_0表示了 E 在什么样尺度上成立，即是说，E_0表示了 E 在什么尺度范围内存在，如金属断面组织结构在微米尺度范围内存在。不同尺度范围的分形将由 E_0的线度 L_0来决定。

每一种分形都有其结构层次和存在层次，它们从不同的侧面决定了系统的性质。

空间数据处理的实践表明，统计自相似往往是分段保持的。在不同的尺度范围内，线状要素往往具有不同的分维值(王桥 1995a)。

6.6　分数维的扩展问题

分数维是度量自相似的特征量。分数维的描述能力如何？究竟能为我们提供多少信息？这是应该冷静考虑的问题。

大量的研究表明，以往的常量分维要向变量的扩展分维发展，以往的单一参数分维要向多参数分维发展。为此，扩展分维有以下两个主要研究任务：

扩展分维的第一个研究任务是要把分维数看成是观测尺度函数的建立问题，即此处立即要研究的内容。

扩展分维的第二个研究任务是要用多个(两个或更多)参数来描述分形体的分形特征，研究内容见本章 6.8 节。

6.6.1　自然界分数维的尺度依赖性

分维值反映了地图目标占据空间的能力。对于一个数学上具有无穷细节的严格自相似分形集，单一分维值已能够充分反映其整个形态的复杂性程度。但是，自然界的具有分形性质的对象，特别是地图目标，往往没有绝对严格的自相似性，即不存在完全统一的相似因子，同样也没有无穷层次的细节，其分形特性显然随着观测尺度的变化而变化，即分维值变化具有尺度依赖性，这种尺度依赖性在众多文献中都已有论及，如 Longley 和 Batty (1989)；Whalley 和 Orford (1989)，Hayward 等 (1989)，T. Peli (1990)，Buczkowski 等 (1998)，Herzfeld 和 Overbeck (1999)。

虽然，Richardson 数据明显支持自相似的存在，但在现实中，把此概念应用于自然景观是有限的。对于 Richardson 图形的非直线性，专家们早就进行了研究。Scheidegger (1970) 和 Hakanson (1978) 都认为经验的自相似应予以拒绝，既考虑到 Richardson 有限证据的不成熟和也顾及到它在原则上是不可取的。但是，自相似只是分形方法的一个方面，因而否定整个概念是不明智的，问题是在不同尺度的范围要把维数 D 看作是一个变量 (Goodchild　1980)。

基耶(Kaye)的开创性的研究表明，L. F. Richardson 的线性图对于他所进行的微粒研究并不典型。他提出用称为"结构(大尺度≈形状)"和"织构(线段细节)"的两段分形组件去代替一条直线的拟合。应该指出，这已经偏离了前述的自相似原理。Whalley 和 Orford (1989) 称这种并非严格自相似的现象为伪分形(Pseudofractal)，其每一分段均可有其自己的分数维。Longley 和 Batty 对这种伪分形采用附加函数项法(Longley 和 Batty　1989)来拟合表达，并称这种形式为瞬时维数模型(Transient Dimension Model)。Whalley 和 Orford (1989)、Orford 和 Whalley (1983) 用三段式直线法(织构分形、结构分形、未命名)对伪分形进行拟合。

笔者于 1998 年提出并试验了分数维的扩展，相应的提出了两个概念，一个描述已经扩展了的分数维，称为扩展分维；为了区别起见，把原来未扩展的分数维称为通常分维。

6.6.2　分维扩展的必需性

1. 单一分维数描述能力的局限性

基于分数维的分形学方法的应用犹如雨后春笋，遍及难以想象的众多学科，表征着五彩缤纷的结构与现象。但与此相关的另一个问题是，这种表征是否具有唯一性和完备性？以本章6.4节中的随机分形为例，“同维多形”或“一值多形”早已表明不同的分形体会有相同的分维数。分形学的创始人 Mandelbrot 也曾说过，Himalays 与 JFK（纽约 J. F. Kennedy）的机场跑道可能有相同的分数维。

日本学者高安秀树在其名著《分数维》中写道：“分数维的维数是定量地表示自相似的随机形状和现象的最基本的量。因为仅利用分数维维数这样一个数字去描述所有的复杂形状和现象，无论如何也是不可能的。因此，就产生了扩大分数维维数的必要性。扩大分数维的考虑方法大致有两种。一种是不把分数维维数仅看作是一个常数，使其能有赖于观测的尺度，即使在自相似性不成立的那种范围内也能使用。另一种考虑方法是，在相似性成立的情况下，为了弥补只用分数维不能描述的信息，要重新引进另外的量。”

我国学者敖力布、林鸿溢等也指出，Mandelbrot 虽然揭示了分形结构的自相似本质，并且用分维数来表示，可是这种描述并没有证明它是唯一的和充分的。不同分布方式的两种结构可以具有相同分维数。这说明，要确定结构的特征，只有一个分维数是不行的，还需要其他的参量。

我国学者张济忠(1995)、王桥(1996a)也都进行了类似的论述。所以，仅利用分维数这样一个数值难以充分地描述各种具有不同复杂程度的形体和现象是学者们的共识。

1987年，J. M. Batty、P. A. Longley 在研究卡迪夫(Cardiff)城市边界的分数维时，在 $L(\delta)$ 与 δ 的双对数图上就发现 $\log L(\delta)$ 和 $\log\delta$ 之间并不存在严格的直线关系，分维值不是一个简单的常数，并提出增加依赖标度的一个附加项，表明分维值将随 δ 的增大而增长（陈勇，艾南山 1994）。

在图6-6-1中笔者列举了两个具有相同分维数而形态不同的例子，两个构造元具有不同的形态，但具有相同的空间占有能力，分维值相等 $\left(D=\frac{\log 9}{\log 5}\approx 1.3652\right)$。虽然复杂性程度上两者相同，但是从地图目标性质分析，会具有完全不同的机理，为在不同条件下形成的同维异形（龙毅 2002）。

笔者在《分维扩展的数值试验研究》（毋河海 1998）中，以线状物体地图量测的反“S”模型为基础（毋河海 1965a），用构造步长法形成对应于不同分辨率的量测数据，初

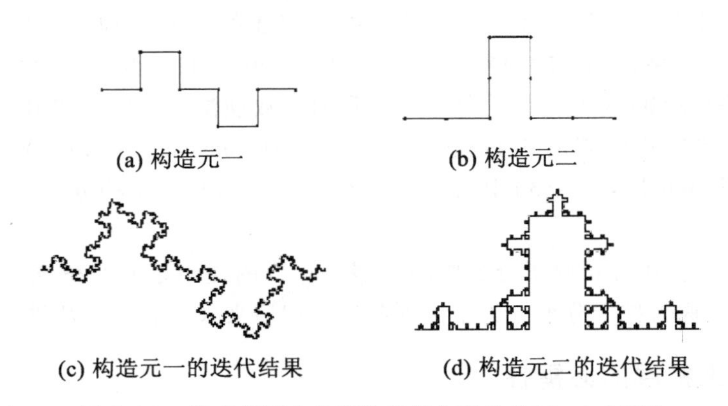

图6-6-1 具有相同分维值的理想分形对象($D=1.3652$)

步建立了用拟合连续函数的手段来表达扩展概念下的分数维：它于两端逼近维数为 1(斜率为 0)的渐近线，在整体上形呈反“S”形的曲线，用 Logistic 或 Gompertz 模型来拟合观测数据。因为对于反“S”形曲线，处处有切线存在，因而各点处的斜率也连续变化，即分数维也呈现为连续函数值。也可以说，在反“S”形曲线的工作区间，有无数个分维值。所以，扩展分维具有整体性与全程性。这里没有无标度区间、没有严格的自相似(只有在某一微小区段内的近似相似)，它表明了地理现象是尺度相关的这一观点。

如果要对它进行逻辑性上的宏观划分的话，可分成微观分维、中观分维和宏观分微，如相关文献(W. B. Whalley 和 J. D. Orford　1989)中提出的“织构分形、结构分形和态势分形”(王桥　1996a)，应该认为是很合理的。

笔者认为，扩展分维把原来仅局限于无标度区内的呈直线型分布的常数分维，扩充为包括无标度区上下界以外区域在内的、呈反“S”形分布的变量(函数)分维，使分维方法的应用不受观测尺度的限制。免除了为确定无标度区范围所带来的烦恼。

使“尺度无关”演化为“尺度依赖”。这使得在空间数据处理中，不是要先去确定常量分数维和无标度区，可取而代之的是先建立扩展分数维所基于的尺度依赖(函数)关系，借此制导后继的数据处理。这里要保持的不是不变的常量分数维的线性关系，而是扩展分数维所基于的尺度依赖的非线性关系。或者说，由原来的完全自相似变化为仅在局部近似自相似、全局不相似的格局。

所以，分维虽然可以表达分形的基本特征，但显然是不充分的，即用单一分维不能完备地描述一个物体或图形的基本特征。首先需要对原分维概念予以扩充，把原来仅局限于无标度区内的呈直线型分布的常数分维扩充为包括无标度区上下界以外区域在内的，呈反“S”形分布的变量(函数)分维，使分维方法的应用不受观测尺度的限制；其次，要研究表达扩充分维的数学模型、数值实现方法和增强描述复杂现象的能力。

2. 充分利用观测信息的必要性

客观世界不存在纯数学的理想分形，存在的只是统计意义下的随机分形。因此，在通常分维的概念下，自相似仅出现在一个确定的范围，这个范围叫无标度区。而为了测定无标度区的上下界，数据的量测尺度就要超出无标度区的范围，这样也就获得了相应的无标度区之外的信息。显然，仅应用无标度区内部的信息是不够的，无标度区之外的观测信息不应该丢掉。要想合理地应用无标度区之外的观测信息，有一种设想：使分形维数也能适用于自相似不成立的那些范围内(张济忠　1995)，这就引起分维的扩充问题。Mandelbrot 也以“有效维数”暗示了这种扩充的可能性。分维的扩充旨在对无标度区内部与外部的大范围信息进行整体描述与分析应用。

6.6.3　扩展分维函数的理论基础

与图 5-7-4 所示的地图载负量变化的机理分析类似，建立扩展分维中曲线量测长度 $L(r)$ 随量测尺度 r 变化的关系也可作类似的机理分析。

如上所述，观测值与观测尺度均是有界的，就曲线长度与其量测步长之间的关系来说，当在(r_{min}，r_{max})范围内取所有可能的步长时，上述关系一般呈非线性关系；当量测尺度接近但尚未等于 r_{min}时，量测长度的增长幅度在逐渐减弱，进而渐近于常数 L_{max}；反之，当量测尺度接近但尚未等于 r_{max}时，量测长度的减少幅度在逐渐减弱，进而渐近于常数值

L_{min}。因此，从逻辑机理上看，此种关系曲线随着量测尺度趋于 r_{min} 与 r_{max} 时，应分别渐近于两个观测值的极值 L_{max} 与 L_{min}，即呈反"S"形曲线。笔者发现，这个问题在 Snow 于 1989 年的论文中已给出典型的试验结果(图 6-6-2)，但这种非线性关系迄今为止仍没有明确的认可与进一步的研究，仍用未予以扩展的上面所说的《通常分维》方法来处置。

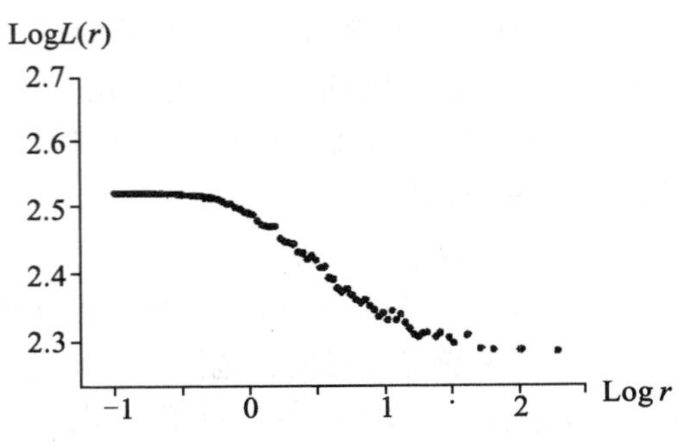

图 6-6-2 Snow(1989)所作的构造步长实验

1. 基于函数依赖概念的扩展

日本学者高安秀树在其名著《分数维》中，就扩展分维的理论基础作了明晰的论述。当粗视化程度或观测尺度为 r 时，在此时物体被观测到的个数为 $N(r)$，则根据 Hausdorff 维数的定义，有

$$D(r) = -\frac{\log N(r)}{\log r} \tag{6-6-1}$$

一般来说，在函数 $N(r)$ 不是非常特殊的函数型(幂)情况下，由于该式的右端不能成为常数，所以不能定义通常的分数维的维数。若把式(6-6-1)中的 $N(r)$ 的内涵扩大，使其在非幂型的情况下也能定义分数维维数，这时，若在双对数图上描出 r 和 $N(r)$，$D(r)$ 可视为在 $\log r$ -$\log N(r)$ 坐标系中的函数 $\log N(r) = f(\log r)$ 在点($\log r$, $\log N(r)$) 处的斜率。由于斜率或导数的局部或瞬时极限特性，即不再把分维数 $D(r)$ 看成是独立于观测尺度 r 的常量，而把它看成是依赖于观测尺度 r 的函数，即

$$D(r) = -\frac{\mathrm{d}\log N(r)}{\mathrm{d}\log r} \tag{6-6-2}$$

这样，就从三个方面扩大了的分数维的概念。分数维不再是常量，而可以是依赖于观测尺度 r 的变量；只要 $N(r)$ 是平滑函数(或 $\log N(r)$ 可导)，对任何的 r 值都有确定的分维值存在，因而不受无标度区的限制；$N(r)$ 不必受限为幂型(如果为幂型，就会与普通的分数维一致)。如果反过来求解上式，可得

$$\mathrm{d}\log N(r) = -D(r)\,\mathrm{d}\log r \tag{6-6-3}$$

$$\int_{r_1}^{r_2} \mathrm{d}\log N(r) = -\int_{r_1}^{r_2} \frac{D(r)}{r}\mathrm{d}r \tag{6-6-4}$$

$$\log\left(\frac{N(r_2)}{N(r_1)}\right) = -\int_{r_1}^{r_2} \frac{D(r)}{r}\mathrm{d}r \tag{6-6-5}$$

$$N(r_2) = N(r_1)\,\mathrm{e}^{-\int_{r_1}^{r_2}\frac{D(r)}{r}\mathrm{d}r} \tag{6-6-6}$$

或

$$N(r_2) = N(r_1)\exp\left[-\int_{r_1}^{r_2}\frac{D(r)}{r}\mathrm{d}r\right] \quad (6\text{-}6\text{-}7)$$

此式是从理论上表达了两个尺度 r_2 和 r_1 的观测值 $N(r_2)$ 和 $N(r_1)$ 与分维数 $D(r)$ 之间的函数关系(高安秀树　1994)。其适应范围不受无标度区的限制，同时也可充分、平等地使用全部观测数据，建立更具有普遍意义的信息变动规律。

如果在 $\log r$ -$\log L(r)$ 坐标系下，则有

$$D(r) = d - \frac{\log L(r)}{\log r} \quad (6\text{-}6\text{-}8)$$

式中，d 为分形体的拓扑维数。

对式(6-6-8)求解得

$$L(r_2) = L(r_1)\cdot\exp\left[-\int_{r_1}^{r_2}\frac{k(r)}{r}\mathrm{d}r\right] \quad (6\text{-}6\text{-}9)$$

式中，

$$K(r) = d - D(r) \quad (6\text{-}6\text{-}10)$$

为分维函数曲线 $\log L(r) = f(\log r)$ 在点($\log r$，$\log L(r)$)处的斜率，(3-6-9)式给出了两个观测值 $L(r_2)$、$L(r_1)$ 与分维之间的关系，实际上就是建立了 $L(r)$ 和分维 $D(r)$ 的表达式(龙毅　2002)。

2. 基于分形谱概念的扩展

相关文献(王桥，毋河海　1998；龙毅　2002)对扩展分维从分形谱的角度作了进一步的阐述。对于地图目标的($\log r$，$\log L(r)$)序列，通过曲线插值拟合得到一个处处光滑连续的函数 $F(\log r)$，以该函数的自变量为自变量，以该函数的一阶导数(斜率)的绝对值为因变量，得到一个新的函数，并把它定义为分形谱，即

$$f(\log r) = |F'(\log r)| = \left|\frac{\mathrm{d}\log L(r)}{\mathrm{d}\log r}\right| \approx \left|\frac{\log L(r_2) - \log L(r_1)}{\log r_2 - \log r_1}\right| \quad (6\text{-}6\text{-}11)$$

在 $\log r$ -$\log L(r)$ 坐标系下，分维、斜率和拓扑维之间的关系为

$$f(\log r) = |d - D(r)| \quad (6\text{-}6\text{-}12)$$

式中，d 为地图目标的拓扑维。该函数反映了扩展分维值和观测尺度的对数之间的变化关系，在 $\log r$ -$\log L(r)$ 坐标系下，其对应的函数曲线称为分形谱曲线。可以判断，由于 $\log r$ -$\log L(r)$ 曲线一般表现为反“S”形态，并在曲线两端趋近于水平线，所以 $f(\log r)$ 曲线的形态通常表现为单峰钟形(图6-6-3)(王桥，毋河海　1998)。

该曲线反映了分维 D 与 $\log r$ 的依赖关系。它的参数反映着分形的结构特征：该曲线的最大值反映最大分维数；其拐点大体上对应着通常分维的无标度区的上下界($d_1 \sim d_2$)。

3. 分形谱曲线的应用价值(龙毅　2002)

由于拟合曲线 $F(\log r)$ 呈反“S”形，其上每一点的斜率均小于0，分形谱曲线对斜率取绝对值使得曲线与分维数的变化趋势保持一致。对于分形谱曲线上的任意一个观测尺度 r，所对应的函数值加上地图目标的拓扑维数 d，就是该尺度下实际的估计分维值，即

$$D(r) = f(\log r) + d \quad (6\text{-}6\text{-}13)$$

这说明，将分形谱曲线在 $\log L$ 坐标轴方向整体上移分维 d 的量，就是地图目标的真正分维数曲线，它们在数值上一一对应。在后面的讨论中为了方便，我们忽略这种区别，直

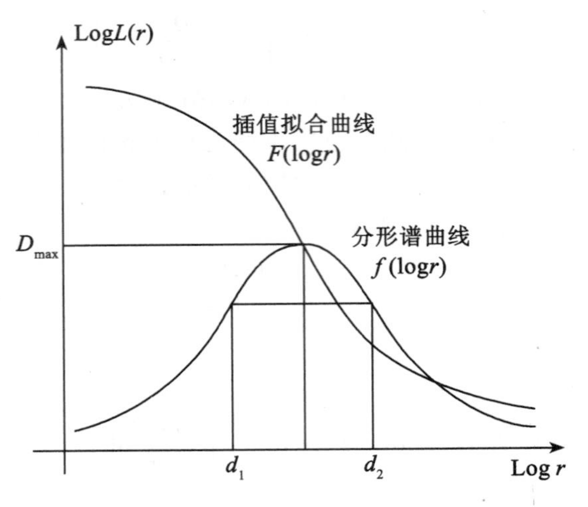

图 6-6-3　反"S"形曲线与分形谱曲线

接将分维谱曲线的值称为分维数。

下面进行一个试验：

图 6-6-4(a)为三分 von Koch 岛曲线，通过正三角形 4 次迭代建立的。采用构造步长法得到($\log r$, $\log L(r)$) 对数序列，图 6-6-4(b)为"S"形分布数据的 Logistic 表示。

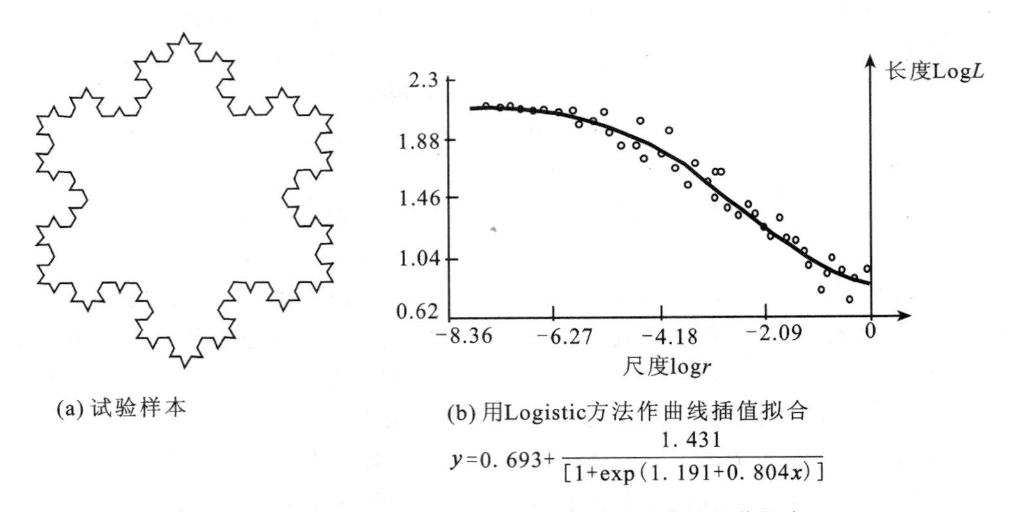

(a) 试验样本

(b) 用Logistic方法作曲线插值拟合

$$y=0.693+\frac{1.431}{[1+\exp(1.191+0.804x)]}$$

图 6-6-4　三分 von Koch 岛的 Richardson 曲线的曲线插值拟合

图 6-6-5(a)为以图 6-6-4 三分 von Koch 岛的 Logistic 曲线为实验数据所得到的分形谱曲线，图 6-6-5(b)为放大图，其分维最大值 1.28 与 von Koch 曲线的理论分维值(1.2617)很接近。

分形谱曲线既反映了 $\log r$ -$\log L(r)$ 拟合曲线的变化性质，它又是分维数的直接表征曲线，因此，它成为分析地图目标分形性质的一种重要参考曲线(龙毅　2002)。

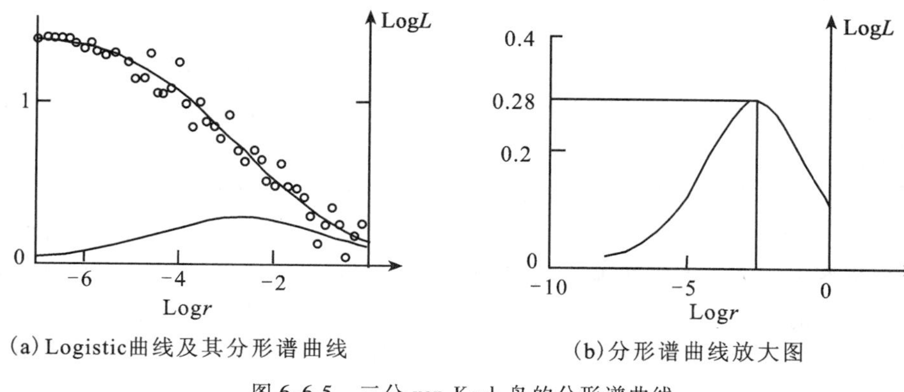

(a) Logistic曲线及其分形谱曲线　(b)分形谱曲线放大图

图 6-6-5　三分 von Koch 岛的分形谱曲线

对反映分维数变化规律的分形谱函数曲线性质进行研究和挖掘，可以进一步建立系统、科学和有效的分形分析途径。

6.6.4　建立分维函数的数值途径

对于纯数学的分形构造，由于它是规则(理想、确定性的)分形，具有无限精细性和严格的自相似，其观测值与其观测尺度之间可始终保持严格的线性分形关系。

1. 码尺与分形维数的关系(张济忠　1995)

如前所述，自相似的分形具有无穷嵌套结构，在实际的分形维数的测定中，分形维数的测量值与分形的结构层次 k 有关，以三次 von Koch 曲线为例，只有当 $k=18$ 以后，测量维数 D 才收敛于 1.2618。

在分形维数的数学定义中，要求码尺趋于零时的极限存在。但是对于不同学科中研究的分形以及自然界存在的分形，一般说来，并不存在无穷的嵌套结构，而只存在有限的嵌套层次，所以，码尺 r 趋于零的这个要求在测量中很难实现，而且对于不同的对象，其意义也不完全相同。

另外，除了有限的结构层次外，实际存在的分形还有一个存在层次的问题。如材料宏观断裂面的分形结构的存在层次是一种与晶粒尺寸相当的材料组织；聚合物中高分子生长的分形结构是分子团尺度层次上的分形结构；地震过程中形成的分形断口是宏观尺度范围内(以千米计)的分形结构；天体中星系的分形结构是另一种更大尺度的分形结构。这样，在研究材料断裂过程与地震过程时，所选择的相应码尺就必然是不同的。

码尺的选择原则是：码尺的长度单位与分形存在层次的尺度单位相一致。

近几年来国内外一些学者的研究表明，对实际分形体而言，测量的分形维数值随码尺而变化，也就是说，对同一分形体，由于选取的码尺不同，会得到不同的分维值。

分维不确定性的产生原因是实际存在的分形体不具有无限层次的自相似结构。把适用于无限层次分形体的公式用于实际的有限层次分形体，就有可能产生分维不确定性。所以，测量码尺 r 存在一个合理的取值范围，当 $r_{max} \geqslant r \geqslant r_0$ 时，测得的有限层次分形体的分维是一确定值 D，其中，r_0 是下临界点，r_{max} 是上临界点。所以，在研究实际的形体时，码尺的取值范围不是任意的，必须先对该分形体的结构特点，即结构层次和存在层次，进行细致的分析，再选择码尺和确定临界点。实际分形体只在一定层次范围内才呈现为分形或准分形。

当选取的码尺 r 满足 $r_{max} \geqslant r \geqslant r_0$ 时，得到的测量数据在 $\log r$ -$\log L$ 的坐标系中都落在线性区(又称为无标度区)中，该直线的斜率即为该分形体的测量维数；当 $r<r_0$ 或 $r>r_{max}$ 时，测量数据都落在非线性区(张济忠 1995)。

为了以数值方式进行分数维的扩展，首先需要进行基本的机理分析。对于自然界的不规则的(随机)分形，不具有严格的自相似，只有在一定的尺度范围内具有自相似或统计自相似。以地图上河流、海岸线等线状目标为例，其量测尺度显然不能小于0.1mm，更不能趋于零，同时，其量测结果(长度)不能也不允许为无穷大，不能说大江、大河的长度为无穷大，也不能说某国的国界线是无穷大，等等。因此，对于观测尺度和观测值都有一个逻辑界定问题。

2. 最小与最大量测尺度的确定

对于地图信息处理来说，最小量测尺度 r_{min} 可取人们肉眼所能达到的对图形弯曲的识别能力，即可取 $r_{min}=0.1$mm，用此尺度量测的曲线长度可认为是最大长度。而最大量测尺度 r_{max} 即表明量测终结条件，同时是借此量取目标最小长度的尺度。笔者认为，曲线的最小长度可取曲线若干突出点的连线或封闭图形的凸壳(Convex Hull)，这就意味着，r_{max} 可取突出点或凸壳点之间的平均距离。

3. 线状物体极限长度的逻辑界定

(1)线状物体最大长度的确定

在小比例尺地图数字化生产中，一般采用0.3mm作为流方式数字化的步长。在扫描数字化时，可取0.1mm或更短的步长，即可用最小步长采集的密集坐标所计算的曲线长度作为最大长度 L_{max}。或在一般情况下，就用曲线坐标串(必要时作光滑加密)所形成的折线长度作为线状目标的最大轴线长度。

(2)线状物体最小长度的确定

如前所述，线状目标最小长度 L_{min} 是用最大尺度 r_{max} 量测的结果。

对于直线来说，L_{max} 就是直线本身长度。根据关于曲线最小长度的定义，此处 L_{min} 也就是直线本身。

对于其总体趋势线呈直线的线状物体，其最小长度可取其呈直线状的趋势直线(图6-6-6(a))。

当整个线状物体位于其首末端点连线的一侧时，则其单侧凸壳(首末端点连线除外)的边长之和可取其为最小长度 L_{min}(图6-6-6(b))。

若曲线位于其首末点连线的两侧，且左右摆动较大以致不能把它的趋势线看成直线时，可先求其点集凸壳，然后将两侧凸壳点按原曲线点序连成折线，以此作为最小长度 L_{min}(图6-6-6(c))。

对于封闭形的线状物体，可直接生成其凸壳，并取其凸壳周长的一半为其最小长度 L_{min}(图6-6-6(d))。

对于无法归入上述四种情况的更为一般的曲线，可计算其最大直径作为最小长度 L_{min}。

(3)曲线长度的量测

在地图量测学中，对曲线长度的量测通常采用量规法或构造步长法，这是一种简单易

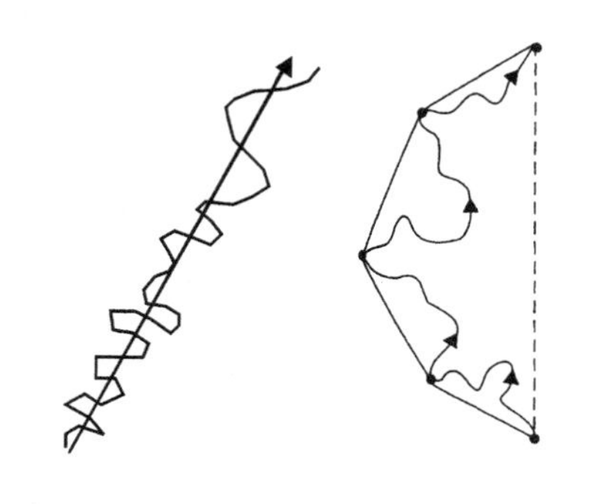

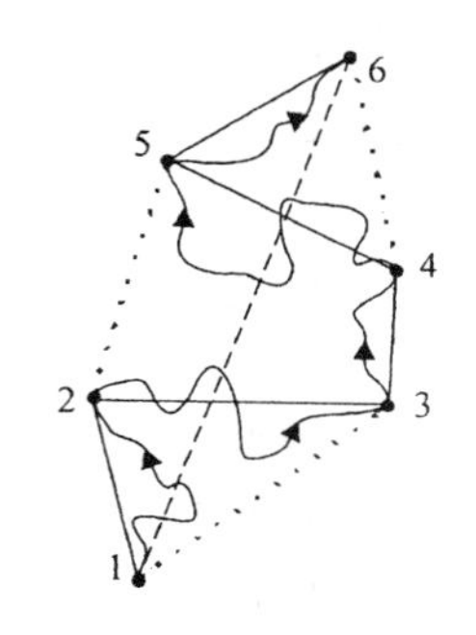

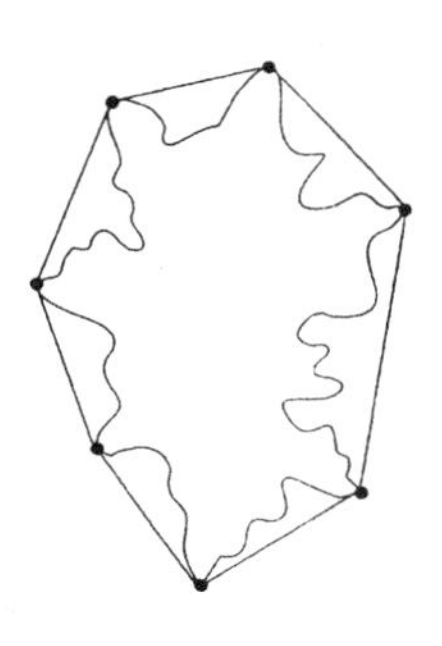

(a)直线形趋势线　(b) 单侧凸壳形趋势线　(c) 双侧曲线凸壳边的原序连接　(d) 封闭曲线的凸壳

图 6-6-6　不同类型线状物体最小长度的确定

行的方法，如图 6-6-7 所示。其原理是用量规的足距 r 沿曲线逐步截取，以计算曲线长度 $L(r)$。对于数字化曲线来说，其坐标点是有序的，不管是手工截取还是程序化截取，都是依序取点。当量规圆弧与曲线的交点多于一个时，则取距量规起点 S 最近的序号为渐增点。

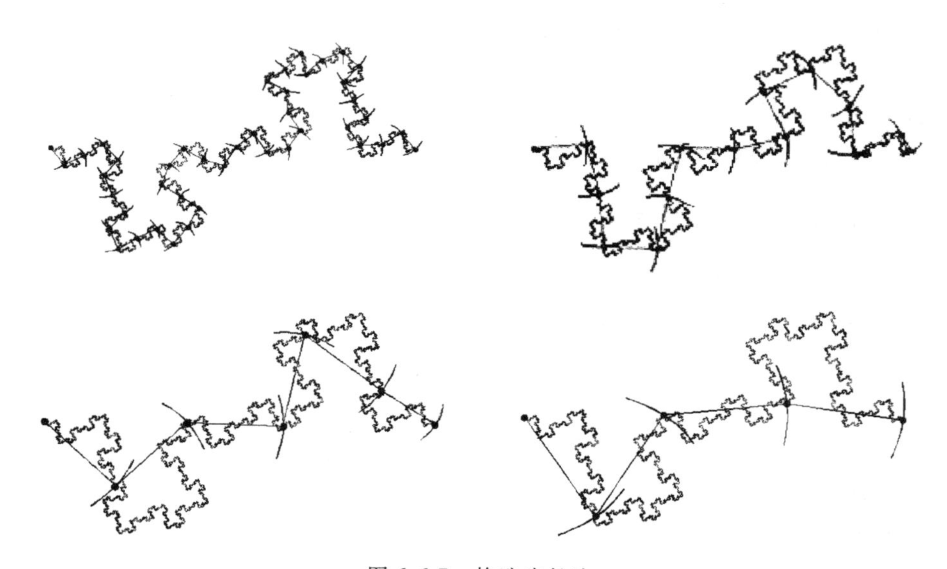

图 6-6-7　构造步长法

6.7　扩展分维模型的拟合

以往的应用研究大都没有顾及序列（r_i，$L(r_i)$）的非线性问题，其主要原因是量测尺度的取值范围太有限，或把无标度区之外的观测信息视为无用信息从而予以抛弃。当尺度取值范围顾及到给定线状目标的尺度上下限时，可以得到相应的反“S”形分布，可称为扩展分维曲线，如图 6-6-2 ~ 图 6-6-5 所示。此处，“S”形曲线各点处的斜率(维数)已不是常数，而是变量。在确定分维数时，非线性现象的出现，说明自然界实际存在的统计分形的出现对它的研究具有更为普遍的意义，要从新的角度作进一步的研究，充分使用所获得的各种不同信息。

由于反“S”形曲线与“S”形曲线的数学本质一样，故在建立反“S”形曲线的数学模型时，仍可沿用在第 1 章 1.9、1.10 节和第 5 章 5.7.4 节中所述的 Logistic 模型、Gompertz 模型和下面将要论述的二次有理模型。

对每一个分形图形确定其量规步长序列，即对最小尺度 r_{min} 与最大尺度 r_{max} 的范围进行等比划分(表现为对数的等差划分)。由于对地图数据来说，r_{min} 可认为是常量(0.1mm)，而 r_{max} 取决于具体物体的图形，因此，这样所确定的量规步长序列取决于 r_{max}，因而也就是取决于物体本身。显然，这种步长序列是因物而异的，它能在数据观测开始就顾及到物体本身的特征，从而是一种具有自适应性能的步长确定方法。在本试验中，对每一个图形用 20 个(从最小到最大)步长去量测该图形的曲线长度。对同一组数据作“S”形曲线拟合。为了便于可视化与便于比较，需要对每一个图形量测数据作规格化处理，以克服由于数值太小或太大而造成的可视比较困难。此处采用 CAD 中的常用方法，即将各个长度量测结果转换为 0、1 之间的规格化数值，从而使各个扩展分维图形均适当地填满屏幕。

拟合过程分为两步：首先对锯齿状数据作光滑滤波，形成类似中位线的趋势线；然后利用不同的方法对趋势线进行逼近。趋势线在本书相关插图中用虚线表示，拟合曲线用光滑实线表示。

为测试各种拟合方法的适应性，笔者构造了左偏、基本对称和右偏三类不同的“S”形锯齿形曲线。下面是用这三种模拟数据对各种方法测试的结果。

6.7.1 Logistic 模型拟合

有关 Logistic 函数原理的论述，详见第 1 章 1.9 节和第 5 章 5.7 节相关内容。下面是相应拟合试验结果，如图 6-7-1 和图 6-7-2 所示。

1. 三点法拟合

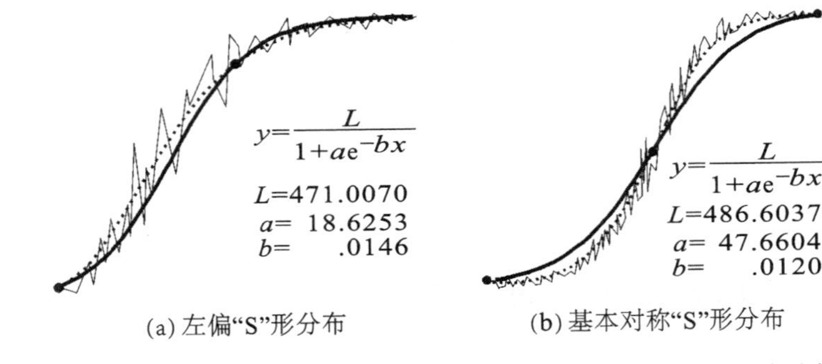

(a) 左偏“S”形分布 (b) 基本对称“S”形分布

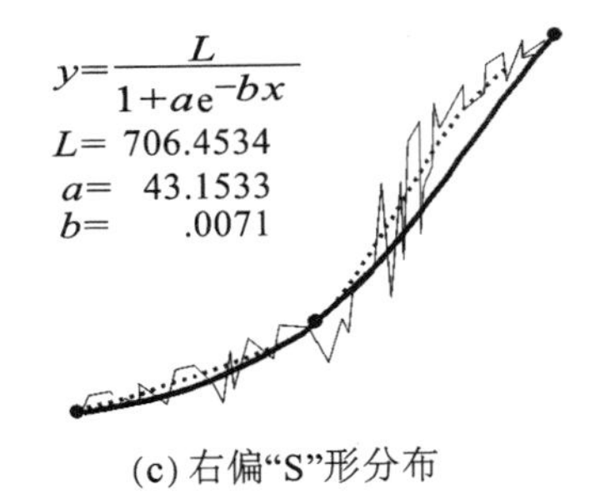

(c) 右偏“S”形分布

图 6-7-1 Logistic 模型的三点法拟合

由图 6-7-1 看出，三点法拟合效果欠佳。对于左、右偏“S”形分布，拟合曲线基本上呈抛物线；而对于对称“S”形分布，拟合偏差很大。

2. 三分段和值法拟合

笔者对上述三分段和值法的两种解法均作了编程计算，所得的结果是一致的（图6-7-2）。

由图 6-7-2 看出，三分段和值法与前一方法比较，拟合效果略有改善。但对右偏“S”形分布的拟合效果仍是不可接受的。

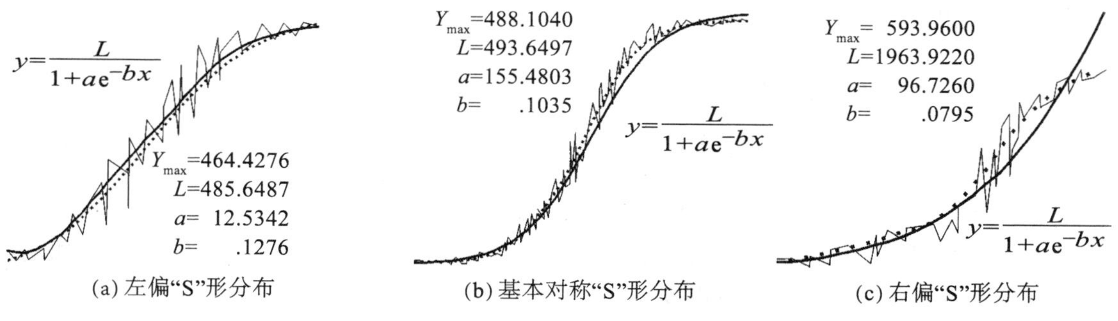

图 6-7-2　Logistic 模型的三分段和值法拟合

6.7.2　Gompertz 模型拟合

有关 Gompertz 函数原理的论述，详见第 1 章 1.10 节和第 5 章 5.7 节相关内容。Gompertz 曲线有着与 Logistic 曲线相类似的图形。用 Gompertz 模型对上述三种试验数据的拟合结果如图 6-7-3 所示。

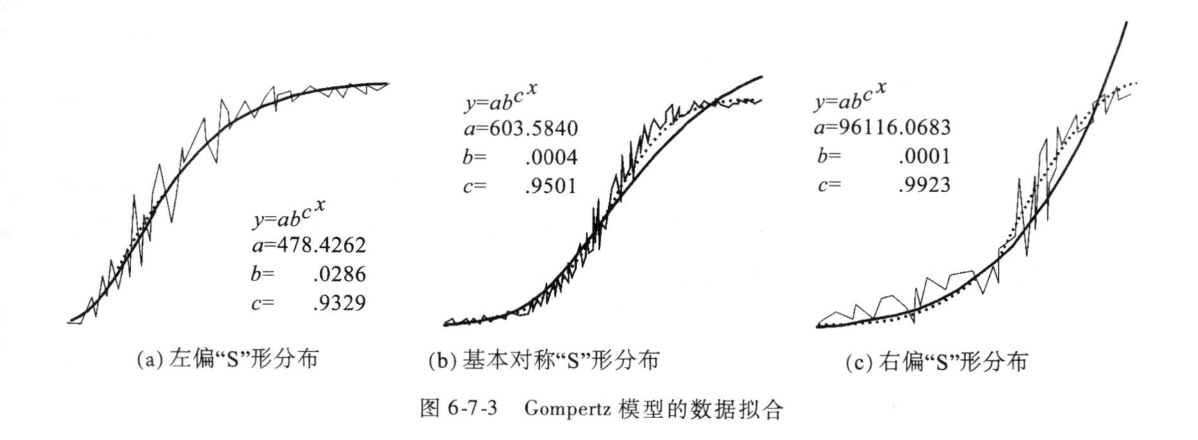

图 6-7-3　Gompertz 模型的数据拟合

由图 6-7-3 看出，Gompertz 模型的拟合性能也很差。究其原因是，在这两种模型中所含的参数只有三个，致使它们的拟合自由度太有限，只能确保通过观测数据的三个特征点，无法适应“S”形分布的具体情况，从而缺少对数据分布特征的控制能力。可以想到为增多拟合参数，采用次数更高的代数多项式，但研究表明，代数多项式的次数越高，其可能引起的“振荡”越大、越多，其所产生的曲线图形与所期望的图形大相径庭。于是，一种出路是既增加拟合参数，又不提高多项式的次数，有理函数为此提供了可能。

因为描述“S”形曲线至少需要5个参数，并且以往的研究模型大多以对称“S”形分布的基本光滑数据为例，使所得到的研究结果难以适用于更实际的、非对称的(左偏“S”形分布、右偏“S”形分布)的非光滑观测数据。为此，笔者提出并建立了含有5个参数的二次有理模型对“S”形分布的观测数据进行拟合，并进一步分为带导数拟合、5分段和值拟合以及5特征点拟合，使“S”形分布的各种情况(左偏、对称和右偏)的拟合得到明显改善(毋河海 2009)。

6.7.3 二次有理函数法

所谓有理函数(或称有理多项式)，即它可表达为两个多项式之比 $\frac{f}{g}$，且 g 的系数不全为0，除常数以外，f、g 无公因式，即 f、g 不可约。

有理函数属更为广义的多项式函数，通常的多项式可看成有理多项式的子集，它可为曲线或曲面的形成提供更多的自由度。

有些函数，如有高峰的函数或有水平渐近线的函数，若用多项式近似表达，很不方便。若用有理函数，就能做到很好的近似。但是，运用有理分式作插值函数，对计算方法的建立以及误差的研究都比多项式困难得多。有理函数插值曲线并不总是能够取得好的结果(M. Hosaka 1995)。

下面所提的二次有理模型就是要提供更多的自由度(5个参数)，来更广泛地适应多种“S”形分布(对称的和偏态的)。

此处，一方面增加拟合参数的个数，另一方面使函数的幂为2次，借此在整体上控制曲线的形状。二次有理分式(6-7-1)可满足上述要求：

$$y = \frac{ax^2 + bx + c}{a_1x^2 + b_1x + c_1} = \frac{f(x)}{g(x)} \tag{6-7-1}$$

$f(x)$的根决定着 y 的零点，g 的根决定着 y 的极点；f 与 g 均为连续函数，故当 $g \neq 0$ 时，y 恒为 x 的连续函数。

式(6-7-1)虽然有6个待定系数，但实际上只有5个自由度。因为对于式(6-7-1)的分母与分子，可用任一个不为0的待定系数去除，从而使某一系数为1。例如，用 c_1 去除式(6-7-1)的分母与分子，所得的新系数仍用原符号表示，使式(6-7-1)变为如式(6-7-2)所示的具有5个自由度的形式：

$$y = \frac{ax^2 + bx + c}{a_1x^2 + b_1x + 1} \tag{6-7-2}$$

下面，二次有理函数拟合模型分为三种途径来实现：带导数拟合、5特征点法拟合与5分段和值法拟合。

1. 二次有理带导数拟合

二次有理分式(6-7-1)的导数为

$$y' = \left(\frac{f}{g}\right)' = \frac{gf' - fg'}{g^2} \tag{6-7-3}$$

简化整理后，有

$$y' = \frac{(ab_1 - ba_1)x^2 + 2(a - a_1c)x + b - b_1c}{g^2} \tag{6-7-4}$$

此处采用规格化(0，1)坐标系的方法来确定 5 个待定系数。

(1)通过首末点的坐标条件

当 $x=0$ 时，$y=c$，但这时 $y=0$，因此由式(6-7-2)，有

$$c=0 \tag{6-7-5}$$

而当 $x=1$ 时，$y=1$，且顾及到 $c=0$，有

$$a+b=a_1+b_1+1 \tag{6-7-6}$$

(2)通过首末点的导数条件

根据水平切线即 $y'=0$ 的要求，当 $x=0$ 时，$y'=0$，由式(6-7-4)可得

$$b=0$$

而当 $x=1$ 时，$y'=0$，由式(6-7-4)可得

$$ab_1-ba_1+2a=0$$

由于 $b=0$，故有 $ab_1+2a=0$，即

$$b_1=-2 \tag{6-7-7}$$

至此，式(6-7-6)变为

$$a=a_1-1 \tag{6-7-8}$$

(3)带导数拟合试验

式(6-7-8)表明，根据 4 个条件(通过首末两点和首末两点处的导数值)只能求定 4 个未知系数，仍有一个系数需要求定，这就是前面所说的第 5 个自由度。

第 5 个待定系数的出现，为顾及首末点之间的其他数据点提供了可能性。根据上面所得的待定系数，式(6-7-2)变为

$$y = \frac{(a_1 - 1)x^2}{a_1x^2 - 2x + 1} \tag{6-7-9}$$

为了求出 a_1，一种最为简单的方法是把数据序列的中位点(0.5，y_M)(或最大矢高点、拐点、最大曲率点等具有最大信息量的特征点)代入式(6-7-9)中，y_M可通过扫描数据序列或对其插值得到。此处以中位点为例来求参数 a_1：

$$y_M = \frac{(a_1 - 1)(0.5)^2}{a_1(0.5)^2 - 2(0.5) + 1} \tag{6-7-10}$$

或

$$a_1 = \frac{1}{1 - y_M} \tag{6-7-11}$$

若采用拐点(X_G，Y_G)，则由式(6-7-9)，得

$$a_1 = \frac{2x_Gy_G - y_G - x_G^2}{x_G^2y_G - x^2} \tag{6-7-12}$$

把 a_1的值代入式(6-7-9)，得出可以顾及中位点(或中部某几个点的平均值)的二次有理分式带导数插值公式。当用式(6-7-9)进行数据拟合时，该式的分母不能为 0。因此，要及时检验 $g(x)$ 无实根存在。利用式(6-7-12)对三种不同的“S”形分布数据作拟合，其结果如图 6-7-4 所示。

由图6-7-4看出，对于不同分布的“S”形图形，按 $x=0.5$ 来确定中位点拟合，结果与上述其他方法比较有很大的改善，特别是对难度最大的右偏“S”形分布的拟合(图6-7-4(c))，拟合曲线几乎完全与趋势线重合，从而相当合理地表达了它的“S”形分布特征。此外，笔者也用拐点作为中位点作了拟合试验，拟合结果比中点法改进甚微。

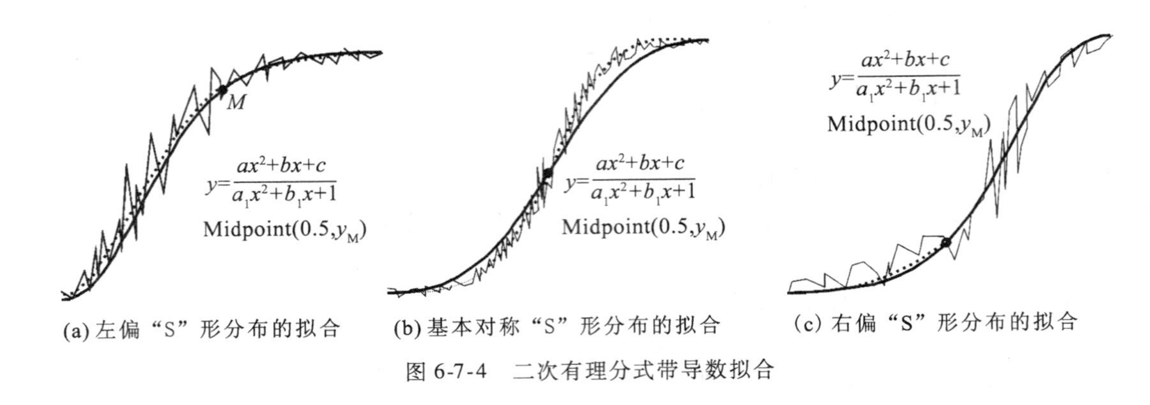

(a)左偏“S”形分布的拟合　(b)基本对称“S”形分布的拟合　(c)右偏“S”形分布的拟合

图6-7-4　二次有理分式带导数拟合

2. 五特征点法拟合

五个特征点指的是：首点 A、末点 B、拐点 G 和两个最大曲率点 M 和 N(图6-7-5)。此处，拐点是不仅决定“S”形的凹、凸段的分段点，而且还进而影响着两个最大曲率点 M 和 N 的定位。对于标准的Logistic曲线来说，拐点的坐标值为 $\left(\frac{\ln a}{b}, \frac{L}{2}\right)$；而对于观测数据，拐点的位置则需要根据具体分布来确定。拐点的自动查找可参考相关文献(毋河海　2003)。

对三种不同的“S”形分布的数据作五特征法拟合，其结果如图6-7-5所示。由图6-7-5的三个分图来看，其整体拟合结果较其他方法又有更为显著的改善。在该图的三个分图中，“S”形趋势线和拟合曲线几乎全程重合(只是在各分图的两端能看出二者的微小差异)。

3. 五分段和值法拟合

采用五分段和值法的原因是，由于此处有5个待定参数，就要求把原始数据序列按顺序划分为5段。根据二次有理分式函数式 $y=\frac{Ax^2+Bx+C}{A_1x^2+B_1x+1}$ 可形成五元一次方程组。设数据点数为 N 且是5的倍数，每段的数据点 $R=\frac{N}{5}$。则5个方程为：

$$\left.\begin{aligned}
&\sum_{1}^{R} y_i x_i^2 A_1+\sum_{1}^{R} y_i x_i B_1-\sum_{1}^{R} x_i^2 A-\sum_{1}^{R} x_i B-\sum_{1}^{R} C=-\sum_{1}^{R} y_i \\
&\sum_{R+1}^{2R} y_i x_i^2 A_1+\sum_{R+1}^{2R} y_i x_i B_1-\sum_{R+1}^{2R} x_i^2 A-\sum_{R+1}^{2R} x_i B-\sum_{R+1}^{2R} C=-\sum_{R+1}^{2R} y_i \\
&\sum_{2R+1}^{3R} y_i x_i^2 A_1+\sum_{2R+1}^{3R} y_i x_i B_1-\sum_{2R+1}^{3R} x_i^2 A-\sum_{2R+1}^{3R} x_i B-\sum_{2R+1}^{3R} C=-\sum_{2R+1}^{3R} y_i \\
&\sum_{3R+1}^{4R} y_i x_i^2 A_1+\sum_{3R+1}^{4R} y_i x_i B_1-\sum_{3R+1}^{4R} x_i^2 A-\sum_{3R+1}^{4R} x_i B-\sum_{3R+1}^{4R} C=-\sum_{3R+1}^{4R} y_i \\
&\sum_{4R+1}^{5R} y_i x_i^2 A_1+\sum_{4R+1}^{5R} y_i x_i B_1-\sum_{4R+1}^{5R} x_i^2 A-\sum_{4R+1}^{5R} x_i B-\sum_{4R+1}^{5R} C=-\sum_{4R+1}^{5R} y_i
\end{aligned}\right\} \quad (6\text{-}7\text{-}13)$$

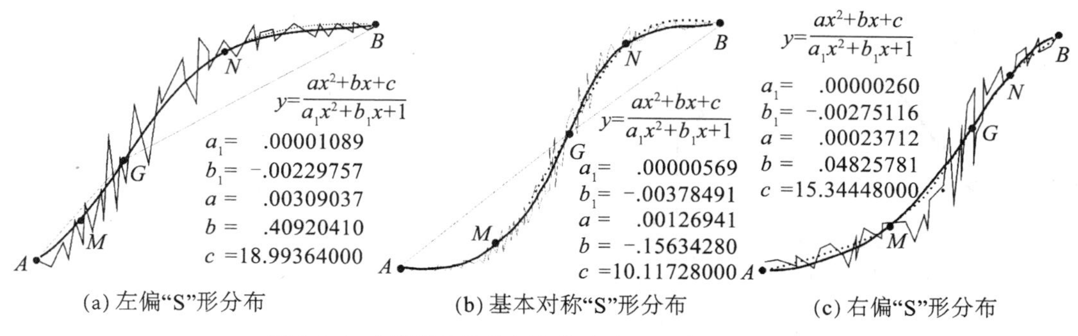

(a) 左偏“S”形分布　(b) 基本对称“S”形分布　(c) 右偏“S”形分布

图 6-7-5　“S”形曲线特征点的确定和五特征点法拟合

由此解出所求参数 A_1、B_1、A、B、C。

对三种不同的“S”形分布数据，用五分段和值法所作的拟合试验结果如图 6-7-6 所示，图中，R_1、R_2分别为中位点(拐点 G 或中点 M)存在的上下界。

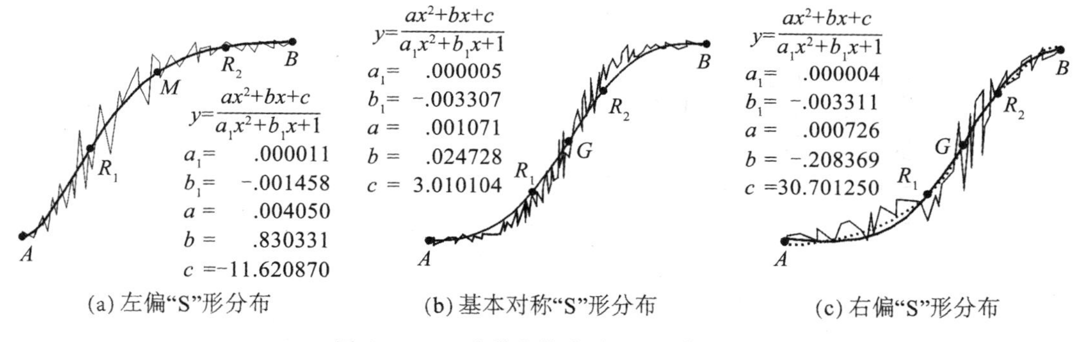

(a) 左偏“S”形分布　(b) 基本对称“S”形分布　(c) 右偏“S”形分布

图 6-7-6　五分段和值法对“S”形曲的拟合

由图 6-7-6 看出，除了在图(c)的左下部趋势线与拟合线有点差异以外，在其他分图中无法在视觉上区分趋势线与拟合线，它们几乎完全重合。

五分段和值法有着更好的数学特性，因为它是在不受首末点的约束条件下能作出良好的“S”形拟合，这表明它具有更好的应用前景。

由上述拟合结果看出，二次有理分式模型克服了通常的 Logistic 模型、Gompertz 等模型在拟合各种不同“S”形分布数据序列时的缺陷，使拟合效果得到显著改善。

6.7.4　对地图载负量观测数据的拟合

对图 5-7-5 所示的地图载负量观测数据用二次有理函数模型拟合，如图 6-7-7 所示。

6.7.5　扩展分维函数的结构分析

1. 扩展分维函数的区段结构分析

最基本的分维扩展方法是充分地分析 Richardson 曲线。Kaye 早在 1978 年的一篇文章中(Kaye　1994)就探讨了碳黑颗粒的尺度-周长 Richardson 曲线中存在的织构分形(Textural Fractal)和结构分形(Structural Fractal)现象，并将两种分形与颗粒的聚集体轮廓和细部结构的不同形态对应起来。Orford 和 Whalley(1983)发展了 Kaye 的研究，提出使用

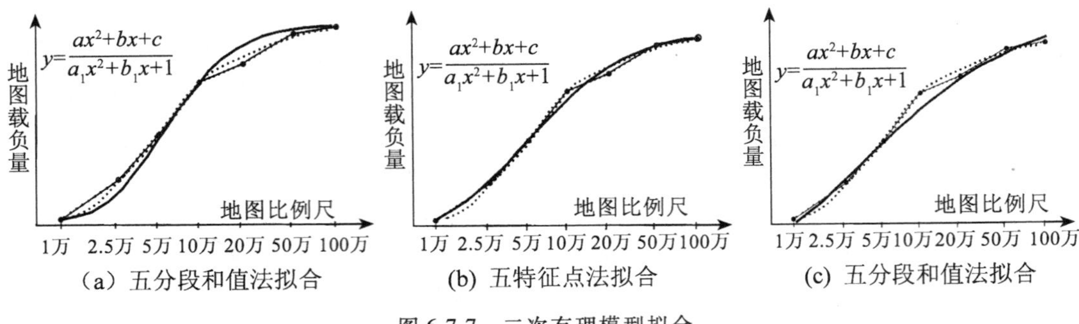

图 6-7-7 二次有理模型拟合

三条直线拟合通常的 Richardson 曲线，应用风化的矿物、珊瑚颗粒和火山灰进行分析证实了这一观点，如本章 6.6.1 节所述，他们称这种并非严格自相似的现象为伪分形(pseudofractal)(Whalley 和 Orford 1989)，如图 6-7-8 所示。

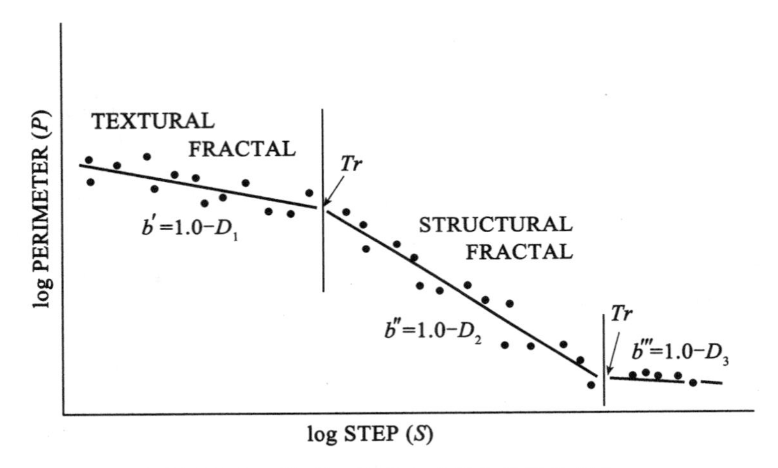

图 6-7-8 Whalley 和 Orford 三段分维的划分

Kaye 对碳黑聚集体的形态划分在尺度-长度 Richardson 曲线中，不同的分段和拟合直线得到不同的分维值，这反映了对象在层次上的形态性质差异，从更深入的动力学角度分析，这也表明了不同的形成机理和动力作用。对于地图目标而言，其形态层次包括外部轮廓和细节两个部分，其中，外部轮廓表示地图目标的总体走向或者趋势，这是一个宏观成因机理的结果。以后，经多种因素在宏观形态上雕刻出更小层次的细节，在一定层次上满足统计自相似性(龙毅 2002)。

这种理想的地图目标的 Richardson 曲线表现为图 6-7-9 所示的三段折线形式，其中 A 区与 C 区接近水平线，维数为 1，可以视为欧几里得边界；而 B 区由于不同层次的目标细节相似，即影响 B 区大尺度一端的外部形态与影响 B 区小尺度区间的低层次细节形态相同，因此 B 区线性相关程度高，只需要一个分维值就可以描述整个地图目标的复杂性，这个分维值反映了地图目标不同层次细节共同作用的结果，称为结构分维，其对应的分形称为结构分形。A 区与 B 区、B 区与 C 区之间的转折区很短，以至于无法分辨。

图 6-7-10(a)为样本 a 与它的外部形态曲线 b，该样本共有两层细节，且它们的细节

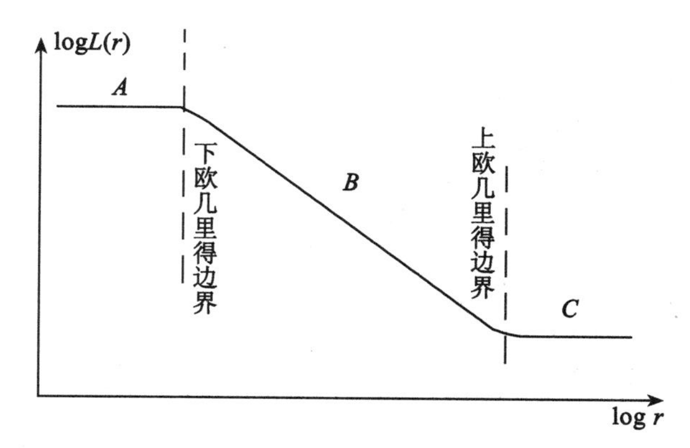

图 6-7-9　Richardson 曲线的理想分带模型(龙毅　2002)

特征相似，图 6-7-10(b)为样本 a 的 Richardson 曲线，可以看出，A、B、C 区之间基本没有转折区，图 6-7-10(c)反映了外部形态对样本 a 的 Richardson 曲线分布的贡献较大，无标度区间范围大。

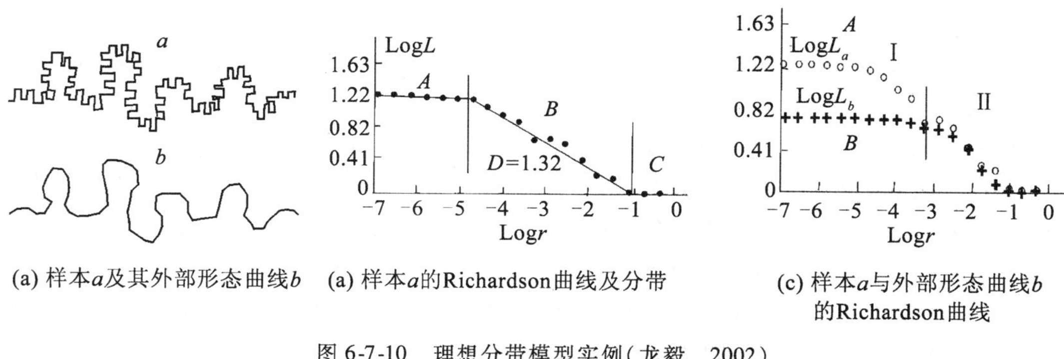

图 6-7-10　理想分带模型实例(龙毅　2002)

2. 无标度区的近似确定

在应用前述通常分维概念时，涉及无标度区的确定问题。如前所述，为了确定无标度区，在进行数据采集时，不得不超越无标度区范围，这样就为下述方法提供了信息基础。

无标度区的确定是通常分维应用的一个重要问题，学者们正在探讨各种严密有效方法，如人工判定法、相关系数检验法、强化系数法、拟合误差法、分维值误差法、总体拟合法、自相似比法、轨迹分析法以及汪富泉等人提出的三折线段最小二乘曲线拟合法等(敖力布，林鸿溢　1996)。这些方法都是在没有扩展分维函数的情况下提出的。下面介绍笔者所研究的基于扩展分形“S”形分布的结构化无标度区的自动确定问题。

在具有扩展分维函数的情况下，可用解析的方法近似地确定无标度区的上下界。为此，在图 6-7-11 中，连接 A、B 两点得一直线，它与分维函数曲线交于 C 点。在 AC 与 CB 两个区间分别求分维曲线到 AB 直线的最远距离点 M 与 N，则此两点的横坐标 d_1、d_2 可近似地作为无标度区的下界与上界(毋河海　2001，蔡金华等　2004)。

由图 6-7-11 看出，确定无标度区的实质问题是用解析的手段确定 M 点和 N 点的横坐

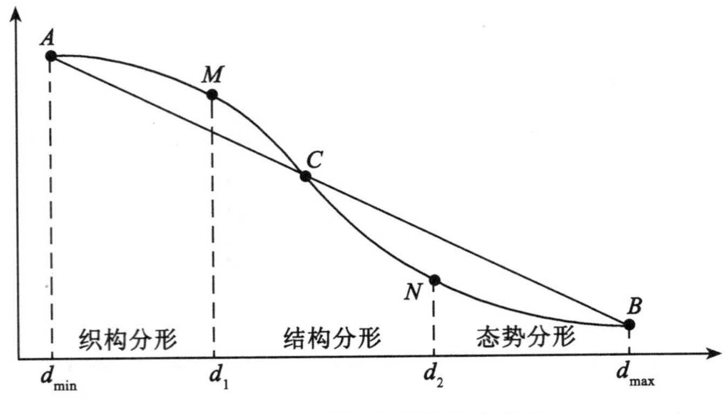

图 6-7-11　无标度区的自动确定

标 d_1 和 d_2 的问题，而 M 点或 N 点分别可看成是以拐点 C 所分割开来的凸弧 AC 和凹弧 CB 到其弦线的最远距离点，即它们的弧矢(sagitta)。由于扩展分维表达了包括无标度区以外的信息，从而揭示了分形体的更多层次的特征：

织构分形(Texture Fractal)：(d_{min}，d_1)所对应的部分，它描述分形体的精细结构与纹理特征；

结构分形(Structure Fractal)：无标度区(d_1，d_2)对应的部分，它描述分形体的严格自相似特征；

态势分形(State Fractal)：(d_2，d_{max})所对应的部分，它描述着分形体的总体变化特征。

这样，从结构上进一步地对分形的概念进行了扩充，给予原来位于无标度区间之外的观测结果以新的理解与定义。扩展分维在结构上的扩展使扩展分维获得了新的活力，进而使它具有从多个层次上描述复杂现象的能力。

当扩展分维用连续函数揭示了观测尺度与观测结果之间的非线性关系之后，曲线的各点处都有相应切线的斜率，此即各点处的分数维的值。由于导数(切线斜率)的小邻域或瞬时性质，所以对扩展分维函数来说，存在无数个各点各异的分维值，可称这些各点各异的分数维为瞬时分维。

6.8　分形体的双参数描述

在本章 6.6.2 节中已经指出，分维扩展的第二个途径是，在相似性成立的情况下，为了弥补只用分数维不能描述的信息，要重新引进另外的量。

6.8.1　曲线的层次结构

1. 拐点连线与趋势线

对于线状物体，若以拐点连线作为相对基线，则曲线可有多个层次结构。但从实际需要来看，分为两个层就可以了：总体趋势线和实际细节线。实际细节线就是数据库中所存储的曲线。而总体趋势线具有很大程度的相对性。从原始曲线到最终的直线形总体趋势线之间，可有多层的相对趋势线。

为获得一曲线的趋势线，首先要求其分割各个弯曲的拐点(图 6-8-1)，并把它们连起来，形成初始拐点连线。所得的拐点连线通常仅是稍有和缓的曲线，对其可进一步求层次更高的拐点连线。因此，拐点连线可形成一个树结构。

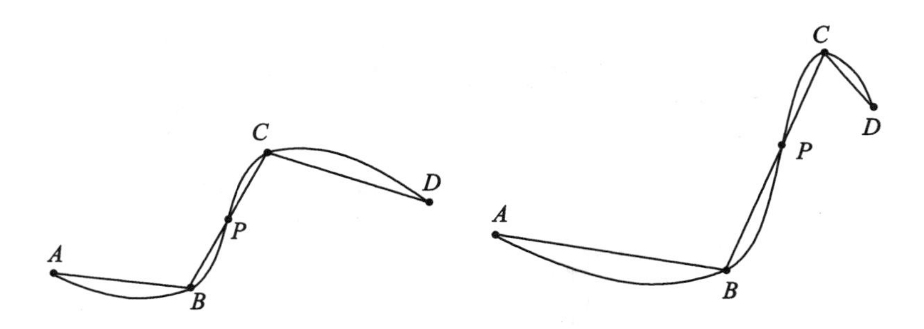

图 6-8-1　光滑曲线 *ABCD* 上拐点的查找示例

拐点是相邻弯曲的分界点，也是除首末弯曲以外的所有中间弯曲的起讫点(毋河海　2003)。

趋势线是某一层次的拐点连线。除了典型的直线形总体趋势线(图 6-8-2(a))以外，对于大多数情况，总体趋势线呈现为没有拐点或拐点极少的光滑曲线(图 6-8-2(b))。在一般情况下，可取距直线形趋势线倒数第二层或更前的趋势线(图 6-8-3)。下面把总体趋势线简称为趋势线。

图 6-8-2　简单趋势线的确定

2. 相对曲折的确定

复杂曲线相对其总体趋势线的随机摆动可称为复杂曲线的相对曲折。但仅用通常的简单比值这一个数是难以区分不同的曲线目标或同一曲线的不同段落的。

在图 6-8-4 中，四个曲线段中的 *BC*、*CD*、*DE* 是第一个曲线段 *AB* 分别作 2 倍(*BC*)、4 倍(*CD*)和 8 倍(*DE*)的放大表示，它们的常规概念下的曲折系数 K 应该是一样的。常规的计算公式也证明了这一点。

常规的计算公式是

$$K = \frac{\sum l}{L} \tag{6-8-1}$$

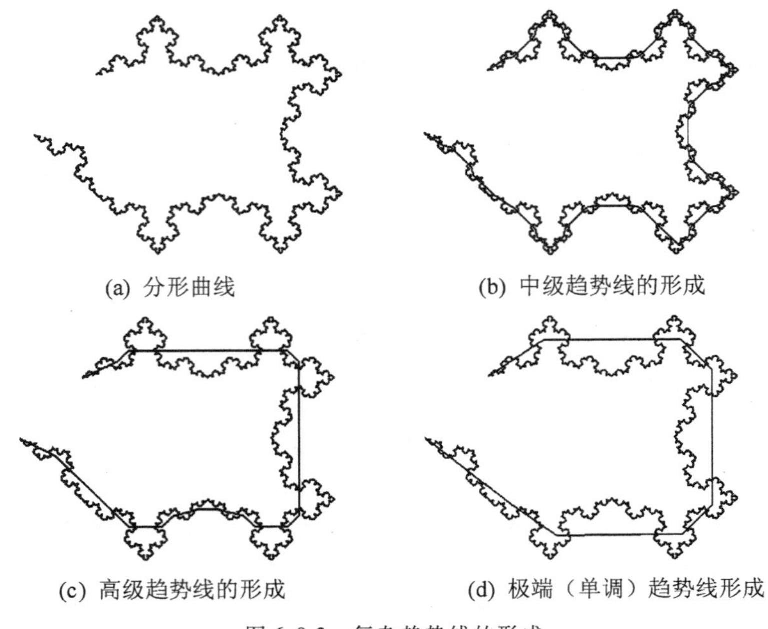

图 6-8-3　复杂趋势线的形成

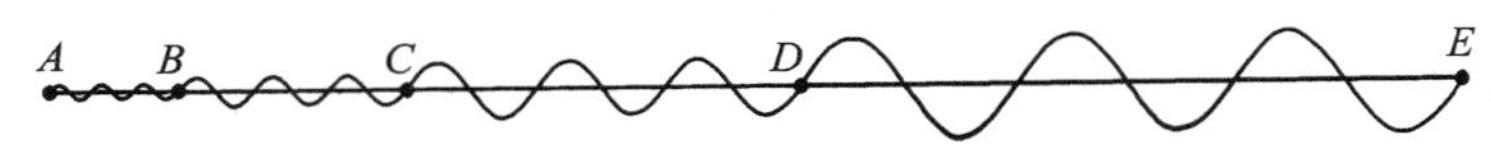

图 6-8-4　一条曲线与其缩放图形的曲折程度对比

当一个图形缩放 m 倍后，则有

$$K=\frac{m\sum l}{mL} \tag{6-8-2}$$

显然有

$$K=\frac{\sum l}{L}=\frac{m\sum l}{mL} \tag{6-8-3}$$

但若把同一图形与其缩放倍数不同的图形接在一起，则它们的图面特征大为不同。在视觉上无法感知这四个曲线段的曲折程度是一样的。

式(6-8-1)、式(6-8-2)、式(6-8-3)表明，若把某图形放大 m 倍，其曲折系数保持不变，其分数维也不变。所以，对于图形分析来说，采用式(6-8-1)的方法不能区分图形的局部特征。因此，普遍认为不能用单一的曲折系数来描述曲线的特征，而应采用更为合理的方法(陈其明　1981)。

6.8.2　曲线特征的双参数描述

1. 布朗运动与自相似

B. Brown 大约在 1827 年就观察到，当固体的小颗粒悬浮在液体中时，在显微镜下可以看到一个不规则、复杂的运动，称为布朗运动(Brownian Motion)，有时又称为布朗噪声。在一个平面上，布朗运动成为最为简单的随机分形。

2. 分数布朗运动

B. B. Mandelbrot 和 van Ness 于 1968 年将布朗运动扩展到分数布朗运动(fractional Brownian Motion，fBm)，又称为分形布朗运动(fractal Brownian Motion，fBm)，把原普通布朗运动中的指数 $H=0.5$ 扩展为 $0<H<1$。它是对布朗运动主要概念的延伸，在物理和数学上均起着重要作用。

为了能对图 6-8-4 所示的四个曲线段作有效的区分，一个比较可取的方法是双参数(频率与振幅)描述：一个参数表达单位长度上弯曲的个数(相当于频率，可用弯曲底边的长度来度量)，另一个参数表达弯曲的大小(相当于振幅，可用弯曲的矢高来度量)。

从分形学的角度看，上述双参数描述法与 fBm 相似，分形布朗函数(fBf)能很好地描述自然现象，是表达不规则物体的最为理想的模型。

分数布朗函数 $B_H(t)$ 是关于一个变量 t (通常为时间)的单值函数。fBm 函数的增量具有自相似性，故 H 称为自相似参数。

fBm 模型主要通过双参数(H , σ)反映分形对象的空间形态(结构)特征。Mandelbrot 把时间序列分析中的指数 H 称为 Hurst 指数。指数 H 又称余维数，因此，它也是自相似参数。H 和分维值大小之间有 $D=n+1-H$ (n 为拓扑维数)的关系，所以又称为图形复杂度指标。

均方差 σ 参数决定着垂直方向的比例，称为比例因子。σ 越大，目标弯曲的幅度就越大；σ 越小，目标的起伏就越小。

分形特征值 H 与 σ 一起，决定着图形的复杂程度与起伏程度。

3. 分数布朗运动模型的双参数描述与计算

下面给出一种 H，σ 的估值方法(王桥，毋河海　1988)。分数布朗运动是布朗运动的一种推广，它是一个连续的实值函数，其定义如下：

设 $x \in E^n$(E^n 为 n 维 Euclide 空间)，$f(x)$ 是关于点 x 的实值随机函数，当存在常 $H(0<H<1)$ 使得函数

$$\Pr\left\{\frac{f(x+\Delta x)-f(x)}{(\Delta x)^H}<y\right\}=F(y) \tag{6-8-4}$$

是一个与 x 和 Δx 无关的分布函数时，则称 $f(x)$ 为 fBm。fBm 满足在统计意义上的自相似，H 称为自相似参数。$F(y)$ 是正态分布 $N(0,\sigma)$ 的累积分布函数，所以有

$$E\left|f(x+\Delta x)-f(x)\right|=\frac{2}{\sqrt{2\pi}}\sigma(\Delta x)^H=C(\Delta x)^H \tag{6-8-5}$$

此处

$$C=\frac{2}{\sqrt{2\pi}}\sigma \tag{6-8-6}$$

E 表示随机变量的数学期望，即多个样本的平均值。

对式(6-8-5)两端取对数

$$\log[E\left|f(x+\Delta x)-f(x)\right|]-H\log(\Delta x)=\log C \tag{6-8-7}$$

由于 H、C 是常数，故以 Δx 和 $[E|f(x+\Delta x)-f(x)|]$ 在双对数坐标系中，将得近似直线。直线的斜率即为 H，$\log C$ 为直线在 $\log[E|f(x+\Delta x)-f(x)|]$ 轴上的截距。

以接近于加密步长的一个合适的弧长 h 作基本单位步长，将曲线参数化，可记为

$$x_{i+1} - x_i = h \tag{6-8-8}$$

式中，h 为常量，使点的自变量参数呈等间距，这样就使得

$$x_0 < x_1 < x_2 < \cdots < x_n \tag{6-8-9}$$

$$x_i = x_0 + ih \quad (i = 0, 1, \cdots, n) \tag{6-8-10}$$

取 $\Delta x = kh$，$(k = 1, 2, 3, \cdots, n)$，相应地有

$$E\left|f(x+\Delta x) - f(x)\right| = E\left|f(x+kh) - f(x)\right| = \frac{1}{n-k+1}\sum_{i=0}^{n-k}\left|y_{i+k} - y_i\right| \quad (k = 1, 2, \cdots, n) \tag{6-8-11}$$

对点对 $\left(\log(kh), \log\left(\frac{1}{n-k+1}\sum_{i=0}^{n-k}\left|y_{i+k} - y_i\right|\right)\right)$ $(k = 1, 2, \cdots, n)$ 作回归直线拟合，得出 H 和 $\log C$ 的估值式

$$H = \frac{\left\{\sum_{k=1}^{n}(\log kh)\left[\log\left(\frac{1}{n-k+1}\sum_{i=1}^{n-k}\left|y_{i+k} - y_i\right|\right)\right] - \frac{1}{n}\left[\sum_{k=1}^{n}\log kh\right]\left[\sum_{k=1}^{n}\log\left(\frac{1}{n-k+1}\sum_{i=1}^{n-k}\left|y_{i+k} - y_i\right|\right)\right]\right\}}{\left\{\sum_{k=1}^{n}(\log kh)^2 - \frac{1}{n}\left(\sum_{k=1}^{n}(\log kh)^2\right)\right\}} \tag{6-8-12}$$

$$\log C = \frac{1}{n}\sum_{k=1}^{n}\log\left(\frac{1}{n-k+1}\sum_{i=1}^{n-k}\left|y_{i+k} - y_i\right|\right) - H\frac{1}{n}\sum_{k=1}^{n}(\log kh) \tag{6-8-13}$$

从而

$$\sigma = \frac{\sqrt{2\pi}}{2}C \tag{6-8-14}$$

式中，σ 为均方差，反映曲线垂直方向起伏的程度，称为垂直比例因子。σ 越大，曲线起伏高度越大；σ 越小，曲面起伏越平缓。H 控制曲面的粗糙度，和分维值大小之间有 $D = n + 1 - H$（n 为拓扑维数）的关系，H 取值范围为 0 ~ 1，当 $H = 0.5$ 时，属于标准布朗运动。

4. 分数布朗运动模型对地图曲线的描述示例

通常的分数布朗运动都是处理单值曲线的，而地图上的曲线显然是迂回多值的。因此，就需要把多值曲线转化为单值曲线。通常采用的办法是，首先形成类似中位线的趋势线，然后以此为基准，确定多值曲线相对于趋势线的相对起伏。这样，多值曲线的复杂度（曲折程度）K_C 就可看成由两部分构成，即

$$K_C = K_G + K_P \tag{6-8-15}$$

式中，K_G 为相关趋势线区段的复杂度；K_P 为多值曲线段相对于相关趋势线段的局部复杂度。

这样的考虑就意味着对多值曲线沿趋势线展开（毋河海　2001）。

博士研究生龙毅对此问题作了进一步研究（龙毅　2002）：

在实践中，趋势线可近似地由多值曲线的凸壳代替，因此，考虑到地图目标的外部轮廓对于分形性质影响较小，下面讨论的地图曲线（包括封闭曲线）仅指相对外部轮廓具有单值特性的那一部分曲线。

先对封闭曲线直接建立其凸壳（图 6-8-5（a）），凸壳顶点将曲线划分为若干段，以每一段的凸壳边界为基线，用滤波法使段内的各曲线顶点单值化，然后将每个顶点坐标转换

为新坐标系下的坐标(图 6-8-5(b)),进入下面的 fBm 模型运算。

对于不封闭曲线,有两种情况需要考虑:一种是曲线位于其首末点连线的同侧,另一种是曲线位于首末点连线的两侧,可作类似于图 6.6.6 中所示的处理。对前一种情况,可以将首末点连线后形成的封闭曲线,按照上面所述的方法同样处理,建立凸壳(图 6-8-5(c)),得到其展开曲线;对后一种情况,首末点连线将曲线分割成多个封闭曲线,分别计算凸壳点,并按其在曲线中的排列顺序组合成趋势线(图 6-8-5(d)),与其前一种方法不同的是,展开后的曲线位于基线的不同侧。

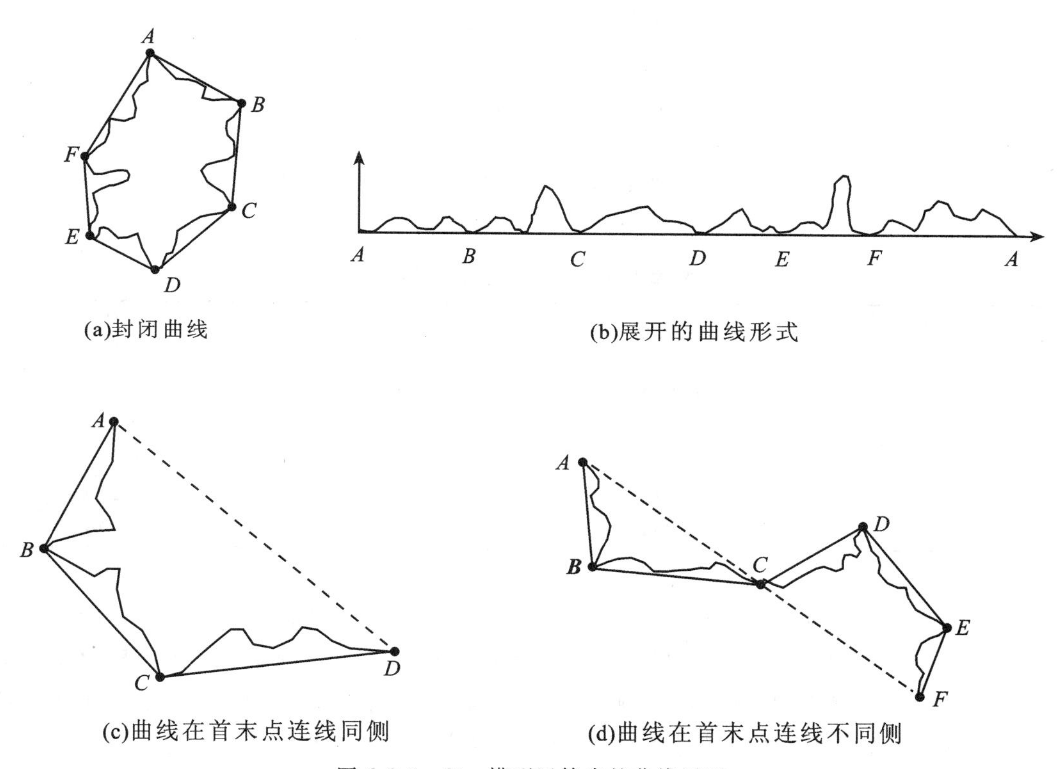

(a)封闭曲线　(b)展开的曲线形式

(c)曲线在首末点连线同侧　(d)曲线在首末点连线不同侧

图 6-8-5　fBm 模型运算中的曲线展开

图 6-8-6 为实验样本曲线,样本 1 是一个简单光滑并且起伏缓和的曲线;样本 2 是将样本 1 在 Y 方向上的高程差加大,并均匀分配给各点,在 X 方向保持不变;样本 3 是将样本 2 在 X 方向上压缩产生;样本 4 是一个有不规则起伏的曲线;样本 5、样本 6 则和前面步骤相同,分别是在 Y 方向上提升、X 方向上压缩得到。采用绝对变异差方法运算时,最大步长取各曲线 X 方向上最大长度的$\frac{1}{8}$,步长数 15。对每一个样本,采用一组步长值 $\{\Delta x_i\}$,计算相对应的 $|y(x+\Delta x)-y(x)|$ 的数学期望,在 log-log 曲线上通过线性回归估计,得到直线斜率 H 与截距 $\log C$,并由 C 计算 σ。计算的结果见表 6-8-1。

H 可以视为反映复杂性程度的量化指标,它描述了曲线在不同尺度下的相对光滑性。σ 作为 $y(x+\Delta x)-y(x)$ 的均方差,反映了曲线在 Y 方向上相对起伏程度。

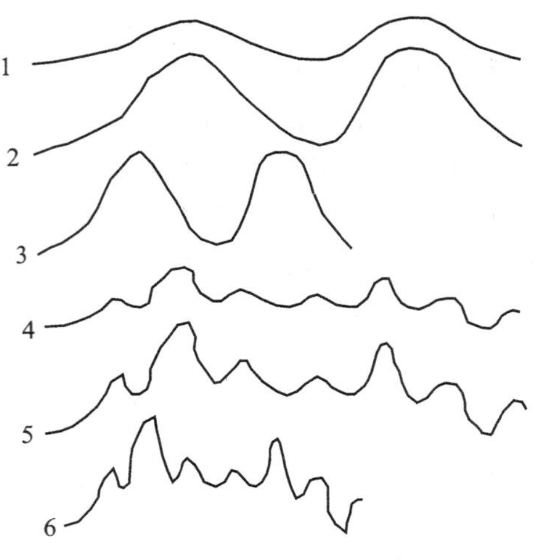

图 6-8-6　实验样本曲线

表 6-8-1　**样本曲线的 fBm 模型计算结果**

目标编号	H	σ	D
1	0.969	0.378	1.031
2	0.975	0.953	1.025
3	0.974	1.432	1.026
4	0.750	0.325	1.242
5	0.770	0.620	1.230
6	0.764	0.881	1.236

fBm 模型的双参数描述能够较好地表征地图曲线(结构)特征。相对于传统的单一分维方法，双参数 H 和 σ 分别涉及局部细节和宏观趋势形态两个方面，可以区别更多的同维异形现象，并且将不同的地图目标通过双参数联系起来，可以对目标进行新的形态特征划分，从而建立地图目标空间特征信息的自动分析、理解与处理。

6.9　基于扩展分维的地图内容的总体选取

在其他条件相同的情况下，研究地图综合的规律集中在地图载负量与地图比例尺的关系方面。而地图载负量与比例尺的关系在双对数坐标系下，用通常分维表示时，图形呈直线分布关系；而用扩展分维表示时，图形呈曲线分布关系，即是一种非线性关系。此处，就是从扩展分维的非线性特性来研究地图载负量随比例尺变化的规律，借此实现有规律的地图内容自动综合。

6.9.1　国家系列比例尺地形图与极限地图载负量

以往，为了确定新编地图的载负量，特别是对于非国家标准(无图式规范)的地图系列，一般总是参照专业文献，有时是参照其他国家、其他地区或其他地图量测的经验数据，其针对性与自适应性等方面的缺点是显而易见的。为了弥补这些缺点，往往要用人工编绘多种方案的试验样图。

对于国家基本比例尺地形图来说，其图形密度(面积载负量) Q 随比例尺的缩小而逐渐增大。国家基本比例尺地形图的比例尺跨度为 1 : 10000 到 1 : 1000000。因此可取 1 : 1000000地形图的载负量作为极限载负量 Q_{max}。大量研究表明，在人烟稠密地区的地图极限载负量可取30mm²，不同地区的平均载负量可取23mm²。这是一个重要的地图比例尺与地图载负量关系的上限(末端)控制点(M_{max}, Q_{max})。

6.9.2　图形信息的自动分形演绎

从几何方面看，地图内容由点、线、面三类元素组成。用分形方法描述每类信息时，可以从两方面着手：物体集合的结构描述和物体本身的特征描述。当然，地图的内容可看成是点、线、面三类物体的总和，因而可通过对这三类物体的粗视化估值来逼近地图内容随比例尺的动态变化规律。

利用扩展分形原理可进行总体信息容量与分要素信息容量的分形演绎。地图比例尺的缩小与分形的粗视化有着紧密的联系，因此，可用来近似地预测新比例尺下的地图容量。通过对起始比例尺数据库系统的定性检索，分要素提取地图各内容要素，在已知各系列比例尺的图式符号时，可计算出提供单要素甚至任意层次或等级的地图载负量以及它们的相对比率。这些分要素载负量之和就是地图的总体载负量。此处对此问题仅作原理与方法性的描述。

1. 给定比例尺地图载负量的估值

用国家基本图式将比例尺为 1 : M_1的起始数字地图或初始空间数据库作“数图转换”(作隐式的标准可视化)，即生成数字制图模型(DCM)。以此为基础，进行分要素的精密栅格化，用栅格单元统计的方法获取初始信息容量 Q_1。

至此，我们得到了“地图比例尺/地图载负量”关系部分控制信息，下面是根据当前给定比例尺 $M_1<M_i<M_{max}$，求 $Q_1<Q_i<Q_{max}$。

本书第5章5.7节已对地图载负量与比例尺之间的形如 $y=\frac{L}{1+ae^{-bx}}$ 的 Logistic 模型作了论述。此处就具体应用中存在的若干问题进行研究。

Logistic 模型中有3个待定参数 L、a 和 b。为求定这3个参数，通常要有3对 (x, y) 数据点。这就意味着要具有3个不同尺度的数字地图数据。这个条件过于苛刻，很难实现。同时，因为国家基本地形图比例尺序列也只有7个比例尺，若用3个比例尺数字化数据来确定新比例尺地图的载负量，就失去实际意义。此处采取基于专业特性的方法来解算这个模型。

根据该模型的含义，第1个参数 L 就是地图的极限载负量，此处用 Q_{max}来表示。另外两个参数的解算我们借助以下两个条件来限定：比例尺覆盖范围(1 : 10000, 1 : 1000000)，图形曲线严格对称(标准的 Logistic 曲线原来就是对称于拐点的)和通过唯一的原始数据点(M_1, Q_1)。这样，我们既顾及整个国家基本比例尺覆盖范围和通过原始数据点，又使模型曲线标准化。

这是一个过已知3点的 Logistic 曲线，我们已知其一般方程为

$$y=\frac{L}{1+ae^{-bx}} \tag{6-9-1}$$

在如图6-9-1所示的具体情况下，方程式应为

$$Q=\frac{Q_{max}}{1+ae^{-b(M-M_0)}} \tag{6-9-2}$$

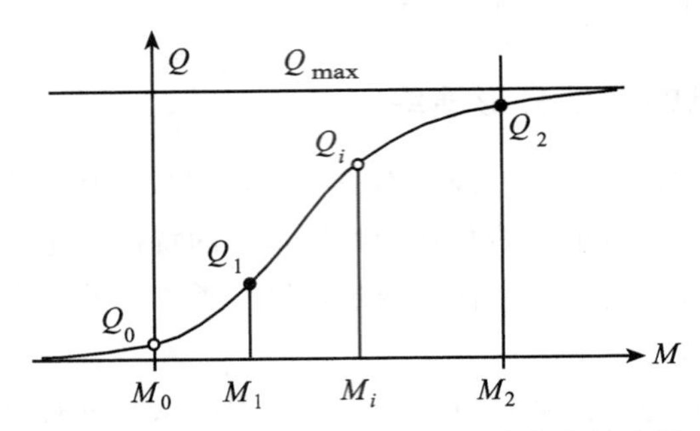

图6-9-1　扩展分维在地图载负量确定中的应用

根据式(6-9-2)，当 $M=M_0$ 时，有

$$Q_0=\left(\frac{1}{1+a}\right)Q_{max} \tag{6-9-3}$$

在设定曲线图形对称的条件下即 $Q_2=Q_{max}-Q_0$，有

$$Q_2=\left(\frac{a}{1+a}\right)Q_{max} \tag{6-9-4}$$

在式(6-9-2)中代入 Q_2，有

$$\frac{Q_{max}}{1+ae^{-b(M_2-M_0)}}=\left(\frac{a}{1+a}\right)Q_{max} \tag{6-9-5}$$

再代入 Q_1 和 M_1，有

$$Q_1=\frac{Q_{max}}{1+ae^{-b(M_1-M_0)}} \tag{6-9-6}$$

由以上两式构成方程组

$$\begin{cases}1+ae^{-b(M_2-M_0)}=1+\dfrac{1}{a}\\[2ex]1+ae^{-b(M_1-M_0)}=\dfrac{Q_{max}}{Q_1}\end{cases} \tag{6-9-7}$$

此方程组可简化为

$$\begin{cases}a^2e^{-b(M_2-M_0)}=1\\[2ex]ae^{-b(M_1-M_0)}=\dfrac{Q_{max}-Q_1}{Q_1}\end{cases} \tag{6-9-8}$$

对此方程组中的各个方程两端取对数，得

$$\begin{cases}2\log a-b(M_2-M_0)=0 & ①\\[2ex]\log a-b(M_1-M_0)=\log\left(\dfrac{Q_{max}-Q_1}{Q_1}\right) & ②\end{cases} \tag{6-9-9}$$

由式①解得

$$a = \exp \frac{b(M_2 - M_0)}{2} \tag{6-9-10}$$

由式①、式②，得

$$b(2M_1 - M_0 - M_2) = -2\log\left(\frac{Q_{\max}}{Q_1} - 1\right) \tag{6-9-11}$$

由此解得

$$b = \frac{-2\log\left(\frac{Q_{\max}}{Q_1} - 1\right)}{2M_1 - M_0 - M_2} \tag{6-9-12}$$

求出参数 a、b 之后，进而可得

$$Q_i = \frac{Q_{\max}}{1 + a\mathrm{e}^{-b(M_i - M_0)}} \tag{6-9-13}$$

2. 计算示例

解算结果见表 6-9-1、图 6-9-2 和表 6-9-2。

表 6-9-1

已知参数数据：
1. 设定极限面积载负量 $Q_{\max} = 30\text{mm}^2$ 2. 最大比列尺分母 $M_0 = 10000$ 3. 设定最小比例尺分母 $M_2 = 1000000$ 4. 数字地图比例尺分母 $M_1 = 50000$ 5. 数字地图上的面积载负量 $Q_1 = 7\text{mm}^2$ 6. 图形曲线严格对称
模型参数解算结果： $a = 52.02$；$b = 1.72$

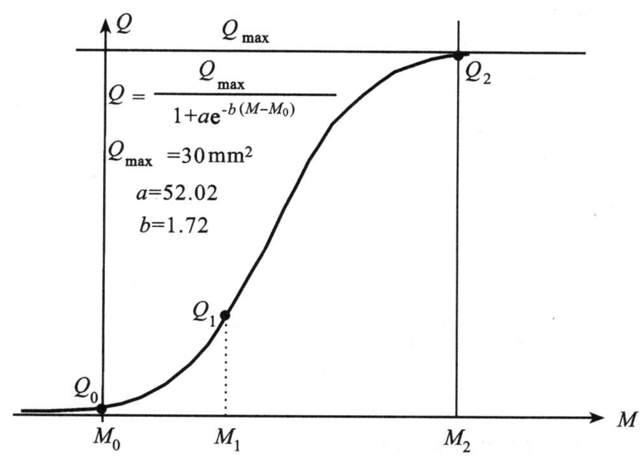

图 6-9-2　计算示例图图形

表 6-9-2 **图 6-9-2 中的 Logistic 曲线计算数据**

	1	2	3	4	5	6	7	8	9	10
x	6.91	7.14	7.38	7.62	7.85	8.09	8.32	8.56	8.80	9.03
y	0.01	0.02	0.02	0.04	0.06	0.08	0.13	0.19	0.28	0.42
x	9.27	9.51	9.74	9.98	10.21	10.45	10.69	10.92	11.16	11.39
y	0.62	0.93	1.37	2.01	2.91	4.17	5.85	7.99	10.58	13.49
x	11.63	11.87	12.10	11.34	12.58	12.81	13.05	13.28	13.52	13.76
y	16.51	19.42	22.01	24.15	25.83	27.09	27.99	28.63	29.07	29.38
x	13.99	14.23	14.46	14.70	14.94	15.17	15.41	15.65	15.88	16.12
y	29.58	29.72	29.81	29.87	29.92	29.94	29.96	29.98	29.98	29.99

3. 对已知系列比例尺(1∶10000～1∶1000000)地图载负量的逼近

此处利用托普费尔《地图综合》一书中的地图载负量数据(表 5-7-2 或图 5-7-5)，其比例尺覆盖范围很广，包括国家基本地形图的系列比例尺范围(1∶10000～1∶1000000)。图 6-9-3 中折线为托普费尔书中数据的图形，光滑曲线为 Logistic 模型曲线。

从图 6-9-3 看出，Logistic 模型具有一定的适用性。

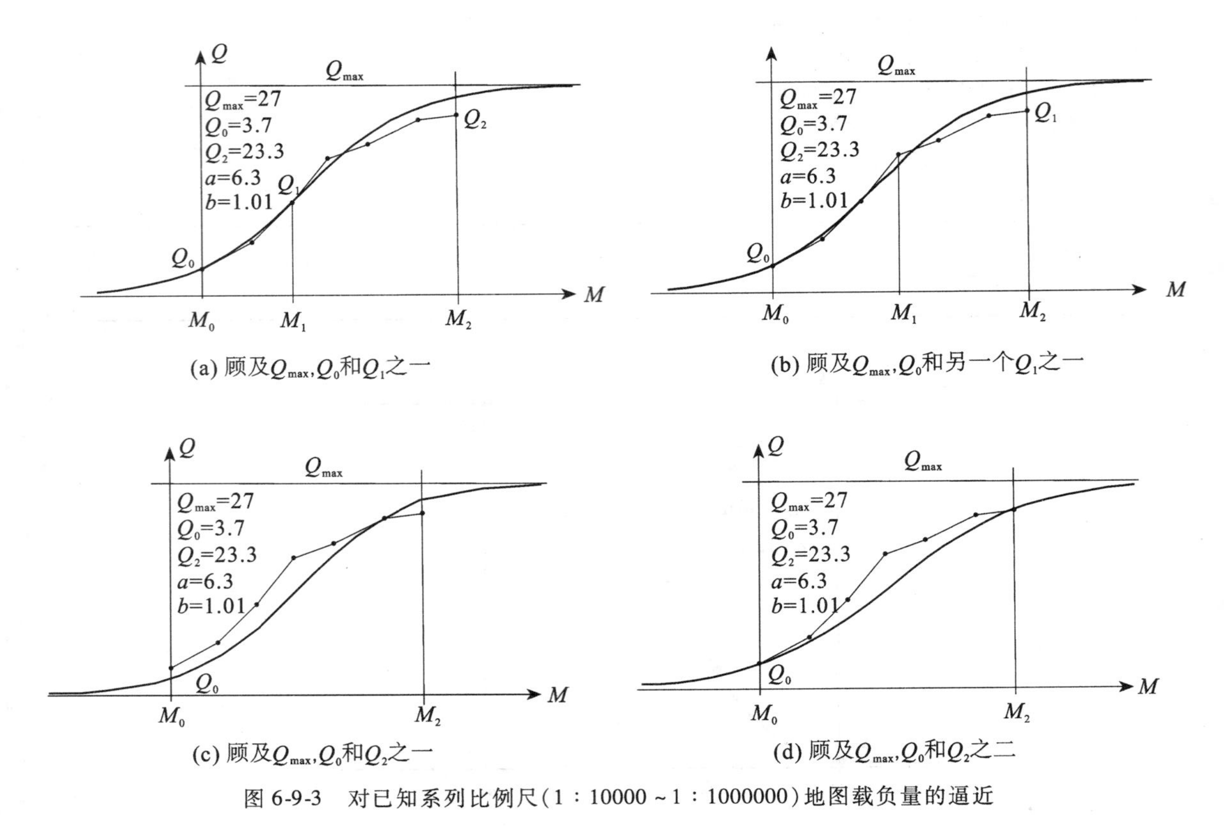

(a) 顾及Q_{max},Q_0和Q_1之一 (b) 顾及Q_{max},Q_0和另一个Q_1之一

(c) 顾及Q_{max},Q_0和Q_2之一 (d) 顾及Q_{max},Q_0和Q_2之二

图 6-9-3 对已知系列比例尺(1∶10000～1∶1000000)地图载负量的逼近

第 7 章　地图自动综合的结构实现(构图)模型

有规律的综合不仅是可能的，而且对地图与 GIS 信息综合是必需的。

第 5 章的总体选取(构思)模型主要试图揭示"数量规律"问题，即"多少"的问题：类别多少和应选取物体的数量多少。对于选取哪些物体的问题，除了"等比数列模型"有所涉及以外，还需要进行专门的研究。

选取哪些物体的问题的实质是选取物体的质量规律问题，就是要求当选取的物体数目确定时，选取哪些物体能使所携带的信息量最大。这是一个质量问题的模型化(量化、数学化)问题，即如何评价一个物体的重要性或其携带的"信息量"。这就是物体在全局结构上的地位或重要性与物体在局部环境或邻域环境(Context)中的相对重要性。

邻域环境是空间分析中的一个重要概念，用于指出哪些目标参与一局部空间查询与分析。根据点集拓扑学的邻域概念，一维邻域是轴上的开区间；二维邻域是圆片的内部。邻域概念引申出邻域关系，它便于使空间关系操作局部化，将其变换为仅涉及邻近区域的局部操作，避免了盲目的(或冗余、无用的)操作，大大提高了求解效率。

本章的研究内容是如何从结构上(全局整体结构与局部邻近关系)来实现具有最大信息量的地理物体选取。这是一种结构定位(构图)模型——解决由"哪些"物体的质量选取来"构成"上述"总体"物体的数量选取问题。其实质是对"多少"物体如何进行空间分配与定位。其任务是为了实现总体选取(构思)模型而进行结构上的保证。因此，其核心问题是结构识别，对新图或新数据库进行"构图"(Composition，Configuration)。这个子模型试图立足全局、兼顾局部的地理信息处理原则，借助多种关系信息来制导地理物体的选择。建立全局结构关系(如树结构等)，以确定物体在整体结构中的地位；建立局部结构关系(如 Voronoi 图等)，以同时顾及物体的邻域关系即其相对重要性。即实体的选取与否，不仅取决于它本身所固有的一些属性(质量、数量指标)，还要顾及它与周围同类型的和不同类型的实体的联系。

这是同时顾及宏观信息与中观信息来处理地理信息的途径。

地图信息综合的核心问题是地理实体的选取与被选取实体的图形信息概括。第 5 章研究了从 DLM_0生成 DLM_1时应选取"多少"地理实体的问题。本章主要用来解决应该选取"哪些"地理实体的问题。由地图学理论可知，地理实体的选取，不仅取决于地理实体本身的各种属性信息，而且还取决于它在全局中的结构地位和在邻域环境中区域性权重问题，这就是结构化综合的要旨，它可通过对不同类型的地理实体集合，采用不同的使其结构化的数学模型来实现。数学模型在这里的任务是要通过地理实体间的语义层次关系(等级从属)、空间拓扑关系(邻接、关联、包含和连通等)及结点度关系(如通过交汇于一个居民地的道路的数目)和邻近度等逻辑比较手段，从初始物体集合 $E_{(初始)}$中确定所需物体及其空间分布。显然，关系方面的考虑就意味着反映区域的总体结构和不同物体之间的联系问题。它实现了 $R_{(初始)}$ 到 $R_{(新)}$ 的变换，解决目标选取的"定位"问题。

为了从质量关系、空间关系等结构方面来解决选取哪些实体的问题，必须在数据库技术中包含相应的基本直接检索功能，其中定性检索功能可用来解决选取中的语义层次等级关系；定位检索功能可用来解决选取中的空间几何关系；拓扑检索功能可用来支持数据的相关处理。结构模型的作用是用实体间的结构联系对地理实体进行多准则的评价，使各个物体都能获得一个综合评价特征，从而能对它们进行比较科学的区分，即使地理实体有序化。

对于曲线综合，尽管其各个弯曲不是存储对象中的实体，但在概念上，弯曲具有某种实体上的含义，特别是当可用计算拐点的手段把它们区分出来时(弯曲可定义为两个相邻拐点之间的曲线段)。这在综合河流、海岸线和表示地貌的等高线等要素时具有重要意义。

本章重点放在地理实体集总体结构的识别与建立上，各个地图要素的综合作为这些方法的具体应用(外加几何处理模型的实施)。地理实体的描述基本上包括两种：实体本身信息描述与实体集结构描述。实体本身的描述在GIS数据库中已有详尽的信息存储，而在空间数据库中实体集的结构关系则往往仅有语义层次关系与空间拓扑结构，对自动综合所需要的其他重要结构，如点状物体集合的分布结构、线状物体集合分布的树结构和顾及邻近关系的各种铺盖性结构(凸壳、Delaunay三角网或Voronoi图等)则往往缺少，要视需要届时生成，以支持结构化的空间信息处理。

7.1 空间邻近关系的数学工具——Voronoi图

Voronoi图(Voronoi Diagram)又称泰森多边形(Thiessen Polygon, Thiessen Tesselation)，其应用主要始于泰森。1911年荷兰气候学家A. H. Thiessen提出根据不规则分布气象站的降雨量计算平均降雨量的方法：用直线连接所有相邻的气象站，作这些直线的垂直平分线。每个气象站周围的若干条垂直平分线围成一个多边形。用多边形内气象站的降雨强度表示整个多边形区域的降雨强度，以此为依据计算整个研究区域的降雨量。后来，人们将这种多边形称为泰森多边形；将各相邻气象站连线组成的各边互不相交的三角网称为泰森三角网。而俄国数学家G. Voronoi在1908年就详细研究了这种结构，故现在大都把这种结构称为Voronoi图，他首先详细地研究了邻近多边形，他在二次形的一篇论文中用到这种多边形(1908)，这种多边形又叫Dirichlet(1850)镶嵌图(Tesselation)、Thiessen(1911)多边形或Wigner-Seitz(1933)网眼。DanHoey提出了更有说明性、更公正的术语"邻近多边形"，又叫区域邻接图，用来以显式表示面域的邻接关系。Voronoi图与Delaunay(1934)三角网互为对偶(F. P. Preparata(ed.) 1983)。

空间数据处理中的许多问题，如插值、误差估计、动态多边形的建立与编辑等，均涉及一共同的基本问题，即"空间邻接(Spatial Adjacency)"问题，在欧几里平面上，点和线段的Voronoi多边形可用来对空间邻接进行函数定义。它兼有矢量数据结构中图形与空间实体一一对应和栅格数据结构中空间的连续铺盖的双重特点，可以良好地反映非接触物体之间的邻近关系。

Voronoi 多边形是一种重要的混合结构，融图论与几何问题求解为一体，是矢/栅空间模型的共同观察途径。如果把空间邻接定义为多边形邻接，并把围绕各个物体的 Voronoi 多边形的边界用等距离准则来确定，则所有地图上的物体(此处为点和线段)就具有明确的邻居。从这个思想出发，就可导出一种统一的途径来处理许多空间问题。

Voronoi 多边形在很多学科中都是一种重要的几何构造，很多几何问题可用 Voronoi 多边形得出有效的、精致的、在某种程度上还可以说是最佳的解。在二维空间，Voronoi 多边形在求解“全部最近邻居”问题、构造凸壳、构造最小张树以及求解“最大空圆”(Largest Empty Circle)问题之中，被用作优化算法的第一个步骤。在模式识别中，Voronoi 多边形的应用也越来越广泛。Voronoi 多边形的建立也是计算两个平面图形集合之间最小距离优化算法的预处理步骤。Voronoi 多边形在地理学、气象学、结晶学、天文学、生物化学、材料科学、物理化学等领域均得到广泛的应用，如晶体生长模型、天体的爆裂等。在考古学中，用 Voronoi 多边形来绘制古代文化中工具使用的传播图以及研究竞争贸易中心地的影响。在生态学中，一种生物体的幸存者依赖于邻居的个数，因为它一定要为食物和光线而斗争。森林种类和地区动物的 Voronoi 图被用来研究拥挤的“后果”(F. P. Preparata(ed.) 1983)。

7.2 点群目标的结构化描述与综合途径

在 GIS 数据库中，点群目标是一种特殊的地理实体，是结构最为简单的复合目标，在数据库中应有明确的界定。

7.2.1 点群目标的概念

普通地图上的山包群、风蚀残丘群、分散式或散列式独立建筑群以及专题地图上的各种离散专题图斑群等，主要以群体的面貌出现，而自身的图斑面积都很碎小。因此，从整体上看，它们呈现为群聚的点状物体，空间分布成为它们的重要特征，为实现结构化的制图综合，需要进行两方面的研究：信息模型的研究和处理模型的研究。

7.2.2 目标个体信息的抽象

在研究目标群结构时，主要研究对象是群体的总体结构特点，因此，这类目标自身的形状大小等信息在研究总体结构时可以忽略不计，即这时目标个体可抽象为一个点，这使得对目标结构的研究能够转化为对有限点集的研究。这个转化过程相对地简单，计算各个目标的形心(或重心)构成点状目标，成为点集的成员，即以点代面，将面集的研究转变为点集的研究。显然，后者比前者要简单得多，并且可把前者的结构问题转换为一个计算几何问题。

此外，也可对原始目标计算其图斑面积，并作为权值，使其成为按“资格法”选取的参考。

7.2.3 目标间关系的建立：多层凸壳嵌套

1. 全局结构的建立

研究全局性结构问题时，在忽略个体内部结构的情况下，点群目标间关系的建立问题就变成点集的结构关系问题，点群具有聚合的性质，由于点群的分布轮廓与壳的概念有密切的联系，于是可用凸壳层的嵌套结构来逼近点群的全局结构。

2. 凸壳的定义

点集 S 的凸壳是包含 S 的最小凸集。

点集凸壳是一个表达分布特征的好工具，有着广泛的应用，特别是在计算几何中，许多表面上看来互不相关的问题，最后都可归结为凸壳问题。此处，笔者利用凸壳工具来实现点群目标的结构化选取。

3. 凸壳的生成方法

由离散点集生成多层凸壳嵌套可有以下几种算法：

(1)逐步插入法

算法过程：基于纵横坐标极值点的逐次迭代法。极值点肯定是凸点。

例如，求横坐标极值点：$A(x_a, y_a)$，$B(x_b, y_b)$。

形成初始凸壳(二边形：退化三角形)$\triangle ABA$，凸壳点数 $N_p=3$；$X_T(1)=X_a$，$X_T(2)=X_b$，$X_T(3)=X_a$；$Y_T(1)=Y_a$ $Y_T(2)=Y_b$，$Y_T(3)=Y_a$。

把每条边看作向量，求其右侧最远距离点：在其前进方向的外(右)侧查找法向最大距离点。用矢量叉积法确定一个点在一已知矢量的左侧或右侧。

在求最远距离点时，用矢量叉积法是最为简便的：对于属于前进方向右侧的候选最远距离点，动态地暂存其矢量叉积(面积值)最大值所对应的离散点坐标(x_{conv}，y_{conv})，实际上，不需要计算任何距离值本身，因为这里所需要的是序关系，而不需要准确的量值关系。

凸壳点的插入方式有两种：把每个新增凸壳点实时插入到相关边的两个坐标点之间或待一个凸壳上的全部新生凸点得到后批量地插入。

(2)最大矢量夹角法

其算法过程是：

先虚设一个初始矢量：例如，纵坐标轴的正向；

以初始点(例如，以最左点 $X_{\min}$，Y_A为凸壳的第一点)出发，求出与初始矢量的最大夹角点，后者作为凸壳的第二点；

以前两个凸壳点作为新初始矢量，再求与它构成最大夹角的新点，作为下一个凸壳点。这样递推下去。直到封闭为止。

(3)Graham 扫描法

该算法由两个步骤完成：

①预排序阶段：选择极值点 P_0，并把其他环绕 P_0 的点按辐射角关系(极角，Polar Angle)排序，这是一种基于相对 P_0 点的极坐标的点的辞典式序关系；它简化找壳过程，使插入新点与删除一个点简单化。其操作过程为：

在点集 Q 中，最低点(Y 坐标最小点)P_0是凸壳的 $TK(q)$的一个顶点。如果这样的顶点有多个，则选择其中最左边的一个作为 P_0。从 P_0出发，按逆时针方向寻找凸壳的顶点。在寻找过程中，除 P_0外的每个点都要被扫描一次，其顺序是依各点在逆时针方向上相对 P_0的极角的递增次序。可以通过计算矢量叉积

$$(\boldsymbol{P}_i-\boldsymbol{P}_0)\times(\boldsymbol{P}_j-\boldsymbol{P}_0)$$

来确定极角的大小：

若叉积>0，则说明相对 P_0 来说，P_j 的极角大于 P_i 的极角，P_i 先于 P_j 被扫描；

若叉积<0，则说明 P_j 的极角小于 P_i 的极角，P_j 先于 P_i 被扫描；

若叉积=0，则说明两个极角相等。在这种情况下，由于 P_i 和 P_j 中距离 P_0 较近的点不可能是凸壳的顶点，因此只需扫描其中一个与 P_0 较远的点。

在经过排序的点列中，P_0、P_1 和 P_n 已是凸壳点。

②查找凸壳点阶段(图7-2-1)：用迭代式处理已经排序了的点列，借此生成一些当前壳，它们收敛于凸壳。在找壳阶段，Graham 扫描法对所有已插入点维护一个当前壳。若某一点不是凸壳的顶点，则它是在某个三角形($\triangle Opq$)的内部，其中 p，q 是相继的凸壳点。Graham 算法的实质是围绕有序点的一次扫描，在扫描过程中消去内点(非凸壳点)。剩下的是以要求的次序排列的凸壳顶点。我们以反时针次序重复检验相继的三个点来确定它们是否定义一个优角(即 $\geqslant\pi$)。若内角 p_1、p_2、p_3 是优角，则称 p_1、p_2、p_3 是一个“右转”，否则是一个“左转”。这可用两个矢量的叉积来实现(吴文虎，王建德　1998；周培德　2000)。

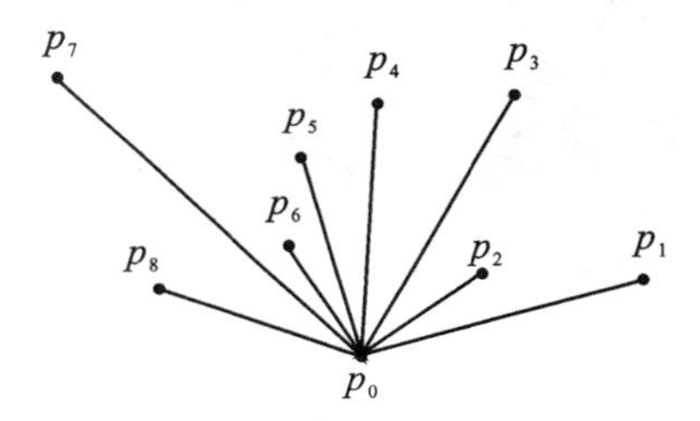

图7-2-1　凸壳点的查找

(4)Jarvis(1973)步进法

Jarvis 运用了一种称为打包的技术来计算一个点集的凸壳。形象地看，该算法模拟在集合 Q 外紧紧地包了一层纸。开始时，把纸的末端粘在集合中的最低点 P_0 上。该点为凸壳的一个顶点。然后，把纸向右边绷紧，再将纸拉高一些，直到碰到一个点，该点也必然是凸壳的一个顶点。继续使纸处于绷紧状态，用这种方法继续围绕顶点集合，直至回到原始点 P_0。

这种方法实际上是“礼品包扎”(Chand 和 Kapur　1970)法在二维平面上的特例。

4. 空间索引法对凸壳算法的优化

在计算几何中，采用分而治之(Divide & Conquer)策略来减少时空消耗。当离散点呈海量数据时，采用空间索引法会使查找有效数据得到显著优化。

设有密集点集$\{p_1, p_2, p_3, \cdots, p_n\}$，不管是用逐步插入法还是最大矢量夹角法，均涉及参与计算的有效点的查找问题。

密集离散点空间索引优化算法如下：

①用查找极值点的方法，形成初始凸多边形，如图7-2-2中凸四边形 $ABCD$ 所示。

②用密集正方形覆盖整个区域。

③若初始凸多边形为逆时针方向，则新凸壳点位于各边前进方向的右侧。

④若初始凸多边形为顺时针方向，则新凸壳点位于各边前进方向的左侧。

⑤针对当前边 AB，其右侧可能有新的凸壳点，不用扫描整个点集，而只需在空间网格索引的支持下，按图 4-6-1“地图数据库的多准则智能检索”中所述的“按多边形检索”(此处为规则梯形 $ABFE$)，便可得出所需候选点。

⑥在这些候选点中计算新的凸壳点，即距当前边的最远距离点。

⑦对每一条凸壳边都做类似的计算处理。

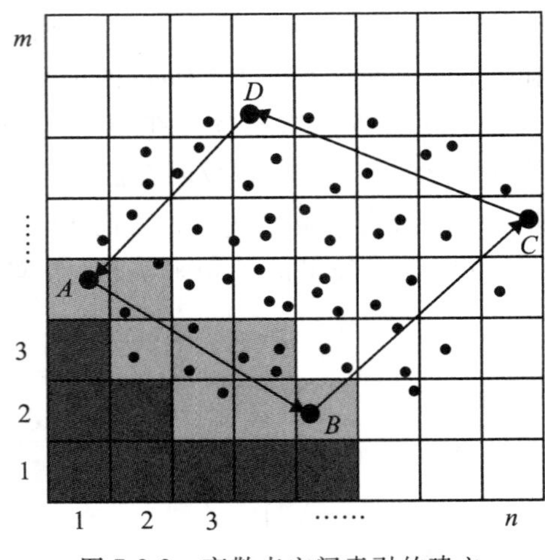

图 7-2-2 离散点空间索引的建立

7.2.4 剥壳法在描述点群结构中的应用

一种比较直观易行但却不聪明的方法是：先找到给定点集 S 的凸壳，接着再找剩余点集的凸壳，以此循环下去。这样，便得到一个逐层嵌套的凸多边形序列(图 7-2-3)。

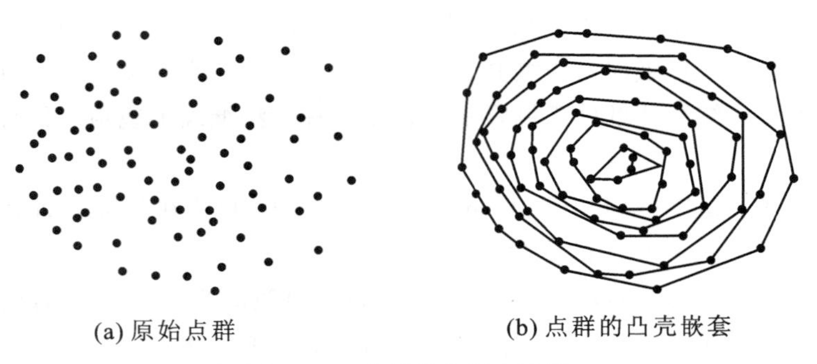

图 7-2-3 多层凸壳嵌套示例

对于已知点集 S 中的数点为 N 的多边形嵌套结构，可进一步建立若干结构关系：

①位于各个凸壳上的点数(从外向内)分别为

$$n_1, \ n_2, \ \cdots, \ n_m \qquad \left(\sum_{i=1}^{m} n_i = N \right)$$

②各个凸壳上点数占总点数的比例为

$$K_1 = \frac{n_1}{N},\ K_2 = \frac{n_2}{N},\ K_m = \frac{n_m}{N} \quad \left(\sum_{i=1}^{m} k_i = 1 \right) \tag{7-2-1}$$

③各层上的物体密度为

$$D_i = \frac{n_i}{L_i} \tag{7-2-2}$$

式中，L_i为第 i 层的凸壳线长度。

④相邻凸壳线之间的平均距离为

$$S_i = \frac{2A_i - A_{(i-1)}}{L_i + L_{(i+1)}}$$

式中，A_i为第 i 层凸壳的面积。

7.2.5　目标个体的区域地位评价

1. 目标个体某些属性特征值的计算与排序

可根据目标个体的轮廓计算其面积作为其主要特征并予以排序。

2. 点集 Voronoi 图的生成

利用栅格数据处理中的同步像元加粗方法，形成各个点目标所控制的 Voronoi 图面积，并予以排序，作为另一个特征值(图 7-2-4)。

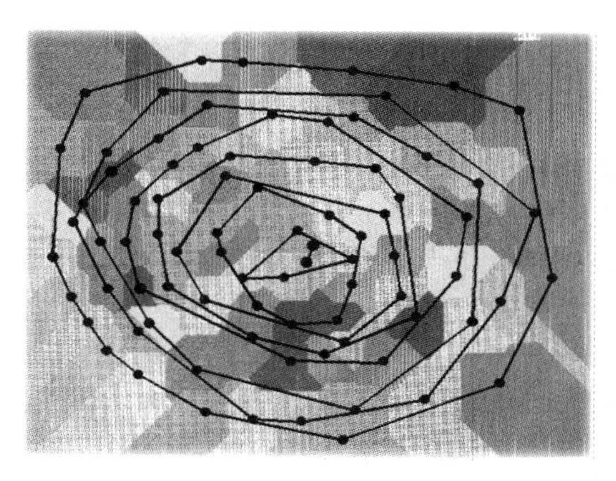

图 7-2-4　凸壳层各顶点的 Voronoi 图

7.3　点群的全局性结构综合——凸壳层的减少与合并

有了上述基本结构信息之后，就可以实现点群目标的结构化选取。当利用各种可靠的手段(如开方根规律等)确定了给定点群的选取数目 N 之后，解决了大体上应“选多少”的问题，此处的结构化方法可进一步解决“选哪些”的问题，即要在各个凸壳层中进行大体上的按比例分配。处理模型的任务是如何利用已查明的各种结构信息或关系信息，科学合理地评价与处理(选取、概括等)制图目标。点集目标的综合(主要是点状目标的选取)过程可分为两个子过程：凸壳层的合并(成为互不相交的多边形折线)和多边形折线顶点的取舍。从方法论上看，变面状(点群)目标的综合为线状(嵌套折线)目标(顶点)的综合，即是通过相对的简单的线状分布的信息综合实现相对复杂的面集目标的综合。

为了首先从整体结构上进行综合，需对原始凸壳层数进行压缩合并，即把每相邻的若干层凸壳进行合并，形成几个互不相交的多边形，使点集结构得到总体层数上的简化，这时已把呈面状分布的无序点集完全线性化、有序化，点状目标已位于各层多边形的转角点上，目标分布的线性化和有序化为利用现有的曲线综合方法完成了数据结构上的转换。至于究竟要合并成几层，可借助不同的解析方法进行估算做批量处理。

7.3.1　合并层数的确定

1. 一般的开方根规律

$$H_2 = C_1 H_1 \left(\frac{M_1}{M_2}\right)^{\frac{1}{2}} \tag{7-3-1}$$

式中，H_1，H_2，M_1，M_2分别为综合前和综合后的层数和比例尺分母；C_1为某一常数。

2. 分形扩充开方根规律

$$H_2 = C_1 H_1 \left(\frac{M_1}{M_2}\right)^{\frac{D_P}{2}} \tag{7-3-2}$$

即在层数综合时，除了其他条件之外，还进一步顾及点集的分布特征，即分数维 D_P (王桥　1996a)。

7.3.2　凸壳层合并算法

首先，确定多层嵌套多边形的重心，它可定义为最内层凸壳的重心。然后，根据已确定的相邻多少层凸壳合并为一个新层的数值以后，将这几层凸壳与重心点相连，计算这些凸壳点连线的方位角，并排序。最后，按序把这些点连接起来，便成为非凸壳多边形，如图7-3-1所示。

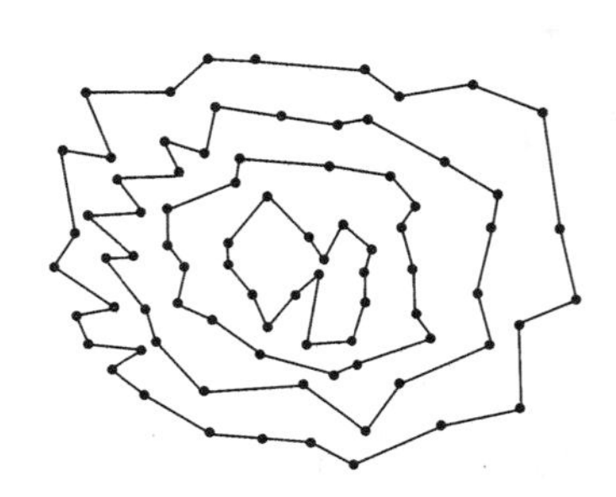

(a) 将原来的9层合并为4层嵌套多边形(结构层次受到简化)

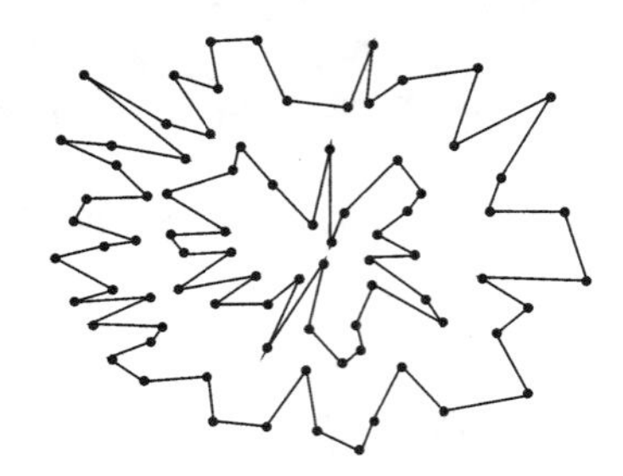

(b) 将原来的9层合并为2层嵌套多边形(结构层次进一步简化)

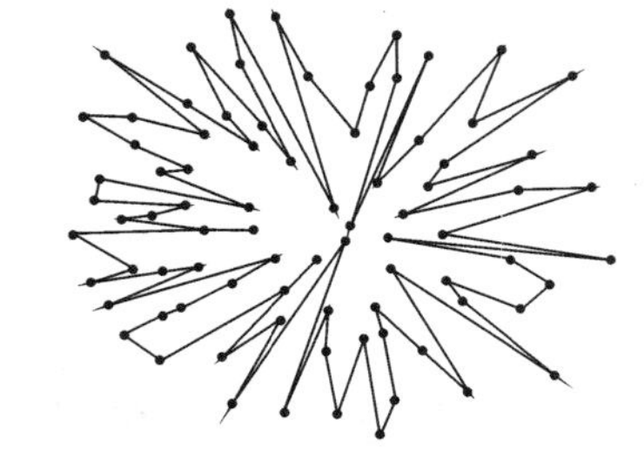

(c) 将原来的9层合并为1个多边形(点集的完全线性化)

图7-3-1　凸壳层的合并过程

7.4　点群目标选取总数的确定

H_2近似地解决了结构层次的控制，下面可用类似的方法估算要选取多少点状目标。

可从两方面着手。

7.4.1 一般开方根规律

$$N_2 = C_2 N_1 \left(\frac{M_1}{M_2}\right)^{\frac{1}{2}} \tag{7-4-1}$$

式中，N_1，N_2，M_1，M_2分别为综合前与综合后的目标个数和比例尺分母；C_2为某一常数。

7.4.2 分形扩充开方根规律

$$N_2 = C_2 N_1 \left(\frac{M_1}{M_2}\right)^{\frac{D_P}{2}} \tag{7-4-2}$$

即在确定 N_2时，除了一般条件以外，还进一步顾及整个点集的结构特征，即分数维 D_P。

7.4.3 目标选取总数在选取层上的分配

可以采用以下两种方法：

①将 N_2按比例地分配到新的选取层中，得 $N_{2_{i1}}$，i 为层号；

②用分形扩充开方根方法，把每个层壳看成曲线，点状目标看成曲线的顶点，用步长法计算层壳曲线的分数维 D_{L_i}，借此估算该层上应选取的点状目标的个数为

$$N_{2_{i2}} = C_3 N_{1_i} \left(\frac{M_1}{M_2}\right)^{\frac{D_{L_i}}{2}} \tag{7-4-3}$$

可考虑使用平均值作为最终值

$$N_{2_i} = \frac{N_{2_{i1}} + N_{2_{i2}}}{2} \tag{7-4-4}$$

7.4.4 目标在新结构层上的最终选取

N_2解决了大体上应“选多少”的控制指标，下面所述的结构化方法可进一步解决“选哪些”的问题，即在各个多边形壳层中如何进行点状目标的具体选取。原则上可用各种曲(折)线综合方法(如 Douglas-Peucker 法等)对曲(折)线上的顶点进行取舍。通过试验证明，用平均距离法可取得比较满意的结果(图 7-4-1)。所谓平均距离法，就是根据已分配到该多边形中的应选取的顶点数目 N_{2j}和已知该多边形的周长 L_j，得出平均距离 $L_0 = \frac{L_j}{N_{2j}}$。

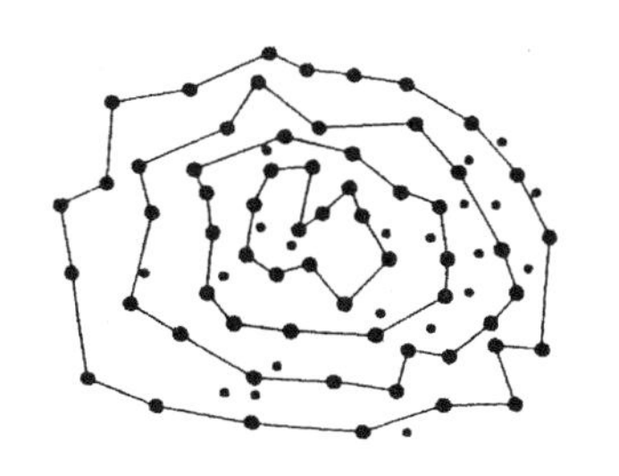
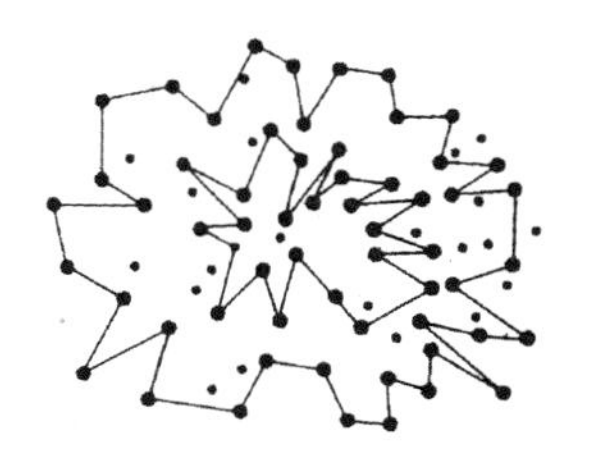
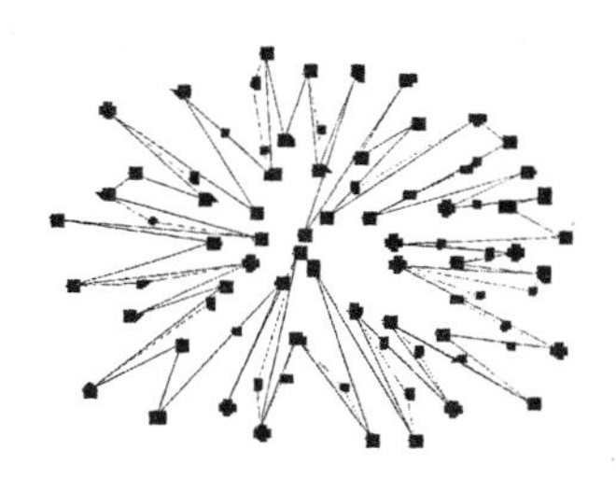

图 7-4-1　用平均距离法综合多边形顶点

在综合多边形顶点时，若进一步考虑到相应点状目标的局部评价值(如点状目标本身所可能具有的图斑面积、点状目标的 Voronoi 图的面积(图 7-2-4)等)，会得到更为满意的结果，这实际上是综合地应用了多种选取方法：资格法、局部影响面积法和全局结构原理。

在对点集做凸壳层嵌套和合并相邻凸壳层的基础上，借助点集的 Voronoi 图来辅助点的选取和纯粹在点集的基础上做 Voronoi 图的综合选取并不完全一样。前者是在若干凸壳层合并了的多边形上评价各个点的重要性，是在顾及凸壳层分布的基础上评价的；而后者是在离散点全集的基础上对各个点进行评价，缺少顾及离散点的分布特征。

7.5 明显非凸点集的近似凸化

模型是对某些感兴趣的客体定量的或结构的描述。明显聚集点集是表达空间点状物体分布的结构特征，是一种宏观空间模式，因此可用有关模式识别的方法来处理明显点集的查找问题。

7.5.1 用最小张树法分离黏连点集

在实际应用中，首先是要把明显聚集的点群目标从混杂目标中分离出来。其中，最为简单的情况是它们呈现为两个明显点集，但其间有一颈部相连，需要对其进行分离处理，此处利用最小张树原理(图 7-5-1)(沈清，汤霖 1991)。其步骤如下：

①作最小张树。

②在最小张树上确定该树的直径，并标出直径上各点的深度；定义树中直径最长的通路，直径上某点的深度是指与该点相连的最长分支的长度。

③绘制直径上各点深度图，由深度图包络找出局部最小值。

④去掉局部最小值的点，获得分离的两个类。

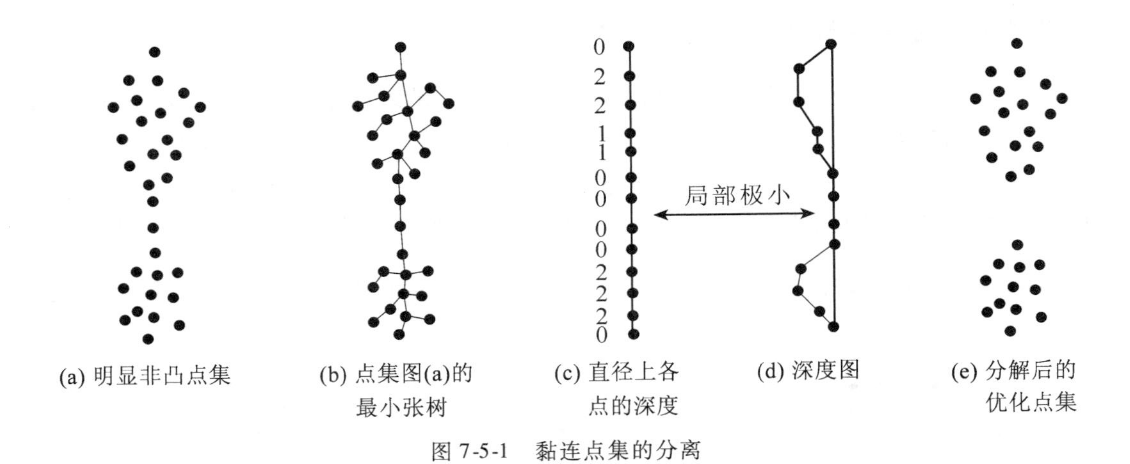

图 7-5-1 黏连点集的分离

7.5.2 用 Delaunay 三角网分离混杂点集

用 Delaunay 三角网法对这种点集做结构上的预处理，从中逐步去除若干条最大边，使原点集分离成更为密集的若干子集(图 7-5-2)。然后可对两个分离的优化子集分别按上述方法处理(Delucia 和 Black　1987)。

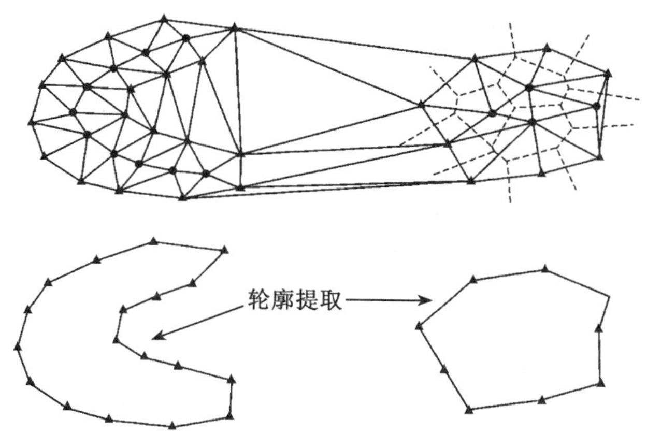

图 7-5-2　点群目标的 Delaunay 三角网法识别

7.6　河系的结构化描述与河流的选取

河流是水网的重要组成部分，是 GIS 地理基础数据库中的重要地形骨架，是很多缓冲区分析的基础。在研究河系结构(宏结构)时，各有关河流的内部结构(微结构)，如局部宽度变化、分叉、河心岛等，均可忽略，即可用河道轴线来代表河流，就像在小比例尺地图上那样。

河系指的是在一个集水区内由各条连通的河道组成的网络。河系数据组织的方法主要有两种：基于河段的数据组织和基于河流实体的数据组织。对于前者，我们仅简单介绍；对于后者，我们详述其具体实现途径。

7.6.1　基于河段的河系数据组织

迄今为止，大多数有关河系数据组织都是基于河段的。依次有 A. N. Strahler(1952)，A. E. Scheidegger(1965)，R. L. Shreve(1966)，M. J. Woldenberg(1969)，R. S. Jarvis(1977)，J. S. Smart(1978)等人，对此问题做了广泛而深入的研究。

河段(Segment)又称为连接段(Link)，是在两汇合点之间，或在一个汇合点和一个源头之间的一段河流。河网由一组相连接的河段组成，每个汇合点都仅由两个河段汇合而成，并形成第三河段。河段的 Strahler 级定义如下：设源头段的级为 1，若级为 A 和级为 B 的两河段汇合进入级为 C 的河段，若 $A=B$，则 $C=A+1$；否则 $C=\max(A, B)$。从级的意义上看，河段就是级不变的一段河流。河网的级就是其出口河段的级。

1. 河网图形结构

(1)河网中的结点

河网包括三类结点：

①一个出口点(Outlet)，它是顺流而下的最远点。

②N 个河源点(Sources)，它们是逆流而上的最远点，确定着无分叉指尖支流的源头。

③ $N-1$ 个汇合点(Junction，Fork)，在此处两个河段汇合形成合成河段。

(2)河网中的边

边为两相继结点之间的不间断的河段，河段分为外河段(Exterior)与内河段(Interior)。外河段发自源头，而内河段始于汇合点。综合上述，一个具有 N 个河源点的河网包括 N 个外河段，$N-1$ 个内河段。因此河段总数为 $2N-1$ 个。

2. 河网数据结构

河段是河网的基本组成元素，可作为流域信息定位参数载体。为此，应设计出基于河段的数据结构。

(1)河段数据的形成

可用两种方法来生成河段数据：

①直接分河段数字化加结点匹配；

②按河流实体获取数据，用求交方法分割出河段数据。

(2)河段间上/下游(子/父)关系的建立

在研究河段之间的关系时，可把河段看成结点，把河段之间的联系看成边，这样，基于河段的河网便构成一个图 $G=(V, E)$。此处，V 为河段(结点)集合，E 为河段之间的关系，可表示为：$E=\{(V_i, V_j) \mid V_i \text{ 是 } V_j \text{ 的直接下游河段}\}$。

将 E^C 定义为 E 的逆关系。

以河段表示的河系如图 7-6-1 所示。不存在回路的河网呈现为树结构(图 7-6-2)。

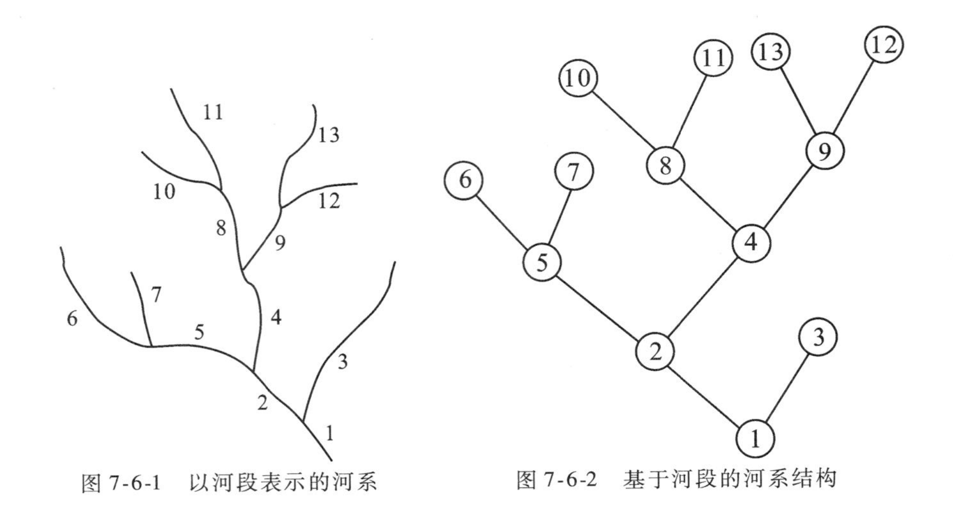

图 7-6-1 以河段表示的河系　　图 7-6-2 基于河段的河系结构

上述各种关系可借助两个索引来建立，即树结构索引和层次结构索引，前者记录 E、E^C(图 7-6-3)，后者记录层次关系。此处 E 和 E^C 由双向指针表示，E 关系指针的顺序反映着河段之间的序关系；而层次关系的表示则是通过记录各级河段所构成的集合来实现的(图 7-6-4)。

在以上两个索引完成后，结构化河网就建立起来了，它可以提供一系列非结构化河网所无法提供的检索功能，而且这样检索显得灵活而快速；它可以对任一子网进行全部河段集合、主流河段集合、主流左右全部支流河段或某一级支流河段集合的检索；也可以利用邻接关系进行路径检索；结合河段属性，还可以进行更为复杂的复合检索(杜清运 1988)。图 7-6-5 中的(b)、(c)和(d)表示了河段分级的几种主要编码方法。

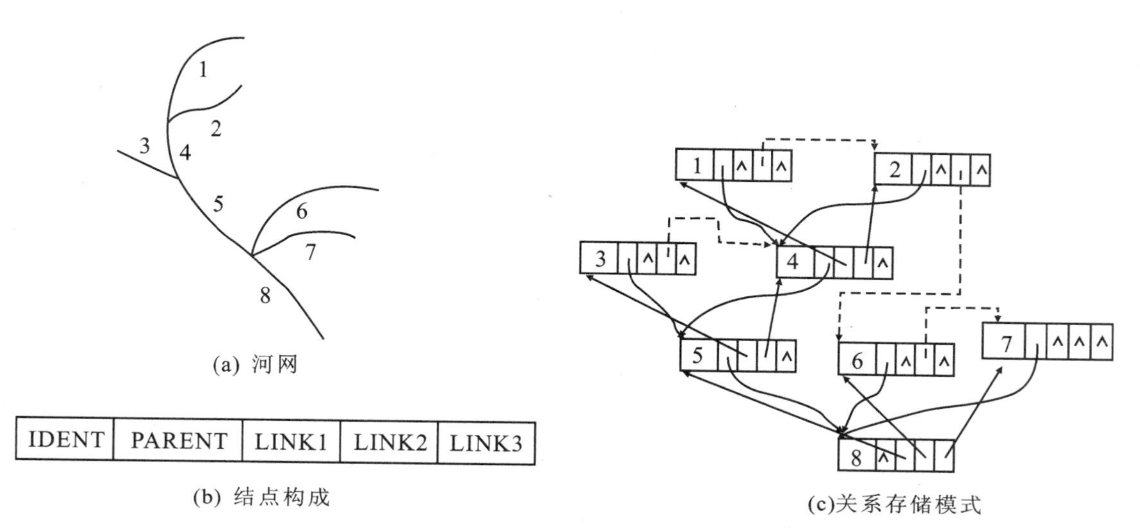

(a) 河网

(b) 结点构成

(c)关系存储模式

图 7-6-3　树结构索引的构成

等级	用位串表示的相应等级河段集合							
	1	2	3	4	5	6	7	8
1	1	0	0	1	1	0	0	1
2	0	1	1	0	0	1	1	0
3	0	0	0	0	0	0	0	0
4	0	0	0	0	0	0	0	0
5	0	0	0	0	0	0	0	0
6	0	0	0	0	0	0	0	0
7	0	0	0	0	0	0	0	0
8	0	0	0	0	0	0	0	0
9	0	0	0	0	0	0	0	0

图 7-6-4　相应的层次结构索引的构成

(3)基于河段的河系分形

早在 1945 年，R. E. Horton 就研究过河系的自相似性，并提出下述公式：

$$Y_n = KR^{\pm n} \tag{7-6-1}$$

式中，n 为河段的级别；Y_n 是第 n 级河段的某一特征量，如河段数目、长度、纵降比、流域面积、流域内的高差等；R 为该特征值的分叉比；K 为一常数。

关系式(7-6-1)对世界上绝大多数河系都普遍适用，故在地貌学中，把它称为 Horton 定律。该定律表明河系特征量随河段级别呈几何级数变化，反映着河系的自相似性(仪垂祥 1995)。

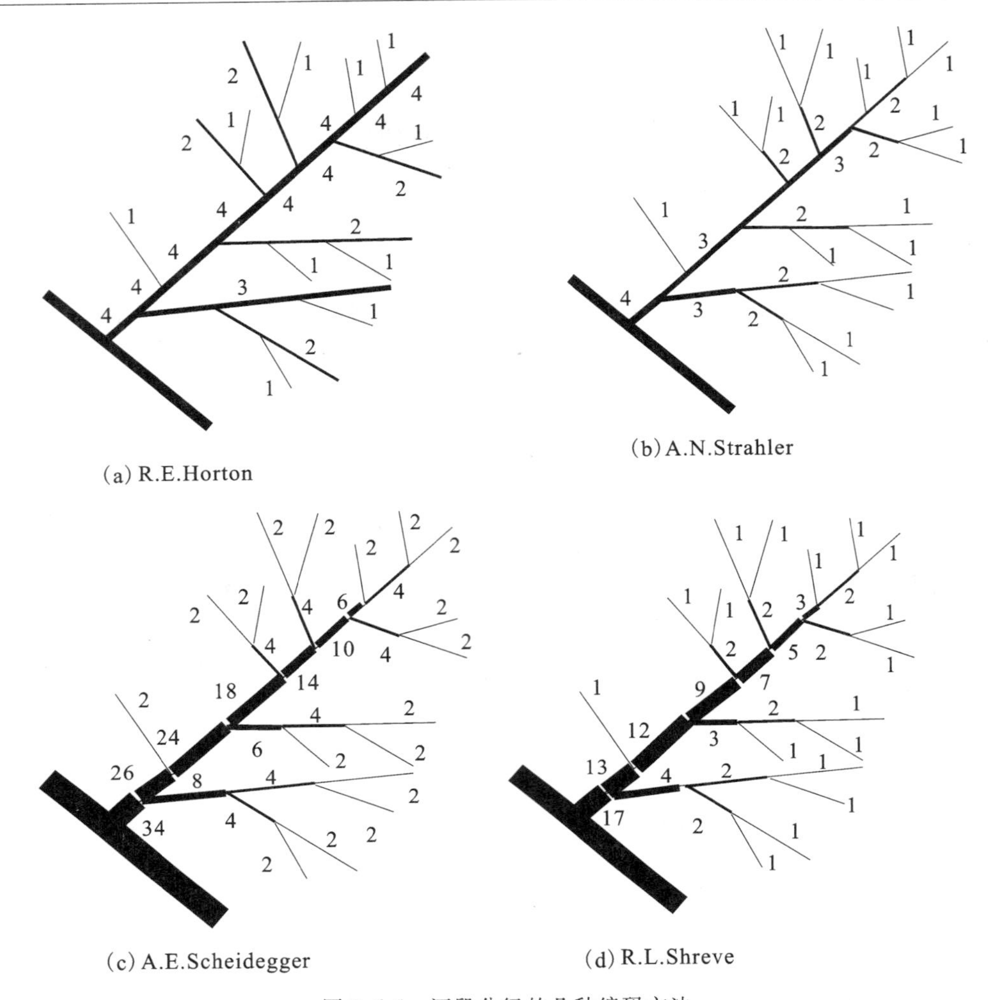

(a) R.E.Horton　　(b) A.N.Strahler

(c) A.E.Scheidegger　　(d) R.L.Shreve

图 7-6-5　河段分级的几种编码方法

很显然，基于河段的河系数据组织对于水文计算有广泛的应用。因为随着主流对每一条支流的接纳，其流量在增加，这引起后续一系列有关水文的特征值随之变化。

7.6.2　基于河流实体的河系数据组织

一般的树状河系呈分形结构：主流有一批支流，而各条支流又拥有许多亚支流，等等。在各种层次中，支流在主流上的分布情况近乎相同，即河系结构具有自相似性，所以，河系中河流的分布是一种有限层次的分形。

河流是天然、完整的地理实体(图 7-6-5(a))，因而具有更明确的地理意义，而河段则不然。当今，在机助制图、GIS 以及其他空间信息系统中，都是以河流为独立实体进行数据采集、存储管理与数据处理的。因此，基于河流实体的方法将使空间信息系统中的河流信息得到直接应用，从而充分利用 GIS 中现有数据处理功能，加快与简化河网数据的组织过程。

对于两类河系数据组织，应建立相互之间的联系。对于基于河段的河系数据组织，需具有生成基于河流实体的河系等级树结构的功能；同样的，对于基于河流实体的河系数据组织，需具有生成基于河段数据组织的功能，以便使 GIS 数据支持更为广泛的应用。

1. 流域中河流的自动查找

当在 GIS 数据库中以独立实体(即拥有唯一标识符或关键字)存储了各条河流之后，可用如下的两种方法查找流域中包含的各条河流。

(1)按流域多边形检索

这个功能对 GIS 软件来说是现成的或者说是应该具备的。这里，需要输入的是流域的边界，借此检索出位于流域多边形中的全部河流。

(2)用“图的生长”形成河系

首先指定河系中的任意一条河流，然后辗转使用河流端(结)点与河流之间的关联关系，便可逐步形成整个河系，详见第 4 章 4. 8. 2“图的生长”相关内容。

2. 流域河网树关系的建立

GIS 软件中通常都有缓冲区检索。我们可以利用这一现成功能来建立河网的树结构。缓冲区检索除了提供有关河流本身的(图形)信息之外，还必须提供有关河流的标识码(关键字)。这是一种关系信息，对建立河网结构是必需的。

(1)河系中主干河流的确定

一般来说，主干河流在河系中具有最大的长度，因此，可用长度准则找出。或者说，在大多数情况下，河系主干河流是已知的。在交互作业环境下，迫不得已时还可以用光标直接指定。

(2)主干河流两侧支流的自动查找

当主干河流确定后，可以主干河流为轴线，形成带状缓冲区，借此自动地搜索左、右两侧直接汇入主干河道的所有大小支流，形成主干河流的一级支流左序列 $\{S_L\}$ 和右序列 $\{S_R\}$。

(3)其他各级支流的自动确定

为了建立河网更深层的树结构，可递归地对每层中的 $\{S_L\}$ 和 $\{S_R\}$ 中的每条河流作带状缓冲区查找，直到 $\{S_L\}$ 和 $\{S_R\}$ 中的河流均为叶结点(无支流)为止。

(4)带状缓冲区的生成

对于带状缓冲区，根据给定缓冲宽度 ε，生成平行于轴线的左右边界线，在轴线两端构造两个半圆弧，最后形成蚕形缓冲区(图 7-6-6)。这种缓冲区叫做圆头带状缓冲区。在查找某河流的左、右两侧支流时，圆头带状缓冲区会带来多余信息，干扰正常的查找，为了更方便地建立河网树结构，可生成另一种带状缓冲区——方头带状缓冲区。即在轴线的两端不用半圆弧，而是用直线把平行于轴线的左右两界线连成封闭条带。这两种不同的带状缓冲区在图 7-6-7 中分别用点线和虚线表示。

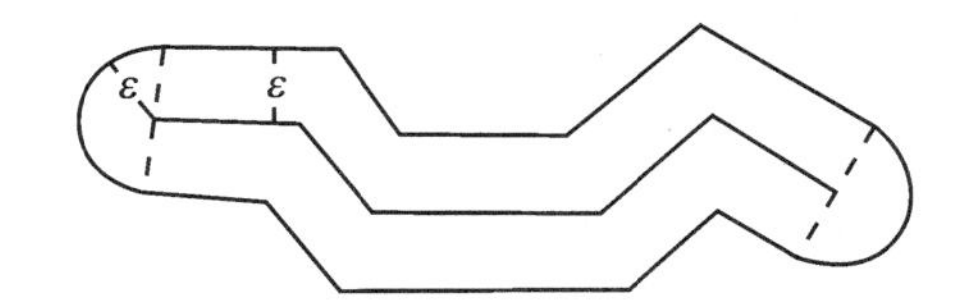

图 7-6-6　圆头带状缓冲区(两端用半圆弧连接)
与方头带状缓冲区(两端用直线连接)

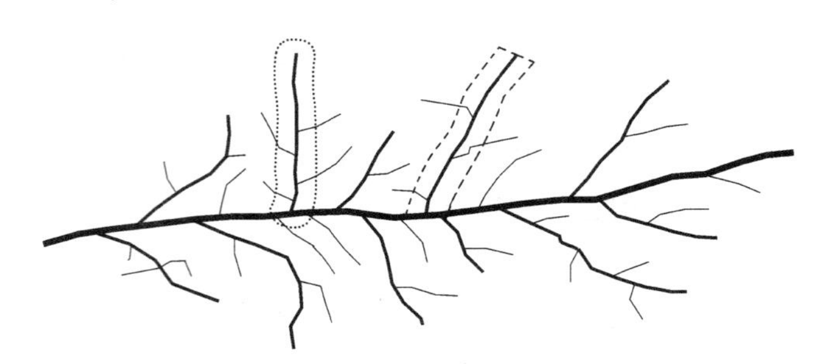

图 7-6-7　圆头与方头缓冲区检索的对比

(5)左、右支流的自动区分

在一个带状缓冲区中所检索出的河流可分为三种情况：左支流、右支流、其他非本流域中的河流，因此需经人机交互做出确认。由于属前两种情况的河流占绝大多数(在研究试验中约占98%)，故若能在交互确认时自动判断左、右支流(用不同的颜色区分并用文字显示左或右)，从而把整个确认过程简化为一连串的默认为正确的"回车"，无需在确认时多次键入"左"或"右"，只有约2%的情况才需要由操作者做出目视纠正。需目视纠正的有两种情况：一种是把左、右关系判断错误，此时由人工予以纠正；另一种是由于河网较密，使得属于其他子河系的河流落入本带状缓冲区，此时由人工予以否定就行。

下面给出左、右支流的自动判断方法。

当河流数据按统一的有向线存储时，就能使得左、右支流与主流的左右关系成为可自动计算的关系，如图7-6-8所示，河流数据均自上游到下游地获取。这时，左、右支流与主流的关系就表现为支流矢量以最小的角度旋转到主流矢量的方向特征(顺时针或是反时针)，而这可归结为两个矢量的叉积运算。因此，河流左、右支流关系的自动判断算法属于通用算法。

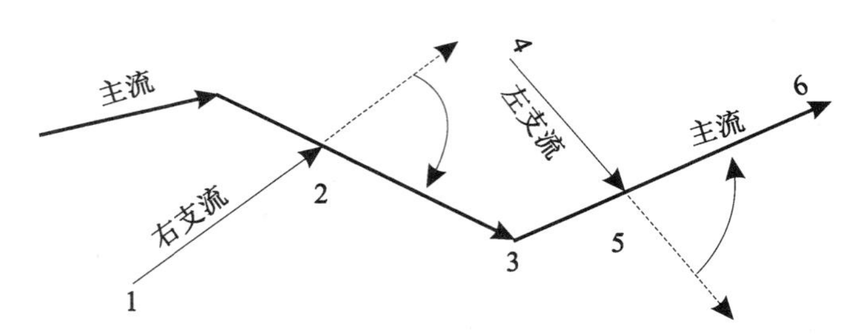

图 7-6-8　左、右支流的自动判断

确定时针方向的方法如下：

取支流的倒数第二点，主支流共享的结点(支流注入点)和紧邻的主流下游点，如图7-6-8所示的1、2、3点列或4、5、6点列，这样，每三个点构成两个矢量。

由矢量代数可知，$\boldsymbol{AB}$，$\boldsymbol{BC}$ 可用其端点的坐标差来表示(图7-6-9)，即

$$\boldsymbol{AB}=(X_B-X_A,\ Y_B-Y_A)=(a_x,\ a_y)=\boldsymbol{a} \quad (7\text{-}6\text{-}2)$$

$$\boldsymbol{BC}=(X_C-X_B,\ Y_C-Y_B)=(b_x,\ b_y)=\boldsymbol{b} \quad (7\text{-}6\text{-}3)$$

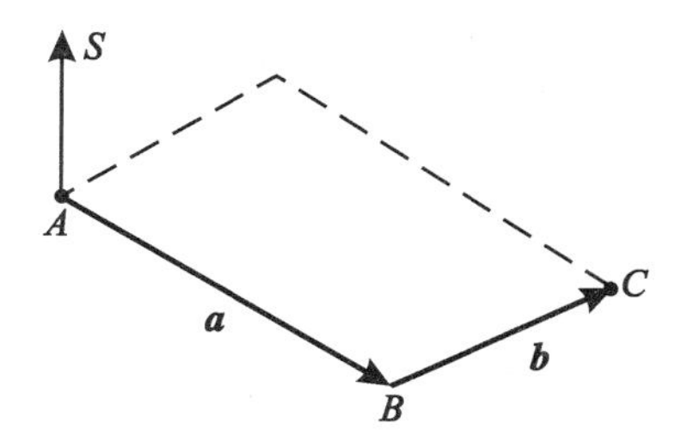

图 7-6-9　矢量的叉积

在求矢量的叉积

$$S=\boldsymbol{AB}\times\boldsymbol{BC}=\boldsymbol{a}\times\boldsymbol{b}=(a_x b_y-b_x a_y)=(X_B-X_A)(Y_C-Y_B)-(X_C-X_B)(Y_B-Y_A) \quad (7\text{-}6\text{-}4)$$

时，遵循右手法则，即当 ABC 呈逆时针方向时，S 为正，否则为负。若 $S>0$，ABC 呈逆时针；若 $S<0$，ABC 呈顺时针；若 $S=0$，则 ABC 三点共线。

(6)河网树结构模拟数据表示

图 7-6-10 中所示的模拟河系共有 31 条河流，其树结构如图 7-6-11 所示。

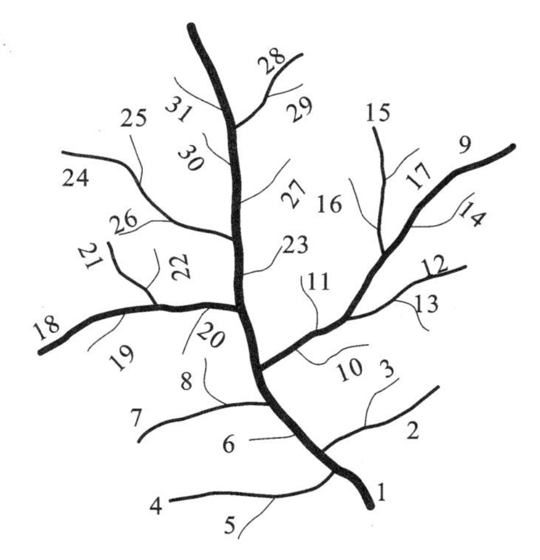

(图中是以从河口向河源看去来区分其左、右支流)

图 7-6-10　模拟河系

如前所述，在河网树结构的自动建立过程中，首先得到的是每条河流的父、子关系表：

父(关键字)：{子(关键字)集合}

对于处于叶结点的河流，其子(关键字)集合为空。

对于图 7-6-10 所示的 31 条河流，可得到 31 个父、子关系记录。若以矩阵的行号表示父关键字，而以列号代表子关键字，则 31 条河流的父、子关系矩阵如图 7-6-12 所示。该矩阵为关联矩阵，它包含了河网树结构的全部信息。矩阵第 i 行、第 j 列处的元素值直接表达第 i 条河流与第 j 条河流的自然父子关系。若对此关联矩阵做进一步的运算，则可导出若干更为重要的派生信息。

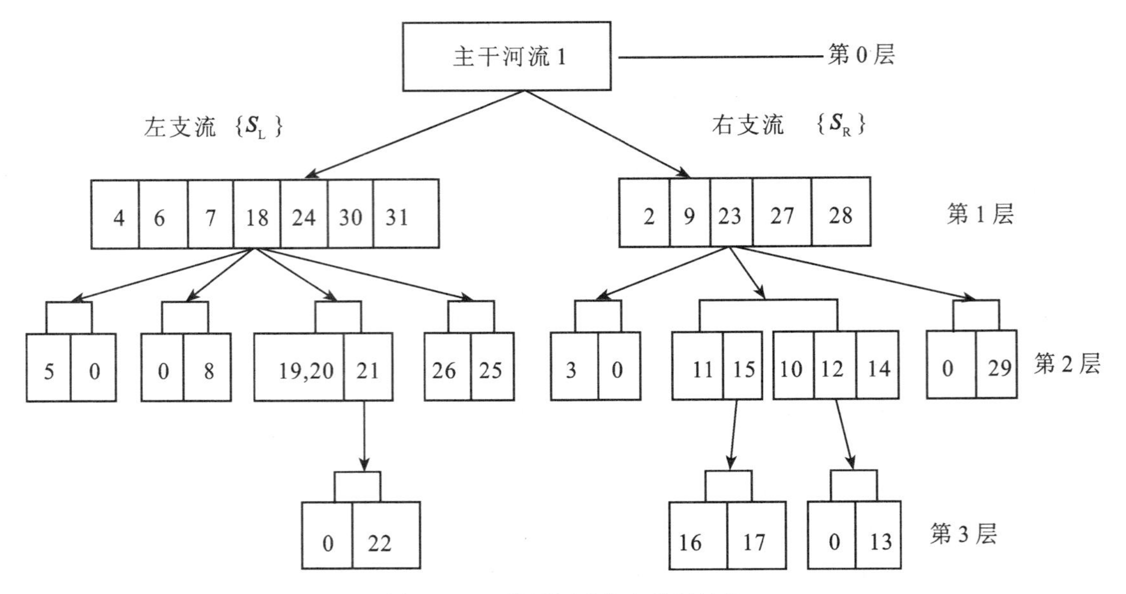

图 7-6-11 模拟河系的自然树结构

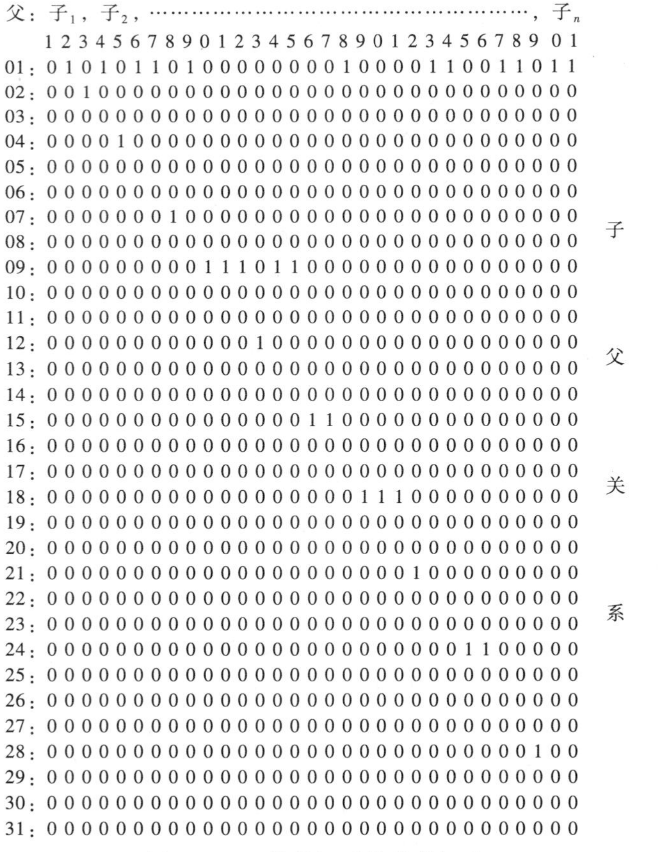

父：子$_1$，子$_2$，……………………………………………，子$_n$

1 2 3 4 5 6 7 8 9 0 1 2 3 4 5 6 7 8 9 0 1 2 3 4 5 6 7 8 9 0 1

01：0 1 0 1 0 1 1 0 1 0 0 0 0 0 0 0 0 1 0 0 0 0 1 1 0 0 1 1 0 1 1

02：0 0 1 0 0 0 0 0 0 0 0 0 0 0 0 0 0 0 0 0 0 0 0 0 0 0 0 0 0 0 0

03：0 0 0 0 0 0 0 0 0 0 0 0 0 0 0 0 0 0 0 0 0 0 0 0 0 0 0 0 0 0 0

04：0 0 0 0 1 0 0 0 0 0 0 0 0 0 0 0 0 0 0 0 0 0 0 0 0 0 0 0 0 0 0

05：0 0 0 0 0 0 0 0 0 0 0 0 0 0 0 0 0 0 0 0 0 0 0 0 0 0 0 0 0 0 0

06：0 0 0 0 0 0 0 0 0 0 0 0 0 0 0 0 0 0 0 0 0 0 0 0 0 0 0 0 0 0 0

07：0 0 0 0 0 0 0 1 0 0 0 0 0 0 0 0 0 0 0 0 0 0 0 0 0 0 0 0 0 0 0

08：0 0 0 0 0 0 0 0 0 0 0 0 0 0 0 0 0 0 0 0 0 0 0 0 0 0 0 0 0 0 0

09：0 0 0 0 0 0 0 0 0 1 1 1 0 1 1 0 0 0 0 0 0 0 0 0 0 0 0 0 0 0 0

10：0 0 0 0 0 0 0 0 0 0 0 0 0 0 0 0 0 0 0 0 0 0 0 0 0 0 0 0 0 0 0

11：0 0 0 0 0 0 0 0 0 0 0 0 0 0 0 0 0 0 0 0 0 0 0 0 0 0 0 0 0 0 0

12：0 0 0 0 0 0 0 0 0 0 0 0 1 0 0 0 0 0 0 0 0 0 0 0 0 0 0 0 0 0 0

13：0 0 0 0 0 0 0 0 0 0 0 0 0 0 0 0 0 0 0 0 0 0 0 0 0 0 0 0 0 0 0

14：0 0 0 0 0 0 0 0 0 0 0 0 0 0 0 0 0 0 0 0 0 0 0 0 0 0 0 0 0 0 0

15：0 0 0 0 0 0 0 0 0 0 0 0 0 0 0 1 1 0 0 0 0 0 0 0 0 0 0 0 0 0 0

16：0 0 0 0 0 0 0 0 0 0 0 0 0 0 0 0 0 0 0 0 0 0 0 0 0 0 0 0 0 0 0

17：0 0 0 0 0 0 0 0 0 0 0 0 0 0 0 0 0 0 0 0 0 0 0 0 0 0 0 0 0 0 0

18：0 0 0 0 0 0 0 0 0 0 0 0 0 0 0 0 0 0 1 1 1 0 0 0 0 0 0 0 0 0 0

19：0 0 0 0 0 0 0 0 0 0 0 0 0 0 0 0 0 0 0 0 0 0 0 0 0 0 0 0 0 0 0

20：0 0 0 0 0 0 0 0 0 0 0 0 0 0 0 0 0 0 0 0 0 0 0 0 0 0 0 0 0 0 0

21：0 0 0 0 0 0 0 0 0 0 0 0 0 0 0 0 0 0 0 0 0 1 0 0 0 0 0 0 0 0 0

22：0 0 0 0 0 0 0 0 0 0 0 0 0 0 0 0 0 0 0 0 0 0 0 0 0 0 0 0 0 0 0

23：0 0 0 0 0 0 0 0 0 0 0 0 0 0 0 0 0 0 0 0 0 0 0 0 0 0 0 0 0 0 0

24：0 0 0 0 0 0 0 0 0 0 0 0 0 0 0 0 0 0 0 0 0 0 0 0 1 1 0 0 0 0 0

25：0 0 0 0 0 0 0 0 0 0 0 0 0 0 0 0 0 0 0 0 0 0 0 0 0 0 0 0 0 0 0

26：0 0 0 0 0 0 0 0 0 0 0 0 0 0 0 0 0 0 0 0 0 0 0 0 0 0 0 0 0 0 0

27：0 0 0 0 0 0 0 0 0 0 0 0 0 0 0 0 0 0 0 0 0 0 0 0 0 0 0 0 0 0 0

28：0 0 0 0 0 0 0 0 0 0 0 0 0 0 0 0 0 0 0 0 0 0 0 0 0 0 0 0 1 0 0

29：0 0 0 0 0 0 0 0 0 0 0 0 0 0 0 0 0 0 0 0 0 0 0 0 0 0 0 0 0 0 0

30：0 0 0 0 0 0 0 0 0 0 0 0 0 0 0 0 0 0 0 0 0 0 0 0 0 0 0 0 0 0 0

31：0 0 0 0 0 0 0 0 0 0 0 0 0 0 0 0 0 0 0 0 0 0 0 0 0 0 0 0 0 0 0

子父关系

图 7-6-12 模拟河系的关联矩阵

说明：①位图矩阵的行、列号均不直接出现在矩阵中。

②位图矩阵的行号代表作为父河流的关键字。

③每行中位图矩阵的非 0 列号代表以该行号为关键字的父河流所拥有子河流的关键字序列(非 0 元素对应的列号)。

④水平地观察位图矩阵：父子关系为 1：N。

例如，第 1 行表明：关键字为 1 的父河流，其支流关键字(用该行中非 0 元素所对应的列号表示)为：2，4，6，7，9，18，23，24，27，28，31；

又如，第 9 行表明：关键字为 9 的父河流，其支流关键字(用该行中非 0 元素所对应的列号表示)为：10，11，12，14，15；

再如，第 3 行全为 0(无非 0 元素)表明：第 3 号河流无后代，它没有支流。

⑤垂直地观察位图矩阵：子父关系为 1：1 或 1：0。

例如，第 1 列全为 0 表明：关键字为 1 的河流无父，即它就是该流域中的主流，没有比它层次更高的河流；

又如，第 2 列中的非 0 元素 1，位于第 1 行表明：关键字为 2 的河流之父为 1 号河流；

又如，第 13 列中的非 0 元素 1，位于第 12 行表明：关键字为 13 的河流之父为 12 号河流；

再如，第 25 列中的非 0 元素 1，位于第 24 行表明：关键字为 25 的河流之父为 24 号河流。

从垂直方向看，位图矩阵有一极为重要的特点：每列中若存在非 0 元素，最多也只有 1 个。因为子父关系是 1：1 或 1：0。

7.6.3　河网等级树结构的建立

由图 7-6-11 和图 7-6-12 看出，单就自然树结构直接表示的父子关系还不能给出对各条河流的合理评价。显然，直接流入主干河道的所有左、右支流的重要性是不一样的，有的支流是呈无支流后代的短小的叶结点的“独流”；而另外的支流却都拥有自己的不同层次的支流。即是说，要对各条河流进行比较全面的评价，除了河流自身的数量特征(长度、宽度等)和质量特征(常年河、时令河、通航与否等)外，进一步查明河流在河网结构中所处的层次位置，即它拥有后代(支流)的层数，将为合理地评价每条河流提供等级特征的结构化(全局性的)依据。这样的树结构称为河网的等级树结构(图 7-6-13)，拥有第 1 大子树深度的河流为主流；拥有第 2 大子树深度的河流为主流的一级支流，但并不是所有直接注入主流的河流都是主流的一级支流；拥有第 3 大子树深度的河流为主流的二级支流，但并不是所有直接注入一级支流的河流都是主流的二级支流；依此类推。

1. 子树深度的确定

河网的一个极为重要的结构特征就是以每一条河流为子树根结点时，该子树的最大深度(即子树根结点所拥有的后代的层数)。下面我们给出求各个子树最大深度的方法——投影向量法。

由于河系树是一种有向图，父子关系为 1：N，而子父关系为 1：1 或 1：0。它们在关联矩阵的表示特点是：每行中可有若干个非零(1)元素，表明一父多子关系；每列中最

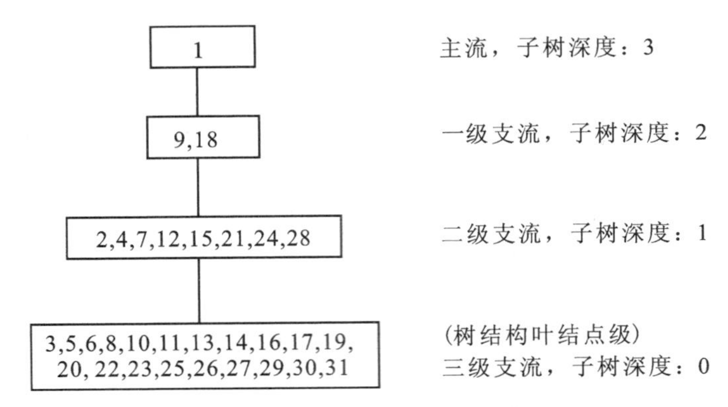

图 7-6-13　河网的等级树示例

多只有一个非零(1)元素，表明一子一父或无父关系。根据后一特征，我们在此安排一个一维向量(数组)，在它的每一列中记录该列在关联矩阵中非零元素的行号。这个过程可称为投影压缩。

投影向量(图 7-6-14)是图 7-6-12 所示关联矩阵的无损压缩表示，它与原始关联矩阵完全等价，因为根据它可以完全恢复原始关联矩阵。

子河流关键字	1	2	3	4	5	…												
父河流关键字	0	1	2	1	4	1	1	7	1	9	9	9	12	9	9	15	15	1
	18	18	18	21	1	1	24	4	1	1	28	1	1					

图 7-6-14　投影向量示例

投影向量法是以显式表示子父关系，以隐式表示父子关系。而原始关联矩阵(图 7-6-12)则是把父子关系和子父关系均用显式表示。因此，当使用投影向量法查明父子关系时，就需要通过对投影向量进行运算，把所需的某种父子关系“追查”出来，这是时空问题的典型体现。

图 7-6-12 所示的关联矩阵用投影向量法的表示形式为一个具有 31 个元素的向量(图 7-6-14)。此处需做一些解释：除根结点与叶结点外，所有中层结点河流都是“上有老”(父河流)、“下有小”(子河流)。向量元素(图 7-6-14 中的向量小方格)的序号(对应于原矩阵的列号)代表子河流关键字，而向量格号中的内容(不同的数字)则代表其父河流的关键字。下面对图 7-6-14 进行如下说明：

从河流的子关键字序列看：

向量第 1 个元素的值为 0 表明：第 1 号河流无父，即它就是流域中层次最高者；

向量第 2 个元素的值为 1 表明：第 2 号河流的父河流为 1 号河流；

向量第 3 个元素的值为 2 表明：第 3 号河流的父河流为 2 号河流；

……

向量第 10 个元素的值为 9 表明：第 10 号河流的父河流为 9 号河流；

向量第 17 个元素的值为 15 表明：第 17 号河流的父河流为 15 号河流。

从河流的父关键序列看：向量方格中为 1 的(父河流)所属子河流关键字(1 所对应的

方格序号)为2，4，6，7，…；类似地有：方格中为9的(父河流)所属子河流关键字为10，11，12(支流)等。

通过对上述向量表的迭代运算，可得出河系中各条河流的子树深度(图7-6-15)。

子树深度	3	2	2	1	1	1	1	1	1	1	1	0	0	…
河流关键字	1	9	18	2	4	7	12	15	21	24	28	3	5	…

图7-6-15　各条河流的子树深度

2. 同侧同级河流的确定

同级河流是指在树结构中具有相同子树深度的河流，它们在空间数据处理中具有特殊的重要性，例如河间距的计算应在同侧同级河流之间进行，这样做具有明显的地理意义。从总体上说，它们与比例尺的概念或GIS信息综合的概念相联系，从而为空间数据处理提供结构保证，避免盲目性。因为每条河流均是独立实体，均有其具体长度值(数量指标)，若同时顾及结构特征与数量指标，则会得出更有意义的结果。

3. 同侧同级河流的有序化

为了计算诸如河间距等河网数量指标，还需要进一步建立同侧同级河流之间的毗邻关系，即把同侧同级的河流相对于它们的父河流做有序化处理。有序化的步骤如下：

①把支流注入点纳入主流，使之成为主支流的共享结点，这可称为结点插入(图7-6-16)。

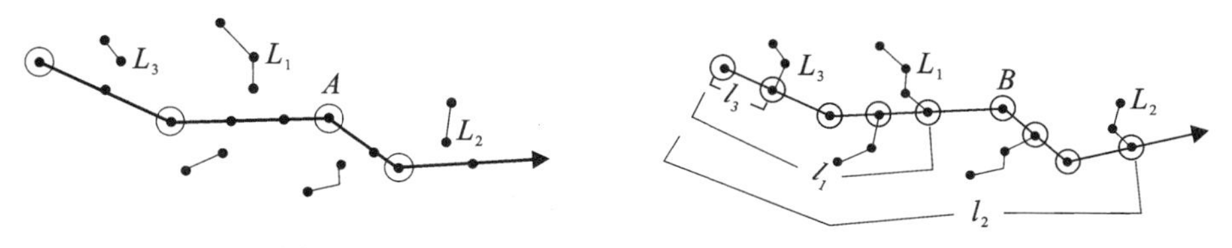

图7-6-16　把支流注入点纳入主支流(结点插入)

②选择参考点。同侧同级河流的有序化的实质是它们的注入点有序化。为计算注入点的顺序，需选择一个参考点，可把主流的起点或终点作为这种参考点，借此计算各支流入口点到参考点的沿主河道的距离 l_i，形成数对(l_i，L_i)。其中，L_i 为支流的代号或数据库关键字。

③把数对(l_i，L_i) 按 l 排序后，L 便成为沿主河道有序：L_3，L_1，L_2。

7.6.4　河系树结构建立举例

为了能够在较小的范围内进行完整的河网树结构自动建立与应用，我们选定了海南省两个河系：南渡江流域和昌化河流域。它们在1∶500000地形图上分别拥有147条河流和118条河流，共有265条河流。我们对这两个河系建立了专用的河网数据库，进行了较大规模的实际应用研究。

建立河网树结构的基本步骤如下：

①给定带状缓冲区半宽 ε，如图 7-6-6 所示；

②从干流开始，形成带状缓冲区，检索出其左、右支流集合，并将其关键字以比特表的形式分别记入两个关联矩阵文件(左支流关联矩阵与右支流关联矩阵文件)；

③再对所得的左、右支流中的每一条，形成条带缓冲区，检索其左、右支流等，递推过程进行到不再存在新的左、右支流为止(图 7-6-17)。

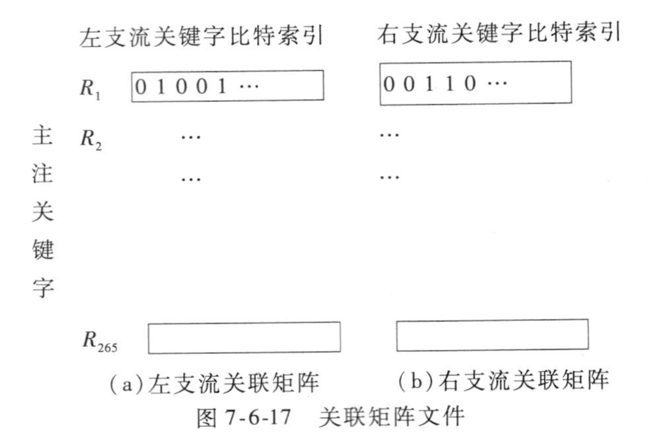

图 7-6-17　关联矩阵文件

所得的两个矩阵文件记录了 265 条河流之间的父子关系和子父关系。由这两个矩阵生成一个长度为 265 的投影向量表(图 7-6-18)。

0	1	1	1	1	1	1	1	8	1
1	1	1	1	1	1	1	1	1	1
1	1	1	1	1	1	1	1	1	1
1	1	1	1	1	1	1	1	1	1
1	1	1	1	1	1	1	1	1	1
1	4	5	5	5	5	5	6	6	6
8	8	8	8	8	8	8	8	8	8
8	8	8	8	8	8	78	8	8	12
12	12	15	15	15	17	18	19	19	19
19	21	50	50	49	49	49	48	48	48
256	44	41	39	39	39	39	39	39	39
39	36	36	36	36	36	36	36	36	35
35	31	265	265	265	54	54	54	65	69
69	69	69	72	73	74	76	78	112	118
118	119	0	143	143	143	143	143	143	143
143	143	143	143	143	143	143	143	143	143
143	143	143	143	143	143	143	143	143	143
143	143	143	143	143	143	143	143	143	143
143	143	143	143	143	143	143	143	143	143
143	143	143	143	143	144	146	146	146	147
149	149	149	149	152	152	152	152	152	154
154	170	176	176	181	181	181	186	186	186
186	186	186	186	186	186	186	264	264	264
264	264	264	189	189	189	189	189	189	189
189	193	205	205	206	207	207	207	223	228
238	238	240	240	112	1	46	1	193	143
264	264	186	143	5					

图 7-6-18　南渡江流域和昌化河流域的河流关联矩阵投影向量表

在图 7-6-18 中，有两个 0 元素(第 1 和第 143)分别表明两个河系的干流数据库关键字(南渡江的关键字是 1，昌化河的关键字为 143)，说明 1 号河流与 143 号河流无父，即它们分别为两个河系的干流。

对投影向量表进行进一步运算，可得出以各条河流为子树根结点时子树的最大深度，这是结构上所表示的各条河流的级别。在图 7-6-19 中用不同宽度的符号来表示各条河流的不同结构级别。也可把全部河流按其子树深度排序，为进一步信息处理服务。

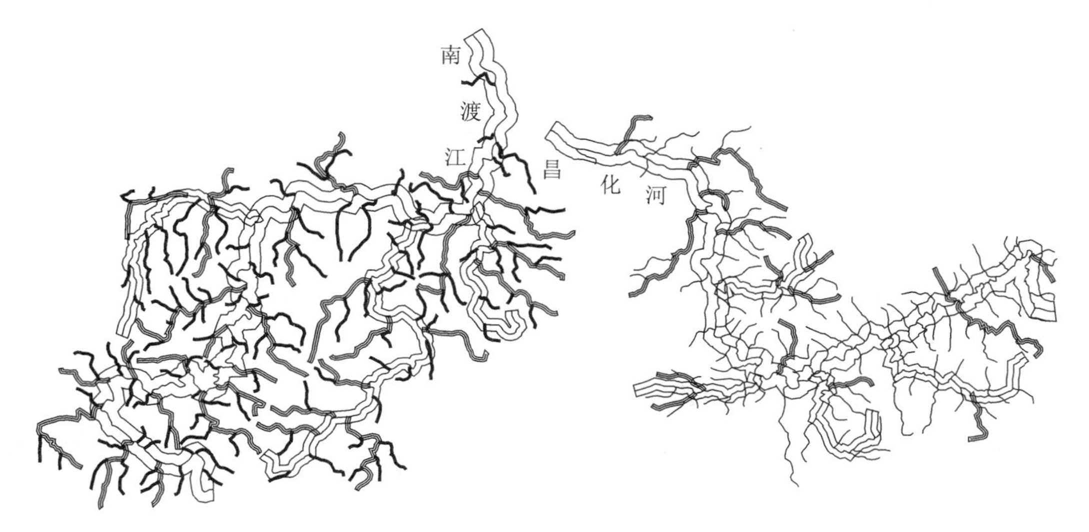

图 7-6-19　南渡江流域和昌化河流域的河流等级分级图

此外，还可利用栅格数据处理方法求出线状物体(各条河流)的 Voronoi 图，这样可获得各条河流统计上的流域面积，后者可作为评价河流重要性的一种地理特征指标，如图 7-6-20 所示。

图 7-6-20　南渡江流域河系的 Voronoi 图

7.6.5 河网树结构的检索

由于河网树结构中包含有丰富的结构信息，故可利用它对河网进行种类繁多的结构化检索，借以支持有关河流的综合选取与处理。

1. 检索左、右侧支流

当指定某河流后，检索其左、右侧支流是直截了当的事，因为在关联矩阵中直接存储着每条河流的左、右侧支流关键字(图 7-6-17)。故这种检索是一个简单的输出或显示的过程。

2. 按子树深度检索

按子树深度检索即根据树深排序信息，按不同的要求，检索至不同的子树深度，从子树深度为 N 的干流开始，进而检索到 $N-1$ 级，直到所需的深度级别为止。当然，也可按指定树深范围检索指定某几个深度等级的河流。

3. 按子树检索

按子树检索即当指定子树根结点时，检索整个子树中的全部河流。这是一个由子树根结点开始，递推使用关联矩阵的过程，直到无新的左、右侧支流为止。

7.6.6 结构化信息对河流选取的支撑

地图上任何物体的选取都不是机械地进行的，而是时时刻刻受到关系信息的支撑。河流的选取受到以下三方面关系信息的支撑：

1. 河系树的全局评价作用

河系树结构为河流的评价提供了全局性结构依据。在其他条件相同时，河流在树结构中的层次越高，则其重要性越大，从而可优先选取。

2. 河流河间距的计算支撑

同侧同级河流的有序化为计算河间距提供了结构化信息。河间距越大，表明河流密度越稀，河流相对地越显得较为重要。

3. 河系 Voronoi 图的局域评价作用

可借助栅格数据处理近似地获取每条河流所控制的流域面积(线性物体的 Voronoi 图)，后者可作为进一步评价在树结构中同级河流之间可能拥有的不同的重要性指标。Voronoi 图对于河流的选取可起到三种作用，如 Voronoi 图的面积越大，就可能意味着：

①河流越长，在同等条件下，Voronoi 多边形的面积越大，位于其中的河流会较长，因而具有优先选取的条件；

②河间距越宽，表明河流密度较小，分布稀疏，从而也应该优先选取；

③处于河系边缘的河流，其 Voronoi 多边形面积通常也很大，这些河流反映着河系分布的外部轮廓特征，也是应该优先选取的。

河网树结构的建立可在全局上对每条河流在总结构中的地位做出评价，因此，在自动综合过程中，要及时建立所需的树结构关系。同时，树结构也自动地确定了综合取舍的着眼区，即树结构的叶结点层。但是在树结构中处于同一层次、特别是作为取舍对象的最低层中的各条河流是否都是同样重要的呢？显然不是。它们之间是有差别的，这种差别对于综合(选取)起着直接的作用。正如上面所说，线状目标的 Voronoi 图正是这样的一种工具，用来区分同一结构层中各个目标之间的差异。有了河系的较完备的结构化描述信息，河流的选取就不再是复杂的问题了。

7.6.7　河网密度与河流选取的关系

1. 河长分级顺序与河流选取的逻辑联系

以往的河流统计分级总是由小到大、由低到高，与一般的统计方法一致，但却与制图综合逻辑相悖。因为在制图综合中被舍去的总是较短小的河流，这样，被舍去的河流放在统计序列的首端，舍去等级的变化直接改变着被选取各级河流所对应的累积长度数值，从而使用每级河流所对应的图面密度成为一个不固定数值，因此使用起来极不方便。

为克服这一缺点，应使河长分级序列与制图综合中的选取原则相一致。为此，要把河长分级由大到小地排列，使被舍去的诸河长等级排在最后。这样，舍去等级的变化对被选取的各级河长所对应的累积长度不发生任何影响。从而使每级河长对应着固定的河网选取密度，即是说，如果用任何一级河长作为选取标准，则在立即得出新的或新数据库中相应的河网密度。这一改进为确定河长选取标准提供了很大的方便。

2. 河网密度问题

关于河网密度指标有多种计算准则(Волков　1950)：

(1)单位面积中河流的长度

河网密度可理解为单位面积上的河流长度：$\frac{L}{P}$，此处，P 为区域面积，L 为区域中河流的总长度。该方法为 Neumann 所提出，其逻辑意义明显，被认为是最为客观的和最常用的方法(保查罗夫等　1960)。

(2)单位河流长度所拥有的面积

河网密度可理解为单位河流长度所拥有的面积：$\frac{P}{L}$。为简化起见，设该区域为一 $n \times n$ 正方形，且河网均匀分布(图 7-6-21)：

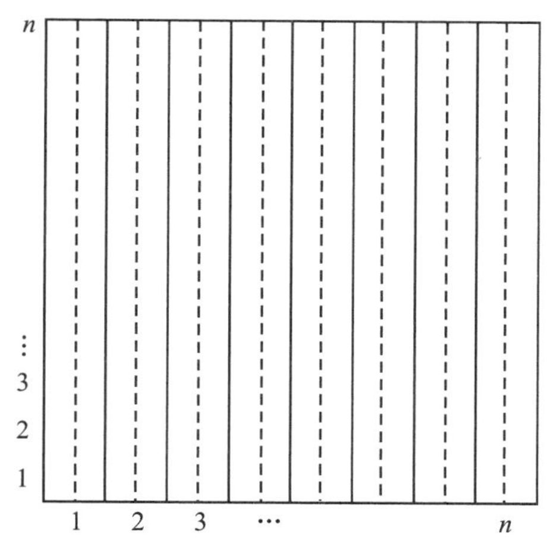

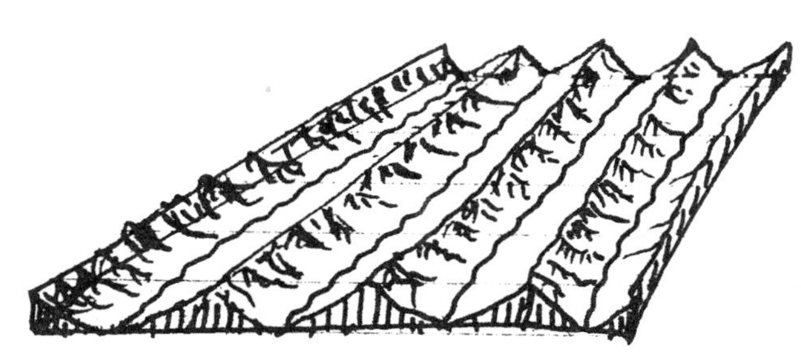

图 7-6-21　条带状均匀分布河网

这时，河流的总长度为

$$L = n \cdot \sqrt{P}$$

由此可得出垂直条带数目为

$$n = \frac{L}{\sqrt{P}}$$

条带的宽度为

$$B = \frac{\sqrt{P}}{n} = \frac{\sqrt{P}\sqrt{P}}{L} = \frac{P}{L} \tag{7-6-5}$$

这同时也是用单位河长所拥有的面积来表达的河网的密度。

同样，可把河网理解为规则格网状(图7-6-22)，这时

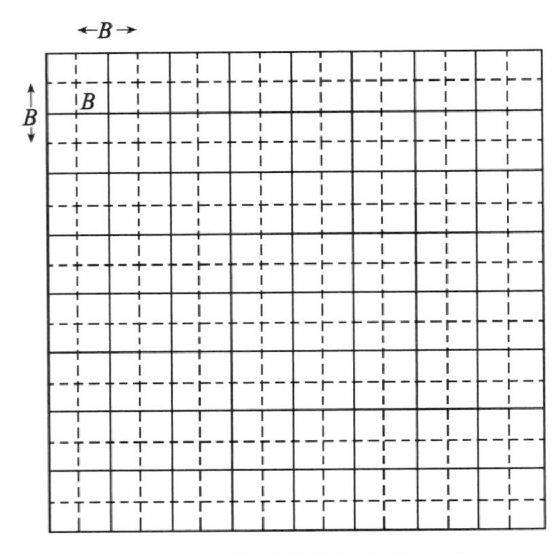

图7-6-22 格子状均匀分布河网

$$P = (n \cdot B)^2$$

由此得出

$$nB = \sqrt{P}$$

因为在每一个格子中的河流长度为$2B$，因此得出河网的全长

$$L = 2n^2B$$

另一方面

$$L = 2n\sqrt{P}$$

于是

$$B = \frac{\sqrt{P}}{n} = \frac{2\sqrt{P}\sqrt{P}}{L} = \frac{2P}{L} \tag{7-6-6}$$

上述公式的共同之处在于，它们都是通过长度与面积来表达密度系数的。比较图7-6-21和图7-6-22可知，后面所计算的河网密度系数B比前面所计算的要大两倍。

(3)单位面积中河流的条数

Belgrand(1873)提出用单位面积中河流的条数 n 来表示河网密度，即

$$K_{\text{Belgrand}} = \frac{n}{P} \tag{7-6-7}$$

(4)平均河段长度

A. Penck(1894)认为可用河流的分支程度来表示河网密度，即用区域中被支流所分割的平均河段长度或河口间河段的平均长度来表示河网密度，即

$$K_{\text{Penck}} = \frac{L}{n} \tag{7-6-8}$$

式中，L 为区域中河流的总长度，n 为河段数目。

有一个特殊情况要注意：是完整的 n 条河流，还是 n 条较大河流在 P 中部分出现。这种不确定性影响到该种密度指标在河流选取中的应用。特别是当 n 为河段数目时，使得其所对应的密度指标更难与河流的综合选取有直接的联系。

下面两种方法都与 Belgrand 的原理相似。

(5)河网的网眼大小

H. Feldner(1902)提出用河网所形成的网眼大小来度量河网密度(河网的边界是用直线把河源点连起来而成)，即

$$K_{\text{Feldner}} = \frac{P}{n} \tag{7-6-9}$$

式中，P 为河网所围的(流域)面积，它没有顾及分水地带；n 为网眼数(图 7-6-23)。

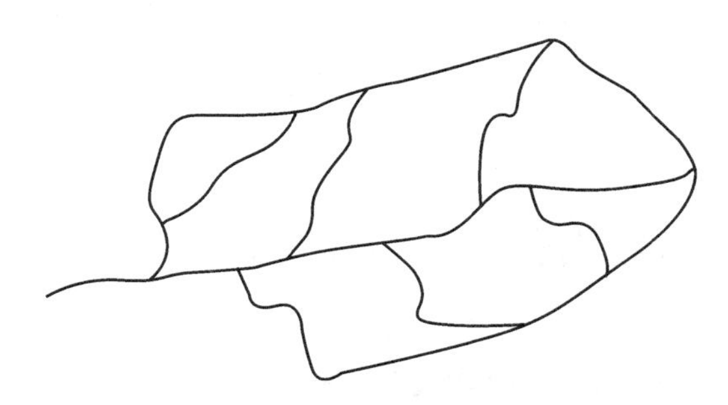

图 7-6-23　流域的河网密度

Rasehorn(1912)提出可用谷底线或最短距离线把河源点延伸至分水线，即

$$K_{\text{Rasehorn}} = \frac{P}{n}$$

式中，P 包括分水地带在内。

上述两种基于流域的河网密度估值的最主要特点是所用到的都是完整的河流信息，而不是某些河流的不同河段的信息。因此，这种密度指标与河网的综合选取有着直接的联系。

在数据库环境下，河流长度 l 的自动确定已不存在技术问题，仅用密集坐标求累积折线长度也比手工环境下用分规量测曲线长度的精度要高得多。若将数据库坐标作光滑加密，则可计算出更为精确的曲线长度。此外，在数据库环境下，面积量测更不存在重大技术问题。特别是在 Voronoi 图方法的支持下，可求得每一条河流的统计汇水面积 p(即基于

线状目标的 Voronoi 图，不顾及分水线的精确位置)，它是各条河流的影响区域。这样，分别计算上述两种河网密度系数如下：

单位面积中的河流长度

$$K_P = \frac{L}{P}$$

单位河长所拥有的面积

$$K_L = \frac{P}{L}$$

显然，这两种系数之间是互为倒数关系。K_P 越大，河网越密；而 K_L 越大，则河网越稀。

可对每一条河流计算其单位长度所拥有面积，将其作为该小流域的局部河网密度系数：

$$k_i = \frac{p_i}{\ell_i} \tag{7-6-10}$$

该数值是所指河流所拥有面积、汇水区域或影响范围，因而可用来表达该条河流在综合选取中的权值。

对于整个数据库或整个制图区域，可得出各个小流域的局部河网密度系数 k_1，k_2，k_3，…，k_n。

对于由各个小流域所计算的河网密度系数，需要进行聚合归类，以使形成彼此可以明显区分的若干区域，即要体现出制图综合特性：既不能分级过多，也不能分区零散破碎。必须使所划分的密度等级差别显著，并要保证它们在成图上反映的可能性。一般的分级数目大体上为 5 ~7 级，即所谓的“魔鬼数”。

7.7 面群目标的结构化描述与综合途径(以建筑物综合为例)

7.7.1 街道实体形成与复杂物体管理

城市平面图形的主要综合对象是街网、街区与建筑物等。这就要求在 GIS 数据库中要有相应的显式实体结构。否则，就要在实施综合之前，对库中的非结构化数据或裸数据进行实体化组织。

街网是街道实体的集合。什么是街道实体？街道作为地理实体来说，应该有其位置图形和属性信息。

1. 交通意义上的街道

从交通的角度来看，街道与道路的概念一致。但是，在城市中它的图形并不是两条平行曲线，而是由被横向街道所分割的左侧边线和若干条右侧边线组成。因为这些街道边线与邻近街区或建筑物关联，所以它们各自独立存在。最后导致街道图形信息管理成为一个复杂(复合)物体管理问题，详见第 4 章 4.5“复杂(复合)物体处理功能”。街道的名字是街道实体的一个属性。

需要强调指出的是，街道并不是两行建筑物或两列街区之间的空白地带，它应有自己独有的图形。如果发出检索某条街道的图形，应该准确无误地检索出两侧边线，每侧由若干条边线构成。

2. 管理单元意义上的街道

从城市管理来看，街道与其两侧的建筑地段相关。这时的街道就不仅是拥有道路的含义，而是指一个城区管理单元。例如，某个企事业单位在××街××号。从这个意义上讲，完整意义的街道应包含街道图形、街道名称和两侧毗邻的建筑地段或企事业单位。不用说，这是更为复杂的“复杂物体处理”。

由此看来，街道边线是一种明确的地理实体，它既是街道实体轮廓的组成部分，又是街道与其两侧街区或建筑物的关联器。为了使街道边线具有灵活的处理功能，特别是它往往兼有街区边线甚至建筑物边线的属性，因此，需要将其定义为系统中独立存在的目标。

然而，在目前的地形图图式或 GIS 要素分类表中，尚不存在“街道边线”这一概念，如何定义街道？在数字环境下，地形图图式应与 GIS 要素分类相兼容，应该适时地增添“街道边线”这一新概念，并在空间数据库中创建相应的数字化实体。

支持自动制图综合的数据库系统应具有复杂物体或复杂目标处理的数据结构与检索更新机制。

7.7.2 城市平面图形的结构化描述

在城市 GIS 广为建立的今天，自动创建更小分辨率的空间数据库和相应的地形图已成为目前的一个突出问题。在迫不得已的情况下，有的部门或单位采取人机交互方法来应付急需。属于城市平面图形范畴的有街网、街区、建筑物和其他物体等。在模拟情况下的人工综合中，不同类别地理实体(如街道、街区和建筑物等)的完整信息及其相互关系由作业员来识别与处理。在数字环境下，街道及街区这些地理实体及其相互关系的识别就要靠相应的数据结构来支持。而当前的 GIS 尚缺少这样的完备数据结构。

城市平面图形的结构化描述主要表现为街网/街区层次树结构的建立，如图 7-7-1 所示。

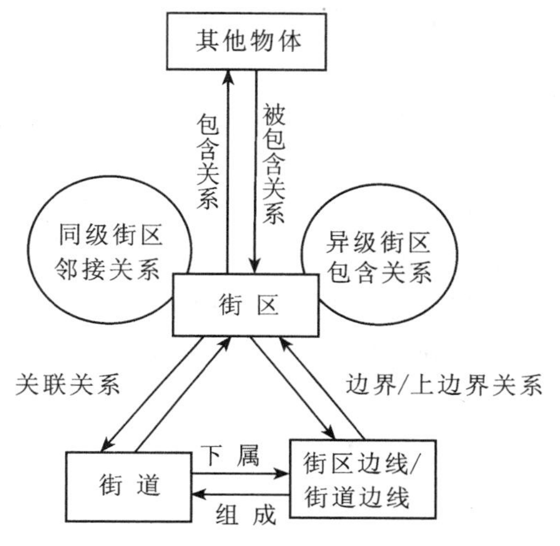

图 7-7-1　城市平面图主要组成元素之间的关系

如前所述，综合的实质是信息变换。对于城市平面图形来说，变换的对象就是不同层次的街道、街区和其他物体等地理实体，这个树结构层次如下：

1. 几何层次树

这是从平面图形结构方面来进行划分：

主要街道与由此划分的主要街区；

次要街道与由此划分的次要街区；

底层街区与位于其内部不同类别物体之间的包含关系（可通过如图4-6-1所示的“按多边形检索”自动实现）；

不同层次的街道与其两侧街区或建筑物的关联关系（可通过缓冲区检索自动实现）。

2. 语义层次树

这是从行政管理方面进行划分，即城市、城区、街道委员会管辖区等。这些管辖区的界线不一定与几何层次树的界线一致，这对GIS尤为重要，因为GIS所需的专题信息是以各级管理区为单位进行统计或采集的。

3. 层次划分的意义

几何层次与语义层次相结合，意味着城市平面图形的概括可顾及行政管理层次，以利于图形信息与专题信息的协调一致。

建立底层街区与位于其内部不同类别物体之间的包含关系，为在街区内进行目标图形概括提供了信息保证。

对于离散式的面状目标，如石林、湖群、以平面图形表示的居民地群和离散型专题多边形群等，实现它们之间的结构关系，可有以下途径：

语义信息级别高低分层；

属性信息（如面积等）排序；

面状目标群Voronoi图。

7.7.3 以苏霍夫（В. И. Сухов）为代表的苏联学者对解析法地图综合的历史贡献

历史的方法就是按客观对象在发展过程中，所经历的不同的具体阶段、具体形态和过程来制定理论体系，从而反映对象的本质及其规律的一种方法。

在20世纪40年代末，地图综合处于手工模拟阶段。彼时有人在探索部分综合操作的机械化问题，数字化的概念尚未产生。

在模拟时代，为了得出满意的综合结果，往往需要进行多次编绘样图的试验，这要花费较多的人力和时间。经过若干年的实践之后，为了升华人们的经验，出现了用解析方法去代替需要反复试验的手工模拟方法，使数学方法的应用渗入到各个专业领域，在客观上为其后的数字化奠定了初步的基础。起到了模拟、解析与数字化的历史性中间桥梁的作用（图7-7-2）。

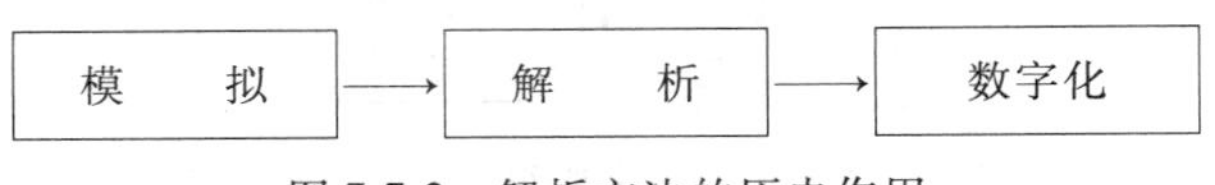

图7-7-2 解析方法的历史作用

就居民地解析法综合问题，苏霍夫(1965)和科姆柯夫等(Комков 等　1958)做出了广泛而深入的研究。

苏霍夫于1947年提出的居民地选取标准图解计算法全面地考虑到区域地理特征、居民地的密度、图形符号和注记的载负量等，取得了可用于生产实践的可靠成果，对于后来的数字化与模型化综合具有极为重要的参考与应用价值。苏霍夫就制图综合问题，先后发表了以下主要论著：

《地形图上苏联居民地的表示》，《苏联中央测绘研究院著作集》1947年第48期；

《综合的解析方法》，《莫斯科测绘学院著作集》1950年第5期；

《地图注记对地图载负量的影响》，《莫斯科测绘学院著作集》1950年第6期；

《小比例尺普通地图上居民地的选取标准》，《苏联中央测绘研究院著作集》1951年第76期；

《制图综合的理论基础》，《苏联国家测绘局地图学论文集》1953年第4期；

《普通地图编制》，俄文版，1957年；中文版，测绘出版社1965年版。

在苏霍夫的有关解析法综合的论著中，以《地形图上苏联居民地的表示》最具代表性，这是一本系统性很强的专著，论述广泛，试验规模大，其中首次提出许多重要概念，如地图载负量等，一直沿用至今。当时的研究成果与不同比例尺的图式与规范结合紧密。

苏联科学院通讯院士Н. Н. 巴兰斯基(Баранский)为该专著所写的编者前言中讲道："……不能不承认В. И. Сухов致力于居民地在普通地图上表示法的研究成果是再及时不过的和完全满足已经成熟的实践需求……居民地在地形图上的表示问题，部分地由军事地形局于1943年出版的《实用教材》(*практическое пособие*)及希洛夫(Н. И. Шилов)、尼古拉也夫(С. А. Николаев)和贝斯特洛夫(А. Г. Быстров)的著作所论述。这些论著的作用和意义在本专著中做了详细的阐述。这样，Сухов В. И. 所选题材的专著在我们的制图文献中乃是首批具有独创性的科研专著之一。В. И. Сухов在论述居民地的制图表示时，涉及面很广，并伴随一系列新问题。除了纯粹的制图问题，如最后三章(居民地的综合、载负量和选取)，作者在自己的研究视野中还把一些地理问题——居民地的类型(包括居民的类型、地域结构、密度等)和纯技术问题(图形表达手段——曲线，轮廓和字体等)作为必需的前提来研究。毋庸置疑，作者的功劳乃是对丰富制图资料的研究和深思熟虑的分析。在范围如此广阔的专著中，所包含的问题按其实质来说是极为不同的：从普通地理学到纯粹技术性问题，当然一个作者，所著专著的不同部分不可能研究得同样的详细和完美。就较为狭窄的和专业层次的问题，诸如地图的图形载负量、制图注记字体、地图居民地允许载负量标准的确定等，作者进行了极为详细的研究，给出了严格具体的可应用于实践和适用于生产的答案。另一些较为广泛的和原理层次的问题，诸如居民地的制图概括方法，特别是关于居民地的类型问题，就制图表示来说，作者进行的研究范围要小得多。"

在该专著的序言中，作者讲道："居民地在地图上表示法的基础乃是制图综合，它不仅对地图学，而且一般说来对地理学，都有重大意义。"

7.8　地貌形态的结构化综合途径

7.8.1　地貌形态的数学描述

用于研究地形模型的数学方法可归结为两大类：统计方法与解析方法。前者从概率分布方面研究地形，后者在阐明地形过程的物理实质之前，先给出必要的严密的数学表达。此处我们仅从解析的角度用数学手段来逼近地形过程。

1. 地形表面的抽象描述

这里仅指能用等高线表示的具有和缓变化的地貌形态，不包括断裂线、绝壁、尖峰、竖井、洞穴等不满足单值、连续和光滑等数学条件的地貌形态。用等高线表示的地势图与等深线图就是典型的例子，这样的地表面可表示为

$$Z=f(x, y) \text{或} F(x, y, z)=0 \tag{7-8-1}$$

由此得到等高线的方程（即当高程 Z 为常数值时）

$$f(x, y)=C \tag{7-8-2}$$

等高线在水平平面上的投影为

$$\frac{\partial f}{\partial x}\mathrm{d}x+\frac{\partial f}{\partial y}\mathrm{d}y=0$$

或

$$f_x\mathrm{d}x+f_y\mathrm{d}y=0 \tag{7-8-3}$$

垂直于等高线的最大坡度线方程为

$$\frac{\partial f}{\partial x}\mathrm{d}y+\frac{\partial f}{\partial y}\mathrm{d}x=0 \tag{7-8-4}$$

或

$$\Phi\left(x, y, \frac{\mathrm{d}y}{\mathrm{d}x}\right)=0$$

最陡坡度由下述两个方程的联立解给出

$$\begin{cases} F(x, y, z)=0 \\ \Phi\left(x, y, \dfrac{\mathrm{d}y}{\mathrm{d}x}\right)=0 \end{cases} \tag{7-8-5}$$

图 7-8-1 为地形的数学描述的直观表达（Девдариани　1966）。

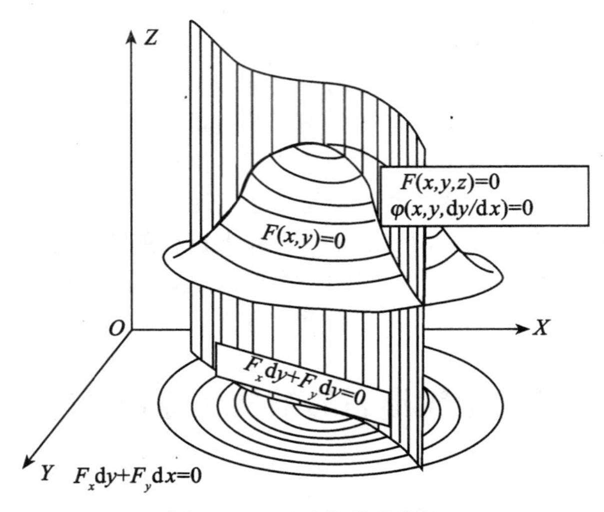

图 7-8-1　地形的数学描述

2. 地形表面的数学建模

一个广阔的地区往往包含多种形态各异的地貌形态。通常的简单解析函数只能表示单个地貌形态。例如，一次线性方程描述一个倾斜平面

$$Z=Ax+By+C \tag{7-8-6}$$

二次方程描述简单的山丘或谷地

$$Z=Ax^2+By^2+Cxy+Dx+Ey+F \tag{7-8-7}$$

三次曲面方程可以描述更为复杂的地段

$$Z=Ax^3+Bx^2y+Cxy^2+Dy^3+Ex^2+Fxy+Gy^2+Hx+Iy+J \tag{7-8-8}$$

一般来说，n 次曲面的横断面至少会有 $n-1$ 个交替出现的极值点(极大值与极小值)。三次曲面的横断面可有一个极大值和一个极小值。如果要对广阔地区的复杂地貌仍用简单解析函数来表示，势必用到次数极高的多项式。虽然，从理论上讲，高次多项式可以表示复杂曲面，但需要很多系数，而这些系数的物理意义又难以明确，且往往使曲面在某些地段产生无意义的起伏。解决问题办法是构造一种复合曲面，即用“分而治之”的方法把整个连续的地貌区域分解为多个离散的小面片。对于各个小面片，由于其范围的极度缩小和形态复杂性的极度降低，采用低阶多项式就行之有效了。

当把整个复杂地貌曲面分割成一组简单的小面片时，有一个补充要求：在相邻面片的连接处要有必需的连续性，首先是位置或边界线的连续性，进一步则要求具有连续的切平面。

(1)基于矩形网格划分的双三次曲面法

设矩形划分中的一个单元的四个角点为 A、B、C、D，在此小面片上构造一个双三次曲面(图 7-8-2)：

$$Z=b_1x^3y^3+b_2x^2y^3+b_3xy^3+b_4y^3+b_5x^3y^2+b_6x^2y^2+b_7xy^2+b_8y^2+b_9x^3y+b_{10}x^2y+b_{11}xy+b_{12}y+b_{13}x^3+b_{14}x^2+b_{15}x+b_{16} \tag{7-8-9}$$

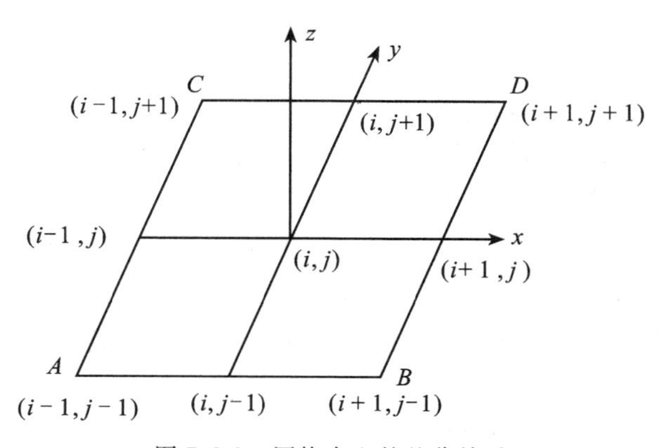

图 7-8-2　网格点上的差分关系

式中有 16 个特定系数，要求 16 个边界条件：角点高程 Z_A、Z_B、Z_C 与 Z_D；曲面函数对 x 的偏导数为

$$\left(\frac{\partial z}{\partial x}\right)_A,\ \left(\frac{\partial z}{\partial x}\right)_B,\ \left(\frac{\partial z}{\partial x}\right)_C,\ \left(\frac{\partial z}{\partial x}\right)_D \tag{7-8-10}$$

曲面函数对 y 的偏导数为

$$\left(\frac{\partial z}{\partial y}\right)_A,\ \left(\frac{\partial z}{\partial y}\right)_B,\ \left(\frac{\partial z}{\partial y}\right)_C,\ \left(\frac{\partial z}{\partial y}\right)_D \tag{7-8-11}$$

混合偏导数为

$$\left(\frac{\partial^2 z}{\partial x\partial y}\right)_A,\ \left(\frac{\partial^2 z}{\partial x\partial y}\right)_B,\ \left(\frac{\partial^2 z}{\partial x\partial y}\right)_C,\ \left(\frac{\partial^2 z}{\partial x\partial y}\right)_D \tag{7-8-12}$$

这些导数可以概括为每个网格点上沿 x 方向的斜率 R，沿 y 方向的斜率 S 和该点上的曲面扭曲 T，即

$$R=\frac{\partial z}{\partial x},\ S=\frac{\partial z}{\partial y},\ T=\frac{\partial z}{\partial x\partial y} \tag{7-8-13}$$

这样的曲面不仅在网格点上函数值、偏导数相同，而且在小矩形的边界上也是连续的。例如，在 AB 边上，网格线两边的小矩形内表示 Z 值的双三次多项式，这时都退化为关于 x 的三次多项式，而在两端点上相同的 Z 值和 $\frac{\partial z}{\partial x}$ 又唯一地确定了沿该线的 x 的三次多项式，即在边界两边的三次多项式是相同的。这就证明了曲面沿小矩形边界线的连续性。由于在网格线端点上 $\frac{\partial z}{\partial y}$ 和 $\frac{\partial^2 z}{\partial x\partial y}$ 相等，所以 $\frac{\partial z}{\partial y}$ 沿该网格边线也是连续的(杨学平 1980，徐庆荣等 1993；郭仁忠 1997；李志林，朱庆 2000)。

设网格边长为1，以网格左下角为原点，则 $0\leqslant x\leqslant 1$，$0\leqslant y\leqslant 1$。为求各点上的导数值，可用差分代替微分(图7-8-2)。

$$R_{i,j}=\frac{\partial z}{\partial x}=\frac{z_{i+1,j}-z_{i-1,j}}{2} \tag{7-8-14}$$

$$S_{i,j}=\frac{\partial z}{\partial y}=\frac{z_{i,j+1}-z_{i,j-1}}{2} \tag{7-8-15}$$

$$T_{i,j}=\frac{\partial^2 Z}{\partial x\partial y}=\frac{(z_{i-1,j-1}+z_{i+1,j+1})-(z_{i-1,j+1}+z_{i+1,j-1})}{4} \tag{7-8-16}$$

(2)基于任意四边形的Coons曲面法

任意四边形具有更好的适应性，它能更好地逼近地表的任意划分，例如由地性线围成的地貌形态单元——坡元。

1964年，S. A. Coons提出了一种用于计算机辅助曲面设计的数学方法。设一张复杂的曲面由两组相交的曲线所划分，构成一个曲线网络，其每一个网眼看成是由四条边界曲线围成的曲面片(拓扑矩形)，整个曲面则由各个曲面片拼接而成，曲面片的拼接可达到不同程度的连续性。

所谓曲面片，是指曲面的一部分，它表示两个自由度(u, v)的点(x, y, z)在空间运动的轨迹，可表示为双参数(u, v)的矢值函数。令

$$P(u,v)=[P_x(u,v),P_y(u,v),P_z(u,v)] \tag{7-8-17}$$

式中，P_x，P_y，P_z 是 P 的三个坐标分量函数；$0\leqslant u$，$v\leqslant 1$。矢值函数 $P(u,v)$ 是由(u, v)平面上的单位正方形到空间上的一个单值映像，像点的全体即是所讨论的曲面片。

此处仅介绍具有给定边界的 Coons 曲面片的构造(孙文焕等　1994)。

给定两组边界曲线：$P(u, 0)$，$P(u, 1)$，$P(0, v)$，$P(1, v)$(图 7-8-3)。求这四条边界曲线所围的曲面片方程 $P=P(u, v)$。当 $u=0$，$u=1$，$v=0$，$v=1$ 时，它化为正解的边界曲线。

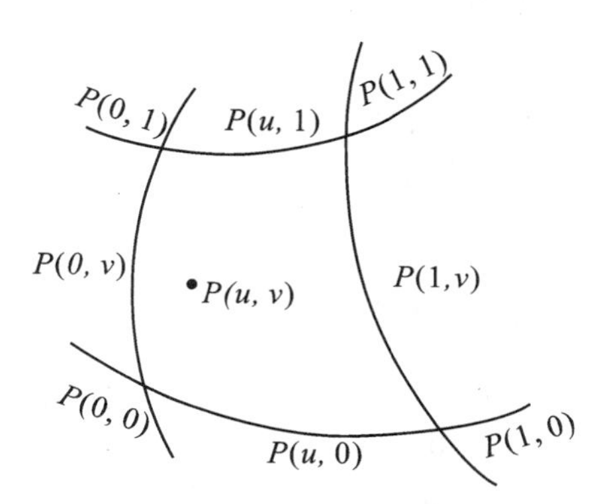

图 7-8-3　Coons 曲面片的定义

构造 Coons 曲面片按下列步骤进行(图 7-8-4)：

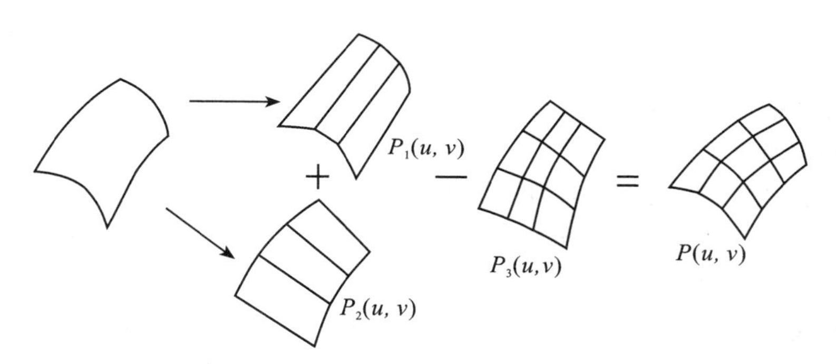

图 7-8-4　Coons 曲面片的生成过程

首先，构造一个曲面片 $P_1(u, v)$，插值边界曲线为 $P(u, 0)$ 和 $P(u, 1)$，并在 v 方向线性插值得到一个直纹面，其方程为

$$P_1(u, v)=(1-v)\cdot P(u, 0)+v\cdot P(u, 1) \tag{7-8-18}$$

同理，构造插值边界线 $P(0, v)$ 和 $P(1, v)$ 的曲面片 $P_2(u, v)$，并在 u 方向线性插值得到另一个直纹面，其方程为

$$P_2(u, v)=(1-u)\cdot P(0, v)+u\cdot P(1, v) \tag{7-8-19}$$

现在，P_1+P_2 表示一个曲面片，它的每一条边界曲线都是给定的边界曲线与该曲线端点的线性插值式之和。例如，由上述两式容易证实，对应于 $v=0$ 的边界不是 $P(u, 0)$，而是

$$P_1(u, 0)+P_2(u, 0)=P(u, 0)+(1-u)\cdot P(0, 0)+uP(1, 0) \tag{7-8-20}$$

类似地，有

$$P_1(u,1)+P_2(u,1)=P(u,1)+(1-u)\cdot P(0,1)+uP(1,1) \tag{7-8-21}$$

因此，需要进一步构造一个曲面片 $P_3(u, v)$，它的边界恰是那些不需要的线性插值式，使得我们可用 $P_1+P_2-P_3$ 来恢复原来的边界曲线。

由下面的 P_3 不难看出，当 $v=0$ 和 $v=1$ 时，正好是 P_1+P_2 的多余项：

$$P_3(u,v)=(1-v)[(1-u)\cdot P(0,0)+uP(1,0)]+v[(1-u)\cdot P(0,1)+uP(1,1)] \tag{7-8-22}$$

这刚好就是对 P_1+P_2 的两个线性插值部分在 v 方向作进一步线性插值。

这样，用四条边界曲线的构造的曲面片 $P(u,v)=P_1(u,v)+P_2(u,v)-P_3(u,v)$，可写成

$$\begin{aligned}P(u,v)=&[P(u,0),P(u,1)]\begin{bmatrix}1-v\\ v\end{bmatrix}+[1-u,u]\cdot\begin{bmatrix}P(0,v)\\ P(1,v)\end{bmatrix}\\ &-[1-u,u]\begin{bmatrix}P(0,0) & p(0,1)\\ P(1,0) & P(1,1)\end{bmatrix}\cdot\begin{bmatrix}1-v\\ v\end{bmatrix}\quad(0\leqslant u,v\leqslant 1)\end{aligned} \tag{7-8-23}$$

当用这类 Coons 曲面片构造合成曲面时，只能插值给定边界曲线，曲面拼接的连续性只能达到 C_0 连续，即位置连续，或公共边界吻合一致，不具备梯度连续，或边界连接尚不光滑，因为两相邻曲面片在边界连接处尚未具有共同的切平面。

鉴于地性线(山脊线、谷底线)为地形表面上的两类棱线，通常不呈横向坡角连续，故此类 Coons 曲面可用于由地性线围成的地貌形态的数学描述。

在构造这类曲面片时，仅考虑了边界曲线，而面片内部信息未予顾及，因此对于恰当地描述地貌形态有着明显的缺陷。

3. 地形坡降特征的描述

下面以数字化等高线为例，对地性线之一——坡降线的自动查找进行研究，对另一类地性线——山脊线，在自动查找方法上是类似的。

(1)坡降线的概念与作用

地形坡降线是地形表面坡度变化最快的方向线，形象地说，是水流下降速度最快的方向线，故也称为最大坡度线、坡向线、流向线及流径等。它可以表现地形表面特征的一些很重要方面，如方向、趋势、坡度变化等。为此，为加强地理信息系统的地形分析功能，充分利用数字等高线中所隐含的各种信息，需要研究根据等高线信息自动生成地形坡降线的方法，这对于排水网的表示、地貌特征及结构的抽取等都具有重要意义。

(2)数学原理

我们知道地貌高程函数为 $Z=F(x, y)$，等高线族的一般表达式为

$$F(x,y)=C \tag{7-8-24}$$

式中，C 是高程参数，对它求微分得

$$F_x(x,y)\mathrm{d}x+F_y(x,y)\mathrm{d}y=0 \tag{7-8-25}$$

或

$$\frac{\mathrm{d}y}{\mathrm{d}x}=-\frac{F_x(x,y)}{F_y(x,y)} \tag{7-8-26}$$

上式反映了平面点(x, y)处切线的斜率。由微分理论可知，梯度方向与法线方向是一致的，所以根据地形坡降线的定义，地形坡降线所满足的微分方程可表示为

$$\frac{\mathrm{d}y}{\mathrm{d}x}=\frac{F_y(x,\ y)}{F_x(x,\ y)} \tag{7-8-27}$$

显然，当等高线族 $F(x,\ y)=C$ 已知时，通过求解此微分方程即可直接求出相应的地形坡降线。但是，在基于矢量数据的地理信息系统中，$F(x,\ y)=C$ 往往不能精确得知，它一般表现为由离散点构成的折线族，而相对于某一条固定的地形坡降线，则表现为一族斜率各异的直线段 $\{l_i\}_{i=1}^{m}$ ，这样，从原理上，一般地形坡降线的求解问题可归结为过二直线段 l_1 与 l_2 的地形坡降线的求解问题(图 7-8-5)，下面我们就在此情形下来求解此微分方程。

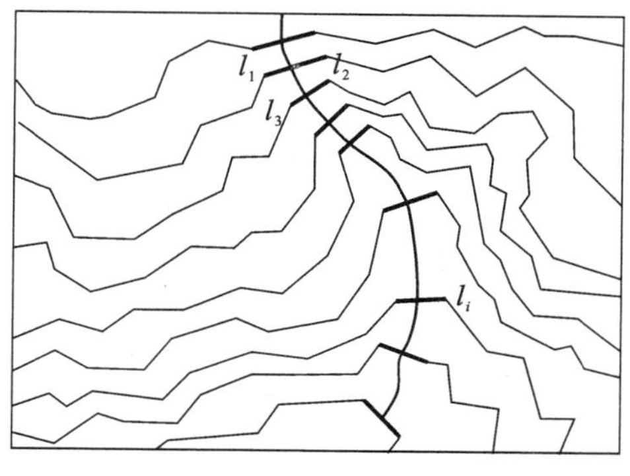

图 7-8-5　坡降线示意图

设所讨论的直线段为 l_1 与 l_2，当 l_1 与 l_2 平行时，所求地形坡降线显然即为它们的公垂线；当 l_1 与 l_2 不平行时，它们必有公共交点 $(X_1,\ Y_1)$，从而 l_1 与 l_2 分别可表示为(图 7-8-6)

l_1:
$$y-Y_1=k_1(x-X_1) \tag{7-8-28}$$
l_2:
$$y-Y_1=k_2(x-X_1) \tag{7-8-29}$$
式中，k_1、k_2 分别为 l_1、l_2 的斜率。

即

l_1:
$$\frac{y-Y_1}{x-X_1}=k_1 \tag{7-8-30}$$
l_2:
$$\frac{y-Y_1}{x-X_1}=k_2 \tag{7-8-31}$$

与等高线族的一般表达式 $F(x,\ y)=C$ 比较可知，在我们所讨论的情形下：

$$F(x,\ y)=\frac{y-Y_1}{x-X_1}=C \tag{7-8-32}$$

对该式求偏导数得

$$\begin{cases} F_x=-\dfrac{y-Y_1}{(x-X_1)^2} \\ F_y=\dfrac{1}{x-X_1} \end{cases} \tag{7-8-33}$$

把此上式代入地形坡降线所满足的微分方程得

$$\frac{dy}{dx}=-\frac{(x-X_1)}{(y-Y_1)} \tag{7-8-34}$$

将此式化为全微分方程

$$(y-Y_1)dy+(x-X_1)dx=0 \tag{7-8-35}$$

则它的解为

$$(x-X_1)^2+(y-Y_1)^2=C \tag{7-8-36}$$

式中，C 为常数。

由此可知，过 l_1 与 l_2 的地形坡降线即是圆心在 l_1 与 l_2 的交点 (X_1, Y_1)、半径为常数 C 的圆弧。

(3)算法实现

根据上述原理，下面讨论根据等高线信息自动生成地形坡降线的一般算法。

从某条等高线 H_1 出发（不妨设从第一条等高线开始），取其中某线段 l_1 上的点 (x_1, y_1) 为出发点，求出 l_1 与下一条等高线 H_2 的某线段 l_2 的交点 (X_1, Y_1)（当 l_1 不平行于 l_2 时），以 (X_1, Y_1) 为圆心、以 $C=\sqrt{(x_1-X_1)^2+(y_1-Y_1)^2}$ 为半径作圆弧，交 l_2 于 (x_2, y_2)；再以 (x_2, x_2) 为新的出发点，重复上述过程，直到最后一条等高线，就可以生成相应的地形坡降线。

综合上述，我们可以给出自动生成地形坡降线的一般算法：

①给出出发点 (x_1, y_1)，以 (x_1, y_1) 所在的线段为 l_1，过 (x_1, y_1) 作 l_1 的法线 t_1，交下一条等高线于 (x_2', y_2')；

②以 (x_2', y_2') 所在线段为 l_2，判断 l_1 与 l_2 是否平行；

③如果 l_1 与 l_2 平行，则将 (x_2', y_2') 作为 (x_2, y_2)，并连接 (x_1, y_1) 与 (x_2, y_2)（公垂线）；

④如果 l_1 与 l_2 不平行，则求出 l_1 与 l_2 的交点 (X_1, Y_1)，并以 (X_1, Y_1) 为圆心、以 $C_1=\sqrt{(x_1-X_1)^2+(y_1-Y_1)^2}$ 为半径，作圆弧交 l_2 于 (x_2, y_2)；

⑤以 (x_2, y_2) 作为新的出发点，即 $(x_2, y_2)\rightarrow(x_1, y_1)$，$l_2$ 作为新的出发线段，即 $l_2\rightarrow l_1$。

重复上述五个操作步骤，直到最后一条等高线结束。

图7-8-6说明了应用本算法，过前六条等高线的地形坡降线的生成过程。

但是，由于每条等高线都是由一系列直线段组成的，所以在对当前等高线 H_1 的直线段 l_i 与下一条等高线 H_2 的直线段 l_{i+1} 求交之前，需要确定 l_{i+1} 是下一条等高线的哪一个直线段。根据地形坡降线的概念，与之求交的边应为距 l_i 最近的通视边，为此，作为探查的方法之一，我们要以过 l_i 上的点 (x_1, y_1) 作法线 t_1，则 t_1 与下一条等高线的交点 P_N 所在的边即为可能的候选边 l_{i+1}。另一方面，也需要从 $P_1(x_1, y_1)$ 出发，求距 $P_1(x_1, y_1)$ 的最短距离边 l_{i+1}，这时便得出 $P_1(x_1, y_1)$ 在 l_{i+1} 上的垂足点 P_v（图7-8-7）。

如果 P_N 和 P_v 位于同一条边上，则在 $\Delta P_1P_NP_v$ 中作 $\angle P_NP_1P_v$ 的角分线 P_1P_2，后者与 l_{i+1} 交于点 $P_2(x_2, y_2)$，即为所求的下一个坡降线点。

P_2 为坡降线的下一点的证明如下：过 P_2 点作 $P_2M /\!/ P_1P_v$，则有 $\angle P_1P_2M=\angle P_2P_1M=$

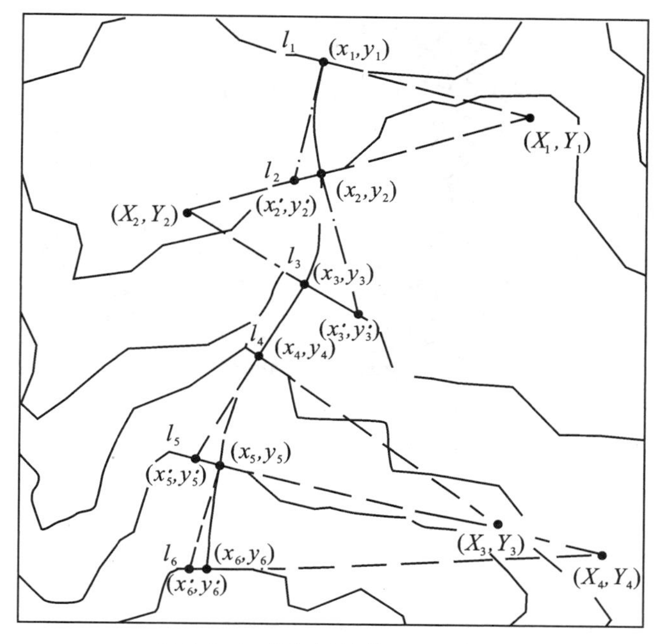

图 7-8-6　坡降线计算过程示意图

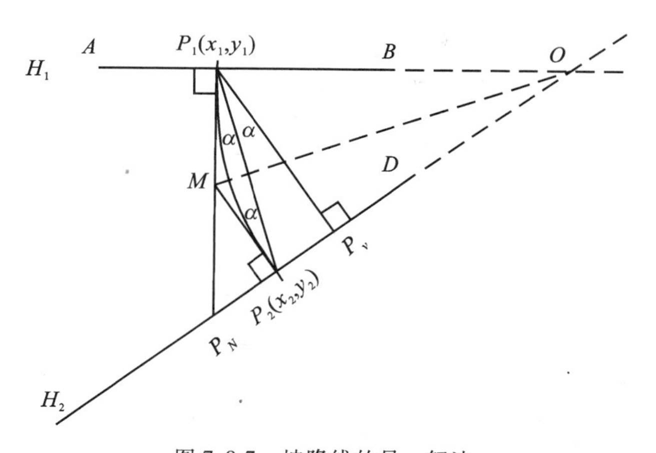

图 7-8-7　坡降线的另一解法

α，进而有 $P_1M=P_2M$。设 l_i与 l_{i+1}的交点为 O，则得 $P_1O=P_2O$，即 P_2位于以 O 为圆心、以 OP_1为半径的圆弧与 l_{i+1}的交点处。

图 7-8-8、图 7-8-9、图 7-8-10 分别给出了利用上述算法及实施方案的实例。

7.8.2　地貌结构的等高线树描述

等高线是表示地貌形态的重要手段，具有严密、精确、可量测和易转换等特点。但它也同时具有竖向不连续的缺点。特别是当等高距较大或地形比较和缓而使等高线比较稀疏时，地貌形态的不连续性就更为突出了。在地图制图和 GIS 迅速发展与应用的今天，对地

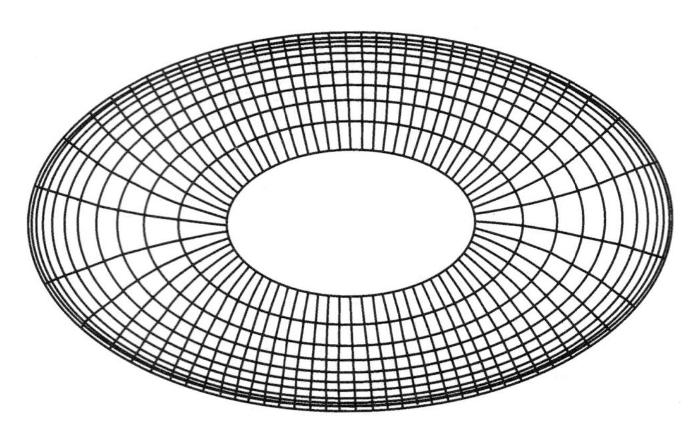

图 7-8-8 椭圆族坡降线

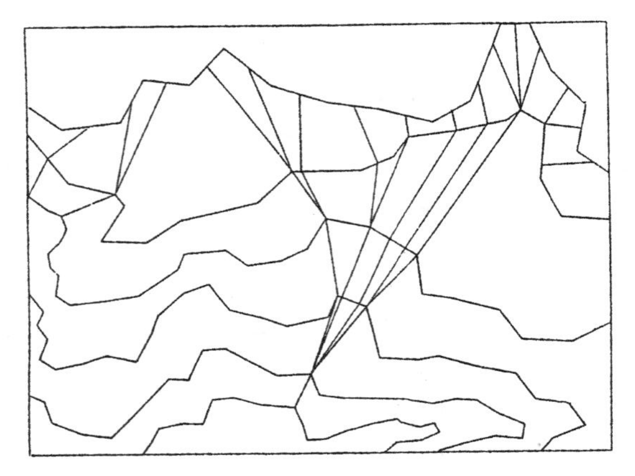

图 7-8-9 过第一条等高线各边的中点所作的坡降线

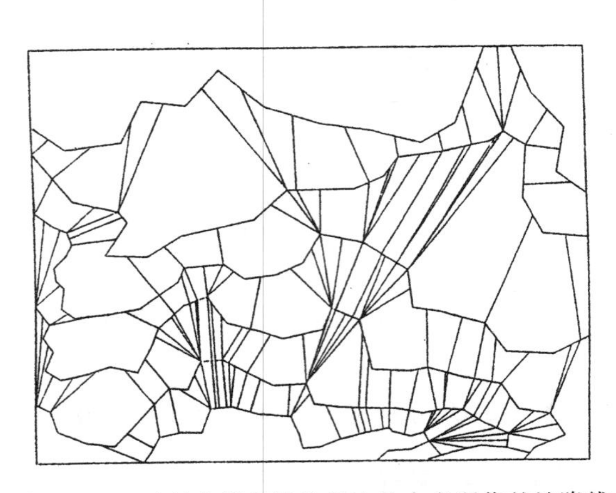

图 7-8-10 过每条等高线的各边的中点所作的坡降线

形图的主要内容之一——表示地貌形态的等高线，做进一步的研究，对其结构本质做进一步的探察，揭示其更深层的信息，使其获得更科学、合理的应用，具有重要意义。

1. 等高线树的概念

等高线树表达的是等高线之间的层次关系，诸如父层等高线与子层等高线之间的隶属或包含关系，以及父层中或子层中诸等高线之间的邻接或兄弟并列关系。这类关系可以说是在树层次总结构中嵌有网络结构关系。当父多边形是由若干条等高线线段组成时，父子关系便为 $M:N$。

建立等高线树结构具有多方面的意义与应用价值，特别是在 DEM 的生成中顾及地形结构线(山脊线、谷底线)时，等高线树结构起着提供关系信息的作用，表现为提供相邻高程各等高线之间的父子关系，借此建立相邻等高线之间坡降线集，后者是 DEM 内插的科学依据之一，使以隐含的方式顾及地形结构线成为可能(图 7-8-11)。

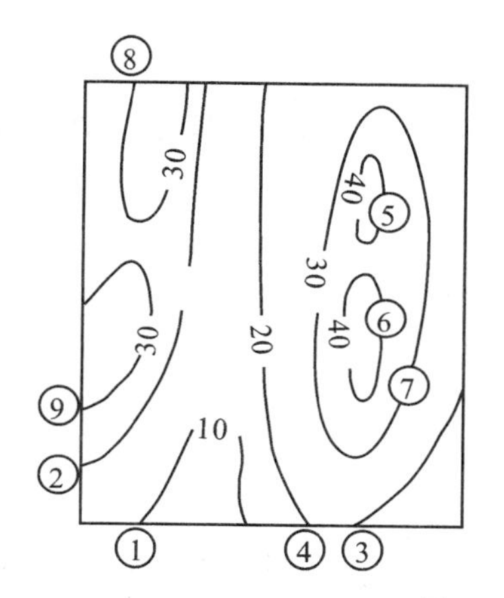

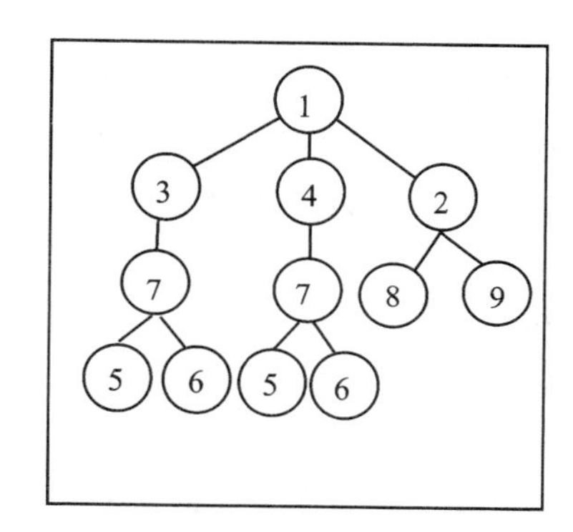

图 7-8-11　等高线树结构

2. 建立等高线树的途径

建立等高线树的实质是要确立父层等高线对子层等高线的包含关系，因此，可自下而上(自低向高)地建立，这时树根朝下，呈自然树状。包含是相对封闭域而言的。因此，为了确定等高线间的包含关系，关键问题是如何形成父层等高线的封闭多边形，借此查明它所包含的子层等高线多边形。

(1)等高线图形的设色分类

为了便于形成父层多边形，需对同一高程的各条等高线图形进行分类，以便用“分而治之”(Divide and Conquer)的方法逐一解决。从这一要求出发，可把等高线图形分为三类，即封闭图形、贴边图形和开放图形。为区分这些不同性质的图形，要求把等高线作为有向线来处理，即规定其曲线前进某一侧(如左侧)朝向高地。

①封闭等高线：判断封闭等高线不存在任何技术问题。在父层等高线集合中，封闭等高线本身就是完整的多边形，可直接记入父层多边形临时文件中，以供在建立父子关系时使用。

封闭等高线分两种情况：

山包：当约定等高线前进方向(通常取反时针方向)左侧朝高时，山包表示为反时针封闭图形。

洼地：在上述约定情况下，洼地表示为顺时针封闭图形。

封闭图形地貌特征的检测：对每一个图幅或数据库中的全部等高线封闭图形逐个进行检测：山包是否表示为反时针的坐标序列以及洼地是否表示为顺时针的坐标序列。可用矢量叉积法对封闭图形轮廓线点的序(顺/反时针)方向进行判断，步骤如下(图 7-8-12)：

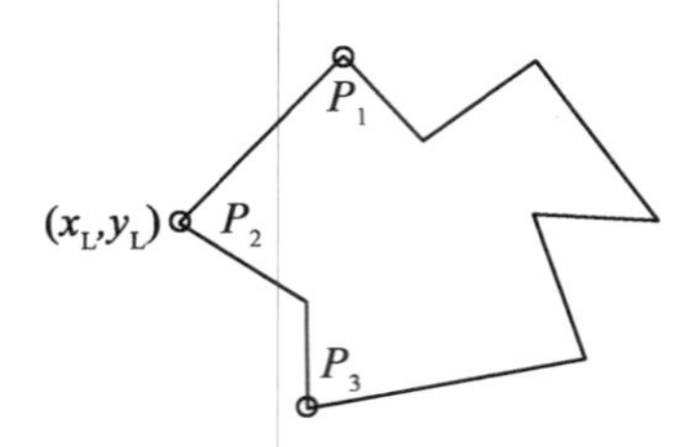

图 7-8-12　封闭多边形边界走向的确定

找出封闭图形的一个极值点，如最左点（x_L，y_L），令其为相对第 2 点 P_2，取它的前点与后点分别作为第 1 点 P_1 与第 3 点 P_3。

计算两个矢量的叉积 $\boldsymbol{S}=\boldsymbol{P}_1\boldsymbol{P}_2\times\boldsymbol{P}_2\boldsymbol{P}_3$。

时针方向的判别：

若 $S>0$，则为反时针方向；

若 $S<0$，则为顺时针方向；

若 $S=0$，则两矢量共线。

封闭图形一经处理完毕，即从父层同高等高线集中消除。

②贴边等高线：指的是一些特殊的开放等高线，它能够按反时针方向与图廓线一起构成完整的多边形高地，而其中不包含任何别的同高等高线图形，如图 7-8-13 中晕线部分表示贴边高地，晕点部分表示河流。

由图 7-8-13 看出，贴边等高线之间可能有其他同高等高线存在，后者把它们隔离开来，使它们与图廓线一起，形成各个孤立的贴边高地多边形。它们均可作为独立的父多边形，记入父层多边形临时文件。

贴边等高线一经处理完毕，即从父层等高线集中消除。

③开放型等高线：指的是在父层等高线集合中扣除封闭等高线和贴边等高线后所剩下来的其他父层等高线，图 7-8-14 中晕点表示河流，虚线表示已处理过的贴边等高线。

(2)建树操作

①按高程对等高线分组与排序：等高线树的基本结构是按高程来组织的层次结构。为建立此结构，首先要从数据库中检索出全部等高线，此处所需的检索结果为各条等高线的关键字与等高线的高程集合{H，KEY}。由于等高线树是按高程顺序来组织的，所以要把上述检索结果按高程排序。操作的结果是一个有序集{高程，{等高线关键字}}：

$$\left.\begin{matrix} H_1, & \{\text{KEY}\}_1 \\ H_2, & \{\text{KEY}\}_2 \\ & \cdots\cdots \\ H_N, & \{\text{KEY}\}_N \end{matrix}\right\} \tag{7-8-37}$$

此处，H 代表等高线的高程，{KEY}代表属于此高程的等高线序号集或等高线的数据库

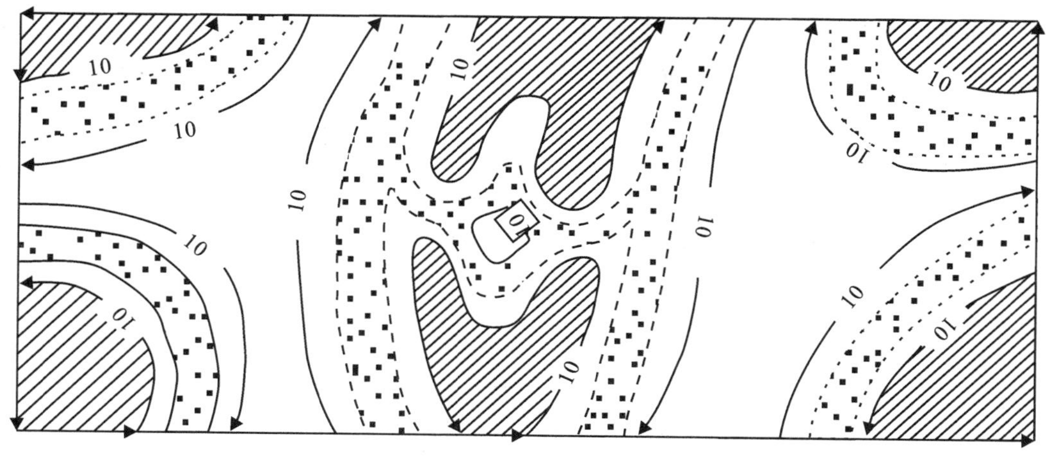

图 7-8-13　贴边等高线示意图

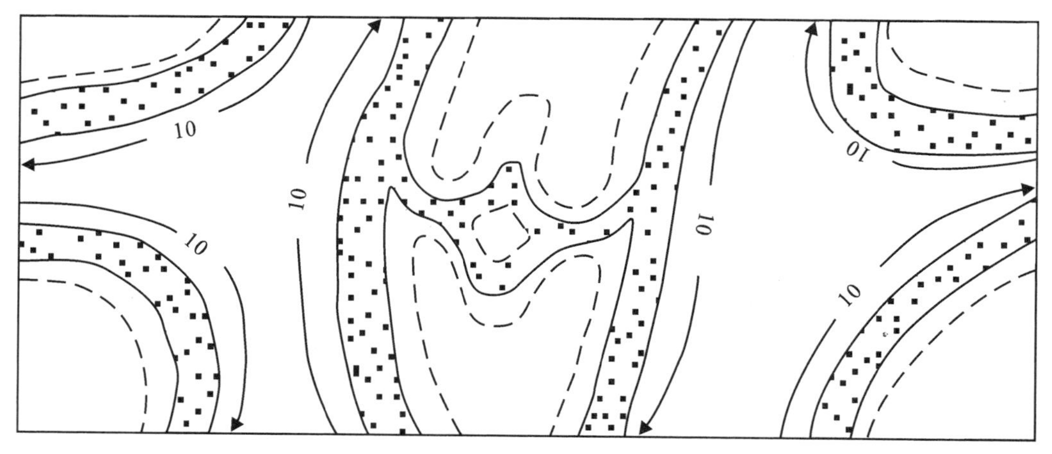

图 7-8-14　开放型等高线示意图

关键字集合。从文件性质来说，它是一个倒排文件(索引)。

在按高程排序的前提下，建立等高线树的任务就归结为 H_i层中哪些等高线包含 H_{i+1}层中的哪些等高线。H_i层称为父层，H_{i+1}层称为子层。显然，父子关系是逐层递推的。

②父层多边形的生成：为建立父层 H_i对子层 H_{i+1}中等高线之间的包含关系，首要的任务是生成父层多边形。父层多边形的生成方法在逻辑上与分层设色中的颜色填充一样。

因为父层等高线在图幅中所形成的各种高地多边形可能是分离的，所以可以逐个进行处理。下面给出由父层等高线集合生成父层多边形集合的算法。

父层多边形的生成按前述的“等高线图形的设色分类”来进行。

a. 封闭多边形的确认：由于判断封闭等高线所形成的封闭多边形不存在任何技术问题，故此处不再赘述。只是每当判定一封闭多边形后，把它的核心信息(KEY，坐标点数，坐标串)记入父多边形临时文件，并在父层等高线集合{KEY}中消去当前的封闭多边形的 KEY。

b. 贴边多边形的判断：等高线的走向与地貌形态特征之间的关系是等高线的纯几何意义是相等高程点的连线。当把它与地貌形态联系起来考虑时，则等高线的两侧的高程是不同的，即一侧高，另一侧低。究竟哪一侧高或哪一侧低，具有不确定性，即二义性，如图 7-8-15 所示。

为了排除等高线与地貌关系的二义性，需要做出一些约定：取等高线为有向线，最简单的办法就是把其坐标串的走向作为等高线的方向。为了与几何学、物理学等的约定相一致，此处约定：等高线与地貌的关系规定为其左侧(朝)高、右侧(朝)低。这样，等高线在表示山包时，就呈现为反时针方向的封闭多边形；反之，在表示洼地时，则呈现为顺时针方向的封闭多边形。

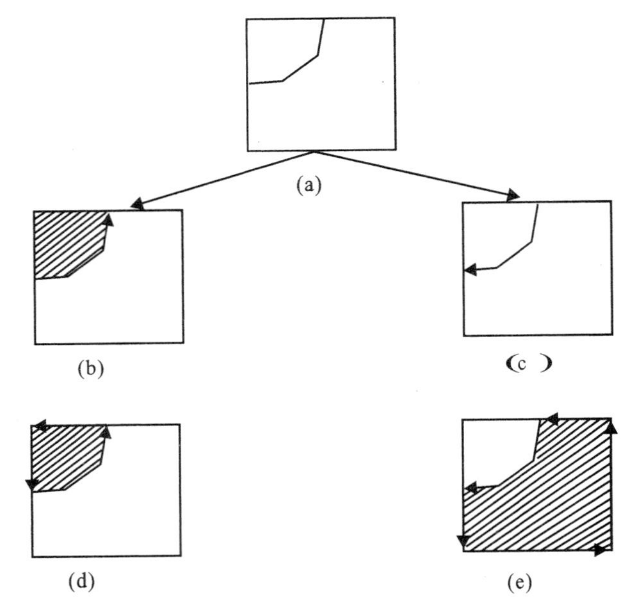

图 7-8-15 等高线与地貌关系的二义性

在图 7-8-15 中，图(a)中的一段等高线可能有两种方向，分别示于图(b)和图(c)。若按反时针的约定，则这两种可能的方向就对应着两种不同的高地，如图(d)和图(e)所示。

根据上述原因，在建立等高线树之前，按照约定规则对全部等高线的方向做统一化处理。

为自动判断贴边多边形高地，我们对封闭多边形之外的所有等高线计算其首末点(S 和 E)到图廓原点(左下角点)沿图廓的反时针方向距离(图 7-8-16)。

按距原点 O 的反时针沿图廓距离，对首末点进行排序后，得出下述数列：

$$S_1 \boldsymbol{E}_{12} S_2 \boldsymbol{E}_3 \boldsymbol{S}_3 E_8 S_4 \boldsymbol{E}_5 \boldsymbol{S}_5 E_4 S_6 \boldsymbol{E}_7 \boldsymbol{S}_7 E_6 S_8 \boldsymbol{E}_9 \boldsymbol{S}_9 E_2 S_{10} \boldsymbol{E}_{11} \boldsymbol{S}_{11} E_{10} S_{12} \boldsymbol{E}_1 \boldsymbol{S}_{(1)+} \tag{7-8-38}$$

并把 S_1 补填在最后(即 $S_{(1)+}$)。分析此数列我们发现，凡以 E 开头的相邻两元素的下标一致者，则该下标所示的等高线为贴边多边形高地(E_3S_3，E_5S_5，E_7S_7，E_9S_9，$E_{11}S_{11}$ 和 E_1S_1)。这是由于它们与图廓边构成反时针方向的多边形的缘故。

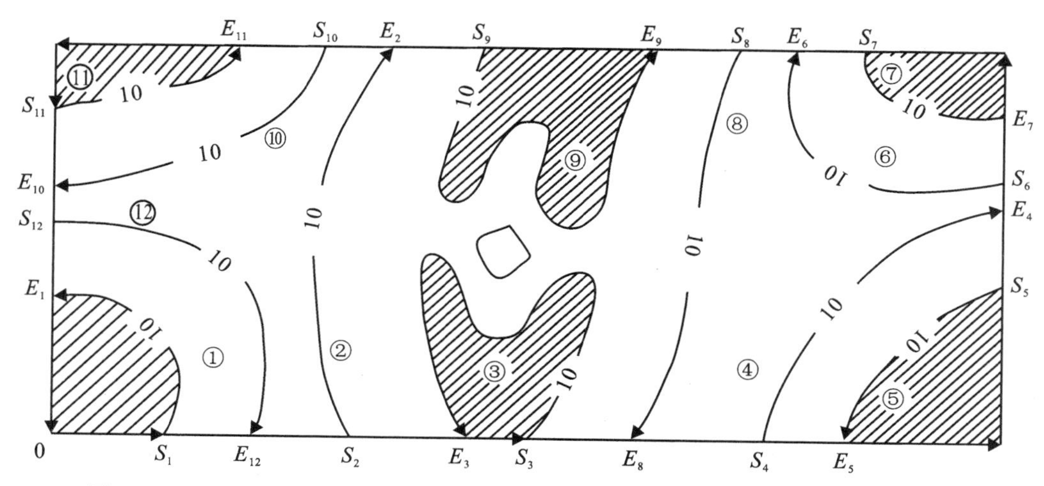

图 7-8-16　开放等高线首末点到图廓原点(左下角点)沿图廓的反时针方向距离计算

把判别出的这些贴边多边形的核心信息(KEY，坐标点数，包括所涉及的图廓线线段在内的坐标串)逐个记入父层多边形临时文件，并及时从父层等高线集合{KEY}中消除它们的关键字。

c. 组合多边形的生成：当处理完封闭多边形和贴边多边形之后，对剩下的开放型等高线进行逻辑判断和可能的递归处理，以一条或若干条开放等高线构成高地多边形。

当剩下的开放等高线只有一条时，则按反时针方向与图廓构成父层多边形。

当剩下的开放等高线为两条时，则它们应按反时针方向并与图廓线线段构成一个组合型父层多边形。

当所剩开放等高线的条数多于两条时，可应用类似于上述贴边等高线的构成法则：首先计算每条等高线首末点(S 和 E)到图廓原点(左下角点)沿图廓的反时针方向距离，并对它们作沿图廓反时针按距离排序。由于这里是组合多边形，不是贴边多边形，其判断准则相反，即首末点的下标一致者为新的组合多边形的边(图 7-8-17)。

处理此序列可得

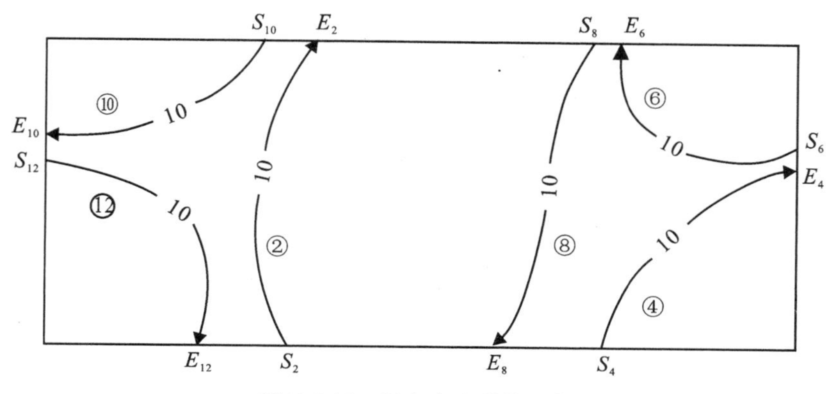

图 7-8-17　组合多边形的生成

$$E_{12}S_2\boldsymbol{E_8S_4E_4S_6E_6S_8}E_2S_{10}E_{10}S_{12} \tag{7-8-39}$$

即此序列中的S_4E_4、S_6E_6、S_8E_8满足组合多边形的构成准则，可由它们构成一个父多边形（图7-8-18）。

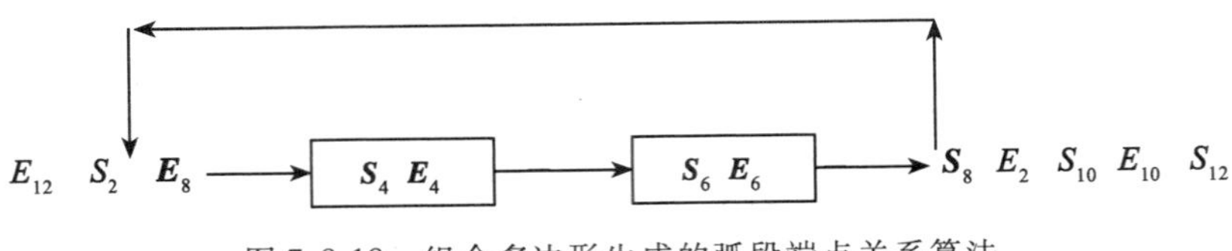

图7-8-18 组合多边形生成的弧段端点关系算法

将此操作再重复地进行下去，即从上述序列中去掉刚才所得到的组合多边形的首末点，所剩的新首末点序列为

$$E_{12}S_2E_2S_{10}E_{10}S_{12}$$

明显地，这三条边满足组合多边形的构成准则，它们便构成了最后一个组合多边形（图7-8-19）：

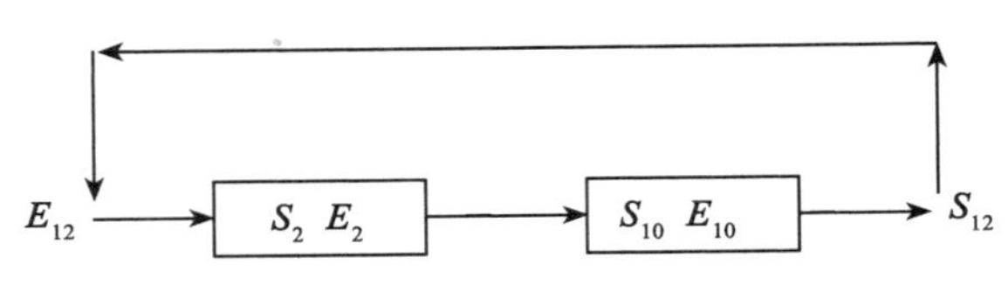

图7-8-19 组合多边形生成的弧段端点关系算法

3. 等高线树在地图数据处理中的应用

等高线树从整体上建立了宏地貌形态及其表示手段即等高线之间的联系，是一种极为重要的结构信息，有着多方面的应用价值。此处仅以高质量DEM的建立和基于地貌高程带的等高线成组综合为例，来说明等高线树在应用上的重要性。

(1)等高线树在生成高质量DEM中的应用

在以等齐斜坡逼近实际斜坡的前提下，用栅格方法求高程相邻的两条等高线的间曲线（或叫中轴线）是简便易行的。其高程为相邻异高等线高程的平均值。其优点是间曲线与相邻等高线形状相似，从而使地性线（山脊线与谷底线）得到高质量的加密，为地性线的查找与跟踪提供了高质量的信息保障。

但这里遇到的一个问题是：表示山头的最高一条等高线没有更高的"邻居"。因此无法对山头范围内部做进一步的加密。同样，表示谷地的最低一条等高线也没有更低的"邻居"，也无法做进一步的加密。等高线树结构的存在，为本问题的自动化解决提供了准确的结构保障。

①所有表示山头的最高等高线均为树结构的叶结点，因此，可在树结构中自动地查找到这些等高线及其高程，进一步求出其形心并赋一合理高程，从而得到补充性的较高"条件高程"点，这样便有了较高的"邻居"，解决了山包内部的向上高程插值加密问题。

②为了自动地找出所有表示谷地的最低等高线，可将所有开放型等高线（间曲线与助

曲线除外)的首末点投影到图廓边上。若首末投影点按距原点 O 的反时针方向呈相邻状态，则该条等高线即为表示谷地的最低等高线，其首末点之间的中位点可作为较低“条件高程”点，以解决表示谷地最低等高线的向下高程插值加密问题。

(2)等高线树在基于地貌高程带等高线成组综合中的应用

在地貌形态连续变化地区，高程相邻的等高线的形状有着不同程度的相似性，即某条等高线与其相邻的较高和较低等高线之间有着形状相关性，于是可把某条等高线看成是由其相邻较高与较低等高线的图形所导出。较低与较高等高线构成一个地貌高程带，其中间所夹的等高线可看成是地貌高程带的形态描述子。因此，可通过对地貌高程带的综合来实现其所夹的等高线(形态描述子)的综合。但是地貌高程带由高程相邻的两条等高线所构成，因此对于表示山包的最高等高线和表示谷地的最低等高线，均缺少其较高与较低“邻居”，可采用上述求“条件高程”点的方法来解决。此问题的解决是完全自动化的，无需任何人工干预。

7.8.3　地貌形态的 DTM 描述

1. DEM 生成的旋转剖面插值法(毋河海　1988)

在具有数字化等高线数据或地形图数据库的情况下，通过计算的途径生成规则化 DEM 是一个重要且合理的途径。一方面充分利用已有等高线数据，免去数据的重复获取，提高原有数据的应用效益；另一方面对等高线本身的栅格化成果实际上已成为规则化 DEM 的主体部分。

显然，这种 DEM 数据在矢量化时能确保原始等高线的“无损”恢复。

(1)等高线的全路径栅格化

全路径栅格化即取线贯穿全部像元，其目的是形成致密无缝的“栅格墙”，防止插值剖面射线穿越，确保用最近点进行插值，为 DEM 后继加密服务，而不是为了获得精美的栅格图像(图 7-8-20)。

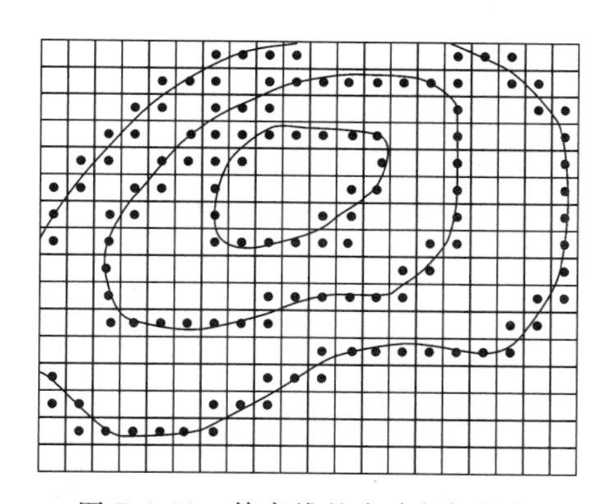

图 7-8-20　等高线的全路径栅格化

(2)DEM 加密

等高线栅格化提供了 DEM 的主体部分，并形成各条无缝栅格墙，借此用旋转剖面插值法计算其余空白栅格的高程值。这里分为以下几种情况：

①坡面点插值：当待插点位于坡面上，其主要标志是在剖面上待插点的两侧最近点具有不同的高程值，这时可采用沿最陡方向作线性内插。

②山头结构描述：

a. 山头(洼地)的识别：山头的识别标志是局部最高地段，在等高线地图上表现为无洼地示坡线的内空的封闭等高线图形或起讫于图廓边的山头等高线图形，它们在等高线树结构中表现为叶结点。

b. 山头(洼地)轴线的逼近：可采用任何有效的方法(如最小外接矩形法、栅格图像骨架线法等)获取近似轴线(图7-8-21)，使山头(洼地)地段得到逻辑上合理的插值加密。

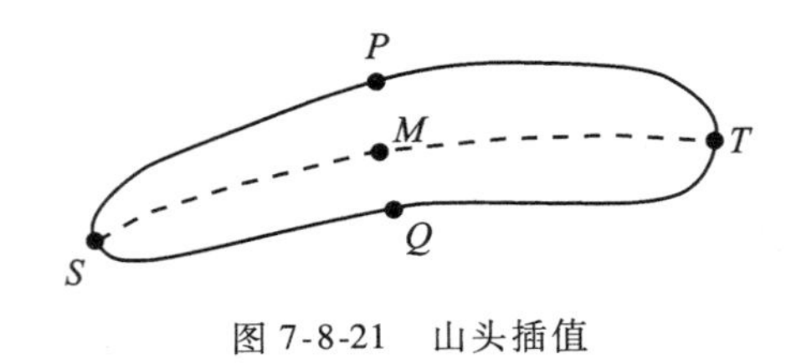

图7-8-21 山头插值

c. 山头最高点(洼地最低点)的限制与设定：此处提出在限制山头最高点的条件下进行山头地段高程的插值，其依据是在无山峰点高程值的情况下，山头的最高点比山头地段的最高的等高线不能超过一个等高距。若仅仅简单地采用曲面拟合法则不能确保这一条件，可能产生一些虚峰。因此要把这个条件作为前提进行插值。

设等高距为h，H_M为逻辑上待求的山头高程，H_l为距M点最近的等高线高程，则

$$H_M - H_l < h$$

例如，可取$H_M = H_l + \frac{h}{2}$，这样，可进一步对纵横轴线SMT、PMQ上各个栅格单元进行高程内插，形成一批新的"栅格墙"，进一步控制其他空白栅格单元的插值加密，为此可采用三型值点带首末点导数插值法(图7-8-22)和斜轴抛物线插值法加密其他栅格点处的高程。

d. 山头(洼地)的插值：

三型值点带首末点导数插值法：图7-8-22中A、B、D为三个已知点，其中A、B为剖面与山包等高线的交点，D为设定的合理山包顶点；M_1、M_3分别为点A与点B处的斜

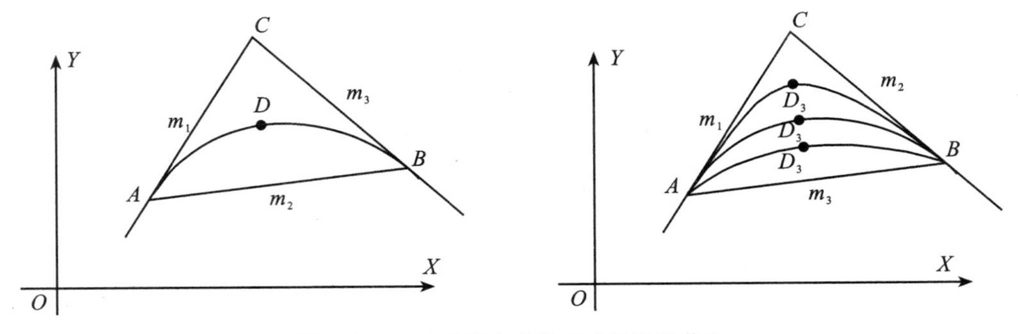

图7-8-22 三型值点带首末点导数插值法

率，m_1、m_3可用山头等高线与其较低相邻等高线确定。

因为二次曲线的一般式有 6 个系数，用其中一个不为零的系数去除，则剩 5 个系数，借此解算三型值点(5 个条件)的光滑插值问题。

旋转剖面法高程插值：基本思想是过一未知高程点 P 按指定的角度步长作若干个剖面，它不是一个纯数学剖面，而是一个具有较小宽度的条带，通过搜索半径的调整，使得在每个剖面中 P 的两侧有两个已知高程点，如图 7-8-23 所示。

利用一个剖面的 4 个高程点(图 7-8-24)，可形成两条包含 P 点的斜轴抛物线(图 7-8-25)，并可分别求出 P 点的高程值(第 8 章 8.3 节)。

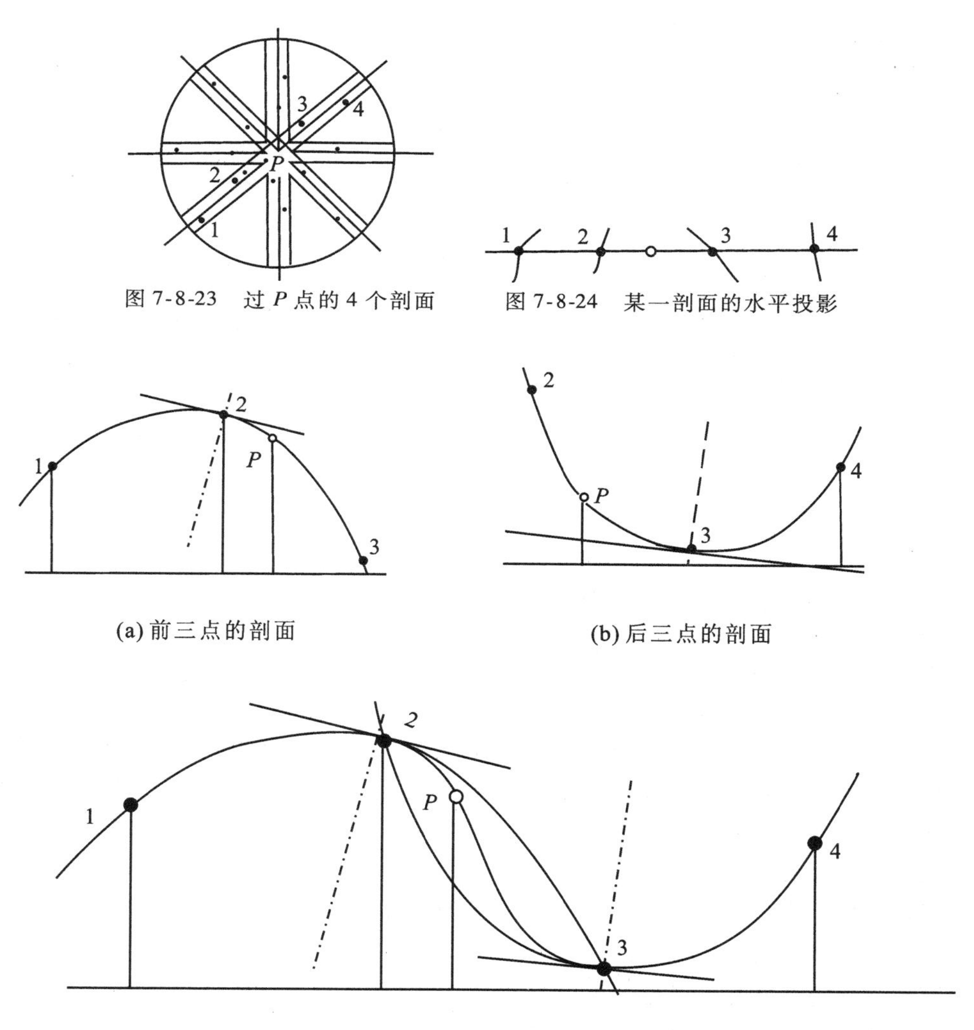

图 7-8-23　过 P 点的 4 个剖面

图 7-8-24　某一剖面的水平投影

(a) 前三点的剖面

(b) 后三点的剖面

(c) 取2，3两点之间的两个抛物线弧的加权平均值

图 7-8-25　斜轴抛物线高程插值

e. 谷底地段与山脊地段的高程插值：谷底地段与山脊地段的高程插值的标志是，在旋转剖面上，插值点两侧最近点为同高的非封闭等高线。这时可直接采用上述三型值点带

首末点导数插值法，以确保插值结果比相邻等高线不会超过一个等高距。

2. 基于中轴线的 DEM 生成

基于中轴线的 DEM 生成的基本原理是对等高线的栅格图像逐步计算等高距的$\frac{1}{2}$，$\frac{1}{4}$，$\frac{1}{8}$，…处的高程，使图像加密，直到填满整个地区为止。其基本步骤如下：

①等高线的全路径栅格化；

②等高线图像作同步加粗：等高线图像作同步加粗直到相邻异高等高线图像相遇，得出中轴线，其高程为相邻异高等高线高程的平均值，这样使栅格图像得到加密；

③重复步骤②，直到全地区填满为止(图 7-8-26)。此处同样遇到山包、洼地等特殊情况的处理。

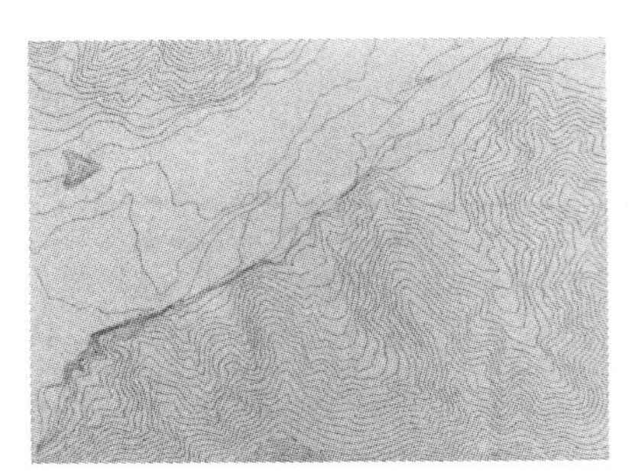

(a) 原始等高线图形

(b) 用中轴线法生成的高质量DEM

图 7-8-26 高质量 DEM

7.8.4 DTM 生成的密集窗口等高线束矢量合成法

DTM 为 GIS 中的常用术语，指的是数字地形模型(Digital Terrain Model)。

在 GIS 中，DTM 主要包括三部分内容：数字高程模型(DEM)，地表坡度(Slope Map)和地表坡向(Aspect Map)。DEM 的生成，在早期是利用人工在地形图上按规定网格点位置用邻近等高线作内插、手工记录和人工输入，不仅耗费人力物力，而且由于人工操作不可避免地引入差错，最后还得要用人工的办法多次地排除。据说用这种方法经常生成不少比珠穆朗玛峰还高的山峰。既然在 GIS 中已经生成地形图数据库，可及时地利用这一现有资源来用计算机软件派生出 DEM，大为加速了 DEM 的生成过程，特别是可以排除多次人工操作带来的巨大差错。

坡度和坡向的计算都是以已经生成的 DEM 为基础。这样，所使用的算法就只能是栅格数据的算法了。坡度和坡向的计算常采用最大坡降法，这意味着二者皆是具有某种方向的量值，即呈矢量性质。通常用中心网格的 8 邻域高程来计算坡度和坡向，其最大者即为该中心网格的坡度，所在方向为该中心网格的坡向。因为计算基础是周围的网格高程，故计算精度受制于邻近网格高程点的精度。为了克服最大坡降法的缺点，采用 3 × 3 网格点的二次曲线拟合法(黄杏元，汤勤 1990；郭仁忠 1997；李志林，朱庆 2000；邬伦，刘瑜等 2001；胡鹏，黄杏元，华一新 2002；吴立新，史文中 2003)，这样使求解算法复杂化。

笔者试图利用 GIS 中的已有等高线资源，用最为简单的矢量合成算法(矢量加法)，在数据库系统的密集开窗技术的支持下，直接由等高线信息生成 DEM、网格坡度和网格坡向。由于这三个地形因子都直接产生于同一信息源(GIS 中的等高线信息)，故它们是三个独立生成的量，互不依赖。

1. 等高线图形密集网格的生成

在 GIS、地图数据库甚至仅在等高线数据文件的条件下，可进行简单的数据库密集开窗(剪裁)，为每一个小窗口(如栅格数据中的 DEM 单元)形成一个等高线窗口子集。笔者是在地图数据库系统支持下，用 32×32＝1024 个网格所划分的密集窗口，通过剪裁程序所得到的独立的网格单元等高线束作为生成网格单元坡向矢量的依据。

为了获得单元窗口中的完整等高线信息，不仅要求出落于其中的等高线线段，而且还要求出等高线与单元窗口各边的交点。为了检验网格单元开窗的正确性，此处把每个单元网格中的等高线开窗结果用不同的颜色表示，如图 7-8-27 所示。

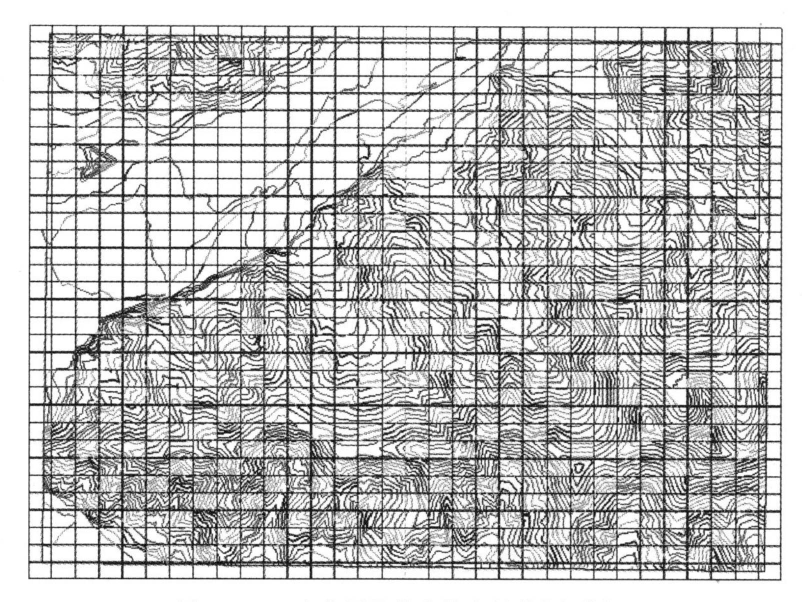

图 7-8-27　密集网格等高线束(原图为彩色)

2. DTM 网格高程的计算

各个窗口的等高线束描述一个小块地貌形态。网格单元尺寸越小，在其包含等高线的条件下，其所描述的地貌形态越单一，借此所形成的 DEM 信息就越接近实际地形。在较为平坦的地段，等高线比较稀疏，会出现部分网格单元未包含等高线束，这时，可借助其附近拥有等高线束的网格单元的 DEM 网格值，用通常的方法进行内插。

在拥有网格中精确剪裁的等高线束的情况下，获取 DEM 的一个网格单元高程的最为简单的方法就是计算网格中等高线束的加权平均高程 H_m，即

$$H_m = \frac{\sum_{i=1}^{n} N_i H_i}{\sum_{i=1}^{n} N_i} \approx \frac{\sum_{i=1}^{n} L_i H_i}{\sum_{i=1}^{n} L_i} \tag{7-8-40}$$

式中，N_i为网格中的第i条等高线段的坐标点数，起着权值的作用；H_i为网格中第i条等高线的高程。当然，等高线段的长度也可等价地作为权值使用。

如图7-8-28所示，网格平均高程

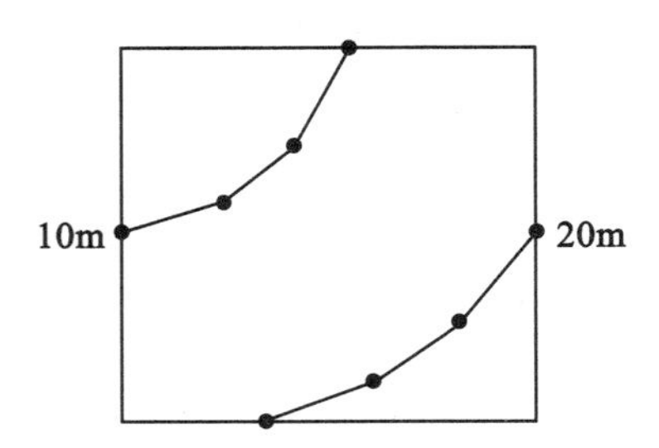

图7-8-28 用网格等高线束法求H_m

$$H_m = \frac{\sum_{i=1}^{n} N_i H_i}{\sum_{i=1}^{n} N_i} = \frac{4\times 10 + 4\times 20}{4+4} = \frac{120}{8} = 15$$

3. DTM网格坡度的计算

对矢量数据来说，可利用网格中所包含的原始等高线段束来直接精确地计算坡度。例如整个地区划分成32×32=1024个窗口，用位于窗口内的全部等高线数据点来计算该窗口的坡度值。

由地图量测学可知，一个小地段的地形平均坡度为(Волков 1950)

$$\gamma = \arctan \frac{h\sum l}{S} \tag{7-8-41}$$

式中，γ为地表坡度；h为等高距；$\sum l$为小地段内的等高线总长度；S为小地段面积。

4. DTM坡向的计算

通常的坡向计算是以栅格式DEM为基础，而栅格式DEM的获取通常由地图上的等高线信息导出。即DEM是一种派生信息。若从像元的概念来理解DEM单元，它的每个单元应包含该地表单元的一个平均高程。根据一个单元的一个高程信息无法生成坡向信息，还必须依赖其四周的毗邻单元的高程信息。尽管像元很小，但它总是代表一个地形小面块，而面块与地图数据库的开窗检索联系了起来。

坡向的概念通常被理解为地表单元的法向量在OXY的投影与X轴之间的夹角，这表明坡向的最终计算是在平面上进行的。因此，笔者试图寻找简单的方法仅依赖平面信息来计算坡向，免除以往复杂的对三维空间信息的依赖和进行复杂的计算。

基于上述考虑，本研究首先对数据库中的等高线进行密集开窗，形成独立的基于网格单元的等高线束，以此为基础直接从地形等高线信息计算DTM的主要因子——坡向。由于在计算坡向时，首先生成了基于网格的独立的等高线束，所以 DTM 的其他因子(如 DEM 和网格单元的坡度)的计算，便成为较为简单的问题。

(1)网格单元的地形走向

网格单元中通常包括若干条等高线线段，网格中小块地表斜坡的走向可取为这些等高线线段的总体走向。

(2)等高线的方向及其统一取定

等高线不只是等高点的轨迹，而且还包含着地形的坡度与坡向信息，因为若等高线的某一侧较高，则另一侧相对较低。在地形图上是用示坡线来表示哪一侧高、哪一侧低，特别是对于孤立的封闭等高线是洼地还是小丘的问题，就更要求助于示坡线了。通常似乎有个默认：对于孤立的封闭等高线，都默认为小丘，只有当它是洼地时，才加示坡线。这可以说是约定俗成。在数字环境下，左侧与右侧问题的确定显然依赖于等高线方向的取定。等高线坐标串走向信息的统一约定可视为空间信息表达规范化条款之一，它为地形信息的后继处理(如等高线树结构的生成等)提供了隐式的坡度与坡向信息，排除了斜坡的倾斜方向和封闭等高线可能属正地貌或负地貌形态的二义性。若约定等高线的前进方向的左侧朝高，则反时针走向的封闭等高线所表达的是正向地貌形态，如物理学中的右手法则那样；反之，则表达的是负向地貌形态。因此，可以简单地遵循惯用的反时针方向取正的约束，在等高线数据的获取与存储时，顾及其约定的方向。

(3)坡向的矢量合成算法

与经典的解析几何相比，矢量有其独特的优点，就是把对特殊坐标系的依赖减少到最低程度。至少，矢量使我们能够把坐标系的选择推迟到问题解决的后期。矢量运算使我们能容易地解决正交性、平行性、凸凹性、左右关系、顺反时针、进出(内外)关系等关键问题。这些运算是代数运算，但保留了几何意义。

①等高线线段的总方向矢量

在数字环境下，等高线属于矢量数据类型，其特征一方面表现在它是用一串有序坐标点来表示，另一方面表现在它是由每相邻两点构成的有向线段(矢量)序列。

a. 单段等高线线段的总方向矢量及其坐标化表示：当在网格中一条等高线线段为仅由两点构成的有向线段时，则等高线线段的总方向矢量就是有向线线段本身的方向矢量(图 7-8-29)。

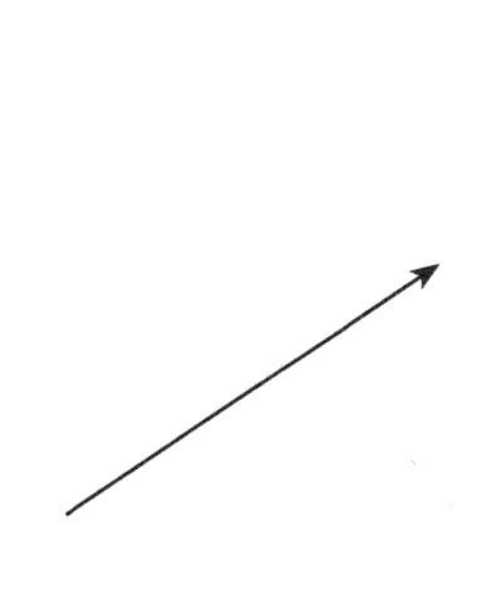

图 7-8-29　单个矢量的总方向矢量

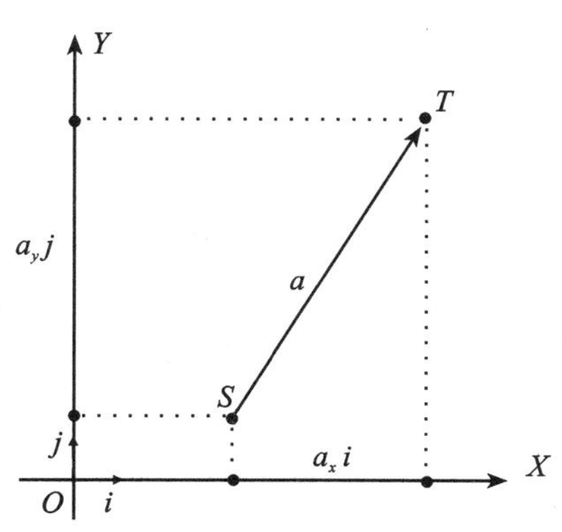

图 7-8-30　矢量的坐标

矢量方法与坐标系无关，因而可对问题进行直观简明的陈述或推导。但这种几何的方法在计算上却不方便。因此，需要建立坐标系，把矢量用一组坐标来表示，从而使矢量运算转化为纯数量运算。这涉及矢量分解问题。

在平面坐标系中，一个矢量 $\boldsymbol{a}$ 可分解为任意多个分矢量，但最为有用的是把给定的矢量分解为沿两个坐标轴的分矢量，分矢量的底矢（或基矢）$\boldsymbol{i}$、$\boldsymbol{j}$ 的系数（矢量在坐标轴上的坐标差 a_x，a_y）就成为给定矢量的坐标分量，这样，矢量就被坐标化了，即矢量的坐标等于其末点与首点坐标之差（图 7-8-30）：

$$\boldsymbol{a}=(a_x,\ a_y) \tag{7-8-42}$$

此处

$$\left.\begin{aligned}a_x=x_T-x_S\\a_y=y_T-y_S\end{aligned}\right\} \tag{7-8-43}$$

其意义就是

$$\boldsymbol{a}=a_x\boldsymbol{i}+a_y\boldsymbol{j} \tag{7-8-44}$$

b. 两段等高线线段的总方向矢量及其坐标化表示：当在网格中一条等高线线段为由不共线的三点构成的两个有向线段（矢量 $\boldsymbol{A}$ 和矢量 $\boldsymbol{B}$）时，由物理学知，若把矢量 $\boldsymbol{A}$ 和矢量 $\boldsymbol{B}$ 看做是作用在同一点处的两个力，则这两个力的共同作用的结果可用矢量 $\boldsymbol{C}$ 来表示。这称为矢量合成的三角形法则。如在图 7-8-31 中由折线$\overrightarrow{12}$和$\overrightarrow{23}$组成的等高线线段的总方向矢量可用其首末端点所构成的合成矢量$\overrightarrow{13}$来表示（图 7-8-31）。

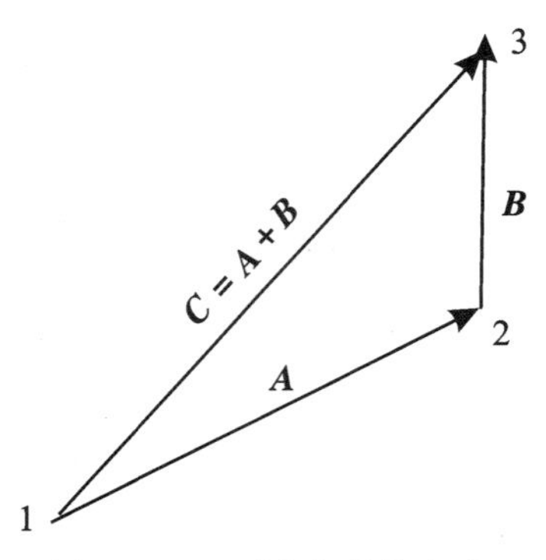

图 7-8-31 两个矢量的合成

由矢量运算法则有：矢量的加减可归结为它们坐标的加减。由于

$$\begin{cases}\boldsymbol{A}=(A_x,\ A_y)=(x_2-x_1,\ y_2-y_1)\\\boldsymbol{B}=(B_x,\ B_y)=(x_3-x_2,\ y_3-y_2)\end{cases} \tag{7-5-45}$$

所以有

$$\begin{aligned}\boldsymbol{C}=\boldsymbol{A}+\boldsymbol{B}=(A_x+B_x,\ A_y+B_y)&=(x_2-x_1+x_3-x_2,\ y_2-y_1+y_3-y_2)\\&=(x_3-x_1,\ y_3-y_1)\\&=(C_x,\ C_y)\end{aligned} \tag{7-8-46}$$

其含义是

$$C=C_x\boldsymbol{i}+C_y\boldsymbol{j} \quad (7\text{-}8\text{-}47)$$

即对于由线段 $\boldsymbol{A}$、$\boldsymbol{B}$ 构成的等高线线段的总方向矢量为其合矢量 $\boldsymbol{C}$ 的方向，后者的坐标表示为其首末点的坐标差。

c. 任意多等高线线段总方向矢量及其坐标化表示：在网格单元中，当一条等高线由 N 个点构成 $N-1$ 个首尾相接的矢量（$\boldsymbol{A}_1\boldsymbol{A}_2$，$\boldsymbol{A}_2\boldsymbol{A}_3$，…，$\boldsymbol{A}_{N-1}\boldsymbol{A}_N$）表示时，根据矢量合成法则，其总方向矢量 $\boldsymbol{G}$ 为此 $N-1$ 个矢量的合矢量：

$$\boldsymbol{G}=\boldsymbol{A}_1\boldsymbol{A}_N=\boldsymbol{A}_1\boldsymbol{A}_2+\boldsymbol{A}_2\boldsymbol{A}_3+\cdots+\boldsymbol{A}_{N-1}\boldsymbol{A}_N \quad (7\text{-}8\text{-}48)$$

即网格中的该条等高线的总方向矢量为其首末点连线的矢量 $\boldsymbol{G}$（图 7-8-32）。

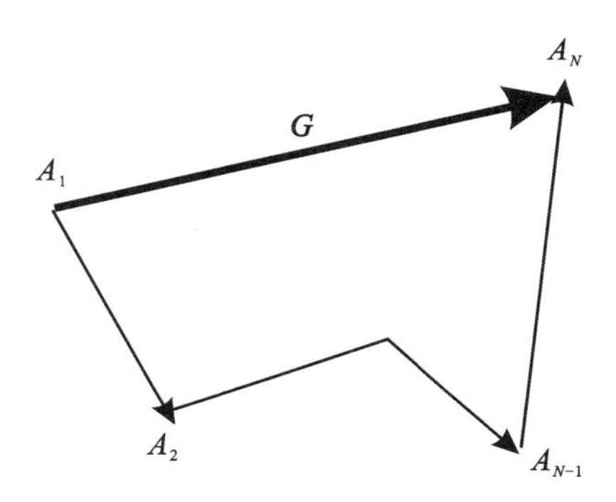

图 7-8-32　多于两个矢量的合成

根据矢量的坐标表示方法，此处合成矢量 $\boldsymbol{G}$ 可通过其首末点的坐标差来表示为

$$\begin{cases}\boldsymbol{G}=\boldsymbol{A}_1\boldsymbol{A}_N=(G_x,\ G_y)\\ G_x=X(A_N)-X(A_1)\\ G_y=Y(A_N)-Y(A_1)\end{cases} \quad (7\text{-}8\text{-}49)$$

d. 网格中等高线束的总方向矢量及其坐标化表示：当在一个网格单元中有 M 条等高线段链，如图 7-8-33 所示，根据矢量的合成法则，可有 M 个组合矢量 $\boldsymbol{G}_1$，$\boldsymbol{G}_2$，…，$\boldsymbol{G}_M$，即

$$\boldsymbol{G}_1=A_{11}A_{1N_1},\quad \boldsymbol{G}_2=A_{21}A_{2N_2},\quad \cdots,\quad \boldsymbol{G}_M=A_{M1}A_{MN_M}$$

为了求出网格中这 M 个矢量（$\boldsymbol{G}_1$，$\boldsymbol{G}_2$，…，$\boldsymbol{G}_M$）的合成矢量，根据矢量合成法和矢量的坐标表示法，可先对这 M 个矢量作坐标化表示，然后进行坐标求和（见图 7-8-33）：

$$\begin{aligned}\boldsymbol{G}=\boldsymbol{G}_1+\boldsymbol{G}_2+\cdots+\boldsymbol{G}_M&=(\mathrm{d}X_1+\mathrm{d}X_2+\cdots+\mathrm{d}X_M,\ \mathrm{d}Y_1+\mathrm{d}Y_2+\cdots+\mathrm{d}Y_M)\\&=(DX,\ DY)\end{aligned} \quad (7\text{-}8\text{-}50)$$

式中，

$$\begin{gathered}\mathrm{d}X_i=X(A_{iNi})-X(A_{i1})\\ \mathrm{d}Y_i=Y(A_{iNi})-Y(A_{i1})\\ DX=\sum_1^N \mathrm{d}X_i\\ DY=\sum_1^N \mathrm{d}Y_i\end{gathered} \quad (7\text{-}8\text{-}51)$$

②坡向矢量的生成

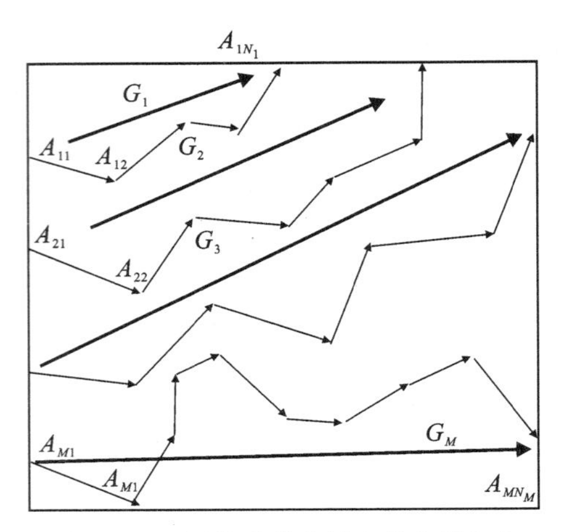

图 7-8-33 网格中等高线束的总体方向

a. 坡向矢量 $\boldsymbol{N}$ 与地形斜坡走向(等高线总方向)$\boldsymbol{G}$ 的关系：当约定所有等高线为有向线，如上所述，规定其前进方向为左侧朝高，则可计算出网格中 M 条等高线线段的总方向矢量 $\boldsymbol{G}$ 的方位角，且把后者定义在 0～360°范围内。这时，可把坡向矢量 N 定义为等高线线段的总方位角 AZIM 加 90°(图 7-8-34)：

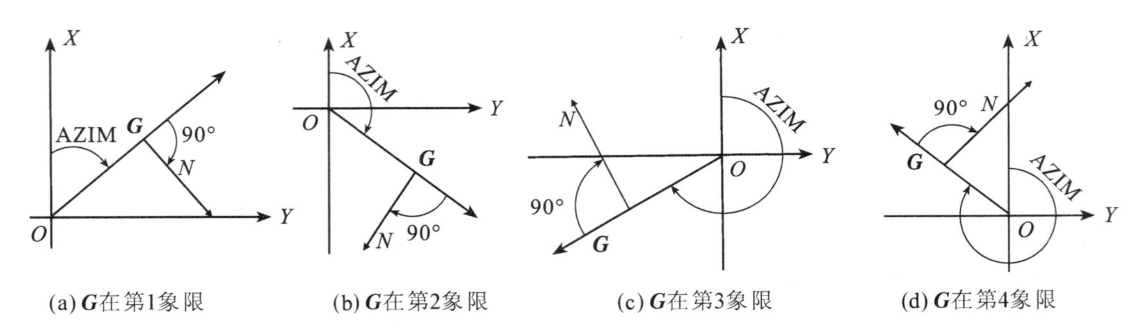

图 7-8-34 等高线总方向矢量 $\boldsymbol{G}$ 与坡向矢量 N 的相互关系

b. 坡向 β 的确定：网格单元的坡向 β 可看作是网格中各条等高线$\{A_{1,1}, A_{1,2}, \cdots, A_{1,N1}; A_{2,1}, A_{2,2}, \cdots, A_{2,N2}; \cdots; A_{m,1}, A_{m,2}, \cdots, A_{m,Nm}\}$各分矢量的合成矢量加 90°(图7-8-35，图7-8-36)。

这样，可计算出网格中各条等高线线段的总方位角

$$\alpha = \arctan\left(\frac{DY}{DX}\right) \tag{7-8-52}$$

根据前述约定，把坡向定义为等高线线段的总方位角加 90°。

用此方法所计算的网格坡向如图 7-8-35(a)所示。图 7-8-35(b)是对图 7-8-35(a)去网格线和去各个网格等高线束的独特颜色后，用单色来表示地形等高线和坡向线矢量。

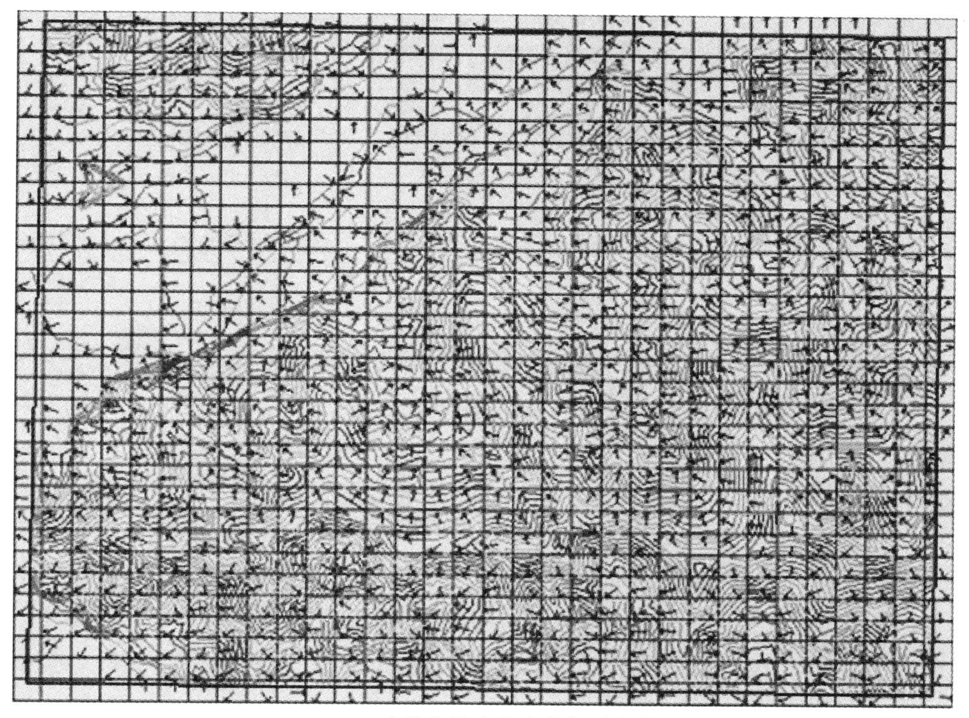

(a) 由等高线束总方向矢量求坡向

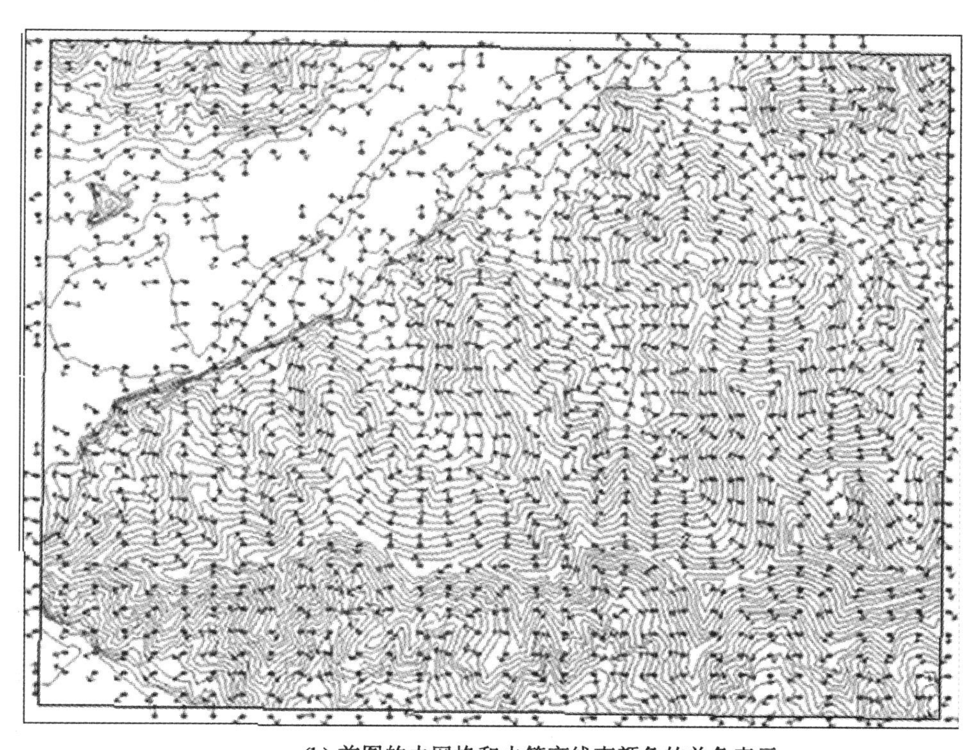

(b) 前图的去网格和去等高线束颜色的单色表示

图7-8-35 用网格等高线束法确定坡向

由于落入网格中的各条等高线线段的长度并不一样，因而它们对坡向角值β的贡献是不一样的，为此，如有必要，可用加权平均法计算网格中的坡向值，即

$$\beta = \frac{\sum_{i=1}^{m} \alpha_i L_i}{\sum_{i=1}^{m} L_i} + \frac{\pi}{2} \tag{7-8-53}$$

式中，α_i为网格中第i条等高线的方位角；L_i为网格中第i条等高线的长度；m为网格中等高线段的条数。

③坡向线矢量的插补

由于等高线的密度有密有疏，因此，用上述的密集网格法会出现一些无等高线束的空网格，对于这些空网格无法直接得到所需的坡向线矢量，如图7-8-35(a)中的空格和图7-8-35(b)中无箭头符号的区域。

此处采用四邻域搜索非空网格，在不少于两个非空网格的条件下，对这些非空矢量求其合矢量作为当前空网格的坡向矢量。在一次循环中只能使非空网格边缘扩充一层，因此，需要进行多次循环，直到空网格被填满为止。如图7-8-36(a)和图7-8-36(b)所示。

在图7-8-36(a)和图7-8-36(b)中，直接由等高线束计算的坡向矢量用黑色表示，而空网格的插补坡向矢量用红色表示。

5. 更高密度的坡向单元的生成

根据需要，可生成密度更高的地形坡向图，如网格密度比上述坡向图高一倍的坡向图：64 × 64 = 4096个单元的坡向图，其生成方法与前述32 × 32 = 1024个单元的坡向图完全相同。对于网格中有等高线束的单元，可计算其坡向矢量，如图7-8-37中的箭头所示。

从图7-8-37中可看出，有更多网格单元为空单元，为此需要作坡向矢量插补。

进行网格加密插补时，插补结果与执行顺序有关：先入为主，且后果会进一步蔓延。当网格密度较大时，产生空网格的数目也就会更多。为此，笔者在此提出正反时针嵌套矩形回路法，如图7-8-38所示。

用正反时针嵌套矩形回路法对空网格的插补结果如图7-8-39所示。图7-8-37是插补前的坡向图去掉网格线的图景。图7-8-39是插补后的坡向图去掉网格线的图景。

6. 密集窗口等高线束法的优点

①利用原始等高线信息直接计算网格的高程、坡度和坡向(它们是GIS中主要的地形因子)；仅利用一个网格中等高线束信息独立计算。

②利用了网格中等高线的连续信息，且是多条等高线的连续信息，因此具有最高的精确性。

③算法简单，逻辑思路明晰，基本算法是矢量加法，其实现方法是用其分矢量的坐标加法获得合矢量的坐标。

7.8.5　地貌形态等高线表示的某些特征

在地图各要素信息构成中，地图内容的几何信息除了二维平面信息之外，还伴随着高程信息，但后者在一般地图上并不直接表示(只需表示其平面轮廓形状)，唯有地貌例外，在二维平面上表示三维空间形态有很多困难。

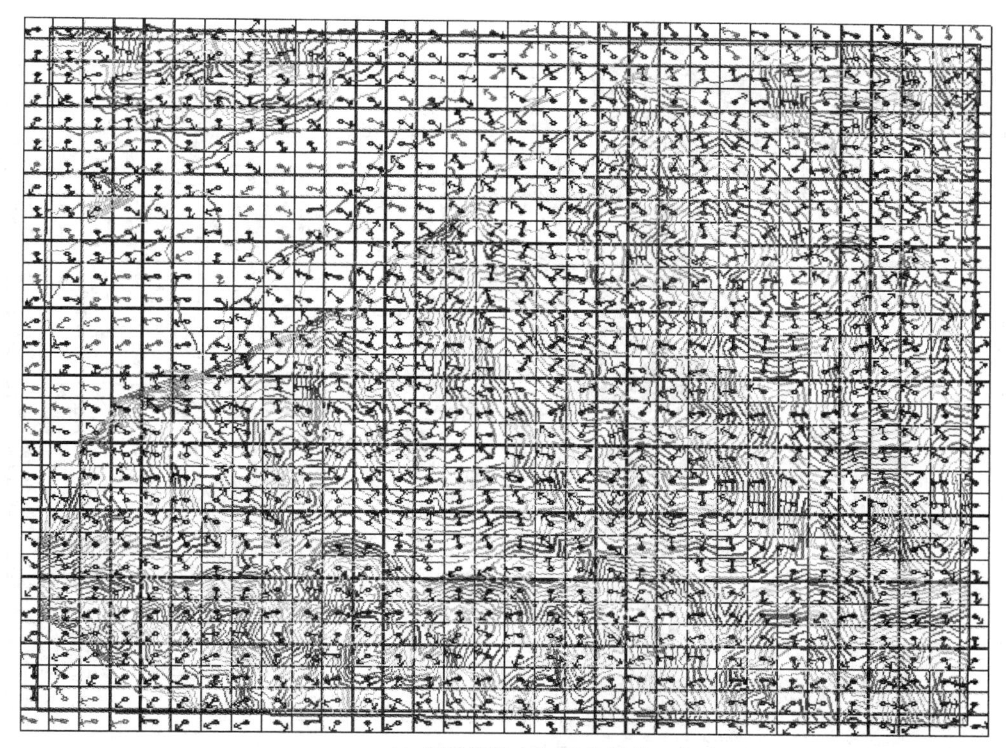

(a) 空网格坡向矢量的插补

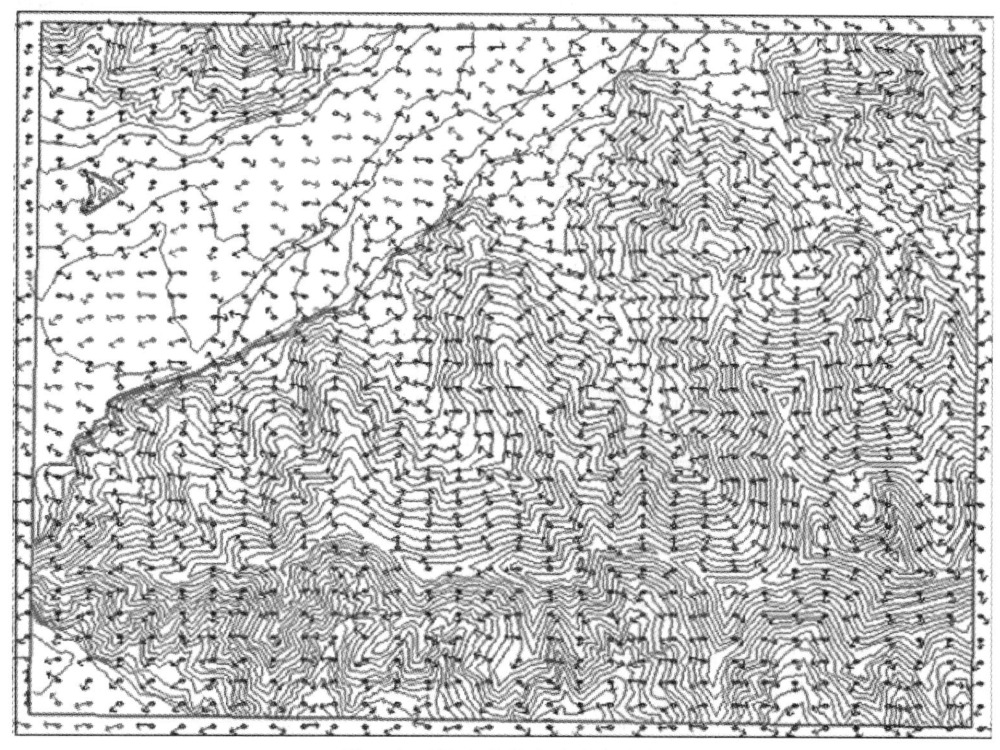

(b) 图(a)去网格和去等高线束颜色的单色表示

图 7-8-36　对图 7-8-35 中空网格坡向矢量的插补(原图为彩色)

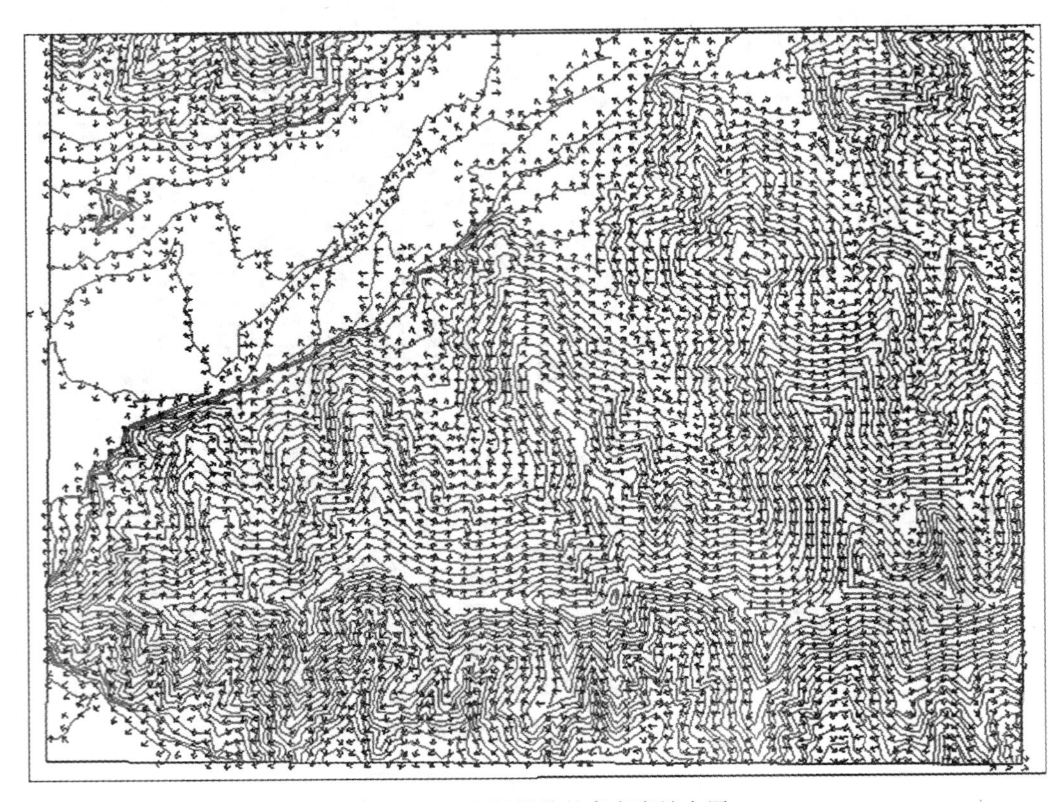

图 7-8-37 未插补前的高密度坡向图

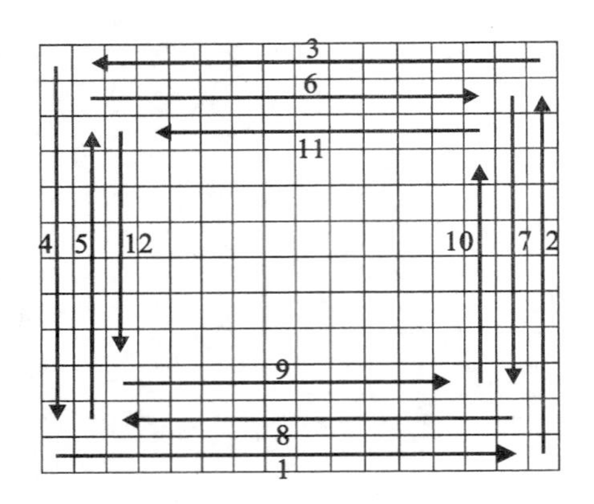

图 7-8-38 正反时针嵌套矩形回路法

等高线是表示地貌形态的手段，但其本身不是地理实体。在信息处理时，等高线图形的这个特点不能忽略。

1. 地貌形态的连续性

我们知道，对于地貌形态(山脉、谷地、塬、墚、峁)等是空间上连续的物体，要想尽可能精确而逼真地用等高线表示其基本形态，应选择充分小的等高距。

2. 等高线表示法的离散性

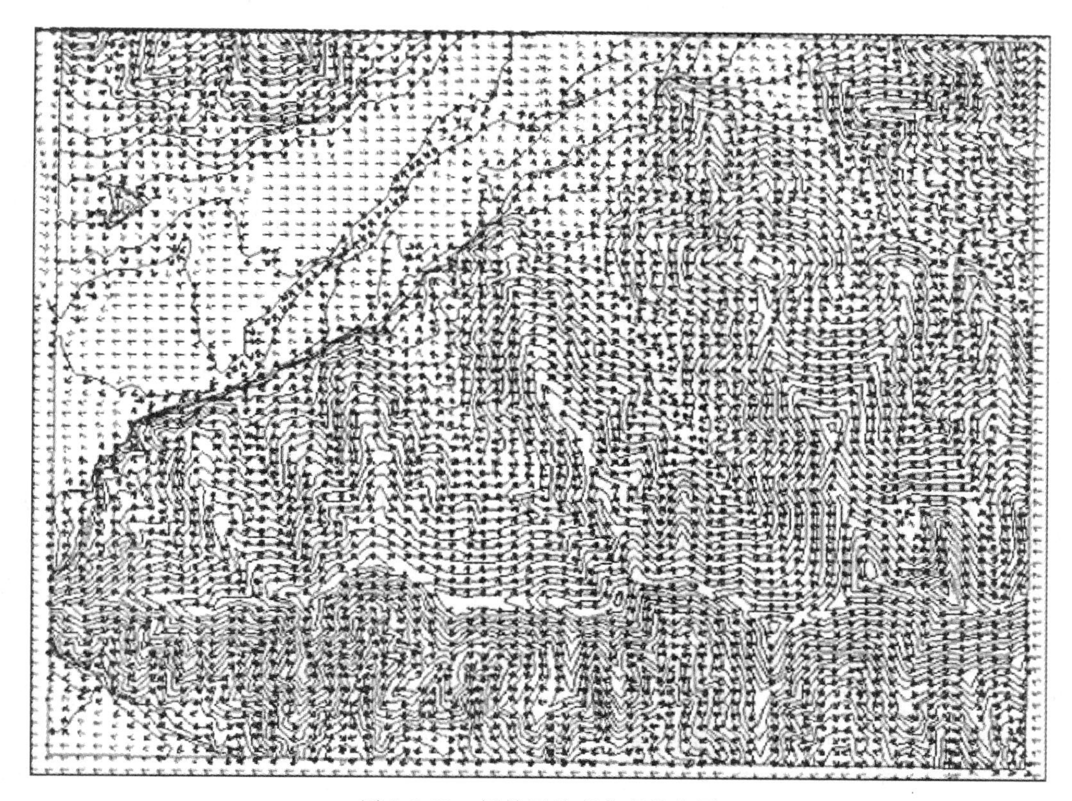

图7-8-39 插补后的高密度坡向图

为了使地图内容清晰易读，地图载负量显然不能过大，即实际上需要采用较大的等高距，这样做同时也是为地图容纳其他要素留出一定的空间，这样地图上的等高线彼此间都有一定的距离，致使连续的地形表面表现为离散的一束曲线，产生了表示对象的连续性与表示手段的离散性之间的矛盾。

3. 等高线的塑造能力的演变

用一条等高线只能表示高程差异(一侧高，另一侧低)。用两条相邻的异高等高线则可表示坡度和简单地刻画地貌形态，随着等高线条数的增加，地貌形态的塑造也更为逼真。这说明等高线按其本质来说是一种集群曲线(массовые линии)，只有成组处理才具有形态描述意义。这一点在处理等高线信息时必须予以注意。无法用一条等高线表示地貌形态及其元素，地貌元素的表示不应少于两条甚至不能少于三条等高线(Волков 1961)。

为了能够成组地处理或综合等高线束，关键要实现基于坡面的综合。而后者又归结为基于地貌结构线(山脊线、谷底线和斜坡变陡线等)的综合。笔者把这种地貌综合思想简称为结构化地貌综合，并于1981年进行了初步原理性试验(Hehai Wu 1981；毋河海1981)。英霍夫于1982年指出不能孤立地处理单条等高线，罗宾逊等人于1984年也指出地貌形态是由成组等高线表示，后者也应成组处理(N. Nagai, 1990)。W. Weber(1982a), K. E. Brassel (1985), R. Weibel (1987, 1991, 1992), Wanning Peng, M. Pilouk, K. Tempfli(1996)也都多次地对结构化地貌综合思想给予高度评价。

由于对等高线的认识不同，在历史上曾产生过关于地貌表达的两个学派：

几何学派——主张把几何精度放在第一位；

地势学派——主张把地貌形态的塑造放在第一位。

最后，大多数学者同意地势学派的观点。

根据等高线在塑造地貌形态时的特点，在概括等高线的图形时，要注意它的集群性质，即应成组地表示、成组地理解和成组地处理，要立足这一本质来建立地貌形态综合的基本规则和方法(Волков 1961)。

4. 单条等高线中隐含的结构性信息

用三维手段表示地貌形态，要求用三维手段来处理地貌信息。在二维平面上用离散手段(等高线)表示地貌形态时，地貌形态特征是通过等高线之间的联系来体现的，如有关弯曲的套合关系、疏密关系等。因此，查明与利用等高线之间的各种关系就成为地貌形态自动综合的关键。

地图上的等高线数据蕴含着极为丰富的关系信息，如一条等高线本身整体与局部之间的弯曲嵌套关系(分形结构)和不同等高线之间的树关系。而联系相关等高线的主要纽带的是隐含在等高线图形中的地性线(山脊线与谷底线等)信息，而地性线本身又是一种树结构，地性线在地图上虽然未直接表示，但可以从等高线数据中导出。

在常规作业中，制图工作者在必要时勾绘地性线是轻而易举的事，而在计算机环境下自动查明各种地性线则是一个相当复杂的过程。这里要通过一系列运算来模拟目视勾绘地性线，所以，查明地性线的实质是图形处理中的计算机视觉问题。

当等高线的走向约定后(例如其前进方面的左侧指向高处)，则等高线上的凸、凹段就分别对应着分水地带与汇水地带，当凸、凹段表现为一个顶点时，则分别对应着山脊点与谷底线点(图 7-8-40)。

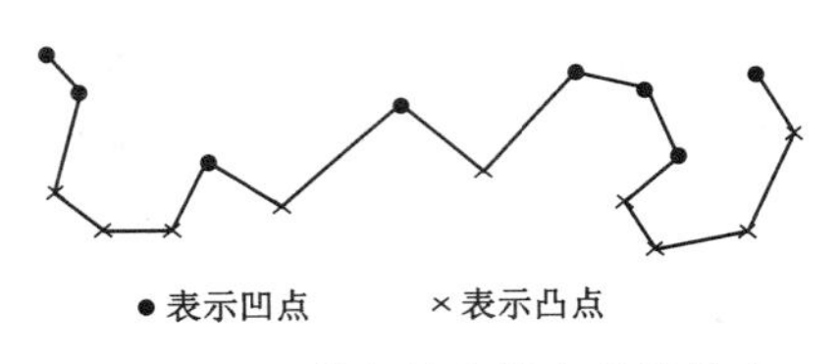

图 7-8-40 单条等高线上的地性点

凸、凹点的确定可通过等高线的相邻两直线段(矢量)的叉积来实现，仍设矢量的左侧指向高处，则矢量的叉积的正负号直接定义了等高线上各个顶点(首末点除外)的地性特征：正号对应着凸点(分水地带或山脊线点)，负号对应着凹点(汇水地带或谷底线点)。

当数据点非常密集，使得每个弯曲由多个连续出现的山脊点或谷底点表示时，可借助曲率公式求出曲线上的曲率极值点作为地性点。

当曲线由显式函数 $y=f(x)$ 表示时，曲率公式为

$$K=\frac{y''}{(1+y'^2)^{\frac{3}{2}}} \tag{7-8-54}$$

当采用参数曲线 $x=x(t)$，$y=y(t)$ 时，则曲率公式为

$$K=\frac{\begin{vmatrix} x' & y' \\ x'' & y'' \end{vmatrix}}{(x'^2+y'^2)^{\frac{3}{2}}} \tag{7-8-55}$$

上述公式是针对连续函数而言的。对于用离散坐标表示的曲线，则先需作某种拟合以构造逼近函数，例如：

$$\begin{aligned} x&=a_0+a_1t+a_2t^2+\cdots \\ y&=b_0+b_1t+b_2t^2+\cdots \end{aligned} \tag{7-8-56}$$

然后，使用上述公式计算曲率值。

等高线曲率的近似计算(M. Hentschel　1979)：

已知等高线上不位于一直线上的相邻三点，则位于中间点 P_i 处的曲率可按下述方式计算(图 7-8-41)。

$$R_i=\begin{cases} \dfrac{S_{i-1,i}}{\alpha_{i-1,i}} & (S_{i-1,i}\to 0) \\ \dfrac{S_{i,i+1}}{\alpha_{i,i+1}} & (S_{i,i+1}\to 0) \end{cases} \tag{7-8-57}$$

式中，R 为曲率半径；S 为弧长。

当相邻三点十分靠近时，则弧长 $S_{i,i+1}$ 与弦线 P_iP_{i+1} 近似相等，切线 T 也与弦线 S 近似重合，故 $\alpha_{i-1,i}$ 和 $\alpha_{i,i+1}$ 可用弦角 γ_i 代替，同时用弦 L 代替弧长 S(图 7-8-42)，即 $S\approx L$，$\alpha_{i-1}\approx\alpha_i\approx\gamma_i$，此时有

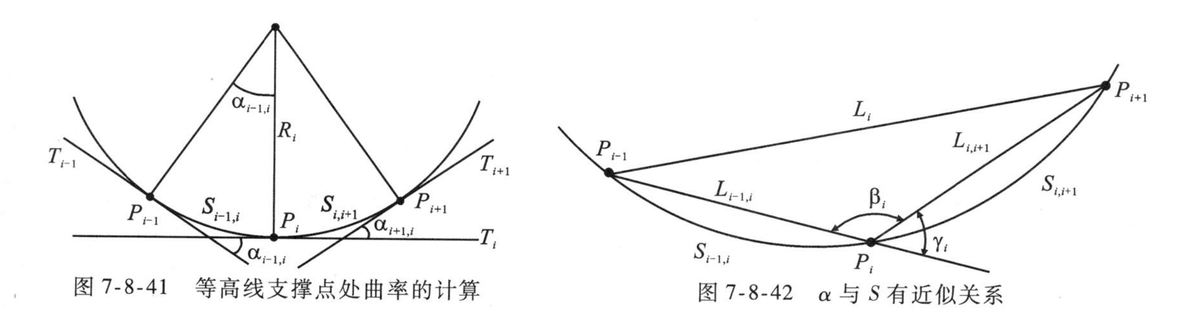

图 7-8-41　等高线支撑点处曲率的计算

图 7-8-42　α 与 S 有近似关系

$$R_i\approx\frac{L_{i-1,i}}{\gamma_i}\approx\frac{L_{i,i+1}}{\gamma_i} \tag{7-8-58}$$

取其平均值，则进一步改善逼近为

$$R_i=\frac{L_{i-1,i}+L_{i,i+1}}{2\gamma_i}\approx\frac{L_i}{2(\pi-\beta_i)} \tag{7-8-59}$$

这样，曲率就可近似地表示为

$$K_i=\frac{2(\pi-\beta_i)}{L_i} \tag{7-8-60}$$

式中，

$$\beta_i=\arctan\frac{y_{i+1}-y_i}{x_{i+1}-x_i}-\arctan\frac{y_{i-1}-y_i}{x_{i-1}-x_i} \tag{7-8-61}$$

当等高线的方向约定后，等高线上的各个弯曲的轴线就可作为地性线片断(图7-8-43)，这种地性线片断可通过对各个弯曲求其中轴线得到，而中轴线可定义为平行于弯曲基线的平行线束与弯曲相截的截线束中点的轨迹(图7-8-44)，同时也可以用求骨架线的栅格加粗法或 Delaunay 三角网法等方法来实现。

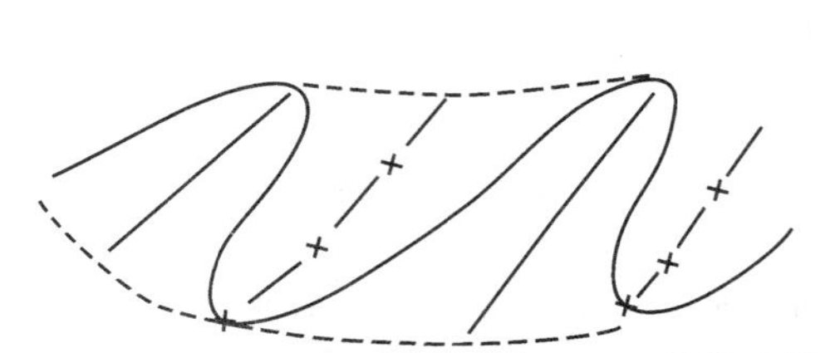

图 7-8-43　等高线弯曲中所隐含的地性线片断

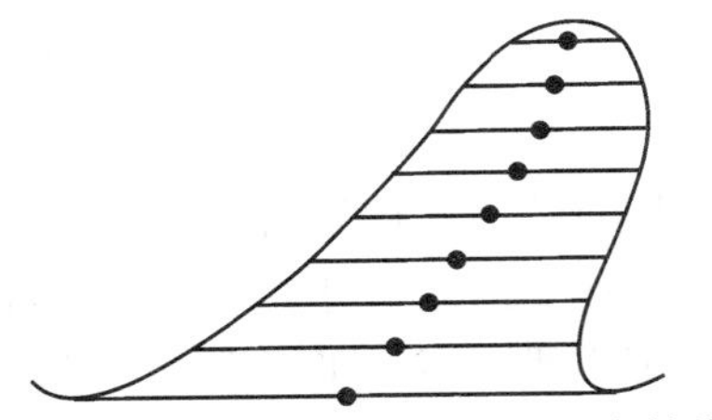

图 7-8-44　用平行线法求弯曲的中轴线

对于一条具有复杂图形的等高线来说，其所隐含的地性线片断就表现为具有不同复杂程度的树结构，如图 7-8-45 所示，图中仅表示谷底线。

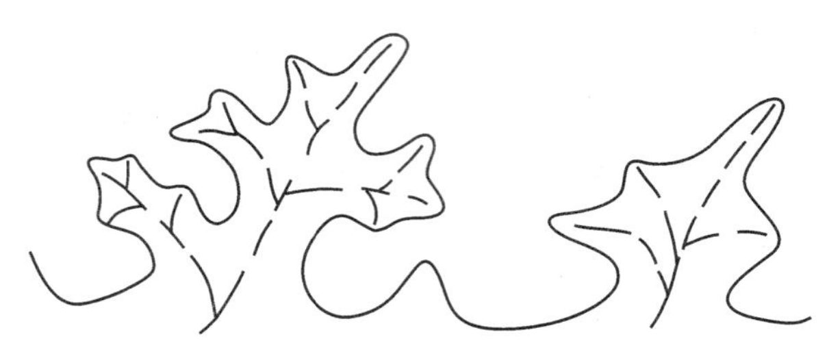

图 7-8-45　复杂等高线图形所隐含的地性线树结构

5. 单条等高线的层次结构(毋河海　1995a)

可采用下述法来建立：采用较大步长或包络来形成层次结构的根实体，如图 7-8-46 中的 A，B，C，D，E，它们对应着某级地貌形态的总体轮廓。根实体下属若干曲线段，如图 7-8-46 中的 $Aa_1a_2a_3a_4a_5B$、$Bb_1b_2b_3b_4C$ 等，每个曲线段可分别用两个凸包络来逼近，它们表示较低一级的形态轮廓。这样递推下去，便可形成单条等高线本身各级形态的层次结构，它对地貌综合的意义是显然的。这种层次结构的形成有点像分形法，但信息组成不同。在分形中得出的是一条曲线各层弯曲嵌套的统计(平均)深度(复杂度)，它是一个示性数(分维数)；而在树结构中既分出不同的层次，且反映出不同子树间的深度和组成的不同，但建立单条等高线的层次结构要付出很大的代价，即复杂的算法和复杂的存储结构，这种结构可称为单条等高线的水平层次结构。

6. 多条等高线之间的父子与兄弟关系

相邻两条等高线之间的关系有两种：同高等高线之间的兄弟关系；异高等高线之间的父子关系。

从总体上讲，这些关系的集合就构成了以各条等高线为结点的等高线树，它反映着等高线集合的垂直层次结构和水平邻近关系。

这种垂直层次结构将为等高线的成组(协同)综合和地性线的跟踪等提供新的结构信

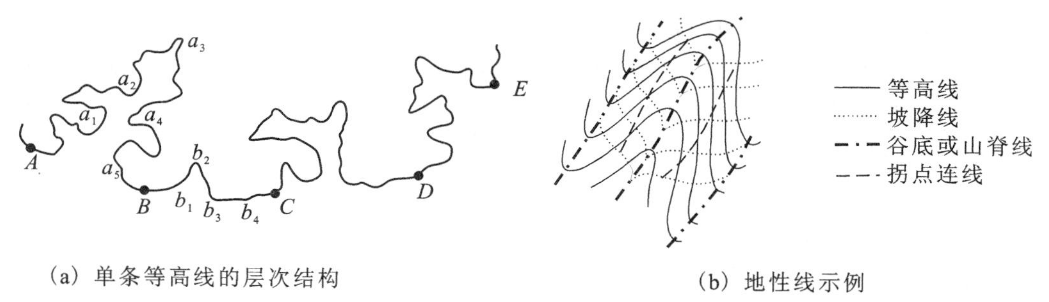

(a) 单条等高线的层次结构　　(b) 地性线示例

图 7-8-46　等高线中的地性线信息

息支持(参见 7.8.2“地貌结构的等高线树描述”)。

7. 隐含地性线的查明与存储

在下一节将要查明的各种地性线(山脊线、谷底线等)可作为一种特殊地理实体(目标)存入数据库，以便对它们做进一步的处理。这种特殊实体在原始地图上是没有的，是通过数据处理得到的派生数据，是非常重要的关系数据。

地性线之所以重要，是因为它们可作为地貌形态的“代表”或地貌形态的“替身”，例如，一条谷底线可代表描述该谷地的一组等高线弯曲，或者说地性线是地貌形态的更高层次的抽象与概括表示。评价一组弯曲很困难，而评价其“替身”——地性线实体要方便、容易得多，要建立不同等高线弯曲群组之间的关系简直不可能，而通过它们的“替身”则几乎是常规操作了，可见信息形式的转换是何等重要。这样，可把地貌形态的评价与处理转换为对其“替身”(等价物)的处理。

为了从全局或整体上评价与处理各种地性线，首先需将地性线信息有机地组织起来，其主要途径就是建立地性线的层次(树)结构。由于谷地的舍弃就意味着其相邻山体的合并，因此，对谷底线的处理伴随着对山脊线的改变。这样，我们就可以把地貌综合集中于谷地信息的综合。

谷底线层次(树)关系的建立与河系树结构的建立方法是一样的：递归地利用地图数据库所拥有的“缓冲区检索”，从主谷开始逐级自动搜索其左右两侧的支谷，直到所有支谷均为树结构的叶结点为止(参见 7.6“河系的结构化描述与河流的选取”)。

7.8.6　基于地性线的显式结构化综合

1. 地貌形态的“替身”

首先把每条数字化了的等高线支撑点坐标串作为独立的物体存入数据库。然后把从等高线数据中查明的派生物——地性线作为另一类物体存入数据库，地性线可以看做是地貌形态的“替身”，如同对河流做结构化处理一样，此处也可对它们进行结构化处理，从而得到控制全区地貌形态的地性线网或地性线树结构。这种结构的层次实际上表达着地貌形态之间的层次关系。对谷底线的取舍就从结构上控制着地貌形态的取舍。因此，问题就集中在如何确定谷底线的删除标准。最后根据谷地选取标准，对谷底线进行取舍，从而以被舍弃的谷底线数据为制导，舍去与此关联的一组等高线弯曲。

在手工作业的制图综合中，由于制图员能目览全图，成组地处理等高线一般没有多大困难，而对于以"逐线处理"为主要手段的自动化制图来说，若不查明相邻等高线之间内在的、固有的而不是人们附加的联系，并在处理每条有关等高线时予以必要考虑的话，势必加深地貌形态的连续性与表示手段的离散性之间的矛盾，其结果必然在不同程度上降低地图上地貌形态的易读性，甚至在某些地段会使表示地貌形态的等高线变成一堆杂乱的线条。因此，摆在我们面前的新任务就是要自动地建立等高线图形的固有联系，并以此为依据对等高线图形进行有机的而不是孤立的制图综合。

"替身"是一个简单实体，通过"替身"实现对其所代表的对象的有力的抽象，可进一步结构化。

下面介绍以地图数据库技术为基础，以地性线为联系等高线的天然纽带，对以等高线表示的地貌形态进行全自动化制图综合的方法。

2. 地性线的自动查明、跟踪与分离

(1)原始数据点的规则化处理：不规则四边形法

先用前述 Douglas-Peucker 方法从等高线数字化坐标点中筛选出所需的特征点，即消除所有那些无结构意义的中间过渡点。所获得的这些经压缩的相邻等高线特征点一般呈不规则分布，不便于做进一步处理。为了便于查明地性线，需要使这种数据点分布规则化。这里采用四边形网络法，其主要优点是它在拓扑上是一种矩阵结构，便于做进一步的分析处理，同时该网中还包含着在其范围内的全部原始数据点(Hessing 等　1972)，详见第8章8.5.2"四边形网络法构网的数学原理"。

与在离散点集上加盖一个密集正方形网格比较，四边形网络法纳入因而也就是尊重所有的原始数据点，而当用正方形网格法一旦生成规则网格之后，不位于网格交点的那些原始数据点便搁置不用了。图7-8-47所示是构网示例。

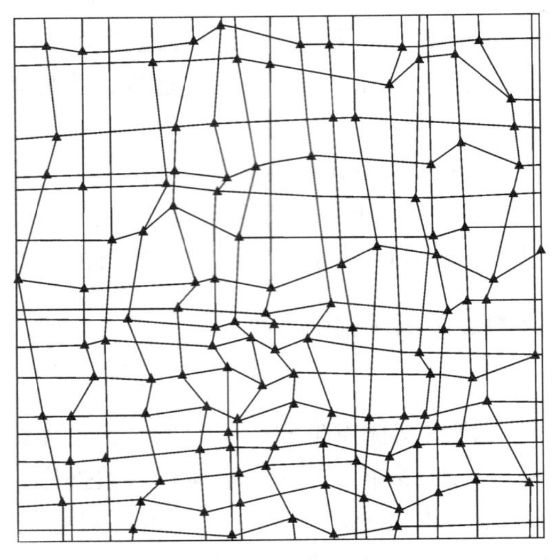

图7-8-47　以等高线地性点为基础的矩阵结构四边形网络

(2)网格点高程插值

在这种四边形网络中，除了原始数据点以外，还会产生一系列新的网格交点，对于这些非原始数据点，可根据其周围的原始数据点，用曲面拟合法求出其高程值。这样，原始不规则离散数据点便在拓扑上规则化(呈矩阵状)和进行了某种程度上的加密，这就为进一步的处理提供方便。这同时也是一种特殊的、高保真(包括全部原始离散数据点)的 DEM。

为求得非原始数据点上的高程，这里采用本节前面曾提出的旋转剖面法高程插值(图 7-8-23)，即通过网格新交点 P 作若干条带，根据在各条带中所搜集到的原始数据点(它们只是近似地而不是严格地位于某一剖面上)，用线性或非线性插值法求出其近似高程 Z_p。这里主要考虑两种情况：

若在条带中 P 点的左右最近点的高程不同，则可采用线性加权插值。

若 P 点的最近左右两点的高程相同，此时插值点可能位于分水岭地带或谷底地带，不能进行线性插值，要进一步考虑到两侧更远一些的原始点，当这些点的其中一点与最近的两点有着不同高程时，可作非线性插值，如圆弧插值、斜轴抛物线插值等。

(3)高程点分类矩阵的建立

为了下一步自动综合的需要，在进行高程插值时就及时地区分出原始点与插值点，并把区分结果记录在一个分类矩阵中的相应位置上。我们把这个矩阵表示为 MVERKN (Matriz der Verknüpfung，意为联结矩阵)。

当 $P(i, j)$ 为原始点时，MVERKN$(i, j)=1$；

当 $P(i, j)$ 为插值点时，MVERKN$(i, j)=0$。

(4)地性线的搜索、跟踪与分离

在对原始数据点做了结构上的规则化处理后，得到的是一个矩阵结构，因此，可用水平方向、垂直方向及对角线方向对四边形网络数据矩阵进行扫描，找出地性线点。在扫描方向上，若每相邻三点的中间点高于其前后两点，则把该点作为山脊线点；当中间点低于其前后两点时，则把该点作为谷底线点。当有连续偶数个点的高程相等时，需用图 7-8-48 中所示的非线性方法来查明地性线点。

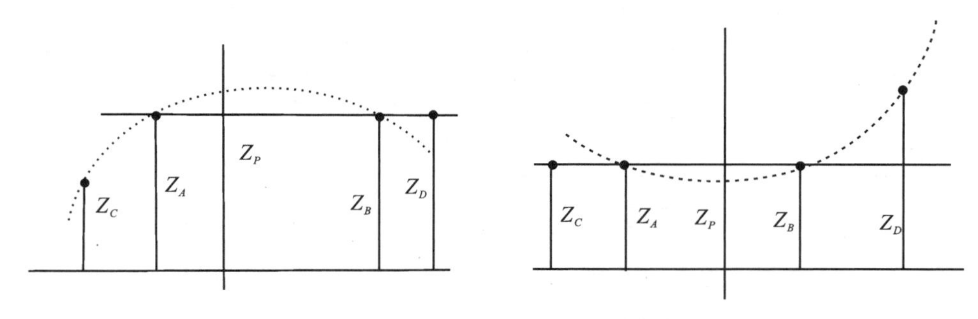

图 7-8-48　非线性高程插值

为了进行下一步地性线跟踪与分离的需要，在扫描的过程中就应及时地建立地性线点与非地性线点间的特征矩阵 MNEGAT，并做如下规定：

若点 $P(i, j)$ 为非地性线点，则 MNEGAT$(i, j)=0$；

若点 $P(i, j)$ 为谷底线点，则 MNEGAT$(i, j)=10$；

若点 $P(i, j)$ 为山脊线点，则 MNEGAT $(i, j) = 20$。

从网格点中滤出地性线点之后，可根据特征矩阵 MNEGAT 提供的信息，对原始数据做进一步压缩，抹去全部非地性线点，目的是使大部分短小谷地呈由三点所形成的喇叭口状。有了特征矩阵 MNEGAT，就可从地性线点中跟踪与分离出每条地性线来，并计算出其长度，基本原则与方法如图 7-8-49 所示。

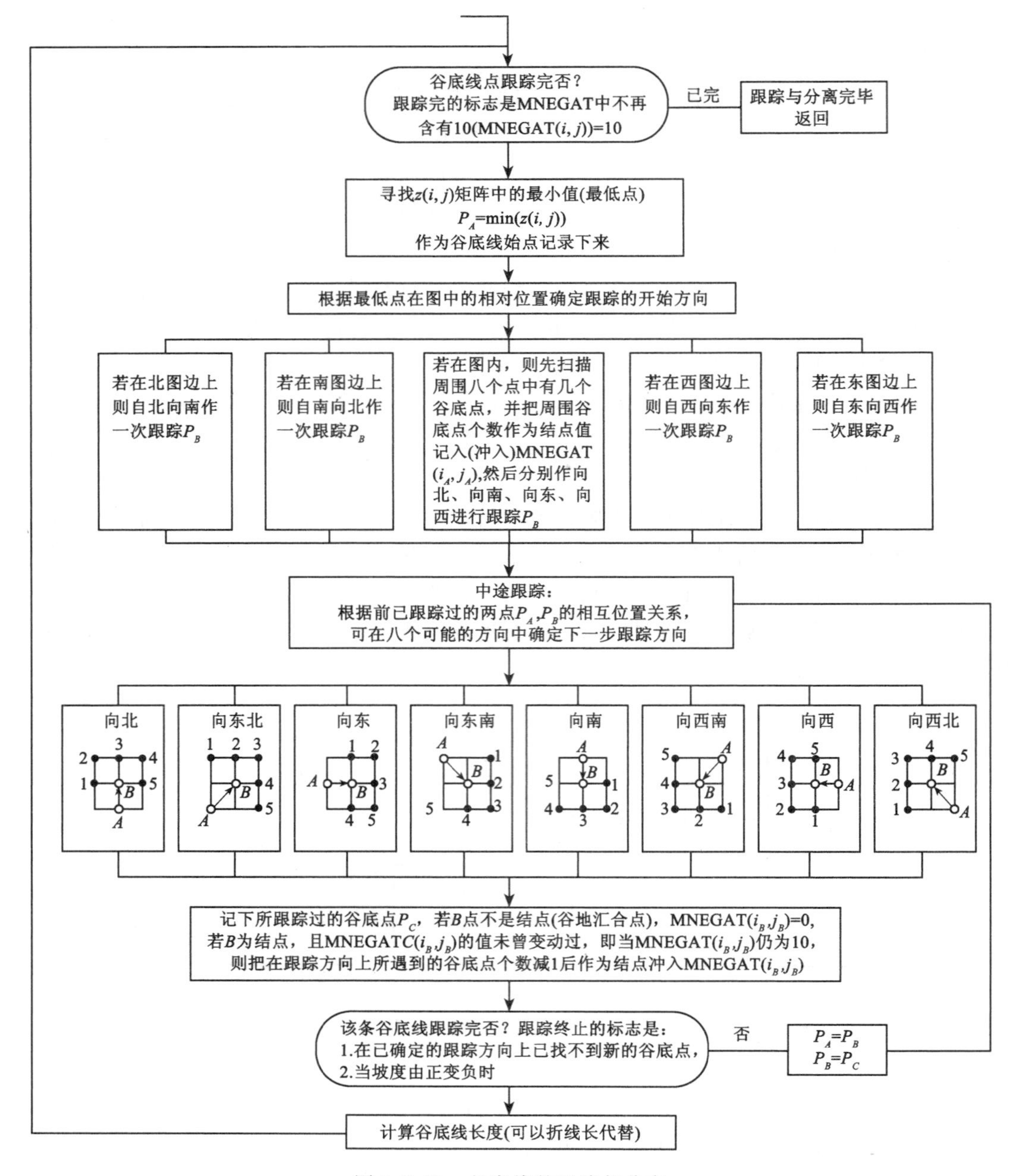

图 7-8-49　谷底线的跟踪与分离

3. 地貌形态“替身”(地貌结构线)的自动综合

既然地性线实体是地貌形态的“代表”或“替身”，于是可通过地性线的评价实现对地貌形态的评价，以下是对地性线评价的一些准则：

(1)资格法

如同一般线状目标的选取问题，可以等级(质量标志)、长度(数量标志)等作为准则，其缺点在于机械性和盲目性，不能顾及各个短小目标所处的具体地段的特点或分布特征。

(2)树结构法

当对地性线实体(如谷底线)建立其树结构之后，各个地貌形态(如各级谷地)在总体结构中的地位就一目了然了，选取对象原则上集中在叶结点目标集上，若把这种结构特征与资格法组合起来，则可做出较为合理的评价。

(3)加权树结构法

生成地性线的 Voronoi 图，为表达地性线树中处于同一层的各条地性线的差异提供进一步的量化指标：目标的统计性影响范围或控制(汇水)面积。并进而作加权排序。

根据综合中规定的谷长选取标准，参照加权排序信息，舍弃较小的谷地，即从原始资料中抹去与被舍弃谷底线有关的数据点，其作业步骤大体如下：

①从数据库中选取全部谷底线；

②对每条谷底线做如下处理：

a. 若长度大于或等于选取标准，不做任何处理。

b. 当长度小于选取标准时，即对于要舍弃的谷底线的点列在数据库中进行识别。当谷底点为插值点时，原始等高线数据中并没有这些点，故不做处理；当谷底点为原始点时，环绕它做最小开窗选取(图 7-8-50)，检索出位于其中的等高线，若等高线多于一条，再用坐标比较法做进一步识别。

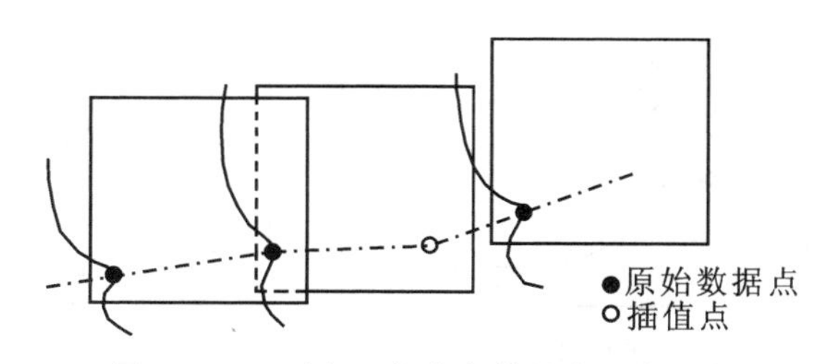

图 7-8-50　对每一谷底点做最小开窗选取

对于谷底点的第一点，要判别它是否为谷底线结点。当它是结点时，不做识别与删除处理，但把结点值减 1，即 MNEGAT (i, j) = MNEGAT $(i, j) - 1$；当它不是结点时，则做识别与删除处理。

识别与删除的过程为：在选取的集合中，把属于原始点的谷底点与被选取的等高线坐标进行比较，当二者一致时，则把该谷底点在等高线中的坐标删除。

c. 按被综合后的新资料进行试验性绘图。这种自动综合过程可以用不同的参数多次进行，直到取得满意结果为止。对于图幅中不同的地貌类型区域，可分别采用不同的综合指标分块进行，然后用自动接边技术进行拼接(毋河海　1992a)。

地貌形态的自动综合的作业全过程如图 7-8-51 所示。综合试验结果如图 7-8-52 所示

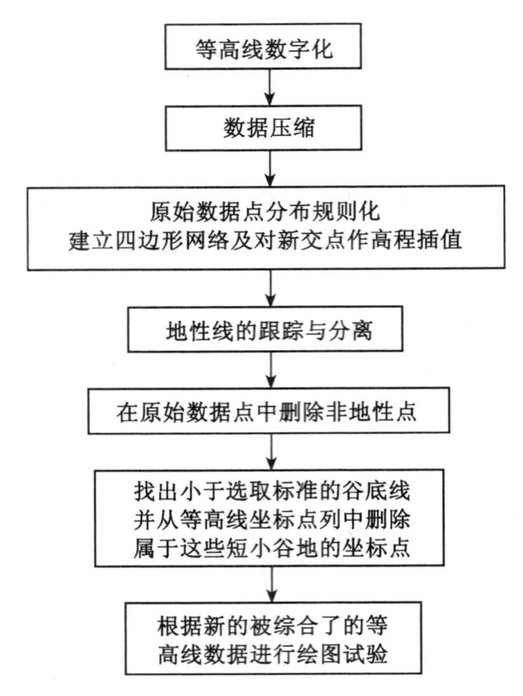

图 7-8-51 地貌形态自动最小开窗选取综合流程图

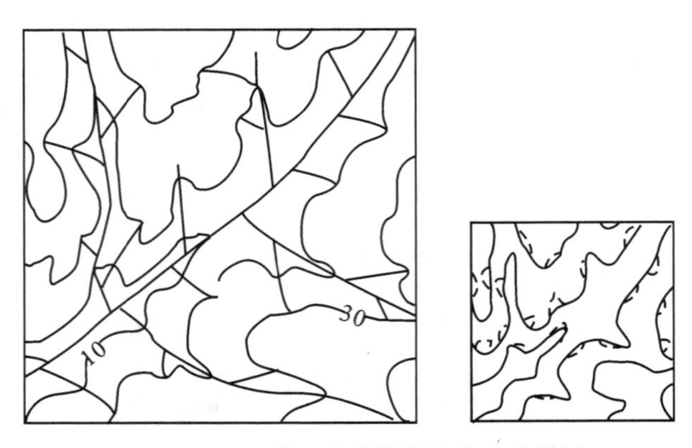

图 7-8-52 地貌形态结构化综合试验样图

(赵小佩，李俊英，邓玲 1983)。

除了地性线之外，鞍部点、谷间距等也是影响地貌形态结构化综合的重要因素，应予以必要的考虑。

地图信息的结构化自动综合原理具有进一步揭示地理要素的分布规律、克服纯几何图形综合的狭隘性。结构化理论同时具有动态层次性，克服了模拟地图表达空间信息的静态局限性，实际上是数字地理模型取代纸质模拟地图。

4. 基于地性线树结构和 Voronoi 图的地貌形态的自动综合

(1)原始地形图等高线

作为规模性的地图综合试验，此处取西藏地区的一幅地形图，如图 7-8-53 所示。

图 7-8-53　地貌综合原始地形图 1∶50000

(2)高质量 DEM 的生成

以图 7-8-53 所示的等高线数据为基础，用软件生成了内容精细的 DEM，我们把它称为高质量 DEM(图 7-8-54)。在山区，它的图像与等高线完全重合。在宽谷地带，它显示了远比等高线图形详细得多的地形细节。

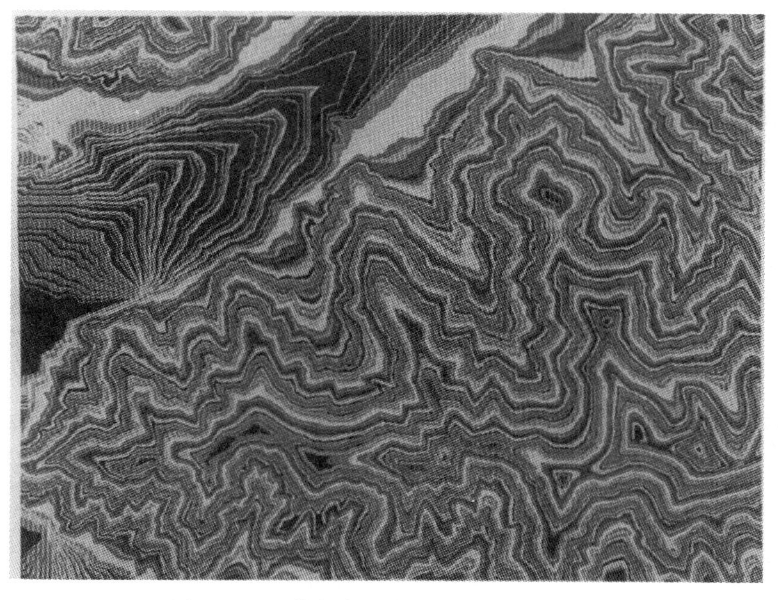

图 7-8-54　数字高程模型(DEM)1∶50000

(3)地性线的跟踪与分离

生成高质量 DEM 的目的是为了查找地貌形态结构线(山脊线和谷底线等地性线),其查找的部分结果如图 7-8-55 所示。其后的地貌形态综合体现在:首先对短小谷地进行取舍,然后对被舍弃的谷地相关的等高线束(成组等高线段落)进行批量式概括。

图 7-8-55 地貌结构线的自动提取

(4)谷底线 Voronoi 图的生成

为了科学合理地对短小谷地进行取舍,如同针对河网综合那样,不只是考虑谷地的长度,还要顾及它的聚水范围,即扩展为对其流域信息的顾及,这样,问题演变为谷底线 Voronoi 图的生成,如图 7-8-56 所示。

(5)谷地"替身"(谷底线)的选取

当对地貌形态的"替身"做出了较为全面且合理的评价之后,就为地貌形态的选取创造了科学的前提,可把谷底线树结构各个结点的值 q 定义为权值 W 及其基本指标(如长度 L)的乘积,并求总和来作为地貌信息的总体初始值,即

$$Q_{初始} = \sum_{i=1}^{N_0} q_i = \sum_{i=1}^{N_0} W_i L_i \tag{7-8-62}$$

式中,$Q_{初始}$为综合前的地貌信息量;q_i为谷底线树结构的结点值;L_i为地性线的主要指标(如长度);W_i 为地性线的控制(影响)范围或汇水面积,起权值作用;N_0 为地性线的初始条数。

为了给选取做好准备,可对所有结点值 q_i由大到小排序:$q_1>q_2>\cdots>q_{N_0}$(此处">"号为"领先"之意)。

根据比例尺缩小倍数和其他因素,可用基于分形分析的开方根模型或其他解析方法来顾及地性线的结构特征进而确定综合后应保留的新的地貌信息量 $Q_{新}$。

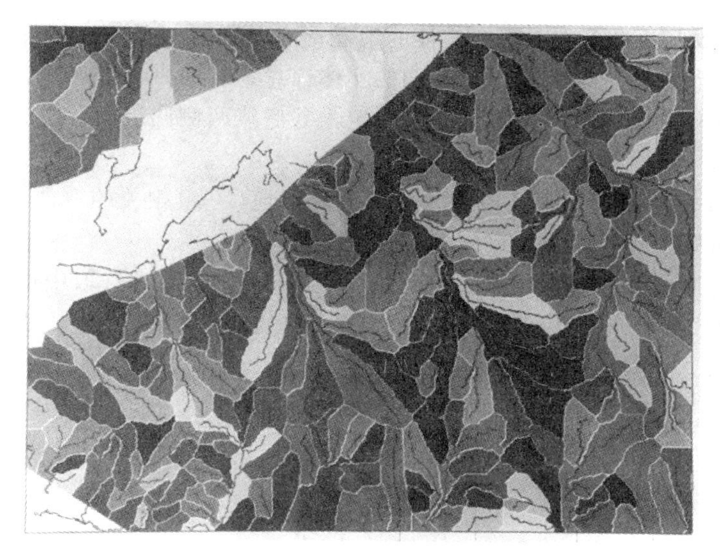

图 7-8-56　谷底线的统计汇水面积：谷底线的 Voronoi 图

为确定 $Q_{新}$，犹如按分录取一样，对 q 从高到低累加求和至 N_k，使 $\sum_{i=1}^{N_k} q_i$ 近似等于 $Q_{新}$。这样，剩下的若干条地性线(近似为(N_0-N_k)条)所代表的地貌形态就是要予以舍弃的对象(图 7-8-57)。

图 7-8-57　根据谷底线汇水面积舍弃部分短小谷底线

(6)谷地等高线弯曲的成组综合

根据关联关系，把要舍弃的地性线转换为相应等高线弯曲组并予以概括。

由于在地图上等高线所表示的是地貌整体，而不是显式表示单个地貌形态(例如谷地)，即没有从数据关系上表明每个具体的地貌形态是由哪几条等高线的哪些弯曲段来表示，在具有地性线的情况下，根据地性线的实体信息，利用带状缓冲区方法可确定表示该地貌形态的有关等高线。这时，谷地就可界定为谷底线两侧同级山脊线之间所包含的等高线弯曲的集合。

如图 7-8-58 所示，对于某条谷底线所代表的谷地(一组相关的弯曲)的等高线曲线段集合的查找，可转换为对相关谷底线的缓冲区检索。

如同河流选取一样，线状物体(谷底线)的 Voronoi 图在谷地选取中也起着重要作用。

对被舍去的短小谷底线相关的成组等高线弯曲的综合(概括)的初步结果如图 7-8-59 所示。

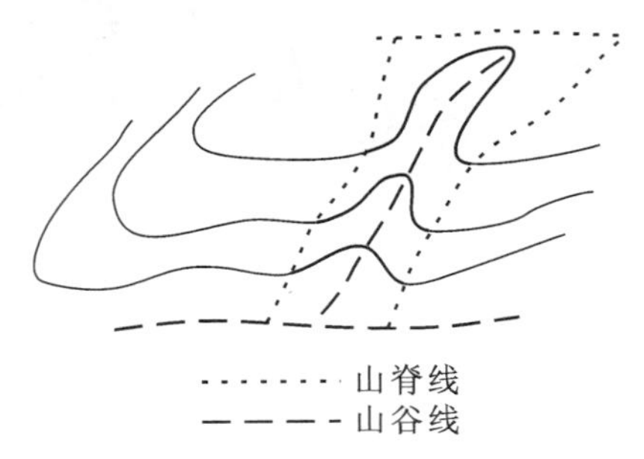

图 7-8-58 用缓冲区检索确定描述谷地的等高线弯曲的集合

图 7-8-59 根据所舍弃的谷底线成组地概括其所对应的谷地等高线弯曲

7.8.7 国外学者对结构化地貌形态自动综合原理和方法的评价

国外学者对地貌形态自动综合的原理和方法(Hehai Wu 1981)的评价现摘录如下：

W. Weber(1982a)：前述诸方法是对特定的二维平面的综合。与此相反，在文献(Hehai Wu　1981)中介绍的程序乃是针对三维表面主要是地形表面简化的启发式方法……该方法在综合某条等高线时，自动地考虑到与之相邻的其他等高线的形状，因而是顾及到地面的三维特征。

K. E. Brassel，R. Weibel(1987)：现有的方法(即等高线光滑法、DEM 滤波法和 TIN 滤波法)并没有针对地貌形态的舍弃或简化，因此，它们局限于比例尺小幅度缩小的任务。……近年来，地形综合的概念开始使用以结构线为基础的综合模型。Wu(1981)提出了一种基于消除次要谷底线以进行增强型的等高线综合策略……

R. Weibel(1987)：等高线的综合没有针对各个地貌形态，因而不允许作大幅度的比例尺缩小。DEM 滤波使用一种全局性滤波算子。后者未注意到局部地貌形态，且仅对数据进行平滑，这又仅允许小幅度的比例尺缩小。面向信息的 DEM 滤波虽然能局部适应，但仍然局限于简化和细部消除。Wu(1981)和 Yoeli(1987)所提出的基于地性线的启发式综合算法有希望用来处理大型地貌或处理大幅度的比例尺变化……

R. Weibel(1991)：对于解决地貌形态自动综合问题存在几种不同的原理，应该指出有几种实质性的方法：用光滑滤波对网格状数字高程模型的滤波法(例如，Loon　1978，Zoraster 等　1984)，用人机交互舍弃次要高程点来综合三角网式的数字高程模型，以及把地形结构线作为综合基础的方法(Wu　1981；Yorli　1990；Wolf　1988a，1988b)。

启发式综合(Heuristische Generalisierung)原理把地貌形态的结构线用作综合的基础。一些作者(例如，Wu　1981；Yoeli　1990；Wolf　1988a)也提出了基于地貌形态结构线的综合方法。

R. Weibel(1992)：为了指明一些更为重要的方法，计算机辅助地形综合问题的若干途径可归为三类：基于光滑滤波器的 DTM 滤波，借助消除次要数据点的三角网 DTM 综合以及基于地形结构线的综合(Wu 1981；Yoeli 1990；Wolf 1988a，1988b)。

J. Höpfner(1989)：对于由数字栅格高程模型生成数字地形骨架线然后再由此反变为数字栅格高程模型已进行了实验……如果用矢量格式的数字地形骨架线来表示切割强烈的地区，会大为节省存储空间。更有意义的是，这种模型由信息含量更为丰富的另外的线(如坡降线和形态线)来予以补充。在建立这种模型时，应直接使用地形测量或摄影测量方法。由此可以直接导出与比例尺相适应的等高线模型(Wu Hehai　1981)。

Wanning Peng，Moracot Pilouk，Klaus Tempfli(1996)和 Wanning Peng(1997)：地貌形态综合的关键问题是，当局部的次要细节消失后，表示地形特征的骨架信息应根据需要予以保留。从这个观点出发，不管是 DTM 滤波(Loon　1978；Zoraster 等 1984)，还是 DTM 压缩(Gottschalk　1972；Heller　1990)均不是适用的方法。然而，通过引入骨架信息作为综合过程的约束，这些方法可得到改善。

一些熟知的地貌综合的方法可归为三类：DTM 滤波法(Loon　1978；Zoraster 等 1984)，DTM 数据压缩法(Gottschalk　1972；Heller，1990)，结构线或骨架线综合法(Wu　1981；Yoeli　1990；Wolf　1988；Weibel　1989)。

7.8.8　基于地貌高程带的地貌形态自动综合

地貌高程带指的是相邻两条异高等高线 H_A、H_B之间的地形区域，它的形状由上下两条等高线的形状来确定。可用它的中位线 H_m 作为该条带地形的描述子，而后者可以是所要综合的等高线。若我们把 H_m 看做是 H_A 与 H_B 的函数，则可通过由 H_A 与 H_B 所定义的高程带(面/体目标)的综合来实现对其描述子 H_m(线状目标)的综合。

这是根据上下两条相邻等高线的中轴图形来综合(代替)当前的等高线图形，是一种顾及三维地貌特征的信息综合，其综合结果如图 7-8-60 所示。

(a) 原始图形，等高距为40m

(b) 小跨度高程带综合，等高距为40m

(c) 中跨度高程带综合，等高距为40m

(d) 大跨度高程带综合，等高距为40m

图 7-8-60 基于地貌高程带的地貌形态自动综合

由综合结果看出，该综合方法具有极强的稳定性，甚至在等高距不变的情况下，也可进行任意程度的综合。不论是山体还是谷地，均同时得到强调，而等高线之间的协调关系始终保持。这里有一个问题：山头处的最高一条等高线，它没有更高的“邻居”；而山谷处的最低一条等高线，它没有更低的“邻居”。因此，对这样的等高线综合缺少必要的部分邻居条件，这要求对等高线信息做进一步的组织。

对于基于地貌高程带的地貌综合，等高线树可提供所必需的关系信息：自动提供山头处的最高等高线实体，即所有的山头在树结构中均呈现为叶结点。这时，若山峰处无高程值，则可以人为地赋予一个不大于一个等高距的更高的条件高程值，作为其所需的更高的“邻居”。

为了自动地找出所有的谷地的最低等高线，可将所有开放型等高线的端点沿图廓线排序，进而找出其所需的更低的“邻居”，详见本章 7.8.2“地貌结构的等高线树描述”。

用本方法综合等高线时，相邻等高线不会相交，证明如下(图 7-8-61)：

作任一山脊线剖面 $P_{11}P_{12}P_{13}P_{14}$。

用 P_{11}，P_{13} 生成其中位点：

$$P_{12}^{\#}=\frac{1}{2P_{11}}+\frac{1}{2P_{13}} \tag{7-8-63}$$

用 P_{12}，P_{14} 生成其中位点：

$$P_{13}^{\#}=\frac{1}{2P_{12}}+\frac{1}{2P_{14}} \tag{7-8-64}$$

用 $P_{i,j-1}$，$P_{i,j+1}$ 生成其中位点

$$P_{ij}^{\#}=\frac{1}{2P_{i,j-1}}+\frac{1}{2P_{i,j+1}} \tag{7-8-65}$$

简记为

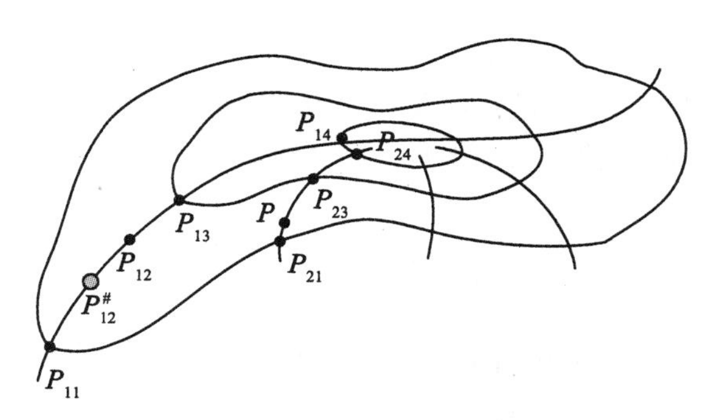

图 7-8-61 等高线不相交的证明

$$P^{\#}_{j}=\frac{1}{2P_{j-1}}+\frac{1}{2P_{j+1}}$$

$$2P^{\#}_{j}=P_{j-1}+P_{j+1} \tag{7-8-66}$$

类似地，有

$$2P^{\#}_{j+1}=P_{j}+P_{j+2} \tag{7-8-67}$$

求证

$$P^{\#}_{j+1}>P^{\#}_{j} \tag{7-8-68}$$

即证明用中轴线法所得的新的等高线不会相交，因为已知

$$P_{j-1}<P_{j}<P_{j+1}<P_{j+2} \tag{7-8-69}$$

对式(7-8-67)可作如下不等式相加：

$$P_{j-1}<P_{j} \tag{7-8-70}$$

$$+\quad P_{(j+1)}<P_{(j+2)} \tag{7-8-71}$$

$$P_{j-1}+P_{j+1}<P_{j}+P_{j+2} \tag{7-8-72}$$

不等式的左端为 $2P^{\#}_{j}$，见式(7-8-64)；不等式的右端为 $2P^{\#}_{j+1}$，见式(7-8-67)。

由此得

$$P^{\#}_{j}<P^{\#}_{j+1} \tag{7-8-73}$$

证毕。

此方法的主要问题是，为了进行较强程度的综合，要明显加大 H_A 和 H_B 的差距，其所产生的中轴线与实际的等高线有越来越大的平面位移。这种位移远远超过地图平面图形误差范围。因此，此种方法只能用于 H_A 和 H_B 差距不大的情况，如同一般情况下的中轴线法。

7.8.9 苏联学者对地貌综合的历史贡献回顾

在苏联地势图研究中的重要里程碑是 1949 年由 И. П. Заруцкая 主编的《1∶2500000 比例尺苏联地势图》，它荣获 1951 年斯大林奖金，但其发展历程是充满着激烈的斗争的。

1. 几何流派与地理流派的争论(Заруцкая 1958)

地图学理论的最为早期的巨著可以认为是艾克特的《地图科学》(Kartenwissenschaft

1921，1925）。他认为等高线的本质与地貌表示的立体感相矛盾：它不像晕翁法那样与斜坡方向一致，而是相反，把斜坡分割成一组台阶。艾克特同时还指出，等高线的协调破坏地图的精确性。他所得出的结论是：用线来表示地貌形态是软弱无力的。他还担心引入描绘等高线的通用方法会给地貌表示带来有害的死板框框，失去为各种地貌形态所固有的表象的独特性和新异性。

这个观点曾长期流行，认为用等高线表示地貌具有精确性和科学性，但缺少直观性和立体感。

几何流派（геометрическое направление）否定制图员对制图区域深入研究、熟知地貌学的必要性，只要求地图图形与所使用的源资料的最大近似性。

令人遗憾的是，这一短视的工程流派到现在还远未根除。由于忽视对制图区域的地理研究，不仅导致图形的表现力差，还经常带来对客观现实的歪曲。

与此同时，另一个德国地图学家泊克（Peucker 1898）持相反意见，他认为当等高线高度表足够密时，等高线的水平间距能像晕翁法那样造成陡坡变暗和缓坡变亮的效果。这种情况被认为是正确的，在地貌概括时应用等高线的协调方法。

地理流派（географическое направление）的实质是根植于地图学与地理学紧密联系中，是一种把小比例尺地图看做是领土地理知识的反映的正确观点。等高线不只是连接相同高程点的抽象线，也不只是划分高程带的分界线。

为了科学地、目的明确地而不是机械地进行概括，必须首先理解所表示现象的实质。地貌学就为制图员提供了关于地貌形态的正确理解。这是地貌形态及其特征查明与选取的钥匙。

新方法的确立不是一蹴而就的，而是在与小比例尺制图中与老的几何流派的斗争中确立的。编制《1：2500000比例尺苏联地势图》的过程，充分体现了地学知识对创作大型地图作品的重要性。

1944年在苏联国家测绘局的工作计划中就列入了创建《1：2500000比例尺苏联地势图》。这时已经完成了全国1：1000000地形图。

2. 结构原理的创立

地貌作为地表自然起伏的总和，是由不同的形态构成。各种地貌形态是由基本部件组成的，如地表的区段、不同大小、陡度和弯曲的斜坡。它们的交接构成结构线网络和一些特征点，例如图7-8-62中的分水线（A）、谷底线（B）、斜坡变陡线（谷沿线）（C）、山麓线（山脚线）（D）等，以及山顶点（1）、鞍点（2）、结点（3）和转折点（4）等。

特征点和线构成地貌的骨架，按这些点和线可以再造地貌的基本的和大型的形态轮廓。这对后者的综合就极为重要。

外形一样、成因一致的形态组合在某一地区做规律性的重复就构成了地貌类型。在地图上正确地表示基本地貌元素和形态，有助于正确地表示地貌类型。

在综合山区地貌时，要从标出基本结构线开始。

为了适应于地貌的多样性，需要进行详细的分类，其中要顾及到形态量测（地表切割的密度与深度），即水平切割和垂直切割、形态描述（地貌形态的外貌和轮廓）和形态成因（自然界各种营力的影响——在其作用下形成这些形态，即地貌的成因和发展）。

与大比例尺地图不一样，在小比例尺地图上，地貌的表示有了新的内容：国土山岳结构的显露，确定地貌形态分布规律的可能性，以及它们与自然界其他现象之间的联系。重要的是：地貌的编绘不是把资料图上的等高线机械地转绘到编绘原图上。地貌图形的概括也不是等高线线条的简单化简，而是一个科学的、论据充足的整个地貌形态的选取，或者是把各个地段的单个特性用更为普遍的地貌类型来代替。

若由 1∶100000 的地图编 1∶2500000 的地图，长度上缩小 25 倍而不用中间过渡比例尺，被迫采用结构线法(структурные линии)(图 7-8-63)和主导等高线法(ведущие горизонтали)编绘地貌。认为地貌类型是发育在一定的地质结构基础上，在同一种地貌形成因素综合体的作用下，一定的、有规律重复的形态的组合(Щукин 1946)。

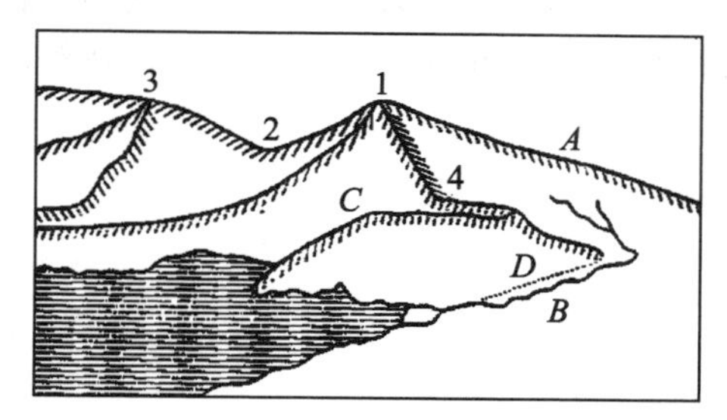

图 7-8-62 地貌的特征点与特征线
(Комков 等 1958)

图 7-8-63 在地图上作基本斜坡的划分
(Комков 等 1958)

(1)形态元素的查明与表达

要有意识地对地貌形态的基本元素进行查明与表达，如山谷(底)线、山脊(分水)线(地带)、山足线和斜坡变陡线等(图 7-8-64)。地貌的立体性通过用一组曲线表示连续曲面来实现，容易产生的错误是对形态的概括(用一组曲线描绘的立体量(объёмные величины))变成单条抽象的等高线的概括。机械地概括等高线，其实质是编图者不明白他所绘制的等高线弯曲表示的是什么内容。图 7-8-64 所示的是高山地区斜坡的棱角和琢磨特征，以及斜坡被横谷切割成金字塔形的支脉。

(2)基于坡面表示的等高线的概括

地貌综合是通过对构成地貌形态的各个元素(基本斜坡)的选取和概括来实现的，在基本斜坡的选取与概括中，仔细研究且协调地改变描绘整个斜坡的所有等高线的图形。消除某一基本斜坡则是通过去掉描绘它的全部等高线弯曲而实现的。由此可见，地貌综合不是各条等高线的选取与概括(图形改变)，而是对组成地貌形态元素的选取与概括。

地貌综合要求制图者拥有地貌学知识，就像艺术写生者需要知晓人体解剖学一样。要重新考察整个地貌结构元素体系，方可较为正确地评价地貌的切割程度，并可事先标出物体选取的尺度。

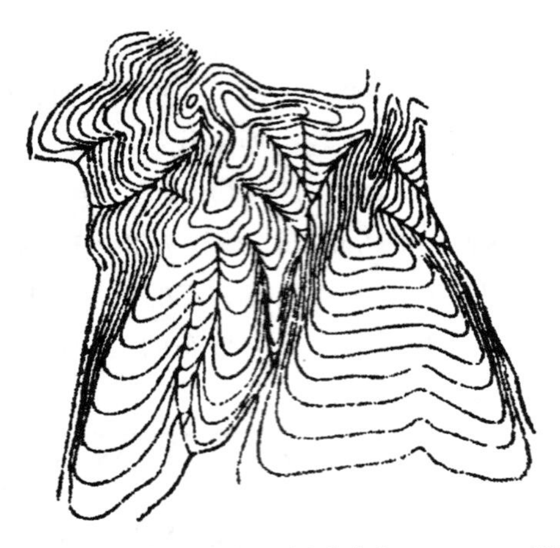

图7-8-64　山体斜坡的切割形态(Заруцкая　1958)

当由较大比例尺地图编制较小比例尺地图时，由于等高距的增大，斜坡的一些典型特征将有所丢失，为了保持地貌特征，就不得不对等高线位置的几何精度做出让步，在等高距的许可范围内，对描绘斜坡的等高线作移位(图7-8-65)。

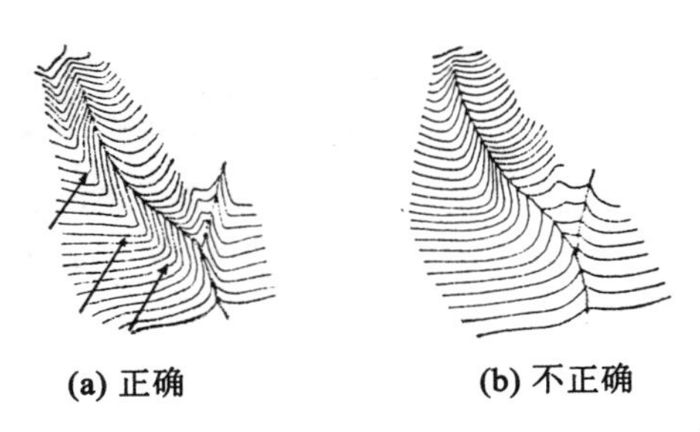

图7-8-65　谷沿线的等高线表示(Комков　1958)

(3)陡坎的查明与突出表示

图7-8-66所示的是在等高距一样的情况下，同一个地区用三种不同的方法进行概括。其中，在舍弃次要细节时，在地图上保留的大型形态的图形也不是保持不变。在编制过程中，为强调其主要特征，可对一些细节进行夸大和移位的处理。

(4)遵循"总体走向"

地貌形态在其取舍中被舍弃导致空白空间的出现，在这个范围内，原有的等高线不做移位是不可能的，最简单的一种移位形式是用拉直的方法来连接被删去细节的地方，这个方法用来舍去个别小谷地。在被削掉的小谷地的地方，等高线不是呈直线状，而是要保持斜坡在平面上的总体方向(图7-8-67)。

等高线的移位不是在个别情况下的许可的例外，而是能保持地貌特征的基本的概括方法之一。在一定的体系中采用的等高线的移位，被认为是最为正确和精确的地貌表示方法之一。

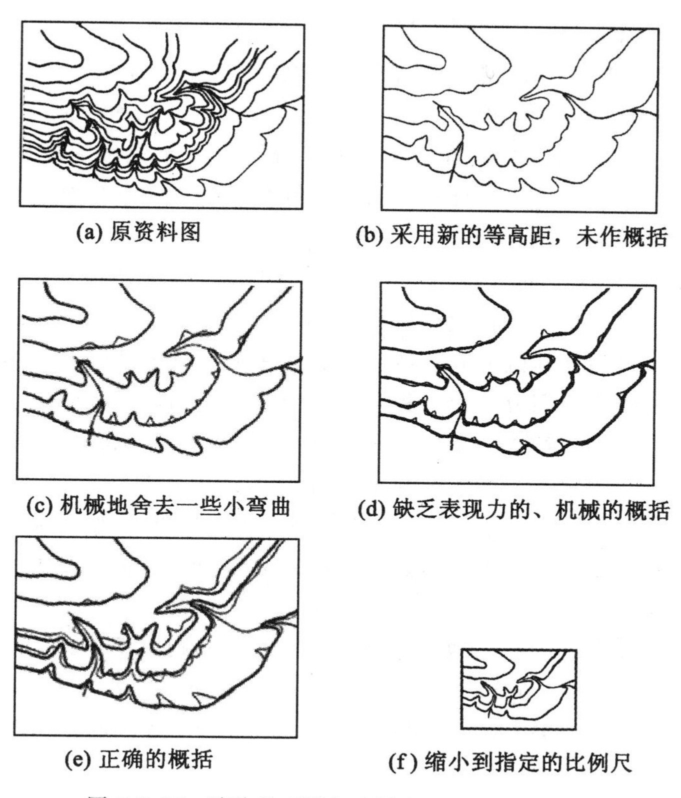

(a) 原资料图　(b) 采用新的等高距，未作概括

(c) 机械地舍去一些小弯曲　(d) 缺乏表现力的、机械的概括

(e) 正确的概括　(f) 缩小到指定的比例尺

图 7-8-66　陡坎的查明与表示(Заруцкая　1958)

图 7-8-67　等高线在舍去细节的地方的拉直(Заруцкая　1958)

3. 典型性与特殊性兼顾

典型和特殊彼此之间是矛盾的。这一矛盾的克服是制图综合的主要难点。

典型性是指一般性，它包含于不同物体与现象之中，并使它们彼此之间产生亲缘关系。在此基础上所划分的各种地区类型固有某些共同的性质，后者在给定区域做有规律的重复。

特殊性是指超出典型性框架之外或仅为个别的、为数极少的物体所固有。在各种情况下，具体现实是充满着典型性。

为了在地图上表示地区的典型性，就必须对细节进行抽象(抛弃)，舍去很多特殊性。然而，不能舍去全部特殊性，以防把地图变成抽象的略图，因此在查明制图区域的典型特征时，要及时地分离出与典型性相矛盾的一些细部。例如，在综合难以逾越的山脉时，不光是表示其陡峻的、不可到达的岩质斜坡，也要查明有助于克服它的地段，如缓坡、山隘、鞍部和小路等。这样，制图综合本身的含义就在于阐明和组合典型的和特殊的事物。

4. 对等高线的深度理解

苏联学者在强调“地理方向”时，对等高线从地理学(更确切地说是从地貌学上)做出科学的理解。多位学者均指出，在大比例尺与小比例尺地图上，等高线有着不同的意义。在大比例尺地图上，等高线是区分其一侧较高、另一侧较低的精确的数学分界线，而在小比例尺地图上，等高线成为划分一个高程与另一个高程带的记号线。这已不是数学线，而是一种制式线。K. Салищев 说，等高线就其性质和用途来说，属集群曲线(массовая линия)，等高线的科学与实际意义只有通过其集合形式才能拥有。

И. П. Заруцкая 则认为，等高线不仅是相等高程点的连线、划分高程带的界线，也可用于地形的直观立体表示，也是形态造型线(формообразующие линии)。

5. 系统的地貌表示论著

下面列举一些比较系统的有关地貌在地图上的表示问题的专著：

①Геоморфология в изображении на картах и планах, пособие для топогрофов. Редбюро ГУГСК НКВД СССР, М., 1938.(《地形测量员手册，地貌在地图和平面图上的表示》)

② Макеев З. А. Основные типы рельефа земной поверхности в изображении на картах М. 1945 年.（《基本地貌类型在地图上的表示》，1945 年，未见中译本）

③Н. И. 刘布维，А. И. 斯皮里顿诺夫．实用地形图编绘法：地貌现图法．中国人民解放军总参谋部测绘局，1957.(俄文版，1953 年)

④Подобедов Н. С. Физическая география Ч. Ⅱ.. Геоморфология. М. Геодезиздат, 1954.(《自然地理学：地貌学》，中国人民解放军测绘学院译印，1955 年)

此书是为测绘工作者所著，在讲述每种地貌类型时，均讲解其地图上的表示问题，并附以地图示例。

⑤Е. И. 叶菲门科，Г. П. 达维多夫，Н. Ф. 列昂齐也夫．总编辑：Ю. В. 费里波夫．小比例尺普通地理图制图综合原理．中国人民解放军总参谋部测绘局，1957.(第二章 陆地地貌，自 132 页至 241 页)

⑥ Заруцкая И. П. , Методы Составления Рельефа на Гипсометрических Картах. ГЕОДЕЗИЗДАТ Москва, 1958.(И. П. 著《地势图上地貌编绘方法》(1958 年)未见中译本，她所主编的《1：2500000比例尺苏联地势图》于 1949 年出版，荣获 1951 年斯大林奖金)

⑦ Джусь С. И. Некоторые вопросы картографического изображения рельефа. Геодезиздат, 1958.（С. И. 朱斯著《地貌制图表示的若干问题》(1958 年)未见中译本）

不言而喻，在这些专著问世之前，就此问题已进行了多年的研究，有大量的相关论文刊载于多种测绘刊物上，并为不同地区编制了多种地势图。

第 8 章　空间数据处理中的插值问题

从总体上说，插值问题可归结为两大类：插值法与外推(插)法。

插值法是根据间距较大的独立变量及其相应的函数值来确定间距较小的独立变量所对应的函数值。例如，在天体观测中，只能得到在某时刻 t_i 所对应的天体所在的位置 $S_i = (\lambda_i, \varphi_i)$，要想得到任何时刻 t 的天体位置 S，就需要进行插值。

外推(插)法是以现有观测数据为依据、以变化趋势(规律)为手段，对未来进行预测或对过去更为久远的历史过程进行填补。如国民经济发展预测，人口发展预测，中、长、短期天气预报等。

插值的实质是函数逼近问题。特别是对于复杂的函数，通常用相对简单的函数(如便于计算的代数多项式)来逼近。

必要时，还可以进行一种所谓“反插值”(Inverse Interpolation)(Phillips 和 Taylor　1973)。当 $f(x)$ 是 x 的单值函数时，对于设定的因变量 $f(x)$，要求确定 x 的值。为此，可把独立变量和函数值对调，变反插值问题为正常插值问题。

不管是哪一种插值，都有一个假设：被插值函数或数据点具有内在的连续性与光滑性(可导性)，不存在尖峰，更不存在断点。若存在峰点或断点，则需用这些特殊点把整个插值区间分割成一系列子区间，且插值过程只能在各个子区间内部进行，而不能跨出子区间(见图 8-0-1)。这对地貌高程插值尤为重要，不能跨越山脊(穿山体)插值，也不能跨越谷地(架桥式)插值，插值只能在子区间(a, c)和(c, b)内部进行。也就是说，地形插值需要在由正负地性线为边界所构成的网络中的各个曲边多边形中进行。违背此原则的插值方法是不提倡的。

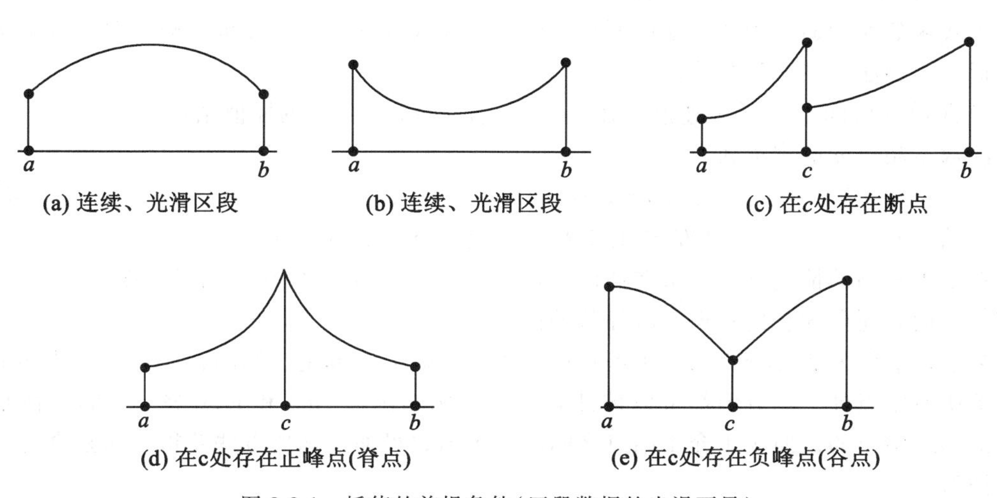

图 8-0-1　插值的前提条件(区段数据的光滑可导)

8.1　插值的基本原理

在近似计算中，通常用多项式函数逼近原函数。由维尔斯特拉斯(K. Weierstrass)定理所表示的多项式在连续函数类上的稠密性，是用多项式作为连续函数的近似函数的根据。

若函数$f(x)$在有限闭区间$[a, b]$上连续，则对任一$\varepsilon>0$，可以找出一多项式$P(x)$，使

$$|f(x)-P(x)|<\varepsilon \tag{8-1-1}$$

上式对属于区间$[a, b]$上的一切x值成立。

多项式的另一个重要的性质是它的单调性。为计算多项式的值，只要作有限次最简单的算术运算：加法、减法和乘法。多项式的微商和不定积分仍是多项式。对于用多项式作为近似函数，这种简单性是特别重要的。

维尔斯特拉斯定理没有提供构造多项式的方法，只指出了构造这种多项式的原则上的可能性。有多种不同的用多项式逼近函数的方法，在近似计算中常用的方法是插值法。

在许多计算中，所遇到的函数往往不便于计算或处理(如求导或求积分)。从实际需要出发，对于计算结果允许有一定的误差，因此可对问题中的函数建立一个简单、便于计算和处理的近似表达式。这是函数逼近的问题。

有时候对于某些问题，函数关系没有明显的解析表达式，需要根据实验数据或其他方法来确定与自变量的某些值相对应的函数值。这是函数拟合的问题。

8.2　多项式插值

许多计算方法都是基于函数逼近的思想，即把出现在问题中的函数用在某种意义下近似而又更简单的函数去替代。例如，用牛顿切线法求解方程$f(x)=0$时，在根的初始近似值x_0邻域，把非线性函数$f(x)$用线性函数

$$f(x)=f(x_0)+f'(x_0)(x-x_0) \tag{8-2-1}$$

去替代。线性函数的根x_1容易求得，并取它为方程$f(x)=0$的根的下一个近似值。通常是用多项式函数作为逼近函数。如前所述，因为多项式的计算比较简单，只需要作有限次的算术运算：加法、减法和乘法。

设$f(x)$在区间$[a, b]$上连读，在$[a, b]$上取$n+1$个不同的插值结点$x_0, x_1, \cdots, x_n$，构造次数不超过n的多项式

$$p(x)=a_0+a_1x+a_2x^2+, \cdots, +a_nx^n \tag{8-2-2}$$

使其在结点$x_0, x_1, \cdots, x_n$的值与函数$f(x)$在这些点上的值相等。

在要求较高的情况下，要求在插值结点处，不仅插值函数$p(x)$与被插值函数$f(x)$的值相等，而且还要求它们直至某阶导数的值也相等。

多项式插值方法可分为两个类型：第一类是被插值函数是已知的，而且在x的某个范围上的所有结点处，函数值都可以被计算出来，例如函数$\sin x$和$\log x$等，它们往往是以表格的形式给出的；而对于介于结点之间的函数值，可通过插值方法获得。这是真正意义上的插值。

第二类是被插值的是一种未知函数规律$y=f(x)$。为了寻求这一规律，可以通过观测

的手段获得这种现象或过程的一组观测数据(或称为离散样点)：

$$(x_i,\ y_i)\qquad (i=0,\ 1,\ 2,\ \cdots,\ n)\tag{8-2-3}$$

下面的任务是根据这组数据来估计出未知函数 $y=f(x)$ 的一个近似的表达式 $y=p(x)$。如前所述的在天文中观测行星运动时的情况就是这样。

对于地学图形数据，我们所得到的总是离散点序列，而这种离散点序列在野外观测时不可能呈密集点列，而是彼此相距较远。因此，不管是图形输出还是做其他的分析处理，往往需要对这些相距较远的离散点序列做某种程度的加密。此外，为了用数学方法分析处理的方便，需要将离散数据点用数学函数来解析地表示。

针对上述的两种离散点，其中一种是观测型的，如测量数据，含有各种误差，不能用严格通过这些离散点的插值函数，因为这样会把原来的误差放大。用最小二乘法逼近是合理的。这种问题称为数据拟合问题。另一种是精确计算型的，如对数表、三角函数表等，这时构造一个严格通过给定点的插值函数是合理的。这种问题称为数据插值问题。

一般地，插值与拟合理论属于数学中的函数构造论或称逼近论这个分支。

8.2.1 代数多项式插值

如果已知函数 $f(x)$ 为区间 $[a,\ b]$ 上的单值连续函数，它在不同的点 $a\leqslant x_i\leqslant b\,(i=0,\ 1,\ \cdots,\ n)$ 处的值 $y_i\,(i=0,\ 1,\ \cdots,\ n)$ 已经求得，插值的问题就是求一简单连续的函数 $p(x)$，使 $p(x)$ 在上述给定的 n 个点 $x_0,\ x_1,\ \cdots,\ x_n$ 上取给定的值 $y_0,\ y_1,\ \cdots,\ y_n$，即 $p(x_i)=f(x_i)$，而在其他的点上取 $p(x)$ 的计算值，$p(x)$ 是函数 $f(x)$ 的近似。

在插值问题中，给定的点 $x_0,\ x_1,\ \cdots,\ x_n$ 称为插值结点或结点；包含插值点的区间 $[a,\ b]$ 称为插值区间；$y=f(x)$ 称为被插值函数，通常是列表函数；函数 $p(x)$ 称为函数 $f(x)$ 在插值区间上的插值函数。

所谓简单的函数，主要是指可以用四则运算进行计算的函数。由于代数多项式最为简单又便于计算，所以通常采用多项式函数作为插值函数。插值方法只是寻求函数近似表达式的一种逼近方法。

对于已知的 n 个离散点，根据插值原理可建立一个不高于 $n-1$ 次的插值多项式。

在区间 $[a,\ b]$ 上，除了在插值点 x_i 上 $f(x_i)=p(x_i)$ 以外，在 $[a,\ b]$ 的其他点 x 上都有误差。令

$$R(x)=f(x)-p(x)\tag{8-2-4}$$

式中，$R(x)$ 称为插值多项式的余项，它表明用 $p(x)$ 近似 $f(x)$ 截断误差的大小。一般来说，$|R(x)|$ 越小，就越近似。

1. 线性插值

已知函数 $y=f(x)$ 在点 $x_0,\ x_1$ 上的值为 $y_0,\ y_1$，要求多项式 $p_1(x)$，使 $p_1(x_0)=y_0$，$p_1(x_1)=y_1$，其几何意义就是要求通过两点 $A(x_0,\ y_0)$ 和 $B(x_1,\ y_1)$ 的一条直线。

由解析几何知道，通过已知两点 A，B 的直线方程为

$$p_1(x)=y=y_0+\frac{y_1-y_0}{(x_1-x_0)(x-x_0)}\tag{8-2-5}$$

上式也可以写成另一种更具有规律性的对称形式为

$$p_1(x)=y=\frac{x-x_1}{x_0-x_1}y_0+\frac{x-x_1}{x_1-x_0}y_1\tag{8-2-6}$$

此处，$p_1(x)$是x的一次函数，称为一次多项式插值。

为了便于以后的进一步泛化与扩展，引入以下记号：

$$L_0(x)=\frac{x-x_1}{x_0-x_1},\qquad L_1(x)=\frac{x-x_0}{x_1-x_0} \tag{8-2-7}$$

上式具有一个特殊的性质：它们分别在给定的结点上取值为1，在其他结点上取值为0，称为线性插值的基函数。

$$\left.\begin{aligned} &L_0(x_0)=\frac{x_0-x_1}{x_0-x_1}=1,\qquad L_0(x_1)=\frac{x_1-x_1}{x_0-x_1}=0\\ &L_1(x_0)=\frac{x_0-x_0}{x_1-x_0}=0,\qquad L_1(x_1)=\frac{x_1-x_1}{x_0-x_1}=1\\ &L_0(x)+L_1(x)=\frac{x-x_1}{x_0-x_1}+\frac{x-x_0}{x_1-x_0}=1 \end{aligned}\right\} \tag{8-2-8}$$

这样，式(8-2-6)所示的线性插值函数可表示为给定结点上的函数值y_0，y_1与线性基函数的线性组合：

$$p_1(x)=L_0(x)\cdot y_0+L_1(x)\cdot y_1 \tag{8-2-9}$$

还可进一步简记为

$$p_1(x)=\sum_{i=0}^{1}L_i(x)\cdot y_i \tag{8-2-10}$$

2. 二次抛物线插值

对曲线的线性插值是用直线段逼近曲线段，误差较大。如果在建立插值函数多项式时再多顾及一点，形成曲线插值，则插值误差会进一步减小。

设函数$y=f(x)$在点x_0，x_1，x_2的已知值为y_0，y_1，y_2，求一多项式$p_2(x)$，使

$$p_2(x_i)=y_i\quad(i=0,\ 1,\ 2) \tag{8-2-11}$$

其几何意义就是通过已知三点$A(x_0,\ y_0)$，$B(x_1,\ y_1)$，$C(x_2,\ y_2)$作一曲线，若此三点不共线，则可得一条抛物线(图8-2-1)，它是一个二次函数曲线，其一般形式为

$$p_2(x)=a_0+a_1x+a_2x^2 \tag{8-2-12}$$

式中，a_0，a_1，a_2为待定系数，可由曲线$y=p_2(x)$通过A，B，C三点的三元一次联立方程解出。这个过程比较复杂，可根据给定条件写成更为便于计算的形式如下：

$$p_2(x)=\frac{(x-x_1)(x-x_2)}{(x_0-x_1)(x_0-x_2)}y_0+\frac{(x-x_0)(x-x_2)}{(x_1-x_0)(x_1-x_2)}y_1+\frac{(x-x_0)(x-x_1)}{(x_2-x_0)(x_2-x_1)}y_2 \tag{8-2-13}$$

类似地，可把上式写为

$$p_2(x)=L_0(x)\cdot y_0+L_1(x)\cdot y_1+L_2(x)\cdot y_2 \tag{8-2-14}$$

并进一步简记为

$$p_2(x)=\sum_{i=0}^{2}L_i(x)\cdot y_i \tag{8-2-15}$$

式中，

$$L_i(x)=\prod_{\substack{j=0\\ j\neq i}}^{2}\frac{(x-x_j)}{(x_i-x_j)} \tag{8-2-16}$$

其中，符号$\prod\limits_{\substack{j=0\\ j\neq i}}^{2}$表示连乘。

式(8-2-13)y_i的系数$L_i(x)$的值具有结构上的特征，当$x=x_0$时，$L_0(x_0)=1$，$L_1(x_0)=0$，

$L_2(x_0)=0$；当 $x=x_1$ 时，$L_0(x_1)=0$，$L_1(x_1)=1$，$L_2(x_1)=0$；当 $x=x_2$ 时，$L_0(x_2)=0$，$L_1(x_2)=0$，$L_2(x_2)=1$。即当 x 的取值分别为 x_0，x_1 和 x_2 时，$p_2(x)$ 的取值分别为 y_0，y_1 和 y_2。这表明 $p_2(x)$ 严格通过给定三点 $A(x_0, y_0)$，$B(x_1, y_1)$ 和 $C(x_2, y_2)$。

最后，可把二次抛物线插值公式(8-2-13)写为便于计算的紧凑形式如下：

$$p_2(x) = \sum_{i=0}^{2}\left[\prod_{\substack{j=0\\ j\neq i}}^{2}\frac{(x - x_j)}{(x_i - x_j)}\right] y_i \tag{8-2-17}$$

二次抛物线插值的效果如图 8-2-1 所示。

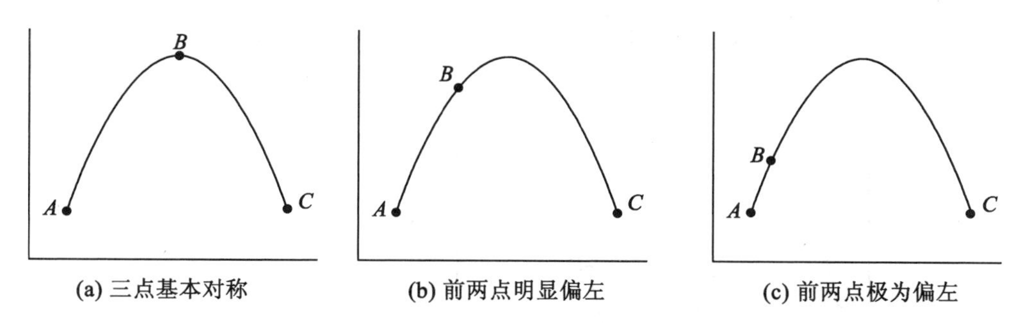

图 8-2-1　通过不同的三点所插出的二次抛物线

这实际上是下面要简述的拉格朗日(Lagrange)多项式插值的特例。

由图 8-2-1 看出，插值时，仅要求通过给定的离散数据点是不够的。形象地说，插值曲线应在各个离散数据点处及时转弯，即在离散数据点处应有最大曲率。可以这样归纳：离散数据点分布越均匀对称，插值效果越令人满意(图 8-2-1(a))；否则，随着不均匀与不对称程度的增大，插值效果越来越差((图 8-2-1(b)、图 8-2-1(c))。

3. 拉格朗日(Lagrange)高次抛物线插值

拉格朗日插值属于高次抛物线插值，即在理论上对于已知函数在 $n+1$ 个不同的点 x_0，x_1，…，x_n 上取值 y_0，y_1，…，y_n，可以构造不超过 n 次的多项式 $p_n(x)$，但应用研究表明，高于三次的插值多项式具有强烈的振荡性。具有实际应用意义的插值多项式最高到三次多项式。因此，下面用类似的构造方法给出拉格朗日三次多项式插值的计算公式。

拉格朗日插值多项式的最大特点是具有最为简单的构造规律，可以一眼看出它能满足通过已知结点。

构造通过 4 个已知点的拉格朗日插值三次多项式：

$$\begin{aligned} p_3(x) = & \frac{(x-x_1)(x-x_2)(x-x_3)}{(x_0-x_1)(x_0-x_2)(x_0-x_3)}y_0 + \frac{(x-x_0)(x-x_2)(x-x_3)}{(x_1-x_0)(x_1-x_2)(x_1-x_3)}y_1 \\ & + \frac{(x-x_0)(x-x_1)(x-x_3)}{(x_2-x_0)(x_2-x_1)(x_2-x_3)}y_2 + \frac{(x-x_0)(x-x_1)(x-x_2)}{(x_3-x_0)(x_3-x_1)(x_3-x_2)}y_3 \end{aligned} \tag{8-2-18}$$

把上式写成在计算机上实现的紧凑形式为

$$p_3(x) = \sum_{i=0}^{3}\left[\prod_{\substack{j=0\\ j\neq i}}^{3}\frac{(x - x_j)}{(x_i - x_j)}\right] y_i \tag{8-2-19}$$

拉格朗日多项式插值仅确保插值曲线严格通过已知被插值点。曲线形状的适用性严重依赖于结点的分布特征。过4个离散点的三次抛物线插值效果如图8-2-2所示。

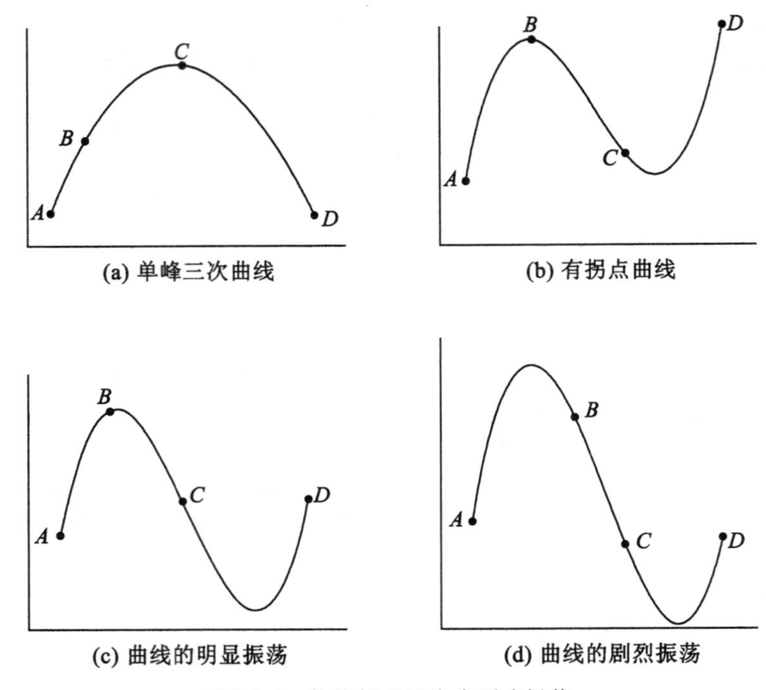

图8-2-2 拉格朗日三次多项式插值

对于图8-2-3中所给的6个离散点，可很容易地构造出五次拉格朗日插值多项式，并把上式写成在计算机上实现的紧凑形式：

$$p_5(x) = \sum_{i=0}^{5}\left[\prod_{\substack{j=0\\j\neq i}}^{5}\frac{(x - x_j)}{(x_i - x_j)}\right] y_i \tag{8-2-20}$$

其插值效果如图8-2-3所示。插值曲线严格通过各个插值结点。

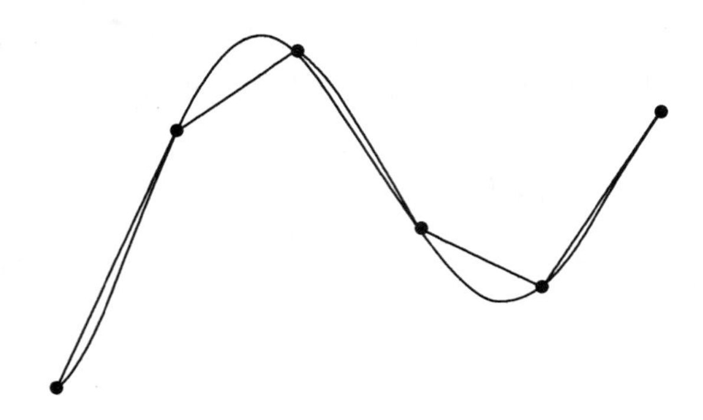

图8-2-3 严格通过6个离散点的拉格朗日5次多项式插值

对于更为一般的拉格朗日多项式插值公式，其构造形式如下：

$$p_n(x) = L_0(x)f(x_0) + L_1(x)f(x_1) + , \cdots , + L_n(x)f(x_n) \tag{8-2-21}$$

式中，

$$f(x_i)=y_i \quad (i=0, 1, 2, \cdots, n)$$

$$L_i(x)=\frac{[(x-x_0)\cdots(x-x_{i-1})(x-x_{i+1})\cdots(x-x_n)]}{[(x_i-x_0)\cdots(x_i-x_{i-1})(x_i-x_{i+1})\cdots(x-x_n)]}$$

$$=\prod_{\substack{j=0\\j\neq i}}^{n}\frac{(x-x_j)}{(x_i-x_j)} \tag{8-2-22}$$

拉格朗日插值的计算是一个加、减、乘、除的循环计算，可不必将整个表达式在程序中全部列出，从而大为简化。

把式(8-2-21)写成在计算机上实现的紧凑形式为

$$P(x)=\sum_{i=0}^{n}\left[\prod_{\substack{j=0\\j\neq i}}^{n}\frac{(x-x_j)}{(x_i-x_j)}\right]y_i \tag{8-2-23}$$

当用 FORTRAN 语言编程时，数组元素的下标必须是大于零的整数，因此，在程序中的下标从 1 开始，其上界也随之加 1。式(8-2-23)的程序段如下(郑威义　1986)：

```
          SUBROUTINE LAGRANGE(N, X0, Y0, X, PX)
          DIMENSION X0(N), Y0(N)
          PX=0.
          DO 100 I=1, N
          PAI=1.
          DO 50 J=1, N
          IF(J. EQ. I) GOTO 50
          PAI=PAI*(X-X0(J))/(X0(I)-X0(J))
50        CONTINUE
          PX=PX+PAI*Y0(I)
100       CONTINUE
          RETURN
          END
```

图 8-2-4 中的过已知 4 个离散点的三次抛物线就是用此程序计算的。

经验指出，拉格朗日插值有时会给出令人迷惑不解的结果(福克斯，普拉特　1986)。例如，已知函数 $y=x^{\frac{1}{3}}$ 的 4 个点，对其进行三次多项式插值，如图 8-2-4 所示。

X	0	1	8	27
Y	0	1	2	3

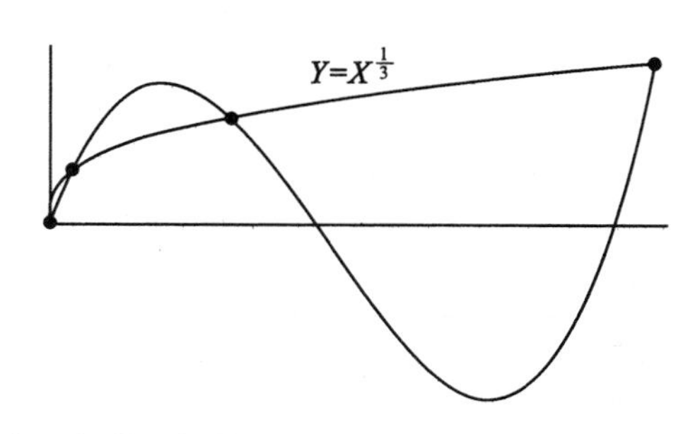

图 8-2-4　拉格朗日插值的振荡现象

在这种情况下，用直线连接(线性插值)会比三次插值好得多。

对有限多数据点的代数插值，通常用多项式。多项式是无穷次可导的。从这个意义上讲，多项式是足够光滑的。但是，数据点越多，插值多项式次数也就越高。例如，有100个数据点，通常要求99次的多项式，它有100个系数，后者的物理意义很难说清楚。

在实际应用中，高次插值(如7次、8次以上)很少被采用。虽然，被插值点的增多固然可使插值函数在更多的地方与被逼函数相等，但是在两个插值结点间插值函数不一定能很好地逼近被逼函数，有时差异相当大。从计算的舍入误差看，对于等距离结点的差分形式，被逼函数值的微小变化将可能引起高阶差分很大的变动，例如，对于函数

$$f(x)=\frac{1}{1+25x^2} \qquad (-1\leqslant x\leqslant 1) \tag{8-2-24}$$

取等距点 $x_i=-1+\frac{2i}{10}(i=0,\ 1,\ \cdots,\ 10)$，建立插值多项式 $\varphi(x)$。插值多项式的次数为10，运用拉格朗日插值公式为(李岳生，黄友谦 1978)：

$$\varphi(x)=P_{10}(x)=\sum_{i=0}^{10}f(x_i)l_i(x) \tag{8-2-25}$$

其中，

$$f(x_i)=\frac{1}{1+25x_i^2},\ x_i=-1+\frac{2i}{10} \qquad (i=0,\ 1,\ \cdots,\ 10) \tag{8-2-26}$$

$$l_i(x)=\frac{(x-x_0)\cdots(x-x_{i-1})(x-x_{i+1})\cdots(x-x_{10})}{(x_i-x_0)\cdots(x_i-x_{i-1})(x_i-x_{i+1})\cdots(x_i-x_{10})} \tag{8-2-27}$$

其计算结果见表8-2-1。

表8-2-1 **插值多项式 $P_{10}(x)$ 对式 $\frac{1}{1+25x^2}$ 的逼近**

x	$\frac{1}{1+25x^2}$	$P_{10}(x)$	x	$\frac{1}{1+25x^2}$	$P_{10}(x)$
-1.00	**0.03846**	**0.03846**	-0.46	0.15898	0.24145
-0.96	0.04160	0.80438	**-0.40**	**0.20000**	**0.19999**
-0.90	0.04706	1.57872	-0.36	1.23585	0.18878
-0.86	0.05131	0.88808	-0.30	0.30769	0.23535
-0.80	**0.05882**	**0.05882**	-0.26	0.37175	0.31650
-0.76	0.06477	-0.20130	**-0.20**	**0.50000**	**0.50000**
-0.70	0.07547	-0.22620	-0.16	0.60976	0.64316
-0.66	0.08410	-0.10832	-0.10	0.80000	0.84340
-0.60	**0.10000**	**0.10000**	-0.06	0.91743	0.94090
-0.56	0.11312	0.19873	**0.00**	**1.00000**	**1.00000**
-0.50	0.13793	0.25376			

注：①表中黑体数字表示插值结点；

②由于函数的对称性，故在表中只计算左边一半。

原函数图形与插值函数图形如图 8-2-5 所示，其中，实线表示原函数图形，虚线表示拉格朗日插值函数图形。

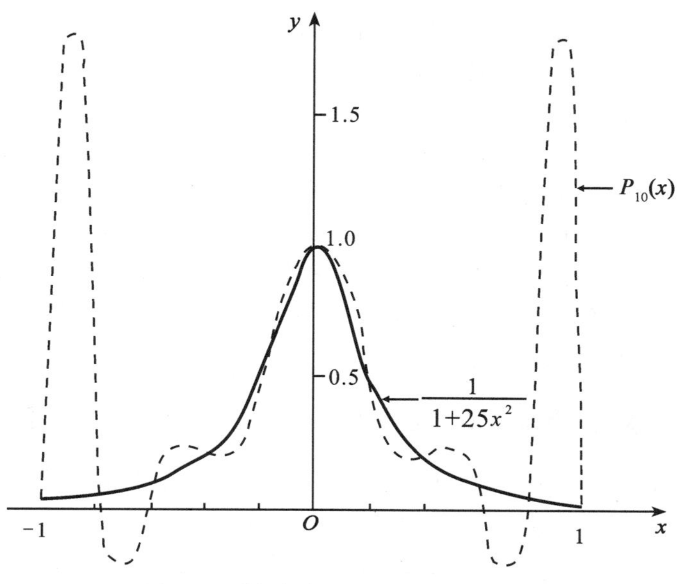

图 8-2-5　高次多项式插值的振荡现象

从图 8-2-5 中看出，在中间部分逼近较好。越靠近两端，逼近误差越大。这种等距结点高次插值所发生的振荡现象称为龙格(Runge)现象，或叫龙格振荡。

由此可见，用加密结点的办法并不能确保在两结点间的插值函数能更好地逼近被逼函数。其原因在于产生高次插值多项式的系数矩阵(相应于 Vandermonde 行列式)的高度病态。

此外，拉格朗日插值多项式也不适用于图形的修改或编辑。因为一个点的微小改动会引起其他点的巨大变化(图 8-2-6)。这种性质称为局部性质的全局依赖性。

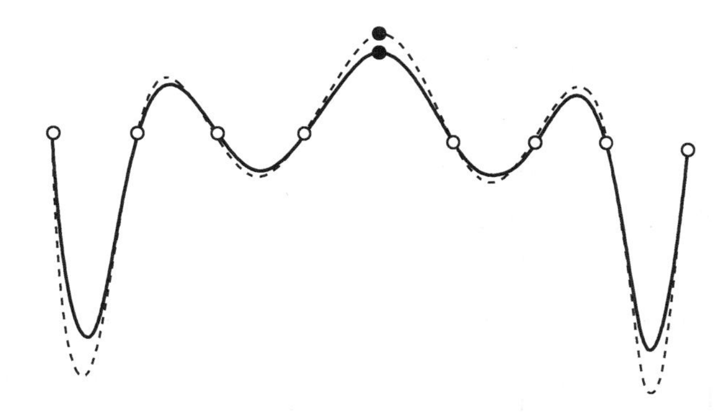

图 8-2-6　改动插值曲线(实线)的某个数据点可能在别处引起巨大变化

图 8-2-6 还典型地表明了拉格朗日插值的不稳定性：将位于水平直线上的 8 个原始数

据点(图中的空心小圆)通过插值得到的是 3 峰 4 谷的振荡曲线(实线)。若改动插值曲线(实线)的某一点，则会引起插值曲线在其他地方的巨大变化(施法中 1994)。

研究表明，无论是在理论上(指收敛性质)还是在实际计算中(如振荡现象)，高次拉格朗日插值一般是不可取的。早在 1980 年前后，一些标准程序库(如 IBM 的 IMSL，国际数学与统计程序库 1980 年版)已把这个传统程序去除。

多项式是一种最简单的解析函数。解析函数的特点是无穷阶光滑并且具有所谓的解析延拓性质，即函数在局部小范围内(不论其区域多小)的性质可以完全决定其整体大范围的性质。解析函数在分析上的这个突出优点恰好是它用于计算时的致命弱点，这是因为，可以严格证明这类解析延拓是不稳定的，任何局部小范围出现的微小误差(这在实际计算中是不可避免的，如计算机字长总是有限的)都能引起大范围结果的显著变化。这种牵一发而动全身的不稳定现象在实际计算中是最忌讳的。这也正是我们为什么要避免采用高次插值多项式的原因所在(孙家昶 1982)。

8.2.2 埃尔米特(Hermite)带导数插值

如果已知在结点上的函数值 $f(x)$ 外，还给定在每个结点处的切线方向(导数值 $f'(x)$)，使插值函数 $p(x)$ 不仅要通过给定结点，即 $p(x_i)=f(x_i)$，而且在结点处还与切线相切，即 $p'(x_i)=f'(x_i)$，达到插值函数在结点处的一阶导数连续，即切线连续，这样，给定条件对插值曲线的路径就控制得很稳妥了。除了一阶导数(切线)外，有时还可给定更高阶的导数条件，例如二阶导数 $f''(x)$。二阶导数连续意味着插值曲线的曲率连续，这时，插值曲线在结点处的过渡就更为光滑。这种要求插值函数不仅要通过给定结点，而且要满足给定的导数条件的插值方法称为埃尔米特(Hermite)带导数插值。此处我们只介绍带一阶导数的 Hermite 插值(郑咸义 1986)。

1. 两点间的带导数插值

已知 $f(x)$ 在结点 x_0，$x_1(x_0 \neq x_1)$ 处的函数值和导数值分别为

$$\begin{aligned} f(x_0)=y_0, \quad & f(x_1)=y_1 \\ f'(x_0)=m_0, \quad & f'(x_1)=m_1 \end{aligned} \tag{8-2-28}$$

要求构造次数不高于 3 的多项式 $p(x)$，使满足

$$\begin{aligned} p(x_0)=y_0, \quad & p(x_1)=y_1 \\ p'(x_0)=m_0, \quad & p'(x_1)=m_1 \end{aligned} \tag{8-2-29}$$

由于要满足的条件有 4 个，故可设以下 3 次多项式

$$p(x)=a_0+a_1x+a_2x^2+a_3x^3 \tag{8-2-30}$$

利用已知 4 个条件可解出未知系数 a_0，a_1，a_2，a_3，两点间的带导数插值公式为

$$\begin{aligned} p(x)= & \left[1-\frac{2(x-x_0)}{x_0-x_1}\right]\left(\frac{x-x_1}{x_0-x_1}\right)^2 y_0+\left[1-\frac{2(x-x_1)}{x_1-x_0}\right]\left(\frac{x-x_0}{x_1-x_0}\right)^2 y_1 \\ & +(x-x_0)\left(\frac{x-x_1}{x_0-x_1}\right)^2 m_0+(x-x_1)\left(\frac{x-x_0}{x_1-x_0}\right)^2 m_1 \end{aligned} \tag{8-2-31}$$

2. 多点间的带导数插值

对于更为一般的情况，即设 $y=f(x)$ 在结点

$$a \leqslant x_0 < x_1 < \cdots < x_n \leqslant b \tag{8-2-32}$$

上函数值和导数值分别为

$$\begin{aligned} &f_0, \quad f_1, \cdots, \quad f_n \\ &f'_0, \quad f'_1, \cdots, \quad f'_n \end{aligned} \tag{8-2-33}$$

要求作一个次数不超过 $2n+1$ 的多项式 $F(x)$，满足 $2n+2$ 个条件

$$F(x_i)=f_i, \quad F'(x_i)=f'_i \quad (i=0, 1, \cdots, n) \tag{8-2-34}$$

仿照拉格朗日插值的做法，取 $2n+2$ 个基函数($2n+1$ 次函数)：

$$A_i(x) = \left[1 - 2(x - x_i)\sum_{\substack{k=0\\k\neq i}}^{n} \frac{1}{x_i - x_k}\right](L_i(x))^2 \tag{8-2-35}$$

$$B_i(x) = (x-x_i)(L_i(x))^2 \tag{8-2-36}$$

其中，

$$L_i(x) = \prod_{\substack{k=0\\k\neq i}}^{n} \frac{x - x_k}{x_i - x_k} \qquad (i = 0, 1, \cdots, n) \tag{8-2-37}$$

满足前述条件的埃尔米特插值公式为

$$F(x) = \sum_{i=0}^{n}[A_i(x)f_i + B_i(x)f'_i] \tag{8-2-38}$$

式(8-2-38)也可展开为在数值计算中更为常见的另一种形式：

$$F(x) = \sum_{i=0}^{n}[y_i + (x - x_i)(y'_i - 2y_i L'_i(x_i))]L_i^2(x) \tag{8-2-39}$$

式中，$L'_i(x_i) = \sum_{\substack{k=0\\k\neq i}}^{n} \frac{1}{x_i - x_k}$。

8.3 斜轴抛物线光滑插值

前述各种插值方法是属于自变量单调的单值函数插值。而地图上的各种曲线几乎全是多值曲线。因此，一方面需要将那些单值插值方法进行改造，使之适应于多值曲线的情况，另一方面则需要研制特殊的插值方法，来解决多值函数插值问题。下面所述的斜轴抛物线插值方法是笔者于 1976 年研究的一种多值函数插值模型，1980 年载于《第三届全国地图学术会议论文选集》。

8.3.1 曲线插值与计算机绘图的要求

一般的等值线(如等高线、等压线、等温线)所反映的物体或现象(如地形、气温、气压等)均具有连续分布的特点。用等值线的手段在地图上反映上述物体或现象，通常是用一组连续的、光滑的曲线来实现的。

因为数控绘图机在进行自动绘图时，将所给的各数据点按次序用直线段连接起来，所以，要想让绘图机绘出光滑的图形曲线，就必须向绘图机提供足够稠密的数据点。在一般

情况下，原始数据点之间的距离都比较大，因此就需要按照一定的数学法则建立光滑插值函数，以便向绘图机提供其所需的稠密数据点。

考虑到地图自动绘制的特点，我们对自动绘制光滑曲线提出以下基本要求：

①光滑曲线严格通过各个结点(插值点)；

②插值函数在各结点处可导；

③光滑曲线的路径应趋于最短(不可绕大弯)；

④光滑曲线的明显转弯点(或最大曲率点)应位于结点上。

8.3.2 一些主要的光滑插值方法

根据上面所提出的基本要求，一般的插值多项式，如拉格朗日插值多项式，对光滑插值来说显然是不适用的。因此，为了解决这个问题，自动绘图领域提出了各种各样的插值方法，其中主要有：直线圆弧法，样条函数法(局部坐标系样条、张力样条等)，三次多项式插值法(Hiroski Akima 1970)等。直线圆弧法在结点比较稀疏的地段，光滑曲线绕大弯，增长曲线路径，极易导致等值线相交。样条函数法大都是把属于同一条连续等值线的全部等值点(结点)作为一个整体来处理，这显然会使计算过程冗长，更值得考虑的是，所求的各结点上的导数也得到了大量远离点的不应该赋给的贡献。“其实这是没有必要的。有绘制这种图形经验的人们都很清楚，当我们在绘制这些图形时，我们并不是注意全体数据。我们的眼睛只是盯着附近的几个数据，这几个数据的位置完全决定了这段曲线的走向”(杨学平 1976)。后来出现的局部坐标系样条函数插值也正说明了这个问题。使用三次多项式插值法，当原始数据点比较稠密时或不出现急转弯时，效果良好，但遇到急转弯时，插值曲线在结点处来不及转弯，而继续向前冲一段距离，使明显的转弯点落在远离结点的地方。当遇到“之”字形连续迂回(如盘山道之类)的图形时，由于上述原因，会造成图形混乱。

8.3.3 斜轴抛物线插值的提出

为了能更好地绘制光滑曲线，作者提出斜轴抛物线插值法。斜轴抛物线光滑插值集中解决两个问题，现分述如下。

1. 曲线各结点处的适宜切线方向

为了保证曲线光滑地通过全部结点，需采用带导数插值。因此，首先要求出曲线在各结点的适宜切线方向，用它来控制曲线在各结点附近的形状。如图8-3-1所示，由微分几何学可知，曲线 AB 在其某一点 M 处的曲率与从该点向曲线 AB 的两端延伸远近无关。曲线的曲率是表征曲线的“局部”特性的，而这种特性是属于曲线上 M 点邻域的无穷小线段。

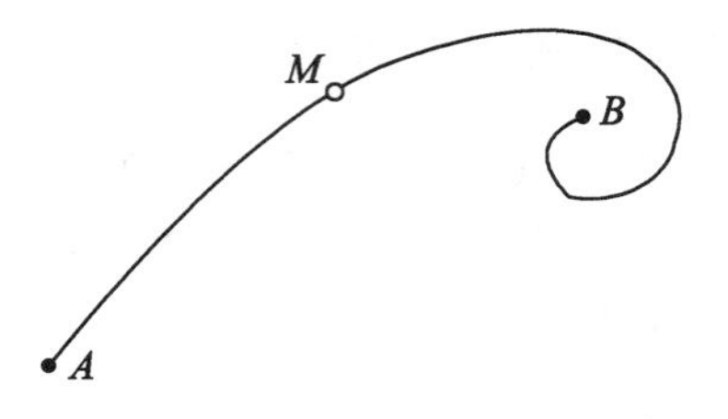

图8-3-1 曲率的局部特征

函数的导数也一样，它是描述函数在其某点附近的性态的。平时用曲线板把一列点子逐段连成光滑曲线，也正是基于这样一种思想。笔者在此把导数的这种“局部”特性体现为：曲线各结点处的适宜切线方向仅与其前后相邻结点有关，而与其他全部远离点无关。

2. 结点间适宜插值函数的确定

在满足带导数插值的前提下，结点间的插值函数应使得曲线路径接近最短。这样的插值函数控制着曲线在结点之间的整体形状和路径长度。在下文可以看到，除首末点处以外，对于其他所有中间插值弧段，其插值路径夹在前一斜轴抛物线的后半支弧与后一斜轴抛物线的前半支弧所形成的梭形带之内(图 8-3-8)。而仅依赖相邻点处的切线(导数)用一般的带导数插值方法，则不能保证插值结果位于所述梭形条带之内。斜轴抛物线基本上可以满足自动绘图所提出的要求。

8.3.4 斜轴抛物线插值的基本思想

为了说明斜轴抛物线在光滑插值中的作用，我们先对正轴(拉格朗日)抛物线和斜轴抛物线从光滑插值的角度做一初步分析。在此，我们考察一种最为简单的情况，过平面上不位于一直线的有序三点分别作正轴与斜轴抛物线。通过有序离散点建立光滑曲线的问题可直观地比喻成骑自行车通过这些有序离散点的光滑路径的问题。

1. 正轴(拉格朗日)抛物线插值的局限性

如图 8-3-2 所示，正轴抛物线仅适用于 $x_A<x_B<x_C$ 的单值曲线。随着 A、B、C 三点的分布的不同，过此三点的正轴抛物线与过此三点的适宜路径(此处为斜轴抛物线)极为不同。

对于 X 值单调的非共线三个原始数据(结)点 A、B、C，用拉格朗日插值多项式建立的正轴抛物线图形为曲线段 $ABdC$ 所示。此时的最大曲率点位于 d 点，而 d 点不是给定的已知的原始数据(结)点。斜轴抛物线为图中的抛物线 ABC。

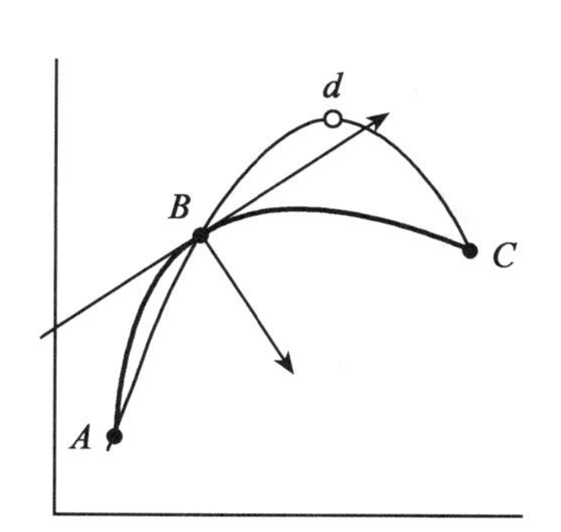

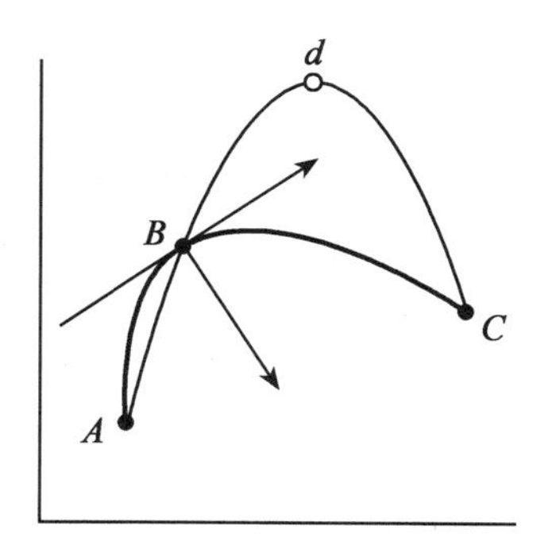

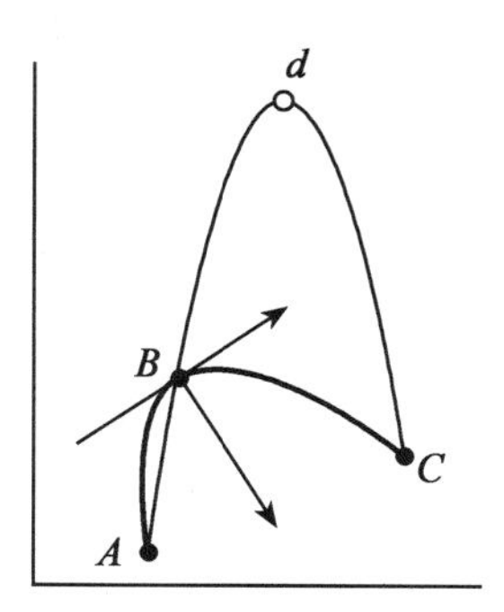

图 8-3-2　斜轴抛物线插值与正轴(拉格朗日)抛物线插值的比较

2. 斜轴抛物线插值方法的产生

由图 8-3-2 看出，过有序三点 A、B、C 的适宜路径是一条最大曲率在 B 点的同时通过首末点 A、C 的斜轴抛物线。要生成这样的抛物线，可借助坐标平移，使正轴抛物线的顶点位于中间点 B 上，并通过坐标系旋转，使抛物线同时通过点 A、C。这样的抛物线是一个局部坐标系中的斜轴抛物线，只是其坐标轴转角是个待定值，它可通过已知三点来解出。过已知三点 A、B、C 的斜轴抛物线图形是一种适宜路径。路径问题是一个与坐标系无关的问题(图8-3-3),斜轴抛物线是一条与坐标系无关的路径曲线，因而可适用于多值函数插值。

对于由 n 点所构成的开曲线来说，在每相邻三点非共线的情况下，可在 2，3，…，$n-1$ 各点(所谓内点)处作 $n-2$ 条斜轴抛物线，这样，在相邻的两个内点之间有两条斜轴抛物线弧通过，形成梭形条带，进而作加权平均(图 8-3-4)。点 4 与点 5 两点之间的保凸问题，另有处理，详见下一节图 8-3-9、图 8-3-10 以及相关文字说明。

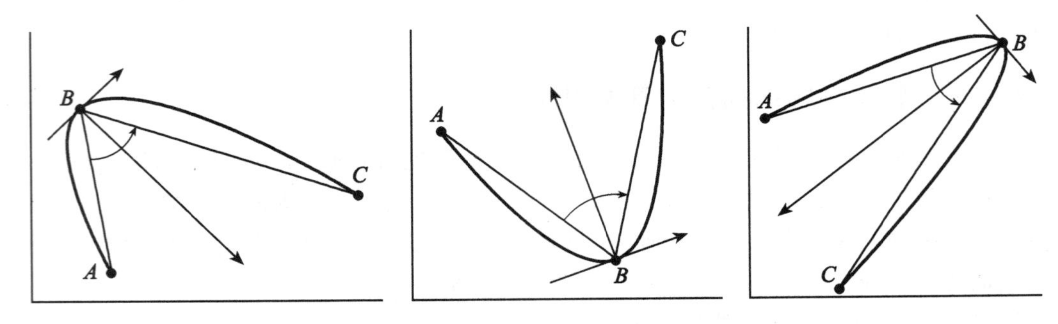

图 8-3-3 过任意非共线三点的斜轴抛物线

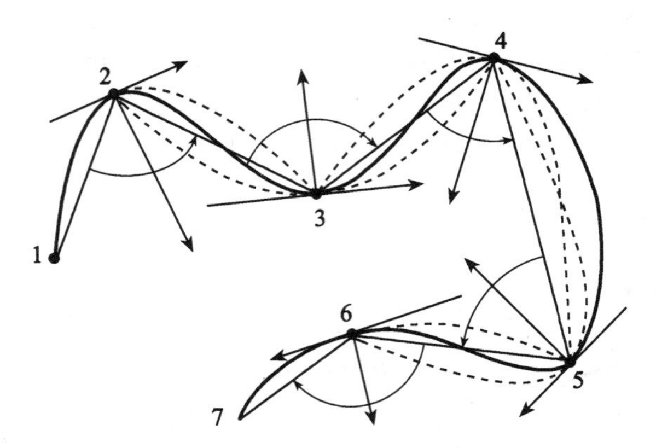

图 8-3-4 过给定 7 点作 5 条斜轴抛物线光滑插值的全过程

3. 斜轴抛物线的灵活性

过非共线三点 A、B、C，根据这三点的不同的有序组合，可得出 6 条不同的斜轴抛物线(图 8-3-5、图 8-3-6、图 8-3-7)。

8.3.5 两种基本插值类型

当属于某条曲线的插值点多于三点时，除了开曲线的首末端点以外，对其他所有中间点，每相邻两点都有两条不同的斜轴抛物线弧通过，一般可分为两种情况分别进行处理，分述如下。

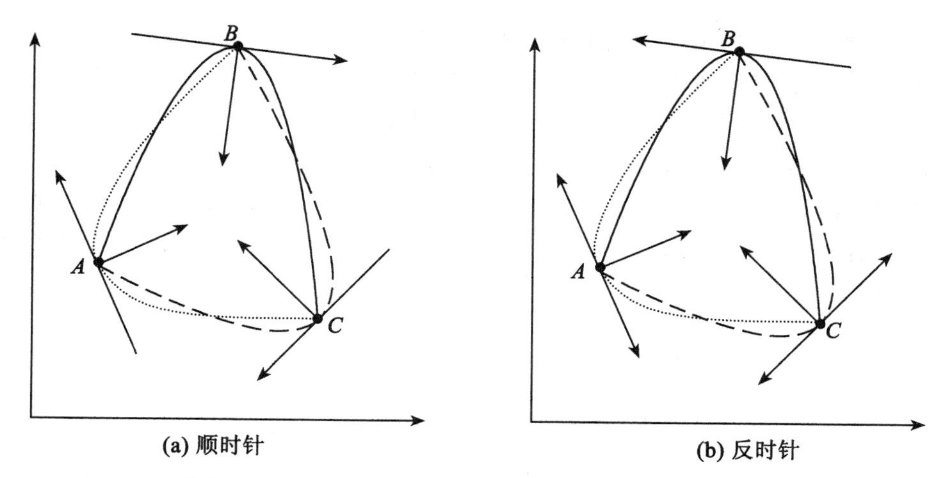

图 8-3-5　根据 A、B、C 三点的顺时针序与反时针序所生成的 6 条斜轴抛物线

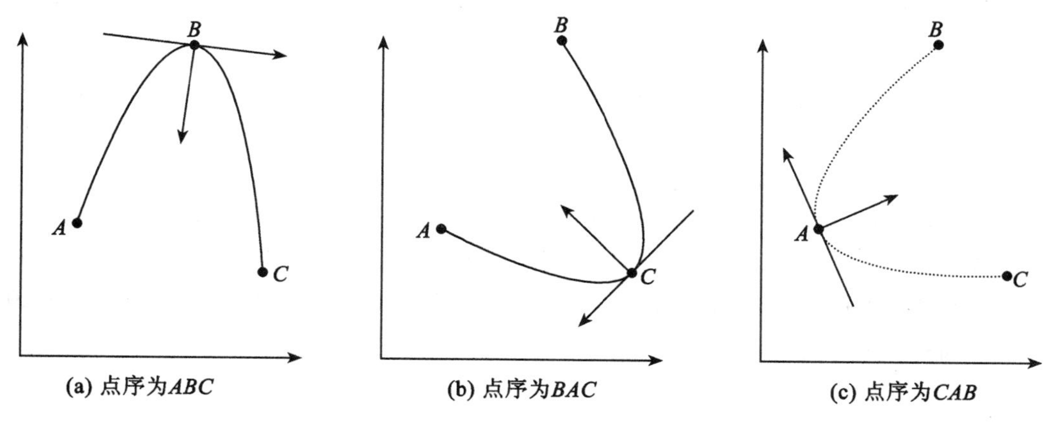

图 8-3-6　对图 8-3-5(a)中的三条抛物线的分解表示

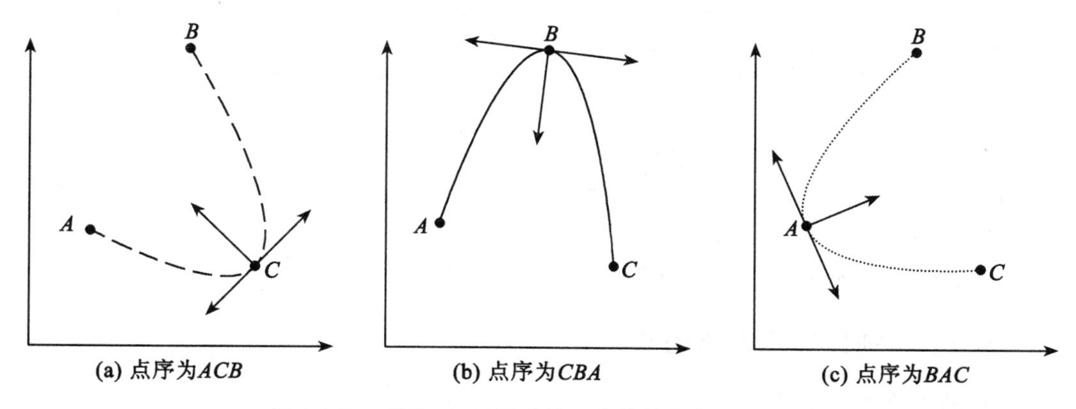

图 8-3-7　对图 8-3-5(b)中的三条抛物线的分解表示

1. 蛇形曲线段(有曲有折)

在这种情况下，我们用三次曲线弧连接 P_i 及 P_{i+1}，此处不仅要求该三次曲线弧向两端分别逼近于切线，即斜轴抛物线的横轴 T_iT_i 及 $T_{i+1}T_{i+1}$(我们把斜轴抛物线的横轴正向作为曲线在各结点处的适宜切线方向，其具体求解过程详见 8.3.6 节内容)，而且要求该三次曲线弧位于两个抛物线弧所围成的梭形条带内部，以限制曲线路径(图 8-3-8)。由此可见，斜轴抛物线插值是一种分段带导数插值，各内部结点的切线方向就是以该结点为顶点的斜轴抛物线的局部坐标系的横轴方向。在曲线首末点处的切线方向是首末抛物线弧在该点的切线方向。

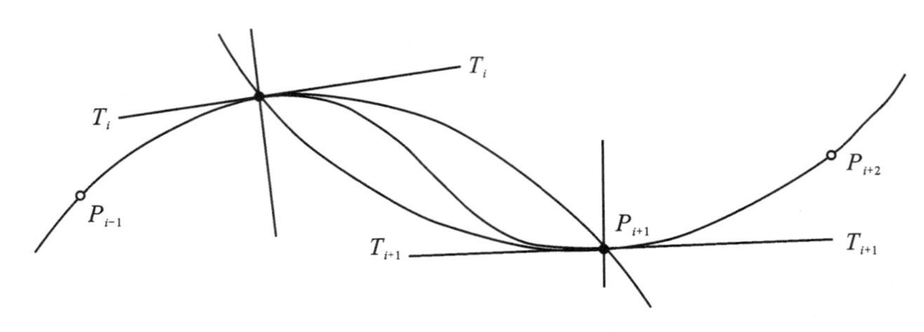

图 8-3-8　蛇形曲线的形成

2. 凸形曲线段(有曲无折)

为了保持凸形曲线段的严格凸性，我们可作如下的处理：当两相邻结点之间的两条不同的抛物线弧 S_i 与 S_{i+1} 相交时(图 8-3-9)，则在两弧上分别找出两点 t_i 与 t_{i+1}，使过该两点的切线 T_i 与 T_{i+1} 分别近似地平行于弦 P_iM 与 MP_{i+1}，然后在 t_i 与 t_{i+1} 两点之间作带导数插值，构成凸形曲线弧 $P_it_it_{i+1}P_{i+1}$。

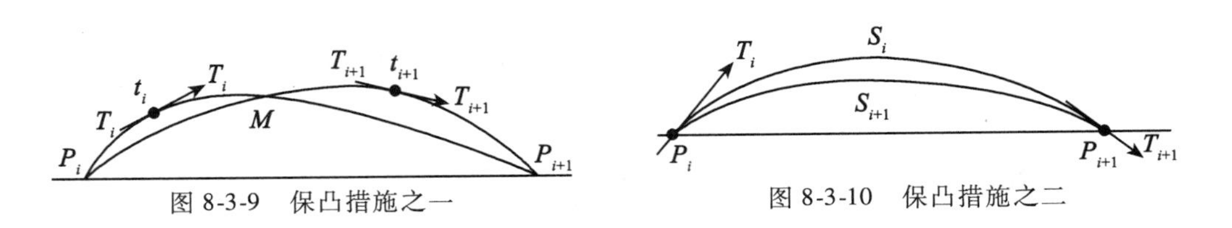

图 8-3-9　保凸措施之一　　图 8-3-10　保凸措施之二

当两抛物线弧不相交时，路径曲线的凸度可量化为三级：凸度最大的，取矢高最大者(此处为 S_i)；凸度适中的，取 S_i 与 S_{i+1} 的平均值；凸度最小的，取矢高最小者(此处为 S_{i+1})(图 8-3-10)。

上述是在相邻两个斜轴抛物线弧的控制下实现保凸。

8.3.6　斜轴抛物线方程的建立

1. 斜轴抛物线的定义

我们把通过平面上不位于同一直线的有序三点，顶点位于中间(相对第二)点上的抛物线称为通过该有序三点的斜轴抛物线。

2. 斜轴抛物线方程的建立

如图 8-3-11 所示，设在原始坐标系 X_0-Y_0中，已知不位于一直线的三点 A、B、C，求通过此三点且顶点位于点 B 的斜轴抛物线方程。

设将坐标原点移至点 B 且将坐标轴旋转角 α，则过已知三点 A、B、C 且顶点位于点 B 的抛物线在坐标系 $X-Y$ 中的方程为

$$Y=KX^2 \tag{8-3-1}$$

由于该抛物线通过点 A，故有

$$K=\frac{Y_A}{X_A^2} \tag{8-3-2}$$

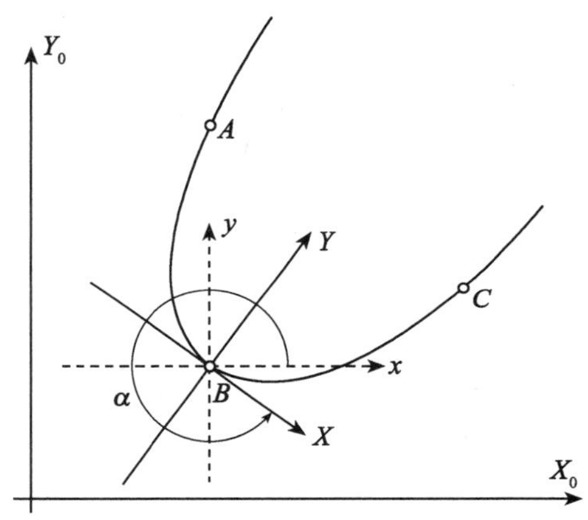

图 8-3-11　斜轴抛物线的数学原理

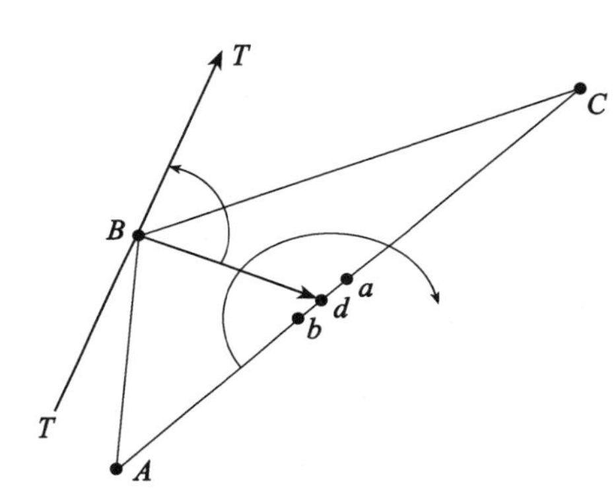

图 8-3-12　斜轴方向的迭代式确定

因为点 C 也位于这条抛物线上，所以有

$$Y_C = KX_C^2 = \frac{Y_A}{X_A^2}X_C^2 \tag{8-3-3}$$

根据坐标旋转公式

$$\begin{aligned} X&=x\cos\alpha+y\sin\alpha \\ Y&=y\cos\alpha-x\sin\alpha \end{aligned} \tag{8-3-4}$$

这样，式(8-3-3)可以表示为

$$y_C\cos\alpha - x_C\sin\alpha = \frac{y_A\cos\alpha - x_A\sin\alpha}{(x_A\cos\alpha + y_A\sin\alpha)^2}(x_C\cos\alpha + y_C\sin\alpha)^2 \tag{8-3-5}$$

整理后，得到一个仅含一个未知值 α 的三角方程

$$A\tan^3\alpha + B\tan^2\alpha + C\tan\alpha + D = 0 \tag{8-3-6}$$

式中，

$$\begin{cases} A=y_C^2x_A-y_A^2x_C \\ B=(y_C-y_A)(2x_Ax_C-y_Ay_C) \\ C=(x_C-x_A)(x_Ax_C-2y_Ay_C) \\ D=x_A^2y_C-x_C^2y_A \end{cases} \tag{8-3-7}$$

解三次方程(8-3-6)是比较麻烦的，一种可行的近似方法是如图 8-3-12 所示的几何图

解计算法：求出 AC 边上的中线点 a 与角 B 处的角分线点 b 的平均值 d，进而算出方位角 α_{Bd}，当 A、B、C 呈顺时针方向时，所求斜轴抛物线横轴方位角为 $\alpha=\alpha_{Bd}-\frac{\pi}{2}$；反之，当 A、B、C 呈反时针方向时，$\alpha=\alpha_{Bd}+\frac{\pi}{2}$。由于此时所得的 α 是曲线在结点 B 处的近似切线方向，需根据式(8-3-6)，用牛顿切线法进行精确化逼近。

下面我们研究三次方程(8-3-6)的精确解。

方程(8-3-6)为一个三次代数方程，可用卡当法(Cardan，1501—1576)或我国学者范盛金所研究的盛金法进行求解，得到1～3个实根 tanα。，这是横坐标轴应旋转角度的斜率值，它对着两个位角，根据斜轴抛物线的定义，应取与三个点的点序一致的方向如图8-3-13所示。

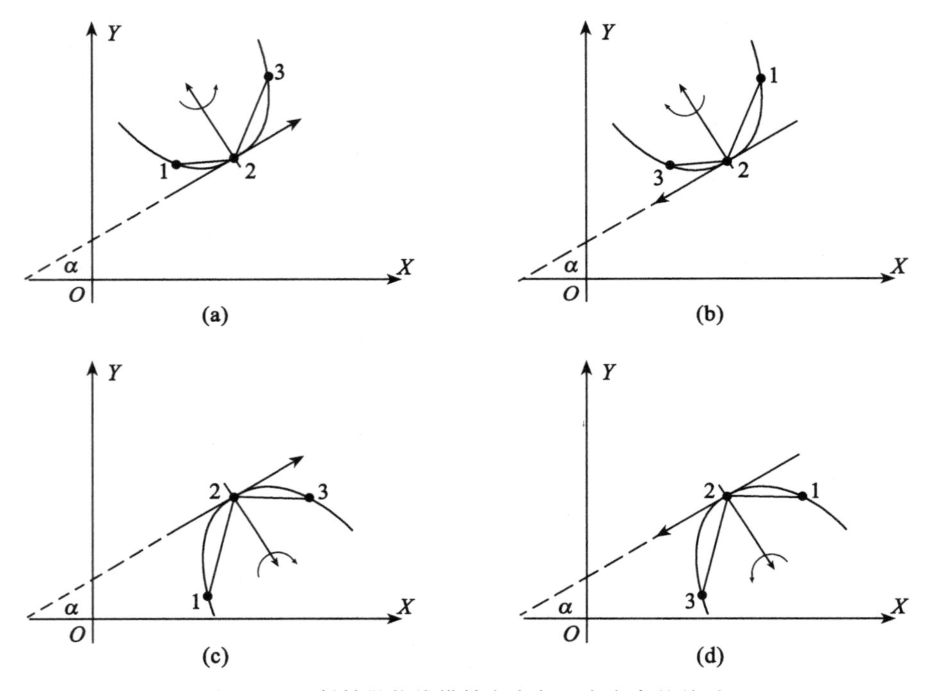

图 8-3-13　斜轴抛物线横轴方向与三点点序的关系

为了根据所得出的横轴斜率 $k=\tan\alpha$ 求出满足斜轴抛物线条件的横轴方向或方位角 azim，以前曾使用试探法。多位学者曾做了多种逼近探讨，反映了学术界对斜轴抛物线光滑插值法的高度关注(潘正风，罗年学，黄全义　1991；陈龙飞，杨光　1993；李云锦，钟耳顺，黄跃峰　2009)。

8.3.7　解三次方程的卡当公式

若在方程式(8-3-6)中令 $\tan\alpha=x$，则式(8-3-6)转化为求解三次代数方程

$$ax^3+bx^2+cx+d=0 \qquad (8\text{-}3\text{-}8)$$

即要把它的三个根用它的四个系数来表示。

用 $y=x+\frac{b}{3a}$代入原式，得

$$y^3+3py+2q=0 \tag{8-3-9}$$

此处，

$$\begin{cases} 3p=\frac{3ac-b^2}{3a^2} \\ 2q=\frac{2b^3}{27a^3}-\frac{bc}{3a^2}+\frac{d}{a} \end{cases} \tag{8-3-10}$$

此三次方程实根的个数和性质取决于判别式 $D=q^2+p^3$的符号：

若 $D>0$，则有一个实根，两个虚根；

若 $D<0$，则有三个实根；

若 $D=0$，当 $p=q=0$ 时，有一个实根(三个 0 重根)；当 $p^3=-q^2\neq0$ 时，则有两个实根(在三个实根中有两个是重根)。

当 $D<0$ 时，三次方程(8-3-9)有三个实根，其中两个实根是用复数来表示的，这显然是不方便的。故用下述辅助值法较为方便(И. Н. Бронштейн и К. А. Семендяев　1955)。

在式(8-3-9)中，令 $R=\pm\sqrt{p}$，R 的符号应与 q 的符号一致。然后，借助辅助值 φ，y_1、y_2、y_3就取决于 p 和 $D=q^2+p^3$的符号(表 8-3-1)，最后得 $x=y-\frac{b}{3a}$。

表 8-3-1　**三次方程解的判别**

$p<0$		$p>0$	$p=0$
$D<0$	$D>0$		
$\cos\varphi=\frac{q}{R^3}$	$\mathrm{ch}\varphi=\frac{q}{R^3}$	$\mathrm{sh}\varphi=\frac{q}{R^3}$	$y_1=(-2q)^{\frac{1}{3}}$
$y_1=-2R\cos\frac{\varphi}{3}$ $y_2=2R\cos\frac{\pi-\varphi}{3}$ $y_3=2R\cos\frac{\pi+\varphi}{3}$	$y_1=-2R\mathrm{ch}\frac{\varphi}{3}$	$y_1=-2R\mathrm{sh}\frac{\varphi}{3}$	

当按表 8-3-1 计算时，在前三栏中均要首先计算 φ，即求反函数。计算 $\cos\varphi$ 的反函数不成问题，而计算 $\mathrm{ch}\varphi$ 和 $\mathrm{sh}\varphi$ 的反函数则用到下述公式：

当计算 $\mathrm{ch}\varphi$ 的反函数时，用到

$$\begin{cases} \mathrm{ch}\varphi=\frac{q}{R^3} \\ \varphi=\mathrm{ch}^{-1}\varphi=\ln(\mathrm{ch}\varphi+\sqrt{\mathrm{ch}^2\varphi-1}) \end{cases} \tag{8-3-11}$$

当计算 $\mathrm{sh}\varphi$ 的反函数时，用到

$$\begin{cases} \mathrm{sh}\varphi=\frac{q}{R^3} \\ \varphi=\mathrm{sh}^{-1}\varphi=\ln(\mathrm{sh}\varphi+\sqrt{\mathrm{sh}^2\varphi+1}) \end{cases} \tag{8-3-12}$$

8.3.8 解三次方程的盛金公式

三次方程应用广泛。虽然有著名的卡当公式，并有相应的判别法，但使用卡当公式解题比较复杂，缺乏直观性。我国年轻学者范盛金推导出一套新的解一元三次方程的通用公式(简称盛金公式)，并建立了新的判别法(范盛金 1989)。这是数学领域的一个新成就，是对在古典数学的一个卓越贡献。盛金判别法体现了数学的有序、对称、和谐与简洁类。盛金公式解法如下:

对于一元三次方程

$$aX^3+bX^2+cX+d=0 \qquad (a,\ b,\ c,\ d\in \mathbf{R},\ 且\ a\neq 0) \tag{8-3-13}$$

令重根判别式为

$$\begin{cases} A=b^2-3ac \\ B=bc-9ad \\ C=c^2-3bd \end{cases} \tag{8-3-14}$$

总判别式为

$$\Delta=B^2-4AC \tag{8-3-15}$$

当 $A=B=0$ 时，方程有一个三重实根，即

$$X_1=X_2=X_3=-\frac{b}{3a}=-\frac{c}{b}=-\frac{3d}{c} \tag{8-3-16}$$

当 $\Delta=B^2-4AC>0$ 时，方程有一个实根和一对共轭虚根，即

$$X_1=\frac{-b-(Y_1)^{\frac{1}{3}}-(Y_2)^{\frac{1}{3}}}{3a}$$

$$X_{2,3}=\frac{-2b+(Y_1)^{\frac{1}{3}}+(Y_2)^{\frac{1}{3}}}{6a}\pm i3^{\frac{1}{2}}\frac{(Y_1)^{\frac{1}{3}}-(Y_2)^{\frac{1}{3}}}{6a} \tag{8-3-17}$$

其中，

$$Y_{1,2}=Ab+3a\,\frac{-B\pm(B^2-4AC)^{\frac{1}{2}}}{2}, \qquad i^2=-1$$

当 $\Delta=B^2-4AC=0$ 时，方程有三个实根，其中有一个两重根，即

$$\left.\begin{aligned} X_1&=-\frac{b}{a}+K \\ X_2&=X_3=-\frac{K}{2} \end{aligned}\right\} \tag{8-3-18}$$

式中，$K=\frac{B}{A}(A\neq 0)$。

当 $\Delta=B^2-4AC<0$ 时，方程有三个不相等的实根，即

$$\left.\begin{aligned} X_1&=\frac{-b-2A^{\frac{1}{2}}\cos\frac{\theta}{3}}{3a} \\ X_{2,3}&=\frac{-b+A^{\frac{1}{2}}\left(\cos\frac{\theta}{3}\pm 3^{\frac{1}{2}}\sin\frac{\theta}{3}\right)}{3a} \end{aligned}\right\} \tag{8-3-19}$$

式中，$\theta=\arccos T$，$T=\dfrac{2Ab-3aB}{2A^{\frac{3}{2}}}(A>0,\ -1<T<1)$。

8.3.9　卡当公式与盛金公式的联合计算试验

用卡当(Cardan)公式和(范)盛金公式计算 13 个算例(二者的结果在 7 位小数内一致)，详见表 8-3-2。

表 8-3-2　**用卡当公式和盛金公式解三次方程的 13 个示例**

	三次方程的系数				判别项			实根	代入原方程式检验
	a	b	c	d	p	q	Δ	(x_1, x_2, x_3)	$S=ax^3+bx^2+cx+d$
1	1	6	12	8	0.00	0.00	0.00	−2	0.00000000
2	2	−4	−22	24	−4.11	2.04	−65.33	−3	0.00000000
								4	0.00001001
								1	0.00000572
3	1	3	6	5	1.00	0.50	1.25	−1.32218500	−0.00000024
4	1	9	23	14	−1.33	−0.50	−2.12	−0.88509240	0.00000012
								−4.86080600	0.00001001
								−3.25410200	0.00000358
5	1	1	−6	0	−2.11	1.04	−8.33	−3.00000000	0.00000000
								2.00000000	0.00000000
								−0.00000015	0.00000092
6	8	−4	−24	−28	−1.03	−2.00	2.93	2.37921800	−0.00000954
7	2	−6	12	−11	1.00	−0.75	1.56	1.46622000	0.00000048
8	1	0	−3	5	−1.00	2.50	5.25	−2.27901900	−0.00000143
9	1	0	−2	−5	−0.67	−2.50	5.95	2.09455200	0.00000095
10	1	−1	0	−1	−0.11	−0.54	0.29	1.46557100	0.00000024
11	1	0	−3	−1	−1.00	−0.5	−0.75	1.87938500	−0.00000024
								−1.53208900	0.00000012
								−0.34729640	0.00000024
12	1	0	1	1	0.33	0.50	0.29	−0.68232780	0.00000000
13	1	0	1	−1	0.33	−0.50	0.29	0.68232780	0.00000000

8.3.10　用卡当公式和盛金公式计算斜轴抛物线横轴转角

1. 转角斜率的计算

利用两种公式计算的直接结果是转角的斜率，即式(8-3-6)中的正切值 $\tan\alpha$，即结点处切线的斜率，每一个斜率对应一个锐角，但一个锐角可对应两个转角(方位角)：α 和

$\alpha+\pi$。图 8-3-14 所示的是对典型曲线(Junkins 和 Jancaitis 1971)各结点处所计算的切线斜率。为了直观起见，在表中把斜率用第 1 象限和第 4 象限的锐角来表示，见表 8-3-3。由于三次方程可有三个根，根的个数用 n 表示，三个锐角分别 α_1、α_2、α_3 表示，如表 8-3-3 中第 19 点起的斜轴抛物线顶点(1 点)处就是如此。

表 8-3-3 **转角斜率的计算(用第 1、4 象限的锐角表示)**

点号	n	α_1	α_2	α_3	点号	n	α_1	α_2	α_3
2	1	28.29	0.00	0.00	12	1	34.75	0.00	0.00
3	1	-8.29	0.00	0.00	13	1	8.58	0.00	0.00
4	1	-20.05	0.00	0.00	14	1	-8.23	0.00	0.00
5	1	-27.79	0.00	0.00	15	1	-73.72	0.00	0.00
6	1	-5.22	0.00	0.00	16	1	-87.19	0.00	0.00
7	1	-32.21	0.00	0.00	17	1	-83.09	0.00	0.00
8	1	64.68	0.00	0.00	18	1	-58.72	0.00	0.00
9	1	29.57	0.00	0.00	19	1	5.48	0.00	0.00
10	1	52.50	0.00	0.00	1	3	-20.55	58.46	-4.10
11	1	70.55	0.00	0.00					

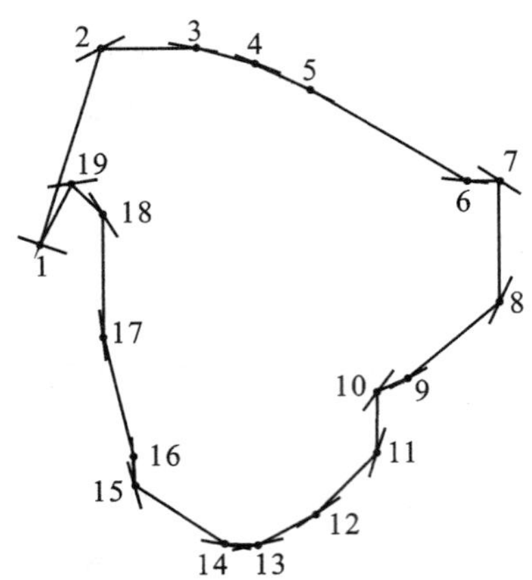

图 8-3-14 结点处的转角斜率

2. 由切线斜率向方位角的自动转换

根据上面所述，斜轴抛物线横轴的转角应与相关相邻三结点的走向一致，即它是一个唯一的方位角 azim，要自动地从 α 和 $\alpha+\pi$ 中确定一个作为最终的横轴转角值。

如图 8-3-15 所示，TT 代表结点处的切线，设相对三个有序点 1、2、3 所生成的斜轴抛物线的横轴 TT 的斜率为 $k=\tan\alpha$。切线 TT 可有两个方位角。为了求得 TT 的符合斜轴抛物线条件的方位角 azim，即与有序三点走向一致的方向，笔者提出平行线法，即过第 1 点，作平行于 TT 的直线。1、4 两点的方位角就是所求的符合斜轴抛物线的横轴方位角。由此可见，主要问题是计算辅助点 4。

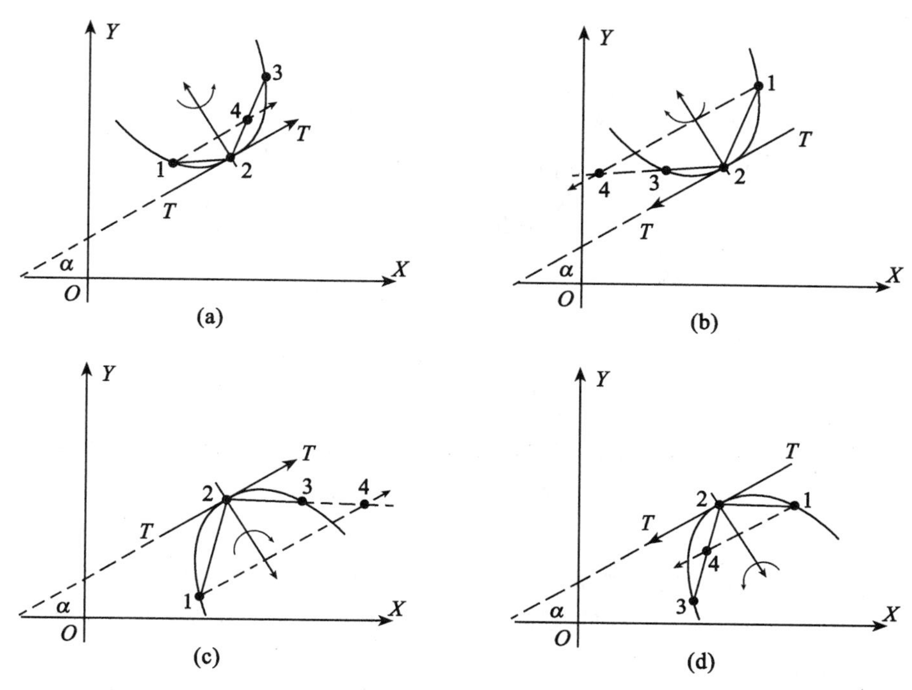

图 8-3-15　斜轴抛物线横轴方向与三点点序的关系

辅助点 4 的计算过程如下：直线1-4通过 1 点，同时平行于 TT，故可用点斜式方程表示为

$$y=k(x-x_1)+y_1$$

或

$$kx-y=kx_1-y_1 \tag{8-3-20}$$

点 4 为直线1-4与直线2-3的交点，直线2—3的方程式为

$$y=k_{23}(x-x_2)+y_2$$

或

$$k_{23}x-y=k_{23}x_2-y_2 \tag{8-3-21}$$

此处

$$k_{23}=\frac{y_3-y_2}{x_3-x_2}$$

将式(8-3-8)和式(8-3-9)联立解，得

$$\left.\begin{aligned} x_4&=\frac{k_{23}x_2-y_2-kx_1+y_1}{k_{23}-k}\\ y_4&=\frac{k(k_{23}x_2-y_2)-k_{23}(kx_1-y_1)}{k_{23}-k}\end{aligned}\right\} \tag{8-3-22}$$

根据 1、4 两点的坐标(x_1，y_1)、(x_4，y_4)所确定的方位角 azim 就是 TT 的方向。如图8-3-16中结点 2、3、4、5 处切线 tt 的方位角，就是用平行线 1-4，2-4，3-4，4-4 所确定

的方位角。

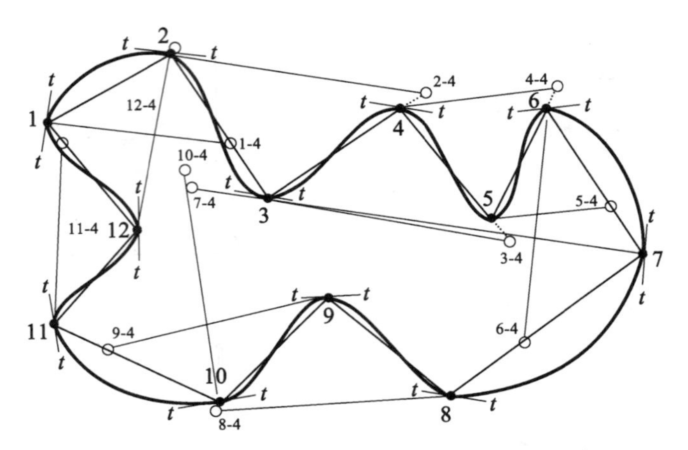

图 8-3-16　用平行线法确定结点处的切线方位角

为了把此原理与方法用于典型的、难度较大的曲线光滑，对图 8-3-14 中的数据做由切线斜率向方位角的转换。转换的基本计算是用上述平行线法计算方位角 azim，如图 8-3-17 中带有箭头的切线所示。

由于三次方程可有三个根，所以要对其中每一个正负锐角求得一个方位角。在斜轴抛物线原理所采用局部坐标系中，1、3 点的特征是：第 1 点的横坐标值为负，而第 3 点的横坐标值为正。利用此特征原则，对三个待定方位角逐个鉴别，最后确定符合要求的结点处的方位角，如表 8-3-4 所示。

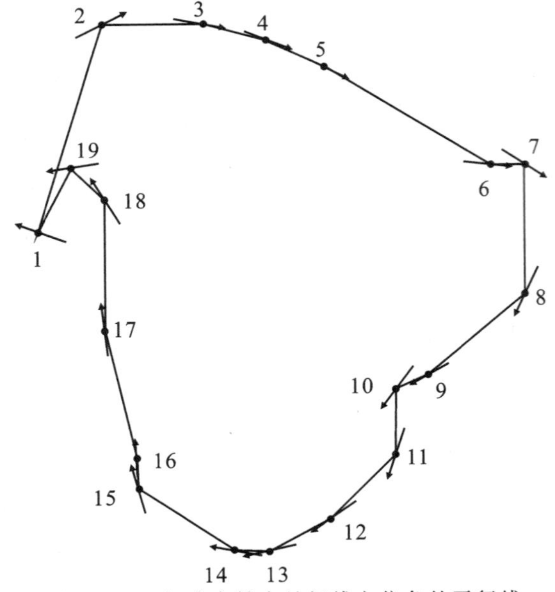

图 8-3-17　把确定结点处切线方位角的平行线法用于难度较大的典型图形

表 8-3-4　**结点处方位角的最终确定**

结点处切线的方位角(度)			
1	159. 4	11	250. 6
2	28. 3	12	214. 8
3	351. 7	13	188. 6
4	340. 0	14	171. 8
5	332. 2	15	106. 3
6	354. 8	16	92. 8
7	327. 8	17	96. 9
8	244. 7	18	121. 3
9	209. 6	19	185. 4
10	232. 5		

8.3.11　斜轴抛物线的插值过程

为了光滑插值的方便，需要使通过两点之间的两支不同的抛物线弧位于同一个坐标系。如图 8-3-18 所示，为了在 M、N 之间建立一条光滑曲线(图中粗线)，要在$\overset{\frown}{MHN}$ 及 $\overset{\frown}{MGN}$ 两抛物线弧之间作加权平均，这就要把这两支属于不同抛物线的弧段变换到相同的坐标系。显然，X'-Y'坐标系可以作为这样的坐标系。

1. 前半支抛物线弧的生成

由图 8-3-19 看出，斜轴抛物线弧的前半支$\overset{\frown}{LM}$，应该在 X'-Y'坐标系中进行计算，即不仅需要把坐标原点从点 M 移至点 L，但需要把斜坐标轴 XX 旋转 β_1 至 LX'方向。转角 β_1 可按下式计算：

$$\beta_1 = \arctan\frac{Y_L}{X_L} + 2\pi \tag{8-3-23}$$

由解析几何学可知，两个不同坐标系的坐标变换公式为

$$\left.\begin{aligned} X &= X_L + X'\cos\beta_1 - Y'\sin\beta_1 \\ Y &= Y_L + Y'\cos\beta_1 + X'\sin\beta_1 \end{aligned}\right\} \tag{8-3-24}$$

这样，抛物线$\overset{\frown}{LMN}$的前半支在 X'-Y'坐标系中的方程为

$$A_1 Y'^2 + B_1 Y' + C_1 = 0 \tag{8-3-25}$$

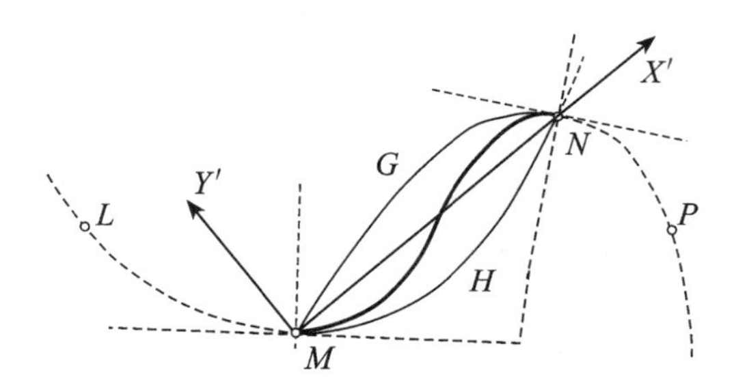

图 8-3-18　把前后两支抛物线弧统一于同一个坐标系

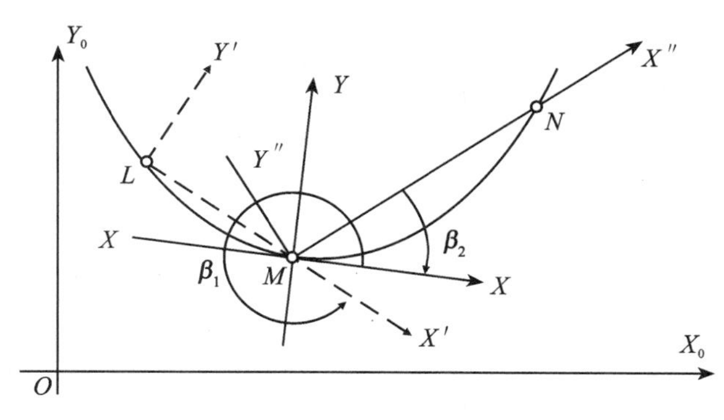

图 8-3-19　前半支插值

此处，

$$A_1 = Y_L \sin^2\beta_1 \tag{8-3-26}$$

$$B_1 = -(X_L^2 \cos\beta_1 + 2X_L Y_L \sin\beta_1 + Y_L X' \sin 2\beta_1) \tag{8-3-27}$$

$$C_1 = Y_L \cos^2\beta_1 \cdot X'^2 + (2X_L Y_L \cos\beta_1 - X_L^2 \sin\beta_1) \cdot X' \tag{8-3-28}$$

2. 后半支抛物线弧的生成

根据上述原因，抛物线$\widehat{LMN}$的后半支弧$\widehat{MN}$应在 X''-Y''坐标系中进行计算。此处

$$\beta_2 = \arctan \frac{Y_N}{X_N} + 2\pi \tag{8-3-29}$$

坐标变换公式为

$$\left.\begin{aligned} X &= X''\cos\beta_2 - Y''\sin\beta_2 \\ Y &= Y''\cos\beta_2 + X''\sin\beta_2 \end{aligned}\right\} \tag{8-3-30}$$

这样，便得出抛物线$\widehat{LMN}$后半支弧在 X''-Y''坐标系中的方程

$$A_2 Y''^2 + B_2 Y'' + C_2 = 0 \tag{8-3-31}$$

此处，

$$A_2 = Y_N \sin^2\beta_2 \tag{8-3-32}$$

$$B_2 = -(Y_N X'' \sin 2\beta_2 + X_N^2 \cos\beta_2) \tag{8-3-33}$$

$$C_2 = Y_N \cos^2\beta_2 \cdot X''^2 - X_N^2 \sin\beta_2 \cdot X'' \tag{8-3-34}$$

3. 加权平均光滑插值

由于相邻诸点(三点及三点以上)可能有不同的位置关系，故加权平均光滑插值可按以下几种情况分别予以处理。

(1)曲-曲光滑插值

如图 8-3-20 所示，当过相邻两结点间有两条抛物线弧通过时，我们把这种由前一个抛物线弧 φ_2 到后一个抛物线弧 φ_1 过渡的插值叫做曲-曲插值(由曲线到曲线)。

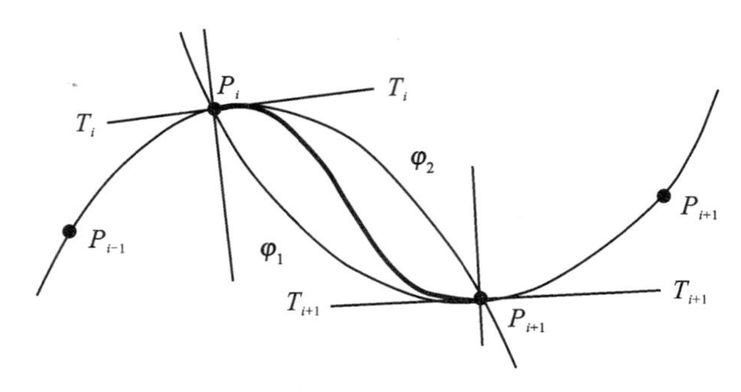

图 8-3-20 曲曲插值

加权公式为

$$y = \varphi_2 + (\phi_1 - \phi_2) \cdot W \tag{8-3-35}$$

$$W = \frac{x}{l} \tag{8-3-36}$$

式中，l 为 P_i 到 P_{i+1} 的直线长度，$0 \leqslant x \leqslant l$。

(2)直-曲光滑插值

即由直线段向曲线弧(抛物线弧)过渡(图 8-3-21)。这时，$\varphi_2=0$，故加权公式为

$$y = \varphi_1 \cdot W \tag{8-3-37}$$

(3)曲-直光滑插值

即由曲线弧向直线段的过渡(图 8-3-22)。此时 $\varphi_1=0$，故加权公式为

$$y = \varphi_2(1 - W) \tag{8-3-38}$$

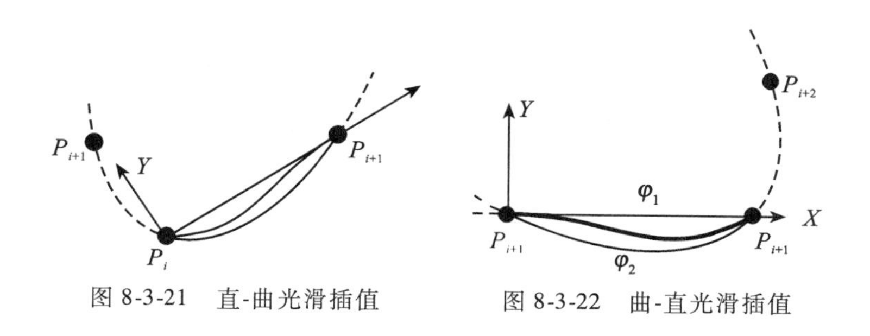

图 8-3-21　直-曲光滑插值　　图 8-3-22　曲-直光滑插值

斜轴抛线光滑插值的实现过程，如图 8-3-23 所示。

8.3.12　用典型数据做光滑插值试验

在研究斜轴抛物线光滑插值原理时，我们用简单典型的几何图形测试其原理的适用性。

在 Junkins 和 Jancaitis(1971)的论文中，给出了称为典型困难图形的数据，并要求绘出"在美学上令人满意的(Esthetically Pleasing)曲线"。笔者把此典型数据作为研究光滑原理的基本依据，并以此检验斜轴抛物线光滑软件基本性能(图 8-3-24，表 8-7-5)。

根据笔者所研制的斜轴抛物线光滑插值方法，对上述"典型数据"作了光滑插值绘图试验，其结果如图 8-3-25(a)所示。为了检验斜轴抛物线的适用性，此处把它与 J. L. Junkins 和 J. R. Jancaitis 文献中的光滑结果(图 8-3-25(b))进行比较。

对图 8-3-25 中两个光滑图形的比较分析看出，两个图形的外观大体上一致，但有两个重要区别：

①在图 8-3-25(b)中，曲线的转弯点(最大曲率点)不是位于原始数据(结点)处，最为明显地出现在第 1 点与第 7 点处；

②由于前一个缺点引起第二个缺点：结点间的曲线路径因而增长。这可在以下放大图中更为明显地看出(图 8-3-26)。

图 8-3-26 是在第 1 点处曲线的转弯点(最大曲率点)是否位于原始数据(结点)处的放大表示。

8.3.13　对其他典型图形的光滑试验

当图形坐标比较密集且变化和缓时，用不同的光滑插值算法所得的结果基本一样；当坐标点甚密时，就用不着光滑插值了。所以，要检验算法的适应性，就要设计一系列点子

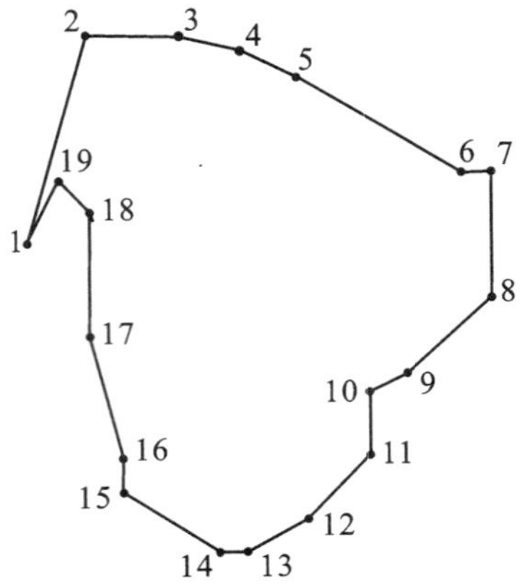

图 8-3-24 J. L. Junkins & J. R. Jancaitis 文献中提供的“典型数据”(表 8-3-5)的折线图形

表 8-3-5 **图 8-3-24 中结点的坐标数据**

No.	x	y	No.	x	y
1	3. 0	12. 0	11	14. 0	5. 0
2	5. 0	18. 5	12	12. 0	3. 0
3	8. 5	18. 5	13	10. 0	2. 0
4	10. 0	18. 0	14	9. 0	2. 0
5	12. 0	17. 0	15	6. 0	4. 0
6	17. 0	14. 0	16	6. 0	5. 0
7	18. 0	14. 0	17	5. 0	9. 0
8	18. 0	10. 0	18	5. 0	13. 0
9	15. 0	7. 5	19	4. 0	14. 0
10	14. 0	7. 0	1	3. 0	12. 0

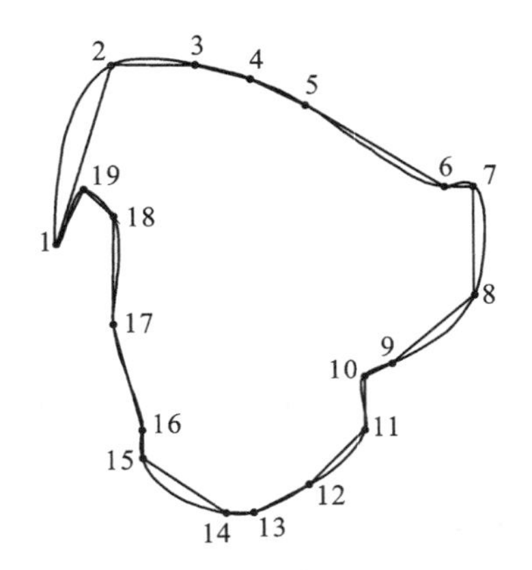

(a) 斜轴抛物线光骨插值结果

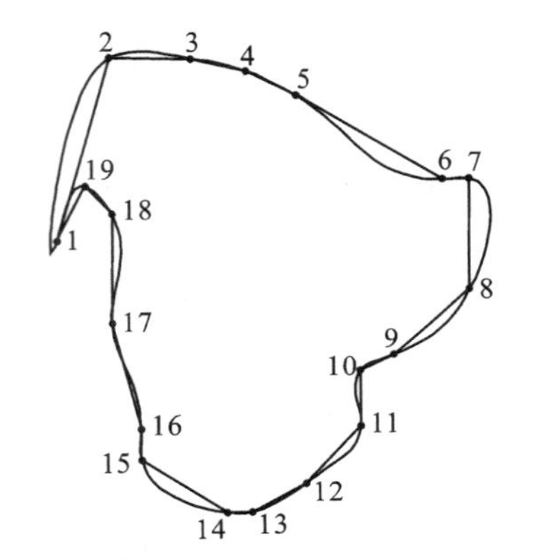

(b) 文献(Junkins J. L & Jancaitis J. R)中的光滑插值结果

图 8-3-25 斜轴抛物线光滑插值结果与 J. L. Junkins 和 J. R. Jancaitis 文献中的光滑插值结果的比较

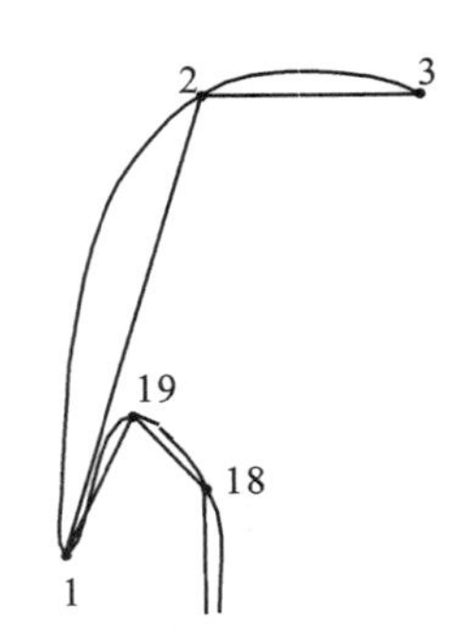

(a) 斜轴抛物线光骨插值

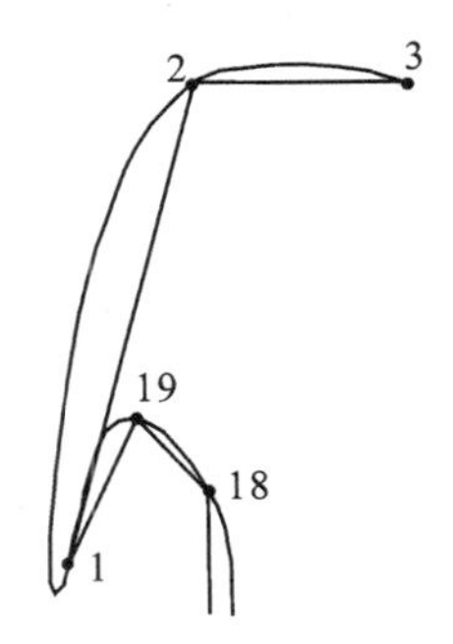

(b) 文献(Junkins J. L & Jancaitis J. R)中的光滑插值结果

图 8-3-26 图 8-3-25 的局部放大表示

稀疏、变化剧烈的图形，并据此进行试验与比较。笔者为此设计了以下几种独特的图形对斜轴抛物线光滑插值的适应性进行检验(图 8-3-27)。

(a) 凸凹对称检验

(b) 水平垂直对称与共线检验

(c) 剧烈迂回检验

(d) 剧烈迂回与两次共线检验

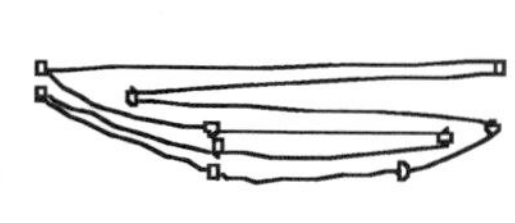
(e) 多次迂回与曲线自相交检验

图 8-3-27　斜轴抛物线适应性检验

8.3.14　多单位联合曲线光滑绘图试验

1977 年笔者与中国科学院地理研究所地图自动化组、南京大学地理系地图自动化教学小组等单位一起，用笔者所设计的典型图形数据，把斜轴抛物线光滑插值与当时主要的其他四种光滑插值方法进行了联合比较绘图试验。图 8-3-28 给出了检验这些插值方法的绘图结果(刘钦圣，梁启章　1980)。

8.3.15　学者们对斜轴抛物线光滑插值的评价

在相关学术论著(刘钦圣，梁启章　1980；刘岳，梁启章　1981)中，诸作者认为：①斜轴抛物线光滑插值方法与张力样条法和二次多项式加权平均法相当；②斜轴抛物线可以保证其顶点位于结点上；③从绘图效果来看，斜轴抛物线法较前两种方法(线性迭代法，三次多项式法)有更多的优越性，其理论浅显易读，较好地考虑了地图制图中绘制曲线的特点，并且保证最终曲线的最大曲率点位于给出的全部结点上；④两结点间的曲线较短，因此即使在数据点较为稀疏的情况下，绘制迂回曲折的曲线时，也能获得比较满意的结果；⑤其不足之处在于计算过程过于复杂。

在潘正风，罗年学等(1991)的论文中，作者对斜轴抛物线光滑插值原理做了类似上述的几点评述。此外，该文提出并实现了近似斜轴抛物线光滑插值法，其绘图效果与原斜轴抛物线方法几乎完全一致。

在陈龙飞，杨光(1993)的论文中讲到：一般认为张力样条函数插值法与斜轴抛物线插值法效果较好。该论文对此两种方法做了简要比较。对斜轴抛物线法原理做了类似于上面的评述。对张力样条法的评述是：需要作业员选择合适的张力系数 σ，且自动选择较难适合实际地形，人工干预效率又不高。此外，样条函数要求将一条曲线上或每个分段上所有结点数据同时参加计算，还需解方程，这在程序量和计算量上显得不经济。在该论文中，作者还就斜轴方位角的逼近、插值步长的改进和直曲、曲直的连接等做出了优化。

李云锦，钟耳顺等(2009)的论文是把斜轴抛物线方法作为求导(切线方向矢量的方向和模)的手段，用所得的曲线段的切矢作基于斜轴抛物线的 Hermite 带导数插值。

在诸多有关计算机地图制图的教程中，如胡友元，黄杏元(1987)；黄杏元(1983)；张文忠，谢顺平(1990)；徐庆荣，杜道生等(1993)的著作中，也做了类似的评述。

总之，学者们对斜轴抛物线插值方法是认可的，对其优点做了充分的肯定，对其所存在的计算复杂、程序量大等问题，从多个方面进行了优化。

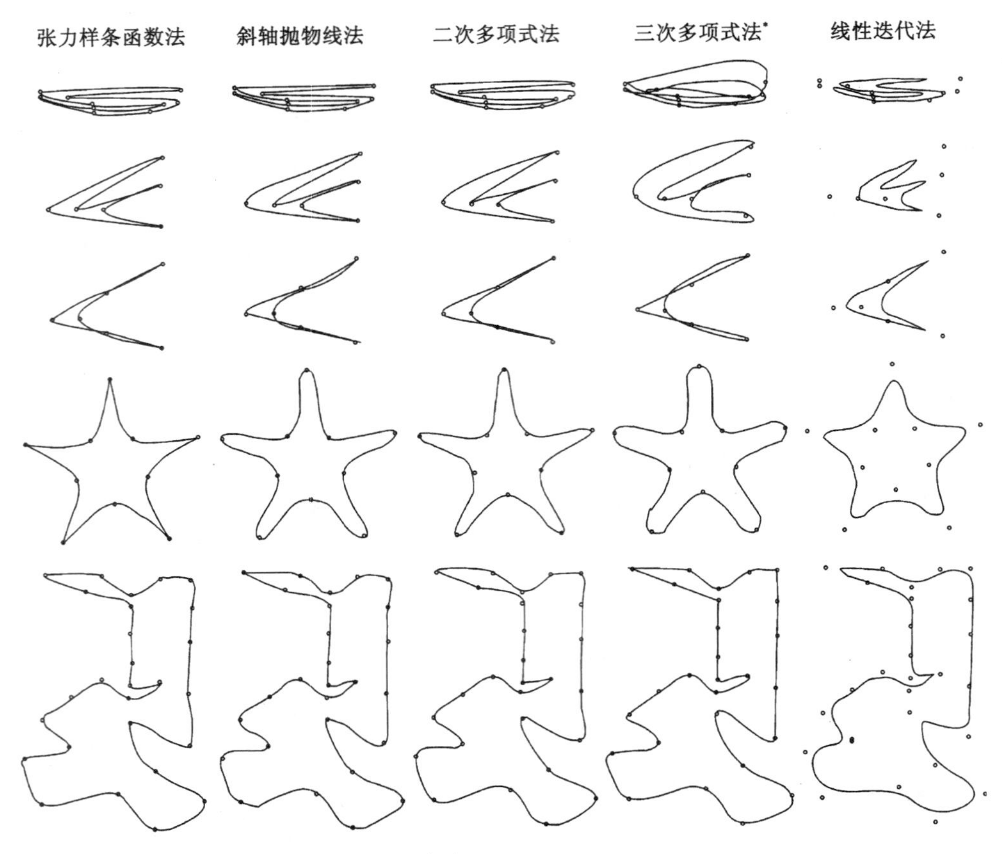

＊三次多项式法又叫做 Hiroski Akima 方法

图 8-3-28　五种光滑插值方法的比较

8.3.16　结论

学术界对斜轴抛物线方法的共识是斜轴抛物线光滑插值方法能确保光滑曲线的明显转弯点(弧段的最大曲率点)位于给定的原始结点上，且能适应大迂回曲线(如盘山道之类)的光滑处理，其衍生的结果之一是在结点间产生较短的曲线，从而大大地减少了光滑曲线自相交或他相交的概率。相反地，在其他一些方法中，光滑曲线的明显转弯点(弧段的最大曲率点)不是位于给定的原始结点上，而是冲过原始结点一小段距离后，额外生成一批新的明显转弯点(弧段的最大曲率点)，特别是在原始结点稀疏、方向剧烈变化的地方，其衍生的结果之一是增大了结点间的曲线长度，从而大大地加大了光滑曲线自相交或他相交的概率。

8.4　二次有理插值

对于形如

$$y = \frac{Ax^2 + B_x + C}{A_1 x^2 + B_1 x + C_1} \tag{8-4-1}$$

的二次有理函数，用 $C_1(\neq 0)$ 去除分子与分母的各个系数，可化为

$$y=\frac{Ax^2+Bx+C}{A_1x^2+B_1x+1} \tag{8-4-2}$$

此处，笔者用有理多项式对单拐曲线或无拐曲线进行了逼近与插值研究，选择了若干典型例子做试验对象，如引起龙格（Runge）振荡的插值例子 $y=\frac{1}{1+25x^2}$ 曲线和对数曲线 $y=\ln(1+x)$ 等。通过计算验证，用二次有理多项式插值，原理简单、有 5 个自由度，比通常具有 4 个自由度的三次多项式带导数插值多了一个自由度，因而具有更为突出的适应性和具有更高的插值精度，可用于一般的空间数据处理。

空间数据处理中有大量的数据建模（拟合、逼近）和插值问题。对此问题的解决通常有两种主要选择，现分述如下。

第一种方法是选择代数多项式作为插值函数，即它近似地表示被逼近函数，并要求它们在某些点处的数值重合。此时，若为适应较为复杂的情况，则需要较高次的多项式，但次数越高，越会引起所不期望的曲线起伏或振荡。通常可选的代数多项式不能高于三次，但三次多项式应付不了诸如“S”形分布等较为复杂的情况。因此，产生了多项式次数与数据分布复杂性之间的矛盾。

第二种方法是用级数的部分和作为被逼近函数的近似表达式。此处，逼近精度不仅取决于级数部分和的项数多少，还取决于级数展开点的选择。离展开点越近，逼近误差越小；反之，离展开点越远，逼近误差越大。这就产生了误差分布在空间上不均匀的矛盾。

较为严重的问题出现在科技问题中，通常要求逼近函数不能高于三次，同时要求在整个逼近或插值区间上应具有相同的逼近精度或均匀的误差分布。这就意味着上述两种主要方法都是不能胜任的。解决问题的出路之一就是选择有理分式函数。以二次有理函数为例，它有 5 个自由度（参数），它相当于四次多项式；若用三次有理函数，则可有 7 个自由度，它相当于六次多项式。与多项式逼近相比较，用有理函数逼近的误差要小得多（M. Hosaka　1995）。下文仅研究二次有理函数的应用。

8.4.1　有理函数的概念

作者（毋河海　2009）曾把二次有理函数作为一种很好的拟合模型，用三种实现方法（二次有理带导数拟合、五特征点法拟合、五分段和值法拟合），对地图载负量观测数据进行拟合，借此建立具有受限增长原理的“S”形变化规律。此处是把二次有理函数作为一种良好的插值手段来逼近一些数学函数。这同时也说明了拟合与插值的内在联系。

多种学术专著都曾论述道，运用有理函数作插值函数建立计算方法，误差的研究要比多项式困难得多，且并不是所有有理函数插值问题都是有解的，如图 8-4-1 和图 8-4-2 所示，因而并不总是能够取得好的结果（M. Hosaka　1995）。其中主要问题是在实际应用中有理函数的分母会产生实根，即分母会在根点处趋于 0，这就引起函数值上溢（上尖峰）或下溢（下尖峰），如图 8-4-1 所示。笔者在第 6 章 6.7.3 节介绍，要及时检测 $g(x)$ 有无实根存在，对插值结果做必要的逻辑过滤，如峰点的自动识别与处理等，从而进一步增强有理函数的应用性能。

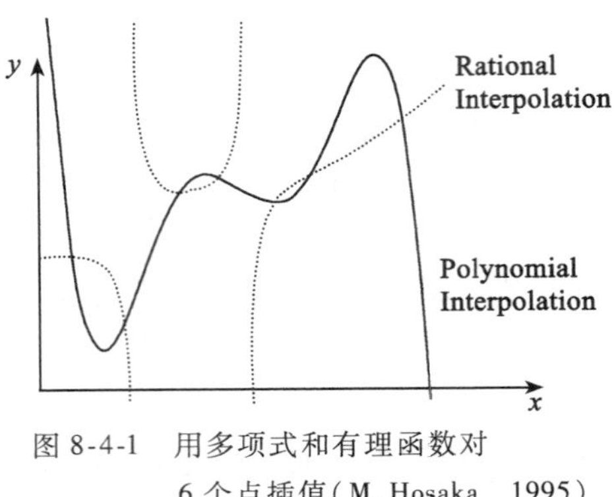

图 8-4-1 用多项式和有理函数对 6 个点插值(M. Hosaka 1995)

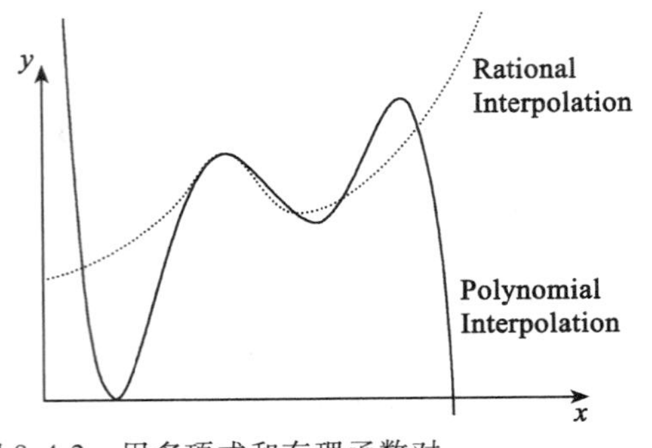

图 8-4-2 用多项式和有理函数对 6 个点插值(不理想)(M. Hosaka 1995)

二次有理函数逼近的应用研究分为两大类：函数逼近和函数插值。其中，函数逼近可通过三种方式实现：最小二乘法、五特征点法、五分段和值法；而函数插值则是通过五元一次方程组法的滑动分段插值方法，它可看做是函数逼近在分段插值处理中的退化。

如前所述，逼近或插值的对象是光滑、连续的函数，它无拐点或拐点不多于一个。

函数逼近是指根据给定函数的一批数据，确定二次有理插值函数的待定系数，并用后者逼近或代替前者，后者应拥有某些优越性，如算法相对简单、具有较高的自由度及能满足要求的逼近精度等。笔者采用以下三种方法作为实现手段：最小二乘法、五特征点法、五分段和值法。

如果被逼近函数为一般多项式、准有理多项式或由这些函数生成的数据序列，则可用两种方式予以逼近——对多项式系数的逼近和坐标点序列的逼近。否则，如 $\ln(1+x)$，$\operatorname{cosec}(x)$等，则无法用多项式系数来逼近，只能用坐标序列来逼近。

在下面的函数逼近实验举例中，笔者再次以本章 8.2.1 节中所述的典型的引起剧烈振荡(图 8-2-6)“准有理多项式”逼近或插值函数

$$y=\frac{1}{1+25x^2} \tag{8-4-3}$$

为主要实验对象，它在区间(-1，+1)之间描绘一条钟形曲线，为方便起见，此处仅绘出函数值本身，略去用拉格朗日多项式插值所产生的龙格(Runge)振荡。函数的正确图形如图8-4-3所示。

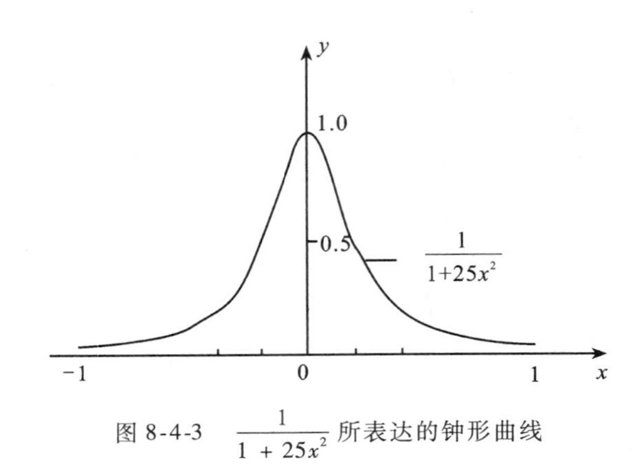

图 8-4-3 $\frac{1}{1+25x^2}$ 所表达的钟形曲线

利用笔者所建立的二次有理分式逼近或插值模型，把图 8-4-3 中所示的按上述公式计算的钟形曲线看做是理论曲线，并分成左、右两支“S”形曲线(图 8-4-4 和图 8-4-5)来做整体插值逼近。

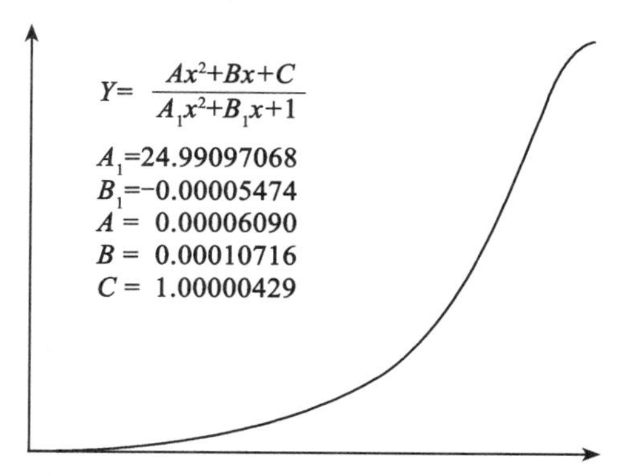

图 8-4-4　最小二乘法解算用二次有理函数表达的钟形曲线左分支系数

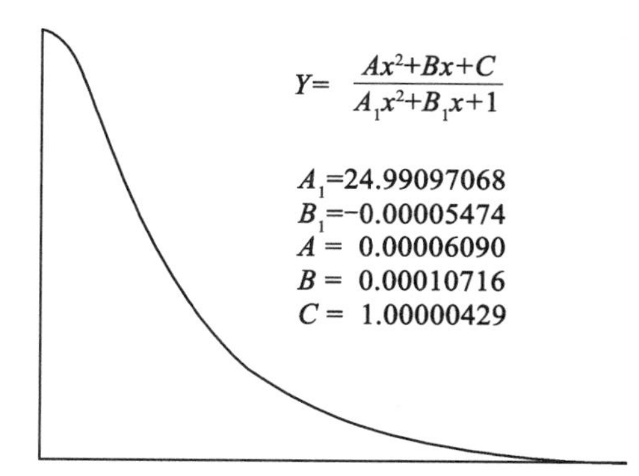

图 8-4-5　最小二乘法解算用二次有理函数表达的钟形曲线右分支系数

8.4.2　二次有理逼近的最小二乘法

1. 基本原理

由式(8-4-2)看出，可根据观测数据用最小二乘法来求解 5 个待定系数，即建立最小二乘法法方程(8-4-4)，借此解出 5 个待定系数 A_1、B_1、A、B、C。在式(8-4-4)中，采用测量学中常用的法方程表示法：用方括号“[ ]”表示和式 $\sum$。

$$\begin{aligned}
&[x^4y^2]A_1+[x^3y^2]B_1-[x^4y]A-[x^3y]B-[x^2y]C=-[x^2y^2]\\
&[x^3y^2]A_1+[x^2y^2]B_1-[x^3y]A-[x^2y]B-[x\ y]C=-[x\ y^2]\\
&-[x^4y]A_1-[x^3y]B_1+[x^4]A+[x^3]B+[x^2]C=[x^2y]\\
&-[x^3y]A_1-[x^2y]B_1+[x^3]A+[x^2]B+[x]C=[xy]\\
&-[x^2y]A_1-[xy]B_1+[x^2]A+[x]B+n\ C=[y]
\end{aligned}\tag{8-4-4}$$

2. 逼近试验

对于上述钟形曲线的左、右分支分别计算 101 个坐标点，以此计算数据建立最小二乘法所需的 5 个法方程(8-4-4)，解出 5 个系数 A_1、B_1、A、B、C。然后，按二次有理式(8-4-2)计算每个 x 所对应的 y 值，最后对原始函数值 $Y_{精确}$ 和逼近函数值 $Y_{逼近}$ 作比较，得出各点处的逼近误差(表 8-4-1 和表 8-4-2)。

对于如图 8-4-4 和图 8-5-5 所示的对称图形，解算出来的二次有理函数 5 个系数也完全对称。

利用这 5 个逼近系数按式(8-4-2)来逼近原始曲线坐标数值，钟形曲线的左半支和右半支各 101 个坐标点，详见表 8-4-1 和表 8-4-2。

表 8-4-1　　**对钟形曲线左分支的最小二乘法有理逼近**

点号	X	$Y_{精确}$	$Y_{逼近}$	逼近误差
1	-1.00	.03846154	.03846167	-.00000013
2	-.99	.03921184	.03921197	-.00000013
3	-.98	.03998401	.03998412	-.00000011
4	-.97	.04077888	.04077898	-.00000010
5	-.96	.04159734	.04159743	-.00000009
6	-.95	.04244032	.04244040	-.00000008
7	-.94	.04330879	.04330886	-.00000007
8	-.93	.04420378	.04420384	-.00000006
9	-.92	.04512635	.04512640	-.00000005
10	-.91	.04607764	.04607768	-.00000004
11	-.90	.04705882	.04705885	-.00000003
12	-.89	.04807115	.04807116	-.00000001
13	-.88	.04911591	.04911592	-.00000001
14	-.87	.05019450	.05019450	.00000000
15	-.86	.05130836	.05130835	.00000001
16	-.85	.05245902	.05245899	.00000003
17	-.84	.05364807	.05364804	.00000003
18	-.83	.05487721	.05487717	.00000004
19	-.82	.05614823	.05614818	.00000005
20	-.81	.05746301	.05746295	.00000006
21	-.80	.05882353	.05882346	.00000007
22	-.79	.06023189	.06023182	.00000007
23	-.78	.06169031	.06169023	.00000008
24	-.77	.06320114	.06320105	.00000009
25	-.76	.06476684	.06476674	.00000010
26	-.75	.06639004	.06638993	.00000011
27	-.74	.06807352	.06807341	.00000011
28	-.73	.06982021	.06982009	.00000012
29	-.72	.07163324	.07163311	.00000013
30	-.71	.07351590	.07351577	.00000013
31	-.70	.07547170	.07547156	.00000014
32	-.69	.07750436	.07750422	.00000014
33	-.68	.07961783	.07961769	.00000014
34	-.67	.08181632	.08181618	.00000014
35	-.66	.08410429	.08410414	.00000015
36	-.65	.08648649	.08648634	.00000015
37	-.64	.08896797	.08896782	.00000015
38	-.63	.09155413	.09155398	.00000015
39	-.62	.09425071	.09425056	.00000015
40	-.61	.09706382	.09706367	.00000015
41	-.60	.10000000	.09999986	.00000014
42	-.59	.10306622	.10306608	.00000014
43	-.58	.10626993	.10626979	.00000014
44	-.57	.10961907	.10961895	.00000012
45	-.56	.11312217	.11312205	.00000012
46	-.55	.11678832	.11678821	.00000011
47	-.54	.12062726	.12062716	.00000010
48	-.53	.12464942	.12464933	.00000009
49	-.52	.12886598	.12886590	.00000008
50	-.51	.13328890	.13328884	.00000006
51	-.50	.13793103	.13793099	.00000004
52	-.49	.14280614	.14280611	.00000003
53	-.48	.14792899	.14792898	.00000001
54	-.47	.15331545	.15331546	-.00000001
55	-.46	.15898251	.15898254	-.00000003
56	-.45	.16494845	.16494851	-.00000006
57	-.44	.17123288	.17123296	-.00000008
58	-.43	.17785683	.17785694	-.00000011
59	-.42	.18484288	.18484302	-.00000014
60	-.41	.19221528	.19221545	-.00000017
61	-.40	.20000000	.20000020	-.00000020
62	-.39	.20822488	.20822512	-.00000024
63	-.38	.21691974	.21692001	-.00000027
64	-.37	.22611645	.22611676	-.00000031
65	-.36	.23584906	.23584940	-.00000034
66	-.35	.24615385	.24615423	-.00000038
67	-.34	.25706941	.25706983	-.00000042
68	-.33	.26863667	.26863712	-.00000045
69	-.32	.28089888	.28089937	-.00000049
70	-.31	.29390154	.29390207	-.00000053
71	-.30	.30769231	.30769286	-.00000055
72	-.29	.32232071	.32232129	-.00000058
73	-.28	.33783784	.33783844	-.00000060
74	-.27	.35429584	.35429645	-.00000061
75	-.26	.37174721	.37174783	-.00000062
76	-.25	.39024390	.39024452	-.00000062
77	-.24	.40983607	.40983666	-.00000059
78	-.23	.43057051	.43057107	-.00000056
79	-.22	.45248869	.45248921	-.00000052
80	-.21	.47562426	.47562471	-.00000045
81	-.20	.50000000	.50000036	-.00000036
82	-.19	.52562418	.52562443	-.00000025
83	-.18	.55248619	.55248631	-.00000012
84	-.17	.58055152	.58055149	.00000003
85	-.16	.60975610	.60975588	.00000022
86	-.15	.64000000	.63999957	.00000043
87	-.14	.67114094	.67114029	.00000065
88	-.13	.70298770	.70298682	.00000088
89	-.12	.73529412	.73529301	.00000111
90	-.11	.76775432	.76775300	.00000132
91	-.10	.80000000	.79999850	.00000150
92	-.09	.83160083	.83159920	.00000163
93	-.08	.86206897	.86206730	.00000167
94	-.07	.89086860	.89086700	.00000160
95	-.06	.91743119	.91742981	.00000138
96	-.05	.94117647	.94117548	.00000099
97	-.04	.96153846	.96153807	.00000039
98	-.03	.97799511	.97799554	-.00000043
99	-.02	.99009901	.99010049	-.00000148
100	-.01	.99750623	.99750901	-.00000278
101	.00	1.00000000	1.00000429	-.00000429

表 8-4-2　**对钟形曲线右分支的最小二乘法有理逼近**

点号	X	$Y_{精确}$	$Y_{逼近}$	逼近误差
1	.00	1.00000000	1.00000429	-.00000429
2	.01	.99750623	.99750901	-.00000278
3	.02	.99009901	.99010049	-.00000148
4	.03	.97799511	.97799554	-.00000043
5	.04	.96153846	.96153807	.00000039
6	.05	.94117647	.94117548	.00000099
7	.06	.91743119	.91742981	.00000138
8	.07	.89086860	.89086700	.00000160
9	.08	.86206897	.86206730	.00000167
10	.09	.83160083	.83159920	.00000163
11	.10	.80000000	.79999850	.00000150
12	.11	.76775432	.76775300	.00000132
13	.12	.73529412	.73529301	.00000111
14	.13	.70298770	.70298682	.00000088
15	.14	.67114094	.67114029	.00000065
16	.15	.64000000	.63999957	.00000043
17	.16	.60975610	.60975588	.00000022
18	.17	.58055152	.58055149	.00000003
19	.18	.55248619	.55248631	-.00000012
20	.19	.52562418	.52562443	-.00000025
21	.20	.50000000	.50000036	-.00000036
22	.21	.47562426	.47562471	-.00000045
23	.22	.45248869	.45248921	-.00000052
24	.23	.43057051	.43057107	-.00000056
25	.24	.40983607	.40983666	-.00000059
26	.25	.39024390	.39024452	-.00000062
27	.26	.37174721	.37174783	-.00000062
28	.27	.35429584	.35429645	-.00000061
29	.28	.33783784	.33783844	-.00000060
30	.29	.32232071	.32232129	-.00000058
31	.30	.30769231	.30769286	-.00000055
32	.31	.29390154	.29390207	-.00000053
33	.32	.28089888	.28089937	-.00000049
34	.33	.26863667	.26863712	-.00000045
35	.34	.25706941	.25706983	-.00000042
36	.35	.24615385	.24615423	-.00000038
37	.36	.23584906	.23584940	-.00000034
38	.37	.22611645	.22611676	-.00000031
39	.38	.21691974	.21692001	-.00000027
40	.39	.20822488	.20822512	-.00000024
41	.40	.20000000	.20000020	-.00000020
42	.41	.19221528	.19221545	-.00000017
43	.42	.18484288	.18484302	-.00000014
44	.43	.17785683	.17785694	-.00000011
45	.44	.17123288	.17123296	-.00000008
46	.45	.16494845	.16494851	-.00000006
47	.46	.15898251	.15898254	-.00000003
48	.47	.15331545	.15331546	-.00000001
49	.48	.14792899	.14792898	.00000001
50	.49	.14280614	.14280611	.00000003
51	.50	.13793103	.13793099	.00000004
52	.51	.13328890	.13328884	.00000006
53	.52	.12886598	.12886590	.00000008
54	.53	.12464942	.12464933	.00000009
55	.54	.12062726	.12062716	.00000010
56	.55	.11678832	.11678821	.00000011
57	.56	.11312217	.11312205	.00000012
58	.57	.10961907	.10961895	.00000012
59	.58	.10626993	.10626979	.00000014
60	.59	.10306622	.10306608	.00000014
61	.60	.10000000	.09999986	.00000014
62	.61	.09706382	.09706367	.00000015
63	.62	.09425071	.09425056	.00000015
64	.63	.09155413	.09155398	.00000015
65	.64	.08896797	.08896782	.00000015
66	.65	.08648649	.08648634	.00000015
67	.66	.08410429	.08410414	.00000015
68	.67	.08181632	.08181618	.00000014
69	.68	.07961783	.07961769	.00000014
70	.69	.07750436	.07750422	.00000014
71	.70	.07547170	.07547156	.00000014
72	.71	.07351590	.07351577	.00000013
73	.72	.07163324	.07163311	.00000013
74	.73	.06982021	.06982009	.00000012
75	.74	.06807352	.06807341	.00000011
76	.75	.06639004	.06638993	.00000011
77	.76	.06476684	.06476674	.00000010
78	.77	.06320114	.06320105	.00000009
79	.78	.06169031	.06169023	.00000008
80	.79	.06023189	.06023182	.00000007
81	.80	.05882353	.05882346	.00000007
82	.81	.05746301	.05746295	.00000006
83	.82	.05614823	.05614818	.00000005
84	.83	.05487721	.05487717	.00000004
85	.84	.05364807	.05364804	.00000003
86	.85	.05245902	.05245899	.00000003
87	.86	.05130836	.05130835	.00000001
88	.87	.05019450	.05019450	.00000000
89	.88	.04911591	.04911592	-.00000001
90	.89	.04807115	.04807116	-.00000001
91	.90	.04705882	.04705885	-.00000003
92	.91	.04607764	.04607768	-.00000004
93	.92	.04512635	.04512640	-.00000005
94	.93	.04420378	.04420384	-.00000006
95	.94	.04330879	.04330886	-.00000007
96	.95	.04244032	.04244040	-.00000008
97	.96	.04159734	.04159743	-.00000009
98	.97	.04077888	.04077898	-.00000010
99	.98	.03998401	.03998412	-.00000011
100	.99	.03921184	.03921197	-.00000013
101	1.00	.03846154	.03846167	-.00000013

此处，我们花费较大的篇幅(表8-4-1和表8-4-2)表明用5个系数的二次有理函数来逼近101个点的钟形曲线的半个分支，意在用数据来说话。这里发生了一个质的飞跃：用低次的有理函数与最小二乘法去代替可能极高次(可达近百次)的多项式插值。

以上两个数值表意义重大，但无法一览其总貌，故用步距为4的跳跃式抽取的办法进行压缩，如表8-4-3和表8-4-4所示。

表8-4-3　**表8-4-1用步距4的抽取表示**

点号	X	$Y_{精确}$	$Y_{逼近}$	逼近误差
1	-1.00	.03846154	.03846167	-.00000013
5	-.96	.04159734	.04159743	-.00000009
9	-.92	.04512635	.04512640	-.00000005
13	-.88	.04911591	.04911592	-.00000001
17	-.84	.05364807	.05364804	.00000003
21	-.80	.05882353	.05882346	.00000007
25	-.76	.06476684	.06476674	.00000010
29	-.72	.07163324	.07163311	.00000013
33	-.68	.07961783	.07961769	.00000014
37	-.64	.08896797	.08896782	.00000015
41	-.60	.10000000	.09999986	.00000014
45	-.56	.11312217	.11312205	.00000012
49	-.52	.12886598	.12886590	.00000008
53	-.48	.14792899	.14792898	.00000001
57	-.44	.17123288	.17123296	-.00000008
61	-.40	.20000000	.20000020	-.00000020
65	-.36	.23584906	.23584940	-.00000034
69	-.32	.28089888	.28089937	-.00000049
73	-.28	.33783784	.33783844	-.00000060
77	-.24	.40983607	.40983666	-.00000059
81	-.20	.50000000	.50000036	-.00000036
85	-.16	.60975610	.60975588	.00000022
89	-.12	.73529412	.73529301	.00000111
93	-.08	.86206897	.86206730	.00000167
97	-.04	.96153846	.96153807	.00000039
101	.00	1.00000000	1.00000429	-.00000429

表8-4-4　**表8-4-2用步距4的抽取表示**

点号	X	$Y_{精确}$	$Y_{逼近}$	逼近误差
1	.00	1.00000000	1.00000429	-.00000429
5	.04	.96153846	.96153807	.00000039
9	.08	.86206897	.86206730	.00000167
13	.12	.73529412	.73529301	.00000111
17	.16	.60975610	.60975588	.00000022
21	.20	.50000000	.50000036	-.00000036
25	.24	.40983607	.40983666	-.00000059
29	.28	.33783784	.33783844	-.00000060
33	.32	.28089888	.28089937	-.00000049
37	.36	.23584906	.23584940	-.00000034
41	.40	.20000000	.20000020	-.00000020
45	.44	.17123288	.17123296	-.00000008
49	.48	.14792899	.14792898	.00000001
53	.52	.12886598	.12886590	.00000008
57	.56	.11312217	.11312205	.00000012
61	.60	.10000000	.09999986	.00000014
65	.64	.08896797	.08896782	.00000015
69	.68	.07961783	.07961769	.00000014
73	.72	.07163324	.07163311	.00000013
77	.76	.06476684	.06476674	.00000010
81	.80	.05882353	.05882346	.00000007
85	.84	.05364807	.05364804	.00000003
89	.88	.04911591	.04911592	-.00000001
93	.92	.04512635	.04512640	-.00000005
97	.96	.04159734	.04159743	-.00000009
101	1.00	.03846154	.03846167	-.00000013

若把图 8-4-4 和图 8-4-5 中的各个系数值代入式(8-4-2)，可得出 $y \approx \dfrac{1}{1+25x^2}$。注意：精确系数 $A_1 = 25$，$C = 1$，$B_1 = A = B = 0$。

由于逼近误差很小，无法用图形显示(在图 8-4-4 和图 8-4-5 中，小圆点表示原始计算数据，曲线表示逼近数据)，但逼近误差可用数值表格明确表示，详见表 8-4-1 和表 8-4-2。

由表 8-4-1 与表 8-4-2 看出，用最小二乘法对钟形曲线所做的二次有理逼近，精度还是较高的$\left(\text{最差的为}\dfrac{4}{1000000}，\text{最好的为}\dfrac{1}{100000000}\right)$。最大的逼近误差出现在弯曲程度最大的曲线顶部，而逼近误差最小出现在曲线最为平缓的地方。图 8-4-4 与图 8-4-5 中的函数逼近系数完全对称，而表 8-4-1 和表 8-4-2 中计算结果也完全对称，说明二次有理函数逼近方法相当稳定。

对于函数 $y = \ln(1+x)$，由于它在函数类型上远不是多项式，不能像对待有理公式那样做系数值的逼近分析。但此处可对其纵坐标的精确值与最小二乘有理逼近值和其他不同方法的逼近值做比较，见表 8-4-5。

表 8-4-5　**最小二乘法逼近 $y=\ln(1+x)$ 并与泰勒级数逼近和帕第有理逼近比较**

序号	横坐标 X	纵坐标 $Y_{精确}$	最小二乘逼近 $Y_{逼近}$	逼近误差 Errors	泰勒级数逼近 $P_5(X)$	逼近误差 Errors$P_5(X)$	帕第有理逼近 $R(X)$	逼近误差 Errors$R(X)$
1	.10	.095310	.095307	.000003	0.095310	0.000000	0.095310	0.000000
2	.20	.182322	.182325	-.000003	0.182331	-0.000009	0.182322	0.000000
3	.30	.262364	.262367	-.000003	0.262461	-0.000094	0.262365	-0.000001
4	.40	.336472	.336471	.000001	0.336981	-0.000509	0.336475	-0.000003
5	.50	.405465	.405462	.000003	0.407292	-0.001827	0.405473	-0.000008
6	.60	.470004	.470001	.000003	0.475152	-0.005148	0.470022	-0.000018
7	.70	.530628	.530628	.000000	0.542922	-0.012294	0.530666	-0.000038
8	.80	.587787	.587790	-.000003	0.613803	-0.026016	0.587856	-0.000069
9	.90	.641854	.641857	-.000003	0.692073	-0.050219	0.641972	-0.000118
10	1.00	.693147	.693144	.000003	0.783333	-0.090186	0.693333	-0.000186

注：$P_5(X)$ 为泰勒插值函数，$P_5(X)=X-\dfrac{X^2}{2}+\dfrac{X^3}{3}-\dfrac{X^4}{4}+\dfrac{X^5}{5}$；

$R(X)$ 为帕第插值函数，$R(X)=\dfrac{X^3+21X^2+30X}{9X^2+36X+30}$（李岳生，黄友谦　1978）。

由表 8-4-5 看出，此处用二次有理逼近的误差远远小于其他两种方法(泰勒级数逼近和帕第有理逼近)的逼近误差。

除了用具有普遍意义的最小二乘法来逼近二次有理函数以外，笔者在下面提出另外两种二次有理函数的逼近方法，即五特征点法拟合插值与五分段和值法拟合插值。

8.4.3 二次有理逼近的五特征点法

五个特征点指的是：首点 A、末点 B、拐点 G 和两个最大弧矢(或最大曲率)点 M 和 N。此处，曲线若存在拐点，则它就是最为重要的，因为它不仅决定了曲线凹、凸段的分界点，而且还进而影响着两个最大弧矢(或最大曲率)点 M 和 N 的定位。这五个点从整体上控制着函数的图形形状。用这五个特征点来确定二次有理函数的系数，实现对某些函数的整体逼近。

拐点 G 可用两种方法确定：求式(8-4-3)的二阶导数，得两个拐点的横坐标 $X_{G精} = \pm 0.11547005$；对式(8-4-3)的精确坐标串用每相邻4点的两个矢量叉积判定每个拐点的横坐标 $X_{G逼}$。最后用式(8-4-3)计算对应的拐点纵坐标值 $Y_{G.}$。

我们用五特征点法对钟形曲线的左右两个分支做了函数逼近试验，其结果如图8-4-6和图8-4-7所示。

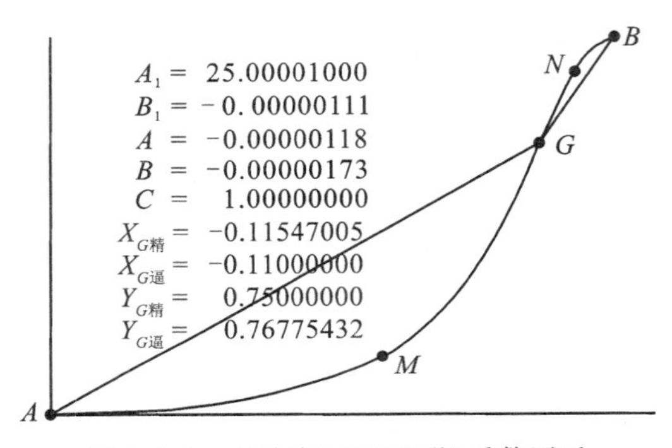

图8-4-6 左分支(正“S”形)系数逼近

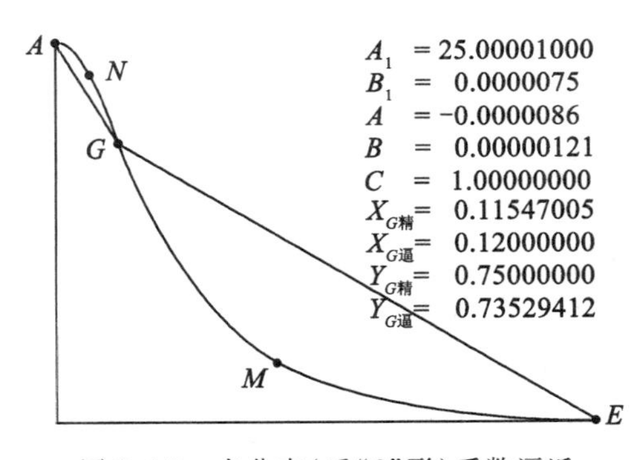

图8-4-7 右分支(反“S”形)系数逼近

在图8-4-6和图8-4-7中，可以明显看出所查出的拐点 G 和被拐点所划分的两个曲线弧到其对应弦线的最大距离点 M 和 N。同样，把图8-4-6和图8-4-7中的各个系数值代入式(8-4-2)，可得出 $y \approx \frac{1}{1+25x^2}$。注意：理论系数 $A_1 = 25$，$C = 1$，$B_1 = A = B = 0$。此两图中的系数逼近精度比前一种情况好得多。

表 8-4-6 **对钟形曲线左分支的五特征点法有理逼近**

点号	X	$Y_{精确}$	$Y_{逼近}$	逼近误差
1	-1.0000	.03846154	.03846154	.00000000
2	-.9900	.03921184	.03921184	.00000000
3	-.9800	.03998401	.03998401	.00000000
4	-.9700	.04077888	.04077888	.00000000
5	-.9600	.04159734	.04159734	.00000000
6	-.9500	.04244032	.04244032	.00000000
7	-.9400	.04330879	.04330880	-.00000001
8	-.9300	.04420378	.04420378	.00000000
9	-.9200	.04512635	.04512636	-.00000001
10	-.9100	.04607764	.04607765	-.00000001
11	-.9000	.04705882	.04705883	-.00000001
12	-.8900	.04807115	.04807115	.00000000
13	-.8800	.04911591	.04911592	-.00000001
14	-.8700	.05019450	.05019451	-.00000001
15	-.8600	.05130836	.05130837	-.00000001
16	-.8500	.05245902	.05245902	.00000000
17	-.8400	.05364807	.05364808	-.00000001
18	-.8300	.05487721	.05487722	-.00000001
19	-.8200	.05614823	.05614824	-.00000001
20	-.8100	.05746301	.05746302	-.00000001
21	-.8000	.05882353	.05882354	-.00000001
22	-.7900	.06023189	.06023190	-.00000001
23	-.7800	.06169031	.06169032	-.00000001
24	-.7700	.06320114	.06320115	-.00000001
25	-.7600	.06476684	.06476685	-.00000001
26	-.7500	.06639004	.06639005	-.00000001
27	-.7400	.06807352	.06807353	-.00000001
28	-.7300	.06982021	.06982022	-.00000001
29	-.7200	.07163324	.07163325	-.00000001
30	-.7100	.07351590	.07351591	-.00000001
31	-.7000	.07547170	.07547171	-.00000001
32	-.6900	.07750436	.07750437	-.00000001
33	-.6800	.07961783	.07961785	-.00000002
34	-.6700	.08181632	.08181633	-.00000001
35	-.6600	.08410429	.08410430	-.00000001
36	-.6500	.08648649	.08648650	-.00000001
37	-.6400	.08896797	.08896798	-.00000001
38	-.6300	.09155413	.09155414	-.00000001
39	-.6200	.09425071	.09425072	-.00000001
40	-.6100	.09706382	.09706383	-.00000001
41	-.6000	.10000000	.10000001	-.00000001
42	-.5900	.10306622	.10306623	-.00000001
43	-.5800	.10626993	.10626994	-.00000001
44	-.5700	.10961907	.10961909	-.00000002
45	-.5600	.11312217	.11312219	-.00000002
46	-.5500	.11678832	.11678833	-.00000001
47	-.5400	.12062726	.12062728	-.00000002
48	-.5300	.12464942	.12464944	-.00000002
49	-.5200	.12886598	.12886599	-.00000001
50	-.5100	.13328890	.13328892	-.00000002
51	-.5000	.13793103	.13793105	-.00000002
52	-.4900	.14280614	.14280615	-.00000001
53	-.4800	.14792899	.14792901	-.00000002
54	-.4700	.15331545	.15331546	-.00000001
55	-.4600	.15898251	.15898252	-.00000001
56	-.4500	.16494845	.16494847	-.00000002
57	-.4400	.17123288	.17123289	-.00000001
58	-.4300	.17785683	.17785684	-.00000001
59	-.4200	.18484288	.18484289	-.00000001
60	-.4100	.19221528	.19221529	-.00000001
61	-.4000	.20000000	.20000001	-.00000001
62	-.3900	.20822488	.20822489	-.00000001
63	-.3800	.21691974	.21691975	-.00000001
64	-.3700	.22611645	.22611646	-.00000001
65	-.3600	.23584906	.23584906	.00000000
66	-.3500	.24615385	.24615385	.00000000
67	-.3400	.25706941	.25706941	.00000000
68	-.3300	.26863667	.26863667	.00000000
69	-.3200	.28089888	.28089888	.00000000
70	-.3100	.29390154	.29390154	.00000000
71	-.3000	.30769231	.30769231	.00000000
72	-.2900	.32232071	.32232070	.00000001
73	-.2800	.33783784	.33783783	.00000001
74	-.2700	.35429584	.35429583	.00000001
75	-.2600	.37174721	.37174720	.00000001
76	-.2500	.39024390	.39024389	.00000001
77	-.2400	.40983607	.40983605	.00000002
78	-.2300	.43057051	.43057049	.00000002
79	-.2200	.45248869	.45248867	.00000002
80	-.2100	.47562426	.47562424	.00000002
81	-.2000	.50000000	.49999998	.00000002
82	-.1900	.52562418	.52562416	.00000002
83	-.1800	.55248619	.55248616	.00000003
84	-.1700	.58055152	.58055150	.00000002
85	-.1600	.60975610	.60975607	.00000003
86	-.1500	.64000000	.63999997	.00000003
87	-.1400	.67114094	.67114092	.00000002
88	-.1300	.70298770	.70298767	.00000003
89	-.1200	.73529412	.73529410	.00000002
90	-.1100	.76775432	.76775430	.00000002
91	-.1000	.80000000	.79999998	.00000002
92	-.0900	.83160083	.83160082	.00000001
93	-.0800	.86206897	.86206896	.00000001
94	-.0700	.89086860	.89086859	.00000001
95	-.0600	.91743119	.91743119	.00000000
96	-.0500	.94117647	.94117647	.00000000
97	-.0400	.96153846	.96153847	-.00000001
98	-.0300	.97799511	.97799512	-.00000001
99	-.0200	.99009901	.99009902	-.00000001
100	-.0100	.99750623	.99750624	-.00000001
101	.0000	1.00000000	1.00000000	.00000000

表 8-4-7 对钟形曲线右分支的五特征点法有理逼近

点号	X	$Y_{精确}$	$Y_{逼近}$	逼近误差
1	.0000	1.00000000	1.00000000	.00000000
2	.0100	.99750623	.99750624	-.00000001
3	.0200	.99009901	.99009902	-.00000001
4	.0300	.97799511	.97799512	-.00000001
5	.0400	.96153846	.96153847	-.00000001
6	.0500	.94117647	.94117648	-.00000001
7	.0600	.91743119	.91743120	-.00000001
8	.0700	.89086860	.89086860	.00000000
9	.0800	.86206897	.86206896	.00000001
10	.0900	.83160083	.83160083	.00000000
11	.1000	.80000000	.79999999	.00000001
12	.1100	.76775432	.76775431	.00000001
13	.1200	.73529412	.73529411	.00000001
14	.1300	.70298770	.70298769	.00000001
15	.1400	.67114094	.67114093	.00000001
16	.1500	.64000000	.63999999	.00000001
17	.1600	.60975610	.60975608	.00000002
18	.1700	.58055152	.58055151	.00000001
19	.1800	.55248619	.55248618	.00000001
20	.1900	.52562418	.52562417	.00000001
21	.2000	.50000000	.49999999	.00000001
22	.2100	.47562426	.47562425	.00000001
23	.2200	.45248869	.45248868	.00000001
24	.2300	.43057051	.43057050	.00000001
25	.2400	.40983607	.40983606	.00000001
26	.2500	.39024390	.39024390	.00000000
27	.2600	.37174721	.37174721	.00000000
28	.2700	.35429584	.35429583	.00000001
29	.2800	.33783784	.33783784	.00000000
30	.2900	.32232071	.32232071	.00000000
31	.3000	.30769231	.30769231	.00000000
32	.3100	.29390154	.29390155	-.00000001
33	.3200	.28089888	.28089888	.00000000
34	.3300	.26863667	.26863667	.00000000
35	.3400	.25706941	.25706941	.00000000
36	.3500	.24615385	.24615385	.00000000
37	.3600	.23584906	.23584906	.00000000
38	.3700	.22611645	.22611646	-.00000001
39	.3800	.21691974	.21691975	-.00000001
40	.3900	.20822488	.20822489	-.00000001
41	.4000	.20000000	.20000001	-.00000001
42	.4100	.19221528	.19221529	-.00000001
43	.4200	.18484288	.18484289	-.00000001
44	.4300	.17785683	.17785683	.00000000
45	.4400	.17123288	.17123289	-.00000001
46	.4500	.16494845	.16494846	-.00000001
47	.4600	.15898251	.15898252	-.00000001
48	.4700	.15331545	.15331546	-.00000001
49	.4800	.14792899	.14792900	-.00000001
50	.4900	.14280614	.14280615	-.00000001
51	.5000	.13793103	.13793104	-.00000001
52	.5100	.13328890	.13328891	-.00000001
53	.5200	.12886598	.12886599	-.00000001
54	.5300	.12464942	.12464943	-.00000001
55	.5400	.12062726	.12062727	-.00000001
56	.5500	.11678832	.11678833	-.00000001
57	.5600	.11312217	.11312218	-.00000001
58	.5700	.10961907	.10961908	-.00000001
59	.5800	.10626993	.10626994	-.00000001
60	.5900	.10306622	.10306623	-.00000001
61	.6000	.10000000	.10000001	-.00000001
62	.6100	.09706382	.09706383	-.00000001
63	.6200	.09425071	.09425072	-.00000001
64	.6300	.09155413	.09155414	-.00000001
65	.6400	.08896797	.08896798	-.00000001
66	.6500	.08648649	.08648650	-.00000001
67	.6600	.08410429	.08410430	-.00000001
68	.6700	.08181632	.08181633	-.00000001
69	.6800	.07961783	.07961784	-.00000001
70	.6900	.07750436	.07750437	-.00000001
71	.7000	.07547170	.07547171	-.00000001
72	.7100	.07351590	.07351591	-.00000001
73	.7200	.07163324	.07163325	-.00000001
74	.7300	.06982021	.06982022	-.00000001
75	.7400	.06807352	.06807353	-.00000001
76	.7500	.06639004	.06639005	-.00000001
77	.7600	.06476684	.06476685	-.00000001
78	.7700	.06320114	.06320114	.00000000
79	.7800	.06169031	.06169032	-.00000001
80	.7900	.06023189	.06023190	-.00000001
81	.8000	.05882353	.05882353	.00000000
82	.8100	.05746301	.05746301	.00000000
83	.8200	.05614823	.05614824	-.00000001
84	.8300	.05487721	.05487722	-.00000001
85	.8400	.05364807	.05364807	.00000000
86	.8500	.05245902	.05245902	.00000000
87	.8600	.05130836	.05130837	-.00000001
88	.8700	.05019450	.05019451	-.00000001
89	.8800	.04911591	.04911592	-.00000001
90	.8900	.04807115	.04807115	.00000000
91	.9000	.04705882	.04705883	-.00000001
92	.9100	.04607764	.04607764	.00000000
93	.9200	.04512635	.04512636	-.00000001
94	.9300	.04420378	.04420378	.00000000
95	.9400	.04330879	.04330879	.00000000
96	.9500	.04244032	.04244032	.00000000
97	.9600	.04159734	.04159734	.00000000
98	.9700	.04077888	.04077888	.00000000
99	.9800	.03998401	.03998401	.00000000
100	.9900	.03921184	.03921184	.00000000
101	1.0000	.03846154	.03846154	.00000000

以上两个数值表意义重大，也无法一览其总貌，故也用步距为 4 的跳跃式抽取的办法进行压缩，如表 8-4-8 和表 8-4-9 所示。

表 8-4-8　**表 8-4-6 用步距 4 的抽取表示**

点号	X	$Y_{精确}$	$Y_{逼近}$	逼近误差
1	-1.0000	.03846154	.03846154	.00000000
5	-.9600	.04159734	.04159734	.00000000
9	-.9200	.04512635	.04512636	-.00000001
13	-.8800	.04911591	.04911592	-.00000001
17	-.8400	.05364807	.05364808	-.00000001
21	-.8000	.05882353	.05882354	-.00000001
25	-.7600	.06476684	.06476685	-.00000001
29	-.7200	.07163324	.07163325	-.00000001
33	-.6800	.07961783	.07961785	-.00000002
37	-.6400	.08896797	.08896798	-.00000001
41	-.6000	.10000000	.10000001	-.00000001
45	-.5600	.11312217	.11312219	-.00000002
49	-.5200	.12886598	.12886599	-.00000001
53	-.4800	.14792899	.14792901	-.00000002
57	-.4400	.17123288	.17123289	-.00000001
61	-.4000	.20000000	.20000001	-.00000001
65	-.3600	.23584906	.23584906	.00000000
69	-.3200	.28089888	.28089888	.00000000
73	-.2800	.33783784	.33783783	.00000001
77	-.2400	.40983607	.40983605	.00000002
81	-.2000	.50000000	.49999998	.00000002
85	-.1600	.60975610	.60975607	.00000003
89	-.1200	.73529412	.73529410	.00000002
93	-.0800	.86206897	.86206896	.00000001
97	-.0400	.96153846	.96153847	-.00000001
101	.0000	1.00000000	1.00000000	.00000000

表 8-4-9　**表 8-4-7 用步距 4 的抽取表示**

点号	X	$Y_{精确}$	$Y_{逼近}$	逼近误差
1	.0000	1.00000000	1.00000000	.00000000
5	.0400	.96153846	.96153847	-.00000001
9	.0800	.86206897	.86206896	.00000001
13	.1200	.73529412	.73529411	.00000001
17	.1600	.60975610	.60975608	.00000002
21	.2000	.50000000	.49999999	.00000001
25	.2400	.40983607	.40983606	.00000001
29	.2800	.33783784	.33783784	.00000000
33	.3200	.28089888	.28089888	.00000000
37	.3600	.23584906	.23584906	.00000000
41	.4000	.20000000	.20000001	-.00000001
45	.4400	.17123288	.17123289	-.00000001
49	.4800	.14792899	.14792900	-.00000001
53	.5200	.12886598	.12886599	-.00000001
57	.5600	.11312217	.11312218	-.00000001
61	.6000	.10000000	.10000001	-.00000001
65	.6400	.08896797	.08896798	-.00000001
69	.6800	.07961783	.07961784	-.00000001
73	.7200	.07163324	.07163325	-.00000001
77	.7600	.06476684	.06476685	-.00000001
81	.8000	.05882353	.05882353	.00000000
85	.8400	.05364807	.05364807	.00000000
89	.8800	.04911591	.04911592	-.00000001
93	.9200	.04512635	.04512636	-.00000001
97	.9600	.04159734	.04159734	.00000000
101	1.0000	.03846154	.03846154	.00000000

由表 8-4-6 与表 8-4-7 看出，五特征法二次有理逼近精度大为提高(最大逼近误差为 $\frac{2}{100000000}$，两表的计算结果也完全对称。逼近精度比前一方法约提高了两个数量级。另外，这一方法最为突出的地方可以说是它基本上对于弯曲程度不同的曲线段能给出具有相同精度的插值结果，或者说，它克服了前一方法的缺点。当然，这一方法在实现上有点复杂，特别是拐点的自动查找(毋河海　2003)。

如本章 8.4.4 节那样，此处也用 $y=\ln(x+1)$ 来把有理逼近的五特征点法与泰勒级数逼近和帕第有理逼近进行比较(表 8-4-10)。

8.4.4　二次有理逼近的五分段和值法

采用五分段和值法的原因是由于此处有 5 个待定系数，即要把原始数据序列按顺序划分为 5 段。根据二次有理分式函数式 $y=\frac{Ax^2+Bx+C}{A_1x^2+B_1x+1}$，可形成有 5 个方程的五元一次方程组，借此解出 5 个待定系数 A、B、C、A_1 和 B_1(图 8-4-8、图 8-4-9)。

表 8-4-10 **五特征点法逼近 $y=\ln(1+x)$ 并与泰勒级数逼近和帕第有理逼近比较**

序号	横坐标 X	纵坐标 $Y_{精确}$	五特征点法逼近 $Y_{逼近}$	逼近误差 Errors	泰勒级数逼近 $P_5(X)$	逼近误差 Errors$P_5(X)$	帕第有理逼近 $R(X)$	逼近误差 Errors$R(X)$
1	**.10**	**.095310**	**.095310**	**.000000**	0.095310	0.000000	0.095310	0.000000
2	.20	.182322	.182320	.000002	0.182331	−0.000009	0.182322	0.000000
3	**.30**	**.262364**	**.262364**	**.000000**	0.262461	−0.000094	0.262365	−0.000001
4	.40	.336472	.336473	−.000001	0.336981	−0.000509	0.336475	−0.000003
5	**.50**	**.405465**	**.405465**	**.000000**	0.407292	−0.001827	0.405473	−0.000008
6	.60	.470004	.470003	.000001	0.475152	−0.005148	0.470022	−0.000018
7	**.70**	**.530628**	**.530628**	**.000000**	0.542922	−0.012294	0.530666	−0.000038
8	.80	.587787	.587788	−.000001	0.613803	−0.026016	0.587856	−0.000069
9	.90	.641854	.641855	−.000001	0.692073	−0.050219	0.641972	−0.000118
10	**1.00**	**.693147**	**.693147**	**.000000**	0.783333	−0.090186	0.693333	−0.000186

注：$P_5(X)$为泰勒插值函数，$P_5(X)=X-\frac{X^2}{2}+\frac{X^3}{3}-\frac{X^4}{4}+\frac{X^5}{5}$；

$R(X)$为帕第插值函数，$R(X)=\frac{X^3+21X^2+30X}{9X^2+36X+30}$。

此处首末点为无条件特征点，拐点或最大弦矢点为点5，分段最大弦矢点为点3和点7。特征点条目在表中用黑体表示。

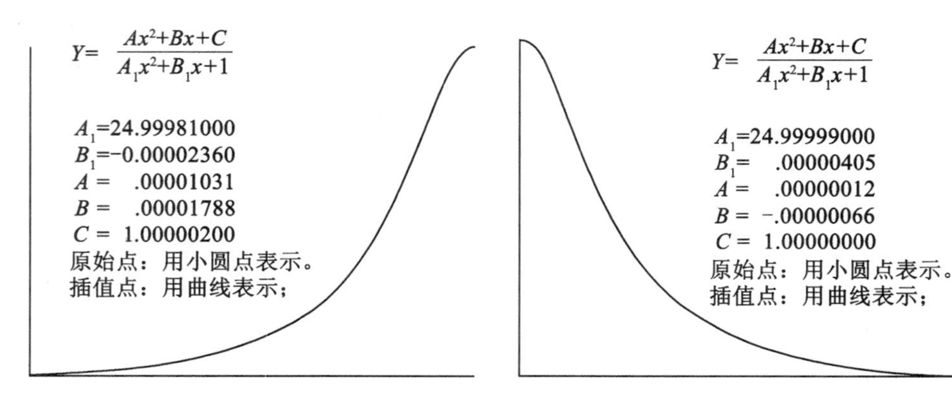

图 8-4-8 用5分段和值法对左分支曲线的有理函数系数逼近

图 8-4-9 用5分段和值法对右分支曲线的有理函数系数逼近

此处继续用钟形曲线的左右两个分支数据对五分段和值法进行逼近试验。试验结果分别如图8-4-8与图8-4-9所示，其详细数据见表8-4-11与表8-4-12。

表 8-4-11　**对钟形曲线左分支的五分段和值法二次有理逼近**

点号	X	$Y_{精确}$	$Y_{逼近}$	逼近误差
1	-1.00000000	.03846154	.03846155	-.00000001
2	-.99000000	.03921184	.03921185	-.00000001
3	-.98000000	.03998401	.03998402	-.00000001
4	-.97000000	.04077888	.04077889	-.00000001
5	-.96000000	.04159734	.04159735	-.00000001
6	-.95000000	.04244032	.04244033	-.00000001
7	-.94000000	.04330879	.04330880	-.00000001
8	-.93000000	.04420378	.04420378	.00000000
9	-.92000000	.04512635	.04512636	-.00000001
10	-.91000000	.04607764	.04607764	.00000000
11	-.90000000	.04705882	.04705883	-.00000001
12	-.89000000	.04807115	.04807115	.00000000
13	-.88000000	.04911591	.04911591	.00000000
14	-.87000000	.05019450	.05019450	.00000000
15	-.86000000	.05130836	.05130836	.00000000
16	-.85000000	.05245902	.05245901	.00000001
17	-.84000000	.05364807	.05364807	.00000000
18	-.83000000	.05487721	.05487721	.00000000
19	-.82000000	.05614823	.05614823	.00000000
20	-.81000000	.05746301	.05746301	.00000000
21	-.80000000	.05882353	.05882352	.00000001
22	-.79000000	.06023189	.06023188	.00000001
23	-.78000000	.06169031	.06169032	-.00000001
24	-.77000000	.06320114	.06320113	.00000001
25	-.76000000	.06476684	.06476683	.00000001
26	-.75000000	.06639004	.06639003	.00000001
27	-.74000000	.06807352	.06807350	.00000001
28	-.73000000	.06982021	.06982020	.00000001
29	-.72000000	.07163324	.07163323	.00000001
30	-.71000000	.07351590	.07351589	.00000001
31	-.70000000	.07547170	.07547169	.00000001
32	-.69000000	.07750436	.07750435	.00000001
33	-.68000000	.07961783	.07961782	.00000001
34	-.67000000	.08181632	.08181631	.00000001
35	-.66000000	.08410429	.08410427	.00000002
36	-.65000000	.08648649	.08648649	.00000000
37	-.64000000	.08896797	.08896796	.00000001
38	-.63000000	.09155413	.09155413	.00000000
39	-.62000000	.09425071	.09425070	.00000001
40	-.61000000	.09706382	.09706381	.00000001
41	-.60000000	.10000000	.09999999	.00000001
42	-.59000000	.10306620	.10306620	.00000000
43	-.58000000	.10626990	.10626990	.00000000
44	-.57000000	.10961910	.10961910	.00000000
45	-.56000000	.11312220	.11312220	.00000000
46	-.55000000	.11678830	.11678830	.00000000
47	-.54000000	.12062730	.12062730	.00000000
48	-.53000000	.12464940	.12464940	-.00000002
49	-.52000000	.12886600	.12886600	-.00000001
50	-.51000000	.13328890	.13328890	-.00000003
51	-.50000000	.13793100	.13793100	-.00000001
52	-.49000000	.14280610	.14280620	-.00000001
53	-.48000000	.14792900	.14792900	-.00000003
54	-.47000000	.15331550	.15331550	-.00000001
55	-.46000000	.15898250	.15898250	-.00000003
56	-.45000000	.16494840	.16494850	-.00000004
57	-.44000000	.17123290	.17123290	-.00000003
58	-.43000000	.17785680	.17785690	-.00000003
59	-.42000000	.18484290	.18484290	-.00000004
60	-.41000000	.19221530	.19221530	-.00000004
61	-.40000000	.20000000	.20000000	-.00000004
62	-.39000000	.20822490	.20822500	-.00000007
63	-.38000000	.21691970	.21691980	-.00000006
64	-.37000000	.22611640	.22611650	-.00000006
65	-.36000000	.23584910	.23584910	-.00000006
66	-.35000000	.24615380	.24615390	-.00000007
67	-.34000000	.25706940	.25706950	-.00000006
68	-.33000000	.26863670	.26863670	-.00000006
69	-.32000000	.28089890	.28089900	-.00000009
70	-.31000000	.29390150	.29390160	-.00000009
71	-.30000000	.30769230	.30769240	-.00000006
72	-.29000000	.32232070	.32232080	-.00000009
73	-.28000000	.33783780	.33783790	-.00000006
74	-.27000000	.35429580	.35429590	-.00000003
75	-.26000000	.37174720	.37174730	-.00000009
76	-.25000000	.39024390	.39024390	-.00000006
77	-.24000000	.40983610	.40983610	.00000000
78	-.23000000	.43057050	.43057050	.00000000
79	-.22000000	.45248870	.45248870	.00000000
80	-.21000000	.47562430	.47562420	.00000003
81	-.20000000	.50000000	.49999990	.00000009
82	-.19000000	.52562420	.52562410	.00000006
83	-.18000000	.55248620	.55248610	.00000012
84	-.17000000	.58055150	.58055140	.00000012
85	-.16000000	.60975610	.60975590	.00000018
86	-.15000000	.64000000	.63999970	.00000024
87	-.14000000	.67114100	.67114070	.00000030
88	-.13000000	.70298770	.70298740	.00000024
89	-.12000000	.73529410	.73529380	.00000030
90	-.11000000	.76775430	.76775400	.00000030
91	-.10000000	.80000000	.79999970	.00000036
92	-.09000000	.83160080	.83160050	.00000030
93	-.08000000	.86206900	.86206870	.00000024
94	-.07000000	.89086860	.89086840	.00000018
95	-.06000000	.91743120	.91743120	.00000000
96	-.05000000	.94117650	.94117660	-.00000012
97	-.04000000	.96153840	.96153880	-.00000036
98	-.03000000	.97799510	.97799570	-.00000060
99	-.02000000	.99009900	.99009990	-.00000089
100	-.01000000	.99750620	.99750750	-.00000131
101	.00000000	1.00000000	1.00000200	-.00000167

表 8-4-12 **对钟形曲线右分支的五分段和值法二次有理逼近**

点号	X	$Y_{精确}$	$Y_{逼近}$	逼近误差
1	.00000000	1.00000000	1.00000000	-.00000024
2	.01000000	.99750620	.99750640	-.00000024
3	.02000000	.99009900	.99009910	-.00000012
4	.03000000	.97799510	.97799520	-.00000012
5	.04000000	.96153840	.96153860	-.00000012
6	.05000000	.94117650	.94117650	.00000000
7	.06000000	.91743120	.91743120	.00000000
8	.07000000	.89086860	.89086860	.00000000
9	.08000000	.86206900	.86206900	.00000000
10	.09000000	.83160080	.83160080	.00000006
11	.10000000	.80000000	.80000000	.00000006
12	.11000000	.76775430	.76775430	.00000006
13	.12000000	.73529410	.73529400	.00000006
14	.13000000	.70298770	.70298760	.00000006
15	.14000000	.67114100	.67114080	.00000012
16	.15000000	.64000000	.63999990	.00000006
17	.16000000	.60975610	.60975610	.00000006
18	.17000000	.58055150	.58055140	.00000006
19	.18000000	.55248620	.55248610	.00000006
20	.19000000	.52562420	.52562410	.00000006
21	.20000000	.50000000	.49999990	.00000006
22	.21000000	.47562430	.47562420	.00000003
23	.22000000	.45248870	.45248870	.00000003
24	.23000000	.43057050	.43057050	.00000006
25	.24000000	.40983610	.40983600	.00000006
26	.25000000	.39024390	.39024390	.00000003
27	.26000000	.37174720	.37174720	.00000000
28	.27000000	.35429580	.35429580	.00000006
29	.28000000	.33783780	.33783780	.00000003
30	.29000000	.32232070	.32232070	.00000000
31	.30000000	.30769230	.30769230	.00000003
32	.31000000	.29390150	.29390150	.00000000
33	.32000000	.28089890	.28089890	.00000000
34	.33000000	.26863670	.26863660	.00000003
35	.34000000	.25706940	.25706940	.00000003
36	.35000000	.24615380	.24615380	.00000000
37	.36000000	.23584910	.23584900	.00000001
38	.37000000	.22611640	.22611640	.00000001
39	.38000000	.21691970	.21691970	.00000000
40	.39000000	.20822490	.20822490	-.00000001
41	.40000000	.20000000	.20000000	.00000001
42	.41000000	.19221530	.19221530	.00000000
43	.42000000	.18484290	.18484290	.00000000
44	.43000000	.17785680	.17785680	.00000001
45	.44000000	.17123290	.17123290	.00000000
46	.45000000	.16494840	.16494850	-.00000001
47	.46000000	.15898250	.15898250	.00000001
48	.47000000	.15331550	.15331540	.00000001
49	.48000000	.14792900	.14792900	-.00000001
50	.49000000	.14280610	.14280610	.00000001
51	.50000000	.13793100	.13793100	.00000000
52	.51000000	.13328890	.13328890	-.00000001
53	.52000000	.12886600	.12886600	.00000000
54	.53000000	.12464940	.12464940	-.00000001
55	.54000000	.12062730	.12062730	.00000001
56	.55000000	.11678830	.11678830	.00000000
57	.56000000	.11312220	.11312220	.00000000
58	.57000000	.10961910	.10961910	.00000000
59	.58000000	.10626990	.10626990	.00000000
60	.59000000	.10306620	.10306620	-.00000001
61	.60000000	.10000000	.09999999	.00000001
62	.61000000	.09706382	.09706381	.00000001
63	.62000000	.09425071	.09425070	.00000001
64	.63000000	.09155413	.09155413	.00000000
65	.64000000	.08896797	.08896797	.00000000
66	.65000000	.08648649	.08648650	-.00000001
67	.66000000	.08410429	.08410428	.00000001
68	.67000000	.08181632	.08181632	.00000001
69	.68000000	.07961783	.07961783	.00000000
70	.69000000	.07750436	.07750436	.00000000
71	.70000000	.07547170	.07547170	.00000000
72	.71000000	.07351590	.07351590	.00000000
73	.72000000	.07163324	.07163323	.00000001
74	.73000000	.06982021	.06982021	.00000000
75	.74000000	.06807352	.06807351	.00000001
76	.75000000	.06639004	.06639004	.00000000
77	.76000000	.06476684	.06476684	.00000000
78	.77000000	.06320114	.06320114	.00000000
79	.78000000	.06169031	.06169032	-.00000001
80	.79000000	.06023189	.06023189	.00000000
81	.80000000	.05882353	.05882352	.00000001
82	.81000000	.05746301	.05746301	.00000000
83	.82000000	.05614823	.05614823	.00000000
84	.83000000	.05487721	.05487721	.00000000
85	.84000000	.05364807	.05364807	.00000000
86	.85000000	.05245902	.05245901	.00000001
87	.86000000	.05130836	.05130836	.00000000
88	.87000000	.05019450	.05019450	.00000000
89	.88000000	.04911591	.04911591	.00000000
90	.89000000	.04807115	.04807115	.00000000
91	.90000000	.04705882	.04705882	.00000000
92	.91000000	.04607764	.04607764	.00000000
93	.92000000	.04512635	.04512635	.00000000
94	.93000000	.04420378	.04420378	.00000000
95	.94000000	.04330879	.04330879	.00000000
96	.95000000	.04244032	.04244032	.00000000
97	.96000000	.04159734	.04159734	.00000000
98	.97000000	.04077888	.04077887	.00000001
99	.98000000	.03998401	.03998400	.00000001
100	.99000000	.03921184	.03921184	.00000000
101	1.00000000	.03846154	.03846154	.00000000

表 8-4-13　**表 8-4-11 用步距 4 的抽取表示**

点号	X	$Y_{精确}$	$Y_{逼近}$	逼近误差
1	-1.00000000	.03846154	.03846155	-.00000001
5	-.96000000	.04159734	.04159735	-.00000001
9	-.92000000	.04512635	.04512636	-.00000001
13	-.88000000	.04911591	.04911591	.00000000
17	-.84000000	.05364807	.05364807	.00000000
21	-.80000000	.05882353	.05882352	.00000001
25	-.76000000	.06476684	.06476683	.00000001
29	-.72000000	.07163324	.07163323	.00000001
33	-.68000000	.07961783	.07961782	.00000001
37	-.64000000	.08896797	.08896796	.00000001
41	-.60000000	.10000000	.09999999	.00000001
45	-.56000000	.11312220	.11312220	.00000000
49	-.52000000	.12886600	.12886600	-.00000001
53	-.48000000	.14792900	.14792900	-.00000003
57	-.44000000	.17123290	.17123290	-.00000003
61	-.40000000	.20000000	.20000000	-.00000004
65	-.36000000	.23584910	.23584910	-.00000006
69	-.32000000	.28089890	.28089900	-.00000009
73	-.28000000	.33783780	.33783790	-.00000006
77	-.24000000	.40983610	.40983610	.00000000
81	-.20000000	.50000000	.49999990	.00000009
85	-.16000000	.60975610	.60975590	.00000018
89	-.12000000	.73529410	.73529380	.00000030
93	-.08000000	.86206900	.86206870	.00000024
97	-.04000000	.96153840	.96153880	-.00000036
101	.00000000	1.00000000	1.00000200	-.00000167

表 8-4-14　**表 8-4-12 用步距 4 的抽取表示**

点号	X	$Y_{精确}$	$Y_{逼近}$	逼近误差
1	.00000000	1.00000000	1.00000000	-.00000024
5	.04000000	.96153840	.96153860	-.00000012
9	.08000000	.86206900	.86206900	.00000000
13	.12000000	.73529410	.73529400	.00000006
17	.16000000	.60975610	.60975610	.00000006
21	.20000000	.50000000	.49999990	.00000006
25	.24000000	.40983610	.40983600	.00000006
29	.28000000	.33783780	.33783780	.00000003
33	.32000000	.28089890	.28089890	.00000000
37	.36000000	.23584910	.23584900	.00000001
41	.40000000	.20000000	.20000000	.00000001
45	.44000000	.17123290	.17123290	.00000000
49	.48000000	.14792900	.14792900	-.00000001
53	.52000000	.12886600	.12886600	.00000000
57	.56000000	.11312220	.11312220	.00000000
61	.60000000	.10000000	.09999999	.00000001
65	.64000000	.08896797	.08896797	.00000000
69	.68000000	.07961783	.07961783	.00000000
73	.72000000	.07163324	.07163323	.00000001
77	.76000000	.06476684	.06476684	.00000000
81	.80000000	.05882353	.05882352	.00000001
85	.84000000	.05364807	.05364807	.00000000
89	.88000000	.04911591	.04911591	.00000000
93	.92000000	.04512635	.04512635	.00000000
97	.96000000	.04159734	.04159734	.00000000
101	1.00000000	.03846154	.03846154	.00000000

用五分段和值法也对 $y=\ln(1+x)$ 做了逼近试验，试验结果见表 8-4-15。

表 8-4-15　**五分段和值法逼近 $y=\ln(1+x)$ 并与泰勒级数逼近和帕第有理逼近比较**

序号	横坐标 X	纵坐标 $Y_{精确}$	五分段和值法逼近 $Y_{逼近}$	逼近误差 Errors	泰勒级数逼近 $P_5(X)$	逼近误差 Errors$P_5(X)$	帕第有理逼近 $R(X)$	逼近误差 Errors$R(X)$
1	.10	.095310	.095312	-.000002	0.095310	0.000000	0.095310	0.000000
2	.20	.182322	.182320	.000002	0.182331	-0.000009	0.182322	0.000000
3	.30	.262364	.262364	.000000	0.262461	-0.000094	0.262365	-0.000001
4	.40	.336472	.336473	-.000001	0.336981	-0.000509	0.336475	-0.000003
5	.50	.405465	.405465	.000000	0.407292	-0.001827	0.405473	-0.000008
6	.60	.470004	.470003	.000001	0.475152	-0.005148	0.470022	-0.000018
7	.70	.530628	.530628	.000000	0.542922	-0.012294	0.530666	-0.000038
8	.80	.587787	.587787	.000000	0.613803	-0.026016	0.587856	-0.000069
9	.90	.641854	.641854	.000000	0.692073	-0.050219	0.641972	-0.000118
10	1.00	.693147	.693147	.000000	0.783333	-0.090186	0.693333	-0.000186

注：$P_5(X)$ 为泰勒插值函数，$P_5(X)=X-\frac{X^2}{2}+\frac{X^3}{3}-\frac{X^4}{4}+\frac{X^5}{5}$；

$R(X)$ 为帕第插值函数，$R(X)=\frac{X^3+21X^2+30X}{9X^2+36X+30}$。

8.4.5 三种逼近方法的比较

1. 对钟形曲线左右分支逼近系数的比较

我们已知，被逼近钟形曲线函数是式(8-4-3)$y=\frac{1}{25x^2+1}$，而所用的二次有理逼近函数为式(8-4-2)$y=\frac{Ax^2+Bx+C}{A_1x^2+B_1x+1}$。比较此二式可知，后式各系数的精确值为：$A=B\approx 0$，$C\approx 1$，$A_1\approx 25, B_1\approx 0$。

为了对钟形曲线左右分支用上述三种方法（最小二乘法、五特征点法和五分段和值法）逼近的结果进行分析比较，现将这三种方法在逼近时所生成的系数 A_1、B_1、A、B、C 列入表8-4-16，以便从对已知系数的逼近程度来对这三种逼近方法做定性的分析与比较。

表 8-4-16 三种逼近方法在逼近钟形曲线左右分支时生成的逼近系数

逼近方法＼系数		A_1	B_1	A	B	C
最小二乘法	左分支	24.99897068	−0.00005474	0.00006890	0.00010716	1.00000429
	右分支	24.99897068	0.00005464	0.00006890	−0.00010716	1.00000429
五特征点法	左分支	25.00001000	−0.00000111	−0.00000118	−0.00000173	1.00000000
	右分支	25.00001000	0.00000075	−0.00000086	0.00000121	1.00000000
五分段和值法	左分支	24.99981000	−0.00002360	0.00001031	0.00001788	1.00000200
	右分支	24.99999000	0.00000405	0.00000012	−0.00000066	1.00000000

若把表8-4-16中的各系数值代入二次有理插值公式(8-4-2)，则有

$$y=\frac{Ax^2+Bx+C}{A_1x^2+B_1x+1}\approx\frac{1}{25x^2+1} \tag{8-4-5}$$

这也就是上述钟形曲线函数式 $y=\frac{1}{1+25x^2}$。因此，定性地看表8-4-16，五特征点法的各个系数更接近于理论值，五分段和值法次之，最小二乘法最次。此外，如果对表8-4-1～表8-4-9的逼近数据做定量的分析，也可得出同样的结论。

2. 对代数多项式的逼近比较

类似地，可对代数据多项式作逼近，类似的计算表格数据从略，此处仅在表8-4-17和表8-4-18中分别列出三种方法对 $y=0.5x^2$ 和 $y=3x^2+2x+1$ 的逼近系数，从它们相对于多项式准确系数值的偏移大小来判断逼近程度的优劣。

表 8-4-17　对二次抛物线 $y=0.5x^2$ 的三种逼近法的系数比较

逼近方法＼系数	A_1	B_1	A	B	C
最小二乘法	0.00000000	−0.00000019	0.49999861	0.00000774	0.00001180
五特征点法	0.00000000	0.00000000	0.50000000	0.00000000	0.00000001
五分段和值法	0.00000000	− 0.00000001	0.49999990	0.00000049	− 0.00000060

表 8-4-18　对二次抛物线 $y=3x^2+2x+1$ 的三种逼近法的系数比较

逼近方法＼系数	A_1	B_1	A	B	C
最小二乘法	−0.00000006	0.00000294	3.00013347	1.99932466	1.00093271
五特征点法	0.00000000	−0.00000001	3.00000000	2.00000400	0.99999650
五分段和值法	0.00000000	−0.00000000	3.00000000	2.00000200	0.99999560

观察表 8-4-17 和表 8-4-18，可得出这样的结论：被逼近函数越简单，逼近系数越趋近精确值。

8.4.6　基于给定结点的二次有理插值：滑动五结点插值法

基于给定结点的二次有理插值即为通常意义下的插值，是在给定一些结点值的情况下，用插值函数算出结点之间的某几个函数值。由二次有理插值函数式(8-4-2)可知，为进行插值，至少要有 5 个相邻结点。

为此，笔者提出滑动五结点插值法。若采用被插值函数的连续 5 个相邻结点，则可在每两个相邻结点之间插出半步长(插入一点)或$\frac{1}{3}$步长(插入两点)等处的函数值。此处笔者采用奇号点(1，3，5，7，9)为给定结点，对偶号点(2，4，6，8)点进行插值，并把插出的偶号点值与已知的偶号点精确值进行比较。下面仍然用钟形曲线函数 $y=\frac{1}{1+25x^2}$，并用两种结点布局(1，3，5，7，9，…)和(1，6，11，16，21，…)进行插值，其结果示于表 8-4-19。由此可以看到不同结点布局对插值精度的影响：随着插值结点间距的增大，插值误差也随之增大。

为了观察二次有理插值的适用性，笔者还对正弦函数 sin(X)和其他较为复杂的函数进行了插值试验(试验结果从略)，发现：随着函数的非线性程度的增大，逼近误差也随之增大。

表 8-4-19 对钟形曲线 $y=\frac{1}{1+25x^2}$ 的不同结点布局的二次有理插值比较

序号	横坐标 X	$Y_{精确}$	$Y_{逼近}$	逼近误差	$Y_{逼近}$	逼近误差
取奇序号点(1,3,5,7,9,…)为插值结点					取(1,6,11,16,21)为结点	
1	**-1.000000**	**.0384615400**	**.0384615410**	**-.0000000010**	**.0384615398**	**.0000000002**
2	-.990000	.0392118400	.0392118449	-.0000000049	.0392118451	-.0000000051
3	**-.980000**	**.0399840100**	**.0399840105**	**-.0000000005**	.0399840101	-.0000000001
4	-.970000	.0407788800	.0407788813	-.0000000013	.0407788799	.0000000001
5	**-.960000**	**.0415973400**	**.0415973417**	**-.0000000017**	.0415973400	.0000000000
6	-.950000	.0424403200	.0424403200	.0000000000	**.0424403191**	**.0000000009**
7	**-.940000**	**.0433087900**	**.0433087902**	**-.0000000002**	.0433087908	-.0000000008
8	-.930000	.0442037800	.0442037756	.0000000044	.0442037770	.0000000030
9	**-.920000**	**.0451263500**	**.0451263513**	**-.0000000013**	.0451263502	-.0000000002
10	-.910000	.0460776400	.0460776475	-.0000000075	.0460776365	.0000000035
11	**-.900000**	**.0470588200**	**.0470588178**	**.0000000022**	**.0470588191**	**.0000000009**
12	-.890000	.0480711500	.0480711392	.0000000108	.0480711416	.0000000084
13	**-.880000**	**.0491159100**	**.0491159061**	**.0000000039**	.0491159114	-.0000000014
14	-.870000	.0501945000	.0501944958	.0000000042	.0501945038	-.0000000038
15	**-.860000**	**.0513083600**	**.0513083568**	**.0000000032**	.0513083662	-.0000000062
16	-.850000	.0524590200	.0524590133	.0000000067	**.0524590224**	**-.0000000024**
17	**-.840000**	**.0536480700**	**.0536480696**	**.0000000004**	.0536480777	-.0000000077
18	-.830000	.0548772100	.0548772148	-.0000000048	.0548772234	-.0000000134
19	**-.820000**	**.0561482300**	**.0561482283**	**.0000000017**	.0561482431	-.0000000131
20	-.810000	.0574630100	.0574629848	.0000000252	.0574630179	-.0000000079
21	**-.800000**	**.0588235300**	**.0588235306**	**-.0000000006**	**.0588235345**	**-.0000000045**

8.4.7 结语

插值中的一个主要问题是：为适应较为复杂的情况，需要较多的控制参数，即要求较高次的多项式，而多项式次数越高会引起越多、越大的曲线起伏或振荡，这就成为插值中的一个主要矛盾。二次有理函数成为解决问题的出路之一。

在本书研究中，通过二次有理函数为插值函数提供了5个自由度，可初步处理高次插值所引起的龙格(Runge)振荡的基本矛盾。并对此研制了三种实现方法：最小二乘法、五特征点法、五分段和值法。这些方法虽然在逼近精度上有所差异，但从应用方面看，它们的逼近精度还是比较接近的，可用于处理单拐曲线或无拐曲线的插值问题。

正如数学家们所述，相比多项式，运用有理函数作插值函数，计算方法的建立、误差的研究都困难得多，同时有理函数插值并不总是能够取得好的结果。笔者认为，可通过分母实根检测和对插值结果做必要的逻辑过滤，如峰点的自动识别与处理等，尽可能地克服运用有理函数进行插值时遇到的困难。

8.5　包含全部原始数据点的四边形网 DEM 插值

在规则化矩形网格式的 DEM 中，基本上全部原始数据点都被抛弃了，只有那些刚好落在规则网格上的原始数据点才偶然地得以幸存，即是说，所得的 DEM 高程点基本上全是插值点，这导致 DEM 的精度降低。然而，精度的牺牲却带来了应用上的极大的方便。这种等边长矩形网格可称为度量规则网格。

要把全部原始离散数据点纳入此处所述的度量规则网格，会引起数据爆炸。把全部原始数据纳入下面将要引入所谓拓扑规则网格，不仅可能，而且具有重要意义。拓扑规则网格的数据结构呈矩阵状，网格的几何形状不是矩形。不规则四边形网(Hessing 等　1972)就具有这样的性质。

8.5.1　原始数据点的规则化处理：不规则四边形(拓扑矩阵)法

这个方法主要是针对离散数据点。对于密集等高线数据点来说，可用前述 Douglas-Peucker 方法从等高线数字化坐标点中筛选出所需的特征点，即消除所有那些无结构意义的中间过渡点。所获得的这些经压缩的等高线特征点一般呈不规则分布，由此生成能纳入全部原始数据点的规则四边形网络，它在拓扑上是一种矩阵结构，与常用的规则矩形网格拓扑上等价。

8.5.2　四边形网络法构网的数学原理

四边形网络法在第 7 章 7.8.6 节中已得到初步应用，此处再就其基本原理与构网方法予以阐明。

令 D 为一个点集 $d_k=(X_k,\ Y_k,\ Z_k)$，$k=1,\ 2,\ \cdots,\ K$。要求 D 是一个数组$\{P_{n,m}\}$的子集($n=1,\ 2,\ \cdots,\ N$；$m=1,\ 2,\ \cdots,\ M$)，以便用直线连接相邻的点，得到 $N\times M$ 的四边形网络，它在拓扑上与 $N\times M$ 矩阵等价。

数组$\{P_{n,m}\}$是将 D 分成垂直子集 V_1，V_2，…，V_M而构成的，它满足下列条件：

①如果 d_a是 V_m的一分子，d_b是 V_{m+1}的一分子，则 $X_a<X_b$；

②如果 d_a和 d_b是同一垂直子集的一分子，连接线$(X_a,\ Y_a)$和$(X_b,\ Y_b)$，必须对 Y 轴形成一个不大于$\frac{\pi}{4}$的夹角；

③每个 V_m至少包含 D 的一分子；

④如果 d_a是 V_1或 V_M的一分子，它也必须在 D 的凸壳的边缘上。

应用类似的条件，可将 D 分成水平子集 H_1，H_2，…，H_N，它应满足以下条件：

①如果 d_a是 H_n的一分子，d_b是 H_{n+1}的一分子，则 $Y_a<Y_b$；

②如果 d_a和 d_b是同一水平子集 H_n的一分子，则连接线$(X_a,\ Y_a)$和(X_bY_b)必须对 X 轴

形成一个小于$\frac{\pi}{4}$的夹角；

③每个H_n至少包含D的一分子；

④如果d_a是H_1或H_N的一分子，它也必须在D的凸壳的边缘上。

这样所作的垂直与水平子集的数目将是最少的，可以节省存储空间。这里交集$I_{nm}=H_n\cap V_m$至多包含一个元素。如果I_{nm}是非空的，令它包含的这个元素叫做$P_{n,m}$；如果I_{nm}是空的，则必须生成一个新点$P_{n,m}$，它满足类似于上述两条件对V_m和H_n的要求，新点$P_{n,m}$的X、Y坐标（这时I_{nm}为空）很容易由解包含通过V_m和H_n的数据点线段的两个线性方程式求出。图8-5-1是示例的原始数据集，图8-5-2是$\{P_{n,m}\}$数组的X，Y坐标位置的例子。

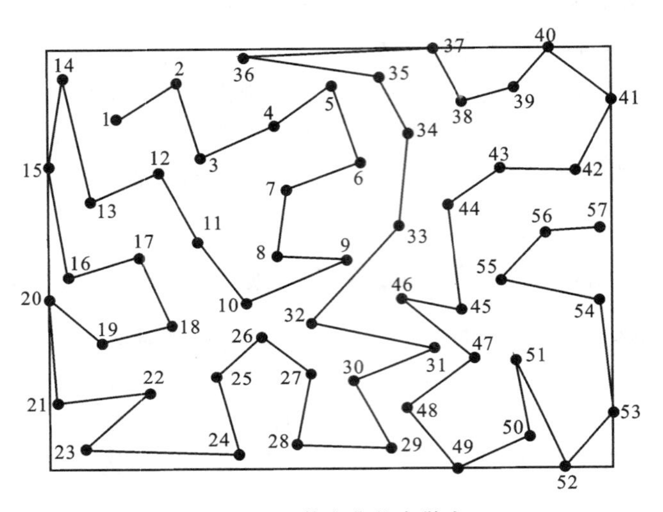

图8-5-1 数字化的离散点

8.5.3 四边形网的构网过程

1. 原始数据点的行列化和矩阵的生成

为形成竖向的列数据点，要保证每列中相邻两点的连线与Y轴的夹角不超过45°。为此就要为每一个竖向条带设置两个边界值：B_1和B_2。其中，B_1为左边界，B_2为右边界。B_1的初值为$X_{\min}+\varepsilon$（ε为一个微量值），为确保在条带右侧不会漏掉于符合条件的竖向列点，B_2的初值应明显大于条带宽度的统计平均值，然后排除右侧不符合条件的点而使B_2不断地左移。每一个竖向条带完成后，作$B_1=B_2$和$B_2=B_1$加2倍的统计平均条带宽度值。这样重复下去，直至所有列条带形成为止。

用类似的方法可以完成横向行条带数据点的搜集。最后形成如图8-5-2所示的行列数据组织。

对于图8-5-1中所示的数据，各点在行列中的位置如表8-5-1所示。矩形图廓边分别为首末行列。以表中第一行为例，对其作简单解释如下：

第1数对(8，3)表明原始数据点的第1点在第8行第3列中；

第2数对(8，4)表明原始数据点的第2点在第8行第4列中；

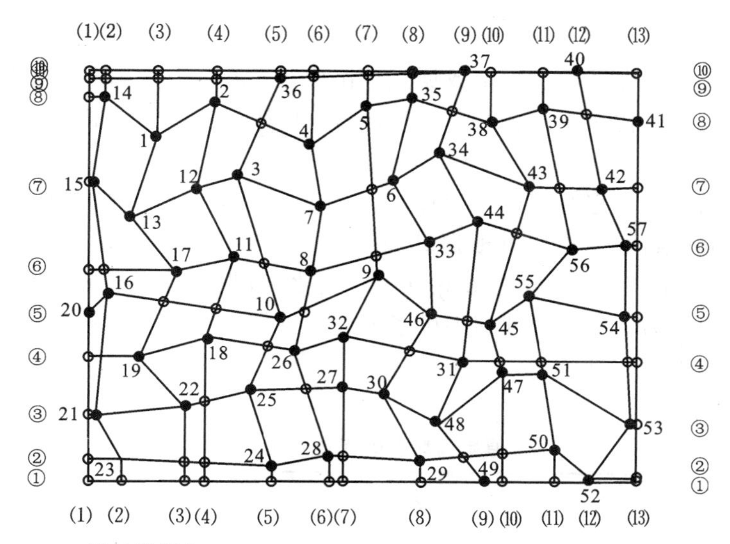

● 原始数据点
○ 新交点，其高程需要插算

图 8-5-2　离散数据点的行列化

第 3 数对(7，5)表明原始数据点的第 3 点在第 7 行第 5 列中；
……

表 8-5-1　　原始数据点的行列号

行	列	行	列	行	列	行	列	行	列
8	3	8	4	7	5	8	6	8	7
7	8	7	6	6	6	5	7	5	5
6	4	7	4	7	3	8	2	7	2
5	2	6	3	4	4	4	3	5	1
3	2	3	3	2	2	2	5	3	5
4	6	3	7	2	6	2	8	3	8
4	9	4	7	6	8	7	9	8	8
9	5	10	9	8	10	8	11	9	12
8	13	7	12	7	10	6	9	5	10
5	8	3	10	3	9	1	9	2	11
3	11	2	12	3	12	5	12	5	11
6	11	6	12	0	0	0	0	0	0

对于各列的首末点，分别向上下图廓边作竖向投影；对于各行的首末点，分别向左右

图廓边作水平投影(图 8-5-2)。

2. 新生矩阵元素坐标的计算

在这种四边形网络中，除了原始数据点(用小黑三角形表示)以外，还产生一系列新的网格交点，其坐标值暂为空，接着需要对它们进行计算：首先要根据在表中用 0 表示的每个新交点在网络中的行列关系(表 8-5-2 和表 8-5-3)，找到与其相关的同列与同行连接原始数据点的两条边，对它们进行求交计算，得出全部新交点的平面坐标(见表 8-5-4)。然后，对于这些非原始数据点，可根据其周围的原始数据点用曲面拟合法求出其高程值 Z。这样，原始不规则离散数据点便在拓扑上规则化(数据结构呈矩阵状)，并进行了某种程度上的加密，这就为进一步的处理提供了方便。这同时也是一种特殊的、高保真(包括全部原始离散数据点)的 DEM。

表 8-5-2 **原始离散点的 *X* 坐标值矩**

9.	25.	88.	149.	233.	258.	323.	374.	437.	464.	520.	562.	632.
9.	0.	0.	0.	233.	0.	0.	0.	0.	0.	0.	562.	632.
9.	25.	88.	149.	0.	258.	323.	374.	0.	464.	520.	0.	632.
9.	10.	55.	130.	179.	273.	0.	354.	407.	508.	0.	593.	632.
9.	0.	110.	174.	0.	261.	0.	400.	451.	0.	560.	618.	632.
9.	31.	0.	0.	227.	0.	340.	399.	0.	466.	512.	618.	632.
9.	0.	64.	143.	0.	243.	300.	0.	434.	0.	0.	0.	632.
9.	17.	120.	0.	194.	0.	298.	344.	404.	480.	526.	631.	632.
9.	47.	0.	0.	221.	282.	0.	392.	0.	0.	544.	581.	632.
9.	47.	120.	143.	221.	282.	298.	392.	459.	480.	544.	581.	632.

表 8-5-3 **原始离散点的 *Y* 坐标值矩**

471.	471.	471.	471.	471.	471.	471.	471.	471.	471.	471.	471.	471.
458.	0.	0.	0.	458.	0.	0.	0.	0.	0.	0.	467.	467.
435.	435.	389.	430.	0.	387.	431.	435.	0.	415.	427.	0.	413.
343.	343.	304.	333.	349.	317.	0.	344.	376.	341.	0.	335.	335.
247.	0.	247.	259.	0.	246.	0.	277.	298.	0.	267.	274.	274.
201.	219.	0.	0.	192.	0.	238.	197.	0.	183.	217.	194.	194.
149.	0.	149.	167.	0.	155.	171.	0.	141.	0.	0.	0.	141.
80.	80.	92.	0.	110.	0.	115.	104.	76.	131.	128.	68.	68.
25.	25.	0.	0.	26.	34.	0.	29.	0.	0.	43.	15.	15.
8.	8.	8.	8.	8.	8.	8.	8.	8.	8.	8.	8.	8.

表 8-5-4　**元素完整的 X 阵与 Y 阵**

X 坐标值的完整矩阵 THE NEW COMPLETE MATRIX FOR X:												
9.	25.	88.	149.	233.	258.	323.	374.	437.	464.	520.	562.	632.
9.	25.	88.	149.	233.	258.	323.	374.	435.	464.	520.	562.	632.
9.	25.	88.	149.	208.	258.	323.	374.	422.	464.	520.	573.	632.
9.	10.	55.	130.	179.	273.	331.	354.	407.	508.	542.	593.	632.
9.	26.	110.	174.	208.	261.	338.	400.	451.	493.	560.	618.	632.
9.	31.	93.	155.	227.	252.	340.	399.	439.	466.	512.	618.	632.
9.	24.	64.	143.	214.	243.	300.	374.	434.	477.	524.	623.	632.
9.	17.	120.	143.	194.	257.	298.	344.	404.	480.	526.	631.	632.
9.	47.	120.	143.	221.	282.	298.	392.	439.	480.	544.	581.	632.
9.	47.	120.	143.	221.	282.	298.	392.	459.	480.	544.	581.	632.
Y 坐标值的完整矩阵 THE NEW COMPLETE MATRIX FOR Y:												
471.	471.	471.	471.	471.	471.	471.	471.	471.	471.	471.	471.	471.
458.	458.	458.	458.	458.	459.	460.	462.	464.	464.	466.	467.	467.
435.	435.	389.	430.	407.	387.	431.	435.	424.	415.	427.	420.	413.
343.	343.	304.	333.	349.	317.	336.	344.	376.	341.	339.	335.	335.
247.	247.	247.	259.	254.	246.	263.	277.	298.	286.	267.	274.	274.
201.	219.	210.	202.	192.	202.	238.	197.	189.	183.	217.	194.	194.
149.	149.	149.	167.	159.	155.	171.	154.	141.	141.	141.	141.	141.
80.	80.	92.	98.	110.	113.	115.	104.	76.	131.	128.	68.	68.
25.	25.	25.	26.	26.	34.	33.	29.	33.	37.	43.	15.	15.
8.	8.	8.	8.	8.	8.	8.	8.	8.	8.	8.	8.	8.

8.5.4　DEM 高程插值

在得到在拓扑上等价于矩形规则网格的不规则四边形网络之后，需要对其中的非原始数据点处的网络交点求其高程值。这是一个插值问题，可用一般的高程点插值方法，如第 7 章 7.8.3“地貌形态的 DEM 描述”中“DEM 生成的旋转剖面插值法”，第 9 章 9.4.6“三维地貌综合举例(Gottschalk　1972；Weber　1982)”等。

8.6　曲线拟合与曲面拟合

8.6.1　曲线拟合

曲线拟合的主要任务是要为给定的观测数据构造适当的数学表达式，即要求出其自变量 x 和因变量 y 之间的近似关系式 $y=f(x)$。与插值不同，曲线拟合通常并不要求曲线通过全部原始数据点，而是希望能很好地表示出数据分布的总体趋势或某种规律性。其实现手段主要是最小二乘法。

广义地讲，一般的曲线拟合方法大致可分为两类：一类是插值法，另一类是逼近法。

1. 插值法

根据给定的型值点，根据一定的算法，在型值点之间求出一系列插值点。这样，用插值法确定的曲线通过了各个给定的型值点，这是一个光滑或数据点插值加密的过程。

2. 逼近法

逼近法也可分为两类。一类是已知函数类型(属确定性关系，如欧姆定律，Logistic 模型等)，只是通过观测数据确定此类函数的参数值的问题。

在曲线拟合中常采用半线性逼近函数类，即

$$y=F(c, d, x)=\varphi_0(d, x)+\sum_{j=1}^{n} c_j\varphi_j(d, x) \tag{8-6-1}$$

式中，$c=(c_1, c_2, \cdots, c_n)$，称为线性逼近参数；$d=(d_1, d_2, \cdots, d_q)$，称为非线性逼近参数。这一类函数有重要应用。下面是常用的半线性逼近函数类：

$$y=a+be^{-cx} \tag{8-6-2}$$

$$y=ae^{-bx} \tag{8-6-3}$$

$$y=a\cos(bx+c) \text{ 或 } y=\alpha\cos\gamma x+\beta\sin\gamma x \tag{8-6-4}$$

$$y=a+bx+ce^{-dx} \tag{8-6-5}$$

$$y=(a+bx)e^{-cx} \tag{8-6-6}$$

式中，a、b、c、d 均为待定系数(黄友谦 1984；齐欢 1996)。

在曲线拟合中，最重要的问题是选择基函数$\{\varphi_j\}^n$。对于不同的问题，应有不同的选择，其重要依据是各学科的背景。

在曲线拟合中，代数多项式是一个基本函数类，取 $\varphi_j(d_1, x)^j=x^j$，则

$$y=c_0+c_1x+c_2x^2+\cdots+c_nx^n \tag{8-6-7}$$

另一类是无法确定函数的类型(属非确定性关系)，因其中因素过于复杂，难以找出变量之间的明显关系，只存在大量的观测数据，只好根据离散点分布图选择适当函数类型，用最小二乘法来确定其待定系数。

3. 最小二乘法多项式逼近示例

这是一种数据拟合问题，不要求所作的函数 $p(x)$ 严格通过样点，而只是尽可能地靠近这些样点。这常常可以达到滤去噪音或误差的目的。相反，若强行使曲线通过这些样点，反而使曲线保留误差。为了提高拟合精度，往往增加样点个数，因此样点的个数会远多于拟合函数中待定系数的个数。在这种情况下，就必须用最小二乘法了。

观测数据

X	0	1	2	3	4	5
Y	0.4	1.7	2.1	1.2	0.9	1.8

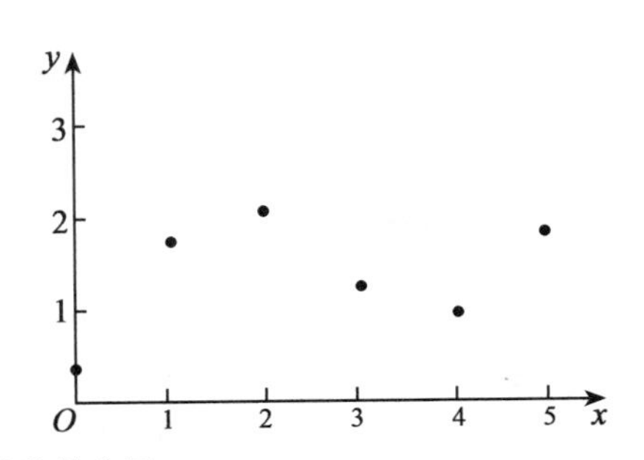

图 8-6-1 观测数据及其散点图

在进行最小二乘法逼近之前，先要确定采用多项式的次数。根据观测数据的散点图（图 8-6-1，设 x 值的误差可以忽略，y 值的不准确性不能忽略）可大体知晓未来的逼近曲线有两个极值点：一个极大值点与一个极小值点，因此线性函数 $y=x+a_0$ 太粗略，因为它的图形是一条直线；二次多项式 $y=a_2x^2+a_1x+a_0$ 的图形是一条抛物线，它不能表达两个极值的特点；而三次多项式 $y=a_3x^3+a_2x^2+a_1x+a_0$ 的导数 $3a_3x^2+2a_2x+a_1$ 只要有两个实的零点，就有一个极大值和一个极小值。这样，三次多项式函数可选作最小二乘法逼近的函数类型。

决定了多项式 $p(x)$ 的次数是三次以后，可进而确定逼近误差

$$d_i=p(x_i)-y_i=a_3x_i^3+a_2x_i^2+a_1x+a_0-y_i \tag{8-6-8}$$

式中，$i=0$，1，…，5，是观测数据表中数据点的点号。根据观测数据表中的 x 值算得 $p(x)$ 值，它与观测数据表中给出的相应的 y 值之差就是偏差。最小二乘法的目标就是使表达式

$$S=\sum_{i=0}^{5}d_i^2=\sum_{i=0}^{5}(a_3x_i^3+a_2x_i^2+a_1x+a_0-y_i)^2 \tag{8-6-9}$$

相对于 $p(x)$ 的系数达到最小值，即使 S 相对这些系数的偏导数

$$\frac{\partial S}{\partial a_r}=2\sum_{i=0}^{5}(a_3x_i^3+a_2x_i^2+a_1x+a_0-y_i)x_i^r \qquad (r=3,\ 2,\ 1,\ 0) \tag{8-6-10}$$

都为 0 可以达到此目的。经过整理，并采用最小二乘法中惯用的表示求和的简略符号“[ ]”，得

$$\begin{cases}a_3[x^6]+a_2[x^5]+a_1[x^4]+a_0[x^3]=[x^3y]\\a_3[x^5]+a_2[x^4]+a_1[x^3]+a_0[x^2]=[x^2y]\\a_3[x^4]+a_2[x^3]+a_1[x^2]+a_0[x]=[xy]\\a_3[x^3]+a_2[x^2]+a_1[x]+a_0[1]=[y]\end{cases} \tag{8-6-11}$$

这是一个 4×4 线性方程组，对于本例来说，所得的四个线性方程为

$$\begin{cases}20515a_3+4425a_2+979a_1+225a_0=333.5\\4425a_3+79a_2+225a_1+55a_0=80.3\\979a_3+225a_2+55a_1+15a_0=22.1\\225a_3+55a_2+15a_1+6a_0=8.1\end{cases} \tag{8-6-12}$$

取三位小数，方程组的解是 $a_3=0.150$，$a_2=-1.211$，$a_1=2.589$，$a_0=0.350$。这就是 $p(x)$ 的系数值，它使偏差平方和 S 达到最小。因此，用最小二乘法所得的三次多项式是

$$p(x)=0.150x^3-1.211x^2+2.589x+0.350 \tag{8-6-13}$$

用最小二乘法所得的三次多项式 $p(x)$ 对 6 个原始数据点的逼近情况如图 8-6-2 所示。

8.6.2　曲面拟合

在实际中，我们会遇到许多曲面，如汽车的车身表面、各种酒瓶的外表面、草帽的外表面等，要对它们进行设计，若能有一个数学表达式就会很方便，这种数学表达式就是曲面（或曲线）的方程。

1. 函数与方程

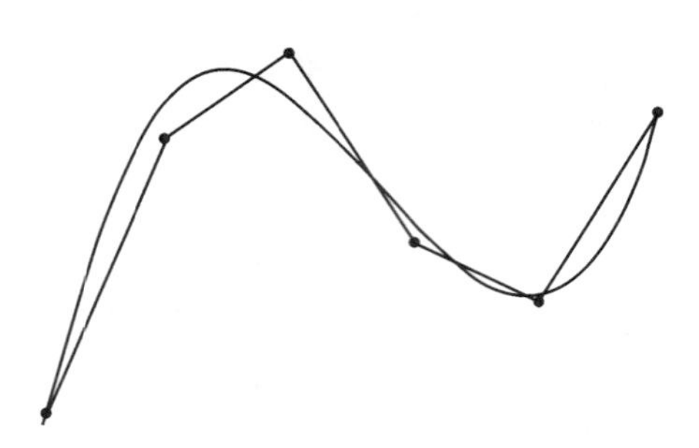

图 8-6-2 最小二乘法三次多项式逼近

一元函数与二元方程之间有着密切的联系，一元函数可以看成一种特殊的二元方程，且它们的图形都是平面图形，平面曲线常用二元方程或参数方程描述。

相应于二元方程，我们称含有三个变元的方程 $F(x, y, z)=0$ 为三元方程。

二元函数 $z=(x, y)$ 与一元函数类似，它可以改写成 $z-f(x, y)=0$。可见，它是一个特殊的三元方程。二元函数的图形为空间曲面，二元方程的每一组解都对应着空间的一个点，从而三元方程的解对应着空间一些点的集合，这些点的图形正是三元方程的图形，因此，一般来说，三元方程的图形也为一空间曲面。事实上，若将二元方程 $F(x, y, z)=0$ 中的变量 z 当成未知量，求解关于变量 z 的方程，形式上将有 $z=g(x, y)$ 为方程的解（注意：可能有一个或多个这种形式的解），画出它们的组合图形，也即是三元方程 $F(x, y, z)=0$ 的图形。

2. 曲面的一般方程与参数方程

为更准确地阐述空间曲面与三元方程间的对应，我们给出曲面方程的定义如下：

给定一个空间曲面 S 与一个三元方程 $F(x, y, z)=0$，若它们满足下列条件：

①曲面上任一点的坐标 (x, y, z) 都是三元方程 $F(x, y, z)=0$ 的解，即 (x, y, z) 满足方程 $F(x, y, z)=0$；

②若点 (x, y, z) 不在曲面 S 上，则 (x, y, z) 不是三元方程 $F(x, y, z)=0$ 的一组解。

则称三元方程 $F(x, y, z)=0$ 为空间曲面 S 的方程，同时，也称曲面 S 为三元方程 $F(x, y, z)=0$ 的图形。

空间曲面可以用如下形式的参数方程表示：

$$\begin{cases} x=f(u, v) \\ y=g(u, v) \\ z=h(u, v) \end{cases} \quad (a \leqslant u \leqslant b,\ c \leqslant v \leqslant d) \tag{8-6-14}$$

式中，u、v 为参数，使得对 $u(a \leqslant u \leqslant b)$ 和 $v(c \leqslant v \leqslant d)$ 的每一值由式(8-6-14)确定的点 $P(x, y, z)$ 都在曲面 S 上，同时曲面 S 上的任一点的坐标都可以由一对 (u, v) 的值通过式(8-6-14)表示。或者说，若参数方程式(8-6-14)与三元方程 $F(x, y, z)=0$ 所代表的是同一曲面，则式(8-6-14)可以通过消去变量 u、v 而得到 $F(x, y, z)=0$，同时，方程 $F(x, y, z)=0$ 也可以引入参数而得到式(8-6-14)。

例如，由图 8-6-3 容易得到参数方程

$$\begin{cases} x = \cos u \sin v \\ y = \sin u \sin v \\ z = \cos v \end{cases} \quad (0 \leqslant u \leqslant 2\pi,\ 0 \leqslant v \leqslant \pi) \tag{8-6-15}$$

上式代表以原点为球心、半径为 1 的球面。

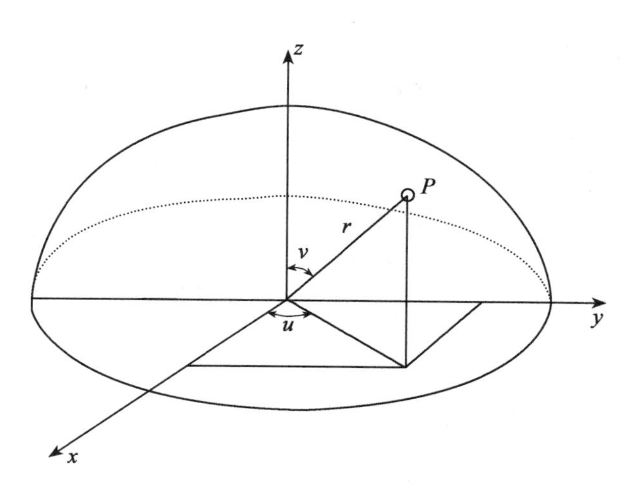

图 8-6-3　空间曲面

曲面拟合涉及二元函数的插值或逼近问题，即根据一组离散数据来构造曲面。曲面拟合可分为两大类：高精度光滑插值型和趋势面拟合(逼近)型。

3. 高精度光滑插值型

与光滑曲线插值相类似，此处是给定一批型值点，要求通过这些型值点构造多个曲面片，且在曲面片连接处具有光滑的过渡。能够实现小面片光滑连接的是 1964 年出现的 Coons 曲面法，Coons 曲面是由边界条件决定的。如第 7 章 7.8.1 节所述的 Coons 曲面片法就属于这种插值类型。

4. 基于最小二乘原理的逼近型

对于逼近型曲面拟合，不要求拟合曲面通过这些型值点(样点)。特别是当型值点很多时，需要用最小二乘法来逼近这些型值点。

(1)滑动窗口法二次曲面拟合：逼近型之一

当给定的离散点数量很多时，如果用一个整片多项式来逼近，势必导致多项式的次数很高。这就产生局部分片的问题，通常用滑动窗口法进行分块逼近，且在相邻窗口之间均有一定的重叠度。一般说来，局部逼近(分片法或滑动窗口法)优于全局逼近。

(2)总体性趋势面拟合：逼近型之二

系统性的区域变化粗略地称为趋势，而较局部的不能预测的起伏则称为趋势剩余。趋势的拟合应只限于发生逐渐的变化，而没有突然的断裂。数据点相对趋势的偏离称为剩余。为了提高拟合的接近程度，可采用次数更高的多项式。在大多数实际工作中，最好把曲线或曲面拟合限制在较少系数代表的形态。

如果研究区变量的平均值或数学期望存在系统变化，则这些变量表示趋势。可用多项式这样的确定性函数来表示趋势。剩余则是离开趋势的偏差。

趋势面拟合是用一定的函数对某种特征在空间上的分布进行分析。用函数所代表的面来逼近或拟合该特征的趋势变化。即用数学的方法把观测值划分为两部分：趋势部分和偏差部分。趋势部分反映区域的总体变化，受大范围系统性因素所控制；偏差部分反映局部范围的变化特点，受局部因素或随机因素影响。通过趋势分析可获取区域的整体变化规律和局部变化特征。

可用作趋势面拟合的函数很多，但最为常用的是多项式函数。在建立趋势面的过程中，基本问题和多项式次数 m 的选择有关。当需要突出线性背景时，可采用一次多项式；当已知有用分量是二次多项式，则分离它的最好方法是应用最小二乘法建立 $m=2$ 的多项式；对于比较复杂的区域性研究，则可采用三次或更高次的多项式(阿隆诺夫 1983)。

根据多项式的次数，可将趋势面拟合分为一次多项式拟合、二次多项式拟合和次数更高的多项式拟合等，参见第1章1.11.1节。

对于次数更高的趋势面，虽然它对观测数据的逼近程度更好，而表达总体趋势的性能则相对减弱。

以上考虑的是一个量在平面上的变化，可称为是二维的。若考虑一个量在空间的变化，则是三维的，如某矿物含量随平面和深度的变化。

第 9 章　地图自动综合的实体综合(塑造)模型

9.1 引　　言

在第 2 章 2.1 节中曾讲到，在数字环境下，地图信息综合可理解为分辨率的减少过程，它既涉及几何图形域，又涉及专题属性域。在几何图形域中，综合体现为物体的选取、目标细节的概括等。在专题属性域中，综合体现为数据库模式的改变、属性类别的减少以及属性值的概括(均值化等)。

地图综合的各种操作针对的是地理/制图实体以及它们之间的各种关系，制图综合的实质是实体信息和关系信息的变换，包括实体概念(分类、分级等)的变换、各类新实体集的形成(选取多少和选取哪些)和实体诸属性信息的概括。图形综合是其主导方面。

第 5 章对物体集合的总体选取模型(选取多少)、第 7 章对结构化实现模型(选取哪些)已作了详尽的论述，因此，本章主要注意力是集中在对被选取(保留)物体的形态(图形)进行个体刻画，即实体塑造模型的实现。

9.1.1 图形信息处理的难度

在第 2 章 2.8.2 节曾论述了地图信息构模的难度。在第 5 章开头也阐述了自动综合所处的窘境。

总体说来，图形信息的综合要比非图形信息综合复杂得多。“在编图(和制图综合)中所包含的规则和知识的复杂性确实令人望而生畏”(Morehouse　1995)或者“很难想象信息论能为制图综合的各个方面提供模型”(Bjorke　1993)。另外，可把计算机的规则性(Systematicity)或固执性与制图员的技艺进行对照，“综合时，艺术便进入到制图中”，而艺术是不能够模型化的(Hangouët 等　1999)。

在自动综合尤其是数据压缩方面，有各种各样的算法，它们都从不同的角度或侧面来逼近自动化制图综合这一总的目标。我们以数据库系统为基础，来说明制图综合数学模型的实施问题。为了使地图的内容清晰易读，强调物体间的个体特性及局部关系，需对被选定的实体进行几何处理。实体塑造模型为不同形态、不同性质的要素提供不同的几何处理方法。图形信息的几何处理极为复杂，学术界正在进行广泛的探索，对于逼近该问题提出了各种各样的原则与方法。

地图上所表示的某些连续的三维空间实体与现象(如地貌、气压、气温、人口密度等)，往往是用等值线来表示。这类曲线与其他曲线(河流、道路、海岸线等)不同，它们是通过毗邻曲线组的条数多少、疏密变化和图形弯曲的繁简来反映有关实体或现象的空间分布特征，它反映的不是单个碎部细节的特征，而是一定范围内的整体结构特征，因此，在建立、读出、分析与处理这种数据时，就要着重考虑这个整体性特征成组曲线的内在联系。

9.1.2 自动综合的实体图形塑造是一个创造性过程

地图综合是一个高度智能化的、具有创造性的过程，同时又是一个既具有极度复杂性，而在处理要求、处理方法和处理结果方面又具有一定程度模糊性的问题。对于这样的问题不要求、也没有唯一的精确解，因而，从总体上说是一个最佳逼近的问题。

9.1.3 本章研究的主要对象——线状目标综合

点状目标的形式化描述与综合问题，已在第7章7.1～7.4节中做了详细论述。对于点状目标来说，由于它没有自身的轮廓图形，其主要特征体现在点集的空间分布特征方面，即其主要综合措施是结构化选取问题。

以建筑物为代表的面状目标的合并和地貌形态的结构化综合等问题分别在第7章7.7节和7.8节中做了详述。总的来说，此处要进行的是对实体图形本身细部(弯曲)的处理，以反映其更高层次的特征。因此线状目标在此就成为主要描述对象。

在第7章中已对物体集合的全局性结构特征以及各个物体在全局结构中的地位进行了评价，并在此基础上进行了物体的选取。此处的新任务是要对制图实体做必要的数学描述，即揭示它的内部结构关系，目的是深化对地理实体的正确认识与理解，以确保对已被选取的物体进行正确的图形概括。

线状目标是自动综合的主要研究对象，一方面包括固有的一些线状目标，如河流、道路和境界线等，另一方面也包含一些面状物体的边界线。二者的综合原理基本上是相似的。

9.1.4 使用当前综合算法的困难

关于曲线综合的算法在学术界数不胜数。思路比较简明、完善，但易于应用的不多。当前曲线综合的流行算法是Douglas-Peucker算法和Visvalingam和Whyatt的最小有效面积删除法。但在使用曲线综合算法对现有GIS数据进行综合时，用户陷入反复的选择限差、综合、显示这一循环中，以获取自己满意的结果。限差的选择应取决于要素的类型及要素的复杂度这一要素本身所固有的特征值，如分维数等。同时，用户也承受着要素类型识别的沉重负担。

9.1.5 寻找新的参考表示法和与之相应的综合工具

光靠坐标串还不足以进行有效的综合。需要寻找新的曲线表示方法以及在此基础上的综合处理工具，以补充经典的综合算法。能顾及到制图曲线的语义和几何特性的曲线表达方法将能提供好的制图时的图形面貌、内在的几何知识和是研制特殊的和适用的综合算法的更好的出发点。

1. 频谱表示法(傅里叶级数，小波)

频谱表示法是一种基于曲率的表示，能使细节在频域中孤立出来，并能根据幅度进行处理。实际上，当这些细节在表达中被孤立出之后，就可以对它们进行剪裁式的综合变换。

因为在综合时，根据所考察的细节的大小而采用不同的综合操作，故把曲线表示为不同的尺度是有意义的。由于这种考虑，在综合过程中用频谱法表达是合理的(Boutoura 1989;Clarke 等 1993)。我们想把曲线用若干系数来表达，每个系数相关于一种空间频率，因而其波长就逼近于所检测细节的尺寸。低频系数是表达大型形状的，需要保持不变；高频系数是表达微小细节的，是要进行选择性消除的对象。若波长接近于目标分辨率的系数，要予以增大，以夸大相关的细节。

2. 代数曲线表示法(三次弧集合)

代数曲线表示法把曲线自然地分割成单个的弯曲段，因而便于寻找一些方法来对这些弯曲段作光滑、夸大等。这实际上也是一种顾及要素形状(Shape)的建模方法。

3. 同质(Homogeneous)曲线段的分割

同质曲线段的分割通常是按曲线的曲折程度将其分成若干分段，并对这些段落进行分类。对这些段落，可根据它们自身的几何特点，用最合适的算法和参数值进行综合。曲线的同质性可看成是曲线描述的第一个准则。视曲线的同质与否决定是否继续分段(详见本章 9.3.2“曲线的自动分段”)。

9.2　地理实体轮廓图形主要特征的确定

数字环境下，GIS 或空间数据库中的两类基本信息(几何图形数据与属性统计数据以及这两类数据本身和它们之间的空间和专题关系)，可借助两类不同性质的综合途径来处理。前者可用图形综合方法，后者可用统计性综合方法。

综合的前提是对地理实体的正确认识与理解，这主要通过对地理实体的形式化描述和相互关系特别是各种空间关系的建立来完成。在第 7 章中已对物体集合的全局性结构特征以及各个物体在全局结构中的地位进行了评价，并在此基础上进行了物体的选取，而本节内容是针对已被选取的物体进行图形概括。第 7 章研究了物体之间的宏结构关系，每个物体被看做是无结构的一个点，物体内部的微结构被忽略了。本节是要处理被选取物体本身的细节，这时物体本身的微结构就成为分析研究的对象。

为了进行正确的图形概括，需要对图形本身的微结构做进一步的形式化描述，即揭示它的内部结构关系。根据组织学理论，在大的组织范围内获得信息、得出结论，再用来指导或规范小范围内的行为，使后者减少盲目性。对于空间数据处理来说，这样做可提高处理结果的地理适应性。

点状目标的形式化描述已在第 7 章中做了论述：对于点状目标来说，由于可忽略它自身的轮廓图形，其主要特征体现在点集的空间分布方面，即其主要综合措施是结构化选取问题。

线划要素是地图的主要内容。据宏观估计，地图内容的 80% 为各种各样的线划要素。因此，线状目标在此就成为主要描述对象。

曲线按其性质可分为三大类：天然物体曲线，如海岸线、湖岸线和河流等；人工物体曲线，如公路、铁路、运河和渠道等；天然/人工混杂曲线，如行政区划界线。国界、政区界等既可沿自然物体曲线(如河流中心线)、也可沿人工物体曲线(如公路、运河等)，非洲的一些国家和美国的一些州的界线甚至是沿着数学线(经线、纬线等)划定的。

9.2.1 曲线形态的层次结构

通常的自然线状物体是一个隐式的复杂物体，即它自身包含着不同层次的子物体。为了对这种线状物体进行科学合理的综合，就要从结构上逐层予以识别，进而予以分析评价，在前述操作的基础上进行有意识的子形态综合，参见第7章图7-8-46。

一条曲线是由不同大小、不同弯曲度的弯曲(Bend)构成的。曲线上的一个弯曲可以这样来界定：第一个弯曲由曲线的首点与曲线上的第一个拐点界定；最后一个弯曲由最后一个拐点与末点界定；其他中间弯曲由前后两个相邻拐点界定。因此，第一个问题是曲线拐点的自动查找。

迄今为止，大多数曲线综合方法的一个共同缺点是把制图线看成抽象线，从而未顾及到它们的地理性质。曲线是物体的图形属性，在对图形进行综合时，应顾及到它所表达的地理实体的特征。例如，河流的图形综合应区别于道路的图形综合；同样的弯曲，可能是海角、峡湾、半岛、公路的急弯等。应把弯曲理解为子目标(Sub-feature)。因此，对于曲线综合，重要的是要利用一些有效的手段(算法)寻找在不同尺度上的临界点(如最大曲率点和拐点)，借此确定各个子目标，并建立父子目标的层次结构。

9.2.2 曲线的自动分段

线状物体的整体特征无疑是重要的，并且在综合中应当予以顾及。但是，当一条曲线在其不同段落有着显著的不同弯曲特征时，仅顾及其整体特征就不够了，需要对这样的复杂曲线进行分段，使得各个分段的特征与结构单一化(内部弯曲程度大体上均匀一致)，而不同分段之间有着明显差别。基于对这种复杂曲线的分段，可采用不同的综合参数，以提高各种综合算法的适应性。

1. 最优有序聚类法

曲线是通过坐标串来表达的，而坐标串属于有序集合。对这样的有序集合进行分类，就是要找出一些分点，将有序母集合划分成几个分段，使每个分段为类，称这种分类为分割。由于分点的位置不同会得到不同的分割，于是就对分点的确定提出一个要求：一个分割能使各段内部的差异最小，而使各段之间的差异最大，即所谓有序最优分割问题。

此处是把曲线的每个弯曲作为基本单元来分析弯曲的分布特征。弯曲是被拐点所分割的曲线段，在这样的曲线段内，各点处的斜率是单调递增或单调递减的。在数字环境下，在弯曲内部可近似地用相邻两点连成的直线来代表各点处的切线。

拐点的判别算法如下：对于每相邻的4点，若1、4点位于2、3点连线的异侧，则在2、3点连线的中部生成一个拐点。

设相邻4点的坐标为(Y_i, X_i)、(Y_{i+1}, X_{i+1})、(Y_{i+2}, X_{i+2})、(Y_{i+3}, X_{i+3})，过中间两点引一直线，其方程为

$$\Phi(y, x)=(Y_{i+2}-Y_{i+1})(X-X_{i+1})-(X_{i+2}-X_{i+1})(Y-Y_{i+1})=0 \quad (9\text{-}2\text{-}1)$$

将4点中的第1点和第4点的坐标，即(Y_i, X_i)、(Y_{i+3}, X_{i+3})，分别代入式(9-2-1)，如果此时Φ取相反的符号值，则在2、3点之间存在着拐点；否则，没有拐点。

完全等价地，可用前面多处使用的矢量叉积判别法来识别拐点的存在，即对于连续4

点作两个矢量叉积，一个使用 1、2、3 点，另一个使用 2、3、4 点，当两个叉积值异号时，则在 2、3 点之间存在拐点。

若曲线的坐标点较密，一般可取 2、3 两点的中点作为拐点。

把首末点及其之间的所有拐点连起来形成一条比较和缓的曲线，称为中轴线或趋势线。

一条曲线由很多弯曲组成，这些弯曲特征就构成了一个有序集合。曲线长度与中轴线长度之比可以表征该曲线的整体曲折程度。

弯曲特征的形式化描述：弯曲的特征可通过两个基本参数来表征，即弦长 L 与矢高 H。在提取拐点时，同时也就能提出每个弯曲的子坐标串。根据这个子坐标串便可直接计算该弯曲的弦长与矢高。

下面详述曲线分段的有序聚类方法。设曲线的弯曲特征参数集为 T：(L_i, H_i)，对其进行规格化，然后计算相邻弯曲间特征值的距离 D_i，得到一个特征集合

$$D_i = \sqrt{(L_i - L_{i-1})^2 + (H_i - H_{i-1})^2} \tag{9-2-2}$$

在集合 D 中求其最大值 D_M，以其对应的弯曲分界点为分点 M(即两个弯曲之间的拐点)，将曲线分为两段。计算这两段曲线的曲折程度系数 C_1 和 C_2 为

$$\begin{cases} C_1 = \dfrac{\sum\limits_{i=1}^{M-1} \sqrt{(X_i - X_{i+1})^2 + (Y_i - Y_{i+1})^2}}{\sum\limits_{i=1}^{M'} L_i} \\ C_2 = \dfrac{\sum\limits_{i=M}^{N-1} \sqrt{(X_i - X_{i+1})^2 + (Y_i - Y_{i+1})^2}}{\sum\limits_{i=M'+1}^{N'} L_i} \end{cases} \tag{9-2-3}$$

式中，N 为曲线坐标点个数；M'为到达 M 点时弯曲(弦线)的个数；N'为曲线弯曲的总数。

由此可求得两曲线段曲折程度系数之比为

$$C = \begin{cases} \dfrac{C_1}{C_2} & (C_1 \geqslant C_2) \\ \dfrac{C_2}{C_1} & (C_1 < C_2) \end{cases} \tag{9-2-4}$$

如果 C 小于视觉明辨系数(1.2～1.5)，则可停止进一步分段(郭庆胜　1998b，2002；Fischler and Bolles　1986)；否则，对此两个新段作迭归式的再分段。

2. 分形估值法

此处我们利用二分迭代法来找出分界点。首先，我们给出一个相当于视觉明辨系数的量 α，并将曲线 L 一分为二，得到 L_1、L_2。分别计算 L_1、L_2 的分维值，比较它们的差别，如果大于给定的 α，则说明需要分段，此时记录下分点；否则，不记录分点，分段过程完毕。然后，再分别将 L_1、L_2 一分为二，得到 L_{11}、L_{12}、和 L_{21}、L_{22}，分别计算各段的分维值后再比较相邻段分维值的差别，以决定是否再进行分段……如此继续下去，直到分段曲线的长度小于某一指定长度或相邻曲线段的分维值极为相近为止(王桥　1996；L. Tsoulos 等　1999)。

9.2.3 曲线顶点的评价

曲线的形状描述是一个层次细节(Level Of Details, LOD)相对关系的建立问题。对于二维图形来说，顶点的重要性表现在对它的平坦性 d 的度量，即

$$d = | N \cdot (v - C) | \tag{9-2-5}$$

式中，v 为某顶点。对于边界顶点 v，记与它相邻的两个边界顶点分别为 v_1、v_2，则其平坦性标准定义为 v 到 v_1、v_2 连线的距离。容易发现，此处采用的是局部标准来处理顶点，无法从整体上对简化后的模型与原始模型间的误差进行度量。因此，可有局部法与整体法(彭群生等 1999)。

关于形状的描述与分析是一个极其复杂的问题，涉及地图量测和模式识别等学科。由于自然现象的复杂性，对其图形形状的数学描述总是一个逼近与优化过程。

9.3 图形信息综合的基本途径

手工综合是一种内在的(固有的)全盘综合途径(Holistic Approach)，它集多种决策于一体，选取重要特征及其必要的强调(夸大)和次要细节的剔除等操作，可以一次完成。而在计算机环境下，综合任务就要分解为若干单独的算法来完成。曲线综合主要研究领域有三个：开发新的综合算法；研究分析感受数据特征的方法；综合算法效率的数学评价。

Douglas-Peuquer 于1973年讲道：有三种不同的途径可用于曲线的自动综合：删除特定的目标、用数学函数来表示曲线和减少表达曲线所需的点数。前两种途径过于复杂和费事，建议用第三种方法来制作曲线漫画(Line Caricature)。

广义上讲，曲线综合可分为外因(Exogenous)和作者命名(Ideographic)两类(Cromley R. G. 1992)。

地理实体轮廓曲线的综合是一个形状复杂度的简化问题，可称为曲线特征的进一步概括问题。概括过程主要是针对线状物体或非规则面状图形的轮廓线进行的。曲线形状的概括也可以理解为某些子地理实体的取舍，如海岸线弯曲的概括意味着相应的港湾或海角的取舍，等高线弯曲的概括意味着相应的小谷地或小山脊的取舍。因此，概括的过程可以转化为弯曲取舍的过程。

曲线综合是用同一曲线的复杂度较小的表象来代替原始图形。通常对曲线综合提出如下一些基本要求：

除了端点之外，任何政区界线都不能相交；

一般曲线的复杂性概括(简化)后，得到的仍然是简单的、非自相交的曲线，而大多数曲线综合方法不能满足这一约束；

综合后的政区界线也不能与其他的政区界线相交，这表明被综合的政区界线是有一个邻近环境(Context)。广义地说，Context 包括三方面的信息：拓扑关系、物体语义和物体类别等所构成的框架，是应该予以顾及的。特别是要顾及位于境界线附近的物体(如城镇等)，要确保在综合后的正确拓扑或隶属关系。这些拓扑关系或地理信息的一致性是曲线综合时要予以自动识别与自动维护的。

综合上述，对曲线综合的要求可归结如下：

原始曲线与综合了的曲线间的位置偏差不超过预定限差；

综合曲线自身不相交；

综合曲线也不与不该相交的曲线相交；

综合曲线应保持与其他物体间的原有正确关系。

从可视化角度看，还可提出一些另外的要求，如度量约束(最小视觉尺寸、长度、宽度和黏连等)和格式塔约束(保持原始曲线的固有特征和分布规律等)。

针对自动综合，主要有下列批量处理方法：面向信息的综合、滤波法综合和启发式综合三种(Weber　1982a)。

9.4　面向信息的综合

9.4.1　基本概念

当前我们面临的是一场信息革命，我们正在向信息化社会迈进。实现信息化社会就是指信息能及时、准确和可靠地处理、传输和存储。卫星和光纤通信的发展使得地球上任意两地间的联系如同在同一个村落中那样方便和紧密。信息化的实现将不断地影响和改变我们的生活。

信息是运算所必需的条件、内容和结果。它常常表现为数字、图表和曲线等形式。

由于信息是一种极为复杂的研究对象，不进行分类就难以对其进行恰如其分的描述。于是，通常可把信息分为以下三类：

语法(Syntactic)信息：通信中所使用的符号之间的关系，主要是形式化问题。

语义(Semantic)信息：符号与其所表示的实体之间的关系，即指明符号的意义。

语用(Pragmatic)信息：信息与其应用之间的关系，即信息的主观价值。

另外，从专业的角度看，把信息分为有用信息、无用信息和干扰信息也是有实际意义的，如地图综合就是排除无用信息特别是干扰信息。

此处，第一种分类是最为重要的，为此应找到其具体的描述方法，建立相应的度量方法。

信息语义因素的排除，即狭义信息的形式化，是用数学方法来描述信息的第一步。完成了这一步，后面的道路就豁然洞开。

狭义信息排除语义(和语用)因素的方法，就是假定各种信息的语义信息量和语用信息量是恒定不变的，且在数值上令它们等于 1，因此不在狭义信息量的公式中出现。

在地图学中，信息被建立在空间的差别上，有差别即有信息(解答了不肯定性)。地图上的点、线、面都可提供信息，一个点对于白纸有差别，在地图上就有了特定的含义，也就为读者提供了信息。点还有大小、颜色等方面的区别，这就提供了更多的信息。同样，线和面(包括各种粗细、形状、颜色、结构的差别)也提供各种信息。

在信息论中，信息通常定义为不确定性的减少(Diminution of Uncertainty)。一个事物出现的不确定性越大，则它的信息量也就越大。根据这一观点，表示在地图上的一个有着较多人口的市镇的信息量就不一定高，这要看它所处的地域是位于城市稠密地区还是位于人烟稀少地区，因为在草原上出现市镇是一件“惊人”的事情，是不为人们所预料的。类似地，同样大小的山体，当它耸立于平原上时，就有着特殊的重要性，而当它处于群山之中时，就不足为奇了。

地图上的信息由两部分组成：直接信息（语义的和解析的）和间接信息（托普费尔 1982）。直接信息是地图符号与注记所表达的物体本身特征的总和；间接信息不是来自地图符号本身，而是来自地图上其他与它毗邻的物体之间的联系。这种间接信息是一种派生信息，即从间接信息中能获得新的知识，这是作为空间信息载体的地图的特征之一。

通常，直接信息也称为开放信息，是来自地图上所表示的地理实体的集合，是制图所必需的；间接信息也称为潜在信息，即关系信息，对于地图综合具有特殊的重要性，若能自动地获取和利用它，将使“不可见”的数字地图变成“可见”的，即可变传统的计算机的一维线性处理为在关系信息控制下的二维面状处理，变孤立的单个物体处理为相互关联的多个物体相关处理。这实际上是计算机视觉在空间数据处理中的应用。对于面向信息的综合来说，首先涉及的是地图信息的测度问题，且在实际应用中，还要求信息测度与坐标系独立。

9.4.2 地图信息的测度方法

到目前为止，地图信息获取的方法可分为三种：概率统计法、组合法和基于空间分布的信息量测法。

1. 概率统计法

这是通信中的信息测度法，是基于信息论、熵理论提出的，是研究事件的不肯定程度。熵是事件不肯定程度的量度。

信息论科学研究符号信息量的量测。地图表象也属于这种符号（Weber 1982a）。信息量以比特为单位进行量测。此处将区分平均信息量（熵）和单位信息量。据量测，一幅地图每平方厘米的平均信息量为 100 ~ 1000 比特，这大约比一本书各页的平均信息量大 20 倍。单个符号的信息量按 Shannon 公式计算为

$$I = \mathrm{ld}\,\frac{1}{P} \tag{9-4-1}$$

式中，I 为以比特为单位的信息量；P 为概率，地图要素的概率通过统计获得；ld 为以 2 为底的对数。

某个现象（如房屋）的概率 P 是由经验获得的，也就是在许多国家地图图幅上统计而得。现象出现得越频繁，其概率就越大。然而应该考虑到的是，有些现象是互相关联的，例如房屋在平坦地段上比在森林中出现的要多得多，这称为条件概率，在进行统计时要及时考虑到。

广义的信息传输包含了空间信息由现实世界到概念世界（空间数据库的建立、起始地图的生成）变换及在概念世界中进行信息变换，从而形成更为抽象与概括的新概念世界，这种变换过程由地图综合来承担。大比例尺地图或高分辨率空间数据库为信息发送端 X，小比例尺地图或低分辨率空间数据库为接收端 Y，综合表现为信息通道。该通道具有噪声干扰，在传送过程中部分信息被丢失、派生或曲解，产生不确定性，可用互熵来描述。综合产生的信息量为熵的减少量 $I = H(X) - H(Y|X)$。这一概念借用了电子通信中信号传输的信息熵原理，在概念上有一定意义，但在实际应用中缺乏解决策略。

2. 组合方法(Васмут　1983)

针对概率统计方法在地图信息测度中的问题，苏联学者瓦斯姆特(Васмут　1983)提出了组合(分析)法。

组合方法的出发点是：物体或现象的差异性和多样性是产生地图信息最一般和最本质的特征。差异就是信息。瓦斯姆特提出

$$I = \log \sum_{i=1}^{n} \sum_{j=1}^{L_i} \sum_{k=1}^{m_j} \sum_{q=1}^{r_k} \sum_{s=1}^{d_q} \sum_{t=1}^{w_s} C_{ijkqst} \tag{9-4-2}$$

式中，I 为信息量；n 为物体类的总数；L_i 为列入第 i 类的属的数量；m_j 为列入第 j 属的种的数量；r_k 为列入第 k 种的物体的数量；d_q 为第 q 种物体内容和时空标志的数量；w_s 为在每个内容和时空标志中离散值的数量；C 表示为了传递关于物体标志离散值 t 的信息所必需的以比特为单位表示的代码单位的数量。

组合分析方法在评定地图信息总量上较概率统计方法向前迈进了一大步，因为它已经认识到地图信息本质特征是多样性和差异性。该方法顾及到制图表象结构元素的数量，没有顾及它们之间的联系。

我国学者提出了一些其他方法，如综合特征值量测法(偶卫军，姚贤林　1988)和综合指数法(刘宏林　1992b)等。

3. 基于空间分布的信息量测法

未顾及空间分布特征的信息量法显然是难以得到实际应用的。J. T. Bjorke 于 1996 年提出的信息量测方法顾及到了空间数据处理这一首要要求(Bjorke　1996)。

在图 9-4-1 中的两个图像中，都有 9 个黑色像元和 55 个白色像元。但图 9-4-1(a)、(b)两个图像是截然不同的。如果按黑白像元的数目来计算两个图像的熵，即

$$H_a(X) = H_b(X) = -\frac{9}{64} \cdot \log_2 \frac{9}{64} - \frac{55}{64} \cdot \log_2 \frac{55}{64} = 0.586 \tag{9-4-3}$$

式中，$\frac{9}{64}$ 为查找黑色像元的概率；$\frac{55}{64}$ 为查找白色像元的概率。

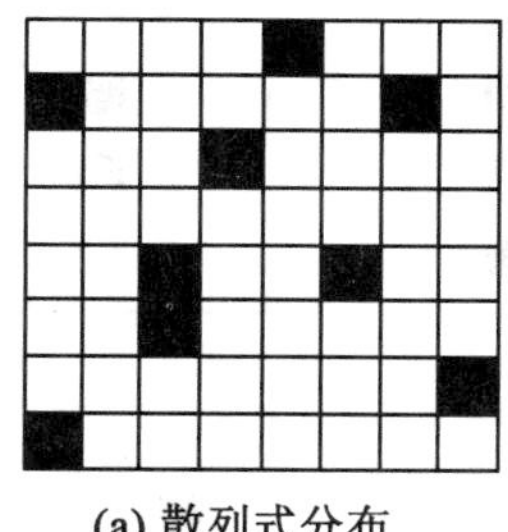
(a) 散列式分布

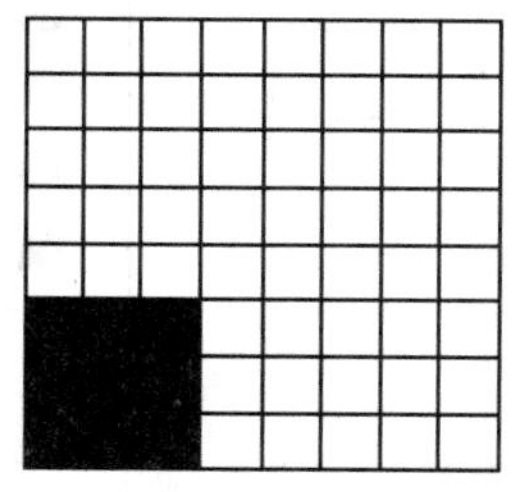
(b) 连成一片的分布

图 9-4-1　数量相同元素的不同空间分布

从观测来看，图 9-4-1(b)比图 9-4-1(a)要有序得多，然而他们的熵却一样，问题在于消息中的事件是空间相关的，而此处并没顾及到这一点。图像中相邻像元的空间相关可用像元差代替像元的值来予以顾及。基于这种思想，前面所述的熵的计算要做些改变。如果两个相邻像元的颜色相同，定义他们的差为正；反之，如果相邻两像元的颜色不同，则

定义他们的差为负。根据这一策略，一个二元图像的熵可定义为

$$H(X)=-p^{+}\cdot\log_2 p^{+}-p^{-}\cdot\log_2 p^{-} \tag{9-4-4}$$

式中，p^{+}为(黑，黑)和(白，白)邻居的概率；p^{-}为(白，黑)和(黑，白)邻居的概率。

把这一方法用于图9-4-1，得$H_a(X)=0.825$，$H_b(X)=0.301$。图9-4-1(b)的熵小于图9-4-1(a)的熵。

A. G. Gatrell(1977)提出把二元图像熵的计算看做是不同阶(Order)邻居熵的加权平均值。可用式(9-4-4)计算不同阶邻居熵，即

$$H(X)=\sum_{k=0}^{n}w(k)\cdot H(X)_k \tag{9-4-5}$$

式中，$w(k)$为权函数；k为邻居的阶。

式(9-4-5)与Shannon的联合熵(Joint Entropy)有些类似。权函数用来控制要评估的邻居的大小。大的k值对应全局性的邻居，小的k值对应局部邻居。

在熵计算中更为合适的是在如图9-4-2所示的地图平面上的三种成分做出区分。对图9-4-2(a)、(b)计算第一个熵，很明显，图9-4-2(a)比图9-4-2(b)更为有序，但在这两个图中不同的地图符号的个数以及他所占的位置是一样的。这种熵称为拓扑熵(Topological Entropy)。

地图的拓扑熵考察地图实体的拓扑排列。

按图9-4-2(c)和图9-4-2(d)计算的熵为地图的度量熵(Metrical Entropy)。地图的度量熵考察地图实体间距离的变化。

从图9-4-2(e)和图9-4-2(f)中可导出第三种熵，即地图的位置熵(Positional Entropy)。它是把地图实体的所有发生作为唯一的事件来考察。在特殊情况下，所有的地图事件是等概率的：

$$H(X)=\log_2 n \tag{9-4-6}$$

式中，n为实体的个数。

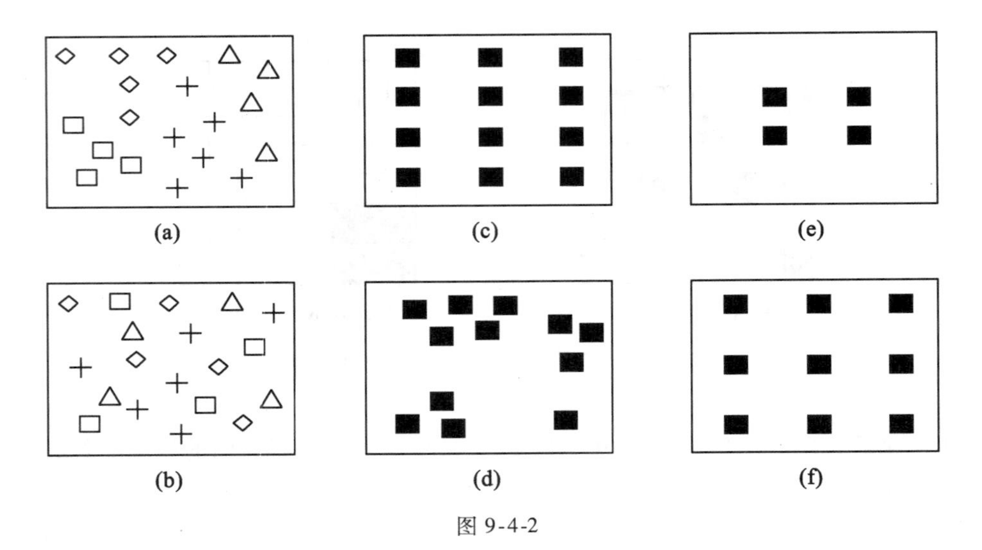

图9-4-2

术语“位置熵”的产生来自它与地图实体所占位置的个数的关系。假设每一个地图实体占一个位置，则位置熵可由对地图实体计数计算出来。位置熵就是密度熵(Density Entropy)。

计算地图点状符号的拓扑熵和度量熵要求空间概念。对此可有若干策略。其中一种是把点状符号的Voronoi(Thiessen)多边形看做是它的可视面域(Visual Area)。因为Delaunay三角网是Voronoi(Thiessen)图的对偶，每一个符号成为三角网中的结点。已知两个结点，邻居阶的计算是对最短路径边的计数。例如，图9-4-3中点b是点a的第一阶邻居，点c是点a的第二阶邻居。

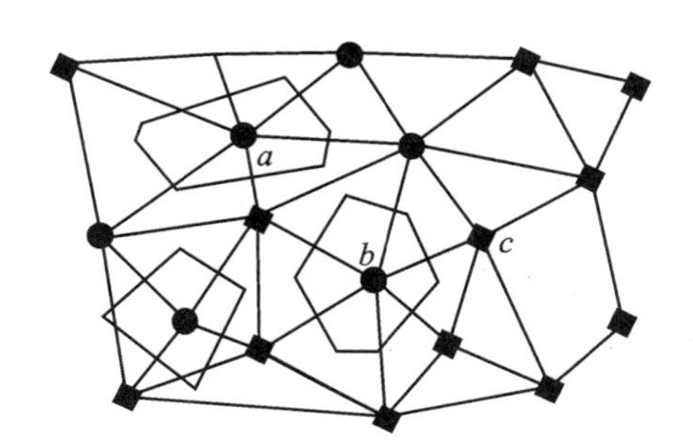

图9-4-3　点状物体的Voronoi图

此外，Bjorke于1997年用信息论方法对点群的综合进行了研究(J. T. Bjorke　1997)，把信息论方法在地图综合中的应用向前推进了一大步。

9.4.3　Shannon信息论在地图综合中应用的若干问题与困难

主要困难在于对图形信息的定义和测度。通常用Shannon的熵理论来描述具有不确定性的概率事件，所表达的是纯概率信息，未能顾及事物本身的语义和语用信息，也未能顾及物体之间的各种关系信息，要知道一张地图的价值是存在于整个图面的线条、符号的有序分布之中的(董恒宇　1986)。

试图用概率方法的特点对制图信息的数量做广义的概率解释和评价并没有取得很大的成功。因为反映在地图上的每一个物体和它的标志都不具有概率的性质，而有具体的定数论性质(Васмут　1983)。萨里谢夫曾指出：“要知道，地图的每一要素，甚至区域的每一要素都是客观存在的，而不是以某个概率发生的。”

我国学者刘宏林(1992)，偶卫军和姚贤林(1988)也有类似的见解，认为概率统计方法不适合于计算为确定的客观世界的形象——符号模型的地图所包含的地图信息量，因为作为地图产品，它所表示的一切都是确定的。因此，用衡量不确定性事物信息时所用的熵来测度作为确定的客观世界的符号模型的地图的信息量，显然是不合理的。概率统计方法的不适宜性还表现在：与通信数学信息比较，地图信息有其本身一些固有特点：首先，地图是以时空差异反映客观存在的，地图的阅读是非线性的，是空间多维的，多维感受与处理会获得派生信息，这是一种附加信息或潜在信息，尽管也有噪声存在，地图的输出信息远远大于输入信息。其次，地图是固化了的图形——符号模型，地图上所表示的要素符号是固定的，不包含概率因素。

9.4.4 面向信息的综合应用举例

到目前为止，大都是研究地图的总体信息，甚至基本上只涉及关于一幅图的平均信息(熵)。这仅对于地图内容设计或总载负量的确定具有参考意义，而对于具体的综合操作来说，更为重要的是单个制图目标的信息，以便为物体的取舍提供依据。

面向信息综合的基本思想是，首先在原图上找出信息密度(单位面积信息量)太大且因此不能保证缩小后地图的视觉易读性的位置。通过在该处改变制图目标，使目标概率增加，从而使信息量减少。

1. 线状目标综合举例(Weber 1982a)

为了对一条如图9-4-4所示的实线进行综合，可先用低通滤波法求出一条足够光滑的曲线作为基准线(用虚线表示的中轴线)，然后求出曲线上各个结点到基准线的垂距 A_i。

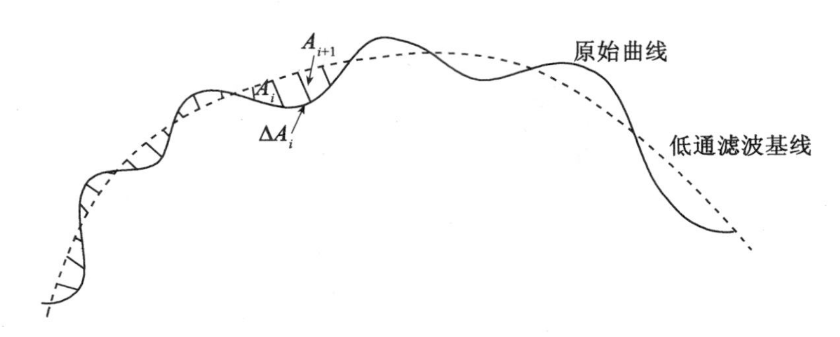

图9-4-4 信息法曲线综合

为了使这些量变得彼此无关，也就是消除这些点的统计联系(这是应用Shannon公式的前提)，要形成相邻结点的垂距差 $\Delta A_i = A_{(i+1)} - A_i$。

通过对大量曲线的量测统计，得到 ΔA 的统计相对概率和相应信息量的分布关系，如图9-4-5所示。

根据所得 ΔA_i，从图9-4-5中可得到相对概率，接着按熵式计算其信息量(或从图中的信息量曲线查得)。如果要计算每厘米长曲线的信息密度，可通过对位于该段曲线上各结点的信息量求和得到，从而找出曲线上信息密度过大的位置，在该位置处减少相邻结点间差值 ΔA_i 也就是用使曲线更接近基准线形状的办法来降低该处的信息密度。如图9-4-5所示，ΔA_i 越小，其频率越高，故具有越小的信息量。

2. 曲线综合的最大信息量法：Douglas-Peucker算法

Douglas-Peucker算法是比较有名的且广为引用的算法。下面介绍该算法过程。

对于开放型曲线来说，曲线有其明确的首末点。首末点为地理目标的起讫点，是不可移动的特征点，它不仅有着某些重要的地理意义，如河源与河口、道路的起讫点等，而且还有重要的结构意义，即移动端点就意味着线段之间的连接关系的改变，从而会破坏图形元素之间的结构(原有拓扑关系、邻接与关联关系)，因此，从多方面来看，线状物体的端点是不可移动的。该方法的综合原理是最大信息量原理，综合过程是一个递归过程。其算法步骤如下：

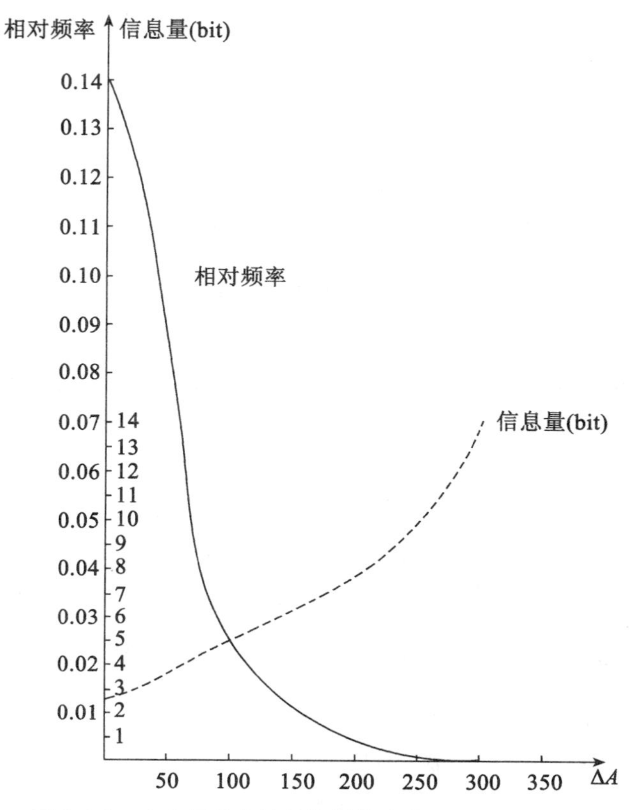

图 9-4-5　由大量其他统计资料得出的 ΔA 的出现概率

把首末点 (X_1，Y_1)、(X_N，Y_N) 连成直线，它是线状目标图形的极限综合状态。

对于所有直线段，计算其间的所有中间点到该直线段的(垂距为最大值 d_{max})的最大偏移点 P_m，该点对确保该子曲线段的特征图形有不可替代的重要性：保留它，曲线段变形最小；去掉它，曲线段的主要特征未能保持。即是说，曲线段的最大偏移点对于子曲线段的构形，相对其他中间点来说，有最大的贡献。这是该算法的“最大信息量”原理的体现之一。

若 d_{max} 小于预设的限差 e，则该子曲线段用其基线代替；否则，d_{max} 所对应的最大偏移点作为新的特征点将子曲线段做进一步的划分，直到所有子曲线段的最大偏移点的 d_{max} 均小于预设的限差 e 为止(图 9-4-6)。

最后保留下来的所有特征点，均是为确保相应子曲线段的轮廓特征具有最贡献的点，这是该算法的最大信息量原理的另一个体现。

封闭曲线不存在首末点的连线，因此不能直接使用该算法。为了合理地利用该算法进行曲线综合，需用恰当而近似的方法把封闭曲线一分为二，然后分别利用本算法进行曲线综合。

3. 曲线综合二叉树(Binary Line Generalization Tree，BLG Tree)

由于 Douglas-Peucker 算法的递归式把曲线分割为层次结构，因此，又被其他学者做

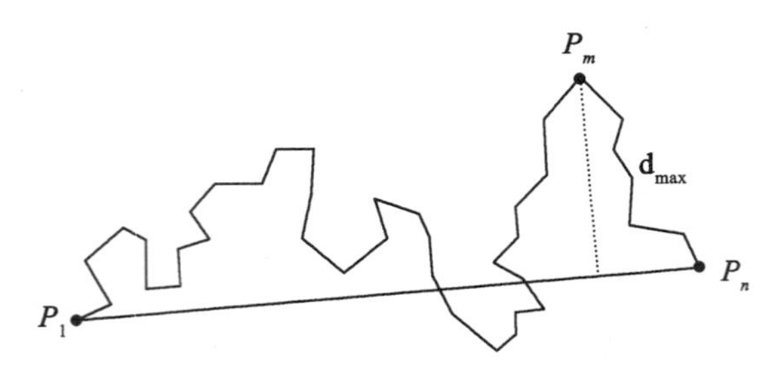

图 9-4-6 Douglas-Peucker 曲线综合算法

了进一步的研究。Buttenfield(1985)利用此算法的分割性能来建立曲线的条带树(Strip Tree)，后者是曲线的紧凑几何描述。线段条带是由其基线的最小外接边界矩形(Minimum Bounding Rectangle)构成。

地图曲线综合二叉树的生成、存储和调用(P. van Oosterom & J. van den Bos 1990)，显然是一个复杂费时的过程。一种明智的办法是，视具体情况实时地生成为每条曲线综合所需的信息，不必记录这种树结构。

9.4.5 Douglas-Peucker 算法的若干异常(毋河海 2004a)

1. 偏移量层次异常

研究表明，Donglas-Peucker 算法(有时简称 D-P 算法)在少数特殊情况下会出现异常。通常，随着树层的降低，在各个结点中所存储的垂距会越来越小。然而，遗憾的是，情况不总是这样。如图 9-4-7 所示，这里出现了下一层次的最大偏移量(6.5)大于上一层次中曾用过的最大偏移量(4.6)。因此，当设定限差为 $e=4.6$ 时，会漏掉大于限差 e 的偏移点 P_3， 其偏移距离为 $d_{max}=6.5$(P. van Oosterom, J. & van den Bos 1990)。

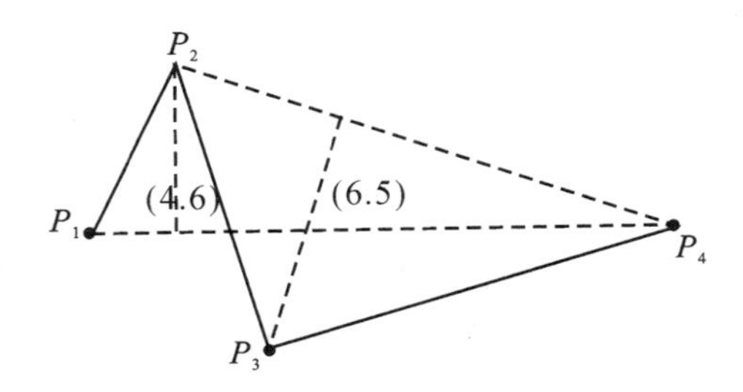

图 9-4-7 Douglas-Peucker 算法异常情况示例

2. 综合结果严重依赖于执行的顺序

此外，笔者在研究过程中发现 D-P 算法的另一个不小的问题：对执行顺序的严重的依赖性。曲线综合的实质是对曲线上各个结点重要性的评价。而原 Douglas-Peucker 算法的评价结果严重依赖于处理的顺序，从头至尾和从尾至头结果就不一样。下面用一个典型的对称图形来表明这一问题。如图 9-4-8 所示，图中右侧的同样点子就比左侧相应的点子的重要性级别要高几级。

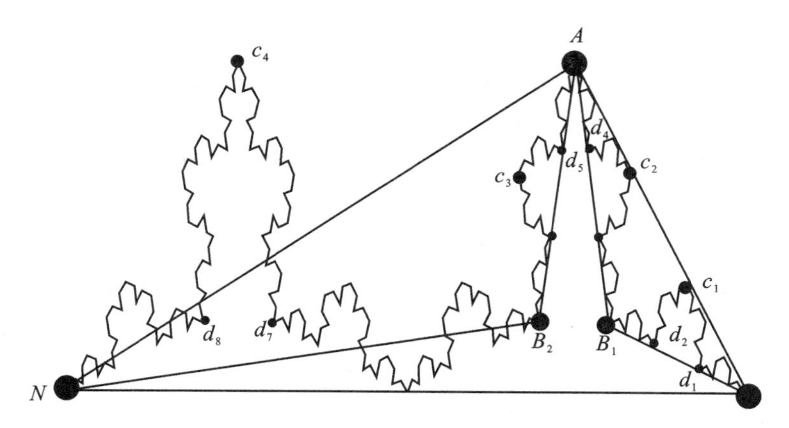

图 9-4-8　Douglas-Peucker 算法对结点重要性的评价依赖于操作顺序

关于这两方面的问题，将在第 9 章 9.8“基于多叉树结构的曲线综合算法”中详述。

9.4.6　三维地貌综合举例(Gottschalk　1972; Weber　1982)

三维地貌综合是一种通过高程点的处理实现对地表形态进行综合的方法。此处以用离散高程点表示的地貌信息为例，来阐明最大信息量原理在三维地貌综合中的应用。这里，地形表面表达的详细程度是由不规则分布的高程点的数量来确定的。为了对地形表面进行综合，要减少一部分高程点，即那些带有最少信息量、为地表构形贡献最小的地形(高程)点。为了找出这些点，依次暂时性地撇开每一个高程点，用其周围若干点作曲面拟合并计算该点的高程。将计算所得高程值与被撇开点的高程值进行比较，若其差异(高程差值的绝对值)为零，则说明该点完全没有存在的必要，即可予以删除，因为它可用其周围点的插值计算准确地得到；若这样的差异(高程差值的绝对值)较小，则说明该高程点存在的价值也越小；若这样的差异(高程差值的绝对值)很大，则表明该点具有不可被置换的重要性，因为没有它的存在，地貌形态的表示就会有很大的变形。为此，可对每个离散点确定其计算高程与实际高程之间的差的绝对值，并进行排序，然后按照所要求的综合程度的大小，舍去相应数量的贡献小的离散高程点。

9.5　滤波法综合

9.5.1　原理与方法

滤波是对以周期振动为特征的一种现象的一定频率范围的减弱或抑制。这种通信技术已随制图自动化的发展，被转用于自动制图中的数字图像处理、自动综合等方面。在自动地图综合时，地图信息集合中的一部分被剔除，而保留另一部分。当低通滤波时，地图信息的局部高频被消除；当高通滤波时，地图信息的局部低频被消除。例如，等高线的小弯曲部分就是高频部分，因此，可用低通滤波剔除一些小弯曲。

这种曲线综合方法也可用于面状物体的综合，即对面状物体的范围线(轮廓)根据所述方法作低通滤波。

图9-5-1给出某一线段，它由一系列支撑点 P_0，…，P_i，…，P_e 所构成。坐标(X_0，Y_0)，…，(X_i，Y_i)，…，(X_e，Y_e)用矢量形式表示，此处0表示曲线始点，e 表示曲线终点。假如对于每个支撑点(即 $i=N$ 至 $e-N$，此处 N 为屋脊函数的半领域)计算表达式

$$\begin{cases} X'_i = \dfrac{X_{i-N}W_{-N} + X_{i-N+1}W_{-N+1} + \cdots + X_{i-1}W_{-1} + X_iW_0 + X_{i+1}W_1 + \cdots + X_{i+N-1}W_{N-1} + X_{i+N}W_N}{W_{-N} + W_{-N+1} + \cdots + W_{-1} + W_0 + W_1 + \cdots + W_{N-1}W_N} \\ Y'_i = \dfrac{Y_{i-N}W_{-N} + Y_{i-N+1}W_{-N+1} + \cdots + Y_{i-1}W_{-1} + Y_iW_0 + Y_{i+1}W_1 + \cdots + Y_{i+N-1}W_{N-1} + Y_{i+N}W_N}{W_{-N} + W_{-N+1} + \cdots + W_{-1} + W_0 + W_1 + \cdots + W_{N-1}W_N} \end{cases} \tag{9-5-1}$$

则这条线段将通过低通滤波得到综合。

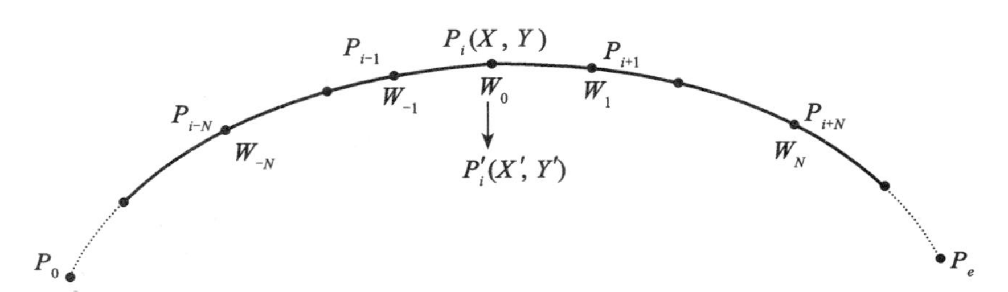

图9-5-1 曲线滤波

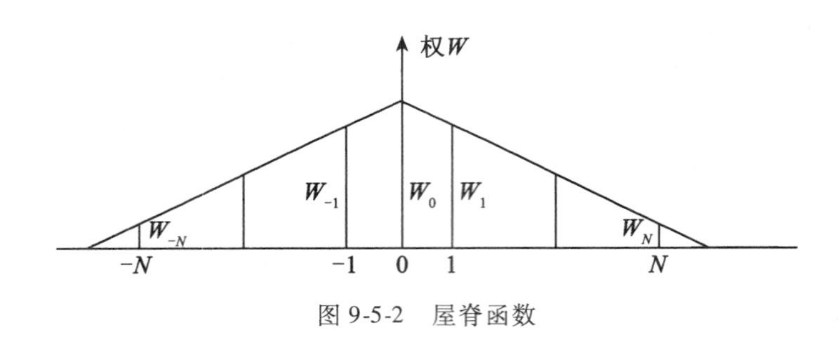

图9-5-2 屋脊函数

图9-5-3 用滤波法综合曲线

X'_i 和 Y'_i 是支撑点 P_i 综合后的坐标，如图9-5-1所示，P_i 朝 P'_i 方向位移。上述滤波公式表示，曲线上某个支撑点综合后的坐标是它自己的坐标及其左右一些附近点坐标的加

权平均值。

参与平均值计算的附近点个数为 $2N+1$，这些点称为某个被综合点的邻域，邻域内每个点都有一个权参与加权平均计算。在邻域内所有支撑点的权形成一个权矢量(W_{-N}, W_{-N+1}, …, W_{-1}, W_0, W_1, …, W_{N-1}, W_N)。使用者现在可以通过选择权矢量的长度和权的大小来控制曲线的综合程度：邻域选取得越大，综合程度就越高。通常，如图 9-5-2 按对称的屋脊函数的形式选择权值，屋脊愈“平缓”，综合程度愈大。

图 9-5-3 是用这种方法进行曲线综合的一个示例。把该方法用到等高线光滑时，可取得较好的效果，几乎不改变等高线位置，并在等高线与其他制图对象保持相对关系方面不会出现任何问题。这种曲线综合方法也可用于面状物体的综合，即对按矢量形式给出的范围线(轮廓)根据前述的方法作低通滤波。低通滤波法常用于曲线光滑，它与面向信息的综合的差别在于，在这里信息是处处被减少，而不仅仅只是在那些信息量过大的地方。这种方法仅适用于简单的曲线光滑处理，不适用于真正意义上的地图综合，因为它没有实体的概念，不能体现出“舍弃次要，突出主要”(去伪存真)区别对待的思想。是一种不分青红皂白的处理方法。

滤波法只是改变了曲线的坐标位置，从而改变了曲线的复杂度，使其变得更为和缓。但曲线的坐标点数未能减少。可以说是“信息”减少了，而“数据”未能减少，这不利于信息传输。这同时意味着在新数据集中有冗余数据。需要用各种阈值方法去除冗余数据点。

由于滤波法综合是建立在平均原理的基础之上，它使原有图形有某种“拉平”效应，使弯曲方向不同的曲线段向凹方向偏移(Weber　1982a)。

一般说来，滤波只适用于弯曲和缓的、起伏均匀的曲线段，不能在曲线相对急剧变化的地方进行滤波，因此，就需要对复杂的曲线进行分段处理，分段点就是相对高级别的地性点。

9.5.2　D-P 算法与滤波法的比较

D-P 曲线综合方法是一种最大信息量方法，能表达曲线的层次结构。但当综合程度较大时，给出的综合结果图形与原图出入较大，不如滤波法的结果优美(见图 9-5-4)。

在试验中故意采用较规则的图形曲线，如分形曲线，以便对不同的算法进行比较。因为当曲线点稠密时，显露不出不同综合方法的特点。

由图 9-5-4 可看出，滤波法所产生的图形光滑优美，但除了曲线的首末点保持不变以外，综合后的曲线不通过任何其他中间点，更谈不上保留或突出什么特征点了。而用 D-P 方法，则能保留实际存在的任意层次的曲线细结点。如图 9-5-4(b)所示，当综合程度较大时，其光滑曲线会远离原始数据点。

低通滤波技术十分适用于密集居民地的综合，因为这里独立房屋只占有很少的信息量，但它不适用于居民地以外的地段，因为在田野上的独立房屋具有局部高频的性质，对于用图者有着较高的信息量(例如可以作为方位标或小客栈等)，所以不应将它们舍去。为此，可在低通滤波的基础上再加上高通滤波，以便在剩余的信息量中分离出独立房屋。

在低通滤波中，地图信息的局部高频被滤掉，而在高通滤波中，地图信息的局部低频被滤掉。滤波器作用于地图“整体”，即同等强度地作用于一切参与滤波的制图目标，是一种简便的信息压缩方法。

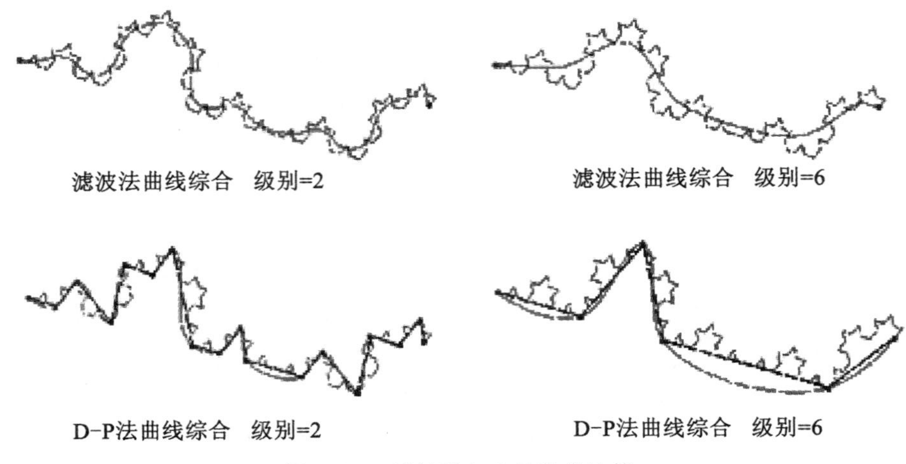

图 9-5-4 滤波法与 D-P 法的比较

9.5.3 线划综合的频谱技术

该方法的基本原理是采用滤波技术和有条件的最佳拟合对地图线划进行综合。首先把原始线划坐标序列变换为它们对应的斜率，然后通过傅里叶变换计算斜率的频谱。应用数字指数滤波器和傅里叶反变换得到滤波后的新斜率序列，最后将所得的新斜率序列变换为派生的光滑曲线，该曲线就是对原始线划的最佳拟合(图 9-5-5)。

因为曲线特征主要表现在方向改变或曲率变化上，因此，基于滤波原理的频谱技术把注意力集中于斜率序列的傅里叶正反变换，实现曲线综合。

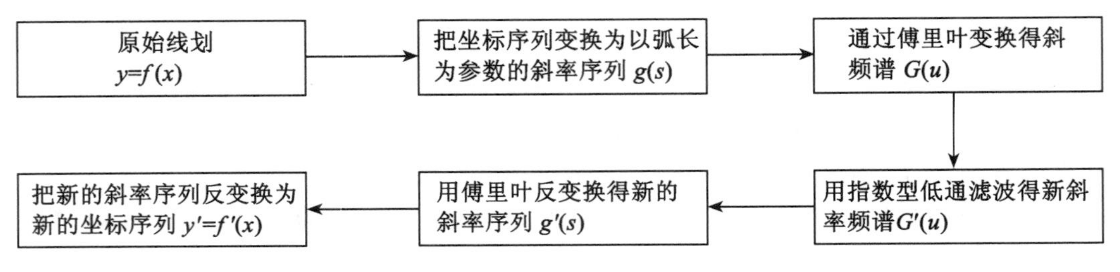

图 9-5-5 Boutoura 提出的曲线图形频谱综合方法

9.5.4 小波分析法

由于不能确保图形的坐标串在各种情况下都能进行有效的图形综合，所以需要寻找一种新的表示方法使得综合的实施既方便又有效。时/频变换就是这样一种方法。小波分析是为了克服傅里叶变换只能作整体描述而不能作局部分析的缺陷而引进的，是传统傅里叶变换的新发展，是把空域信息转换为频域信息，在频域中进行处理，然后通过逆变换实现空域信息处理，变换的目的是为了寻找更为有效的处理方法。小波分析具有良好的空域与频域的局部化性质，可自动调节取样疏密：高频者密，低频者疏，因而具有“显微”作用与“变焦”功能，能观察图像的任意细节并加以分析。

小波分析的实质是多分辨率分解。通过小波分析可以描述同一空间特性在不同详细程度上的空间状态，小波分析法是在不同频段进行不同程度的处理。通常图形细节表现为高频，是要概括的对象，基本形态则处于低频段，而整体性的结构信息则处于更低的频段中，是要予以保留的对象。对于接近目标分辨率波长的小波系数可做必要的增大，以实现对相关形态的夸大表示。综合的手段在于对这些小波系数进行处理：设置阈值、滤波或压缩这些系数的值域等，最后通过小波逆变换得到综合了的图形(Fritsch 和 Lagrange 1995)。由于小波变换是一种信息保持型的逆变换，原来信号的信息完全保留在小波变换的系数中，可以利用逆变换重构原信号，因此，小波变换的小波系数就是空间数据在频域的完备表示。利用小波变换方法不仅能表达线状图形信息，并对其进行综合，而且还能够对每一次综合所舍弃的信息进行精确的数量描述，因而能对综合的程度进行定量性评估(图 9-5-6)。吴纪桃和吴凡在他们的博士论文中对小波分析在地图曲线综合中的应用做了相当深入和有效的研究(吴纪桃　2001；吴凡　2002)。

根据试验，小波分析法综合仍是一种“拉平”式综合，表现为对曲线弯曲的顶部锉圆，这不利于典型特征的表达与强调。另外，由于不可避免的逼近误差，将综合了的图形与原始图比较，会发现这种综合引起图形漂移(Drift)，因而需要采取锚定(Anchor)措施(图 9-5-7)。吴纪桃，王桥(2002)为解决图形漂移问题做了深入有效的研究。

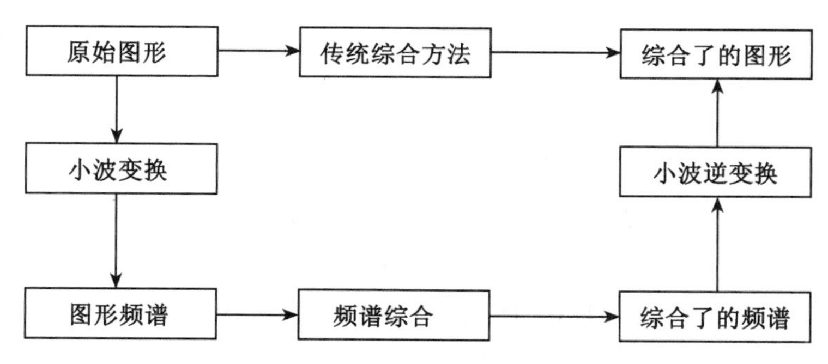

图 9-5-6　小波变换综合与传统综合的比较

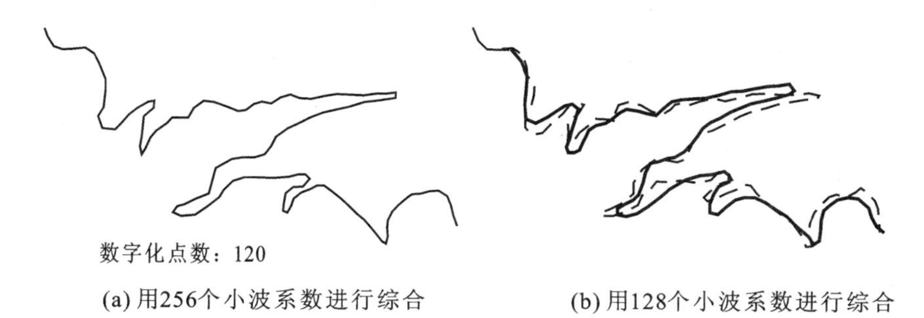

(a) 用256个小波系数进行综合　　(b) 用128个小波系数进行综合

图 9-5-7　小波变换综合示例、弯曲的削填和图形的漂移(Fritsch 和 Lagrange　1995)

由图9-5-7(a)看出，当用256个小波系数来综合曲线段时，综合前后的图形基本一致。而笔者对此曲线段进行了数字化，用了120个点，这表明对此曲线段用256个小波系数去描述与综合是不经济的。在图9-5-7(b)中，用128个小波系数进行描述与综合，发生了图形漂移。此处，也有同样的问题：用120个数字化点可以精确描述的曲线段，用128个小波系数去描述与处理也欠经济。

9.6 启发式综合

9.6.1 启发式(Heuristics)的概念

现实生活中的实际问题是杂乱、动态、多目标的，各个目标之间往往又是矛盾的。例如，要求地图内容丰富的同时，又要求地图的内容清晰易读。由于传统解决问题的方法不再适合于解决这种高度复杂的问题，启发式研究方法日益引人注意。

为了有效地解决复杂难题，有必要在灵活性与系统性之间进行折中，并建立一种控制结构，它不再确保找到最佳解，但它几乎总能找到很好的解。这就是启发式方法的思想。

启发式方法是用于许多大类问题的一般方法。它包括各种各样的特定技术，每种技术能有效地解决一小类问题。主要矛盾是问题是否可分解为若干独立、较小、和易解的子问题。

启发式方法是分治法(Divide & Conquer)的一个应用领域。在分治法中，通常首先把复杂的大问题分解为若干个简单的、相对独立的、较容易解决的小问题，再对后者分别予以研究解决。然后将这些小问题的解组合起来成为大问题的解。在分解时，要使各个部分相对独立，随意的分解可能使问题更为复杂化。

问题是指尚未被人们解决的某种思维任务。解决问题时，所知道的与所需要知道的之间往往存在着差距，这个差距就是问题空间。解决一个问题，就是消除这个空间。这需要通过发现和取得必要的信息来完成。

解决问题需要运用一系列的认知性操作来从初始状态达到目标状态。这些认知性操作也称为算子，问题解决的过程就是利用算子使初始状态逐步到达目标状态的过程。

在问题空间的搜索过程中，在目标倾向性的指引下，通过观察发现当前问题状态与目标状态的相似关系，利用经验而采取较少的操作来解决问题的方法称为启发式的方法。启发式方法看上去是直观判断，其实它在很大程度上依赖于经验。使用这种方法并不保证能够准确地找到答案，但作为一种大略的粗算，通常都能得到令人满意的结果。人们在处理日常问题时大部分都使用启发式方法。虽然它在准确性上不及算法式方法，但却无需去探讨所有的可能性，因此效率大为提高。

总之，创造性的是没有通用的方法的，对于很多在逻辑上不能解决的问题，可提出一些法则或方案，它们虽然不能确保达到目的，但可大为提高成功的可能性、工作目的性和切实有效性，这些法则称为启发式方法(Мюллер И. 1984)。

启发式方法实质上是直观地探索各种问题的基本原则，目的在于制定简单的、常识性的解决问题的方法。启发式探索通常是严密精确分析的前奏而不是替代这种分析。

9.6.2　地图信息的启发式综合

在第2章2.3节中曾提到地图综合是一个需要考虑各种因素影响的复杂过程，正如布拉塞尔(1987)所指出，“机助制图综合是值得注意的智能挑战，我们不应期待轻易地在短期内获得解答”，“制图综合过程的自动化并不需要限于模拟传统的制图综合模式的概念，而应在更广阔的意义上来反映制图综合”。有的学者认为模拟传统作业是最为合理的途径。现有的绝大多数曲线综合算法都是属于启发式综合方法范畴(Weber　1982a)。

地图综合是一个整体任务。这个任务包含一系列不同性质的操作，需要把它分解为若干个子过程来实现。把整个过程分解为若干个子过程来实现的方法叫做启发式综合。启发式综合是把整个优化过程分解为若干个子过程来实现，这些子过程基本上等同于传统地图综合的某些手法(如选取、概括、移位等)(Weber　1982a)，并把它们分别地(孤立地)予以算法化。由于地理现象复杂，这些子过程之间缺少明确的内在或逻辑联系，使得这些子过程以某种混合形式来组合应用。然而地图综合的总体过程不等于各个子过程的组合。这种整体不等于各个部分之和的问题是一个非线性问题。它的解可在某种模糊度范围内通过线性算子(如启发式方法中的各种子过程)作迭代式逼近。

由于启发式方法与传统地图综合有着直接的联系，因此可充分利用传统地图综合的理论与实践经验，从而可使它具有明确的针对性并且容易取得预期的效果，便于实际应用。传统地图综合中的移位基本上不改变地图的信息量，因此，可以说，移位在本质上不属于地图信息处理(地图综合)，特别是模型综合(空间数据库综合)的概念范畴。

9.6.3　地图综合与视觉思维

地图综合，从总体上说是一个最佳逼近的问题，是逼近理论的一个特殊领域，因而可以用一种数学优化的模型来描述。地图综合应使地图上所表示的有限的信息能最佳地复现出满足既定目的与用途所需现实世界的情况。

尽管地图学与艺术(特别是美术)有着紧密的联系，但地图学并不具有绘画、音乐、小说或舞蹈那样的艺术形式。一方面，地图学的实用性和地理实际的限制因素一起，向制图工作者提出许多强制条件，不容许他们“完全自由的表达”。另一方面，多种多样的图解手段和设计的可能性以及在整个地图学史中绘图人员所起的重要作用，都表明地图制图确实具有综合艺术、科学、技术为一体的特征。

制作地图不是像拍一张照片那样的机械过程，而是包括聚类、处理和综合各种各样的资料，然后用符号将其组成为有意义的实用图画的过程。这是一种具有高度创造性的工作，研究图形设计是这项工作的重要组成部分。这也是一项复杂任务。因为组织这种视觉特征的表达，可供选择的方案几乎是无限多的。这些选择包括直观选择和推理选择。

从可视化角度将数字景观模型用图形模型表达出来DLM→ DCM，即为图形综合。由于目标的图形可视化并不是简单1—1过程(用对应符号装饰一目标)，其间会产生视觉空间冲突、符号太小不易于视觉分辨等问题，由此产生了对图形综合的需要。图形综合可看作是模型综合的后继阶段，它充分展示地图的艺术美学特征，顾及地图用户视觉心理Gestalt原则，对运用Bertin符号参量可视化时产生的问题通过综合得到克服，增强地图的可读性。

图形设计的基本要求是，自觉地从视觉方面进行思索，富有想象和创新，同时顾及地图学本身的特征。

9.6.4 综合操作的分解模式

学者们对地图综合过程提出了不同的分解模式。这在第 2 章 2.11 节“地图综合算子的分解”中已进行了详细列举。由于线状物体为地图内容的主体，因此，学术界对综合研究的注意力也主要集中在曲线的综合上。同时，由于现有的算子分类把不同性质的功能(如信息变换功能、图形显示功能和冲突处理功能等)混在一起。在第 2 章 2.11.2 节中笔者提出“综合算子的再综合”问题，把学术界所常见的大多数综合算子做进一步的分类，即分为信息变换类与图形再现类。笔者主张综合的首要任务是进行信息变换，即笔者在第 5 章 5.5.1 节中所提出的“综合对象的 DLM 观”和“综合实质的信息变换观”，即进行的是数据库综合或模型综合，而不是地图符号的综合。

地图信息既是空间信息处理的主要源泉，也是专题信息的空间支撑，它同时也是地图与 GIS 数据处理结果的直观且重要的表达形式。

9.6.5 结构化综合的计算机视觉与智能性问题

结构化综合的主要问题是新型空间关系信息的导出与利用。借此实现自动顾及地图要素分布特点及规律的综合，结构化综合的实质即在于此。为进行这样的综合，计算机应在整体上顾及要素的宏观结构信息，做到对全图或整个数据库一目了然，而在处理各个地理实体时，还需用“邻域”的手段对物体的局部重要性做出相对评价。这些功能的总和可以称为自动综合中的计算机视觉。

地图综合的过程表现为去粗取精和去伪存真，即对地理目标做科学合理的评价、选取与概括。为此，要在数字环境下自动地查明与建立地理目标的分布规律与结构关系。要求在进行综合时，不仅要有从整体上评价地理物体的“结构机制”，还要拥有从“邻近度”方面分析各个物体相对重要性的手段。从而使得在结构中处于同一级别的各个物体能获得一个补充性的区域重要性的评价依据。这样的综合原理与方法，既顾及了全局性结构，又注意到区域性特征。空间数据处理的智能化主要体现在这里。

9.6.6 启发式综合的基本过程

启发式综合的基本部分过程现介绍如下。

1. 选取过程

第 5 章 5.7 节中所述的总体选取模型的实现用于总体内容的选取，第 7 章全章所述结构实现模型用于点、线、面、体等要素的结构化选取，即地理目标的选取是在顾及要素的全局分布和邻域关系(Context)的基础上进行科学评价而选取的。

2. 概括过程

概括过程是对已被选取的物体进行数量特征、质量特征、图形信息、属性信息和关系信息等进行概括。它并不是一个所谓“简化”过程，而是一个突出与强调主要特征的“漫画”式实体塑造过程。其中最主要和最复杂的是图形信息的概括，即各种目标的轴线或边界线的概括。

雕塑家刘士铭说过，艺术的本质是简单，不是复杂，简单了才能传神。

曲线形状的概括也可以理解为对其组成部分或子目标层次的地理实体的取舍，如海岸线弯曲的概括意味着相应的港湾或海角的取舍，等高线弯曲的概括意味着相应的小山脊或小谷地的取舍。因此，概括的过程可以转化为弯曲取舍的过程。

3. 合并过程

合并的含义较广，它包括质量标志的合并，如等级合并是在数字地图数据库中用若干新标题代替许多原有标题，这在自动化制图中不存在任何困难。几何信息合并的目的是要将一些密集相邻的目标统一成一个目标，主要表现在面状目标的合并。比较有效的方法是用栅格数据来处理，用“加粗”的方法使紧邻的目标融合在一起，然后再用剥皮法进行“减细”，以使那些在加粗时未被融合的目标仍保持它的原有形状与大小，而那些被融合的目标通常便不会再分开了。

4. 移位

在可视化过程中，为明确表达物体之间的空间关系，要进行必要的移位处理。在小比例尺地图上，地图符号需要一个较大的位置，因而那些密集相邻的物体符号就会互相重叠，所以移位是必要的。移位只是强调要素之间的相互关系，并不改变地图的信息量。在这种情况下，几何精确性让位于正确关系的表示。

移位问题的自动化解决要求计算机独立回答下列问题：

在何处移位？

哪个排挤哪个？（移位方向问题）

移位量如何分配？

启发式综合与某种理论上严密的综合方法的关系，差不多可比作医学上的治表和治本疗法：只要医生还不知道病因，他就必须用治表法医疗。当同一病因有许多症状时，他必须按不同方法治疗。如果医生知道了病因，那么他就可以用治本法医疗，一切症状都会同时消失。如果对森林区域进行面向信息的综合，即仅只遵循这一原则，使在超过规定信息密度界限处的信息量缩减，则得到在图 9-6-1 中标明的三个效果，即：

一块小的森林被舍去；

林区边缘的一个凹入处被填充；

两个邻近的森林块合并在一起。

相反地，当启发式综合时，在同一原因的三个结果之间看不到什么联系，可说成是综合的不同部分“手段”(或部分“过程”)，并为此发展成单独的方法。在启发式综合中，我们将上述情况 a 称为选取，将情况 b 称为简化，将情况 c 称为概括。常常还增添移位作为进一步综合措施，虽然移位并不改变地图的信息量(而只改变精度)，倘若按照信息变换的综合模式，移位完全不属于综合(Weber　1982a)。

9.6.7　曲线综合的 Perkal 限差带法

1. 基本原理

Perkal 关于地图综合的思想基于手工制图时期的绘图作业，被学者们称为曲线综合的自然途径(Richardson 和 Mackaness　1996)或客观综合(Christensen　1999b)。

ε 是一个实数，在物理上对应于圆的半径。如果把此圆重复地放置在不规则曲线上，

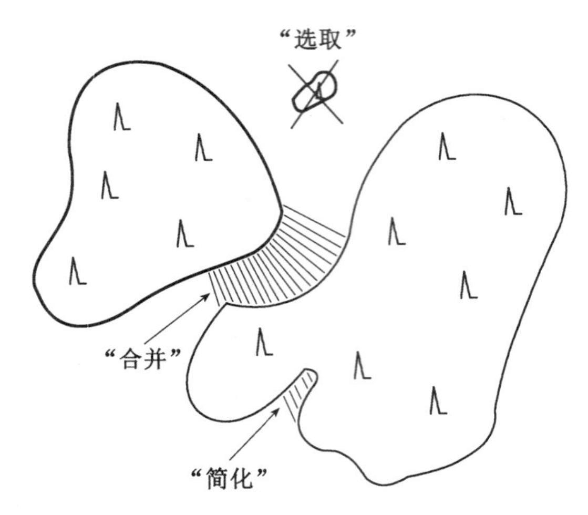

图9-6-1　同一种综合模型的三种不同效果

则周界就构造了这些圆弧的包络，它到曲线两侧的距离均为ε。Perkal把此图形叫做ε-晕环(ε-auriole)。曲线X的ε-晕环是平面上所有点的集合，它们到曲线的距离不超过ε。其集合表达式为

$$A_{\varepsilon}(X)=E_{X}[d(x,X)\leqslant\varepsilon] \tag{9-6-1}$$

式中，E_X为数学期望；$d(x,X)$是点x到集合X最近元素的距离。集合$A_{\varepsilon}(X)$可看成是ε和X的函数，也可看成是定义ε-晕环的内部范围(Maling　1989)。

2. ε-凸概念的引入

Perkal提出了ε-凸性(ε-Convexity)的概念，他把ε-凸性定义为一种条件，即在曲线的任一侧的任一点画一相切圆，其切点是曲线与圆的唯一接触点。由此得出，如果圆上的每一点的曲率半径都不小于$\frac{\varepsilon}{2}$，则此弧是ε-凸的。换句话说，我们可以想象曲线是一条起伏但光滑的公路面，其上有一半径为ε的圆在滚动，像一个轮子一样，始终只有一个接触点。如果一条路面不是ε-凸性的，而是一个很不规则的表面，则在其上滚动的轮子会有多个接触点。把不规则性用ε-半径圆弧予以代替的思想是Perkal曲线综合的基本概念。

Perkal在其经典的关于综合的理论著作中，提出了一种基于光滑原理的曲线综合方法：以限差e为半径的圆沿曲线滚动(图9-6-2)，当圆沿曲线滚动时，未被圆的边界所触及的点或弯曲将被舍去。这种综合称为限差综合(Epsilon Generalization)。

如果直径为ε的一连串切圆是仅切在曲线的一个点上，则该曲线是ε-凸的；对于一个非ε-凸曲线段，若采用较小的ε值，则也会是ε-凸的，因为较小的ε值能识别出曲线上更小的弯曲。Perkal建议把ε邻域的包络用作经验曲线的综合方案。图9-6-2(a)对于此处的特定ε值是ε-凸的，而图9-6-2(b)则不是。

曲线两侧的ε邻域不总是对称的，一部分是由于ε的值大小不同所引起，另外也是由于曲线弯曲扭绕和不规则性所引起。

ε条带表现为制图员使用与比例尺缩小成比例而加宽了笔尖的绘图条带(Nickerson

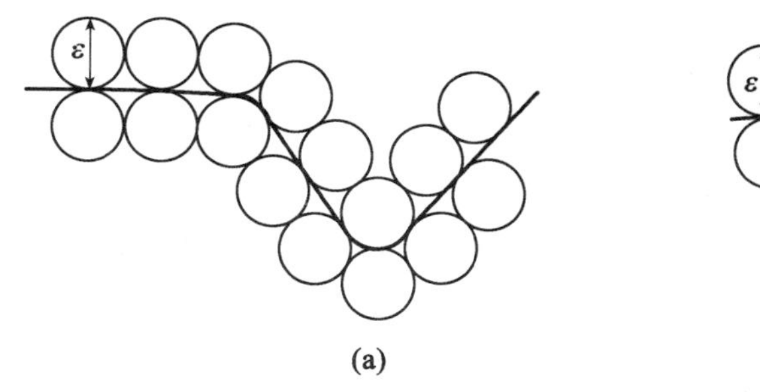

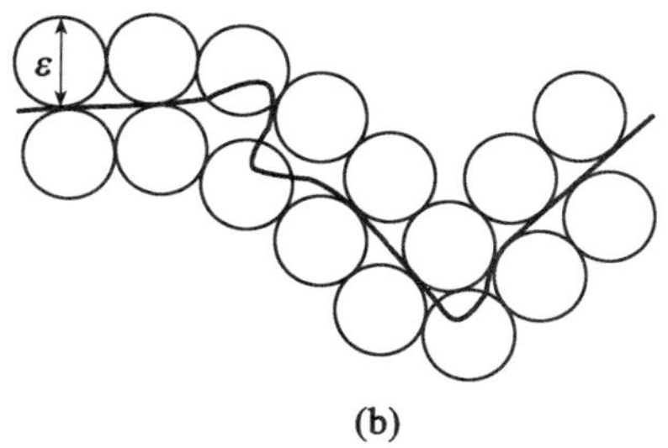

图 9-6-2　曲线的 ε-凸问题

1988)。其结果表现为在 ε- 凸曲线段上生成 ε 宽曲线段，在非 ε- 凸曲线段上生成墨团(Ink Blobs)的混合体。墨团是这样的一些区段，在这些区段上可读性被损害，因而需要对其进行综合。对于制图员来说，下一步是用照像的方式把加粗了的曲线缩减到所需的比例尺，然后再精确地沿细部绘制最终曲线，掌握航向，跨越墨团。

9.6.8　最小有效面积删除法

Visvalingam 和 Whyatt(1993)提出一种更为合理的曲线综合方法，可称为最小有效面积删除法。除了首末点以外，为每一个顶点定义一个有效面积，是该点与其前后直接相邻的两点所构成的三角形的面积。它表明当前点被删除后曲线的面积移位量。计算出所有这些中间点的有效面积后，找出其中最小者，这同时意味着该点具有最小的重要性，因而可以去掉。为去掉的每点加上标志号(删除的顺序号)，然后重算与相邻顶点的有效面积。这样迭代下去，直到整条曲线变成由首末点构成的直线为止。最后对所有中间点按其标志号(重要性)进行排序，综合就变成按标志号取点的简单问题了。

对于除首末点以外的所有的中间点(2，3，…，$N-1$)，计算该点与其前后两点所构成的三角形面积，如图 9-6-3 所示。

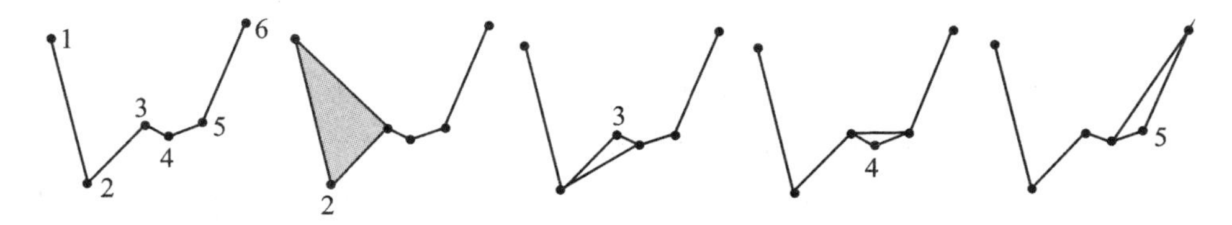

图 9-6-3　最小有效面积删除法曲线综合原理

该曲线综合方法曾被概念化为消除小目标(Features)，但不是简单地消除某个点。在不知道曲线的内部结构特征时，可把消除三角形小目标作为第一步。虽然本方法也是滤点算法(迭代式的滤点算法)，但它是进行漫画式综合，而不是最小简化(Minimal Simplification)。研究表明，点的有效面积能为 2D 曲线提供最好的重要性度量(Measure of Significance)。同时还表明，该方法能进行典型化和漫画式综合。

根据图 9-6-4(a)点号与权重的关系表，就可进行必要程度的曲线综合。例如，要舍去五个中间点，即要舍去 3、2、6、5、9 五个点，其综合结果如图 9-6-4(c)所示。若要去掉十二个中间点，即去掉 3、2、6、5、9、14、15、10、8、12、11、4 十二个点，其综合结果如图 9-6-4(d)所示。

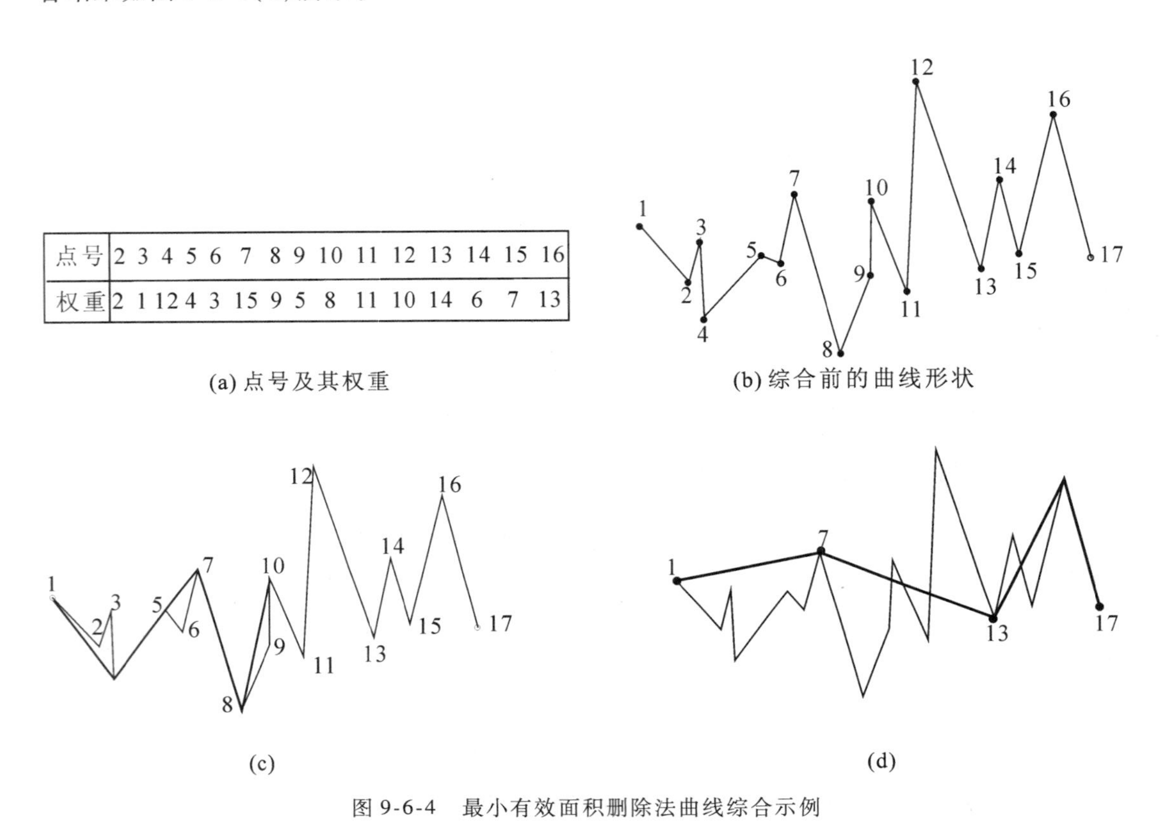

点号	2	3	4	5	6	7	8	9	10	11	12	13	14	15	16
权重	2	1	12	4	3	15	9	5	8	11	10	14	6	7	13

(a) 点号及其权重　　(b) 综合前的曲线形状

(c)　　(d)

图 9-6-4　最小有效面积删除法曲线综合示例

9.7　三种基本综合途径的比较

上面我们介绍了几种综合的基本途径。那么究竟该优先用哪一种途径或方法呢？一般认为在理论上概念明确和数学上严密的方法为最佳，因而面向信息的方法居于首位，但此方法只能在个别情况下使用。面向滤波的方法的主要缺点是其千篇一律性，难以满足综合过程中的区别对待要求。启发式方法与常规地图综合有着密切的联系，同时，可以充分利用已有的地图综合经验，综合的预想结果明确。但由于在此方法中，习惯地把综合区分为各项“部分措施”或各个“部分过程”，从而产生了如何按正确顺序进行综合的问题，因为这些“部分措施”有时是互不相关的，有时又是界限不明的，它们时而在地图上产生附加的空位(如在选取时)，时而需要补给一个位置(如在移位时)，而这个位置可被综合的另一些部分措施所利用或空出。这样，就产生了各种操作的协同性问题(Weber　1982a)。

9.8　基于多叉树结构的曲线综合算法(毋河海　2004a)

学术界比较有名的 Douglas-Peucker 曲线综合方法(简称 D-P 算法)具有最大信息量的特点，在数据结构上具有重要意义。然而，如本章 9.4.5 节所述，它本身存在不少缺点或问题：第一个问题是下一层的偏移值会大于上一层的偏移值，第二个问题是严重依赖于曲线点的顺序。针对这些问题，作者提出并初步实现了相应的克服算法：双侧偏移量法和顾及等值偏移值的多叉树结构化曲线综合方法。

9.8.1　D-P 算法第一个问题的改进途径

对于在 9.4.5 节中关于 Douglas-Peucker 算法所存有的第一个问题偏移量层次异常(图 9-4-7)，笔者提出用双侧两个最大偏移点方法来解决。判断条件是若当前直线段与当前曲线段在中间某处有交点或该曲线段有拐点时，必存在各侧的方向相反的最大偏移点(图 9-8-1)。

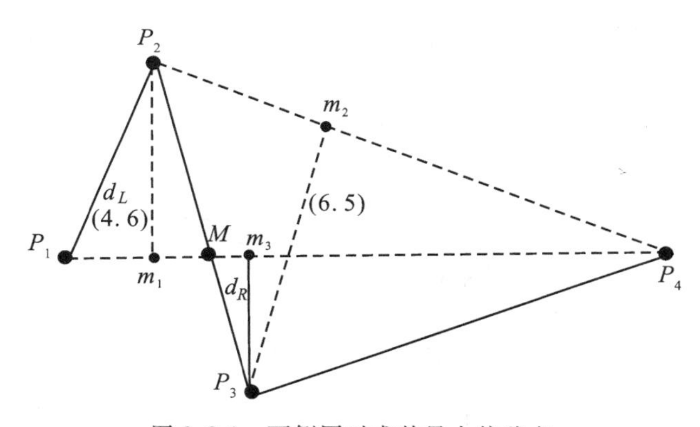

图 9-8-1　两侧同时求其最大偏移点

如图 9-8-1 所示，当前直线 P_1P_4 与其间的曲线存在交点(或拐点) M，这时可把原曲线分为 P_1P_2M 和 MP_3P_4 两段，然后求得左右两个最大偏移点 P_2 与 P_3，它们相对直线 P_1P_4 的最大偏移量分别为 d_L 和 d_R。这时，与通常的情况不同，不是将曲线段一分为二，而是一分为三：P_1P_2、P_2P_3 和 P_3P_4。这样，所生成的树结构便呈现为多叉树了。

9.8.2　D-P 算法第二个问题的改进途径

产生第二个问题(综合结果严重依赖于操作顺序，如图 9-4-8 所示)的原因是曲线段在其首末点连线的一侧或两侧存在两个或更多的同值最大偏移点。原 Douglas-Peucker 算法只能求一个最大偏移点，先入为主，将其他与之同值者压入后层处理。显然，对待等值的最大偏移点应当同等对待。笔者为此研制了一种基于树结构位图法来顾及任意多等值偏移点的存在，从而克服了原 Douglas-Peucker 算法对点列顺序的依赖性，如图 9-8-2 所示。为了进行对比，把前面对操作顺序依赖的图 9-4-8 作为此处的图 9-8-2(a)。

由图 9-8-2(b)看出，已经完全克服了图 9-8-2(a)所示的原算法对曲线点序的依赖性。

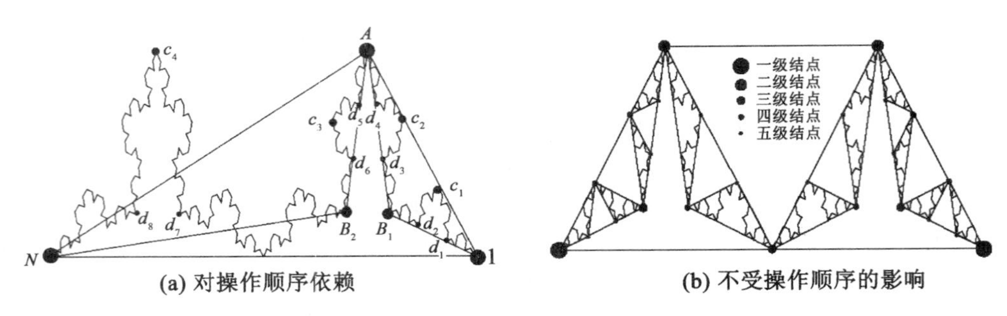

(a) 对操作顺序依赖 (b) 不受操作顺序的影响

图 9-8-2 等值偏移点的顾及使结点重要性的评价不受操作顺序的影响

这进一步说明了建立基于等值偏移点原理的多叉树在逻辑上与结构上的重要性。

图 9-8-2(a)所示的是单侧出现等值最大偏移点的情况。更为一般的情况是顾及双侧出现等值偏移点的问题，即要把当前曲线段分为（$M_1 + M_2 + 1$）段来处理，其中，M_1 为某一侧的可能等值的最大偏移点个数，M_2 为另一侧的可能等值的最大偏移点个数。

为了阐明顾及双侧最大等值偏移点的突出优点，笔者专门设计了基于位图法的多叉树原理的建立程序。并用设计的典型试验数据来检验程序运行的正常性。试验结果如图 9-8-3与图 9-8-4 所示。

对于曲线结构来说，一级结构点为曲线的首末点，它是曲线综合的极限状态。

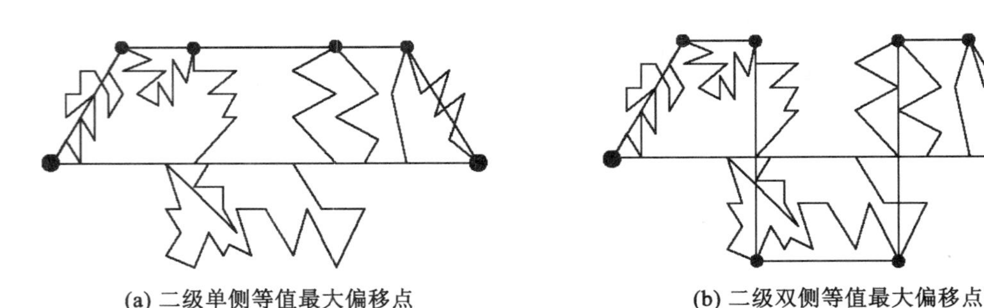
(a) 二级单侧等值最大偏移点 (b) 二级双侧等值最大偏移点

图 9-8-3 二级单侧与二级双侧等值最大偏移点的对比

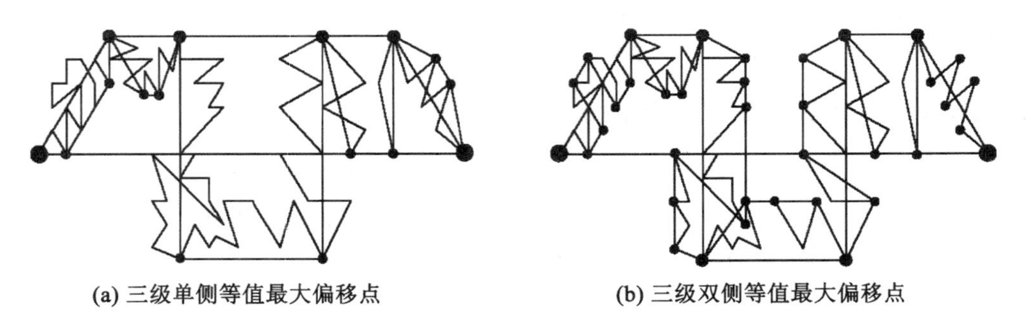
(a) 三级单侧等值最大偏移点 (b) 三级双侧等值最大偏移点

图 9-8-4 三级单侧与三级双侧等值最大偏移点的对比

9.8.3　基于多叉树结构的曲线综合

1. 树结构索引矩阵的建立

这里我们是用位图法(Bitmap)来建立曲线点的层次索引矩阵。用行表示树的层次，列表示曲线的点号(表9-8-1)。

第1行记录第1级结点的关键字，即首末点的序号；

第2行存储第1行的首末点和新增加的若干个第2级结点的序号；

第3行存储第1~2行中的结点和第3级结点的序号；

……

第i行存储的是从第1级到第i级的结点序号。

这样，当要求在结构上准确表达至曲线的第k层结构信息时，只需直接读出位图矩阵的第k行，其中包含有所需层次的骨架数据点的序号，借此从原始曲线数据序列中抽出对应的数据点，便可满足所提出的结构层次要求。

对于k层以下的数据点，此处认为是细节刻画，可用其他非结构化方法(如滤波法、限差带法等)，对在k层结点之间的层次更低的数据点进行概括。

在各段非结构化综合的结合部，即在第k层的各个结点处，需要作光滑过渡，以避免在结合点处出现尖峰。

2. 多叉树的建立示例

为了简洁起见，下面暂用无等值偏移点的小数据量曲线为例(图9-8-5)，以便在正常幅面上能显示完整的位图索引矩阵，图9-8-5所示的树结构位图索引矩阵见表9-8-1。此曲线的建树过程如图9-8-6所示。

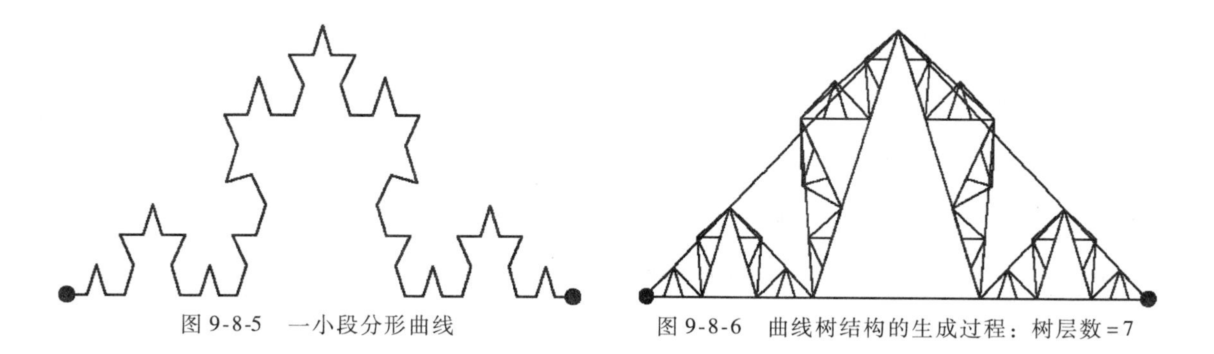

图9-8-5　一小段分形曲线　　　图9-8-6　曲线树结构的生成过程：树层数=7

由表9-8-1看出，用位图矩阵表示多叉树结构的优越性是显然的。把它用于结构化综合是很直截了当的。

3. 多叉树在曲线综合中的应用

为了能够进行对比，此处以图9-8-7所示的对称、规则的分形曲线为例，它具有两个二级等值最大偏移点，用多叉树结构原理建立其多叉树结构，进行确保指定结构层的曲线综合。

图9-8-7所示曲线的多叉树结构如图9-8-8所示，其最大层数为9层。其结构位图索引矩阵见表9-8-2。

表 9-8-1　　用位图矩阵表示的图 **9-8-5** 曲线的多叉树结构(**65** 个点)

1	10000000000000000000000000000000000000000000000000000000000000001
2	10000000000000000000000000000000100000000000000000000000000000001
3	10000000000000001000000000000000100000000000000010000000000000001
4	10000000100000001000000010000000100000001000000010000000100000001
5	1 0001 0001 00010000000100010001000100010001000100010001000100010001 000 1
6	10101010101010101010101010101010101010101010101010101010101010101
7	11111111111111111111111111111111111111111111111111111111111111111

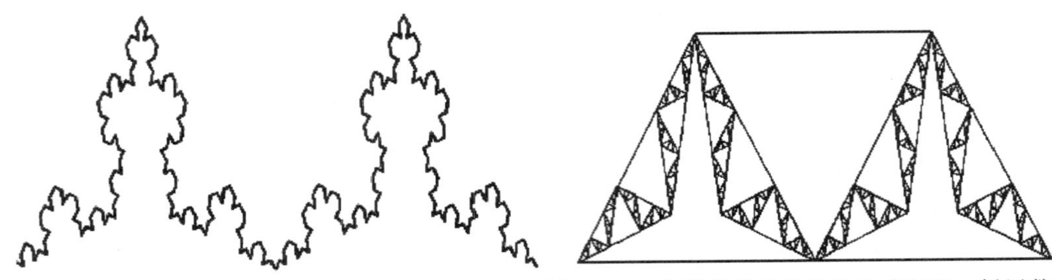

图 9-8-7　对称分形曲线　　图 9-8-8　分形曲线多叉树的生成过程：树层数=9

表 9-8-2　　用位图表示的图 **9-8-7** 曲线的多叉树结构(**257** 个点)

1
1000000000000000000000000000000000000000000000000000000000000000000000000000000000000000000
0000000000000000000000000000000000000000000000000000000000000000000000000000000000000000000
000000000000000000000000000000000000000000000000000000000000000000000000001
2
1000000000000000000000000000000000000000000000000000000000000000100000000000000000000000000
0000000000000000000000000000000000000000000000000000000000000000000000000000000000000000000
000000000010000000000000000000000000000000000000000000000000000000000000001
3
1000000000000000000000000000000010000000000000000000000000000000100000000000000000000000000
0000000000000000000000000000000000000100000000000000000000000000000000000000000000000000000
000000000010000000000000000000000000000001000000000000000000000000000000001
4
1000000000000000100000000000000010000000000000001000000000000000100000000000000000000000000
0000010000000000000000000000000000000100000000000000000000000000000001000000000000000000000
000000000010000000000000000100000000000000010000000000000001000000000000000
5
1000000010000000100000001000000010000000100000001000000010000000100000000000000010000000000
0000010000000000000001000000000000000100000000000000010000000000000001000000000000000100000
000000000010000000100000001000000010000000100000001000000010000000100000001
6
1000100010001000100010001000100010001000100010001000100010001000100000001000000010000000100
0000010000000100000001000000010000000100000001000000010000000100000001000000010000000100000
001000000010001000100010001000100010001000100010001000100010001000100010001
7
1010101010101010101010101010101010101010101010101010101010101010100010001000100010001000100
0100010001000100010001000100010001000100010001000100010001000100010001000100010001000100010
001000100010101010101010101010101010101010101010101010101010101010101010101

续表

8
11111111111111111111111111111111111111111111111111111111111111111111111111010101010101010101010101
01010101010101010101010101010101010101010101010101010101010101010101010101010101010101010101010101
1010101010111111111111111111111111111111111111111111111111111111111111111111111111
9
1111111111111111111111111111111111111111111111111111111111111111111111111111111111111111111111111111
1111111111111111111111111111111111111111111111111111111111111111111111111111111111111111111111111111
1111111111111111111111111111111111111111111111111111111111111111111111111111111111

对于该条曲线，若要求综合结果的结构层数至 9 层，即 $k=9$，则意味着对该曲线不进行任何综合化简。若指定 $k=8$，则仅对最低一层的细节作光滑处理；以此类推，直到 $k=1$ 时，该曲线变成仅由首末点连成的直线了。

在图 9-8-9 中，$k=5$，在图 9-8-10 中，$k=6$，分别表示保持不同的结构层次，这再一次显示出 D-P 算法在未顾及同值偏移点时的顺序依赖性。在这几个图中，坐标点的序列是自右至左排列，故在这种情况下，D-P 算法的执行结果是向右倾斜(图 9-8-9(a)，图 9-8-10(a))。当顾及同值偏移点时，曲线的层次结构就能得到正确的表示(图 9-8-9(b)，图9-8-10(b))。

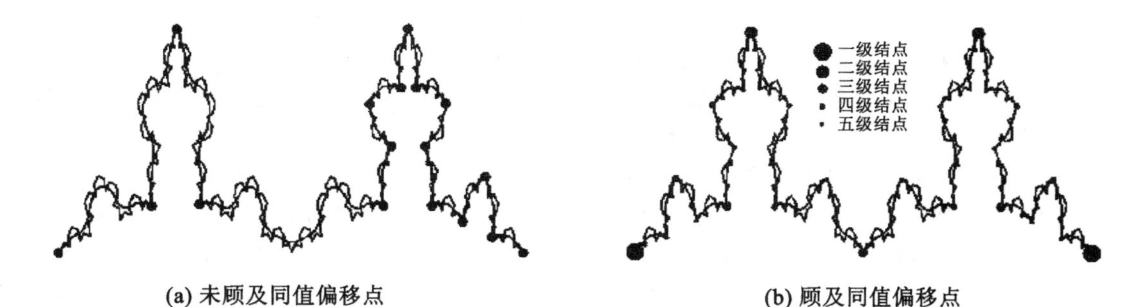

图 9-8-9　曲线结构层次的保留(黑圆点所示)及细节概括
(保留较高层次)

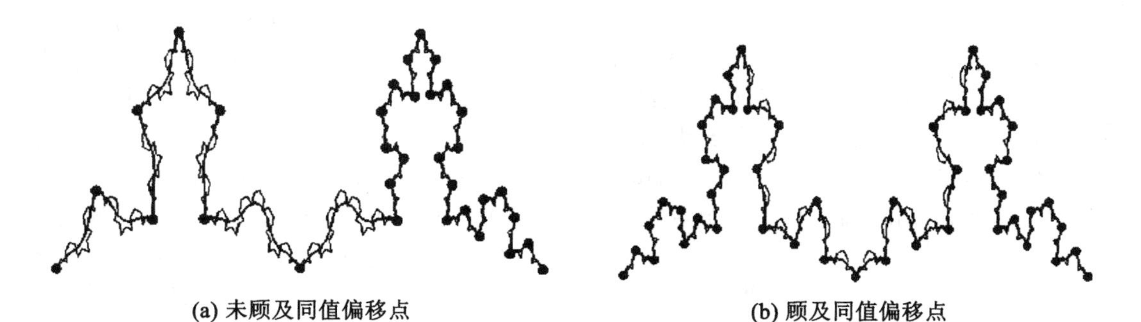

图 9-8-10　曲线结构层次的保留(黑圆点所示)及细节概括
(保留层次较低)

在表9-8-2中，位图矩阵为9行257列。第1行(层)为由首末点构成的一个(整个)曲线段，它是根结点。在第2行(层)中，在首末点之间存在两个等值偏移量点，形成三个曲线段，即在第2层有三个子结点。从而呈现为三叉树，即多叉树。

9.9 基于扩展分维原理的曲线综合方法(毋河海 2010)

在第6章6.9节中已就基于扩展分维的地图内容总体选取做了论述，此处对其在已被选取物体的图形概括中的应用再做进一步的研究。

物体与现象的无限复杂性使我们无法观察到它们的全部细节与层次。任何观察都带有一个过滤网，筛出我们感兴趣的对象来进行研究与处理。这样，过滤网的网眼或者通常所说的物体选取标准，就对应着一种观测尺度或某一观察比例尺。所以，任何空间信息处理总是直接或间接地与尺度相联系。

上述扩展分形就是以自相似衰减原理为基础的分形分析方法来研究地图信息量随比例尺变化的规律性(毋河海 2001；李雯静，毋河海 2005a；李雯静，毋河海 2005b)。

扩展分形原理的应用实际上是实现变量分维，即不是保持不变(常量)分维的自相似，而是自相似程度随着比例尺的缩小在逐渐减弱。也就是说，地图信息随比例尺的变化既有相似性问题，也有不相似的因素。有的学者把后一问题叫做尺度依赖(Goodchild 1980)。笔者把这种变化趋势叫做分形衰减(Fractal Attenuation)。广义地讲，表现在物体总体数量变化和整体结构复杂性的衰减(要素分类与分级数目的减少)；狭义地讲，表现在各要素数量或物体本身特征特别是图形的分形特征(分数维)的衰减。

大量的分形研究表明，在双对数坐标系中量测尺度 S 与量测结果 L 之间不是通常的线性关系，而是函数依赖的、非线性的、大都呈现为反“S”形的分布关系。以往的研究把在双对数坐标系中呈现为局部线性关系的斜率作为分数维，简称分维。笔者把这种分维称为通常分维。相对于通常分维，笔者把相关于整体的、非线性的、函数依赖的量测尺度 S 与量测结果 L 的分布关系称为扩展分维。这样，通常分维就成为扩展分维的一种特例或局部情况。

对于扩展分维来说，整体上不是自相似的，自相似只存在于相当小的邻域中。地图综合原理也是如此，随着比例尺的缩小，地图的图面载负量在逐渐增加(直至饱和)，即地图的整体复杂度在增大或其分维值在增大。只有当地图比例尺相当接近时，才会出现较为明显的自相似性。根据扩展分维原理进行综合，可使综合结果具有这种非线性特征。

对分形学在地图综合中的应用，王桥做了开创性的研究(王桥 1996a)，并对开方根规律做了基于分形学原理的改造(王桥 1996c)。由于在客观现实中不存在理想的、严格的和无穷嵌套的精确分形，存在的是统计性的、具有自然特征的、有穷嵌套的非严格分形，所以尺度与测度值之间的关系大都呈现为非直线的曲线函数依赖关系，这早已被众多的学者所指出(Goodchild 1980；Longley 和 Batty 1989；Snow 1989；Kaye 1994；高安秀树 1994；毋河海 1998)。笔者在文献(毋河海 1998)中进行了这种尺度与测度值之间的非线性关系(称为扩展分维)的数值试验，并初步地在双对数坐标系中建立反“S”形分布模型。相关文献(龙毅 2002)对扩展分维在地图目标空间信息描述中的应用进行了规模性的研究，并提出了“元分维”等新概念，它与第6章6.7.5节所述的“瞬时分维”基本相似。此处，笔者试图对扩展分维在河流曲线综合中的应用做初步研究，初步的意思是指：首先，此处仅顾及到分维扩展的第一个方面，即把原来的常量直线型分维扩展为变量曲线型；其次，此处仅研究地图上用单线所表示的最为简单(无河心岛和无分叉)河流的综合试验。

9.9.1 建立量测尺度 S(或 ε)与量测结果 L 之间关系的方法

1. 直接方法

直接方法即用渐增(粗视化)步长 S 来度量曲线的长度 L。随着 S 的增大，会忽略越来越多和越来越大的弯曲，使得量测结果 L 会越来越小(图 9-9-1、图 9-9-2)。

每次用不同的步长 S 所量得的折线长度为

$$L=NS+pS \tag{9-9-1}$$

式中，N 为量测的整步长数目；p 为不满一个步长的分数部分。

这个方法源自地图量测，它有若干弊端：

①它与常用的曲线综合途径相分离。因为难以设想用某一较大步长去量测曲线的方法来实现曲线综合。这种方法会削去为数可观的曲线特征点。

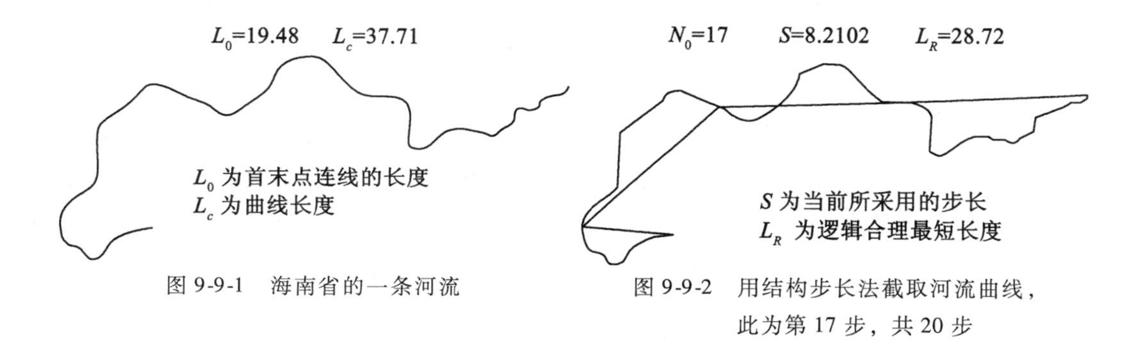

图 9-9-1　海南省的一条河流

图 9-9-2　用结构步长法截取河流曲线，此为第 17 步，共 20 步

②当步长增大时，曲线有时不仅未缩短，反而有所增长，即会产生($\log S$ -$\log L$)曲线振荡(表 9-9-1、图 9-9-3)。在这种情况下，对于所计算出来的数据，要用适当的方法进行光滑处理，排除振荡，突显变化总趋势，为数据的进一步的解析处理提供合理依据。经过光滑处理后的曲线显示出一定程度的反“S”形特征(图 9-9-3)。

至于产生振荡的原因，显然有多种：曲线的折线边长与步长 S 之间的公约数关系、相邻两折线边之间的夹角等。此处笔者用简单的示意图对曲线边长与步长 S 之间的公约数关系对振荡做出一种解释(图 9-9-4、表 9-9-2 和图 9-9-5)。

表 9-9-1　等比步长法量测结果 Log$S$-Log$L$

log$S$	log$L$	log$S$	log$L$
-3.4757	3.6299	0.0125	3.5738
-3.1269	3.6299	0.3613	3.5516
-2.7781	3.6282	0.7101	3.5178
-2.4293	3.6274	1.0589	3.4661
-2.0804	3.6259	1.4077	3.4836
-1.7316	3.6236	1.7566	3.2869
-1.3828	3.6210	2.1054	3.3576
-1.0340	3.6182	2.4542	3.2876
-0.6852	3.6143	2.8030	3.1219
-0 .3364	3. 5992	3.1518	3.3095

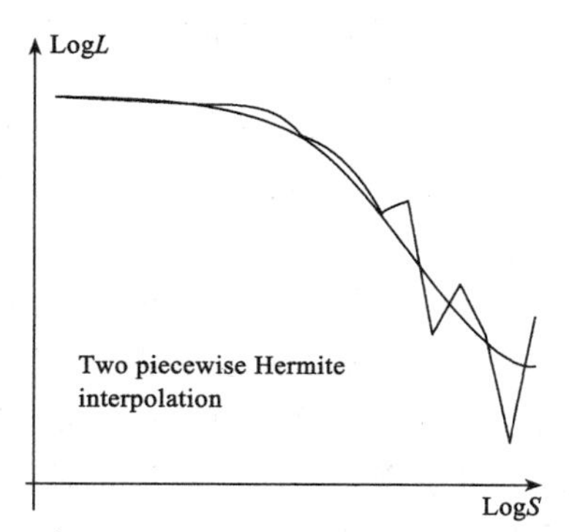

图 9-9-3　建立 log$S$-log$L$ 的直接方法(后段曲线振荡)

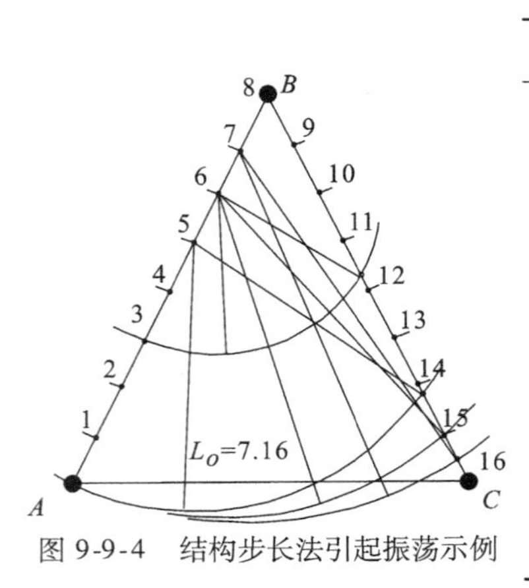

图 9-9-4 结构步长法引起振荡示例

表 9-9-2 ***L*** 值的波动

步长	量测曲线长度
$S=1$	$L(1)=16$
$S=2$	$L(2)=16$
$S=3$	$L(3)=13.2$
$S=4$	$L(4)=16$
$S=5$	$L(5)=11.7$
$S=6$	$L(6)=13.1$
$S=7$	$L(7)=14.5$
$S=8$	$L(8)=16$

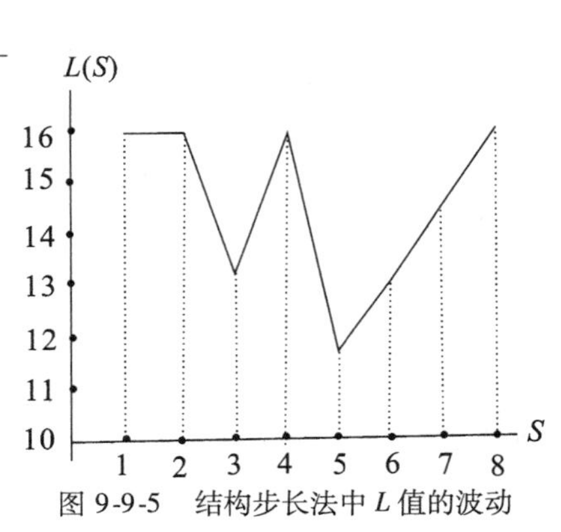

图 9-9-5 结构步长法中 L 值的波动

2. 间接方法

间接方法是指用 D-P 算法进行曲线综合，使河流图形得以简化，从而使曲线长度减小，以达到粗视化的目的(王桥 1995d)。把曲线概括至仅剩首末两点构成的直线是不可取的。只要线状河流存在，则它最少要用 3 ~5 个点来表达。因此，在用 D-P 算法进行曲线综合时，当只剩 3 ~5 个点时，就终止综合过程，并以此长度作为合理最小长度 L_R，如图9-9-2所示。下面用 D-P 算法来建立综合限差 ε 和综合结果 L 之间的 $\log\varepsilon$ -$\log L$ 关系(图9-9-6、表 9-9-3 和图 9-9-7)。

这个方法有以下两个特点：

①随着限差 ε 的增大，$\log L$ 呈现为单调递减数列，即在此情况下，$\log\varepsilon$ -$\log L$ 呈现为上凸形曲线；当 ε 在最后几步多次超过整条曲线的最大偏移量时，所得的曲线长度为一常量(L_0：曲线的首末点连线)，如图 9-9-7 中右端几点。对此结果进行光滑处理，其总体趋势线呈反“S”形。

②所采用的限差 ε 与数字化综合有直接的联系。这种用从小到大的不同的限差 ε 对曲线目标进行各种程度的、直到不再可能的综合，实际上是综合全过程的预演，因此，这个过程也可看做“预综合”或叫“分形演绎”，如第 6 章 6.3.1 节所述。

9.9.2 可变分维值的确定

在大多数情况下，如图 9-9-9 所示，$\log S$ -$\log L$ 呈现为程度不同的反“S”形曲线，这一特征在相关文献(Snow 1989)记录的实验中尤为突出。产生“S”形分布的机理可说明如下：在量测初期，所使用的步长 S 与曲线弯曲尺度相比，远小于后者。用这些小步长 S 进行量测，基本上是沿曲线的每个弯曲路径进行的，致使曲线长度减小甚微；在中期阶段，步长 S 的增长越来越接近弯曲的尺度，这时就会削去越来越多的弯曲部分，致使所量得的曲线长度逐渐出现递减现象；在第三阶段，步长 S 已大于众多弯曲的尺度，量测时大踏步地跨过大多数弯曲，即这时弯曲对量测结果的影响越来越小，致使量测结果越来越渐近于最小长度(L_0 常量)。

表 9-9-3　**D-P 法综合限差与 L 的对数关系 Logε-Log$L$**

Logε	Log$L$	Logε	Log$L$
-3.7951	3.6298	-0.8857	3.5949
-3.6011	3.6298	-0.6917	3.5866
-3.4072	3.6293	-0.4977	3.5832
-3.2132	3.6288	-0.3038	3.5680
-3.0192	3.6280	-0.1098	3.5544
-2.8253	3.6274	0.0842	3.5544
-2.6313	3.6268	0.2781	3.5396
-2.4373	3.6250	0.4721	3.5099
-2.2434	3.6225	0.6660	3.4831
-2.0494	3.6204	0.8600	3.4831
-1.8555	3.6125	1.0540	3.4082
-1.6615	3.6115	1.2479	3.4082
-1.4675	3.6115	1.4419	3.4082
-1.2736	3.6115	1.6359	3.4082
-1.0796	3.6010	1.8298	3.4082

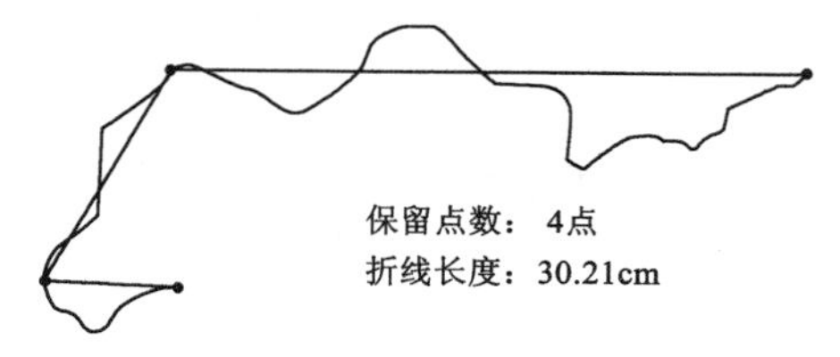

图 9-9-6　用 D-P 法综合的第 26（共 30 次）回合的结果

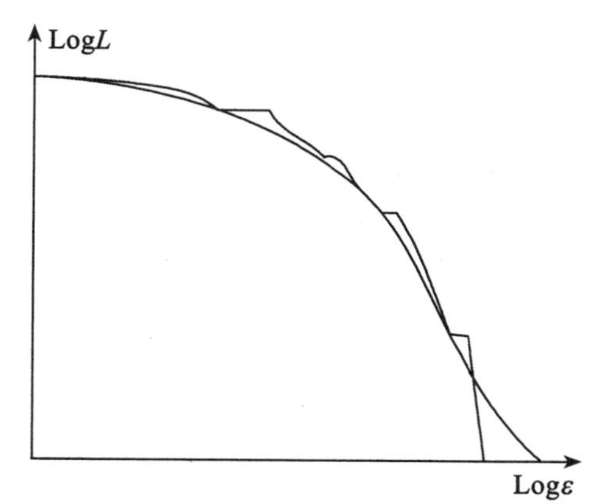

图 9-9-7　用 D-P 法建立 Logε-Log$L$ 关系

对于图 9-9-3、图 9-9-7、图 9-9-8 和图 9-9-9 所示的各种情况，其主要特征在数值上表现为扩展分数维，在图形表达上它不是斜率为常量的直线，而是各点斜率为变量的曲线。因此，在曲线上的每一点处有其不同的分维值

$$D = 1 - k \tag{9-9-2}$$

式中，k 为斜率(负值)。

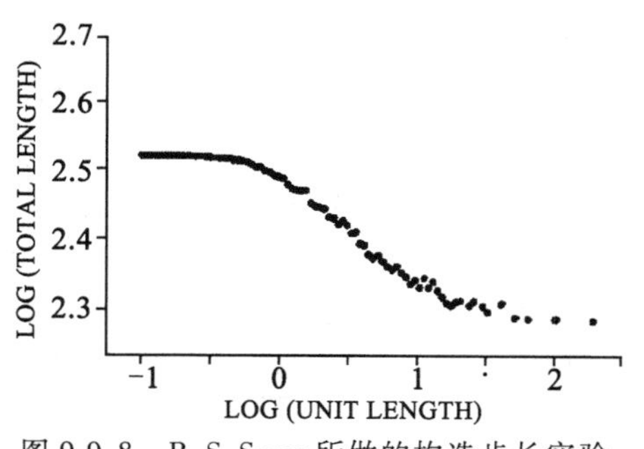

图 9-9-8　R. S. Snow 所做的构造步长实验

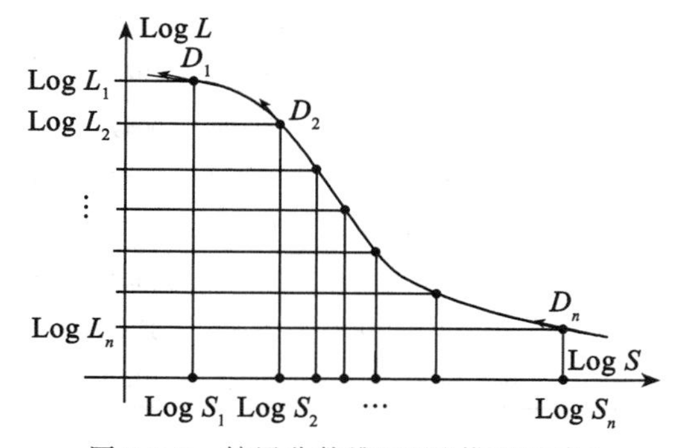

图 9-9-9　扩展分数维反"S"模型的建立

可用以下三种方法来计算反"S"形曲线上各点的斜率。

1. 仿拉格朗日中值法

对 $\log S_i$-$\log L_i$ 曲线(或 $\log\varepsilon$-$\log L$ 曲线)上的每一个离散点，用其前后两点计算近似斜率

$$K_i = \frac{\log L_{i+1} - \log L_{i-1}}{\log S_{i+1} - \log S_{i-1}} \tag{9-9-3}$$

用光滑后的数据，斜率值的连续性会好些。

笔者称这一方法为仿拉格朗日中值法，它简单、直观，便于使用，只是在首末点处要做特殊的处理。

2. 拉格朗日二次三项式法

用每相邻三点构造拉格朗日二次三项式，即

$$y'(x_i) = \frac{2x_i - x_2 - x_3}{(x_1 - x_2)(x_1 - x_3)}y_1 + \frac{2x_i - x_1 - x_3}{(x_2 - x_1)(x_2 - x_3)}y_2 + \frac{2x_i - x_1 - x_2}{(x_3 - x_1)(x_3 - x_2)}y_3 \tag{9-9-4}$$

3. 数值微分法

使用数值微分中的三点法（朱水根，龚时霖　1990），即

$$\begin{cases} f'(x_0) = \dfrac{1}{2h}(-3y_0 + 4y_1 - y_2) \\ f'(x_1) = \dfrac{1}{2h}(-y_0 + y_2) \\ f'(x_2) = \dfrac{1}{2h}(y_0 - 4y_1 + 3y_2) \end{cases} \tag{9-9-5}$$

在表9-9-4中是对表9-9-3中的数据用上述三种方法进行计算并对三者的结果作比较的结果。为了使各项数据之差异能显示出来，取了6位小数。有明显差异是在首末两端，中间部分完全一致。从应用的角度看，取3位小数就可以了。若取3位小数，则三种方法的计算结果几乎就完全一致了。

表9-9-4　**三种方法计算斜率值的比较**

仿拉格朗日中值法	-.001815	-.002382	-.003591	-.004936	-.006417	-.008038	-.009791	-.011683	-.013713	-.015876
	-.018180	-.020621	-.023194	-.025908	-.028758	-.031743	-.034868	-.038125	-.046641	-.063686
	-.081389	-.093730	-.100693	-.102289	-.098518	-.089376	-.074859	-.054975	-.029724	-.015755
拉格朗日二次三项式法	-.001249	-.002383	-.003590	-.004936	-.006417	-.008038	-.009791	-.011684	-.013712	-.015876
	-.018179	-.020621	-.023195	-.025907	-.028759	-.031742	-.034868	-.038126	-.046637	-.063686
	-.081393	-.093727	-.100694	-.102290	-.098518	-.089373	-.074864	-.054975	-.029717	-.001792
数值微分法	-.001249	-.002382	-.003590	-.004936	-.006416	-.008038	-.009793	-.011682	-.013712	-.015875
	-.018179	-.020625	-.023193	-.025907	-.028756	-.031741	-.034875	-.038123	-.046638	-.063698
	-.081384	-.093724	-.100687	-.102283	-.098538	-.089370	-.074855	-.054985	-.029717	-.001777

这样，可进而建立 S 或 ε 与D之间的映射或对应关系（表9-9-5）。

表9-9-5　**粗视化步长 S 或D-P法综合限差 ε 与分数维的对应关系**

粗视化步长 S（或）	S_1	S_2	S_3	…	S_n
对应的分数维 D	D_1	D_2	D_3	…	D_n

9.9.3　观测尺度与地图比例尺关系的建立

为了进行曲线综合，需要建立观测尺度(S 或限差 ε)或观测结果($L(S)$或 $L(\varepsilon)$)与地图比例尺分母 M 之间的近似关系。这是一个关键问题。在综合过程使用的参数中，S、ε 的初值与终值均不易确定。已知的参数有 M_1，而 L 初始值 L_1 是按比例尺为 1 ∶ M_1 地图上曲线坐标计算出来的不变量，因此，在以下的建模中使用 L 与 M。

此处已知的是：初始状态参数 L_1(河流长度)、M_1(地图比例尺分母)，接续比例尺分母为 M_i，于是任务转化为：对于我们所感兴趣任意一个较小比例尺 M_i，它对应于预综合所得的递减数列$\{L\}$中的何值或它们之间的哪一个内插值？已知 L_1对应着 M_1，于是问题归于求出 L_R所对应的 M_{max}。

在分形研究中，一般所得的线状物体的关系信息是粗视化尺度 S 和粗视化结果 L ($\log S$-$\log L$)。此关系与地图比例尺有密切联系，但不总是能得到合理的确切度量联系。因此，一个新任务是要建立 S 或 L 与地图比例尺之间的关系。

1. Beckett 公式

Beckett(1977)给出了一个公式

$$\frac{L_{M_1}}{L_{M_2}} = \left(\frac{M_2}{M_1}\right)^{0.017} \tag{9-9-6}$$

该公式是 Beckett 在对英国公路研究的基础上提出的。我们知道，公路是属于典型的人工建筑物范畴，其形状是十分光滑的，其分维值是微乎其微的，它显然不适用于具有分形特征(湾中有湾)的河流对象。在一些文献(王桥　1996a)中已指出，对于不同的曲线，幂指数并不总是 0.017。笔者认为，它表现为一种固定不变的关系，从而无法适用于曲折程度(复杂度)不同、规模(大小)不同和比例尺跨度不同等各种不同的情况。

2. Töpfer 的实地尺度律

在有关分形综合的论文中(王桥　1996a)，为建立观测尺度与地图比例尺的关系，采用托普费尔的实地尺度规律(托普费尔　1982)，即

$$N_F = N_A\sqrt{\frac{M_F}{M_A}}$$

式中，N 为地图上的选取数额或标准，如等高距或其他数值标准；F 代表接续比例尺；A 代表起始比例尺。

该公式是由经验数据，如平板仪测图时平均高程中误差的计算、航空相片比例尺的选择、航高和地貌等高距的选择等，归纳出来的。

实地尺度规律的应用所存在的问题与 Beckett 公式一样：它无法顾及物体的曲折程度、规模大小和比例尺跨度等不同情况。同时，用它作为建立关系的中间媒介的意义也难以说清楚。

9.9.4　河流生存比例尺的确定

上述 Beckett 方法和 Töpfer 方法可以说是“无近求远”：在未找到 L 与 M 的恰当关系时，暂时引用一些中介关系作为暂时的对付手段。而笔者的意图是“顾远求近”，意在对前述方法进行研究评价，进而通过机理分析和数字处理的新手段(预综合)，建立具有内

在联系的映射关系。

笔者认为，由于计算机的高速处理性能，可以实时地对每一条河流曲线进行自动的预综合，借此粗略地建立综合结果 $L(\varepsilon)$ 与地图比例尺 M 之间的关系。由于已知三个条件 M_1、L_1 和 $L(\varepsilon)$ 数列，求 M_i 所对应的 L_i，使任务转化为某种插值建模问题。为此，在已知首点 (M_1, L_1) 的情况下，笔者试图寻找另一个具有较为固定意义的"点"，它具有稳定的长度和稳定的比例尺，笔者称此为河流生存下限比例尺。

以图9-9-1所示的具体河流为例，曲线的起始信息为(长度单位：km)：地图比例尺分母 $M_1=500000$，曲(折)线总长 $L_1=L_c=37.71$。L_1 是由 $1:M_1$ 地图曲线坐标(必要时作光滑处理)计算出来的。为了用D-P综合方法确定河流目标的生存比例尺下限，此处提出表达曲线基本形态的最小坐标点数目，它具有某种程度的不确定性，且与河流的长度和曲线形状的复杂性有关。河流图形复杂度可体现在用D-P综合时所得的 $L(\varepsilon)$ 数列中，所以再辅以按河流长度做分级处理，就可顾及到其他两个主要方面。例如，在对河流作四级处理(小河，长度小于400km；中等河，长度为400~1000km；大河，长度为1000~2000km；特大河，长度为2000km以上)的情况下(叶菲门科，达维多夫等 1957)，可近似地约定它们的最小表达坐标点数分别为4~6点、9~11点、19~21点，39~41点(可通过对D-P程序作条件设置来实现)，借此计算其合理最短长度(所得的折线长度作为合理最小长度) L_R。

对于上述例子，其合理最小长度如图9-9-6所示，为

$$L_R=30.21\text{(保留 4 个点)} \tag{9-9-7}$$

对于不同的河流，L_R 显然是不一样的。这导致后继的处理参数均随之变化，所以该方法是完全个性化的，具有自适应性。

以河流在普通地图上的选取为例，在小比例尺地图上的选取标准通常为0.4~1.5cm(叶菲门科，达维多夫等 1957；柯姆科夫，柯斯特里茨 1956；刘布维，斯皮里顿诺夫 1957)，鲍罗丁针对苏联1∶1000000普通地图，以高山地段为例，在解决河流选取问题时，确定选取河流的最小资格为4km，即图上为4mm(Бородин 1976)，而作为代表性的河流选取标准，普遍采用1cm(Волков 1961)。这样，对于一条具体的河流来说，为简单起见，此处以河长选取标准为1cm为例，河流在地图上被选取(存活)的最小比例尺见表9-9-6。

表9-9-6 **河流在地图上存活的比例尺(以图上1cm为例)**

河流实地长度(km)	能表示该河流的地图最小比例尺
1	1∶100000
2.5	1∶250000
5	1∶500000
10	1∶1000000
25	1∶2500000
…	…
L_R	$M_{max}=L_R\times100000$

对于图 9-9-1 所示的河流，其 L_R 为 32.10km，由此得出该河流能生存的最小比例尺(分母)为

$$M_{\max}=3210000 \tag{9-9-8}$$

这表明，该条河流当比例尺为 1∶3210000 及小于它的成倍比例尺(如 1∶6000000)就可能不被选取。因此，该条河流的存活比例尺大体上在 1∶3210000 到 1∶6000000 之间。若取此二者的中值 1∶4500000 作为合理最小长度所对应的最小比例尺。这也意味着对表 9-9-6 中所载的计算公式可做必要的修正：

$$M_{\max}=L_R\times 1.5\times 100000 \tag{9-9-9}$$

对于当前的河流，有

$$M_{\max}=L_R\times 1.5\times 100000=4531500\approx 4500000 \tag{9-9-10}$$

对上式取对数，得

$$\mathrm{Log}M_{\max}=5.1761+\mathrm{Log}L_R \tag{9-9-11}$$

由于在建立 Logε -Log$L$ 关系时，所使用的最大观测尺度是 ε_n， 它基本对应于河流的合理的最短距离，而一般不是首末点之间的连线。这个合理最短距离可视为在最小比例尺下对它综合的结果，因而可找到对应的能表达它的合理最小比例尺 1∶$M_{\max}$。在这个基础上，可以建立观测结果 $L(\varepsilon)$ 与地图比例尺 $M_{\max}$之间的近似关系(图 9-9-10)。

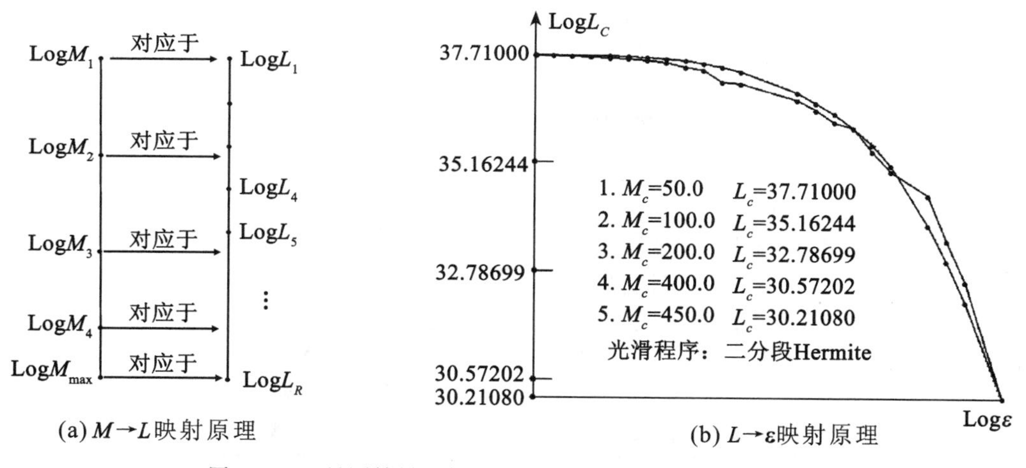

图 9-9-10　量测结果 L 与地图比例尺分母 M 的近似对应关系

9.9.5　河长 L 与合理比例尺 M 之间关系的建立

上文对 $M_{\max}$的界定有着明显的模糊性，这对后继数据处理初看起来会带来不便。但做进一步的分析发现，它可起具有一定灵活性的调节器的作用，借此可以实现不同的综合程度。

根据上一节的分析，L_1 与 M_1 有着确定的对应关系(起始信息)。而在预综合过程中所得的 L_R(即 L_n)与 $M_{\max}$却存在近似逻辑的对应。这样，就可以对位于区间(M_1，$M_{\max}$)之间的任一感兴趣的 M_i 求其对应的 L_i (图 9-9-10)。

由图 9-9-10 可见，这是一个在对数坐标系上的线性插值

$$\log L_i = \log L_1 + \frac{\log L_n - \log L_1}{\log M_{\max} - \log M_1}(\log M_i - \log M_1) \tag{9-9-12}$$

由此得

$$L_i = e^{\log L_1 + \frac{\log L_n - \log L_1}{\log M_{\max} - \log M_1}(\log M_i - \log M_1)} \tag{9-9-13}$$

9.9.6 综合限差 ε 的确定

当根据所给出的 M_i 求得所对应的 L_i 之后，根据图 9-9-10(b)与表 9-9-3 所示的 ε-L 关系进而可确定对应的 ε_i。为求出 ε_i，可有以下两种途径：

第一种途径是根据已知 L_i 对递减数列 $L(\varepsilon)$ 裸数据(如图 9-9-10 中或表 9-9-3 中的折线数据)作线性内插得到 ε_i。

第二种途径是用图 9-9-7 或图 9-9-10(b)中的光滑数据作线性插值得出 ε_i。

9.9.7 $M_{\max}$ 选定对后继 L_C 和 ε 的影响

随着 $M_{\max}$ 的增大，对我们所需要的中间所对应比例尺的曲线长度 L_C 和综合限差 ε 相继地产生影响。$M_{\max}$ 选得越大，L_C 随着增大；而 L_C 增大，则意味着 ε 减小，这最终会影响或制约综合的程度，可由图 9-9-11 看出。这两方面的影响在数量上表现则如表 9-9-7 和图 9-9-12 所示。$M_{\max}$ 的最后选定不能小于式(9-9-12)所计算的值。

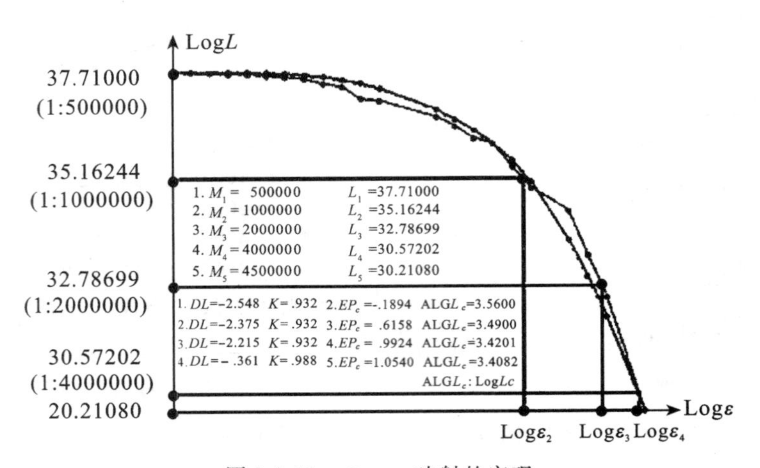

图 9-9-11 $L \to \varepsilon$ 映射的实现

表 9-9-7 **图 9-9-11 中的数据分析**

①前四项相邻曲线长度比均为 $K_i = \dfrac{L_i}{L_{i+1}} = 0.932 (i = 1, 3)$

②前三项长度差 DL_i 与 L_i 之比也为常数：$\dfrac{Dl_i}{L_i} = 6.75\%$

③ K_i 的等比特征意味着后继比例尺图上的线划密度不变，即保持一致

表9-9-8　**合理最小比例尺($1:M_{max}$)的选定对中间比例尺对应的曲线长 L_C 和 D-P 法综合限差 ε 的影响**

$1:M_{max}$ \ 中间所选比例尺	1 : 500000	1 : 1000000	1 : 2000000	1 : 4000000	1 : 4500000
	曲线长度				
1 : 5000000	37.7100	35.4525	33.1950	30.9375	30.5539
1 : 10000000	37.7100	35.9748	34.2397	32.5045	32.2097
1 : 15000000	37.7100	36.1817	34.6534	33.1251	32.8654
1 : 20000000	37.7100	36.3009	34.8918	33.4827	33.2432
1 : 25000000	37.7100	36.3813	35.0525	33.7238	33.4980
	综合限差				
1 : 5000000	.0000	.7451	1.6189	2.5779	2.7305
1 : 10000000	.0000	.5659	1.2993	1.9544	2.0717
1 : 15000000	.0000	.4260	1.1248	1.6535	1.7816
1 : 20000000	.0000	.4083	.9801	1.4864	1.5952
1 : 25000000	.0000	.3965	.8871	1.4268	1.4826

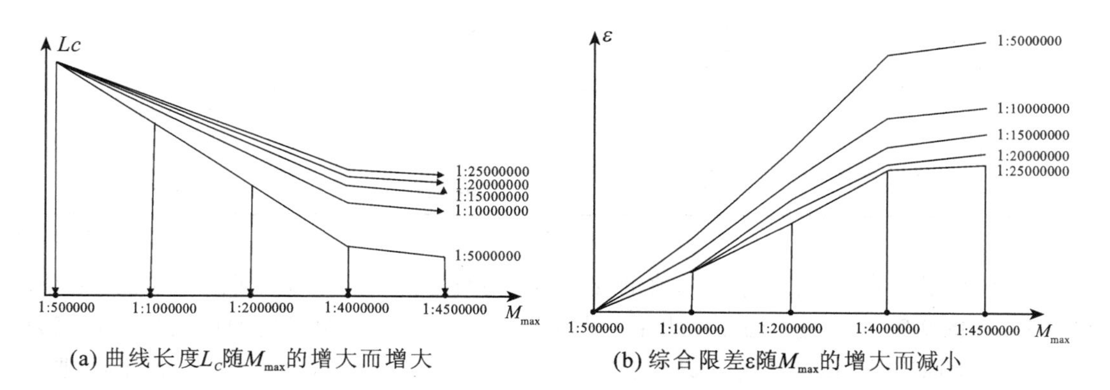

(a) 曲线长度L_C随M_{max}的增大而增大　　(b) 综合限差ε随M_{max}的增大而减小

图9-9-12　M_{max}的选定对指定比例尺上的曲线长度和综合限差的影响

9.9.8　综合试验举例

在得出限差 ε_i 后，用限差 ε_i 对 L_1 通过 D-P 算法做粗视化，其综合后的曲线长度应该十分接近于 L_i(符合扩展分维的函数依赖关系)。下面是得到 M_i 所应得出的综合结果，如图9-9-13所示。

9.9.9　对综合结果的初步评定

1. 综合结果 L_G对映射 L_C的逼近

根据 $M_C \to L$ 映射所得的 L_C以及 $L_C \to \varepsilon$ 映射所得的 ε_C，用 D-P 法进行曲线综合，综合后的曲线长度 L_G与 L_C的原值有所出入(表9-9-9)。

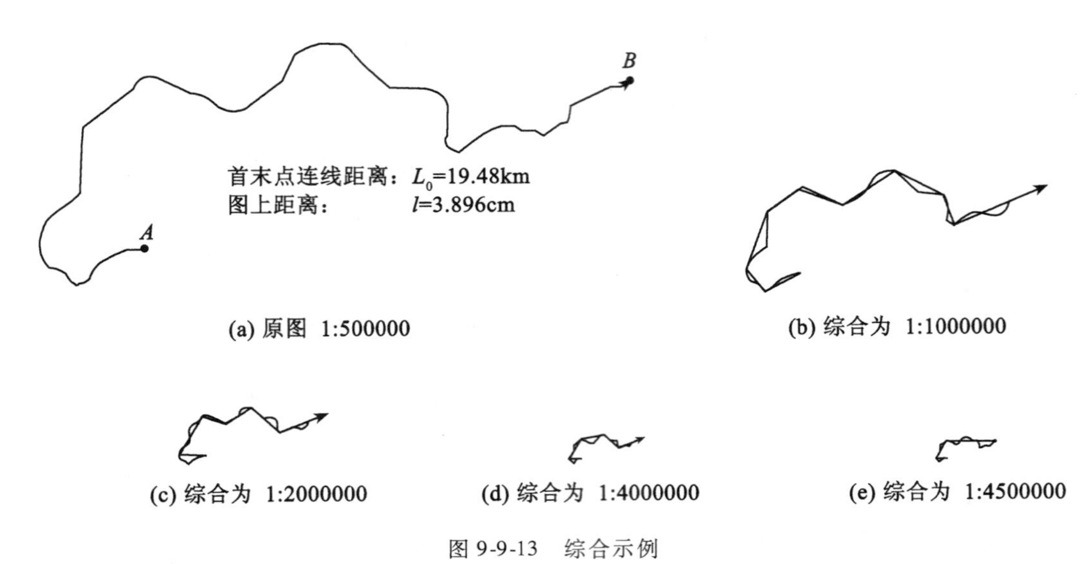

图 9-9-13　综合示例

表 9-9-9　**综合后的曲线长度 L_G 与映射长度 L_C 的差异**

	L_C	L_G	增　值
1	37. 71	37. 71	插值起点
2	35. 16	35. 19	+0. 03km
3	32. 79	33. 44	+0. 65km
4	30. 57	32. 56	+1. 59km
5	30. 21	30. 21	插值终点

对差异数据的分析：首末点（插值的支撑点）无明显误差。第2点误差（增值）很小，为0. 03，在图9-9-14中也无法显示出来（图中点a）。第3点有明显的增值明显，其值为0. 65。其产生原因是$\log L_3$与线段bb_1交于点d，其对应的横坐标为$\log\varepsilon_3$，而用ε_3进行D-P法综合得出的较大的L值，如图9-9-14中的f点所示。其原因是d点处的ε_3虽然大于b点处的ε值，但它还不足以引起曲线上点数的减少，故仍保持b点所对应的ε值综合的结果。类似的关系也出现在第4点处。总之，表9-9-9和图9-9-14表明在用D-P法综合时，所使用的限差ε总是小于$L\rightarrow\varepsilon$映射所得的限差值，使综合的程度有所减弱，这引起综合后的曲线略为增长，最后使地图内容略有增加，可称之为在未达到饱和之前的地图内容的逐渐“富化”过程。

2. 综合结果的图面载负量分析

上述这种使地图内容自动“富化”的根源在前面的表述中已经有所表露：对表9-9-8上栏和图9-9-12（a）中的M_{max}对L_C影响的分析，可使其所带来的模糊性或不确定性转变为一种为综合所需的动态性或灵活性手段，若要后继比例尺地图中的内容更为丰富，则M_{max}可选得相应地大于式（9-9-12）所计算的结果。这样，M_{max}成为可控制综合程度的一个杠杆或调节器。

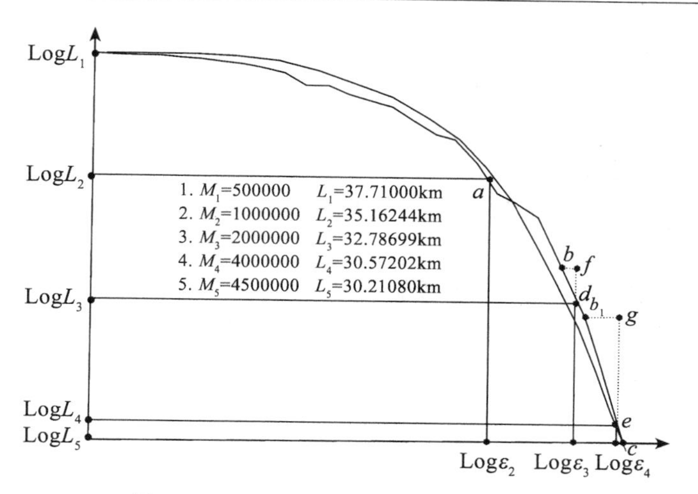

图 9-9-14　D-P 法综合中的迟后效应分析

对表 9-9-8 下栏和图 9-9-12(b)中 M_{max} 对综合限差 ε 的影响，致使接续比例尺综合时所使用的限差均有所减小，导致综合后的曲线长度比预期的有所加长。也就是说，最后导致接续比例尺中的图面线划密度有所增大。这与人们的愿望是一致的，因为比例尺缩小以后，图面单位面积显得更为宝贵了，同时各种线符也更为精细了，在不影响地图易读性的条件下，图面密度可比前一比例尺地图相对增大一些，即地图内容更为丰富一些。

9.10　面群目标的图形概括

9.10.1　图形合并的矢量方法

当相邻建筑物符合合并条件时，可设计一些相应的算法对它们进行合并。被合并的建筑物的类型应是相同或是相容的。

此处作者提出引力方向投影法。如图 9-10-1、图 9-10-2 所示，首先要解决合并的方向，然后解决合并的方法与步骤。

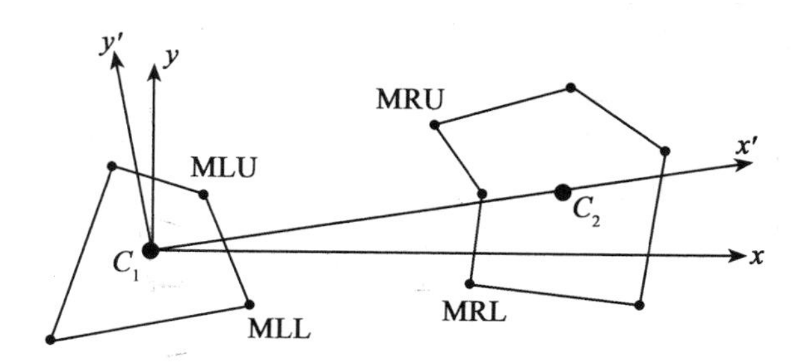

MLU 为内侧左上最大值点　　MRU 为内侧右上最大值点

MLL 为内侧左下最小值点　　MRL 为内侧右下最小值点

图 9-10-1　引力方向投影法

两个建筑物的合并方向可理解为它们之间的引力方向，这可抽象为它们重心（平面图形之形心）之间的连线方向：$C_1 - C_2$。

合并的方法与步骤如下：

①按 C_1、C_2 方向作坐标旋转；

②在新坐标系中，求两多边形的内侧（在 C_1、C_2 之间）的纵向极值点 MLU、MLL、MRU、MRL；

③根据极值点之间的相互关系作投影连接，如图9-10-2所示；

④合并后的图形面积大于原始图形面积。当需要作面积还原时，可以合并后的图形重心为相似中心作相似缩小变换。

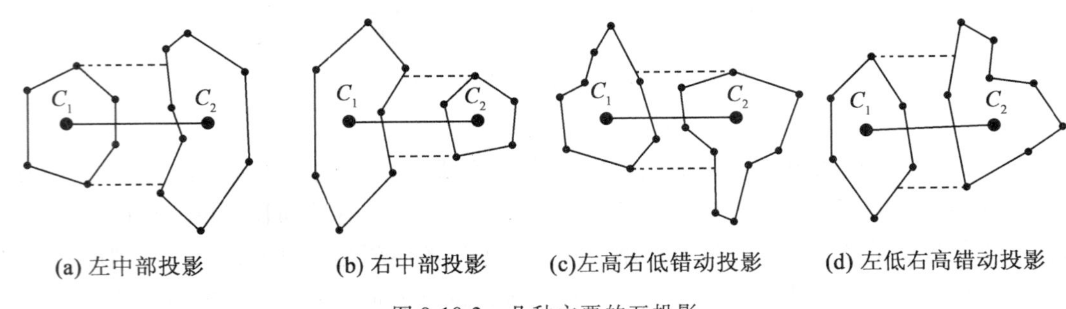

(a) 左中部投影　(b) 右中部投影　(c)左高右低错动投影　(d) 左低右高错动投影

图9-10-2　几种主要的互投影

9.10.2　图形合并的栅格方法

此处需要把要进行合并的物体转换为栅格表达形式。然后利用第3章3.4.2节“栅格方法”进行加粗运算，使得邻近的物体并为一体，这时，合并图形的外部轮廓由于加粗而产生相应的放大。为了使合并后的图形外部轮廓仍保持原有尺寸，可对加粗结果进行反向操作，即减细。减细使外部轮廓恢复原状，但在加粗过程中被融合的地段便不会再分开，从而达到两个物体在邻近地段处被合并起来（图9-10-3）。

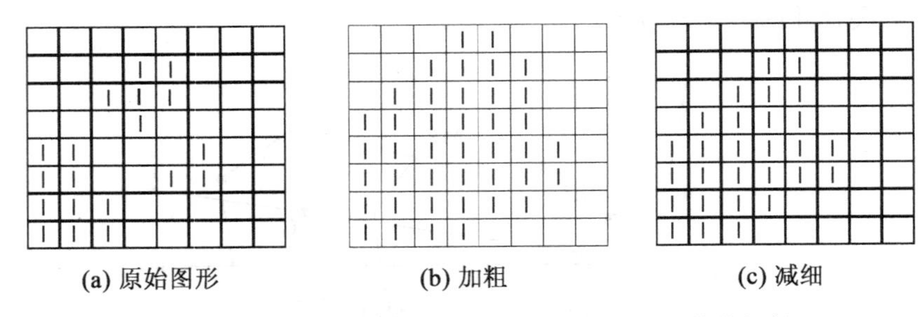

(a) 原始图形　(b) 加粗　(c) 减细

图9-10-3　用栅格数据处理实现面状物体的合并与细节的概括

1. 加粗与减细

在这种运算中，所有物体将事先按给定的像元数目加粗或减细。图3-4-6表示一条线加粗一个像元的原理过程。在减细时，代替1像元来加粗0像元，用标准的边缘检测法哨掉线条的两侧，根据加粗的次数来控制减细的次数。详见第 3 章 3.4 节中的栅格方法。

2. 加粗与减细的矢量缓冲区法模拟

图形的加粗与减细也可用矢量缓冲区方法来拟模，如图 9-10-4 所示。

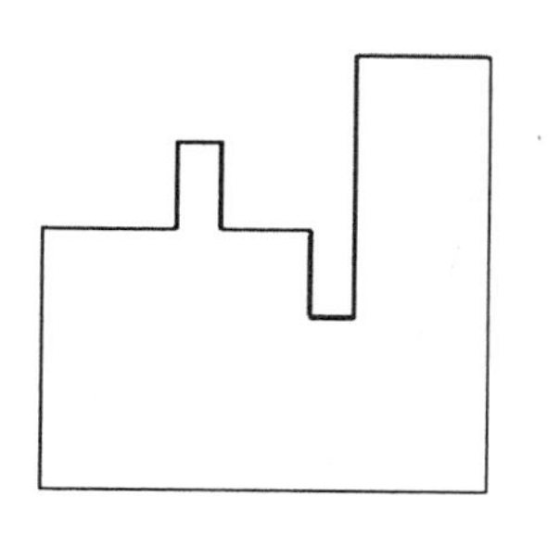

(a) 具有凹凸细节的图形

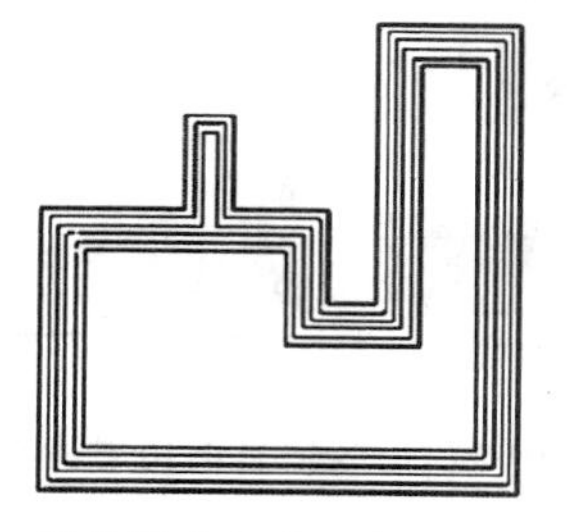

(b) 最外轮廓线为具有凸凹部分的原始图形，向内收缩一定次数，使凸部消失

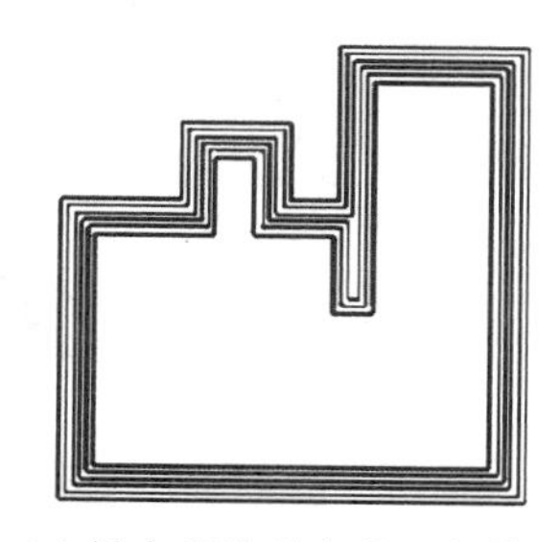

(c) 最内部为具有凸凹部的原始图形，向外扩张一定次数，使凹部填平

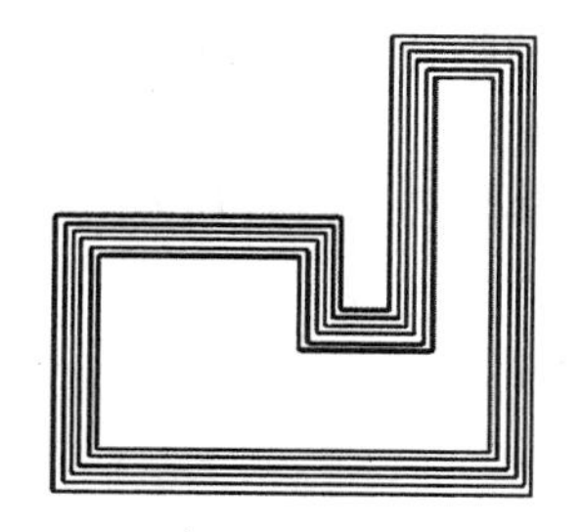

(d)将图(b)的最内部去凸图形向外侧扩张同样次数，得到去凸后的原尺寸图形(最外部轮廓)

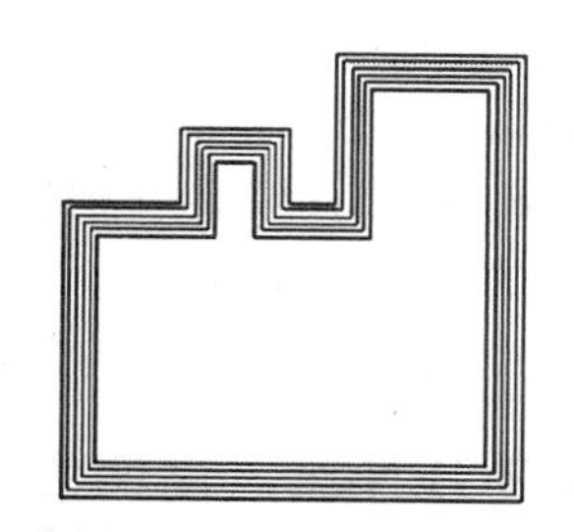

(e) 将图(c)的最外部去凹图形向内收缩同样次数，得到填凹后的原尺寸图形

图 9-10-4　用矢量手段模拟栅格方式的加粗与减细

9.10.3　街区信息的仿射变换

城市中的街道是具有不同的等级的。在可视化时，由于不可避免的街道符号加宽，这就意味着街道边线从不同的方向向街区的中心点移位，因而引起所有沿街分布的物体向街区中心连续移位。为此，要采取整体性的处理措施，这就是仿射变换(图 9-10-5)。

街区信息的仿射变换的基本步骤与内容如下：

①生成新、旧街区轮廓图形数组 $X_{\mathrm{Fnew}}()$，$Y_{\mathrm{Fnew}}()$，$X_{\mathrm{Fold}}()$，$Y_{\mathrm{Fold}}()$，点数相等且点点对应，轮廓点数为 IPFR；

②获取街区中全部物体的图形数据于数组于 $x()$，$y()$；

③待求的仿射变换系数为 A_0，A_1，A_2，B_0，B_1，B_2；

④根据点数为 *IPFR* 的新、旧街区轮廓数据 X_{fnew}，Y_{fnew}，X_{Fold}，Y_{fold}，利用最小二乘法求定变换系数 A_0，A_1，A_2，B_0，B_1，B_2；

⑤对本街区的所有物体的轮廓图形坐标 $x()$，$y()$进行仿射变换

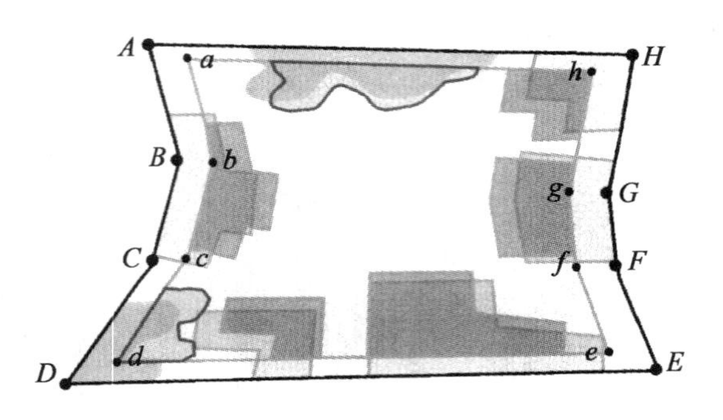

图 9-10-5 街区信息的仿射变换

$$\begin{cases} X=A_0+A_1 \cdot y+A_2 \cdot x \\ Y=B_0+B_1 \cdot y+B_2 \cdot x \end{cases} \tag{9-10-1}$$

式中，y，x 为变换前的物体轮廓图形；Y，X 为变换后的物体轮廓图形。

如图 9-10-5 所示，通过仿射变换把原来的街区轮廓$\{A, B, C, D, E, F, G, H\}$变换为$\{a, b, c, d, e, f, g, h\}$，并把原来的所有物体都变换到以$(a, b, c, d, e, f, g, h)$为新街区边界的轮廓范围中。

最后，形成新的建筑物信息处理的逻辑单元，如街区等。

9.10.4 MORGEN 结点度评估法

关于 MORGEN 结点度评估法，笔者在此是把一个街网结构表示为由结点(街道交叉点)与边(街道)组成的图，并用结点度来表示各个结点的初值(图 9-10-6)。

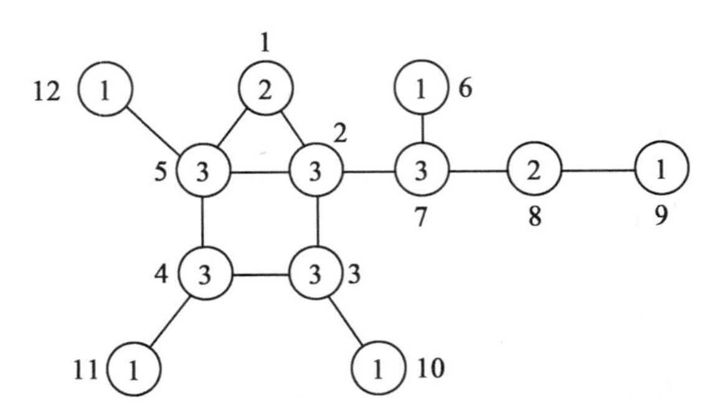

(圆圈内的数字为结点度值；圆圈外的数字为结点的序号)

图 9-10-6 结点度的初始图

为了最大程度地区分各个结点(特别是内部结点)之间的重要性差异，可对结点度的值作邻接求和变换，即作循环地的重新赋值。

在对结点度重新赋值时，在原方法中仅对“对非外围结点”重新赋值，此处可不受此限制，即对每个结点重新赋值，其值为该结点相连接的有关结点度数值之和。这个过程一直进行下去，直到满足下列两个条件之一为止：

①各结点的值都不相同；

②$K' \leqslant K$，K'为第 n 步的联接度，K 为第 $n-1$ 步的联接度。结点度不同值的个数叫联接度。最后，对所有结点进行排序，以最大限度地区分出它们的重要性差异(周宁 1988)。

Morgen 结点度赋值法的步骤如下：

1. 建立结点邻接矩阵

在本例中有 12 个结点，因此要建立 12×12 的邻接矩阵(表 9-10-1)。

表 9-10-1　**结点的邻接矩阵**

	1	2	3	4	5	6	7	8	9	10	11	12
1	0	1	0	0	1	0	0	0	0	0	0	0
2	1	0	1	0	1	0	1	0	0	0	0	0
3	0	1	0	1	0	0	0	0	0	1	0	0
4	0	0	1	0	1	0	0	0	0	0	1	0
5	1	1	0	1	0	0	0	0	0	0	0	1
6	0	0	0	0	0	0	1	0	0	0	0	0
7	0	1	0	0	0	1	0	1	0	0	0	0
8	0	0	0	0	0	0	1	0	1	0	0	0
9	0	0	0	0	0	0	0	1	0	0	0	0
10	0	0	1	0	0	0	0	0	0	0	0	0
11	0	0	0	1	0	0	0	0	0	0	0	0
12	0	0	0	0	1	0	0	0	0	0	0	0

2. 结点度的迭代赋值

在每一次迭代中，结点度的新值 d_i 为与该结点邻接的所有结点的度数 d_j 之和，即

$$d_i = \sum d_j \tag{9-10-2}$$

迭代结果如表 9-10-2 所示。

从表的计算过程看出，当迭代至第 6 次时，联接度值已等于 12，即对于 12 个结点来说(NO=12)，它们的结点度数值均不同，这样，单从结点度方面已经把这 12 个点之间的差异区分出来。计算的结果实现了结点度(重要性)的传播或互影响(图 9-10-7)。这样，就从原始数据中得到重要的派生信息：一种区分目标 Obj 之间差异的序关系

$$\mathrm{Obj}_1 > \mathrm{Obj}_2 > \mathrm{Obj}_3 > \mathrm{Obj}_4 > \mathrm{Obj}_5 > \mathrm{Obj}_6 > \mathrm{Obj}_7 > \mathrm{Obj}_8 > \mathrm{Obj}_9 > \mathrm{Obj}_{10} > \mathrm{Obj}_{11} > \mathrm{Obj}_{12} \tag{9-10-3}$$

式中，“>”号为领先符号。

上面考虑的仅是纯粹的结点度问题，即假设所有结点或其间的联系边的语义或质量信息均相同的情况。当各个结点为不同等级的居民地或它们之间的交通联系为不同等级的道路时，这时就需要考虑加权和

$$d_i = \sum w_1 w_2 d_j \tag{9-10-4}$$

式中，w_1 为结点目标的等级值；w_2 联系边的等级值。

表 9-10-2

迭代次数:	IDO =	1											
排序之后:	AFTER	1-th	PAIDUI:										
顶点序号:	KEYS:	6	9	10	11	12	1	8	3	4	5	2	7
顶点度数:	DUSHU:	1	1	1	1	1	2	2	3	3	3	3	3
联接度值:	K1 =	3	VALUES: =	3 2 1									
迭代次数:	IDO =	2											
排序之后:	AFTER	2-th	PAIDUI:										
顶点序号:	KEYS:	9	6	10	11	12	8	7	5	1	3	4	2
顶点度数:	DUSHU:	2	3	3	3	3	4	6	6	6	7	7	8
联接度值:	K2 =	6	VALUES: =	8 7 6 4 3 2									
迭代次数:	IDO =	3											
排序之后:	AFTER	3-th	PAIDUI:										
顶点序号:	KEYS:	9	6	12	11	10	8	1	7	5	4	3	2
顶点度数:	DUSHU:	4	6	6	7	7	8	14	15	16	16	18	19
联接度值:	K2 =	9	VALUES: =	19 18 16 15 14 8 7 6 4									
迭代次数:	IDO =	4											
排序之后:	AFTER	4-th	PAIDUI:										
顶点序号:	KEYS:	9	6	11	12	10	8	7	1	5	4	3	2
顶点度数:	DUSHU:	8	15	16	16	18	19	33	35	36	41	42	47
联接度值:	K2 =	11	VALUES: =	47 42 41 36 35 33 19 18 16 15 8									
迭代次数:	IDO =	5											
排序之后:	AFTER	5-th	PAIDUI:										
顶点序号:	KEYS:	9	6	12	11	8	10	7	1	6	4	3	2
顶点度数:	DUSHU:	19	33	36	41	41	42	81	83	92	94	106	110
联接度值:	K2 =	11	VALUES: =	110 106 94 92 83 81 42 41 36 33 19									
迭代次数:	IDO =	6											
排序之后:	AFTER	6-th	PAIDUI:										
顶点序号:	KEYS:	41	81	92	94	100	106	184	202	213	239	246	270
顶点度数:	DUSHU:	9	6	12	11	8	10	7	1	5	4	3	2
联接度值:	K2 =	12	VALUES: =	270 246 239 213 202 184 106 100 94 92 81 41									

K2 = 12，NO = 12

9.10.5 城市街网综合的逻辑层次

这里首先涉及诸如街道边线、街道和街区等概念，详见第7章7.7节所述。

城市平面图形综合的基本逻辑层次是从整体轮廓结构的综合(它体现为城市街区宏结构的综合)、街区图形的仿射变换和街区内的物体处理。系统应具有随机查找这些实体完备信息的机制。

城市街区宏结构的综合是通过街网综合来实现的。

街网是由街道实体构成的一个网络。由于街道的等级和语义(特别是城市管理单元的界限)的差异，便使这种网络成为一种加权图。因此，可以充分利用图论法则来处理街网。街网的综合体现在对其实体元素——街道实体的综合。这时就可以使用诸如实体本身

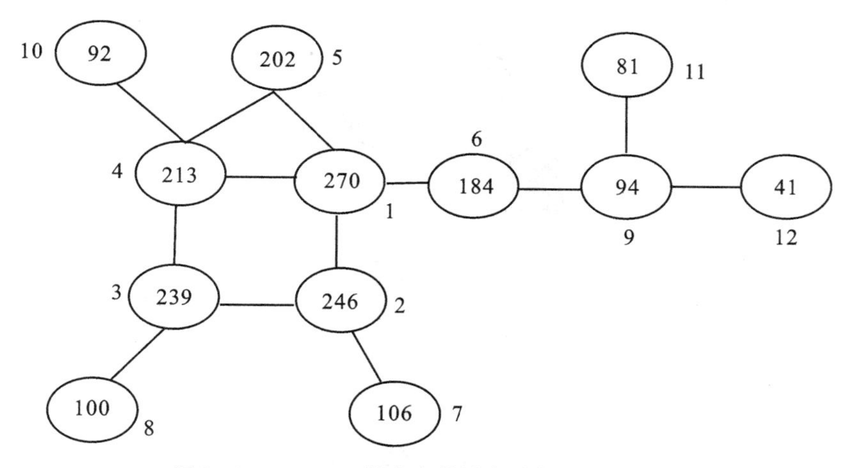

图 9-10-7　Morgen 结点度的最大异化和最终排序

的数量、质量特征，特别是它在结构中的地位等“全息准则”，对街道实体进行全面的评价。对于实体本身的评价方法比较单纯，主要集中在对其本身各属性值的分析与评价，而用实体之间的关系来评价有关实体的方法却有多种，如网络拓扑分析法、Morgen 结点度评价法等。

由于街网也是一种网络，故可以参照前述道路网的综合方法。不过街网中的网眼(街区)具有特殊的重要性，而交通网中的网眼没有实际意义。

此处仅以街道轴线所表示的街网为例，来说明网络拓扑分析问题。在这种情况下，街网的拓扑结构表现为结点(街道轴线交点)、边(街道轴线线段与街区边线线段)和网眼(街区)之间的相互关系。这些关系可用矩阵来表示。在处理交通网络时，除了顾及道路本身的数量与质量特征以外，有人曾提出了一些全局评价方法，表现为对网络结点强度的评价，即把网络结构用加权有向图关联矩阵表示并确定其结点强度的连接规则(U. Frank 1974，1977)。

9.10.6　街区内物体的特征描述

在街区内部不只有建筑物，还会有各种不同类型的物体，如园林、水体等。此处以建筑物综合处理为主。这里的综合处理同样包括物体选取和被选取物体图形的概括，特别是建筑物图形的合并。

1. 建筑物的概念类型的变换

首先根据新比例尺的图式规范，对物体的类型与等级进行转换。在此基础上，为建筑物的合并做预处理：建筑物邻接关系的识别与属性集的评价。

2. 在处理区段内建立建筑物之间的邻接关系

①建立基于建筑物实体的 Delaunay 三角网以确定物体之间的邻接关系，如图 9-10-8 所示。

②建立基于建筑物边线的 Delaunay 三角网以确定最邻近关系，如图 9-10-9 所示。

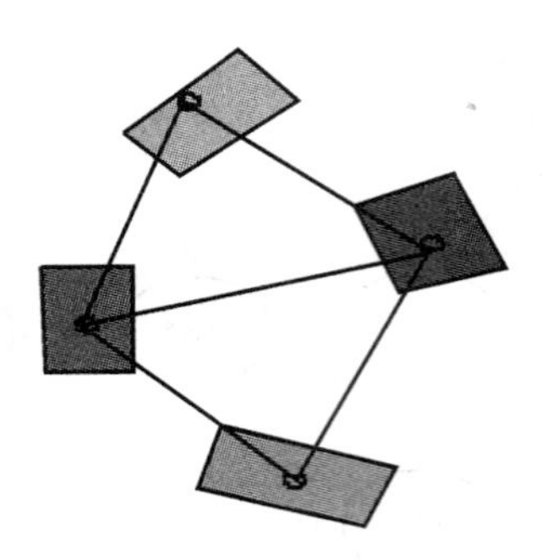

图 9-10-8 用三角网建立物体之间的邻接关系

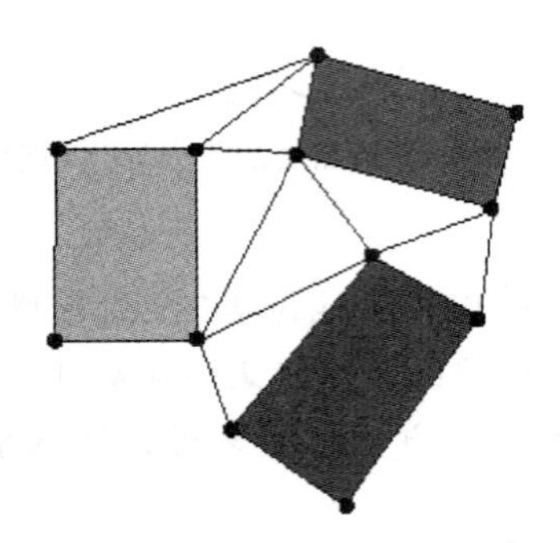

图 9-10-9 用物体边线建立三角网以确定物体之间的邻接关系

9.10.7 两合并物体在合并侧(内侧)的图形特征

因为两图形合并的方向取决于其重心连线的方向，故下面用重心(或形心)连线为手段，来确定两图形与合并相关部分的特征。

可用矢量叉积来判断凸凹特征：

1. 凸凸关系

凸凸关系指的是由两建筑物重心(或形心)连线所确定的内侧部分图形均为凸形，如图 9-10-10 所示。

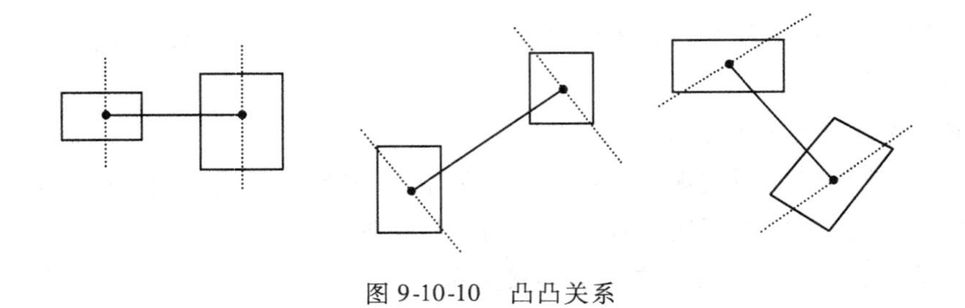

图 9-10-10 凸凸关系

2. 凸凹关系

凸凹关系指的是由两建筑物重心(或形心)连线所确定的内侧部分图形，一个为凸形，另一个为凹形，如图 9-10-11 所示。

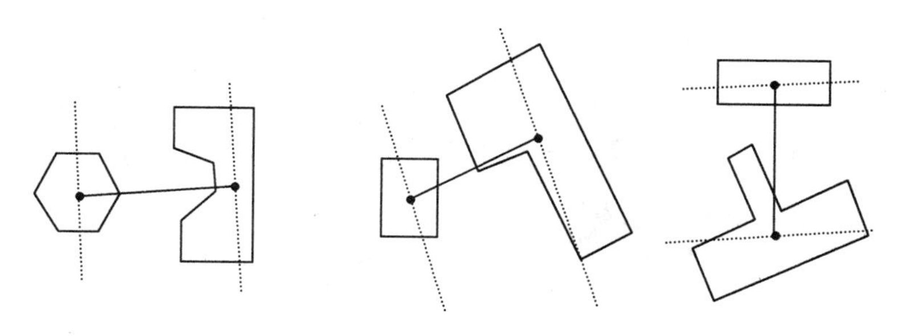

图 9-10-11　凸凹关系

3. 凹凹关系

凹凹关系指的是由两建筑物重心(或形心)连线所确定的内侧部分图形均为凹形，如图 9-10-12 所示。

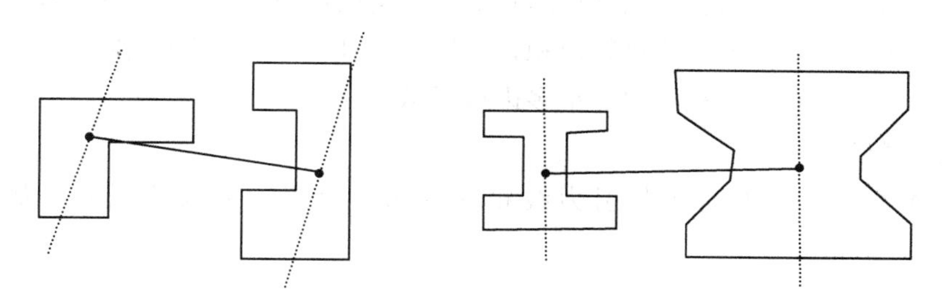

图 9-10-12　凹凹关系

9.10.8　建筑物几何图形合并的方向与算法

建筑物的合并是在新生成的街区范围内进行的。首先利用 Delaunay 三角网或 Voronoi 图识别出需要合并的有关目标，特别是彼此分离的目标，然后进行几何合并。合并的建筑物对象可以是矩形，也可以是以直角为主的多边形和具有其他折角的多边形。在其质量特征相同或相近的情况下进行合并。其合并原理是基于主方向，即相邻物体形心连线的方向或称为引力方向，故可称为建筑物合并的引力学方法。合并的程度可量化为六个级别，视需要选用。

1. 合并方向

合并方向为引力方向，即物体重心的连线方向，如图 9-10-13 所示。

2. 合并算法

①求两多边形的形心 C_1 和 C_2，连接 C_1 和 C_2；

②把两个多边形旋转到以 C_1、C_2 为横坐标轴的新坐标系中；

③求两个多边形的内侧(两个纵坐标轴之间)“半”多边形的纵坐标极值：

MLU、MLL、MRU、MRL，并作投影与连接。

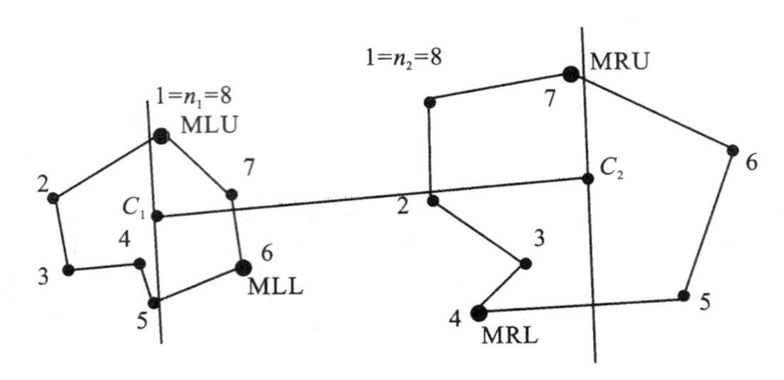

图 9-10-13 引力方向示意图

9.10.9 平面图形合并示例

在作者所设计的算法中，提出并实现了6级合并程度。由于合并过程中把原来的中部空白区填为建筑物区域，如有面积改正的必要，可用相似缩小的算法把面积增大了的图形缩小致使其等于原来未增大的建筑物面积，如图 9-10-14 ~ 图 9-10-19 各图中的图(c)中由内缩平行边形成的用底色填充的相似小多边形所示。

1. 内侧弱合并

外侧轮廓不变，找出内侧与引力线相交的边，由短边向长边投影，如图 9-10-14 所示。

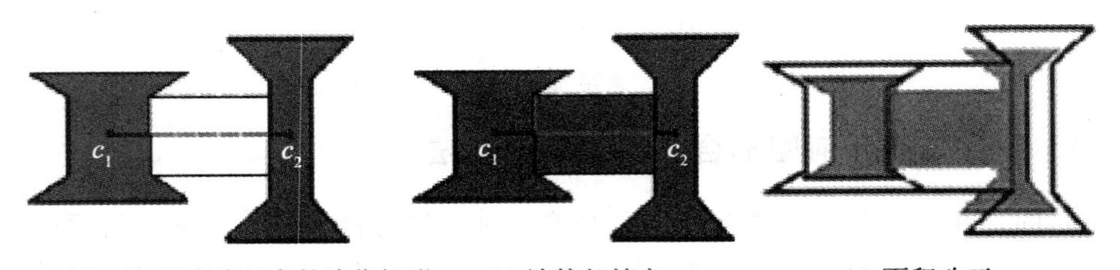

(a) 内侧与引力线相交的边作投影　(b) 连接部填充　(c) 面积改正

图 9-10-14 内侧弱合并：内侧最邻近边形成最小四边形或进行小物体到大物体的投影

2. 内侧中合并

外侧轮廓不变，内侧轮廓凸化后邻近边合并(互投影，边连接)，如图 9-10-15 所示。

3. 内则强合并

外侧轮廓不变，内侧纵向极值点连接(分布方向上内侧纵向极值点的连接)，忽略内侧特征，如图 9-10-16 所示。

4. 一般级合并

外侧凸化加内侧纵坐标极值点的连接，如图 9-10-17 所示。

5. 次强级合并

建筑物轮廓点集的凸壳的形成，如图 9-10-18 所示。

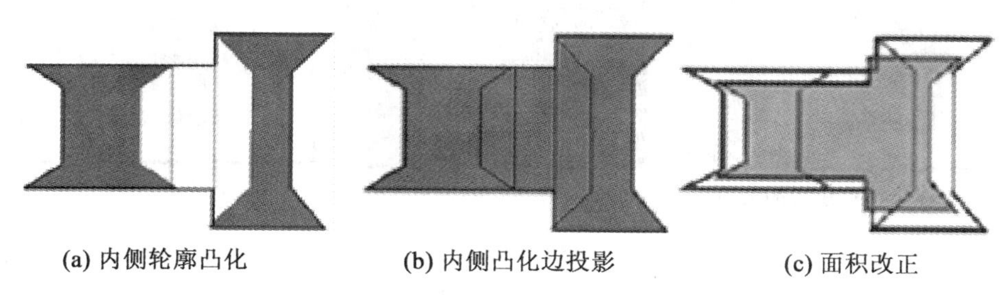

(a) 内侧轮廓凸化　(b) 内侧凸化边投影　(c) 面积改正

图 9-10-15　外侧轮廓不变，内侧中合并：内侧凸化后进行互投影

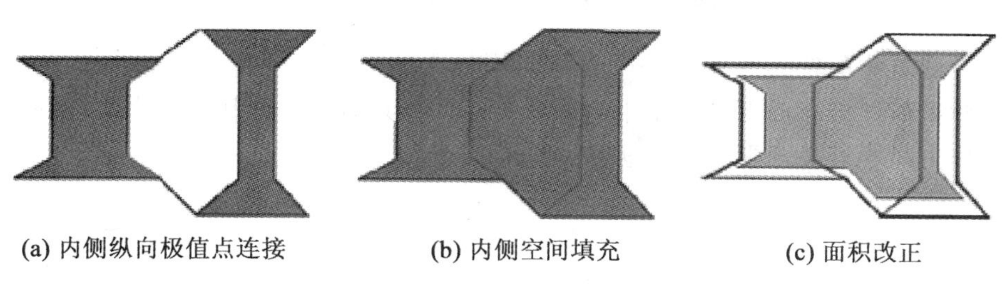

(a) 内侧纵向极值点连接　(b) 内侧空间填充　(c) 面积改正

图 9-10-16　外侧轮廓不变，内侧强合并：内侧极值点连接

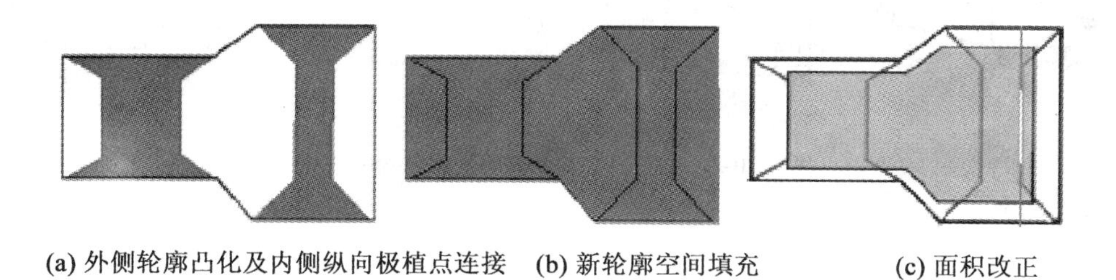

(a) 外侧轮廓凸化及内侧纵向极植点连接　(b) 新轮廓空间填充　(c) 面积改正

图 9-10-17　一般级合并：外侧凸化加内侧纵坐标极值点连接

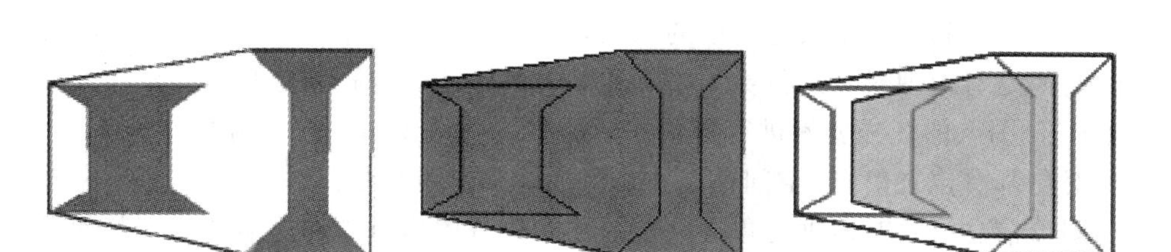

(a) 建筑物轮廓点集凸壳的形成　(b) 凸壳内部填充　(c) 面积改正

图 9-10-18　次强级合并：建筑物轮廓点集的凸壳

6. 最强级合并

建筑物轮廓点坐标在引力坐标系中由极值点生成矩形，如图 9-10-19 所示。

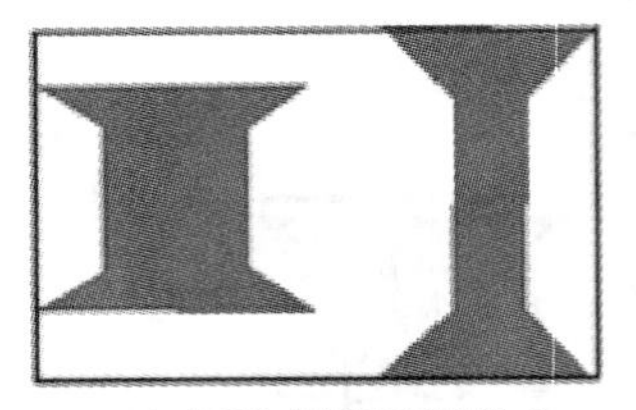
(a) 极植点矩形的形成

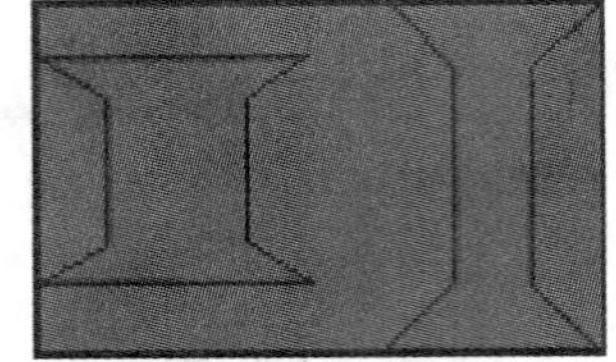
(b) 矩形的填充

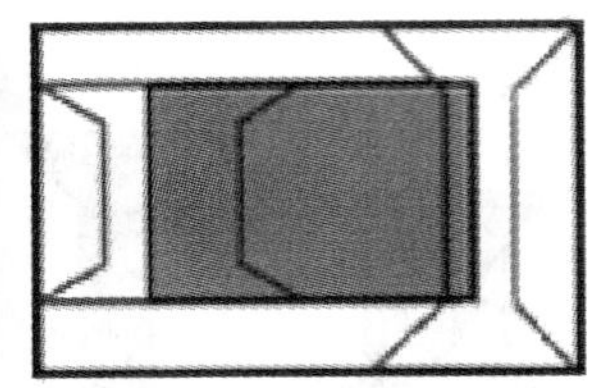
(c) 面积改正

图 9-10-19　最强级合并：在引力坐标系中极值点矩形法

9.10.10　若干建筑物轮廓点集最小外接矩形的生成示例

把若干建筑物的轮廓点构成一个点集，用较小的一个角度作为步长逐渐进行坐标旋转，求坐标极值形成在局部坐标系中的矩形，并计算其面积。待旋转一周后，寻找面积最小的矩形作为最小外接矩形，如图 9-10-20 所示。

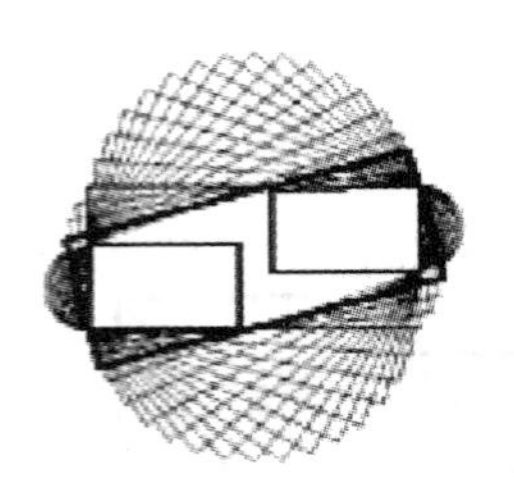
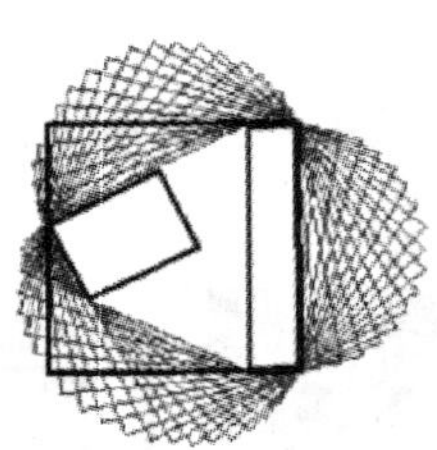
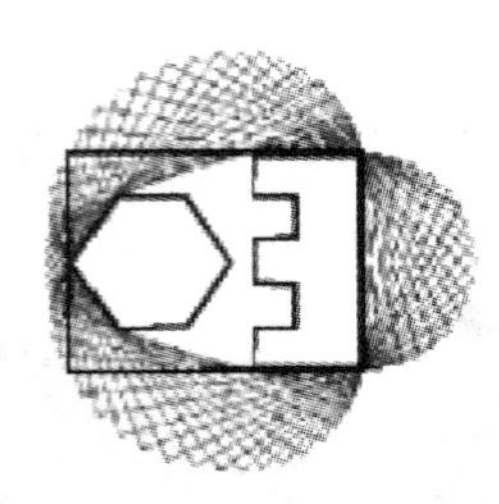
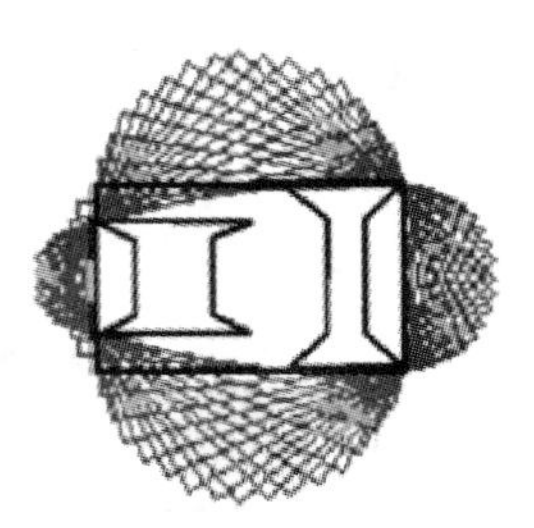

图 9-10-20　若干建筑物轮廓的最小外接矩形

9.11　属性信息的综合

在地理数据的总框架中，除了在普通地（形）图上所表示的要素（如水系、地貌、道路、居民地、境界和土质植被等所谓的六大要素）以外，其他部分属于更为专业的或专用的要素，它们是对地理对象进行更为详细和深入的描述。这种划分具有相对性，因为可以把普通地（形）图上的任一要素进行特别详尽的表示，形成相应的专用的数据库。

地理对象都有位置信息（空间信息、图形信息）和属性信息，后者通常又称为非空间信息或非图形信息，是对地理对象进一步描述除位置图形以外的所需的一切其他信息。

属性数据按其依附的对象特征可分为：非对象型的和对象型的。非对象型的属性数据如地形的坡度、坡向、气温等，这类属性数据是相关于所论述的整个地区或整个数据库的，不进行特定区域的划分，从而不涉及图形信息处理问题；对象型的属性数据如土壤分布图、土地利用图和行政区划图等，形成各种专题多边形及其非图形信息的详尽描述。

下面所要研讨的是后一种情况，即对象型的属性数据。它有自己的专题图形信息与专题属性信息，因此，其综合问题涉及专题图形信息综合与专题属性信息综合。其中，专题图形信息综合与一般地理对象的图形信息综合基本一致，但也有其与之不同的地方。而专题属性信息的综合则是一个新的信息综合领域。

属性数据的综合是指在科学研究综合问题以及所涉及的专题内容要素特征的基础上，对专题数据加以处理，抽取最重要的要素、对象的基本轮廓、主要特征和基本规律(邬伦等　2001)。专题属性数据综合主要表现在两个方面：语义概念综合(分类、分级等)和几何图形综合。专题信息综合的主要表现形式是对类型数据(Categorical Data)进行综合，甚至已发展到GIS中的类型数据库的综合(Yaolin Liu　2002)。

专题数据综合也可分为两种类型：数据库综合和可视化综合。前者用于数据分析，后者用于可视化或图形生成与输出。但是空间分析的结果需要通过图视界面传达给决策者，所以，这两种综合是难以割裂的，实际上是地理信息综合的两个紧密连接的步骤。

与普通地图数据综合相比，专题数据的类型要复杂得多。普通地图数据主要是图形数据，其综合对象主要是不同类别的物体图形。而专题数据的综合除了图形综合以外，更为重要的是对GIS的核心内容——专题属性数据进行综合。

9.11.1　专题属性数据的基本范畴

对GIS中专题属性数据的综合，博士研究生高文秀进行深入的探讨(高文秀　2002；高文秀等　2002)。

专题属性数据是GIS数据分析的主体，是在普通地图要素的基础上对地图区域更为全面和深入的表达，它具有更为丰富的内容。因此，它是GIS信息综合的一个主要方面。

在GIS中，地理数据包括了空间数据、非空间的专题属性数据、时间数据，用于描述自然地理现象、社会经济现象和人文地理现象等。其中，专题属性数据又分为定性数据和定量数据。定性数据用于描述地理现象的质量特征，突出反映现象间质的差别，如描述土壤类型、各种专题性的区划与分类信息等；定量数据则用于描述地理现象的数量特征，如降雨量、人口数、劳动就业状况、人均月收入状况、教育状况、工农业生产发展指标、医疗保健等统计信息以及各种数值分析结果等。

定量数据的一个重要来源是社会经济统计数据，一般按各级行政区划单元、街区和企事业单位进行统计。

目前，地图界和GIS界的数据综合主要是针对普通图和空间数据进行的，而且已经发展了比较完备的综合思想、综合模型、综合算法以及综合系统，而对于专题属性数据的综合一般集中在定性数据综合的研究上。从地图学的角度讲，定性数据一般用于制作类型图或区域图，如土壤类型图、植被类型图、行政区划图等。许多学者称这种数据为类型数据或分类数据，而且利用矢量模型、栅格模型以及矢栅混合模型来实现这类数据的综合。

类型数据或分类数据是专题属性数据的一个重要类型，它多用于描述呈面状分布的不同类型地理现象的分布状况。这类地理现象一般存在从高级分类到低级分类体系，或者是从详细分类到粗略分类的分类体系。

9.11.2　专题属性数据的语义信息综合

如同普通地图数据库一样，语义概念综合是一种全局性的(全图性的或全库性的)综合，属于宏观设计范畴。但与普通地图数据库不同的是，相对于原始专题数据来说，这里要进行大量的分析研究，对专题数据进行科学合理的再分类与再分级，其中，主成分分析是一个重要的专题信息简化方法(高文秀等 2002b)。

在中小比例尺区段，纯粹的几何处理已显得不够了，需要对专题数据的概念层次进行变换，使其与中小比例尺的空间尺度相适应，以反映专题对象的相应的抽象程度。这体现在对原始专题信息的再分类与再分级中。再分类解决专题信息的定性层次划分；再分级解决专题信息的定量等级的确定。

由于地图的承载力的关系，比例尺的影响在不同的区段是不一样的。H. Louis(1956)区分了三种综合：尺度制约综合(Massgebundenes Generalisieren)；自由式综合(Freies Generalisieren)；命题制约综合(Thesengebundenes Generalisieren)。

9.11.3 专题属性数据的相关图形信息综合

在大比例尺区间，比例尺的变化还不足以影响到专题属性类型的改变，而仅只需要对其破碎图斑进行几何处理便可满足应用要求。这里的专题目标的取舍、轮廓的简化与合并等综合与普通地图综合的过程是一致的，尚不会引起属性数据的变化或变化极其微小，属于简单图形综合。

专题图形信息综合分为两大类：离散型与连续型。其处理准则分为四个方面：度量(Metric)准则，拓扑(Topologic)准则、语义(Semantic)准则和格式塔(Gestalt)准则。

1. 离散型专题相关图形信息综合

离散型专题信息是呈彼此不邻接或不连通的多边形或图斑块。如煤田、矿产、动植物群落分布等。

对于离散型专题信息的综合，一方面，进行图斑选取如同对待普通的孤立多边形一样，舍弃小的多边形不存在新的技术问题；另一方面，可按专题的相近性，将小图斑归并到与其相邻的大图斑中去，可采用空间聚类进行大范围的合并处理。

2. 连续型专题相关图形信息综合

连续型信息是布满整个地理空间的物体或现象，如土地利用、政区地图、地质图和其他类型地图(Categorical Maps)等，其特点是铺盖型的布满整个研究空间，各个图斑(多边形)彼此邻接、包含或连通，构成拓扑网络。

对于连续型专题多边形的综合，以往大都是用通常的曲线综合算法对多边形边界作通常意义下的曲线综合操作，这种方法把多边形网络看成是各条边界曲线段的集合，因而所进行的综合是仅对多边形外在意义(边界轮廓特征)的综合，显然未能顾及多边形的内在语义特性和网络拓扑关系。

9.11.4 专题属性数据的定量综合

随着比例尺缩小和应用需求，除了依据一定的约束规则进行类型的转换、图形的合并和化简等操作来实现类型数据的综合之外，定量数据的综合也是专题属性数据综合一个重要方面，即需要从上述原始的统计数据中利用适宜的数学模型进行统计处理，为其综合处理奠定科学的基础。

9.11.5 属性图层的叠加

栅格数据结构隐含规则空间信息的特点，可以看成是最典型的数据层面，便于实现在统一数学基础上的不同数据层面之间的关联处理。如用各种各样的方法将不同数据层面进行叠加运算，以揭示某种空间现象或空间过程。例如，土壤侵蚀强度与土壤可蚀性、坡度和降雨侵蚀力等因素有关，可以根据多年统计的经验方法，把土壤可蚀性、坡度、降雨侵蚀力作为数据层面输入，通过数学运算得到土壤侵蚀强度分布图。

9.11.6　窄狭区域的识别与处理

之所以要顾及连续多边形网络综合特点，一方面是为了避免引入拓扑错误，另一方面是为了确保当舍弃小图斑、窄狭图斑不产生图面空白。后者需要采用不同的方式来处理，或者按专题的相近性将小图斑归并到与其相邻的大图斑中去，或者将小图斑按某种比例关系分赋到与其毗邻的各个专题多边形中去。图斑的面积易于计算，而图斑的窄狭与否却不易自动识别，而需要借助特殊功能程序来完成。单侧缓冲区方法是一个有效识别手段。关于缓冲区的详细算法过程，见第 4 章 4.9.2“缓冲区——表达邻近度的一种手段”和图4-9-1“图形瓶颈与咽喉部分的自动检测”。

M. Bader 和 R. Weibel(1997)首先用 Delaunay 三角网原理来生成窄狭多边形骨架线(图 9-11-1)。下一步是把相邻多边形的相关链段同最近的骨架线连接起来，并剪掉用不着的分支(图 9-11-2(a))。所得的骨架线便成为相关多边形的新边界(图 9-11-2(b))。

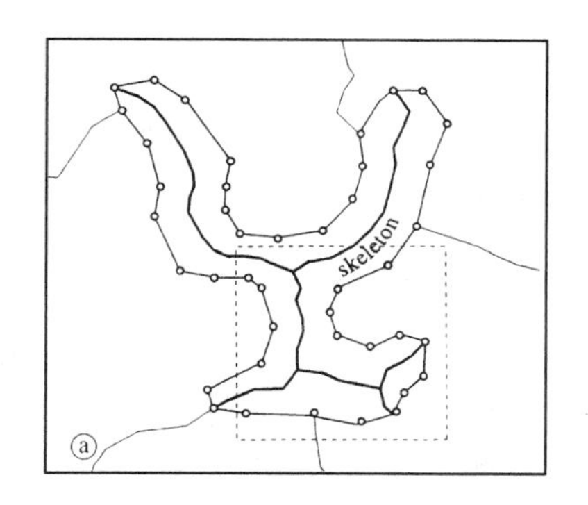

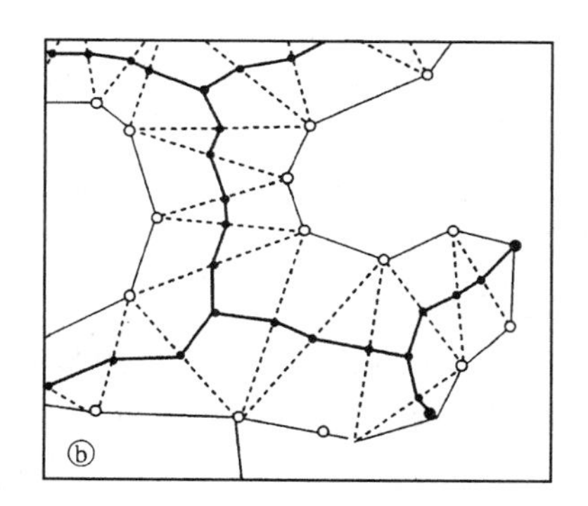

图 9-11-1　用 Delaunay 三角网原理生成窄狭多边形的骨架线

类似地，也可对小而重要的专题多边形进行必要的夸大，这可看做是图 9-11-2(a)所示原理的反操作。土地利用图中河流可以作为典型的例子，对其过于窄狭的地段需要做必要的加宽。进而计算移位夸大矢量，以略微加宽了的图形代替原有较窄的图形。

对于碎小多边形的另一种处理方法是聚合(Aggregation)，如果这些碎小多边形相距过近，在处理聚合时，要区分以下四种情况(Bader 和 Weible　1997)：

①对于彼此毗邻(具有共同边界)的小多边形，聚合过程很简单：可去掉其共同边界；

②同类型的相距很近的离散多边形的合并(可用缓冲区重叠法予以识别)；

③当两多边形分属于不同的类型时，可把二者之间的分离空间转化为一条边界线，使二者紧贴起来；

④顾及专题语义信息，在类型转换之后，将相邻的属于同一类型的对象合并成一个新的对象。其判断准则就是类型同一与拓扑邻接。但是，在土地信息系统中，还要顾及行政

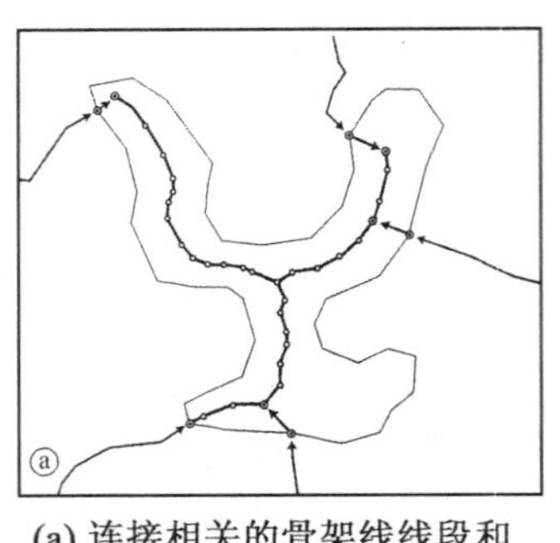

(a) 连接相关的骨架线线段和剪掉其无用分支

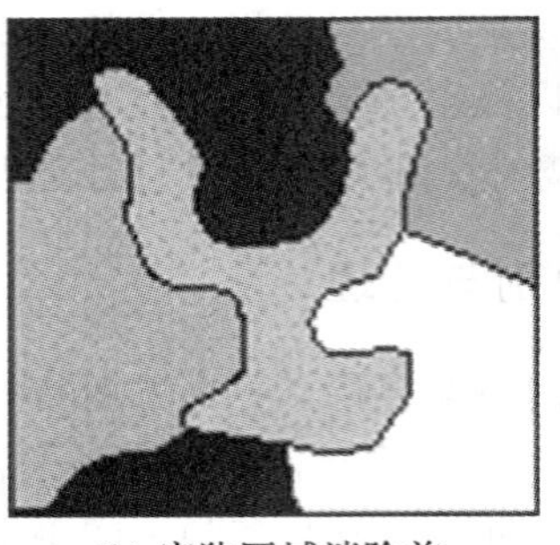

(b) 窄狭区域消除前

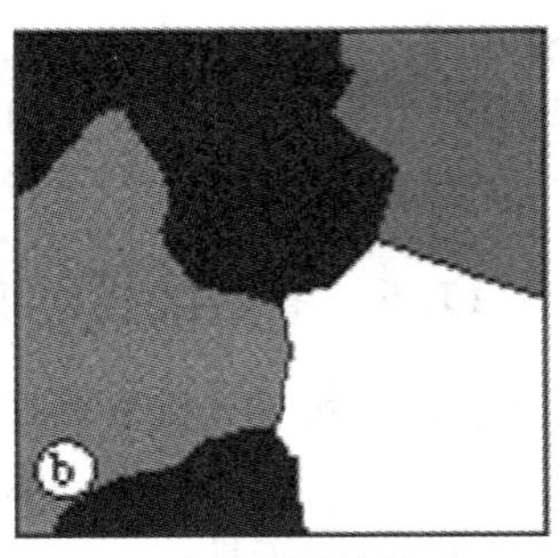

(c) 窄狭区域消除后

图 9-11-2　窄狭区域的处理

管理与权属问题。例如，两个分属于不同政区单元的同类型的邻接地块就不能合并。

但并不是所有碎小物体都可以聚合的，如岛群、湖群等，它们均是明确的地理实体，对其只能进行选取，不能进行合并。

9.11.7　专题属性数据综合与空间数据综合的关系

张克权等(1991)总结了专题地图制图综合的基本特点，并比较了专题地图综合和普通地图综合的区别。其中的某些特点也适用于GIS环境下专题属性数据的综合。事实上，GIS数据的采集与录入过程就是对相关专题信息的首次综合。专题属性数据综合与空间数据综合有着密切的关系。

1. 专题内容的主导性

从综合动因来讲，除了比例尺的影响以外，对专题内容的应用评价起关键作用。比如原始数据记录了某区域各个图斑的土壤类型(如红壤、砖红壤、黑壤、黄壤、沙地等)，某些应用需要研究哪些土壤肥沃适宜种植农作物，哪些土壤不够肥沃不宜种植。此处，并不仅仅局限于土壤的类型信息，而是要根据土壤类型和种植适宜性状况来确定每个图斑的土壤肥沃与否，也就是对数据进行了重新分类。

2. 数量与质量特征的重组

专题属性数据综合与空间数据综合处理的对象不同。空间数据综合着重针对地理实体的选取、空间位置冲突的化解和轮廓图形的化简；而专题属性数据综合主要是针对描述地理实体的质量与数量特征数据进行重新组合、重新分类、重新分级等。综合对象的不同带来了综合处理的某些特点与差异。

3. 专题信息处理约束

专题属性数据综合与空间数据综合遵循的约束条件不同。空间数据综合主要遵循图形约束条件，而专题属性数据综合除了图形约束条件之外，更重要的是要遵循专题信息处理约束条件，如统计约束条件、社会经济与政策法规约束条件等。

除了上述差别之外，专题属性数据综合与空间数据综合在诸多方面有着密切联系，特别是空间对象与专题属性数据在综合过程中应保持必要的一致性(高文秀　2002)。

参 考 文 献

(中文和译文部分)

[美]阿格特伯格(Agterberg F P)(1981). 地质数学. 北京: 科学出版社.

[美]阿诺德(Arnold B H)(1982). 初等拓扑的直观概念. 北京: 人民教育出版社.

[俄]阿隆诺夫(Аронов В И)(1983). 电算处理地质资料的数学方法. 北京: 地质出版社.

艾廷华(1995). 空间数据多边形拓扑结构的建立. 武汉测绘科技大学学报, 20(增刊): 82-87.

艾廷华(2000). 城市地图数据库综合的支撑数据模型与方法的研究. 武汉测绘科技大学博士学位论文.

艾廷华(2003). 基于空间映射观念的地图综合概念模式. 测绘学报, 32(1): 87-92.

艾廷华(2004). 基于场论分析的建筑物群的移位. 测绘学报, 33(1): 89-94.

艾廷华(2006). Delaunay 三角网支持下的空间场表达. 测绘学报, 35(1): 71-76, 82.

艾廷华, 郭仁忠(2000). 基于约束 Delaunay 结构的街道中轴线提取及网络模型建立. 测绘学报, 29(4): 348-354.

艾廷华, 郭仁忠(2007). 基于格式塔识别原则挖掘空间分布模式. 测绘学报, 36(3): 302-308.

艾廷华, 郭仁忠, 刘耀林(2001). 曲线弯曲深度层次结构的二叉树表达. 测绘学报, 30(4): 343-348.

艾廷华, 刘耀林(2002a). 保持空间分布特征的群点化简方法. 测绘学报, 31(2): 175-181.

艾廷华, 刘耀林(2002b). 土地利用数据综合中的聚合与融合. 武汉大学学报(信息科学版), 27(5): 486-492.

艾自兴(1993). 河流自动综合方法. 武汉测绘科技大学学报, 18(增刊): 27-31.

艾自兴(1995a). 水系综合中河网数据组织及其结构. 武汉测绘科技大学学报, 20(增刊): 24-29.

艾自兴(1995b). 水系综合中的河流自动综合. 武汉测绘科技大学学报, 20(增刊): 30-34.

艾自兴(1995c). 基于树结构的河网自动综合制图应用. 武汉测绘科技大学学报, 20(增刊): 35-41.

艾自兴, 毋河海, 艾廷华, 等(2003). 河网自动综合中 Delaunay 三角网的应用. 地球信息科学, 2: 39-42.

敖力布，林鸿溢(1996)．分形学导论．呼和浩特：内蒙古人民出版社．

[美]Barnsley M，Devaney R，Mandelbrot B B，Peigen H-O，Saupe D，Voss R F(1995)．分形图形学(The Science of Fractal Images)．北京：海洋出版社．

白光润(1995)．地理学的哲学贫困．地理学报，50(3)：279-287．

白鹏，张喜斌，成涛，等(2003)．Visual Basic 编程实例与技巧：数据库编程．北京：科学出版社．

白亿同(1990)．微分流形及其在测绘科学中的应用初探．武汉测绘科技大学学报，15(1)：82-90．

[英]贝恺特(Beckett P)(1978)．制图综合．武测译文，1．

[美]本德(Bender E A)(1982)．数学模型引论．北京：科学普及出版社．

[俄]别斯金 H M(1956)解析几何学教程．北京：高等教育出版社．

[加拿大]布莱斯(Blais J A R)(1993)．信息论在地理信息学中的若干实际应用．武测译文，2：1-6，30．

[加拿大]布图拉(Boutoura C)(1992)．用光谱技术实现线划的制图综合．地图，3：49-56．

[瑞士]布拉塞尔(Brassel K E)(1987)．机助制图综合的策略与数据模型．地图，1：17-21，2：56-61．

[俄]保查罗夫 M K，尼古拉也夫 C A(1960)．制图作业数理统计法．北京：测绘出版社．

蔡金华，龙毅，毋河海，等(2004)．基于反 S 数学模型的地图目标分形无标度区自动确定．武汉大学学报(信息科学版)，29(3)：249-253．

蔡金华，龙毅，毋河海，陈丹(2006)．一种利用反 S 数学模型自动确定地图目标分形无标度区的新方法(英文)．测绘学报，35(2)：177-183，190．

曹次华(1989)．制图综合中物体重要程度的定量描述．北京：中国测绘学会地图学术会议论文集．

曹立明，史万明(1986)．数值分析．北京：北京工业学院出版社．

曹立明，魏兵，周强(1995)．图论及其在计算机科学中的应用．徐州：中国矿业大学出版社．

曹晓东(1988)．离散数学．北京：冶金工业出版社．

谌安琦(1988)．科技工程中的数学模型．北京：中国铁道出版社．

陈春(1987)．泰森多边形的建立及其在计算机制图中的应用．测绘学报，16(3)：223-231．

陈春，张树文，徐桂芬(1996)．GIS 中多边形拓扑信息生成的数学基础．测绘学报，25(3)：266-271．

陈军，郭薇，孙玉国(1995)．三维拓扑关系的形式化描述．中国 GIS 协会学术年会论文集：373-378．

陈军(2002)．Voronoi 动态空间数据模型．北京：测绘出版社．

陈龙飞(1987)．机助绘图时画平行线的一种算法．测绘通报，(3)：36-37，18．

陈龙飞，杨光(1993)．曲线光顺斜轴抛物线方法的改进．测绘通报，(5)：21-23，30．

陈其明(1981)．在自动制图中对曲线信息量的数学描述与压缩．测绘学报，10(3)：

239-254.
陈其明(1991). 工程数据库原理. 北京：测绘出版社.
陈森林，陈皓(1993). 参数方程和极坐标. 郑州：河南教育出版社.
陈尚勤，魏鸿骏(1985). 模式识别理论及应用. 成都：成都电讯工程学院出版社.
陈圣波，胡郁(1999). 水系分形模式研究. 遥感技术与应用，14(4)：44-48.
陈述彭(1988). 地图学. 地图学的探索(第二卷). 北京：科学出版社.
陈述彭(1991). 信息流与地图学. 中国地图学年鉴. 北京：中国地图出版社：1-11.
陈述彭(1992). 信息流与地图学. 第四届全国地图学学术讨论会论文选集. 北京：中国地图出版社：1-11.
陈述彭(1994). 地图学面临的挑战与机遇. 地理学报，(1)：1-8.
陈述彭(1995). 空间技术应用与资源环境问题. 地球信息科学与区域可持续发展. 北京：测绘出版社.
陈涛，艾廷华(2004). 多边形骨架线与形心自动搜索寻算法研究. 武汉大学学报(信息科学版)，29(5)：443-446.
陈义华(1995). 数学模型. 重庆：重庆大学出版社.
陈彦光，陈文惠(1998). GIS与地理现象的分形研究. 东北师大学报(自然科学版)，2：91-96.
陈鹰，林怡(2002). 基于数学形态学的TIN和GRID自动生成研究. 测绘学报，31(S1)：86-91.
陈勇，艾南山(1994). 城市结构的分形研究. 地理学与国土研究，10(4)：35-41.
陈颙，等(1989). 分形与混沌在地球科学中的应用. 北京：学术期刊出版社.
陈颙，陈凌(1998). 分形几何学. 北京：地震出版社.
[日]池上嘉彦(1985). 符号学入门. 北京：国际文化出版公司.
崔卫平(1993). 数字化线性地图要素的综合. 中国地图学年鉴. 北京：中国地图出版社. 另见：解放军测绘学院学报，1993(2)：4.
[美]德鲁蒙德，埃森，等(Drummond J, Essen R V, Boulerie P)(1992). 关于矢量算法的一些见解. 武测译文，(4)：42-46.
邓红艳，武芳，等(2007). 面向制图综合质量控制的数据模型——DFQR树. 测绘学报，36(2)：237-243.
邓建中，郭仁杰，程正兴(1987). 计算方法. 西安：西安交通大学出版社.
邓敏，陈杰，李志林(2009). 计算地图线目标分形维数的缓冲区方法. 武汉大学学报(信息科学版)，34(6)：745-747.
邓敏，冯学智，陈晓勇(2005). 面目标间拓扑关系形式化描述的层次模型. 测绘学报，34(2)：142-147.
邓敏，刘文宝，冯学智(2005). GIS面目标间拓扑关系的形式化模型. 测绘学报，34(1)：85-90.
邓敏，张雪松，林宗坚(2004). 拓扑关系形式化描述的Euler示性数模型. 武汉大学学报(信息科学版)，29(10)：872-876.
电子计算机和数控技术在飞机制造中的应用编写组(1978). 电子计算机和数控技术在飞

机制造中的应用. 北京：国防工业出版社.
丁德恒，蔡义发，吕维雪(1991). 三维复杂表面形状的分数维分析和内插. 计算机学报，9：710-716.
董恒宇(1986). 浅论地图信息选择的主观特征. 地图，3.
董连科(1991). 分形理论及其应用. 沈阳：辽宁科学技术出版社.
董卫华，等(2007). 道路网示意性地图的渐近式综合研究. 武汉大学学报(信息科学版)，32(9)：829-832.
杜道生，Gatlow D R(1986). 数字河流数据的组织和制图综合. 武汉测绘科技大学学报，11(2)：24-30.
杜清运(1988). 地图数据库中的结构化河网及其自动化建立. 武汉测绘科技大学学报，13(2)：70-77.
杜清运(1989). 地图数据库中多边形数据的自动组织. 测绘学报，18(3)：204-212.
杜清运(1990). 地图数据库中多边形数据的自动组织. 中国地图年鉴. 北京：中国地图出版社.
杜清运(1995). 基于混合数据模型的等高线自动综合. 武汉测绘科技大学学报，20(增刊)：42-45.
杜清运(2001). 空间信息的语言学特征及其自动理解机制. 武汉大学博士学位论文.
杜清运，杨品福，谭仁春(2006). 基于空间统计特征的河网结构分类. 武汉大学学报(信息科学版)，31(5)：419-422.
[荷]顿克尔(Donker N H W)(1993). 从数字高程数据中自动提取汇水水文特征. 武测译文，3：49-57.
杜维，艾廷华，徐峥(2004). 一种组合优化的多边形化简方法. 武汉大学学报(信息科学版)，29(6)：548-550.
[英]法尔科内(Falconer K J)(1991). 分形几何——数学基础及其应用. 沈阳：东北大学出版社.
樊红，张祖勋，杜道生(1999). 地图线状要素自动注记的算法设计与实现. 测绘学报，28(1)：86-89.
樊映川，等(1965). 高等数学讲义. 北京：高等教育出版社.
范盛金(1989). 一元三次方程的新求根公式与新判别法. 海南师范学院学报(自然科学版)，2(2)：91-98.
范小林(1981). 等高线数据压缩的算法和程序. 军事测绘，4.
方逵，等(1997). 曲线曲面设计技术与显示原理. 长沙：国防科技大学出版社.
飞机外形计算的数学基础编写组(1978). 飞机外形计算的数学基础. 北京：国防工业出版社.
费斌，蒋庄德，王海容(1998). 基于遗传算法求解分形无标度区的方法. 西安交通大学学报，32(7).
费立凡(1983). 利用栅格扫描数据进行等高线的自动成组综合(化简). 武汉测绘科技大学学报，8(1)：87-101.
费立凡(1993). 地形图等高线成组综合试验. 武汉测绘科技大学学报，18(增刊)：6-22.

费立凡，郭庆胜(1993). 地图智能综合系统的设计. 武汉测绘科技大学学报，18(增刊)：1-5.

费立凡，李沛川(1993). 用栅格探测/矢量计算法加速矢量数据求交过程. 测绘学报，22(3)：195-203.

[加]芬莱，布兰顿(Finlay M，Blanton K A)(1995). 用C++设计二维、三维分形图形程序. 北京：科学出版社.

冯长根，李后强，祖元刚(主编)(1997). 非线性科学的理论、方法和应用. 北京：科学出版社.

冯桂(2001). 数字高程模型内插中等高线保形方法研究. 武汉大学博士学位论文.

冯可君，邓瑞玲，张绪军(1988). 一种多元单调回归模型及其在地图制图中运用的一例. 测绘学报，17(3)：179-184.

冯文权(1986). 经济预测的原理与方法. 武汉：武汉大学出版社.

[美]弗兰克(Frank U)(1984). 根据质量特征进行制图选取的一种方法. 武汉测绘科技大学地图制图自动化参考资料(第三册).

[美]福克斯，普拉特(Faux I D，Pratt M J)(1986). 设计与制造用的计算几何学. 北京：国防工业出版社.

[日]高安秀树(1994). 分数维. 北京：地震出版社.

高俊(1986). 地图，地图制图学，理论特征和科学结构. 地图，(1)：4-10，(2)：1-6.

高俊(1991). 地图的空间认知与认知地图学——地图学在文化与科技领域的新探索. 中图地图学年鉴. 北京：中国地图出版社.

高俊(1992). 地图的空间认知与认知地图学——地图学在文化与科技领域的新探索. 第四届全国地图学学术讨论会论文选集. 北京：中国地图出版社.

高俊(2000). 中国地图学事业的孜孜探索者. 涛声集——陈述彭院士科学思维评述. 北京：中国环境科学出版社.

高林，高左雷(1994). FORTRAN 5.0 实用算法汇编. 北京：学苑出版社.

[美]格莱克(Gleick J.)(1990). 混沌——开创新科学. 上海：上海译文出版社.

高文秀(2002). 基于知识的 GIS 专题数据综合的研究. 武汉大学博士学位论文.

高文秀，龚健雅(2005). 基于知识的 GIS 专题数据综合的研究. 武汉大学学报(信息科学版)，30(5)：400-405.

高文秀，毋河海，龚健雅，等(2002). GIS 中专题属性数据综合的若干问题. 武汉大学学报(信息科学版)，27(5)：505-510.

[加]戈尔德(Gold C M)(1994). 空间数据处理中的 Voronoi 方法. 测绘译丛，3：26-31.

[德]格留莱希(Grünreich D)(1989). 面状离散物体的自动综合方法. 武测译文，(3).

[德]格留莱希(Grünreich D)(1994). GIS 环境下的制图综合. 第十六届国际地图制图学会议论文译文选集. 北京：测绘出版社.

龚剑文(1987). 对“求地图上曲线的长度”和“几个求曲线长的公式的误差(Ⅰ)、(Ⅱ)”实用性的商榷. 测绘学报，16(1)：74-78.

龚剑文(1989). 地图量算. 北京：测绘出版社.

龚健雅(1990). 顾及地形特征的 DEM 内插和等高线绘图系统. 测绘学报，19(1)：

40-47.
郭庆胜(1990). 地图信息传递的研究. 武测科技, 1.
郭庆胜(1993). 基于地图数据库的复合目标的建立. 武汉测绘科技大学学报, 18(增刊): 59-62.
郭庆胜(1994). 地理信息系统中地图智能综合的试验. 1994 年地理信息系统学术讨论会论文集.
郭庆胜(1995a). 曲线特征的自动分段及其在自动综合中的应用. 武汉测绘科技大学学报, 20(增刊): 64-68.
郭庆胜(1995b). 建立等高线层次结构的智能化途径, 武汉测绘科技大学学报, 20(增刊): 69-75.
郭庆胜(1998a). 线状要素图形综合的渐进方法研究. 武汉测绘科技大学学报, 23(1): 52-56.
郭庆胜(1998b). 地图自动综合新理论与方法的研究. 武汉测绘科技大学博士学位论文.
郭庆胜(2002). 地图自动综合理论与方法. 北京: 测绘出版社.
郭庆胜, 陈宇箭, 刘浩(2005). 线与面的空间拓扑关系组合推理. 武汉大学学报(信息科学版), 30(6): 529-532.
郭庆胜, 费立凡(1993). 等高线的树结构模型. 武汉测绘科技大学学报, 18(增刊): 44-46.
郭庆胜, 黄远林, 郑春燕, 等(2007). 空间推理与渐进式地图综合. 武汉: 武汉大学出版社.
郭庆胜, 吕秀琴, 蔡永香(2008). 图形简化过程中空间拓扑关系抽象的规律. 武汉大学学报(信息科学版), 33(5): 520-523.
郭庆胜, 杨族桥, 蔡永香(2008). 地图图形目标之间基本空间关系抽象的规律. 武汉大学学报(信息科学版), 33(11): 1190-1193.
郭庆胜, 杨族桥, 冯科(2008). 基于等高线提取特征线的研究. 武汉大学学报(信息科学版), 33(3): 253-256.
郭仁忠(1992). 空间信息处理中的几个问题的再认识. 武测科技, 1.
郭仁忠(1994a). 让地图学走进现代化决策领域. 地图, 3: 9-13.
郭仁忠(1994b). 空间物体分类与空间物体构造. 武汉测绘科技大学学报, 19(1): 22-28.
郭仁忠(1994c). 关于空间信息的哲学思考. 测绘学报, 23(3): 236-240.
郭仁忠(1997). 空间分析. 武汉测绘科技大学出版社.
郭仁忠, 毋河海(1993). 地形图上城镇居民地自动综合试验. 武汉测绘科技大学学报, 18(2): 15-22.
郭薇, 陈军(1997a). 基于点集拓扑学的三维拓扑空间关系形式化描述. 测绘学报, 26(2): 122-127.
郭薇, 陈军(1997b). 基于流形拓扑的三维空间实体形式化描述. 武汉测绘科技大学学报, 22(3): 201-206.
[德]哈克(Hake G)(1983). 信息论和符号理论的应用. 地图制图自动化参考资料(第

二册).
[德]哈克(Hake G)(1984). 综合的概念系统. 地图制图自动化参考资料(第三册).
[英]哈维(Harvey D)(1996). 地理学中的解释. 北京：商务印书馆.
[英]Hosaka M(1995). CAD/CAM 曲线和曲面造型. 北京：海洋出版社.
何建华，刘耀林，唐新明(2005). 离散空间的拓扑关系模型. 测绘学报，34(4)：343-348.
何鲁(1931). 初等代数倚数变迹. 上海：商务印书馆.
何宗宜(1986a). 用多元回归分析法建立计算居民地选取指标的数学模型. 测绘学报，15(1)：41-50.
何宗宜(1986b). 地图上确定居民地选取指标的依据研究. 武汉测绘科技大学学报，11(1)：56-62.
何宗宜(1987)地图信息含量的量测研究. 武汉测绘科技大学学报，12(1)：70-80.
何宗宜，阮依香，尹为利，等(2002). 基于分形理论的水系要素制图综合研究. 武汉大学学报(信息科学版)，27(4)：427-431.
何宗宜，祝国瑞，庞小平(1998). 地图信息论在制图中的应用研究. 地图，2.
贺霖(1983). 实用矢量代数. 济南：山东科学技术出版社.
[德]黑德尔 Th(1986). 数据库系统实现方法. 北京：科学出版社.
[德]亨切尔(Hentschel W)(1998). 地形图等高线的自动综合. 西安：西安测绘研究所.
胡鹏，高俊(2009). 数字高程模型的数字综合原理研究. 武汉大学学报(信息科学版)，34(8)：940-942.
胡鹏，黄杏元，华一新(2002). 地理信息系统教程，武汉：武汉大学出版社.
胡勇，陈军(1996). 基于 Voronoi 图的空间邻近关系表达与查询. 中国地理信息系统协会第二届年会论文集：346-356.
胡友元，黄杏元(1987). 计算机地图制图. 北京：测绘出版社.
黄波，徐冠华，阎守邕(1996). GIS 中空间模糊叠加模型的设计. 测绘学报，25(1)：53-56.
黄桂兰，郑肇葆(1995a). 模糊聚类分析用于分形的影像纹理分类. 武汉测绘科技大学学报，20(2)：112-117.
黄桂兰，郑肇葆(1995b). 分形几何在影像纹理分类中的应用. 测绘学报，24(4)：283-292.
黄俊杰，毋国庆(1990). 知识工程概论. 武汉：武汉大学出版社.
黄孟藩(1989). 决策概论. 杭州：浙江教育出版社.
黄培之(1990). 关于坡度几个问题的研究. 测绘学报，19(3)：225-228.
黄培之(1995). 具有预测功能的曲线矢量数据压缩方法. 测绘学报，24(4)：316-320，249.
黄培芝(2001). 提取山脊线和山谷线一种新方法. 武汉大学学报(信息科学版)，26(3)：247-252.
黄培芝，刘泽慧(2005). 基于地形梯度方向的山脊线和山谷线的提取. 武汉大学学报(信息科学版)，30(5)：395-399.

黄杏元(1982). 机助地图制图. 北京: 测绘出版社.
黄杏元, 汤勤(1990). 地理信息系统概论. 北京: 高等教育出版社.
黄友谦(1984). 曲线曲面的数值表示和逼近. 上海: 上海科学技术出版社.
[芬]基泊莱宁(Kilpeläinen T), 等(1994). 作为联机制图综合手段的知识方法及多种表示法. 第十六届国际地图制图学会议论文译文选集. 北京: 测绘出版社.
姜伯驹(1964). 一笔画和邮递线路问题. 北京: 人民教育出版社.
[俄]捷捷林(Тетерен Г Н)(1987). 地图的信息特征. 地图, 4.
[加]Kaye B H(1994). 分形漫步. 沈阳: 东北大学出版社.
[俄]柯姆科夫 А М, 柯斯特里茨 И Б(1956). 实用地形图编绘法——水系及其表示法. 北京: 中国人民解放军总参谋部测绘局.
柯正谊, 何建邦, 池天河(1993). 数字地面模型. 北京: 中国科学技术出版社.
柯正谊, 李子川(1992). 图斑形状特征对原面积中误差公式的修正——一个面积中误差估算模型. 测绘学报, 21(1): 57-66.
[美]克罗姆雷, 坎普贝尔(Cromley R G, Campbell G M)(1993). 综合数量和质量特征的数字线划化简. 武测译文, 2: 31-37.
[德]克奴夫里(Knöfli R)(1987). 制图综合——通过不可靠信道传输可靠信息的一种方法. 地图, 3.
[埃及]拉沙德, 埃尔-塔劳级(Rashad M Z, El-Tahlauji M R)(1989). 地形起伏的三次多项式表示. 地图, 89(1): 18-26.
[波]拉泰斯基(Ратайский Л). 祝国瑞, 俞连笙等译(1975). 关于制图综合的类型问题. 武汉测绘科技大学.
[德]勒温(Lewen K)(1997). 拓扑心理学. 杭州: 浙江教育出版社.
雷伟刚, 童小华, 刘大杰(2006). 基于曲线拟合的线状要素综合数据整体处理方法. 武汉大学学报(信息科学版), 31(10): 896-900.
李爱勤(2001). 无缝空间数据组织及其多比例尺表达与处理研究. 武汉大学博士学位论文.
李成名(1998). 基于Voronoi图的空间关系描述、表达与推断. 武汉测绘科技大学博士学位论文.
李德仁, 陈晓勇(1989). 数学形态学及其在二值影像分析中的应用. 武汉测绘科技大学学报, 14(3): 18-34.
李德仁, 陈晓勇(1990). 用数学形态学变换自动生成DTM三角形格网的方法. 测绘学报, 19(3): 161-172.
李德仁, 程涛(1995). 从地理信息系统数据库中发现知识. 测绘学报, 24(1): 37-44.
李芳(1996). 大比例尺地图智能综合的思考. 中国地理信息系统协会第二届年会论文集: 401-405.
李后强, 汪富泉(1997). 分形理论及其在分子科学中的应用. 北京: 科学出版社.
李后强, 张国祺, 汪富泉, 等(1993). 分形理论的哲学发轫. 成都: 四川大学出版社.
李霖(1987). 地图拓扑数据的自动组织. 武汉测绘科技大学学报, 12(4): 46-53.
李霖(1997). 空间目标的聚合模型. 测绘学报, 26(4): 337-343.

李霖，王红(2006). 基于形式化本体的基础地理信息分类. 武汉大学学报(信息科学版), 31(6): 523-526.

李霖，李德仁(1994). GIS中二维空间目标的非原子性和尺度性. 测绘学报, 23(4), 315-321, 281.

李沛川(1994). 全局移位场方法在地图要素移位中的应用. 武汉测绘科技大学硕士研究生学位论文.

李强(1992). 自相似律及其在地学中的应用. 地质科技管理, 2.

李伟生(1997). 矢量电子地图的线目标在线简化. 武汉测绘科技大学学报, 22(2): 146-150.

李雯静(2006). 基于粗糙集理论的GIS信息综合模型与方法研究. 武汉大学博士学位论文.

李雯静，林志勇，龙毅(2008). 粗集分类思想在GIS点群综合中的应用. 武汉大学学报(信息科学版), 33(9): 896-899.

李雯静，毋河海(2005a). 地图目标在制图综合中的分形衰减机理研究. 武汉大学学报(信息科学版), 30(4): 309-312.

李雯静，毋河海(2005b). 地图综合中的地图目标自相似分形衰减研究. 测绘科学, 3: 21-23.

李雯静，毋河海(2006). 地图信息衰减中关键比例尺的研究. 武汉大学学报(信息科学版), 31(12): 1116-1119.

李修睦(1986). 图论导引. 武汉: 华中工学院出版社.

李焱，刘肖琳(1997). 多尺度分段线性化算法. 模式识别与人工智能, 10(2): 127-132.

李岳生，黄友谦(1978). 数值逼近. 北京: 人民教育出版社.

李云锦，钟耳顺，黄跃峰(2009). 斜轴抛物线插值的改进算法与近似算法. 武汉大学学报(信息科学版), 34(12): 1490-1494.

李志才(1995). 方法论全书, (III)自然科学方法. 南京: 南京大学出版社.

李志林，苏波(Li Zhilin, Su Bo)(1997). 从现象到本质——展望数字地图综合的本质. 地图, 2.

李志林，奥喷绍(Li Zhilin, Openshaw S)(1994). 基于客观综合自然规律的线状要素自动综合的算法. 武测译文, 1994(1): 49-58.

李志林，朱庆(2000). 数字高程模型, 武汉: 武汉测绘科技大学出版社.

廖克(2003). 现代地图学. 北京: 科学出版社.

廖克(2000). 涛声集: 陈述彭院士科学思维述评. 北京: 中国环境科学出版社.

廖克，刘岳，傅肃性(1985). 地图概论. 北京: 科学出版社.

林鸿溢，李映雪(1994). 分形论—奇异性探索. 北京: 北京理工大学出版社.

林少宫，袁薄佳，申鼎煊(1988). 多元统计分析及计算程序. 武汉: 华中理工大学出版社.

[俄]刘布维 Н И，斯皮里顿诺夫 А И(1957). 实用地形图编绘法第三分册: 地貌现图法. 北京: 中国人民解放军总参谋部测绘局.

刘昌明，岳天祥，周成虎(2000). 地理学的数学模型与应用. 北京: 科学出版社.

刘德贵，费景高，于泳江，等(1980)．FORTRAN程序汇编．北京：国防工业出版社．
刘方楷，乔朝飞，陈云浩，等(2008)．等高线图信息定量度量研究．武汉大学学报(信息科学版)，33(2)：157-159．
刘佛清(1997)．数列方法与技巧．武汉：华中理工大学出版社．
刘光奇，张霭珠，胡美琛(1988)．离散数学．上海：复旦大学出版社．
刘宏林(1992a)．利用地图信息量评价制图综合适宜程度．中国地图学年鉴．北京：中国地图出版社．
刘宏林(1992b)．地图信息度量方法的研究．中国地图学年鉴．北京：中国地图出版社．
刘宏林(1993)．地图信息的科学含义再探，中国地图学年鉴．北京：中国地图出版社．
刘华杰．分形艺术．http：//fractals. top263. net.
刘华杰(1997)．分形图形艺术．非线性科学的理论、方法和应用．北京：科学出版社：151-157．
刘建军，陈军，王东华，等(2004)．等高线邻接关系的表达及应用研究．测绘学报，33(2)：174-178．
刘凯(2008)．地理信息尺度的三重概念及其变换．武汉大学学报(信息科学版)，33(11)：1178-1181．
刘鹏程(2009)．形状识别在地图综合中的应用．武汉大学博士学位论文．
刘钦圣，梁启章(1980)．自动绘制光滑曲线的五种方法评述．第三届全国地图学术会议论文选集(上册)．北京：测绘出版社．
刘式达，刘式适(1993)．分形与分维引论．北京：气象出版社．
刘文宝，黄幼才，李宗华(1995)．GIS数字曲线复杂性的度量与误差建模中趋势项的分离．武汉测绘科技大学学报，4．
刘学军，王彦芳，晋蓓(2009)．利用点扩散函数进行DEM尺度转换．武汉大学学报(信息科学版)，34(12)：1458-1462．
刘颖，翟京生，陆毅，等(2005)．数字海图水深注记的自动综合研究．测绘学报，34(2)：179-184．
刘岳，梁启章(1981)．专题制图自动化．北京：测绘出版社．
刘岳，齐清文(1994)．GIS中制图综合模块的研究．地理信息系统学术讨论会论文集．
刘志万(1989)．实验数据的统计分析和计算机处理．合肥：中国科学技术大学出版社．
[美]罗宾逊(Robinson A H)(1989)．地图学原理(第五版)．北京：测绘出版社．
罗广祥(2003)．支持地图注记配置的数据模型与计算几何方法研究．武汉大学博士学论文．
罗广祥，陈晓羽，赵所毅(2006)．软多边形地图要素弯曲识别模型及其应用研究．武汉大学学报(信息科学版)，31(2)：160-163．
罗广祥，弓晓敏，韩英英，等(2009)．面状要素空间邻近度量化模型．武汉大学学报(信息科学版)，34(5)：602-605．
龙毅(1995)．双线河流中轴线的提取．武汉测绘科技大学学报，20(增刊)：91-95．
龙毅(2002)．扩展分维模型在地图目标空间信息描述中的应用研究．武汉大学博士学位论文．

龙毅，蔡金华，毋河海，等(2004)．扩展分形模型在地图曲线自动综合中的应用．测绘信息与工程，29(1)：1-4．

龙毅，李雯静(2004)．基于理想分形规则扩展的地图曲线模拟方法研究．测绘信息与工程，2：1-4．

龙毅，毋河海，陈仁喜，等(2003)．分形学：现代地图学的非线性数学分析方法．测绘信息与工程，2：1-3．

龙毅，毋河海，周侗，等(2006)．地图目标局部分形描述的元分维模型的实现．武汉大学学报(信息科学版)，31(10)：891-895．

[美]隆恩(Loon J C)(1986)．地形图上地貌连续区的机助综合．军测科技，1．

卢振荣(1985)．计算机绘图初步．西安：西安交通大学出版社．

陆效中(1989)．统计地图的分级表示方法．北京：解放军出版社．

陆毅(2000)．数字海图自动综合理论研究与实践．海军大连舰艇学院硕士学位论文．

马晨燕，刘耀林(2006)．结构主义和解构主义符号哲学导向下的地图视觉艺术．武汉大学学报(信息科学版)，31(6)：552-556．

马蔼乃(2001)．思维科学与地理思维研究．地理学报，56(2)：232-238．

马建华，管华(2003)．系统科学及其在地理学中的应用．北京：科学出版社．

马智民，俞全宏，姜作勤(1996)．应用地理信息系统设计与实现．西安：西安地图出版社．

[美]麦克马斯特(McMaster R B)(1989)．数字综合的几何特性，测绘译丛，3：33-42．

孟丽秋(1996)．自动化地理信息综合的发展现状和趋势，解放军测绘学院学报，13(2)：123-129．

孟昭兰(2005)．普通心理学．北京：北京大学出版社．

苗东升(2001)．复杂性研究的现状与展望．系统辩证学学报，9(4)：3-9．

[美]摩滕森 M E(1992)．几何造型学．北京：机械工业出版社．

[荷]莫林那尔(Molenaar M)(1991)．关于地理信息理论．武测译文，1：18-22，6．

[荷]莫林那尔(Molenaar M)(1993)．地理信息系统的现状与问题——地理信息理论的必要发展．武测译文，1：1-10．

[荷]穆勒(Muller J-C)(1990)．自动制图理论上值得注意的问题．武测译文，4：11-15．

[荷]穆勒，王泽深(Muller J-C，Wang Zeshen)(1993)．小块面状要素的综合：一种竞争的方法．武测译文，3：37-40，23，(4)：25-28．

[荷]穆勒(Muller J-C)(1994)．用于地图综合的过程、逻辑和神经元网络工具．第十六届国际地图制图学会议论文译文选集．北京：测绘出版社．

[美]纳盖(Nagai N)(1990)．利用 GSI 数字制图数据进行机助等高线综合．地图，1：31-33．

[美]诺伊曼(Neumann J)(1997)．地图的拓扑信息量．地图，1．

偶卫军，姚贤林(1988)．地图信息量的测度——综合特征值量测法．地图，4．

潘玉君(2001)．地理学基础．北京：科学出版社．

潘正风，罗年学，黄全义(1991)．近似斜轴抛物线加权平均插值法曲线光滑．测绘学报，20(1)：60-65．

彭群生，鲍虎军，金小刚(1999). 计算机真实感图形的算法基础. 北京：科学出版社.
彭万宁(Peng Wanning)(1998). 利用Voronoi图和Delaunay三角网支持自动综合. 地图，3.
[俄]坡陀别多夫H C(1955). 自然地理：地貌学. 中国人民解放军测绘学院译印.
[美]普雷帕拉塔，沙莫斯(Preparata F P, Shamos M J)(1992). 计算几何导论. 北京：科学出版社.
齐华，刘文熙(1996). 建立结点上弧-弧拓扑关系的Qi算法. 测绘学报，25(3)：233-235.
齐华(1997). 自动建立多边形拓扑关系算法步骤的优化与改进. 测绘学报，26(3)：254-260.
齐欢(1996). 数学模型方法. 武汉：华中理工大学出版社.
齐清文，姜莉莉(2001). 面向地理特征的制图综合指标体系和知识法则的建立与应用研究. 地理科学进展，20(增刊)：1-13.
齐清文，刘岳(1994). GIS中制图综合模块的研究. 地理信息系统学术讨论会论文集：345-351.
齐清文，刘岳(1998). GIS环境下面向地理特征的制图概括的理论和方法. 地理学报，53(4)：304-313.
齐清文，杨德麟(1997). 城市基础GIS中制图综合问题的研究. 中国地理信息系统协会第三届年会论文集：262-268.
齐清文，张安定，(1999). 关于多比例尺GIS中数据库多重表达的几个问题的研究. 地理研究，18(2).
钱海忠，武芳，王家耀(2006). 自动制图综合链理论与技术模型. 测绘学报，35(4)：184-189.
钱海忠，武芳，朱鲲鹏，等(2007). 一种基于降维技术的街区综合方法. 测绘学报，36(1)：102-107，118.
[波]切尔尼(Czerny A)(1990). 地图——同构模型还是同态模型. 武测译文，2：1-5.
秦耀辰(1994). 区域系统模型及其应用. 开封：河南大学出版社.
秦耀辰，钱乐祥，千怀遂，等(2003). 地球信息科学引论. 北京：科学出版社.
《计算方法》编写组(1975). 计算方法(上册). 北京：科学出版社.
任开隆，等(1996). 微机实用数值计算——算法与程序. 北京：电子工业出版社.
任善强，雷鸣(1996). 数学模型. 重庆：重庆大学出版社.
任新民(1993). 混沌之美. 分形理论的哲学发轫. 成都：四川大学出版社.
[俄]萨里谢夫K A(1956). 制图原理. 中国人民解放军测绘学院.
[美]萨帕(Thapa K)(1991). 线条数字化中的数据压缩. 测绘译丛2：24-25，16.
[德]沙爱福，施雷发(Seifert H, Threlfall W)(1982). 拓扑学. 北京：人民教育出版社.
沈清，汤霖(1991). 模式识别导论. 长沙：国防科技大学出版社.
盛业华，郭达志(1995). GIS环境下空间要素的制图综合方法，测绘通报，3.
施法中(1994). 计算机辅助几何设计与非均匀有理B样条(CAGD&NURBS). 北京：北京航空航天大学出版社.

[捷]施尔恩卡(Srnka E)(1974). 地图学中规律性综合的解析解法. 武汉测绘学院制图参考资料(特辑).

[美]施密斯(Smith B E)(1994). 三维中的线划简化. 第十六届国际地图制图学会议论文译文选集. 北京：测绘出版社.

[美]Schneider Ph J, Eberly D H(2005). 计算机图形学几何工具算法详解. 北京：电子工业出版社.

[俄]什里亚耶夫(Ширяев E E)(1982). 应用电子计算机绘制地图和分析地理信息的新方法. 北京：测绘出版社.

[俄]什里亚耶夫(Ширяев E E)(1978). 线状地物机器综合的一种可能途径(以河网为例). 测绘译文，1.

时晓燕(1989). 非地形要素与DTM叠加的方法初探. 武汉测绘科技大学学报，14(3)：68-76.

时晓燕(1993). 大比例尺地形图街区式居民地分层综合模型与实现. 武汉测绘科技大学学报，18(增刊)：47-58.

时晓燕(1995). 面向制图综合的解析地貌分区. 武汉测绘科技大学学报，20(增刊)：46-52.

史济怀(1963). 平均. 北京：中国青年出版社.

史文中，郭薇，彭奕彰(2001). 一种面向地理信息系统的空间索引方法. 测绘学报，30(2)：156-161.

寿纪麟，宋保军，周义仓，等(1995). 数学建模——方法与范例. 西安：西安交通大学出版社.

宋健，惠永正(1994). 现代科学技术基础知识. 北京：科学出版社.

宋鹰，何宗宜，粟卫民(2005). 基于Rough集的居民地属性知识约简与结构化选取. 武汉大学学报(信息科学版)，30(4)：329-332.

苏波，李志林(Su Bo, Li Zhilin)(1997). 从现象到本质. 地图，2.

苏步青(1986). 拓扑学初步. 上海：复旦大学出版社.

苏洪元(1988). 数据库及其管理系统的结构和设计. 北京科海培训中心.

[俄]苏霍夫(Сухов В И)(1965). 普通地图的编制. 北京：测绘出版社.

[俄]索科洛夫(Соколов Н И)(1978). 关于制图信息的某些特点. 测绘译文，1.

[俄]索洛维茨基(Соловицкий Б В)(1975). 轮廓图形自动概括的某些可能性. 武汉测绘学院制图参考资料(第四辑).

孙家昶(1982). 样条函数与计算几何. 北京：科学出版社.

孙家广，杨长贵(1995). 计算机图形学. 北京：清华大学出版社.

孙文焕，叶尚辉，高光焘(1994). 电子计算机辅助设计. 西安：西安电子科技大学出版社.

孙文焕，魏生民，李泉永，等(1996). 机械CAD应用与开发技术. 西安：西安电子科技大学出版社.

孙亚梅，胡友元(1981). 等高线自动综合初探. 南京大学地理系.

[美]台劳(Taylor D R F)(1992). 地图学的概念基础：信息时代的新方向. 地图，2.

汤勤(1987). 航海图海底地形自动综合的探讨. 测绘学报，16(4)：314-320.

唐常杰，相利民，熊岚，等(1993). 数据库管理系统设计与实现. 北京：电子工业出版社.

唐守仁(1980). 论中、小比例尺普通地图居民地选取指标的依据. 陕西师大地理系.

唐荣锡(1994). CAD/CAM技术. 北京：北京航空航天大学出版社.

[俄]梯库诺夫(Tikunov V S)(1994). 建立地图制图模型的若干理论问题. 第十六届国际地图制图学会议论文译文选集. 北京：测绘出版社.

田德森(1983). 地图信息传递论的研究与发展. 南京大学学报(自然科学版)，2.

田德森(1986). 试论地图信息传递论的实践意义. 地理科学，6(2).

田德森(1991). 现代地图学理论. 北京：测绘出版社.

田晶，冯科，郭庆胜，等(2009). 街道网矢量数据的渐进式表达与综合. 武汉大学学报(信息科学版)，34(2)：158-162.

田晶，郭庆胜，冯科，马盟(2009). 基于信息损失的街道渐进式选取方法. 武汉大学学报(信息科学版)，34(3)：362-365.

[德]托普费尔(Töpfer F)(1962). 开方根规律在制图综合中应用范围的研究. 测绘译丛，12.

[德]托普费尔(Töpfer F)(1963). 开方根规律及其在地貌综合中的应用. 测绘译丛，5.

[德]托普费尔(Töpfer F)(1995). 选取规律——制图综合的手段. 测绘译丛，1.

[德]托普费尔(Töpfer F)(1974a). 论自动编图中选取过程的构形. 武汉测绘学院制图参考资料(第一辑).

[德]托普费尔(Töpfer F)(1974b). 关于河网的指数分布问题. 武汉测绘学院制图参考资料(第二辑).

[德]托普费尔(Töpfer F)(1974c). 在河流的制图表示中由景观所决定的最小长度的确定. 武汉测绘学院制图参考资料(第二辑).

[德]托普费尔(Töpfer F)(1982). 制图综合. 北京：测绘出版社.

[美]托科，海肯宁(Tuokko J, Häkkinen M)(1991). 生产新1：5万地形图的自动综合方法. 测绘译丛，3：41-47.

[俄]瓦斯姆特，维尔尕索夫(Васмут А С, Верга́сов В А)(1978). 制作地图和数学模式化过程. 测绘译文，1.

[俄]瓦斯姆特(Васмут А С)(1978). 制图物体和现象空间结构标志的数学模式. 测绘译文，1.

[俄]瓦斯姆特(Васмут А С)(1983). 电子计算机制图建模(Моделирование в картографии с применением ЭВМ). 武汉测绘学院.

[俄]瓦斯姆特(Васмут А С)(1994). 自动化制作地图编绘原图的信息保障. 地图，4.

王长森(1990). 地图制图综合概述. 地图，4.

王朝瑞(1981). 图论. 北京：人民教育出版社.

王东生，曹磊(1995). 混沌、分形及其应用. 北京：中国科学技术大学出版社.

王辉连，武芳，张琳琳，等(2005). 数学形态学和模式识别在建筑物多边形化简中的应用. 测绘学报，34(3)：269-276.

王家耀(1984). 制图综合中数学方法的应用. 地图学的进展. 中国人民解放军测绘学院.
王家耀(2001). 空间信息系统原理. 北京: 科学出版社.
王家耀等(1993). 普通地图制图综合原理. 北京: 测绘出版社.
王家耀, 白玲(1995). 地理信息系统发展的若干重点问题. 3S技术与应用学术讨论会论文集: 20-26.
王家耀, 陈毓芬(2000). 理论地图学. 北京: 解放军出版社.
王家耀, 钱海忠(2006). 制图综合知识及其应用. 武汉大学学报(信息科学版), 31(5): 382-386.
王家耀, 武芳(1998). 数字地图自动制图综合原理与方法. 北京: 解放军出版社.
王家耀, 邹建华(1992). 地图制图数据处理的模型方法. 北京: 解放军出版社.
王明常, 谷兰英, 王宇, 等(2005). 小波变换理论的线状要素制图综合研究. 吉林大学学报(地球科学版), S1.
王杰臣(2002). 多边形拓扑关系构建的栅格算法. 测绘学报, 31(3): 249-254.
王敬庚(1997). 解析几何方法漫谈. 郑州: 河南科学技术出版社.
王来生, 鞠时光, 郭铁雄, 等(1993). 大比例尺地形图机助绘图算法及程序. 北京: 测绘出版社.
王桥(1994). GIS环境下制图综合的分形处理方法研究. 地理信息系统学术讨论会论文集: 357-362.
王桥(1995a). 线状地图要素的自相似分析及其自动综合. 武汉测绘科技大学学报, 20(2): 123-128.
王桥(1995b). 数字环境下制图综合若干问题的探讨. 武汉测绘科技大学学报, 20(3): 208-213.
王桥(1995c). 自动制图综合中图形复杂程度变化规律的分形研究. 武汉测绘科技大学学报, 20(增刊): 53-58.
王桥(1996a). 分形理论在地图图形数据自动处理中的若干扩展与应用研究. 武汉测绘科技大学博士学位论文.
王桥(1996b). 分形地学图形处理中几个理论问题的研究. 武汉测绘科技大学学报, 21(4): 382-386.
王桥, 胡毓钜(1995a). 数字高程模型的随机分形算法研究. 解放军测绘学院学报, 12(1): 64-69.
王桥, 胡毓钜(1995b). 基于分形分析的自动化制图综合研究. 测绘学报, 1995, 24(3): 211-216.
王桥, 龙毅, 秦建荣(1996). DEM数据内插的分形方法及其试验研究. 武汉测绘科技大学学报, 21(2): 159-162.
王桥, 毛锋, 吴纪桃(1998). GIS中的地理信息综合. 遥感学报, 2(2): 155-160.
王桥, 毋河海(1995). D-P分维估值方法及其在地貌自动综合中应用的试验研究. 武汉测绘科技大学学报, 20(增刊): 59-63.
王桥, 毋河海(1996). 地图图斑群自动综合的分形方法研究. 武汉测绘科技大学学报, 21(1): 59-63.

王桥，吴纪桃(1992). 分形、分维及其在地图制图中的应用. 地图，3：5-11.
王桥，吴纪桃(1995a). 面向制图线自动综合的分维估值方法及其应用. 武测科技，1：1-5.
王桥，吴纪桃(1995b). 地图图斑形状特征的量化及其分形模型研究，武汉测绘科技大学学报，20(2)：129-134.
王桥，吴纪桃(1995c). 复杂等高线自动综合的分形处理方法研究. 解放军测绘学院学报，12(2)：125-130.
王桥，吴纪桃(1995d). 地图数据处理与分形几何. 地图，4：4-8.
王桥，吴纪桃(1996a). 地图上曲线长度归算的分形方法研究. 武测科技，3：5-7.
王桥，吴纪桃(1996b). 一种新分维估值方法作为工具的自动制图综合. 测绘学报，25(1)：10-16.
王桥，吴纪桃(1996c). 制图综合方根规律的分形扩展.《测绘学报》25(2)：104-109，115.
王桥，吴纪桃(1997). 基于地学图形数据的地表分维计算方法研究. 中国图像图形学报，2(4)：220-224.
王桥，毋河海(1995a). GIS多比例尺数据输出及其新型数学模型研究，以GIS环境下图斑群自动制图综合为例. 3S技术与应用学术讨论会论文集：35-40.
王桥，毋河海(1995). 地貌坡降线的自动查找. 武汉测绘科技大学学报，20(增刊)：20-23.
王桥，毋河海(1998). 地图信息的分形描述与自动综合研究. 武汉测绘科技大学出版社.
王润生(1995). 图像理解. 长沙：国防科技大学出版社.
王涛(2004). 地图符号设计新思考——形式美原理. 地图，2.
王涛，毋河海(2002). 多比例尺空间数据库层次对象模型. 地图学与GIS学术讨论会论文集：174-180.
王涛，毋河海(2004a). 等高线拓扑关系的建立与应用. 武汉大学学报(信息科学版)，29(5)：438-442.
王涛，毋河海(2004b). 顾及多因素的面状目标多层次骨架线提取. 武汉大学学报(信息科学版)，29(6)：533-536.
王涛，毋河海，刘纪平(2007). 基于区间树索引的等高线提取算法. 武汉大学学报(信息科学版)，32(2)：131-134.
王西安(1987). 制图综合的认识问题. 地图，4：18-21.
王亚芬，刘永华，梁新来，等(1988). 微机管理信息系统之四：决策支持系统. 西安：陕西科学技术出版社.
王延亮，马俊海(1988). 机助制图中画平行线的又一方法. 测绘通报，4：29-32.
王迂科(1979). 离散数学结构导论，北京：国防工业出版社.
[德]韦柏(Weber W.)(1981). 自动化综合. 国际地图制图协会机助地图制图学讲习班文献.
[瑞士]韦柏尔(Weibel R.)(1994). 自适应的计算机辅助地形综合模型和实验. 武测译文，2：62-66，3：48-53.

[英]韦德霍尔德(Wiederhold G.)(1989). 知识与数据. 武测译文, 3.
[德]魏马(Weymar H.)(1964). 多种比例尺的制图综合. 测绘译丛, 1.
韦玉春, 陈锁忠, 等(2005). 地理建模原理与方法. 北京: 科学出版社.
邬伦, 刘瑜, 张晶, 等(2001)地理信息系统(原理、方法和应用). 北京: 科学出版社.
毋河海(1964). 关于确定河流选取标准的方法问题. 武测资料, 2.
毋河海(1965). 关于河流长度的归算问题. 武汉测绘学院专刊, 9.
毋河海(1980). 斜轴抛物线光滑插值. 第三届全国地图学术会议论文选集(上册). 北京: 测绘出版社.
毋河海(1981). 地貌形态综合的原理和方法. 武汉测绘学院学报, 6(1): 44-51.
毋河海(1983). 地图数据库管理系统. 小型微型计算机系统, 8(1): 44-53.
毋河海(1986a). 作为空间信息系统核心的地图数据库系统. 武汉测绘科技大学学报, 11(1): 20-31.
毋河海(1986b). 地图信息的拓扑检索. 武汉测绘科技大学学报, 11(3): 62-73.
毋河海(1986c). 地形图数据库及其应用. 第一届计算机地图制图学术讨论会文集: 8-17.
毋河海(1988). 建立黄土数字高程模型(DEM)时地形特点的顾及. 黄土高原(重点产沙区)信息系统研究, 137-145.
毋河海(1990a). 地理信息的集成处理. 黄土高原地区综合开发治理模型研究: 409-425.
毋河海(1990b). 地理信息系统中的集成数据处理. 中国地图年鉴: 68-73.
毋河海(1991). 地图数据库系统. 北京: 测绘出版社.
毋河海(1992a). 地形图数据库的接边与合幅. 第四届全国地图学术会议论文选集: 173-176.
毋河海(1992b). 用于地理信息系统空间分析的智能检索. 中国地图年鉴. 北京: 地图出版社: 12-15.
毋河海(1993a). 微机地理信息系统 MCGIS 的研究. 黄土高原(重点产沙区)信息系统研究(续篇). 北京: 测绘出版社.
毋河海(1993b). 地理信息的集成处理(修改稿), 黄土高原(重点产沙区)信息系统研究(续集), 北京: 测绘出版社.
毋河海(1995a). 地貌形态自动综合问题. 武汉测绘科技大学学报, 20(增刊): 1-6.
毋河海(1995b). 河系树结构的自动建立. 武汉测绘科技大学学报, 20(增刊): 7-14.
毋河海(1995c). 地形图等高线树的建立. 武汉测绘科技大学学报, 20(增刊): 15-19.
毋河海(1995d). 图斑群的结构化选取问题. 武汉测绘科技大学学报, 20(增刊): 88-90.
毋河海(1996a). 自动综合的结构化实现. 武汉测绘科技大学学报, 21(3): 277-285.
毋河海(1996b). 等高线树的自动建立及其应用. 测绘科技动态, 1: 2-7.
毋河海, 龚健雅(1997). 地理信息系统(GIS)空间数据结构与处理技术. 北京: 测绘出版社.
毋河海(1997a). 凸壳原理在点群目标综合中的应用. 测绘工程, 1: 1-6.
毋河海(1997b). 关于 GIS 缓冲区的建立问题. 武汉测绘科技大学学报, 22(4): 358-366.
毋河海(1998). 分维扩展的数值试验研究. 武汉测绘科技大学学报, 23(4): 329-336.

毋河海(1999). 机助制图综合原理(讲义). 武汉测绘科技大学.
毋河海(2000a). GIS 环境下城市平面图形的自动化综合问题. 武汉测绘科技大学报，3：196-202.
毋河海(2000b). 地图信息自动综合基本问题研究. 武汉测绘科技大学学报，25(5)：377-386.
毋河海(2000c). 地图信息自动综合基础理论与技术方法研究. 第三届两岸测绘发展研讨会“测绘与可持续发展”论文集：611-632.
毋河海(2001). 基于扩展分形的地图信息自动综合研究. 地理科学进展，20(增刊)：14-28.
毋河海(2002). 数字曲线拐点的自动确定. 地图学与 GIS 学术讨论会论文集：288-298.
毋河海(2003). 数字曲线拐点的自动确定. 武汉大学学报(信息科学版)，28(3)：330-335.
毋河海(2004a). 基于多义树结构的曲线综合算法. 武汉大学学报(信息科学版)，29(6)：479-483.
毋河海(2004b). 等比数列选取模型. 全国地图学与 GIS 学术会议论文集：626-636.
毋河海(2004c). 地图综合基础理论与技术方法研究. 北京：测绘出版社.
毋河海(2007). 阶差等比数列选取模型算法研究. 武汉大学学报(信息科学版)，32(11)：1016-1021.
毋河海(2009a). S 形分布的数据拟合数学模型研究. 武汉大学学报(信息科学版)，34(4)：474-478.
毋河海(2009b). 地形坡向生成的等高线束矢量合成法. 武汉大学学报(信息科学版)，34(10)：1139-1144.
毋河海(2010). 扩展分维在地图信息综合中的应用研究. 测绘科学，10(4)：10-13.
吴兵，葛昭攀(2002). 分形理论在地理信息科学研究中的应用. 地理学与国土研究，18(3)，23-26.
吴丹(2000). “复杂性”研究的若干哲学问题. 自然辩证法研究，16(1)：6-10.
吴凡，祝国瑞(1998). 基于小波变换的数字地图自动综合谱方法研究. 数字制图技术与数字地图生产. 西安：西安地图出版社.
吴凡，祝国瑞(2001). 基于小波分析的地貌多尺度表达与自动综合. 武汉大学学报(信息科学版)，26(2)：170-176.
吴凡(2002). 地理空间数据的多尺度处理与表示研究. 武汉大学博士学位论文.
吴鹤龄(1982). 数据库原理与设计. 北京：北京理工大学出版社.
吴华意，龚健雅，李德仁(1999). 缓冲曲线和边约束三角网辅助的缓冲区生成算法. 测绘学报，28(4)：355-359.
吴纪桃(2001). 基于小波理论的地图图形数据多比例尺表达研究. 武汉大学博士学位论文.
吴纪桃，王桥(1996). 几种新的河网分维及其制图特征. 武测科技，2：13-17.
吴纪桃，王桥(2000). 小波分析在 GIS 线状数据图形简化中的应用研究. 测绘学报，29(1)：71-75.

吴纪桃，王桥(2002). 小波理论用于地图数据处理中若干理论问题的探讨. 测绘学报，31(3)：245-248.

吴立新，史文中(2003). 地理信息系统原理与方法. 北京：科学出版社.

吴利生，庄亚栋(1982). 凸图形. 上海：上海教育出版社.

吴文虎，王建德(1998). 实用算法的分析与程序设计. 北京：电子工业出版社.

吴信东(1990). 专家系统设计. 北京：中国科学技术大学出版社.

吴艳兰(2004). 地貌三维综合的地图代数模型和方法研究. 武汉大学博士学位论文.

吴艳兰(2005). 几何特征与流线追踪相结合的地形结构线提取法. 武汉大学学报(信息科学版)，30(12)：1115-1119.

吴艳兰(2007). 基于地图代数的数字地表流线模型研究. 水科学进展，5.

吴艳兰，胡鹏(2001). 由栅格等高线快速建立 DEM 的新方法——CSE 法. 武汉大学学报(信息科学版)，26(1)：86-94.

吴忠性(1986). 地图制图学若干问题的探讨，地图，3：3-6.

武芳，邓红艳(2003). 基于遗传算法的线要素自动化简模型. 测绘学报，32(4)：349-355.

武芳，王家耀(1992). 军交图数据库支持下的自动制图综合. 第四届全国地图学学术讨论会论文选集.

武芳，王家耀(1996). GIS 中地理信息的自动化综合. 中国地理信息系统协会第二届年会论文集.

武芳，王家耀(1998). 数字地图自动制图综合原理与方法. 北京：解放军出版社.

武红敢(1991). 地图信息及其分析应用. 地图，3.

武晓波，王世新，肖春生(1999). Delaunay 三角网的生成算法研究. 测绘学报，28(1)：28-35.

肖利平，孟晖，李德毅(2008). 基于拓扑势的网络结点重要性排序及评价方法. 武汉大学学报(信息科学版)，33(4)：379-383.

谢和平，薛秀谦(1997). 分形应用中的数学基础与方法. 北京：科学出版社.

[俄]谢苗诺夫(Семёнов В Н)(1992). 数据与信息. 地图，3：47-48.

谢顺平，田德森(1995). 完善等值线追踪的路径栅格法. 测绘学报，24(1)：52-56.

辛厚文(1993). 分形理论及其应用. 合肥：中国科技大学出版社.

徐福缘(1989). 信息系统. 上海：上海交通大学出版社.

许海涛，杜景海，李宏利，等(1996). HCS 系统中海岸线的智能综合. 海洋测绘，2.

徐建华(1990). 农业生态环境定量分析初探. 黄土高原地区综合开发治理模型研究. 北京：科学出版社.

徐建华(1994). 图像处理与分析. 北京：科学出版社.

徐龙文，邵子法(1989). 机助绘图时画平行线的一种算法. 地图，4：51-54.

徐庆荣，杜道生，黄伟，等(1993). 计算机地图制图原理. 武汉：武汉测绘科技大学出版社.

徐士良(1994). C 常用算法程序集. 北京：清华大学出版社.

徐士良(1997). QBASIC 常用算法程序集. 北京：清华大学出版社.

徐永龙(1987). 数字高程模型中用图论技术自动寻找子区边界的研究. 测绘学报, 16(3): 213-222.
徐永龙(1988). 考虑地形特征的DEM内插软件包HIMI的研究. 测绘学报, 17(2): 109-117.
徐肇忠(1986). 用模糊综合评判原理确定地图上制图物体选取的一种数学模型. 测绘学报, 15(1): 51-62.
徐肇忠(1987). 模糊集合论用于制图综合中地图物体选取结构模型的研究. 测绘学报, 12(4): 54-63.
薛丰昌, 卞正富(2009). 基于泛布尔函数的空间叠置分析. 武汉大学学报(信息科学版), 34(4): 488-491.
杨启帆, 边馥萍(1990). 数学模型. 杭州: 浙江大学出版社.
杨树强, 陈火旺, 王峰(1998). 矢量和栅格一体化的数据模型. 软件学报, 9(2): 92-96.
杨吾扬, 梁进社(1997). 高等经济地理学. 北京: 北京大学出版社.
杨学平(1976). 计算机绘图. 计算机应用与应用数学, 2.
杨学平(1980). 计算机绘图. 北京: 电力工业出版社.
杨玉荣(1996). 基于分形理论的地貌表达. 武汉测绘科技大学学报, 21(2): 154-158.
杨族桥, 郭庆胜, 牛冀平, 等(2005). DEM多尺度表达与地形结构线提取研究. 测绘学报, 34(2), 134-137.
仪垂祥(1995). 非线性科学及其在地学中的应用. 北京: 气象出版社.
[俄]伊兹马耶洛娃(Измаелова Н В)(1978). 用ε熵函数方法概括制图资料. 测绘译文, 1.
[以]伊奥里(Yöli P)(1986). 数字地形模型中的山谷线和山脊线的机助确定. 地图, 2.
[俄]叶菲门科 Е И, 达维多夫 Г П, 列昂齐也夫 Н Ф. 小比例尺普通地理图制图综合原理. 北京: 中国人民解放军总参谋部测绘局.
应申, 郭仁忠, 闫浩文, 等(2002). 面向模型的大比例尺制图综合框架设计与实现. 测绘学报, 31(4): 344-349.
应申, 李霖(2003). 基于约束点的曲线一致性化简. 武汉大学学报(信息科学版), 28(4): 488-491.
应申, 李霖, 王明常, 等(2005). 计算几何在地图综合中的应用. 测绘科学, 30(3): 64-66.
游雄(1992). 视觉感知对制图综合的作用. 中国地图学年鉴: 38-40.
于雷易, 边馥苓, 万丰(2003). 一种多边形交、并、差运算的有效算法. 武汉大学学报(信息科学版), 28(5): 615-618.
俞连笙(1990). 地图科学与美学的融合——关于地图的美学思考. 测绘学报, 19(4): 307-313.
俞连笙(1995). 地图符号的哲学层面及其信息功能的开发. 测绘学报, 24(4): 259-266.
曾文曲, 王向阳, 等(1993). 分形理论与分形的计算机模拟. 沈阳: 东北大学出版社.
查先进(2000). 信息分析与预测. 武汉: 武汉大学出版社.

翟仁健，武芳，朱丽，等(2009)．利用地理特征约束进行曲线化简．武汉大学学报(信息科学版)，34(9)：1021-1024．

张斐慕，饶亢宗(1986)．几何计算程序68例．北京：国防工业出版社．

张根寿，祝国瑞(1994)．面状地图表象的形态研究．武汉测绘科技大学学报，1：29-36．

张国玉，李霖，金玉平，等(2004)．基于图论的树状河系结构化绘制模型的研究．武汉大学学报(信息科学版)，29(6)：537-539．

张沪寅，陆春涛，雷迎春，等(2008)．一种基于拓扑集聚性的结点选择新策略．武汉大学学报(信息科学版)，33(11)：1206-1210．

张济忠(1995)．分形．北京：清华大学出版社．

张家庆，张军(1994)．九十年代GIS软件系统设计的思考．测绘学报，23(2)：127-134．

张锦(1998)．超图空间数据模型和面向对象模型的集成．中国地理信息系统协会、中国海外地理信息系统协会1998年年会论文集：71-77．

张锦(2002)．多分辨率空间数据模型理论与实现技术研究．中国科学院武汉分院博士学位论文．

张克权(1984)．应用熵函数量测信息方法探求相互联系现象的图形重合程度．测绘学报，13(1)：31-41．

张克权，郭仁忠(1991)．专题制图数学模型．北京：测绘出版社．

张克权，黄仁涛(1982)．专题地图编制．北京：测绘出版社．

张仁霖(1993)．信息论对地图学理论的新发展．地图，1．

张世强(1997)．一种矢径最短的抛物线加权平均光滑插值法．测绘科技动态，1：32-37．

张文忠，谢顺平(1990)．微机地理制图．北京：高等教育出版社．

张选群，罗毅平，郑年春(1993)．管理数学与运筹学．武汉：武汉测绘科技大学出版社．

张尧庭(1999)．指标量化、序化的理论和方法．北京：科学出版社．

张志三(1993)．漫谈分形．长沙：湖南教育出版社．

赵军喜，陈毓芬(1998)．认知地图及其在地图制图中的应用．地图，2．

赵小佩，李俊英，邓玲(1983)．地性线自动识别与跟踪及其在地貌等高线图形自动综合中的应用．武汉测绘学院学报，8(2)：102-111．

赵庸(1985)．图论的知识．北京：知识出版社．

郑咸义(1986)．数值计算方法与FORTRAN语言．北京：电子工业出版社．

郑肇葆(2001)．协同模型与遗传模型的集成．武汉大学学报(信息科学版)，26(5)：381-386．

中国科学院地质研究所(1978)．数学地质引论．北京：地质出版社．

钟义信(1984)．信息学漫谈．北京：科学普及出版社．

钟义信(1986)．信息科学基础．北京：中国和平出版社．

周龙骧(1990)．数据库系统实现技术．北京：地质大学出版社．

周宁(1988)．情报数据库系统．武汉：武汉大学出版社．

周培德(2000)．计算几何——算法分析与设计．北京：清华大学出版社．

周秋生(1996)．自动搜索最小多边形算法的研究．测绘工程，2．

朱冰静，朱宪辰(1991)．预测原理与方法．上海：上海交通大学出版社．

朱敦尧(1988). 地图之结构. 测绘学报, 17(2): 151-157.
朱庆, 田一翔, 张叶廷(2005). 从规则格网DEM自动提取汇水区域及其子区域的方法. 测绘学报, 34(2): 129-133.
朱水根, 龚时霖(1990). 计算方法引论及例题选讲. 天津: 天津科学技术出版社.
祝国瑞(1981). 用等比数列法选取河流. 测绘通报, 2: 34-38.
祝国瑞(1986). 用测度信息量的方法确定地貌高度表. 地图, 2.
祝国瑞(1989a). 地图制图数学模型研究在中国的进展. 地图, 2.
祝国瑞(1989b). 应用数字模型推断地图上河流的选取程度. 武汉测绘科技大学学报, 14(4): 47-51.
祝国瑞, 黄采芝(1885). 一览图上居民地要素语义信息量的测度. 武汉测绘科技大学学报, 10(4): 89-96.
祝国瑞, 徐肇忠(1990). 普通地图制图中的数学方法. 北京: 测绘出版社.
祝国瑞, 张根寿(1994). 地图分析. 北京: 测绘出版社.
邹海明, 余祥宣(1995). 计算机算法基础. 武汉: 华中理工大学出版社.

(英文和德文部分)

Abrahams A D(1984). Channel networks: a geomorphological perspective. Water Resources Research, 20: 161-188.
Adams J A(1975). The intrinsic method for curve definition. Computer Aided Design, 7(4): 243-249.
AdV (1989). ATKIS (Amtliches Topographisch-Kartographisches Informationssystem). Hannover.
Affholder J G(1993). Road modeling for generalization. Proceedings of the NCGIA Initiative 8 Specialist Meeting on Formalizing Cartographic Knowledge: 23-36.
Agterberg F P (1989). Logdia-fortran77 program for logistic regession with diagnostics. Computers & Geosciences, 15(4): 599-614.
Akima H (1970). A new method of interpolation and smooth curve fitting based on local procedures. ACM, 17(4): 589-602.
Antenucci J C, Brown K, Croswell P L, Kevany M J & Archer H (1991). Geographic Information System. A Guide to The Technology. New York.
Appelt G(1987). Das adv vorhaben"amtliches topographisch-kartographisches informationssystem (ATKIS)"—technische konzeption. Nachrichten aus dem Karten-und Vermessungswesen, Reihe I. Heft Nr. 99.
Argialas D, Lyon J & Mintzer O(1988). Quantitative description and classification of drainage patterns. Photogr. Eng. & RS., 54(4): 505-509.
Argialas D P & Milliaresis G (1996). Physiographic knowledge acquisition: identification, conceptualization, and representation. ASPRS/ACSM, 1.
Argialas D P(1997). Landform spatial knowledge acquisition: identification, conceptualization,

and representation. ACSM/ASPRS, 3.

Armstrong M P & Bennett D A (1990). Knowledge-based object-oriented approach to cartographic generalization. Proceedings GIS/LIS '90 Anaheim California: 48-57.

Armstrong M P (1991). Knowledge classification and organization. In: Buttenfield B P & McMaster R B (eds.). Map Generalization: Making Rules for Knowledge Representation. New York. John Wiley & Sons: 86-102.

Armstrong M P & Hopkins L D (1983). Fractal enhancement for thematic display of topologically stored data. Proceedings of AUTO-CARTO, 6.

Armstrong M P & Densham P J (1995). Cartographic support for collaborative spatial decision-making. ACSM/ASPRS. Annual Convention & Exposition Technical Paper, 4. Proceedings of AUTO-CARTO, 12.

Arnberger E (1970). Die kartographie als wissenschaft und ihre beziehungen zur geographie und geodäsie. Grundsatzfragen der Kartographie. Edited by Arnberger E. Wien.

Arnberger E & Kretschmer I (1975). Wesen und aufgaben der kartographie-topographische Karten. Franz Deuticke Wien.

Arnberger E (1977). Thematische kartographie. Westermann.

Aronson P (1987). Attribute handling for geographic information systems. AUTO-CARTO, 8.

Aumann G, Ebner H & Tang L (1990). Automatic derivation of skeleton lines from digitized contours. ISPRS Commission IV, 28: Part 4.

Austin R F (1984). Measuring and comparing two-dimensional shapes. In: Gaile G L & Willmott C J (eds.). Spatial Statistics and Models.

Avelar S (1997). Representaton of relief using geometric algorithms. Proceedings of 18th conference ICA.

Back W (1962). Gestaltung und Entwurf topographischer Karten. Kartengestaltung und Kartenentwurf. Ergebnisse des 4. Arbeitkurses Niederdollendorf. Manheim: 89-107.

Bader M & Weibel R (1997). Detecting and resolving size and proximity conflicts in the generalization of polygonal maps. Proceedings of the18th ICA/ACI International Cartographic Conference ICC, Stockholm, Sweden, 3: 1525-1532.

Ball W E (1993). Planar median (equidistant) line computations for narrow channels. ACSM/ASPRS, Annual Convention & Exposition Technical Papers: 15-18.

Ballard D H (1981). Strip tree: a hierarchical representation for curves. Communication of the ACM, 24(5): 310-321.

Ballard D H, Brown C M (1982). Computer vision. Printice-Hall. Englewood Cliffs.

Band L E (1986). Topographic partition of watersheds with digital elevation models. Water Resources Research, 22(1): 15-24.

Band L E (1986). Analysis and representation of drainage basin structure with digital elevation data. SDH '96: 437-450.

Barber C, Cromley R & Andrle R (1995). Evaluating alternative line simplification strategies for multiple representation of cartographic lines. Cartography and Geographic Information

System, 22(4): 276-290.

La Barbera P & Rosso R(1989). On the fractal dimension of river networks. Water Resources Research, 25: 735-741.

Barillot X, Hangouet J F & Hakima K D(2001). Generalization of the 'Douglas and Peucker' algorithm for cartographic applications. Proceedings of the 20th ICC: 2137-2046.

Barnsley M F(1987). Fractal functions and interpolation. Constructive Approximation, 2: 303-329.

Barnsley M F(1988). Fractals everywhere. Boston: Academic Press.

Barnsley M F, Devaney R L, Mandelbrot B B, Peitgen H O, Saupe D & Voss R F(1988). The science of fractal images. Berlin, Heidelberg. Springer Verlag.

Bartelme N(1989). GIS Technologie: Geoinformationssysteme, landinformationssysteme und ihre Grundlagen. Berlin, Heidelberg: Springer-Verlag.

Barton C C & La Pointe P R(1995). Fractals in the earth sciences. New York: Prenum Press.

Batty J M(1991). Cities as fractals: simulating growth and form. In: Crilly T, Earnshaw R A and Johns H(Editors), Fractal and Choas. Springer-Verlag, NY: 41-69.

Batty J M(1992). The fractal nature of geography. Geographical Magazine, (5): 32-36.

Batty J M & Longley P A(1986). The fractal simulation of urban structure. Environment and Planning A. 18: 1143-1179.

Batty J M & Longley P A(1987). Fractal-based description of urban form. Environment and Planning B: Planning and Design, 1987, 14(2): 123-134.

Batty J M, Longley P A & Fotheringham A S(1989). Urban growth and form: scaling-fractal geometry and diffusion-limited aggregation. Environment and Planning A, 21.

Baumpartner U(1990). Generalisierung topographischer Karten. Cartographic Publication Series, 10, Zurich. Swiss Society of Cartography.

Beard K, Mackaness W(1991). Generalization operations and supporting structures. AUTO-CARTO 10, 6: 29-45.

Beard K(1991a). The theory of the cartographic line revisited. CARTOGRAPHICA, 28(4): 32-58.

Beard K(1991b). Constraints on rule formation. In: Buttenfield B P & McMaster R B(eds.). Map Generalization: Making Rules for Knowledge Representation. New York. John Wiley & Sons: 121-135.

Beard K & Mackaness W(1993). Graph theory and network generalization in map design. Proceedings of 16th ICC: 352-362.

Beard K & Sharma V (1998). Multilevel and graphical views of metadata. Proceedings IEEE Advances in Digital Libraries (ADL)98. Santa Barbara, C A.

Beck W (1971). Generalisierung und automatische kartenherstellung. Allgemeine Vermessungs-Nachrichten: 197-205.

Beckett Ph(1977). Cartographic generalization. Cartographic J. 14(1): 49-50.

BeerT & Borgas M(1993). Horton's laws and the fractal nature of streams. Water Resources

Research, 29: 1475-1487.

Beines M(1993). Treating of area features concerning the derivattion of digital cartographic models. Proceedings ICC. Project ATKIS: 372-382.

Beines M(1994). Untersuchungen zur automationsgestützten generalisierung von flächen. KN 4/94: 143-150.

Belgrand(1873). La seine. Paris: Etudes hydrologiques.

Bennett D A, Armstrong M P(1996). An inductive knowledge based approach to terrain feature extraction. Cartography and Geographic Information Systems, 23(1).

Bentley J L, Faust M G & Preparata F P(1982). Approximation algorithms for convex hulls. Communication of ACM, 25(1): 64-68.

Berge C(1973). Graphs and hypergraphs. Amsterdam: North Holland Publishing Company.

de Berg M & Marc van Kreveld (1995). A new approach to subdivision simplification. Proceedings of AUTO-CARTO, 12: 79-88.

de Berg M, Marc van Kreveld, Overmars M & Schwarzkopf O(2000). Computational geometry, algorithms and applications. Second, Revised Edition. Springer Verlag. Berlin.

Berlyant A M(1994). Theoretical concepts in cartography. Mapping Sciences and Remote Sensing, 31(4): 279-287.

Berlyant A M (1995). Graphic media and geoiconography. Maping Sciences and Remote Sensing, 32(2).

Bérubé D & Jébrak M(1999). High precision boundary fractal analysis for shape characterization. Computers & Geosciences, 25: 1059-1071.

Bézier P(1972). Numerical control (mathematics and applications). John Wiley & Sons. London, NewYork, Sydney, Toronto.

Bill R & Fritch D(1991). Grundlagen der Geo-Informationssysteme, Band I, Karsruhe.

Bittner H R & Sernetz M(1991). Selfsimilarity within limits: description with the log-logistic function. In: Feigen H-O, Henriques J M & Penedo L F (Editors). Fractals in The Fundamental and Applied Sciences. Elsevier Science Publishers B V North-Hoolland.

Bjørke J T(1993). Information theory as a tool to formalize cartographic knowlege. In: NCGIA Initiative 8 Specialist Meeting on Formalizing Cartographic Knowledge: 45-52

Bjørke J T(1994). Information theory: the implications for automated map design. In: Konecny M, ed. Supplement to Proceedings of The Conference Europe in Transition: The Context of Geographic Information Systems: 8-19

Bjorke J T(1996). Framework for entropy-based map evaluation. Cartography and Geographic Information System, 23(2): 78-95.

BjorkeJ T(1997). Map generalization: an information theoretic approach to feature elimimation. ICC Proceedings of 18th ICC, 1. Stockholm, Sweden: 480-486.

Bjørke J T (2003). Generalization of road network for mobile map services: an information theoretic approach. ICA Proceedings, Durban, South Africa.: 127-135

Bjørke J T (2005). Map generalization of road networks. In: Visualisation and the Common

Operational Picture. Meeting. Proceedings RTO-MP-IST-043, Paper 17.

Bjørke J T & Myklebust I (2001). Map generalization: information theoretic approach to feature elimination. In: Bjørke J T & Tveite H (editors). Proceedings of ScanGIS' 2001, 8th Scandinavian Research Conference on Geographical Information Science, Norway: 203-211.

Boltjanskij V G & Efremovic V A (1986). Anschauliche kombinatorische Topologie. Berlin: VEB Deutscher Verlag der Wissenschaften.

Borodin A V(1974). Quantitative criteria for generalization of contents of geographical maps on an electronic computer. AUTOMATION the new Trend in CARTOGRAPHY. ICC Proceedings, Budapest Hungary.

Bosse H(ed.)(1962). Kartengestaltung und Kartenentwurf. Ergebnisse des 4. Arbeitskurses Niederdollendorf 1962 der Deutschen Gesellschaft für Kartographie E. V. Bibliographisches Institut-Mannheim.

Bosse H (ed.) (1966). Kartographische generalisierung. Ergebnisse des 6. Arbeitskurses Niederdollendorf der Deutschen Gesellschaft für Kartographie E. V. Bibliographisches Institut-Mannheim.

Boudriault G(1987). Topology in TIGER file. AUTO-CARTO 8: 258-269.

Bouille F(1977). Structuring cartographic data and spatial processes with the hypergraph-based data structure. First International Advanced Study Symposium On Topological Data Structures For Geographic Information Systems. Havard Papers on GISs, Cambridge, Mass.

Bouille F(1983). A structured expert system for cartography based on HBDS. AUTO-CARTO 6: 202-210.

Bouille F(1984). Architecture of a geographic structured expert system. SDH '84: 520-544.

Bouille F(1994). Principles of automated learning in a GIS, Using an Illimited Set of Object-Oriented Persistent Neurons. ISPRS Commission Ⅲ Symposium, 30, Part, 3/1.

Boutoura C(1989). Line generalization using spectral techniques. CARTOGRAPHICA, 26(3 & 4): 33-48.

Brandenberger Dr Ch (1997). From large scale to small scale maps by digital cartographic generalization. Proceedings of 18th ICC.

Brassel K E(1975). Neighborhood computations for large sets of data points. AUTO-CARTO 2.

Brassel K E(1977). A topological data structure for multi-element map processing. First International Advanced Study Symposium On Topological Data Structures For Geographic Information Systems. Havard Papers on GISs, Cambridge, Mass.

Brassel K E & Rreif D(1979). A procedure to generate Thissen polygons. Geographical analysis, 11: 239-303.

Brassel K E, Heller M T & Jones P L (1984). The construction of bisector skeletons for polygonal networks. Proceedings of SDH' 84.

Brassel K E (1985). Strategies and data models for computer-aided generalization. IYBC 25: 11-29(Paper originally presented at EURO-CARTO III, 1984, Graz, Austria).

Brassel K E (1990). Kartographisches generalisieren. Zurich, Switzerland: Schweizerischen

Gesellschaft für Kartographische Publikationen.

Brassel K E & Weibel R(1987). Map generalization. In: Anderson K E & Douglas A V (eds.). Report On International Research & Development In Advanced Cartographic Technology. 1984-1987 ICA: 120-144.

Brassel K E & Weibel R(1988). A review and conceptual framework of automated map generalization. IJGISs, 2(3): 229-244.

Brophy D M(1972). Automated linear generalization in thematic cartography. Master's Thesis, Department of Geography, University of Wisconsin.

Brown N J, Wright S M & Fuller R M(1996). A technique for removal of outliers during a computerised map generalization process. The Cartographic Journal, 33(1): 11-16.

Brügger B P & Frank A U(1989). Hierarchies over topological data structures. Proceedings of ASPRS/ACSM, 4: 137-145.

Brügger B P & Kuhn W(1991). Multiple topological representations. NCGIA.

Buczkowski S, Hildgen P & Cartilier L(1998). Measurements of fractal dimension by box-counting: A Critical Analysis of Data Scatter. Physica A, 252: 23-34.

Buisson L(1989). Reasoning on space with object-centered knowledge representations. In: Buchmann A, Günther O, Smith T R & Wang Y-F(eds.). Design and Implementaion of Large Spatial Databases. Lecture Notes in Computer Science, 409. Berlin: Springer Verlag: 325-344.

Bundy G L, Jones C B & Furse E(1995a). A topological data structure for the holistic generalization of large-scale cartographic data. In: Fisher P F (Editor). Innovations in GIS 2. Taylor & Francis: 19-31.

Bundy G L, Jones C B & Furse E(1995b). Holistic generalization of large-scale cartographic data. In: Müller J-C, Lagrange J P & Weibel R (ed.). GIS and Generalization, Methodology and Practice. GISDATA. UK Taylor & Francis: 106-119.

Burde A, Zablotsky E & Strelnikov S I(1997). Generalization principles in geological cartography. Proceedings of 18th ICC.

Burton W(1977). Efficient retrieval of geographical information on the basis of location. First International Advanced Study Symposium on Topological Data Structures for Geographic Information Systems. Havard Papers on GISs, Cambridge, Mass.

Burrough P A(1981). Fractal dimensions of landscape and other environmental data. Nature, 294: 240-242.

Burrough P A(1986). Principles of geographical information systems for land resources assessment. Oxford: Clarendon Press.

Butler C W, Hodil E D & Richardson G L(1988). Building knowledge-based systems with procedural languages. IEEE EXPERT.

Buttenfield B P(1985). Treatment of the cartoraphic line. CARTOGRAPHICA, 22(2): 1-26.

Buttenfield B P. (1986). Digital definition of scale-dependent line structure. In: Blakemore M J (ed.). Proceedings of AUTO-CARTO LONDON UK 1: 497-506.

Buttenfield B P (1987). Automating the identification of cartographic lines. The American Cartographer, 14(1): 7-20.

Buttenfield B P (1989). Scale dependence and self-similarity of cartographic lines. CARTOGRAPHICA, 26(1): 79-100.

Buttenfield B P (1991). A rule for describing line feature geometry. In: Buttenfield B P & McMaster R B (eds.). Map Generalization: making rules for knowledge representation. New York. John Wiley & Sons: 150-171.

Buttenfield B P (1995). Object-oriented map generalization: modelling and cartographic consideration. In: Müller J-C, Lagrange J P & Weibel R (ed.). GIS and GENERALIZATION, Methodology and practice. GISDATA. UK Taylor & Francis: 91-105.

Buttenfield B P & McMaster R B (1991). Map generalization: making rules for knowledge representation. John Wiley & Sons . New York.

Buttenfield B P & Ganter J H (1992). Visualization and GIS: what should we see? what might we miss?. SDH '92.

Cai Shaohua, Wang Jiayao, Jiang Hongtao & Liao Ning (2001). Automatic creating techniques for topological spatial relationship based on the grid Index. Proceedings of the 20th ICC.

Car A & Frank A U (1993) . Hierarchical street network as a conceptual model for efficient way finding. Proceedings of EGIS'93: 134-139.

Carstensen L (1989). A fractal analysis of cartographic generalization. The American Cartographer, 16(3): 181-189.

Catlow D & Du D (1984). The structuring and cartographic generalization of digital river data. Proceedings, 44th Anmual ACSM Meeting: 511-520.

Cauvin C (1997). Cartographic reasoning and scientific experimental approach. Proceedings of 18th ICC.

Chand D R & Kapur S S (1970). An algorithm for convex polytopes. Assoc J. Comput. Mach. 17: 78-86.

Chapmann S P & Dalton N (1990). The application of graph theory to digital map data via a system of nested binary trees. Congress: FIG XIX Int.

Chen L C & Rau J Y (1994). A hybrid approach for extraction dominant points from digital curves. ISPRS Commission III Symposium, Spatial Information from Digital Photogrammetry and Computer Vision, 30, Part 3/1.

Cheng Q (1999a). Mulitifractality and spatial statics. Computers & Geosciences, 25: 949-961.

Cheng Q (1999b). The gliding box methods for multifractal modeling. Computers & Geosciences, 25: 1073-1079.

Cheng Q, Russell H, Sharpe D, Kenny F & Ping Q (2001). GIS-based statistical and fractal / multifractal analysis of surface stream patterns in the Oak Ridges Moraine. Computers & Geosciences, 27: 513-526.

Chithambaram R, Beard K & Barrera R (1991). Skeletonizing polygons for map generalization. Technical papers. Baltimore: ACSM-ASPRS Convension, Cartography and GIS/LIS,

2: 44-55.

Chorowicz J, Ichoku C, Riazanoff S & Cervelle B(1992). A combined algorithm for automated drainage network extraction. Water Resources Research, 28: 1293-1302.

Chrisman N R(1975). Topological information system for geographic representation. AUTO-CARTO 2.

Chrisman N R(1983). Epsilon filtering: A technique for automated scale changing. Technical Papers, 43rd Annual ACSM Meeting: 322-331.

Christ F(1978). A program for the fully automated displacement of point and line features in cartographic generalization. Nachrichten aus dem Karten-und Vermessungswesen. Reihe II. Heft 35: 5-30.

Christensen A H J(1987). Fitting a triangulation to contour lines. AUTO-CARTO 8: 57-67.

Christensen A H J(1999a). A "genuine" approach to line generalization. Proceedings of the 19th ICC.

Christensen A H J(1999b). Cartographic line generalization with waterlines and medial-axes. Cartography and GIS, 26(1): 19-32.

Christensen A H J(1999c). The revival of a victorian art: waterlining with a computer. The Cartographic Jourmal, 36(1): 31-41.

Christensen A H J(2000). Line generalization by waterlining and medial-axis transformation: successes and issues in an implementation of perkal's proposal. The Cartographic Jourmal, 37(1): 19-28.

Clarke A L, Grün A & Loon J C(1982). The application of contour data for generating high fidelity grid digital elevation models. Proceedings of AUTO-CARTO 5: 213-222.

Clarke K C(1986). Computation of the fractal dimension of topographic surface using the triangular prism surface area method. Comput. Geosci. 12: 713-722.

Clarke K C(1990). Computer and analytical cartography. New Jersey: Printice-Hall, Englewood Cliffs.

Clarke K C, Cippoletti R & Olser G(1993). Empirical comparison of two line enhancement methods. Proceedings of AUTO-CARTO 11.

Cola L D(1989). Multiscale data models for spatial analysis with applications to multifractal phenomena. Proceedings of AUTO-CARTO 9.

Corbett J P(1979). Topological principles in cartography. Technical Paper No. 48, Bureau of the Census, Department of Commerce.

Corbett J(1979). Topological models for architectural and engineering projects. AUTO-CARTO 4.

Costa-Cabral M C & Burges S J(1997). Sensitivity of channel network planform laws and the question of topologic randomness. Water Resources Research, 33(9): 2179-2197.

Cromley R G(1987). Calculating bisector skeletons using a Thiessen data structure. Proceedings of AUTO-CARTO 8.

Cromley R G(1988). A vertex substitution approach to numerical line simplification. SDH '88: 57-64.

Cromley R G & Campbell G M(1990). The geometrically efficient bandwidth line simplification algorithm. Proceedings of the 4th International Symposium on SDH, 1: 77-84.

Cromley R G(1991). Hierarchical methods of line simplification. Cartography and Geographic Information System, 18(2): 125-131.

Cromley R G(1992). Digital cartography. New Jersey: Prentice Hall, Englewood Cliffs.

Cromley R G & Campbell G M(1992). Integrating quantitative and qualitative aspects of digital Line simpflification. The Cartographic Journal, 29(1): 25-30.

Cronin T(1995). Automated reasoning with contour maps. Computers & Geosciences, 21(5): 609-618.

Damski J C & Gero J S(1996). A logic-based framework for shape representation. Computer Aided Design, 28(3): 169-181.

Davis D S(1962). Nomography and empirical equations. London: Chapman & Hall Ltd.

De Cola L & Lam N(1993). Introduction to fractals in geography. In: De Cola L & Lam N (eds.). Fractals in Geography. New Jersey, Printice Hall, Englewood Cliffs.

DeLucia A & Black T(1987). A comprehensive approach to automatic feature generalization. Proceeding 13th ICA Conference Morelia, Mexico 4: 169-192.

Denegre J(1972). Automatische generalisierung. Nachrichten aus dem Karten-und Vermessungswesen. Reihe I. Heft Nr. 55.

Denn L & Weber W(1981). Ein Programmsystem zur topologischen Selektion in Liniennetz und hierarchisch gegliederten Flachennetzen. Nachrichten aus dem Karten-und Vermessungswesen, Reihe I, Heft Nr. 82.

Densham P J & Armstrong M P(1993). Supporting visual interactive locational analysis using multiple abstracted topological structures. Proceedings of AUTO-CARTO 11.

Dettori G & Falcidieno B(1982). An algorithm for selecting main points on a line. Computers and Geosciences, 8(1): 3-10.

Dettori G & Puppo E(1996). How generalization interacts with the topological and metric structure of maps. SDH '96.

Deveau T J(1985). Reducing the number of points in a plane curve representation. AUTO-CARTO 7: 152-160.

Devogele T, Trevisan J & Raynal L(1996). Building a multi-scale database with scale-transition relationships. SDH '96: 337-351.

Dobson M W(1985). The future of perceptual cartography. CARTOGRAPHICA, 22(2).

Domaratz M A(1986). The encoding of cartographic objects using HBDS concepts. AUTO-CARTO London.

Douglas D H & Peucker Th K(1973). Algorithms for the reduction of the number of points required to represent a digitized line or its character. The Canadian Cartographer, 10 (2): 112-123.

Dramowicz K(1994). Application of graph theory to network evaluation: Theoretical and Practical Issues. Canadian '94 GIS: 1657-1668.

Dubuc B(1989). Evaluating the fractal dimension of surfaces. Proceedings of Royal Society of London.

Dubuc B, Quiniou J E, Roques-Carmes C, Tricot C & Zucker S W(1989). Evaluating the fractal dimension of profiles. Physical Review A, 39: 1500-1512.

Duda R & Hart P(1973). Pattern classification and scene analysis. New York. John Wiley & Sons.

Du Qingyun & Wu Hehai(1996). Two approaches to structured generalization of relief. '96 Wuhan Geomatics: 49-54.

Dunham J G(1986). Optimum uniform piecewise linear approximation of planar curves. IEEE Transaction on Pattern Analysis and Machine Intelligence, PAMI-8(1): 67-75.

Dutton G(1978). First international advanced study symposium on topological data structures for geographic information systems. Havard Papers on GISs, Cambridge, Mass.

Dutton G & Buttenfield B P(1993). Scale change via hierarchical coarsening: Cartographic Properties of Quaternary Triangular Meshes. Proceedings of 16th ICC.

Dutton G(1996). Encoding and handling geospatial data with hierarchical triangular meshes. Proceedings of SDH'96, Tech. U. Delft, 2.

Dutton G(1997). Digital map generalization using a hierarchical coordinate system. AUTO-CARTO 13.

Dutton G(1999a). A hierarchical coordinate system for geoprocessing and cartography. Lecture Notes in Earth Sciences 79. New York, Springer.

Dutton G(1999b). Scale, sinuosity, and point selection in digital line generalization. Cartography and GIS, 26(1): 33-53.

Eckert M(1908). On the nature of maps and map logic. Translated by Jörg W. Bulletin of the American Geographical Society. 40(6): 344-351.

Eckert M(1921). Die Kartenwissenschaft(Forschungen und Grundlagen zu einer Kartographie als Wissenschaft): Erster Band. Berlin und Leipzig.

Eckert M(1925). Die Kartenwissenschaft(Forschungen und Grundlagen zu einer Kartographie als Wissenschaft): Zweiter Band. Berlin und Leipzig.

Edelsbruner E, Kirspatrick D G & Seidel R(1983). On the shape of a set points in the plane. IEEE trans. Inf. Theory 29: 551-559.

Edwards G J(1984). Fractal based terraim modeling. Conference on Computer Animation and Digital Effects London. England: 49-56.

Egenhofer M J, Frank A U & Jackson J P(1990). A topological data model for spatial databases. In: Buchmann A, Günther O, Smith T R & Wang Y-F(eds.). Design and Implementaion of Large Spatial Databases. Lecture Notes in Computer Science, 409. Berlin: Springer Verlag: 271-286.

Egenhofer M J, Herring J R, Smith T & Park K K(1991). A framework for the definition of topological relationships and an algebraic approach to spatial reasoning within this framework. NCGIA.

Egenhofer M J(1995). On the equivalence of topological relations. IJGIS, 9(2).

Egenhofer M J & Mark D M(1995). Modelling conceptual neighbourhoods of topological line-region relations. IJ GIS, 9(5).

Ehrliholzer R(1995). Quality assessment in generalization: Integrating Quantitative and Qulitative Methods. Cartography Cross Borders (Proceedings 17th International Cartographic Conference), Barcelona, Institute Cartogrùfic de Catalunya: 2241-2250.

Eli I, Yöli P & Doytsher Y(2001). Analytic generalization of topographic and hydrologic data and its cartographic display-intermediate results. Proceedings of the 20th ICC: 1931-1942.

Everest G C(1986). Database management: objectives, system functions, and administration. McGraw-Hill Book Company, New york.

Fairbairn D(1997). Determining and using graphic complexity as a cartographic metric. Proceedings of 18th ICA.

Feder J(1988). Fractlas. New York: Plenum, New York.

Feito F, Torres J C & Urena A(1995). Orientation, simplicity, and inclusion test for planar polygons. Computer & Graphics, 19(4): 595-600.

Feldner H(1902). Die flussdichte und ihre bedingtheit im elbsandsteingebirge und in dessen nordöstlichen nachbargebieten. Mitt. des Vereins für Erdkunde zu Leipzig.

Felgueiras C A & Goodchild M F(1995). A comparison of three TIN surface modeling methods and associated algorithms. NCGIA: Technical Report 95(2): 1-28.

Fike C T(1968). Computer evaluation of mathematical functions. Prentice-Hall Inc.

Finsterwalder R(1986). Zur Bestimmung von Tal-und Kammlinien. ZfV 1986(5): 184-189.

Finsterwalder R(1989). Gedanken zur kartographischen Darstellung der Geländeneigung. KN 89 (6): 208-211.

Fischer M M(1994). From conventional to knowledge-based geographic information systems. Computers, Environment and Urban Systems, 18(4).

Fischler M A & Bolles R C(1986). Perceptual organization and curve partitioning. IEEE, PAM1, 8(1): 100-105.

Forberg A. Generalization of 3D building data based on a scale-space approach. Andrea. forberg @unibw-münchen. de

Frank A(1987). Overlay processing in spatial information systems. AUTO-CARTO 8.

Frank A & Kuhn W(1986). Cell graphs: a provable correct method for the storage of geometry. SDH '96: 411-436.

Franke U(1974). A method for cartographical selestion according to qualitative aspects. AUTOMATION the new Trend in CARTOGRAPHY. ICC Proceedings, Budapest Hungary: 165-176.

Frank U(1977). Untersuchungen zur anwendung der graphentheorie für die automatisierte Kartographische bearbeitung linearer elemente. VT, Heft 6: 205-208.

Freeman H(1978). Shape description via the use of critical points. Pattern Recognition, 10: 159-166.

Fritsch E & Lagrange J P(1995). Spectral representations of linear features for generalisation. Frank A V, Kuhn W(eds.). Spatial Information Theory. A Theoretical Basis for GIS, International Conference COSIT '97: 157-171.

Frolor Y(1995). Measuring the shape of geographic phenomena: a history of the issue. Soviet Geography, 16: 679-687.

Full W E & Ehrlich R(1986). Fundamental problems associated with "eigenshape analysis" and similar "factor" analysis procedures. Math. Geology, 18: 451-463.

Gan K C, McMahon T A & Finlayson B L(1992). Fractal dimensions and lengths of rivers in south-east Australia. The Cartographic Journal, 29, June.

Garcia-Ruiz J M & Otalora F(1992). Fractal trees and Horton's Law. Mathematical Geology, 24(1): 61-71.

Garcia J A & Fdez-Valdivia J(1994). Boundary simplification in cartography preserving the characteristics of the shape feature. Computers & Geosciences, 20(3): 349-368.

Garcia J A, Fdez-Valdivia J, Perez N & De La Blanca(1995). An autoregressive curvature model for describing cartographic boundaries. Computer & Geoscience, 21(3): 397-408.

Gardiner V(1977). On generalisations concerning generalisation. The Cartographic Journal, 14(2).

Gardiner V(1982). Stream network and digital cartography. CARTOGRAPHICA, 19: 38-44.

Gartner G(1997). Some aspects of formalizing cartographic knowledge-concerning the process of selection. Proceedings of 18th ICC.

Gatrell A. G. (1977). Complexity and redundancy in binary maps. Geographical Analysis, IX: 29-41.

Genin B & Donnay J P(1997). Resolving conflicts in cartographic generalization with problem-resolution methods. Proceedings of 18th ICC 1997.

Gleick J(1987). Chaos making a new science. Viking.

Gold C M(1977). The practical generation and use of geographic triangular element data structure. First International Advanced Study Symposium on Topological Data Structures for Geographic Information Systems. Havard Papers on GISs, Cambridge, Mass.

Gold C M(1991). Problems with handling spatial data—the voronoi approach. CISM Journal ACSGC, 1991, 45(1): 65-80.

Gold C M(1994). Three approaches to automated topology, and how computational geometry helps. SDH '94: 145-158.

Gold C M & Thibault D(2001). Map generalization by skeleton retraction. Proceedings of the 20th ICC: 2072-2081.

Gold C M & Dakowicz M(2002). Terrain modelling based on contours and slopes. 10th SDH: 95-108.

Gondran M & Minoux M(1985). Graphs and algorithms. New York: John Wiley & Sons.

Goodchild M F(1977). Statistical aspects of the polygon overlay problem. First International Advanced Study Symposium on Topological Data Structures for Geographic Information Systems. Havard Papers on GISs, Cambridge, Mass.

Goodchild M F(1980a). The effect of generalization in geographical data encoding. In: Freeman H, Pieroni G(eds.). Map Data Processing: 191-205.

Goodchild M F(1980b). Fractal and accuracy of geographic measures. Mathematical geology, 12: 85-98.

Goodchild M F(1982). The fractional Brownian process as a terrain simulation model. Proceedings of The Thirteenth Annual Pittsburgh Conference on Modeling and Simulation, 13(3): 1133-1137.

Goodchild M F & Kemp K K(1992). NCGIA core curriculum. Santa-Bartara: NCGIA, University of California.

Goodchild M F & Mark D M(1987). The fractal nature of the geographic phenomena. Annals of the Association of American Geographers, 77: 265-278.

Goodchild M F(1990). Geographic information systems and cartography. CARTOGRAPHY, 19 (1): 1-13.

Gottschalk H-J(1971). Versuch zur Definition des Informationsgehaltes gekrümmter kartographischer Linienelemente und zur Generalisierung. Deutsche Geodätische Kommission, Reihe B, H. 189, Frankfurt a. M.

Gottschalk H-J(1972). Die generalisierung von isolinien als ergebnis der generalisierung von flächen. ZfV, (11): 489-494.

Gottschalk H-J(1974). Automatische generalisierung von siedlungen, verkehrswegen, höhenlinien, wasserläufen und vegetationsgrenzen für eine kleinmaβstäbige topographische Karte. Zeitschrift für Vermessungswesen, 8: 338-342.

Govorov M(2001). Behaviour analysis of multi-detailed representation of spatial and cartographic objects. Proceedings of the 20th ICC: 1922-1930.

Graham R L(1972). An efficient algorithm for determining the convex full of a finite planar set. Inform. Process. Lett. 1: 132-133.

Grenander U & Keenan D M(1987). On the shape of plane images. Rep. Pattern Anal, 145. Brown University. Providence, Rhode Island.

Grünreich D(1986a). Ein verfahren zur automatischen generalisierung flächenhafter diskreta. ZfV, (4): 141-148.

Grünreich D(1986b). Topographisch-Kartographisches informationssystem—konzeption und stand der beratungen in der AdV. Nachrichten aus dem Karten-und Vermessungswesen, Reihe I. Heft Nr. 97.

Grünreich D(1992). Konzeptionelle betrachtungen zur rechnergestützten generalisierung topographischer informationen. In: Festschrift "Prof. Hake 70", WissArbUH, 180: 21-27.

Grünreich D(1993). Generalization in GIS environment. Proceedings of 16th ICC: 203-210.

Grünreich D(1995a). Development of computer-assisted generalization on the basis of cartographic model theory. In: Müller J-C, Lagrange J P & Weibel R(ed.). GIS and GENERALIZATION, Methodology and Practice. GISDATA. UK Taylor & Francis: 47-55.

Grünreich D(1995b). Current status of computer-assisted generalization of geo data. Workshop Current Status and Challenges of Geoinformation Systems. IUSM Working Group on LIS/GIS, University of Hannover.

Günther O(1988). Efficient structures for geometric data management. Number 337 in Lecture Notes in Computer Science, Berlin: Springer Verlag.

Guo Qingsheng, Wang Tao, Mao Jianhua & Wu Hehai (2000). Progressive graphic simplification of contours based on spatial reasoning. Geo-Spatial Information Science. Wuhan University, China 4: 67-72.

Guo Qing Sheng, Brandenberger C & Hurni L(2001). Research on geographic spatial relations and reasoning in automatic map design and generalisation. Proceedings of the 20th ICC: 1955-1964.

Haack E(1959). Das geographische Milieu als grundlage der gesetzmässige generalisierung. VT 7. Jg., H. 5: 118-123.

Hack J T(1957). Studies of longitudinal profiles in Virginia and Maryland. USGS Professional Paper, 294 B: 45-97.

Hadwiger H(1958). Vorlesungen über inhalt, oberfläche und isoperimetrie. Berlin: Springer-Verlag.

Hajek M, Mitasova I & Sipos J(1974). The problem of analytical cartographic generalization. AUTOMATION, the new trend in CARTOGRAPHY. ICC Proceedings, Budapest, Hungary.

Hakanson L(1978). The length of closed geomorphic lines: Jour. Math. Geology, 10(2): 141-167.

Hake G(1970). Der informationsgehalt der Karte. Merkmale und Maβe. In: Arnberger E. Grundsatzfragen der Kartographie. Wien.

Hake G(1978). Begriffssystem der generalisierung. In: Kondaktstudium. Technische Universität Hannover.

Hake G(1982). Kartographie. I. 6. neubearbeitete Auflage (Algemeines Erfassung der Informationen, Netzentwürfe, Gestaltungsmerkmale, topographische Karten). Berlin: Walter de Gruyter.

Hake G, Grünreich D(1994). Kartographie. 7. Auflage, Berlin: Walter de Gruyter.

Hamilton L C(1992). Regression with graphics: a second course in applied statistics. Suxbury Press.

Hangouët J F(1995). Computation of the hausdorff distance between plane vector polylines. Proceedings of AUTO-CARTO 12.

Hangouët J F & Lamy S(1999). Automated cartographic generalization: approach and methods. Proceedings of the 19th ICC.

Harbeck R(1987). Das Adv vorhaben "amtliches topographisch-Kartographisches informationssystem (ATKIS)"-inhaltliche konzeption. Nachrichten aus dem Karten- und Vermessungswesen,

Reihe I. Heft Nr. 99.

Harbeck R(1988). Das adv vorhaben ATKIS—stand nach einem jahr entwicklungsarbeit. Nachrichten aus dem Karten- und Vermessungswesen, Reihe I. Heft Nr. 101.

Hardy R L(1971). Multiquadratic equations of topography and other irregular surfaces. Journal of Geophysical Research, 76(8).

Harrie L & Sarjakoski T(2002). Simultaneous graphic generalization of vector data sets. GeoInformatica, 6(3): 233-261.

Hastings H M & Sugihara S(1993). Fractals: a user's guide for the natural science. Oxford, New York, Tokyo: Oxford University Press.

Hayward J, Orford J D & Whalley W B(1989). Three implementions of fractal analysis of particle outline. Computer & Geosciences, 15(2): 199-208.

He Zongyi, Chen Tao, Pang Xiaoping & Guo Lizhen (2001). The cartographic generalization of hydrographic feature based on the fractal geometry. Proceedings of the 20th ICC: 2130-2036.

Heisser M, Vickus G & Schoppmeyer J(1995). Rule-oriented definition of the small area "selection" and "combination" steps of the generalization procedure. In: Müller J-C, Lagrange J P & Weibel R (eds.). GIS and GENERALIZATION. Methodology and Practice. Taylor & Francis: 148-160.

Heller M(1990). Triangulation algorithms for adaptive terrain modeling. In: Proceedings of the 4th International Symposium of SDH. Zurich, Switzerland, 1: 163-174.

Helmlinger K R, Kumar P & Foufoula-Georgiou E(1993). On the use of digital elevation model data for Hortonian and fractal analyses of channel networks. Water Resources Research, 29.

Henning M D & Hargreaves D(1983). Techniques of computer-assisted generalization accommodating subjective cognition and objective logic. CARTOGRAPHICA, 20(4).

Hentschel W(1979). Zur automatischen höhenliniengeneralisierung in topographischen Karten. dissertation. Technische Universität Hannover. Lehrstuhl für Topographie und Kartographie, Prof. Dr-Ing. G. Hake.

Hernandez D(1993). Maintaining qualitative spatial knowledge. In: Frank A U, Campari I. Spatial Information Theory, A Theoretical Basis for GIS. European Conference, COSIT'93.

Herring J(1987). TIGIRS: Topological intergrated geographic information systems. AUTO-CARTOn 8.

Herzfeld U C & Overbeck C(1999). Analysis and simulation of scale-dependent fractal surface with application to seafloor morphology. Computers & Geosciences, 25: 979-1007.

Hessing R C, Lee H K, Pierce A & Powers E N(1972). Automatic contouring using bicubic functions. Geophysics, 37(4).

Heupel A(1970). Automation in der topographischen kartographie. In: Arnberger E. Grundsatzfragen der Kartographie. Wien.

Hill F S & Walker S E(1982). On the use of fractals for efficient map generation. Graphics Interface '82, Toronto, Ontario: 283-289.

Hoffmann F(1974). Mathematical modelling as a basis of cartometrical analysis and automated genelalization. AUTOMATION, the new Trend in CARTOGRAPHY. ICC Proceedings, Budapest Hungary.

Hofmann-Wellenhof B(1983). Die berücksichtigung von geländekanten bei der ableitung von höhenlinien aus einem Höhenrastern, ZfV, 2.

Hoffmeister E D(1978a). Progammgesteuerte gebäudegeneralisierung für die topographische Karte 1 : 25000. Nachrichten aus dem Karten- und Vermessungswesen, Reihe I, Heft 75: 51-62.

Hoffmeister E D(1978b). EDV-unterstüzte gebäudegeneralisierung. In: Kondaktstudium. Technische Universität Hannover.

van Horn E K(1985). Generalizing cartographic database. AUTO-CARO 7: 532-540.

Horton R E(1945). Erosional development of streams and their drainage basins: hydrophysical approach to quantitative morphology. Bulletin of the Geological Society of America, 56: 275-370.

Imhof E(1965). Kartographische geländedarstellung. Berlin: de Gruyter.

Jaakkola O(1997). Multi-scale land cover databases by automatic generalization. Proceedings of 18th ICC: 709-716.

Jackson J(1989). Algorithms for triangular irregular networks based on simplicial complex theory. ASPRS-ACSM, 4: 131-136.

Jarvis R S(1977). Drainage network analysis. Progress in Physical geography, 1(2): 271-295.

Jen T Y & Boursier P(1995). A model for handling topological relationships in a 2D environment. ADVANCES IN GIS RESEARCH, 1, 2. Proceedings of the 6th International Symposium on Spatial Data Handling.

Jenks G F(1979). Thoughts on line generalization. Proceedings of AUTO-CARTO 4: 209-220.

Jenks G F(1989). Geographic logic in line generalization. CARTOGRAPHICA, 26(1): 27-42.

João E M(1995). The importance of quantifying the effects of gneralization. In: Müller J-C, Lagrange J P & Weibel R(ed.). GIS and GENERALIZATION, Methodology and Practice. GISDATA. UK Taylor & Francis: 183-193.

João E M(1998). Causes and consequences of map generalization. Taylor & Francis Ltd.

Johannsen Th(1974). A program for editing and for some generalizing operations. In: AUTOMATION, the new Trend in CARTOGRAPHY. ICC Proceedings, Hungary.

Johannsen Th(1975). Verfahren zur liniengeneralisierung. Nachrichten aus dem Karten- und Vermessungswesen. Sonderheft. Prof. H. Knorr zum 65 Geburtstag. Frankfurt a. M.: 73-86.

Jones C B & Abraham I M(1986). Design considerations for a scale-independent cartographic data base. Proceedings of the 2nd Iternational Symposium on Spatial Data Handling: 384-398.

Jones C B & Abraham I M(1987). Line generalization in a global cartographic database. CARTOGRAPHICA, 3: 32-45.

Jones C B(1991). Database architecture for multi-scale GIS. AUTO-CARTO 10.

Jones C B, Bundy G L & Ware J M(1995). Map generalization with a triangulated data structure. Cartography and Geographic Information Systems, 22(4): 317-331.

Jones C B & Ware J M(1998). Proximity search with a triangulated spatial model. The computer Journal, 41(2): 71-83.

Junkins J L & Jankaitis J R(1971). Mathematical terrain analysis. Papers from the 31st Annual Meeting Amer. Cngr. On Surveying and Mapping.

Kadmon N(1972). Automated selection of settlements in map generalization. Cartographic Journal: 93-98.

Kainz W. 1985, Synergetic geoprocessing. IYC 1985, Euro-Carto Ⅲ, 1984, Graz, Austria.

Karsay F, Kadar I, Lakos L & Agfalvi M(1974). A practical method for estimation of map information content. AUTOMATION, the new Trend in CARTOGRAPHY. ICC Proceedings, Budapest Hungary: 99-130.

Kawaguchi Y(1982). A morphological study of the form of nature. Computer Graphics, 16(3).

Keller J M, Crownover R M & Chen R Y(1987). Characteristics of natural scenes related to the fractal dimension. IEEE Transactions on PAMI, 9(5): 621-627.

Keller S F(1994). On the use of case-based reasoning in generalization. SDH '94: 1118-1132.

Keller S F(1995a). Potentials and limitations of artificial intelligence technique applied to generalization. In: Müller J-C, Lagrange J P & Weibel R(eds.). GIS and GENERALIZATION. Methodology and Practice: 135-147.

Keller S F(1995b). Generalization by example: interactive parameter control in line generalization using genetic algorithms. Proceedings of 17th ICC.

Keller S F(1995c). On the use of case-based reasoning in generalization. ADVANCES IN GIS RESEARCH, 2. Proceedings of The 6th International Symposium on Spatial Data Handling.

Kilpeläinen T(1995). Requirements of a multiple representation database for topographical data with emphasis on incremental generalization. Proceedings of 17th ICC.

Kilpeläinen T & Sarjakoski T(1995). Incremental generalization for multiple representation of geographical objects. In: Müller J-C, Lagrange J P & Weibel R(ed.). GIS and GENERALIZATION, Methodology and Practice. GISDATA. UK Taylor & Francis: 209-218.

Kilpeläinen T(1996). Updating multiple representation geodata bases by incremental generalization. ISPRS, 30, Part 3/1.

Kirchner J(1993). Statistical inevitability of Horton's laws and the apparent randomness of stream channel networks. Geology, 21: 591-594.

Knöpfli R(1983). Communication theory and generalization. In: Taylor D R F. (ed.). Graphic Communication and Design in Contemporary Cartography. John Wiley & Sons, New York.

Kohonen T(1982). Self-organized formation of topologically correct feature maps. Biological Cybernetics. 42: 59-69.

Krcho J, Haverlik I(1974). Theoretical problems of isoline maps construction by means of computers. ICC Proceedings, Budapest Hungary.

van Kreveld M(2001). Smooth generalization for continuous zooming. Proceedings of the 20th ICC: 2180-2185.

van Kreveld M, Nivergelt J, Roos Th. & Widmayer P(1997). Algorithmic foundations of geographic information systems. Springer Verlag. Lecture Notes in Computer Science, 1340.

Kruhl J H, (1994). Fractals and dynamic systems in geoscience. Berlin: Springer-Verlag.

Kubik, K & Leberl F(1986). Fractal behavior of terrain topography. Proceed. Am. Society for Photogrammetry and Remote Sensing, Annual Convention: 187-190.

Lagrange J-P & Ruas A(1994). Geographic information modelling: GIS and generalization. SDH '94: 1099-1117.

LagrangeJ-P(1995). Generalization: challenges for geographic information systems. Workshop "Current Status and Challenges of Geoinformation Systems", IUSM Working Group on LIS/GIS, University of Hannover.

Lagrange J-P(1997). Generalization; where are we? where should we go?. Advances in GIS Research Ⅱ, Proceedings of 7th International Symposium on Spatial Data Handling.

Lam N(1990). Description and measurement of landsat TM images using fractal. Photogrammetric Engineering and Remote Sensing. 56(2).

Lam N & Quattrochi D A(1992). On the issues of scale, resolution and fractal analysis in the mapping science. The Proffesional Geographer, 1992, 44(1): 88-98.

Lam N & DeCola L(1993). Fractals in geography. Englewood Cliffs: PTR Prentice-Hall Inc.

Lamy S, Ruas A, Demazeau Y, Jackson M, Mackaness W A & Weibel R(1999). The application of agents in automated map generalisation. Proceedings of the 19th ICC.

Langou B & Mainguenaud M(1994). Graph data model operations for metwork facilities in a GIS. SDH '94.

Langrifge D G(1982). Curve encoding and the detection of discontinuities. Computer Graphics and Image Processing, 20: 58-71.

Laurini R & Thompson D(1992). Fundamentals of spatial information systems. Academic Press London.

Laurini R & Milleret-Ratfort F(1994). Topological reorganization of inconsistent geographical databases: a step towards their certification. Computer & Graphics, 18(6).

Lee D(1993). From master database to multiple cartographiic representations. Proceedings of 16th ICC.

Lee D(1993). Digital generalization: an ideal means for multiple gis data transformation and spatial database. Proceedings of the 3rd International Workshop on Geographical Information System. Beijing: 66-79.

Lee D(1995a). Experiment on formalizing the generalization process. In: Müller J-C, Lagrange J P & Weibel R(ed.). GIS and GENERALIZATION, Methodology and Practice.

GISDATA. UK Taylor & Francis: 219-234.

Lee D(1995b). Achievement and issues on the design of digitlal map generalization operators. Proceedings of 17th ICC 1995.

Lee D(1995c). Area features in digital map generalization. ASPRS/ACSM Annual Convention & Exposition, Technical Papers, 1: 327-334.

Lee D(1996). Making databases support map generalization. GIS/LIS'96, Annual Conference and Exposition Proceedings: 19-21.

Lee D(1997a). Input to formalization of generalization rules. ACSM 57th/ASPRS 63rd, Vol. 1, Surveying & Cartography.

Lee D(1997b). Understanding and deriving generalization rules. Proceedings of 18th ICC: 1258-1265.

Lee D(1999). New cartographic Generalization tools. Proceedings of The 19th ICC.

Lee D(2001). Generalization in the new generation of GIS. Proceedings of the 20th ICC: 2104-2109.

Leitner M. & Buttenfield B P(1995). Acquisition of procedural cartographic knowledge by reverse engineering. Cartography and Geographic Information Systems, 22(3).

Leopold L B(1962). The concept of entropy in landscape evolution. USGS Professional Paper 500-A, 20p.

Li Zhilin & Openshaw S(1992). Algorithms for automated line generalization based on a natural principle of objective generalization. IJGIS, 6(5): 373-389.

Li Zhilin & Openshaw S(1993). A natural principle for the objective generalization of digital maps. Cartography and Geographic Information System, 20(1): 19-29.

Li Zhilin (1994). Reality in time-scale systems and cartographic representation. The Cartographic Journal, 31, June.

Li Zhilin (1995). An examination of algorithms for the detection of critical points on digital cartographic lines, The Cartographic Journal, 32.

Li Zhilin(1996). Transformation of spatial representation in scale dimension: A New Paradigm for Generalization of Spatial Data. International Archives of Photogrammetry and Remote Sensing. Vol. XXXI, Part B3. Vienna.

Li Zhilin et al. (1998). Generalization of contour map using line simplification algorithm. Spatial Information Science, Technology & Applications, LISMARS, WTUSM, Wuhan China: 505-509.

Li Zhilin et al. (1999). A system for automated generalization of contour lines. 20th ICA Conference 1999.

Li Zhilin, Sui Haigang & Gong Jianya(1999). A system for automated generalisation of contour lines. Proceedings of The 19th ICC.

Liang C & Mackay D C(2000). A general model of watershed extraction and representation using globally optimal flow paths and up-slope contributing areas. Int. J. Geographical Information Science, 14(4): 337-358.

Lichtner W (1979). Computer-assisted process of cartographic generalilzation in topographic maps. Geo-Processing, 1: 183-199.

Lichtner W(1981). Anwendungsmöglichkeiten der rasterdatenverarbeitung in der Kartographie. Technische Universität Hannover.

Linder M(1980). BABEK-Portable und normgerechte Basissoftwäre für dezentrale Berichts-und Kartiersystem. Nachrichten aus dem Karten- und Vermessungswesen, Reihe I, Nr. 81: 55-64.

Linders J G(1973). Computer technology in cartography. ICA IYfC: 69-80.

Liu Yaolin & Molenaar M(1999). Multi-scale representation of raster drainage network based on model. Proceedings of The 19th ICC.

Liu Yaolin(2002). Categorical database generalization in GIS. Dissertation Number 88. International Institute for Geo-Information Science and Earth Observation. The Netherlands.

Longley P A & Batty M (1989). Fractal measurement and line generalization. Computers & Geosciences, 15(2): 167-183.

Louis H(1956). Über Kartenmaßstäbe und Kartographische darstellungsstufen der geographischen Wirklichkeit. ZfV 1956, H. 7: 54-62.

Lu Yi, Du Jinghai & Zhai Jingsheng(2001). A model of point cluster generalization with spatial distribution features recognized and measured. Proceedings of the 20th ICC: 2123-2028.

Lyutyy A A(1986). Problems of theoretical cartography-scientific concepts and ways of integrating them. Mapping Science and Remote Sensing, 23(1): 1-21

Ma Fei & Li Deren(1997). A new approach for cartographic generalization by mathematical morphology. Proceedings of GIS AM/FM ASIA '97 and Geoinformatics '97. 1: 365-372.

Mackaness W A & Beard K (1990). Development of an interface for user interaction in rule based map generalization. Proceedings, GIS/LIS '90, 1: 107-116.

Mackaness W A(1991). Integration and evaluation of map generalization. In: Buttenfield B P & McMaster R B(eds.). Map Generalization: Making Rules for Knowledge Representation. New York. John Wiley & Sons: 217-227.

Mackaness W A & Beard M K(1993). Use of graph theory to support map generalization. Cartography and Geographic Information System, 20(4): 210-221.

Mackaness W A(1994a). An algorithm for conflict identification and feature displacement in automated map generalization. Cartography and Geographre Information Systems, 21(4).

Mackaness W A(1994b). Knowledge of the synergy of generalization operators in automated map design, The Canadian Conference on GIS. Proceedings. 1: 525-536.

Mackaness W A(1994c). Issues in resolving visual spatial conflicts in automated map design. SDG '94.

Mackaness W A(1995a). Analysis of urban road networks to support cartographic generalization. Cartography and Geographic Information Systems, 22(4): 306-316.

Mackaness W A(1995b). Issue in resolving visual spatial conflicts in automated map design. Proceedings of 17th ICC.

Mackaness W A(1995c). A constraint based approach to human computer interaction in automated cartography. Proceedings of 17th ICC, 1975.

Mackaness W A & Mockechnie G A(1997). Detection and simplification of road junctions in automated map generalization. Proceedings of 18th ICC: 1013-1021.

Mackaness W A(1997). The development of a phenomenological approach to cartographic generalisation, ACSM 57th/ASPRS 63rd, 1, Surveying and Mapping.

Maguire D J(1986). Generalization, fractals and spatial databases, The Bulletins of the Society of University Cartographers, 20(2).

Maguire D J, Goodchild M F & Rhind D W(1991). Geographic information systems: principles and application. Longman, London.

Maling D H(1989). Measurements from maps: principles and methods of cartometry. Pergamon Press, Oxford.

Mandelbrot B B(1967). How long is the coast of Britain? statistical self-similarity and fractal dimension. Science, 156: 636-638

Mandelbrot B B(1983). The fractal geometry of nature. Freeman, San Francisco.

Mandelbrot B B & Ness J W(1968). Fractional Brownian motions: fractional noise and application. SIAM Review 1968, 10(4): 422-437.

Marani A, Rigon R & Rinaldo A(1991). A note on fractal channel networks. Water Resources Research, Vol. 27: 3041-3049.

Marceau D J(2000). The scale issue in social and natural sciences. Canadian Journal of Remote Sensing, 25(4): 347-356.

Marino J S(1979). Identification of characteristic points along naturally occuring lines—an empirical study. The Canadian Cartographer, 16(1): 70-80.

Mark D M(1977). Topological properties of geographic surfaces: applications in computer cartography. First International Advanced Study Symposium On Topological Data Structures For Geographic Information Systems. Havard Papers on GISs, Cambridge, Mass.

Mark D M(1978). Concepts of "data structure" for digital terrain models. In: Proceedings of the Digital Terrain Models(DTM) Symposium. ASP-ASCM: 24-31.

Mark D M(1984). Automatic detection of drainage network from digital elevation models. CARTOGRAPHICA, 21: 168-178.

Mark D M(1989). Conceptual basis for geographic line generalization. AUTO-CARTO 9: 68-77.

Mark D M(1990). Competition for map space as a paradigm for automated map design. Proceedings of GIS/LIS '90, Vol. 1.

Mark D M(1991). Object modelling and phenomenon-based generalization. In: Buttenfield B P & McMaster R B(eds.). Map Generalization: Making Rules for Knowledge Representation. New York. John Wiley & Sons: 103-118.

Mark D M & Aronson P B(1984). Scale-dependent fractal dimensions of topographic surface: an empirical investigation with applications in geomorphology and computer mapping. Math.

Geol. 16(7): 671-683.

Mark D M & Egenhofer M J(1994). Modeling spatial relations between lines and regions: combining formal mathematical models and human subjects testing. Cartography and Geographic Information Systems, Vol. 21, No. 4: 195-212.

Marks D, Dozier J & Frew J(1984). Automated basin delineation from digital elevation data. Geo-Processing, 1984(2): 299-311.

Marx R W & Broome F R(1985). A topologically based data structure for a computer-readable map and geographic system. Proceedings of The Workshop on Methods and Techniques for Digitizing Data. USGS

Martz L W & Garbrecht J(1998). The treatment of flat areas and depressions in automated drainage analysis of raster digital elevation models. Hydrological Processes 12: 843-855

Mayer H(2005). Scale-space for generalization of 3D buildings. IJGIS 19(8-9): 975-997.

Mazur R E & Castner H W(1990). Horton's ordering scheme and the generalization of river networks, The Cartographic Journal, 27(2): 104-112.

McAllister M & Snöyink J(1997). Medial axis generalisation of hydrology networks. ACSM/ASPRS, Vol. 5, AUTO-CARTO 13.

McMaster R B(1983). A mathematical evaluation of simplification algorithms. Proceedings of AUTO-CARTO 6: 267-276.

McMaster R B(1986). A statistical analysis of mathematical measures for line simplification. The American Cartographer. 13(2): 103-116.

McMaster R B(1987a). Automated line generalization. CARTOGRAPHICA, 24(2): 74-111.

McMaster R B(1987b). The geometric properties of numerical generalization. Geographical Analysis, 19(4): 330-346.

McMaster R B(1989a). Introduction to " numerical generalizatioin in cartography ". CARTOGRAPHICA, 26(1): 1-6.

McMaster R B(1989b). The integration of simplification and smoothing algorithms in line generalization. CARTOGRAPHICA, 26(1): 101-121.

McMaster R B ed. (1989c). Numerical ganeralization in cartography. CARTOGRAPHICA, monograph, No. 40.

McMaster R B(1991). Conceptual frameworks for geographical knowledge. In: Buttenfield B P & McMaster R B(eds.). Map Generalization: Making Rules for Knowledge Representation. New York. John Wiley & Sons: 21-39.

McMaster R B(1995). Knowledge acquisition for cartographic generalization: experimental methods. In: müller J-C, Lagrange J P & Weibel R(ed.). GIS and GENERALIZATION, Methodology and Practice. GISDATA. UK Taylor & Francis: 161-180.

McMaster R B & Barnett L(1993). A spatial-object level organization of transformations for cartographic generalization. AUTO-CARTO 11: 386-395.

McMaster R B & Buttenfield B P(1997). Formalising cartographic knowldege. Advances in GIS Research Ⅱ. Proceedings of 7th International Symposium on Spatial Data Handling:

205-223.

McMaster R B, & Comenetz J(1996). Procedural and quality assessment measures for cartographic generalization. GIS/LIS'96, Annual Conference and Exposition Proceedings: 19-21.

McMaster R B & Mark M(1989). A conceptual framework for quantitative and qualitative raster-mode generalization. Proceedings of America Congress of Surveying and Mapping.

McMaster R B & Monmonier M(1989). A conceptual framework for quantitative and qualitative raster mode generalization. GIS/LIS '89: 390-403.

McMaster R B & Shea K S(1988). Cartographic generalization in a digital environment: a framework for implementation in a geographic information system. GIS/LIS '88: 240-249.

McMaster R B & Shea K S(1992). Generalization in digital cartography. Washington, DC: Association of American Geographers Resource Monograph.

McMaster R B & Veregin H(1997). Visualizing cartographic generalization. ACSM/ASPRS, Vol. 5, AUTO-CARTO 13.

Melton M A(1959, A derivation of Strahler's channel-ordering system. Journal of Geology. 67: 345-346.

Melnichenko N I(1987). Design of political administrative maps on the basis of graph theory. Mapping Science and Remote Sensing, 24(4): 302-312.

Meng L(1997). Automatic generalization of geographic data. Proceedings of 18th ICC.

Meyer U(1989). Generalisierung der Siedlungsdarstellung in digitalen Situationsmodellen. Pub. 159. Universität Hannover.

Michel R(1997). Computer-supported symbol displacement. Proceedings of 18th ICC: 1795-1803.

Midtbo T(1997). Efficient handling of large spatial data sets by generalised Delaunay networks. Advances in GIS Research Ⅱ. Proceedings of 7th International Symposium on Spatial Data Handling.

Miller C L & Laflamme R A(1958). The digital terrain model theory and application. Photogrammetry Engineering. 24(3): 433.

Minsky M(1981). A framework for representing knowledge. In: Haugeland J(ed.). Mind Design: 95-128.

Möllering H & Rayner J N(1982). The dual axis Fourier shape analysis of closed cartographic forms, The Cartographic Journal 19(1), June.

Möllering H(1997). Metadata: an essential component of the spatial data environment. Proceedings of 18th ICC: 2076-2083.

Mokhtarian F & Mackworth A(1986). Scale-based description and recognition of planar curve and two-dimensional shapes, IEEE. PAMI 8(1): 34-43.

Mokhtarian F & Mackworth A(1992). A theory of multiscale, curvature-based shape representation for planar curves. IEEE. PAMI, 14(8),: 789-805.

Molenaar M(1989). Towards a geographic information theory. ITC Journal(1).

Molenaar M, Kufoniyi O & Bouloucos T(1995). Modelling topologic relationships in vector maps. "ADVANCES IN GIS RESEARCH", 2, Proceedings of the 6th International Symposium on Spatial Data Handling.

Molenaar M(1996). Multi-scale approaches for geodata. International Archives of Photogrammetry and Remote Sensing, XXXI, Part B3. Vienna.

Molenaar M(1999). Computational cartography-cartography meets computational geometry. ITC.

Monmonier M S(1983). Raster-mode area generalization for land use and land cover maps, CARTOGRAPHICA, 20(4): 65-91.

Monmonier M S(1989a). Interpolated generalization: cartographic theory for expert-guided feature displacement, CARTOGRAPHICA, 26(1): 43-64.

Monmonier M S(1989b). Regionalizing and matching features for interpolated displacement in the automated generalization of digital cartographic databases, CARTOGRAPHICA, 26(2): 21-39.

Monmonier M S & McMaster R B(1990). The sequential effects of geometric operators in cartographic line generalization. IYC, 30: 93-108.

Monmonier M S(1991). Role of interpolation in feature displacement. In: Buttenfield B P & McMaster R B(eds.). Map Generalization: making rules for knowledge representation. New York. John Wiley & Sons: 189-203.

Monmonier M S(1992). Summary graphics for integrated visualization in dynamic cartography. Cartography and Geographic Information Systems, 19(1): 23-36.

Monmonier M S(1996). Temporal generalization for dynamic maps. Cartography and Geographic Inforamtion Systems, 23(2): 96-98.

Monmonier M S & Gluck M(1994). Focus groups for design improvement in dynamic cartography. Cartography and Geographic Information Systems, 21(1): 37-47.

Morehouse S(1995). GIS-based map compilation and generalization. In: Müller J-C, Lagrange J P & Weibel R(ed.). GIS and GENERALIZATION, Methodology and Practice. GISDATA. UK Taylor & Francis: 21-30.

Morisset B & Ruas A(1997). Simulation and agent modelling for road selection in generalization. Proceedings of 18th ICC: 1376-1380.

Morrison J L (1974). A theoretical framework for cartographic generalizarion with emphasis on the process of symbolization. IYC: 115-127.

Morrison J L(1994). The paradigm shift in cartography: the use of electronic technology, digital spatial data, and future needs. Advances in GIS Research, 1, 2. The Proceedings of the 6th International Symposium on Spatial Data Handling.

Morrison J L(1975). Map generalization: theory, practice and economics. AUTO-CARTO II: 99-112.

Moussa R& Bocquillon C (1996). Fractal analyses of tree-like channel networks from digital elevation model data. Journal of Hydrology, 187: 157-172.

Mower J E(1996). Developing parallel procedures for Line simplification. Int. J. Geographical

Inforamtion Systems, 10(6).

Muller J-C(1983). Visual versus computerized seriation: AUTO-CARTO 6: 277-287.

Muller J-C(1986). Fractal dimension and inconsistences in cartographic line representations. The Cartographic Journal, 23: 123-130.

Muller J-C(1987a). Fractal and automated line generalization. The Cartographical Journal 24 (1): 27-34.

Muller J-C(1987b). Optimum point density and compaction rates for the representation of geographic lines, Proceedings of AUTO-CARTO 8.

Muller J-C (1989). Theoretical considerations for automated map generalization. ITC Journal 3/4.

Muller J-C & Mouwes P. J (1990). Knowledge acquisition and representation for rule based map generalization: an example from Netherlands. Proceedings, GIS/LIS'90, 1.

Muller J-C(1990a). Rule-based generalization. SDH '90.

Muller J-C(1990b). The removal of spatial conflicts in line generalization. Cartography and Geographic Information System, 17(2): 141-149.

Muller J-C(1991a). Building knowledge tanks for rule based generalisation. ITC Journal, 3: 138-143.

Muller J-C(1991b). Building knowledge tanks for rule based generalization. Proceedings of the 15th International Cartographic Conference: 257-266.

Muller J-C(Editor)(1991c). Advances in Cartography. ICA. Applied Science, London Elsevier.

Muller J-C (1991d). Generalization of spatial database. In: Maguire D J, Goodchild M F & Rhind D W. Geographical Information System. Longman Scientific & Technical. London: 457-475.

Muller J-C & Wang Zeshen (1992). Area-patch generalization: a competitive approach. The Cartographic Journal, 29: 137-144.

Müller J-C(1992). Rule based generalization: potentials and impediments. SDH'92.

Müller J-C, Peng W & Wang Z(1993). Procedural, logical and neural nets tools for map generalization. Proceedings of 16th ICC: 181-191.

Müller J-C, Weibel R, Lagrange J-P & Salge F(1995). Generalization: state of the art and issues. In: Müller J-C, Lagrange J P & Weibel R(ed.). GIS and GENERALIZATION, Methodology and Practice. GISDATA. UK Taylor & Francis: 3-18.

Müller J-C, Lagrange J-P & Weibel R. (eds.) (1995). GIS and Generalization: methodology and practice. GISDATA. UK London, Taylor & Francis.

Murry Gell-Mann(1988). Simplicity and complexity in the description of nature. Engineering & Science. Springer Verlag.

Mustière S, Zucker J-D, Saitta L(1999). Cartographic generalization as a combination of representing and abstracting knowledge. In ACM/GIS'99. Texas, USA.

NCGIA(1990). Core curriculum, I, II, III. Santa Barbara.

Neumann L(1900). Die dichte des flussnetzes im Schwarzwald. Beiträge zur Geophysik, hrsg.

Von G. Gerland, Bd. 4. Leipzig.

Neumann J (1992). The topological information content of the map—a means for resolving certain problems in theoretical cartography. Mapping Sciences and Remote Sensing, 2: 111-124.

Neumann J(1994). The topological information content of a map: an attempt at a rehabilitation of information theory in cartography. CARTOGRAPHICA, 31(1): 26-34.

Nickerson BG(1988). Automated cartographic generalization for linear features. CARTOGRAPHICA, 25(3): 15-66.

Nickerson B G(1991). Knowledge engineering for generalization. In: Buttenfield B P & McMaster R B(eds.). Map Generalization: making rules for knowledge representation. New York. John Wiley & Sons: 40-56.

Nickerson B & G, Freeman H (1986). Development of rule-based system for automatic map generalization. Proceedings of the 2nd International Symposium on Spatial Data Handling: 537-556.

Nicolis G & Prigojine I (1977). Self-organization in nonequilibrium system: from dissipative structure to order through fluctuation. Wiley Interscience.

Nikora V. I. & Sapozhnikov V B (1993). River network fractal geometry and its computer simulation: Water Resources Research, V. 29

Nishida H (1995). Curve description based on directional feature and quasi-convexity/concavity. Pattern Recognition 28(7): 1045-1051.

Nyerges T L(1991). Representing geographical meaning. In: Buttenfield B P & McMaster R B (eds.). Map Generalization: making rules for knowledge representation. New York. John Wiley & Sons: 59-85.

O'Callaghan J F & Mark D M(1984). The extraction of drainage networks from digital elevation data. Computer Vision, Graphics and Image Processing. 28: 323-344.

Okabe A, Boots B & Sugihara K(1992). Spatial tesselation concepts and applications of Voronoi diagrams. John Wiley & Sons, New York.

Oliver G(1988). Efficient structures for geometric data management. Lecture Notes in Computer Science. 337.

Olson N E(1995). An algorithm for generating road center-lines from road rights-of-way. AUTO-CARTO 12.

Oommen B J & Kashyap RL (1983). Scale preserving smoothing of islands and lakes, Proceedings of AUTO-CARTO 6.

P van Oosterom (1989). A reactive data structure for geographic information system. Proceedings of AUTO-CARTU 9: 665-674.

P van Oosterom, & J van den Bos(1990). An object-oriented approach to the design of geographic information system. In: Buchmann A, Günther O, Smith T R & Wang Y-F (eds.). Design and Implementaion of Large Spatial Databases. Lecture Notes in Computer Science, 409. Berlin: Springer Verlag: 255-269.

P van Oosterom & Schenkelaars V(1993). The design and implemention of a multi-scale GIS. Proceedings of EGIS': 912-721.

P van Oosterom(1995). The GAP-tree, an approach to 'on-the-fly' map generalization of an area partitioning. In: Müller J-C, Lagrange J P & Weibel R(ed.). GIS and GENERALIZATION, Methodology and Practice. GISDATA. UK Taylor & Francis: 120-132.

Opheim H(1980). A new method for data reduction of a digitized curve. Norwegian Computing Centre.

Opheim, H(1982). Fast reduction of a digitized curve. Geo-Processing, 2: 33-40.

Orco P D & Ghiron M (1983). Shape representation by rectangles preserving fractality. Proceedings of AUTO-CARTO 6.

Orford J D & Whalley W B(1983). The use of the fractal dimension to quantify the morphology of irregular-shaped particles. Sedimentology, 30(5): 655-668.

O'Rourke Joseph (2005). Computational geometry in C. second edition. 机械工业出版社.

Ormsby D & Mackaness W (1997). The development of a phenomenological approach to cartographic generalization, ACSM 57th/ASPRS 63rd, 1, Surveying and Mapping.

Oxenstierna A(1997). Generalization rules for database-driven cartography. Proceedings of 18th ICC: 2084-2091.

Painho M(1995). The effects of generalization on attribute accuracy in natural resource maps. In: Müller J-C, Lagrange J P & Weibel R (ed.). GIS and GENERALIZATION, Methodology and Practice. GISDATA. UK Taylor & Francis: 194-206.

Paluszynski W & Iwaniak A (2001). Generalization of topographic maps of urban areas. Proceedings of the 20th ICC: 2160-2165.

Pan Jeng-Jong(1989). Spectral analysis and filtering techniques in digital spatial data processing. Photo. Eng. & Remote Sensing. 55(8): 1203-1207.

Papadias D & Sellis T(1993). The semantics of relations in 2D space using representative points: spatial indexes. Spatial Information Theory, A Theoretical Basis for GIS, European Conference, COSIT'93, Eds by Frank Andrew U & Campari I.

Paredes C, & Elorza F J(1999). Fractal and multifractal analysis of fractured geological media: Surface-Subsurface Correlation. Computers & Geosciences, 25: 1081-1096.

Parkhomenko G & Kozachenko T(1995). Theoretical aspects of cartographic modelling. The Proceedings of 17th ICC.

Pavlidis T(1978). A review of algorithms for shape analysis. Computer Graphics and Image Processing, 7: 55-74.

Pavlidis T(1977). Structural pattern recognition. Berlin, Springer Verlag.

Pavlidis T(1982). Algorithms for graphics and image processing. Computer Science Press.

Pawlak Z(1991). Rough set: theoretical aspects of reasoning about data. Kluwer Academic Publishers, Boston.

Peitgen H O, Henriques J M, Penedo L F(eds.)(1991). Fractals in fundamental and applied sciences. Elsevies Science Publishers BV, North-Holland.

Peitgen H O & Richter P H(1984). Die unendliche Reise. Geo. 6: 100-124.

Peitgen H O & Richter P H(1989). The beauty of fractals. Springer Verlag. Berlin.

Peli T(1990). Multiscale fractal theory and object characterization. Optical Society of America, 7(6): 1101-1111.

Penck A(1894). Morphologien der Erdoberfläche. Bd. 1 u 2. Stuttgart.

Peng Wanning & Sijmons K & Brown A(1995). Voronoi diagram and Delaunay triangulation supporting automated generalization. 17th ICC.

Peng Wanning & Muller J-C(1996). A dynamic decision tree structure supporting urban road network automated generalization. The Cartographic Journal. 33(1): 5-10.

Peng Wanning, Pilouk M & Tempfli K(1996). Generalizing relief representation using digitized contours. International Archives of Photogrammetry and Remote Sensing. Vol. XXXI, Part B4. Vienna.

Peng Wanning & Tempfli K(1997). An object-oriented design for automated database generalization. Geographic Information Research, edited by Massimo Craglia and Helen Couclelic. SDH '96.

Peng Wanning(1997). Automated Generalization in GIS, ITC Publication Series.

Pentland A P(1984). Fractal-based description of natural scenes. IEEE Tr. PAMI No. 6: 661-674.

Pentland A P(1985). On describing complex surfaces. Image and Vision comput., 3: 153-162.

Perkal J(1958). Proba obiektywnej generalizacj. Geodezja i Kartografia, Tom VI, Zeszyt 2: 130-142. (An Attempt at Objective Generalization. Translated by W. Jackowski. In: Michigan Inter-University Community of Mathematical Geographers, Discussion Paper 10.)

Peucker K(1898). Schattenplastik und farbenplastik. Wien. The Internationale.

Peucker T K(1975). A theory of the cartographic line. AUTO-CARTO 2: 508-518.

Peucker T K(1977). Data structures for digital terrain models. First International Advanced Study Symposium On Topological Data Structures For Geographic Information Systems. Havard Papers on GISs, Cambridge, Mass.

Peucker T K & Douglas D H(1975). Detection of surface-specific points by local parallel processing of discrete terrain elevation data. Computer Graphics and Image Processing, 4: 375-387.

Peucker T K & Chrisman N(1975). Cartographic data structures. The American Cartographer, 2(1): 55-69.

Peucker K P, Fowler R J, Little J J & Mark D M(1979). The triangulated irregular network. AUTO-CARTO 4: 96-103.

Peuquet D J(1979). A Raster-mode algorithm for interactive modification of line drawing data. Computer Graphics and Image Processing, 10: 142-158.

Peuquet D J(1983). A hybrid structure for the storage and management of very large spatial data sets. Computer Vision, Graphics, and Image Processing, 24: 14-27.

Peuquet D J(1984). Data structure for a knowledge-based GIS. SDH '84: 372-391.

Peuquet D J(1988a). Representations of geographic space—toward a conceptual synthesis. Annals of the Association of American Geographers, 78(3): 375-394.

Peuquet D J (1988b). Towards the definition and use of complex spatial relationships. Proceedings of the 3rd International Symposium on Spatial Data Handling: 211-223.

Phillips G M & Taylor P J(1973). Theory and applications of numerical analysis. Academic Press, London and New York.

Philips J D(1993). Interpretting the fractal dimension of river networks, In: Lam N & DeCola L (eds.): Fractals In Geography. Prentice-Hall, Englewood Cliffs: 142-157.

Pillewizer W und Töpfer F(1964). Das auswahlgesetz: ein Mittel zur kartographischen generalisierung. Kartographischen Nachrichten, 14(4): 117-121.

Plazanet C, Affholder J-G & Fritsch E(1995). The importance of geometric modelling in linear feature generalization. Cartography and Geographic Information Systems, 22(4): 291-305.

Plazanet C(1995). Measurement, characterization and classification for automated line feature generalization. AUTO-CARTO 12.

Plazanet C (1997). Modelling geometry for linear feature generalisation. Advances in GIS Research Ⅱ. Proceedings of 7th International Symposium on Spatial Data Handling: 264-279.

Plazanet C, Bigolin N M & Ruas A(1998). Experiments with learning techniques for spatial model enrichment and line generalization. GeoInformatica, 2(4): 315-333.

P van den Poorten & Jones C B (1999). Customisable line generalisation using Delaunay triangulation. Proceedings of The 19th ICC.

Powitz B M (1990). Automationsgestützte kartographische Generalisierung: Voraussetzungen, Strategien, Lösungen. KN, 3: 97-103.

Powitz B M & Schmit C (1991). Aspects of computer-assisted generalization for large scale maps. Proceedings of the 15th International Cartographic Conference: 267-275.

Powitz B M (1992). Computer-assisted generalization—An Important Software Tool in GIS, International Society for Photogrammetry and Remote Sensing, XXIX, Part, B4.

Powitz B M(1993a). Zur Automatisierung der kartographischen generalisierung topographischen daten in Geo-Informationssystemen. Wissenschatliche Arbeiten der Fachrichtung Vermessungswesen der Universität Hannover 185.

Powitz B M (1993b). Kartographische generalisierung topographischer daten in GIS. KN, 6: 229-233.

Preparata F P (ed.)(1983). Advances in computing research. Computational geometry, 1. JAI PRESS INC London, England.

Prokoph A(1999). Fractal, multifractal and sliding window correlation dimension analysis of sedimentary time series. Computers & Geosciences, 25: 1009-1021.

Prüss S A(1995). Some remarks on the numerical estimation of fractal dimension. In: Barton C

C & La Pointe P R. Fractals in the eartn sciences. Prenum Press, New York: 65-75.

Ramer U (1972). An iterative procedure for the polygonal approximation of plane curves. Computer Graphics and Image Processing, 1: 244-256.

Ramirez J P (1993). Development of a cartographic language. In: Frank A U, Campari I(eds.). Spatial Information Theory—A Theoretical Basis for GIS. European Conference, COSIT'93.

Ramirez J P(1995). A conceptual framework for generalization of maps. ICC Proceedings: 1689.

Rasehorn F(1912). Die flussdichte im Harze und in seinem nördlichen Vorlande. Zeitschrift für Gewässerkunde. 11(1).

Ratajski L(1967). Phenomenes des points de generalisation. International Yearbook of Cartography, 7: 143-151.

Ratajski L(1967). The point of change for methods in thematic cartograpny. Third International Cartographic Conference, Amsterdam.

Ratajski L (1971). The methodical basis of the standardization of signs on economic maps. International Yearbook of Cartography, 11: 137-159.

Ratajski L(1973). The research structure of theoretical cartography. International Yearbook of Cartography, 13: 217-228.

Regnauld N(1997). Recognition of building clusters for generalization. Geographic Information Research. Edited by Craglia M and Couclellis H, SDH '96: 185-198.

Regnauld N(2001). Contextual building typification in automated map generalization. Algorithmica 30: 312-333.

Reichenbacher T(1995). Knowledge acguisition in map generalization using interactive systems and machine learning, Proceedings of 17th ICC.

Reumann K & Witkam A K P(1974). Optimizing curve segmentation in computer graphics. Proceedings, International Computing Symposium. North Holland Publishing Company, Amsterdan: 467-472.

Rhind D (1973). Generalization and realism within automated cartography. The Canadian Cartographer, 10(1): 51-62.

Riazanoff S, Cervelle B & Chorowicz J(1988). Ridge and valley line extraction from digital terrain models. Int. J. Remote Sensing, 9(6): 1175-1183.

Rich E & Knight K(1991). Artificial Intelligence(2nd ed.). Mcgraw-Hill, Inc. New York.

Richard SJ(1984). Topology of tree-like networks. Spatial Statistics and Models: 271-291.

Richardson D E(1988). Database design considerations for rule-based map feature selection. ITC Journal 2: 165-171.

Richardson D E (1994). Generalization of spatial and thematic data using inheritance and classification and aggregation hierarchies. SDH '94.

Richardson D E(1996). Automatic processes in database building and subsequent automatic abstractions. CARTOGRAPHICA, 30(1).

Richardson D E & Mackaness W A(1996). Computational process for map generalization.

Cartography and GIS. 26(1): 3-6.
Richardson D E & Muller J-C(1991). Rule selection for small scale map generalization. In: Buttenfield B P & McMaster R B(eds.). Map Generalization: making rules for knowledge representation. New York. John Wiley & Sons: 136-149.
Richardson D E & Thomson R C(1996). Intergrating thematic, geometric, and topological information in the generalization of road network. CARTOGRAPHICA, 33(1).
Richter P H & Peitgen H O(1985). Morphology of complex boundaries. Berichte der Bundesgeselschaft für Physikalische Chemie, 89: 571-588.
Rigaux Ph, Scholl M & Voisard A(2002). Spatial database with application to GIS. Pao Yue-Kong Library. Poly U. Hong Kong.
Roach D E & Fowler A D(1993). Dimensionality analysis of patterns: fractal measurements. Computers & Geosciences, 19(6): 849-869.
Roberge J(1985). A data reduction algorithm for planar curves. Computer Vision, Graphics, and Image Processing, 29: 168-195.
Robinson A H, Sale R D, Morrison J L & Mührcke Ph C(1984). Elements of cartography. 5th Edition. John Wiley & Sons, Inc. New York.
Robinson A H & Morrison J L(1978). Elements of cartography. 4th edition, John Wiley and Son Inc. New York.
Robinson V B(1987). Acquiring approximate representations of some spatial relations, AUTO-CARTO 8.
Robinson G & Lee F(1994). An automatic generalization system for large-scale topographic maps. In: Worboys M F(Ed.). Innovation in GIS: 53-64.
Robinson G J(1995). A hierarchical top_down bottom_up approach to topographic map generalization. In: Müller J-C, Lagrange J P & Weibel R(ed.). GIS and GENERALIZATION, Methodology and Practice. GISDATA. UK Taylor & Francis: 235-245.
Rodriguez-Iturbe I & Rinaldo A(2001). Fractal river basins. Cambridge University Press.
Rosenfeld A & Kak A C(1982). Digital picture processing. Vol. 1 second edition.
Rosensaft M(1995). A method for removing roughness on digitized lines. Computers & Geoseience, 21(7): 841-849.
Rosso R, Bacchi B& La Barbera P(1991). Fractal relation of mainstream length to catchment area in river networks. Water Resources Research, 27(3): 381-387.
Ruas A(1995). Multiple paradigms for automating map generalization: Geometry, Topology, Hierarchical Partitioning and Local Triangulation. AUTO-CARTO 12: 69-78.
Ruas A(1998). A method for building displacement in automated map generalization, International Journal of Geographical Information Science. 12(8): 789-804.
Ruas A & Lagrange J P(1995). Data and knowledge modelling for generalization. In: Müller J-C, Lagrange J P & Weibel R(ed.). GIS and GENERALIZATION, Methodology and Practice. GISDATA. UK Taylor & Francis: 73-90.

Ruas A & Plazanet C(1996). Strategies for automatic generalization. SDH '96: 319-336.

Ruas A& Mackaness W A (1997). Strategies for urban map generalization. In: Proceedings of the 18th ICA International Cartographic Conference. Stockholm Sweden: 1387-1394.

Ruas A & Plazanet C (1997). Strategies for automated generalization. Geographic Information Research. Edited by Massimo Craglia and Helen Couclelic. Taylor & Francis.

Ruas A (2001). Automating the generalisation of geographical data: the age of maturity?. Proseedings of the 20th ICC Beijing: 1943-1953.

Rugg R D (1984). Building a hypergraph-based data structure. CARTOGRAPHICA, 21: 179-187.

Rushforth J M & Morris J L(1973). Computers and computing. John Wiley & Sons.

Saalfeld A(1999). Topologically consistent line simplification with the Douglas-Peucker algorithm. Cartography and GIS, 26(1): 7-18.

Saalfeld A(1985). A fast rubber-sheeting transformation using simplifical coordinates. The American Cartographer, 12(2): 169-173.

Saalfeld A(1991). New proximity-preserving orderings for spatial data. AUTO-CARTO 10.

Saga S A(1995). Structural knowledge to support the generalization of a coastline. Proceedings of 17th ICC.

Sagar BSD, Omoregie C & Rao B S P(1998). Morphometric relations of fractal-skeletal based channel network model. Discrete Dynamics in Nature and Society, 2: 77-92.

Salishchev K A(1985). Scientific concepts and methods in cartography. Mapping Science and Remote Sensing.

Samet H(1989). Hierarchical spatial data structures. In: Buchmann A, Günther O, Smith T R & Wang Y-F(eds.). Design and Implementation of Large Spatial Databases. Lecture Notes in Computer Science, 409. Berlin: Springer Verlag: 193 212.

Sarjakoski T & Kilpeläinen T (1999). Holistic cartographic generalization by least squares adjustment for large data sets. Proceedings of the 19th ICC.

Scarlatos L(1991). Adaptive hierarchical triangulation. AUTO-CARTO 10.

Scheidegger A E(1965). The algerbra of stream order numbers. USGS, Prof. Paper 525-B: 187-189.

Scheidegger A E(1966). Statistical description of river networks. Water Resources Research, 2 (4): 785-790.

Scheidegger A E(1970). Theoretical geomorphology. (2nd ed.) Springer, Heidelberg.

Schlegel A & Weibel R(1995). Extending a general-purpose GIS for computer-assisted generalization. Proceedings of 17th ICC.

Schmidt G(1982). Automatischer RandanschluB für CIPS-Datenbanken. Nachrichten aus dem Karten- und Vermessungswesen, Reihe I, Nr. 89.

Schmid-Mcgibbon G(1995). Generalization of digital terrain models for use in land form mapping, CARTOGRAPHICA, 32(3).

Schneider M (2002). Implementing topological predicates for complex regions. 10th SDH: 313-328.

School M & Voisard A(1990). Thematic map modeling. In: Buchmann A, Günther O, Smith T R & Wang Y-F(eds.). Design and Implementation of Large Spatial Databases. Lecture Notes in Computer Science, 409. Berlin: Springer Verlag: 167-190.

Schuller D J, Rao A R & Jeong G D(2001). Fractal characteristics of dense stream networks. Journal of Hydrology, 243(1-2): 1-16.

Schwarz C R(1986). Algorithm for construcrting lines separated by a fixed distance. SDH '86: 510-520.

Schylberg L(1995). Two methods to compute topology in raster images for cartographic generalization. Proceedings of 17th ICC.

Selden D D(1982). Digital map generalization and production techniques. AUTO-CARTO 5.

Sester, M(2003). Optimization approaches for generalization. ICA Workshop on Generalization and Multiple Representation, 2003.

Sester M(2005). Optimization approaches for generalization and data abstraction. IJGIS 19(8-9): 871-897

Shea K S(1991). Design considerations for an artificially intelligent system. In: Buttenfield B P & McMaster R B(eds.). Map Generalization: making rules for knowledge representation. New York. John Wiley & Sons: 3-20.

Shea K S & McMaster R B(1989). Cartographic generalization in a digital environment: When and How to Generalize. AUTO-CARTO 9, Baltimore, Maryland (Bethesda: ACSM-APSRS): 56-67.

Shelberg M C(1982). Measuring the fractal dimensions of empirical cartographic curves, Proceedings of AUTO-CARTO 5.

Shelberg M C, Möllering H & Lam N(1982). Measuring the fractal dimensions of surfaces. Proceedings of AUTO-CARTO 5: 481-490.

Shmutter B & Doytsher Y(1989). Conversion of Contours. Proceedings of AUTO-CARTO 9.

Shreve R L(1966). Statistical law of strean numbers. Journal of Geology, 74: 17-37.

Shreve R L(1967). Infinite topographically random channel networks. Journal of Geology, 75: 178-186.

Shreve R L(1969). Stream lengths and basin areas in topologically random channel networks. Journal of Geology, 77: 493-414.

Shreve R L(1974). Variation in mainstream length with basin area in river networks. Water Resources Research. 10: 1167-1177

Siceloff L P, Wentworth G & Smith D E(1922). Analytic geometry (Brief course). GINN and COMPANY.

Sircar J K(1986). Application of image processing techniques to the automated labeling of raster digitized contour maps. Proceedings of Second International Symposium in Spatial Data Handling.

Sirko M(1995). A new approach to generalization of settlements. Proceedings of 17th ICC.

Smart J S(1972a). Quantitative characterization of channel network structure: Water Resources

Research, 8: 1487-1496.

Smart J S(1972b). Channel networkd. Advances in hydroscience, 8: 305-346.

Smart J S(1978). The analysis of drainage network composition. Earth Surface Processes, 3: 129-170.

Snow R S(1989). Fractal sinuosity of stream channels. Pageoph, 131(1/2): 99-109.

Spiess E(1990). Generalisieruing in thematischen Karten. In: Kartographisches Generalisieren. Kartographische Schriftenreihe Nr. 10. Schweizerische Gesellschaft für Kartographie. Baden: 63-70.

Spiess E(1995). The need for generalization in a GIS environment. In: Müller J-C, Lagrange J P & Weibel R(ed.). GIS and GENERALIZATION, Methodology and Practice. GISDATA. UK Taylor & Francis: 31-46.

Srnka E (1970). The analytical solution of regular generalization in cartography. Annuaire International de Cartographie: 48-62.

Srnka E(1974). Mathematico-logical models in cartographic generalization. AUTOMATION, the new Trend in CARTOGRAPHY. ICC Proceedings, Budapest Hungary: 45-52.

Sovorov A K(1985). Topology and the transformation of cartographic images. Mapping Science and Remote Sensing, 22(4): 301-306

Stegena L. (1974). Tools for automation of map ganeralization: the filter theory and the coding theory. AUTOMATION the new Trend in CARTOGRAPHY. ICC Proceedings, Budapest Hungary: 66-95.

Steinhaus H(1954). Length, shape and area. Colloq. Mathematicum, III: 1-13.

Stell J & Worboys M(1998). Stratified map spaces: a formal basis for multi-resolution spatial databases. Proceeding of the 8th Intermationaql Symposium on Spatial Data Handling, SDH'98: 180-189.

Steward I(1989). New Scientist. 4: 42.

Steward, H J(1974). Cartographic generalization, some concepts and explanation. The Canadian Cartographer, Cartographic Monograph No. 10 Toronto: University of Toronto Press.

Steward H J & Yu Zhou (200). Cartographic generalization: the history and evolution of a fundamental subject. Proceedings of the 20th ICC: 240-243.

Stollt O(1966). Der Fortlauf der Generalizierung durch die Maβstabsfolge. Kartographische Generalizierung. Bibliographisches Institut Mannheim, Kartographisches Institut Meyer.

Strahler A N(1951). Physical geography. New York(2nd ed. 1960).

Strahler A N(1952). Hypsometric(area altitude) analysis of erosional topography. Geological Society of America Bulletin, 63: 1117-1142.

Strahler A N (1957). Quantitative analysis of watershed geomorphology. Transaction of the American Geophysical Union, 38(6): 913-920.

Strahler A N(1964). Quantitative geomorphology of drainage basin and channel networks. Handbook of Applied Hydrology, ed. McGraw-Hill Book Company Inc., New York: 439-479.

Su Bo, Li Zhilin & Lodwick G(1996). Building mathematical models for generalization of spatial data upon morphological operators. Proceedings of International Symposium on Geoinformatics. WTUSM. Wuhan, China.

Su Bo, Li Zhilin, Lodwick G & Müller J-C(1997). Algebraic models for the aggregation of area features based upon morphological operators. IJGIS, 11(3): 233-246.

Su Bo & Li Zhilin(1997). Morphological transformation for detecting spatial conflicts in digital generalization. Proceedings of 18th ICC.

Swiss Sciety of Cartgraphy(1987). Cartographic generalization: topographic maps. Cartographic Publication Series No. 2. 2nd Edn. Zurich: Swiss Sciety of Cartography.

Tang L(1991). Einsatz der Rasterdatenverarbeitung zum Aufbau digitaler Geländemodelle. Mitteilungen der geodätischen Institute der Technischen Universität Graz, 73.

Tang L(1992). Automatic extraction of specific geomorphological elements from contours. GIS, 2(3): 20-27.

Tarboton D G, Bras R L & Rodriguez-Iturbe I(1988). The fractal nature of river networks. Water Resources Research, 24(8): 1317-1322.

Tarboton D G(1989). The analysis of river basins and channel networks using digital terrain data. Sc. D. Thesis, Department of Civil Engineering, M. I. T., Cambridge, MA.

Tarboton D G, Bras R L & Rodriguez-Iturbe I(1990). Comment on "the fractal dimension of stream networks". Water Resources Research 26(9): 2243-2244.

Tarboton D G , Bras, R L, & Rodriguez-Iturbe I(1991). On the extraction of channel networks from digital elevation data: Hydrological Processes.

Taylor P J (1977). Quantitative methods in geography: an introduction to spatial analysis. Boston, MA: Houghton Mifflin Company.

Taylor D R F(1994). Cartographic visulaization and spatial data handling. Advances in GIS Research, 1, 2, The Proceedings of the 6th International Symposium on Spatial Data Handling (SDH '94).

Taylor G(1994). Point in polygon test. Survey Review, 32: 254.

Thapa K(1988a). Automatic line generalization using zero-crossing. Photogrammetric Engineering and Remote Sensing. 54(4): 511-517.

Thapa K(1988b). Critical point detection and automatic line generalization in raster data using zero-crossing. The Cartographic Journal, 25(1): 58-67.

Thapa K(1989). Data compression and critical points detection using normalized symmetric scattered matrix. Proceedings of AUTO-CARTO 9: 78-89

Thomas H(1989). Digitales Höhenmodell und rechnergestützte Höhenlinienkonstruktion. VT 37 (5).

Thomson R C & Richardson D E(1995). A graph theory approach to road network generalization. Proceedings of 17th ICC.

Timpf S & Frank A U(1995). A multi-scale data structure for cartographic objects. Proceedings of 17th ICC.

Timpf S(1997). Cartographic objects in a multiscale data structure. Advances in GIS Research Ⅱ. Proceedings of 7th International Symposium on Spatial Data Handling.

Tobler W R(1964). An experiment in the computer generalization of maps. Technical Report 1. Office of Naval Rsearch, Task No389-137, ASAD Contract 0459953, Washington, DC.

Tobler W R(1966). Numerical map generalization. Michigan Inter-University Community of Mathematical Geographers. Discussion Paper No. 8.

Tobler W R(1975). Mathematical map models. Proceedings of The International Symposium on Computer-Assisted Cartography. AUTO-CARTO 2: 66-73.

Tobler W R(1979). A transformational view of cartography. The American Cartographer, 6(2): 101-106.

Tobler W R(1989a). An update to "numerical map generalization". CARTOGRAPHICA, 26 (1).

Tobler W R(1989b). Numerical map generalization. CARTOGRAPHICA. 26(1).

Töpfer F(1962). Das wurzelgesetz und seine anwendung bei der reliefgeneralisierung. Vermessungstechnik, 2(10): 37-42.

Töpfer F(1963a). Untersuchungen zum anwendungsbereich des wurzelgesetzes bei kartographischen Generaliseirunge. Vermessungstechnik. 11(5): 179-186.

Töpfer F(1963b). Mathematische grundlagen der kartengestaltung. Wissenschaftliche Zeitschrift der TU Dresden. 12(6): 1803-1808.

Töpfer F & Pillewizer W(1966). The principles of selection. The Cartographic Journal. 3 (1): 10-16.

Töpfer F(1966). Heutige grundsätze der kartographischen generalisierung. Ergebnisse des 6. Arbeitskurses. Niederdollendorf 1966 der Deutschen gesellschaft für kartographie E. V. Bibliographisches Institut-Mannheim: 51-74.

Töpfer F(1967a). Gesetzmäβige generalisierung und kartengestaltung. Vermessungstechnik. 15 (2): 65-71.

Töpfer F(1967b). Die ausnutzung des wurzelgesetzes bei der darstelllung und generalisierung von wasserläufen. Petermanns Geographische Mitteilungen 111. Jg. H. 3: 1-13.

Töpfer F (1968a). Bestimmung landschaftsgebundener mindestlängen für die kartographische darstellung der Flüsse. VT 16(2): 59-65.

Töpfer F(1968b). Zur exponentialverteilung der flüsse. VT 16(3): 101-105.

Töpfer F (1969). Automatisierung der kartenherstellung. Wissenschaftliche Zeitschrift der TU Dresden. 18(2): 611-615.

Töpfer F(1974a). Planning the selection process in automated mapping. AUTOMATION, the Trend in CARTOGRAPHY. ICC Proceedings, Budapest Hungary 1974.

Töpfer F(1974b). Kartographische Generalisierung. VEB Hermann Haak 1974.

Töpfer F(1975a). Zur automatisierung der kartographischen Generalisierung. Vermessungstechnik 23(4): 134-137.

Torpfer F(1975a). Automatisierte formverenfachungen, zusammenfassungen and qualitätsumschläge. Vermessungstechnik, 23(8): 301-305.

Töpfer F (1977). Auswahlgesetz und automatisierte objektauswahl. Vermessungstechnik. 25 (2): 55-58.

Töpfer F(1992a). Zur bedeutung der kartographischen generalisierung für geo-Informationssysteme. KN 1/92.

Tsichritzis D C & Lochovsky F H(1982). Data models. Prentice-Hall, Inc.

Tsoulos L (1999), Exploiting parametric line descriptinon in the assessment of generalization quality. ICC Session 05/D.

Van Horn E K(1985). Generalizing cartographic databases. AUTO-CARTO 7: 532-540.

Vanicek P & Woolnough D F(1975). Reduction of linear cartographic data based on generalization of pseudo-hyperbolas. The Cartographic Journal 12(2): 112-119.

Veltri M, Veltri P& Maiolo M(1995). On the fractal description of natural channel networks. Journal of Hydrology. 187: 137-144.

Vickus G(1995). Strategies for ATKIS-related cartographic products. In: Müller J-C, Lagrange J P & Weibel R(ed). GIS and GENERALIZATION, Methodology and Practice. GISDATA. UK Taylor & Francis: 246-252.

Visvalingam M, Wade P & Kirby G H(1986). Extraction of area topology from line geometry. AUTO-CARTO. London: 156-165.

VisvalingamM & Whyatt J (1990). The Douglas-Peucker algorithm for line simplification: re-evaluation through visualization. Computer Graphics Forum. 9(3): 213-228.

Visvalingam M & Whyatt J D(1993). Line generalisation by repeated elimination of the smallest area, The Cartographic Journal, 30(1): 46-51.

Visvalingam M & Williamson P J(1995). Simplification and generalization of large-scale data for roads: a comparison of two filtering algorithms. Cartography and Geographic Information Systems, 22(4): 264-275.

Visvalingam M and Herbert S (1999). A computer science perspective on the bend simplification algorithm. Cartography and GIS. 26(4): 253-270

Volkert J(1978). Algorithmen zur Generalisierung. Nachrichten aus dem Karten- und Vermessungswesen, Heft Nr. 75: 111-132.

Voss R F (1985). Random fractal forgeries. Fundamental Algorithms for Computer Graphics. Edited by Earnshaw Rae A. Springer Verlag: 806-836.

Voss R F(1986). Random fractals: characterization and measurement. Phisica scripta. T 13: 27-32.

Wagner D (1988). A method of evaluating polygon overlay algorithms. ACSM-ASPRS Annual Convension. St. Missouri.

Walley W B & Orfold J D(1989). The use of fractal and pseudofractal in the analysis of two-dimensional outlines: Review and Further Explaration. Computer & Geoscience 15 (2): 185-197.

Wang Q(1995). A study on the automated cartographic generalization by using fractal analysis.

Selected Papers for English Edition. Acta Geodätica et Cartographica Sinica.

Wang Q et al. (1995). Automatic map generalization based on a new fractal analysis method. Proceedings of the 17th International Cartographic Conference, 1: 135-139

Wang Zeshen & Muller J-C (1993). Complex coastline generalization. Cartography and Geographic Information System, 20(2): 96-106.

Wang Zeshen(1996). Manual versus automated line generalization. Proceedings of GIS/LIS '96: 94-106.

Wang Zeshen & Muller J-C(1998). Line generalization based on analysis of shape characteristics. Cartography and GIS, 25(1): 3-15.

Ware J M & Jones C B(1997). A spatial model for detecting(and resolving) conflict caused by scale reduction. Geographic Information Research, edited by Massimo Craglia and Helen Couclelic.

Ware J M & Jones C B(1998). Conflict reduction in map generalization using iterative improvement. GeoInformatik, 2(4): 383-407.

Ware J M, Jones C B & Bundy G L(1995). A triangulated spatial model for cartographic generalisation of areal objects. Spatial Information Theory, A Theoretical Basis for GIS, International Conference COSIT '97. Frank A V & Kuhn W(eds.): 173-192.

Weber W(1975). Ein kartographisches datenbanksystem. Deutsche Geodätische Kommision bei der Bayerischen Akademie der Wissenschaften, Reihe B, Heft Nr. 208. Frankfurt a. M.

Weber W(1977a). Optimal approximation in automated cartography. In: Micchelli C A & Rivin T J(eds.): Optimal Estimation in Approximation Theory, 1977.

Weber W(1977b). Einige kartographische anwendungen der digitalen bildverarbeitung. Nachrichten aus dem Karten- und Vermessungswesen. Reihe I. Heft Nr. 72, 1977.

Weber W (1978). Liniengeneralisierung und datenreduktion unter dem gesichtswinkel der mathematischen optimierung. Nachrichten aus dem Karten- und Vermessungswesen. Reihe I, Heft Nr. 74: 55-66.

Weber W(1980a). Automation mit rasterdaten in der topographischen kartographie. KN 1980 (5).

Weber W(1980b). Map generalization—an information science approach. In: Opheim H. ed. Contributions to Map Generalization Proceedings. Oslo, Norway: Norwegian Computing Center, Report No. 679: 31-52.

Weber W(1982a). Automationsgestützte generalisierung. Nachrichten aus dem Karten- und Vermessungswesen, H. 88: 77-109.

Weber W(1982b). Raster-Datenverarbeitung in der kartographie. Nachrichten aus dem Karten- und Vermessungswesen, 1982(88): 111-190.

Weibel R(1987). An adaptive methodology for automated relief generalization. In: Proceedings AUTO-CARTO 8: 42-49.

Weibel R(1991). Amplified intelligence and rule-based systems. In: Buttenfield B P & McMaster R B(eds.). Map Generalization: making rules for knowledge representation. New

York. John Wiley & Sons: 172-186.

Weibel R(1991). Entwurf und implementation einer strategie für die adaptive rechnergestützte reliefgeneralisierung. KN, 3: 94-103.

Weibel R(1992). Models and experiments for adaptive computer-assisted terrain generalization. Cartography & Geographic Information Systems, 19(3): 133-153.

Weibel R(1995a). Three essential building blocks for automated generalization. In: Müller J-C, Lagrange J P & Weibel R(ed.). GIS and GENERALIZATION, Methodology and Practice. GISDATA. UK Taylor & Francis: 56-70.

Weibel R(1995b). Map generalization in the context of digital systems. Cartography and Geographic Information Systems, 22(4): 259-263.

Weibel R, Keller S & Reichenbacher T(1995). Overcoming the knowledge acquisition bottleneck in map generalization. the role of interactive systems and computational intelligence. In: Frank A U & Kuhn W(eds.): Spatial Information Theory-A Theoretical Basis for GIS. Lecture Notes in Computer Science 988. Berlin, Springer Verlag: 139-156.

Weibel R(1996). A typology of constraints to line simplification. SDH '96: 533-546.

Weibel R(1997a). A typology of constrainsts to line simplification. Geographic Information Research, edited by Massimo Craglia and Helen Couclelic.

Weibel R (1997b). Generalization of spatial data: principles and selected algorithms. In: van Kreveld M, Nievergelt J, Roos T & Widmayer P(eds.) Algorithmic Foundations of Geographic Information Systems. Berlin, Springer: 99-152.

Weibel R & Jones C B(1998). Computational perspective on map generalization, guest editoral for special issue on map generalization, GeoInformatica, 2(4): 307-314.

Weibel R & Dutton G(1999). Generalising spatial data and dealing with multiple representations. In: Longley P A, Goodchild M F, Maguire DJ, & Rhind D W, editors: Geographic Information Systems-principles and technical issues, Volume 1, John Wiley & Sons, 2 edition: 125-155.

Weigel I(1981). Beitrag zur automatisierten Generalisierung von Wasserläufen in allgemein-geographischen Karten. VT. 29(8).

Welch T A(1984). A technique for high performance data compression. IEEE Computer 17 (6): 8-19.

Wentz E(1997). Shape analysis in GIS. AUTO-CARTO 13.

Weymar H(1959), Gesetzmässiges generalisieren-eine forderung der modernen Kartographie. VT 7(3): 49-54.

Whalley W B & Orford J D(1989). The use of fractals and pseudofractals in the analysis of two-dimensional outlines: Review and Further Exploration. Computers & Geosciences, 15(2): 185-197.

White E R(1985). Assessment of line-generalization algorithms using characteristic points. The American Cartographer, 12(1): 17-28.

White D(1977). A design for polygon overlay. First International Advanced Study Symposium

On Topological Data Structures For Geographic Information Systems. Havard Papers on GISs, Cambridge, Mass.

White M(1975). Map editing using a topological access system. AUTO-CARTO 2.

White, M(1978). The cost of topological file access. In: Dutton G (ed.), Harvard Papers on Geographic Information Systems, 1978, 6. Cambridge, Mass.

White E R(1985). Assessment of line-generalization algorithms using characteristic points. The American Cartographer, 12(1): 17-28.

Wiederhold G(1986). Knowledge versus data. In Brodie M L & Mylopolos J (eds.): On Knowledge Base Management. Springer Verlag, New York: 77-82.

Wild D & Krzystek P(1996). Automatic breakline detection using an edge preserving filter. International Archives of Photogrammetry and Remote Sensing. Vol. XXXI, Part B3. Vienna.

Williams R B G(1992). Intermediate statistics for geographers and earth scientists. Macmillan, Hampshire, UK.

Wilson S(1981). Cartographic generalization of linear information in raster mode. Master's Thesis, Department of Geography, Syracuse University, Syracuse, New York.

Winter S & Frank A U(2000). Topology in raster and vector representations. GeoInformatica, 4(1):35-65.

Woldenberg M J (1969). Spatial order in fluvial systems: horton's laws derived from mixed hexagonal hierarchies of drainage basin areas. Geological Society of America Bulletin, Vol. 80: 97-112.

Wolf G W(1984). A mathematical model of generalization. Geo-Processing. 2: 271-286.

Wolf G W(1988a). Weighted surface networks and their application to cartographic generalization. Visualisierungstechniken und Algorithmen. W. Barth(ed.): Berlin, Springer Verlag: 199-212.

Wolf G W(1988b). Generalisierung topographischer Karten mittels oberflächengraphen. Doktoral Dissertation, Department of Geography, University of Klagenfurt.

Wood C H(1995). Do map readers really notice and use generalization: the perceptual consequences of line simplification in a task-oriented thematic map analysis experiment. Proceedings of 17th ICC.

Woodsford P A(1995). Object-orientation, cartographic generalization and multi-product databases, Proceedings of 17th ICC.

Worboys M F(1992). A generic model for planar geographical objects. Int. JGIS 6 (5): 353-372.

Worboys M F(1996). Metrics and topologies for geographic space. SDH '96: 365-376.

Wrigley N (1985). Categorical data analysis for geographers and environmental scientists. Longmans Technical and Scientific, London.

WU Hehai (1981). Prinzip und methode der automatischen generalisierung der reliefformen. nachrichten aus dem Karten- und Vermessungswesen, Reihe I, Heft Nr. 85: 163-174.

WU Hehai(1984). Cartographic database system and its applications. Technical Papers of the 12th Conference of ICA. Perth Australia: 155-170.

WU Hehai (1992a). Intelligent selections for spatial analyses in GIS. Proceedings of The International Colloquium on Photogrammetry, Remote Sensing and Geographic Information System. LIESMARS, Wuhan, P. R. China: 134-137.

WU Hehai(1992b). Integrated processing of geographical information. Proceedings of The 2nd International Workshop on Geographical Information System. Beijing: 53-60.

WU Hehai (1993). Complex object handling in GIS. Proceedings of The 3rd International Workshop on Geographical Information System. Beijing: 107-116.

WU Hehai(1995). Topological selections in broad sense. Proceedings of the 16th ICA/ACI International Cartographic Conference. Cologne/Köln, Germany: 349-356.

WU Hehai(1997). Structured approach to implementing automatic cartographic generalization. Proceedings of the 18th ICA/ACI International Cartographic Conference, 1. Stockholm, Sweden: 349-356.

WU Hehai (1998). Problem of buffer zone construction in GIS. The Proceedings of Geoinformatics'98 Conference Beijing: 282-287.

WU Hehai(2001). Research of fundamental theory and technical approaches to automating map generalization. Proceedings of the 20th ICC: 1914-1921.

WU Hehai(2007). Extended fractal theory and its applications in cartographic generalization. 23rd International Cartographic Conference. Moscow.

WU Hehai(2011). Further study on oblique axis parabolic interpolation for curve smoothing. Proceedings of 2011 International Symposium—Geospatial Information Technology & Disaster Prevention and Reduction. ST. PLUM-BLOSSOM PRESS, Melboune-Australia: 17-27.

Xia Zong-Guo & Clarke K C(1997). Approaches to scaling of geo-spatal data. In: Scale in Remote Sensing and GIS. (Eds Quattrochi D A & Goodchild M F).

Yang J(1989). Automatische digitalisierung von deckfolien der deutschen grundkarte 1: 5000-Bodenkarte. Wissenschaftliche Arbeiten der Fachrichtung Vermessungswesen der Universtät Hannover Nr. 161.

Yang Weiping & Gold C(1996). Managing spatial objects with the VMO-(Voronoi based Object) Tree. SDH '96.

Yöli P(1982). Cartographic drawing with computers. Department of Geography, University of Nottingham.

Yöli P(1984). Computer-assisted determination of the valley and ridge lines of digital terrain models. International Yearbook of cartography.

Yöli P(1990). Entwurf einer Methodologie für computer-gestütztes Generalisieren topographischer Reliefs. Kartographsches Generalisieren. Swiss Society of Cartography (ed.), Cartographic Publication Series, Vol. 10, Zurich.

Yokoya Naokazu, Yamamoto Kazuniko & Funakubo Noboru(1989). Fractal based analysis and interpolation of 3D natural surface shapes and their application to terrain modeling. Computer

Vision, Graphics, and Image Processing. 46: 284-302.

Zahn C T & Roskies R Z(1972). Fourier description for plane closed curves. IEEE Trans. Comp. C 21: 269-281.

Zhan F B & Buttenfield B P(1996). Multi-scale representation of a digital line. Cartography and Geographic Information Systems, 23(4).

Zhan F B & Mark D M(1993). Conflict resolution in map generalization: A Cognitive Study. Proceedings of AUTO-CARTO 11.

Zhan F B(1991). Structuring the knowledge of cartographic symbolization, an object-ooriented approach. ACSM/ASPRS, Annual Convention, 6, Proceedings of AUTO-CARTO 10.

Zhao Z Y & Saalfeld A(1997). Linear-time sleeve-fitting polyline simplification algorithms, ACSM/ASPRS, 5.

Zhu Q(1996). Fractal-based analysis and realistic display. The Theory and Application to DEM. ISPRS V. XXXI, Part B4, Viena: 1007-1010.

(俄文部分)

Асланикашвили А Ф(1974). Метакартография—основные проблемы. АН Грузинской ССР.

Баранский Н Н(1946). Генерализация в картографии и в географическом текстовом описании. Ученые Записки МГУ Вып. 119, География. 1946; Сборник статьей: Экономическая География: Экономическая Картография. М. 1956.

Болтянский В Г, Ефремович В А(1982). Наглядная топология. Наука, Москва.

Бородин А В(1976). Вопросы генерализации картографического изображения при автоматическом создании карт. Геодезия и Картография: 57-64.

Бочаров М К (1966). Основы теории проектирования систем картографических знаков. Издательство Недра. Москва.

Бронштейн И Н и Семендяев К А (1955). Справочник по математике. Москва.

Бугаевский Л М, Подольская Е С(2004). Теоретические аспекты картографической генерализации населённых пунктов при составлении обзорно-топографических карт. Изв. вузов. Геодезия и Аэрофотосъёмка. 2: 67-79.

Васмут А С (1983). Моделирование в картографии с применением ЭВМ. Недра. Москва.

Волков Н М(1961). Составление и редактирование карт. ГЕОДЕЗИЗДАТ. Москва.

Воробьев В И(1959). Длина береговой линии морей СССР. Географичесий Сборник. XIII, Картография. АН СССР.

Девдариани А С(1950). Кинематика рельефа. Вопросы Географии: Геоморфология: 55-80.

Девдариани А С(1966). Итоги науки: Геоморфология. Выпуск Ⅰ (Математические Методы), Москва: 5-18.

Демидович Б П, Марон И А, Шувалова Э Э(1963). Численные методы анализа. Государственное Издательство Физико — Математической Литературы. Москва.

Джусь С И(1958). Некоторые вопросы картографического изображения рельефа. ГЕОДЕЗИЗДАТ.

Заруцкая И П(1958). Методы составления рельефа на гипсометрических картах. ГЕОДЕЗИЗДАТ. Москва.

Комков А М, Николаев С А, Шилов Н И(1958). Составление и редактирование карт. ИЗДАНИЕ ВИА, Москва.

Знаменщиков Г И, Пахроменко Н Н(1957). Об учете извилистости при измерении длин кривых линии на картах. Труды НИИГАиК Т. VIII.

Знаменщиков Г И(1961). Измерение длин кривых по картам с применением оптики. Геодезия и Аэрофотосъёмка. No. 1.

Лебедев П П(2007). Генерализация как преобразование картографической структуры. Известие вузов. Геодезия и Аэрофотосъёмка. No. 1. 141-153.

Макеев З А(1945). Основные типы рельефа земной поверхности в изображении на картах. Москва.

Маловичко А К (1951). К теоретическим основам картометрии рек. Труды НИИГАиК. Т. III, вып. 3.

Мартынекко А И(1974). Автоматизация в картографии. Итоги Науки. Вып. 6 <Картография>. Москва.

Мюллер И(1984). Эвристические методы в инженерных разработках. Радио и Связь. Москва.

Огиевский А В(1936). Гидрология суши(Общая и инженерная), ОНТИ. Москва, Ленинград.

Подобедов Н С (1954). Физическая география. Ч. II. Геоморфология. ГЕОДЕЗИЗДАТ, Москва.

Салищев К А, Гедымин А В(1955). Картография. ГЕОГРАФГИЗ. Москва.

Салищев К А(1959). Основы картоведения. ГЕОДЕЗИЗДАТ, Москва.

Салищев К А(1982). Картоведение. Издание второе, дополнённое, переработанное. Издательство Московского Университета.

Салищев К А (при участии Сухова В И и Филиппова Ю В)(1947). Составление и редактирование карт. ГЕОДЕЗИЗДАТ, Москва.

Смогоржевский А С и Столов Е С (1961). Справочник по теории плоских кривых третьего порядка. Государственное Издательство Физико-Математической Литературы. Москва.

Сухов В И(1947). Изображение населённых пунктов СССР на торографических картах. Труды ЦНИИГАиК Выпуск 48, ГЕОДЕЗИЗДАТ, Москва.

Сухов В И (1950а). Аналитический метод генерализации. Труды МИИГАиК, Выпуск 5: 1-14.

Сухов В И(1950b). Влияние шрифтов на нагрузку карты. Труды МИИГАиК. Вып. 6: 48-52.

Сухов В И (1951). Нормы отбора населённых пунктов для мелкомасштабных общегеографических карт. Труды ЦНИИГАиК Выпуск 76: 73-88.

Сухов В И(1953). О теоретических основах картографической генерализации. Сборник Статей по Картографии, выпуск 4. ГЕОДЕЗИЗДАТ, Москва.

Сухов В И(1957). Составление и редактирование общегеографических карт. ГЕОДЕЗИЗДАТ, Москва.

Халугин Е И, Жалковский Е А, Жданов Н Д (1992). Цифровые карты. Недра. Москва.

Черняева Ф А(1958). К вопросу определения извилистых линий по картам с помощью циркуля. Ученые Записки ЛГУ(226), Серия Геогр. Наук. Вып. 12.

Щукин И С (1946). Опыт генетической классификации форм рельефа. Вопросы Географии(1).

索 引

E

F

G

H

J

K

L

M

N

O

P

Q

R

S

Y

Z

武汉大学学术丛书 书目

中国当代哲学问题探索
中国辩证法史稿（第一卷）
德国古典哲学逻辑进程（修订版）
毛泽东哲学分支学科研究
哲学研究方法论
改革开放的社会学研究
邓小平哲学研究
社会认识方法论
康德黑格尔哲学研究
人文社会科学哲学
中国共产党解放和发展生产力思想研究
思想政治教育有效性研究（第二版）
政治文明论
中国现代价值观的初生历程
精神动力论
广义政治论
中西文化分野的历史反思
第二次世界大战与战后欧洲一体化起源研究
哲学与美学问题
行为主义政治学方法论研究
政治现代化比较研究
调和与制衡
“跨越论”与落后国家经济发展道路
村民自治与宗族关系研究
中国特色社会主义基本问题研究
一种中道自由主义：托克维尔政治思想研究
社会转型与组织化调控
中国现阶段所有制结构及其演变的理论与实证研究
战后美国对外经济制裁
从简帛中挖掘出来的政治哲学
物理学哲学研究

国际经济法概论
国际私法
国际组织法
国际条约法
国际强行法与国际公共政策
比较外资法
比较民法学
犯罪通论
刑罚通论
中国刑事政策学
中国冲突法研究
中国与国际私法统一化进程（修订版）
比较宪法学
人民代表大会制度的理论与实践
国际民商新秩序的理论建构
中国涉外经济法律问题新探
良法论
国际私法（冲突法篇）（修订版）
比较刑法原理
担保物权法比较研究
澳门有组织犯罪研究
行政法基本原则研究
国际刑法学
遗传资源获取与惠益分享的法律问题研究
欧洲联盟法总论
民事诉讼辩论原则研究
权力的法治规约
宪法与公民教育
国际商事争议解决机制研究
人民监督员制度的立法研究
论自然国际法的基本原则

当代西方经济学说（上、下）
唐代人口问题研究
非农化及城镇化理论与实践
马克思经济学手稿研究
西方利润理论研究
西方经济发展思想史
宏观市场营销研究
经济运行机制与宏观调控体系
三峡工程移民与库区发展研究
２１世纪长江三峡库区的协调与可持续发展
经济全球化条件下的世界金融危机研究
中国跨世纪的改革与发展
中国特色的社会保障道路探索
发展经济学的新发展
跨国公司海外直接投资研究
利益冲突与制度变迁
市场营销审计研究
以人为本的企业文化
路径依赖、管理哲理与第三种调节方式研究
中国劳动力流动与“三农”问题
新开放经济宏观经济学理论研究
关系结合方式与中间商自发行为的关系研究
发达国家发展初期与当今发展中国家经济发展比较研究
旅游业、政府主导与公共营销
创新、模仿、知识产权和全球经济增长
消费者非伦理行为形成机理及决策过程研究
网络口碑的形成、传播与影响机制研究
消费者参与企业创造的心理机制研究
企业间信任问题研究

武汉大学学术丛书 书目

文言小说高峰的回归
文坛是非辩
评康殷文字学
中国戏曲文化概论（修订版）
法国小说论
宋代女性文学
《古尊宿语要》代词助词研究
社会主义文艺学
文言小说审美发展史
海外汉学研究
《文心雕龙》义疏
选择·接受·转化
中国早期文化意识的嬗变（第一卷）
中国早期文化意识的嬗变（第二卷）
中国文学流派意识的发生和发展
汉语语义结构研究
明清词研究史
新文学的版本批评
中国古代文论诗性特征研究
唐五代逐臣与贬谪文学研究
王蒙传论
教育格言论析
嘉靖前期诗坛研究（1522-1550）
清词话考述
“原来”、“从来”、“连连”三组时间副词研究
中唐元和诗歌传播接受史的文化学考察
宋词传播方式研究

中国印刷术的起源
现代情报学理论
信息经济学
中国古籍编撰史
大众媒介的政治社会化功能
现代信息管理机制研究
科学信息交流研究
比较出版学
IRM-KM范式与情报学发展研究
公共信息资源的多元化管理
学术期刊主题可视化研究

随机分析学基础
流形的拓扑学
环论
近代鞅论
鞅与ｂａｎａｃｈ空间几何学
现代偏微分方程引论
算子函数论
随机分形引论
随机过程论
平面弹性复变方法（第二版）
光纤孤子理论基础
Ｂａｎａｃｈ空间结构理论
电磁波传播原理
计算固体物理学
电磁理论中的并矢格林函数
穆斯堡尔效应与晶格动力学
植物进化生物学
广义遗传学的探索
水稻雄性不育生物学
植物逆境细胞及生理学
输卵管生殖生理与临床
Ａｇｅｎｔ和多Ａｇｅｎｔ系统的设计与应用
因特网信息资源深层开发与利用研究
并行计算机程序设计导论
并行分布计算中的调度算法理论与设计
水文非线性系统理论与方法
拱坝CADC的理论与实践
河流水沙灾害及其防治
地球重力场逼近理论与中国2000似大地水准面的确定
碾压混凝土材料、结构与性能
喷射技术理论及应用
Dirichlet级数与随机Dirichlet级数的值分布
地下水的体视化研究
病毒分子生态学
解析函数边值问题（第二版）
工业测量
日本血吸虫超微结构
能动构造及其时间标度
基于内容的视频编码与传输控制技术
机载激光雷达测量技术理论与方法
相对论与相对论重力测量
水工钢闸门检测理论与实践
空间信息的尺度、不确定性与融合
基于序列图像的视觉检测理论与方法
GIS与地图信息综合基本模型与算法

中日战争史（１９３１～１９４５）（修订版）
中苏外交关系研究（１９３１～１９４５）
汗简注释
国民军史
中国俸禄制度史
斯坦因所获吐鲁番文书研究
敦煌吐鲁番文书初探（二编）
十五十六世纪东西方历史初学集（续编）
清代军费研究
魏晋南北朝隋唐史三论
湖北考古发现与研究
德国资本主义发展史
法国文明史
李鸿章思想体系研究
唐长孺社会文化史论丛
殷墟文化研究
战时美国大战略与中国抗日战场（1941～1945年）
古代荆楚地理新探·续集
汉水中下游河道变迁与堤防
吐鲁番文书总目（日本收藏卷）
用典研究
《四库全书总目》编纂考
元代教育研究
中国实录体史学研究
分歧与协调
明清长江流域山区资源开发与环境演变
清代财政政策与货币政策研究
“封建”考论（第二版）
经济开发与环境变迁研究
中国华洋义赈救灾总会研究
明清鄂东宗族与地方社会
历史时期长江中游地区人类活动与环境变迁专题研究